Calcul intégral

JAMES STEWART

Adaptation
STÉPHANE BEAUREGARD
Collège de Bois-de-Boulogne

CHANTAL TRUDEL
Collège de Bois-de-Boulogne

Traduction
PIERRETTE MAYER

Révision scientifique
PIERRE LANTAGNE
Collège de Maisonneuve

MODULO

Catalogage avant publication de Bibliothèque et Archives nationales du Québec et Bibliothèque et Archives Canada

Stewart, James, 1941-

Calcul intégral

Traduction partielle de la 7e éd. de: Single variable calculus.
Comprend un index.
Pour les étudiants du niveau collégial.

ISBN 978-2-89650-559-3

1. Calcul intégral. 2. Variables (Mathématiques). I. Beauregard, Stéphane, 1969- . II. Trudel, Chantal, 1972- . III. Titre.

QA308.S7314 2013 515'.43 C2013-940472-4

Éditeur: Éric Mauras
Chargée de projet: Renée Théorêt
Révision linguistique: Nicole Blanchette
Correction d'épreuves: Katie Delisle
Montage: Interscript inc.
Coordination de la mise en pages: Nathalie Ménard
Maquette: Josée Bégin
Couverture: Irene Morris
Recherche photos: Julie Saindon

MODULO

Groupe Modulo est membre de l'Association nationale des éditeurs de livres.

Calcul intégral

5800, rue Saint-Denis, bureau 900
Montréal (Québec) H2S 3L5
CANADA
Téléphone: 514 273-1066
Télécopieur: 514 276-0324 / 1 800 814-0324
Site Internet: www.groupemodulo.com

Dépôt légal – Bibliothèque et Archives nationales du Québec, 2013
Bibliothèque et Archives Canada, 2013
ISBN 978-2-89650-559-3

Imprimé au Canada
3 4 5 6 7 ITIB 22 21 20 19 18

Ce projet est financé en partie par le gouvernement du Canada

AVANT-PROPOS

> Une grande découverte peut résoudre un problème important, mais la résolution de tout problème porte en soi un peu de découverte. Le problème peut être élémentaire, mais s'il stimule la curiosité et la créativité, si vous le résolvez à votre façon, vous ressentirez peut-être la tension et le sentiment de triomphe que fait naître la découverte.
>
> GEORGE POLYA

Dans ce manuel, James Stewart a voulu donner aux étudiants l'occasion de découvrir la puissance pratique et l'étonnante beauté du calcul intégral. D'ailleurs, cette volonté est à la base de chacun de ses ouvrages de mathématiques. Si Newton a éprouvé un sentiment de triomphe lorsqu'il a fait ses grandes découvertes, notre but est que les étudiants partagent un tant soit peu la même excitation en parcourant le chemin qui est tracé dans les pages de ce manuel.

Nouveautés de cette édition

Cette adaptation regroupe les sections de *Calculus* concernant le calcul intégral ainsi que les suites et les séries. Nous tenons pour acquis que l'étudiant maîtrise les concepts du calcul différentiel à une variable, de même que les concepts de base de l'algèbre. Ces notions sont néanmoins résumées dans les pages de référence à titre de rappel.

Cette nouvelle adaptation constitue un cours complet de calcul intégral et se veut plus flexible quant au choix des sujets et à l'ordre de présentation. Dans cette optique, l'ouvrage original a fortement été remanié. Les principaux changements sont décrits ci-après.

- La notation de sommation, sigma, constitue maintenant une section du premier chapitre (1.2) avec une série d'exercices complète, plutôt que de se retrouver en annexe.
- Une section du chapitre des techniques d'intégration (3.7) est consacrée aux limites de formes indéterminées et à la règle de l'Hospital, règle dont l'utilisation est essentielle au calcul des intégrales impropres.
- Le dernier chapitre sur les suites et les séries a été revu et réorganisé, avec quelques ajouts, afin de mieux refléter le contenu du cours donné dans la majorité des cégeps.
- Tous les exemples et les exercices respectent le système international (SI) d'unités.

Les réponses de tous les exercices, sauf ceux dont la réponse est une démonstration, se retrouvent à la fin du manuel.

Quelques particularités

EXERCICES SUR LES CONCEPTS

Cet ouvrage propose plusieurs types de problèmes. Au début de certaines séries d'exercices, on demande d'expliquer la signification des concepts de base de la section. De même, les révisions des six chapitres de l'ouvrage comprennent des tests intitulés *Compréhension des concepts* et *Vrai ou faux*. Une grande importance est accordée aux problèmes qui combinent les approches graphique, numérique et algébrique. De nombreux exemples et exercices traitent de fonctions définies par des données numériques ou des graphiques tirés d'applications pratiques.

CLASSEMENT PROGRESSIF DES EXERCICES

Chaque série d'exercices est soigneusement graduée. Chacune commence avec des exercices sur les concepts de base et des problèmes servant à développer des habiletés techniques. La série progresse ensuite vers des exercices qui posent des défis plus importants et comportent des applications et des démonstrations.

PROJETS

L'étudiant est invité à s'investir et à devenir un apprenant actif en travaillant (peut-être en groupe) sur trois types de projets : les *Applications*, qui sont conçues pour stimuler l'imagination ; les *Projets de laboratoire*, qui requièrent souvent l'utilisation d'un logiciel de calcul symbolique ; les S*ujets à explorer*, qui anticipent des résultats abordés ultérieurement ou encouragent la découverte grâce à la reconnaissance des régularités.

RÉSOLUTION DE PROBLÈMES

Les étudiants éprouvent habituellement des difficultés à résoudre des problèmes lorsqu'il n'y a pas de marche à suivre bien définie qui mène à la réponse. Nous proposons ici la stratégie de résolution de problèmes en quatre étapes de George Polya, qui a connu peu d'amélioration bien qu'elle date des années 1950. Ces étapes, présentées à l'annexe D, sont les suivantes : la compréhension du problème, l'élaboration d'une stratégie de résolution, la mise en œuvre de cette stratégie et la vérification des résultats. Cette même stratégie est appliquée, explicitement ou non, dans tout le manuel. Après chaque série de problèmes de révision, les sections *Problèmes supplémentaires* montrent, à l'aide d'exemples, comment s'attaquer à des problèmes stimulants de calcul intégral. Ces derniers ont été choisis dans le respect du conseil du mathématicien David Hilbert : « Pour attirer, un problème de mathématiques doit être difficile mais accessible, sinon il rebute. »

OUTILS TECHNIQUES

Bien utilisés, les calculatrices et les ordinateurs sont de puissants outils facilitant la découverte et la compréhension des concepts étudiés dans cet ouvrage. Deux icônes indiquent clairement à quelle occasion un type d'outil particulier est nécessaire. L'icône signifie que l'exercice nécessite l'utilisation d'une calculatrice graphique ou d'un ordinateur ; ces outils permettent aussi de vérifier le travail effectué dans les autres exercices. Quant au symbole LCS, il est réservé aux problèmes qui exigent le recours à un logiciel de calcul symbolique (comme Derive, Maple, Mathematica et les calculatrices TI-89 ou TI-92). Toutefois, le crayon et le papier sont loin d'être désuets. Le calcul et les esquisses à la main sont souvent préférables à l'usage d'outils informatiques pour illustrer et renforcer des concepts. Les professeurs et les étudiants doivent apprendre à déterminer le moment où il convient de privilégier une méthode plutôt que l'autre.

MISES EN GARDE

Le symbole ⊘ indique qu'il faut user de prudence afin d'éviter certaines erreurs. Il est placé dans la marge en face de situations où les étudiants commettent fréquemment les mêmes erreurs.

REMERCIEMENTS

Nous aimerions remercier Pierre Lantagne pour ses bons conseils et sa révision minutieuse de tout le manuel ainsi que Marc-Antoine Nadeau pour son travail de taille à réaliser les solutions de tous les exercices. Nous tenons également à exprimer notre gratitude au Groupe Modulo, notamment à Éric Mauras et à Renée Théorêt, qui nous ont permis de mener à bien ce projet et qui nous ont fait confiance. Finalement, merci à nos proches pour leur patience et leur soutien.

TABLE DES MATIÈRES

CHAPITRE 1 | LES INTÉGRALES

L'exemple 7 de la section 1.6 montre comment utiliser une intégrale et des données sur la consommation d'énergie à San Francisco pour calculer la quantité d'énergie consommée en une journée dans cette ville.

Le présent chapitre commence avec des problèmes d'aire et de distance qui serviront à présenter l'idée de l'intégrale définie, qui est le concept de base du calcul intégral. On verra aux chapitres 2 et 4 comment appliquer l'intégrale à la résolution de problèmes portant entre autres sur le volume, la longueur d'une courbe, les prédictions démographiques, le débit cardiaque, la force qui s'exerce sur un barrage, le surplus du consommateur et le baseball.

Il existe un lien entre le calcul intégral et le calcul différentiel. Le théorème fondamental du calcul différentiel et intégral lie l'intégrale à la dérivée. Le présent chapitre permet de constater qu'il simplifie grandement la résolution de nombreux problèmes.

1.1 LA PRIMITIVE

Un physicien qui connaît la vitesse d'une particule aimerait bien connaître aussi sa position à un instant donné. Un ingénieur, capable de mesurer le taux variable auquel l'eau s'échappe d'un réservoir, aimerait connaître la quantité d'eau qui s'écoule du réservoir durant un intervalle de temps donné. Un biologiste connaît le taux de croissance d'une population de bactéries et il aimerait en déduire l'effectif de cette population à un moment donné. Dans chacun de ces cas, le problème consiste à trouver une fonction F dont la dérivée est une fonction f connue. Si une telle fonction F existe, on dit qu'elle est une **primitive** de f.

> **DÉFINITION**
>
> Une fonction F est une primitive de f sur un intervalle I si $F'(x) = f(x)$ pour tout x appartenant à I.

Par exemple, soit $f(x) = x^2$. Il n'est pas difficile de trouver une primitive de f si on pense à la règle de dérivation d'une fonction puissance. En fait, si $F(x) = \frac{1}{3}x^3$, alors $F'(x) = x^2 = f(x)$. Mais la fonction $G(x) = \frac{1}{3}x^3 + 100$ donne aussi $G'(x) = x^2$. Donc, les fonctions F et G sont toutes deux des primitives de f. En réalité, toute fonction de la forme $H(x) = \frac{1}{3}x^3 + C$, où C est une constante, est une primitive de f. Une question se pose, à savoir s'il existe d'autres primitives de f.

Pour répondre à cette question, il faut se rappeler que si deux fonctions ont des dérivées identiques sur un intervalle donné, alors elles diffèrent uniquement par une constante (corollaire 4.2.7, Annexe A). Il s'ensuit que, si F et G sont deux primitives quelconques de f, alors

$$F'(x) = f(x) = G'(x)$$

donc, $G(x) - F(x) = C$, où C est une constante, ce qui s'écrit également $G(x) = F(x) + C$, d'où le théorème suivant.

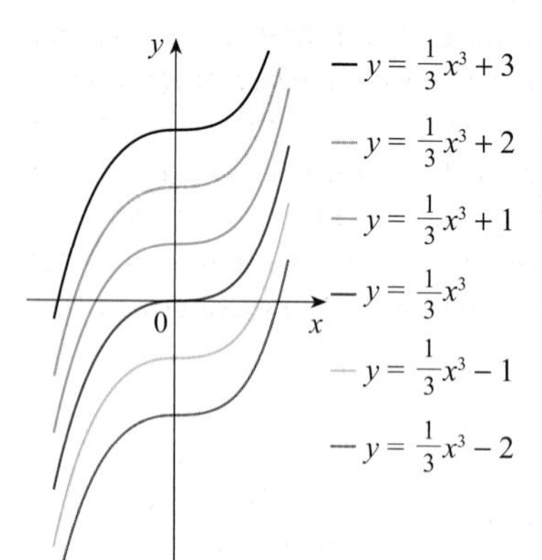

FIGURE 1
Des membres de la famille de primitives de $f(x) = x^2$.

> **1 THÉORÈME**
>
> Si F est une primitive de f sur un intervalle I, alors la primitive la plus générale de f sur I est
>
> $$F(x) + C,$$
>
> où C est une constante arbitraire.

Si on revient à la fonction $f(x) = x^2$, sa primitive générale est $\frac{1}{3}x^3 + C$. En assignant des valeurs à la constante C, on obtient des membres d'une famille de fonctions dont les courbes sont des translations verticales l'une de l'autre (voir la figure 1), ce qui a du sens puisque toutes les courbes doivent avoir la même pente en une valeur donnée de x quelconque.

EXEMPLE 1 Cherchons la primitive la plus générale de chacune des fonctions suivantes.

a) $f(x) = \sin x$

b) $f(x) = 1/x$

c) $f(x) = x^n$, où $n \neq -1$

SOLUTION

a) Si $F(x) = -\cos x$, alors $F'(x) = \sin x$; donc, $-\cos x$ est une primitive de $\sin x$. Selon le théorème **1**, la primitive la plus générale est $G(x) = -\cos x + C$.

b) Puisque la dérivée de $\ln x$ est $1/x$, il s'ensuit que dans l'intervalle $]0, \infty[$, la primitive générale de $1/x$ est $\ln x + C$. On sait de plus que

$$\frac{d}{dx}(\ln|x|) = \frac{1}{x}$$

pour tout $x \neq 0$. Ainsi, selon le théorème **1**, la primitive générale de $f(x) = 1/x$ est $\ln |x| + C$ dans n'importe quel intervalle ne contenant pas 0, et cela est vrai en particulier dans chacun des intervalles $]-\infty, 0[$ et $]0, \infty[$. Donc, la primitive générale de f est

$$F(x) = \begin{cases} \ln x + C_1 & \text{si } x > 0 \\ \ln(-x) + C_2 & \text{si } x < 0. \end{cases}$$

c) La règle de dérivation d'une fonction puissance permet de trouver une primitive de x^n. En fait, si $n \neq -1$, alors

$$\frac{d}{dx}\left(\frac{x^{n+1}}{n+1}\right) = \frac{(n+1)x^n}{n+1} = x^n.$$

Donc, la primitive générale de $f(x) = x^n$ est

$$F(x) = \frac{x^{n+1}}{n+1} + C.$$

Cela est vrai si $n \geq 0$ puisque, dans ce cas, la fonction $f(x) = x^n$ est définie sur un seul intervalle. Si n est un nombre négatif (et $n \neq -1$), c'est également vrai pour n'importe quel intervalle ne contenant pas 0.

Comme l'illustre l'exemple 1, chaque formule de dérivation, si on la lit de droite à gauche, donne une formule de recherche d'une primitive. Le tableau 1.1 contient une liste de primitives particulières. Chacune des formules est vraie parce que la dérivée de la fonction donnée dans la colonne de droite est inscrite dans la colonne de gauche. La première formule, en particulier, affirme que la primitive du produit d'une constante et d'une fonction est égale au produit de la constante et de la primitive de la fonction. La seconde formule indique que la primitive d'une somme de fonctions est égale à la somme des primitives respectives de ces fonctions. (On utilise la notation $F' = f$, $G' = g$.)

On obtient la dérivée la plus générale d'une fonction contenue dans le tableau 1.1 en ajoutant une constante (ou des constantes) à sa primitive donnée dans le tableau, comme l'illustre l'exemple 1.

TABLEAU 1.1 Les primitives.

Fonction	Primitive particulière	Fonction	Primitive particulière
$cf(x)$	$cF(x)$	$\sin x$	$-\cos x$
$f(x) + g(x)$	$F(x) + G(x)$	$\sec^2 x$	$\tan x$
$x^n \ (n \neq -1)$	$\frac{x^{n+1}}{n+1}$	$\sec x \tan x$	$\sec x$
$\frac{1}{x}$	$\ln \lvert x \rvert$	$\frac{1}{\sqrt{1-x^2}}$	$\arcsin x$
e^x	e^x	$\frac{1}{1+x^2}$	$\arctan x$
$\cos x$	$\sin x$		

EXEMPLE 2 Cherchons toutes les fonctions g telles que

$$g'(x) = 4\sin x + \frac{2x^5 - \sqrt{x}}{x}.$$

SOLUTION On écrit d'abord la fonction donnée sous la forme

$$g'(x) = 4\sin x + \frac{2x^5}{x} - \frac{\sqrt{x}}{x} = 4\sin x + 2x^4 - \frac{1}{\sqrt{x}}.$$

On cherche donc une primitive de

$$g'(x) = 4\sin x + 2x^4 - x^{-1/2}.$$

En appliquant les formules du tableau 1.1 de même que le théorème **1**, on obtient

$$\begin{aligned} g(x) &= 4(-\cos x) + 2\frac{x^5}{5} - \frac{x^{1/2}}{\frac{1}{2}} + C \\ &= -4\cos x + \tfrac{2}{5}x^5 - 2\sqrt{x} + C. \end{aligned}$$

Les applications du calcul différentiel et intégral comprennent de nombreux cas similaires à l'exemple 2, où il faut trouver une fonction à l'aide d'informations sur ses dérivées. Une équation où interviennent les dérivées d'une fonction est appelée **équation différentielle**. Il sera question plus en détail de ce type d'équations dans le chapitre 5, mais on est toutefois déjà en mesure de résoudre des équations différentielles élémentaires. La solution générale d'une équation différentielle contient une constante arbitraire (ou des constantes arbitraires), comme dans l'exemple 2. Dans certains cas, on impose des contraintes qui déterminent les constantes et, par le fait même, une solution unique.

La figure 2 représente les courbes respectives de la fonction f' de l'exemple 3 et de sa primitive f. Il est à noter que $f'(x) > 0$, ce qui implique que f est croissante partout. De plus, là où f' atteint un maximum ou un minimum, f semble avoir un point d'inflexion. Le graphique peut donc servir à vérifier le résultat des calculs.

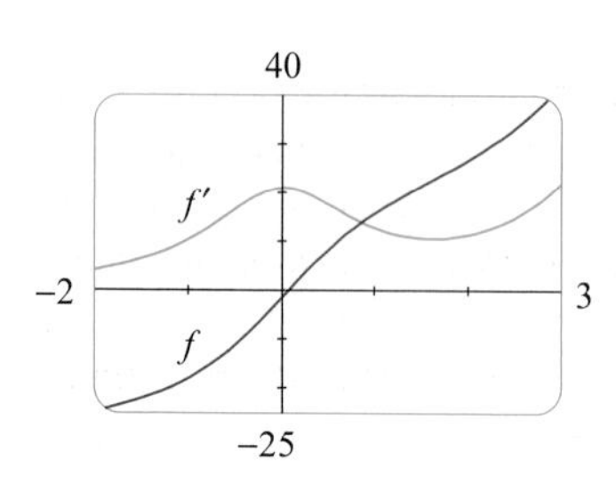

FIGURE 2

EXEMPLE 3 Cherchons la fonction f telle que $f'(x) = e^x + 20(1 + x^2)^{-1}$ et $f(0) = -2$.

SOLUTION La primitive générale de

$$f'(x) = e^x + \frac{20}{1 + x^2}$$

est

$$f(x) = e^x + 20 \arctan x + C.$$

On détermine C en se servant du fait que $f(0) = -2$:

$$f(0) = e^0 + 20 \arctan 0 + C = -2.$$

Donc, $C = -2 - 1 = -3$ et, par conséquent, la solution particulière est

$$f(x) = e^x + 20 \arctan x - 3.$$

EXEMPLE 4 Cherchons une fonction f telle que $f''(x) = 12x^2 + 6x - 4$, $f(0) = 4$ et $f(1) = 1$.

SOLUTION La primitive générale de $f''(x) = 12x^2 + 6x - 4$ est

$$f'(x) = 12\frac{x^3}{3} + 6\frac{x^2}{2} - 4x + C = 4x^3 + 3x^2 - 4x + C.$$

En appliquant à nouveau les règles de recherche d'une primitive, on obtient

$$f(x) = 4\frac{x^4}{4} + 3\frac{x^3}{3} - 4\frac{x^2}{2} + Cx + D = x^4 + x^3 - 2x^2 + Cx + D.$$

On détermine C et D en se servant des contraintes données : $f(0) = 4$ et $f(1) = 1$. Puisque $f(0) = 0 + D = 4$, alors $D = 4$; puisque

$$f(1) = 1 + 1 - 2 + C + 4 = 1,$$

alors $C = -3$. Donc, la fonction recherchée est

$$f(x) = x^4 + x^3 - 2x^2 - 3x + 4.$$

Si on donne la courbe d'une fonction f, il est plausible qu'on puisse tracer la courbe d'une primitive F de f. Si, par exemple, on précise que $F(0) = 1$, cela donne un point de départ, soit le point $(0, 1)$, et la direction que doit suivre le crayon est constamment indiquée par la dérivée $F'(x) = f(x)$. Dans le prochain exemple, on applique les principes énoncés dans le présent chapitre pour montrer comment tracer la courbe de F lorsqu'on ne connaît pas l'équation de f. C'est le cas, notamment, quand $f(x)$ est déterminée de façon expérimentale.

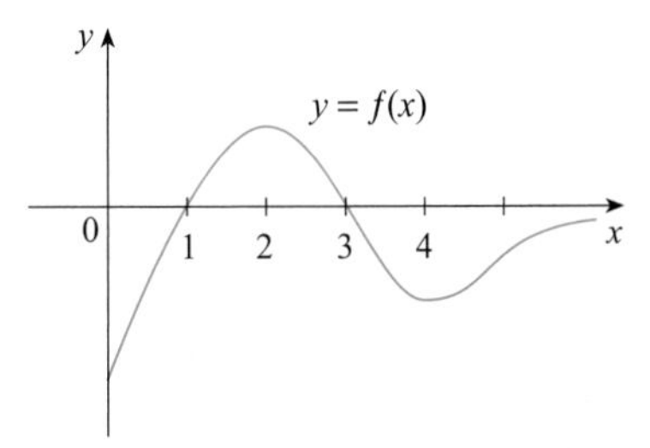

FIGURE 3

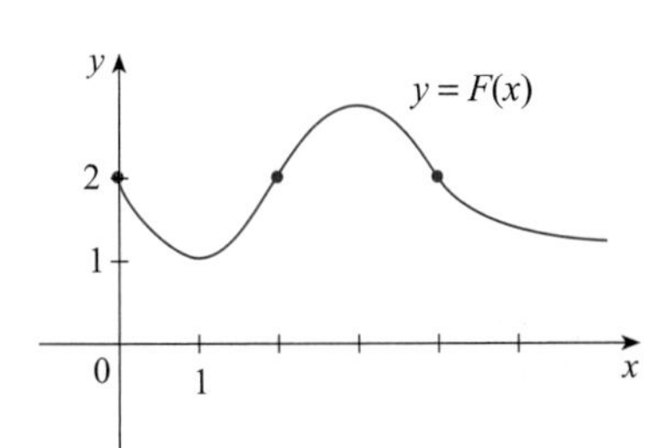

FIGURE 4

EXEMPLE 5 La figure 3 représente la courbe d'une fonction f. Traçons rapidement la courbe d'une primitive F de f, sachant que $F(0) = 2$.

SOLUTION On se sert du fait que la pente de $y = F(x)$ est $f(x)$. On prend comme point de départ le point $(0, 2)$ et on trace la courbe de F qui est d'abord décroissante, puisque la valeur de $f(x)$ est négative quand $0 < x < 1$. On note que $f(1) = f(3) = 0$, ce qui indique que F a des tangentes horizontales en $x = 1$ et en $x = 3$. Lorsque $1 < x < 3$, la valeur de $f(x)$ est positive, ce qui implique que F est alors croissante. On constate que F admet un minimum relatif en $x = 1$ et un maximum relatif en $x = 3$. Si $x > 3$, alors la valeur de $f(x)$ est négative et, par conséquent, F est décroissante sur $]3, \infty[$. Comme $f(x) \to 0$ lorsque $x \to \infty$, la courbe de F s'aplatit lorsque $x \to \infty$. On note également que, en $x = 2$, $F''(x) = f'(x)$, qui était positive, devient négative et qu'elle redevient positive en $x = 4$; donc, F a un point d'inflexion en $x = 2$ et en $x = 4$. En se servant de ces informations, on trace la courbe de la primitive représentée dans la figure 4.

LE MOUVEMENT RECTILIGNE

Les techniques de recherche d'une primitive s'avèrent particulièrement utiles pour analyser le mouvement d'un objet se déplaçant suivant une droite. On sait que si la fonction position d'un objet est $s = f(t)$, alors sa fonction vitesse est $v(t) = s'(t)$, ce qui signifie que la fonction position est une primitive de la fonction vitesse. De même, la fonction accélération est $a(t) = v'(t)$, c'est-à-dire que la fonction vitesse est une primitive de la fonction accélération. Si on connaît l'accélération et les valeurs initiales $s(0)$ et $v(0)$, alors on peut déterminer la fonction position en calculant successivement deux primitives.

EXEMPLE 6 L'accélération d'une particule se déplaçant suivant une droite est donnée par $a(t) = 6t + 4$. Sa vitesse initiale est $v(0) = -6$ cm/s et sa position initiale est $s(0) = 9$ cm. Déterminons la fonction position $s(t)$ de la particule.

SOLUTION Puisque $v'(t) = a(t) = 6t + 4$, cette fonction a comme primitive

$$v(t) = 6\frac{t^2}{2} + 4t + C = 3t^2 + 4t + C.$$

On constate que $v(0) = C$ et la valeur $v(0) = -6$ est donnée ; ainsi $C = -6$ et

$$v(t) = 3t^2 + 4t - 6.$$

Puisque $v(t) = s'(t)$, alors s est la primitive de v:

$$s(t) = 3\frac{t^3}{3} + 4\frac{t^2}{2} - 6t + D = t^3 + 2t^2 - 6t + D$$

et, par conséquent, $s(0) = D$. La valeur $s(0) = 9$ est donnée; donc, $D = 9$ et la fonction position recherchée est

$$s(t) = t^3 + 2t^2 - 6t + 9.$$

Un objet se trouvant près de la surface de la Terre est soumis à une force gravitationnelle qui produit une accélération verticale vers le bas, notée g. Dans le cas d'un mouvement qui a lieu à proximité du sol, on peut supposer que l'accélération g est constante, sa valeur étant environ de 9,8 m/s^2.

EXEMPLE 7 On lance une balle verticalement vers le haut avec une vitesse initiale de 14 m/s depuis le bord d'une falaise d'une hauteur de 140 m. Calculons la hauteur de la balle, depuis le pied de la falaise, après t secondes. Quand la balle atteint-elle sa hauteur maximale? Quand touche-t-elle le sol, au pied de la falaise?

SOLUTION La direction du mouvement est verticale et on choisit le sens positif vers le haut. À l'instant t, la hauteur de la balle, par rapport au pied de la falaise, est $s(t)$ et sa vitesse $v(t)$ est décroissante. L'accélération est donc nécessairement négative, de sorte que

$$a(t) = \frac{dv}{dt} = -9{,}8.$$

En calculant la primitive, on obtient

$$v(t) = -9{,}8t + C.$$

On détermine C en utilisant l'information $v(0) = 14$, ce qui donne $14 = 0 + C$; ainsi,

$$v(t) = -9{,}8t + 14.$$

La balle atteint sa hauteur maximale lorsque $v(t) = 0$, c'est-à-dire après environ 1,4 s. Étant donné que $s'(t) = v(t)$, en calculant de nouveau la primitive, on a

$$s(t) = -4{,}9t^2 + 14t + D.$$

En se servant du fait que $s(0) = 140$, on obtient $140 = 0 + D$ et, par conséquent,

$$s(t) = -4{,}9t^2 + 14t + 140.$$

La figure 5 représente la fonction position de la balle de l'exemple 7. Le graphique appuie les conclusions énoncées: la balle atteint sa hauteur maximale après environ 1,4 s et elle touche le sol après 7,0 s.

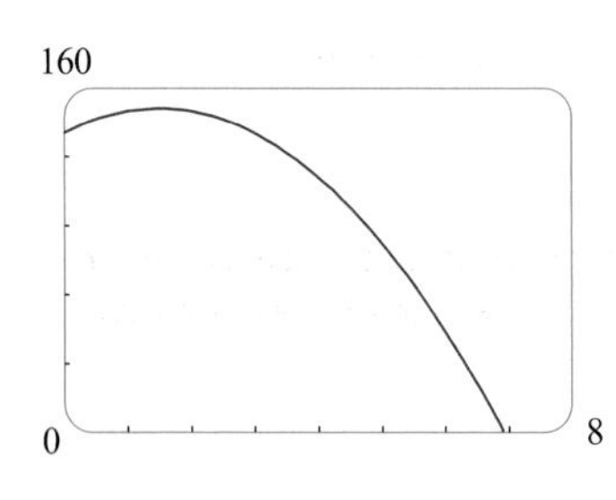

FIGURE 5

L'expression de $s(t)$ est valable jusqu'à ce que la balle touche le sol, ce qui correspond à $s(t) = 0$, c'est-à-dire quand

$$-4{,}9t^2 + 14t + 140 = 0.$$

ou encore

$$7t^2 - 20t - 200 = 0.$$

En appliquant la formule quadratique pour résoudre cette équation, on obtient

$$t = \frac{10}{7}(1 \pm \sqrt{15}).$$

On rejette la solution où le signe devant le radical est négatif puisque la valeur de t est alors négative. Donc, la balle touche le sol après $10(1 + \sqrt{15})/7 \approx 7{,}0$ s.

Exercices 1.1

1-22 Calculez la primitive la plus générale de la fonction donnée. (Vérifiez votre résultat par dérivation.)

1. $f(x) = x - 3$

2. $f(x) = \frac{1}{2}x^2 - 2x + 6$

3. $f(x) = \frac{1}{2} + \frac{3}{4}x^2 - \frac{4}{5}x^3$

4. $f(x) = 8x^9 - 3x^6 + 12x^3$

5. $f(x) = (x + 1)(2x - 1)$

6. $f(x) = x(2 - x)^2$

7. $f(x) = 7x^{2/5} + 8x^{-4/5}$

8. $f(x) = x^{3,4} - 2x^{\sqrt{2}-1}$

9. $f(x) = \sqrt{2}$

10. $f(x) = e^2$

11. $f(x) = 3\sqrt{x} - 2\sqrt[3]{x}$

12. $f(x) = \sqrt[3]{x^2} + x\sqrt{x}$

13. $f(x) = \dfrac{1}{5} - \dfrac{2}{x}$

14. $f(t) = \dfrac{3t^4 - t^3 + 6t^2}{t^4}$

15. $g(t) = \dfrac{1 + t + t^2}{\sqrt{t}}$

16. $r(\theta) = \sec\theta\tan\theta - 2e^\theta$

17. $h(\theta) = 2\sin\theta - \sec^2\theta$

18. $f(x) = 2\sqrt{x} + 6\cos x$

19. $f(x) = \dfrac{x^5 - x^3 + 2x}{x^4}$

20. $f(x) = \dfrac{2 + x^2}{1 + x^2}$

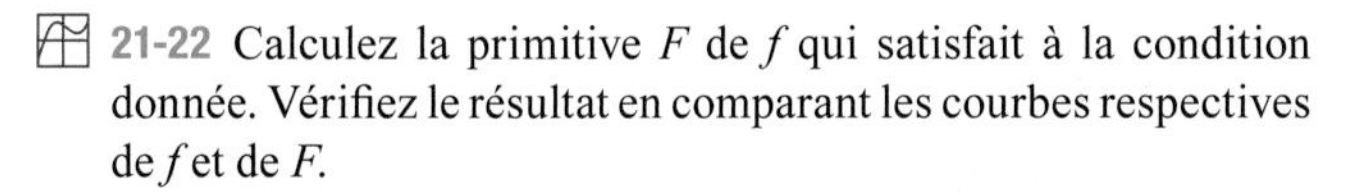

21-22 Calculez la primitive F de f qui satisfait à la condition donnée. Vérifiez le résultat en comparant les courbes respectives de f et de F.

21. $f(x) = 5x^4 - 2x^5$ et $F(0) = 4$

22. $f(x) = 4 - 3(1 + x^2)^{-1}$ et $F(1) = 0$

23-45 Déterminez f.

23. $f''(x) = 20x^3 - 12x^2 + 6x$

24. $f''(x) = x^6 - 4x^4 + x + 1$

25. $f''(x) = \frac{2}{3}x^{2/3}$

26. $f''(x) = 6x + \sin x$

27. $f'''(t) = \cos t$

28. $f'''(t) = e^t + t^{-4}$

29. $f'(x) = 1 + 3\sqrt{x}$ et $f(4) = 25$

30. $f'(x) = 5x^4 - 3x^2 + 4$ et $f(-1) = 2$

31. $f'(t) = 4/(1 + t^2)$ et $f(1) = 0$

32. $f'(t) = t + 1/t^3$, $t > 0$ et $f(1) = 6$

33. $f'(t) = 2\cos t + \sec^2 t$, $-\pi/2 < t < \pi/2$ et $f(\pi/3) = 4$

34. $f'(x) = (x^2 - 1)/x$, $f(1) = \frac{1}{2}$ et $f(-1) = 0$

35. $f'(x) = x^{-1/3}$, $f(1) = 1$ et $f(-1) = -1$

36. $f'(x) = 4/\sqrt{1 - x^2}$ et $f(\frac{1}{2}) = 1$

37. $f''(x) = -2 + 12x - 12x^2$, $f(0) = 4$ et $f'(0) = 12$

38. $f''(x) = 8x^3 + 5$, $f(1) = 0$ et $f'(1) = 8$

39. $f''(\theta) = \sin\theta + \cos\theta$, $f(0) = 3$ et $f'(0) = 4$

40. $f''(t) = 3/\sqrt{t}$, $f(4) = 20$ et $f'(4) = 7$

41. $f''(x) = 4 + 6x + 24x^2$, $f(0) = 3$ et $f(1) = 10$

42. $f''(x) = 2 + \cos x$, $f(0) = -1$ et $f(\pi/2) = 0$

43. $f''(t) = 2e^t + 3\sin t$, $f(0) = 0$ et $f(\pi) = 0$

44. $f''(x) = x^{-2}$, $x > 0$, $f(1) = 0$ et $f(2) = 0$

45. $f'''(x) = \cos x$, $f(0) = 1$, $f'(0) = 2$ et $f''(0) = 3$

46. Étant donné que la courbe de f passe par le point $(1, 6)$ et que la pente de sa tangente en $(x, f(x))$ est égale à $2x + 1$, calculez $f(2)$.

47. Trouvez une fonction f telle que $f'(x) = x^3$ et que la droite $x + y = 0$ est tangente à la courbe de f.

48-49 La figure représente la courbe d'une fonction f. Laquelle des courbes a, b et c représente une primitive de f et pourquoi ?

48.

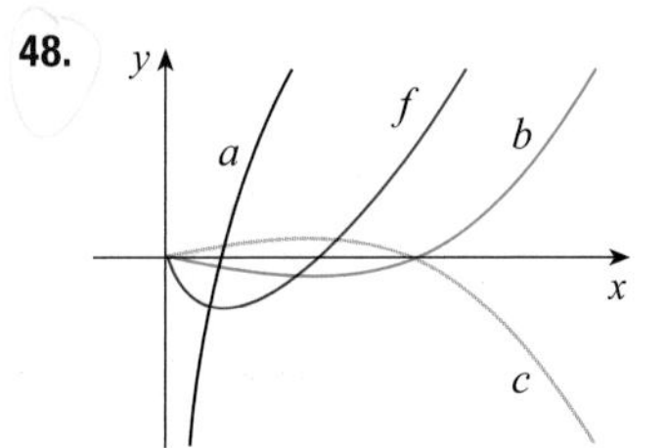

49.

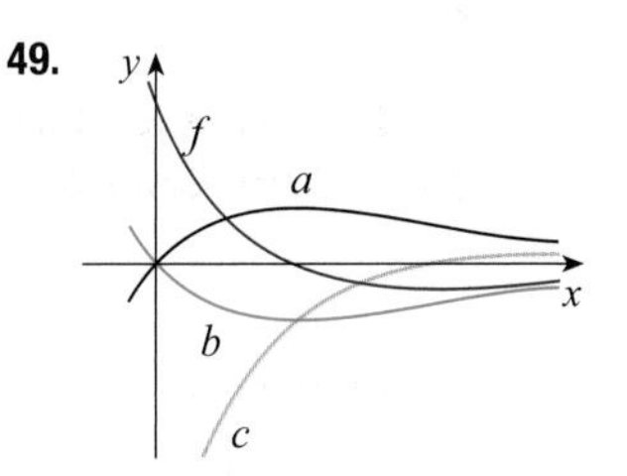

50. La figure suivante représente la courbe d'une fonction f. Tracez rapidement la courbe d'une primitive F de f, sachant que $F(0) = 1$.

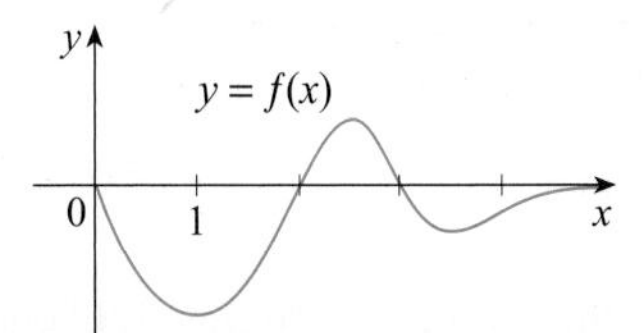

51. La figure suivante représente la courbe de la fonction vitesse d'une particule. Tracez la courbe d'une fonction position.

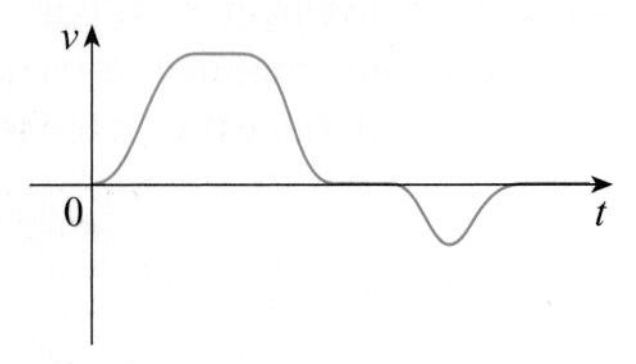

52. La figure suivante représente la courbe d'une fonction f'. Tracez la courbe de f, sachant que f est une fonction continue et que $f(0) = -1$.

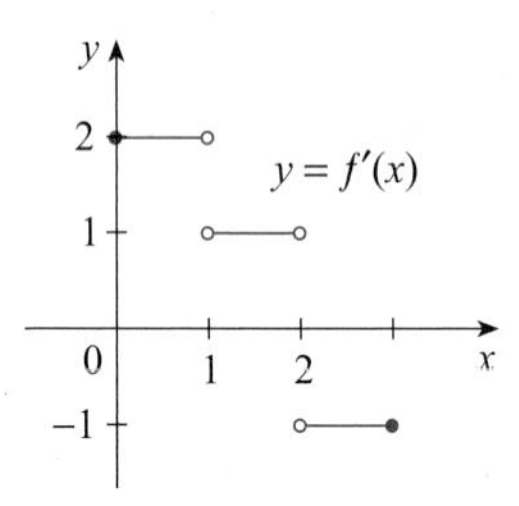

53. a) À l'aide d'un outil graphique, tracez la courbe de $f(x) = 2x - 3\sqrt{x}$.
b) À l'aide du graphique tracé en a), tracez rapidement la courbe de la primitive F qui satisfait à la condition $F(0) = 1$.
c) Appliquez les règles énoncées dans la présente section pour écrire une expression de $F(x)$.
d) Tracez la courbe de F à l'aide de l'expression écrite en c). Comparez cette courbe à celle que vous avez dessinée en b).

54-55 Tracez la courbe de f et servez-vous-en pour dessiner rapidement la courbe de la primitive qui passe par l'origine.

54. $f(x) = \dfrac{\sin x}{1+x^2}$, où $-2\pi \leq x \leq 2\pi$

55. $f(x) = \sqrt{x^4 - 2x^2 + 2} - 2$, où $-3 \leq x \leq 3$

56-61 À l'aide des informations données sur le mouvement d'une particule, calculez la position de cette dernière au temps t.

56. $v(t) = \sin t - \cos t$ et $s(0) = 0$

57. $v(t) = 1{,}5\sqrt{t}$ et $s(4) = 10$

58. $a(t) = 2t + 1$, $s(0) = 3$ et $v(0) = -2$

59. $a(t) = 3 \cos t - 2 \sin t$, $s(0) = 0$ et $v(0) = 4$

60. $a(t) = 10 \sin t + 3 \cos t$, $s(0) = 0$ et $s(2\pi) = 12$

61. $a(t) = t^2 - 4t + 6$, $s(0) = 0$ et $s(1) = 20$

62. On laisse tomber une pierre depuis la plate-forme supérieure de la Tour CN, située à une hauteur de 450 m.
a) Calculez la hauteur de la pierre à l'instant t.
b) Combien de temps met la pierre à toucher le sol ?
c) Quelle est la vitesse de la pierre au moment où elle touche le sol ?
d) Si on lance la pierre verticalement vers le bas avec une vitesse initiale de 5 m/s, combien de temps met-elle à toucher le sol ?

63. Dans le cas d'un mouvement rectiligne, montrez que si l'accélération a est constante, que la vitesse initiale est v_0 et que le déplacement initial est s_0, alors le déplacement au temps t est

$$s = \tfrac{1}{2}at^2 + v_0 t + s_0.$$

64. On lance un objet verticalement vers le haut avec une vitesse initiale de v_0 m/s depuis un point situé à s_0 m au-dessus du sol. Montrez que

$$[v(t)^2] = v_0^2 - 19{,}6[s(t) - s_0].$$

65. On lance deux balles verticalement vers le haut depuis le bord d'une falaise, comme dans l'exemple 7. La vitesse initiale de la première balle est de 14 m/s et la vitesse initiale de la seconde balle, qu'on lance une seconde plus tard, est de 7 m/s. Est-ce que les deux balles se trouvent à une même hauteur à un instant quelconque ?

66. Une pierre qu'on laisse tomber depuis une falaise touche le sol avec une vitesse de 40 m/s. Quelle est la hauteur de la falaise ?

67. Si un plongeur de masse m se tient à l'extrémité d'un tremplin de longueur L dont la densité linéaire est ρ, alors le tremplin a la forme de la courbe d'équation $y = f(x)$, où

$$EIy'' = mg(L - x) + \tfrac{1}{2}\rho g(L - x)^2,$$

E et I étant des constantes positives qui dépendent du matériau dont est fait le tremplin et $g\,(< 0)$ étant l'accélération gravitationnelle.
a) Écrivez une expression de la courbe que décrit le tremplin.
b) Utilisez $f(L)$ pour évaluer la distance sous l'horizontale à l'extrémité du tremplin.

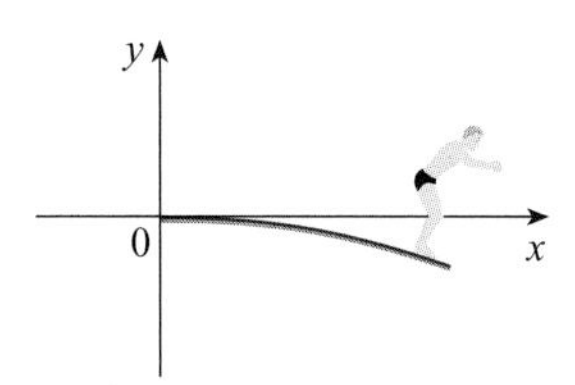

68. Une entreprise estime que le coût marginal de production (en dollars par unité) de x unités est égal à $1{,}92 - 0{,}002x$. Étant donné que le coût de production d'une unité est de 562 $, calculez le coût de production de 100 unités.

69. La densité linéaire d'une tige d'une longueur de 1 m est donnée, en grammes par centimètre, par $\rho(x) = 1/\sqrt{x}$, où x est la longueur en centimètres mesurée depuis une extrémité de la tige. Calculez la masse de la tige.

70. Comme une goutte de pluie grossit en tombant, l'aire de sa surface augmente aussi, de sorte que la résistance de l'air augmente. Une goutte de pluie tombant à la verticale a une vitesse initiale de 10 m/s et son accélération vers le bas est

$$a = \begin{cases} 9 - 0{,}9t & \text{si } 0 \leq t \leq 10 \\ 0 & \text{si } t > 10. \end{cases}$$

Combien de temps une goutte de pluie se trouvant initialement à 500 m au-dessus du sol met-elle à toucher le sol ?

71. Un automobiliste roule à 80 km/h lorsqu'il appuie à fond sur la pédale de frein, ce qui entraîne une décélération constante de 7 m/s². Quelle distance l'auto parcourt-elle avant de s'arrêter ?

72. Quelle doit être la valeur de l'accélération constante d'une automobile pour que sa vitesse augmente de 50 km/h à 80 km/h en 5 s?

73. Un automobiliste a freiné avec une décélération constante de 4 m/s², laissant une trace de freinage de 60 m de longueur sur la chaussée avant de s'arrêter. À quelle vitesse l'automobiliste roulait-il lorsqu'il a actionné les freins?

74. Un automobiliste roule à 100 km/h lorsqu'il voit se produire un accident à 80 m devant lui. Il enfonce immédiatement la pédale de frein. Quelle doit être la valeur de la décélération constante pour que l'auto s'arrête avant de tamponner les véhicules impliqués dans l'accident?

75. On lance à la verticale une fusée initialement au repos. Durant les dix premières secondes, son accélération est $a(t) = 18t$; le carburant étant alors épuisé, la fusée devient un «corps en chute libre». Le parachute de la fusée s'ouvre 170 s plus tard, ce qui réduit la vitesse de descente de façon linéaire à −16 m/s en 10 s. La fusée «flotte» ensuite à ce rythme jusqu'à ce qu'elle touche le sol.

a) Déterminez la fonction position s et la fonction vitesse v (à tout instant t). Tracez les courbes respectives de s et de v.
b) À quel moment la fusée atteint-elle sa hauteur maximale et quelle est la valeur de celle-ci?
c) À quel moment la fusée atterrit-elle?

76. Un train à grande vitesse accélère et décélère à un rythme de 1,6 m/s². Sa vitesse de croisière maximale est de 144 km/h.

a) Quelle est la distance maximale que parcourt le train s'il accélère depuis l'état de repos jusqu'à ce qu'il atteigne sa vitesse de croisière et qu'il maintient cette vitesse pendant 15 minutes?
b) Le train, qui est initialement à l'état de repos, doit s'arrêter complètement durant une période de 15 minutes. Quelle est la distance maximale qu'il peut parcourir dans ces conditions?
c) Calculez le temps maximal que met le train à parcourir la distance entre deux stations consécutives situées à 75 km l'une de l'autre.
d) Le train met 37,5 minutes à se rendre d'une station à la suivante. Quelle distance sépare ces deux stations?

1.2 LA NOTATION SIGMA

Il existe un moyen pratique d'écrire une somme à l'aide de la lettre grecque majuscule $\sum$ (qui se lit «sigma» et correspond à la lettre S de l'alphabet français); ce symbolisme est appelé **notation sigma**.

Ce symbole indique qu'on arrête à $i = n$.

Ce symbole indique qu'on doit effectuer une addition. $\sum_{i=m}^{n} a_i$

Ce symbole indique qu'on commence à $i = m$.

1 DÉFINITION

Si $a_m, a_{m+1}, \ldots, a_n$ représentent des nombres réels, et que m et n sont des entiers tels que $m \leq n$, alors

$$\sum_{i=m}^{n} a_i = a_m + a_{m+1} + a_{m+2} + \cdots + a_{n-1} + a_n.$$

Si on emploie la notation des fonctions, la définition **1** s'écrit

$$\sum_{i=m}^{n} f(i) = f(m) + f(m+1) + f(m+2) + \cdots + f(n-1) + f(n).$$

Le symbolisme $\sum_{i=m}^{n}$ représente donc une addition dans laquelle la lettre i, appelée **indice de sommation**, prend des valeurs entières consécutives, en commençant par m et en finissant par n, c'est-à-dire $m, m+1, \ldots, n$, ce qui donne $n - m + 1$ termes. On peut employer d'autres lettres comme indice de sommation.

⊘ Le symbolisme $\sum_{i=m}^{n}$ s'applique seulement au premier terme placé après lui.

Par exemple, $2 + \sum_{i=m}^{n} a_i = \sum_{i=m}^{n} a_i + 2 \neq \sum_{i=m}^{n} (a_i + 2)$.

EXEMPLE 1

a) $\displaystyle\sum_{i=1}^{4} i^2 = 1^2 + 2^2 + 3^2 + 4^2 = 30$

b) $\displaystyle\sum_{i=3}^{n} i = 3 + 4 + 5 + \cdots + (n-1) + n$

c) $\displaystyle\sum_{j=0}^{5} 2^j = 2^0 + 2^1 + 2^2 + 2^3 + 2^4 + 2^5 = 63$

d) $\displaystyle\sum_{k=1}^{n} \frac{1}{k} = 1 + \frac{1}{2} + \frac{1}{3} + \cdots + \frac{1}{n}$

e) $\displaystyle\sum_{i=1}^{3} \frac{i-1}{i^2+3} = \frac{1-1}{1^2+3} + \frac{2-1}{2^2+3} + \frac{3-1}{3^2+3} = 0 + \frac{1}{7} + \frac{1}{6} = \frac{13}{42}$

f) $\displaystyle\sum_{i=1}^{4} 2 = 2 + 2 + 2 + 2 = 8$

EXEMPLE 2 Écrivons la somme $2^3 + 3^3 + \cdots + n^3$ à l'aide de la notation sigma.

SOLUTION Il n'y a pas une façon unique d'écrire une somme à l'aide de la notation sigma. On peut écrire

$$2^3 + 3^3 + \cdots + n^3 = \sum_{i=2}^{n} i^3$$

ou encore

$$2^3 + 3^3 + \cdots + n^3 = \sum_{j=1}^{n-1} (j+1)^3$$

ou bien

$$2^3 + 3^3 + \cdots + n^3 = \sum_{k=0}^{n-2} (k+2)^3.$$

Le théorème suivant énonce trois règles simples relatives à l'emploi de la notation sigma.

2 THÉORÈME

Si c est une constante quelconque (c'est-à-dire qu'elle ne dépend pas de i), alors

a) $\displaystyle\sum_{i=m}^{n} ca_i = c\sum_{i=m}^{n} a_i,$

b) $\displaystyle\sum_{i=m}^{n} (a_i + b_i) = \sum_{i=m}^{n} a_i + \sum_{i=m}^{n} b_i,$

c) $\displaystyle\sum_{i=m}^{n} (a_i - b_i) = \sum_{i=m}^{n} a_i - \sum_{i=m}^{n} b_i.$

DÉMONSTRATION On peut vérifier que chaque règle est vraie en développant simplement chaque membre.

La règle a) est en fait la propriété de distributivité de la multiplication par rapport à l'addition de nombres réels :

$$ca_m + ca_{m+1} + \cdots + ca_n = c(a_m + a_{m+1} + \cdots + a_n).$$

La règle b) découle des propriétés d'associativité et de commutativité de la multiplication et de l'addition :

$$(a_m + b_m) + (a_{m+1} + b_{m+1}) + \cdots + (a_n + b_n) = (a_m + a_{m+1} + \cdots + a_n) + (b_m + b_{m+1} + \cdots + b_n).$$

On démontre la règle c) de façon analogue.

EXEMPLE 3 Cherchons $\sum_{i=1}^{n} 1$.

SOLUTION

$$\sum_{i=1}^{n} 1 = \underbrace{1 + 1 + \cdots + 1}_{n \text{ termes}} = n$$

EXEMPLE 4 Démontrons la formule de la somme des n premiers entiers positifs :

$$\sum_{i=1}^{n} i = 1 + 2 + 3 + \cdots + n = \frac{n(n+1)}{2}.$$

SOLUTION On peut démontrer la formule énoncée au moyen d'un raisonnement par induction ou en appliquant la méthode suivante, utilisée par le mathématicien allemand Karl Friedrich Gauss (1777-1855) alors qu'il n'avait que dix ans.

On écrit la somme S deux fois : d'abord dans l'ordre habituel, puis dans l'ordre inverse :

$$\begin{array}{lcccccccccc} S = 1 & + & 2 & + & 3 & + & \cdots & + & (n-1) & + & n \\ S = n & + & (n-1) & + & (n-2) & + & \cdots & + & 2 & + & 1. \end{array}$$

En additionnant chacune des colonnes, on obtient

$$2S = (n+1) + (n+1) + (n+1) + \cdots + (n+1) + (n+1).$$

Le membre de droite contient n termes, tous égaux à $n + 1$; donc,

$$2S = n(n+1) \quad \text{ou} \quad S = \frac{n(n+1)}{2}.$$

EXEMPLE 5 Démontrons la formule de la somme des carrés des n premiers entiers positifs :

$$\sum_{i=1}^{n} i^2 = 1^2 + 2^2 + 3^2 + \cdots + n^2 = \frac{n(n+1)(2n+1)}{6}.$$

SOLUTION 1 On désigne par S la somme recherchée. On prend d'abord la **somme télescopique** (c'est-à-dire qui se simplifie par « télescopage ») :

La plupart des termes s'annulent deux à deux.

$$\begin{aligned} \sum_{i=1}^{n} [(1+i)^3 - i^3] &= (2^3 - 1^3) + (3^3 - 2^3) + (4^3 - 3^3) + \cdots + [(n+1)^3 - n^3] \\ &= (n+1)^3 - 1^3 = n^3 + 3n^2 + 3n. \end{aligned}$$

Par ailleurs, en utilisant le théorème **2** de même que les exemples 3 et 4, on obtient

$$\begin{aligned} \sum_{i=1}^{n} [(1+i)^3 - i^3] &= \sum_{i=1}^{n} [3i^2 + 3i + 1] = 3\sum_{i=1}^{n} i^2 + 3\sum_{i=1}^{n} i + \sum_{i=1}^{n} 1 \\ &= 3S + 3\frac{n(n+1)}{2} + n = 3S + \tfrac{3}{2}n^2 + \tfrac{5}{2}n. \end{aligned}$$

Ainsi,

$$n^3 + 3n^2 + 3n = 3S + \tfrac{3}{2}n^2 + \tfrac{5}{2}n.$$

En résolvant la dernière équation par rapport à S, on a

$$3S = n^3 + \tfrac{3}{2}n^2 + \tfrac{1}{2}n$$

ou encore

$$S = \frac{2n^3 + 3n^2 + n}{6} = \frac{n(n+1)(2n+1)}{6}.$$

Le raisonnement par induction

Soit S_n, un énoncé où intervient un entier positif n. On suppose que:

1. S_1 est vrai;
2. si S_k est vrai, alors S_{k+1} est vrai.

Il s'ensuit que S_n est vrai pour tout entier positif n.

SOLUTION 2 Soit S_n, la formule donnée.

1. S_1 est vrai puisque $1^2 = \dfrac{1(1+1)(2 \cdot 1+1)}{6}$.

2. On suppose que S_k est vrai, c'est-à-dire que

$$1^2 + 2^2 + 3^2 + \cdots + k^2 = \frac{k(k+1)(2k+1)}{6}.$$

Il s'ensuit que

$$\begin{aligned}
1^2 + 2^2 + 3^2 + \cdots + (k+1)^2 &= (1^2 + 2^2 + 3^2 + \cdots + k^2) + (k+1)^2 \\
&= \frac{k(k+1)(2k+1)}{6} + (k+1)^2 \\
&= (k+1)\frac{k(2k+1) + 6(k+1)}{6} \\
&= (k+1)\frac{2k^2 + 7k + 6}{6} \\
&= \frac{(k+1)(k+2)(2k+3)}{6} \\
&= \frac{(k+1)[(k+1)+1][2(k+1)+1]}{6}.
\end{aligned}$$

Donc, S_{k+1} est vrai.

L'application du raisonnement par induction montre que S_n est vrai pour tout n.

Le théorème suivant résume les résultats des exemples 3, 4 et 5 de même que des résultats similaires concernant des cubes (voir les exercices 37 à 40). Les formules énoncées sont utilisées dans les prochaines sections pour calculer des aires et évaluer des intégrales.

3 THÉORÈME

Si c est une constante et n, un entier positif, alors:

a) $\displaystyle\sum_{i=1}^{n} 1 = n,$

b) $\displaystyle\sum_{i=1}^{n} c = nc,$

c) $\displaystyle\sum_{i=1}^{n} i = \frac{n(n+1)}{2},$

d) $\displaystyle\sum_{i=1}^{n} i^2 = \frac{n(n+1)(2n+1)}{6},$

e) $\displaystyle\sum_{i=1}^{n} i^3 = \left[\frac{n(n+1)}{2}\right]^2.$

EXEMPLE 6 Cherchons $\sum_{i=1}^{n} i(4i^2-3)$.

SOLUTION En appliquant les théorèmes 2 et 3, on obtient

$$\begin{aligned}\sum_{i=1}^{n} i(4i^2-3) &= \sum_{i=1}^{n}(4i^3-3i) = 4\sum_{i=1}^{n} i^3 - 3\sum_{i=1}^{n} i\\ &= 4\left[\frac{n(n+1)}{2}\right]^2 - 3\frac{n(n+1)}{2}\\ &= \frac{n(n+1)[2n(n+1)-3]}{2}\\ &= \frac{n(n+1)[2n^2+2n-3]}{2}.\end{aligned}$$

Le type de calculs effectués dans l'exemple 7 sert à déterminer des aires dans les prochaines sections.

EXEMPLE 7 Cherchons $\lim_{n\to\infty}\sum_{i=1}^{n}\frac{3}{n}\left[\left(\frac{i}{n}\right)^2+1\right]$.

SOLUTION

$$\begin{aligned}\lim_{n\to\infty}\sum_{i=1}^{n}\frac{3}{n}\left[\left(\frac{i}{n}\right)^2+1\right] &= \lim_{n\to\infty}\sum_{i=1}^{n}\left[\frac{3}{n^3}i^2+\frac{3}{n}\right]\\ &= \lim_{n\to\infty}\left[\frac{3}{n^3}\sum_{i=1}^{n} i^2+\frac{3}{n}\sum_{i=1}^{n} 1\right]\\ &= \lim_{n\to\infty}\left[\frac{3}{n^3}\frac{n(n+1)(2n+1)}{6}+\frac{3}{n}\cdot n\right]\\ &= \lim_{n\to\infty}\left[\frac{1}{2}\cdot\frac{n}{n}\cdot\left(\frac{n+1}{n}\right)\left(\frac{2n+1}{n}\right)+3\right]\\ &= \lim_{n\to\infty}\left[\frac{1}{2}\cdot 1\left(1+\frac{1}{n}\right)\left(2+\frac{1}{n}\right)+3\right]\\ &= \tfrac{1}{2}\cdot 1\cdot 1\cdot 2+3 = 4\end{aligned}$$

Exercices 1.2

1-10 Écrivez la somme sous sa forme développée.

1. $\sum_{i=1}^{5}\sqrt{i}$
2. $\sum_{i=1}^{6}\frac{1}{i+1}$
3. $\sum_{i=4}^{6}3^i$
4. $\sum_{i=4}^{6}i^3$
5. $\sum_{k=0}^{4}\frac{2k-1}{2k+1}$
6. $\sum_{k=5}^{8}x^k$
7. $\sum_{i=1}^{n}i^{10}$
8. $\sum_{j=n}^{n+3}j^2$
9. $\sum_{j=0}^{n-1}(-1)^j$
10. $\sum_{i=1}^{n}f(x_i)\Delta x_i$

11-20 Écrivez la somme à l'aide de la notation sigma.

11. $1+2+3+4+\cdots+10$
12. $\sqrt{3}+\sqrt{4}+\sqrt{5}+\sqrt{6}+\sqrt{7}$
13. $\frac{1}{2}+\frac{2}{3}+\frac{3}{4}+\frac{4}{5}+\cdots+\frac{19}{20}$
14. $\frac{3}{7}+\frac{4}{8}+\frac{5}{9}+\frac{6}{10}+\cdots+\frac{23}{27}$
15. $2+4+6+8+\cdots+2n$
16. $1+3+5+7+\cdots+(2n-1)$
17. $1+2+4+8+16+32$
18. $\frac{1}{1}+\frac{1}{4}+\frac{1}{9}+\frac{1}{16}+\frac{1}{25}+\frac{1}{36}$
19. $x+x^2+x^3+\cdots+x^n$
20. $1-x+x^2-x^3+\cdots+(-1)^n x^n$

21-35 Calculez la somme donnée.

21. $\sum_{i=4}^{8}(3i-2)$
22. $\sum_{i=3}^{6}i(i+2)$

23. $\sum_{j=1}^{6} 3^{j+1}$

24. $\sum_{k=0}^{8} \cos k\pi$

25. $\sum_{n=1}^{20} (-1)^n$

26. $\sum_{i=1}^{100} 4$

27. $\sum_{i=0}^{4} (2^i + i^2)$

28. $\sum_{i=-2}^{4} 2^{3-i}$

29. $\sum_{i=1}^{n} 2i$

30. $\sum_{i=1}^{n} (2 - 5i)$

31. $\sum_{i=1}^{n} (i^2 + 3i + 4)$

32. $\sum_{i=1}^{n} (3 + 2i)^2$

33. $\sum_{i=1}^{n} (i+1)(i+2)$

34. $\sum_{i=1}^{n} i(i+1)(i+2)$

35. $\sum_{i=1}^{n} (i^3 - i - 2)$

36. Trouvez un nombre n tel que $\sum_{i=1}^{n} i = 78$.

37. Démontrez la formule b) du théorème **3**.

38. Démontrez la formule e) du théorème **3** à l'aide d'un raisonnement par induction.

39. Démontrez la formule e) du théorème **3** à l'aide d'une méthode analogue à celle qui est employée dans la solution 1 de l'exemple 5. (Prenez comme point de départ $(1 + i)^4 - i^4$.)

40. Démontrez la formule e) du théorème **3** à l'aide de la méthode suivante, publiée par Abu Bekr Mohammed ibn Alhusain Alkarchi en l'an 1010 de notre ère environ. La figure suivante représente un carré $ABCD$ dont les côtés AB et AD sont divisés en segments de longueurs respectives $1, 2, 3, \ldots, n$. Ainsi, la longueur d'un côté du carré est égale à $n(n+1)/2$, de sorte que l'aire du carré est égale à $[n(n+1)/2]^2$. Mais celle-ci est aussi égale à la somme des aires respectives des n « équerres » $E_1, E_2, \ldots, E_n$ illustrées. Montrez que l'aire de E_i est égale à i^3 et déduisez-en que la formule e) est vraie.

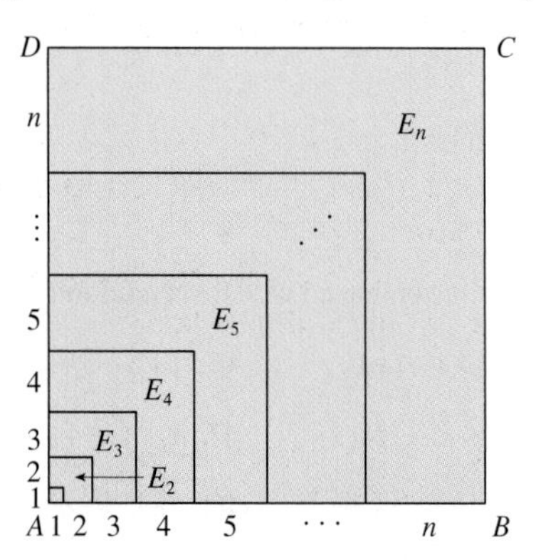

41. Évaluez chacune des sommes télescopiques suivantes.

a) $\sum_{i=1}^{n} [i^4 - (i-1)^4]$

b) $\sum_{i=1}^{100} (5^i - 5^{i-1})$

c) $\sum_{i=3}^{99} \left(\frac{1}{i} - \frac{1}{i+1}\right)$

d) $\sum_{i=1}^{n} (a_i - a_{i-1})$

42. Démontrez la forme générale de l'inégalité du triangle :

$$\left|\sum_{i=1}^{n} a_i\right| \leq \sum_{i=1}^{n} |a_i|.$$

43-46 Calculez la limite donnée.

43. $\lim_{n\to\infty} \sum_{i=1}^{n} \frac{1}{n}\left(\frac{i}{n}\right)^2$

44. $\lim_{n\to\infty} \sum_{i=1}^{n} \frac{1}{n}\left[\left(\frac{i}{n}\right)^3 + 1\right]$

45. $\lim_{n\to\infty} \sum_{i=1}^{n} \frac{2}{n}\left[\left(\frac{2i}{n}\right)^3 + 5\left(\frac{2i}{n}\right)\right]$

46. $\lim_{n\to\infty} \sum_{i=1}^{n} \frac{3}{n}\left[\left(1 + \frac{3i}{n}\right)^3 - 2\left(1 + \frac{3i}{n}\right)\right]$

47. Démontrez la formule de la somme d'une série géométrique finie dont le premier terme est a et la raison est $r \neq 1$:

$$\sum_{i=1}^{n} ar^{i-1} = a + ar + ar^2 + \cdots + ar^{n-1} = \frac{a(r^n - 1)}{r - 1}.$$

48. Évaluez $\sum_{i=1}^{n} \frac{3}{2^{i-1}}$.

49. Évaluez $\sum_{i=1}^{n} (2i + 2^i)$.

50. Évaluez $\sum_{i=1}^{m} \left[\sum_{j=1}^{n} (i + j)\right]$.

1.3 L'AIRE ET LA DISTANCE

LE PROBLÈME DE L'AIRE

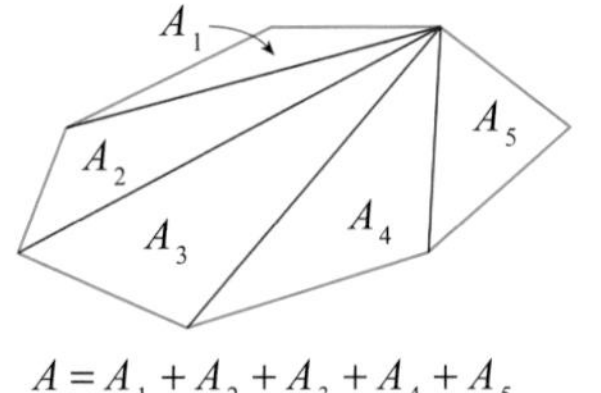

FIGURE 1

L'origine du calcul différentiel et intégral remonte à au moins 2500 ans, à l'époque où les anciens Grecs calculaient des aires en appliquant la « méthode d'exhaustion ». Ils savaient comment déterminer l'aire A de n'importe quel polygone en divisant celui-ci en triangles, comme dans la figure 1, puis en additionnant les aires respectives de tous les triangles.

Il est beaucoup plus difficile de calculer l'aire d'une figure qui n'est pas formée de segments de droite. La méthode d'exhaustion des Grecs consistait à inscrire un polygone dans la figure et à inscrire la figure elle-même dans un autre polygone, puis à augmenter progressivement le nombre de côtés de chaque polygone. La figure 2 illustre ce procédé dans le cas particulier d'un cercle dans lequel sont inscrits des polygones réguliers.

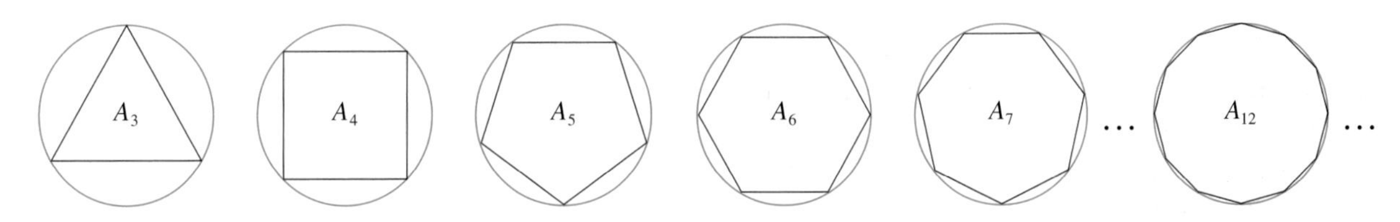

FIGURE 2

Soit A_n, l'aire du polygone inscrit ayant n côtés. Lorsque n augmente, la valeur de A_n semble s'approcher de plus en plus de l'aire du cercle. On dit que l'aire A du cercle est la **limite** des aires respectives des polygones inscrits dans le cercle, ce qui s'écrit

$$A = \lim_{n\to\infty} A_n .$$

Les anciens Grecs n'utilisaient pas explicitement le concept de limite. Cependant, en appliquant un raisonnement indirect, Eudoxe (Ve siècle av. J.-C.) employa la méthode d'exhaustion pour prouver la formule bien connue de l'aire d'un cercle, à savoir $A = \pi r^2$.

On va utiliser un raisonnement semblable, dans cette section, pour calculer l'aire de régions comme celle qui est représentée dans la figure 3. On va prendre comme approximations de l'aire A recherchée les aires respectives de rectangles (comme dans la figure 4) et réduire progressivement la largeur de ces derniers, puis prendre comme valeur de A la limite de toutes les sommes des aires des rectangles.

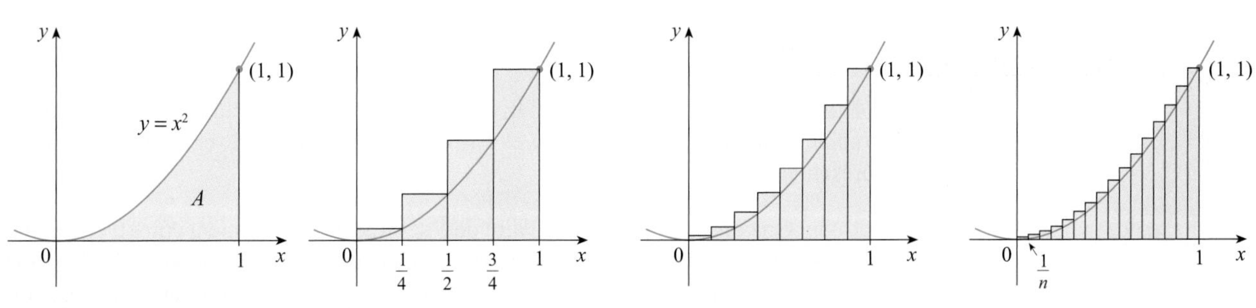

FIGURE 3 **FIGURE 4**

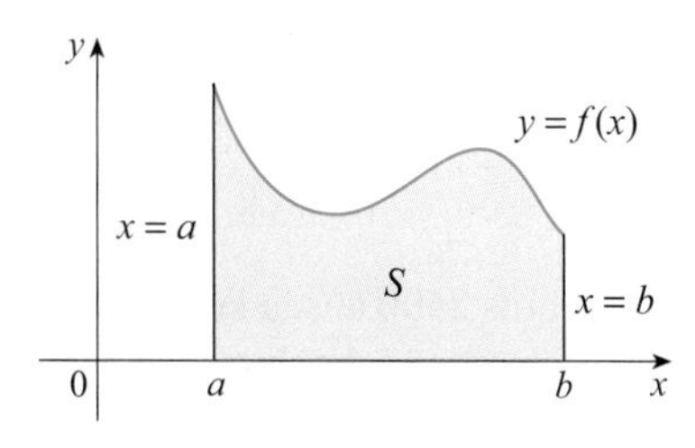

FIGURE 5

$S = \{(x, y) \mid a \leq x \leq b, 0 \leq y \leq f(x)\}$

Le problème de l'aire est au centre de la branche du calcul intégral. Les techniques de calcul d'une aire exposées ici permettent aussi de calculer le volume d'un solide, la longueur d'un arc de courbe, la force que l'eau exerce sur un barrage, la masse et le centre de gravité d'une tige, et le travail requis pour pomper de l'eau à l'extérieur d'un réservoir.

Dans la présente section, nous allons voir que, si on essaie de déterminer l'aire sous une courbe ou la distance parcourue par une automobile, on se trouve face à un même type particulier de limite.

Nous allons d'abord essayer de résoudre le **problème de l'aire**, qui consiste à déterminer l'aire d'une région S comprise entre l'axe des x et la courbe $y = f(x)$, entre $x = a$ et $x = b$. Autrement dit, la région S, représentée dans la figure 5, est délimitée par la courbe d'une fonction continue f telle que $f(x) \geq 0$, les droites verticales $x = a$ et $x = b$, et l'axe des x.

Si on veut résoudre le problème de l'aire, on doit d'abord se demander quel est le sens du mot *aire*. On peut aisément répondre à cette question dans le cas d'une région délimitée par des segments de droite. Par exemple, l'aire d'un rectangle est définie comme le produit de sa longueur et de sa largeur; l'aire d'un triangle est égale à la moitié du produit de la longueur de la base et de la hauteur (voir la figure 6). En général, on calcule encore l'aire d'un polygone selon la méthode mise au point dans la Grèce antique en le divisant en triangles (comme dans la figure 1), puis en additionnant les aires respectives des triangles.

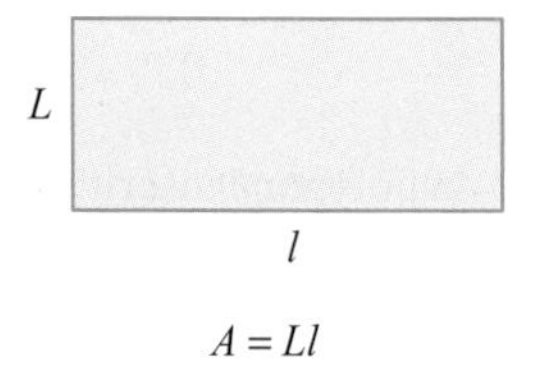

$A = Ll$

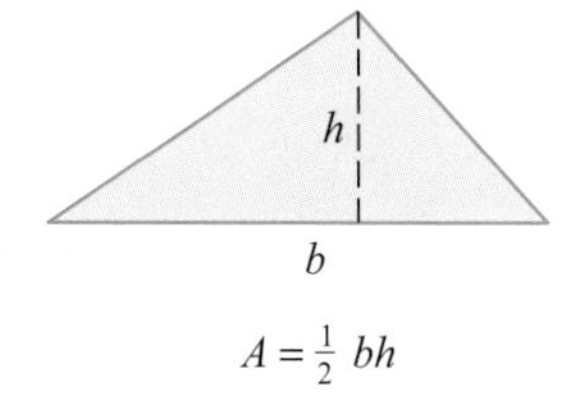

$A = \frac{1}{2}bh$

FIGURE 6

Cependant, il n'est pas aussi facile de déterminer l'aire d'une région délimitée par des courbes non rectilignes. On a une notion intuitive de ce qu'est l'aire d'une région, mais le problème de l'aire consiste en partie à préciser cette idée intuitive en définissant l'aire de manière exacte.

Lorsqu'on a défini la tangente à une courbe, on a d'abord approché la pente de la tangente par les pentes respectives de droites sécantes, puis on a cherché la limite de ces approximations. On applique ici un procédé analogue au problème de l'aire : on va d'abord tenter d'obtenir une approximation de la région S au moyen de rectangles, puis prendre la limite des aires respectives de ces rectangles, en augmentant toujours leur nombre. L'exemple 1 illustre ce procédé.

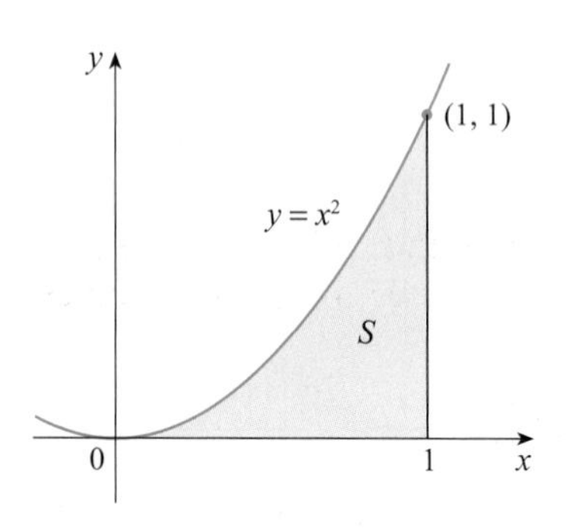

FIGURE 7

EXEMPLE 1 Déterminons approximativement, au moyen de rectangles, l'aire sous la parabole d'équation $y = x^2$, entre 0 et 1 (c'est-à-dire l'aire de la région parabolique S représentée dans la figure 7).

SOLUTION On constate d'abord que l'aire de S se situe nécessairement entre 0 et 1 parce que S est contenue dans un carré de côté 1 ; mais il est certainement possible d'obtenir une meilleure approximation. Par exemple, on peut diviser S en quatre bandes, soit S_1, S_2, S_3 et S_4, en traçant les droites verticales $x = \frac{1}{4}$, $x = \frac{1}{2}$ et $x = \frac{3}{4}$ (voir la figure 8 a).

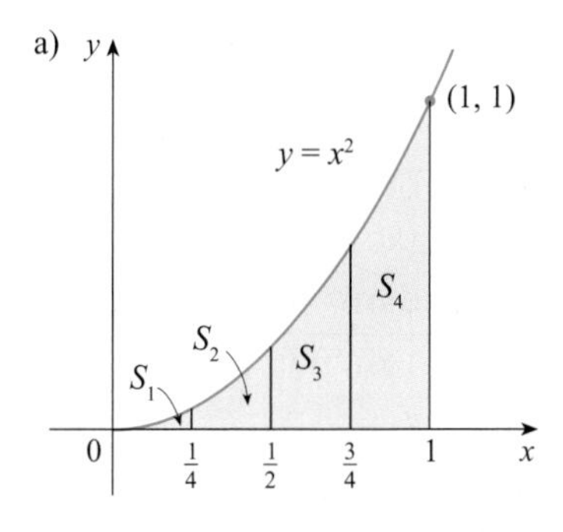

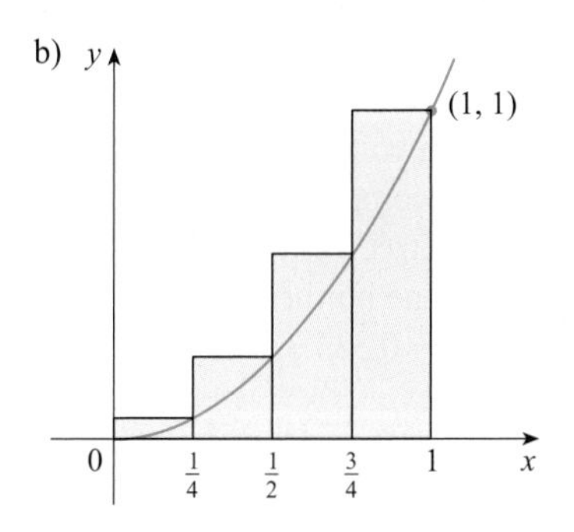

FIGURE 8

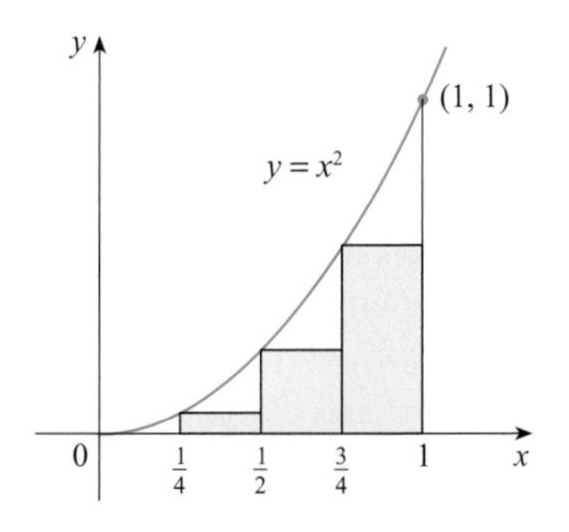

FIGURE 9

On cherche ensuite une approximation de chaque bande au moyen d'un rectangle ayant la même base que celle-ci et dont la hauteur est identique à la frontière droite de la bande (voir la figure 8 b). Autrement dit, les hauteurs des rectangles ont respectivement la même valeur que la fonction $f(x) = x^2$ à l'extrémité droite des sous-intervalles $\left[0, \frac{1}{4}\right]$, $\left[\frac{1}{4}, \frac{1}{2}\right]$, $\left[\frac{1}{2}, \frac{3}{4}\right]$ et $\left[\frac{3}{4}, 1\right]$.

La largeur de chaque rectangle est $\frac{1}{4}$ et les hauteurs des quatre rectangles sont respectivement $\left(\frac{1}{4}\right)^2$, $\left(\frac{1}{2}\right)^2$, $\left(\frac{3}{4}\right)^2$ et 1^2. Si on désigne par D_4 la somme des aires de tous ces rectangles servant d'approximation, on a

$$D_4 = \tfrac{1}{4} \cdot \left(\tfrac{1}{4}\right)^2 + \tfrac{1}{4} \cdot \left(\tfrac{1}{2}\right)^2 + \tfrac{1}{4} \cdot \left(\tfrac{3}{4}\right)^2 + \tfrac{1}{4} \cdot 1^2 = \tfrac{15}{32} = 0{,}468\,75.$$

En examinant la figure 8 b), on constate que l'aire A de S est inférieure à D_4 ; donc

$$A < 0{,}468\,75.$$

Au lieu des rectangles de la figure 8 b), on pourrait employer ceux de la figure 9, qui sont plus petits et dont les hauteurs respectives ont la même valeur que f à l'extrémité gauche des sous-intervalles. (Le rectangle le plus à gauche est aplati parce que sa hauteur est 0.) La somme des aires respectives de tous ces rectangles servant d'approximation est alors

$$G_4 = \tfrac{1}{4} \cdot 0^2 + \tfrac{1}{4} \cdot \left(\tfrac{1}{4}\right)^2 + \tfrac{1}{4} \cdot \left(\tfrac{1}{2}\right)^2 + \tfrac{1}{4} \cdot \left(\tfrac{3}{4}\right)^2 = \tfrac{7}{32} = 0{,}218\,75.$$

On note que l'aire de S est plus grande que G_4, de sorte qu'on a des approximations par défaut et par excès de A :

$$0{,}218\,75 < A < 0{,}468\,75.$$

On peut appliquer le même procédé avec un plus grand nombre de bandes. La figure 10 illustre ce qui se produit si on divise la région S en huit bandes de même largeur.

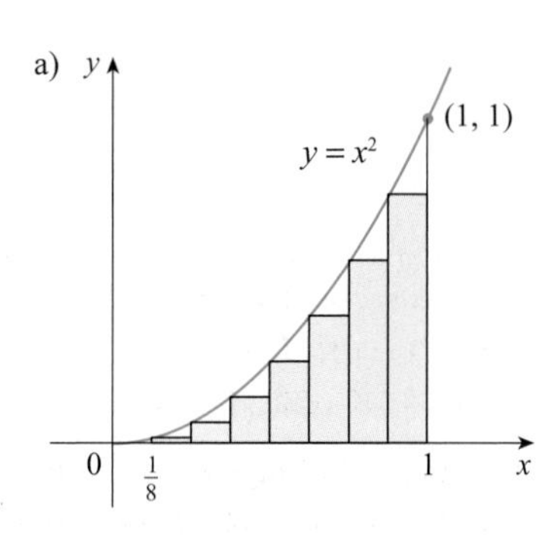

Utilisant les extrémités gauches.

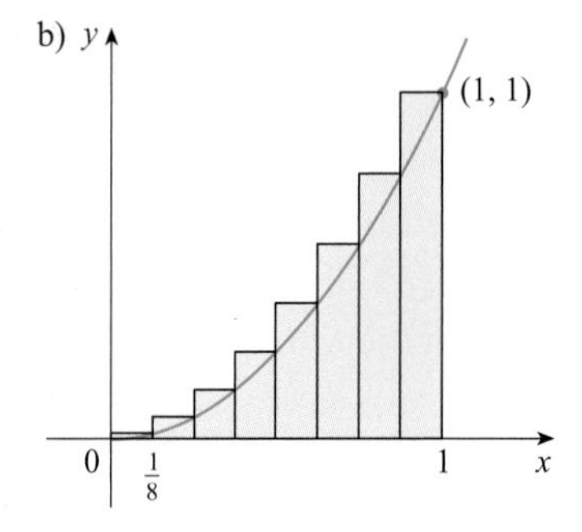

Utilisant les extrémités droites.

FIGURE 10
Approximation de S au moyen de huit rectangles.

En calculant la somme des aires respectives de tous les plus petits rectangles (G_8) et la somme des aires respectives de tous les plus grands rectangles (D_8), on obtient de meilleures approximations par défaut et par excès de A :

$$0{,}273\,437\,5 < A < 0{,}398\,437\,5.$$

Donc, à la question à savoir quelle est l'aire réelle de S, on peut répondre que c'est un nombre compris entre 0,273 437 5 et 0,398 437 5.

n	G_n	D_n
10	0,285 000 0	0,385 000 0
20	0,308 750 0	0,358 750 0
30	0,316 851 9	0,350 185 2
50	0,323 400 0	0,343 400 0
100	0,328 350 0	0,338 350 0
1 000	0,332 833 5	0,333 833 5

Il est possible d'obtenir de meilleures approximations en augmentant le nombre de bandes. Le tableau précédent fait état des résultats de calculs analogues (effectués à l'aide d'un ordinateur) pour n rectangles dont les hauteurs respectives correspondent à l'extrémité gauche (G_n) ou droite (D_n) de sous-intervalles. On voit par exemple que, si on utilise 50 bandes rectangulaires, alors l'aire cherchée est comprise entre 0,3234 et 0,3434 ; si on emploie 1000 bandes rectangulaires, l'écart se rétrécit encore : l'aire A est alors comprise entre 0,332 833 5 et 0,333 833 5. On obtient une bonne approximation en prenant la moyenne de ces deux derniers nombres, soit $A \approx 0,333\,333\,5$.

Les valeurs du tableau de l'exemple 1 semblent indiquer que D_n tend vers $\frac{1}{3}$ lorsque n tend vers un grand nombre. L'exemple 2 confirme cette intuition.

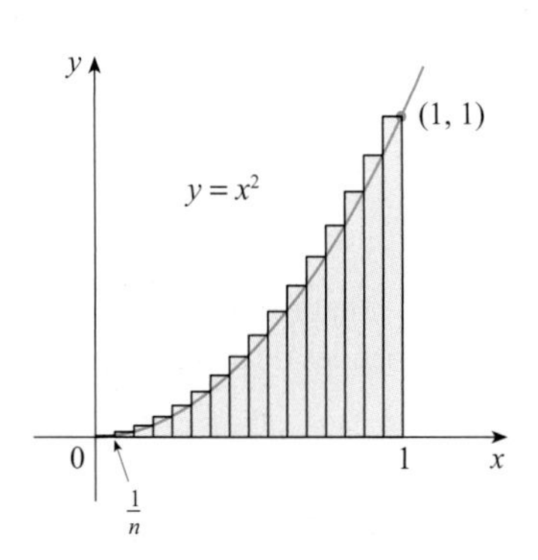

FIGURE 11

EXEMPLE 2 Dans le cas de la région S de l'exemple 1, montrons que la somme des aires respectives de tous les rectangles qui servent d'approximation par excès tend vers $\frac{1}{3}$, c'est-à-dire que

$$\lim_{n\to\infty} D_n = \tfrac{1}{3}.$$

SOLUTION On désigne par D_n la somme des aires des n rectangles de la figure 11. Tous les rectangles ont la même largeur, soit $1/n$, et leurs hauteurs ont respectivement la même valeur que la fonction $f(x) = x^2$ aux points $1/n, 2/n, 3/n, \ldots, n/n$; autrement dit, les hauteurs sont $(1/n)^2, (2/n)^2, (3/n)^2, \ldots, (n/n)^2$. Donc,

$$\begin{aligned} D_n &= \frac{1}{n}\left(\frac{1}{n}\right)^2 + \frac{1}{n}\left(\frac{2}{n}\right)^2 + \frac{1}{n}\left(\frac{3}{n}\right)^2 + \cdots + \frac{1}{n}\left(\frac{n}{n}\right)^2 \\ &= \frac{1}{n} \cdot \frac{1}{n^2}(1^2 + 2^2 + 3^2 + \cdots + n^2) \\ &= \frac{1}{n^3}(1^2 + 2^2 + 3^2 + \cdots + n^2). \end{aligned}$$

Pour évaluer la dernière expression, on a besoin de la formule de la somme des carrés des n premiers entiers positifs, démontrée à la section 1.2 :

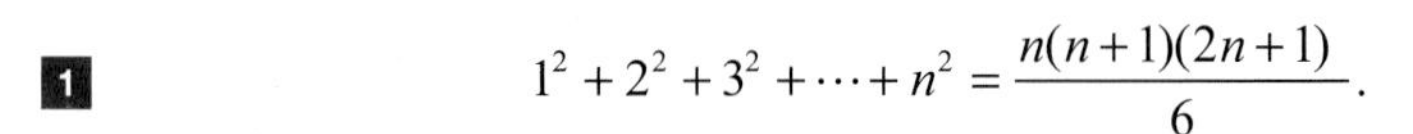

1 $$1^2 + 2^2 + 3^2 + \cdots + n^2 = \frac{n(n+1)(2n+1)}{6}.$$

Si, dans l'expression de D_n, on remplace la somme par la formule, on obtient

$$D_n = \frac{1}{n^3} \cdot \frac{n(n+1)(2n+1)}{6} = \frac{(n+1)(2n+1)}{6n^2}.$$

On doit calculer la limite de la suite $\{D_n\}$. Il est question de ce concept dans la section 6.1. En fait, il est très semblable à la notion de limite à l'infini sauf que, si on écrit $\lim_{n\to\infty}$, on restreint la valeur de n aux entiers positifs. On sait, en particulier, que

$$\lim_{n\to\infty}\frac{1}{n}=0.$$

L'égalité $\lim_{n\to\infty} D_n = \frac{1}{3}$ signifie qu'on peut rendre D_n aussi proche de $\frac{1}{3}$ qu'on le veut en choisissant une valeur de n suffisamment grande.

Donc,

$$\begin{aligned}\lim_{n\to\infty} D_n &= \lim_{n\to\infty}\frac{(n+1)(2n+1)}{6n^2}\\ &= \lim_{n\to\infty}\frac{1}{6}\left(\frac{n+1}{n}\right)\left(\frac{2n+1}{n}\right)\\ &= \lim_{n\to\infty}\frac{1}{6}\left(1+\frac{1}{n}\right)\left(2+\frac{1}{n}\right)\\ &= \frac{1}{6}\cdot 1\cdot 2=\frac{1}{3}.\end{aligned}$$

On peut également montrer que les sommes constituant des approximations par défaut tendent elles aussi vers $\frac{1}{3}$, c'est-à-dire que

$$\lim_{n\to\infty} G_n = \tfrac{1}{3}.$$

Les figures 12 et 13 indiquent que plus n est grand, meilleures sont les deux approximations G_n et D_n de l'aire de S. On définit donc l'aire A de la région sous la courbe comme la limite des sommes des aires des rectangles servant d'approximation :

$$A=\lim_{n\to\infty} D_n = \lim_{n\to\infty} G_n = \tfrac{1}{3}.$$

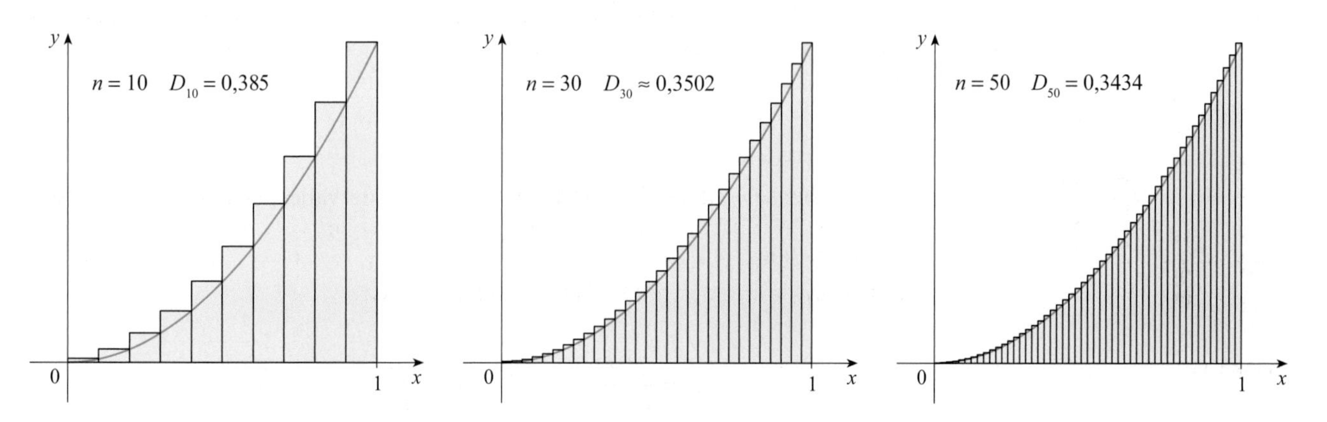

FIGURE 12 Si on utilise les extrémités droites des sous-intervalles, on obtient des approximations par excès parce que $f(x) = x^2$ est une fonction croissante.

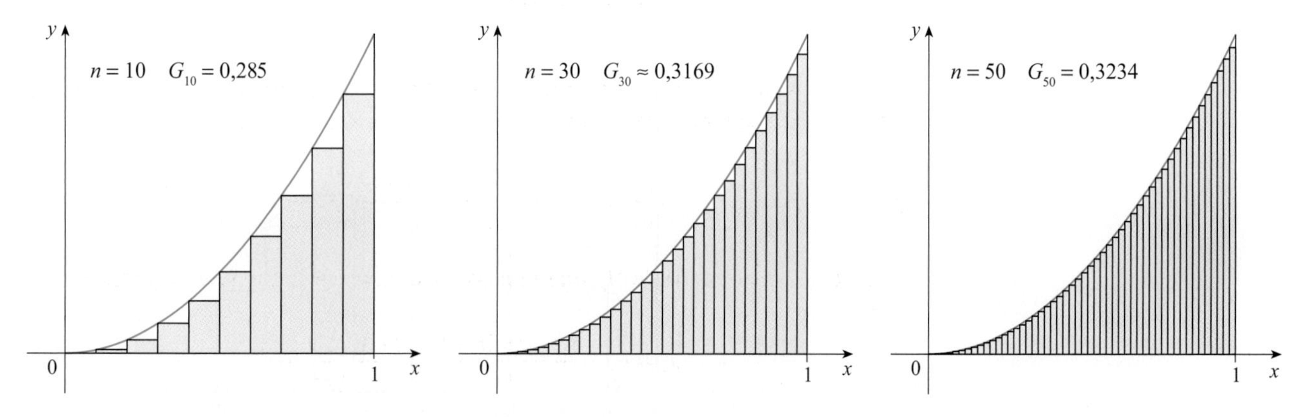

FIGURE 13 Si on utilise les extrémités gauches des sous-intervalles, on obtient des approximations par défaut parce que $f(x) = x^2$ est une fonction croissante.

Afin d'appliquer l'idée illustrée dans les exemples 1 et 2 au cas plus général de la région S de la figure 5, on divise d'abord S en n bandes de même largeur, soit S_1, $S_2, \ldots, S_n$ (voir la figure 14).

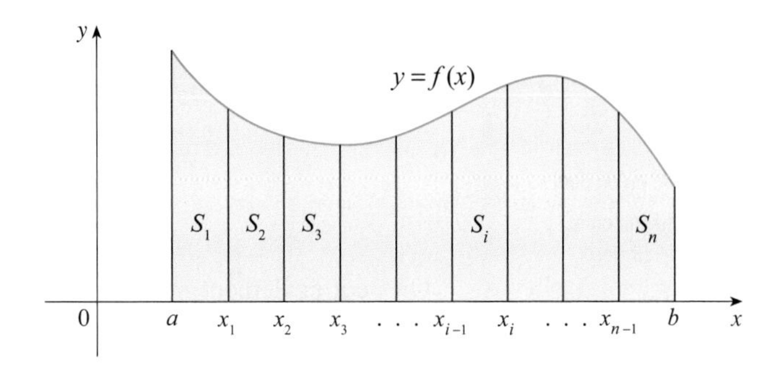

FIGURE 14

La longueur de l'intervalle $[a, b]$ est $b - a$, de sorte que la largeur de chacune des n bandes est

$$\Delta x = \frac{b-a}{n}.$$

Les segments verticaux divisent l'intervalle $[a, b]$ en n sous-intervalles (de même largeur),

$$[x_0, x_1], \quad [x_1, x_2], \quad [x_2, x_3], \quad \ldots, \quad [x_{n-1}, x_n],$$

où $x_0 = a$ et $x_n = b$. Les extrémités droites des sous-intervalles sont respectivement

$$\begin{aligned} x_1 &= a + \Delta x, \\ x_2 &= a + 2\Delta x, \\ x_3 &= a + 3\Delta x, \\ &\vdots \end{aligned}$$

On prend comme approximation de l'aire de la i-ième bande S_i un rectangle de largeur Δx et de hauteur $f(x_i)$, cette dernière expression étant la valeur de f à l'extrémité droite de l'intervalle (voir la figure 15). L'aire du i-ième rectangle est donc $f(x_i)\Delta x$. Ce qu'on pense intuitivement être l'aire de S est approximativement la somme des aires respectives de tous les rectangles, c'est-à-dire

$$D_n = f(x_1)\Delta x + f(x_2)\Delta x + \cdots + f(x_n)\Delta x.$$

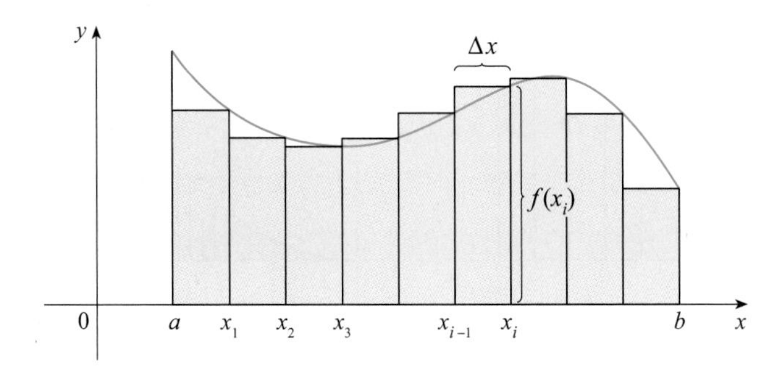

FIGURE 15

La figure 16 représente une telle approximation pour $n = 2, 4, 8$ et 12. On note que l'approximation se précise lorsque le nombre de bandes augmente, c'est-à-dire quand $n \to \infty$. On définit donc l'aire A de la région S comme suit.

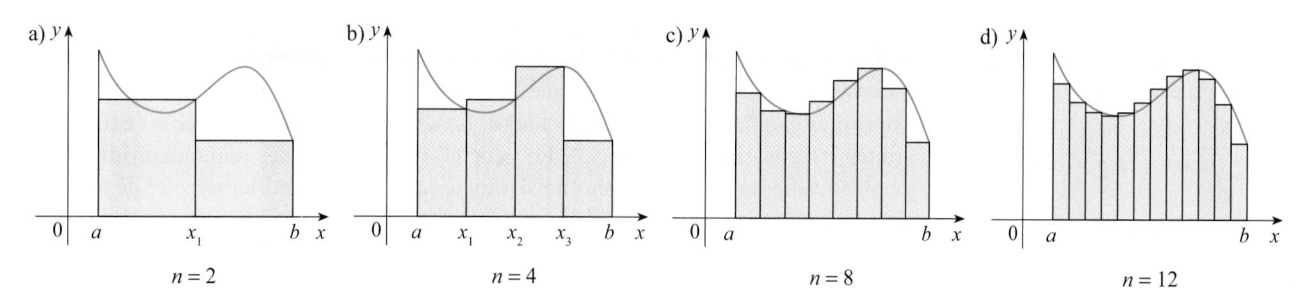

FIGURE 16

2 DÉFINITION

L'**aire** A de la région S sous la courbe de la fonction continue f telle que $f(x) \geq 0$ est la limite de la somme des aires respectives des rectangles servant d'approximation de chaque bande :

$$A = \lim_{n\to\infty} D_n = \lim_{n\to\infty}[f(x_1)\Delta x + f(x_2)\Delta x + \cdots + f(x_n)\Delta x].$$

On peut démontrer que la limite de la définition **2** existe toujours parce qu'on suppose que la fonction f est continue. On peut aussi montrer qu'on obtient la même valeur en utilisant les extrémités gauches des sous-intervalles :

3
$$A = \lim_{n\to\infty} G_n = \lim_{n\to\infty}[f(x_0)\Delta x + f(x_1)\Delta x + \cdots + f(x_{n-1})\Delta x].$$

En fait, au lieu de se servir des extrémités gauches ou droites des sous-intervalles, on peut prendre comme hauteur du i-ième rectangle la valeur de f à n'importe quel point x_i^* du i-ième sous-intervalle $[x_{i-1}, x_i]$. On appelle les nombres $x_1^*, x_2^*, \ldots, x_n^*$ des **points d'échantillonnage**. La figure 17 représente des rectangles servant d'approximation dans le cas où les points d'échantillonnage ne sont pas les extrémités des sous-intervalles. On obtient ainsi une expression plus générale de l'aire de S, soit

4
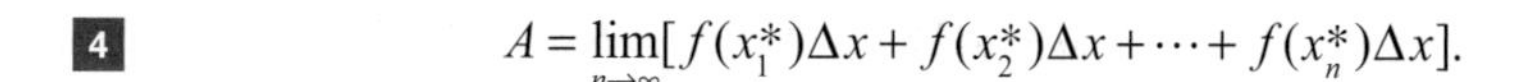
$$A = \lim_{n\to\infty}[f(x_1^*)\Delta x + f(x_2^*)\Delta x + \cdots + f(x_n^*)\Delta x].$$

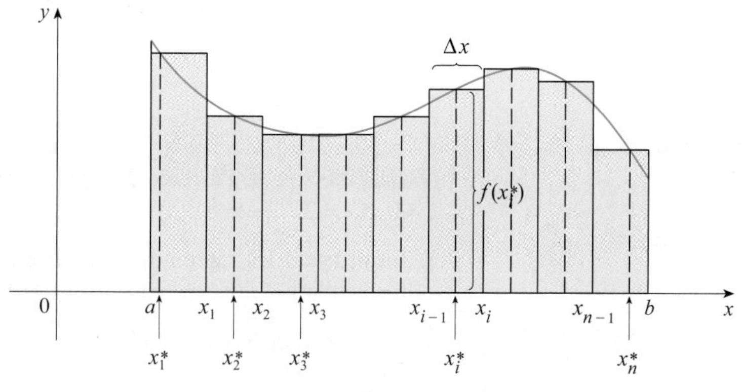

FIGURE 17

NOTE On peut montrer que la définition suivante est équivalente à la définition **2** : *A est le seul nombre plus petit que toutes les sommes constituant des approximations par excès et plus grand que toutes les sommes constituant des approximations par défaut.* Ainsi, dans les exemples 1 et 2, l'aire ($A = \frac{1}{3}$) est coincée entre toutes les sommes G_n, qui sont des approximations par la gauche, et toutes les sommes D_n, qui sont des approximations par la droite. Dans ces deux exemples, la fonction, $f(x) = x^2$, est croissante sur [0, 1], de sorte que les sommes minorantes sont calculées avec les extrémités gauches des sous-intervalles et les sommes majorantes, avec les extrémités droites (voir les figures 12 et 13). En général, on construit des sommes **minorantes** (respectivement **majorantes**) en choisissant les points d'échantillonnage x_i^* de manière que $f(x_i^*)$ soit la valeur minimale (respectivement maximale) de f sur le i-ième sous-intervalle (voir la figure 18 et les exercices 7 et 8).

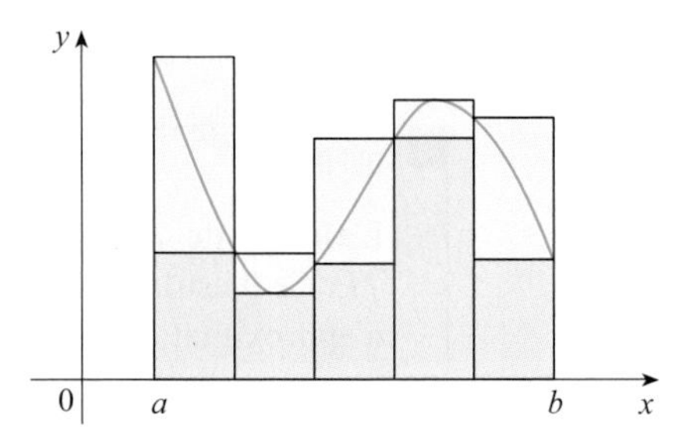

FIGURE 18
Sommes minorantes (petits rectangles) et sommes majorantes (grands rectangles).

On emploie souvent la notation sigma pour écrire de façon plus concise une somme comportant de nombreux termes. Par exemple,

$$\sum_{i=1}^{n} f(x_i)\Delta x = f(x_1)\Delta x + f(x_2)\Delta x + \cdots + f(x_n)\Delta x.$$

On peut donc écrire les expressions de l'aire des égalités **2**, **3** et **4** comme suit :

$$A = \lim_{n\to\infty} \sum_{i=1}^{n} f(x_i)\Delta x$$

$$A = \lim_{n\to\infty} \sum_{i=1}^{n} f(x_{i-1})\Delta x$$

$$A = \lim_{n\to\infty} \sum_{i=1}^{n} f(x_i^*)\Delta x.$$

La notation sigma permet aussi de récrire la formule **1** comme suit :

$$\sum_{i=1}^{n} i^2 = \frac{n(n+1)(2n+1)}{6}.$$

EXEMPLE 3 Soit A, l'aire de la région sous la courbe de la fonction $f(x) = e^{-x}$ entre $x = 0$ et $x = 2$.

a) En utilisant les extrémités droites de sous-intervalles, exprimons l'aire A sous la forme d'une limite (ne pas évaluer la limite).

b) Évaluons l'aire A en choisissant comme points d'échantillonnage les milieux des sous-intervalles en prenant d'abord quatre sous-intervalles, puis dix sous-intervalles.

SOLUTION

a) Comme $a = 0$ et $b = 2$, la longueur de chaque sous-intervalle est

$$\Delta x = \frac{2-0}{n} = \frac{2}{n}.$$

Donc, $x_1 = 2/n$, $x_2 = 4/n$, $x_3 = 6/n$, $x_i = 2i/n$ et $x_n = 2n/n$. La somme des aires de tous les rectangles servant d'approximation est

$$\begin{aligned} D_n &= f(x_1)\Delta x + f(x_2)\Delta x + \cdots + f(x_n)\Delta x \\ &= e^{-x_1}\Delta x + e^{-x_2}\Delta x + \cdots + e^{-x_n}\Delta x \\ &= e^{-2/n}\left(\frac{2}{n}\right) + e^{-4/n}\left(\frac{2}{n}\right) + \cdots + e^{-2n/n}\left(\frac{2}{n}\right). \end{aligned}$$

D'après la définition **2**, l'aire de la région sous la courbe est

$$A = \lim_{n\to\infty} D_n = \lim_{n\to\infty} \frac{2}{n}\left(e^{-2/n} + e^{-4/n} + e^{-6/n} + \cdots + e^{-2n/n}\right)$$

et, avec la notation sigma, cette égalité s'écrit

$$A = \lim_{n\to\infty} \frac{2}{n}\sum_{i=1}^{n} e^{-2i/n}.$$

Il n'est pas aisé de déterminer directement cette limite à la main, mais cela ne pose pas de difficulté si on dispose d'un logiciel de calcul symbolique (voir l'exercice 28). Dans la section 1.5, on présente une méthode permettant de déterminer A plus facilement.

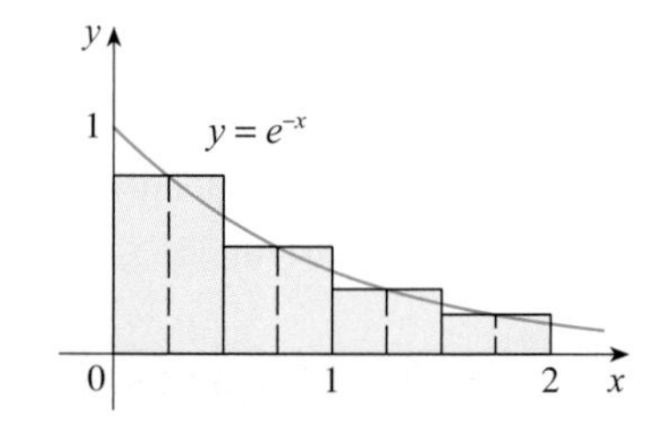

FIGURE 19

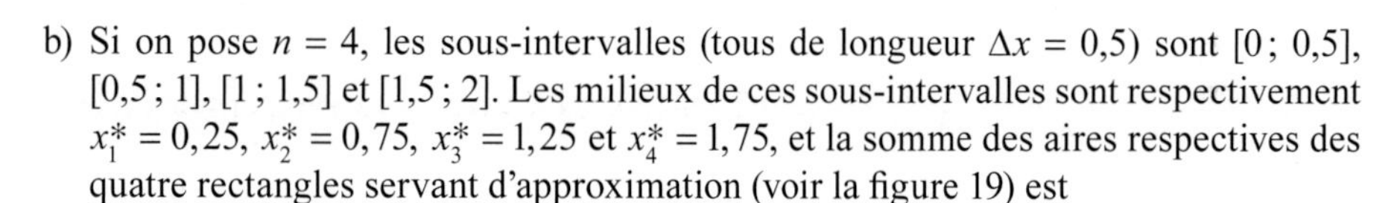

b) Si on pose $n = 4$, les sous-intervalles (tous de longueur $\Delta x = 0{,}5$) sont $[0\,;\,0{,}5]$, $[0{,}5\,;\,1]$, $[1\,;\,1{,}5]$ et $[1{,}5\,;\,2]$. Les milieux de ces sous-intervalles sont respectivement $x_1^* = 0{,}25$, $x_2^* = 0{,}75$, $x_3^* = 1{,}25$ et $x_4^* = 1{,}75$, et la somme des aires respectives des quatre rectangles servant d'approximation (voir la figure 19) est

$$\begin{aligned} M_4 &= \sum_{i=1}^{4} f(x_1^*)\Delta x \\ &= f(0{,}25)\Delta x + f(0{,}75)\Delta x + f(1{,}25)\Delta x + f(1{,}75)\Delta x \\ &= e^{-0{,}25}(0{,}5) + e^{-0{,}75}(0{,}5) + e^{-1{,}25}(0{,}5) + e^{-1{,}75}(0{,}5) \\ &= \tfrac{1}{2}\left(e^{-0{,}25} + e^{-0{,}75} + e^{-1{,}25} + e^{-1{,}75}\right) \approx 0{,}8557. \end{aligned}$$

Ainsi, la valeur approchée de l'aire sous la courbe est

$$A \approx 0{,}8557.$$

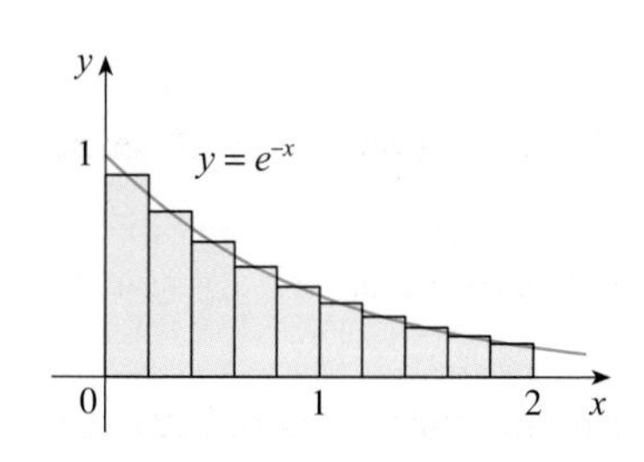

FIGURE 20

Si on pose $n = 10$, les sous-intervalles sont $[0\,;\,0{,}2]$, $[0{,}2\,;\,0{,}4]$, …, $[1{,}8\,;\,2]$ et leurs milieux respectifs sont $x_1^* = 0{,}1$, $x_2^* = 0{,}3$, $x_3^* = 0{,}5$, …, $x_{10}^* = 1{,}9$. Donc,

$$\begin{aligned} A \approx M_{10} &= f(0{,}1)\Delta x + f(0{,}3)\Delta x + f(0{,}5)\,\Delta x + \cdots + f(1{,}9)\Delta x \\ &= 0{,}2\left(e^{-0{,}1} + e^{-0{,}3} + e^{-0{,}5} + \cdots + e^{-1{,}9}\right) \approx 0{,}8632. \end{aligned}$$

La figure 20 montre que cette seconde approximation est meilleure que celle qu'on a obtenue avec $n = 4$.

LE PROBLÈME DE LA DISTANCE

Un **problème de distance** s'énonce comme suit : calculer la distance parcourue par un mobile durant un intervalle de temps donné, la vitesse de l'objet étant connue à chaque instant. Si la vitesse est constante, on résout facilement le problème de la distance à l'aide de la formule

$$\text{distance} = \text{vitesse} \times \text{temps}.$$

Par contre, si la vitesse varie, il est plus difficile de calculer la distance parcourue. L'exemple 4 illustre ce problème.

EXEMPLE 4 L'odomètre d'une automobile ne fonctionne pas et on veut évaluer la distance parcourue durant un intervalle de 30 s. Le tableau suivant donne les lectures de l'indicateur de vitesse prises toutes les cinq secondes.

Temps (s)	0	5	10	15	20	25	30
Vitesse (km/h)	27,4	33,8	38,6	46,7	51,5	49,9	45,1

Afin que les unités de temps et de vitesse soient compatibles, on convertit les lectures de la vitesse en mètres par seconde (c'est-à-dire qu'on multiplie chaque valeur par 1000 et qu'on divise le résultat par 3600).

Temps (s)	0	5	10	15	20	25	30
Vitesse (m/s)	7,6	9,4	10,7	13,0	14,3	13,9	12,5

La vitesse ne change pas beaucoup au cours des cinq premières secondes ; on peut donc supposer qu'elle est constante pour calculer la distance parcourue durant cet intervalle. Si on prend la vitesse initiale (soit 7,6 m/s) comme valeur de la vitesse durant tout l'intervalle, alors la distance approximative parcourue durant les cinq premières secondes est égale à

$$7{,}6 \text{ m/s} \times 5 \text{ s} = 38 \text{ m}.$$

La vitesse est aussi à peu près constante durant le second intervalle de temps, et on suppose qu'elle est égale à la vitesse à $t = 5$ s. Ainsi, la distance parcourue entre $t = 5$ s et $t = 10$ s est approximativement égale à

$$9{,}4 \text{ m/s} \times 5 \text{ s} = 47 \text{ m}.$$

Si on additionne les approximations de la vitesse dans tous les intervalles de temps, on obtient une valeur approchée de la distance totale parcourue :

$$(7{,}6 \times 5) + (9{,}4 \times 5) + (10{,}7 \times 5) + (13{,}0 \times 5) + (14{,}3 \times 5) + (13{,}9 \times 5) = 345 \text{ m}.$$

On aurait tout aussi bien pu prendre comme valeur hypothétique de la vitesse constante la vitesse à la fin de chaque intervalle de temps plutôt que la vitesse au début de chaque intervalle de temps. Le calcul de la valeur approchée aurait alors été le suivant :

$$(9{,}4 \times 5) + (10{,}7 \times 5) + (13{,}0 \times 5) + (14{,}3 \times 5) + (13{,}9 \times 5) + (12{,}5 \times 5) = 369 \text{ m}.$$

Si on désire obtenir une approximation plus précise, on peut noter la vitesse toutes les deux secondes, par exemple.

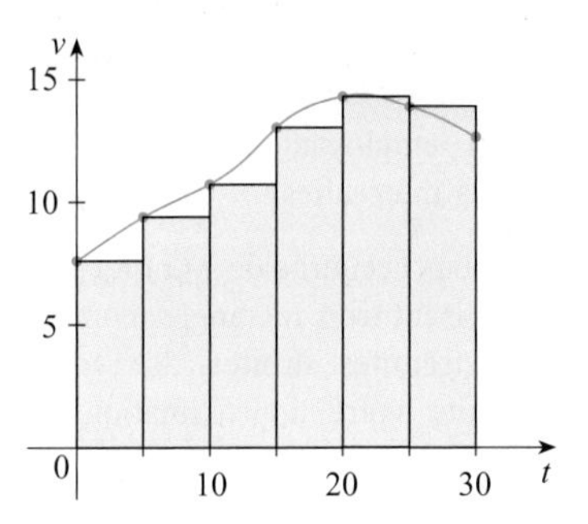

FIGURE 21

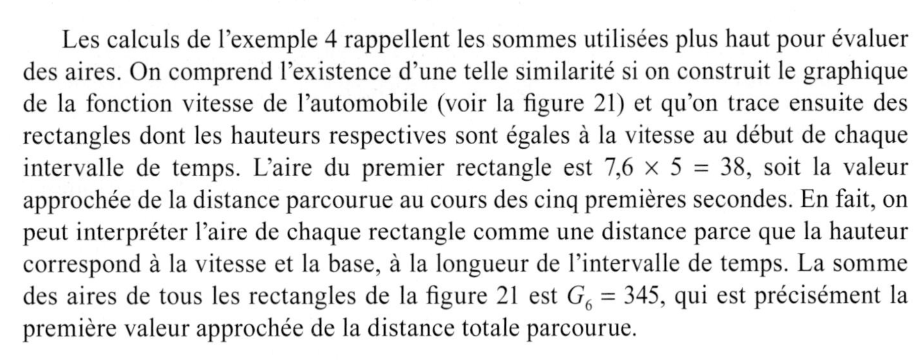

Les calculs de l'exemple 4 rappellent les sommes utilisées plus haut pour évaluer des aires. On comprend l'existence d'une telle similarité si on construit le graphique de la fonction vitesse de l'automobile (voir la figure 21) et qu'on trace ensuite des rectangles dont les hauteurs respectives sont égales à la vitesse au début de chaque intervalle de temps. L'aire du premier rectangle est $7{,}6 \times 5 = 38$, soit la valeur approchée de la distance parcourue au cours des cinq premières secondes. En fait, on peut interpréter l'aire de chaque rectangle comme une distance parce que la hauteur correspond à la vitesse et la base, à la longueur de l'intervalle de temps. La somme des aires de tous les rectangles de la figure 21 est $G_6 = 345$, qui est précisément la première valeur approchée de la distance totale parcourue.

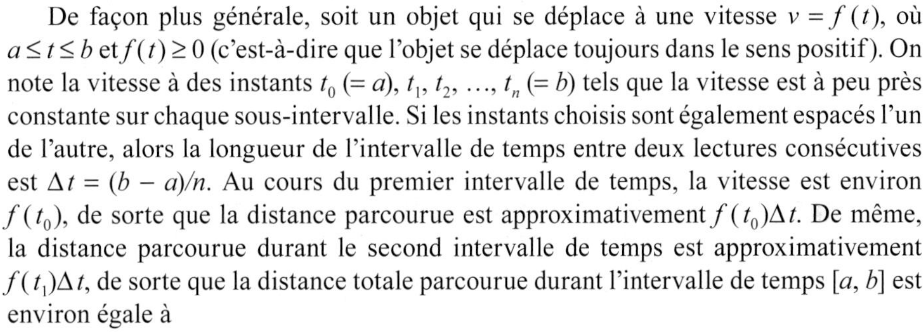

De façon plus générale, soit un objet qui se déplace à une vitesse $v = f(t)$, où $a \leq t \leq b$ et $f(t) \geq 0$ (c'est-à-dire que l'objet se déplace toujours dans le sens positif). On note la vitesse à des instants t_0 $(= a)$, $t_1, t_2, \ldots, t_n$ $(= b)$ tels que la vitesse est à peu près constante sur chaque sous-intervalle. Si les instants choisis sont également espacés l'un de l'autre, alors la longueur de l'intervalle de temps entre deux lectures consécutives est $\Delta t = (b - a)/n$. Au cours du premier intervalle de temps, la vitesse est environ $f(t_0)$, de sorte que la distance parcourue est approximativement $f(t_0)\Delta t$. De même, la distance parcourue durant le second intervalle de temps est approximativement $f(t_1)\Delta t$, de sorte que la distance totale parcourue durant l'intervalle de temps $[a, b]$ est environ égale à

$$f(t_0)\Delta t + f(t_1)\Delta t + \cdots + f(t_{n-1})\Delta t = \sum_{i=1}^{n} f(t_{i-1})\Delta t.$$

Si on utilise la vitesse à l'extrémité droite de chaque sous-intervalle plutôt que la vitesse à l'extrémité gauche, l'approximation de la distance totale parcourue devient

$$f(t_1)\Delta t + f(t_2)\Delta t + \cdots + f(t_n)\Delta t = \sum_{i=1}^{n} f(t_i)\Delta t.$$

Plus les mesures de la vitesse sont fréquentes, plus les approximations sont précises, de sorte qu'il est plausible que la distance exacte d parcourue durant l'intervalle $[a, b]$ soit égale à la limite d'une expression du type :

5
$$d = \lim_{n \to \infty} \sum_{i=1}^{n} f(t_{i-1})\Delta t = \lim_{n \to \infty} \sum_{i=1}^{n} f(t_i)\Delta t.$$

On peut voir dans la section 1.6 que c'est en effet le cas.

Puisque l'égalité **5** a la même forme que les expressions de l'aire dans les égalités **2** et **3**, alors la distance parcourue est égale à l'aire de la région sous la courbe de la fonction vitesse. Dans le chapitre 2, on montre qu'il est possible d'interpréter comme l'aire de la région sous une courbe d'autres quantités intéressantes étudiées par les sciences naturelles ou les sciences sociales, tels le travail effectué par une force variable ou le débit cardiaque. Donc, pour ce qui est des aires calculées dans le présent chapitre, il faut garder à l'esprit qu'il est possible d'en donner de nombreuses interprétations concrètes.

Exercices 1.3

1. a) En tirant des valeurs de $f(x)$ du graphique donné et en vous servant de quatre rectangles, déterminez une approximation par défaut et une approximation par excès de l'aire de la région sous la courbe de f entre $x = 0$ et $x = 8$. Dans chaque cas, tracez les rectangles utilisés.

b) Calculez d'autres valeurs approchées en employant huit rectangles dans chaque cas.

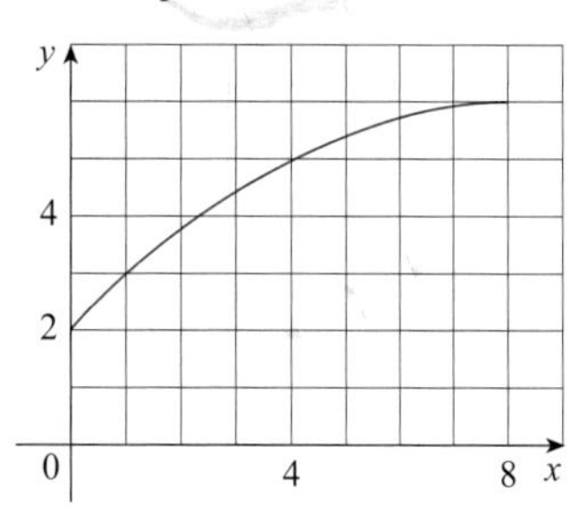

2. a) À l'aide de six rectangles, déterminez des approximations des trois types demandés de l'aire de la région sous la courbe donnée de la fonction f entre $x = 0$ et $x = 12$.

i) G_6 (les points d'échantillonnage sont les extrémités gauches des sous-intervalles)

ii) D_6 (les points d'échantillonnage sont les extrémités droites des sous-intervalles)

iii) M_6 (les points d'échantillonnage sont les milieux des sous-intervalles)

b) La valeur G_6 est-elle une approximation par défaut ou par excès de l'aire réelle ?

c) La valeur D_6 est-elle une approximation par défaut ou par excès de l'aire réelle ?

d) Lequel des nombres G_6, D_6 et M_6 constitue la meilleure approximation ? Pourquoi ?

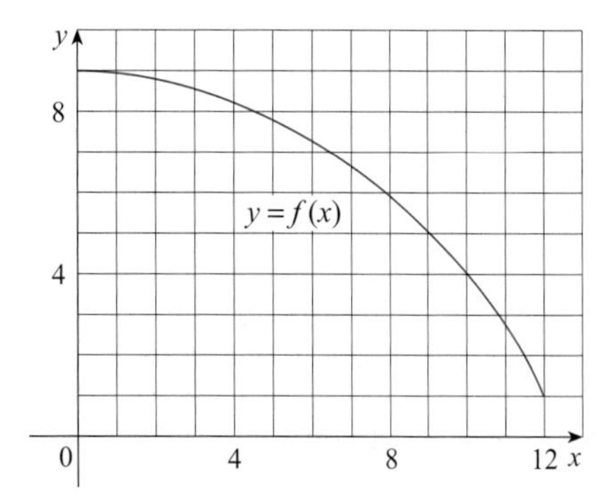

3. a) Évaluez l'aire de la région sous la courbe de $f(x) = \cos x$ entre $x = 0$ et $x = \pi/2$ en utilisant quatre rectangles comme approximations et les extrémités droites des sous-intervalles. Tracez le graphique de f et les rectangles. S'agit-il d'une approximation par défaut ou par excès ?

b) Refaites l'exercice a) en employant cette fois les extrémités gauches des sous-intervalles.

4. a) Évaluez l'aire de la région sous la courbe de $f(x) = \sqrt{x}$ entre $x = 0$ et $x = 4$ en utilisant quatre rectangles comme approximations et les extrémités droites des sous-intervalles. Tracez le graphique de f et les rectangles. S'agit-il d'une approximation par défaut ou par excès ?

b) Refaites l'exercice a) en employant cette fois les extrémités gauches des sous-intervalles.

5. a) Évaluez l'aire de la région sous la courbe de $f(x) = 1 + x^2$ entre $x = -1$ et $x = 2$ en utilisant trois rectangles comme approximations et les extrémités droites des sous-intervalles. Raffinez ensuite votre approximation en employant six rectangles. Tracez le graphique de f et les rectangles.

b) Refaites l'exercice a) en employant cette fois les extrémités gauches des sous-intervalles.

c) Refaites l'exercice a) en employant cette fois les milieux des sous-intervalles.

d) D'après les graphiques que vous avez tracés dans les exercices a) à c), quelle est la meilleure approximation ?

6. a) Tracez le graphique de la fonction

$$f(x) = x - 2\ln x,\ 1 \leq x \leq 5.$$

b) Évaluez l'aire de la région sous la courbe de f en utilisant quatre rectangles comme approximations et en prenant comme point d'échantillonnage : i) les extrémités droites des sous-intervalles ; ii) les milieux des sous-intervalles. Dans chaque cas, tracez la courbe et les rectangles.

c) Raffinez l'approximation obtenue en b) en employant huit rectangles.

7. Évaluez les sommes supérieure et inférieure à l'aire de la région sous la courbe de $f(x) = 2 + \sin x$ pour $0 \leq x \leq \pi$, en prenant $n = 2$, 4 et 8. Illustrez les calculs à l'aide de diagrammes semblables à ceux de la figure 18.

8. Évaluez les sommes supérieure et inférieure à l'aire de la région sous la courbe de $f(x) = 1 + x^2$ pour $-1 \leq x \leq 1$, en prenant $n = 3$ et 4. Illustrez les calculs à l'aide de diagrammes semblables à ceux de la figure 18.

9-10 Il est possible, à l'aide d'une calculatrice programmable (ou d'un ordinateur), d'évaluer l'expression de la somme des aires des rectangles servant d'approximation, même pour de grandes valeurs de n, en employant l'itération. (Avec une TI, utilisez la commande `Is>` ou une boucle `For-EndFor` ; avec une Casio,employez `Isz` ; avec une HP ou basic, utilisez une boucle `FOR-NEXT`.) Calculez la somme des aires respectives des rectangles servant d'approximation en choisissant des sous-intervalles de même longueur et en prenant les extrémités droites des sous-intervalles pour $n = 10$, 30, 50 et 100. Formulez ensuite une conjecture quant à la valeur exacte de l'aire.

9. Évaluez l'aire de la région sous la courbe $y = x^4$ entre 0 et 1.

10. Évaluez l'aire de la région sous la courbe $y = \cos x$ entre 0 et $\pi/2$.

LCS **11.** Certains logiciels de calcul symbolique comportent des commandes à l'aide desquelles on peut tracer des rectangles servant d'approximation et évaluer les sommes des aires de ces rectangles, au moins dans le cas où x_i^* est l'extrémité gauche ou droite d'un sous-intervalle. (Par exemple, dans Maple, il faut employer les commandes `leftbox`, `rightbox`, `leftsum` et `rightsum`.)

a) Soit $f(x) = 1/(x^2 + 1)$, où $0 \leq x \leq 1$. Évaluez les sommes à gauche et à droite pour $n = 10$, 30 et 50.

b) Illustrez le problème en traçant les rectangles utilisés en a).

c) Montrez que la valeur exacte de l'aire de la région sous la courbe de f se situe entre 0,780 et 0,791.

LCS **12.** a) Soit $f(x) = \ln x$, où $1 \leq x \leq 4$. À l'aide des commandes dont il est question dans l'exercice 11, évaluez les sommes à gauche et à droite pour $n = 10$, 30 et 50.

b) Illustrez le problème en traçant les rectangles utilisés en a).

c) Montrez que la valeur exacte de l'aire de la région sous la courbe de f se situe entre 2,50 et 2,59.

13. La vitesse d'une coureuse augmente régulièrement durant les trois premières secondes d'une compétition. Le tableau suivant donne sa vitesse à des intervalles d'une demi-seconde. Calculez des approximations par défaut et par excès de la distance qu'elle parcourt durant les trois premières secondes.

t (s)	0	0,5	1,0	1,5	2,0	2,5	3,0
v (m/s)	0	1,9	3,3	4,5	5,5	5,9	6,2

14. Le tableau suivant donne les lectures de l'indicateur de vitesse d'une motocyclette à des intervalles de 12 s.

a) Évaluez la distance que parcourt la moto durant l'intervalle de temps considéré en utilisant la vitesse au début de chaque sous-intervalle.

b) Calculez une autre valeur approchée de la distance en utilisant cette fois la vitesse à la fin de chaque sous-intervalle.

c) Les valeurs calculées en a) et en b) sont-elles des approximations par excès ou par défaut ? Pourquoi ?

t (s)	0	12	24	36	48	60
v (m/s)	30	28	25	22	24	27

15. Du pétrole s'échappe d'un réservoir à un rythme de $r(t)$ litres par heure, qui décroît avec le temps. Le tableau suivant donne la valeur du débit à des intervalles de deux heures. Calculez des approximations par défaut et par excès de la quantité totale de pétrole qui s'écoule en 10 heures.

t (h)	0	2	4	6	8	10
$r(t)$ (L/h)	8,7	7,6	6,8	6,2	5,7	5,3

16. Quand on évalue des distances à l'aide de données sur la vitesse, il est parfois nécessaire d'utiliser des instants t_0, t_1, t_2, t_3, ... qui ne sont pas éloignés également les uns des autres. On peut alors quand même évaluer des distances en employant des intervalles de temps $\Delta t_i = t_i - t_{i-1}$. Par exemple, le 7 mai 1992, on a lancé la navette spatiale Endeavour dans le cadre de la mission STS-49, dont l'objectif était d'installer un nouveau moteur de périgée dans un satellite de télécommunications Intelsat. Le tableau suivant, fourni par la NASA, contient des données sur la vitesse de la navette entre le décollage et le largage des propulseurs d'appoint à poudre. À l'aide de ces données, évaluez approximativement l'altitude atteinte par Endeavour 62 secondes après le lancement.

Événement	Temps (s)	Vitesse (m/s)
Lancement	0	0
Début de la manœuvre de pivotement	10	56
Fin de la manœuvre de pivotement	15	97
Poussée à 89 %	20	136
Poussée à 67 %	32	226
Poussée à 104 %	59	404
Pression dynamique maximale	62	440
Largage des propulseurs d'appoint à poudre	125	1265

17. La courbe de freinage d'une automobile est donnée dans la figure suivante. À l'aide du graphique, évaluez approximativement la distance que parcourt l'auto entre le début du freinage et l'arrêt.

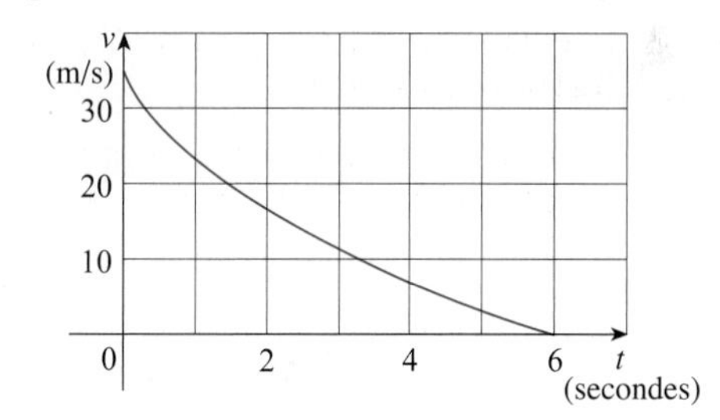

18. Le graphique de la vitesse d'une automobile qui accélère de l'état de repos à une vitesse de 120 km/h durant un intervalle de 30 s est donné dans la figure suivante. Évaluez approximativement la distance que parcourt l'auto durant cet intervalle.

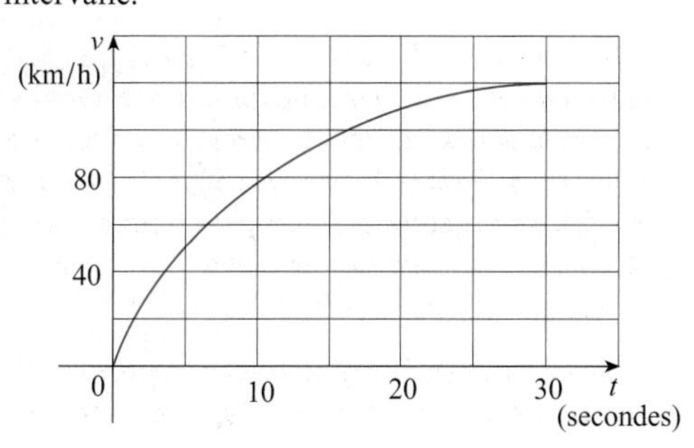

19-21 À l'aide de la définition **2**, exprimez sous forme de limite l'aire de la région sous la courbe de f. (N'évaluez pas la limite.)

19. $f(x) = \dfrac{2x}{x^2+1}$, où $1 \le x \le 3$

20. $f(x) = x^2 + \sqrt{1+2x}$, où $4 \le x \le 7$

21. $f(x) = \sqrt{\sin x}$, où $0 \le x \le \pi$

22-23 Définissez une région dont l'aire est égale à la limite donnée. (N'évaluez pas la limite.)

22. $\lim\limits_{n\to\infty} \sum\limits_{i=1}^{n} \dfrac{2}{n}\left(5+\dfrac{2i}{n}\right)^{10}$

23. $\lim\limits_{n\to\infty} \sum\limits_{i=1}^{n} \dfrac{\pi}{4n} \tan \dfrac{i\pi}{4n}$

24. a) À l'aide de la définition **2**, exprimez sous forme de limite l'aire de la région sous la courbe d'équation $y = x^3$ entre 0 et 1.

b) Soit la formule de la somme des cubes des n premiers entiers, démontrée à la section 1.2. À l'aide de cette formule, évaluez la limite de l'exercice a).

$$1^3 + 2^3 + 3^3 + \cdots + n^3 = \left[\frac{n(n+1)}{2}\right]^2$$

25. On désigne par A l'aire de la région sous la courbe d'une fonction continue croissante f, entre a et b, et par G_n et D_n les approximations de A comportant n sous-intervalles et calculées respectivement avec les extrémités gauches et droites des sous-intervalles.

a) Quelle relation existe-t-il entre A, G_n et D_n?

b) Montrez que

$$D_n - G_n = \frac{b-a}{n}[f(b) - f(a)].$$

Tracez ensuite un diagramme illustrant cette égalité, où l'on peut voir qu'il est possible de réassembler les n rectangles représentant $D_n - G_n$ de manière à former un rectangle unique dont l'aire est égale au membre de droite de l'égalité.

c) Déduisez des résultats de l'exercice b) que

$$D_n - A < \frac{b-a}{n}[f(b) - f(a)].$$

26. Soit A, l'aire de la région sous la courbe de la fonction $y = e^x$ entre 1 et 3. En vous servant de l'exercice 25, déterminez une valeur de n telle que $D_n - A < 0{,}0001$.

LCS **27.** a) Exprimez sous forme de limite l'aire de la région sous la courbe d'équation $y = x^5$ entre 0 et 2.

b) À l'aide d'un logiciel de calcul symbolique, évaluez la somme de l'expression que vous avez écrite en a).

c) Évaluez la limite de l'exercice a).

LCS **28.** Calculez la valeur exacte de l'aire de la région sous la courbe d'équation $y = e^{-x}$ entre 0 et 2 en vous servant d'un logiciel de calcul symbolique pour évaluer la somme et ensuite la limite de l'exemple 3 a). Comparez votre résultat avec la valeur approchée obtenue dans l'exemple 3 b).

LCS **29.** Calculez la valeur exacte de l'aire de la région sous la courbe cosinus $y = \cos x$ entre $x = 0$ et $x = b$, où $0 \le b \le \pi/2$. (Servez-vous d'un logiciel de calcul symbolique à la fois pour évaluer la somme et calculer la limite.) Quelle est l'aire dans le cas particulier où $b = \pi/2$?

30. a) Soit A_n, l'aire d'un polygone à n côtés égaux inscrit dans un cercle de rayon r. En divisant le polygone en n triangles congruents dont l'angle au centre mesure $2\pi/n$, montrez que

$$A_n = \tfrac{1}{2} n r^2 \sin\left(\frac{2\pi}{n}\right).$$

b) Montrez que $\lim\limits_{n\to\infty} A_n = \pi r^2$.

(*Indice :* Utilisez $\lim\limits_{\theta\to 0} \dfrac{\sin\theta}{\theta} = 1$.)

1.4 L'INTÉGRALE DÉFINIE

Dans la section 1.3, lors de l'évaluation de l'aire de certaines régions et de la distance parcourue par un mobile, on obtient une limite de la forme

1
$$\lim_{n\to\infty} \sum_{i=1}^{n} f(x_i^*)\Delta x = \lim_{n\to\infty}[f(x_1^*)\Delta x + f(x_2^*)\Delta x + \cdots + f(x_n^*)\Delta x].$$

En fait, une limite de ce type intervient dans un large éventail de situations, même lorsque la fonction f considérée n'est pas positive. Dans les chapitres 2 et 4, il est dit que des limites de la forme **1** jouent aussi un rôle dans l'évaluation de la longueur d'une courbe, du volume d'un solide, du centre de masse d'un objet, de la force due à la pression d'une masse d'eau et du travail effectué par une force, et de bien d'autres quantités. C'est pourquoi ce type de limite possède une notation et un nom particuliers.

2 **DÉFINITION D'UNE INTÉGRALE DÉFINIE**

Soit f, une fonction définie pour $a \leq x \leq b$. On divise l'intervalle $[a, b]$ en n sous-intervalles de même longueur, soit $\Delta x = (b - a)/n$. On désigne par x_0 $(= a)$, x_1, $x_2, \ldots, x_n$ $(= b)$ les extrémités des sous-intervalles, et par $x_1^*, x_2^*, \ldots, x_n^*$ des points d'échantillonnage quelconques choisis dans les sous-intervalles de manière que x_i^* appartienne au i-ième sous-intervalle, soit $[x_{i-1}, x_i]$. Alors, l'**intégrale définie de *f* de *a* à *b*** est

$$\int_a^b f(x)\,dx = \lim_{n\to\infty} \sum_{i=1}^{n} f(x_i^*)\Delta x$$

à la condition que cette limite existe et que sa valeur soit la même quels que soient les points d'échantillonnage. Si la limite existe, on dit que la fonction f est **intégrable** sur $[a, b]$.

La signification exacte de la limite intervenant dans la définition de l'intégrale définie est la suivante.

Pour tout nombre $\varepsilon > 0$, il existe un entier N tel que

$$\left| \int_a^b f(x)dx - \sum_{i=1}^{n} f(x_i^*)\Delta x \right| < \varepsilon$$

pour tout entier $n > N$, quel que soit le choix des x_i^* dans $[x_{i-1}\,;\,x_i]$.

NOTE 1 Le symbole $\int$, que l'on doit à Leibniz, est appelé **signe d'intégration** ou symbole de l'intégrale. Il a la forme d'un S allongé et son choix tient au fait qu'une intégrale définie est une limite de sommes. Dans la notation $\int_a^b f(x)\,dx$, on appelle $f(x)$ l'**intégrande** et a et b, les **bornes d'intégration**, a étant la **borne inférieure** et b étant la **borne supérieure**. Pour le moment, le symbole dx n'a pas de signification en lui-même ; $\int_a^b f(x)\,dx$ est dans sa totalité un seul symbole. L'élément dx indique simplement que la variable indépendante est x. Le processus de calcul d'une intégrale définie est appelé **intégration**.

NOTE 2 L'intégrale définie $\int_a^b f(x)\,dx$ est un nombre qui ne dépend pas de x. En fait, on peut remplacer x par n'importe quelle autre lettre sans changer la valeur de l'intégrale :

$$\int_a^b f(x)\,dx = \int_a^b f(t)\,dt = \int_a^b f(r)\,dr.$$

NOTE 3 La somme

$$\sum_{i=1}^{n} f(x_i^*)\Delta x$$

qui intervient dans la définition **2** s'appelle **somme de Riemann**, en l'honneur du mathématicien allemand Bernhard Riemann (1826-1866). En fait, la définition **2** affirme qu'on peut approcher l'intégrale définie d'une fonction intégrable avec autant de précision qu'on le souhaite à l'aide d'une somme de Riemann.

On sait que si la fonction f est positive, alors la somme de Riemann s'interprète comme une somme des aires respectives de rectangles servant d'approximation (voir la figure 1). En comparant la définition **2** et la définition de l'aire de la section 1.3, on se rend compte que l'intégrale définie $\int_a^b f(x)\,dx$ s'interprète comme l'aire de la région sous la courbe $y = f(x)$ entre a et b (voir la figure 2).

Riemann

Bernhard Riemann fit son doctorat sous la direction du célèbre Gauss à l'Université de Göttingen, où il enseigna par la suite. Gauss, qui n'avait pas l'habitude de faire l'éloge d'autres mathématiciens, parle de « l'esprit créatif, actif et authentiquement mathématique de Riemann et de son originalité prodigieusement féconde ». On doit la définition **2** de l'intégrale définie énoncée précédemment à Riemann, qui apporta de plus des contributions majeures à la théorie des fonctions d'une variable complexe, à la physique mathématique, à la théorie des nombres et aux fondements de la géométrie. La généralité du concept de l'espace et de la géométrie de Riemann s'avéra, 50 ans plus tard, fournir le cadre approprié pour l'énoncé de la théorie de la relativité générale d'Einstein. Riemann souffrit toute sa vie d'une santé médiocre et il mourut de la tuberculose à l'âge de 39 ans.

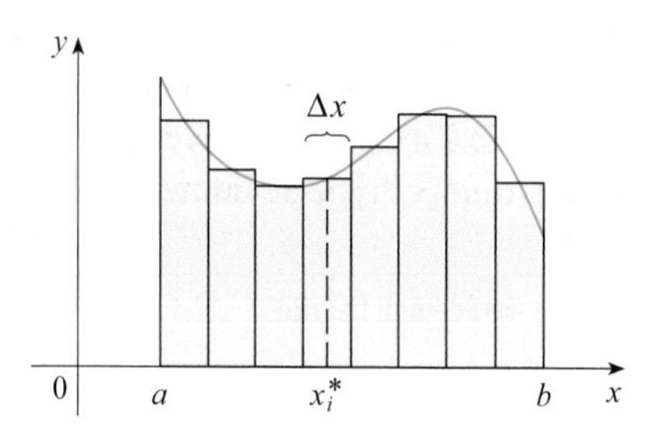

FIGURE 1
Si $f(x) \geq 0$, la somme de Riemann $\sum f(x_i^*)\Delta x$ est égale à la somme des aires respectives des rectangles.

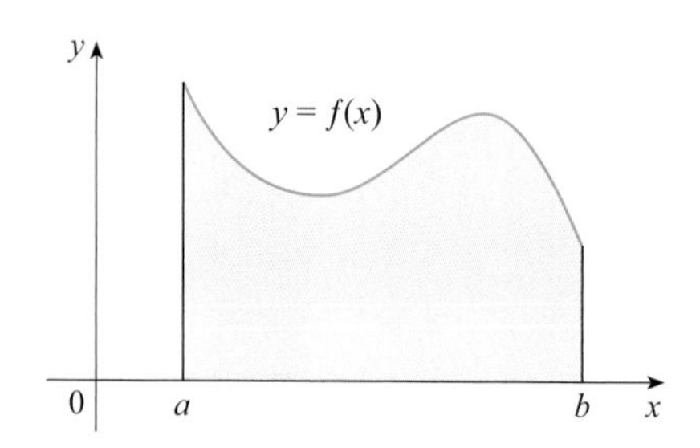

FIGURE 2
Si $f(x) \geq 0$, l'intégrale $\int_a^b f(x)\,dx$ est égale à l'aire de la région sous la courbe $y = f(x)$ entre a et b.

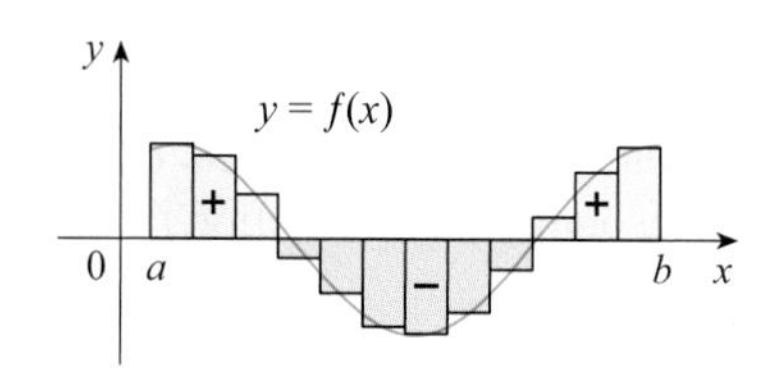

FIGURE 3
$\sum f(x_i^*)\Delta x$ est une approximation de l'aire nette.

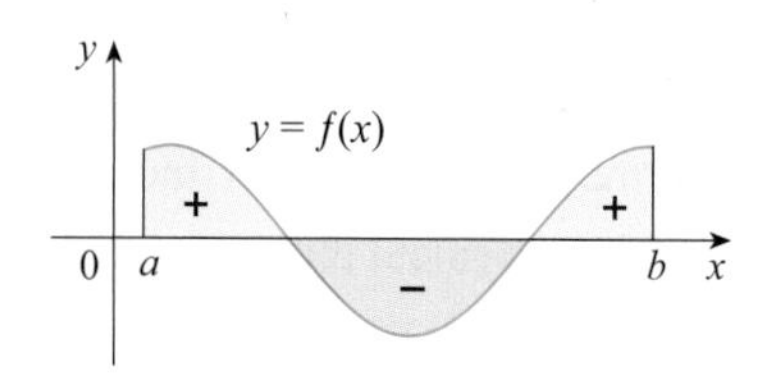

FIGURE 4
$\int_a^b f(x)\,dx$ est l'aire nette.

Si f prend à la fois des valeurs positives et des valeurs négatives, comme dans la figure 3, alors la somme de Riemann est égale à la somme des aires des rectangles se trouvant au-dessus de l'axe des x et des aires, affectées du signe moins, des rectangles situés sous l'axe des x (c'est-à-dire à la somme des aires des rectangles bleus moins la somme des aires des rectangles beiges). La limite de telles sommes de Riemann est illustrée dans la figure 4. Une intégrale définie s'interprète comme une **aire nette**, c'est-à-dire une différence d'aires :

$$\int_a^b f(x)\,dx = A_1 - A_2$$

où A_1 est l'aire de la région située au-dessus de l'axe des x et sous la courbe de f, tandis que A_2 est l'aire de la région située sous l'axe des x et au-dessus de la courbe de f.

NOTE 4 On a défini $\int_a^b f(x)\,dx$ en divisant $[a, b]$ en sous-intervalles de longueur égale, mais il existe des situations où il est préférable de choisir des sous-intervalles n'ayant pas tous la même longueur. Par exemple, dans l'exercice 16 de la section 1.3, dans le tableau de la NASA, la vitesse est donnée à des instants qui ne sont pas tous également espacés les uns des autres, ce qui n'empêche pas d'évaluer la distance parcourue par la navette. De plus, certaines méthodes d'intégration numérique sont plus faciles à appliquer si on choisit des sous-intervalles n'ayant pas tous la même longueur.

Dans le cas de sous-intervalles de longueurs respectives Δx_1, Δx_2, …, Δx_n, il faut s'assurer que la longueur de chaque sous-intervalle tend vers 0 lors du passage à la limite. Cette condition est satisfaite si la longueur maximale, notée max Δx_i, tend vers 0. Donc, dans ce cas, la définition d'une intégrale définie devient

$$\int_a^b f(x)\,dx = \lim_{\max \Delta x_i \to 0} \sum_{i=1}^{n} f(x_i^*)\Delta x_i.$$

NOTE 5 On a énoncé la définition de l'intégrale définie dans le cas d'une fonction intégrable, mais ce ne sont pas toutes les fonctions qui sont intégrables (voir les exercices 69 et 70). Le théorème **3** montre que la majorité des fonctions les plus fréquemment utilisées sont effectivement intégrables. La preuve de ce théorème est réservée à des cours plus avancés.

3 THÉORÈME

Si une fonction f est continue sur $[a, b]$, ou si elle n'y présente qu'un nombre fini de discontinuités par saut, alors f est intégrable sur $[a, b]$, c'est-à-dire que l'intégrale définie $\int_a^b f(x)\,dx$ existe.

Si la fonction f est intégrable sur $[a, b]$, alors la limite de la définition **2** existe et sa valeur est la même quel que soit le choix des points d'échantillonnage x_i^*. Afin de simplifier le calcul de l'intégrale, on prend souvent les extrémités droites des sous-intervalles comme points d'échantillonnage. Dans ce cas, $x_i^* = x_i$ et la définition de l'intégrale définie prend la forme simplifiée suivante.

4 **THÉORÈME**

Si une fonction f est intégrable sur $[a, b]$, alors

$$\int_a^b f(x)\,dx = \lim_{n\to\infty} \sum_{i=1}^{n} f(x_i)\Delta x$$

où

$$\Delta x = \frac{b-a}{n} \quad \text{et} \quad x_i = a + i\Delta x.$$

EXEMPLE 1 Exprimons

$$\lim_{n\to\infty} \sum_{i=1}^{n} (x_i^3 + x_i \sin x_i)\Delta x$$

sous forme d'une intégrale sur l'intervalle $[0, \pi]$.

SOLUTION En comparant la limite donnée avec celle du théorème **4**, on constate qu'elles sont identiques si on choisit la fonction $f(x) = x^3 + x \sin x$. Les limites de l'intervalle donné sont $a = 0$ et $b = \pi$. Donc, en vertu du théorème **4**,

$$\lim_{n\to\infty} \sum_{i=1}^{n} (x_i^3 + x_i \sin x_i)\Delta x = \int_0^{\pi} (x^3 + x \sin x)\,dx.$$

Lors de l'application de l'intégrale définie à des problèmes de physique, il sera important de voir les limites de sommes comme des intégrales, comme on vient de le faire dans l'exemple 1. Lorsque Leibniz choisit la notation de l'intégrale, il opta pour des éléments qui rappellent le passage à la limite. En général, quand on écrit

$$\lim_{n\to\infty} \sum_{i=1}^{n} f(x_i^*)\Delta x = \int_a^b f(x)\,dx,$$

on remplace en fait $\lim \sum$ par $\int$, puis x_i^* par x et Δx par dx.

L'ÉVALUATION DES INTÉGRALES

Quand on utilise une limite pour évaluer une intégrale définie, il faut savoir manipuler des sommes. Les trois égalités suivantes sont des formules de sommes de puissances d'entiers positifs qui sont démontrées dans la section 1.2.

5 $$\sum_{i=1}^{n} i = \frac{n(n+1)}{2}$$

6 $$\sum_{i=1}^{n} i^2 = \frac{n(n+1)(2n+1)}{6}$$

7 $$\sum_{i=1}^{n} i^3 = \left[\frac{n(n+1)}{2}\right]^2$$

Les autres formules, provenant du théorème **2** de la section 1.2, sont des règles de calcul simples concernant la notation sigma :

8 $$\sum_{i=1}^{n} c = nc$$

9 $$\sum_{i=1}^{n} ca_i = c\sum_{i=1}^{n} a_i$$

10 $$\sum_{i=1}^{n} (a_i + b_i) = \sum_{i=1}^{n} a_i + \sum_{i=1}^{n} b_i$$

11 $$\sum_{i=1}^{n} (a_i - b_i) = \sum_{i=1}^{n} a_i - \sum_{i=1}^{n} b_i$$

EXEMPLE 2

a) Évaluons la somme de Riemann de la fonction $f(x) = x^3 - 6x$ en prenant comme points d'échantillonnage les extrémités droites des sous-intervalles et les valeurs $a = 0$, $b = 3$ et $n = 6$.

b) Évaluons $\int_0^3 (x^3 - 6x)\,dx$.

SOLUTION

a) Si $n = 6$, alors la longueur de chaque sous-intervalle est

$$\Delta x = \frac{b-a}{n} = \frac{3-0}{6} = \frac{1}{2}$$

et les extrémités droites des sous-intervalles sont $x_1 = 0{,}5$, $x_2 = 1{,}0$, $x_3 = 1{,}5$, $x_4 = 2{,}0$, $x_5 = 2{,}5$ et $x_6 = 3{,}0$. La somme de Riemann est donc

$$\begin{aligned} D_6 &= \sum_{i=1}^{6} f(x_i)\Delta x \\ &= f(0{,}5)\Delta x + f(1{,}0)\Delta x + f(1{,}5)\Delta x + f(2{,}0)\Delta x + f(2{,}5)\Delta x + f(3{,}0)\Delta x \\ &= \tfrac{1}{2}(-2{,}875 - 5 - 5{,}625 - 4 + 0{,}625 + 9) \\ &= -3{,}9375. \end{aligned}$$

Il est à noter que si la fonction f n'est pas positive, alors la somme de Riemann ne correspond pas à une somme d'aires de rectangles. Elle est en fait égale à la somme des aires des rectangles bleus (situés au-dessus de l'axe des x) moins la somme des aires des rectangles beiges (situés sous l'axe des x) illustrés dans la figure 5.

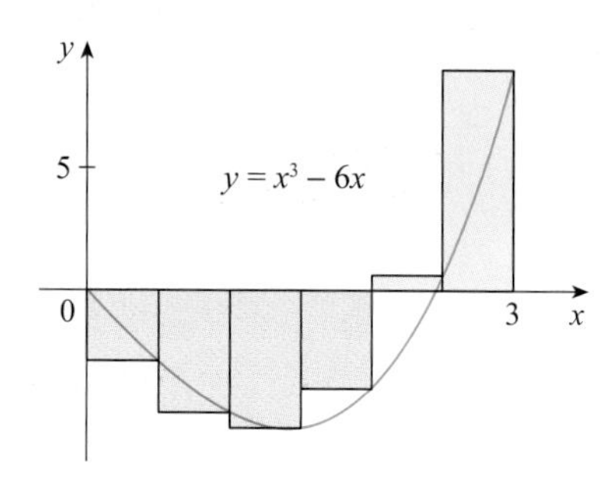

FIGURE 5

b) Si on prend n sous-intervalles, alors la longueur de chaque sous-intervalle est

$$\Delta x = \frac{b-a}{n} = \frac{3}{n}.$$

Donc $x_0 = 0$, $x_1 = 3/n$, $x_2 = 6/n$, $x_3 = 9/n$ et, en général, $x_i = 3i/n$. Comme on utilise les extrémités droites des sous-intervalles, le théorème **4** s'applique :

Dans la somme, n est une constante (contrairement à i), de sorte qu'on peut placer $3/n$ devant le signe Σ.

$$\begin{aligned}
\int_0^3 (x^3 - 6x)\,dx &= \lim_{n\to\infty} \sum_{i=1}^{n} f(x_i)\Delta x = \lim_{n\to\infty} \sum_{i=1}^{n} f\left(\frac{3i}{n}\right)\frac{3}{n} \\
&= \lim_{n\to\infty} \frac{3}{n} \sum_{i=1}^{n} \left[\left(\frac{3i}{n}\right)^3 - 6\left(\frac{3i}{n}\right)\right] && \text{(égalité 9 avec } c = 3/n\text{)} \\
&= \lim_{n\to\infty} \frac{3}{n} \sum_{i=1}^{n} \left[\frac{27}{n^3} i^3 - \frac{18}{n} i\right] \\
&= \lim_{n\to\infty} \left[\frac{81}{n^4} \sum_{i=1}^{n} i^3 - \frac{54}{n^2} \sum_{i=1}^{n} i\right] && \text{(égalités 11 et 9)} \\
&= \lim_{n\to\infty} \left\{\frac{81}{n^4}\left[\frac{n(n+1)}{2}\right]^2 - \frac{54}{n^2}\frac{n(n+1)}{2}\right\} && \text{(égalités 7 et 5)} \\
&= \lim_{n\to\infty} \left[\frac{81}{4}\left(1+\frac{1}{n}\right)^2 - 27\left(1+\frac{1}{n}\right)\right] \\
&= \frac{81}{4} - 27 = -\frac{27}{4} = -6{,}75.
\end{aligned}$$

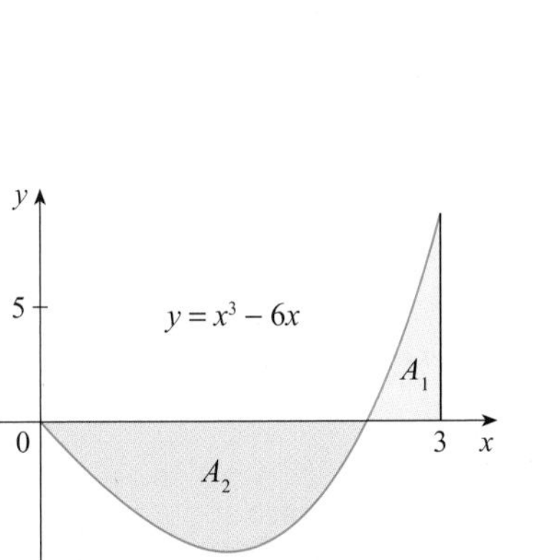

FIGURE 6
$\int_0^3 (x^3 - 6x)\,dx = A_1 - A_2 = -6{,}75$

On ne peut interpréter l'intégrale comme une aire parce que la fonction f prend à la fois des valeurs positives et des valeurs négatives. On l'interprète plutôt comme la différence d'aires $A_1 - A_2$, où A_1 et A_2 sont les aires représentées dans la figure 6.

La figure 7 illustre le calcul de la somme. On y voit les termes positifs et négatifs de la somme de Riemann construite avec les extrémités droites des sous-intervalles, soit D_n, pour $n = 40$. Le tableau contient des valeurs de la somme de Riemann qui tendent vers la valeur exacte de l'intégrale lorsque $n \to \infty$, soit $-6{,}75$.

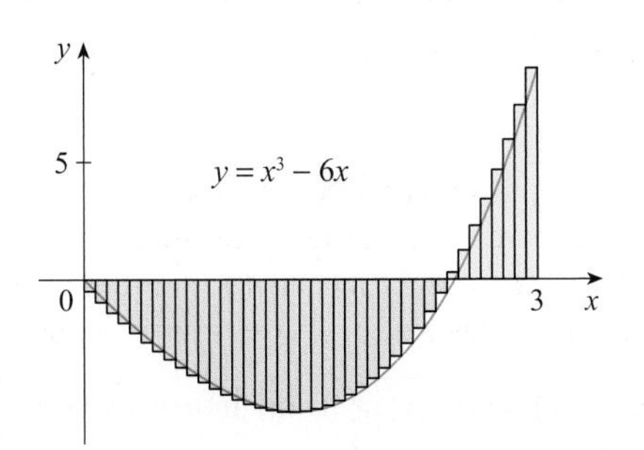

FIGURE 7
$D_{40} = -6{,}3998$

n	D_n
40	−6,3998
100	−6,6130
500	−6,7229
1 000	−6,7365
5 000	−6,7473

Dans la section 1.6, on présente une méthode beaucoup plus rapide pour évaluer l'intégrale de l'exemple 2.

Comme la fonction $f(x) = e^x$ est positive, l'intégrale de l'exemple 3 représente l'aire de la région illustrée dans la figure 8.

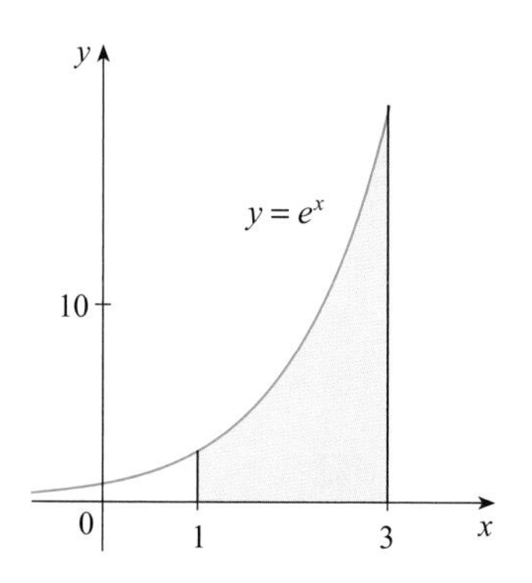

FIGURE 8

EXEMPLE 3

a) Exprimons $\int_1^3 e^x\,dx$ sous forme d'une limite de sommes.

b) À l'aide d'un logiciel de calcul symbolique, évaluons l'expression obtenue en a).

SOLUTION

a) Dans le cas présent, on a $f(x) = e^x$, $a = 1$ et $b = 3$, de sorte que

$$\Delta x = \frac{b-a}{n} = \frac{2}{n}.$$

Donc $x_0 = 1$, $x_1 = 1 + 2/n$, $x_2 = 1 + 4/n$, $x_3 = 1 + 6/n$ et

$$x_i = 1 + \frac{2i}{n}.$$

D'après le théorème **4**,

$$\begin{aligned}\int_1^3 e^x\,dx &= \lim_{n\to\infty}\sum_{i=1}^{n} f(x_i)\Delta x\\ &= \lim_{n\to\infty}\sum_{i=1}^{n} f\left(1+\frac{2i}{n}\right)\frac{2}{n}\\ &= \lim_{n\to\infty}\frac{2}{n}\sum_{i=1}^{n} e^{1+2i/n}.\end{aligned}$$

Un logiciel de calcul symbolique est capable de trouver une expression explicite de la somme parce qu'il s'agit d'une série géométrique finie. Il est possible de calculer la limite en appliquant la règle de l'Hospital (section 3.7).

b) Si on évalue la somme avec un logiciel de calcul symbolique, celui-ci fournit, après simplification, le résultat

$$\sum_{i=1}^{n} e^{1+2i/n} = \frac{e^{(3n+2)/n} - e^{(n+2)/n}}{e^{2/n}-1}.$$

Si on demande ensuite au logiciel d'évaluer la limite, il donne :

$$\int_1^3 e^x\,dx = \lim_{n\to\infty}\frac{2}{n}\cdot\frac{e^{(3n+2)/n} - e^{(n+2)/n}}{e^{2/n}-1} = e^3 - e.$$

Dans la prochaine section, il sera question d'une méthode d'évaluation des intégrales beaucoup plus rapide.

EXEMPLE 4 Évaluons les intégrales suivantes en interprétant chacune comme une aire.

a) $\int_0^1 \sqrt{1-x^2}\,dx$

b) $\int_0^3 (x-1)\,dx$

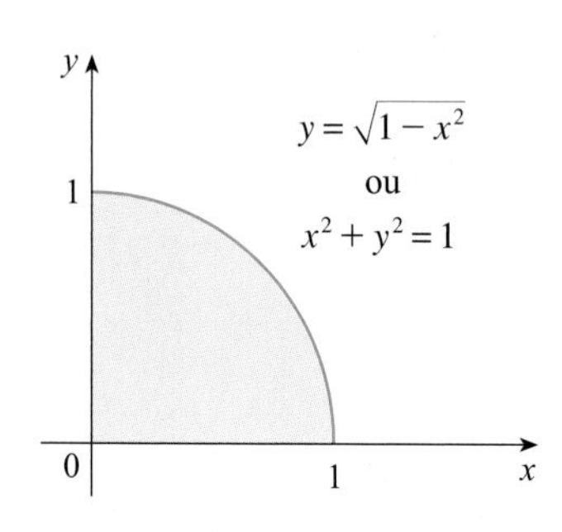

FIGURE 9

SOLUTION

a) Puisque $f(x) = \sqrt{1-x^2} \geq 0$, on interprète l'intégrale comme l'aire de la région sous la courbe d'équation $y = \sqrt{1-x^2}$ entre 0 et 1. Mais, comme $y^2 = 1 - x^2$, on a $x^2 + y^2 = 1$, ce qui indique que le graphique f est le quart de cercle de rayon 1 de la figure 9. Donc

$$\int_0^1 \sqrt{1-x^2}\,dx = \tfrac{1}{4}\pi(1)^2 = \frac{\pi}{4}.$$

(Dans la section 3.3, on sera en mesure de démontrer que l'aire d'un disque de rayon r est πr^2.)

b) La courbe d'équation $y = x - 1$ est la droite de pente 1 représentée dans la figure 10. On calcule l'intégrale en prenant la différence des aires respectives de deux triangles :

$$\int_0^3 (x-1)\,dx = A_1 - A_2 = \tfrac{1}{2}(2 \cdot 2) - \tfrac{1}{2}(1 \cdot 1) = 1{,}5.$$

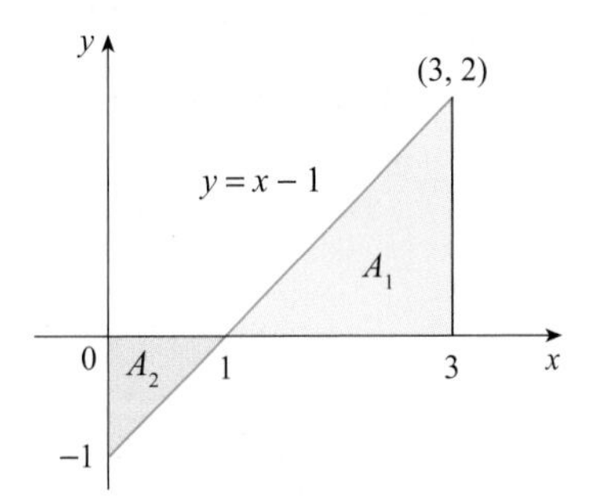

FIGURE 10

LA MÉTHODE DU POINT MILIEU

On choisit souvent comme point d'échantillonnage x_i^* l'extrémité droite du i-ième sous-intervalle parce que cela facilite le calcul de la limite. Toutefois, si on souhaite évaluer approximativement une intégrale, il est généralement préférable de prendre comme x_i^* le milieu du sous-intervalle, qu'on note $\overline{x}_i$. Toute somme de Riemann est une valeur approchée d'une intégrale, mais si on utilise les milieux des sous-intervalles, on obtient l'approximation suivante.

LA MÉTHODE DU POINT MILIEU

$$\int_a^b f(x)\,dx \approx \sum_{i=1}^{n} f(\overline{x}_i)\Delta x = \Delta x[f(\overline{x}_1) + \cdots + f(\overline{x}_n)]$$

où

$$\Delta x = \frac{b-a}{n}$$

et

$$\overline{x}_i = \tfrac{1}{2}(x_{i-1} + x_i) = \text{milieu de } [x_{i-1}, x_i]$$

EXEMPLE 5 Appliquons la méthode du point milieu avec $n = 5$ pour obtenir une valeur approchée de $\int_1^2 \frac{1}{x}\,dx$.

SOLUTION Les extrémités des cinq sous-intervalles sont 1 ; 1,2 ; 1,4 ; 1,6 ; 1,8 et 2,0, de sorte que leurs milieux sont 1,1 ; 1,3 ; 1,5 ; 1,7 et 1,9. La longueur de chaque sous-intervalle est $\Delta x = (2-1)/5 = \frac{1}{5}$ et la méthode du point milieu donne

$$\begin{aligned}\int_1^2 \frac{1}{x}\,dx &\approx \Delta x[f(1{,}1) + f(1{,}3) + f(1{,}5) + f(1{,}7) + f(1{,}9)]\\ &= \frac{1}{5}\left(\frac{1}{1{,}1} + \frac{1}{1{,}3} + \frac{1}{1{,}5} + \frac{1}{1{,}7} + \frac{1}{1{,}9}\right)\\ &\approx 0{,}691\,908.\end{aligned}$$

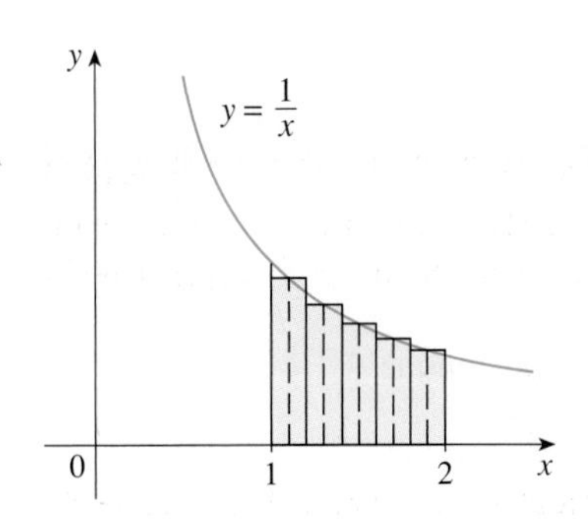

FIGURE 11

Puisque $f(x) = 1/x > 0$ pour $1 \le x \le 2$, alors l'intégrale correspond à une aire et la valeur approchée fournie par la méthode du point milieu est la somme des aires des rectangles représentés dans la figure 11.

On est actuellement incapables de dire ce qu'est la précision de l'approximation de l'exemple 5 mais, dans la section 3.6, il est question d'une technique d'estimation de l'erreur que comporte l'application de la méthode du point milieu. Il y est également question d'autres méthodes d'approximation d'une intégrale définie.

Si on applique la méthode du point milieu à l'intégrale de l'exemple 2, on obtient le graphique de la figure 12. La valeur approximative $M_{40} \approx -6{,}7563$ est beaucoup plus proche de la valeur exacte $-6{,}75$ que l'approximation résultant de l'emploi des extrémités droites des sous-intervalles, soit $D_{40} \approx -6{,}3998$, illustrée dans la figure 7.

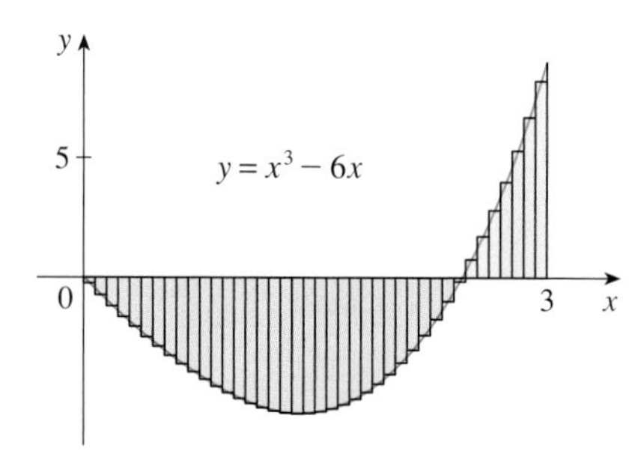

FIGURE 12
$M_{40} \approx -6{,}7563$

LES PROPRIÉTÉS DE L'INTÉGRALE DÉFINIE

Dans la définition de l'intégrale définie $\int_a^b f(x)\,dx$, il est sous-entendu que $a < b$, mais la définition sous forme de limite d'une somme de Riemann a un sens même lorsque $a > b$. Il est à noter que si on inverse a et b, alors la longueur Δx n'est plus $(b - a)/n$, mais bien $(a - b)/n$. Donc

$$\int_b^a f(x)\,dx = -\int_a^b f(x)\,dx.$$

Dans le cas particulier où $a = b$, alors $\Delta x = 0$, de sorte que

$$\int_a^a f(x)\,dx = 0.$$

Voici une liste de propriétés fondamentales des intégrales qui en facilitent grandement l'évaluation. On suppose que f et g représentent des fonctions continues.

PROPRIÉTÉS DE L'INTÉGRALE DÉFINIE

1. $\int_a^b c\,dx = c(b - a)$, où c est une constante quelconque

2. $\int_a^b [f(x) + g(x)]\,dx = \int_a^b f(x)\,dx + \int_a^b g(x)\,dx$

3. $\int_a^b cf(x)\,dx = c\int_a^b f(x)\,dx$, où c est une constante quelconque

4. $\int_a^b [f(x) - g(x)]\,dx = \int_a^b f(x)\,dx - \int_a^b g(x)\,dx$

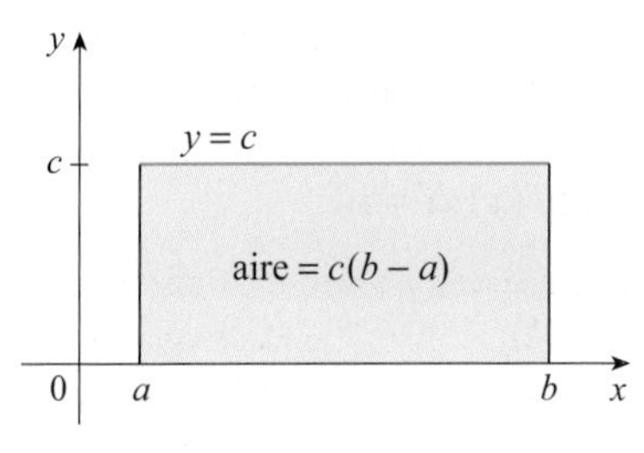

FIGURE 13
$\int_a^b c\,dx = c(b-a)$

Selon la propriété 1, l'intégrale d'une fonction constante $f(x) = c$ est égale à la constante c multipliée par la longueur de l'intervalle. Si $c > 0$ et que $a < b$, on s'attend à ce résultat parce que $c(b - a)$ est l'aire du rectangle ombré de la figure 13.

Selon la propriété 2, l'intégrale d'une somme est égale à la somme des intégrales. Il s'ensuit que, dans le cas de fonctions positives, l'aire de la région sous la courbe de $f + g$ est égale à l'aire sous la courbe de f plus l'aire sous la courbe de g. La figure 14 aide à comprendre pourquoi il en est ainsi : étant donné les règles de l'addition graphique, les segments de droite verticaux correspondants ont la même hauteur.

En général, la propriété 2 découle du théorème 4 et de ce que la limite d'une somme est égale à la somme des limites :

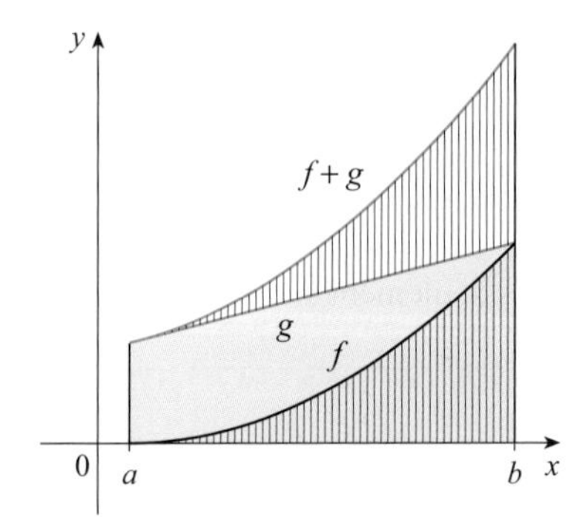

FIGURE 14
$\int_a^b [f(x)+g(x)]\,dx = \int_a^b f(x)\,dx + \int_a^b g(x)\,dx$

$$\begin{aligned}\int_a^b [f(x)+g(x)]\,dx &= \lim_{n\to\infty} \sum_{i=1}^{n} [f(x_i)+g(x_i)]\Delta x \\ &= \lim_{n\to\infty} \left[\sum_{i=1}^{n} f(x_i)\Delta x + \sum_{i=1}^{n} g(x_i)\Delta x\right] \\ &= \lim_{n\to\infty} \sum_{i=1}^{n} f(x_i)\Delta x + \lim_{n\to\infty} \sum_{i=1}^{n} g(x_i)\Delta x \\ &= \int_a^b f(x)\,dx + \int_a^b g(x)\,dx.\end{aligned}$$

On peut démontrer la propriété 3 de façon analogue ; elle revient à dire que l'intégrale du produit d'une constante et d'une fonction est égale au produit de la constante et de l'intégrale de la fonction. En d'autres mots, on peut déplacer une constante (mais seulement une constante) devant le signe d'intégration. On démontre la propriété 4 en écrivant $f - g = f + (-g)$, puis en appliquant les propriétés 2 et 3 avec $c = -1$.

La propriété 3 semble intuitivement acceptable puisque la multiplication d'une fonction par un nombre positif c entraîne un étirement ou un rétrécissement de son graphique, à la verticale, par un facteur c. Ainsi, chaque rectangle servant d'approximation est étiré ou rétréci par un facteur c, ce qui a le même effet que multiplier l'aire de tous les rectangles par c.

EXEMPLE 6 Évaluons $\int_0^1 (4+3x^2)\,dx$ à l'aide des propriétés de l'intégrale.

SOLUTION En vertu des propriétés 2 et 3 des intégrales, on peut écrire

$$\int_0^1 (4+3x^2)\,dx = \int_0^1 4\,dx + \int_0^1 3x^2\,dx = \int_0^1 4\,dx + 3\int_0^1 x^2\,dx.$$

De plus, la propriété 1 implique que

$$\int_0^1 4\,dx = 4(1-0) = 4$$

et, dans l'exemple 2 de la section 1.3, on montre que $\int_0^1 x^2\,dx = \frac{1}{3}$. Donc

$$\begin{aligned}\int_0^1 (4+3x^2)\,dx &= \int_0^1 4\,dx + 3\int_0^1 x^2\,dx \\ &= 4 + 3 \cdot \tfrac{1}{3} = 5.\end{aligned}$$

La propriété 5 indique comment combiner des intégrales d'une même fonction sur des intervalles adjacents :

5. $$\int_a^c f(x)\,dx + \int_c^b f(x)\,dx = \int_a^b f(x)\,dx$$

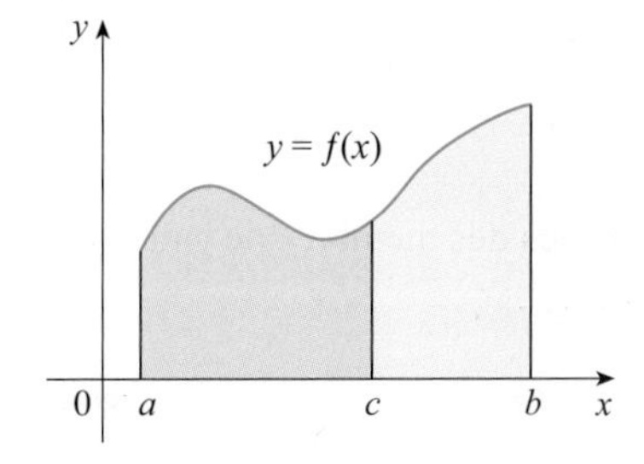

FIGURE 15

Il n'est pas facile de démontrer la propriété 5 en son sens le plus général mais, dans le cas où $f(x) \geq 0$ et $a < c < b$, la figure 15 en fournit une représentation géométrique convaincante : l'aire de la région sous la courbe $y = f(x)$ entre a et c plus l'aire sous la courbe entre c et b est égale à la totalité de l'aire sous la courbe entre a et b.

EXEMPLE 7 En supposant que $\int_0^{10} f(x)\,dx = 17$ et que $\int_0^{8} f(x)\,dx = 12$, évaluons $\int_8^{10} f(x)\,dx$.

SOLUTION La propriété 5 permet d'écrire

$$\int_0^{8} f(x)\,dx + \int_8^{10} f(x)\,dx = \int_0^{10} f(x)\,dx$$

de sorte que

$$\int_8^{10} f(x)\,dx = \int_0^{10} f(x)\,dx - \int_0^{8} f(x)\,dx = 17 - 12 = 5.$$

Les propriétés 1 à 5 sont vraies peu importe que $a < b$, que $a = b$ ou que $a > b$. Par contre, les propriétés 6 à 8 (énoncées ci-dessous), qui établissent une comparaison entre les valeurs de fonctions et d'intégrales, sont vraies seulement si $a \leq b$.

PROPRIÉTÉS COMPARATIVES DE L'INTÉGRALE

6. Si $f(x) \geq 0$ pour tout $a \leq x \leq b$, alors $\int_a^b f(x)\,dx \geq 0$.

7. Si $f(x) \geq g(x)$ pour tout $a \leq x \leq b$, alors $\int_a^b f(x)\,dx \geq \int_a^b g(x)\,dx$.

8. Si $m \leq f(x) \leq M$ pour tout $a \leq x \leq b$, alors

$$m(b-a) \leq \int_a^b f(x)\,dx \leq M(b-a).$$

Si $f(x) \geq 0$, alors $\int_a^b f(x)\,dx$ correspond à l'aire de la région sous la courbe de f; du point de vue géométrique, la propriété 6 signifie simplement que toute aire est positive. (Elle découle en fait directement de la définition de l'intégrale puisque toutes les grandeurs en cause sont positives.) La propriété 7 signifie que plus une fonction est grande, plus son intégrale est grande. Elle découle des propriétés 6 et 4 étant donné que $f - g \geq 0$.

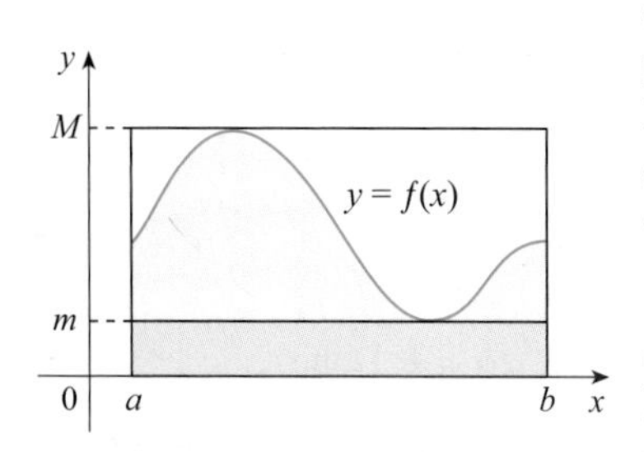

FIGURE 16

La propriété 8 est illustrée dans la figure 16 dans le cas où $f(x) \geq 0$. Si la fonction f est continue, on peut prendre comme valeurs respectives de m et de M le minimum et le maximum absolus de f sur l'intervalle $[a, b]$. Dans le cas représenté, la propriété 8 signifie que l'aire de la région sous la courbe de f est plus grande que celle du rectangle de hauteur m et plus petite que celle du rectangle de hauteur M.

DÉMONSTRATION DE LA PROPRIÉTÉ 8 Étant donné que $m \leq f(x) \leq M$, en vertu de la propriété 7,

$$\int_a^b m\,dx \leq \int_a^b f(x)\,dx \leq \int_a^b M\,dx.$$

En appliquant la propriété 1 pour évaluer les intégrales des membres de gauche et de droite, on obtient

$$m(b-a) \leq \int_a^b f(x)\,dx \leq M(b-a).$$

La propriété 8 s'avère utile lorsqu'on désire uniquement une approximation grossière de la valeur d'une intégrale et qu'on ne veut pas se donner la peine d'appliquer la méthode des milieux des sous-intervalles.

EXEMPLE 8 Évaluons $\int_0^1 e^{-x^2}\,dx$ à l'aide de la propriété 8.

SOLUTION Étant donné que la fonction $f(x)=e^{-x^2}$ est décroissante sur [0, 1], son maximum absolu est $M=f(0)=1$ et son minimum absolu est $m=f(1)=e^{-1}$. Donc, la propriété 8 permet d'écrire

$$e^{-1}(1-0)\le\int_0^1 e^{-x^2}\,dx\le 1(1-0)$$

ou, plus simplement,

$$e^{-1}\le\int_0^1 e^{-x^2}\,dx\le 1.$$

Comme $e^{-1}\approx 0{,}3679$, on a

$$0{,}367\le\int_0^1 e^{-x^2}\,dx\le 1.$$

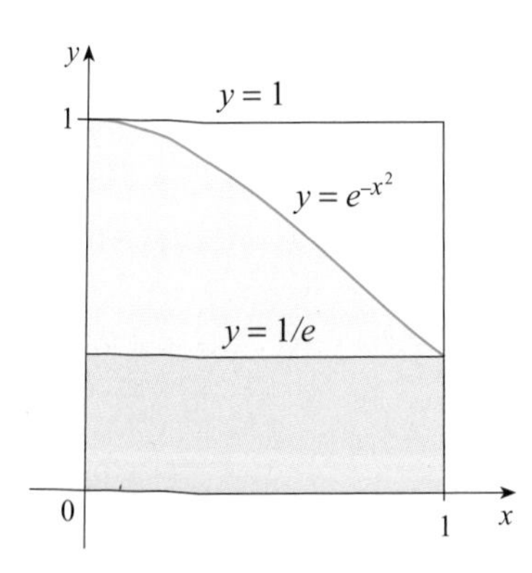

FIGURE 17

Le résultat de l'exemple 8 est illustré dans la figure 17. La valeur de l'intégrale est supérieure à l'aire du rectangle bleu foncé et inférieure à l'aire du carré.

Exercices 1.4

1. Évaluez la somme de Riemann de la fonction $f(x)=3-\frac{1}{2}x$, où $2\le x\le 14$, en construisant six sous-intervalles et en prenant les extrémités gauches comme points d'échantillonnage. Que représente la somme de Riemann? Tracez un diagramme qui illustre cette interprétation.

2. Soit la fonction $f(x)=x^2-2x$, où $0\le x\le 3$. Évaluez la somme de Riemann de f en posant $n=6$ et en prenant les extrémités droites des sous-intervalles comme points d'échantillonnage. Que représente la somme de Riemann? Tracez un diagramme qui illustre cette interprétation.

3. Soit la fonction $f(x)=e^x-2$, où $0\le x\le 2$. Évaluez la somme de Riemann de f avec une précision de six décimales en posant $n=4$ et en prenant les milieux des sous-intervalles comme points d'échantillonnage. Que représente la somme de Riemann? Tracez un diagramme qui illustre cette interprétation.

4. a) Évaluez la somme de Riemann de la fonction $f(x)=\sin x$, où $0\le x\le 3\pi/2$, en utilisant six termes et en prenant les extrémités droites des sous-intervalles comme points d'échantillonnage. (Exprimez le résultat avec une précision de six décimales.) Expliquez à l'aide d'un dessin ce que représente la somme de Riemann.

b) Refaites l'exercice a) en prenant cette fois les milieux des sous-intervalles comme points d'échantillonnage.

5. Soit la fonction f dont le graphique est donné ci-dessous. Calculez $\int_0^{10} f(x)\,dx$ en utilisant cinq sous-intervalles et en prenant comme points d'échantillonnage: a) les extrémités droites, b) les extrémités gauches, c) les milieux.

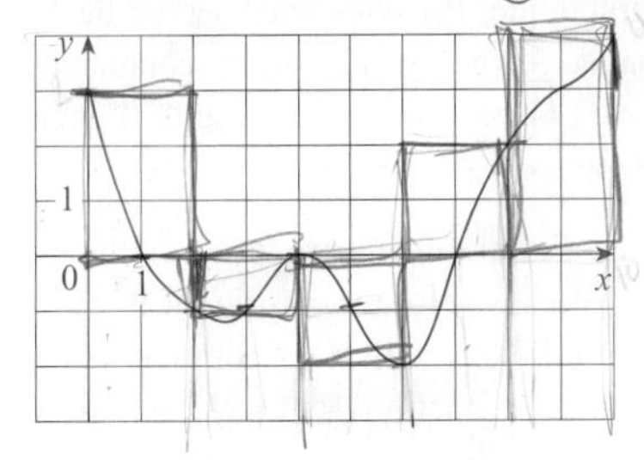

6. Soit la fonction g dont le graphique est donné ci-dessous. Calculez $\int_{-2}^{4} g(x)\,dx$ en utilisant six sous-intervalles et en prenant comme points d'échantillonnage: a) les extrémités droites, b) les extrémités gauches, c) les milieux.

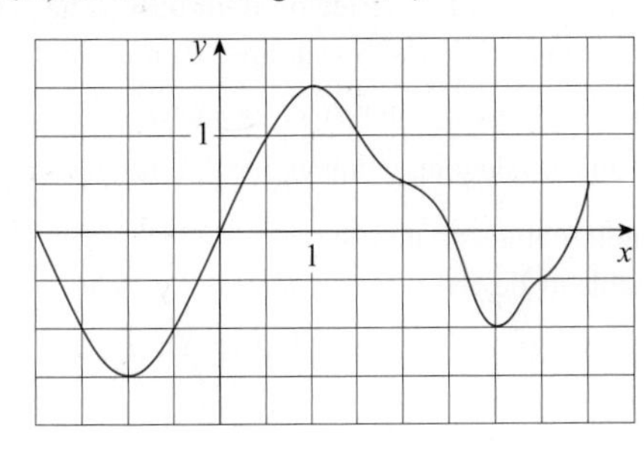

7. Le tableau suivant donne des valeurs d'une fonction croissante f. À l'aide du tableau, calculez des approximations par défaut et par excès de $\int_{10}^{30} f(x)\,dx$.

x	10	14	18	22	26	30
$f(x)$	−12	−6	−2	1	3	8

8. Le tableau suivant donne des valeurs d'une fonction f obtenues expérimentalement. À l'aide du tableau, évaluez $\int_3^9 f(x)\,dx$ en utilisant trois sous-intervalles de même longueur et en prenant comme points d'échantillonnage : a) les extrémités droites, b) les extrémités gauches, c) les milieux. En supposant que la fonction f est croissante, pouvez-vous dire si vos approximations sont inférieures ou supérieures à la valeur exacte de l'intégrale ?

x	3	4	5	6	7	8	9
$f(x)$	−3,4	−2,1	−0,6	0,3	0,9	1,4	1,8

9-12 En utilisant la valeur de n donnée, évaluez approximativement l'intégrale et exprimez le résultat avec une précision de quatre décimales.

9. $\int_0^8 \sin\sqrt{x}\,dx,\ n=4$

10. $\int_0^{\pi/2} \cos^4 x\,dx,\ n=4$

11. $\int_0^2 \frac{x}{x+1}\,dx,\ n=5$

12. $\int_1^5 x^2 e^{-x}\,dx,\ n=4$

LCS **13.** Si vous disposez d'un logiciel de calcul symbolique qui donne des approximations fondées sur la méthode des milieux de sous-intervalles et trace les rectangles correspondants, vérifiez le résultat de l'exercice 11 et représentez-le au moyen d'un graphique. (Si vous vous servez de Maple, utilisez la commande `RiemannSum` ou les commandes `middlesum` et `middlebox`.) Refaites ensuite l'exercice en posant $n=10$, puis $n=20$.

14. À l'aide d'une calculatrice programmable ou d'un ordinateur (voir les informations données dans l'exercice 9 de la section 1.3), calculez les sommes gauche et droite de Riemann de la fonction $f(x)=x/(x+1)$ sur l'intervalle [0, 2] en posant $n = 100$. Expliquez pourquoi ces approximations montrent que

$$0{,}8946 < \int_0^2 \frac{x}{x+1}\,dx < 0{,}9081.$$

15. À l'aide d'une calculatrice ou d'un ordinateur, construisez un tableau de valeurs des sommes droites de Riemann, D_n, pour l'intégrale $\int_0^{\pi} \sin x\,dx$ en posant n = 5, 10, 50 et 100. Vers quelle valeur les nombres du tableau semblent-ils tendre ?

16. À l'aide d'une calculatrice ou d'un ordinateur, construisez un tableau de valeurs des sommes gauches et droites de Riemann, G_n et D_n, pour l'intégrale $\int_0^2 e^{-x^2}\,dx$ en posant n = 5, 10, 50 et 100. Quels sont les deux nombres entre lesquels la valeur de l'intégrale se situe nécessairement ? Pouvez-vous énoncer une affirmation semblable pour l'intégrale $\int_{-1}^2 e^{-x^2}\,dx$? Pourquoi ?

17-20 Exprimez la limite sous la forme d'une intégrale définie sur l'intervalle donné.

17. $\lim_{n\to\infty} \sum_{i=1}^{n} x_i \ln(1+x_i^2)\Delta x$, sur [2, 6]

18. $\lim_{n\to\infty} \sum_{i=1}^{n} \frac{\cos x_i}{x_i}\Delta x$, sur $[\pi, 2\pi]$

19. $\lim_{n\to\infty} \sum_{i=1}^{n} [5(x_i^*)^3 - 4x_i^*]\Delta x$, sur [2, 7]

20. $\lim_{n\to\infty} \sum_{i=1}^{n} \frac{x_i^*}{(x_i^*)^2+4}\Delta x$, sur [1, 3]

21-25 Évaluez l'intégrale en appliquant la définition de l'intégrale sous la forme donnée dans le théorème **4**.

21. $\int_2^5 (4-2x)\,dx$

22. $\int_1^4 (x^2-4x+2)\,dx$

23. $\int_{-2}^0 (x^2+x)\,dx$

24. $\int_0^2 (2x-x^3)\,dx$

25. $\int_0^1 (x^3-3x^2)\,dx$

26. a) Évaluez approximativement l'intégrale $\int_0^4 (x^2-3x)\,dx$ au moyen d'une somme de Riemann en utilisant $n=8$ et les extrémités droites des sous-intervalles.

b) Tracez un diagramme semblable à celui de la figure 3 pour représenter l'approximation obtenue en a).

c) Évaluez $\int_0^4 (x^2-3x)\,dx$ en appliquant le théorème **4**.

d) Interprétez l'intégrale évaluée en c) comme une différence d'aires et illustrez votre interprétation au moyen d'un diagramme semblable à celui de la figure 4.

27. Démontrez que $\int_a^b x\,dx = \frac{b^2-a^2}{2}$.

28. Démontrez que $\int_a^b x^2\,dx = \frac{b^3-a^3}{3}$.

29-30 Exprimez l'intégrale sous forme de la limite d'une somme de Riemann. (N'évaluez pas la limite.)

29. $\int_2^6 \frac{x}{1+x^5}\,dx$

30. $\int_1^{10} (x-4\ln x)\,dx$

LCS **31-32** Exprimez l'intégrale sous forme de la limite de sommes, puis évaluez l'intégrale en utilisant un logiciel de calcul symbolique pour trouver à la fois la somme et la limite.

31. $\int_0^{\pi} \sin 5x\,dx$

32. $\int_2^{10} x^6\,dx$

33. Soit la fonction f dont le graphique est donné ci-dessous. Évaluez l'intégrale en l'interprétant comme une aire.

a) $\int_0^2 f(x)\,dx$ c) $\int_5^7 f(x)\,dx$

b) $\int_0^5 f(x)\,dx$ d) $\int_0^9 f(x)\,dx$

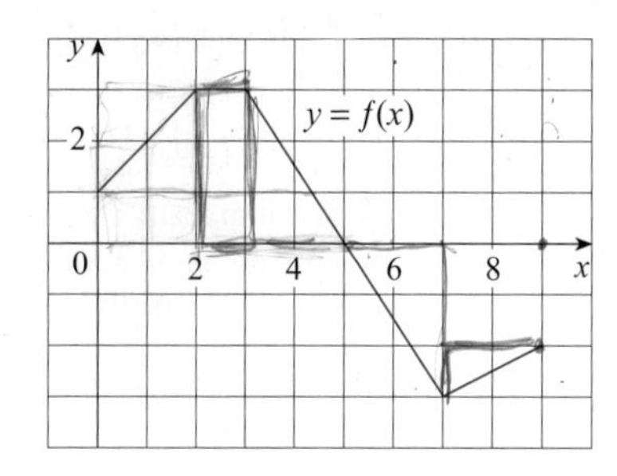

34. La courbe de la fonction g (représentée ci-dessous) est formée de deux segments de droite et d'un demi-cercle. Évaluez chaque intégrale à l'aide du graphique.

a) $\int_0^2 g(x)\,dx$ b) $\int_2^6 g(x)\,dx$ c) $\int_0^7 g(x)\,dx$

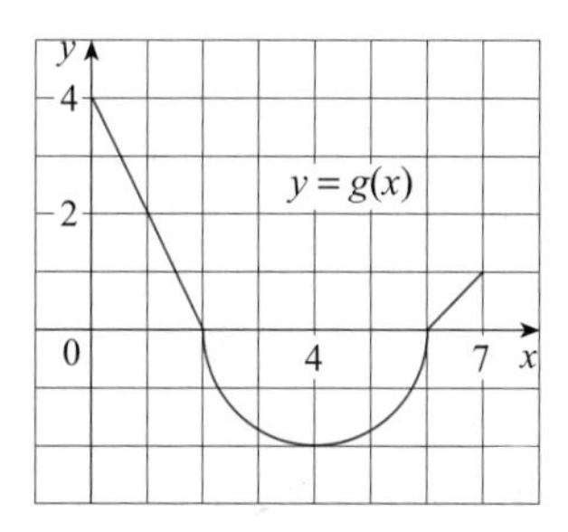

35-40 Évaluez l'intégrale en l'interprétant comme une aire.

35. $\int_{-1}^{2} (1-x)\,dx$

36. $\int_0^9 \left(\frac{1}{3}x-2\right)dx$

37. $\int_{-3}^{0} \left(1+\sqrt{9-x^2}\right)dx$

38. $\int_{-5}^{5} \left(x-\sqrt{25-x^2}\right)dx$

39. $\int_{-1}^{2} |\,x\,|\,dx$

40. $\int_0^{10} |\,x-5\,|\,dx$

41. Évaluez $\int_\pi^\pi \sin^2 x \cos^4 x \;dx$.

42. Étant donné que $\int_0^1 3x\sqrt{x^2+4}\,dx = 5\sqrt{5}-8$, quelle est la valeur de $\int_1^0 3u\sqrt{u^2+4}\;du$?

43. Dans l'exemple 2 de la section 1.3, il est montré que $\int_0^1 x^2\,dx = \frac{1}{3}$. À l'aide de cette valeur et des propriétés de l'intégrale définie, calculez $\int_0^1 (5-6x^2)\,dx$.

44. À l'aide des propriétés de l'intégrale définie et du résultat de l'exemple 3, calculez $\int_1^3 (2e^x-1)\,dx$.

45. À l'aide du résultat de l'exemple 3, calculez $\int_1^3 e^{x+2}\,dx$.

46. Calculez $\int_0^{\pi/2} (2\cos x - 5x)\,dx$ en vous servant du résultat de l'exercice 27, du fait que $\int_0^{\pi/2} \cos x\,dx = 1$ (voir l'exercice 29 de la section 1.3) et des propriétés de l'intégrale définie.

47. Écrivez la somme suivante sous la forme d'une unique intégrale du type $\int_a^b f(x)\,dx$.

$$\int_{-2}^{2} f(x)\,dx + \int_2^5 f(x)\,dx - \int_{-2}^{-1} f(x)\,dx$$

48. Étant donné que $\int_1^5 f(x)\,dx = 12$ et que $\int_4^5 f(x)\,dx = 3{,}6$, calculez $\int_1^4 f(x)\,dx$.

49. Étant donné que $\int_0^9 f(x)\,dx = 37$ et que $\int_0^9 g(x)\,dx = 16$, calculez $\int_0^9 [2f(x)+3g(x)]\,dx$.

50. Calculez $\int_0^5 f(x)\,dx$ étant donné que

$$f(x) = \begin{cases} 3 & \text{si } x < 3 \\ x & \text{si } x \geq 3. \end{cases}$$

51. Soit la fonction f dont le graphique est donné ci-dessous. Classez les grandeurs suivantes en ordre croissant, c'est-à-dire de la plus petite à la plus grande, et décrivez votre raisonnement.

a) $\int_0^8 f(x)\,dx$ c) $\int_3^8 f(x)\,dx$ e) $f'(1)$

b) $\int_0^3 f(x)\,dx$ d) $\int_4^8 f(x)\,dx$

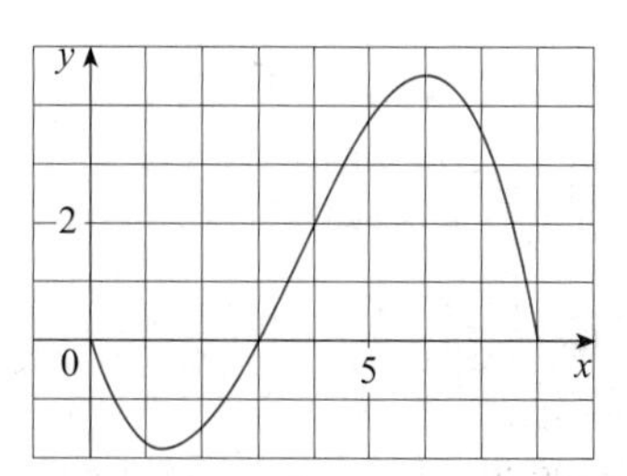

52. Soit $F(x) = \int_2^x f(t)\,dt$, où f est la fonction dont le graphique est donné ci-dessous. Laquelle des valeurs suivantes est la plus grande ?

a) $F(0)$
b) $F(1)$
c) $F(2)$
d) $F(3)$
e) $F(4)$

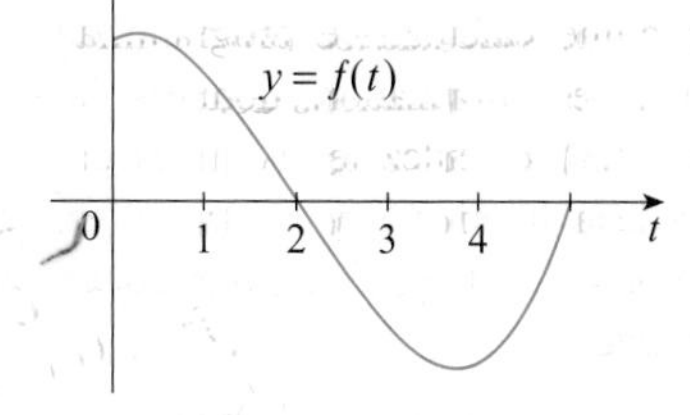

53. Chacune des trois régions A, B et C délimitées par le graphique de la fonction f représentée ci-dessous et l'axe des x a une aire égale à 3. Calculez

$$\int_{-4}^{2} [f(x)+2x+5]\,dx.$$

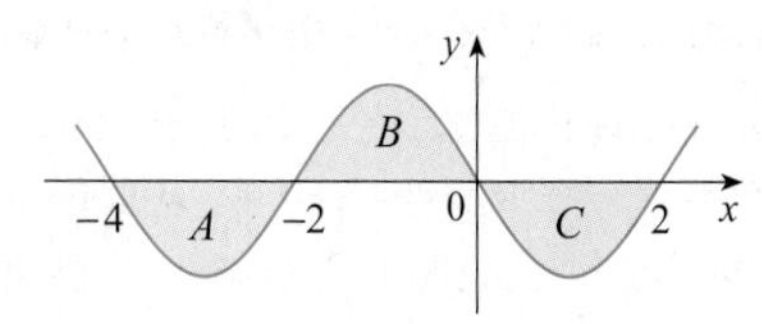

54. Désignons respectivement par m et M le minimum et le maximum absolus de f. Quelles sont les deux valeurs entre lesquelles se situe nécessairement $\int_0^2 f(x)\,dx$? Quelle propriété de l'intégrale définie vous permet de tirer cette conclusion ?

55-58 Vérifiez l'inégalité en vous servant des propriétés de l'intégrale définie, sans calculer l'intégrale.

55. $\int_0^4 (x^2 - 4x + 4)\,dx \geq 0$

56. $\int_0^1 \sqrt{1+x^2}\,dx \leq \int_0^1 \sqrt{1+x}\,dx$

57. $2 \leq \int_{-1}^1 \sqrt{1+x^2}\,dx \leq 2\sqrt{2}$

58. $\dfrac{\sqrt{2}\pi}{24} \leq \int_{\pi/6}^{\pi/4} \cos x\,dx \leq \dfrac{\sqrt{3}\pi}{24}$

59-64 Calculez l'intégrale à l'aide de la propriété 8.

59. $\int_1^4 \sqrt{x}\,dx$

60. $\int_0^2 \dfrac{1}{1+x^2}\,dx$

61. $\int_{\pi/4}^{\pi/3} \tan x\,dx$

62. $\int_0^2 (x^3 - 3x + 3)\,dx$

63. $\int_0^2 xe^{-x}\,dx$

64. $\int_{\pi}^{2\pi} (x - 2\sin x)\,dx$

65-66 Démontrez l'inégalité en vous servant des propriétés de l'intégrale définie et du résultat des exercices 27 et 28.

65. $\int_1^3 \sqrt{x^4+1}\,dx \geq \dfrac{26}{3}$

66. $\int_0^{\pi/2} x\sin x\ dx \leq \dfrac{\pi^2}{8}$

67. Démontrez la propriété 3 de l'intégrale définie.

68. a) Soit f, une fonction continue sur $[a, b]$. Montrez que

$$\left|\int_a^b f(x)\,dx\right| \leq \int_a^b |f(x)|\,dx.$$

(*Indice :* $-|f(x)| \leq f(x) \leq |f(x)|$.)

b) À l'aide de l'inégalité prouvée en a), montrez que

$$\left|\int_0^{2\pi} f(x)\sin 2x\ dx\right| \leq \int_0^{2\pi} |f(x)|\ dx.$$

69. Soit la fonction f définie par morceaux : $f(x) = 0$ pour tout nombre rationnel x et $f(x) = 1$ pour tout nombre irrationnel x. Montrez que f n'est pas intégrable sur $[0, 1]$.

70. Soit la fonction f définie par morceaux : $f(0) = 0$ et $f(x) = 1/x$ si $0 < x \leq 1$. Montrez que f n'est pas intégrable sur $[0, 1]$. (*Indice :* Montrez qu'on peut rendre le premier terme de la somme de Riemann, $f(x_i^*)\Delta x$, aussi grand qu'on le veut.)

71-72 Exprimez la limite sous la forme d'une intégrale définie.

71. $\lim_{n\to\infty} \sum_{i=1}^{n} \dfrac{i^4}{n^5}$ (*Indice :* Posez $f(x) = x^4$.)

72. $\lim_{n\to\infty} \dfrac{1}{n} \sum_{i=1}^{n} \dfrac{1}{1+(i/n)^2}$

73. Calculez $\int_1^2 x^{-2}\,dx$. *Indice :* Choisissez comme point x_i^* la moyenne géométrique de x_{i-1} et x_i (c'est-à-dire posez $x_i^* = \sqrt{x_{i-1}x_i}$) et servez-vous de l'égalité

$$\frac{1}{m(m+1)} = \frac{1}{m} - \frac{1}{m+1}.$$

SUJET À EXPLORER — LA FONCTION AIRE

1. a) Tracez la droite d'équation $y = 2t + 1$, puis servez-vous de la géométrie pour calculer l'aire de la région délimitée par la droite, l'axe des t et les droites verticales $t = 1$ et $t = 3$.

b) On désigne par $A(x)$ l'aire de la région sous la droite d'équation $y = 2t + 1$ entre $t = 1$ et $t = x$ dans le cas où $x > 1$. Représentez graphiquement cette région et, en vous servant de la géométrie, écrivez une expression de $A(x)$.

c) Calculez la dérivée de la fonction $A(x)$. Que remarquez-vous ?

2. a) Si on définit la fonction $A(x)$ par

$$A(x) = \int_{-1}^{x} (1+t^2)\,dt$$

dans le cas où $x \geq -1$, alors $A(x)$ est l'aire d'une région. Représentez géographiquement cette région.

b) À l'aide du résultat de l'exercice 28 de la section 1.4, écrivez une expression de $A(x)$.

c) Calculez $A'(x)$. Que remarquez-vous ?

d) Si $x \geq -1$ et h est un petit nombre positif, alors $A(x + h) - A(x)$ représente l'aire d'une région. Décrivez celle-ci et représentez-la graphiquement.

e) Tracez un rectangle qui soit une approximation de la région décrite en d). En comparant l'aire du rectangle et celle de la région, montrez que

$$\frac{A(x+h)-A(x)}{h} \approx 1+x^2.$$

f) En vous reportant à l'exercice e), expliquez intuitivement le résultat obtenu à l'exercice c).

3. a) Tracez le graphique de la fonction $f(x) = \cos(x^2)$ dans la fenêtre rectangulaire délimitée par [0 ; 2] et [−1,25 ; 1,25].

b) Si on définit la fonction g par

$$g(x) = \int_0^x \cos(t^2)\,dt,$$

alors $g(x)$ est l'aire de la région sous la courbe de f entre 0 et x (jusqu'à ce que $f(x)$ devienne négative ; par la suite $g(x)$ représente une différence d'aires). À l'aide du graphique tracé en a), déterminez la valeur de x où $g(x)$ commence à décroître. (Il n'est pas possible d'évaluer l'intégrale qui définit g, comme on l'a fait pour l'intégrale du problème 2, de sorte qu'on ne peut pas obtenir une expression explicite de $g(x)$.)

c) À l'aide de la commande d'intégration d'une calculatrice ou d'un logiciel, évaluez $g(0{,}2)$, $g(0{,}4)$, $g(0{,}6)$, …, $g(1{,}8)$ et $g(2)$, puis servez-vous des valeurs obtenues pour tracer un graphique de la fonction g.

d) En vous servant du graphique de g tracé en c), construisez le graphique de g' en vous rappelant qu'on peut interpréter $g'(x)$ comme la pente d'une tangente. Comparez le graphique de g' à celui de f.

4. Soit f, une fonction continue sur l'intervalle $[a, b]$. On définit la fonction g par l'égalité

$$g(x) = \int_a^x f(t)\,dt.$$

En vous appuyant sur les résultats obtenus dans les problèmes 1 à 3, formulez une hypothèse quant à l'expression de $g'(x)$.

1.5 LE THÉORÈME FONDAMENTAL DU CALCUL DIFFÉRENTIEL ET INTÉGRAL

Le théorème fondamental du calcul différentiel et intégral porte bien son nom, car il établit un lien entre deux branches de l'analyse, à savoir le calcul différentiel et le calcul intégral. Le calcul différentiel tire son origine du problème de la tangente, alors que le calcul intégral dérive d'un problème bien différent en apparence, soit le problème de l'aire. Isaac Barrow (1630-1677), le mentor de Newton à Cambridge, prit conscience que ces deux problèmes sont en réalité étroitement reliés. En fait, il se rendit compte que la dérivation et l'intégration sont deux processus inverses. Le théorème fondamental du calcul différentiel et intégral énonce de façon précise la relation de réciprocité entre la dérivée et l'intégrale. Il revient à Newton et à Leibniz d'avoir étudié cette relation en profondeur et de l'avoir utilisée pour faire du calcul différentiel et intégral une véritable méthode mathématique. Ils découvrirent en particulier qu'ils pouvaient se servir du théorème fondamental pour calculer avec beaucoup de facilité des aires et des intégrales, sans avoir à les évaluer sous forme de limite d'une somme, comme nous l'avons fait dans les sections 1.3 et 1.4.

La première partie du théorème fondamental porte sur les fonctions définies par une égalité de la forme

$$g(x) = \int_a^x f(t)\,dt \qquad \mathbf{1}$$

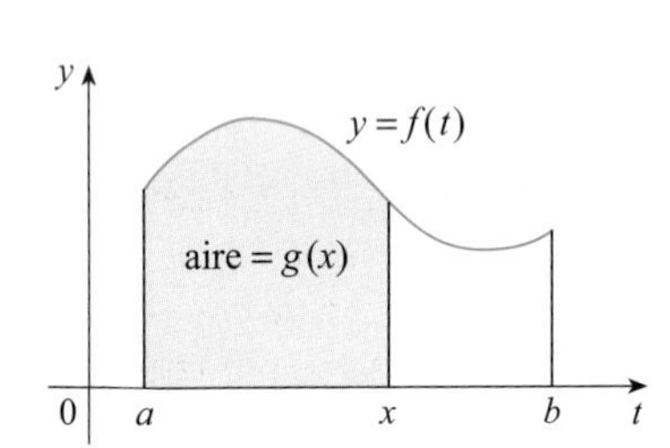

FIGURE 1

où f est une fonction continue sur $[a, b]$ et x varie de a à b. Il est à noter que la fonction g dépend uniquement de x, qui est la borne supérieure variable de l'intégrale. Si on assigne une valeur particulière à x, alors l'intégrale $\int_a^x f(t)\,dt$ est un nombre bien défini ; par contre, si on laisse varier x, la valeur numérique $\int_a^x f(t)\,dt$ varie elle aussi : elle définit une fonction de x, notée $g(x)$.

Dans le cas où la fonction f est positive, on peut interpréter $g(x)$ comme l'aire de la région sous la courbe de f entre a et x, la variable x pouvant varier de a à b. On pourrait appeler g la fonction « aire de a jusqu'à … » (voir la figure 1).

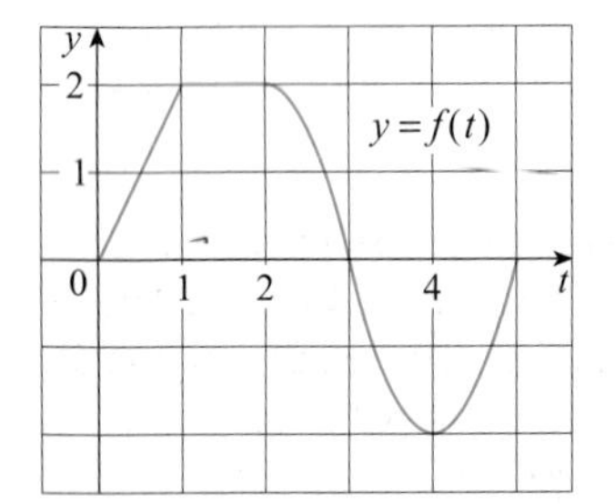

FIGURE 2

EXEMPLE 1 Soit f, la fonction dont le graphique est donné dans la figure 2 et soit g, la fonction définie par $g(x) = \int_0^x f(t)\,dt$. Calculons la valeur de $g(0)$, $g(1)$, $g(2)$, $g(3)$, $g(4)$ et $g(5)$, puis traçons rapidement le graphique de g.

SOLUTION On note d'abord que $g(0) = \int_0^0 f(t)\,dt = 0$. En examinant la figure 3, on constate que $g(1)$ est l'aire d'un triangle :

$$g(1) = \int_0^1 f(t)\,dt = \tfrac{1}{2}(1 \cdot 2) = 1.$$

On obtient $g(2)$ en ajoutant à $g(1)$ l'aire d'un rectangle :

$$g(2) = \int_0^2 f(t)\,dt = \int_0^1 f(t)\,dt + \int_1^2 f(t)\,dt = 1 + (1 \cdot 2) = 3.$$

On évalue l'aire de la région sous la courbe de f entre 2 et 3 à environ 1,3, de sorte que

$$g(3) = g(2) + \int_2^3 f(t)\,dt \approx 3 + 1{,}3 = 4{,}3.$$

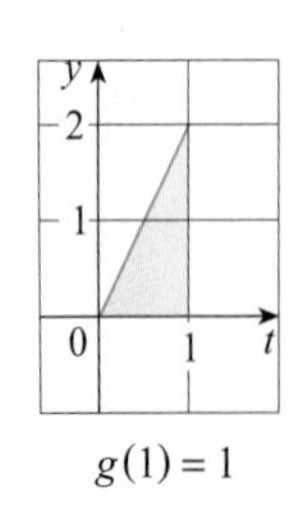

$g(1) = 1$

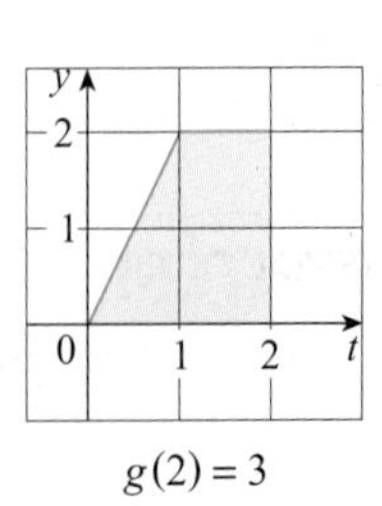

$g(2) = 3$

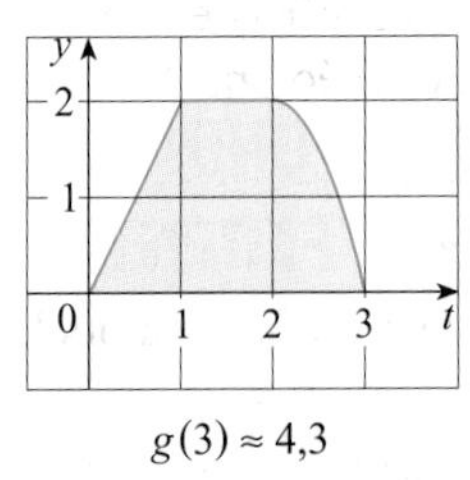

$g(3) \approx 4{,}3$

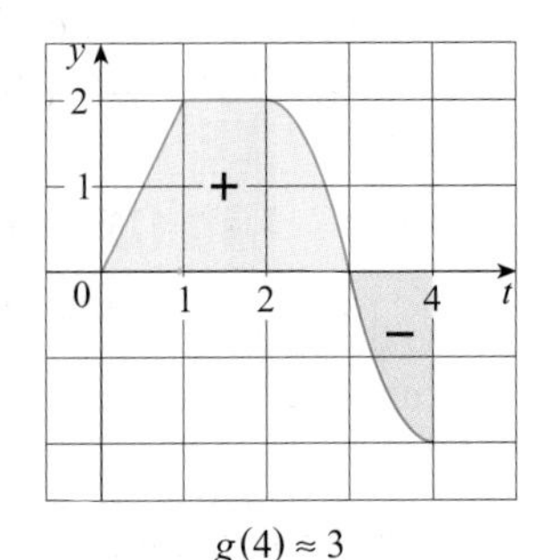

$g(4) \approx 3$

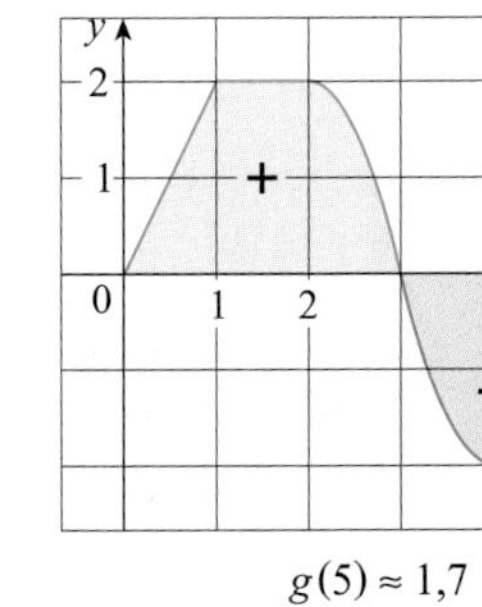

$g(5) \approx 1{,}7$

FIGURE 3

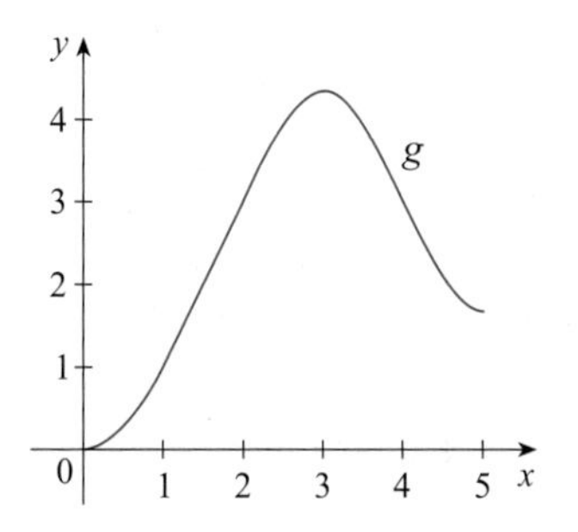

FIGURE 4
$g(x) = \int_a^x f(t)\,dt$

Si $t > 3$, alors $f(t)$ est une valeur négative et on doit commencer à soustraire des aires :

$$g(4) = g(3) + \int_3^4 f(t)\,dt \approx 4{,}3 + (-1{,}3) = 3$$

$$g(5) = g(4) + \int_4^5 f(t)\,dt \approx 3 + (-1{,}3) = 1{,}7.$$

Les valeurs obtenues ont servi à tracer le graphique de g de la figure 4. On note que, $f(t)$ étant une valeur positive pour tout $t < 3$, on additionne des aires tant que $t < 3$, de sorte que la fonction g est croissante jusqu'à $x = 3$, où elle atteint un maximum. Si $x > 3$, alors g décroît puisque $f(t)$ est alors une valeur négative.

Si on pose $f(t) = t$ et $a = 0$, en utilisant le résultat de l'exercice 27 de la section 1.4, on obtient

$$g(x) = \int_0^x t\,dt = \frac{x^2}{2}.$$

On constate que $g'(x) = x$, c'est-à-dire que $g' = f$. Autrement dit, si on définit g comme l'intégrale de f au moyen de l'égalité **1**, il s'avère que g est une primitive de f, du moins dans le cas présent. Si on trace la courbe de la fonction g à l'aide des valeurs estimées des pentes des tangentes, comme dans la figure 4, on obtient un graphique semblable au graphique de la fonction f de la figure 2. On est donc porté à penser que $g' = f$ également dans l'exemple 1.

Afin de vérifier pourquoi cette égalité pourrait être généralement vraie, on considère le cas d'une fonction f continue quelconque, telle que $f(x) \geq 0$. On peut alors interpréter la fonction définie par $g(x) = \int_a^x f(t)\,dt$ comme l'aire de la région sous la courbe de f entre a et x (voir la figure 1).

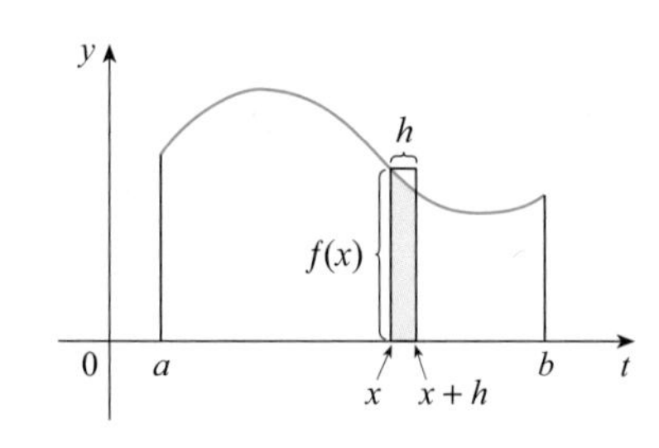

FIGURE 5

Dans le but de calculer $g'(x)$ à l'aide de la définition de la dérivée, on note d'abord que, si $h > 0$, on obtient $g(x + h) - g(x)$ en soustrayant des aires : la différence est égale à l'aire de la région sous la courbe de f entre x et $x + h$ (soit l'aire en bleu de la figure 5). En examinant la figure, on constate que, dans le cas où h est petit, cette aire est approximativement égale à l'aire du rectangle de hauteur $f(x)$ et de largeur h :

$$g(x+h) - g(x) \approx hf(x)$$

ou encore

$$\frac{g(x+h) - g(x)}{h} \approx f(x).$$

Intuitivement, on s'attend donc à ce que

$$g'(x) = \lim_{h \to 0} \frac{g(x+h) - g(x)}{h} = f(x).$$

Le fait que cette égalité soit vérifiée, même si f n'est pas nécessairement positive, constitue la première partie du théorème fondamental du calcul différentiel et intégral.

On désigne la partie 1 de ce théorème par TFC1. En clair, elle affirme que la dérivée d'une intégrale définie par rapport à la borne supérieure de cette dernière est égale à l'intégrande évalué à cette même borne.

LE THÉORÈME FONDAMENTAL DU CALCUL DIFFÉRENTIEL ET INTÉGRAL, PARTIE 1

Si f est une fonction continue sur $[a, b]$, alors la fonction g définie par

$$g(x) = \int_a^x f(t)\,dt \quad a \leq x \leq b$$

est continue sur $[a, b]$, dérivable dans $]a, b[$, et telle que $g'(x) = f(x)$.

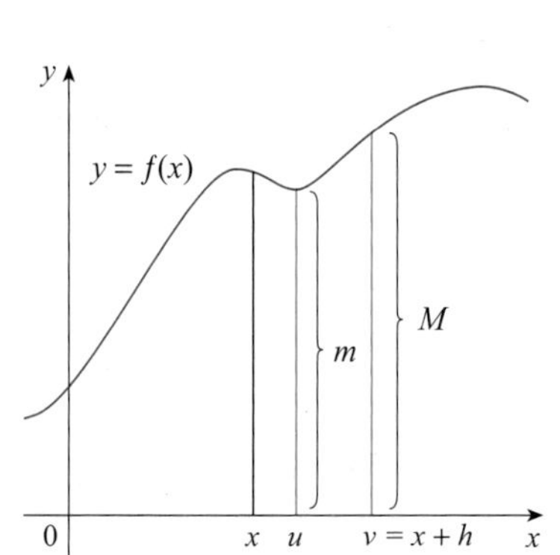

FIGURE 6

DÉMONSTRATION Si x et $x + h$ appartiennent à $]a, b[$, alors

$$\begin{aligned} g(x+h)-g(x) &= \int_a^{x+h} f(t)\,dt - \int_a^x f(t)\,dt \\ &= \left(\int_a^x f(t)\,dt + \int_x^{x+h} f(t)\,dt\right) - \int_a^x f(t)\,dt \quad \text{(propriété 5)} \\ &= \int_x^{x+h} f(t)\,dt. \end{aligned}$$

Par conséquent, dans le cas où $h \neq 0$,

2 $$\frac{g(x+h)-g(x)}{h} = \frac{1}{h}\int_x^{x+h} f(t)\,dt.$$

Pour le moment, on suppose que $h > 0$. Puisque f est continue sur $[x, x + h]$, il découle du théorème des valeurs extrêmes (voir l'annexe A) qu'il existe dans $[x, x + h]$ des nombres u et v tels que $f(u) = m$ et $f(v) = M$, où m et M sont respectivement le minimum et le maximum absolus de f sur $[x, x + h]$ (voir la figure 6).

En vertu de la propriété 8 de l'intégrale définie,

$$mh \leq \int_x^{x+h} f(t)\,dt \leq Mh$$

c'est-à-dire que

$$f(u)h \leq \int_x^{x+h} f(t)\,dt \leq f(v)h.$$

Comme $h > 0$, on peut diviser ces inégalités par h:

$$f(u) \leq \frac{1}{h}\int_x^{x+h} f(t)\,dt \leq f(v).$$

On se sert ensuite de l'égalité **2** pour écrire le membre du centre sous une forme différente:

3 $$f(u) \leq \frac{g(x+h)-g(x)}{h} \leq f(v).$$

Il est possible de démontrer les inégalités **3** de façon analogue dans le cas où $h < 0$ (voir l'exercice 71).

Si on pose $h \to 0$, alors $u \to x$ et $v \to x$ puisque u et v se trouvent entre x et $x + h$. Donc

$$\lim_{h\to 0} f(u) = \lim_{u\to x} f(u) = f(x) \quad \text{et} \quad \lim_{h\to 0} f(v) = \lim_{v\to x} f(v) = f(x)$$

puisque la fonction f est continue au point x. On conclut des inégalités **3** et du théorème du sandwich que

4 $$g'(x) = \lim_{h\to 0}\frac{g(x+h)-g(x)}{h} = f(x).$$

Si $x = a$ ou $x = b$, alors l'équation **4** peut être interprétée comme une limite unilatérale. Alors, puisque la fonction g est dérivable sur $]a, b[$ (adapté au cas des limites unilatérales; voir le théorème **10** à l'annexe A), elle est continue sur $[a, b]$.

Avec la notation de la dérivée de Leibniz, le TFC1 s'écrit sous la forme

5 $$\frac{d}{dx}\int_a^x f(t)\,dt = f(x)$$

où f est une fonction continue. En gros, l'égalité **5** signifie que si on intègre d'abord f et qu'on prend la dérivée du résultat, on obtient la fonction de départ f.

EXEMPLE 2 Calculons la dérivée de la fonction $g(x) = \int_0^x \sqrt{1+t^2}\, dt$.

SOLUTION Comme $f(t) = \sqrt{1+t^2}$ est continue, selon la première partie du théorème fondamental du calcul différentiel et intégral,

$$g'(x) = \sqrt{1+x^2}.$$

EXEMPLE 3 Même s'il peut paraître étrange de définir une fonction par une égalité de la forme $g(x) = \int_a^x f(t)\, dt$, on trouve un grand nombre de fonctions de ce type dans les manuels de physique, de chimie et de statistique. Par exemple, la **fonction de Fresnel**, définie par

$$S(x) = \int_0^x \sin(\pi t^2/2)\, dt,$$

doit son nom au physicien français Augustin Fresnel (1788-1827), célèbre en raison de ses travaux en optique. Il la définit pour la première fois dans sa théorie de la diffraction des ondes lumineuses, mais on l'a appliquée depuis à la conception d'autoroutes.

La première partie du théorème fondamental indique comment dériver la fonction de Fresnel :

$$S'(x) = \sin(\pi x^2/2).$$

Cela signifie qu'on peut appliquer toutes les méthodes du calcul différentiel à l'analyse de S (voir l'exercice 65).

Les courbes de $f(x) = \sin(\pi x^2/2)$ et de la fonction de Fresnel, $S(x) = \int_0^x f(t)\, dt$, sont représentées dans la figure 7. Le graphique de S a été réalisé à l'aide d'un ordinateur en calculant la valeur de l'intégrale pour plusieurs valeurs de x. Il semble bien que $S(x)$ soit égale à l'aire sous la courbe de f entre 0 et x (jusqu'à $x \approx 1{,}4$, point où $S(x)$ devient une différence d'aires). On voit une plus grande partie de la courbe de S dans la figure 8.

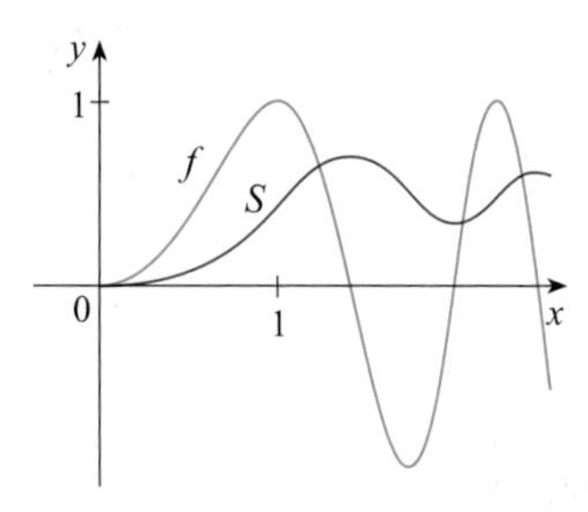

FIGURE 7
$f(x) = \sin(\pi x^2/2)$
$S(x) = \int_0^x \sin(\pi t^2/2)\, dt$

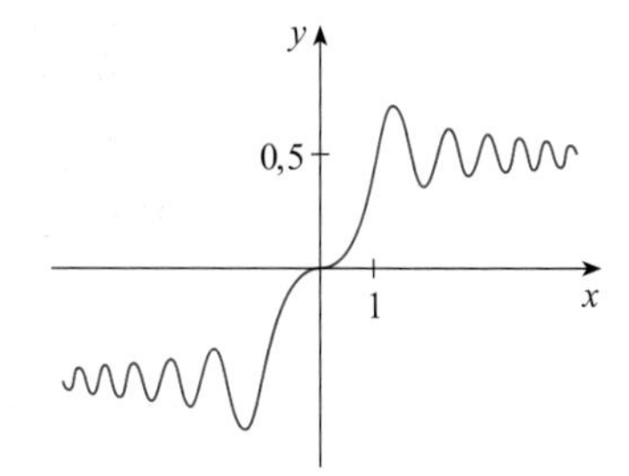

FIGURE 8
La fonction de Fresnel, $S(x) = \int_0^x \sin(\pi t^2/2)\, dt$.

Si on examine la courbe de S de la figure 7 et qu'on se demande à quoi ressemble la dérivée de cette fonction, il semble plausible que $S'(x) = f(x)$. (Par exemple, la fonction S est croissante lorsque $f(x) > 0$ et décroissante quand $f(x) < 0$.) Cette constatation confirme, d'un point de vue graphique, la première partie du théorème fondamental du calcul différentiel et intégral.

EXEMPLE 4 Calculons $\dfrac{d}{dx}\displaystyle\int_1^{x^4} \sec t\, dt$.

SOLUTION Dans le cas présent, il faut appliquer à la fois la règle de la dérivation en chaîne et le TFC1. Si on pose $u = x^4$, alors

$$\begin{aligned}\frac{d}{dx}\int_1^{x^4} \sec t\, dt &= \frac{d}{dx}\int_1^{u} \sec t\, dt \\ &= \frac{d}{du}\left[\int_1^{u} \sec t\, dt\right]\frac{du}{dx} && \text{(règle de dérivation en chaîne)} \\ &= \sec u \frac{du}{dx} && \text{(TFC1)} \\ &= \sec(x^4)\cdot 4x^3.\end{aligned}$$

Dans la section 1.4, où on évalue des intégrales à l'aide de la définition sous forme de limite d'une somme de Riemann, on peut constater que ce processus est parfois long et ardu. La seconde partie du théorème fondamental du calcul différentiel et intégral, qui se déduit facilement de la première partie, fournit une méthode beaucoup plus rapide d'évaluation d'une intégrale définie.

On désigne la seconde partie du théorème fondamental du calcul différentiel et intégral par TFC2.

LE THÉORÈME FONDAMENTAL DU CALCUL DIFFÉRENTIEL ET INTÉGRAL, PARTIE 2

Si f est une fonction continue sur $[a, b]$, alors

$$\int_a^b f(x)\,dx = F(b) - F(a)$$

où F est une primitive quelconque de f, c'est-à-dire une fonction telle que $F' = f$.

DÉMONSTRATION Soit $g(x) = \int_a^x f(t)\,dt$. D'après la première partie du théorème fondamental, $g'(x) = f(x)$, c'est-à-dire que g est une primitive de f. Si F est n'importe quelle autre primitive de f sur $[a, b]$, alors, en vertu du corollaire **1** à l'annexe A, les fonctions F et g diffèrent seulement par une constante :

6 $$F(x) = g(x) + C$$

où $a < x < b$. Toutefois, comme les fonctions F et g sont toutes deux continues sur $[a, b]$, si on prend la limite de chaque membre de l'égalité **6** (lorsque $x \to a^+$ et $x \to b^-$), il est clair que cette égalité est vérifiée aussi pour $x = a$ et $x = b$.

En posant $x = a$ dans la formule de $g(x)$, on obtient

$$g(a) = \int_a^a f(t)\,dt = 0.$$

Si on applique l'égalité **6** avec $x = b$ et $x = a$, on a

$$\begin{aligned}F(b) - F(a) &= [g(b) + C] - [g(a) + C] \\ &= g(b) - g(a) = g(b) = \int_a^b f(t)\,dt.\end{aligned}$$

La seconde partie du théorème fondamental établit que, si on connaît une primitive F d'une fonction f, alors on peut évaluer $\int_a^b f(x)\,dx$ en soustrayant simplement les valeurs respectives de F aux deux extrémités de l'intervalle $[a, b]$. Il est très étonnant de constater que pour évaluer $\int_a^b f(x)\,dx$, définie au moyen d'un processus complexe où interviennent toutes les valeurs de $f(x)$ telles que $a \le x \le b$, il suffit de connaître les valeurs de $F(x)$ en seulement deux points, soit a et b.

Bien qu'il étonne à première vue, le théorème devient plausible quand on l'interprète d'un point de vue physique. Si $v(t)$ est la vitesse d'un mobile et $s(t)$, sa position à l'instant t, alors $v(t) = s'(t)$, de sorte que s est une primitive de v. Dans la section 1.3, lors de l'étude du cas d'un objet qui se déplace toujours dans le sens positif, on est porté à croire que l'aire sous la courbe vitesse est égale à la distance parcourue par l'objet, ce qui s'exprime symboliquement par :

$$\int_a^b v(t)\,dt = s(b) - s(a).$$

Et c'est précisément ce qu'affirme le TFC2 dans ce contexte.

EXEMPLE 5 Évaluons $\int_1^3 e^x\,dx$.

SOLUTION La fonction $f(x) = e^x$ est continue partout et on sait que $F(x) = e^x$ est une primitive de f, de sorte que, d'après la seconde partie du théorème fondamental, on a

Comparez les calculs de l'exemple 5 avec les calculs, beaucoup plus ardus, de l'exemple 3 de la section 1.4.

$$\int_1^3 e^x\,dx = F(3) - F(1) = e^3 - e.$$

Il est à noter que le TFC2 affirme qu'on peut utiliser n'importe quelle primitive F de f. Alors aussi bien employer la plus simple, à savoir $F(x) = e^x$, au lieu de $e^x + 7$ ou $e^x + C$.

On utilise souvent la notation

$$F(x)\Big]_a^b = F(b) - F(a)$$

avec laquelle le TFC2 s'écrit

$$\int_a^b f(x)\,dx = F(x)\Big]_a^b \quad \text{où} \quad F' = f.$$

Il existe deux autres notations courantes, soit $F(x)\Big|_a^b$ et $[F(x)]_a^b$.

EXEMPLE 6 Calculons l'aire de la région sous la parabole d'équation $y = x^2$ entre 0 et 1.

SOLUTION Soit $f(x) = x^2$. La fonction $F(x) = \frac{1}{3}x^3$ est une primitive de f. On calcule l'aire demandée A à l'aide de la seconde partie du théorème fondamental du calcul différentiel et intégral :

Lorsqu'on applique le théorème fondamental, on utilise une primitive particulière F de f; il n'est pas nécessaire d'employer la primitive la plus générale.

$$A = \int_0^1 x^2\,dx = \frac{x^3}{3}\Big]_0^1$$

$$= \frac{1^3}{3} - \frac{0^3}{3} = \frac{1}{3}.$$

Si vous comparez les calculs de l'exemple 6 avec ceux de l'exemple 2 de la section 1.3, vous allez vous rendre compte que le théorème fondamental fournit une méthode d'évaluation beaucoup plus concise.

EXEMPLE 7 Évaluons $\int_3^6 \frac{dx}{x}$.

SOLUTION L'intégrale donnée est une écriture abrégée de

$$\int_3^6 \frac{1}{x}\,dx.$$

Soit $f(x) = 1/x$. La fonction $F(x) = \ln |x|$ est une primitive de f et, comme $3 \le x \le 6$, on peut écrire $F(x) = \ln x$. Donc

$$\int_3^6 \frac{1}{x}\,dx = \ln x\Big]_3^6 = \ln 6 - \ln 3$$

$$= \ln \frac{6}{3} = \ln 2.$$

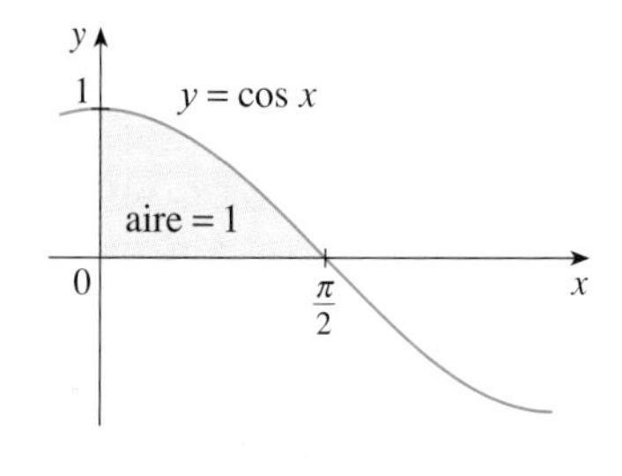

FIGURE 9

EXEMPLE 8 Calculons l'aire de la région sous la courbe de la fonction cosinus entre 0 et b où $0 \le b \le \pi/2$.

SOLUTION Si $f(x) = \cos x$, alors la fonction $F(x) = \sin x$ est une primitive de f et

$$A = \int_0^b \cos x \;\, dx = \sin x\Big]_0^b = \sin b - \sin 0 = \sin b.$$

On vient de montrer que, en particulier, si on pose $b = \pi/2$, l'aire sous la courbe de la fonction cosinus entre 0 et $\pi/2$ est $\sin(\pi/2) = 1$ (voir la figure 9).

Quand le mathématicien français Gilles de Roberval calcula pour la première fois l'aire sous la courbe des fonctions sinus et cosinus, en 1635, il s'attaquait à un problème extrêmement difficile, requérant une grande ingéniosité. Sans l'aide du théorème fondamental, il faut évaluer une limite de sommes difficile à calculer et appliquer d'obscures identités trigonométriques. Mais le problème était encore plus ardu pour Roberval parce que l'outil que sont les limites n'avait pas encore été inventé en 1635. Lorsque, durant les années 1660 et 1670, Barrow découvrit le théorème fondamental et que Newton et Leibniz en explorèrent les applications, les problèmes de ce type devinrent très faciles, comme le montre l'exemple 8.

EXEMPLE 9 Quelle erreur comportent les calculs suivants ?

$$\int_{-1}^3 \frac{1}{x^2}\,dx = \frac{x^{-1}}{-1}\Bigg]_{-1}^3 = -\frac{1}{3} - 1 = -\frac{4}{3}$$

SOLUTION On voit du premier coup d'œil qu'il y a une erreur parce que le résultat est négatif bien que $f(x) = 1/x^2 \ge 0$ et que, en vertu de la propriété 6 de l'intégrale définie, $\int_a^b f(x)\,dx \ge 0$ si $f \ge 0$. Le théorème fondamental du calcul différentiel et intégral est valable pour les fonctions continues ; on ne peut l'appliquer dans le cas présent parce que la fonction $f(x) = 1/x^2$ n'est pas continue sur $[-1, 3]$. En fait, f présente une discontinuité infinie à $x = 0$, de sorte que

$$\int_{-1}^3 \frac{1}{x^2}\,dx \quad \text{n'existe pas.}$$

LA DÉRIVATION ET L'INTÉGRATION EN TANT QUE PROCESSUS INVERSES

Dans cette dernière section, on va combiner les deux parties du théorème fondamental.

LE THÉORÈME FONDAMENTAL DU CALCUL DIFFÉRENTIEL ET INTÉGRAL

Soit f, une fonction continue sur $[a, b]$.

1. Si $g(x) = \int_a^x f(t)\,dt$, alors $g'(x) = f(x)$.

2. $\int_a^b f(x)\,dx = F(b) - F(a)$, où F est une primitive quelconque de f, c'est-à-dire que $F' = f$.

On a vu qu'on peut écrire la partie 1 du théorème sous la forme

$$\frac{d}{dx}\int_a^x f(t)\,dt = f(x).$$

Cette égalité signifie que, si on intègre f et qu'on dérive le résultat, on revient à la fonction de départ f. Puisque $F'(x) = f(x)$, on peut écrire la partie 2 sous la forme

$$\int_a^b F'(x)\,dx = F(b) - F(a).$$

Ainsi, si on dérive d'abord une fonction F et qu'on intègre le résultat, on revient à la fonction de départ F, mais sous la forme $F(b) - F(a)$. Prises ensemble, les deux parties du théorème fondamental du calcul différentiel et intégral affirment que la dérivation et l'intégration sont deux processus inverses : chacun défait ce que l'autre fait.

Le théorème fondamental du calcul différentiel et intégral est sans aucun doute le théorème le plus important de l'analyse et il compte en fait au nombre des plus grands accomplissements de l'esprit humain. Avant son invention, depuis l'époque d'Eudoxe et d'Archimède jusqu'à celle de Galilée et de Fermat, il était si difficile de calculer des aires, des volumes et des longueurs de courbe que seuls les génies s'attaquaient à ce type de problèmes. Aujourd'hui, grâce à la méthode que Newton et Leibniz ont élaborée en s'appuyant sur le théorème fondamental, chacun peut tenter de résoudre de tels problèmes, comme le font ressortir les prochains chapitres.

Exercices 1.5

1. Expliquez ce que signifie exactement l'affirmation suivante : « La dérivation et l'intégration sont deux processus inverses. »

2. Soit $g(x) = \int_0^x f(t)\,dt$, où f est la fonction définie par le graphique ci-dessous.

a) Évaluez $g(x)$ à $x = 0, 1, 2, 3, 4, 5$ et 6.

b) Évaluez approximativement $g(7)$.

c) En quel point la fonction g atteint-elle un maximum ? un minimum ?

d) Tracez rapidement le graphique de g.

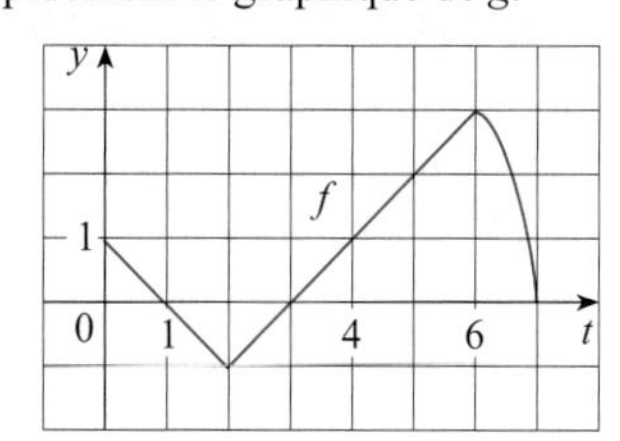

3. Soit $g(x) = \int_0^x f(t)\,dt$, où f est la fonction dont le graphique est donné ci-dessous.

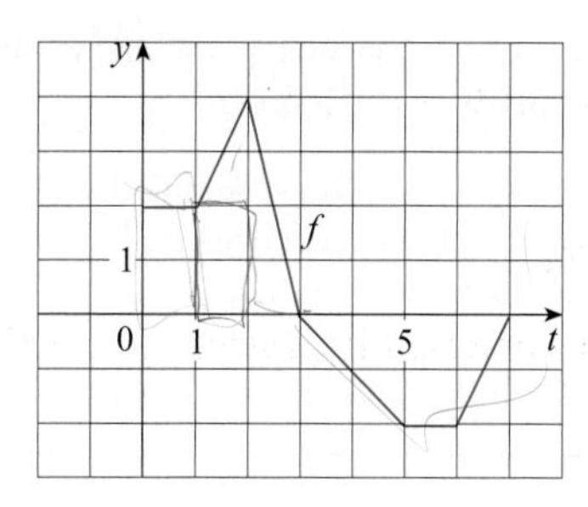

a) Évaluez $g(0)$, $g(1)$, $g(2)$, $g(3)$ et $g(6)$.

b) Sur quel intervalle la fonction g est-elle croissante ?

c) En quel point la fonction g atteint-elle un maximum ?

d) Tracez rapidement le graphique de g.

4. Soit $g(x) = \int_0^x f(t)\,dt$, où f est la fonction dont le graphique est donné ci-dessous.

a) Évaluez $g(0)$ et $g(6)$.

b) Évaluez approximativement $g(x)$ à $x = 1, 2, 3, 4$ et 5.

c) Sur quel intervalle la fonction g est-elle croissante ?

d) En quel point la fonction g atteint-elle un maximum ?

e) Tracez rapidement le graphique de g.

f) À l'aide du graphique dessiné en e), tracez le graphique de $g'(x)$, puis comparez ce dernier au graphique de f.

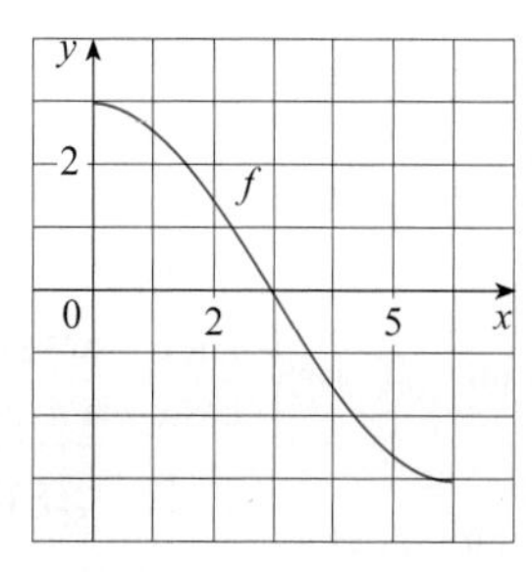

5-6 Dessinez l'aire représentée par $g(x)$, puis calculez $g'(x)$ de deux façons : a) à l'aide de la partie 1 du théorème fondamental ; b) en évaluant l'intégrale à l'aide de la partie 2 du théorème, puis en effectuant une dérivation.

5. $g(x) = \int_1^x t^2\,dt$

6. $g(x) = \int_0^x (2 + \sin t)\,dt$

7-18 À l'aide de la partie 1 du théorème fondamental du calcul différentiel et intégral, calculez la dérivée de la fonction donnée.

7. $g(x) = \int_1^x \frac{1}{t^3+1}\,dt$

8. $g(x) = \int_3^x e^{t^2-t}\,dt$

9. $g(s) = \int_5^s (t-t^2)^8\,dt$

10. $g(r) = \int_0^r \sqrt{x^2+4}\,dx$

11. $F(x) = \int_x^\pi \sqrt{1+\sec t}\,dt$

(*Indice:* $\int_x^\pi \sqrt{1+\sec t}\,dt = -\int_\pi^x \sqrt{1+\sec t}\,dt$)

12. $G(x) = \int_x^1 \cos\sqrt{t}\,dt$

13. $h(x) = \int_1^{e^x} \ln t\,dt$

14. $h(x) = \int_1^{\sqrt{x}} \frac{z^2}{z^4+1}\,dz$

15. $y = \int_0^{\tan x} \sqrt{t+\sqrt{t}}\,dt$

16. $y = \int_0^{x^4} \cos^2\theta\,d\theta$

17. $y = \int_{1-3x}^1 \frac{u^3}{1+u^2}\,du$

18. $y = \int_{\sin x}^1 \sqrt{1+t^2}\,dt$

19-43 Évaluez l'intégrale donnée.

19. $\int_{-1}^2 (x^3-2x)\,dx$

20. $\int_{-1}^1 x^{100}\,dx$

21. $\int_1^4 (5-2t+3t^2)\,dt$

22. $\int_0^1 (1+\frac{1}{2}u^4-\frac{2}{5}u^9)\,du$

23. $\int_1^9 \sqrt{x}\,dx$

24. $\int_1^8 x^{-2/3}\,dx$

25. $\int_{\pi/6}^\pi \sin\theta\,d\theta$

26. $\int_{-5}^5 e\,dx$

27. $\int_0^1 (u+2)(u-3)\,du$

28. $\int_0^4 (4-t)\sqrt{t}\,dt$

29. $\int_1^9 \frac{x-1}{\sqrt{x}}\,dx$

30. $\int_0^2 (y-1)(2y+1)\,dy$

31. $\int_0^{\pi/4} \sec^2 t\,dt$

32. $\int_0^{\pi/4} \sec\theta\tan\theta\,d\theta$

33. $\int_1^2 (1+2y)^2\,dy$

34. $\int_0^3 (2\sin x - e^x)\,dx$

35. $\int_1^2 \frac{v^3+3v^6}{v^4}\,dv$

36. $\int_1^{18} \sqrt{\frac{3}{z}}\,dz$

37. $\int_0^1 (x^e+e^x)\,dx$

38. $\int_{1/\sqrt{3}}^{\sqrt{3}} \frac{8}{1+x^2}\,dx$

39. $\int_1^2 \frac{4+u^2}{u^3}\,du$

40. $\int_{-1}^1 e^{u+1}\,du$

41. $\int_{1/2}^{1/\sqrt{2}} \frac{4}{\sqrt{1-x^2}}\,dx$

42. $\int_0^\pi f(x)\,dx$ où $f(x) = \begin{cases} \sin x & \text{si } 0 \le x < \pi/2 \\ \cos x & \text{si } \pi/2 \le x \le \pi \end{cases}$

43. $\int_{-2}^2 f(x)\,dx$ où $f(x) = \begin{cases} 2 & \text{si } -2 \le x \le 0 \\ 4-x^2 & \text{si } 0 < x \le 2 \end{cases}$

44-47 Expliquez pourquoi l'égalité est fausse.

44. $\int_{-2}^1 x^{-4}\,dx = \frac{x^{-3}}{-3}\Big]_{-2}^1 = -\frac{3}{8}$

45. $\int_{-1}^2 \frac{4}{x^3}\,dx = -\frac{2}{x^2}\Big]_{-1}^2 = \frac{3}{2}$

46. $\int_{\pi/3}^\pi \sec\theta\tan\theta\,d\theta = \sec\theta\Big]_{\pi/3}^\pi = -3$

47. $\int_0^\pi \sec^2 x\,dx = \tan x\Big]_0^\pi = 0$

48-51 À l'aide d'un graphique, évaluez grossièrement l'aire de la région comprise entre les deux courbes données, puis calculez-en l'aire exacte.

48. $y = \sqrt[3]{x}$, où $0 \le x \le 27$

49. $y = x^{-4}$, où $1 \le x \le 6$

50. $y = \sin x$, où $0 \le x \le \pi$

51. $y = \sec^2 x$, où $0 \le x \le \pi/3$

52-53 Évaluez l'intégrale donnée, puis interprétez-la en tant que différence d'aires. Tracez un graphique qui illustre le problème.

52. $\int_{-1}^2 x^3\,dx$

53. $\int_{\pi/6}^{2\pi} \cos x\,dx$

54-58 Calculez la dérivée de la fonction donnée.

54. $g(x) = \int_{2x}^{3x} \frac{u^2-1}{u^2+1}\,du$

(*Indice:* $\int_{2x}^{3x} f(u)\,du = \int_{2x}^0 f(u)\,du + \int_0^{3x} f(u)\,du$)

55. $g(x) = \int_{1-2x}^{1+2x} t\sin t\,dt$

56. $F(x) = \int_x^{x^2} e^{t^2}\,dt$

57. $F(x) = \int_{\sqrt{x}}^{2x} \arctan t\,dt$

58. $y = \int_{\cos x}^{\sin x} \ln(1+2v)\,dv$

59. Soit $f(x) = \int_0^x (1-t^2)e^{t^2}\,dt$. Sur quel intervalle la fonction f est-elle croissante?

60. Sur quel intervalle la courbe d'équation

$$y = \int_0^x \frac{t^2}{t^2+t+2}\,dt$$

est-elle concave vers le bas?

61. Soit $f(x) = \int_0^{\sin x} \sqrt{1+t^2}\,dt$ et $g(y) = \int_3^y f(x)\,dx$. Calculez $g''(\pi/6)$.

62. Soit f, une fonction telle que $f(1) = 12$, f' est continue et $\int_1^4 f'(x)\,dx = 17$. Quelle est la valeur de $f(4)$?

63. La **fonction d'erreur**

$$\text{erf}(x) = \frac{2}{\sqrt{\pi}}\int_0^x e^{-t^2}\,dt$$

est utilisée en probabilités, en statistique et en ingénierie.

a) Montrez que $\int_a^b e^{-t^2}\,dt = \frac{1}{2}\sqrt{\pi}\,[\text{erf}(b) - \text{erf}(a)]$.

b) Montrez que la fonction $y = e^{x^2}\text{erf}(x)$ vérifie l'équation différentielle $y' = 2xy + 2/\sqrt{\pi}$.

64. La fonction de Fresnel S est définie dans l'exemple 3 et est représentée graphiquement dans les figures 7 et 8.

a) En quelles valeurs de x la fonction S atteint-elle des maximums relatifs?

b) Sur quels intervalles la fonction S est-elle concave vers le haut?

LCS c) À l'aide d'un graphique, résolvez l'équation suivante avec une précision de deux décimales.

$$\int_0^x \sin(\pi t^2/2)\,dt = 0{,}2$$

LCS **65.** Le **sinus intégral** est la fonction définie par

$$\mathrm{Si}(x) = \int_0^x \frac{\sin t}{t}\,dt.$$

Cette fonction est importante en génie électrique. (L'intégrande $f(t) = (\sin t)/t$ n'est pas défini à $t = 0$, mais on sait que sa limite est 1 lorsque $t \to 0$. On définit donc $f(0) = 1$, ce qui fait de f une fonction continue sur l'ensemble des nombres réels.)

a) Tracez le graphique de la fonction Si.

b) En quelles valeurs de x la fonction Si atteint-elle des maximums relatifs?

c) Déterminez les coordonnées du premier point d'inflexion à la droite de l'origine.

d) La fonction Si admet-elle des asymptotes horizontales?

e) Résolvez l'équation suivante avec une précision d'une décimale.

$$\int_0^x \frac{\sin t}{t}\,dt = 1$$

66-67 Soit $g(x) = \int_0^x f(t)\,dt$, où f est la fonction dont le graphique est donné ci-dessous.

a) En quelles valeurs de x la fonction g atteint-elle des maximums et des minimums relatifs?

b) En quelle valeur de x la fonction g atteint-elle un maximum absolu?

c) Sur quels intervalles la fonction g est-elle concave vers le bas?

d) Tracez le graphique de la fonction g.

66.

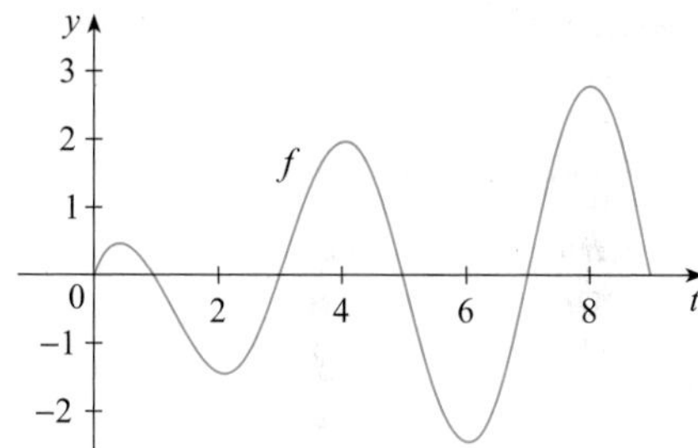

67.

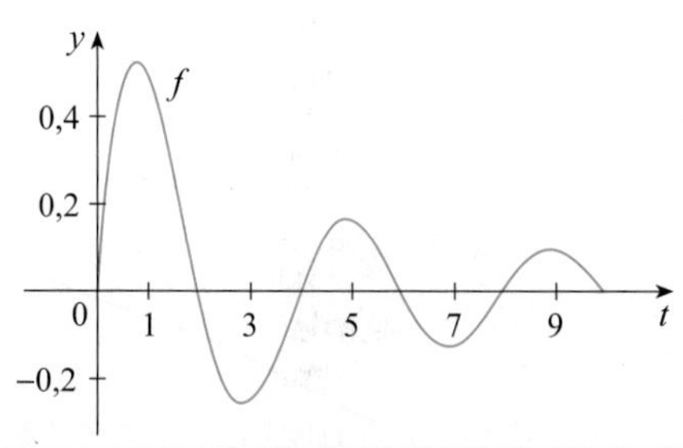

68-69 Évaluez la limite donnée en considérant d'abord la somme comme une somme de Riemann d'une fonction continue sur [0, 1].

68. $\displaystyle\lim_{n\to\infty} \sum_{i=1}^{n} \frac{i^3}{n^4}$

69. $\displaystyle\lim_{n\to\infty} \frac{1}{n}\left(\sqrt{\frac{1}{n}} + \sqrt{\frac{2}{n}} + \sqrt{\frac{3}{n}} + \cdots + \sqrt{\frac{n}{n}}\right)$

70. Expliquez pourquoi les inégalités **3** sont vérifiées dans le cas où $h < 0$.

71. Soit f, une fonction continue, et g et h, deux fonctions dérivables. Écrivez une formule pour

$$\frac{d}{dx}\int_{g(x)}^{h(x)} f(t)\,dt.$$

72. a) Montrez que $1 \le \sqrt{1+x^3} \le 1 + x^3$ pour tout $x \ge 0$.

b) Montrez que $1 \le \int_0^1 \sqrt{1+x^3}\,dx \le 1{,}25$.

73. a) Montrez que $\cos(x^2) \ge \cos x$ si $0 \le x \le 1$.

b) Déduire de l'inégalité prouvée en a) que

$$\int_0^{\pi/6} \cos(x^2)\,dx \ge \frac{1}{2}.$$

74. Montrez que

$$0 \le \int_5^{10} \frac{x^2}{x^4 + x^2 + 1}\,dx \le 0{,}1$$

en comparant l'intégrande à une fonction plus simple.

75. Soit

$$f(x) = \begin{cases} 0 & \text{si } x < 0 \\ x & \text{si } 0 \le x \le 1 \\ 2 - x & \text{si } 1 < x \le 2 \\ 0 & \text{si } x > 2 \end{cases}$$

et

$$g(x) = \int_0^x f(t)\,dt.$$

a) Exprimez $g(x)$ sous une forme semblable à la définition de $f(x)$.

b) Tracez les graphiques respectifs de f et de g.

c) Où la fonction f est-elle dérivable? Où g est-elle dérivable?

76. Trouvez une fonction f et un nombre a tels que

$$6 + \int_a^x \frac{f(t)}{t^2}\,dt = 2\sqrt{x} \quad \text{pour tout } x > 0.$$

77. Dans le graphique suivant, l'aire de la région désignée par B est égale au triple de l'aire de la région désignée par A. Exprimez b par rapport à a.

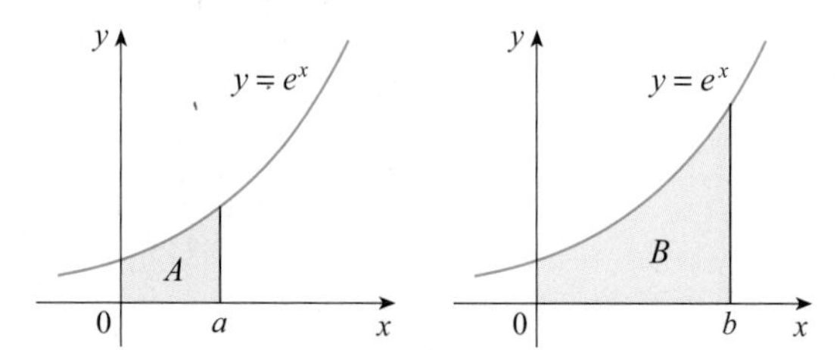

78. Une entreprise de transformation possède une pièce d'équipement très importante, dont la valeur se déprécie à un taux (continu) $f = f(t)$, où t est la durée mesurée en mois depuis la dernière révision. Comme chaque révision entraîne un débours fixe A, l'entreprise veut déterminer la longueur optimale T (en mois) de l'intervalle de temps entre deux révisions successives.

a) Expliquez pourquoi $\int_0^t f(s)\,ds$ représente la dépréciation de la machine au cours du temps t qui s'est écoulé depuis la dernière révision.

b) Soit la fonction $C = C(t)$ définie par

$$C(t) = \frac{1}{t}\left[A + \int_0^t f(s)\,ds\right].$$

Que représente la fonction C et pourquoi l'entreprise souhaiterait-elle réduire au minimum la valeur de C?

c) Montrez que la fonction C atteint un minimum à la valeur $t = T$, où $C(T) = f(T)$.

79. Une entreprise œuvrant dans un secteur de pointe achète un système informatique dont la valeur initiale est V. Ce système se déprécie à un taux $f = f(t)$ et les coûts d'entretien croissent à un rythme $g = g(t)$, où t est le temps, mesuré en mois, qui s'est écoulé depuis l'achat. L'entreprise souhaite déterminer la durée optimale d'utilisation du système, avant son remplacement.

a) Soit la fonction C définie par

$$C(t) = \frac{1}{t}\int_0^t [f(s) + g(s)]\,ds.$$

Montrez que les points critiques de C sont les valeurs de t pour lesquelles $C(t) = f(t) + g(t)$.

b) On suppose que

$$f(t) = \begin{cases} \dfrac{V}{15} - \dfrac{V}{450}t & \text{si } 0 < t \le 30 \\ 0 & \text{si } t > 30 \end{cases}$$

et que

$$g(t) = \frac{Vt^2}{12\,900} \qquad t > 0.$$

Déterminez le temps T requis pour que la dépréciation totale, soit $D(t) = \int_0^t f(s)\,ds$, soit égale à la valeur initiale V.

c) Déterminez le minimum absolu que la fonction C atteint dans $]0, T]$.

d) Tracez les courbes respectives de C et de $f + g$ dans un même système de coordonnées, puis vérifiez le résultat obtenu en a).

1.6 L'INTÉGRALE INDÉFINIE ET LE THÉORÈME DE LA VARIATION NETTE

On a vu, dans la section 1.5, que la seconde partie du théorème fondamental du calcul différentiel et intégral fournit une méthode puissante pour évaluer une intégrale définie d'une fonction dans le cas où on peut trouver une primitive de celle-ci. Dans la présente section, on décrit une notation de la primitive, on revoit les formules de calcul d'une primitive et on se sert de cette dernière pour évaluer une intégrale définie. On reformule également le TFC2 de manière qu'il soit plus facile à appliquer à la résolution de problèmes de sciences et d'ingénierie.

L'INTÉGRALE INDÉFINIE

Les deux parties du théorème fondamental établissent des liens entre la primitive et l'intégrale définie. La première partie affirme que, si f est une fonction continue, alors $\int_a^x f(t)\,dt$ est une primitive de f; quant à la seconde partie, elle affirme qu'on peut évaluer $\int_a^b f(x)\,dx$ en calculant $F(b) - F(a)$, où F est une primitive de f.

On a besoin d'une notation pratique de la primitive, qui en facilite la manipulation. Étant donné la relation entre la primitive et l'intégrale énoncée dans le théorème fondamental, il est d'usage d'employer la notation $\int f(x)\,dx$ pour désigner la primitive la plus générale de la fonction f et on appelle ce symbole **intégrale indéfinie**. Ainsi,

$$\int f(x)\,dx = F(x) \quad \text{signifie} \quad F'(x) = f(x).$$

Par exemple, on écrit

$$\int x^2\,dx = \frac{x^3}{3} + C \quad \text{parce que} \quad \frac{d}{dx}\left(\frac{x^3}{3} + C\right) = x^2.$$

On peut donc considérer qu'une intégrale indéfinie représente toute une **famille** de fonctions (soit une primitive pour chaque valeur de la constante C).

Il est essentiel de bien distinguer les intégrales définie et indéfinie. Une intégrale définie $\int_a^b f(x)\,dx$ est un nombre, tandis qu'une intégrale indéfinie $\int f(x)\,dx$ est une fonction (ou une famille de fonctions). Le lien entre les deux types d'intégrales est énoncé dans la seconde partie du théorème fondamental : si f est une fonction continue sur $[a, b]$, alors

$$\int_a^b f(x)\,dx = \int f(x)\,dx\Big]_a^b.$$

L'efficacité du théorème fondamental dépend de ce qu'on a ou non une importante réserve de primitives. Voici donc la liste des formules d'intégration de la section 1.1, avec quelques ajouts, dans lesquelles on a utilisé la notation de l'intégrale indéfinie. On peut vérifier n'importe laquelle de ces formules en dérivant la fonction du membre de droite : on devrait ainsi obtenir l'intégrande. Par exemple,

$$\int \sec^2 x\,dx = \tan x + C \quad \text{parce que} \quad \frac{d}{dx}(\tan x + C) = \sec^2 x.$$

1 LA TABLE DES INTÉGRALES INDÉFINIES

$$\int cf(x)\,dx = c\int f(x)\,dx \qquad \int [f(x)+g(x)]\,dx = \int f(x)\,dx + \int g(x)\,dx$$

$$\int k\,dx = kx + C$$

$$\int x^n\,dx = \frac{x^{n+1}}{n+1} + C \quad (n \neq -1) \qquad \int \frac{1}{x}\,dx = \ln|x| + C$$

$$\int e^x\,dx = e^x + C \qquad \int a^x\,dx = \frac{a^x}{\ln a} + C$$

$$\int \sin x\,dx = -\cos x + C \qquad \int \cos x\,dx = \sin x + C$$

$$\int \sec^2 x\,dx = \tan x + C \qquad \int \csc^2 x\,dx = -\cot x + C$$

$$\int \sec x \tan x\,dx = \sec x + C \qquad \int \csc x \cot x\,dx = -\csc x + C$$

$$\int \frac{1}{x^2+1}\,dx = \arctan x + C \qquad \int \frac{1}{\sqrt{1-x^2}}\,dx = \arcsin x + C$$

Il est bon de se rappeler que, selon le théorème 1 de la section 1.1, on obtient la primitive la plus générale sur un intervalle donné en additionnant une constante à une primitive particulière. **Par convention, toute formule d'une intégrale indéfinie donnée n'est valide que sur un intervalle particulier.**

Ainsi, quand on écrit

$$\int \frac{1}{x^2}\,dx = -\frac{1}{x} + C,$$

il est sous-entendu que l'égalité est vérifiée sur l'intervalle $]0, \infty[$ ou $]-\infty, 0[$, et ce, même si la primitive générale de la fonction $f(x) = 1/x^2$, où $x \neq 0$, est

$$F(x) = \begin{cases} -\dfrac{1}{x} + C_1 & \text{si } x < 0 \\ -\dfrac{1}{x} + C_2 & \text{si } x > 0. \end{cases}$$

L'intégrale définie de l'exemple 1 est représentée dans la figure 1 pour plusieurs valeurs de C, la constante étant dans ce cas le point d'intersection avec l'axe des y.

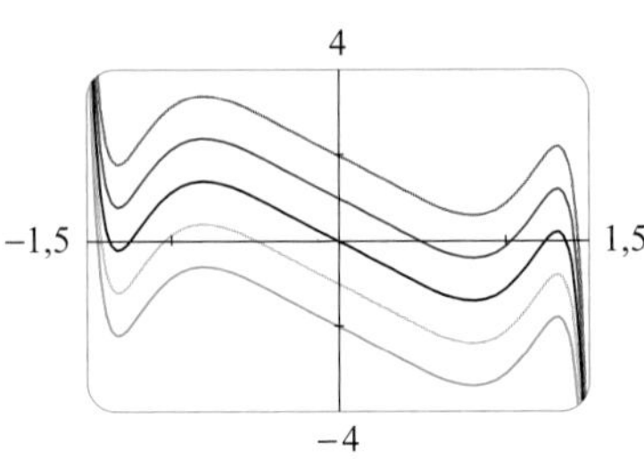

FIGURE 1

EXEMPLE 1 Calculons l'intégrale indéfinie générale

$$\int (10x^4 - 2\sec^2 x)\, dx.$$

SOLUTION En appliquant la convention et la formule appropriée de la table des intégrales indéfinies, on obtient

$$\begin{aligned}\int (10x^4 - 2\sec^2 x)\, dx &= 10\int x^4\, dx - 2\int \sec^2 x\, dx \\ &= 10\frac{x^5}{5} - 2\tan x + C \\ &= 2x^5 - 2\tan x + C.\end{aligned}$$

On vous invite à vérifier le résultat par dérivation.

EXEMPLE 2 On veut évaluer $\int \frac{\cos\theta}{\sin^2\theta}\, d\theta$.

SOLUTION On ne trouve pas au premier coup d'œil l'intégrale indéfinie à évaluer dans la table des intégrales indéfinies ; on récrit donc l'intégrande en se servant d'identités trigonométriques avant de l'intégrer :

$$\begin{aligned}\int \frac{\cos\theta}{\sin^2\theta}\, d\theta &= \int \left(\frac{1}{\sin\theta}\right)\left(\frac{\cos\theta}{\sin\theta}\right) d\theta \\ &= \int \csc\theta \cot\theta\, d\theta = -\csc\theta + C.\end{aligned}$$

EXEMPLE 3 Évaluons $\int_0^3 (x^3 - 6x)\, dx$.

SOLUTION En appliquant le TFC2 et la formule appropriée de la table des intégrales indéfinies, on obtient

$$\begin{aligned}\int_0^3 (x^3 - 6x)\, dx &= \frac{x^4}{4} - 6\frac{x^2}{2}\bigg]_0^3 \\ &= (\tfrac{1}{4}\cdot 3^4 - 3\cdot 3^2) - (\tfrac{1}{4}\cdot 0^4 - 3\cdot 0^2) \\ &= \tfrac{81}{4} - 27 - 0 + 0 = -\tfrac{27}{4} = -6{,}75.\end{aligned}$$

Comparez ce calcul à celui de l'exemple 2 b) de la section 1.4.

La courbe de l'intégrande de l'exemple 4 est donnée dans la figure 2. On voit dans la section 1.4 qu'on peut interpréter la valeur de l'intégrale comme une aire nette, à savoir la somme des aires auxquelles a été attribué un signe plus moins la somme des aires auxquelles a été attribué un signe moins.

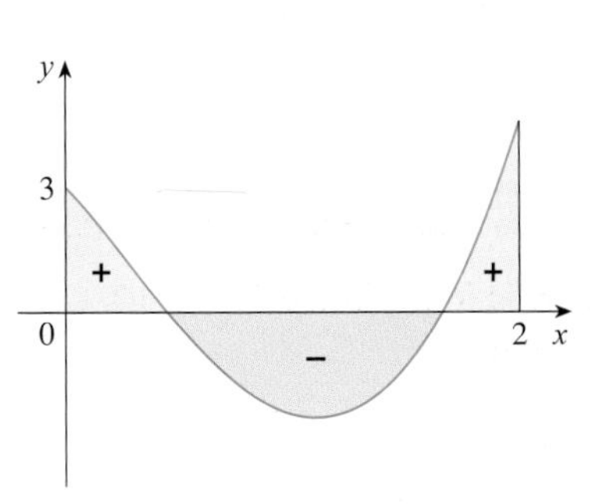

FIGURE 2

EXEMPLE 4 Calculons $\int_0^2 \left(2x^3 - 6x + \frac{3}{x^2+1}\right) dx$, puis interprétons le résultat comme une aire.

SOLUTION D'après le théorème fondamental,

$$\begin{aligned}\int_0^2 \left(2x^3 - 6x + \frac{3}{x^2+1}\right) dx &= 2\frac{x^4}{4} - 6\frac{x^2}{2} + 3\arctan x\bigg]_0^2 \\ &= \tfrac{1}{2}x^4 - 3x^2 + 3\arctan x\Big]_0^2 \\ &= \tfrac{1}{2}(2^4) - 3(2^2) + 3\arctan 2 - 0 \\ &= -4 + 3\arctan 2.\end{aligned}$$

Le résultat est la valeur exacte de l'intégrale. Si on veut une approximation décimale, on utilise une calculatrice pour obtenir une valeur approchée de arctan 2 :

$$\int_0^2 \left(2x^3 - 6x + \frac{3}{x^2+1}\right) dx \approx -0{,}678\,55.$$

EXEMPLE 5 Évaluons $\int_1^9 \frac{2t^2 + t^2\sqrt{t} - 1}{t^2}\, dt$.

SOLUTION Il faut d'abord récrire l'intégrande en effectuant une division :

$$\begin{aligned}\int_1^9 \frac{2t^2 + t^2\sqrt{t} - 1}{t^2}\, dt &= \int_1^9 (2 + t^{1/2} - t^{-2})\, dt \\ &= 2t + \frac{t^{3/2}}{\frac{3}{2}} - \frac{t^{-1}}{-1}\Bigg]_1^9 = 2t + \tfrac{2}{3}t^{3/2} + \frac{1}{t}\Bigg]_1^9 \\ &= (2 \cdot 9 + \tfrac{2}{3} \cdot 9^{3/2} + \tfrac{1}{9}) - (2 \cdot 1 + \tfrac{2}{3} \cdot 1^{3/2} + \tfrac{1}{1}) \\ &= 18 + 18 + \tfrac{1}{9} - 2 - \tfrac{2}{3} - 1 = 32\tfrac{4}{9}.\end{aligned}$$

QUELQUES APPLICATIONS

La partie 2 du théorème fondamental affirme que, si f est une fonction continue sur $[a, b]$, alors

$$\int_a^b f(x)\, dx = F(b) - F(a)$$

où F est une primitive quelconque de f. Cela signifie que $F' = f$, de sorte qu'on peut récrire l'égalité précédente sous la forme

$$\int_a^b F'(x)\, dx = F(b) - F(a).$$

On sait que $F'(x)$ représente le taux de variation de $y = F(x)$ par rapport à x et que $F(b) - F(a)$ est égal à la variation de y lorsque x passe de a à b. (Il est à noter que y peut par exemple augmenter, puis diminuer, puis augmenter à nouveau. Bien que les variations de y puissent se produire dans les deux sens, $F(b) - F(a)$ représente la variation nette de y.) Le TFC2 s'énonce donc également comme suit.

LE THÉORÈME DE LA VARIATION NETTE

L'intégrale d'un taux de variation est égale à la variation nette :

$$\int_a^b F'(x)\, dx = F(b) - F(a).$$

Le principe énoncé dans ce théorème s'applique à tous les taux de variation relevant des sciences naturelles ou sociales. Voici quelques exemples.

- Soit $V(t)$, le volume d'eau dans un réservoir au temps t. La dérivée de la fonction volume, $V'(t)$, est le taux auquel l'eau s'écoule du réservoir à l'instant t. Donc,

$$\int_{t_1}^{t_2} V'(t)\, dt = V(t_2) - V(t_1)$$

est la variation de la quantité d'eau dans le réservoir entre le temps t_1 et le temps t_2.

- Soit $[C](t)$, la concentration du produit C d'une réaction chimique au temps t. La vitesse de réaction est la dérivée $d[C]/dt$, de sorte que

$$\int_{t_1}^{t_2} \frac{d[C]}{dt}\, dt = [C](t_2) - [C](t_1)$$

est la variation de la concentration de C entre l'instant t_1 et l'instant t_2.

- Soit $m(x)$, la masse d'une tige mesurée depuis l'extrémité gauche jusqu'à un point x. La densité linéaire de la tige est $\rho(x) = m'(x)$, de sorte que

$$\int_a^b \rho(x)\, dx = m(b) - m(a)$$

  est la masse du segment de la tige compris entre $x = a$ et $x = b$.

- Soit dP/dt, le taux de croissance d'une population. Alors

$$\int_{t_1}^{t_2} \frac{dP}{dt}\, dt = P(t_2) - P(t_1)$$

  est la variation nette de la population durant la période allant de t_1 à t_2. (La population augmente quand il se produit des naissances et elle diminue quand il y a des décès. La variation nette tient compte à la fois des naissances et des décès.)

- Soit $C(x)$, le coût de production de x unités d'un bien de consommation. Le coût marginal du produit est la dérivée $C'(x)$, de sorte que

$$\int_{x_1}^{x_2} C'(x)\, dx = C(x_2) - C(x_1)$$

  est l'accroissement du coût de production lorsque le nombre d'unités fabriquées augmente de x_1 unités à x_2 unités.

- Soit $s(t)$, la fonction position d'un mobile qui se déplace suivant une trajectoire rectiligne. La vitesse du mobile est $v(t) = s'(t)$, de sorte que

2
$$\int_{t_1}^{t_2} v(t)\, dt = s(t_2) - s(t_1)$$

  est la variation nette de la position, soit le **déplacement**, de l'objet au cours de l'intervalle de temps allant de t_1 à t_2. Dans la section 1.3, on arrive intuitivement à cette conclusion dans le cas d'un objet qui se déplace dans le sens positif, mais on prouve ici que cette relation est toujours vraie.

- Si on veut calculer la distance parcourue par un mobile durant un intervalle de temps donné, il faut examiner les intervalles où $v(t) \geq 0$ (l'objet se déplace alors vers la droite) de même que les intervalles où $v(t) \leq 0$ (l'objet se déplace alors vers la gauche). Dans les deux cas, on calcule la distance en intégrant $|v(t)|$, la fonction vitesse. Donc,

3
$$\int_{t_1}^{t_2} |v(t)|\, dt = \text{distance totale parcourue.}$$

La figure 3 montre comment on peut interpréter à la fois le déplacement et la distance parcourue comme des aires sous la courbe de la fonction vitesse.

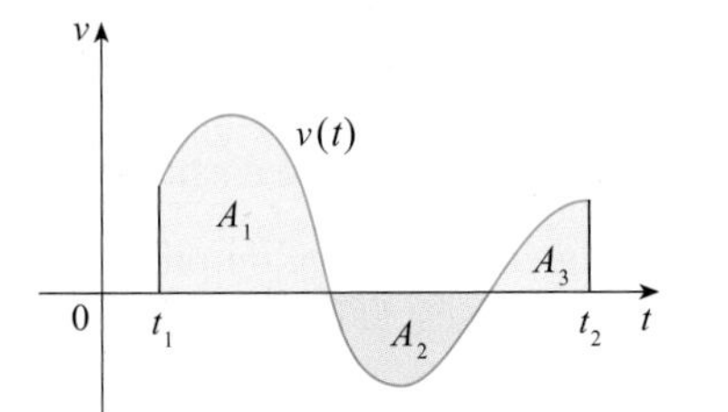

$$\text{déplacement} = \int_{t_1}^{t_2} v(t)\, dt = A_1 - A_2 + A_3$$

$$\text{distance} = \int_{t_1}^{t_2} |v(t)|\, dt = A_1 + A_2 + A_3$$

FIGURE 3

- L'accélération d'un mobile est $a(t) = v'(t)$, de sorte que

$$\int_{t_1}^{t_2} a(t)\, dt = v(t_2) - v(t_1)$$

est la variation de la vitesse entre l'instant t_1 et l'instant t_2.

EXEMPLE 6 Une particule suit une trajectoire rectiligne et sa vitesse (mesurée en mètres par seconde) au temps t est $v(t) = t^2 - t - 6$.

a) Calculons le déplacement de la particule durant l'intervalle de temps $1 \leq t \leq 4$.

b) Calculons la distance que parcourt la particule durant le même intervalle de temps.

SOLUTION

a) Selon l'égalité **2**, le déplacement est

$$s(4) - s(1) = \int_1^4 v(t)\, dt = \int_1^4 (t^2 - t - 6)\, dt$$

$$= \left[\frac{t^3}{3} - \frac{t^2}{2} - 6t\right]_1^4 = -\frac{9}{2} \text{ m.}$$

La particule s'est donc déplacée de 4,5 m vers la gauche.

b) Il est à noter que $v(t) = t^2 - t - 6 = (t - 3)(t + 2)$, de sorte que $v(t) \leq 0$ sur l'intervalle $[1, 3]$ et $v(t) \geq 0$ sur $[3, 4]$. Donc, selon l'égalité **3**, la distance parcourue par la particule est

On intègre la valeur absolue de $v(t)$ en appliquant la propriété 5 de l'intégrale définie (voir la section 1.4) pour diviser l'intégrale en deux parties : l'une où $v(t) \leq 0$ et une autre où $v(t) \geq 0$.

$$\int_1^4 |v(t)|\, dt = \int_1^3 [-v(t)]\, dt + \int_3^4 v(t)\, dt$$

$$= \int_1^3 (-t^2 + t + 6)\, dt + \int_3^4 (t^2 - t - 6)\, dt$$

$$= \left[-\frac{t^3}{3} + \frac{t^2}{2} + 6t\right]_1^3 + \left[\frac{t^3}{3} - \frac{t^2}{2} - 6t\right]_3^4$$

$$= \frac{61}{6} \approx 10{,}17 \text{ m.}$$

EXEMPLE 7 Le graphique de la figure 4 représente la consommation P d'énergie à San Francisco une journée de septembre (P étant mesurée en mégawatts et t, en heures, à partir de minuit). Évaluons l'énergie consommée au cours de cette journée.

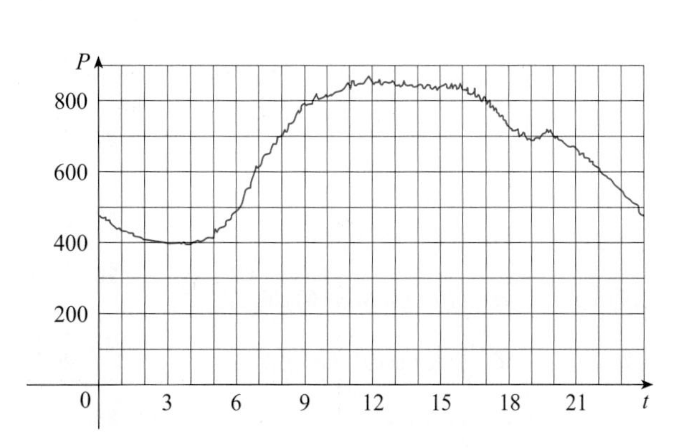

FIGURE 4

SOLUTION La puissance est le taux de variation de l'énergie : $P(t) = E'(t)$. Donc, d'après le théorème de la variation nette,

$$\int_0^{24} P(t)\,dt = \int_0^{24} E'(t)\,dt = E(24) - E(0)$$

est la quantité d'énergie consommée durant une certaine journée de septembre. On estime l'intégrale à l'aide de la méthode du point milieu en prenant 12 sous-intervalles de même longueur $\Delta t = 2$:

$$\begin{aligned}\int_0^{24} P(t)\,dt &\approx [P(1) + P(3) + P(5) + \cdots + P(21) + P(23)]\,\Delta t \\ &\approx (440 + 400 + 420 + 620 + 790 + 840 + 850 \\ &\qquad + 840 + 810 + 690 + 670 + 550)(2) \\ &= 15\,840.\end{aligned}$$

La consommation d'énergie a donc été d'environ 15 840 mégawattheures.

À propos des unités

Comment savoir en quelle unité il faut exprimer l'énergie consommée dans l'exemple 7 ? L'intégrale $\int_0^{24} P(t)\,dt$ est définie comme la limite de sommes dont les termes sont de la forme $P(t_i^*)\,\Delta t$. Comme $P(t_i^*)$ se mesure en mégawatts et Δt, en heures, le produit de ces deux grandeurs se mesure en mégawattheures, et il en est de même pour la limite. En général, l'unité de mesure de $\int_a^b f(x)\,dx$ est le produit de l'unité de $f(x)$ et de celle de dx.

Exercices 1.6

1-4 Vérifiez chaque formule par dérivation.

1. $\displaystyle\int \frac{1}{x^2\sqrt{1+x^2}}\,dx = -\frac{\sqrt{1+x^2}}{x} + C$

2. $\displaystyle\int \cos^2 x\,dx = \tfrac{1}{2}x + \tfrac{1}{4}\sin 2x + C$

3. $\displaystyle\int \cos^3 x\,dx = \sin x - \tfrac{1}{3}\sin^3 x + C$

4. $\displaystyle\int \frac{x}{\sqrt{a+bx}}\,dx = \frac{2}{3b^2}(bx - 2a)\sqrt{a+bx} + C$

5-18 Calculez l'intégrale indéfinie générale.

5. $\displaystyle\int (x^2 + x^{-2})\,dx$

6. $\displaystyle\int (\sqrt{x^3} + \sqrt[3]{x^2})\,dx$

7. $\displaystyle\int (x^4 - \tfrac{1}{2}x^3 + \tfrac{1}{4}x - 2)\,dx$

8. $\displaystyle\int (y^3 + 1{,}8y^2 - 2{,}4y)\,dy$

9. $\displaystyle\int (u+4)(2u+1)\,du$

10. $\displaystyle\int v(v^2+2)^2 dv$

11. $\displaystyle\int \frac{x^3 - 2\sqrt{x}}{x}\,dx$

12. $\displaystyle\int \left(x^2 + 1 + \frac{1}{x^2+1}\right) dx$

13. $\displaystyle\int (\sin x + \cos x)\,dx$

14. $\displaystyle\int (\csc^2 t - 2e^t)\,dt$

15. $\displaystyle\int (\theta - \csc\theta\,\cot\theta)\,d\theta$

16. $\displaystyle\int \sec t(\sec t + \tan t)\,dt$

17. $\displaystyle\int (1 + \tan^2\alpha)\,d\alpha$

18. $\displaystyle\int \frac{\sin 2x}{\sin x}\,dx$

19-20 Calculez l'intégrale indéfinie générale, puis représentez graphiquement le résultat en traçant plusieurs membres de la famille de primitives dans un même système d'axes.

19. $\displaystyle\int (\cos x + \tfrac{1}{2}x)\,dx$

20. $\displaystyle\int (e^x - 2x^2)\,dx$

21-46 Évaluez l'intégrale.

21. $\displaystyle\int_{-2}^{3} (x^2 - 3)\,dx$

22. $\displaystyle\int_1^2 (4x^3 - 3x^2 + 2x)\,dx$

23. $\displaystyle\int_{-2}^{0} (\tfrac{1}{2}t^4 + \tfrac{1}{4}t^3 - t)\,dt$

24. $\displaystyle\int_0^3 (1 + 6w^2 - 10w^4)\,dw$

25. $\displaystyle\int_0^2 (2x-3)(4x^2+1)\,dx$

26. $\displaystyle\int_{-1}^{1} t(1-t)^2\,dt$

27. $\displaystyle\int_0^{\pi} (5e^x + 3\sin x)\,dx$

28. $\displaystyle\int_1^2 \left(\frac{1}{x^2} - \frac{4}{x^3}\right) dx$

29. $\displaystyle\int_1^4 \left(\frac{4+6u}{\sqrt{u}}\right) du$

30. $\displaystyle\int_0^4 (3\sqrt{t} - 2e^t)\,dt$

31. $\displaystyle\int_0^1 x\left(\sqrt[3]{x} + \sqrt[4]{x}\right) dx$

32. $\displaystyle\int_1^4 \frac{\sqrt{y} - y}{y^2}\,dy$

33. $\displaystyle\int_1^2 \left(\frac{x}{2} - \frac{2}{x}\right) dx$

34. $\displaystyle\int_0^1 (5x - 5^x)\,dx$

35. $\displaystyle\int_0^1 (x^{10} + 10^x)\,dx$

36. $\displaystyle\int_{\pi/4}^{\pi/3} \csc^2\theta\,d\theta$

37. $\displaystyle\int_0^{\pi/4} \frac{1+\cos^2\theta}{\cos^2\theta}\,d\theta$

38. $\displaystyle\int_0^{\pi/3} \frac{\sin\theta + \sin\theta\tan^2\theta}{\sec^2\theta}\,d\theta$

39. $\displaystyle\int_1^{64} \frac{1+\sqrt[3]{x}}{\sqrt{x}}\, dx$

40. $\displaystyle\int_{-10}^{10} \frac{2}{\sin^2 x + \cos^2 x}\, dx$

41. $\displaystyle\int_0^{\sqrt{3}/2} \frac{dr}{\sqrt{1-r^2}}$

42. $\displaystyle\int_1^{2} \frac{(x-1)^3}{x^2}\, dx$

43. $\displaystyle\int_0^{1/\sqrt{3}} \frac{t^2-1}{t^4-1}\, dt$

44. $\displaystyle\int_0^{2} |2x-1|\, dx$

45. $\displaystyle\int_{-1}^{2} (x-2|x|)\, dx$

46. $\displaystyle\int_0^{3\pi/2} |\sin x|\, dx$

47. À l'aide d'un graphique, évaluez approximativement le point d'intersection de la courbe d'équation $y = 1 - 2x - 5x^4$ avec l'axe des x. Utilisez ensuite le résultat pour calculer une valeur approchée de l'aire de la région située sous la courbe et au-dessus de l'axe des x.

48. Refaites l'exercice 47 en prenant cette fois la courbe d'équation $y = (x^2 + 1)^{-1} - x^4$.

49. L'aire de la région située à droite de l'axe des y et à gauche de la parabole d'équation $x = 2y - y^2$ (soit la région ombrée de la figure) est donnée par l'intégrale $\int_0^2 (2y - y^2)\, dy$. (Penchez la tête vers la droite et imaginez-vous qu'il s'agit de la région sous la courbe d'équation $x = 2y - y^2$ entre $y = 0$ et $y = 2$.) Calculez cette aire.

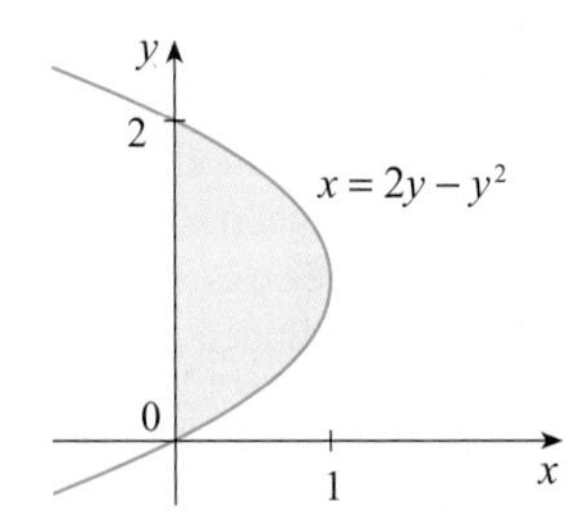

50. La frontière de la région ombrée est formée de l'axe des y, de la droite $y = 1$ et de la courbe d'équation $y = \sqrt[4]{x}$. Calculez l'aire de cette région en exprimant d'abord x en fonction de y, puis en intégrant la fonction obtenue par rapport à y (comme dans l'exercice 49).

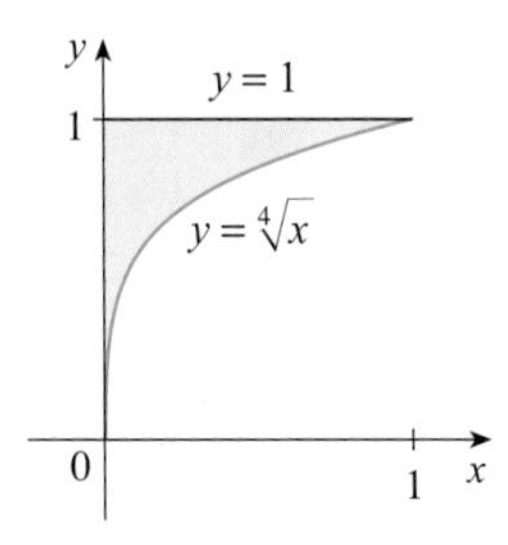

51. Si on désigne par $m'(t)$ le taux de croissance d'un enfant, en kilogrammes par année, que représente $\int_5^{10} m'(t)\, dt$?

52. Par définition, le courant qui circule dans un fil est la dérivée de la charge : $I(t) = Q'(t)$. Que représente $\int_a^b I(t)\, dt$?

53. Si $r(t)$ désigne le taux, en litres par minute, auquel du pétrole s'échappe d'un réservoir au temps t, que représente $\int_0^{120} r(t)\, dt$?

54. La population d'une ruche est au départ de 100 abeilles et elle croît à un taux de $P'(t)$ abeilles par semaine. Que représente $100 + \int_0^{15} P'(t)\, dt$?

55. On définit la fonction revenu marginal $R'(x)$ comme la dérivée de la fonction revenu $R(x)$, où x est le nombre d'unités vendues. Que représente $\int_{1000}^{5000} R'(x)\, dx$?

56. Si on désigne par $f(x)$ la pente d'un sentier à une distance de x kilomètres du point de départ, que représente $\int_3^5 f(x)\, dx$?

57. Si on mesure x en mètres et $f(x)$ en newtons, quelles sont les unités de $\int_0^{100} f(x)\, dx$?

58. Si on exprime x en mètres et $a(x)$ en kilogrammes par mètre, quelles sont les unités de da/dx ? Quelles sont les unités de $\int_2^8 a(x)\, dx$?

59-60 La fonction donnée est celle de la vitesse (en mètres par seconde) d'une particule qui décrit une trajectoire rectiligne. Calculez : a) le déplacement de la particule ; b) la distance que parcourt la particule durant l'intervalle de temps donné.

59. $v(t) = 3t - 5$, où $0 \le t \le 3$

60. $v(t) = t^2 - 2t - 8$, où $1 \le t \le 6$

61-62 La fonction donnée est l'accélération (en m/s²) d'une particule suivant une trajectoire rectiligne pour laquelle on donne la vitesse initiale. Calculez : a) la vitesse de la particule à l'instant t ; b) la distance que parcourt la particule durant l'intervalle de temps donné.

61. $a(t) = t + 4$ et $v(0) = 5$, où $0 \le t \le 10$

62. $a(t) = 2t + 3$ et $v(0) = -4$, où $0 \le t \le 3$

63. La densité linéaire d'une tige de 4 m de longueur est définie par $\rho(x) = 9 + 2\sqrt{x}$; elle s'exprime en kilogrammes par mètre et x est la longueur, en mètres, depuis l'une des extrémités de la tige. Calculez la masse totale de la tige.

64. De l'eau s'écoule du fond d'un réservoir à un rythme de $r(t) = 200 - 4t$ litres par minute, où $0 \le t \le 50$. Calculez la quantité d'eau qui s'échappe du réservoir au cours des 10 premières minutes.

65. Les lectures de l'indicateur de vitesse d'une automobile, prises à des intervalles de 10 secondes, sont rassemblées dans le tableau suivant. À l'aide de la méthode des milieux des sous-intervalles, évaluez approximativement la distance parcourue par l'auto.

t(s)	v(km/h)	t(s)	v(km/h)
0	0	60	56
10	38	70	53
20	52	80	50
30	58	90	47
40	55	100	45
50	51		

66. Des lectures du taux $r(t)$ auquel un volcan en éruption projette des matières solides dans l'atmosphère sont rassemblées dans le tableau suivant. Le temps t est exprimé en secondes et le taux $r(t)$, en tonnes métriques par seconde.

t	0	1	2	3	4	5	6
$r(t)$	2	10	24	36	46	54	60

a) Calculez des approximations par excès et par défaut de la quantité totale $Q(6)$ de matières expulsées après 6 s.
b) Calculez une valeur approchée de $Q(6)$ à l'aide de la méthode des milieux des sous-intervalles.

67. Le coût marginal de production de x mètres d'un tissu donné est $C'(x) = 3 - 0{,}01x + 0{,}000\,006x^2$ (en dollars par mètre). Calculez l'augmentation du coût associée à un accroissement de la production de 2000 m à 4000 m.

68. Le graphique suivant montre le taux de variation $r(t)$, en litres par jour, du volume d'eau dans un réservoir qui reçoit et laisse s'écouler de l'eau constamment. Sachant que la quantité d'eau dans le réservoir à l'instant $t = 0$ est de 25 000 L, calculez approximativement, à l'aide de la méthode du point milieu, la quantité d'eau dans le réservoir quatre jours plus tard.

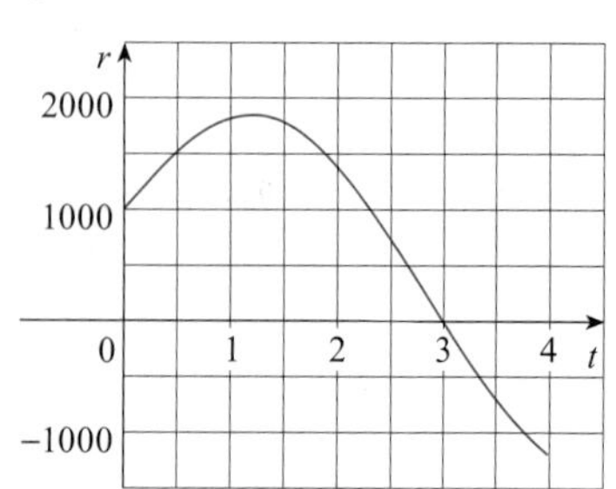

69. Une culture de bactéries compte 4000 individus à l'instant $t = 0$ et son taux de croissance est de $1000 \cdot 2^t$ bactéries par heure après t heures. Quelle est la taille de la culture au bout d'une heure ?

70. Le graphique suivant montre l'achalandage sur la ligne de transmission de données T1 d'un serveur entre minuit et 8 h. La variable D est la quantité de données, mesurée en millions de bits par seconde. À l'aide de la méthode des milieux des sous-intervalles, évaluez approximativement la quantité totale de données transmises durant la période considérée.

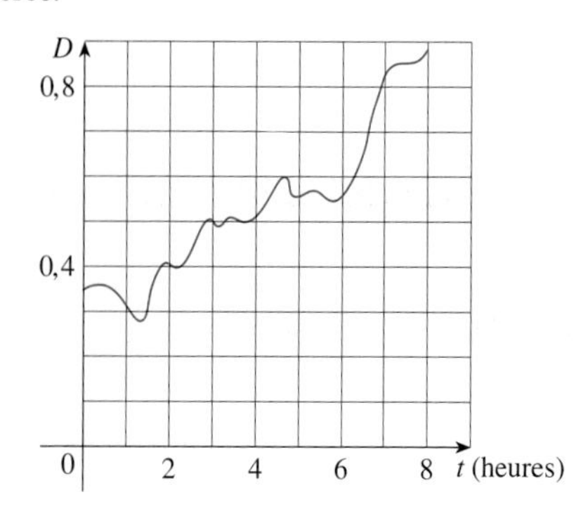

71. Le graphique suivant représente la consommation d'électricité P en Ontario le 9 décembre 2004 (où la puissance P est mesurée en mégawatts et le temps t, en heures, depuis minuit). Sachant que la puissance est le taux de variation de l'énergie, calculez approximativement l'énergie consommée au cours de cette journée de décembre.

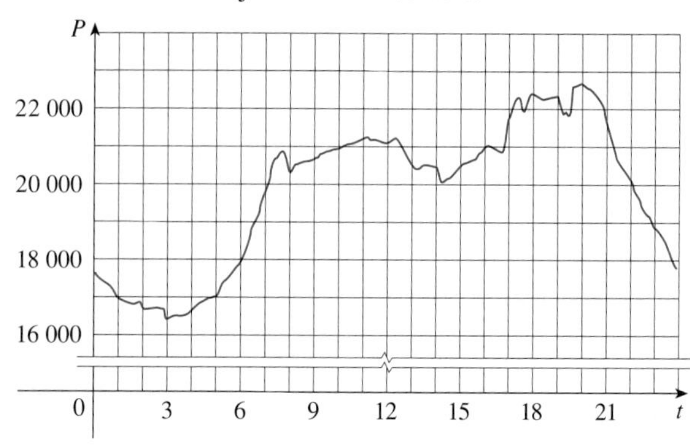

72. Le 7 mai 1992, on a lancé la navette spatiale Endeavour dans le cadre de la mission STS-49, dont l'objectif était d'installer un nouveau moteur de périgée dans un satellite de télécommunications Intelsat. Le tableau suivant contient des données sur la vitesse de la navette entre le décollage et le largage des propulseurs d'appoint à poudre.

a) Utilisez une calculatrice à affichage graphique ou un ordinateur pour créer un modèle des données du tableau sous la forme d'un polynôme du troisième degré.
b) À l'aide du modèle créé en a), évaluez approximativement l'altitude atteinte par Endeavour 125 secondes après le lancement.

Événement	Temps (s)	Vitesse (m/s)
Lancement	0	0
Début de la manœuvre de pivotement	10	56
Fin de la manœuvre de pivotement	15	97
Poussée à 89 %	20	136
Poussée à 67 %	32	226
Poussée à 104 %	59	404
Pression dynamique maximale	62	440
Largage des propulseurs d'appoint à poudre	125	1265

1.7 LA RÈGLE DU CHANGEMENT DE VARIABLE

À cause du théorème fondamental, il est important d'être capable de trouver des primitives. Toutefois, les formules d'intégration ne disent pas comment évaluer des intégrales telles que

1 $$\int 2x\sqrt{1+x^2}\,dx.$$

La différentielle de $u = f(x)$ est donnée par $du = f'(x)dx$.

On calcule en fait cette intégrale en appliquant une stratégie de résolution de problèmes qui consiste à ajouter quelque chose. Dans le cas présent, ce quelque chose est une nouvelle variable : on remplace la variable x par une variable u. Si on pose que u est la grandeur sous le radical dans l'intégrale **1**, c'est-à-dire $u = 1 + x^2$, la différentielle de u est alors $du = 2x\,dx$. Il est à noter que, si on interprète le dx de la notation d'une intégrale comme une différentielle, la différentielle $2x\,dx$ fait partie de l'intégrale **1**, de sorte qu'on peut écrire d'un point de vue formel, sans justifier le calcul,

2 $$\begin{aligned}\int 2x\sqrt{1+x^2}\,dx &= \int \sqrt{1+x^2}\,2x\,dx = \int \sqrt{u}\,du \\ &= \tfrac{2}{3}u^{3/2} + C = \tfrac{2}{3}(x^2+1)^{3/2} + C.\end{aligned}$$

On vérifie que le résultat est bon en dérivant la dernière fonction de l'égalité **2** au moyen de la règle de dérivation en chaîne :

$$\frac{d}{dx}\left[\tfrac{2}{3}(x^2+1)^{3/2} + C\right] = \tfrac{2}{3} \cdot \tfrac{3}{2}(x^2+1)^{1/2} \cdot 2x = 2x\sqrt{x^2+1}.$$

En général, la méthode du changement de variable fonctionne pour toute intégrale qui s'écrit sous la forme $\int f(g(x))g'(x)\,dx$. En effet, si $F' = f$, alors

3 $$\int F'(g(x))g'(x)\,dx = F(g(x)) + C$$

puisque, selon la règle de dérivation en chaîne,

$$\frac{d}{dx}[F(g(x))] = F'(g(x))g'(x).$$

Si on effectue le « changement de variable » $u = g(x)$, l'égalité **3** s'écrit

$$\int F'(g(x))g'(x)\,dx = F(g(x)) + C = F(u) + C = \int F'(u)\,du,$$

ce qui devient, en posant $F' = f$,

$$\int f(g(x))g'(x)\,dx = \int f(u)\,du.$$

On vient de prouver la règle suivante.

4 **LA RÈGLE DU CHANGEMENT DE VARIABLE**

Si $u = g(x)$ est une fonction dérivable dont l'image est un intervalle I et si f est une fonction continue sur I, alors

$$\int f(g(x))g'(x)\,dx = \int f(u)\,du.$$

Il est à noter que la démonstration de la règle du changement de variable repose sur la règle de dérivation en chaîne. De plus, si $u = g(x)$, alors $du = g'(x)\,dx$; on retient donc plus facilement la règle du changement de variable si on considère dx et du comme des différentielles dans l'énoncé **4**.

La règle du changement de variable affirme donc ceci : **Il est permis de manipuler *dx* et *du* suivant un signe d'intégration comme s'il s'agissait de différentielles.**

EXEMPLE 1 Calculons $\int x^3 \cos(x^4+2)\,dx$.

SOLUTION On effectue le changement de variable $u = x^4 + 2$ parce que la différentielle de u, soit $du = 4x^3\,dx$, fait partie de l'intégrande, si on fait abstraction du facteur constant 4. Donc, en utilisant l'équation $x^3 dx = \frac{1}{4} du$ et la règle de dérivation en chaîne, on obtient

$$\begin{aligned}\int x^3 \cos(x^4+2)\,dx &= \int \cos u \cdot \tfrac{1}{4}\,du = \tfrac{1}{4}\int \cos u\,du \\ &= \tfrac{1}{4}\sin u + C \\ &= \tfrac{1}{4}\sin(x^4+2) + C.\end{aligned}$$

Vérifiez le résultat en calculant sa dérivée.

Il est à noter que, pour écrire le résultat final, on est revenu à la variable initiale, soit x.

L'idée sous-jacente à la règle du changement de variable est de remplacer une intégrale relativement complexe par une intégrale plus simple. On y arrive en remplaçant la variable initiale, x, par une nouvelle variable, u, qui est une fonction de x. Ainsi, dans l'exemple 1, on a remplacé l'intégrale $\int x^3 \cos(x^4+2)\,dx$ par l'intégrale plus simple $\frac{1}{4}\int \cos u\,du$.

La principale difficulté lors de l'application de la règle du changement de variable est de trouver une substitution appropriée. On choisit de préférence comme variable u une fonction qui fait partie de l'intégrande et dont la dérivée en fait aussi partie (abstraction faite d'un facteur constant). La variable u de l'exemple 1 répond à ce critère. Si un tel u n'existe pas, on essaie de prendre comme variable u un élément complexe de l'intégrande (par exemple la fonction interne d'une fonction composée). La découverte de la « bonne » substitution est plus ou moins un art. Il n'est pas rare que le premier essai ne soit pas fructueux ; si c'est le cas, il faut simplement tenter de faire une autre substitution.

EXEMPLE 2 Évaluons $\int \sqrt{2x+1}\,dx$.

SOLUTION 1 Si on pose $u = 2x + 1$, alors $du = 2\,dx$, de sorte que $dx = \frac{1}{2}du$. En appliquant la règle du changement de variable, on obtient

$$\begin{aligned}\int \sqrt{2x+1}\,dx &= \int \sqrt{u} \cdot \frac{1}{2}\,du = \frac{1}{2}\int u^{1/2}du \\ &= \frac{1}{2}\cdot\frac{u^{3/2}}{3/2} + C = \tfrac{1}{3}u^{3/2} + C \\ &= \tfrac{1}{3}(2x+1)^{3/2} + C.\end{aligned}$$

SOLUTION 2 On peut aussi poser $u = \sqrt{2x+1}$. On a alors

$$du = \frac{dx}{\sqrt{2x+1}} \text{ de sorte que } dx = \sqrt{2x+1}\,du = u\,du.$$

(Si on remarque que $u^2 = 2x + 1$, on obtient $2u\,du = 2\,dx$.) Donc

$$\int \sqrt{2x+1}\,dx = \int u \cdot u\,du = \int u^2\,du$$
$$= \frac{u^3}{3} + C = \tfrac{1}{3}(2x+1)^{3/2} + C.$$

EXEMPLE 3 Calculons $\displaystyle\int \frac{x}{\sqrt{1-4x^2}}\,dx$.

SOLUTION Si on pose $u = 1 - 4x^2$, alors $du = -8x\,dx$, de sorte que $x\,dx = -\frac{1}{8}du$ et

$$\int \frac{x}{\sqrt{1-4x^2}}\,dx = -\tfrac{1}{8}\int \frac{1}{\sqrt{u}}\,du = -\tfrac{1}{8}\int u^{-1/2}du$$
$$= -\tfrac{1}{8}(2\sqrt{u}) + C = -\tfrac{1}{4}\sqrt{1-4x^2} + C.$$

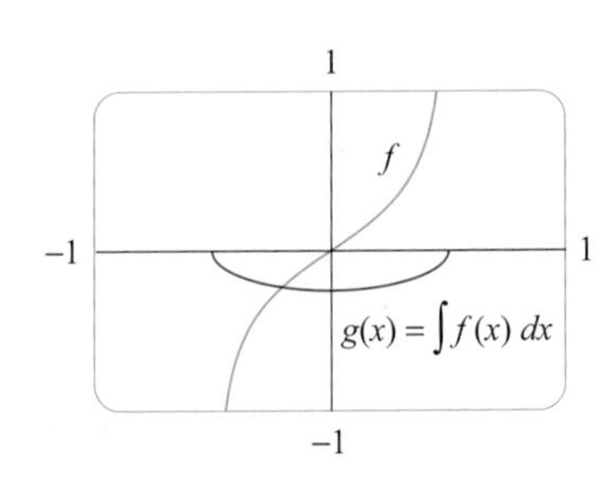

FIGURE 1
$f(x) = \dfrac{x}{\sqrt{1-4x^2}}$
$g(x) = \int f(x)\,dx = -\dfrac{1}{4}\sqrt{1-4x^2}$

Dans l'exemple 3, on peut vérifier le résultat en le dérivant, mais aussi en traçant un graphique. La figure 1, réalisée à l'ordinateur, comprend à la fois la courbe de l'intégrande $f(x) = x/\sqrt{1-4x^2}$ et la courbe de l'intégrale indéfinie de celle-ci, à savoir $g(x) = -\frac{1}{4}\sqrt{1-4x^2}$ (dans le cas où $C = 0$). Il est à noter que $g(x)$ décroît lorsque la valeur $f(x)$ est négative et croît lorsque la valeur $f(x)$ est positive, et qu'elle atteint un minimum quand $f(x) = 0$. Il semble donc vraisemblable, selon le graphique, que g soit une primitive de f.

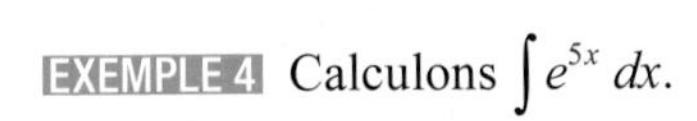

EXEMPLE 4 Calculons $\int e^{5x}\,dx$.

SOLUTION Si on pose $u = 5x$, alors $du = 5\,dx$, de sorte que $dx = \frac{1}{5}du$. Donc

$$\int e^{5x}\,dx = \tfrac{1}{5}\int e^u\,du = \tfrac{1}{5}e^u + C = \tfrac{1}{5}e^{5x} + C.$$

NOTE Avec de la pratique, vous en viendrez peut-être à évaluer des intégrales comme celles des exemples 1 à 4 sans avoir à écrire au long le changement de variable. Si on reconnaît le modèle de l'égalité **3**, où l'intégrande du membre de gauche est le produit de la dérivée d'une fonction externe et de la dérivée de la fonction interne, on peut calculer l'intégrale de l'exemple 1 comme suit :

$$\int x^3\cos(x^4+2)\,dx = \int \cos(x^4+2)\cdot x^3\,dx = \tfrac{1}{4}\int \cos(x^4+2)\cdot(4x^3)\,dx$$
$$= \tfrac{1}{4}\int \cos(x^4+2)\cdot \frac{d}{dx}(x^4+2)\,dx = \tfrac{1}{4}\sin(x^4+2) + C.$$

De même, la solution de l'exemple 4 s'écrit également :

$$\int e^{5x}\,dx = \tfrac{1}{5}\int 5e^{5x}\,dx = \tfrac{1}{5}\int \frac{d}{dx}(e^{5x})\,dx = \tfrac{1}{5}e^{5x} + C.$$

Toutefois, l'exemple suivant étant plus complexe, il est préférable de noter en détail le changement de variable.

EXEMPLE 5 Calculons $\int \sqrt{1+x^2}\,x^5 dx$.

SOLUTION Il est plus facile de découvrir une substitution appropriée si on écrit d'abord x^5 sous la forme du produit de facteurs $x^4 \cdot x$. Si on pose $u = 1 + x^2$, alors $du = 2x\,dx$, de sorte que $x\,dx = \frac{1}{2}du$. Ainsi, $x^2 = u - 1$, d'où $x^4 = (u - 1)^2$ et

$$\begin{aligned}\int \sqrt{1+x^2}\,x^5 dx &= \int \sqrt{1+x^2}\,x^4 \cdot x\,dx \\ &= \int \sqrt{u}(u-1)^2 \cdot \tfrac{1}{2}du = \tfrac{1}{2}\int \sqrt{u}(u^2-2u+1)\,du \\ &= \tfrac{1}{2}\int (u^{5/2} - 2u^{3/2} + u^{1/2})\,du \\ &= \tfrac{1}{2}\left(\tfrac{2}{7}u^{7/2} - 2\cdot\tfrac{2}{5}u^{5/2} + \tfrac{2}{3}u^{3/2}\right) + C \\ &= \tfrac{1}{7}(1+x^2)^{7/2} - \tfrac{2}{5}(1+x^2)^{5/2} + \tfrac{1}{3}(1+x^2)^{3/2} + C.\end{aligned}$$

EXEMPLE 6 Calculons $\int \tan x\,dx$.

SOLUTION On exprime d'abord la tangente comme le quotient du sinus et du cosinus :

$$\int \tan x\,dx = \int \frac{\sin x}{\cos x}dx.$$

Cette forme de l'intégrande suggère le changement de variable $u = \cos x$, puisqu'on a alors $du = -\sin x\,dx$, de sorte que $\sin x\,dx = -du$. Il s'ensuit que

$$\begin{aligned}\int \tan x\,dx &= \int \frac{\sin x}{\cos x}dx = -\int \frac{1}{u}du \\ &= -\ln|u| + C = -\ln|\cos x| + C.\end{aligned}$$

Étant donné que $-\ln|\cos x| = \ln(|\cos x|^{-1}) = \ln(1/|\cos x|) = \ln|\sec x|$, le résultat de l'exemple 6 s'écrit également

5

$$\int \tan x\,dx = \ln|\sec x| + C.$$

L'INTÉGRALE DÉFINIE

Il existe deux méthodes d'évaluation d'une intégrale définie par changement de variable. L'une d'elles consiste à calculer d'abord l'intégrale indéfinie, puis à appliquer le théorème fondamental. Par exemple, en utilisant le résultat de l'exemple 2, on obtient

$$\begin{aligned}\int_0^4 \sqrt{2x+1}\,dx &= \int \sqrt{2x+1}\,dx\Big]_0^4 \\ &= \tfrac{1}{3}(2x+1)^{3/2}\Big]_0^4 = \tfrac{1}{3}(9)^{3/2} - \tfrac{1}{3}(1)^{3/2} \\ &= \tfrac{1}{3}(27-1) = \tfrac{26}{3}.\end{aligned}$$

Cependant, il est généralement préférable d'employer la seconde méthode, qui consiste à modifier les bornes d'intégration lors du changement de variable.

La règle du changement de variable affirme que, si on effectue une substitution dans une intégrale définie, on doit tout exprimer en fonction de la nouvelle variable u. Il faut changer non seulement x et dx, mais aussi les bornes d'intégration, qui deviennent les valeurs de u correspondant à $x = a$ et à $x = b$.

6 **LA RÈGLE DU CHANGEMENT DE VARIABLE POUR L'INTÉGRALE DÉFINIE**

Si g' est une fonction continue sur $[a, b]$ et si f est une fonction continue sur l'image de $u = g(x)$, alors

$$\int_a^b f(g(x))g'(x)\,dx = \int_{g(a)}^{g(b)} f(u)\,du.$$

DÉMONSTRATION Soit F, une primitive de f. Selon l'égalité **3**, $F(g(x))$ est une primitive de $f(g(x))g'(x)$. En vertu de la seconde partie du théorème fondamental, on a donc

$$\int_a^b f(g(x))g'(x)\,dx = F(g(x))\Big]_a^b = F(g(b)) - F(g(a)).$$

En appliquant le TFC2 une deuxième fois, on obtient également

$$\int_{g(a)}^{g(b)} f(u)\,du = F(u)\Big]_{g(a)}^{g(b)} = F(g(b)) - F(g(a)).$$

EXEMPLE 7 Évaluons $\int_0^4 \sqrt{2x+1}\,dx$ à l'aide de la règle **6**.

SOLUTION Si on effectue le même changement de variable que dans la solution 1 de l'exemple 2, on a $u = 2x + 1$ et $dx = \frac{1}{2}du$. Afin de déterminer les nouvelles bornes d'intégration, on observe que

$$\text{si } x = 0 \text{ alors } u = 2(0) + 1 = 1 \quad \text{et} \quad \text{si } x = 4 \text{ alors } u = 2(4) + 1 = 9.$$

Donc,

$$\begin{aligned}\int_0^4 \sqrt{2x+1}\,dx &= \int_1^9 \tfrac{1}{2}\sqrt{u}\,du\\ &= \tfrac{1}{2}\cdot\tfrac{2}{3}u^{3/2}\Big]_1^9\\ &= \tfrac{1}{3}(9^{3/2} - 1^{3/2}) = \tfrac{26}{3}.\end{aligned}$$

Il est à noter que, lorsqu'on applique la règle **6**, on ne revient pas à la variable x après l'intégration : on évalue simplement l'expression en u entre les valeurs appropriées de u.

L'intégrale à évaluer dans l'exemple 8 est une écriture abrégée de

$$\int_1^2 \frac{1}{(3-5x)^2}\,dx.$$

EXEMPLE 8 Évaluons $\int_1^2 \frac{dx}{(3-5x)^2}$.

SOLUTION Si on pose $u = 3 - 5x$, on a $du = -5\,dx$, de sorte que $dx = -\frac{1}{5}du$. Lorsque $x = 1$, $u = -2$ et, lorsque $x = 2$, $u = -7$. Donc,

$$\begin{aligned}\int_1^2 \frac{dx}{(3-5x)^2} &= -\frac{1}{5}\int_{-2}^{-7}\frac{du}{u^2}\\ &= -\frac{1}{5}\left[-\frac{1}{u}\right]_{-2}^{-7} = \frac{1}{5u}\Bigg]_{-2}^{-7}\\ &= \frac{1}{5}\left(-\frac{1}{7}+\frac{1}{2}\right) = \frac{1}{14}.\end{aligned}$$

Étant donné que la fonction définie par $f(x) = (\ln x)/x$ (exemple 9) est positive lorsque $x > 1$, alors l'intégrale représente l'aire de la région ombrée de la figure 2.

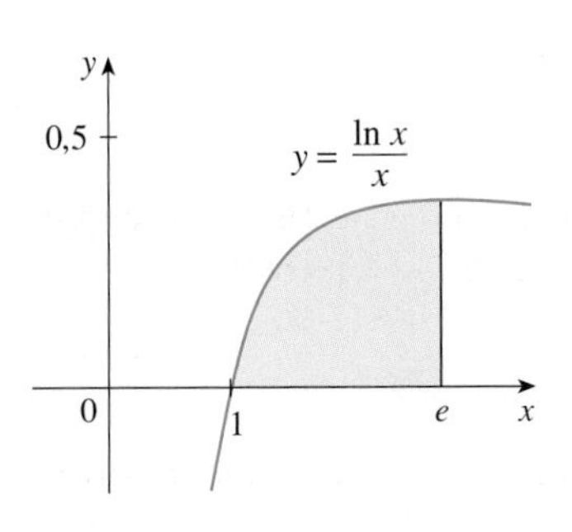

FIGURE 2

EXEMPLE 9 Calculons $\int_1^e \frac{\ln x}{x}\,dx$.

SOLUTION On pose $u = \ln x$ parce que la différentielle $du = dx/x$ fait partie de l'intégrande. Si $x = 1$, alors $u = \ln 1 = 0$ et, si $x = e$, alors $u = \ln e = 1$. Donc,

$$\int_1^e \frac{\ln x}{x}\,dx = \int_0^1 u\,du = \frac{u^2}{2}\Bigg]_0^1 = \frac{1}{2}.$$

LES FONCTIONS SYMÉTRIQUES

Le théorème suivant, qui repose sur la règle du changement de variable pour l'intégrale définie (règle **6**), vise à simplifier le calcul de l'intégrale d'une fonction symétrique.

> **7** **L'INTÉGRALE D'UNE FONCTION SYMÉTRIQUE**
>
> Soit f, une fonction continue sur $[-a, a]$.
>
> a) Si f est paire [c'est-à-dire que $f(-x) = f(x)$], alors $\int_{-a}^{a} f(x)\,dx = 2\int_{0}^{a} f(x)\,dx$;
>
> b) si f est impaire [c'est-à-dire que $f(-x) = -f(x)$], alors $\int_{-a}^{a} f(x)\,dx = 0$.

DÉMONSTRATION On divise l'intégrale en deux parties :

8 $$\int_{-a}^{a} f(x)\,dx = \int_{-a}^{0} f(x)\,dx + \int_{0}^{a} f(x)\,dx = -\int_{0}^{-a} f(x)\,dx + \int_{0}^{a} f(x)\,dx.$$

Dans la première intégrale du dernier membre de l'égalité, on effectue le changement de variable $u = -x$. On a $du = -dx$ et, si $x = -a$, alors $u = a$. Donc,

$$-\int_{0}^{-a} f(x)\,dx = -\int_{0}^{a} f(-u)(-du) = \int_{0}^{a} f(-u)\,du$$

de sorte que l'égalité **8** devient

9 $$\int_{-a}^{a} f(x)\,dx = \int_{0}^{a} f(-u)\,du + \int_{0}^{a} f(x)\,dx.$$

a) Si la fonction f est paire, alors $f(-u) = f(u)$, de sorte que l'égalité **9** s'écrit

$$\int_{-a}^{a} f(x)\,dx = \int_{0}^{a} f(u)\,du + \int_{0}^{a} f(x)\,dx = 2\int_{0}^{a} f(x)\,dx.$$

b) Si la fonction f est impaire, alors $f(-u) = -f(u)$, de sorte que l'égalité **9** s'écrit

$$\int_{-a}^{a} f(x)\,dx = -\int_{0}^{a} f(u)\,du + \int_{0}^{a} f(x)\,dx = 0.$$

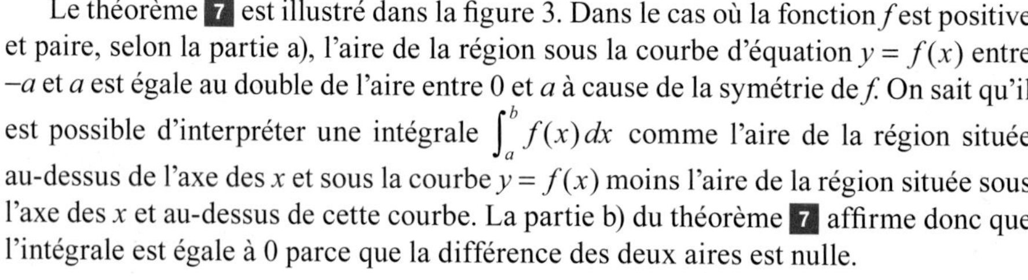

Le théorème **7** est illustré dans la figure 3. Dans le cas où la fonction f est positive et paire, selon la partie a), l'aire de la région sous la courbe d'équation $y = f(x)$ entre $-a$ et a est égale au double de l'aire entre 0 et a à cause de la symétrie de f. On sait qu'il est possible d'interpréter une intégrale $\int_{a}^{b} f(x)\,dx$ comme l'aire de la région située au-dessus de l'axe des x et sous la courbe $y = f(x)$ moins l'aire de la région située sous l'axe des x et au-dessus de cette courbe. La partie b) du théorème **7** affirme donc que l'intégrale est égale à 0 parce que la différence des deux aires est nulle.

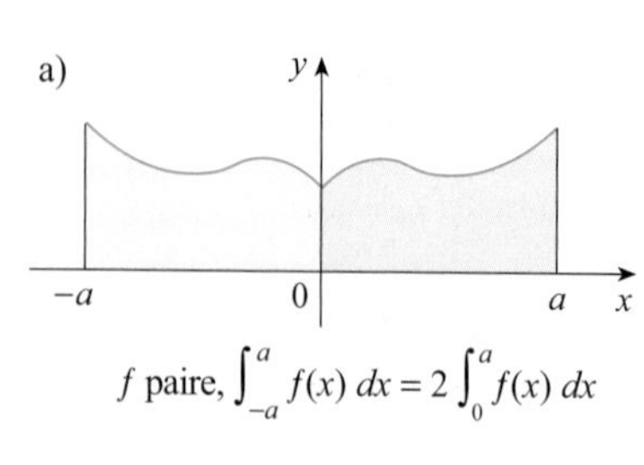

f paire, $\int_{-a}^{a} f(x)\,dx = 2\int_{0}^{a} f(x)\,dx$

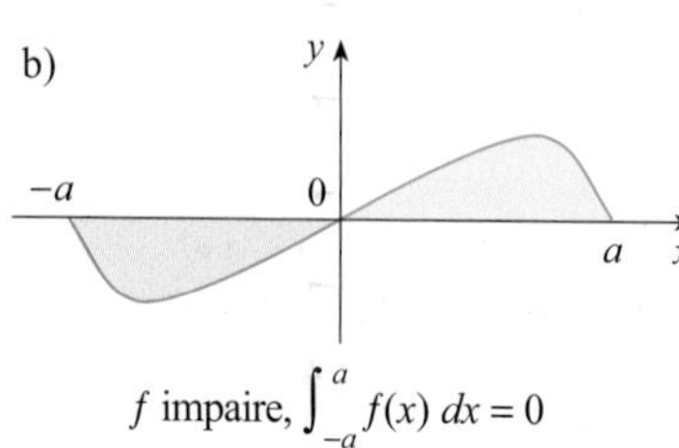

f impaire, $\int_{-a}^{a} f(x)\,dx = 0$

FIGURE 3

EXEMPLE 10 Comme $f(x) = x^6 + 1$ vérifie l'équation $f(-x) = f(x)$, la fonction f est paire et

$$\int_{-2}^{2} (x^6 + 1)\,dx = 2\int_{0}^{2} (x^6 + 1)\,dx$$
$$= 2\left[\tfrac{1}{7}x^7 + x\right]_0^2 = 2\left(\tfrac{128}{7} + 2\right) = \tfrac{284}{7}.$$

EXEMPLE 11 Comme $f(x) = (\tan x)/(1 + x^2 + x^4)$ vérifie l'équation $f(-x) = -f(x)$, la fonction f est impaire, de sorte que

$$\int_{-1}^{1} \frac{\tan x}{1 + x^2 + x^4}\,dx = 0.$$

Exercices 1.7

1-6 Calculez l'intégrale indéfinie en effectuant le changement de variable suggéré.

1. $\int e^{-x}\,dx$ avec $u=-x$
2. $\int x^3(2+x^4)^5\,dx$ avec $u=2+x^4$
3. $\int x^2\sqrt{x^3+1}\,dx$ avec $u=x^3+1$
4. $\int \frac{dt}{(1-6t)^4}$ avec $u=1-6t$
5. $\int \cos^3\theta\sin\theta\,d\theta$ avec $u=\cos\theta$
6. $\int \frac{\sec^2(1/x)}{x^2}\,dx$ avec $u=1/x$

7-48 Calculez l'intégrale indéfinie.

7. $\int x\sin(x^2)\,dx$
8. $\int x^2e^{x^3}\,dx$
9. $\int (1-2x)^9\,dx$
10. $\int (3t+2)^{2,4}\,dt$
11. $\int (x+1)\sqrt{2x+x^2}\,dx$
12. $\int \sec^2 2\theta\,d\theta$
13. $\int \frac{dx}{5-3x}$
14. $\int u\sqrt{1-u^2}\,du$
15. $\int \sin\pi t\,dt$
16. $\int e^x\cos(e^x)\,dx$
17. $\int \frac{e^u}{(1-e^u)^2}\,du$
18. $\int \frac{\sin\sqrt{x}}{\sqrt{x}}\,dx$
19. $\int \frac{a+bx^2}{\sqrt{3ax+bx^3}}\,dx$
20. $\int \frac{z^2}{z^3+1}\,dz$
21. $\int \frac{(\ln x)^2}{x}\,dx$
22. $\int \cos^4\theta\sin\theta\,d\theta$
23. $\int \sec^2\theta\tan^3\theta\,d\theta$
24. $\int \sqrt{x}\sin(1+x^{3/2})\,dx$
25. $\int e^x\sqrt{1+e^x}\,dx$
26. $\int \frac{dx}{ax+b}\quad(a\neq 0)$
27. $\int (x^2+1)(x^3+3x)^4dx$
28. $\int e^{\cos t}\sin t\,dt$
29. $\int 5^t\sin(5^t)\,dt$
30. $\int \frac{\arctan x}{1+x^2}\,dx$
31. $\int e^{\tan x}\sec^2 x\,dx$
32. $\int \frac{\sin(\ln x)}{x}\,dx$
33. $\int \frac{\cos x}{\sin^2 x}\,dx$
34. $\int \frac{\cos(\pi/x)}{x^2}\,dx$
35. $\int \sqrt{\cot x}\csc^2 x\,dx$
36. $\int \frac{2^t}{2^t+3}\,dt$
37. $\int \sin^2 x\cos x\,dx$
38. $\int \frac{dt}{\cos^2 t\sqrt{1+\tan t}}$
39. $\int \frac{\sin 2x}{1+\cos^2 x}\,dx$
40. $\int \frac{\sin x}{1+\cos^2 x}\,dx$
41. $\int \cot x\,dx$
42. $\int \sin t\sec^2(\cos t)\,dt$
43. $\int \frac{dx}{\sqrt{1-x^2}\arcsin x}$
44. $\int \frac{x}{1+x^4}\,dx$
45. $\int \frac{1+x}{1+x^2}\,dx$
46. $\int x^2\sqrt{2+x}\,dx$
47. $\int x(2x+5)^8dx$
48. $\int x^3\sqrt{x^2+1}\,dx$

49-52 Calculez l'intégrale indéfinie; représentez ensuite graphiquement le résultat et vérifiez s'il est vraisemblable en traçant à la fois la courbe de la fonction et celle de sa primitive (en prenant $C=0$).

49. $\int x(x^2-1)^3dx$
50. $\int \tan^2\theta\sec^2\theta\,d\theta$
51. $\int e^{\cos x}\sin x\,dx$
52. $\int \sin x\cos^4 x\,dx$

53-73 Évaluez l'intégrale définie.

53. $\int_0^1 \cos(\pi t/2)\,dt$
54. $\int_0^1 (3t-1)^{50}\,dt$
55. $\int_0^1 \sqrt[3]{1+7x}\,dx$
56. $\int_0^3 \frac{dx}{5x+1}$
57. $\int_0^\pi \sec^2(t/4)\,dt$
58. $\int_{1/6}^{1/2} \csc\pi t\cot\pi t\,dt$
59. $\int_1^2 \frac{e^{1/x}}{x^2}\,dx$
60. $\int_0^1 xe^{-x^2}\,dx$
61. $\int_{-\pi/4}^{\pi/4} (x^3+x^4\tan x)\,dx$
62. $\int_0^{\pi/2} \cos x\sin(\sin x)\,dx$
63. $\int_0^{13} \frac{dx}{\sqrt[3]{(1+2x)^2}}$
64. $\int_0^a x\sqrt{a^2-x^2}\,dx$
65. $\int_0^a x\sqrt{x^2+a^2}\,dx\quad(a>0)$
66. $\int_{-\pi/3}^{\pi/3} x^4\sin x\,dx$
67. $\int_1^2 x\sqrt{x-1}\,dx$
68. $\int_0^4 \frac{x}{\sqrt{1+2x}}\,dx$
69. $\int_e^{e^4} \frac{dx}{x\sqrt{\ln x}}$
70. $\int_0^{1/2} \frac{\arcsin x}{\sqrt{1-x^2}}\,dx$
71. $\int_0^1 \frac{e^z+1}{e^z+z}\,dz$
72. $\int_0^{T/2} \sin(2\pi t/T-\alpha)\,dt$
73. $\int_0^1 \frac{dx}{(1+\sqrt{x})^4}$

74. Vérifiez que la fonction définie par $f(x)=\sin\sqrt[3]{x}$ est impaire, puis utilisez cette propriété de f pour montrer que

$$0\leq\int_{-2}^{3}\sin\sqrt[3]{x}\,dx\leq 1.$$

75-76 À l'aide d'un graphique, évaluez approximativement l'aire de la région sous la courbe donnée, puis calculez la valeur exacte de l'aire.

75. $y=\sqrt{2x+1}$, où $0\leq x\leq 1$
76. $y=2\sin x-\sin 2x$, où $0\leq x\leq\pi$

77. Évaluez $\int_{-2}^{2}(x+3)\sqrt{4-x^2}\,dx$ en l'exprimant sous la forme d'une somme de deux intégrales et en interprétant l'une d'elles comme une aire.

78. Évaluez $\int_0^1 x\sqrt{1-x^4}\,dx$ en effectuant un changement de variable et en interprétant l'intégrale résultante comme une aire.

79. Quelles aires des trois figures suivantes sont égales? Pourquoi?

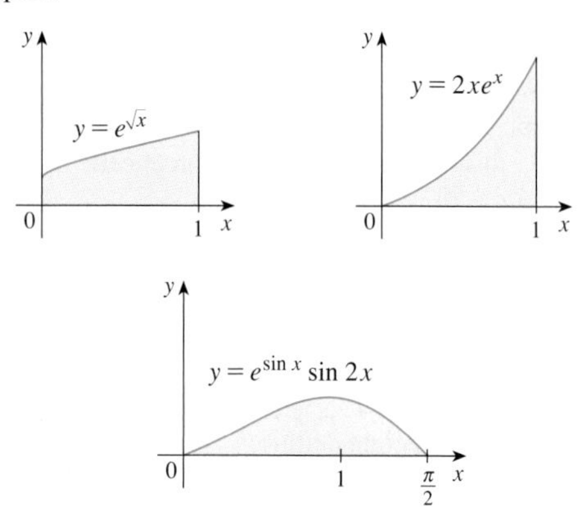

80. La fonction $M(t) = 85 - 0{,}18\cos(\pi t/12)$, où t est le temps en heures mesuré depuis 5 h, constitue un modèle de la vitesse du métabolisme de base, en kilocalories par heure (kcal/h), d'un homme jeune. Quel est le métabolisme de base total de cet homme, soit $\int_0^{24} M(t)\,dt$, durant une période de 24 heures?

81. Un réservoir de pétrole se rompt au temps $t = 0$ et le pétrole s'en échappe à un rythme de $r(t) = 100e^{-0{,}01t}$ litres par minute. Quelle quantité de pétrole s'écoule du réservoir au cours de la première heure?

82. Une culture de bactéries compte au départ 400 individus et son taux de croissance est de $r(t) = (450\ 268)e^{1{,}125\ 67t}$ bactéries à l'heure. Combien d'individus la culture compte-t-elle après trois heures?

83. La respiration est un processus cyclique, et un cycle complet, depuis le début de l'inspiration jusqu'à la fin de l'expiration, dure environ cinq secondes. Le taux maximal d'entrée d'air dans les poumons est approximativement de 0,5 L/s. C'est ce qui explique en partie qu'on utilise souvent la fonction définie par $f(t) = \frac{1}{2}\sin(2\pi t/5)$ comme modèle du taux d'entrée d'air dans les poumons. À l'aide de ce modèle, calculez le volume de l'air inhalé dans les poumons au temps t.

84. L'entreprise Alabama Instruments a installé une chaîne de production pour fabriquer une nouvelle calculatrice. Le taux de production après t semaines est de

$$\frac{dx}{dt} = 5000\left(1 - \frac{100}{(t+10)^2}\right) \text{ calculatrices/semaine.}$$

(Il est à noter que la production tend vers 5000 calculatrices par semaine avec le temps, mais que la production initiale est inférieure à ce nombre parce que les ouvriers doivent se familiariser avec de nouvelles techniques.) Calculez le nombre de calculatrices fabriquées entre le début de la troisième semaine et la fin de la quatrième semaine.

85. Soit f, une fonction continue, et $\int_0^4 f(x)\,dx = 10$. Évaluez

$$\int_0^2 f(2x)\,dx.$$

86. Soit f, une fonction continue, et $\int_0^9 f(x)\,dx = 4$. Évaluez

$$\int_0^3 xf(x^2)\,dx.$$

87. Soit f, une fonction continue sur $\mathbb{R}$. Montrez que

$$\int_a^b f(-x)\,dx = \int_{-b}^{-a} f(x)\,dx.$$

Esquissez un graphique représentant le cas où $f(x) \geq 0$ et $0 < a < b$ afin d'interpréter cette égalité, d'un point de vue géométrique, comme l'égalité de deux aires.

88. Soit f, une fonction continue sur $\mathbb{R}$. Montrez que

$$\int_a^b f(x+c)\,dx = \int_{a+c}^{b+c} f(x)\,dx.$$

Esquissez un graphique représentant le cas où $f(x) \geq 0$ afin d'interpréter cette égalité, d'un point de vue géométrique, comme l'égalité de deux aires.

89. Montrez que, dans le cas où a et b sont deux nombres positifs,

$$\int_0^1 x^a(1-x)^b\,dx = \int_0^1 x^b(1-x)^a\,dx.$$

90. Soit f, une fonction continue sur $[0, \pi]$. En effectuant le changement de variable $u = \pi - x$, montrez que

$$\int_0^\pi xf(\sin x)\,dx = \frac{\pi}{2}\int_0^\pi f(\sin x)\,dx.$$

91. En utilisant l'égalité prouvée dans l'exercice 90, évaluez l'intégrale

$$\int_0^\pi \frac{x\sin x}{1+\cos^2 x}\,dx.$$

92. a) Soit f, une fonction continue sur $\mathbb{R}$. Montrez que

$$\int_0^{\pi/2} f(\cos x)\,dx = \int_0^{\pi/2} f(\sin x)\,dx.$$

b) À l'aide de l'égalité prouvée en a), calculez $\int_0^{\pi/2}\cos^2 x\,dx$ et $\int_0^{\pi/2}\sin^2 x\,dx$.

Révision

Compréhension des concepts

1. a) Écrivez une expression d'une somme de Riemann d'une fonction *f*. Expliquez la signification de la notation que vous employez.

b) Dans le cas où $f(x) \geq 0$, quelle est l'interprétation géométrique d'une somme de Riemann? Illustrez votre interprétation à l'aide d'un diagramme.

c) Dans le cas où $f(x)$ prend à la fois des valeurs positives et des valeurs négatives, quelle est l'interprétation géométrique d'une somme de Riemann? Illustrez votre interprétation à l'aide d'un diagramme.

2. a) Donnez la définition de l'intégrale définie de a à b d'une fonction continue.

b) Quelle est l'interprétation géométrique de $\int_a^b f(x)\,dx$ dans le cas où $f(x) \geq 0$?

c) Quelle est l'interprétation géométrique de $\int_a^b f(x)\,dx$ dans le cas où $f(x)$ prend à la fois des valeurs positives et des valeurs négatives? Illustrez cette interprétation à l'aide d'un diagramme.

3. Énoncez les deux parties du théorème fondamental du calcul différentiel et intégral.

4. a) Énoncez le théorème de la variation nette.

b) Si $r(t)$ est la vitesse à laquelle de l'eau pénètre dans un réservoir, que représente $\int_{t_1}^{t_2} r(t)\,dt$?

5. Une particule effectue un mouvement de va-et-vient le long d'une droite à une vitesse $v(t)$, mesurée en mètres par seconde, et son accélération est $a(t)$.

a) Que signifie $\int_{60}^{120} v(t)\,dt$?

b) Que signifie $\int_{60}^{120} |v(t)|\,dt$?

c) Que signifie $\int_{60}^{120} a(t)\,dt$?

6. a) Expliquez la signification de l'intégrale indéfinie $\int f(x)\,dx$.

b) Quelle relation existe-t-il entre l'intégrale définie $\int_a^b f(x)\,dx$ et l'intégrale indéfinie $\int f(x)\,dx$?

7. Expliquez ce que signifie exactement l'affirmation suivante : « La dérivation et l'intégration sont deux processus inverses. »

8. Énoncez la règle du changement de variable. Comment applique-t-on concrètement cette règle?

Vrai ou faux

Déterminez si chaque proposition est vraie ou fausse. Si elle est vraie, expliquez pourquoi. Si elle est fausse, expliquez pourquoi ou réfutez-la au moyen d'un contre-exemple.

1. Si *f* et *g* sont deux fonctions continues sur $[a, b]$, alors

$$\int_a^b [f(x)+g(x)]\,dx = \int_a^b f(x)\,dx + \int_a^b g(x)\,dx.$$

2. Si *f* et *g* sont deux fonctions continues sur $[a, b]$, alors

$$\int_a^b [f(x)g(x)]\,dx = \left(\int_a^b f(x)\,dx\right)\left(\int_a^b g(x)\,dx\right).$$

3. Si *f* est une fonction continue sur $[a, b]$, alors

$$\int_a^b 5f(x)\,dx = 5\int_a^b f(x)\,dx.$$

4. Si *f* est une fonction continue sur $[a, b]$, alors

$$\int_a^b xf(x)\,dx = x\int_a^b f(x)\,dx.$$

5. Si *f* est une fonction continue sur $[a, b]$ telle que $f(x) \geq 0$, alors

$$\int_a^b \sqrt{f(x)}\,dx = \sqrt{\int_a^b f(x)\,dx}.$$

6. Si f' est une fonction continue sur $[1, 3]$, alors

$$\int_1^3 f'(v)\,dv = f(3) - f(1).$$

7. Si *f* et *g* sont deux fonctions continues telles que $f(x) \geq g(x)$ pour tout $a \leq x \leq b$, alors

$$\int_a^b f(x)\,dx \geq \int_a^b g(x)\,dx.$$

8. Si *f* et *g* sont deux fonctions dérivables telles que $f(x) \geq g(x)$ pour tout $a < x < b$, alors $f'(x) \geq g'(x)$ pour tout $a < x < b$.

9. $\int_{-1}^{1}\left(x^5 - 6x^9 + \dfrac{\sin x}{(1+x^4)^2}\right)dx = 0$

10. $\int_{-5}^{5}(ax^2 + bx + c)\,dx = 2\int_0^5 (ax^2 + c)\,dx$

11. Toutes les fonctions continues possèdent une dérivée.

12. Toutes les fonctions continues possèdent une primitive.

13. $\int_0^3 e^{x^2}\,dx = \int_0^5 e^{x^2}\,dx + \int_5^3 e^{x^2}\,dx$

14. Si $\int_0^1 f(x)\,dx = 0$, alors $f(x) = 0$ pour tout $0 \leq x \leq 1$.

15. Si *f* est une fonction continue sur $[a, b]$, alors

$$\frac{d}{dx}\left(\int_a^b f(x)\,dx\right) = f(x).$$

16. $\int_0^2 (x - x^3)\,dx$ représente l'aire de la région sous la courbe d'équation $y = x - x^3$ entre 0 et 2.

17. $\int_{-2}^{1} \dfrac{1}{x^4}\,dx = -\dfrac{3}{8}$

18. Si une fonction *f* présente une discontinuité en $x = 0$, alors $\int_{-1}^{1} f(x)\,dx$ n'existe pas.

Exercices récapitulatifs

1. À l'aide du graphique de f donné ci-dessous, écrivez la somme de Riemann pour une division en six sous-intervalles. Prenez comme points d'échantillonnage: a) les extrémités gauches des sous-intervalles; b) les milieux des sous-intervalles. Dans chaque cas, tracez un diagramme et expliquez ce que représente la somme de Riemann.

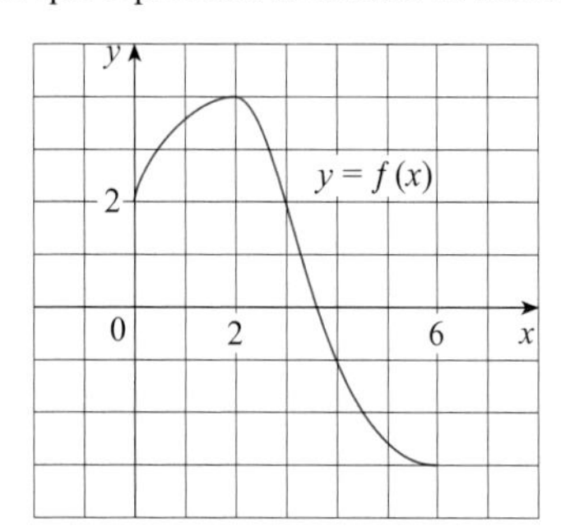

2. a) Évaluez la somme de Riemann dans le cas où

$$f(x) = x^2 - x \quad 0 \le x \le 2$$

en effectuant une division en quatre sous-intervalles et en prenant comme points d'échantillonnage les extrémités droites de ceux-ci. À l'aide d'un diagramme, expliquez ce que représente la somme de Riemann.

b) En appliquant la définition de l'intégrale définie (dans le cas des extrémités droites des sous-intervalles), déterminez la valeur de l'intégrale

$$\int_0^2 (x^2 - x)\, dx.$$

c) En vous servant du théorème fondamental, vérifiez le résultat que vous avez obtenu en b).

d) À l'aide d'un diagramme, expliquez la signification géométrique de l'intégrale donnée en b).

3. Évaluez

$$\int_0^1 (x + \sqrt{1 - x^2})\, dx$$

en l'interprétant comme une aire.

4. Exprimez

$$\lim_{n\to\infty} \sum_{i=1}^{n} \sin x_i \Delta x$$

sous la forme d'une intégrale définie sur l'intervalle $[0, \pi]$, puis évaluez cette intégrale.

5. Sachant que $\int_0^6 f(x)\, dx = 10$ et que $\int_0^4 f(x)\, dx = 7$, évaluez $\int_4^6 f(x)\, dx$.

LCS **6.** a) Exprimez $\int_1^5 (x + 2x^5)\, dx$ sous forme d'une limite de sommes de Riemann en prenant comme points d'échantillonnage les extrémités droites des sous-intervalles. À l'aide d'un logiciel de calcul symbolique, évaluez la somme et calculez la limite.

b) En vous servant du théorème fondamental du calcul, vérifiez votre réponse à l'exercice a).

7. Les courbes de f, de f' et de $\int_0^x f(t)\, dt$ sont données dans le graphique suivant. Identifiez chaque courbe et expliquez votre choix.

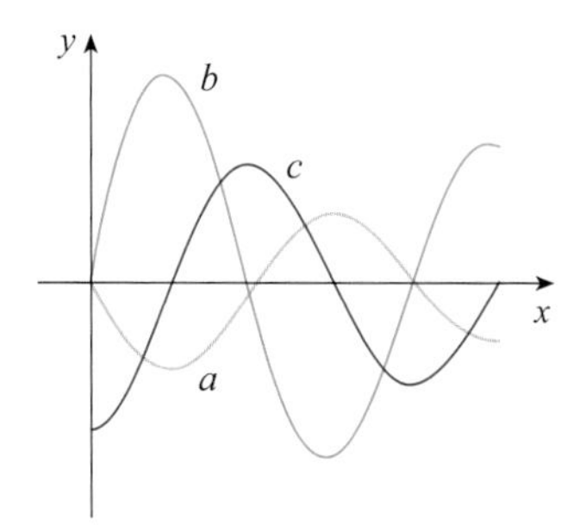

8. Évaluez:

a) $\int_0^1 \frac{d}{dx}(e^{\arctan x})\, dx$;

b) $\frac{d}{dx}\int_0^1 e^{\arctan x}\, dx$;

c) $\frac{d}{dx}\int_0^x e^{\arctan t}\, dt$.

9-38 Évaluez l'intégrale.

9. $\int_1^2 (8x^3 + 3x^2)\, dx$

10. $\int_0^T (x^4 - 8x + 7)\, dx$

11. $\int_0^1 (1 - x^9)\, dx$

12. $\int_0^1 (1 - x)^9\, dx$

13. $\int_1^9 \frac{\sqrt{u} - 2u^2}{u}\, du$

14. $\int_0^1 (\sqrt[4]{u} + 1)^2\, du$

15. $\int_0^1 y(y^2 + 1)^5\, dy$

16. $\int_0^2 y^2\sqrt{1 + y^3}\, dy$

17. $\int_1^5 \frac{dt}{(t - 4)^2}$

18. $\int_0^1 \sin(3\pi t)\, dt$

19. $\int_0^1 v^2 \cos(v^3)\, dv$

20. $\int_{-1}^1 \frac{\sin x}{1 + x^2}\, dx$

21. $\int_{-\pi/4}^{\pi/4} \frac{t^4 \tan t}{2 + \cos t}\, dt$

22. $\int_0^1 \frac{e^x}{1 + e^{2x}}\, dx$

23. $\int \left(\frac{1 - x}{x}\right)^2 dx$

24. $\int_1^{10} \frac{x}{x^2 - 4}\, dx$

25. $\int \frac{x + 2}{\sqrt{x^2 + 4x}}\, dx$

26. $\int \frac{\csc^2 x}{1 + \cot x}\, dx$

27. $\int \sin \pi t \cos \pi t\, dt$

28. $\int \sin x \cos(\cos x)\, dx$

29. $\int \frac{e^{\sqrt{x}}}{\sqrt{x}}\, dx$

30. $\int \frac{\cos(\ln x)}{x}\, dx$

31. $\int \tan x \ln(\cos x)\, dx$

32. $\int \frac{x}{\sqrt{1 - x^4}}\, dx$

33. $\int \frac{x^3}{1 + x^4}\, dx$

34. $\int \sin(1 + 4x)\, dx$

35. $\int \frac{\sec\theta \tan\theta}{1 + \sec\theta}\, d\theta$

36. $\int_0^{\pi/4} (1 + \tan t)^3 \sec^2 t\, dt$

37. $\int_0^3 |x^2 - 4|\, dx$

38. $\int_0^4 |\sqrt{x} - 1|\, dx$

39-40 Évaluez l'intégrale indéfinie. Représentez graphiquement à la fois la fonction et sa primitive (en prenant $C = 0$) de manière à vérifier que votre résultat est plausible.

39. $\displaystyle\int \frac{\cos x}{\sqrt{1+\sin x}}\,dx$

40. $\displaystyle\int \frac{x^3}{\sqrt{x^2+1}}\,dx$

41. À l'aide d'un graphique, évaluez grossièrement l'aire de la région sous la courbe $y = x\sqrt{x}$, où $0 \le x \le 4$. Calculez ensuite la valeur exacte de l'aire.

42. Représentez graphiquement la fonction $f(x) = \cos^2 x \sin x$ et utilisez le graphique pour évaluer visuellement la valeur de l'intégrale $\int_0^{2\pi} f(x)\,dx$. Évaluez ensuite l'intégrale pour comparer sa valeur avec la valeur obtenue sans calcul.

43-48 Calculez la dérivée de la fonction donnée.

43. $\displaystyle F(x) = \int_0^x \frac{t^2}{1+t^3}\,dt$

44. $\displaystyle F(x) = \int_x^1 \sqrt{t+\sin t}\,dt$

45. $\displaystyle g(x) = \int_0^{x^4} \cos(t^2)\,dt$

46. $\displaystyle g(x) = \int_1^{\sin x} \frac{1-t^2}{1+t^4}\,dt$

47. $\displaystyle y = \int_{\sqrt{x}}^x \frac{e^t}{t}\,dt$

48. $\displaystyle y = \int_{2x}^{3x+1} \sin(t^4)\,dt$

49-50 Déterminez la valeur de l'intégrale à l'aide de la propriété 8 des intégrales.

49. $\displaystyle\int_1^3 \sqrt{x^2+3}\,dx$

50. $\displaystyle\int_3^5 \frac{1}{x+1}\,dx$

51-54 Vérifiez l'inégalité en vous servant des propriétés des intégrales.

51. $\displaystyle\int_0^1 x^2 \cos x\,dx \le \frac{1}{3}$

52. $\displaystyle\int_{\pi/4}^{\pi/2} \frac{\sin x}{x}\,dx \le \frac{\sqrt{2}}{2}$

53. $\displaystyle\int_0^1 e^x \cos x\,dx \le e - 1$

54. $\displaystyle\int_0^1 x \arcsin x\,dx \le \pi/4$

55. En appliquant la règle du point milieu avec $n = 6$, évaluez approximativement $\int_0^3 \sin(x^3)\,dx$.

56. Une particule décrit une trajectoire rectiligne à une vitesse $v(t) = t^2 - t$, mesurée en mètres par seconde. Déterminez:
a) le déplacement de la particule durant l'intervalle de temps $[0, 5]$;
b) la distance que parcourt la particule durant cet intervalle de temps.

57. Soit $r(t)$, le rythme auquel on consomme la réserve mondiale de pétrole, le temps t étant mesuré en années depuis l'instant $t = 0$, choisi comme le 1er janvier 2000, et $r(t)$ étant mesuré en barils par année. Que représente $\int_0^8 r(t)\,dt$?

58. Le tableau suivant donne la vitesse d'un coureur enregistrée à différents moments au moyen d'un pistolet radar. En appliquant la règle des milieux des sous-intervalles, évaluez approximativement la distance parcourue par le coureur durant les cinq premières secondes.

t(s)	v(m/h)	t(s)	v(m/h)
0	0	3,0	10,51
0,5	4,67	3,5	10,67
1,0	7,34	4,0	10,76
1,5	8,86	4,5	10,81
2,0	9,73	5,0	10,81
2,5	10,22		

59. La taille d'une ruche croît à un taux de $r(t)$ par semaine, dont la courbe est donnée dans la figure suivante. En appliquant la règle des milieux des sous-intervalles, avec six sous-intervalles, évaluez approximativement l'accroissement du nombre d'abeilles au cours des 24 premières semaines.

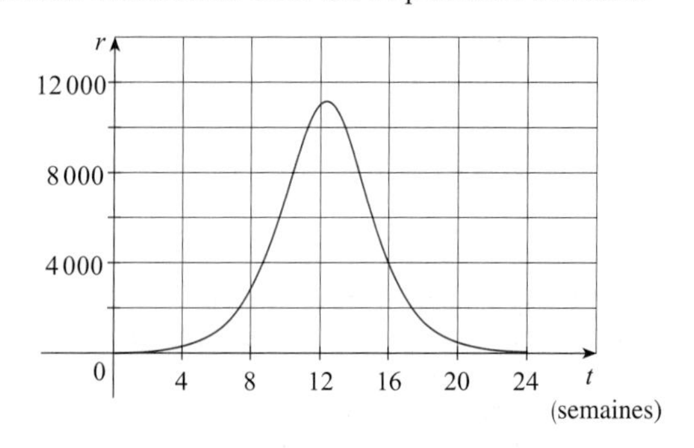

60. Soit

$$f(x) = \begin{cases} -x-1 & \text{si } -3 \le x \le 0 \\ -\sqrt{1-x^2} & \text{si } 0 \le x \le 1. \end{cases}$$

Évaluez $\int_{-3}^1 f(x)\,dx$ en l'interprétant comme une différence d'aires.

61. Sachant que f est une fonction continue et que

$$\int_0^2 f(x)\,dx = 6,$$

évaluez $\int_0^{\pi/2} f(2\sin\theta)\cos\theta\,d\theta$.

62. Il est question de la fonction de Fresnel,

$$S(x) = \int_0^x \sin(\tfrac{1}{2}\pi t^2)\,dt,$$

dans la section 1.5. Fresnel a par ailleurs employé la fonction

$$C(x) = \int_0^x \cos(\tfrac{1}{2}\pi t^2)\,dt$$

dans l'élaboration de sa théorie de la diffraction des ondes lumineuses.
a) Sur quels intervalles la fonction C est-elle croissante?
b) Sur quels intervalles la fonction C est-elle concave vers le haut?
LCS c) À l'aide d'un graphique, résolvez l'équation suivante avec une précision de deux décimales:

$$\int_0^x \cos(\tfrac{1}{2}\pi t^2)\,dt = 0{,}7.$$

LCS d) Tracez les courbes respectives de C et de S dans un même système d'axes. Quelle relation existe-t-il entre ces deux courbes?

63. Soit f, une fonction continue telle que

$$\int_1^x f(t)\,dt = (x-1)e^{2x} + \int_1^x e^{-t} f(t)\,dt$$

pour tout x. Écrivez une formule explicite de $f(x)$.

64. Soit h, une fonction telle que $h(1) = -2$, $h'(1) = 2$, $h''(1) = 3$, $h(2) = 6$, $h'(2) = 5$, $h''(2) = 13$, et h'' est continue en tout point. Évaluez $\int_1^2 h''(u)\,du$.

65. Sachant que f' est continue sur $[a, b]$, montrez que

$$2\int_a^b f(x)f'(x)\,dx = [f(b)]^2 - [f(a)]^2.$$

66. Évaluez $\lim\limits_{h\to 0} \frac{1}{h}\int_2^{2+h} \sqrt{1+t^3}\,dt$.

67. Sachant que f est une fonction continue sur $[0, 1]$, montrez que

$$\int_0^1 f(x)\,dx = \int_0^1 f(1-x)\,dx.$$

68. Évaluez

$$\lim_{n\to\infty} \frac{1}{n}\left[\left(\frac{1}{n}\right)^9 + \left(\frac{2}{n}\right)^9 + \left(\frac{3}{n}\right)^9 + \cdots + \left(\frac{n}{n}\right)^9\right].$$

69. Soit f, une fonction continue telle que $f(0) = 0$, $f(1) = 1$, $f'(x) > 0$ et $\int_0^1 f(x)\,dx = \frac{1}{3}$. Évaluez la valeur exacte de l'intégrale $\int_0^1 f^{-1}(y)\,dy$.

Problèmes supplémentaires

Avant de lire la solution de l'exemple 1, cachez-en le texte et essayez de résoudre le problème par vous-même.

EXEMPLE 1 Évaluons $\lim\limits_{x\to 3}\left(\frac{x}{x-3}\int_3^x \frac{\sin t}{t}\,dt\right)$.

SOLUTION Il est bon d'examiner d'abord les éléments de la fonction. Que devient le premier facteur, soit $x/(x-3)$, lorsque x tend vers 3 ? Le numérateur tend alors vers 3 et le dénominateur vers 0, de sorte que

$$\frac{x}{x-3} \to \infty \quad \text{quand} \quad x \to 3^+ \quad \text{et} \quad \frac{x}{x-3} \to -\infty \quad \text{quand} \quad x \to 3^-.$$

Le second facteur, quant à lui, tend vers $\int_3^3 (\sin t)/t\,dt$, et cette intégrale est égale à 0. La valeur que prend la fonction dans son ensemble n'a donc rien d'évident (puisqu'un facteur devient très grand en valeur absolue, tandis que l'autre devient très petit). Alors, comment doit-on procéder ?

L'un des principes de la résolution de problèmes consiste à reconnaître quelque chose qui ait l'air familier. Une partie de la fonction évoque-t-elle quelque chose qu'on a déjà vu ? Dans

$$\int_3^x \frac{\sin t}{t}\,dt,$$

la borne d'intégration supérieure est x et ce type d'intégrale intervient dans la première partie du théorème fondamental du calcul différentiel et intégral :

$$\frac{d}{dx}\int_a^x f(t)\,dt = f(x).$$

Cela suggère de faire appel à la dérivation.

Dans cet ordre d'idées, le dénominateur $(x-3)$ évoque une autre chose qui devrait être familière. En effet, l'une des formes de la définition de la dérivée est

$$F'(a) = \lim_{x\to a}\frac{F(x)-F(a)}{x-a}$$

et, si on pose $a = 3$, cette équation devient

$$F'(3) = \lim_{x \to 3} \frac{F(x) - F(3)}{x - 3}.$$

Mais quelle est la fonction F dans le présent exemple ? Il est à noter que si on définit

$$F(x) = \int_3^x \frac{\sin t}{t}\, dt,$$

alors $F(3) = 0$. Mais qu'en est-il du facteur x au numérateur ? Il ne fait que brouiller les cartes ; il vaut donc mieux le mettre en facteurs avant de se lancer dans les calculs :

Une autre approche consiste à appliquer la règle de l'Hospital (voir la section 3.7).

$$\begin{aligned}\lim_{x \to 3} \left(\frac{x}{x-3} \int_3^x \frac{\sin t}{t}\, dt \right) &= \lim_{x \to 3} x \cdot \lim_{x \to 3} \frac{\int_3^x \frac{\sin t}{t}\, dt}{x - 3} \\ &= 3 \lim_{x \to 3} \frac{F(x) - F(3)}{x - 3} \\ &= 3F'(3) = 3\frac{\sin 3}{3} \qquad \text{(TFC1)} \\ &= \sin 3.\end{aligned}$$

Problèmes

1. Sachant que $x \sin \pi x = \int_0^{x^2} f(t)\, dt$, où f est une fonction continue, évaluez $f(4)$.

2. Déterminez la valeur minimale de l'aire de la région sous la courbe $y = x + 1/x$ entre $x = a$ et $x = a + 1{,}5$ pour tout $a > 0$.

3. Sachant que $\int_0^4 e^{(x-2)^4}\, dx = k$, évaluez la valeur de $\int_0^4 x e^{(x-2)^4}\, dx$.

4. a) Tracez les courbes respectives de plusieurs membres de la famille de fonctions $f(x) = (2cx - x^2)/c^3$ dans le cas où $c > 0$, et examinez les régions délimitées par ces courbes et l'axe des x. Énoncez une hypothèse quant à la relation qui existe entre les aires respectives de ces régions.
b) Démontrez l'hypothèse que vous avez formulée en a).
c) Examinez de nouveau le graphique que vous avez réalisé en a) et utilisez-le pour dessiner la courbe que décrivent les sommets de la famille de fonctions. Avez-vous *a priori* une idée de l'allure de cette courbe ?
d) Écrivez une équation de la courbe que vous avez tracée en c).

5. Sachant que $f(x) = \int_0^{g(x)} \frac{1}{\sqrt{1+t^3}}\, dt$ dans le cas où $g(x) = \int_0^{\cos x} [1 + \sin(t^2)]\, dt$, évaluez $f'(\pi/2)$.

6. Soit $f(x) = \int_0^x x^2 \sin(t^2)\, dt$. Déterminez $f'(x)$.

7. Évaluez $\lim_{x \to 0} \frac{1}{x} \int_0^x (1 - \tan 2t)^{1/t}\, dt$.

8. Déterminez l'intervalle $[a, b]$ pour lequel la valeur de l'intégrale $\int_a^b (2 + x - x^2)\, dx$ est maximale.

9. À l'aide d'une intégrale, estimez $\sum_{i=1}^{10000} \sqrt{i}$.

10. a) Évaluez $\int_0^n [\![x]\!]\, dx$ dans le cas où n est un entier positif.

b) Évaluez $\int_a^b [\![x]\!]\, dx$ dans le cas où a et b sont des nombres réels tels que $0 \leq a < b$.

11. Calculez $\frac{d^2}{dx^2} \int_0^x \left(\int_1^{\sin t} \sqrt{1 + u^4}\, du \right) dt$.

12. En supposant que les coefficients du polynôme du troisième degré $P(x) = a + bx + cx^2 + dx^3$ vérifient l'égalité

$$a + \frac{b}{2} + \frac{c}{3} + \frac{d}{4} = 0,$$

montrez que l'équation $P(x) = 0$ possède une racine comprise entre 0 et 1. Pouvez-vous généraliser ce résultat au cas d'un polynôme de degré n ?

13. Un évaporateur comprend un disque de rayon r qui tourne dans un plan vertical. Si on veut immerger partiellement le disque de manière à maximiser l'aire de la surface humide qui est exposée, montrez qu'il faut placer le centre du disque à une hauteur $r/\sqrt{1+\pi^2}$ au-dessus de la surface du liquide.

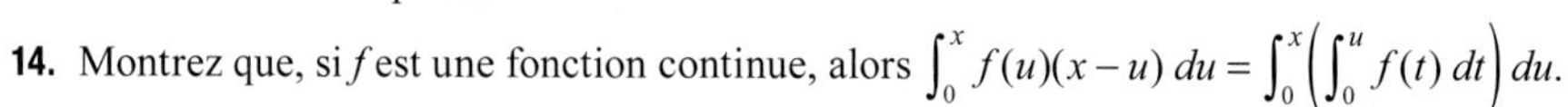

14. Montrez que, si f est une fonction continue, alors $\int_0^x f(u)(x-u)\,du = \int_0^x \left(\int_0^u f(t)\,dt \right) du$.

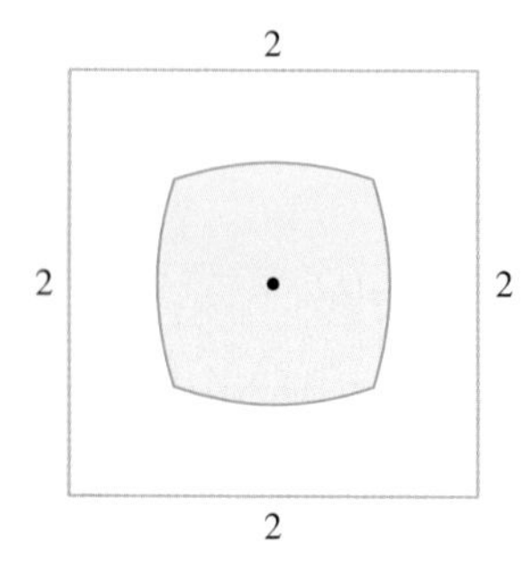

15. La figure ci-contre représente une région formée de tous les points à l'intérieur d'un carré qui sont plus proches du centre du carré que de l'un de ses côtés. Calculez l'aire de cette région.

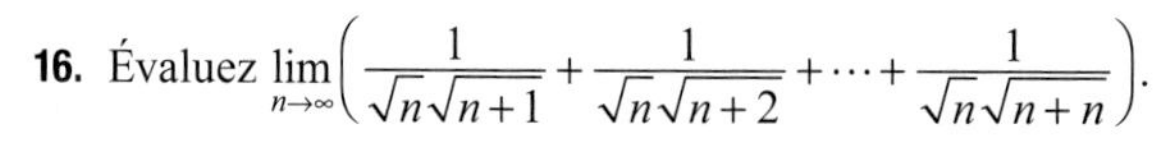

16. Évaluez $\lim_{n\to\infty} \left(\frac{1}{\sqrt{n}\sqrt{n+1}} + \frac{1}{\sqrt{n}\sqrt{n+2}} + \cdots + \frac{1}{\sqrt{n}\sqrt{n+n}} \right)$.

17. Pour tout nombre c, on définit $f_c(x)$ comme le plus petit des deux nombres $(x-c)^2$ et $(x-c-2)^2$ et on pose $g(c) = \int_0^1 f_c(x)\,dx$. Calculez les valeurs maximale et minimale de $g(c)$ dans le cas où $-2 \leq c \leq 2$.

CHAPITRE 2 LES APPLICATIONS DE L'INTÉGRALE

La grande pyramide du roi Khéops fut construite en Égypte entre 2580 et 2560 avant notre ère. Elle demeura pendant plus de 3800 ans la plus haute structure d'origine humaine du monde. Les techniques étudiées dans le présent chapitre permettent d'évaluer la somme de travail requise pour l'érection de cette pyramide et, par conséquent, de formuler une hypothèse quant au nombre d'ouvriers qui ont dû participer à sa construction.

Le présent chapitre porte sur des applications de l'intégrale définie, explorées au moyen du calcul de l'aire de la région entre deux courbes, du volume de solides et du travail effectué par des forces variables. Le thème commun est la méthode générale décrite ci-dessous, qui est similaire à celle qu'on emploie pour calculer l'aire de la région sous une courbe. Il s'agit de diviser une grandeur Q en un grand nombre de petits éléments, puis de déterminer une approximation de chacun de ceux-ci qui soit une grandeur de la forme $f(x_i^*)\Delta x$, ce qui permet d'obtenir une valeur approchée de Q au moyen d'une somme de Riemann. On calcule ensuite la limite et on exprime Q sous la forme d'une intégrale. Enfin, on évalue l'intégrale à l'aide du théorème fondamental du calcul différentiel et intégral ou de la méthode du point millieu.

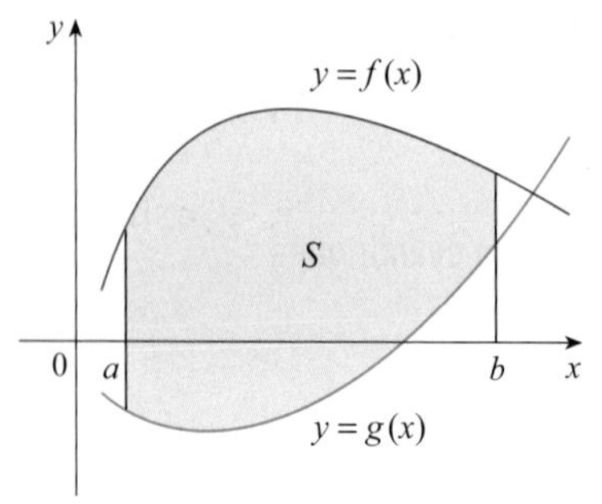

FIGURE 1
$S = \{(x, y) \mid a \leq x \leq b, g(x) \leq y \leq f(x)\}$

2.1 L'AIRE DE LA RÉGION ENTRE DEUX COURBES

Dans le chapitre 1, on définit et on calcule l'aire de régions situées sous la courbe d'une fonction. Dans le présent chapitre, on utilise l'intégrale pour déterminer l'aire de régions situées entre les courbes respectives de deux fonctions.

Soit la région S, comprise entre les courbes d'équations $y = f(x)$ et $y = g(x)$, et les droites verticales d'équations $x = a$ et $x = b$, où f et g sont deux fonctions continues telles que $f(x) \geq g(x)$ pour tout x appartenant à $[a, b]$ (voir la figure 1).

Exactement comme on le fait pour calculer l'aire sous une courbe dans la section 1.3, on divise S en n bandes de même largeur, puis on prend comme approximation de la i-ième bande un rectangle dont la base est Δx et la hauteur, $f(x_i^*) - g(x_i^*)$ (voir la figure 2; on peut prendre comme points d'échantillonnage toutes les extrémités droites des sous-intervalles et, dans ce cas, $x_i^* = x_i$). Intuitivement, il semble que la somme de Riemann

$$\sum_{i=1}^{n} [f(x_i^*) - g(x_i^*)]\Delta x$$

soit alors une approximation de l'aire de S.

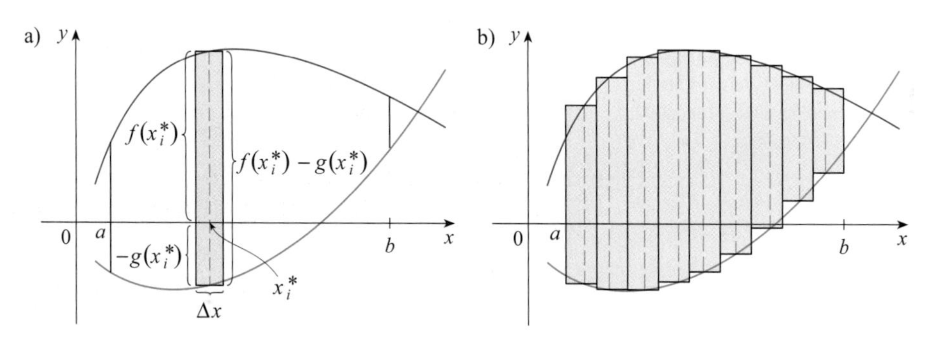

Rectangle représentatif. Rectangles servant d'approximation.

FIGURE 2

Apparemment, cette approximation est d'autant meilleure que $n \to \infty$. On définit donc l'**aire** A de la région S comme la valeur limite de la somme des aires des rectangles servant d'approximation.

1

$$A = \lim_{n\to\infty} \sum_{i=1}^{n} [f(x_i^*) - g(x_i^*)]\Delta x$$

On constate que cette limite, si elle existe, est l'intégrale définie de $f - g$, ce qui permet d'énoncer la formule suivante de l'aire entre deux courbes.

2 L'aire A de la région délimitée par les courbes d'équations $y = f(x)$ et $y = g(x)$ et les droites d'équations $x = a$ et $x = b$, où f et g sont deux fonctions continues telles que $f(x) \geq g(x)$ pour tout x appartenant à $[a, b]$, est

$$A = \int_a^b [f(x) - g(x)]\,dx.$$

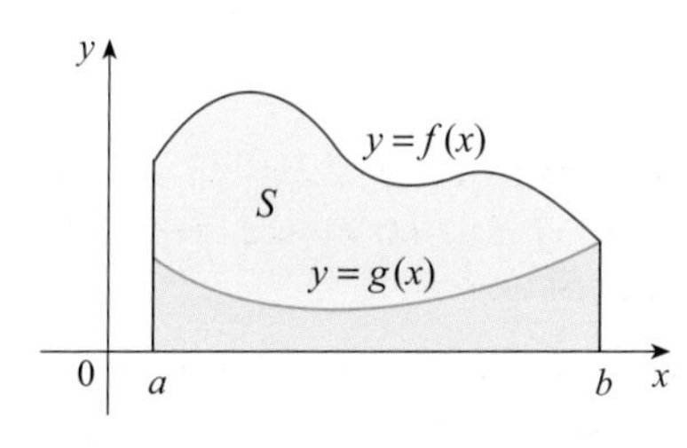

FIGURE 3
$A = \int_a^b f(x)\,dx - \int_a^b g(x)\,dx$

Il est à noter que, dans le cas particulier où $g(x) = 0$, alors S est la région sous la courbe de f et la définition générale **1** de l'aire se ramène à la définition **2** de la section 1.3.

Dans le cas où f et g sont deux fonctions positives, la figure 3 indique pourquoi la définition **2** est valide :

$$\begin{aligned} A &= [\text{aire sous } y = f(x)] - [\text{aire sous } y = g(x)] \\ &= \int_a^b f(x)\,dx - \int_a^b g(x)\,dx = \int_a^b [f(x) - g(x)]\,dx. \end{aligned}$$

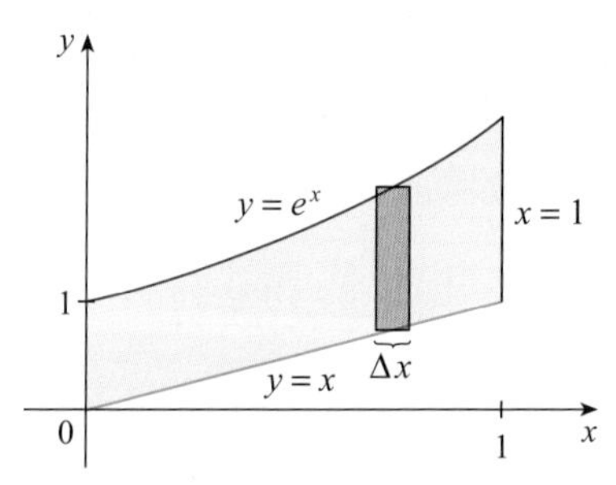

FIGURE 4

EXEMPLE 1 Déterminons l'aire de la région délimitée dans le haut par la courbe d'équation $y = e^x$, dans le bas par la droite $y = x$ et sur les côtés par les droites $x = 0$ et $x = 1$.

SOLUTION La figure 4 représente la région dont on cherche l'aire. Celle-ci est délimitée dans le haut par la courbe $y = e^x$ et dans le bas par la droite $y = x$. On applique donc la formule **2** avec $f(x) = e^x$, $g(x) = x$, $a = 0$ et $b = 1$:

$$\begin{aligned} A &= \int_0^1 (e^x - x)\,dx = e^x - \tfrac{1}{2}x^2\Big]_0^1 \\ &= e - \tfrac{1}{2} - 1 = e - 1{,}5. \end{aligned}$$

La figure 4 montre un rectangle représentatif de largeur Δx servant d'approximation, qui rappelle le processus utilisé pour définir l'aire au moyen de l'égalité **1**. En général, quand on écrit une intégrale pour évaluer une aire, il est utile de tracer rapidement un graphique de la région comportant la courbe supérieure y_S, la courbe inférieure y_I et un rectangle représentatif servant d'approximation, comme dans la figure 5. L'aire d'un rectangle représentatif est alors $(y_S - y_I)\,\Delta x$ et l'égalité

$$A = \lim_{n\to\infty} \sum_{i=1}^{n} (y_S - y_I)\Delta x = \int_a^b (y_S - y_I)\,dx$$

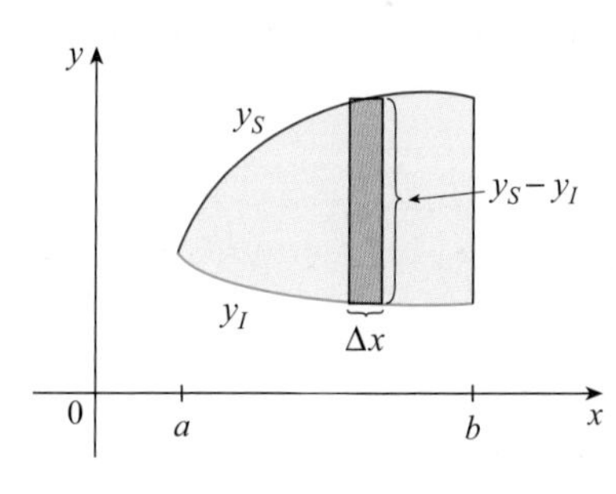

FIGURE 5

résume le processus d'addition (au sens de la limite) des aires respectives de tous les rectangles représentatifs.

Il est à noter que, dans la figure 5, la frontière de gauche se réduit à un point tandis que, dans la figure 3, c'est la frontière de droite qui se réduit à un point. Dans le prochain exemple, les deux frontières latérales se réduisent à un point, de sorte que la première étape consiste à déterminer les nombres a et b.

EXEMPLE 2 Déterminons l'aire de la région délimitée par les paraboles d'équations respectives $y = x^2$ et $y = 2x - x^2$.

SOLUTION On détermine d'abord les points d'intersection des deux paraboles en résolvant le système formé des équations de ces deux courbes, ce qui donne $x^2 = 2x - x^2$ ou encore $2x^2 - 2x = 0$. Il s'ensuit que $2x(x - 1) = 0$; donc, $x = 0$ ou 1. Les points d'intersection sont (0, 0) et (1, 1).

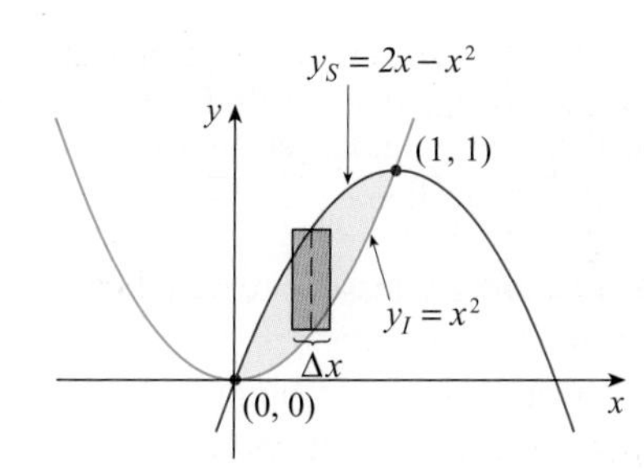

FIGURE 6

La figure 6 montre que les frontières supérieure et inférieure sont les courbes d'équations

$$y_S = 2x - x^2 \quad \text{et} \quad y_I = x^2.$$

L'aire d'un rectangle représentatif est égale à

$$(y_S - y_I)\Delta x = (2x - x^2 - x^2)\Delta x$$

et la région est située entre les droites $x = 0$ et $x = 1$. L'aire totale de la région est donc

$$A = \int_0^1 (2x - 2x^2)\,dx = 2\int_0^1 (x - x^2)\,dx$$
$$= 2\left[\frac{x^2}{2} - \frac{x^3}{3}\right]_0^1 = 2\left(\frac{1}{2} - \frac{1}{3}\right) = \frac{1}{3}.$$

Il est parfois difficile, ou même impossible, de déterminer exactement les points d'intersection des deux courbes. On peut alors utiliser une calculatrice à affichage graphique ou un ordinateur pour obtenir approximativement ces points, comme l'illustre l'exemple suivant.

EXEMPLE 3 Déterminons l'aire approximative de la région délimitée par les courbes d'équations $y = x/\sqrt{x^2+1}$ et $y = x^4 - x$.

SOLUTION Si on veut déterminer exactement les coordonnées des points d'intersection des deux courbes, il faut résoudre l'équation

$$\frac{x}{\sqrt{x^2+1}} = x^4 - x.$$

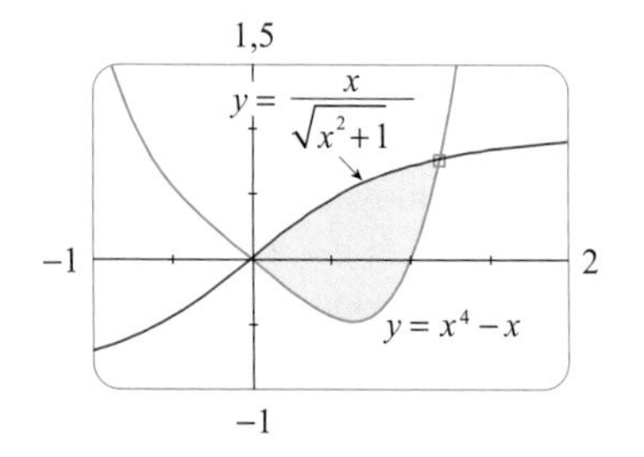

FIGURE 7

Comme cette opération semble très difficile (en fait, elle est impossible à réaliser), on utilise plutôt un outil graphique pour dessiner les deux courbes (voir la figure 7). L'un des points d'intersection est l'origine. En effectuant un zoom avant sur l'autre point d'intersection, on obtient $x \approx 1{,}18$. (Si on désire un degré de précision plus élevé, on emploie la méthode de Newton ou un calculateur de racines, si l'outil graphique dont on dispose le permet.) Donc, une valeur approchée de l'aire entre les deux courbes est donnée par

$$A \approx \int_0^{1,18}\left[\frac{x}{\sqrt{x^2+1}} - (x^4 - x)\right]dx.$$

Pour intégrer le premier terme, on effectue le changement de variable $u = x^2 + 1$. On a $du = 2x\,dx$ et, si $x = 1{,}18$, alors $u \approx 2{,}39$. Donc,

$$A \approx \tfrac{1}{2}\int_1^{2,39} \frac{du}{\sqrt{u}} - \int_0^{1,18} (x^4 - x)\,dx$$
$$= \sqrt{u}\,\Big]_1^{2,39} - \left[\frac{x^5}{5} - \frac{x^2}{2}\right]_0^{1,18}$$
$$= \sqrt{2{,}39} - 1 - \frac{(1{,}18)^5}{5} + \frac{(1{,}18)^2}{2}$$
$$\approx 0{,}785.$$

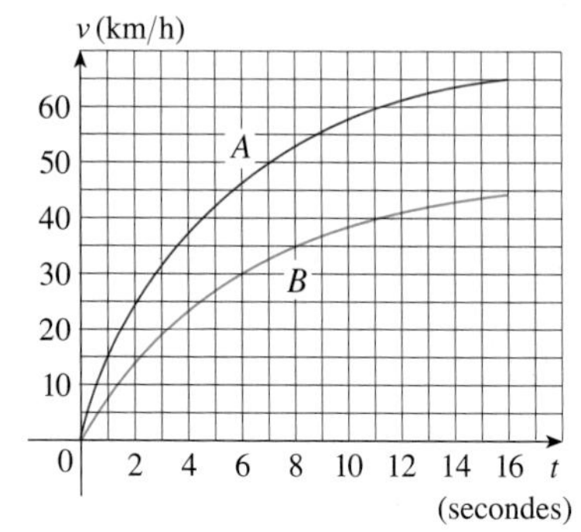

FIGURE 8

EXEMPLE 4 La courbe vitesse de chacune des automobiles A et B est représentée dans la figure 8 dans le cas où les deux véhicules se trouvent côte à côte au point de départ et se déplacent sur une même route. Que représente l'aire de la région entre les deux courbes? Évaluons cette aire à l'aide de la méthode du point milieu.

SOLUTION On a vu dans la section 1.6 que l'aire sous la courbe vitesse A représente la distance parcourue par l'automobile A durant les 16 premières secondes. De même, l'aire sous la courbe B correspond à la distance parcourue par l'automobile B durant le même intervalle de temps. Ainsi, l'aire entre les deux courbes, qui est égale à la différence des aires sous l'une et l'autre courbes, correspond à la distance entre les deux automobiles après 16 secondes. On note les vitesses sur le graphique, puis on convertit les kilomètres par heure en mètres par seconde (1 km/h $= \frac{1000}{3600}$ m/s).

t	0	2	4	6	8	10	12	14	16
v_A	0	6,4	10,2	12,7	14,4	15,9	16,9	17,4	18
v_B	0	4	6,4	8,3	9,7	10,6	11,4	11,9	12,3
$v_A - v_B$	0	2,5	3,8	4,4	4,7	5,3	5,5	5,5	5,7

On applique la méthode du point milieu en prenant quatre intervalles, c'est-à-dire $n = 4$, de sorte que $\Delta t = 4$. Les milieux respectifs des sous-intervalles sont $\bar{t}_1 = 2$, $\bar{t}_2 = 6$, $\bar{t}_3 = 10$ et $\bar{t}_4 = 14$. On évalue comme suit la distance entre les deux automobiles après 16 secondes :

$$\int_0^{16} (v_A - v_B)\,dt \approx \Delta t[2{,}5 + 4{,}4 + 5{,}3 + 5{,}5]$$
$$= 4(17{,}7) = 70{,}8 \text{ m.}$$

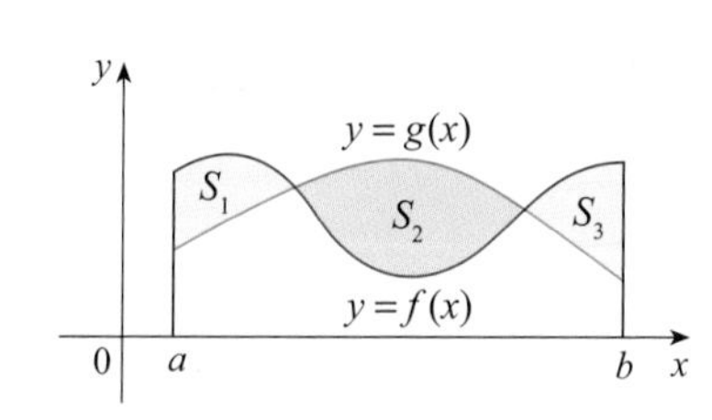

FIGURE 9

Si on cherche l'aire entre deux courbes d'équations respectives $y = f(x)$ et $y = g(x)$, où $f(x) \geq g(x)$ pour certaines valeurs de x, mais $g(x) \geq f(x)$ pour d'autres valeurs de x, alors on divise la région donnée S en plusieurs sous-régions S_1, S_2, ... d'aires respectives A_1, A_2, ..., comme l'illustre la figure 9. On définit ensuite l'aire de la région S comme la somme des aires respectives des régions plus petites S_1, S_2, ..., c'est-à-dire qu'on pose $A = A_1 + A_2 + \cdots$. Puisque

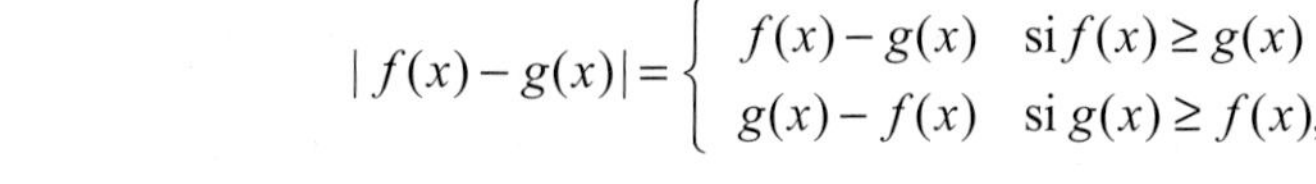

$$|f(x) - g(x)| = \begin{cases} f(x) - g(x) & \text{si } f(x) \geq g(x) \\ g(x) - f(x) & \text{si } g(x) \geq f(x), \end{cases}$$

alors l'aire A est définie comme suit.

> **3** L'aire de la région entre deux courbes $y = f(x)$ et $y = g(x)$ et deux droites $x = a$ et $x = b$ est
>
> $$A = \int_a^b |f(x) - g(x)|\,dx.$$

Cependant, pour évaluer l'intégrale de la formule **3**, il faut encore la diviser en intégrales correspondant respectivement à A_1, A_2, ...

EXEMPLE 5 Déterminons l'aire de la région délimitée par les courbes d'équations $y = \sin x$, $y = \cos x$, $x = 0$ et $x = \pi/2$.

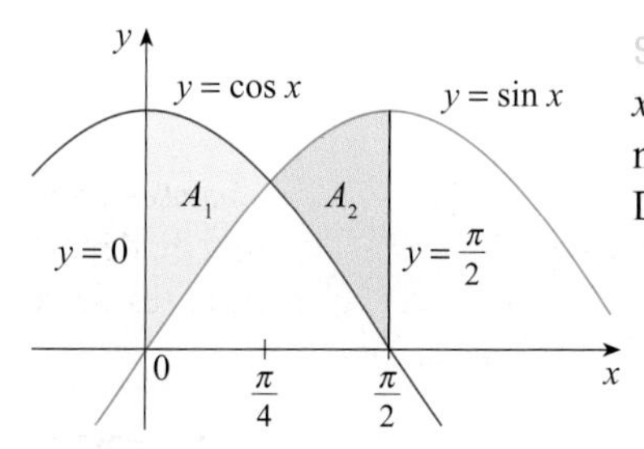

FIGURE 10

SOLUTION Les points d'intersection sont les points où $\sin x = \cos x$, c'est-à-dire où $x = \pi/4$ (puisque $0 \leq x \leq \pi/2$). La région donnée est représentée dans la figure 10. On note que $\cos x \geq \sin x$ pour tout $0 \leq x \leq \pi/4$, mais $\sin x \geq \cos x$ pour tout $\pi/4 \leq x \leq \pi/2$. Donc, l'aire recherchée est

$$A = \int_0^{\pi/2} |\cos x - \sin x|\,dx = A_1 + A_2$$
$$= \int_0^{\pi/4} (\cos x - \sin x)\,dx + \int_{\pi/4}^{\pi/2} (\sin x - \cos x)\,dx$$
$$= \big[\sin x + \cos x\big]_0^{\pi/4} + \big[-\cos x - \sin x\big]_{\pi/4}^{\pi/2}$$
$$= \left(\frac{1}{\sqrt{2}} + \frac{1}{\sqrt{2}} - 0 - 1\right) + \left(-0 - 1 + \frac{1}{\sqrt{2}} + \frac{1}{\sqrt{2}}\right)$$
$$= 2\sqrt{2} - 2.$$

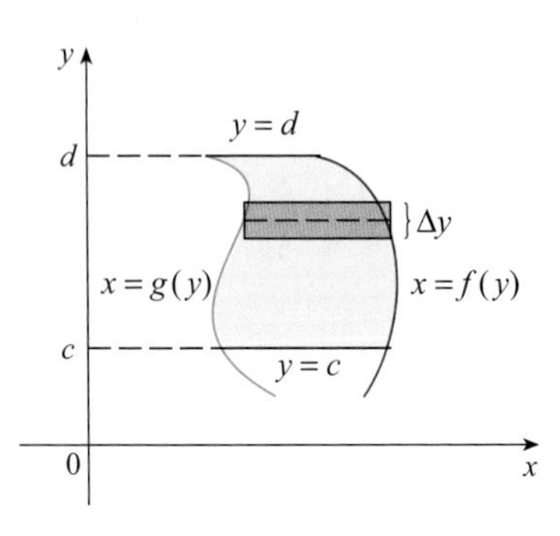

FIGURE 11

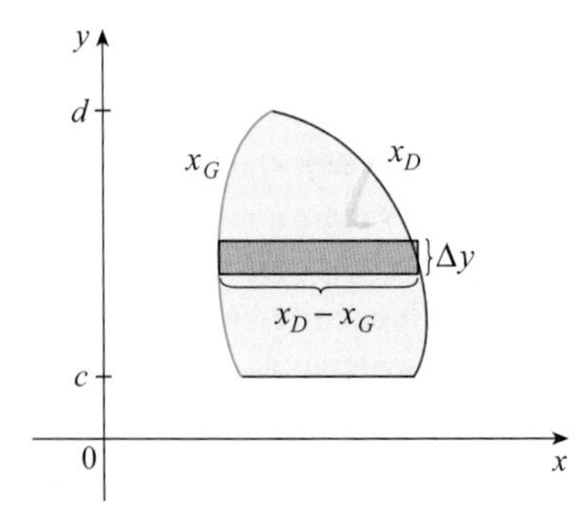

FIGURE 12

Dans ce cas particulier, on s'évite du travail si on observe que la région est symétrique par rapport à la droite $x = \pi/4$, de sorte que

$$A = 2A_1 = 2\int_0^{\pi/2} (\cos x - \sin x)\,dx.$$

Il est plus facile de calculer l'aire de certaines régions en considérant x comme une fonction de y. Si une région est délimitée par des courbes d'équations $x = f(y)$, $x = g(y)$, $y = c$ et $y = d$, où f et g sont deux fonctions continues telles que $f(y) \geq g(y)$ pour tout $c \leq y \leq d$ (voir la figure 11), alors l'aire de cette région est

$$A = \int_c^d [f(y) - g(y)]\,dy.$$

Si on désigne la frontière droite par x_D et la frontière gauche par x_G, alors, comme l'illustre la figure 12,

$$A = \int_c^d (x_D - x_G)\,dy.$$

Dans ce cas, les dimensions d'un rectangle représentatif servant d'approximation sont $x_D - x_G$ et Δy.

EXEMPLE 6 Déterminons l'aire de la région délimitée par la droite d'équation $y = x - 1$ et la parabole d'équation $y^2 = 2x + 6$.

SOLUTION La résolution du système formé des équations des courbes donne comme points d'intersection (–1, –2) et (5, 4). On isole ensuite x dans l'équation de la parabole et on note que, dans la figure 13, les frontières gauche et droite sont les droites d'équations respectives

$$x_G = \tfrac{1}{2}y^2 - 3 \quad \text{et} \quad x_D = y + 1.$$

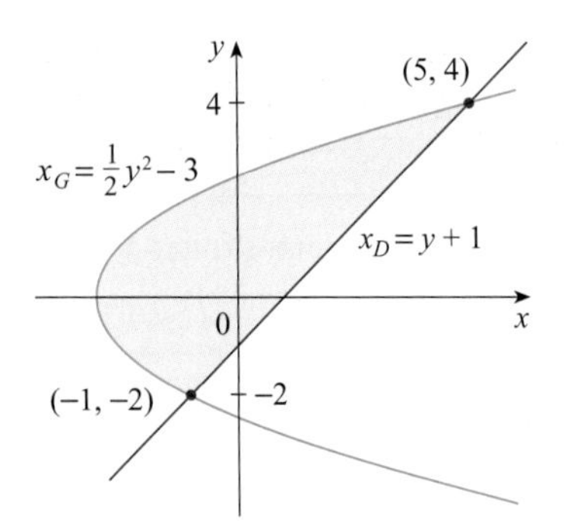

FIGURE 13

Il faut choisir comme bornes d'intégration les valeurs appropriées de y, à savoir $y = -2$ et $y = 4$. Donc,

$$\begin{aligned} A &= \int_{-2}^{4} (x_D - x_G)\,dy = \int_{-2}^{4} [(y+1) - (\tfrac{1}{2}y^2 - 3)]\,dy \\ &= \int_{-2}^{4} (-\tfrac{1}{2}y^2 + y + 4)\,dy \\ &= -\frac{1}{2}\left(\frac{y^3}{3}\right) + \frac{y^2}{2} + 4y\Bigg]_{-2}^{4} \\ &= -\tfrac{1}{6}(64) + 8 + 16 - (\tfrac{4}{3} + 2 - 8) = 18. \end{aligned}$$

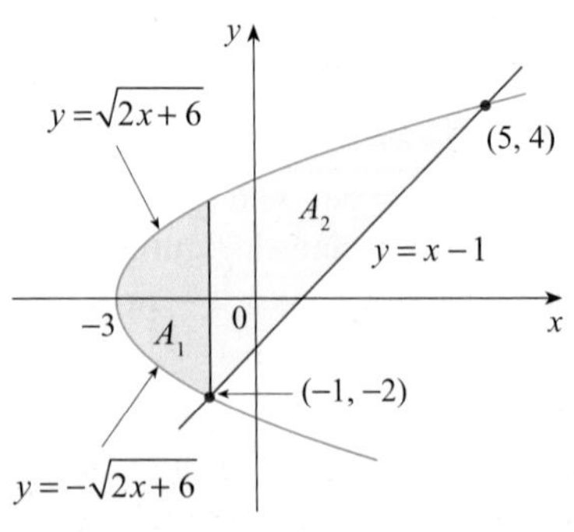

FIGURE 14

NOTE Dans le dernier exemple, on peut aussi déterminer l'aire en effectuant une intégration par rapport à x plutôt qu'à y, mais les calculs sont beaucoup plus longs, car il faut alors diviser la région donnée en deux parties, puis calculer l'aire des régions identifiées par A_1 et A_2 dans la figure 14. La méthode appliquée ci-dessus est beaucoup plus simple.

Exercices 2.1

1-4 Calculez l'aire de la région ombrée.

1.

3.

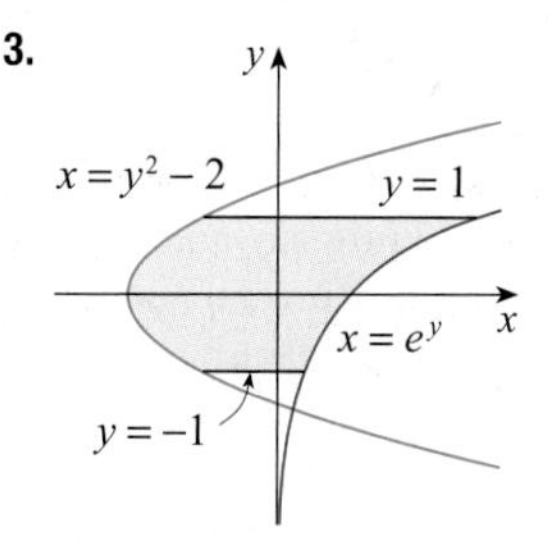

2.

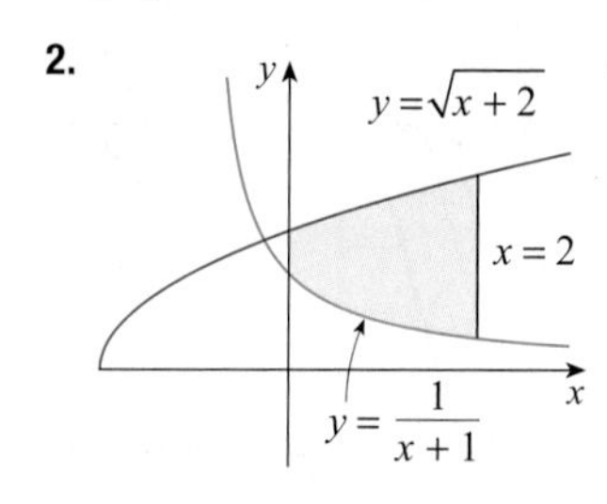

4.

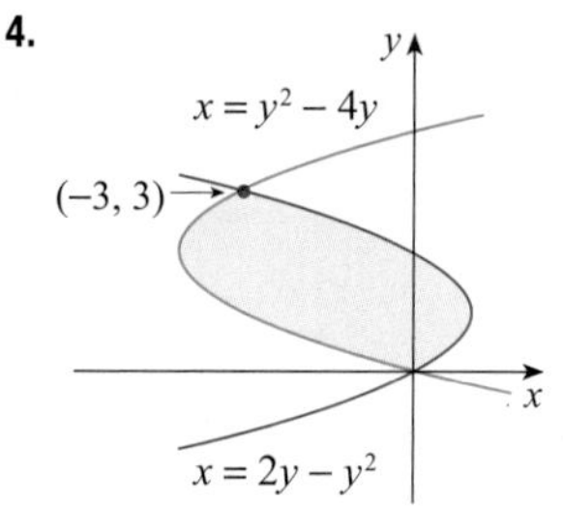

5-12 Représentez graphiquement la région délimitée par les courbes données. Décidez s'il vaut mieux effectuer une intégration par rapport à x ou à y. Sur votre graphique, dessinez un rectangle représentatif servant d'approximation, puis indiquez-en la hauteur et la largeur. Enfin, calculez l'aire de la région donnée.

5. $y = e^x, y = x^2 - 1, x = -1, x = 1$

6. $y = \sin x, y = x, x = \pi/2, x = \pi$

7. $y = (x - 2)^2, y = x$

8. $y = x^2 - 2x, y = x + 4$

9. $y = 1/x, y = 1/x^2, x = 2$

10. $y = \sin x, y = 2x/\pi, x \geq 0$

11. $x = 1 - y^2, x = y^2 - 1$

12. $4x + y^2 = 12, x = y$

13-28 Représentez la région délimitée par les courbes données, puis calculez-en l'aire.

13. $y = 12 - x^2, y = x^2 - 6$

14. $y = x^2, y = 4x - x^2$

15. $y = e^x, y = xe^x, x = 0$

16. $y = \cos x, y = 2 - \cos x, 0 \leq x \leq 2\pi$

17. $x = 2y^2, x = 4 + y^2$

18. $y = \sqrt{x - 1}, x - y = 1$

19. $y = \cos \pi x, y = 4x^2 - 1$

20. $x = y^4, y = \sqrt{2 - x}, y = 0$

21. $y = \tan x, y = 2 \sin x, -\pi/3 \leq x \leq \pi/3$

22. $y = x^3, y = x$

23. $y = \cos x, y = \sin 2x, x = 0, x = \pi/2$

24. $y = \cos x, y = 1 - \cos x, 0 \leq x \leq \pi$

25. $y = \sqrt{x}, y = \frac{1}{2}x, x = 9$

26. $y = |x|, y = x^2 - 2$

27. $y = 1/x, y = x, y = \frac{1}{4}x, x > 0$

28. $y = \frac{1}{4}x^2, y = 2x^2, x + y = 3, x \geq 0$

29-30 À l'aide du calcul différentiel et intégral, calculez l'aire du triangle dont les sommets sont donnés.

29. (0, 0), (3, 1) et (1, 2)

30. (2, 0), (0, 2) et (−1, 1)

31-32 Évaluez l'intégrale donnée, puis donnez-en une interprétation en tant qu'aire d'une région. Enfin, représentez graphiquement cette région.

31. $\int_0^{\pi/2} |\sin x - \cos 2x|\, dx$

32. $\int_{-1}^{1} |3^x - 2^x|\, dx$

33-36 À l'aide d'un graphique, déterminez approximativement les abscisses x respectives des points d'intersection des courbes données, puis calculez une valeur approchée de l'aire de la région délimitée par ces courbes.

33. $y = x \sin(x^2), y = x^4$

34. $y = \dfrac{x}{(x^2 + 1)^2}, y = x^5 - x, x \geq 0$

35. $y = 3x^2 - 2x, y = x^3 - 3x + 4$

36. $y = e^x, y = 2 - x^2$

37-40 Représentez graphiquement la région entre les courbes données puis, à l'aide d'une calculatrice, déterminez l'aire de cette région avec une précision de cinq décimales.

37. $y = \dfrac{2}{1 + x^4}, y = x^2$

38. $y = e^{1-x^2}, y = x^4$

39. $y = \tan^2 x, y = \sqrt{x}$

40. $y = \cos x, y = x + 2 \sin^4 x$

LCS **41.** À l'aide d'un logiciel de calcul symbolique, déterminez l'aire exacte de la région déterminée par les courbes d'équations $y = x^5 - 6x^3 + 4x$ et $y = x$.

42. Représentez dans le plan xy la région définie par les inéquations $x - 2y^2 \geq 0$ et $1 - x - |y| \geq 0$, puis calculez l'aire de cette région.

43. Les voitures de course conduites par Christian et Karine se trouvent côte à côte à la ligne de départ. Le tableau suivant donne la vitesse de chaque bolide (en kilomètres par heure) au cours des dix premières secondes de la course. À l'aide de la méthode du point milieu, estimez la distance supplémentaire que Karine parcourt, par rapport à Christian, durant les dix premières secondes.

t	v_C	v_K	t	v_C	v_K
0	0	0	6	111	129
1	32	35	7	121	138
2	51	60	8	130	149
3	74	84	9	138	158
4	87	98	10	145	164
5	100	114			

44. La largeur (en mètres) d'une piscine en forme de haricot, mesurée tous les deux mètres, est donnée dans la figure ci-dessous. À l'aide de la méthode du point milieu, estimez l'aire de la piscine.

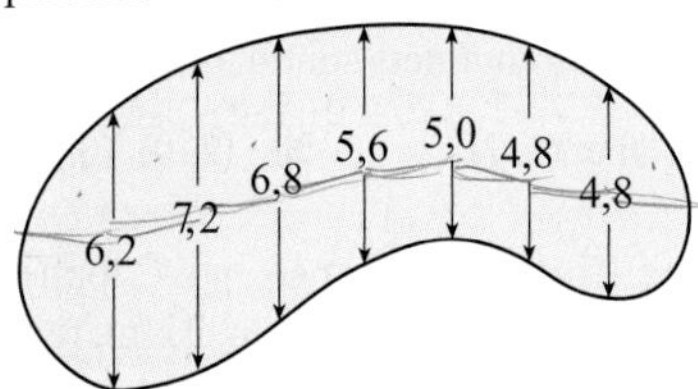

45. Une coupe transversale de l'aile d'un avion est représentée dans la figure suivante. La mesure de l'épaisseur de l'aile (en centimètres), prise à des intervalles de 20 cm, est 5,8 ; 20,3 ; 26,7 ; 29,0 ; 27,6 ; 27,3 ; 23,8 ; 20,5 ; 15,1 ; 8,7 ; 2,8. À l'aide de la méthode du point milieu, estimez l'aire de la coupe transversale de l'aile.

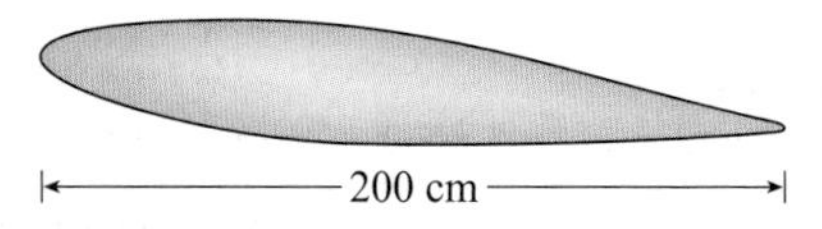

46. Le taux de natalité d'une population est $N(t) = 2200e^{0,024t}$ individus par année et le taux de mortalité est $M(t) = 1460e^{0,018t}$ individus par année. Calculez l'aire entre les courbes des deux taux pour $0 \leq t \leq 10$. Que représente cette aire ?

47. Deux automobiles, A et B, sont côte à côte au moment du départ et elles accélèrent depuis l'état de repos. La figure suivante représente les courbes respectives de leurs fonctions vitesse.

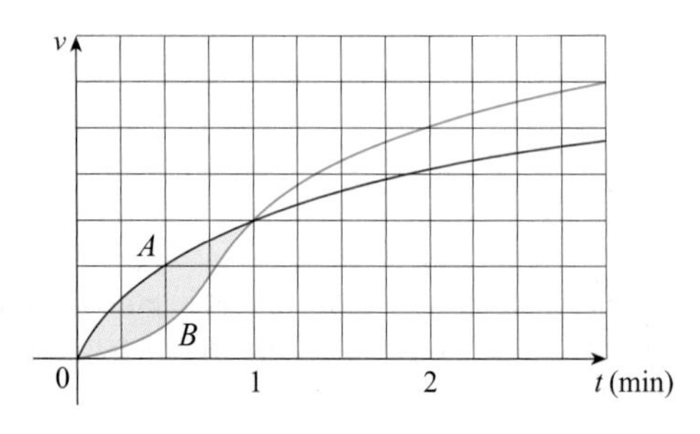

a) Quelle automobile est en avance après une minute ? Pourquoi ?
b) Que représente l'aire de la région ombrée ?
c) Quelle automobile est en avance après deux minutes ? Pourquoi ?
d) Évaluez l'instant où les deux automobiles seront de nouveau côte à côte.

48. La figure suivante représente les courbes respectives de la fonction revenu marginal R' et de la fonction coût marginal C' d'un manufacturier. (Les fonctions $R(x)$ et $C(x)$ désignent respectivement le revenu et le coût lorsqu'on produit x unités. On suppose que R et C sont exprimés en milliers de dollars.) À quoi correspond l'aire de la région ombrée ? À l'aide de la méthode du point milieu, estimez cette grandeur.

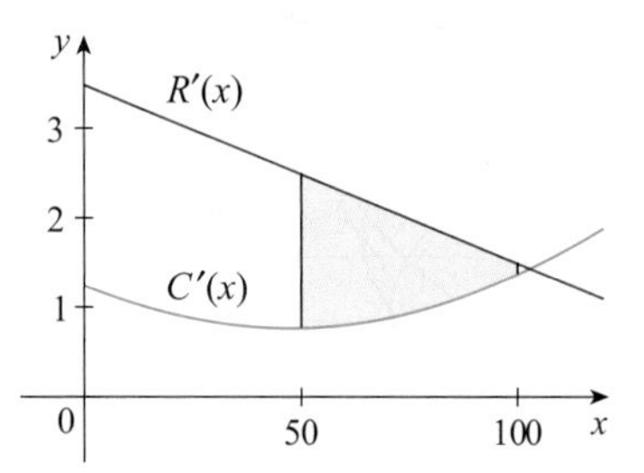

49. La courbe d'équation $y^2 = x^2(x + 3)$ est appelée **cubique de Tschirnhausen**. Si vous la tracez, vous constaterez qu'une partie de cette courbe forme une boucle. Évaluez l'aire de la région délimitée par la boucle.

50. Évaluez l'aire de la région délimitée par la parabole d'équation $y = x^2$, la tangente à cette parabole au point (1, 1) et l'axe des x.

51. Déterminez le nombre b tel que la droite d'équation $y = b$ divise en deux parties de même aire la région délimitée par les courbes d'équations $y = x^2$ et $y = 4$.

52. a) Déterminez le nombre a tel que la droite $x = a$ divise en deux parties de même aire la région sous la courbe d'équation $y = 1/x^2$, où $1 \leq x \leq 4$.
b) Déterminez le nombre b tel que la droite $y = b$ divise en deux parties de même aire la région décrite en a).

53. Déterminez le nombre c tel que l'aire de la région délimitée par les paraboles d'équations $y = x^2 - c^2$ et $y = c^2 - x^2$ est 576.

54. Soit un nombre c tel que $0 < c < \pi/2$. Pour quelle valeur de c l'aire de la région délimitée par les courbes d'équations $y = \cos x$, $y = \cos(x - c)$ et $x = 0$ est-elle égale à l'aire de la région délimitée par les courbes d'équations $y = \cos(x - c)$, $x = \pi$ et $y = 0$?

55. Pour quelles valeurs de m la droite d'équation $y = mx$ et la courbe d'équation $y = x/(x^2 + 1)$ délimitent-elles une région fermée ? Évaluez l'aire de cette région.

APPLICATION

L'INDICE DE GINI

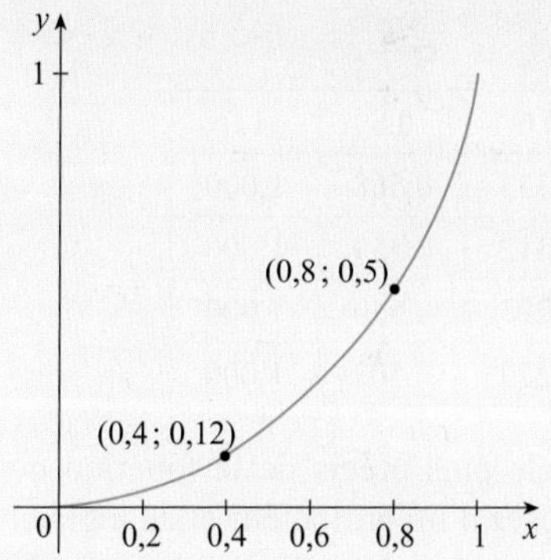

Comment peut-on mesurer la distribution du revenu dans la population d'un pays donné ? L'une des mesures utilisées est l'**indice de Gini**, nommé ainsi en l'honneur de l'économiste italien Corrado Gini, qui le définit en 1912.

Il faut d'abord ordonner tous les ménages d'un pays selon leur revenu, puis calculer le pourcentage de ménages dont le revenu ne dépasse pas un pourcentage donné du revenu total du pays. On définit une **courbe de Lorenz**, $y = L(x)$, sur l'intervalle $[0, 1]$ en portant dans un plan cartésien chaque point $(a/100, b/100)$ pour lequel le pourcentage inférieur a % des ménages bénéficie d'au plus b % du revenu total. Par exemple, dans la figure 1, le point (0,4 ; 0,12) appartient à la courbe de Lorenz des États-Unis pour 2008 parce que les 40 % les plus pauvres de la population jouissaient de seulement 12 % du revenu total. De même, comme les 80 % les moins riches de la population bénéficiaient de 50 % du revenu total, le point (0,8 ; 0,5) appartient aussi à la courbe de Lorenz. (La courbe de Lorenz doit son nom à l'économiste américain Max Lorenz.)

FIGURE 1
Courbe de Lorenz des États-Unis pour 2008.

La figure 2 représente des courbes de Lorenz typiques, qui passent toutes par les points (0, 0) et (1, 1) et sont toutes concaves vers le haut. Le cas extrême $L(x) = x$ est celui d'une société parfaitement égalitaire : les a % les plus pauvres de la population reçoivent a % du revenu total, de sorte que tous bénéficient d'un même revenu. L'aire de la région comprise entre une courbe de Lorenz $y = L(x)$ et la droite $y = x$ est une mesure de l'écart entre la distribution réelle du revenu total et la répartition égalitaire. L'**indice de Gini** (aussi appelé **coefficient de Gini** ou **coefficient d'inégalité**) est par définition l'aire de la région (ombrée dans la figure 3) comprise entre la courbe de Lorenz et la droite $y = x$, divisée par l'aire de la région sous la droite $y = x$.

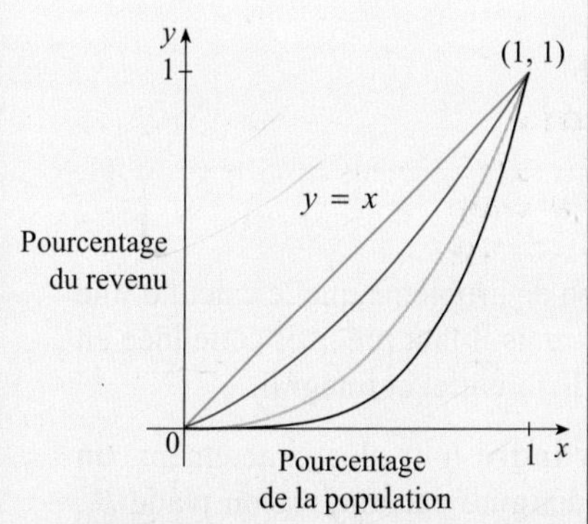

FIGURE 2

1. a) Montrez que l'indice de Gini G est égal au double de l'aire de la région comprise entre la courbe de Lorenz et la droite $y = x$, c'est-à-dire montrez que

$$G = 2\int_0^1 [x - L(x)]\,dx.$$

b) Quelle est la valeur de G dans le cas d'une société parfaitement égalitaire (où tous ont un même revenu) ? Quelle est la valeur de G dans le cas d'une société parfaitement totalitaire (où une seule personne accapare la totalité du revenu) ?

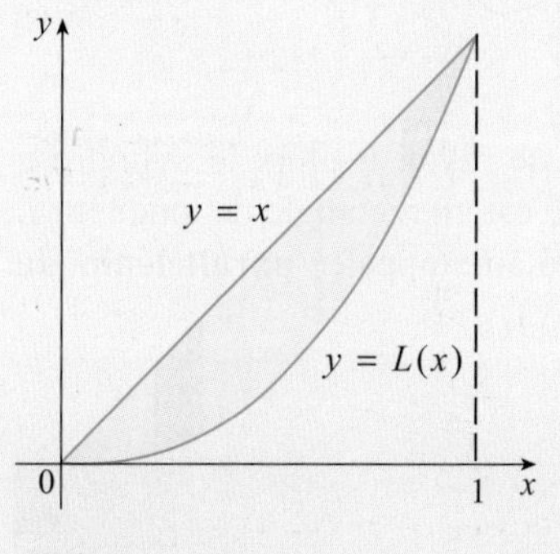

FIGURE 3

2. Le tableau suivant (tiré de données fournies par le Bureau de recensement des États-Unis) contient des valeurs de la fonction de Lorenz associée à la distribution du revenu aux États-Unis, en 2008.

x	0,0	0,2	0,4	0,6	0,8	1,0
$L(x)$	0,000	0,034	0,120	0,267	0,500	1,000

a) De quel pourcentage du revenu total des États-Unis les 20 % les plus riches de la population ont-ils bénéficié en 2008 ?

b) À l'aide d'une calculatrice ou d'un ordinateur, associez une fonction quadratique aux données du tableau. Portez les points du tableau dans un repère cartésien et tracez la fonction quadratique dans le même repère. Le modèle quadratique correspond-il de façon satisfaisante aux données ?

c) À l'aide du modèle quadratique de la fonction de Lorenz, estimez l'indice de Gini des États-Unis pour 2008.

3. Le tableau suivant donne la valeur de la fonction de Lorenz des États-Unis pour les années 1970, 1980, 1990 et 2000. À l'aide de la méthode utilisée dans le problème 2, estimez l'indice de Gini pour ces années, puis comparez le résultat avec celui du problème 2 c). Constatez-vous une tendance?

x	0,0	0,2	0,4	0,6	0,8	1,0
1970	0,000	0,041	0,149	0,323	0,568	1,000
1980	0,000	0,042	0,144	0,312	0,559	1,000
1990	0,000	0,038	0,134	0,293	0,530	1,000
2000	0,000	0,036	0,125	0,273	0,503	1,000

LCS **4.** Une fonction puissance fournit souvent un modèle plus précis de la fonction de Lorenz qu'une fonction quadratique. Si vous disposez d'un ordinateur et du logiciel Maple ou Mathematica, associez une fonction puissance ($y = ax^k$) aux données du problème 2, puis utilisez cette fonction pour estimer l'indice de Gini des États-Unis pour 2008. Comparez ensuite le résultat avec ceux des problèmes 2 b) et c).

2.2 LE VOLUME

Le calcul du volume d'un solide amène le même type de problème que le calcul d'une aire: on a une idée intuitive de ce qu'est un volume, mais il faut préciser cette idée en définissant exactement le volume à l'aide du calcul différentiel et intégral.

On prend d'abord un solide simple, soit un **cylindre** (ou, plus exactement, un **cylindre droit**). On appelle «cylindre» un solide délimité par une région plane B_1, nommée **base**, et une région congruente B_2 d'un plan parallèle (voir la figure 1 a). Il est formé de tous les points appartenant à l'un quelconque des segments de droite perpendiculaires à la base et joignant B_1 à B_2. Si on désigne l'aire de la base par A et la hauteur du cylindre (c'est-à-dire la distance entre B_1 et B_2) par h, alors le volume V du cylindre est, par définition,

$$V = Ah.$$

Dans le cas particulier où la base est un cercle de rayon r, alors le cylindre a comme volume $V = \pi r^2 h$ (voir la figure 1 b); si la base est un rectangle de longueur L et de largeur l, alors le cylindre est une boîte rectangulaire (appelée **parallélépipède rectangle**) dont le volume est $V = Llh$ (voir la figure 1 c).

a)
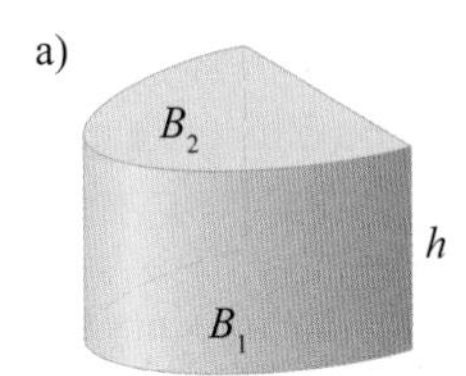

Cylindre: $V = Ah$

b)
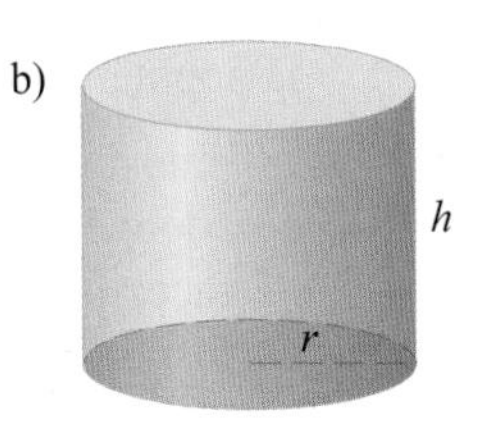

Cylindre droit
à base circulaire: $V = \pi r^2 h$

c)
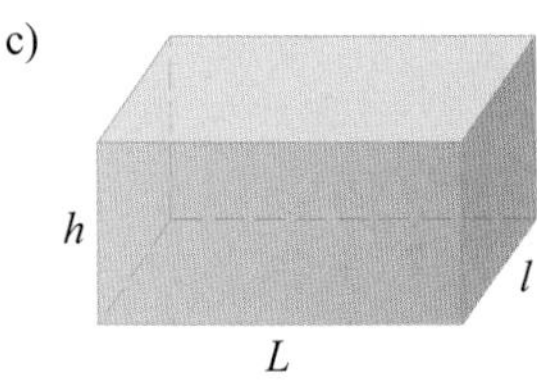

Parallélépipède
rectangle: $V = Llh$

FIGURE 1

Dans le cas d'un solide S non cylindrique, on «découpe» d'abord S en tronçons, puis on prend un cylindre comme approximation de chaque tronçon. On estime le volume de S en additionnant les volumes respectifs de tous les cylindres d'approximation. On obtient le volume exact de S en calculant une limite avec un nombre très grand de tronçons.

On commence par dessiner un plan qui coupe S de manière à obtenir une région plane, appelée **section transversale** de S. On désigne par $A(x)$ l'aire de la section de S par un plan P_x perpendiculaire à l'axe des x et passant par le point x tel que $a \leq x \leq b$ (voir la figure 2; on peut imaginer qu'on tranche S avec un couteau en passant par x et qu'on calcule l'aire de la tranche ainsi obtenue). L'aire $A(x)$ varie quand x prend des valeurs comprises entre a et b.

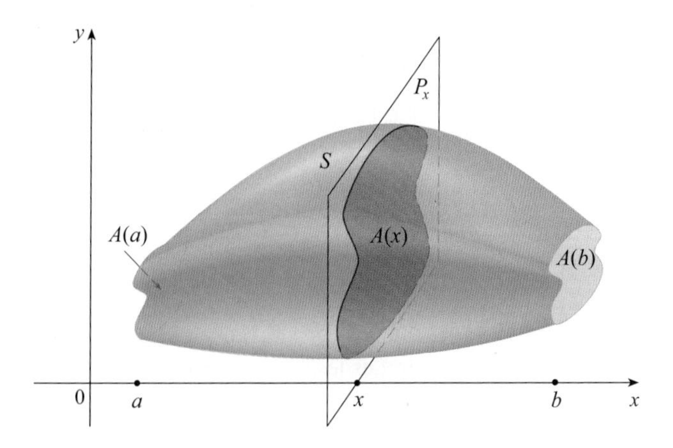

FIGURE 2

On divise maintenant S en n «tranches» d'égale épaisseur Δx en coupant le solide avec les plans Px_1, Px_2, … (comme si on tranchait un pain). En choisissant comme points d'échantillonnage x_i^* appartenant à $[x_{i-1}, x_i]$, on peut prendre comme approximation du volume de la i-ième tranche S_i (la partie de S située entre les plans $P_{x_{i-1}}$ et P_{x_i}) le volume d'un cylindre dont l'aire de la base est $A(x_i^*)$ et dont la «hauteur» est l'épaisseur Δx de la tranche (voir la figure 3). On appelle **disque** un tel cylindre dont la hauteur est petite.

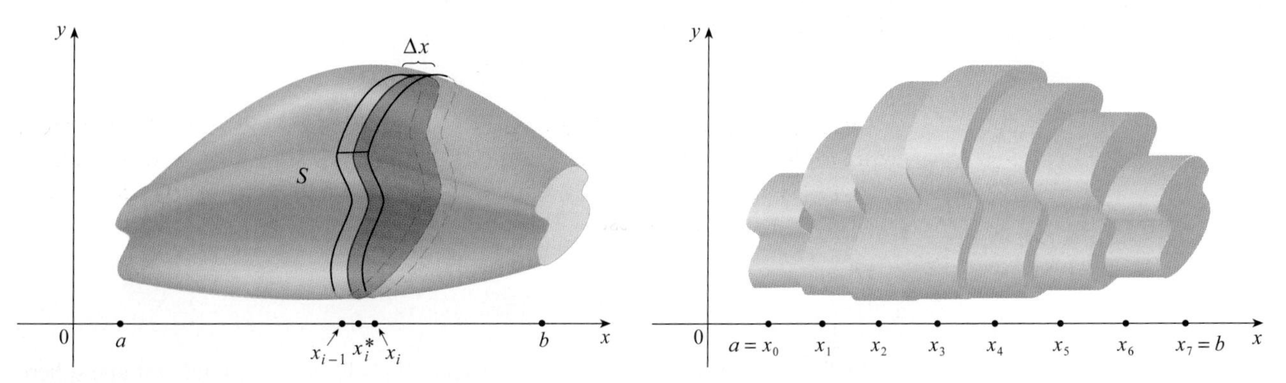

FIGURE 3

Le volume d'un tel disque est égal à $A(x_i^*)\Delta x$, de sorte qu'une approximation du volume, selon l'idée intuitive qu'on en a, de la i-ième tranche S_i est

$$V(S_i) \approx A(x_i^*)\Delta x.$$

En additionnant les volumes respectifs de tous les disques, on obtient une valeur approchée du volume total (c'est-à-dire de ce qu'on pense intuitivement être le volume) :

$$V = \sum_{i=1}^{n} A(x_i^*)\Delta x.$$

Cette approximation semble être d'autant meilleure que $n \to \infty$. (On peut imaginer que les disques sont de plus en plus minces.) On pose donc le volume comme la limite des sommes lorsque $n \to \infty$. Toutefois, puisqu'on reconnaît la limite des sommes de Riemann, lorsqu'elle existe, comme une intégrale définie, on énonce la démarche suivante.

Il est possible de prouver que le calcul est indépendant de la position de S par rapport à l'axe des x. Autrement dit, quelle que soit la façon dont on tranche le solide S avec des plans parallèles, on obtient toujours, comme limite, la même valeur de V.

LE CALCUL D'UN VOLUME PAR LA MÉTHODE DES TRANCHES (SECTIONS CONNUES, DISQUES, DISQUES TROUÉS)

Soit S, un solide situé entre les droites $x = a$ et $x = b$. Si l'aire de la section de S appartenant au plan P_x, passant par x et perpendiculaire à l'axe des x est $A(x)$, où A est une fonction continue, alors le **volume** de S est

$$V = \lim_{n\to\infty} \sum_{i=1}^{n} A(x_i^*)\Delta x = \int_a^b A(x)\,dx.$$

Lorsqu'on emploie la formule $V = \int_a^b A(x)\,dx$, il est bon d'avoir à l'esprit l'image d'une section transversale, perpendiculaire à l'axe des x et d'aire $A(x)$, qui parcourt toutes les valeurs de x.

Il est à noter que, dans le cas d'un cylindre, l'aire d'une section transversale est constante : $A(x) = A$ pour tout x. Ainsi, selon la définition du volume, $V = \int_a^b A\,dx = A(b-a)$, ce qui correspond à la formule connue $V = Ah$.

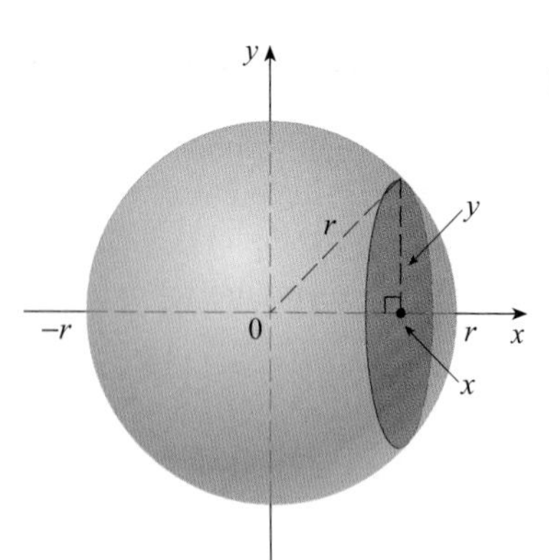

FIGURE 4

EXEMPLE 1 Montrons que le volume d'une sphère de rayon r est $V = \frac{4}{3}\pi r^3$.

SOLUTION Si on trace la sphère de manière que son centre coïncide avec l'origine (voir la figure 4), alors le plan P_x la coupe suivant un cercle dont le rayon est (d'après le théorème de Pythagore) $y = \sqrt{r^2 - x^2}$. Donc, l'aire de la section est

$$A(x) = \pi y^2 = \pi(r^2 - x^2).$$

En appliquant la définition du volume avec $a = -r$ et $b = r$, on obtient

$$\begin{aligned} V &= \int_{-r}^{r} A(x)\,dx = \int_{-r}^{r} \pi(r^2 - x^2)\,dx \\ &= 2\pi \int_0^r (r^2 - x^2)\,dx \qquad \text{(L'intégrande est pair.)} \\ &= 2\pi\left[r^2x - \frac{x^3}{3}\right]_0^r = 2\pi\left(r^3 - \frac{r^3}{3}\right) \\ &= \frac{4}{3}\pi r^3. \end{aligned}$$

La figure 5 illustre la démarche par disques dans le cas où le solide est une sphère de rayon $r = 1$. Selon la démonstration de l'exemple 1, le volume de la sphère est $\frac{4}{3}\pi$, soit environ 4,188 79. Les tranches sont des cylindres à base circulaire, ou disques, et les trois illustrations de la figure 5 donnent une interprétation géométrique des sommes de Riemann

$$\sum_{i=1}^{n} A(\bar{x}_i)\Delta x = \sum_{i=1}^{n} \pi(1^2 - \bar{x}_i^2)\Delta x$$

où $n = 5$, 10 et 20, les points d'échantillonnage x_i^* étant les milieux $\bar{x}_i$. Il est à noter que plus le nombre de disques servant d'approximation est grand, plus les sommes de Riemann correspondantes sont proches de la valeur exacte du volume.

a)

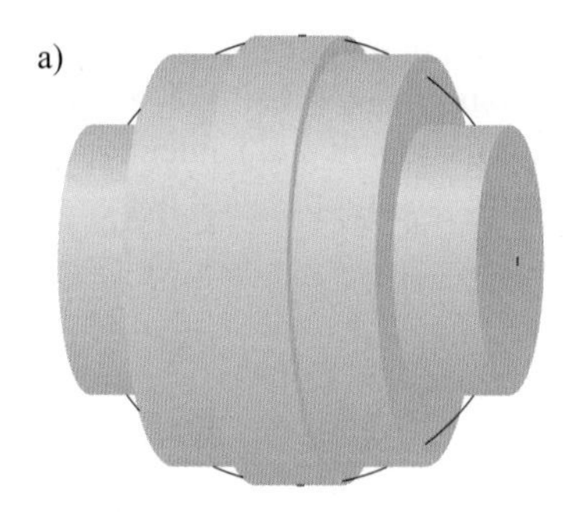

Si on emploie 5 disques, alors $V \approx 4{,}2726$.

b)

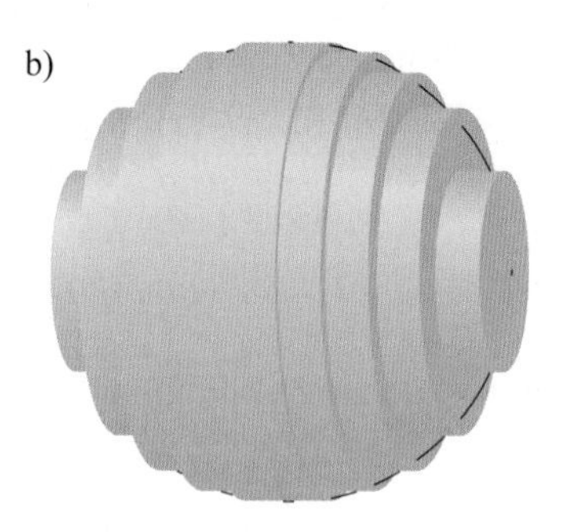

Si on emploie 10 disques, alors $V \approx 4{,}2097$.

c)

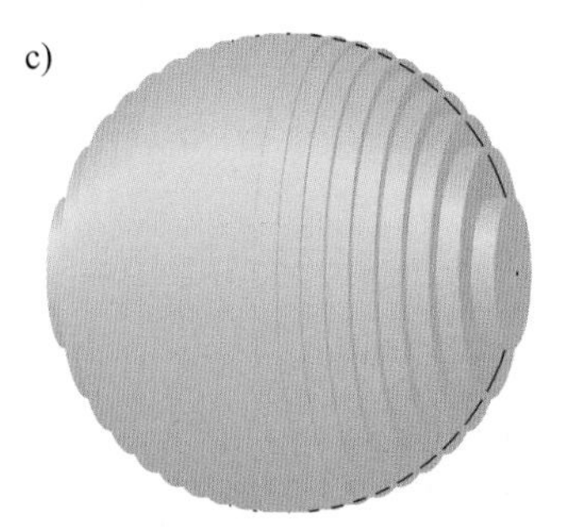

Si on emploie 20 disques, alors $V \approx 4{,}1940$.

FIGURE 5 Approximation du volume d'une sphère de rayon 1.

EXEMPLE 2 Calculons le volume du solide résultant de la rotation, autour de l'axe des x, de la région sous la courbe $y = \sqrt{x}$ entre 0 et 1. Illustrons ensuite la méthode des tranches en dessinant un disque représentatif servant d'approximation d'un tronçon.

SOLUTION La région donnée est représentée dans la figure 6 a). En effectuant une rotation autour de l'axe des x, on obtient le solide illustré dans la figure 6 b). Une coupe passant par le point x donne un disque de rayon $\sqrt{x}$. L'aire de ce disque est

$$A(x) = \pi(\sqrt{x})^2 = \pi x$$

et son volume servant d'approximation au volume d'un tronçon d'épaisseur Δx est égal à

$$A(x)\Delta x = \pi x \Delta x.$$

Le solide étant situé entre les droites $x = 0$ et $x = 1$, son volume est

$$V = \int_0^1 A(x)\,dx = \int_0^1 \pi x\,dx = \pi \frac{x^2}{2}\Big]_0^1 = \frac{\pi}{2}.$$

Le résultat obtenu dans l'exemple 2 est-il vraisemblable ? Pour le vérifier, on remplace la région donnée par un carré dont la base coïncide avec l'intervalle [0, 1] et dont la hauteur est 1. En faisant tourner ce carré, on obtient un cylindre de rayon 1, de hauteur 1 et de volume $\pi \cdot 1^2 \cdot 1 = \pi$. Dans l'exemple 2, le volume du solide donné est égal à la moitié de cette valeur, ce qui semble acceptable.

a)

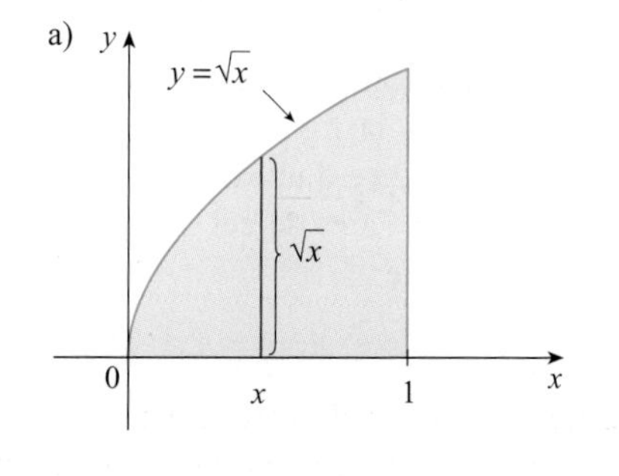

b)

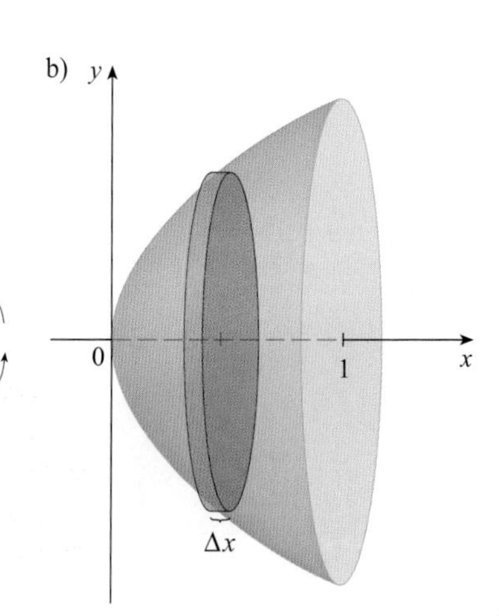

FIGURE 6

EXEMPLE 3 Calculons le volume du solide résultant de la rotation autour de l'axe des y de la région délimitée par les courbes $y = x^3$, $y = 8$ et $x = 0$.

SOLUTION La région donnée est représentée dans la figure 7 a) et le solide résultant est illustré dans la figure 7 b). Étant donné que la rotation se fait autour de l'axe des y, il semble approprié de découper le solide perpendiculairement à cet axe et, par conséquent, d'effectuer une intégration par rapport à y. En coupant à la hauteur y, on obtient un disque de rayon x où $x = \sqrt[3]{y}$. L'aire de ce disque passant par y est donc

$$A(y) = \pi x^2 = \pi(\sqrt[3]{y})^2 = \pi y^{2/3}$$

et son volume servant d'approximation, illustré dans la figure 7 b), est

$$A(y)\Delta y = \pi y^{2/3}\Delta y.$$

Comme le solide est situé entre les droites $y = 0$ et $y = 8$, son volume est

$$V = \int_0^8 A(y)\,dy = \int_0^8 \pi y^{2/3}\,dy = \pi\left[\frac{3}{5}y^{5/3}\right]_0^8 = \frac{96\pi}{5}.$$

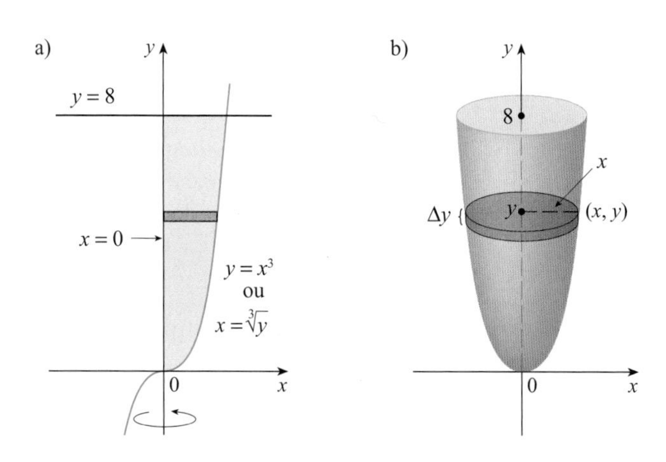

FIGURE 7

EXEMPLE 4 Déterminons le volume du solide résultant de la rotation autour de l'axe des x de la région $\mathcal{R}$ délimitée par les courbes $y = x$ et $y = x^2$.

SOLUTION Les courbes $y = x$ et $y = x^2$ se coupent aux points (0, 0) et (1, 1). La région entre ces courbes, le solide de révolution et une section perpendiculaire à l'axe des x sont représentés dans la figure 8. Une section appartenant au plan P_x a la forme d'un **anneau** (c'est-à-dire d'un disque troué) dont le rayon interne est x^2 et le rayon externe, x ; on obtient l'aire de cet anneau en soustrayant l'aire du disque interne de l'aire du disque externe :

$$A(x) = \pi x^2 - \pi(x^2)^2 = \pi(x^2 - x^4).$$

Donc,

$$V = \int_0^1 A(x)\,dx = \int_0^1 \pi(x^2 - x^4)\,dx$$

$$= \pi\left[\frac{x^3}{3} - \frac{x^5}{5}\right]_0^1 = \frac{2\pi}{15}.$$

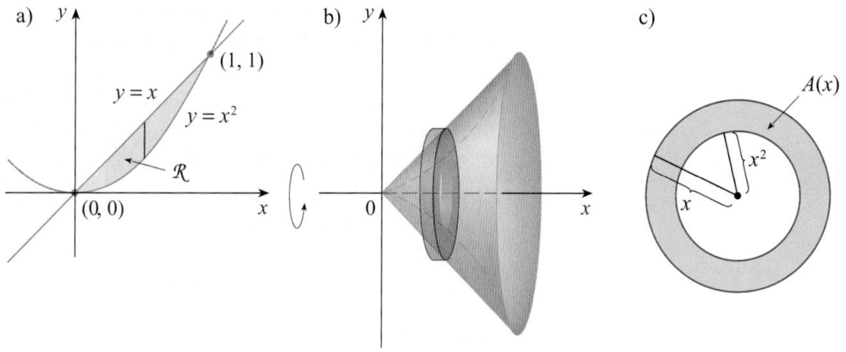

FIGURE 8

EXEMPLE 5 Déterminons le volume du solide résultant de la rotation autour de la droite $y = 2$ de la région décrite dans l'exemple 4.

SOLUTION Le solide donné et une tranche sont représentés dans la figure 9. Dans ce cas également la tranche a la forme d'un disque troué, mais cette fois le rayon interne est $2 - x$ et le rayon externe, $2 - x^2$.

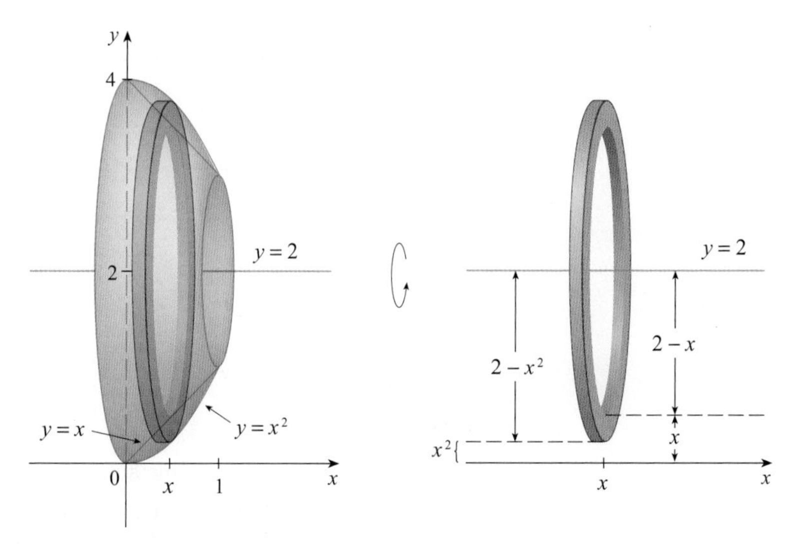

FIGURE 9

L'aire d'un disque troué est

$$A(x) = \pi(2 - x^2)^2 - \pi(2 - x)^2$$

et, par conséquent, le volume de S est

$$\begin{aligned} V &= \int_0^1 A(x)\,dx \\ &= \pi \int_0^1 [(2 - x^2)^2 - (2 - x^2)]\,dx \\ &= \pi \int_0^1 (x^4 + 5x^2 + 4x)\,dx \\ &= \pi \left[\frac{x^5}{5} - 5\frac{x^3}{3} + 4\frac{x^2}{2} \right]_0^1 \\ &= \frac{8\pi}{15}. \end{aligned}$$

Les solides des exemples 1 à 5 sont appelés **solides de révolution** parce qu'ils résultent de la rotation d'une région plane autour d'une droite. En général, le volume d'un solide de révolution se calcule à l'aide de la méthode des tranches,

$$V = \int_a^b A(x)\,dx \quad \text{ou} \quad V = \int_c^d A(y)\,dy,$$

et l'aire d'une tranche, $A(x)$ ou $A(y)$, s'obtient de l'une des façons suivantes.

- Si la tranche est un disque (comme dans les exemples 1 à 3), on en calcule le rayon (par rapport à x ou à y), puis on emploie la formule

$$A = \pi(\text{rayon})^2.$$

- Si la tranche est un disque troué (comme dans les exemples 4 et 5), on en calcule le rayon interne r_{int} et le rayon externe r_{ext} à l'aide d'un schéma (comme ceux des figures 8, 9 et 10), puis on évalue l'aire du disque troué en soustrayant l'aire du disque interne de celle du disque externe :

$$A = \pi(\text{rayon externe})^2 - \pi(\text{rayon interne})^2.$$

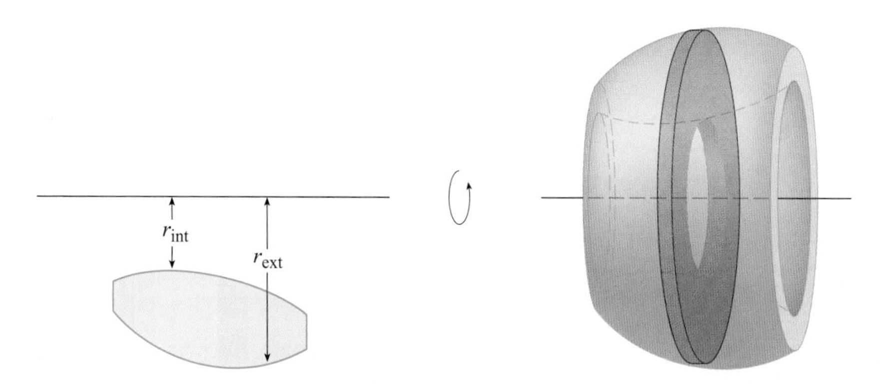

FIGURE 10

Le prochain exemple est une autre illustration du procédé décrit plus haut.

EXEMPLE 6 Déterminons le volume d'un solide résultant de la rotation autour de la droite $x = -1$ de la région décrite dans l'exemple 4.

SOLUTION Une section horizontale est représentée dans la figure 11. C'est un disque troué de rayon interne $1 + y$ et de rayon externe $1+\sqrt{y}$; l'aire d'une tranche est donc

$$\begin{aligned} A(y) &= \pi(\text{rayon externe})^2 - \pi(\text{rayon interne})^2 \\ &= \pi(1+\sqrt{y})^2 - \pi(1+y)^2. \end{aligned}$$

Le volume du solide est

$$\begin{aligned} V &= \int_0^1 A(y)\,dy = \pi\int_0^1 [(1+\sqrt{y})^2 - (1+y)^2]\,dy \\ &= \pi\int_0^1 (2\sqrt{y} - y - y^2)\,dy = \pi\left[\frac{4y^{3/2}}{3} - \frac{y^2}{2} - \frac{y^3}{3}\right]_0^1 = \frac{\pi}{2}. \end{aligned}$$

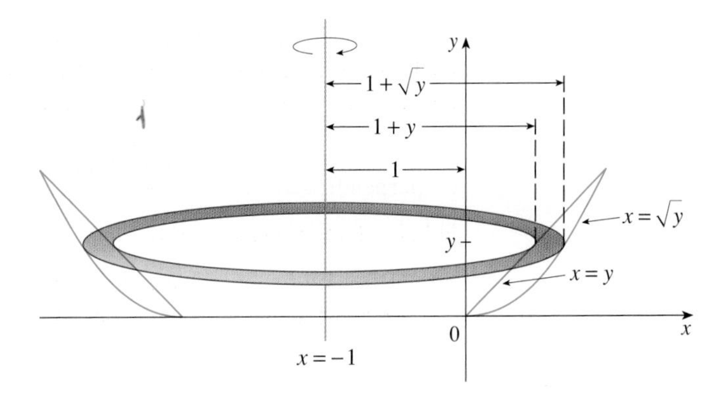

FIGURE 11

Le prochain exemple porte sur le calcul des volumes respectifs de deux solides qui ne sont pas des solides de révolution.

EXEMPLE 7 Un solide dont la base circulaire est de rayon 1 est représenté dans la figure 12. Les sections perpendiculaires à la base sont des triangles équilatéraux. Déterminons le volume de ce solide.

SOLUTION On prend $x^2 + y^2 = 1$ comme équation du cercle. Le solide, sa base et une section représentative située à une distance x de l'origine sont représentés dans la figure 13.

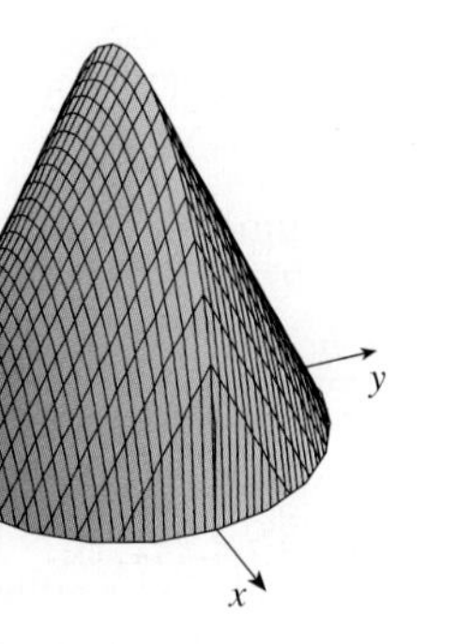

FIGURE 12
Représentation du solide de l'exemple 7 réalisée à l'ordinateur.

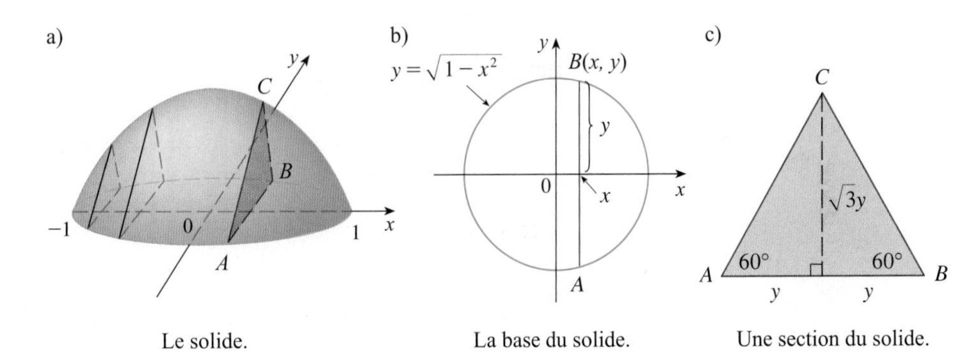

FIGURE 13

Puisque le point B appartient au cercle, on a $y = \sqrt{1-x^2}$ et, par conséquent, la longueur de la base du triangle ABC est $|AB| = 2\sqrt{1-x^2}$. Comme le triangle est équilatéral, sa hauteur est égale à $\sqrt{3}y = \sqrt{3}\sqrt{1-x^2}$ (voir la figure 13 c). L'aire d'une section est donc

$$A(x) = \frac{1}{2} \cdot 2\sqrt{1-x^2} \cdot \sqrt{3}\ \sqrt{1-x^2} = \sqrt{3}(1-x^2)$$

et le volume du solide est

$$V = \int_{-1}^{1} A(x)\,dx = \int_{-1}^{1} \sqrt{3}(1-x^2)\,dx$$

$$= 2\int_{0}^{1} \sqrt{3}(1-x^2)\,dx = 2\sqrt{3}\left[x - \frac{x^3}{3}\right]_0^1 = \frac{4\sqrt{3}}{3}.$$

EXEMPLE 8 Déterminons le volume d'une pyramide dont la base est un carré de côté L et dont la hauteur est h.

SOLUTION On fait coïncider le sommet de la pyramide avec l'origine O et son axe principal avec l'axe des x (voir la figure 14). N'importe quel plan P_x qui passe par x et qui est perpendiculaire à l'axe des x coupe la pyramide suivant un carré dont on représente la longueur du côté par s. On exprime s par rapport à x en utilisant la similitude des triangles (voir la figure 15) :

$$\frac{x}{h} = \frac{s/2}{L/2} = \frac{s}{L};$$

par conséquent, $s = Lx/h$. (Il existe une autre méthode : comme la pente de la droite OP est égale à $L/(2h)$, alors l'équation de cette droite est $y = Lx/(2h)$.) L'aire d'une section est donc

$$A(x) = s^2 = \frac{L^2}{h^2}x^2.$$

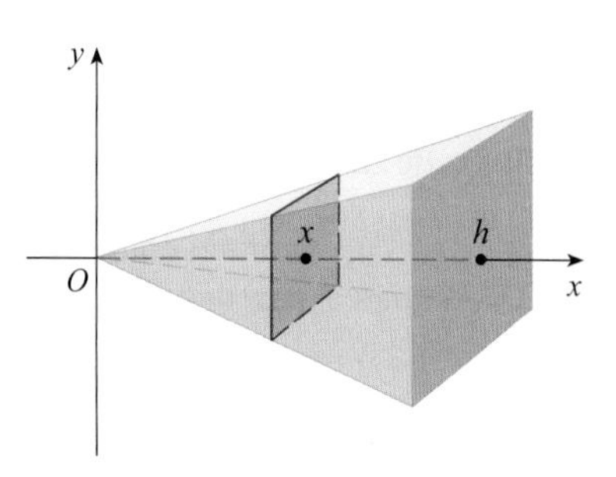

FIGURE 14

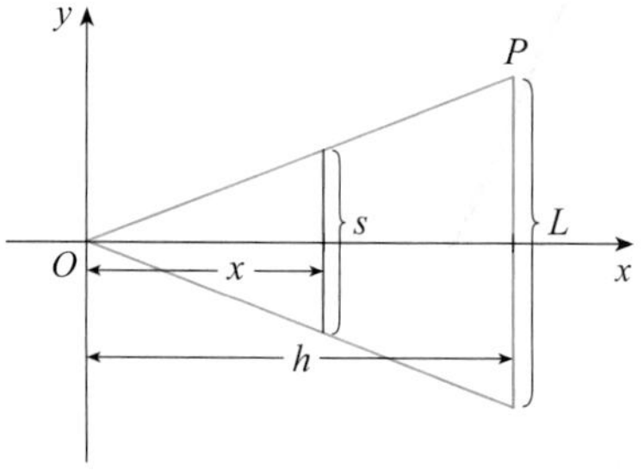

FIGURE 15

La pyramide est située entre les droites $x = 0$ et $x = h$; son volume est donc

$$V = \int_0^h A(x)\,dx = \int_0^h \frac{L^2}{h^2}x^2\,dx = \frac{L^2}{h^2}\frac{x^3}{3}\Big]_0^h = \frac{L^2h}{3}.$$

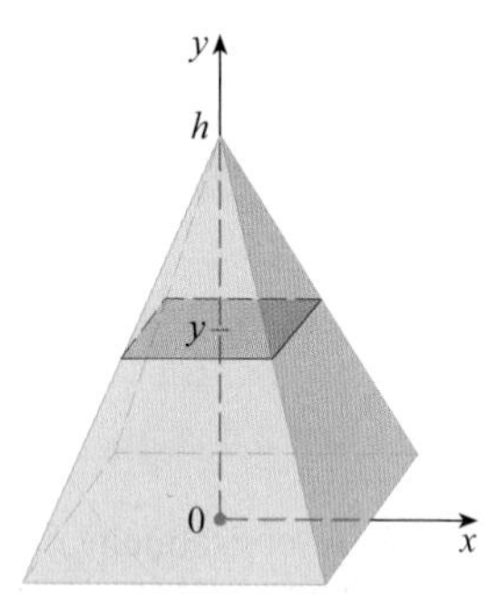

FIGURE 16

NOTE Dans l'exemple 8, il n'est pas nécessaire de faire coïncider le sommet de la pyramide avec l'origine : on le fait pour simplifier les calculs. Si on fait plutôt coïncider le centre de la base avec l'origine, et qu'on place le sommet sur la partie positive de l'axe des y, comme dans la figure 16, il est facile de vérifier qu'on obtient l'intégrale

$$V = \int_0^h \frac{L^2}{h^2}(h-y)^2\,dy = \frac{L^2h}{3}.$$

EXEMPLE 9 À l'aide de deux plans, découpons une portion d'un cylindre droit ayant une base circulaire de rayon 4. Le premier plan est perpendiculaire à l'axe du cylindre, tandis que le second plan coupe le premier à un angle de 30° suivant un diamètre du cylindre. Déterminons le volume de la portion découpée.

SOLUTION Si on pose le diamètre où les deux plans se coupent sur l'axe des x, alors la base du solide découpé est un demi-cercle d'équation $y = \sqrt{16 - x^2}$, où $-4 \le x \le 4$. Une section perpendiculaire à l'axe des x et située à une distance x de l'origine est un triangle ABC (voir la figure 17) dont la base est $y = \sqrt{16 - x^2}$ et dont la hauteur est $|BC| = y \tan\ 30° = \sqrt{16 - x^2}/\sqrt{3}$. L'aire de la section est donc

$$A(x) = \frac{1}{2}\sqrt{16 - x^2} \cdot \frac{1}{\sqrt{3}}\sqrt{16 - x^2} = \frac{16 - x^2}{2\sqrt{3}}$$

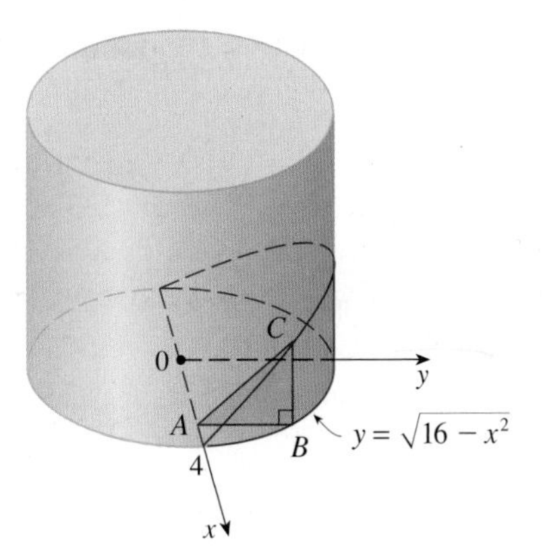

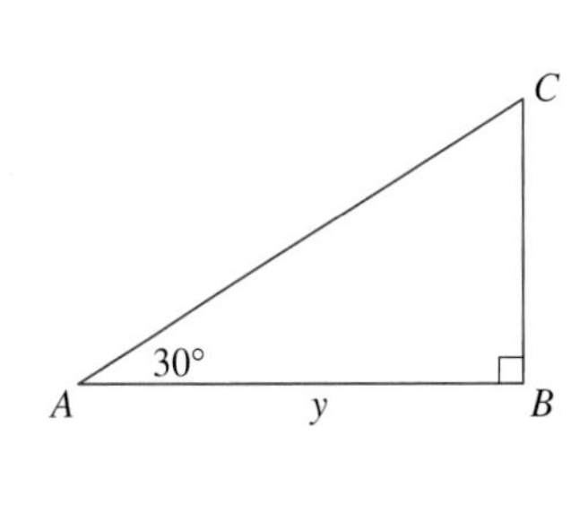

FIGURE 17

et le volume est

$$\begin{aligned} V &= \int_{-4}^{4} A(x)\,dx = \int_{-4}^{4} \frac{16 - x^2}{2\sqrt{3}}\,dx \\ &= \frac{1}{\sqrt{3}} \int_0^4 (16 - x^2)\,dx = \frac{1}{\sqrt{3}} \left[16x - \frac{x^3}{3} \right]_0^4 \\ &= \frac{128}{3\sqrt{3}}. \end{aligned}$$

Une autre démarche de résolution est décrite dans l'exercice 62.

Exercices 2.2

1-18 Calculez le volume du solide résultant de la rotation autour de la droite spécifiée de la région délimitée par les courbes données, puis représentez graphiquement la région, le solide et un disque ou un disque troué représentatif.

1. $y = 2 - \frac{1}{2}x$, $y = 0$, $x = 1$, $x = 2$; l'axe des x

2. $y = 1 - x^2$, $y = 0$; l'axe des x

3. $y = \sqrt{x - 1}$, $y = 0$, $x = 5$; l'axe des x

4. $y = \sqrt{25 - x^2}$, $y = 0$, $x = 2$, $x = 4$; l'axe des x

5. $x = 2\sqrt{y}$, $x = 0$, $y = 9$; l'axe des y

6. $y = \ln x$, $y = 1$, $y = 2$, $x = 0$; l'axe des y

7. $y = x^3$, $y = x$, $x \geq 0$; l'axe des x

8. $y = \frac{1}{4}x^2$, $y = 5 - x^2$; l'axe des x

9. $y^2 = x$, $x = 2y$; l'axe des y

10. $y = \frac{1}{4}x^2$, $x = 2$, $y = 0$; l'axe des y

11. $y = x^2$, $x = y^2$; la droite $y = 1$

12. $y = e^{-x}$, $y = 1$, $x = 2$; la droite $y = 2$

13. $y = 1 + \sec x$, $y = 3$; la droite $y = 1$

14. $y = \sin x$, $y = \cos x$, $0 \leq x \leq \pi/4$; la droite $y = -1$

15. $y = x^3$, $y = 0$, $x = 1$; la droite $x = 2$

16. $xy = 1$, $y = 0$, $x = 1$, $x = 2$; la droite $x = -1$

17. $x = y^2$, $x = 1 - y^2$; la droite $x = 3$

18. $y = x$, $y = 0$, $x = 2$, $x = 4$; la droite $x = 1$

19-30 Calculez le volume du solide résultant de la rotation par rapport à la droite spécifiée de la région donnée en vous reportant à la figure.

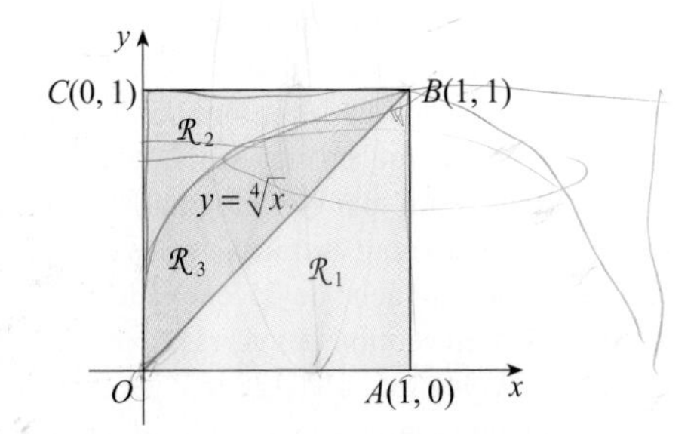

19. $\mathcal{R}_1$; par rapport à OA

20. $\mathcal{R}_1$; par rapport à OC

21. $\mathcal{R}_1$; par rapport à AB

22. $\mathcal{R}_1$; par rapport à BC

23. $\mathcal{R}_2$; par rapport à OA

24. $\mathcal{R}_2$; par rapport à OC

25. $\mathcal{R}_2$; par rapport à AB

26. $\mathcal{R}_2$; par rapport à BC

27. R_3 ; par rapport à OA

28. R_3 ; par rapport à OC

29. R_3 ; par rapport à AB

30. R_3 ; par rapport à BC

31-34 Écrivez une intégrale représentant le volume du solide résultant de la rotation autour de l'axe spécifié de la région délimitée par les courbes décrites puis, à l'aide d'une calculatrice, évaluez l'intégrale avec une précision de cinq décimales.

31. $y = e^{-x^2}, y = 0, x = -1, x = 1$
a) l'axe des x ; b) la droite $y = -1$.

32. $y = 0, y = \cos^2 x, -\pi/2 \leq x \leq \pi/2$
a) l'axe des x ; b) la droite $y = 1$.

33. $x^2 + 4y^2 = 4$
a) la droite $y = 2$; b) la droite $x = 2$.

34. $y = x^2, x^2 + y^2 = 1, y \geq 0$
a) l'axe des x ; b) l'axe des y.

35-36 À l'aide d'un graphique, calculez des valeurs approchées des abscisses x des points d'intersection des courbes données puis, à l'aide d'une calculatrice, déterminez (approximativement) le volume du solide résultant de la rotation autour de l'axe des x de la région délimitée par ces courbes.

35. $y = 2 + x^2 \cos x, y = x^4 + x + 1$

36. $y = 3\sin(x^2), y = e^{x/2} + e^{-2x}$

LCS **37-38** À l'aide d'un logiciel de calcul symbolique, calculez le volume exact du solide résultant de la rotation autour de la droite donnée de la région délimitée par les courbes décrites.

37. $y = \sin^2 x, y = 0, 0 \leq x \leq \pi$; la droite $y = -1$

38. $y = x, y = xe^{1-x/2}$; la droite $y = 3$

39-42 L'intégrale donnée représente le volume d'un solide. Décrivez celui-ci.

39. $\pi\int_0^{\pi} \sin x \, dx$

40. $\pi\int_{-1}^{1} (1 - y^2)^2 \, dy$

41. $\pi\int_0^{1} (y^4 - y^8) \, dy$

42. $\pi\int_0^{\pi/2} [(1 + \cos x)^2 - 1^2] \, dx$

43. Un tomodensitogramme représente des coupes transversales également espacées d'un organe humain, lesquelles fournissent sur celui-ci des informations qu'on ne pourrait autrement obtenir qu'au moyen d'une chirurgie. Prenons comme exemple un tomodensitogramme d'un foie humain qui représente des coupes transversales espacées de 1,5 cm. Le foie a une longueur de 15 cm et les aires des coupes transversales, en centimètres carrés, sont respectivement de 0, 18, 58, 79, 94, 106, 117, 128, 63, 39 et 0. À l'aide de la méthode du point milieu, estimez le volume du foie.

44. On coupe un billot de 10 m de longueur à des intervalles de 1 m et l'aire A d'une coupe transversale (à une distance x de l'une des extrémités du billot) est donnée dans le tableau suivant. À l'aide de la méthode du point milieu, en prenant $n = 5$, estimez le volume du billot.

x(m)	A(m²)	x(m)	A(m²)
0	0,68	6	0,53
1	0,65	7	0,55
2	0,64	8	0,52
3	0,61	9	0,50
4	0,58	10	0,48
5	0,59		

45. a) On fait tourner la région ombrée représentée dans la figure suivante par rapport à l'axe des x de manière à produire un solide. À l'aide de la méthode du point milieu, en prenant $n = 4$, estimez le volume de ce solide.

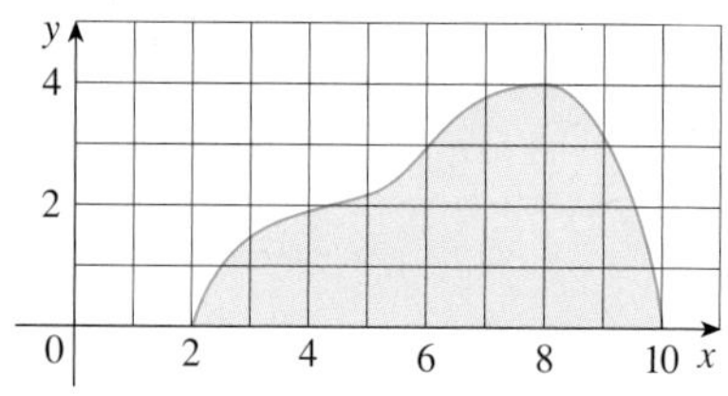

b) Estimez le volume du solide résultant de la rotation par rapport à l'axe des y de la région représentée dans la figure, en utilisant encore une fois la méthode du point milieu avec $n = 4$.

LCS **46.** a) On obtient un modèle d'un œuf d'oiseau en faisant tourner autour de l'axe des x la région sous la courbe d'équation

$$f(x) = (ax^3 + bx^2 + cx + d)\sqrt{1 - x^2}.$$

À l'aide d'un logiciel de calcul symbolique, évaluez le volume d'un œuf.

b) Dans le cas d'un huard à gorge rousse, $a = -0{,}06$, $b = 0{,}04$, $c = 0{,}1$ et $d = 0{,}54$. Tracez la courbe de f, puis évaluez le volume d'un œuf d'un oiseau de cette espèce.

47-59 Évaluez le volume du solide S décrit.

47. Un cône droit de hauteur h dont le rayon de la base circulaire est r.

48. Un cône droit tronqué de hauteur h dont la base et le sommet circulaires sont respectivement de rayons R et r.

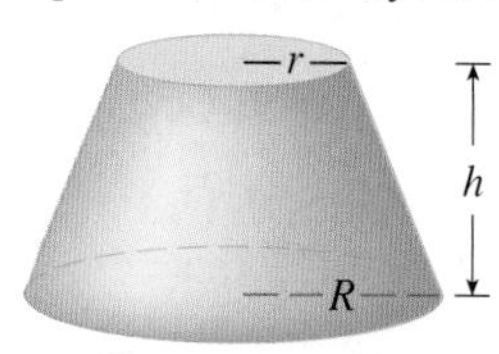

49. Une calotte sphérique de rayon r et de hauteur h.

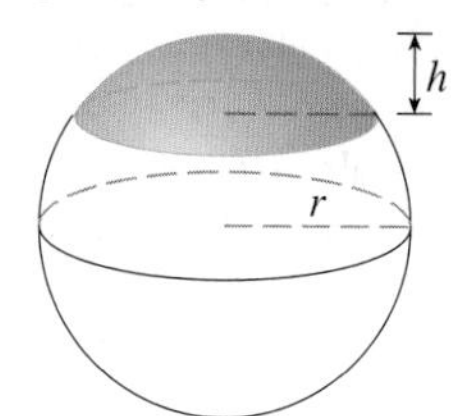

50. Une pyramide tronquée de hauteur h dont la base et le sommet sont des carrés dont les côtés sont respectivement de longueurs b et a.

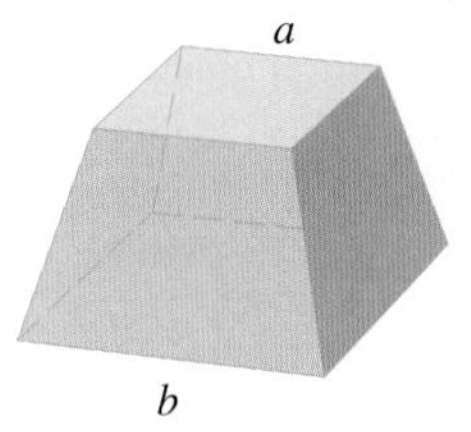

Qu'en est-il si $a = b$? $a = 0$?

51. Une pyramide de hauteur h dont la base rectangulaire a comme dimensions b et $2b$.

52. Une pyramide de hauteur h dont la base est un triangle équilatéral de côté a (c'est-à-dire un **tétraèdre**).

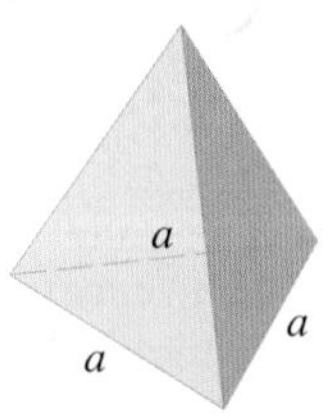

53. Un tétraèdre ayant trois faces mutuellement perpendiculaires et trois arêtes, dont les longueurs respectives sont de 3 cm, de 4 cm et de 5 cm, également perpendiculaires entre elles.

54. La base de S est un disque de rayon r et les sections parallèles qui sont perpendiculaires à la base sont des carrés.

55. La base de S est une région elliptique délimitée par la courbe $9x^2 + 4y^2 = 36$; les sections perpendiculaires à l'axe des x sont des triangles rectangles isocèles dont l'hypoténuse repose sur la base.

56. La base de S est la région triangulaire dont les sommets sont $(0, 0)$, $(1, 0)$ et $(0, 1)$; les sections perpendiculaires à l'axe des y sont des triangles équilatéraux.

57. La base de S est identique à celle du solide de l'exercice 56, mais les sections perpendiculaires à l'axe des x sont des carrés.

58. La base de S est la région délimitée par la parabole d'équation $y = 1 - x^2$ et l'axe des x ; les sections perpendiculaires à l'axe des y sont des carrés.

59. La base de S est identique à celle du solide de l'exercice 58, mais les sections perpendiculaires à l'axe des x sont des triangles isocèles dont la hauteur est égale à la base.

60. La base de S est un disque de rayon r ; les sections parallèles qui sont perpendiculaires à la base sont des triangles isocèles de hauteur h dont le côté de longueur différente repose sur la base.

a) Posez une intégrale permettant de calculer le volume de S.

b) En interprétant l'intégrale comme un calcul d'aire, calculez le volume de S.

61. a) Posez une intégrale permettant de calculer le volume d'un **tore** (voir le solide en forme de beigne représenté dans la figure suivante) de rayons r et R.

b) En interprétant l'intégrale comme un calcul d'aire, calculez le volume du tore.

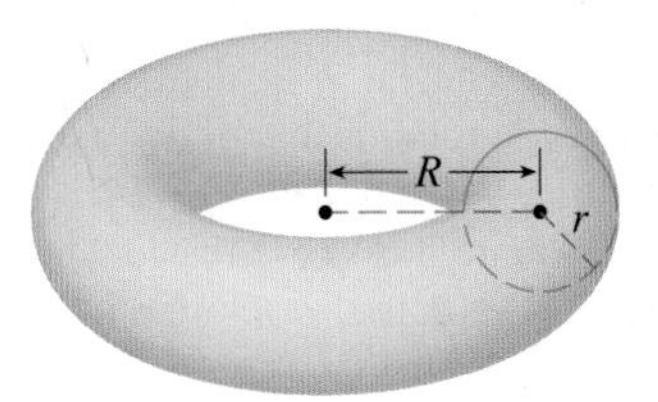

62. Résolvez le problème de l'exemple 9 en effectuant des coupes transversales parallèles à la droite d'intersection des deux plans et perpendiculaires à la base de la portion découpée.

63. a) Selon le principe de Cavalieri, si une famille de plans parallèles donne des sections transversales d'aires égales de deux solides S_1 et S_2, alors les volumes respectifs de S_1 et de S_2 sont égaux. Démontrez ce principe.

b) En appliquant le principe de Cavalieri, évaluez le volume du cylindre oblique représenté dans la figure suivante.

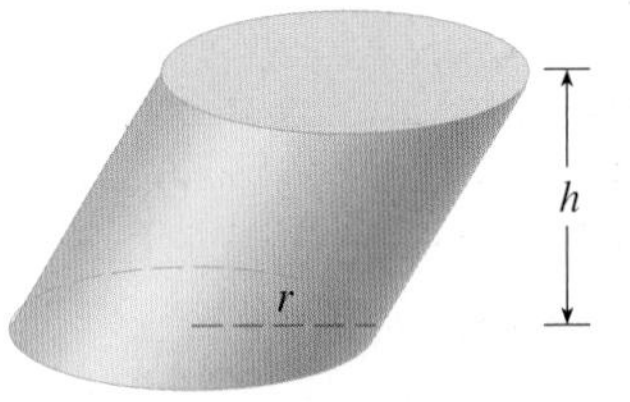

64. Évaluez le volume commun de deux cylindres de même rayon r dans le cas où les axes respectifs des cylindres se coupent à angle droit.

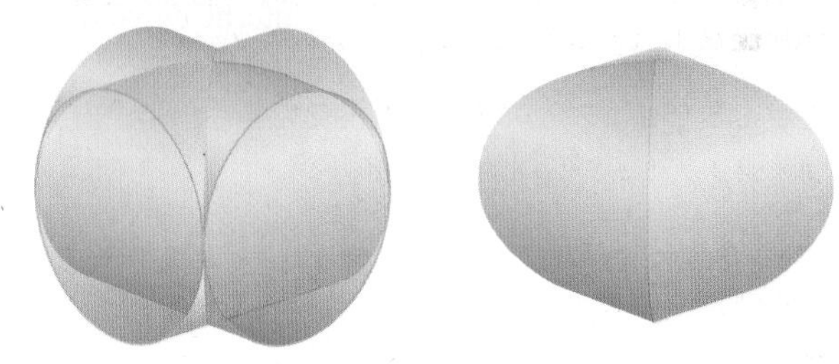

65. Évaluez le volume commun de deux sphères de même rayon r dans le cas où le centre de chaque sphère appartient à la surface de l'autre sphère.

66. Dans un bol hémisphérique de 30 cm de diamètre, on place une boule lourde de 10 cm de diamètre, puis on verse de l'eau dans le bol jusqu'à une hauteur de h cm. Évaluez le volume d'eau dans le bol.

67. On perce un trou de rayon r au milieu d'un cylindre de rayon $R > r$ perpendiculairement à l'axe du cylindre. Posez une intégrale permettant de calculer le volume de la matière prélevée sur le cylindre, mais n'évaluez pas l'intégrale.

68. On perce un trou de rayon r au centre d'une sphère de rayon $R > r$. Évaluez le volume de la portion restante de la sphère.

69. Des pionniers du calcul différentiel et intégral, dont Kepler et Newton, se sont intéressés au calcul du volume des fûts à vin. (En fait, Kepler publia en 1615 un ouvrage intitulé *Stereometria doliorum*, où il décrivait des méthodes de calcul du volume de fûts.) Ils prenaient souvent des paraboles pour approcher la forme des parois latérales.

a) Un fût de hauteur h et dont le rayon maximal est R résulte de la rotation autour de l'axe des x de la parabole d'équation $y = R - cx^2$, où $-h/2 \leq x \leq h/2$ et où c est une constante positive. Montrez que le rayon à chaque extrémité du fût est $r = R - d$, où $d = ch^2/4$.

b) Montrez que le volume délimité par le fût est

$$V = \tfrac{1}{3}\pi h(2R^2 + r^2 - \tfrac{2}{5}d^2).$$

70. Une région $\mathcal{R}$ d'aire A, située au-dessus de l'axe des x, décrit un solide de volume V_1 quand on la fait tourner autour de l'axe des x, et un solide de volume V_2 quand on la fait tourner autour de la droite d'équation $y = -k$ (où k est une constante positive). Exprimez V_2 par rapport à V_1, à k et à A.

2.3 LE CALCUL D'UN VOLUME PAR LA MÉTHODE DES COQUILLES CYLINDRIQUES

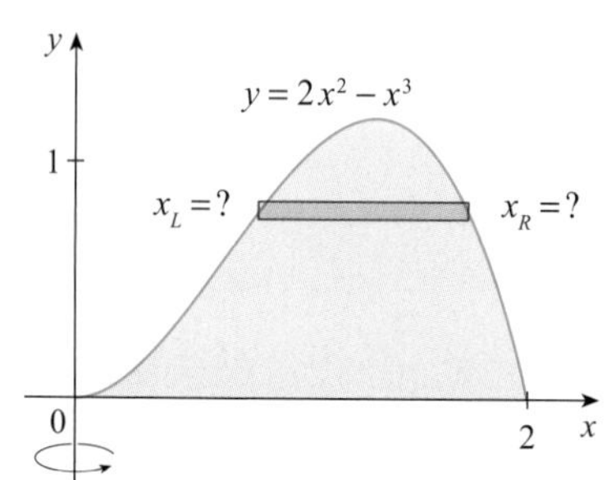

FIGURE 1

Il est très difficile de résoudre certains problèmes de volume à l'aide des méthodes étudiées dans la section précédente. Par exemple, si on veut évaluer le volume du solide résultant de la rotation autour de l'axe des y de la région délimitée par les courbes $y = 2x^2 - x^3$ et $y = 0$ (voir la figure 1) et qu'on découpe ce solide perpendiculairement à l'axe des y, on obtient des disques troués. Cependant, pour calculer les rayons interne et externe d'un disque troué, il faut alors résoudre l'équation cubique $y = 2x^2 - x^3$ de manière à exprimer x en fonction de y, ce qui n'est pas facile.

Il existe heureusement une autre méthode, la **méthode des coquilles cylindriques** (aussi appelée **méthode des tubes**), qui est plus facile à appliquer dans de tels cas. La figure 2 représente une coquille cylindrique de hauteur h, de rayon interne r_1 et de rayon externe r_2. On obtient son volume V en soustrayant le volume V_1 du cylindre interne du volume V_2 du cylindre externe :

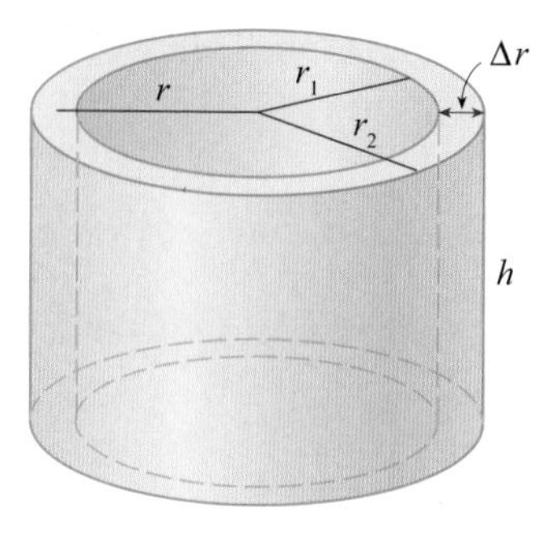

FIGURE 2

$$\begin{aligned} V &= V_2 - V_1 \\ &= \pi r_2^2 h - \pi r_1^2 h = \pi(r_2^2 - r_1^2)h \\ &= \pi(r_2 + r_1)(r_2 - r_1)h \\ &= 2\pi \frac{r_2 + r_1}{2} h(r_2 - r_1). \end{aligned}$$

Si on pose $\Delta r = r_2 - r_1$, c'est-à-dire l'épaisseur de la coquille, et $r = \frac{1}{2}(r_2 + r_1)$, c'est-à-dire le rayon moyen de la coquille, alors la formule du volume d'une coquille cylindrique s'écrit comme suit :

1

$$V = 2\pi rh\Delta r$$

et on peut la mémoriser sous la forme suivante :

$$V = [\text{circonférence}][\text{hauteur}][\text{épaisseur}].$$

On désigne par S le solide résultant de la rotation autour de l'axe des y de la région délimitée par les courbes $y = f(x)$ [où $f(x) \geq 0$], $y = 0$, $x = a$ et $x = b$, où $b > a \geq 0$ (voir la figure 3).

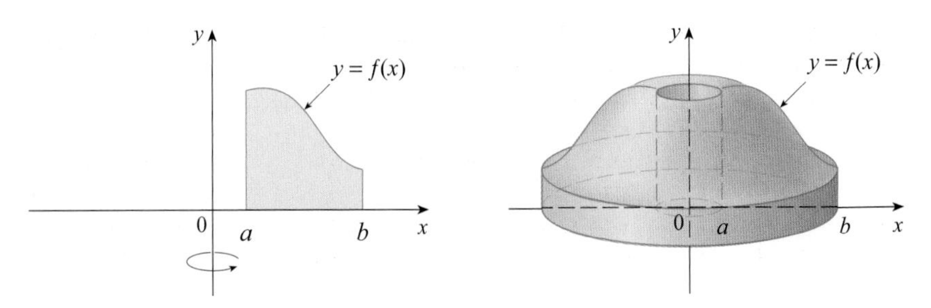

FIGURE 3

On divise l'intervalle $[a, b]$ en n sous-intervalles $[x_{i-1}, x_i]$ d'une même longueur $\Delta x = (b - a)/n$ et on note $\bar{x}_i$ le milieu du i-ième sous-intervalle. Si on fait tourner le rectangle dont la base coïncide avec $[x_{i-1}, x_i]$ et dont la hauteur est $f(\bar{x}_i)$ autour de l'axe des y, on obtient une coquille cylindrique de rayon moyen $\bar{x}_i$, de hauteur $f(\bar{x}_i)$ et d'épaisseur Δx (voir la figure 4), dont le volume, selon la formule **1**, est

$$V_i = (2\pi\bar{x}_i)[f(\bar{x}_i)]\Delta x.$$

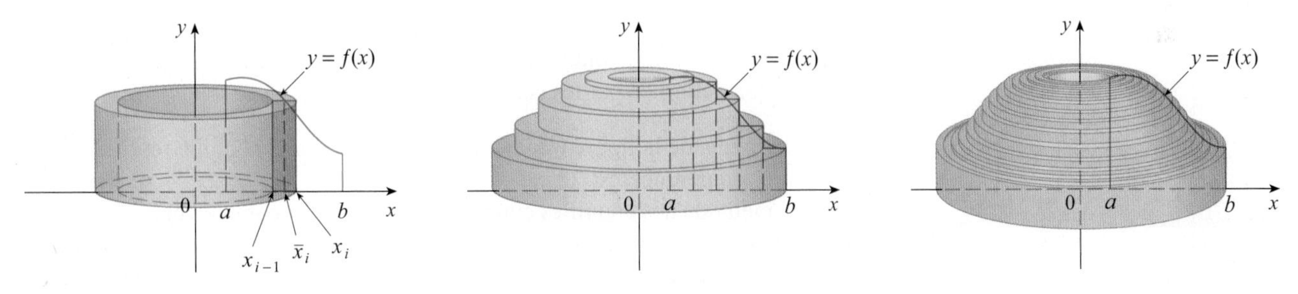

FIGURE 4

Ainsi, on obtient une valeur approchée du volume V de S en faisant la somme des volumes respectifs de toutes les coquilles :

$$V \approx \sum_{i=1}^{n} V_i = \sum_{i=1}^{n} 2\pi\bar{x}_i f(\bar{x}_i)\Delta x.$$

Cette approximation semble d'autant meilleure que $n \to \infty$. Mais, selon la définition de l'intégrale,

$$\lim_{n\to\infty} \sum_{i=1}^{n} 2\pi\bar{x}_i f(\bar{x}_i)\Delta x = \int_a^b 2\pi x f(x)\,dx.$$

L'énoncé suivant semble donc acceptable.

2 Le volume du solide de la figure 3, qui résulte de la rotation autour de l'axe des y de la région sous la courbe $y = f(x)$, entre a et b, est

$$V = \int_a^b 2\pi x f(x)\,dx \quad \text{où} \quad 0 \le a < b.$$

Selon l'argumentation fondée sur les coquilles cylindriques, la formule **2** semble vraisemblable ; il est d'ailleurs possible de la démontrer (voir l'exercice 71 de la section 3.1).

La meilleure façon de mémoriser la formule **2** est d'imaginer une coquille représentative, de rayon x, de circonférence $2\pi x$, de hauteur $f(x)$ et d'épaisseur Δx ou dx, qu'on a découpée et posée à plat comme dans la figure 5. On a alors

$$\int_a^b \underbrace{(2\pi x)}_{\text{circonférence}} \underbrace{[f(x)]}_{\text{hauteur}} \underbrace{dx}_{\text{épaisseur}} .$$

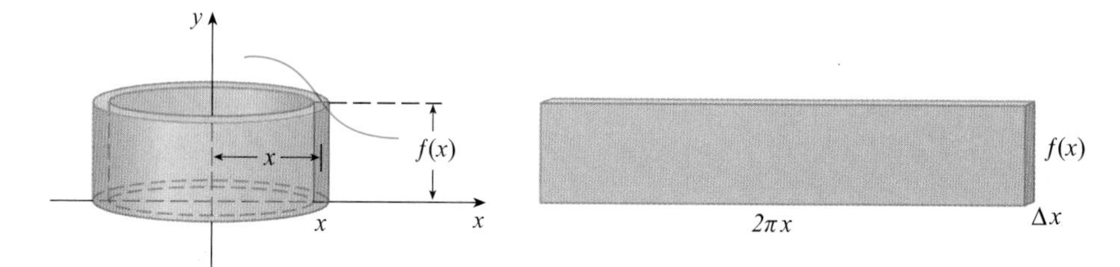

FIGURE 5

Le type de raisonnement employé ci-dessus s'avère utile dans d'autres situations, par exemple quand on effectue une rotation par rapport à une droite verticale autre que l'axe des y.

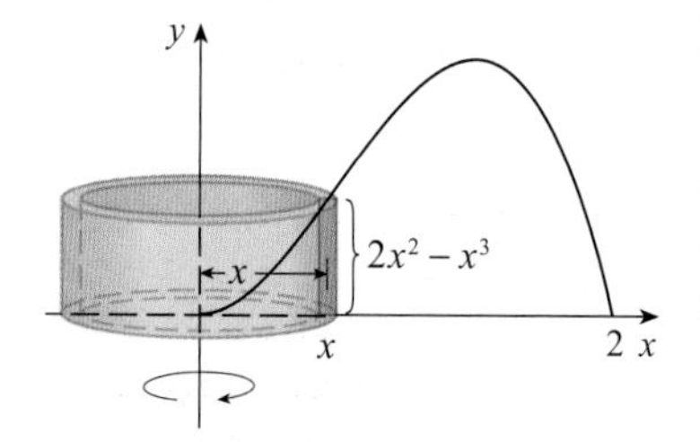

FIGURE 6

EXEMPLE 1 Déterminons le volume du solide résultant de la rotation autour de l'axe des y de la région délimitée par les courbes $y = 2x^2 - x^3$ et $y = 0$.

SOLUTION Le schéma de la figure 6 indique que le rayon d'une coquille représentative est x, que sa circonférence est $2\pi x$ et que sa hauteur est $f(x) = 2x^2 - x^3$. Donc, en appliquant la méthode des coquilles cylindriques, on obtient comme volume

$$V = \int_0^2 (2\pi x)(2x^2 - x^3)\,dx = 2\pi \int_0^2 (2x^3 - x^4)\,dx$$
$$= 2\pi \left[\frac{1}{2}x^4 - \frac{1}{5}x^5 \right]_0^2 = 2\pi (8 - \tfrac{32}{5}) = \frac{16}{5}\pi.$$

On peut vérifier que cette méthode donne le même résultat que la méthode des tranches.

La figure 7 montre une représentation du solide de l'exemple 1 créée par ordinateur.

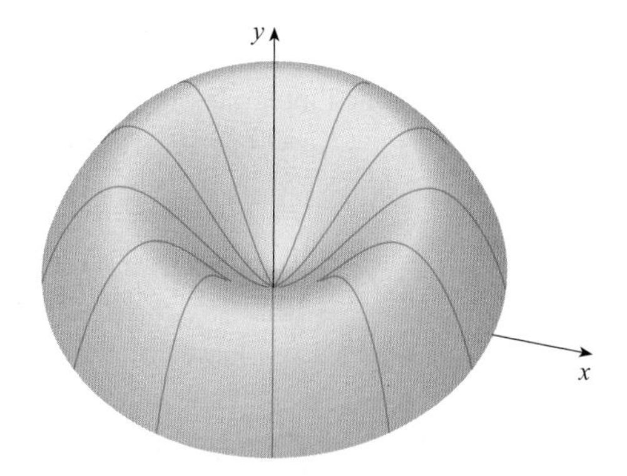

FIGURE 7

NOTE Si on compare la solution de l'exemple 1 avec les commentaires du début de la présente section, on constate que, dans ce cas, la méthode des coquilles cylindriques est beaucoup plus facile que celle du découpage en tranches. Il n'a pas été nécessaire de calculer les coordonnées du maximum local ni de résoudre l'équation de la courbe de manière à exprimer x par rapport à y. Il existe cependant des cas où la méthode décrite dans la section précédente est plus simple.

EXEMPLE 2 Déterminons le volume du solide résultant de la rotation autour de l'axe des y de la région entre les courbes $y = x$ et $y = x^2$.

SOLUTION La région donnée et une coquille représentative sont illustrées dans la figure 8. Le rayon de la coquille est x, sa circonférence est $2\pi x$ et sa hauteur est $x - x^2$. Le volume recherché est donc

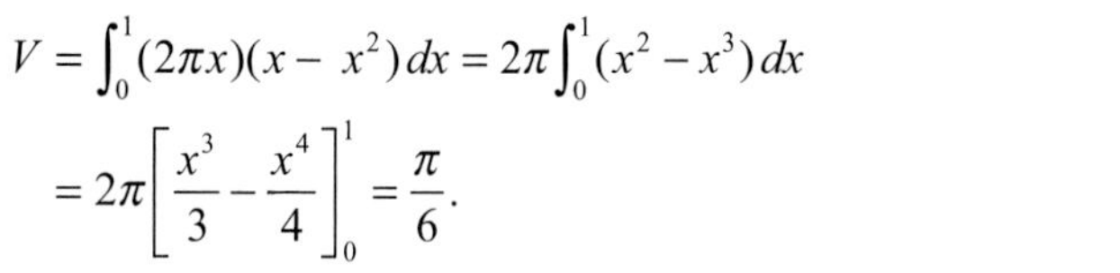
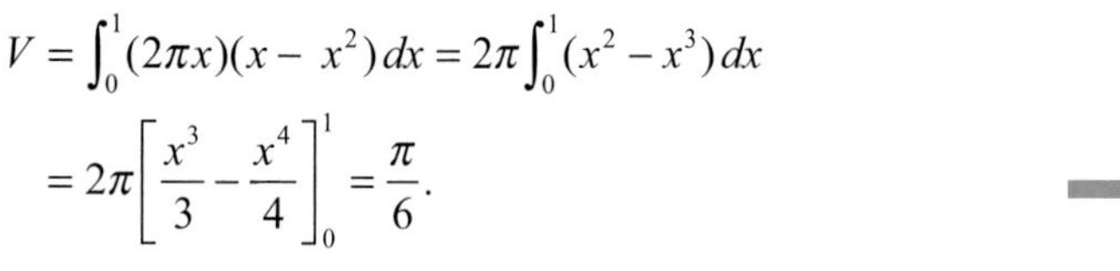

$$V = \int_0^1 (2\pi x)(x - x^2)\,dx = 2\pi \int_0^1 (x^2 - x^3)\,dx$$
$$= 2\pi \left[\frac{x^3}{3} - \frac{x^4}{4} \right]_0^1 = \frac{\pi}{6}.$$

y = x
y = x²
hauteur d'une coquille = x − x²

FIGURE 8

L'exemple suivant illustre le fait que la méthode des coquilles cylindriques fonctionne tout aussi bien dans le cas où la rotation s'effectue autour de l'axe des x. Il suffit alors de dessiner un schéma où on indique le rayon et la hauteur d'une coquille représentative.

EXEMPLE 3 En appliquant la méthode des coquilles cylindriques, déterminons le volume du solide résultant de la rotation autour de l'axe des x de la région sous la courbe $y = \sqrt{x}$ entre 0 et 1.

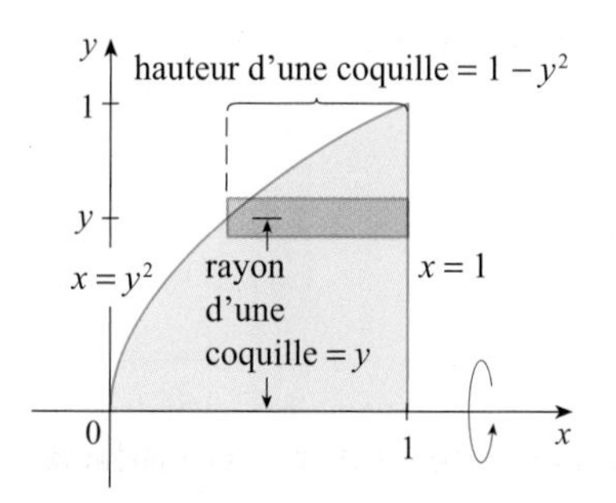

FIGURE 9

SOLUTION Ce problème a été résolu par découpage en disques dans l'exemple 2 de la section 2.2. Pour appliquer la méthode des coquilles, on récrit l'équation de la courbe $y = \sqrt{x}$ (voir la figure 6 de la section 2.2) sous la forme $x = y^2$ (voir la figure 9). Si on fait tourner la courbe autour de l'axe des x, le rayon d'une coquille représentative est y, sa circonférence est $2\pi y$ et sa hauteur est $1 - y^2$. Le volume recherché est donc

$$V = \int_0^1 (2\pi y)(1 - y^2)\,dy = 2\pi \int_0^1 (y - y^3)\,dy$$
$$= 2\pi \left[\frac{y^2}{2} - \frac{y^4}{4} \right]_0^1 = \frac{\pi}{2}.$$

Dans le cas présent, la méthode des disques est plus simple.

EXEMPLE 4 Déterminons le volume du solide résultant de la rotation autour de la droite $x = 2$ de la région délimitée par $y = x - x^2$ et $y = 0$.

SOLUTION La figure 10 illustre la région et une coquille représentative résultant d'une rotation autour de la droite $x = 2$. Le rayon d'une coquille est $2 - x$, sa circonférence est $2\pi(2 - x)$ et sa hauteur est $x - x^2$.

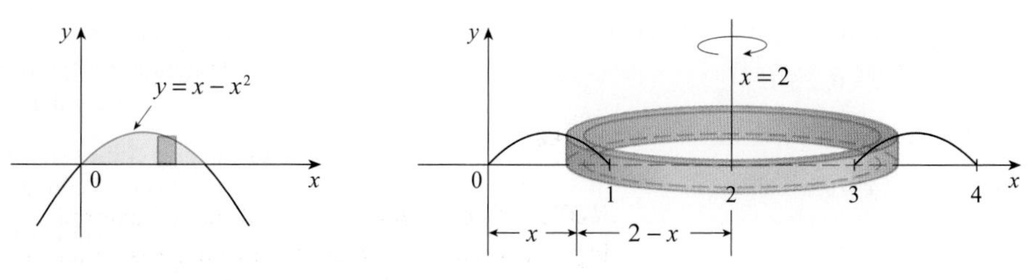

FIGURE 10

Le volume du solide donné est

$$V = \int_0^1 2\pi(2-x)(x-x^2)\,dx$$
$$= 2\pi\int_0^1 (x^3 - 3x^2 + 2x)\,dx$$
$$= 2\pi\left[\frac{x^4}{4} - x^3 + x^2\right]_0^1 = \frac{\pi}{2}.$$

Exercices 2.3

1. On désigne par S un solide résultant de la rotation autour de l'axe des y de la région représentée dans la figure suivante. Expliquez pourquoi il est laborieux de calculer le volume V de S en appliquant la méthode de découpage du solide. Dessinez une coquille représentative servant d'approximation. Quelles sont la circonférence et la hauteur d'une telle coquille? Évaluez le volume V par la méthode des coquilles cylindriques.

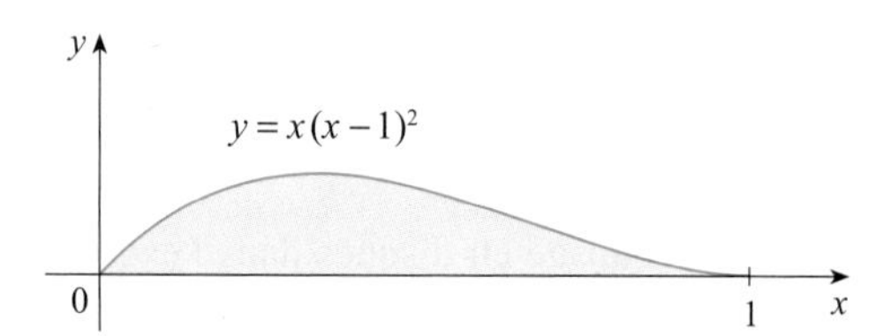

2. On désigne par S le solide résultant de la rotation autour de l'axe des y de la région représentée dans la figure suivante. Dessinez une coquille cylindrique représentative, puis calculez sa circonférence et sa hauteur. Évaluez le volume de S en appliquant la méthode des coquilles cylindriques. Selon vous, cette méthode permet-elle de calculer plus facilement le volume que celle des tranches? Pourquoi?

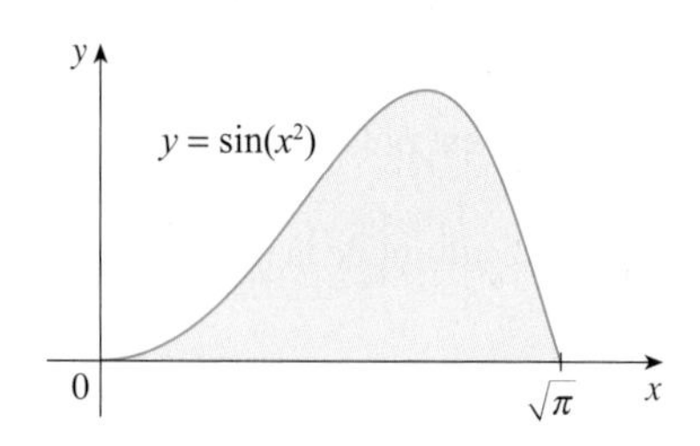

3-7 À l'aide de la méthode des coquilles cylindriques, calculez le volume du solide résultant de la rotation autour de l'axe des y de la région délimitée par les courbes données.

3. $y = \sqrt[3]{x},\ y = 0,\ x = 1$

4. $y = x^3,\ y = 0,\ x = 1,\ x = 2$

5. $y = e^{-x^2},\ y = 0,\ x = 0,\ x = 1$

6. $y = 4x - x^2,\ y = x$

7. $y = x^2,\ y = 6x - 2x^2$

8. On désigne par V le volume du solide résultant de la rotation autour de l'axe des y de la région délimitée par les courbes $y = \sqrt{x}$ et $y = x^2$. Calculez V à la fois avec la méthode des tranches et avec la méthode des coquilles cylindriques. Dessinez dans chaque cas un diagramme expliquant le procédé.

9-14 À l'aide de la méthode des coquilles cylindriques, calculez le volume du solide résultant de la rotation autour de l'axe des x de la région délimitée par les courbes données.

9. $xy = 1,\ x = 0,\ y = 1,\ y = 3$

10. $y = \sqrt{x},\ x = 0,\ y = 2$

11. $y = x^3,\ y = 8,\ x = 0$

12. $x = 4y^2 - y^3,\ x = 0$

13. $x = 1 + (y-2)^2,\ x = 2$

14. $x + y = 3,\ x = 4 - (y-1)^2$

15-20 À l'aide de la méthode des coquilles cylindriques, calculez le volume du solide résultant de la rotation autour de l'axe indiqué de la région délimitée par les courbes données.

15. $y = x^4,\ y = 0,\ x = 1$; la droite $x = 2$

16. $y = \sqrt{x},\ y = 0,\ x = 1$; la droite $x = -1$

17. $y = 4x - x^2,\ y = 3$; la droite $x = 1$

18. $y = x^2,\ y = 2 - x^2$; la droite $x = 1$

19. $y = x^3,\ y = 0,\ x = 1$; la droite $y = 1$

20. $x = y^2 + 1,\ x = 2$; la droite $y = -2$

21-26

a) Posez une intégrale représentant le volume du solide résultant de la rotation autour de l'axe indiqué de la région délimitée par les courbes données.

b) À l'aide d'une calculatrice, évaluez l'intégrale avec une précision de cinq décimales.

21. $y = xe^{-x},\ y = 0,\ x = 2$; l'axe des y

22. $y = \tan x,\ y = 0,\ x = \pi/4$; la droite $x = \pi/2$

23. $y = \cos^4 x$, $y = -\cos^4 x$, $-\pi/2 \leq x \leq \pi/2$; la droite $x = \pi$

24. $y = x$, $y = 2x/(1 + x^3)$; la droite $x = -1$

25. $x = \sqrt{\sin y}$, $0 \leq y \leq \pi$, $x = 0$; la droite $y = 4$

26. $x^2 - y^2 = 7$, $x = 4$; la droite $y = 5$

27. En appliquant la méthode du point milieu, avec $n = 5$, estimez le volume du solide résultant de la rotation autour de l'axe des y de la région sous la courbe $y = \sqrt{1+x^3}$, où $0 \leq x \leq 1$.

28. On fait tourner la région représentée dans la figure suivante par rapport à l'axe des y de manière à produire un solide. À l'aide de la méthode des milieux des sous-intervalles, en prenant $n = 5$, estimez le volume de ce solide.

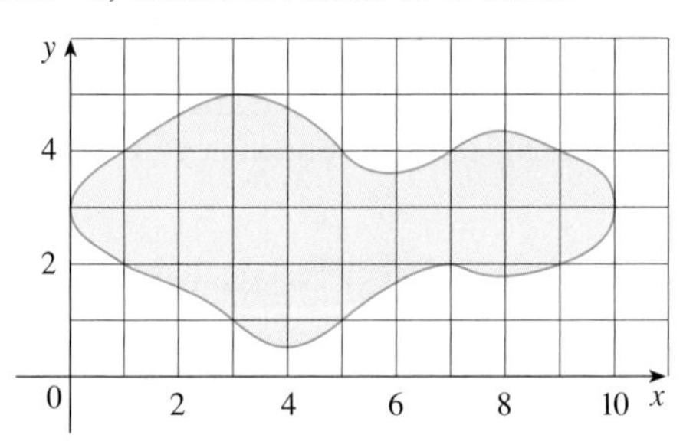

29-32 L'intégrale donnée permet de calculer le volume d'un solide. Décrivez celui-ci.

29. $\int_0^3 2\pi x^5 \, dx$

30. $2\pi \int_0^2 \frac{y}{1+y^2} \, dy$

31. $\int_0^1 2\pi(3-y)(1-y^2) \, dy$

32. $\int_0^{\pi/4} 2\pi(\pi - x)(\cos x - \sin x) \, dx$

33-34 À l'aide d'un graphique, estimez les abscisses x des points d'intersection des courbes données, puis utilisez ces valeurs pour estimer, à l'aide d'une calculatrice, le volume du solide résultant de la rotation autour de l'axe des y de la région délimitée par ces courbes.

33. $y = e^x$, $y = \sqrt{x} + 1$

34. $y = x^3 - x + 1$, $y = -x^4 + 4x - 1$

LCS 35-36 À l'aide d'un logiciel de calcul symbolique, calculez le volume exact du solide résultant de la rotation autour de la droite indiquée de la région délimitée par les courbes données.

35. $y = \sin^2 x$, $y = \sin^4 x$, $0 \leq x \leq \pi$; la droite $x = \pi/2$

36. $y = x^3 \sin x$, $y = 0$, $0 \leq x \leq \pi$; la droite $x = -1$

37-43 On fait tourner la région délimitée par les courbes données autour de l'axe indiqué. Évaluez le volume du solide produit par la méthode de votre choix.

37. $y = -x^2 + 6x - 8$, $y = 0$; l'axe des y

38. $y = -x^2 + 6x - 8$, $y = 0$; l'axe des x

39. $y^2 - x^2 = 1$, $y = 2$; l'axe des x

40. $y^2 - x^2 = 1$, $y = 2$; l'axe des y

41. $x^2 + (y - 1)^2 = 1$; l'axe des y

42. $x = (y - 3)^2$, $x = 4$; la droite $y = 1$

43. $x = (y - 1)^2$, $x - y = 1$; la droite $x = -1$

44. On désigne par T la région triangulaire ayant comme sommets (0, 0), (1, 0) et (1, 2), et par V le volume du solide résultant de la rotation de T par rapport à la droite $x = a$ dans le cas où $a > 1$. Exprimez a par rapport à V.

45-47 À l'aide de la méthode des coquilles cylindriques, évaluez le volume du solide donné.

45. Une sphère de rayon r.

46. Le tore de l'exercice 61 de la section 2.2.

47. Un cône droit de hauteur h dont la base circulaire a un rayon r.

48. Vous fabriquez des anneaux à serviette de table en perçant des trous de différents diamètres dans deux boules en bois (qui sont également de diamètres différents). Vous constatez que les deux anneaux ont la même hauteur h, comme l'illustre la figure suivante.

a) Selon vous, quel anneau contient une plus grande quantité de bois ?

b) Vérifiez votre affirmation : à l'aide de la méthode des coquilles cylindriques, évaluez le volume d'un anneau fabriqué en perçant un trou de rayon r au centre d'une sphère de rayon R, puis exprimez le résultat en fonction de h.

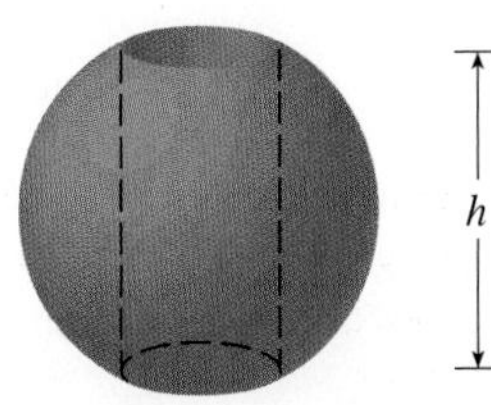
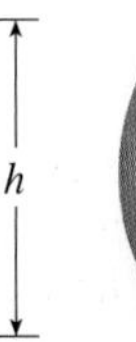

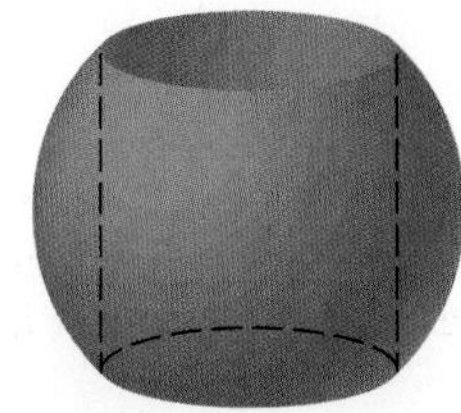

2.4 LE TRAVAIL

En langage courant, le terme **travail** désigne l'effort total requis pour accomplir une tâche. En physique, il a un sens spécialisé lié à l'idée de **force**. On peut se représenter une force comme ce qui pousse ou tire un objet, par exemple une poussée horizontale sur un livre posé sur une table ou l'attraction vers le bas de la gravitation terrestre sur une balle. En général, si un objet décrit une trajectoire rectiligne et que sa fonction position est $s(t)$, alors la force F qui s'exerce sur l'objet (dans le sens du mouvement) est égale, selon la deuxième loi de Newton, au produit de la masse m de l'objet et de son accélération :

1
$$F = m\frac{d^2s}{dt^2}.$$

Dans le système international d'unités (SI), la masse se mesure en kilogrammes (kg), le déplacement, en mètres (m), le temps, en secondes (s) et la force, en newtons ($1\text{ N} = 1\text{ kg} \cdot \text{m/s}^2$). Ainsi, une force de 1 N agissant sur une masse de 1 kg produit une accélération de 1 m/s^2.

Dans le cas où l'accélération est constante, la force F est également constante et le travail effectué est, par définition, le produit de la force F et du déplacement effectué par l'objet :

2
$$W = Fd \qquad \text{travail} = \text{force} \times \text{déplacement}$$

Si on mesure F en newtons et d en mètres, alors les unités de W sont des newtons-mètres (N • m), aussi appelés joules (J).

EXEMPLE 1

a) Quel est le travail requis pour soulever un livre de 1,2 kg posé sur le sol et le déposer sur un bureau d'une hauteur de 0,7 m ? Servons-nous du fait que l'accélération gravitationnelle est $g = 9{,}8\text{ m/s}^2$.

b) Quel est le travail requis pour soulever un poids de 20 N posé sur le sol jusqu'à une hauteur de 6 m ?

SOLUTION

a) La force exercée est égale, mais de sens opposé, à la force gravitationnelle ; donc, selon l'égalité **1**,

$$F = mg = (1{,}2)(9{,}8) = 11{,}76\text{ N}$$

de sorte que, selon l'égalité **2**, le travail requis est

$$W = Fd = (11{,}76)(0{,}7) \approx 8{,}2\text{ J}.$$

b) Dans ce cas, la force est $F = 20$ N ; le travail requis est donc

$$W = Fd = 20 \cdot 6 = 120\text{ J}.$$

L'égalité **2** définit le travail seulement dans le cas d'une force constante. Qu'en est-il lorsque la force est variable ? Soit un objet se déplaçant le long de l'axe des x, dans le sens positif, de $x = a$ à $x = b$ sur lequel, en chaque point x compris entre a et b, une force continue $f(x)$ s'exerce. On divise l'intervalle $[a, b]$ en n sous-intervalles ayant comme extrémités $x_0, x_1, \ldots, x_n$ et étant tous de longueur identique Δx. Si on choisit un point d'échantillonnage x_i^* dans le i-ième sous-intervalle $[x_{i-1}, x_i]$, alors la force en ce point est $f(x_i^*)$. Dans le cas où n est grand, Δx est petit et, puisque la fonction f est continue, sa valeur ne varie pas beaucoup sur l'intervalle $[x_{i-1}, x_i]$. Autrement dit, f est presque constante sur cet intervalle, de sorte que le travail W_i requis pour déplacer la particule de x_{i-1} à x_i est approximativement égal à la valeur donnée par l'égalité **2** :

$$W_i \approx f(x_i^*)\Delta x.$$

On peut donc calculer la valeur approchée du travail total par

3
$$W \approx \sum_{i=1}^{n} f(x_i^*)\Delta x.$$

Cette approximation semble d'autant meilleure que n est grand. Ainsi, on définit le **travail requis pour déplacer un objet de *a* à *b*** comme la limite de la somme lorsque $n \to \infty$. Étant donné que le membre de droite de **3** est une somme de Riemann, on constate que sa limite est une intégrale définie (si cette limite existe) ; donc,

4
$$W = \lim_{n\to\infty} \sum_{i=1}^{n} f(x_i^*)\Delta x = \int_a^b f(x)\,dx.$$

EXEMPLE 2 Lorsqu'une particule est située à une distance de x m de l'origine, une force de $x^2 + 2x$ N agit sur elle. Quel est le travail requis pour déplacer la particule de $x = 1$ à $x = 3$?

SOLUTION

$$W = \int_1^3 (x^2 + 2x)\,dx = \frac{x^3}{3} + x^2 \Bigg]_1^3 = \frac{50}{3}$$

Le travail requis est de $16\frac{2}{3}$ J.

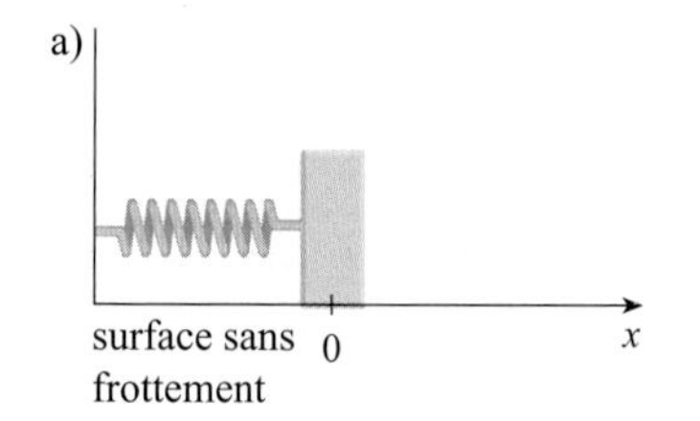

Position du ressort au repos.

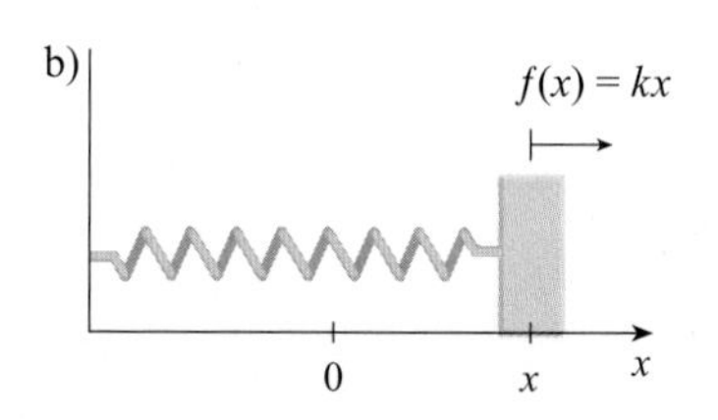

Position du ressort étiré.

FIGURE 1
La loi de Hooke.

Dans le prochain exemple, on applique une loi de la physique, à savoir la **loi de Hooke**, selon laquelle la force requise pour maintenir un ressort étiré de x unités au-delà de sa longueur au repos est proportionnelle à x :

$$f(x) = kx$$

où k est une constante positive (appelée **constante de rappel**). La loi de Hooke est vérifiée à la condition que x ne dépasse pas une certaine valeur (voir la figure 1).

EXEMPLE 3 On doit exercer une force de 40 N pour maintenir un ressort dont la longueur au repos est de 10 cm à une longueur de 15 cm. Quel est le travail requis pour étirer ce ressort de 15 cm à 18 cm ?

SOLUTION Selon la loi de Hooke, la force requise pour maintenir le ressort étiré de x m au-delà de sa longueur au repos est $f(x) = kx$. Si on étire le ressort de 10 cm à 15 cm, l'étirement est de 5 cm = 0,05 m, ce qui implique que $f(0{,}05) = 40$; il s'ensuit que

$$0{,}05k = 40 \qquad k = \tfrac{40}{0{,}05} = 800.$$

Donc, $f(x) = 800x$ et le travail requis pour étirer le ressort de 15 cm à 18 cm est

$$W = \int_{0,05}^{0,08} 800x\,dx = 800\frac{x^2}{2}\Big]_{0,05}^{0,08}$$
$$= 400[(0,08)^2 - (0,05)^2] = 1,56 \text{ J.}$$

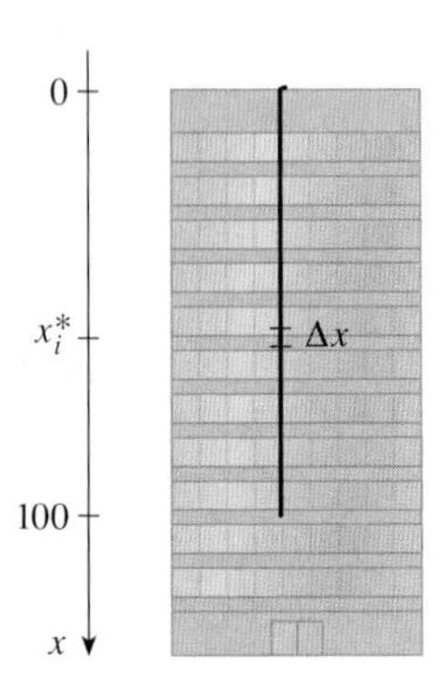

FIGURE 2

EXEMPLE 4 On veut suspendre verticalement au sommet d'un immeuble un câble dont la masse est de 200 kg et dont la longueur est de 100 m. Quel est le travail requis pour soulever le câble jusqu'au sommet de l'immeuble?

SOLUTION Dans ce cas, on ne dispose pas d'une formule pour la fonction force, mais on peut appliquer un raisonnement semblable à celui qui a mené à la définition **4**.

On fait coïncider l'origine avec le sommet de l'immeuble et on place l'axe des x à la verticale, pointant vers le bas (voir la figure 2). On divise le câble en petites longueurs mesurant chacune Δx. Si x_i^* est un point du i-ième sous-intervalle résultant de cette partition, alors tous les points de ce sous-intervalle sont soulevés environ de la même hauteur, à savoir x_i^*. Comme le câble a une masse linéaire de 2 kg par mètre, la force exercée par la gravité sur la i-ième longueur est de $2\Delta x \cdot g$. Donc, le travail requis pour soulever la i-ième longueur est, en joules,

$$\underbrace{(2\Delta x \cdot g)}_{\text{force}} \cdot \underbrace{x_i^*}_{\text{déplacement}} = 2gx_i^*\Delta x.$$

Si on fait coïncider l'origine avec l'extrémité inférieure du câble et qu'on fait pointer l'axe des x vers le haut, on obtient

$$W = \int_0^{100} 2g(100 - x)\,dx,$$

ce qui donne le même résultat.

On obtient le travail W en prenant la limite de la somme de toutes les approximations lorsque le nombre de longueurs devient très grand (de sorte que $\Delta x \to 0$):

$$W = \lim_{n\to\infty}\sum_{i=1}^{n} 2gx_i^*\Delta x = \int_0^{100} 2gx\,dx$$
$$= gx^2\Big]_0^{100} = 10\,000g = 98\,000 \text{ J.}$$

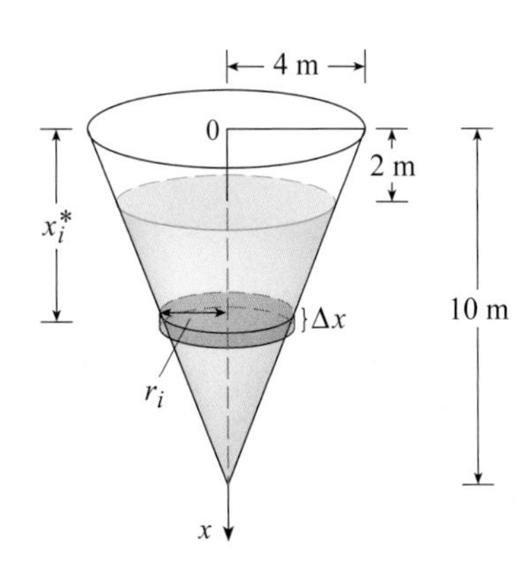

FIGURE 3

EXEMPLE 5 Un réservoir en forme de cône renversé a une hauteur de 10 m et le rayon de sa base circulaire est de 4 m. On le remplit d'eau jusqu'à une hauteur de 8 m. Déterminons le travail requis pour vider le réservoir en pompant la totalité de l'eau jusqu'au sommet du réservoir. (La masse volumique de l'eau est de 1000 kg/m³.)

SOLUTION Afin de mesurer les profondeurs à partir du sommet du réservoir, on trace un axe gradué vertical (voir la figure 3). Il y a de l'eau depuis une profondeur de 2 m jusqu'à une profondeur de 10 m; on divise donc l'intervalle [2, 10] en n sous-intervalles de même longueur dont les extrémités sont $x_0, x_1, \ldots, x_n$ et on choisit le point x_i^* appartenant au i-ième sous-intervalle. La masse d'eau est ainsi divisée en n couches et on prend comme approximation de la i-ième couche un cylindre dont la base circulaire est de rayon r_i et dont la hauteur est Δx. On déduit la valeur de r_i à l'aide de triangles semblables en se servant de la figure 4:

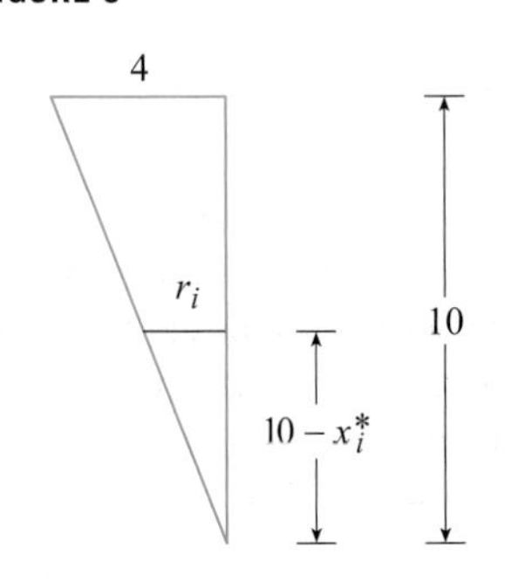

FIGURE 4

$$\frac{r_i}{10 - x_i^*} = \frac{4}{10} \qquad r_i = \frac{2}{5}(10 - x_i^*)$$

On a donc, comme valeur approchée du volume de la i-ième couche d'eau,

$$V_i \approx \pi r_i^2\Delta x = \frac{4\pi}{25}(10 - x_i^*)^2\Delta x$$

et, par conséquent, la masse de cette couche est

$$m_i = \text{masse volumique} \times \text{volume}$$
$$\approx 1000 \cdot \frac{4\pi}{25}(10 - x_i^*)^2 \Delta x = 160\pi(10 - x_i^*)^2 \Delta x.$$

La force requise pour soulever la couche d'eau doit contrer la force gravitationnelle ; donc,

$$F_i = m_i g \approx (9{,}8)160\pi(10 - x_i^*)^2 \Delta x$$
$$= 1568\pi(10 - x_i^*)^2 \Delta x.$$

Chaque particule de la couche d'eau doit parcourir une distance approximativement égale à x_i^*. Le travail W requis pour soulever la couche d'eau jusqu'au sommet est à peu près égal au produit de la force F_i et de la distance x_i^* :

$$W_i \approx F_i x_i^* \approx 1568\pi x_i^*(10 - x_i^*)^2 \Delta x.$$

On calcule le travail total requis pour vider complètement le réservoir en additionnant les valeurs du travail requis pour soulever chacune des n couches d'eau, puis on prend la limite de la somme lorsque $n \to \infty$ ($\Delta x \to 0$). Si cette limite existe, on a :

$$W = \lim_{n\to\infty} \sum_{i=1}^{n} 1568\pi x_i^*(10 - x_i^*)^2 \Delta x = \int_2^{10} 1568\pi x(10 - x)^2\, dx$$
$$= 1568\pi \int_2^{10} (100x - 20x^2 + x^3)\, dx = 1568\pi \left[50x^2 - \frac{20x^3}{3} + \frac{x^4}{4} \right]_2^{10}$$
$$= 1568\pi\left(\tfrac{2048}{3}\right) \approx 3{,}4 \times 10^6 \text{ J}.$$

Exercices 2.4

1. Un gorille dont la masse est de 160 kg grimpe à un arbre d'une hauteur de 6 m. Calculez le travail requis si le gorille atteint le sommet de l'arbre :
a) en 10 s ; b) en 5 s.

2. Quel travail effectue un palan qui hisse une pierre de 200 kg à une hauteur de 3 m ?

3. Une force variable de $5x^{-2}$ N déplace un objet situé à x m de l'origine suivant une trajectoire rectiligne. Calculez le travail qu'effectue la force lorsqu'elle déplace l'objet de $x = 1$ m à $x = 10$ m.

4. Une force de $\cos(\pi x/3)$ N agit sur une particule située à une distance de x m de l'origine. Quel travail effectue la force en déplaçant la particule de $x = 1$ à $x = 2$? Interprétez le résultat en examinant le travail effectué pour aller de $x = 1$ à $x = 1{,}5$ et de $x = 1{,}5$ à $x = 2$.

5. La figure suivante représente une fonction force (exprimée en newtons) qui augmente jusqu'à sa valeur maximale puis reste constante. Quel travail effectue cette force en déplaçant un objet sur une distance de 8 m ?

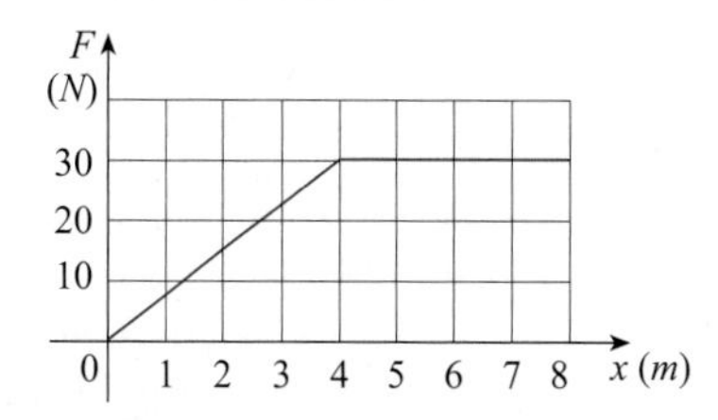

6. Le tableau suivant donne les valeurs d'une fonction force $f(x)$ où la variable x est mesurée en mètres et $f(x)$, en newtons. À l'aide de la méthode des milieux des sous-intervalles, estimez le travail qu'effectue la force en déplaçant un objet de $x = 4$ à $x = 20$.

x	4	6	8	10	12	14	16	18	20
$f(x)$	5	5,8	7,0	8,8	9,6	8,2	6,7	5,2	4,1

7. Il est nécessaire d'appliquer une force de 10 N pour maintenir un ressort étiré de 8 cm au-delà de sa longueur au repos. Quel travail effectue la force en étirant le ressort de sa longueur au repos jusqu'à 12 cm?

8. La longueur au repos d'un ressort est de 20 cm. S'il faut appliquer une force de 25 N pour le maintenir étiré à une longueur de 30 cm, quel travail doit effectuer la force pour étirer le ressort de 20 cm à 25 cm?

9. Il faut effectuer un travail de 2 J pour étirer un ressort de la longueur au repos, soit 30 cm, jusqu'à une longueur de 42 cm.

a) Quel est le travail requis pour étirer le ressort de 35 cm à 40 cm?

b) À quelle longueur au-delà de la position au repos une force de 30 N maintient-elle le ressort étiré?

10. Si le travail requis pour étirer un ressort de 1 m au-delà de sa longueur au repos est de 12 J, quel est le travail requis pour l'étirer de 75 cm au-delà de sa longueur au repos?

11. La longueur au repos d'un ressort est de 20 cm. Comparez le travail W_1 requis pour l'étirer de 20 cm à 30 cm et le travail W_2 requis pour l'étirer de 30 cm à 40 cm. Quelle relation existe-t-il entre W_2 et W_1?

12. S'il faut effectuer un travail de 6 J pour étirer un ressort de 10 cm à 12 cm et un travail de 10 J pour l'étirer de 12 cm à 14 cm, quelle est la longueur au repos du ressort?

13-20 Montrez comment on obtient une valeur approchée du travail recherché au moyen d'une somme de Riemann, puis exprimez le travail sous la forme d'une intégrale et calculez celle-ci.

13. Un câble massif d'une longueur de 16 m ayant une masse linéaire de 10 kg/m pend du sommet d'un immeuble haut de 36 m.

a) Quel est le travail requis pour hisser le câble au sommet de l'immeuble?

b) Quel est le travail requis pour hisser la moitié du câble au sommet de l'immeuble?

14. Une chaîne posée sur le sol a une longueur de 10 m et sa masse est de 80 kg. Quel est le travail requis pour soulever l'une de ses extrémités à une hauteur de 6 m?

15. On utilise un câble dont la masse linéaire est 3 kg/m pour hisser 3500 kg de charbon le long d'un puits de mine dont la profondeur est de 200 m. Quel est le travail requis pour accomplir cette tâche?

16. À l'aide d'un seau ayant une masse de 2 kg et d'un câble de masse négligeable, on tire de l'eau d'un puits ayant une profondeur de 25 m. On remplit le seau de 15 kg d'eau et on le hisse à une vitesse de 0,5 m/s, mais l'eau s'échappe par un trou dans le fond du seau à un rythme de 0,1 kg/s. Quel est le travail requis pour hisser le seau au sommet du puits?

17. On hisse à une hauteur de 12 m, à une vitesse constante et au moyen d'un câble dont la masse linéaire est de 0,8 kg/m, un seau de 10 kg posé sur le sol et dont le fond est percé. Le seau contient initialement 36 kg d'eau, mais comme l'eau s'en échappe à un rythme constant, il vient tout juste de se vider complètement lorsqu'il atteint une hauteur de 12 m. Quel travail est requis pour hisser le seau?

18. Une chaîne de 3 m de longueur ayant une masse de 10 kg est suspendue à un plafond de 4 m. Quel travail est requis pour soulever l'extrémité inférieure de la chaîne jusqu'au plafond, de manière qu'elle soit à la même hauteur que l'extrémité fixe?

19. Un aquarium de 2 m de longueur, de 1 m de largeur et de 1 m de profondeur est rempli d'eau. Quel est le travail requis pour pomper la moitié de l'eau à l'extérieur de l'aquarium? (Servez-vous du fait que la masse volumique de l'eau est de 1000 kg/m³.)

20. Une piscine circulaire ayant un diamètre de 7 m et une profondeur de 1,5 m est remplie d'eau jusqu'à un niveau de 1,2 m. Quel est le travail requis pour pomper toute l'eau à l'extérieur de la piscine? (Servez-vous du fait que la masse volumique de l'eau est de 1000 kg/m³.)

21-24 Un réservoir est rempli d'eau. Calculez le travail requis pour pomper l'eau par le bec de soutirage. Servez-vous du fait que la masse volumique de l'eau est de 1000 kg/m³.

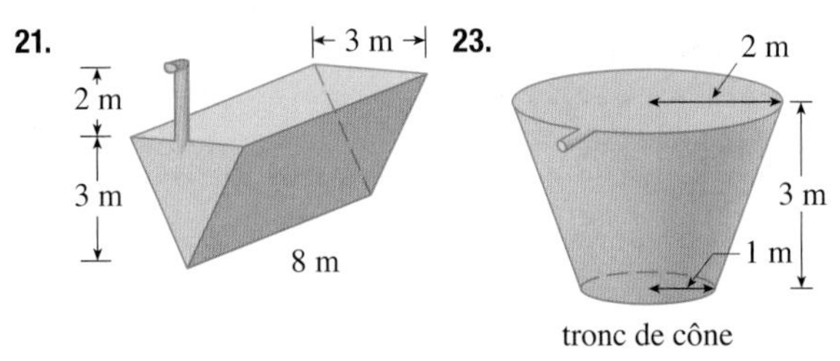

tronc de cône

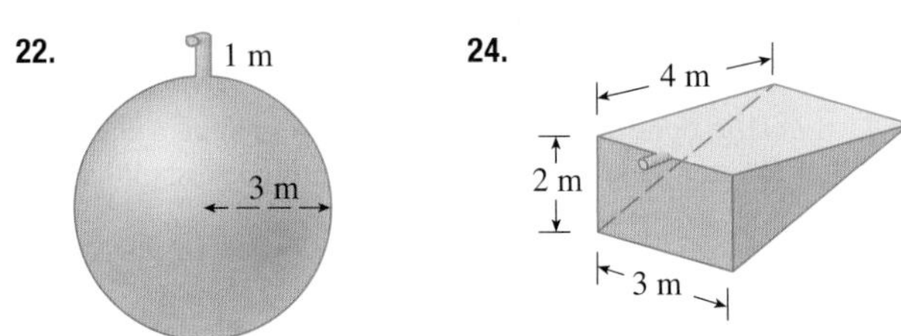

25. Dans le cas du réservoir de l'exercice 21, la pompe tombe en panne après qu'un travail de $4,7 \times 10^5$ J a été effectué. Quel est le niveau de l'eau restant dans le réservoir?

26. Résolvez l'exercice 22 en supposant cette fois que le réservoir est rempli à moitié d'une huile dont la masse volumique est de 900 kg/m³.

27. Quand un gaz contenu dans un cylindre de rayon r prend de l'expansion, la pression à un instant donné est une fonction du volume : $P = P(V)$. La force que le gaz exerce sur le piston (voir la figure) est égale au produit de la pression du gaz et de l'aire de la tête du piston : $F = \pi r^2 P$. Montrez que le travail effectué par le gaz lorsque son volume croît de V_1 à V_2 est

$$W = \int_{V_1}^{V_2} P\,dV.$$

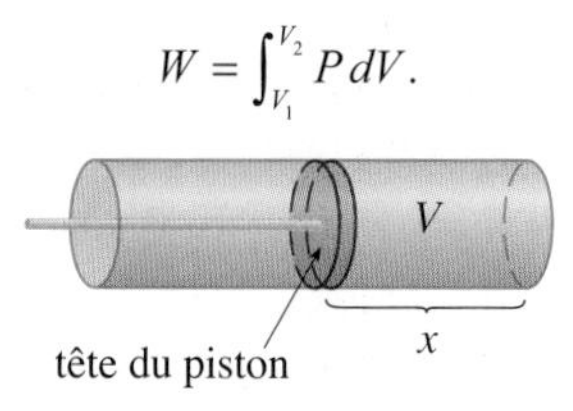

28. Dans une turbine à vapeur, la pression P et le volume V de la vapeur vérifient la relation $PV^{1,4} = k$, où k est une constante. (Cette formule est valide pour une détente adiabatique, au cours de laquelle il n'y a pas d'échange de chaleur entre le cylindre et l'extérieur.) Utilisez le résultat de l'exercice 27 pour calculer le travail effectué par la turbine durant un cycle lorsque la pression initiale de la vapeur est de 100 N/cm² et que son volume passe de 1600 cm³ à 13 000 cm³.

29. a) Selon la loi de la gravitation universelle de Newton, deux corps de masses respectives m_1 et m_2 exercent l'un sur l'autre une force d'attraction

$$F = G\frac{m_1 m_2}{r^2}$$

où r est la distance entre les deux corps et G est la constante de gravitation universelle. En supposant que l'un des corps est fixe, calculez le travail requis pour déplacer l'autre corps de $r = a$ à $r = b$.

b) Calculez le travail requis pour lancer un satellite de 1000 kg à la verticale jusqu'à une altitude de 1000 km. Supposez que la masse de la Terre est de $5{,}98 \times 10^{24}$ kg et qu'elle est concentrée en son centre, que le rayon de la Terre est de $6{,}37 \times 10^6$ m et que $G = 6{,}67 \times 10^{-11}$ N • m²/kg².

30. La grande pyramide de Gizeh, en Égypte, fut construite en pierre calcaire entre 2580 et 2560 av. J.-C., soit au cours d'une période de 20 ans. Sa base est un carré de 230 m de côté et sa hauteur initiale était de 147 m. (Elle demeura la plus haute structure d'origine humaine du monde pendant plus de 3800 ans.) La masse volumique de la pierre calcaire est d'environ 2400 kg/m³.

a) Évaluez le travail total requis pour la construction de la pyramide.

b) Si chaque ouvrier travailla 10 heures par jour pendant 20 ans, et ce, 340 jours par année, et qu'il effectua 271 J/h de travail à hisser en place des blocs de calcaire, combien a-t-il fallu d'ouvriers environ pour construire la pyramide ?

2.5 LA VALEUR MOYENNE D'UNE FONCTION

Il est facile de calculer la moyenne arithmétique d'un nombre fini de valeurs y_1, y_2, …, y_n :

$$y_{\text{moy}} = \frac{y_1 + y_2 + \cdots + y_n}{n}.$$

Cependant, comment peut-on calculer la température moyenne au cours d'une journée s'il est possible d'effectuer une infinité de lectures de cette grandeur ? La figure 1 représente la courbe de la fonction température $T(t)$, où le temps t est mesuré en heures et la température T, en degrés Celsius (°C), de même qu'une valeur hypothétique de la température moyenne T_{moy}.

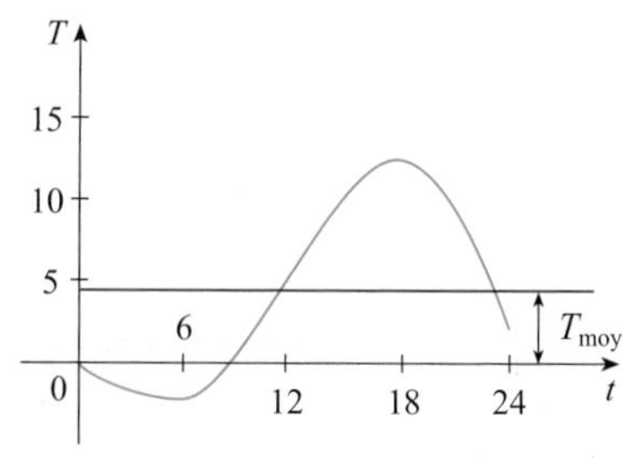

FIGURE 1

En général, si on veut calculer la valeur moyenne d'une fonction $y = f(x)$, où $a \leq x \leq b$, on divise d'abord l'intervalle $[a, b]$ en n sous-intervalles ayant tous la même longueur $\Delta x = (b - a)/n$. On choisit ensuite des points x_1^*, …, x_n^* dans des intervalles successifs, puis on calcule la moyenne des nombres $f(x_1^*)$, …, $f(x_n^*)$:

$$\frac{f(x_1^*) + \cdots + f(x_n^*)}{n}.$$

(Par exemple, si f représente une fonction température et que $n = 24$, cela signifie qu'on mesure la température à chaque heure et qu'on calcule la moyenne des lectures.) Comme $\Delta x = (b - a)/n$, on a $n = (b - a)/\Delta x$ et la valeur moyenne de f est donc égale à

$$\frac{f(x_1^*) + \cdots + f(x_n^*)}{\frac{b-a}{\Delta x}} = \frac{1}{b-a}[f(x_1^*)\Delta x + \cdots + f(x_n^*)\Delta x]$$

$$= \frac{1}{b-a}\sum_{i=1}^{n} f(x_i^*)\Delta x.$$

Si on choisit n très grand, il faut calculer la moyenne d'une grande quantité de valeurs très rapprochées. (Ce serait le cas par exemple si, afin de calculer la température moyenne, on prenait des mesures toutes les minutes ou toutes les secondes.) La valeur limite est

$$\lim_{n\to\infty} \frac{1}{b-a}\sum_{i=1}^{n} f(x_i^*)\Delta x = \frac{1}{b-a}\int_a^b f(x)\,dx$$

selon la définition de l'intégrale définie (si cette limite existe).

Dans le cas d'une fonction positive, on peut se représenter la définition de la valeur moyenne d'une fonction comme suit:

$$\frac{\text{aire}}{\text{largeur}} = \text{hauteur moyenne.}$$

On définit donc la **valeur moyenne de f** sur l'intervalle $[a, b]$ par

$$f_{\text{moy}} = \frac{1}{b-a}\int_a^b f(x)\,dx.$$

EXEMPLE 1 Déterminons la valeur moyenne de la fonction définie par $f(x) = 1 + x^2$ sur l'intervalle $[-1, 2]$.

SOLUTION Si on pose $a = -1$ et $b = 2$, alors

$$f_{\text{moy}} = \frac{1}{b-a}\int_a^b f(x)\,dx = \frac{1}{2-(-1)}\int_{-1}^{2}(1+x^2)\,dx$$

$$= \frac{1}{3}\left[x + \frac{x^3}{3}\right]_{-1}^{2} = 2.$$

Si $T(t)$ représente la température au temps t, on peut se demander s'il existe un instant particulier où la température est égale à la température moyenne. Dans le cas de la fonction température représentée dans la figure 1, il existe deux instants de ce type: juste avant midi et juste avant minuit. En général, existe-t-il un nombre c pour lequel la valeur de f est exactement égale à sa valeur moyenne, c'est-à-dire tel que $f(c) = f_{\text{moy}}$? Le théorème suivant énonce qu'il existe un tel nombre pour toute fonction continue.

LE THÉORÈME DE LA MOYENNE

Si f est une fonction continue sur $[a, b]$, alors il existe un nombre c appartenant à $[a, b]$ tel que

$$f(c) = f_{\text{moy}} = \frac{1}{b-a}\int_a^b f(x)\,dx,$$

c'est-à-dire tel que

$$\int_a^b f(x)\,dx = f(c)(b-a).$$

Il est toujours possible de rabattre une montagne (en deux dimensions) à une hauteur donnée et de se servir de la partie enlevée pour remplir les vallées de manière que le terrain devienne tout à fait plat.

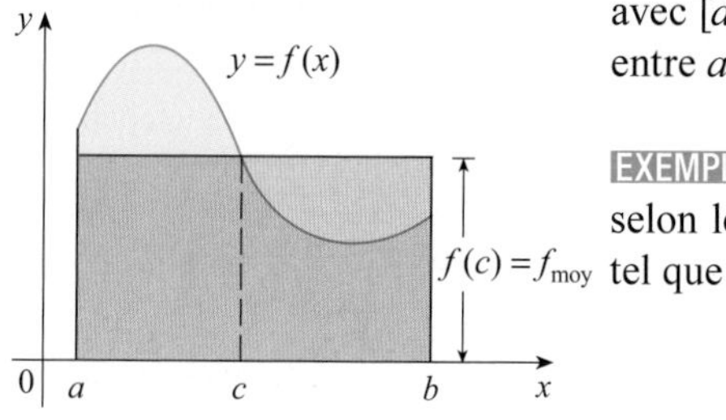

FIGURE 2

Le théorème de la moyenne découle du théorème des valeurs intermédiaires (voir l'annexe A) et du théorème fondamental du calcul. On demande d'en esquisser une preuve à l'exercice 25.

L'interprétation géométrique du théorème de la valeur moyenne, dans le cas d'une fonction f positive, est qu'il existe un nombre c tel que le rectangle dont la base coïncide avec $[a, b]$ et dont la hauteur est $f(c)$ a la même aire que la région sous la courbe de f entre a et b. (Voir la figure 2 et l'interprétation plus imagée donnée dans la légende.)

EXEMPLE 2 Puisque $f(x) = 1 + x^2$ est une fonction continue sur l'intervalle $[-1, 2]$, selon le théorème de la valeur moyenne, il existe un nombre c appartenant à $[-1, 2]$ tel que

$$\int_{-1}^{2} (1 + x^2)\,dx = f(c)[2 - (-1)].$$

Dans ce cas particulier, il est possible de déterminer c explicitement. De l'exemple 1, on tire $f_{moy} = 2$, ce qui signifie que le nombre c vérifie

$$f(c) = f_{moy} = 2.$$

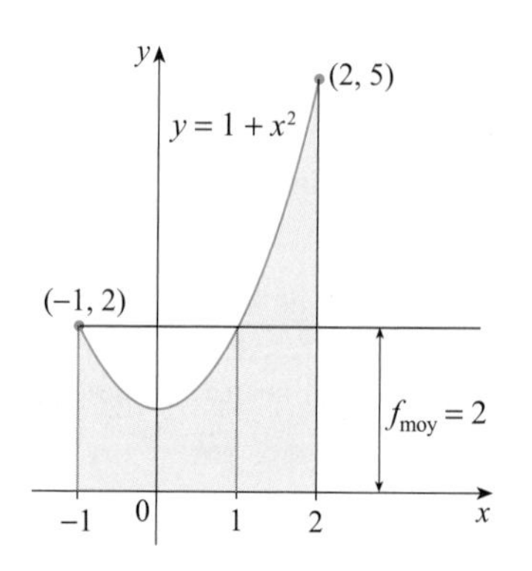

FIGURE 3

Donc,

$$1 + c^2 = 2 \text{ de sorte que } c^2 = 1.$$

Dans ce cas, il y a en fait deux nombres, soit $c = \pm 1$, appartenant à l'intervalle $[-1, 2]$ qui vérifient le théorème de la moyenne.

Les exemples 1 et 2 sont illustrés dans la figure 3.

EXEMPLE 3 Montrons que la vitesse moyenne d'une automobile durant un intervalle de temps $[t_1, t_2]$ est égale à la moyenne des valeurs de sa vitesse durant le parcours.

SOLUTION Si $s(t)$ représente le déplacement de l'automobile au temps t, alors, par définition, la vitesse moyenne de l'automobile durant l'intervalle donné est

$$\frac{\Delta s}{\Delta t} = \frac{s(t_2) - s(t_1)}{t_2 - t_1}.$$

Par ailleurs, la valeur moyenne de la fonction vitesse sur l'intervalle donné est

$$\begin{aligned} v_{moy} &= \frac{1}{t_2 - t_1}\int_{t_1}^{t_2} v(t)\,dt = \frac{1}{t_2 - t_1}\int_{t_1}^{t_2} s'(t)\,dt \\ &= \frac{1}{t_2 - t_1}[s(t_2) - s(t_1)] \quad \text{(selon le théorème de la variation nette présenté à la section 1.6)} \\ &= \frac{s(t_2) - s(t_1)}{t_2 - t_1} = \text{vitesse moyenne.} \end{aligned}$$

Exercices 2.5

1-8 Calculez la valeur moyenne de la fonction donnée dans l'intervalle indiqué.

1. $f(x) = 4x - x^2$, $[0, 4]$

2. $f(x) = \sin 4x$, $[-\pi, \pi]$

3. $g(x) = \sqrt[3]{x}$, $[1, 8]$

4. $g(t) = \dfrac{t}{\sqrt{3+t^2}}$, $[1, 3]$

5. $f(t) = e^{\sin t} \cos t$, $[0, \pi/2]$

6. $f(\theta) = \sec^2(\theta/2)$, $[0, \pi/2]$

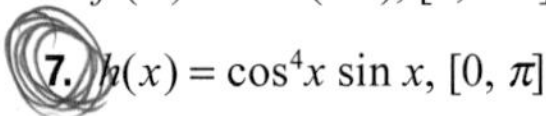

7. $h(x) = \cos^4 x \sin x$, $[0, \pi]$

8. $h(u) = (3 - 2u)^{-1}$, $[-1, 1]$

9-12

a) Calculez la valeur moyenne de la fonction f sur l'intervalle donné.

b) Déterminez le nombre c tel que $f_{\text{moy}} = f(c)$.

c) Tracez la courbe de f et un rectangle dont l'aire est égale à l'aire sous la courbe de f.

9. $f(x) = (x - 3)^2$, $[2, 5]$

10. $f(x) = 1/x$, $[1, 3]$

11. $f(x) = 2 \sin x - \sin 2x$, $[0, \pi]$

12. $f(x) = 2x/(1 + x^2)^2$, $[0, 2]$

13. Sachant que f est une fonction continue et que $\int_1^3 f(x)\,dx = 8$, montrez que f prend la valeur 4 en au moins une valeur de l'intervalle $[1, 3]$.

14. Déterminez les nombres b tels que la valeur moyenne de $f(x) = 2 + 6x - 3x^2$ sur l'intervalle $[0, b]$ est 3.

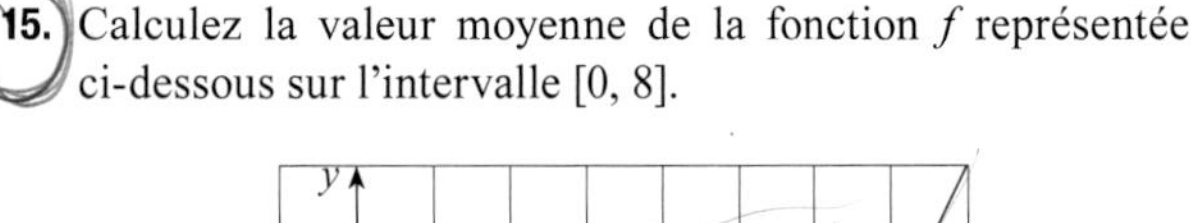

15. Calculez la valeur moyenne de la fonction f représentée ci-dessous sur l'intervalle $[0, 8]$.

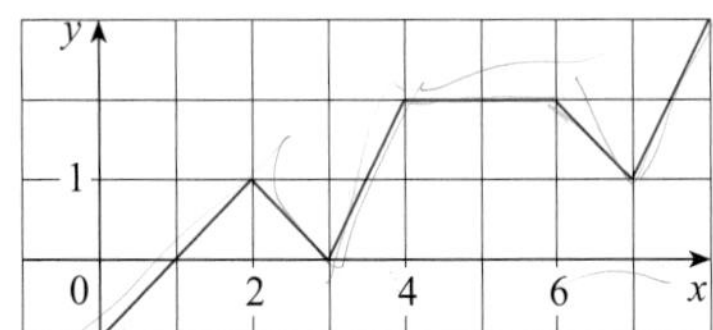

16. La courbe vitesse d'une automobile en train d'accélérer est représentée ci-dessous.

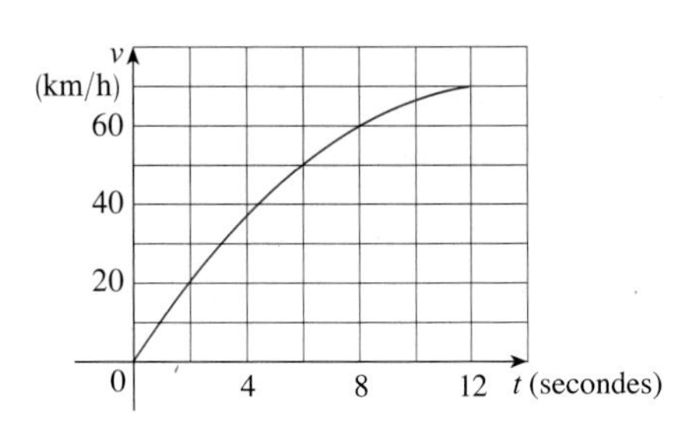

a) À l'aide de la méthode des milieux des sous-intervalles, évaluez la vitesse moyenne de l'automobile durant les 12 premières secondes.

b) À quel moment la vitesse instantanée est-elle égale à la vitesse moyenne ?

17. Dans une ville, on prend comme modèle de la température en degrés Celsius, t heures après 9 h, la fonction

$$T(t) = 10 + 8 \sin \frac{\pi t}{12}.$$

Calculez la température moyenne durant la période allant de 9 h à 21 h.

18. La vitesse v du sang circulant dans un vaisseau sanguin de rayon R et de longueur l, à une distance r de l'axe central, est

$$v(r) = \frac{P}{4\eta l}(R^2 - r^2)$$

où P est la différence de pression entre les deux extrémités du vaisseau et η est la viscosité du sang. Calculez la vitesse moyenne du sang (par rapport à r) sur l'intervalle $0 \leq r \leq R$, puis comparez la vitesse moyenne et la vitesse maximale du sang.

19. La masse linéaire d'une tige de 8 m de longueur est de $12/\sqrt{x+1}$ kg/m, où x est mesuré en mètres, depuis l'une des extrémités de la tige. Calculez la masse linéaire moyenne de la tige.

20. a) La température d'une tasse de café est de 95 °C et elle met 30 minutes à refroidir à 61 °C lorsque la température ambiante est de 20 °C. À l'aide de la loi du refroidissement de Newton ($\frac{dT}{dt} = k(T - T_a)$, où T est la température au temps t, T_a est la température ambiante et k est une constante), montrez que, après t minutes, la température du café est

$$T(t) = 20 + 75e^{-kt}$$

où $k \approx 0{,}02$.

b) Quelle est la température moyenne du café durant la première demi-heure ?

21. La formule $P(t) = 2560e^{0{,}017\,185t}$ sert de modèle de la population mondiale pendant la seconde moitié du XXe siècle. À l'aide de cette formule, évaluez la population mondiale moyenne durant cette période.

22. Si un corps en chute libre était initialement à l'état de repos, alors son déplacement est donné par $s = \frac{1}{2}gt^2$. On désigne la vitesse après un temps T par v_T. Montrez que, si on calcule la moyenne des vitesses par rapport à t, on obtient $v_{\text{moy}} = \frac{1}{2}v_T$, mais que, si on calcule la moyenne des vitesses par rapport à s, on obtient $v_{\text{moy}} = \frac{2}{3}v_T$.

23. À l'aide du résultat de l'exercice 83 de la section 1.7, calculez le volume moyen de l'air inhalé dans les poumons au cours d'un cycle respiratoire.

24. À l'aide du graphique suivant, montrez que, si la fonction f est concave vers le haut sur $[a, b]$, alors

$$f_{\text{moy}} > f\left(\frac{a+b}{2}\right).$$

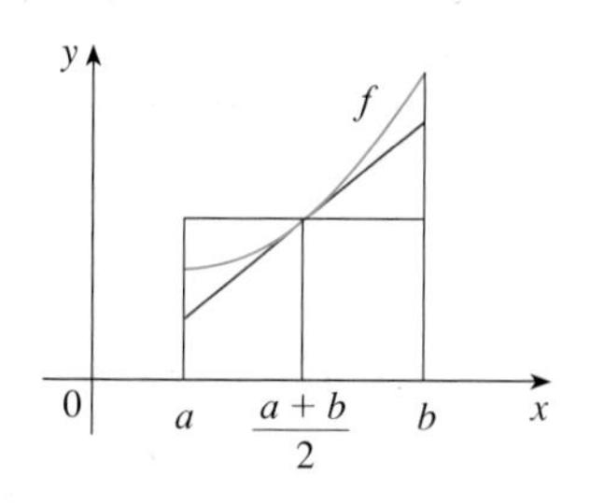

25. Démontrez le théorème de la valeur moyenne en appliquant le théorème des valeurs intermédiaires (voir l'annexe A) à la fonction $F(x) = \int_a^x f(t)\,dt$.

26. On désigne par $f_{\text{moy}}\,[a, b]$ la valeur moyenne de la fonction f sur l'intervalle $[a, b]$ et c est un nombre tel que $a < c < b$. Montrez que

$$f_{\text{moy}}[a,b] = \frac{c-a}{b-a} f_{\text{moy}}[a,c] + \frac{b-c}{b-a} f_{\text{moy}}[c,b].$$

APPLICATION

LE CALCUL INTÉGRAL ET LE BASEBALL

Boîte des frappeurs

Vue en plongée de la position d'un bâton de baseball enregistrée tous les cinquantièmes de seconde durant un mouvement du frappeur. (Illustration adaptée de Robert Adair, *The Physics of Baseball*, 3e édition, New York, Harper Perennial, 2002)

On explore ici trois des nombreuses applications du calcul différentiel et intégral au baseball. Les interactions physiques en cours de jeu, et particulièrement les collisions entre la balle et le bâton, sont assez complexes, et Robert Adair en examine en détail les modèles dans son ouvrage *The Physics of Baseball*[1].

1. Certains seront étonnés d'apprendre que la collision entre une balle de baseball et le bâton dure seulement un millième de seconde environ. On va calculer la force moyenne qui s'exerce sur le bâton durant la collision en déterminant d'abord la variation de la quantité de mouvement de la balle.

La **quantité de mouvement** p d'un objet est égale au produit de sa masse m et de sa vitesse v, c'est-à-dire que $p = mv$. Prenons le cas d'un objet décrivant un mouvement rectiligne sur lequel s'exerce une force $F = F(t)$ qui est une fonction continue du temps.

a) Montrez que la variation de la quantité de mouvement durant un intervalle de temps $[t_0, t_1]$ est égale à l'intégrale de F de t_0 à t_1, c'est-à-dire montrez que

$$p(t_1) - p(t_0) = \int_{t_0}^{t_1} F(t)\,dt.$$

On appelle cette intégrale **impulsion** de la force sur l'intervalle de temps.

b) Un lanceur envoie une balle rapide à 145 km/h à un frappeur qui renvoie une flèche directement au lanceur. La balle est en contact avec le bâton durant 0,001 s et, au moment où elle quitte le bâton, sa vitesse est de 180 km/h. Une balle de baseball pèse 1,4 N et sa masse, en kilogrammes, est donnée par $m = P/g$, où $g = 9{,}8$ m/s^2.

i) Calculez la variation de la quantité de mouvement de la balle.

ii) Calculez la force moyenne qui s'exerce sur le bâton.

1. Robert Adair, *The Physics of Baseball*, 3e édition, New York, Harper Perennial, 2002, 192 p.

2. On calcule ici le travail que doit fournir un lanceur pour envoyer une balle rapide à 145 km/h en examinant d'abord l'énergie cinétique.

L'**énergie cinétique** E_c d'un objet de masse m dont la vitesse est v est donnée par $E_c = \frac{1}{2}mv^2$. Si un objet de masse m décrivant une trajectoire rectiligne est soumis à une force $F = F(s)$ qui dépend de la position s de l'objet, selon la deuxième loi de Newton,

$$F(s) = ma = m\frac{dv}{dt}$$

où a et v désignent respectivement l'accélération et la vitesse de l'objet.

a) Montrez que le travail requis pour déplacer l'objet d'une position s_0 à une position s_1 est égal à la variation de l'énergie cinétique de l'objet, c'est-à-dire montrez que

$$W = \int_{s_0}^{s_1} F(s)\,ds = \tfrac{1}{2}mv_1^2 - \tfrac{1}{2}mv_0^2$$

où $v_0 = v(s_0)$ et $v_1 = v(s_1)$ sont respectivement les vitesses de l'objet aux positions s_0 et s_1. *Indice :* Selon la règle de dérivation en chaîne,

$$m\frac{dv}{dt} = m\frac{dv}{ds}\frac{ds}{dt} = mv\frac{dv}{ds}.$$

b) Quelle quantité de travail, en joules, faut-il pour lancer une balle de baseball à une vitesse de 145 km/h ?

3. a) Un voltigeur attrape une balle alors qu'il se trouve à 85 m du marbre et il la lance directement au receveur avec une vitesse initiale de 30 m/s. On suppose que la vitesse $v(t)$ de la balle après t secondes vérifie l'équation différentielle $dv/dt = -\frac{1}{10}v$ à cause de la résistance de l'air. Combien de temps la balle met-elle à atteindre le marbre ? (Ne tenez pas compte de tout mouvement vertical de la balle.)

b) L'entraîneur de l'équipe se demande si la balle va atteindre le marbre plus rapidement si un voltigeur la relaie. L'arrêt-court peut se placer directement entre le voltigeur et le marbre, attraper la balle lancée par le voltigeur, se retourner et lancer la balle au receveur avec une vitesse initiale de 32 m/s. L'entraîneur chronomètre que le temps que met l'arrêt-court à effectuer le relais (saisie, retournement, lancer) est de une demi-seconde. À quelle distance du marbre l'arrêt-court devrait-il se placer pour que le temps que met la balle à atteindre le marbre soit minimal ? L'entraîneur devrait-il favoriser un lancer direct ou un lancer avec relais ? Qu'en est-il si l'arrêt-court est capable de lancer la balle à 35 m/s ?

c) Quelle est la vitesse de lancement de l'arrêt-court pour laquelle un lancer avec relais prend le même temps qu'un lancer direct ?

APPLICATION LCS

OÙ VAUT-IL MIEUX S'ASSEOIR AU CINÉMA ?

L'écran d'un cinéma est situé à 3 m au-dessus du sol et sa hauteur est de 8 m. La première rangée de sièges est à 3 m de l'écran et il y a un espace de 1 m entre deux rangées successives. Le plancher sur lequel sont posés les sièges est incliné à un angle $\alpha = 20°$

par rapport à l'horizontale et on désigne par x la distance, sur le plan incliné, à laquelle vous êtes assis. Le cinéma comprend 21 rangées de sièges de sorte que $0 \leq x \leq 20$. Supposez que vous décidez que le meilleur siège se trouve dans la rangée où l'angle θ sous-tendu par la droite reliant l'écran à vos yeux est maximal et que vos yeux sont à une hauteur de 1,2 m, comme l'illustre la figure ci-contre.

1. Montrez que

$$\theta = \arccos\left(\frac{a^2 + b^2 - 64}{2ab}\right)$$

où

$$a^2 = (3 + x\cos\alpha)^2 + (9{,}8 - x\sin\alpha)^2$$

et

$$b^2 = (3 + x\cos\alpha)^2 + (x\sin\alpha - 1{,}8)^2.$$

2. À l'aide de la courbe de θ en fonction de x, évaluez la valeur de x pour laquelle θ est maximal. Dans quelle rangée vous assoiriez-vous ? Quel est l'angle de vision θ dans cette rangée ?

3. À l'aide d'un logiciel de calcul symbolique, dérivez θ et déterminez une valeur numérique de la racine de l'équation $d\theta/dx = 0$. Cette valeur confirme-t-elle le résultat obtenu au problème 2 ?

4. À l'aide de la courbe de θ, évaluez la valeur moyenne de θ sur l'intervalle $0 \leq x \leq 20$, puis calculez cette valeur avec un logiciel de calcul symbolique. Comparez le résultat avec les valeurs maximale et minimale de θ.

Révision

Compréhension des concepts

1. a) Tracez deux courbes représentatives $y = f(x)$ et $y = g(x)$, où $f(x) \geq g(x)$ pour tout $a \leq x \leq b$. Montrez ensuite comment calculer une valeur approchée de l'aire de la région entre les deux courbes au moyen d'une somme de Riemann, puis dessinez les rectangles servant d'approximation. Enfin, écrivez une expression de l'aire exacte de la région entre les deux courbes.

b) Expliquez la différence qu'on observe dans le cas où les deux courbes ont comme équations respectives $x = f(y)$ et $x = g(y)$, où $f(y) \leq g(y)$ pour tout $c \leq y \leq d$.

2. Suzanne court plus vite que Karine tout au long d'une course de 1500 mètres. Que signifie, d'un point de vue physique, l'aire de la région entre les deux courbes vitesse des coureuses pour la première minute de la compétition ?

3. a) L'aire de la section d'un solide S étant connue, expliquez comment calculer une valeur approchée du S au moyen d'une somme de Riemann, puis écrivez une expression du volume exact.

b) Comment calcule-t-on l'aire d'une section d'un solide de révolution S ?

4. a) Quel est le volume d'une coquille cylindrique ?

b) Expliquez comment on calcule le volume d'un solide de révolution au moyen de coquilles cylindriques.

c) Pourquoi préfère-t-on parfois la méthode des coquilles cylindriques à celle des tranches ?

5. On pousse un livre d'une extrémité à l'autre d'une table de 6 m de longueur en exerçant sur le livre une force $f(x)$ en chaque point compris entre $x = 0$ et $x = 6$. Que représente $\int_0^6 f(x)\,dx$? Si on mesure $f(x)$ en newtons, quelles sont les unités de l'intégrale ?

6. a) Quelle est la valeur moyenne d'une fonction f sur un intervalle $[a, b]$?

b) Qu'énonce le théorème de la valeur moyenne ? Comment l'interprète-t-on d'un point de vue géométrique ?

Exercices récapitulatifs

1-6 Calculez l'aire de la région délimitée par les courbes données.

1. $y = x^2$ et $y = 4x - x^2$

2. $y = 1/x$, $y = x^2$, $y = 0$ et $x = e$

3. $y = 1 - 2x^2$ et $y = |x|$

4. $x + y = 0$ et $x = y^2 + 3y$

5. $y = \sin(\pi x/2)$ et $y = x^2 - 2x$

6. $y = \sqrt{x}$, $y = x^2$ et $x = 2$

7-11 Calculez le volume du solide résultant de la rotation autour de l'axe indiqué de la région plane délimitée par les courbes données.

7. $y = 2x$ et $y = x^2$; l'axe des x

8. $x = 1 + y^2$ et $y = x - 3$; l'axe des y

9. $x = 0$ et $x = 9 - y^2$; la droite $x = -1$

10. $y = x^2 + 1$ et $y = 9 - x^2$; la droite $y = -1$

11. $x^2 - y^2 = a^2$ et $x = a + h$ (où $a > 0$ et $h > 0$) ; l'axe des y

12-14 Posez une intégrale permettant de calculer le volume du solide résultant de la rotation autour de l'axe indiqué de la région plane délimitée par les courbes données. (Vous n'avez pas à évaluer l'intégrale.)

12. $y = \tan x$, $y = x$ et $x = \pi/3$; l'axe des y

13. $y = \cos^2 x$, $|x| \leq \pi/2$ et $y = \frac{1}{4}$; la droite $x = \pi/2$

14. $y = \sqrt{x}$ et $y = x^2$; la droite $y = 2$

15. Calculez le volume du solide résultant de la rotation autour de la droite indiquée de la région plane délimitée par les courbes $y = x$ et $y = x^2$.
a) L'axe des x b) L'axe des y c) La droite $y = 2$

16. On désigne par $\mathcal{R}$ la région du premier quadrant délimitée par les courbes $y = x^3$ et $y = 2x - x^2$. Calculez :
a) l'aire de $\mathcal{R}$;
b) le volume du solide résultant de la rotation de $\mathcal{R}$ autour de l'axe des x ;
c) le volume du solide résultant de la rotation de $\mathcal{R}$ autour de l'axe des y.

17. On désigne par $\mathcal{R}$ la région délimitée par les courbes $y = \tan(x^2)$, $x = 1$ et $y = 0$. À l'aide de la méthode du point milieu, en prenant $n = 4$, estimez
a) l'aire de $\mathcal{R}$;
b) le volume du solide résultant de la rotation de $\mathcal{R}$ autour de l'axe des x.

18. On désigne par $\mathcal{R}$ la région délimitée par les courbes $y = 1 - x^2$ et $y = x^6 - x + 1$. Trouvez :
a) l'abscisse x des points d'intersection des deux courbes ;
b) l'aire de $\mathcal{R}$;
c) le volume du solide résultant de la rotation de $\mathcal{R}$ autour de l'axe des x ;
d) le volume du solide résultant de la rotation de $\mathcal{R}$ autour de l'axe des y.

19-22 L'intégrale donnée fournit la valeur du volume d'un solide. Décrivez celui-ci.

19. $\int_0^{\pi/2} 2\pi x \cos x \, dx$

20. $\int_0^{\pi/2} 2\pi \cos^2 x \, dx$

21. $\int_0^{\pi} \pi(2 - \sin x)^2 \, dx$

22. $\int_0^4 2\pi(6 - y)(4y - y^2) \, dy$

23. La base d'un solide est un disque de rayon 3. Calculez le volume de ce solide sachant que les sections parallèles qui sont perpendiculaires à la base sont des triangles rectangles isocèles dont l'hypoténuse repose sur la base.

24. La base d'un solide est la région délimitée par les paraboles $y = x^2$ et $y = 2 - x^2$. Calculez le volume du solide sachant que les sections perpendiculaires à l'axe des x sont des carrés dont l'un des côtés repose sur la base.

25. La hauteur d'un monument est de 20 m et une section horizontale située à une distance de x m du sommet est un triangle équilatéral dont chaque côté mesure $\frac{1}{4}x$ m. Calculez le volume de ce monument.

26. a) La base d'un solide est un carré dont les sommets sont situés en (1, 0), (0, 1), (−1, 0) et (0, −1). Chaque section perpendiculaire à l'axe des x est un demi-cercle. Calculez le volume de ce solide.
b) Montrez que, en découpant le solide décrit en a), il est possible d'assembler les morceaux de manière à former un cône. Utilisez ce fait pour calculer le volume du solide plus simplement qu'en a).

27. On doit appliquer une force de 30 N pour maintenir un ressort étiré de 12 cm, qui est sa position au repos, à 15 cm. Quel travail faut-il effectuer pour étirer le ressort de 12 cm à 20 cm ?

28. Un ascenseur de 70 kg est suspendu au moyen d'un câble de 60 m de longueur dont la masse linéaire est de 10 kg/m. Quel travail faut-il fournir pour hisser l'ascenseur du sous-sol au troisième étage, soit sur une distance de 10 m ?

29. Un réservoir rempli d'eau a la forme d'un paraboloïde de révolution (voir la figure suivante), soit un solide résultant de la rotation d'une parabole autour d'un axe vertical.
a) Si le réservoir a une hauteur de 2 m et que son rayon mesure également 2 m au sommet, quel est le travail requis pour pomper l'eau à l'extérieur du réservoir ?
b) Après qu'on a fourni 40 000 J de travail, quel est le niveau de l'eau restant dans le réservoir ?

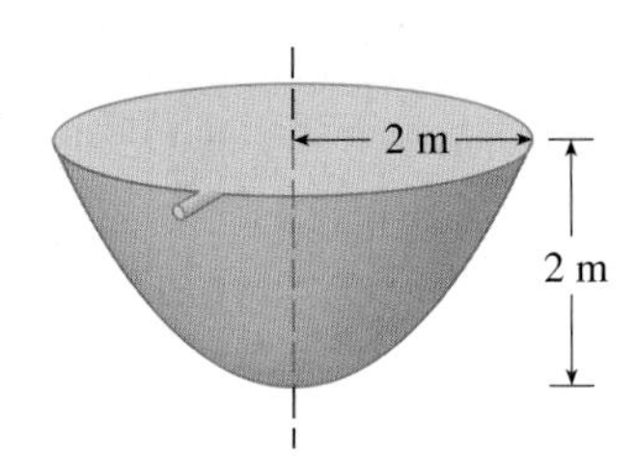

30. Calculez la valeur moyenne de la fonction $f(t) = t \sin(t^2)$ sur l'intervalle $[0, 10]$.

31. Si f est une fonction continue, quelle est la limite de la valeur moyenne de f sur l'intervalle $[x, x + h]$ lorsque $h \to 0$?

32. On désigne par $\mathcal{R}_1$ la région délimitée par les courbes $y = x^2$, $y = 0$ et $x = b$, où $b > 0$, et par $\mathcal{R}_2$ la région délimitée par les courbes $y = x^2$, $x = 0$ et $y = b^2$.

a) Existe-t-il une valeur de b telle que $\mathcal{R}_1$ et $\mathcal{R}_2$ ont la même aire ?

b) Existe-t-il une valeur de b telle que la région $\mathcal{R}_1$ engendre deux solides de même volume lorsqu'on la fait tourner successivement autour de l'axe des x et autour de l'axe des y ?

c) Existe-t-il une valeur de b telle que les régions $\mathcal{R}_1$ et $\mathcal{R}_2$ engendrent deux solides de même volume lorsqu'on les fait tourner autour de l'axe des x ?

d) Existe-t-il une valeur de b telle que les régions $\mathcal{R}_1$ et $\mathcal{R}_2$ engendrent deux solides de même volume lorsqu'on les fait tourner autour de l'axe des y ?

Problèmes supplémentaires

1. a) Trouvez une fonction continue positive f telle que l'aire de la région sous sa courbe entre 0 et t est $A(t) = t^3$ pour tout $t > 0$.

b) On produit un solide en faisant tourner autour de l'axe des x la région sous la courbe $y = f(x)$, où f est une fonction positive et $x \geq 0$. Le volume du solide résultant de la rotation de la région sous la courbe de f entre $x = 0$ et $x = b$ est b^2 pour tout $b > 0$. Quelle est cette fonction f ?

2. Une droite passant par l'origine divise la région délimitée par la parabole $y = x - x^2$ et l'axe des x en deux régions de même aire. Quelle est la pente de cette droite ?

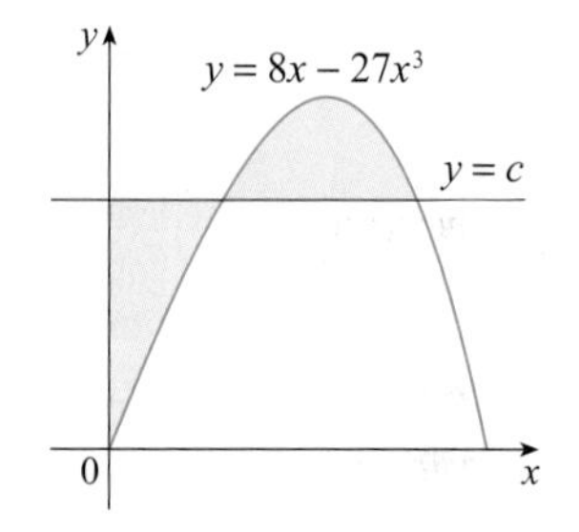

3. La figure représentée ci-contre montre une droite horizontale $y = c$ qui coupe la courbe d'équation $y = 8x - 27x^3$. Déterminez le nombre c tel que les deux régions ombrées ont la même aire.

4. On incline un cylindre en verre de rayon r et de hauteur L rempli d'eau jusqu'à ce que l'eau restant dans le cylindre couvre tout juste le fond.

a) Déterminez une façon de « trancher » l'eau de manière à obtenir des sections parallèles rectangulaires, puis posez une intégrale définie permettant de calculer le volume de l'eau contenue dans le cylindre.

b) Déterminez une façon de « trancher » l'eau de manière à obtenir des sections parallèles trapézoïdales, puis posez une intégrale définie permettant de calculer le volume de l'eau contenue dans le cylindre.

c) Calculez le volume de l'eau contenue dans le cylindre en évaluant l'intégrale posée en a) ou en b).

d) Calculez le volume de l'eau contenue dans le cylindre uniquement en faisant appel à la géométrie.

e) Si on incline le cylindre jusqu'à ce que l'eau couvre parfaitement la moitié du fond, suivant quelle direction faut-il « trancher » l'eau pour obtenir des sections triangulaires ? des sections rectangulaires ? des sections qui soient des segments circulaires ? Calculez le volume de l'eau contenue dans le cylindre.

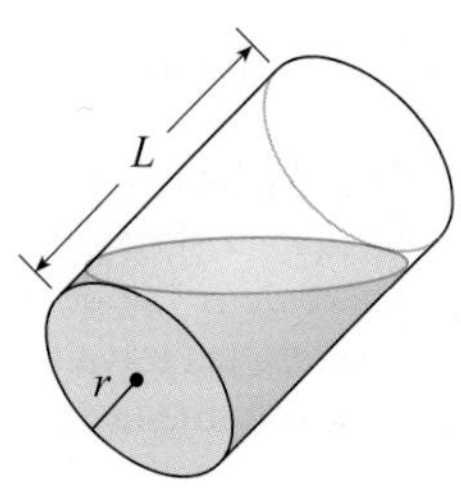

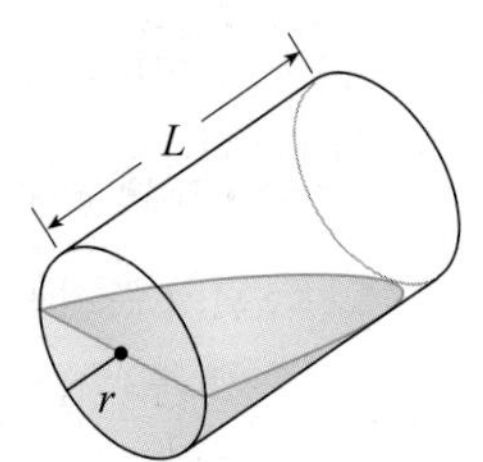

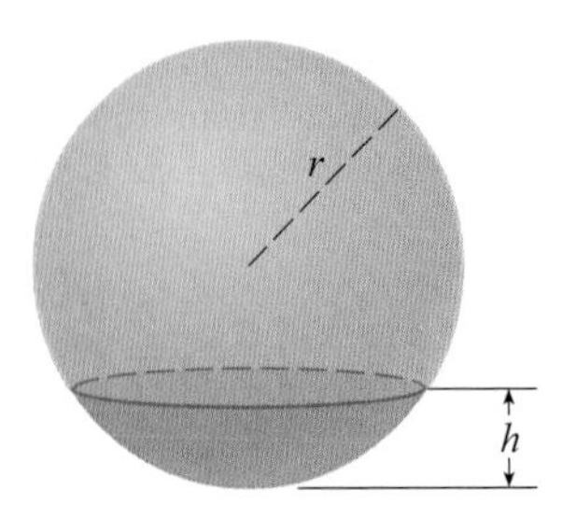

5. a) Montrez que le volume d'une calotte sphérique de hauteur h et de rayon r est

$$V = \frac{1}{3}\pi h^2(3r - h)$$

(voir la figure ci-contre).

b) Montrez que si un plan coupe une sphère de rayon 1 à une distance x du centre de la sphère de manière que le volume d'une calotte soit le double de celui de l'autre calotte, alors x est une solution de l'équation

$$3x^3 - 9x + 2 = 0$$

où $0 < x < 1$. À l'aide de la méthode de Newton, déterminez x avec une précision de quatre décimales.

c) On peut montrer à l'aide de la formule du volume d'une calotte sphérique que la profondeur x à laquelle une sphère de rayon r flottant sur l'eau s'y enfonce est égale à l'une des racines de l'équation

$$x^3 - 3rx^2 + 4r^3s = 0$$

où s est la densité relative de la sphère. Soit une sphère en bois ayant un rayon de 0,5 m et une densité relative de 0,75. Calculez la profondeur à laquelle cette sphère s'enfonce dans l'eau avec une précision de quatre décimales.

d) On fait couler de l'eau dans un bol hémisphérique de 5 cm de rayon à un rythme de 0,2 cm^3/s.

i) À quelle vitesse le niveau de l'eau dans le bol monte-t-il à l'instant où le niveau atteint 3 cm de hauteur?

ii) À un moment donné, le niveau de l'eau atteint une hauteur de 4 cm. Combien de temps faudra-t-il pour remplir le bol?

6. Selon le principe d'Archimède, la force de flottaison qui s'exerce sur un objet partiellement ou complètement immergé dans un fluide est égale au poids du fluide déplacé par l'objet. Dans le cas d'un objet de densité ρ_0 partiellement immergé dans un fluide de densité ρ_f, la poussée du fluide est $F = \rho_f g \int_{-h}^{0} A(y)\,dy$, où g est l'accélération gravitationnelle et $A(y)$ est l'aire d'une section représentative de l'objet (voir la figure suivante). Le poids de l'objet est

$$P = \rho_0 g \int_{-h}^{L-h} A(y)\,dy.$$

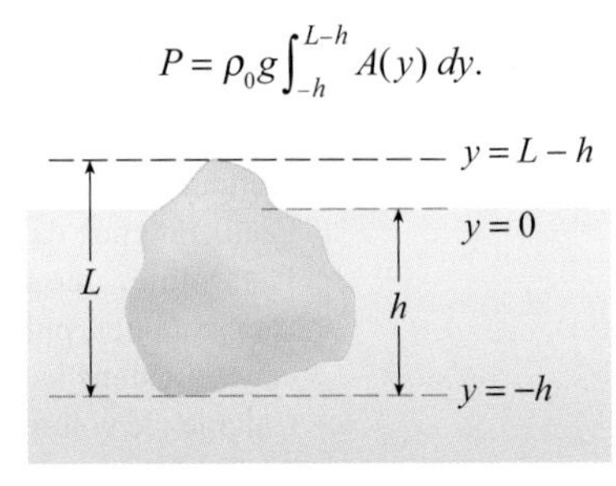

a) Montrez que le volume, en pourcentage, de la partie de l'objet qui se trouve au-dessus de la surface du liquide est

$$100\frac{\rho_f - \rho_0}{\rho_f}.$$

b) La masse volumique de la glace est de 917 kg/m^3 et celle de l'eau de mer est de 1030 kg/m^3. Quel est le volume, en pourcentage, de la partie d'un iceberg qui se trouve au-dessus de l'eau?

c) Un glaçon cubique flotte dans un verre rempli d'eau à ras bord. L'eau déborde-t-elle du verre lorsque la glace fond?

d) Une sphère de rayon de 0,4 m et ayant une masse négligeable flotte sur un grand lac d'eau douce. Quel travail faut-il fournir pour immerger totalement la sphère dans l'eau? (La masse volumique de l'eau est de 1000 kg/m^3.)

7. De l'eau contenue dans un bol non couvert s'évapore à un taux proportionnel à l'aire de la surface de l'eau. (Il s'ensuit donc que le taux de décroissance du volume est proportionnel à l'aire de la surface de l'eau.) Montrez que le niveau de l'eau diminue à un rythme constant quelle que soit la forme du bol.

8. Une sphère de rayon 1 coupe une sphère plus petite, de rayon r, de manière que leur intersection soit un cercle de rayon r. (Autrement dit, elles se coupent suivant un grand cercle de la petite sphère.) Déterminez la valeur de r afin que le volume de la région se trouvant à l'intérieur de la petite sphère et à l'extérieur de la grande sphère soit maximal.

9. La figure montre une courbe C ayant comme propriété que, pour tout point P appartenant à la courbe centrale $y = 2x^2$, les régions A et B ont la même aire. Obtenez une équation de C.

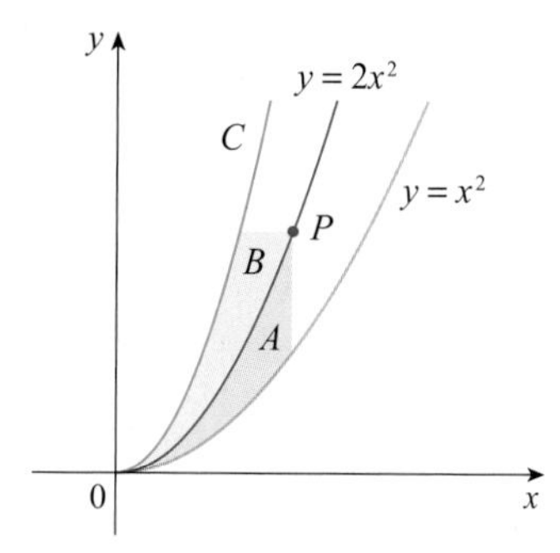

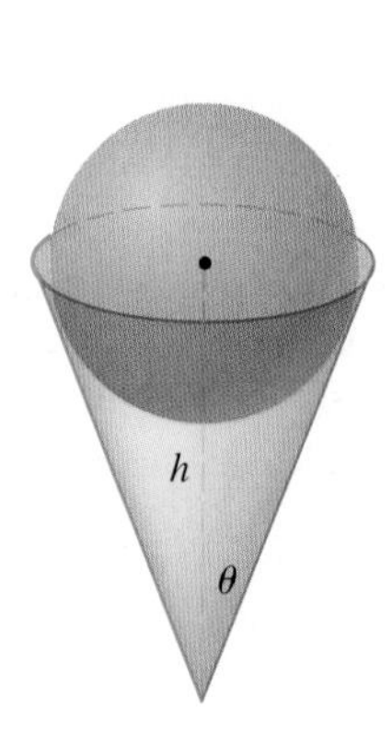

10. Un gobelet en papier rempli d'eau a la forme d'un cône de hauteur h et de demi-angle θ (voir la figure ci-contre). On place avec soin une balle sur le gobelet, ce qui fait déborder l'eau. Quel doit être le rayon de la balle afin que le volume d'eau qui s'écoule du gobelet soit maximal ?

11. Une **clepsydre**, ou horloge à eau, est constituée d'un récipient en verre dont le fond est percé d'un petit trou par lequel l'eau peut s'écouler. On calibre «l'horloge» de manière qu'elle mesure le temps en marquant sur le récipient des niveaux d'eau correspondant à des instants également espacés. On suppose que la fonction $x = f(y)$ est continue sur l'intervalle $[0, b]$ et que la forme du récipient est celle du solide résultant de la rotation de la courbe de f autour de l'axe des y. On désigne par V le volume d'eau dans le récipient et par h le niveau de l'eau au temps t.

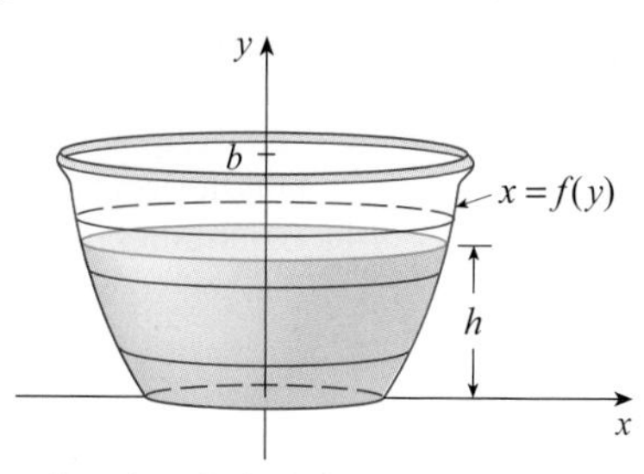

a) Exprimez V comme une fonction de h.

b) Montrez que

$$\frac{dV}{dt} = \pi[f(h)]^2 \frac{dh}{dt}.$$

c) Si A désigne l'aire du trou dans le fond du récipient, alors, selon la loi de Torricelli, le taux de variation du volume de l'eau est égal à

$$\frac{dV}{dt} = kA\sqrt{h}$$

où k est une constante négative. Donnez une formule de la fonction f telle que dh/dt soit une constante C. Quel avantage représente le fait que $dh/dt = C$?

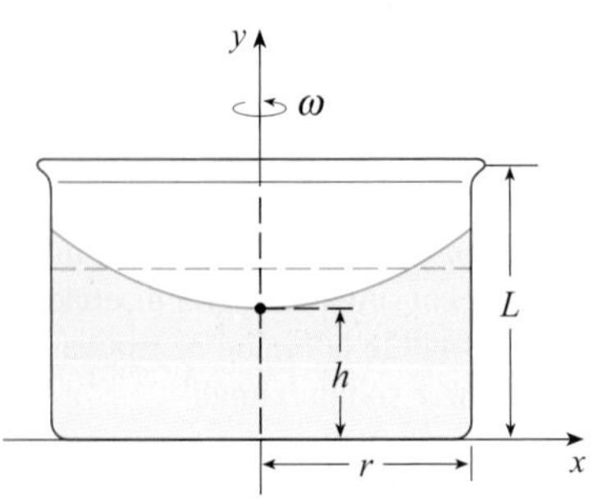

12. Un contenant cylindrique de rayon r et de hauteur L est partiellement rempli d'un liquide de volume V. Si on fait tourner le récipient autour de son axe de symétrie avec une vitesse angulaire constante ω, cela entraîne une rotation du liquide par rapport au même axe. Le liquide finit par tourner à la même vitesse angulaire que le récipient. La surface du liquide est alors convexe, comme l'illustre la figure, car la force centrifuge s'exerçant sur les particules de liquide augmente avec la distance à l'axe de symétrie du récipient. On peut montrer que la surface du liquide est un paraboloïde de révolution résultant de la rotation autour de l'axe des y de la parabole d'équation

$$y = h + \frac{\omega^2 x^2}{2g}$$

où g est l'accélération gravitationnelle.

a) Exprimez h en fonction de ω.

b) Quelle doit être la vitesse angulaire pour que la surface du liquide touche le fond ? pour que le liquide déborde du récipient ?

c) Le rayon du récipient est de 2 m et sa hauteur est de 7 m ; de plus, le récipient et le liquide tournent à une même vitesse angulaire constante. La surface du liquide se trouve à 5 m au-dessous du sommet du réservoir le long de l'axe principal et à 4 m au-dessous du sommet mesuré à 1 m de l'axe principal.

i) Déterminez la vitesse angulaire du récipient et le volume du liquide.

ii) À quelle distance du sommet du réservoir se trouve le liquide le long de la paroi ?

13. La courbe d'une fonction polynomiale de degré 3 coupe la parabole d'équation $y = x^2$ en $x = 0$, $x = a$ et $x = b$, où $0 < a < b$. Sachant que les deux régions entre les courbes ont la même aire, quelle relation existe-t-il alors entre b et a ?

LCS **14.** On veut préparer un taco avec une tortilla circulaire de 20 cm en pliant celle-ci pour lui donner la forme qu'elle aurait si on l'enroulait partiellement autour d'un cylindre à base circulaire. On remplit ensuite la tortilla à ras bord de viande, de fromage et d'autres ingrédients. Le problème est de décider de la courbe qu'il faut donner à la tortilla pour que le volume d'aliments qu'elle contiendra soit maximal.

a) On place d'abord un cylindre dont la base circulaire est de rayon r suivant un diamètre de la tortilla, puis on enroule celle-ci sur le cylindre. On désigne par x la distance entre le centre de la tortilla et un point P de son diamètre (voir la figure). Montrez que l'aire d'une section du taco par le plan passant par P et perpendiculaire à l'axe du cylindre est

$$A(x) = r\sqrt{100 - x^2} - \frac{1}{2}r^2 \sin\left(\frac{2}{r}\sqrt{100 - x^2}\right)$$

puis déterminez une expression du volume du taco.

b) Déterminez (approximativement) la valeur de r telle que le volume du taco soit maximal. (Servez-vous d'un logiciel de calcul symbolique et utilisez une approche graphique.)

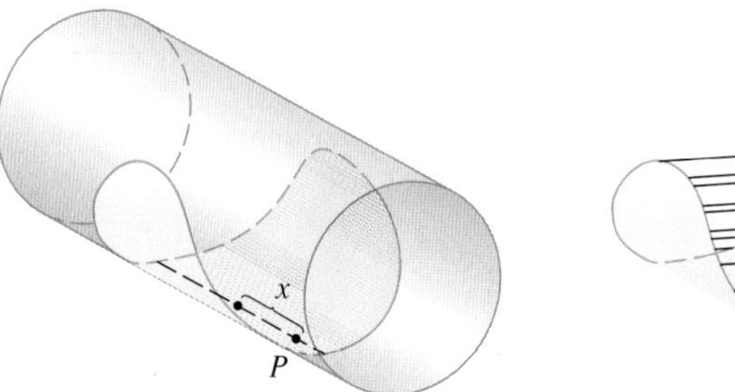

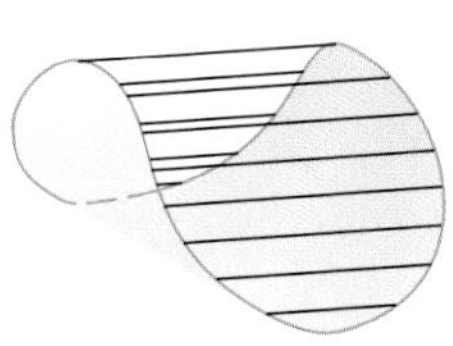

15. La tangente à la courbe $y = x^3$ au point P coupe cette même courbe en un point Q. On désigne par A l'aire de la région délimitée par la courbe et le segment de droite PQ, et par B l'aire de la région définie de façon analogue en inversant P et Q. Quelle relation existe-t-il entre A et B ?

CHAPITRE 3 LES TECHNIQUES D'INTÉGRATION

La photo représente Omega Centauri, le plus gros amas globulaire de notre galaxie, qui contient plusieurs millions d'étoiles. Les astronomes utilisent la stéréographie stellaire pour déterminer la densité réelle d'étoiles dans un amas d'après la densité (bidimensionnelle) fournie par l'analyse d'une photographie. Dans la section 3.8, on demande d'évaluer une intégrale afin de calculer la valeur perçue de la densité réelle.

Grâce au théorème fondamental du calcul différentiel et intégral, on peut intégrer une fonction si on en connaît une primitive, c'est-à-dire une intégrale indéfinie. Voici les intégrales les plus importantes étudiées jusqu'à maintenant :

$$\int x^n\,dx = \frac{x^{n+1}}{n+1} + C \quad (n \neq -1) \qquad \int \frac{1}{x}\,dx = \ln|x| + C$$

$$\int e^x\,dx = e^x + C \qquad \int a^x\,dx = \frac{a^x}{\ln a} + C$$

$$\int \sin x\,dx = -\cos x + C \qquad \int \cos x\,dx = \sin x + C$$

$$\int \sec^2 x\,dx = \tan x + C \qquad \int \csc^2 x\,dx = -\cot x + C$$

$$\int \sec x \tan x\,dx = \sec x + C \qquad \int \csc x \cot x\,dx = -\csc x + C$$

$$\int \tan x\,dx = \ln|\sec x| + C \qquad \int \cot x\,dx = \ln|\sin x| + C$$

$$\int \frac{1}{x^2+a^2}\,dx = \frac{1}{a}\arctan\left(\frac{x}{a}\right) + C \qquad \int \frac{1}{\sqrt{a^2-x^2}}\,dx = \arcsin\left(\frac{x}{a}\right) + C, \quad a > 0$$

Dans le présent chapitre, on élabore des techniques permettant d'appliquer ces formules d'intégration fondamentales de manière à obtenir des intégrales indéfinies de fonctions plus complexes. Alors que la section 1.7 présente la méthode d'intégration la plus importante, à savoir la règle du changement de variable, on peut voir dans la section 3.1 l'autre technique générale, soit l'intégration par parties. On examine ensuite des méthodes spécifiques à des classes de fonctions, telles les fonctions trigonométriques et les fonctions rationnelles.

L'intégration n'est pas aussi simple que la dérivation : il n'existe pas de règles qu'il suffit d'appliquer pour obtenir immanquablement une intégrale indéfinie d'une fonction. C'est pourquoi la section 3.5 présente une stratégie d'intégration.

3.1 L'INTÉGRATION PAR PARTIES

À chaque règle de dérivation correspond une règle d'intégration. Par exemple, la règle du changement de variable correspond à la règle de dérivation en chaîne. La règle correspondant à la règle de dérivation d'un produit s'appelle **intégration par parties**.

Selon la règle de dérivation d'un produit, si f et g sont deux fonctions dérivables, alors

$$[f(x)g(x)]' = f'(x)g(x) + f(x)g'(x)$$

ou encore

$$f(x)g'(x) = [f(x)g(x)]' - f'(x)g(x).$$

En intégrant chaque membre, on obtient

$$\int f(x)g'(x)\,dx = \int [f(x)g(x)]'\,dx - \int f'(x)g(x)\,dx,$$

ce qui donne l'égalité :

On omet la constante d'intégration de $[f(x)g(x)]'$, qui est absorbée dans l'intégrale $\int g(x)f'(x)\,dx$.

1

$$\int f(x)g'(x)\,dx = f(x)g(x) - \int g(x)f'(x)\,dx.$$

La formule **1** est nommée **formule d'intégration par parties**. Elle est peut-être plus facile à retenir si on emploie la notation suivante. Si on pose $u = f(x)$ et $v = g(x)$, alors les différentielles sont $du = f'(x)\,dx$ et $dv = g'(x)\,dx$. Ainsi, selon la règle du changement de variable, la formule d'intégration par parties s'écrit

2

$$\int u\,dv = uv - \int v\,du.$$

EXEMPLE 1 Cherchons $\int x \sin x\,dx$.

SOLUTION AVEC LA FORMULE **1** Si on pose $f(x) = x$ et $g'(x) = \sin x$, alors $f'(x) = 1$ et $g(x) = -\cos x$. (On peut choisir comme g n'importe quelle primitive de g'.) Donc, l'application de la formule **1** donne

$$\begin{aligned}\int x \sin x\,dx &= f(x)g(x) - \int g(x)f'(x)\,dx \\ &= x(-\cos x) - \int (-\cos x)\,dx \\ &= -x\cos x + \int \cos x\,dx \\ &= -x\cos x + \sin x + C.\end{aligned}$$

Il est conseillé de vérifier le résultat en calculant sa dérivée. Dans le cas présent, on obtient $x \sin x$, comme prévu.

La disposition suivante s'avère utile :

$$u = \square \qquad dv = \square$$
$$du = \square \qquad v = \square$$

SOLUTION AVEC LA FORMULE **2** Si on pose

$$u = x \qquad dv = \sin x \, dx$$

alors

$$du = dx \qquad v = -\cos x$$

et, par conséquent,

On remarque qu'il n'est pas nécessaire d'ajouter la constante d'intégration de la partie dv. En effet, les nouveaux termes générés par l'introduction de cette constante s'annulent et la constante restante est absorbée dans $\int v \, du$:

$$\begin{aligned}\int u \, dv &= u(v + C_1) - \int (v + C_1) \, du \\ &= uv + C_1 u - \int v \, du - \int C_1 \, du \\ &= uv + C_1 u - \int v \, du - C_1(u + C_2) \\ &= uv + C_1 u - \int v \, du - C_1 u - C_1 C_2 \\ &= uv - \int v \, du - C_1 C_2 \\ &= uv - \int v \, du.\end{aligned}$$

$$\begin{aligned}\int x \sin x \, dx &= \int \overset{u}{x} \overbrace{\sin x \, dx}^{dv} = \overset{u}{x} \overbrace{(-\cos x)}^{v} - \int \overbrace{(-\cos x)}^{v} \overset{du}{dx} \\ &= -x \cos x + \int \cos x \, dx \\ &= -x \cos x + \sin x + C.\end{aligned}$$

NOTE Le but de l'emploi de l'intégration par parties est d'obtenir une intégrale plus simple que celle qu'on cherche à évaluer. Ainsi, dans l'exemple 1, on cherche $\int x \sin x \, dx$, qu'on exprime à l'aide de l'intégrale plus simple $\int \cos x \, dx$. Si on pose plutôt $u = \sin x$ et $dv = x \, dx$, alors $du = \cos x \, dx$ et $v = x^2/2$, de sorte que l'intégration par parties donne

$$\int x \sin x \, dx = (\sin x)\frac{x^2}{2} - \frac{1}{2}\int x^2 \cos x \, dx.$$

Bien que cette égalité soit vérifiée, $\int x^2 \cos x \, dx$ est encore plus difficile à évaluer que l'intégrale initiale. En général, quand on choisit les parties u et dv, on tente de faire en sorte que $u = f(x)$ soit une fonction dont la dérivée est plus simple (ou au moins pas plus complexe) que la fonction elle-même en s'assurant qu'on peut facilement intégrer $dv = g'(x) \, dx$ de manière à obtenir v.

EXEMPLE 2 Calculons $\int \ln x \, dx$.

SOLUTION Dans ce cas, le choix de u et de dv est limité. Si on pose

$$u = \ln x \qquad dv = dx$$

alors

$$du = \frac{1}{x} \, dx \qquad v = x$$

et, en appliquant l'intégration par parties, on obtient

$\int 1 \, dx$ s'écrit également $\int dx$.

$$\begin{aligned}\int \ln x \, dx &= x \ln x - \int x \frac{dx}{x} \\ &= x \ln x - \int dx \\ &= x \ln x - x + C.\end{aligned}$$

Il vaut toujours mieux vérifier le résultat en calculant sa dérivée.

L'intégration par parties est efficace dans le cas présent parce que la dérivée de la fonction $f(x) = \ln x$ est plus simple que f.

EXEMPLE 3 Cherchons $\int t^2 e^t \, dt$.

SOLUTION On sait que la dérivée de t^2 est plus simple que cette puissance (tandis que e^t reste inchangé quand on le dérive ou l'intègre). On pose donc

$$u = t^2 \qquad dv = e^t \, dt$$

ce qui donne

$$du = 2t \, dt \qquad v = e^t.$$

En appliquant l'intégration par parties, on a

3 $$\int t^2 e^t \, dt = t^2 e^t - 2\int te^t \, dt.$$

L'intégrale obtenue, à savoir $\int te^t \, dt$, est plus simple que l'intégrale initiale, mais elle n'est quand même pas facile à évaluer. On applique donc l'intégration par parties une seconde fois en posant cette fois $u = t$ et $dv = e^t \, dt$. On a ainsi $du = dt$, $v = e^t$ et

$$\int te^t \, dt = te^t - \int e^t \, dt$$
$$= te^t - e^t + C.$$

En remplaçant, dans l'égalité **3**, l'intégrale par l'expression obtenue, on a

$$\int t^2 e^t \, dt = t^2 e^t - 2\int te^t \, dt$$
$$= t^2 e^t - 2(te^t - e^t + C)$$
$$= t^2 e^t - 2te^t + 2e^t + C_1 \quad \text{où } C_1 = -2C.$$

EXEMPLE 4 Calculons $\int e^x \sin x \, dx$.

SOLUTION Ni la dérivée de e^x ni celle de $\sin x$ ne sont plus simples que les fonctions elles-mêmes, mais on pose quand même $u = e^x$ et $dv = \sin x \, dx$. On a alors $du = e^x \, dx$ et $v = -\cos x$, de sorte que l'intégration par parties donne

4 $$\int e^x \sin x \, dx = -e^x \cos x + \int e^x \cos x \, dx.$$

La dernière intégrale, à savoir $\int e^x \cos x \, dx$, n'est pas plus simple que l'intégrale initiale, mais au moins elle n'est pas plus difficile à évaluer. Une double application de l'intégration par parties ayant donné de bons résultats dans le dernier exemple, on tente de l'utiliser aussi dans le cas présent. Cette fois, on pose $u = e^x$ et $dv = \cos x \, dx$, ce qui donne $du = e^x \, dx$, $v = \sin x$ et

5 $$\int e^x \cos x \, dx = e^x \sin x - \int e^x \sin x \, dx.$$

La figure 1, qui illustre l'exemple 4, montre les courbes de $f(x) = e^x \sin x$ et $F(x) = \frac{1}{2}e^x(\sin x - \cos x)$. On constate que $f(x) = 0$ quand F atteint un maximum ou un minimum, ce qui fournit une vérification graphique du résultat obtenu.

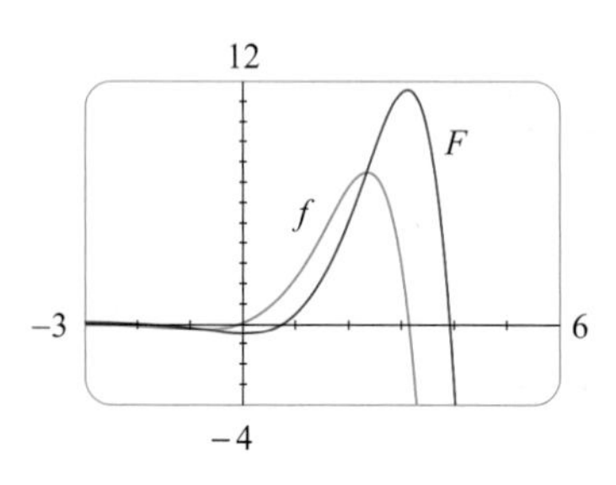

FIGURE 1

Au premier coup d'œil, il semble que toutes ces manipulations aient été inutiles puisqu'on obtient $\int e^x \sin x \, dx$, qui est précisément l'intégrale initiale. Cependant, si on remplace $\int e^x \cos x \, dx$ par son expression tirée de l'égalité **5** dans l'égalité **4**, on a

$$\int e^x \sin x \, dx = -e^x \cos x + e^x \sin x - \int e^x \sin x \, dx.$$

On peut considérer qu'il s'agit d'une « équation » à résoudre par rapport à l'intégrale à calculer. En additionnant $\int e^x \sin x \, dx$ à chaque membre de l'équation, on obtient

$$2\int e^x \sin x \, dx = -e^x \cos x + e^x \sin x + C_1$$

puis, en divisant chaque membre de l'égalité par 2, on obtient

$$\int e^x \sin x \, dx = \tfrac{1}{2}e^x(\sin x - \cos x) + C, \text{ où } C = C_1/2.$$

En combinant la formule de l'intégration par parties et la partie 2 du théorème fondamental du calcul différentiel et intégral, on peut évaluer des intégrales définies par parties. En évaluant chaque membre de la formule **1** entre a et b, en supposant que f' et g' sont des fonctions continues et en appliquant le théorème fondamental, on obtient

6
$$\int_a^b f(x)g'(x)\,dx = f(x)g(x)\Big]_a^b - \int_a^b g(x)f'(x)\,dx.$$

EXEMPLE 5 Évaluons $\int_0^1 \arctan x\,dx$.

SOLUTION Si on pose

$$u = \arctan x \qquad dv = dx$$

alors

$$du = \frac{dx}{1+x^2} \qquad v = x.$$

Donc, selon la formule **6**,

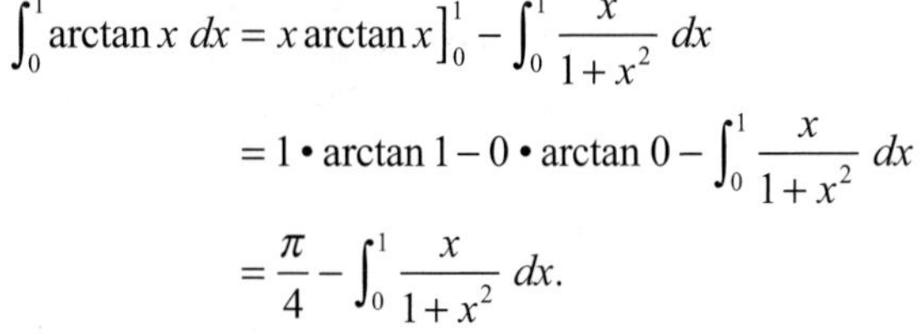

$$\begin{aligned}\int_0^1 \arctan x\,dx &= x\arctan x\Big]_0^1 - \int_0^1 \frac{x}{1+x^2}\,dx\\ &= 1\cdot\arctan 1 - 0\cdot\arctan 0 - \int_0^1 \frac{x}{1+x^2}\,dx\\ &= \frac{\pi}{4} - \int_0^1 \frac{x}{1+x^2}\,dx.\end{aligned}$$

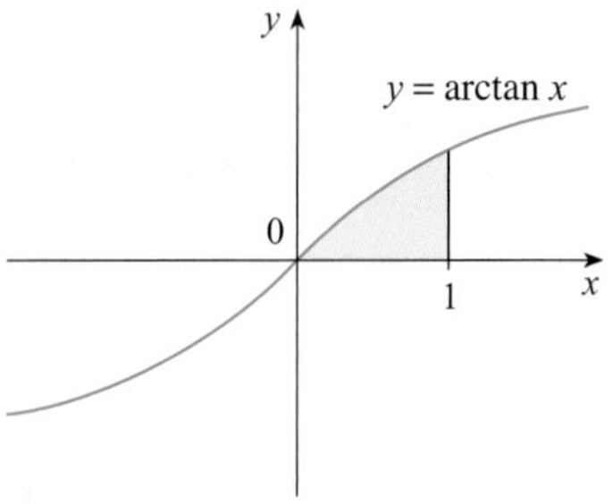

FIGURE 2

Étant donné que $\arctan x \geq 0$ pour tout $x \geq 0$, on peut interpréter l'intégrale de l'exemple 5 comme l'aire de la région représentée dans la figure 2.

Pour évaluer la dernière intégrale, on effectue le changement de variable $t = 1 + x^2$ (puisque u a une autre signification dans le développement). On a $dt = 2x\,dx$, de sorte que $x\,dx = \frac{1}{2}dt$. Si $x = 0$, alors $t = 1$ et, si $x = 1$, alors $t = 2$; il s'ensuit que

$$\begin{aligned}\int_0^1 \frac{x}{1+x^2}\,dx &= \frac{1}{2}\int_1^2 \frac{dt}{t} = \frac{1}{2}\ln|t|\Big]_1^2\\ &= \frac{1}{2}(\ln 2 - \ln 1) = \frac{1}{2}\ln 2.\end{aligned}$$

Donc,

$$\int_0^1 \arctan x\,dx = \frac{\pi}{4} - \int_0^1 \frac{x}{1+x^2}\,dx = \frac{\pi}{4} - \frac{\ln 2}{2}.$$

EXEMPLE 6 Démontrons la formule de réduction

7
$$\int \sin^n x\,dx = -\frac{1}{n}\cos x\sin^{n-1}x + \frac{n-1}{n}\int \sin^{n-2}x\,dx$$

où $n \geq 2$ est un entier.

L'égalité **7** est appelée **formule de réduction** parce que l'exposant n est réduit à $n-1$ et $n-2$.

SOLUTION Si on pose

$$u = \sin^{n-1} x \qquad dv = \sin x\,dx$$

alors

$$du = (n-1)\sin^{n-2} x\cos x\,dx \qquad v = -\cos x$$

et, en appliquant l'intégration par parties, on obtient

$$\int \sin^n x \, dx = -\cos x \sin^{n-1} x + (n-1)\int \sin^{n-2} x \cos^2 x \, dx.$$

Étant donné que $\cos^2 x = 1 - \sin^2 x$,

$$\int \sin^n x \, dx = -\cos x \sin^{n-1} x + (n-1)\int \sin^{n-2} x \, dx - (n-1)\int \sin^n x \, dx.$$

Tout comme dans l'exemple 4, on résout cette équation par rapport à l'intégrale recherchée en transférant le dernier terme du membre de droite dans le membre de gauche, ce qui donne

$$n\int \sin^n x \, dx = -\cos x \sin^{n-1} x + (n-1)\int \sin^{n-2} x \, dx$$

ou encore

$$\int \sin^n x \, dx = -\frac{1}{n}\cos x \sin^{n-1} x + \frac{n-1}{n}\int \sin^{n-2} x \, dx.$$

La formule de réduction **7** est utile parce qu'en l'appliquant à répétition on peut en venir à exprimer $\int \sin^n x \, dx$ par rapport à $\int \sin x \, dx$ (si n est impair) ou à $\int (\sin x)^0 \, dx = \int dx$ (si n est pair).

Exercices 3.1

1-2 Calculez l'intégrale donnée en appliquant l'intégration par parties avec les expressions indiquées de u et de dv.

1. $\int x^2 \ln x \, dx$; $u = \ln x$ et $dv = x^2 \, dx$

2. $\int \theta \cos\theta \, d\theta$; $u = \theta$ et $dv = \cos\theta \, d\theta$

3-23 Calculez l'intégrale donnée.

3. $\int x \cos 5x \, dx$

4. $\int y e^{0,2y} \, dy$

5. $\int t e^{-3t} \, dt$

6. $\int (x-1)\sin \pi x \, dx$

7. $\int (x^2 + 2x)\cos x \, dx$

8. $\int t^2 \sin \beta t \, dt$

9. $\int \ln \sqrt[3]{x} \, dx$

10. $\int \arcsin x \, dx$

11. $\int \arctan 4t \, dt$

12. $\int p^5 \ln p \, dp$

13. $\int t \sec^2 2t \, dt$

14. $\int s 2^s \, ds$

15. $\int (\ln x)^2 \, dx$

16. $\int t \sin mt \, dt$

17. $\int e^{2\theta} \sin 3\theta \, d\theta$

18. $\int e^{-\theta} \cos 2\theta \, d\theta$

19. $\int z^3 e^z \, dz$

20. $\int x \tan^2 x \, dx$

21. $\int \frac{x e^{2x}}{(1+2x)^2} \, dx$

22. $\int (\arcsin x)^2 \, dx$

23. $\int \cos x \ln(\sin x) \, dx$

24-36 Évaluez l'intégrale donnée.

24. $\int_0^{1/2} x \cos \pi x \, dx$

25. $\int_0^1 (x^2+1)e^{-x} \, dx$

26. $\int_0^1 t \cos t \, dt$

27. $\int_4^9 \frac{\ln y}{\sqrt{y}} \, dy$

28. $\int_1^3 r^3 \ln r \, dr$

29. $\int_0^{2\pi} t^2 \sin 2t \, dt$

30. $\int_0^1 \frac{y}{e^{2y}} \, dy$

31. $\int_1^{\sqrt{3}} \arctan(1/x) \, dx$

32. $\int_0^{1/2} \arccos x \, dx$

33. $\int_1^2 \frac{(\ln x)^2}{x^3} \, dx$

34. $\int_0^1 \frac{r^3}{\sqrt{4+r^2}} \, dr$

35. $\int_1^2 x^4 (\ln x)^2 \, dx$

36. $\int_0^t e^s \sin(t-s) \, ds$

37-42 Effectuez d'abord un changement de variable, puis calculez l'intégrale en appliquant l'intégration par parties.

37. $\int \cos\sqrt{x} \, dx$

38. $\int t^3 e^{-t^2} \, dt$

39. $\int_{\sqrt{\pi/2}}^{\sqrt{\pi}} \theta^3 \cos(\theta^2) \, d\theta$

40. $\int_0^{\pi} e^{\cos t} \sin 2t \, dt$

41. $\int x \ln(1+x) \, dx$

42. $\int \sin(\ln x) \, dx$

43-46 Calculez l'intégrale indéfinie donnée. Illustrez le problème et vérifiez si votre résultat est vraisemblable en traçant les courbes respectives de la fonction et de sa primitive (en posant $C = 0$).

43. $\int xe^{-2x}\, dx$

44. $\int x^{3/2} \ln x\, dx$

45. $\int x^3\sqrt{1+x^2}\, dx$

46. $\int x^2 \sin 2x\, dx$

47. a) À l'aide de la formule de réduction **7** de l'exemple 6, montrez que

$$\int \sin^2 x\, dx = \frac{x}{2} - \frac{\sin 2x}{4} + C.$$

b) À l'aide de l'égalité démontrée en a) et de la formule de réduction, calculez $\int \sin^4 x\, dx$.

48. a) Démontrez la formule de réduction

$$\int \cos^n x\, dx = \frac{1}{n}\cos^{n-1} x \sin x + \frac{n-1}{n}\int \cos^{n-2} x\, dx.$$

b) À l'aide de la formule démontrée en a), calculez $\int \cos^2 x\, dx$.

c) À l'aide de la formule démontrée en a) et du résultat obtenu en b), calculez $\int \cos^4 x\, dx$.

49. a) À l'aide de la formule de réduction de l'exemple 6, montrez que

$$\int_0^{\pi/2} \sin^n x\, dx = \frac{n-1}{n}\int_0^{\pi/2} \sin^{n-2} x\, dx$$

où $n \geq 2$ est un entier.

b) À l'aide de la formule démontrée en a), évaluez

$$\int_0^{\pi/2} \sin^3 x\, dx \text{ et } \int_0^{\pi/2} \sin^5 x\, dx.$$

c) À l'aide de la formule de l'exercice a), démontrez que, pour toute puissance impaire de la fonction sinus,

$$\int_0^{\pi/2} \sin^{2n+1} x\, dx = \frac{2 \cdot 4 \cdot 6 \cdot \cdots \cdot 2n}{3 \cdot 5 \cdot 7 \cdot \cdots \cdot (2n+1)}.$$

50. Montrez que, pour toute puissance paire de la fonction sinus,

$$\int_0^{\pi/2} \sin^{2n} x\, dx = \frac{1 \cdot 3 \cdot 5 \cdot \cdots \cdot (2n-1)}{2 \cdot 4 \cdot 6 \cdot \cdots \cdot 2n}\frac{\pi}{2}.$$

51-54 À l'aide de l'intégration par parties, démontrez la formule de réduction donnée.

51. $\int (\ln x)^n\, dx = x(\ln x)^n - n\int (\ln x)^{n-1}\, dx$

52. $\int x^n e^x\, dx = x^n e^x - n\int x^{n-1} e^x\, dx$

53. $\int \tan^n x\, dx = \frac{\tan^{n-1} x}{n-1} - \int \tan^{n-2} x\, dx \quad (n \neq 1)$

54. $\int \sec^n x\, dx = \frac{\tan x \sec^{n-2} x}{n-1} + \frac{n-2}{n-1}\int \sec^{n-2} x\, dx \quad (n \neq 1)$

55. À l'aide de la formule démontrée dans l'exercice 51, calculez $\int (\ln x)^3\, dx$.

56. À l'aide de la formule démontrée dans l'exercice 52, calculez $\int x^4 e^x\, dx$.

57-58 Calculez l'aire de la région délimitée par les courbes données.

57. $y = x^2 \ln x$ et $y = 4 \ln x$.

58. $y = x^2 e^{-x}$ et $y = xe^{-x}$.

59-60 Tracez un graphique pour déterminer approximativement l'abscisse des points d'intersection des courbes données, puis calculez une valeur approximative de l'aire de la région délimitée par ces courbes.

59. $y = \arcsin\left(\frac{1}{2}x\right)$ et $y = 2 - x^2$.

60. $y = x \ln(x + 1)$ et $y = 3x - x^2$.

61-63 À l'aide de la méthode des coquilles cylindriques, calculez le volume du solide résultant de la rotation de la région délimitée par les courbes données autour de l'axe indiqué.

61. $y = \cos(\pi x/2)$ et $y = 0$, $0 \leq x \leq 1$; l'axe des y.

62. $y = e^x$, $y = e^{-x}$ et $x = 1$; l'axe des y.

63. $y = e^{-x}$, $y = 0$, $x = -1$ et $x = 0$; la droite $x = 1$.

64. Calculez le volume du solide résultant de la rotation de la région délimitée par les courbes d'équations respectives $y = \ln x$, $y = 0$ et $x = 2$ autour de l'axe indiqué.
a) L'axe des y. b) L'axe des x.

65. Calculez la valeur moyenne de $f(x) = x \sec^2 x$ sur l'intervalle $[0, \pi/4]$.

66. Une fusée accélère en consommant le combustible qu'elle transporte, de sorte que sa masse diminue avec le temps. On suppose que la masse initiale d'une fusée (y compris le combustible) au moment du décollage est m, qu'elle consomme du combustible à un taux r et que les gaz d'échappement sont éjectés à une vitesse constante v_e (relative à la fusée). On prend comme modèle de la vitesse de la fusée au temps t l'équation

$$v(t) = -gt - v_e \ln\frac{m - rt}{m}$$

où g est l'accélération gravitationnelle et t ne prend pas de très grandes valeurs. Étant donné que $g = 9{,}8$ m/s², $m = 30\,000$ kg, $r = 160$ kg/s et $v_e = 3000$ m/s, calculez l'altitude à laquelle se trouve la fusée une minute après le décollage.

67. La vitesse d'une particule se déplaçant sur une trajectoire rectiligne est $v(t) = t^2e^{-t}$ m/s après t secondes. Quelle distance la particule parcourt-elle durant les t premières secondes ?

68. Étant donné que $f(0) = g(0) = 0$ et que f'' et g'' sont des fonctions continues, montrez que

$$\int_0^a f(x)g''(x)\, dx = f(a)g'(a) - f'(a)g(a) + \int_0^a f''(x)g(x)\, dx.$$

69. Étant donné que $f(1) = 2, f(4) = 7, f'(1) = 5, f'(4) = 3$ et que f'' est une fonction continue, évaluez $\int_1^4 xf''(x)\,dx$.

70. a) À l'aide de l'intégration par parties, montrez que

$$\int f(x)\,dx = xf(x) - \int xf'(x)\,dx.$$

b) Étant donné que f et g sont deux fonctions réciproques et que f' est continue, montrez que

$$\int_a^b f(x)\,dx = bf(b) - af(a) - \int_{f(a)}^{f(b)} g(y)\,dy.$$

(*Indice :* Utilisez l'égalité démontrée en a) et effectuez le changement de variable $y = f(x)$.)

c) Dans le cas où f et g sont aussi des fonctions positives et que $b > a > 0$, esquissez un graphique qui donne une interprétation géométrique de l'égalité démontrée en b).

d) À l'aide de l'équation démontrée en b), évaluez $\int_1^e \ln x\,dx$.

71. On a prouvé la formule **2** de la section 2.3, à savoir $V = \int_a^b 2\pi x f(x)\,dx$, à l'aide de la méthode des coquilles cylindriques, mais il est aussi possible de la démontrer par la méthode du découpage décrite dans la section 2.2 en faisant appel à l'intégration par parties, du moins dans le cas où f est une fonction bijective, de sorte qu'elle possède une fonction réciproque g. À l'aide de la figure suivante, montrez que

$$V = \pi b^2 d - \pi a^2 c - \int_c^d \pi[g(y)]^2\,dy.$$

Effectuez le changement de variable $y = f(x)$, puis appliquez l'intégration par parties à l'intégrale obtenue de manière à démontrer que

$$V = \int_a^b 2\pi x f(x)\,dx.$$

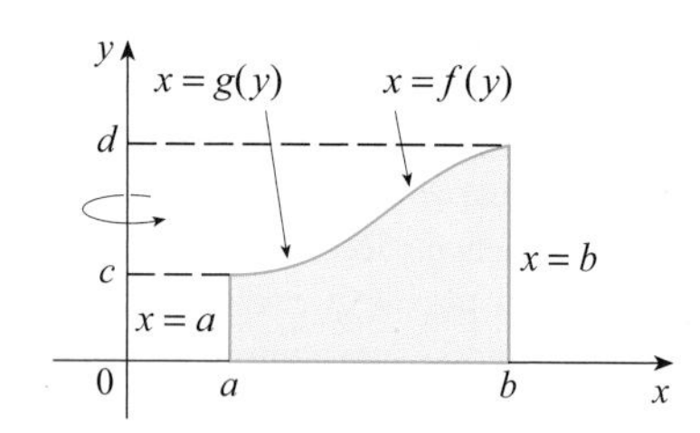

72. Soit $I_n = \int_0^{\pi/2} \sin^n x\,dx$.

a) Montrez que $I_{2n+2} \leq I_{2n+1} \leq I_{2n}$.

b) À l'aide de la formule de l'exercice 50, montrez que

$$\frac{I_{2n+2}}{I_{2n}} = \frac{2n+1}{2n+2}.$$

c) À l'aide des résultats obtenus en a) et en b), montrez que

$$\frac{2n+1}{2n+2} \leq \frac{I_{2n+1}}{I_{2n}} \leq 1$$

puis que cela implique que $\lim_{n\to\infty} I_{2n+1}/I_{2n} = 1$.

d) À l'aide du résultat obtenu en c) et des formules des exercices 49 et 50, montrez que

$$\lim_{n\to\infty} \frac{2}{1}\cdot\frac{2}{3}\cdot\frac{4}{3}\cdot\frac{4}{5}\cdot\frac{6}{5}\cdot\frac{6}{7}\cdot\cdots\cdot\frac{2n}{2n-1}\cdot\frac{2n}{2n+1} = \frac{\pi}{2}.$$

On écrit généralement cette dernière formule sous la forme d'un produit infini :

$$\frac{\pi}{2} = \frac{2}{1}\cdot\frac{2}{3}\cdot\frac{4}{3}\cdot\frac{4}{5}\cdot\frac{6}{5}\cdot\frac{6}{7}\cdot\cdots = \prod_{n=1}^{\infty}\frac{2n}{2n-1}\cdot\frac{2n}{2n+1}$$

qu'on appelle **produit de Wallis**.

e) On construit des rectangles comme suit : on trace d'abord un carré d'aire 1, puis des rectangles d'aire 1 alternativement à côté ou au-dessus du rectangle précédent, comme dans la figure ci-dessous. Évaluez la limite à l'infini des rapports de la longueur à la largeur de ces rectangles.

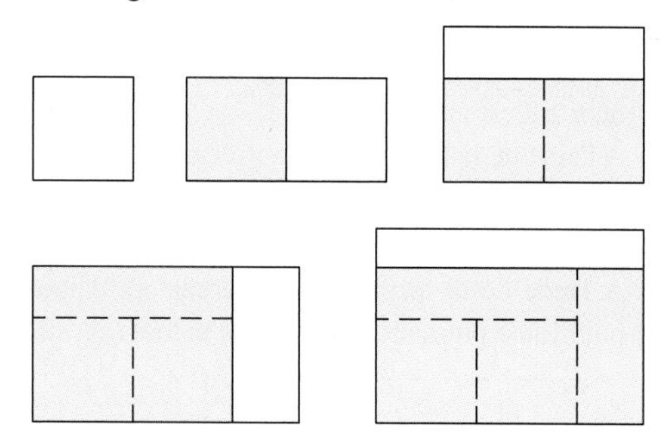

3.2 LES INTÉGRALES DE FONCTIONS TRIGONOMÉTRIQUES

La présente section porte sur l'utilisation des identités trigonométriques pour intégrer des combinaisons de fonctions trigonométriques, en commençant par des puissances des fonctions sinus et cosinus.

EXEMPLE 1 Calculons $\int \cos^3 x\,dx$.

SOLUTION Le simple changement de variable $u = \cos x$ n'est d'aucune utilité puisque alors $du = -\sin x\,dx$. Si on veut intégrer par changement de variable une puissance de la fonction cosinus, on a besoin d'un facteur $\sin x$ additionnel. De même, pour intégrer par changement de variable une puissance de la fonction sinus, on a besoin d'un facteur $\cos x$ additionnel. Dans le cas présent, on peut isoler un facteur $\cos x$ et transformer le facteur $\cos^2 x$ restant en une expression contenant $\sin x$ à l'aide de l'identité $\sin^2 x + \cos^2 x = 1$:

$$\cos^3 x = \cos^2 x \cdot \cos x = (1 - \sin^2 x)\cos x.$$

Il devient possible de calculer l'intégrale en effectuant le changement de variable $u = \sin x$. On a alors $du = \cos x\, dx$ et

$$\begin{aligned}\int \cos^3 x\, dx &= \int \cos^2 x \cdot \cos x\, dx = \int (1 - \sin^2 x)\cos x\, dx \\ &= \int (1 - u^2)\, du = u - \tfrac{1}{3}u^3 + C \\ &= \sin x - \tfrac{1}{3}\sin^3 x + C.\end{aligned}$$

En général, on essaie d'écrire un intégrande contenant des puissances des fonctions sinus et cosinus sous une forme renfermant un seul facteur sin (et le reste de l'expression en termes de cosinus) ou un seul facteur cosinus (et le reste de l'expression en termes de sinus). L'identité $\sin^2 x + \cos^2 x = 1$ sert à passer de puissances paires de la fonction sinus à des puissances paires de la fonction cosinus, et vice-versa.

La figure 1 représente les courbes respectives de l'intégrande $\sin^5 x \cos^2 x$ de l'exemple 2 et de son intégrale indéfinie (où $C = 0$). Laquelle est laquelle?

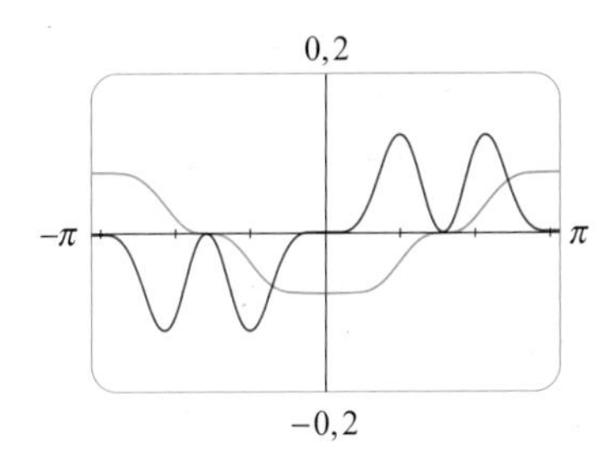

FIGURE 1

EXEMPLE 2 Déterminons $\int \sin^5 x \cos^2 x\, dx$.

SOLUTION Il est possible de transformer $\cos^2 x$ en $1 - \sin^2 x$, mais on obtient ainsi une expression en $\sin x$ ne contenant pas de facteur $\cos x$. On choisit plutôt d'isoler un facteur $\sin x$ et de récrire le facteur restant $\sin^4 x$ sous une forme contenant $\cos x$:

$$\sin^5 x \cos^2 x = (\sin^2 x)^2 \cos^2 x \sin x = (1 - \cos^2 x)^2 \cos^2 x \sin x.$$

Le changement de variable $u = \cos x$ donne $du = -\sin x\, dx$ et, par conséquent,

$$\begin{aligned}\int \sin^5 x \cos^2 x\, dx &= \int (\sin^2 x)^2 \cos^2 x \sin x\, dx \\ &= \int (1 - \cos^2 x)^2 \cos^2 x \sin x\, dx \\ &= \int (1 - u^2)^2 u^2 (-du) \\ &= -\int (u^2 - 2u^4 + u^6)\, du \\ &= -\left(\frac{u^3}{3} - 2\frac{u^5}{5} + \frac{u^7}{7}\right) + C \\ &= -\tfrac{1}{3}\cos^3 x + \tfrac{2}{5}\cos^5 x - \tfrac{1}{7}\cos^7 x + C.\end{aligned}$$

Dans les exemples précédents, la présence d'une puissance impaire de la fonction sinus ou cosinus permet d'isoler un facteur unique et de transformer la puissance paire restante. Cependant, cette technique n'est pas applicable si l'intégrande contient des puissances paires des deux fonctions. Dans ce dernier cas, on tire parti des identités sur le demi-angle suivantes :

$$\sin^2 x = \tfrac{1}{2}(1 - \cos 2x) \quad \text{et} \quad \cos^2 x = \tfrac{1}{2}(1 + \cos 2x).$$

Selon l'exemple 3, l'aire de la région représentée dans la figure 2 est $\pi/2$.

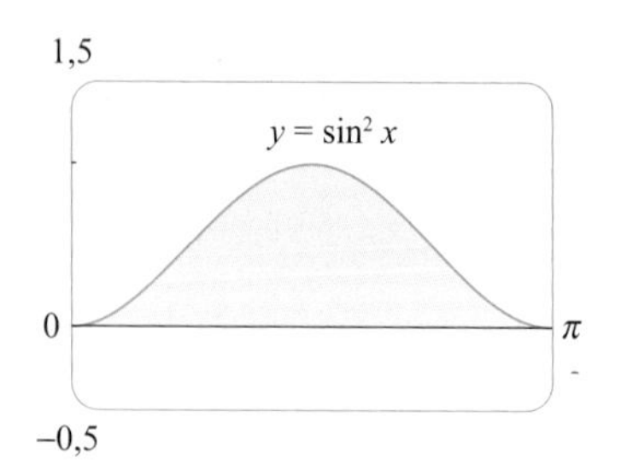

FIGURE 2

EXEMPLE 3 Évaluons $\int_0^{\pi} \sin^2 x \, dx$.

SOLUTION La transformation $\sin^2 x = 1 - \cos^2 x$ ne simplifie pas l'évaluation de l'intégrale. Cependant, en appliquant la formule du demi-angle de $\sin^2 x$, on obtient

$$\begin{aligned}
\int_0^{\pi} \sin^2 x \, dx &= \tfrac{1}{2}\int_0^{\pi} (1 - \cos 2x)\, dx \\
&= \left[\tfrac{1}{2}(x - \tfrac{1}{2}\sin 2x)\right]_0^{\pi} \\
&= \tfrac{1}{2}(\pi - \tfrac{1}{2}\sin 2\pi) - \tfrac{1}{2}(0 - \tfrac{1}{2}\sin 0) = \tfrac{1}{2}\pi.
\end{aligned}$$

Il est à noter qu'on effectue mentalement le changement de variable $u = 2x$ quand on intègre $\cos 2x$. Une autre méthode pour calculer la même intégrale est décrite dans l'exercice 47 de la section 3.1.

EXEMPLE 4 Déterminons $\int \sin^4 x \, dx$.

SOLUTION Il est possible de calculer cette intégrale à l'aide de la formule de réduction de $\int \sin^n x \, dx$ (voir l'équation **7** de la section 3.1) et du résultat de l'exemple 3 (comme dans l'exercice 47 de la section 3.1), mais il est plus commode d'écrire $\sin^4 x = (\sin^2 x)^2$ et d'appliquer une formule du demi-angle :

$$\begin{aligned}
\int \sin^4 x \, dx &= \int (\sin^2 x)^2 \, dx \\
&= \int \left(\frac{1 - \cos 2x}{2}\right)^2 dx \\
&= \tfrac{1}{4}\int (1 - 2\cos 2x + \cos^2 2x)\, dx.
\end{aligned}$$

Étant donné que $\cos^2 2x$ est présent dans la dernière intégrale, il faut utiliser une autre formule du demi-angle :

$$\cos^2 2x = \tfrac{1}{2}(1 + \cos 4x).$$

On obtient ainsi

$$\begin{aligned}
\int \sin^4 x \, dx &= \tfrac{1}{4}\int [1 - 2\cos 2x + \tfrac{1}{2}(1 + \cos 4x)]\, dx \\
&= \tfrac{1}{4}\int (\tfrac{3}{2} - 2\cos 2x + \tfrac{1}{2}\cos 4x)\, dx \\
&= \tfrac{1}{4}(\tfrac{3}{2}x - \sin 2x + \tfrac{1}{8}\sin 4x) + C.
\end{aligned}$$

Voici, en résumé, des lignes directrices pour le calcul d'intégrales de la forme $\int \sin^m x \cos^n x \, dx$, où $m \geq 0$ et $n \geq 0$ sont des entiers.

TECHNIQUE POUR LE CALCUL DE $\int \sin^m x \cos^n x \, dx$

a) Si la puissance de cos est impaire ($n = 2k + 1$), on isole un facteur cos et on applique l'identité $\cos^2 x = 1 - \sin^2 x$ pour exprimer les facteurs restants en termes de sin :

$$\begin{aligned}
\int \sin^m x \cos^{2k+1} x \, dx &= \int \sin^m x (\cos^2 x)^k \cos x \, dx \\
&= \int \sin^m x (1 - \sin^2 x)^k \cos x \, dx.
\end{aligned}$$

On effectue ensuite le changement de variable $u = \sin x$.

TECHNIQUE POUR LE CALCUL DE $\int \sin^m x \cos^n x \, dx$ (SUITE)

b) Si la puissance de sin est impaire ($m = 2k + 1$), on isole un facteur sin et on applique l'identité $\sin^2 x = 1 - \cos^2 x$ pour exprimer les facteurs restants en termes de cos :

$$\int \sin^{2k+1} x \cos^n x \, dx = \int (\sin^2 x)^k \cos^n x \sin x \, dx$$
$$= \int (1 - \cos^2 x)^k \cos^n x \sin x \, dx.$$

On effectue ensuite le changement de variable $u = \cos x$. (Il est à noter que si les puissances des fonctions sinus et cosinus sont toutes deux impaires, on peut employer indifféremment la technique a) ou b).)

c) Si les puissances des fonctions sinus et cosinus sont toutes deux paires, on applique des identités du demi-angle :

$$\sin^2 x = \tfrac{1}{2}(1 - \cos 2x) \qquad \cos^2 x = \tfrac{1}{2}(1 + \cos 2x).$$

Il s'avère parfois utile d'employer l'identité

$$\sin x \cos x = \tfrac{1}{2} \sin 2x.$$

Une technique similaire peut servir à calculer des intégrales de la forme $\int \tan^m x \sec^n x \, dx$. Étant donné que $(d/dx) \tan x = \sec^2 x$, il est possible d'isoler un facteur $\sec^2 x$ et de transformer la puissance (paire) restante de la fonction sécante en une expression contenant la fonction tangente à l'aide de l'identité $\sec^2 x = 1 + \tan^2 x$. Ou encore, puisque $(d/dx) \sec x = \sec x \tan x$, on peut isoler un facteur $\sec x \tan x$ et transformer la puissance (paire) restante de la fonction tangente en une expression contenant la fonction sécante.

EXEMPLE 5 Calculons $\int \tan^6 x \sec^4 x \, dx$.

SOLUTION En isolant un facteur $\sec^2 x$, il est possible d'exprimer le facteur $\sec^2 x$ restant en termes de la fonction tangente à l'aide de l'identité $\sec^2 x = 1 + \tan^2 x$. On peut alors calculer l'intégrale en effectuant le changement de variable $u = \tan x$, qui donne $du = \sec^2 x \, dx$, de sorte que

$$\int \tan^6 x \sec^4 x \, dx = \int \tan^6 x \sec^2 x \sec^2 x \, dx$$
$$= \int \tan^6 x (1 + \tan^2 x) \sec^2 x \, dx$$
$$= \int u^6 (1 + u^2) \, du = \int (u^6 + u^8) \, du$$
$$= \frac{u^7}{7} + \frac{u^9}{9} + C$$
$$= \tfrac{1}{7} \tan^7 x + \tfrac{1}{9} \tan^9 x + C.$$

EXEMPLE 6 Déterminons $\int \tan^5 \theta \sec^7 \theta \, d\theta$.

SOLUTION Si on isole un facteur $\sec^2 \theta$, comme dans l'exemple précédent, il reste un facteur $\sec^5 \theta$ qu'il n'est pas facile de transformer en une expression contenant la fonction tangente. Cependant, si on isole un facteur $\sec \theta \tan \theta$, il est possible de transformer la puissance restante de $\tan \theta$ en une expression où n'intervient que la fonction sécante, en employant l'identité $\tan^2\theta = \sec^2\theta - 1$. On peut alors calculer l'intégrale en effectuant le changement de variable $u = \sec\theta$, qui donne $du = \sec\theta\tan\theta\, d\theta$, de sorte que

$$\begin{aligned}\int \tan^5\theta \sec^7\theta\, d\theta &= \int \tan^4\theta \sec^6\theta \sec\theta \tan\theta\, d\theta \\ &= \int (\sec^2\theta - 1)^2 \sec^6\theta \sec\theta \tan\theta\, d\theta \\ &= \int (u^2 - 1)^2 u^6\, du \\ &= \int (u^{10} - 2u^8 + u^6)\, du \\ &= \frac{u^{11}}{11} - 2\frac{u^9}{9} + \frac{u^7}{7} + C \\ &= \tfrac{1}{11}\sec^{11}\theta - \tfrac{2}{9}\sec^9\theta + \tfrac{1}{7}\sec^7\theta + C.\end{aligned}$$

Les exemples précédents illustrent des techniques de calcul des intégrales de la forme $\int \tan^m x \sec^n x\, dx$ dans deux cas différents. En voici un résumé.

TECHNIQUE POUR LE CALCUL DE $\int \tan^m x \sec^n x\, dx$

a) Si la puissance de $\sec x$ est paire ($n = 2k$, où $k \geq 2$), on isole un facteur $\sec^2 x$ et, à l'aide de l'identité $\sec^2 x = 1 + \tan^2 x$, on exprime les facteurs restants en termes de $\tan x$:

$$\begin{aligned}\int \tan^m x \sec^{2k} x\, dx &= \int \tan^m x (\sec^2 x)^{k-1} \sec^2 x\, dx \\ &= \int \tan^m x (1 + \tan^2 x)^{k-1} \sec^2 x\, dx.\end{aligned}$$

On pose ensuite le changement de variable $u = \tan x$.

b) Si la puissance de $\tan x$ est impaire ($m = 2k + 1$), on isole un facteur $\sec x \tan x$ et, à l'aide de l'identité $\tan^2 x = \sec^2 x - 1$, on exprime les facteurs restants en termes de $\sec x$:

$$\begin{aligned}\int \tan^{2k+1} x \sec^n x\, dx &= \int (\tan^2 x)^k \sec^{n-1} x \sec x \tan x\, dx \\ &= \int (\sec^2 x - 1)^k \sec^{n-1} x \sec x \tan x\, dx.\end{aligned}$$

On effectue ensuite le changement de variable $u = \sec x$.

Il existe d'autres cas où il est moins évident de déterminer la technique à utiliser. On peut avoir à se servir d'identités, de l'intégration par parties et, à l'occasion, d'un peu d'astuce. Il arrive qu'on doive intégrer $\tan x$ en appliquant la formule **5** élaborée dans la section 1.7.

$$\int \tan x\, dx = \ln|\sec x| + C$$

On doit aussi connaître l'intégrale indéfinie de la fonction sécante.

C'est James Gregory qui a trouvé la formule **1**, en 1668. Il l'utilisa pour résoudre un problème survenu lors de l'établissement de tables de navigation.

1

$$\int \sec x\, dx = \ln|\sec x + \tan x| + C$$

James Gregory

On doit la première formulation de la règle de dérivation en chaîne au mathématicien écossais James Gregory (1638-1675), qui a aussi créé le télescope à réflexion. Gregory a découvert les fondements du calcul infinitésimal presque en même temps que Newton. Premier professeur de mathématiques à l'Université St. Andrews, il devint aussi professeur à l'Université d'Édimbourg, un poste qu'il n'occupa qu'une année, puisqu'il mourut à l'âge de 36 ans.

On peut vérifier la formule **1** en prenant la dérivée de chaque membre ou en procédant comme suit. On multiplie d'abord le numérateur et le dénominateur de l'intégrande par $\sec x + \tan x$:

$$\begin{aligned}\int \sec x\, dx &= \int \sec x \frac{\sec x + \tan x}{\sec x + \tan x}\, dx \\ &= \int \frac{\sec^2 x + \sec x \tan x}{\sec x + \tan x}\, dx.\end{aligned}$$

En effectuant le changement de variable $u = \sec x + \tan x$, on a $du = (\sec x \tan x + \sec^2 x)\, dx$, de sorte que l'intégrale s'écrit $\int (1/u)\, du = \ln|u| + C$. Donc,

$$\int \sec x\, dx = \ln|\sec x + \tan x| + C.$$

EXEMPLE 7 Déterminons $\int \tan^3 x\, dx$.

SOLUTION Dans ce cas, l'intégrande ne contient que $\tan x$; on utilise donc $\tan^2 x = \sec^2 x - 1$ pour exprimer un facteur $\tan^2 x$ en termes de $\sec^2 x$:

$$\begin{aligned}\int \tan^3 x\, dx &= \int \tan x \tan^2 x\, dx = \int \tan x(\sec^2 x - 1)\, dx \\ &= \int \tan x \sec^2 x\, dx - \int \tan x\, dx \\ &= \frac{\tan^2 x}{2} - \ln|\sec x| + C.\end{aligned}$$

Dans la première intégrale, on effectue mentalement le changement de variable $u = \tan x$, ce qui donne $du = \sec^2 x\, dx$.

Si l'intégrande contient une puissance paire de la fonction tangente et une puissance impaire de la fonction sécante, il s'avère utile de l'exprimer entièrement en termes de $\sec x$. L'intégration d'une puissance de $\sec x$ s'effectue parfois par parties, comme l'illustre l'exemple suivant.

EXEMPLE 8 Déterminons $\int \sec^3 x\, dx$.

SOLUTION Dans ce cas, on utilise l'intégration par parties comme suit :

$$\begin{aligned} u &= \sec x & dv &= \sec^2 x\, dx \\ du &= \sec x \tan x\, dx & v &= \tan x\end{aligned}$$

On a donc

$$\begin{aligned}\int \sec^3 x\, dx &= \sec x \tan x - \int \sec x \tan^2 x\, dx \\ &= \sec x \tan x - \int \sec x(\sec^2 x - 1)\, dx \\ &= \sec x \tan x - \int \sec^3 x\, dx + \int \sec x\, dx.\end{aligned}$$

En appliquant la formule **1** et en résolvant l'égalité obtenue par rapport à l'intégrale recherchée, on obtient

$$\int \sec^3 x\, dx = \tfrac{1}{2}\left(\sec x \tan x + \ln|\sec x + \tan x|\right) + C.$$

Les intégrales comme celle du dernier exemple peuvent sembler très particulières, mais on les rencontre souvent dans les applications de l'intégration, comme on peut le voir dans le chapitre 4. Les intégrales de la forme $\int \cot^m x \csc^n x\,dx$ s'évaluent à l'aide de techniques similaires grâce à l'identité $1 + \cot^2 x = \csc^2 x$.

Enfin, on peut faire appel à une autre classe d'identités trigonométriques.

Les identités portant sur les produits de fonctions trigonométriques sont données à la page de référence 2, à la fin du livre.

2 Pour calculer les intégrales a) $\int \sin mx \cos nx\,dx$, b) $\int \sin mx \sin nx\,dx$ et c) $\int \cos mx \cos nx\,dx$, on emploie l'identité correspondante :

a) $\sin A \cos B = \frac{1}{2}[\sin(A-B) + \sin(A+B)]$

b) $\sin A \sin B = \frac{1}{2}[\cos(A-B) - \cos(A+B)]$

c) $\cos A \cos B = \frac{1}{2}[\cos(A-B) + \cos(A+B)]$

EXEMPLE 9 Calculons $\int \sin 4x \cos 5x\,dx$.

SOLUTION On peut calculer cette intégrale en appliquant l'intégration par parties, mais il est plus simple de se servir de l'identité **2** a) :

$$\begin{aligned}\int \sin 4x \cos 5x\,dx &= \int \tfrac{1}{2}[\sin(-x) + \sin 9x]\,dx \\ &= \tfrac{1}{2}\int(-\sin x + \sin 9x)\,dx \\ &= \tfrac{1}{2}(\cos x - \tfrac{1}{9}\cos 9x) + C.\end{aligned}$$

Exercices 3.2

1-49 Évaluez l'intégrale donnée.

1. $\int \sin^2 x \cos^3 x\,dx$
2. $\int \sin^3\theta \cos^4\theta\,d\theta$
3. $\int_0^{\pi/2} \sin^7\theta \cos^5\theta\,d\theta$
4. $\int_0^{\pi/2} \sin^5 x\,dx$
5. $\int \sin^2(\pi x)\cos^5(\pi x)\,dx$
6. $\int \frac{\sin^3(\sqrt{x})}{\sqrt{x}}\,dx$
7. $\int_0^{\pi/2} \cos^2\theta\,d\theta$
8. $\int_0^{2\pi} \sin^2(\frac{1}{3}\theta)\,d\theta$
9. $\int_0^{\pi} \cos^4(2t)\,dt$
10. $\int_0^{\pi} \sin^2 t \cos^4 t\,dt$
11. $\int_0^{\pi/2} \sin^2 x \cos^2 x\,dx$
12. $\int_0^{\pi/2} (2 - \sin\theta)^2\,d\theta$
13. $\int t \sin^2 t\,dt$
14. $\int \cos\theta \cos^5(\sin\theta)\,d\theta$
15. $\int \frac{\cos^5\alpha}{\sqrt{\sin\alpha}}\,d\alpha$
16. $\int x \sin^3 x\,dx$
17. $\int \cos^2 x \tan^3 x\,dx$
18. $\int \cot^5\theta \sin^4\theta\,d\theta$
19. $\int \frac{\cos x + \sin 2x}{\sin x}\,dx$
20. $\int \cos^2 x \sin 2x\,dx$
21. $\int \tan x \sec^3 x\,dx$
22. $\int \tan^2\theta \sec^4\theta\,d\theta$
23. $\int \tan^2 x\,dx$
24. $\int (\tan^2 x + \tan^4 x)\,dx$
25. $\int \tan^4 x \sec^6 x\,dx$
26. $\int_0^{\pi/4} \sec^4\theta \tan^4\theta\,d\theta$
27. $\int_0^{\pi/3} \tan^5 x \sec^4 x\,dx$
28. $\int \tan^5 x \sec^3 x\,dx$
29. $\int \tan^3 x \sec x\,dx$
30. $\int_0^{\pi/4} \tan^4 t\,dt$
31. $\int \tan^5 x\,dx$
32. $\int \tan^2 x \sec x\,dx$
33. $\int x \sec x \tan x\,dx$
34. $\int \frac{\sin\phi}{\cos^3\phi}\,d\phi$
35. $\int_{\pi/6}^{\pi/2} \cot^2 x\,dx$
36. $\int_{\pi/4}^{\pi/2} \cot^3 x\,dx$
37. $\int_{\pi/4}^{\pi/2} \cot^5\phi \csc^3\phi\,d\phi$
38. $\int \csc^4 x \cot^6 x\,dx$
39. $\int \csc x\,dx$
40. $\int_{\pi/6}^{\pi/3} \csc^3 x\,dx$
41. $\int \sin 8x \cos 5x\,dx$
42. $\int \cos \pi x \cos 4\pi x\,dx$
43. $\int \sin 5\theta \sin\theta\,d\theta$
44. $\int \frac{\cos x + \sin x}{\sin 2x}\,dx$
45. $\int_0^{\pi/6} \sqrt{1 + \cos 2x}\,dx$
46. $\int_0^{\pi/4} \sqrt{1 - \cos 4\theta}\,d\theta$
47. $\int \frac{1 - \tan^2 x}{\sec^2 x}\,dx$
48. $\int \frac{dx}{\cos x - 1}$
49. $\int x \tan^2 x\,dx$

50. Étant donné que $\int_0^{\pi/4} \tan^6 x \sec x \, dx = I$, exprimez la valeur de $\int_0^{\pi/4} \tan^8 x \sec x \, dx$ en termes de I.

51-54 Calculez l'intégrale indéfinie donnée, puis tracez les courbes respectives de l'intégrande et de sa primitive (en prenant $C = 0$) de manière à illustrer le problème et à vérifier que le résultat est vraisemblable.

51. $\int x \sin^2(x^2) \, dx$

52. $\int \sin^5 x \cos^3 x \, dx$

53. $\int \sin 3x \sin 6x \, dx$

54. $\int \sec^4 \frac{x}{2} \, dx$

55. Évaluez la valeur moyenne de la fonction définie par $f(x) = \sin^2 x \cos^3 x$ sur l'intervalle $[-\pi, \pi]$.

56. Calculez $\int \sin x \cos x \, dx$ en utilisant quatre techniques différentes :

a) le changement de variable $u = \cos x$;
b) le changement de variable $u = \sin x$;
c) l'application de l'identité $\sin 2x = 2 \sin x \cos x$;
d) l'intégration par parties.

Expliquez les formes différentes des résultats.

57-58 Évaluez l'aire de la région délimitée par les courbes données.

57. $y = \sin^2 x$ et $y = \cos^2 x$, où $-\pi/4 \leq x \leq \pi/4$.

58. $y = \sin^3 x$ et $y = \cos^3 x$, où $\pi/4 \leq x \leq 5\pi/4$.

59-60 Tracez la courbe de l'intégrande et énoncez une hypothèse quant à la valeur de l'intégrale. Démontrez ensuite, à l'aide d'une des techniques étudiées dans la présente section, que votre hypothèse est juste.

59. $\int_0^{2\pi} \cos^3 x \, dx$

60. $\int_0^2 \sin 2\pi x \cos 5\pi x \, dx$

61-64 Évaluez le volume du solide résultant de la rotation de la région délimitée par les courbes données autour de l'axe indiqué.

61. $y = \sin x$ et $y = 0$, où $\pi/2 \leq x \leq \pi$; l'axe des x.

62. $y = \sin^2 x$ et $y = 0$, où $0 \leq x \leq \pi$; l'axe des x.

63. $y = \sin x$ et $y = \cos x$, où $0 \leq x \leq \pi/4$; la droite $y = 1$.

64. $y = \sec x$ et $y = \cos x$, où $0 \leq x \leq \pi/3$; la droite $y = -1$.

65. La fonction vitesse d'une particule décrivant une trajectoire rectiligne est $v(t) = \sin \omega t \cos^2 \omega t$. Déterminez la fonction position de la particule $s = f(t)$ dans le cas où $f(0) = 0$.

66. L'électricité est distribuée dans les résidences sous la forme de courant alternatif variant entre 155 V et –155 V, dont la fréquence est de 60 Hz (hertz ou cycles par seconde). La tension est donc donnée par l'équation

$$E(t) = 155 \sin(120\pi t)$$

où t est le temps, en secondes. Un voltmètre lit la tension efficace, qui est égale à la racine carrée de la valeur moyenne de $[E(t)]^2$ durant un cycle.

a) Calculez la tension efficace du courant domestique.
b) Plusieurs cuisinières électriques requièrent une tension efficace de 220 V. Calculez l'amplitude A correspondante requise dans le cas où la tension est $E(t) = A \sin(120\pi t)$.

67-69 Démontrez la formule donnée dans le cas où m et n sont des entiers positifs.

67. $\int_{-\pi}^{\pi} \sin mx \cos nx \, dx = 0$

68. $\int_{-\pi}^{\pi} \sin mx \sin nx \, dx = \begin{cases} 0 & \text{si } m \neq n \\ \pi & \text{si } m = n \end{cases}$

69. $\int_{-\pi}^{\pi} \cos mx \cos nx \, dx = \begin{cases} 0 & \text{si } m \neq n \\ \pi & \text{si } m = n \end{cases}$

70. Une **série de Fourier finie** est définie par

$$\begin{aligned} f(x) &= \sum_{n=1}^{N} a_n \sin nx \\ &= a_1 \sin x + a_2 \sin 2x + \cdots + a_N \sin Nx. \end{aligned}$$

Montrez que le m-ième coefficient a_m est donné par la formule

$$a_m = \frac{1}{\pi} \int_{-\pi}^{\pi} f(x) \sin mx \, dx.$$

3.3 LA SUBSTITUTION TRIGONOMÉTRIQUE

Une intégrale de la forme $\int \sqrt{a^2 - x^2} \, dx$, où $a > 0$, intervient dans le calcul de l'aire d'un cercle ou d'une ellipse. S'il s'agissait de $\int x\sqrt{a^2 - x^2} \, dx$, le changement de variable $u = a^2 - x^2$ fonctionnerait, mais l'évaluation de $\int \sqrt{a^2 - x^2} \, dx$ est plus difficile. Si on passe de x à θ en effectuant le changement de variable $x = a \sin \theta$, on peut éliminer la racine à l'aide de l'identité $1 - \sin^2\theta = \cos^2\theta$ puisque alors

$$\sqrt{a^2 - x^2} = \sqrt{a^2 - a^2 \sin^2\theta} = \sqrt{a^2(1 - \sin^2\theta)} = \sqrt{a^2 \cos^2\theta} = a|\cos \theta|.$$

On constate qu'il existe une différence entre le changement de variable $u = a^2 - x^2$ (dans lequel la nouvelle variable est une fonction de la variable initiale) et le changement de variable $x = a \sin \theta$ (où la variable initiale est une fonction de la nouvelle variable).

En général, on peut effectuer un changement de variable de la forme $x = g(t)$ en appliquant la règle du changement de variable inverse. Afin de faciliter les calculs, on suppose que g possède une fonction réciproque, c'est-à-dire que g est injective. Dans le cas présent, si on remplace u par x et x par t dans la règle du changement de variable (voir l'égalité **4** à la section 1.7), on obtient

$$\int f(x)\,dx = \int f\big(g(t)\big)g'(t)\,dt.$$

Ce type de changement de variable est dit **substitution inverse**.

On peut effectuer le changement de variable inverse $x = a \sin \theta$ pourvu que cette égalité définisse une fonction injective. Afin de s'assurer que cette condition est satisfaite, on limite les valeurs de θ à l'intervalle $[-\pi/2, \pi/2]$.

Le tableau 3.1 indique la substitution trigonométrique qui est utile pour diverses expressions contenant un radical, en raison de l'existence de l'identité donnée. Dans chaque cas, la restriction imposée quant aux valeurs que peut prendre θ vise à s'assurer que la fonction définie par le changement de variable est injective, donc inversible.

TABLEAU 3.1 Des substitutions trigonométriques.

Expression	Changement de variable	Identité
$\sqrt{a^2 - x^2}$	$x = a \sin \theta$, où $-\dfrac{\pi}{2} \leq \theta \leq \dfrac{\pi}{2}$	$1 - \sin^2\theta = \cos^2\theta$
$\sqrt{a^2 + x^2}$	$x = a \tan \theta$, où $-\dfrac{\pi}{2} < \theta < \dfrac{\pi}{2}$	$1 + \tan^2\theta = \sec^2\theta$
$\sqrt{x^2 - a^2}$	$x = a \sec \theta$, où $0 \leq \theta < \dfrac{\pi}{2}$ ou $\pi \leq \theta < \dfrac{3\pi}{2}$	$\sec^2\theta - 1 = \tan^2\theta$

EXEMPLE 1 Calculons $\displaystyle\int \frac{\sqrt{9 - x^2}}{x^2}\,dx$.

SOLUTION Si on pose $x = 3 \sin \theta$, où $-\pi/2 \leq \theta \leq \pi/2$, alors $dx = 3 \cos \theta\,d\theta$ et

$$\sqrt{9 - x^2} = \sqrt{9 - 9\sin^2\theta} = \sqrt{9\cos^2\theta} = 3|\cos \theta| = 3 \cos \theta.$$

(Il est à noter que $\cos \theta \geq 0$ puisque $-\pi/2 \leq \theta \leq \pi/2$.) Donc, selon la règle du changement de variable inverse,

$$\begin{aligned}\int \frac{\sqrt{9 - x^2}}{x^2}\,dx &= \int \frac{3 \cos \theta}{9 \sin^2\theta}\,3 \cos \theta\,d\theta \\ &= \int \frac{\cos^2\theta}{\sin^2\theta}\,d\theta = \int \cot^2\theta\,d\theta \\ &= \int (\csc^2\theta - 1)\,d\theta \\ &= -\cot \theta - \theta + C.\end{aligned}$$

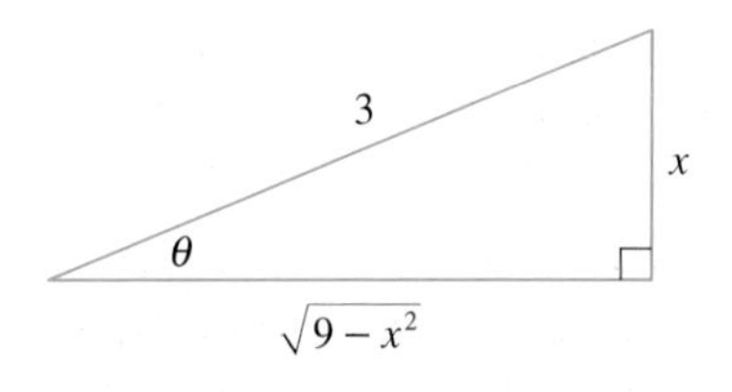

FIGURE 1

$\sin\theta = \dfrac{x}{3}$

Comme on obtient une intégrale indéfinie en termes de θ, il faut revenir à la variable initiale x. Pour ce faire, on exprime $\cot\theta$ en termes de $\sin\theta = x/3$, soit à l'aide d'une identité trigonométrique, soit à l'aide d'un schéma semblable à celui de la figure 1, qui représente θ comme un angle aigu d'un triangle rectangle. Étant donné que $\sin\theta = x/3$, on indique que les longueurs respectives du côté opposé à θ et de l'hypoténuse sont x et 3. En appliquant le théorème de Pythagore, on obtient alors la longueur du côté adjacent à θ, à savoir $\sqrt{9-x^2}$, de sorte qu'il suffit de lire la valeur de $\cot\theta$ sur la figure :

$$\cot\theta = \frac{\sqrt{9-x^2}}{x}.$$

(Bien qu'on ait $\theta > 0$ dans la figure, l'expression de $\cot\theta$ est valide même lorsque $\theta < 0$.) Puisque $\sin\theta = x/3$, alors $\theta = \arcsin(x/3)$ et, par conséquent,

$$\int \frac{\sqrt{9-x^2}}{x^2}\,dx = -\frac{\sqrt{9-x^2}}{x} - \arcsin\left(\frac{x}{3}\right) + C.$$

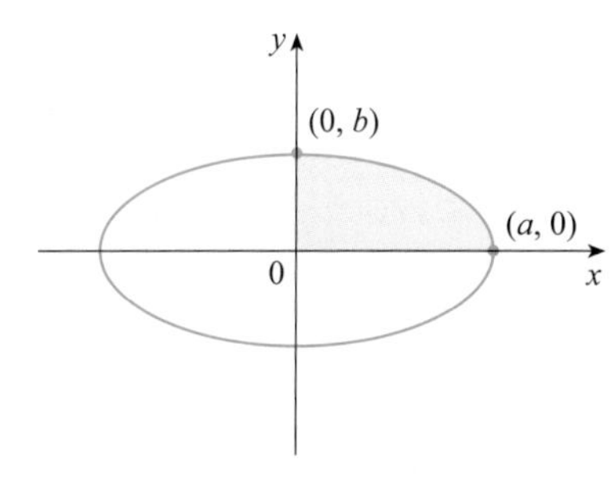

FIGURE 2

$\dfrac{x^2}{a^2} + \dfrac{y^2}{b^2} = 1$

EXEMPLE 2 Déterminons l'aire de la région délimitée par l'ellipse d'équation

$$\frac{x^2}{a^2} + \frac{y^2}{b^2} = 1.$$

SOLUTION En résolvant l'équation de l'ellipse par rapport à y, on obtient

$$\frac{y^2}{b^2} = 1 - \frac{x^2}{a^2} = \frac{a^2 - x^2}{a^2} \quad \text{ou encore} \quad y = \pm\frac{b}{a}\sqrt{a^2 - x^2}.$$

Étant donné que l'ellipse est symétrique par rapport aux deux axes, l'aire totale A de la région qu'elle délimite est égale à quatre fois l'aire de la région située dans le premier quadrant (voir la figure 2). Cette partie de l'ellipse est décrite par la fonction

$$y = \frac{b}{a}\sqrt{a^2 - x^2} \quad 0 \le x \le a$$

et, par conséquent,

$$\frac{1}{4}A = \int_0^a \frac{b}{a}\sqrt{a^2 - x^2}\,dx.$$

On évalue cette intégrale en effectuant le changement de variable $x = a\sin\theta$, ce qui donne $dx = a\cos\theta\,d\theta$. Pour modifier les limites d'intégration, on note que si $x = 0$, alors $\sin\theta = 0$, c'est-à-dire que $\theta = 0$; si $x = a$, alors $\sin\theta = 1$, c'est-à-dire que $\theta = \pi/2$. Ainsi,

$$\sqrt{a^2 - x^2} = \sqrt{a^2 - a^2\sin^2\theta} = \sqrt{a^2\cos^2\theta} = a|\cos\theta| = a\cos\theta$$

puisque $0 \le \theta \le \pi/2$. Donc,

$$\begin{aligned} A &= 4\frac{b}{a}\int_0^a \sqrt{a^2 - x^2}\,dx = 4\frac{b}{a}\int_0^{\pi/2} a\cos\theta \cdot a\cos\theta\,d\theta \\ &= 4ab\int_0^{\pi/2}\cos^2\theta\,d\theta = 4ab\int_0^{\pi/2}\frac{1}{2}(1+\cos 2\theta)\,d\theta \\ &= 2ab\left[\theta + \frac{1}{2}\sin 2\theta\right]_0^{\pi/2} = 2ab\left(\frac{\pi}{2} + 0 - 0\right) = \pi ab. \end{aligned}$$

On a montré que l'aire délimitée par une ellipse de demi-axes a et b est πab. Dans le cas particulier où $a = b = r$, on a démontré la formule bien connue selon laquelle l'aire d'un disque de rayon r est πr^2.

NOTE Étant donné que l'intégrale de l'exemple 2 est une intégrale définie, on a modifié les limites d'intégration, de sorte qu'il n'a pas été nécessaire de revenir à la variable initiale x.

EXEMPLE 3 Déterminons $\displaystyle\int \frac{1}{x^2\sqrt{x^2+4}}\,dx$.

SOLUTION Si on pose $x = 2\tan\theta$, où $-\pi/2 < \theta < \pi/2$, alors $dx = 2\sec^2\theta\, d\theta$ et

$$\sqrt{x^2+4} = \sqrt{4(\tan^2\theta+1)} = \sqrt{4\sec^2\theta} = 2|\sec\theta| = 2\sec\theta.$$

Donc,

$$\int \frac{dx}{x^2\sqrt{x^2+4}} = \int \frac{2\sec^2\theta\, d\theta}{4\tan^2\theta \cdot 2\sec\theta} = \frac{1}{4}\int \frac{\sec\theta}{\tan^2\theta}\, d\theta.$$

Pour calculer cette intégrale de fonctions trigonométriques, on exprime l'intégrande en termes de $\sin\theta$ et de $\cos\theta$:

$$\frac{\sec\theta}{\tan^2\theta} = \frac{1}{\cos\theta} \cdot \frac{\cos^2\theta}{\sin^2\theta} = \frac{\cos\theta}{\sin^2\theta}.$$

En effectuant le changement de variable $u = \sin\theta$, on obtient

$$\begin{aligned}\int \frac{dx}{x^2\sqrt{x^2+4}} &= \frac{1}{4}\int \frac{\cos\theta}{\sin^2\theta}\, d\theta = \frac{1}{4}\int \frac{du}{u^2}\\ &= \frac{1}{4}\left(-\frac{1}{u}\right) + C = -\frac{1}{4\sin\theta} + C\\ &= -\frac{\csc\theta}{4} + C.\end{aligned}$$

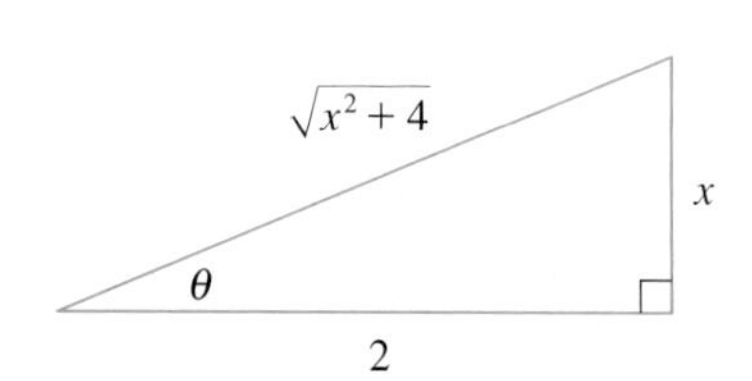

FIGURE 3
$\tan\theta = \dfrac{x}{2}$

En examinant la figure 3, on constate que $\csc\theta = \sqrt{x^2+4}/x$ et, par conséquent,

$$\int \frac{dx}{x^2\sqrt{x^2+4}} = -\frac{\sqrt{x^2+4}}{4x} + C.$$

EXEMPLE 4 Déterminons $\displaystyle\int \frac{x}{\sqrt{x^2+4}}\,dx$.

SOLUTION Dans ce cas, il est possible d'utiliser la substitution trigonométrique $x = 2\tan\theta$ (comme dans l'exemple 3), mais il est plus simple d'effectuer directement le changement de variable $u = x^2 + 4$ puisqu'on obtient ainsi $du = 2x\, dx$ et

$$\int \frac{x}{\sqrt{x^2+4}}\, dx = \frac{1}{2}\int \frac{du}{\sqrt{u}} = \sqrt{u} + C = \sqrt{x^2+4} + C.$$

NOTE L'exemple 4 illustre le fait que, même si on peut utiliser la substitution trigonométrique, ce n'est pas nécessairement la technique la plus efficace. Il est toujours bon de se demander s'il n'existe pas une méthode plus simple.

EXEMPLE 5 Calculons $\displaystyle\int \frac{dx}{\sqrt{x^2-a^2}}$, où $a > 0$.

SOLUTION Si on pose $x = a\sec\theta$, où $0 < \theta < \pi/2$ ou $\pi < \theta < 3\pi/2$, alors $dx = a\sec\theta\tan\theta\, d\theta$ et

$$\sqrt{x^2-a^2} = \sqrt{a^2(\sec^2\theta-1)} = \sqrt{a^2\tan^2\theta} = a|\tan\theta| = a\tan\theta.$$

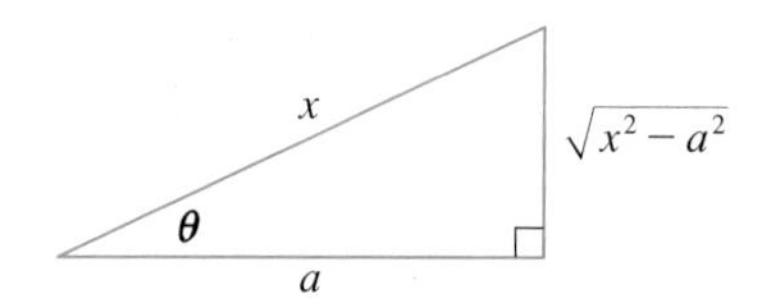

FIGURE 4

$\sec \theta = \dfrac{x}{a}$

Ainsi,

$$\int \frac{dx}{\sqrt{x^2 - a^2}} = \int \frac{a \sec \theta \tan \theta}{a \tan \theta}\, d\theta = \int \sec \theta \, d\theta = \ln|\sec \theta + \tan \theta| + C.$$

En examinant le triangle de la figure 4, on constate que $\tan\theta = \sqrt{x^2 - a^2}/a$; donc,

$$\begin{aligned}\int \frac{dx}{\sqrt{x^2 - a^2}} &= \ln\left|\frac{x}{a} + \frac{\sqrt{x^2 - a^2}}{a}\right| + C \\ &= \ln\left|x + \sqrt{x^2 - a^2}\right| - \ln a + C.\end{aligned}$$

En écrivant $C_1 = C - \ln a$, on obtient

1
$$\int \frac{dx}{\sqrt{x^2 - a^2}} = \ln\left|x + \sqrt{x^2 - a^2}\right| + C_1.$$

L'exemple 6 montre qu'il est parfois approprié d'utiliser la substitution trigonométrique lorsque l'intégrande contient $(x^2 + a^2)^{n/2}$, où n est un entier. Et il en est de même si l'intégrande contient $(a^2 - x^2)^{n/2}$ ou $(x^2 - a^2)^{n/2}$.

EXEMPLE 6 Évaluons $\displaystyle\int_0^{3\sqrt{3}/2} \frac{x^3}{(4x^2 + 9)^{3/2}}\, dx$.

SOLUTION On remarque d'abord que $(4x^2 + 9)^{3/2} = \left(\sqrt{4x^2 + 9}\right)^3$, de sorte que la substitution trigonométrique est appropriée. Même si l'expression $\sqrt{4x^2 + 9}$ ne fait pas partie comme telle de la table des substitutions trigonométriques, on peut la transformer en l'une des expressions de la table en effectuant le changement de variable $u = 2x$. En appliquant ensuite la substitution par la tangente, on obtient $x = \frac{3}{2} \tan \theta$, ce qui donne $dx = \frac{3}{2} \sec^2\theta \, d\theta$ et

$$\sqrt{4x^2 + 9} = \sqrt{9 \tan^2\theta + 9} = 3 \sec \theta.$$

Si $x = 0$, alors $\tan \theta = 0$, de sorte que $\theta = 0$; si $x = 3\sqrt{3}/2$, alors $\tan\theta = \sqrt{3}$, de sorte que $\theta = \pi/3$.

$$\begin{aligned}\int_0^{3\sqrt{3}/2} \frac{x^3}{(4x^2 + 9)^{3/2}}\, dx &= \int_0^{\pi/3} \frac{\frac{27}{8} \tan^3\theta}{27 \sec^3\theta} \frac{3}{2} \sec^2\theta \, d\theta \\ &= \frac{3}{16} \int_0^{\pi/3} \frac{\tan^3\theta}{\sec \theta}\, d\theta = \frac{3}{16} \int_0^{\pi/3} \frac{\sin^3\theta}{\cos^2\theta}\, d\theta \\ &= \frac{3}{16} \int_0^{\pi/3} \frac{1 - \cos^2\theta}{\cos^2\theta} \sin \theta \, d\theta.\end{aligned}$$

En effectuant le changement de variable $u = \cos \theta$, on a $du = -\sin \theta \, d\theta$. Si $\theta = 0$, alors $u = 1$; si $\theta = \pi/3$, alors $u = \frac{1}{2}$. Donc,

$$\begin{aligned}\int_0^{3\sqrt{3}/2} \frac{x^3}{(4x^2 + 9)^{3/2}}\, dx &= -\frac{3}{16} \int_1^{1/2} \frac{1 - u^2}{u^2}\, du \\ &= \frac{3}{16} \int_1^{1/2} (1 - u^{-2})\, du = \frac{3}{16}\left[u + \frac{1}{u}\right]_1^{1/2} \\ &= \frac{3}{16}\left[\left(\frac{1}{2} + 2\right) - (1 + 1)\right] = \frac{3}{32}.\end{aligned}$$

La figure 5 représente les courbes respectives de l'intégrande de l'exemple 7 et de son intégrale indéfinie (où $C = 0$). Laquelle est laquelle ?

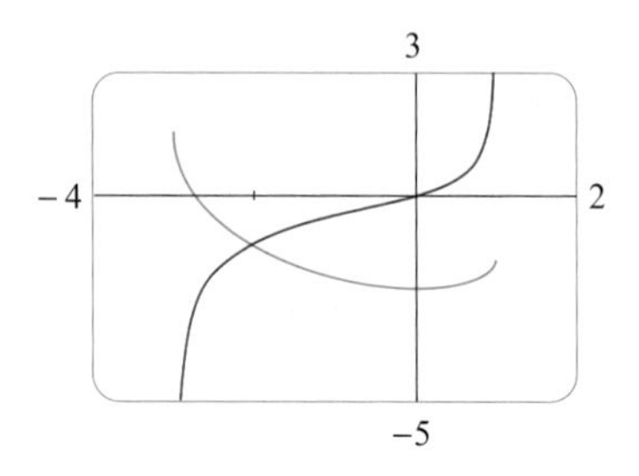

FIGURE 5

EXEMPLE 7 Calculons $\int \frac{x}{\sqrt{3-2x-x^2}}\,dx$.

SOLUTION On peut transformer l'intégrande en une fonction qui permet d'appliquer la substitution trigonométrique en complétant le carré du trinôme sous la racine :

$$\begin{aligned}3-2x-x^2 &= 3-(x^2+2x) = 3+1-(x^2+2x+1)\\ &= 4-(x+1)^2.\end{aligned}$$

Il semble approprié d'effectuer le changement de variable $u = x + 1$. On a alors $du = dx$ et $x = u - 1$, de sorte que

$$\int \frac{x}{\sqrt{3-2x-x^2}}\,dx = \int \frac{u-1}{\sqrt{4-u^2}}\,du.$$

Le changement de variable $u = 2\sin\theta$ donne $du = 2\cos\theta\,d\theta$ et $\sqrt{4-u^2} = 2\cos\theta$; ainsi,

$$\begin{aligned}\int \frac{x}{\sqrt{3-2x-x^2}}\,dx &= \int \frac{2\sin\theta-1}{2\cos\theta}2\cos\theta\,d\theta\\ &= \int (2\sin\theta-1)\,d\theta\\ &= -2\cos\theta-\theta+C\\ &= -\sqrt{4-u^2}-\arcsin\left(\frac{u}{2}\right)+C\\ &= -\sqrt{3-2x-x^2}-\arcsin\left(\frac{x+1}{2}\right)+C.\end{aligned}$$

Exercices 3.3

1-3 Calculez l'intégrale donnée en appliquant la substitution trigonométrique indiquée. Tracez le triangle rectangle approprié et indiquez la longueur de ses côtés sur le dessin.

1. $\int \frac{dx}{x^2\sqrt{4-x^2}}$ $\quad x = 2\sin\theta$

2. $\int \frac{x^3}{\sqrt{x^2+4}}\,dx$ $\quad x = 2\tan\theta$

3. $\int \frac{\sqrt{x^2-4}}{x}\,dx$ $\quad x = 2\sec\theta$

4-30 Évaluez chaque intégrale donnée.

4. $\int_0^1 x^3\sqrt{1-x^2}\,dx$

5. $\int_{\sqrt{2}}^2 \frac{1}{t^3\sqrt{t^2-1}}\,dt$

6. $\int_0^3 \frac{x}{\sqrt{36-x^2}}\,dx$

7. $\int_0^a \frac{dx}{(a^2+x^2)^{3/2}}$, où $a > 0$

8. $\int \frac{dt}{t^2\sqrt{t^2-16}}$

9. $\int \frac{dx}{\sqrt{x^2+16}}$

10. $\int \frac{t^5}{\sqrt{t^2+2}}\,dt$

11. $\int \sqrt{1-4x^2}\,dx$

12. $\int \frac{du}{u\sqrt{5-u^2}}$

13. $\int \frac{\sqrt{x^2-9}}{x^3}\,dx$

14. $\int_0^1 \frac{dx}{(x^2+1)^2}$

15. $\int_0^a x^2\sqrt{a^2-x^2}\,dx$

16. $\int_{\sqrt{2}/3}^{2/3} \frac{dx}{x^5\sqrt{9x^2-1}}$

17. $\int \frac{x}{\sqrt{x^2-7}}\,dx$

18. $\int \frac{dx}{[(ax)^2-b^2]^{3/2}}$

19. $\int \frac{\sqrt{1+x^2}}{x}\,dx$

20. $\int \frac{x}{\sqrt{1+x^2}}\,dx$

21. $\int_0^{0,6} \frac{x^2}{\sqrt{9-25x^2}}\,dx$

22. $\int_0^1 \sqrt{x^2+1}\,dx$

23. $\int \sqrt{5+4x-x^2}\,dx$

24. $\int \frac{dt}{\sqrt{t^2-6t+13}}$

25. $\int \frac{x}{\sqrt{x^2+x+1}}\,dx$

26. $\int \frac{x^2}{(3+4x-4x^2)^{3/2}}\,dx$

27. $\int \sqrt{x^2+2x}\,dx$

28. $\int \frac{x^2+1}{(x^2-2x+2)^2}\,dx$

29. $\int x\sqrt{1-x^4}\,dx$

30. $\displaystyle\int_0^{\pi/2} \frac{\cos t}{\sqrt{1+\sin^2 t}}\,dt$

31. À l'aide de la substitution trigonométrique, montrez que

$$\int \frac{dx}{\sqrt{x^2+a^2}} = \ln\left(x+\sqrt{x^2+a^2}\right)+C.$$

32. À l'aide de la substitution trigonométrique, calculez

$$\int \frac{x^2}{(x^2+a^2)^{3/2}}\,dx.$$

33. Évaluez la valeur moyenne de $f(x)=\sqrt{x^2-1}/x$, où $1 \le x \le 7$.

34. Évaluez l'aire de la région délimitée par l'hyperbole d'équation $9x^2 - 4y^2 = 36$ et la droite $x = 3$.

35. Démontrez la formule $A=\frac{1}{2}r^2\theta$ de l'aire d'un secteur d'un cercle de rayon r dont l'angle au centre est θ. (*Indice:* Supposez que $0 < \theta < \pi/2$ et faites coïncider le centre du cercle avec l'origine de manière que son équation soit $x^2 + y^2 = r^2$. L'aire A est alors égale à la somme de l'aire du triangle POQ et de l'aire de la région PQR représentés dans la figure suivante.)

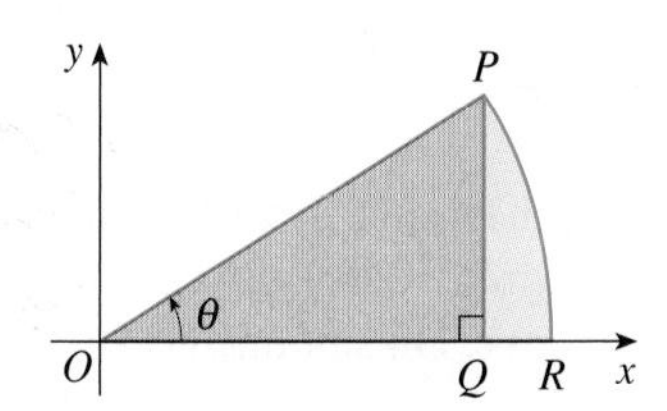

36. Calculez l'intégrale

$$\int \frac{dx}{x^4\sqrt{x^2-2}}.$$

Tracez les courbes respectives de l'intégrande et de son intégrale indéfinie dans un même graphique et vérifiez si le résultat obtenu est plausible.

37. Évaluez le volume du solide résultant de la rotation autour de l'axe des x de la région délimitée par les courbes $y = 9/(x^2 + 9)$, $y = 0$, $x = 0$ et $x = 3$.

38. Évaluez le volume du solide résultant de la rotation autour de la droite d'équation $x = 1$ de la région sous la courbe $y=x\sqrt{1-x^2}$, où $0 \le x \le 1$.

39. a) En appliquant la substitution trigonométrique, vérifiez que

$$\int_0^x \sqrt{a^2-t^2}\,dt = \tfrac{1}{2}a^2\arcsin(x/a)+\tfrac{1}{2}x\sqrt{a^2-x^2}.$$

b) À l'aide de la figure suivante, interprétez d'un point de vue trigonométrique chacun des deux termes du membre de droite de l'équation donnée en a).

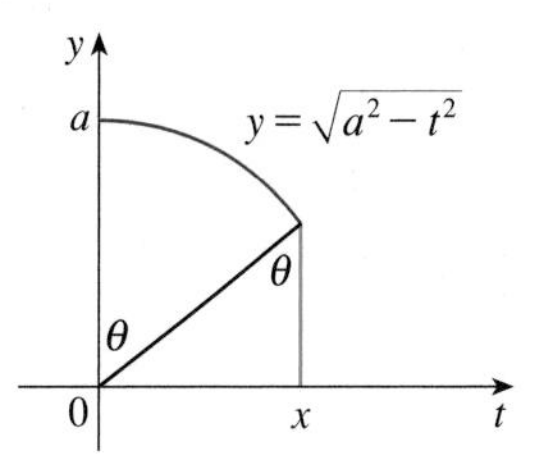

40. La parabole d'équation $y=\frac{1}{2}x^2$ divise le disque $x^2 + y^2 \le 8$ en deux parties. Évaluez l'aire de chaque partie.

41. Calculez le volume du tore résultant de la rotation du cercle d'équation $x^2 + (y - R)^2 = r^2$ autour de l'axe des x.

42. Une tige chargée, de longueur L, produit au point $P(a, b)$ un champ électrique

$$E(P)=\int_{-a}^{L-a} \frac{\lambda b}{4\pi\varepsilon_0(x^2+b^2)^{3/2}}\,dx$$

où λ est la densité de charge par unité de longueur de la tige et ε_0 est la permittivité du vide (voir la figure suivante). Évaluez l'intégrale de manière à obtenir l'expression du champ électrique $E(P)$.

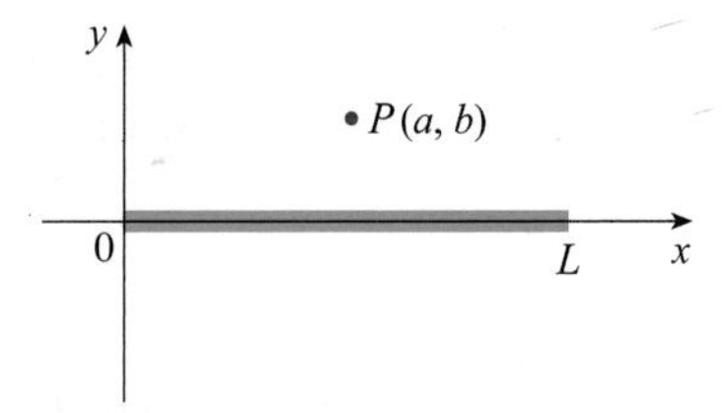

43. Calculez l'aire de la région en forme de croissant (appelée **lune**) délimitée par des arcs de cercle de rayon r et R (voir la figure suivante).

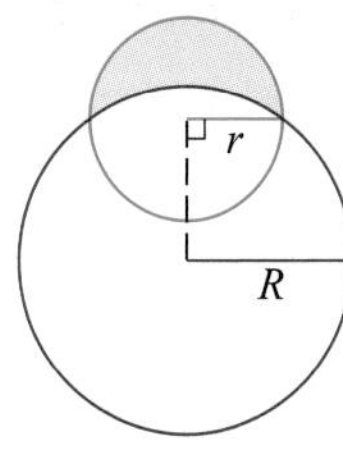

44. Un réservoir à eau a la forme d'un cylindre dont le diamètre est de 10 m. Il est installé de manière que les sections circulaires soient à la verticale. Si le niveau d'eau dans le réservoir est de 7 m, quel pourcentage de sa capacité totale est utilisé?

3.4 L'INTÉGRATION DE FONCTIONS RATIONNELLES À L'AIDE DE FRACTIONS PARTIELLES

Dans la présente section, on voit la façon d'intégrer n'importe quelle fonction rationnelle (définie par un quotient de polynômes) en l'exprimant sous la forme d'une somme de fractions plus simples, appelées **fractions partielles**, qu'on sait déjà comment intégrer. Voici un exemple qui illustre cette méthode. Si on met sur un dénominateur commun les fractions $2/(x-1)$ et $1/(x+2)$, on obtient

$$\frac{2}{x-1}-\frac{1}{x+2}=\frac{2(x+2)-(x-1)}{(x-1)(x+2)}=\frac{x+5}{x^2+x-2}.$$

En considérant cette égalité, on comprend comment intégrer la fraction du membre de droite :

$$\int\frac{x+5}{x^2+x-2}\,dx=\int\left(\frac{2}{x-1}-\frac{1}{x+2}\right)dx$$
$$=2\ln|x-1|-\ln|x+2|+C.$$

Afin de mieux saisir la façon dont la méthode des fractions partielles fonctionne en général, examinons le cas de la fonction rationnelle

$$f(x)=\frac{P(x)}{Q(x)}$$

où P et Q sont des polynômes. On peut exprimer $f(x)$ sous la forme d'une somme de fractions plus simples à la condition que le degré de P soit plus petit que le degré de Q. On parle alors d'une fonction rationnelle **propre**. On sait que si

$$P(x)=a_nx^n+a_{n-1}x^{n-1}+\cdots+a_1x+a_0$$

où $a_n\neq 0$, alors le degré de P est n, ce qu'on note $\deg(P)=n$.

Si f est une fonction rationnelle **impropre**, c'est-à-dire si $\deg(P)\geq\deg(Q)$, alors il faut d'abord diviser P par Q (en employant la division euclidienne) jusqu'à ce qu'on obtienne un reste $R(x)$ tel que $\deg(R)<\deg(Q)$. La division s'énonce comme suit :

1 $$f(x)=\frac{P(x)}{Q(x)}=S(x)+\frac{R(x)}{Q(x)}$$

où S et R sont aussi des polynômes.

Comme le montre l'exemple suivant, il suffit parfois d'effectuer la division euclidienne.

EXEMPLE 1 Déterminons $\int\frac{x^3+x}{x-1}\,dx$.

SOLUTION Étant donné que le degré du polynôme au numérateur est plus grand que celui du dénominateur, on effectue une division euclidienne, de sorte qu'on peut écrire l'intégrale comme suit :

$$\begin{array}{rl} x^3 \qquad +x & \lfloor x-1 \\ -(x^3-x^2) & \;x^2+x+2 \\ \hline x^2+x & \\ -(x^2-x) & \\ \hline 2x & \\ -(2x-2) & \\ \hline 2 & \end{array}$$

$$\int\frac{x^3+x}{x-1}\,dx=\int\left(x^2+x+2+\frac{2}{x-1}\right)dx$$
$$=\frac{x^3}{3}+\frac{x^2}{2}+2x+2\ln|x-1|+C.$$

L'étape suivante consiste à factoriser autant que possible le dénominateur $Q(x)$. On peut montrer qu'il est possible d'écrire n'importe quel polynôme Q sous la forme d'un produit de facteurs linéaires (de la forme $ax + b$) et de facteurs quadratiques irréductibles (de la forme $ax^2 + bx + c$, où $b^2 - 4ac < 0$). Par exemple, si $Q(x) = x^4 - 16$, on effectue la factorisation suivante :

$$Q(x) = (x^2 - 4)(x^2 + 4) = (x - 2)(x + 2)(x^2 + 4).$$

La troisième étape consiste à exprimer la fonction rationnelle propre $R(x)/Q(x)$ (voir l'égalité **1**) comme une somme de fractions partielles de la forme

$$\frac{A}{(ax+b)^i} \quad \text{ou} \quad \frac{Ax+B}{(ax^2+bx+c)^j}.$$

Selon un théorème de l'algèbre, il est toujours possible d'écrire une telle somme. Voici les quatre cas pouvant se présenter.

CAS I LE DÉNOMINATEUR $Q(x)$ EST LE PRODUIT DE FACTEURS LINÉAIRES DISTINCTS.

Dans ce cas, on peut écrire

$$Q(x) = (a_1x + b_1)(a_2x + b_2)\cdots(a_kx + b_k)$$

où aucun facteur ne se répète (et aucun facteur n'est le produit d'un autre facteur et d'une constante). Selon le théorème des fractions partielles, il existe alors des constantes $A_1, A_2, \ldots, A_k$ telles que

2
$$\frac{R(x)}{Q(x)} = \frac{A_1}{a_1x+b_1} + \frac{A_2}{a_2x+b_2} + \cdots + \frac{A_k}{a_kx+b_k}.$$

L'exemple suivant montre la démarche employée pour déterminer les constantes.

EXEMPLE 2 Évaluons $\displaystyle\int \frac{x^2+2x-1}{2x^3+3x^2-2x}\,dx.$

SOLUTION Comme le degré du polynôme au numérateur est plus petit que celui du dénominateur, il n'est pas nécessaire d'effectuer une division. On factorise le dénominateur :

$$2x^3 + 3x^2 - 2x = x(2x^2 + 3x - 2) = x(2x - 1)(x + 2).$$

Étant donné que le dénominateur comprend trois facteurs linéaires distincts, la décomposition en fractions partielles de l'intégrande est de la forme

3
$$\frac{x^2+2x-1}{x(2x-1)(x+2)} = \frac{A}{x} + \frac{B}{2x-1} + \frac{C}{x+2}.$$

Après le présent exemple, on décrit une méthode plus rapide pour déterminer A, B et C.

Pour déterminer la valeur de A, de B et de C, on multiplie chaque membre de l'équation par le plus petit commun multiple (PPCM) des dénominateurs, soit $x(2x - 1)(x + 2)$, ce qui donne

4
$$x^2 + 2x - 1 = A(2x - 1)(x + 2) + Bx(x + 2) + Cx(2x - 1).$$

En développant le membre de droite de l'équation **4** et en l'écrivant sous la forme développée d'un polynôme, on obtient

5 $$x^2 + 2x - 1 = (2A + B + 2C)x^2 + (3A + 2B - C)x - 2A.$$

Comme l'équation **5** pose une égalité entre deux polynômes, les coefficients d'une même puissance doivent être égaux : le coefficient de x^2 dans le membre de droite, soit $2A + B + 2C$, doit être égal au coefficient de x^2 dans le membre de gauche, à savoir 1 ; de même, les coefficients de x sont égaux et les termes constants sont égaux. On a ainsi le système d'équations en A, B et C suivant :

$$\begin{cases} 2A + B + 2C = 1 \\ 3A + 2B - C = 2 \\ -2A = -1. \end{cases}$$

En résolvant ce système, on obtient $A = \frac{1}{2}$, $B = \frac{1}{5}$ et $C = -\frac{1}{10}$; donc,

$$\int \frac{x^2 + 2x - 1}{2x^3 + 3x^2 - 2x}\,dx = \int \left[\frac{1}{2}\frac{1}{x} + \frac{1}{5}\frac{1}{2x-1} - \frac{1}{10}\frac{1}{x+2}\right] dx$$
$$= \tfrac{1}{2}\ln|x| + \tfrac{1}{10}\ln|2x-1| - \tfrac{1}{10}\ln|x+2| + K.$$

On peut vérifier le résultat en mettant les termes sur un dénominateur commun, puis en les additionnant.

La figure 1 représente les courbes respectives de l'intégrande de l'exemple 2 et de son intégrale indéfinie (où $K = 0$). Laquelle est laquelle ?

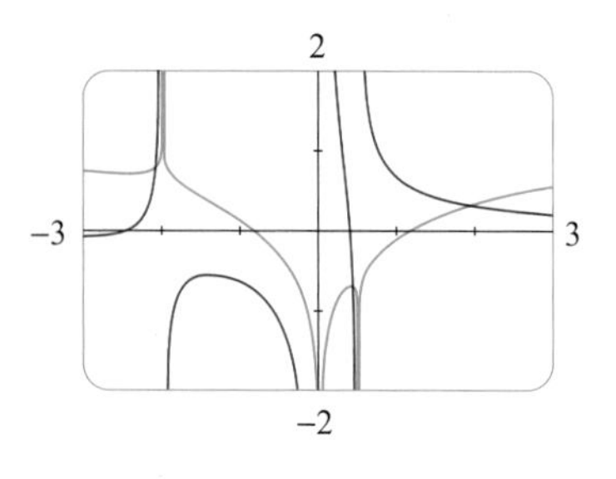

FIGURE 1

Pour intégrer le membre du centre, on effectue mentalement le changement de variable $u = 2x - 1$, ce qui donne $du = 2\,dx$ et $dx = \frac{1}{2}\,du$.

NOTE Il existe une autre méthode pour déterminer les coefficients A, B et C de l'exemple 2. L'équation **4** doit être une identité valide pour toute valeur de x. On peut donc choisir des valeurs de x qui simplifient l'équation. Si on pose $x = 0$ dans l'équation **4**, alors les deuxième et troisième termes du membre de droite s'annulent, de sorte que l'équation est réduite à $-2A = -1$ ou encore à $A = \frac{1}{2}$. De façon analogue, $x = \frac{1}{2}$ donne $5B/4 = \frac{1}{4}$ et $x = -2$ donne $10C = -1$; donc, $B = \frac{1}{5}$ et $C = -\frac{1}{10}$. (On peut faire remarquer que l'équation **3** n'est pas vérifiée si $x = 0$, $\frac{1}{2}$ ou -2, de sorte qu'on peut se demander pourquoi l'équation **4** serait vérifiée pour ces mêmes valeurs. En fait, l'équation **4** est vérifiée pour toute valeur de x, y compris $x = 0$, $\frac{1}{2}$ et -2. On en donne la raison dans l'exercice 71.)

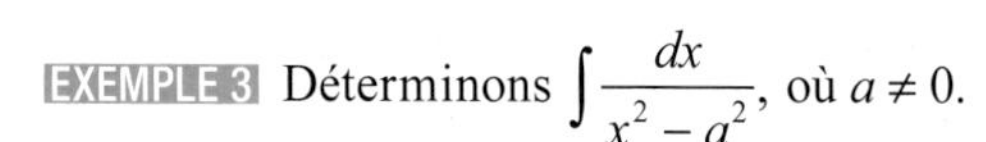

EXEMPLE 3 Déterminons $\int \frac{dx}{x^2 - a^2}$, où $a \neq 0$.

SOLUTION En appliquant la décomposition en fractions partielles, on obtient

$$\frac{1}{x^2 - a^2} = \frac{1}{(x-a)(x+a)} = \frac{A}{x-a} + \frac{B}{x+a}$$

et, par conséquent,

$$A(x + a) + B(x - a) = 1.$$

Si on utilise la démarche décrite dans la note précédente, on pose $x = a$ dans la dernière équation, ce qui donne $A(2a) = 1$; ainsi, $A = 1/(2a)$. Si on pose $x = -a$, alors $B(-2a) = 1$, de sorte que $B = -1/(2a)$. Donc,

$$\int \frac{dx}{x^2 - a^2} = \frac{1}{2a}\int \left(\frac{1}{x-a} - \frac{1}{x+a}\right) dx$$
$$= \frac{1}{2a}(\ln|x-a| - \ln|x+a|) + C.$$

Étant donné que $\ln x - \ln y = \ln(x/y)$ [si $x > 0$ et si $y > 0$], on peut écrire l'intégrale comme suit :

6 $$\int \frac{dx}{x^2 - a^2} = \frac{1}{2a} \ln\left|\frac{x-a}{x+a}\right| + C.$$

Dans les exercices 57 et 58, on décrit des façons d'utiliser la formule **6**.

CAS II $Q(x)$ EST LE PRODUIT DE FACTEURS LINÉAIRES DONT CERTAINS SE RÉPÈTENT.

On suppose que le premier facteur linéaire, soit $(a_1x + b_1)$, se répète r fois, c'est-à-dire que la factorisation de $Q(x)$ contient $(a_1x + b_1)^r$. Dans ce cas, au lieu d'utiliser un seul terme $A_1/(a_1x + b_1)$ dans l'égalité **2**, on emploie plutôt

7 $$\frac{A_1}{a_1x + b_1} + \frac{A_2}{(a_1x + b_1)^2} + \cdots + \frac{A_r}{(a_1x + b_1)^r}.$$

Par exemple, on écrirait

$$\frac{x^3 - x + 1}{x^2(x-1)^3} = \frac{A}{x} + \frac{B}{x^2} + \frac{C}{x-1} + \frac{D}{(x-1)^2} + \frac{E}{(x-1)^3}.$$

L'exemple suivant, plus simple, illustre la méthode plus en détail.

EXEMPLE 4 Déterminons $\int \frac{x^4 - 2x^2 + 4x + 1}{x^3 - x^2 - x + 1}\, dx$.

SOLUTION La première étape consiste à effectuer une division euclidienne :

$$\frac{x^4 - 2x^2 + 4x + 1}{x^3 - x^2 - x + 1} = x + 1 + \frac{4x}{x^3 - x^2 - x + 1}.$$

La deuxième étape consiste à factoriser le dénominateur $Q(x) = x^3 - x^2 - x + 1$. Comme $Q(1) = 0$, on sait que $x - 1$ est un facteur, ce qui permet d'écrire

$$\begin{aligned} x^3 - x^2 - x + 1 &= (x-1)(x^2-1) = (x-1)(x-1)(x+1) \\ &= (x-1)^2(x+1). \end{aligned}$$

Étant donné que le facteur linéaire $x - 1$ se répète deux fois, la décomposition en fractions partielles est de la forme

$$\frac{4x}{(x-1)^2(x+1)} = \frac{A}{x-1} + \frac{B}{(x-1)^2} + \frac{C}{x+1}.$$

En multipliant chaque membre par le plus petit commun multiple (PPCM), soit $(x - 1)^2(x + 1)$, on obtient

8 $$\begin{aligned} 4x &= A(x-1)(x+1) + B(x+1) + C(x-1)^2 \\ &= (A+C)x^2 + (B-2C)x + (-A+B+C). \end{aligned}$$

On pose ensuite l'égalité entre les coefficients correspondants :

$$\begin{cases} A \quad + C = 0 \\ \quad B - 2C = 4 \\ -A + B + \; C = 0. \end{cases}$$

On peut aussi déterminer les coefficients à l'aide de la méthode suivante.

On pose $x = 1$ dans **8**, ce qui donne $B = 2$.

En posant $x = -1$, on obtient $C = -1$.

En posant $x = 0$, on obtient $A = B + C = 1$.

En résolvant ce système d'équations, on obtient $A = 1$, $B = 2$ et $C = -1$; donc,

$$\begin{aligned} \int \frac{x^4 - 2x^2 + 4x + 1}{x^3 - x^2 - x + 1}\,dx &= \int \left[x + 1 + \frac{1}{x-1} + \frac{2}{(x-1)^2} - \frac{1}{x+1} \right] dx \\ &= \frac{x^2}{2} + x + \ln|x-1| - \frac{2}{x-1} - \ln|x+1| + K \\ &= \frac{x^2}{2} + x - \frac{2}{x-1} + \ln\left|\frac{x-1}{x+1}\right| + K. \end{aligned}$$

CAS III $Q(x)$ CONTIENT DES FACTEURS QUADRATIQUES IRRÉDUCTIBLES DONT AUCUN NE SE RÉPÈTE.

Si $Q(x)$ a comme facteur $ax^2 + bx + c$, où $b^2 - 4ac < 0$, alors, en plus des fractions partielles des égalités **2** et **7**, l'expression de $R(x)/Q(x)$ renferme un terme de la forme

9
$$\frac{Ax + B}{ax^2 + bx + c}$$

où A et B sont des constantes qu'il faut déterminer. Par exemple, la fonction décrite par $f(x) = x/[(x-2)(x^2+1)(x^2+4)]$ présente une décomposition en fractions partielles de la forme

$$\frac{x}{(x-2)(x^2+1)(x^2+4)} = \frac{A}{x-2} + \frac{Bx + C}{x^2+1} + \frac{Dx + E}{x^2+4}.$$

On intègre le terme **9** en complétant le carré (si nécessaire) et en appliquant la formule

10
$$\int \frac{dx}{x^2 + a^2} = \frac{1}{a} \arctan\left(\frac{x}{a}\right) + C.$$

EXEMPLE 5 Calculons $\displaystyle\int \frac{2x^2 - x + 4}{x^3 + 4x}\,dx.$

SOLUTION Étant donné qu'il est impossible de factoriser davantage $x^3 + 4x = x(x^2 + 4)$, on écrit

$$\frac{2x^2 - x + 4}{x(x^2+4)} = \frac{A}{x} + \frac{Bx + C}{x^2 + 4}.$$

En multipliant chaque membre par $x(x^2 + 4)$, on obtient

$$\begin{aligned} 2x^2 - x + 4 &= A(x^2 + 4) + (Bx + C)x \\ &= (A + B)x^2 + Cx + 4A. \end{aligned}$$

Si on pose l'égalité entre les coefficients correspondants, on obtient

$$A + B = 2 \qquad C = -1 \qquad 4A = 4.$$

Donc, $A = 1$, $B = 1$ et $C = -1$, de sorte que

$$\int \frac{2x^2 - x + 4}{x^3 + 4x}\, dx = \int \left(\frac{1}{x} + \frac{x - 1}{x^2 + 4} \right) dx.$$

Pour intégrer le second terme, on le divise en deux parties :

$$\int \frac{x - 1}{x^2 + 4}\, dx = \int \frac{x}{x^2 + 4}\, dx - \int \frac{1}{x^2 + 4}\, dx.$$

Si on effectue le changement de variable $u = x^2 + 4$ dans la première intégrale, alors $du = 2x\, dx$. On évalue la seconde intégrale à l'aide de la formule **10** en posant $a = 2$:

$$\begin{aligned}\int \frac{2x^2 - x + 4}{x(x^2 + 4)}\, dx &= \int \frac{1}{x}\, dx + \int \frac{x}{x^2 + 4}\, dx - \int \frac{1}{x^2 + 4}\, dx \\ &= \ln|x| + \tfrac{1}{2} \ln(x^2 + 4) - \tfrac{1}{2} \arctan(x/2) + K.\end{aligned}$$

EXEMPLE 6 Calculons $\displaystyle\int \frac{4x^2 - 3x + 2}{4x^2 - 4x + 3}\, dx.$

SOLUTION Étant donné que le degré du polynôme au numérateur n'est pas inférieur au degré de celui au dénominateur, on effectue d'abord une division euclidienne :

$$\frac{4x^2 - 3x + 2}{4x^2 - 4x + 3} = 1 + \frac{x - 1}{4x^2 - 4x + 3}.$$

Il est à noter que la forme quadratique $4x^2 - 4x + 3$ est irréductible puisque son discriminant est $b^2 - 4ac = -32 < 0$. Cela signifie qu'il est impossible de la factoriser, de sorte qu'on n'a pas à appliquer la technique des fractions partielles.

Pour intégrer la fonction donnée, on complète le carré au dénominateur :

$$4x^2 - 4x + 3 = (2x - 1)^2 + 2.$$

Il semble alors approprié d'effectuer le changement de variable $u = 2x - 1$, qui donne $du = 2\, dx$ et $x = \frac{1}{2}(u + 1)$; donc,

$$\begin{aligned}\int \frac{4x^2 - 3x + 2}{4x^2 - 4x + 3}\, dx &= \int \left(1 + \frac{x - 1}{4x^2 - 4x + 3} \right) dx \\ &= x + \frac{1}{2} \int \frac{\frac{1}{2}(u + 1) - 1}{u^2 + 2}\, du = x + \frac{1}{4} \int \frac{u - 1}{u^2 + 2}\, du \\ &= x + \frac{1}{4} \int \frac{u}{u^2 + 2}\, du - \frac{1}{4} \int \frac{1}{u^2 + 2}\, du \\ &= x + \frac{1}{8} \ln(u^2 + 2) - \frac{1}{4} \cdot \frac{1}{\sqrt{2}} \arctan\left(\frac{u}{\sqrt{2}} \right) + C \\ &= x + \frac{1}{8} \ln(4x^2 - 4x + 3) - \frac{1}{4\sqrt{2}} \arctan\left(\frac{2x - 1}{\sqrt{2}} \right) + C.\end{aligned}$$

NOTE L'exemple 6 montre la démarche généralement utilisée pour intégrer une fraction partielle de la forme

$$\frac{Ax+B}{ax^2+bx+c} \quad \text{où } b^2-4ac<0.$$

On complète le carré au dénominateur, puis on effectue un changement de variable qui permet d'écrire l'intégrale sous la forme

$$\int \frac{Cu+D}{u^2+a^2}\,du = C\int \frac{u}{u^2+a^2}\,du + D\int \frac{1}{u^2+a^2}\,du.$$

La première intégrale amène alors une fonction logarithmique et la seconde s'exprime en terme de arctan.

CAS IV $Q(x)$ CONTIENT UN FACTEUR QUADRATIQUE IRRÉDUCTIBLE QUI SE RÉPÈTE.

Si $Q(x)$ a comme facteur $(ax^2 + bx + c)^r$, où $b^2 - 4ac < 0$, alors, plutôt que l'unique fraction partielle **9**, c'est la somme

11
$$\frac{A_1x+B_1}{ax^2+bx+c}+\frac{A_2x+B_2}{(ax^2+bx+c)^2}+\cdots+\frac{A_rx+B_r}{(ax^2+bx+c)^r}$$

que contient la décomposition en fractions partielles de $R(x)/Q(x)$. On intègre chacun des termes de la somme **11** en effectuant un changement de variable ou, au besoin, on complète d'abord le carré.

Dans l'exemple 7, il est très laborieux de calculer à la main les valeurs numériques des coefficients. Toutefois, la majorité des logiciels de calcul symbolique effectuent cette tâche très rapidement. Par exemple, la commande de Maple

```
convert(f, parfrac, x)
```

et la commande de Mathematica

```
Apart[f]
```

donnent les valeurs suivantes :

$A=-1$, $B=\frac{1}{8}$, $C=D=-1$, $E=\frac{15}{8}$, $F=-\frac{1}{8}$, $G=H=\frac{3}{4}$, $I=-\frac{1}{2}$, $J=\frac{1}{2}$.

EXEMPLE 7 Déterminons la forme de la décomposition en fractions partielles de la fraction

$$\frac{x^3+x^2+1}{x(x-1)(x^2+x+1)(x^2+1)^3}.$$

SOLUTION

$$\frac{x^3+x^2+1}{x(x-1)(x^2+x+1)(x^2+1)^3}=\frac{A}{x}+\frac{B}{x-1}+\frac{Cx+D}{x^2+x+1}+\frac{Ex+F}{x^2+1}+\frac{Gx+H}{(x^2+1)^2}+\frac{Ix+J}{(x^2+1)^3}$$

EXEMPLE 8 Calculons $\int \frac{1-x+2x^2-x^3}{x(x^2+1)^2}\,dx$.

SOLUTION La décomposition en fractions partielles de l'intégrande est de la forme

$$\frac{1-x+2x^2-x^3}{x(x^2+1)^2}=\frac{A}{x}+\frac{Bx+C}{x^2+1}+\frac{Dx+E}{(x^2+1)^2}.$$

En multipliant chaque membre de cette équation par $x(x^2+1)^2$, on obtient

$$\begin{aligned}-x^3+2x^2-x+1 &= A(x^2+1)^2+(Bx+C)x(x^2+1)+(Dx+E)x\\ &= A(x^4+2x^2+1)+B(x^4+x^2)+C(x^3+x)+Dx^2+Ex\\ &= (A+B)x^4+Cx^3+(2A+B+D)x^2+(C+E)x+A.\end{aligned}$$

Si on pose l'égalité entre les coefficients correspondants, on obtient le système

$$A + B = 0 \qquad C = -1 \qquad 2A + B + D = 2 \qquad C + E = -1 \qquad A = 1$$

dont la solution est $A = 1$, $B = -1$, $C = -1$, $D = 1$ et $E = 0$. Donc,

Pour évaluer les deuxième et quatrième termes, on effectue mentalement le changement de variable $u = x^2 + 1$.

$$\begin{aligned}\int \frac{1 - x + 2x^2 - x^3}{x(x^2+1)^2}\,dx &= \int \left(\frac{1}{x} - \frac{x+1}{x^2+1} + \frac{x}{(x^2+1)^2}\right) dx \\ &= \int \frac{dx}{x} - \int \frac{x}{x^2+1}\,dx - \int \frac{dx}{x^2+1} + \int \frac{x\,dx}{(x^2+1)^2} \\ &= \ln|x| - \frac{1}{2}\ln(x^2+1) - \arctan x - \frac{1}{2(x^2+1)} + K.\end{aligned}$$

Il est à noter qu'il est parfois possible d'intégrer une fonction rationnelle sans utiliser de fractions partielles. Par exemple, bien qu'on puisse calculer

$$\int \frac{x^2+1}{x(x^2+3)}\,dx$$

en appliquant la méthode associée au cas III, il est beaucoup plus simple de poser $u = x(x^2 + 3) = x^3 + 3x$, ce qui donne $du = (3x^2 + 3)\,dx$ et, par conséquent,

$$\int \frac{x^2+1}{x(x^2+3)}\,dx = \frac{1}{3}\ln|x^3 + 3x| + C.$$

LE CHANGEMENT DE VARIABLE DONNANT UNE FONCTION RATIONNELLE

Il est parfois possible de transformer une fonction non rationnelle en fonction rationnelle en effectuant un changement de variable approprié. En particulier, si un intégrande renferme une expression de la forme $\sqrt[n]{g(x)}$, alors le changement de variable $u = \sqrt[n]{g(x)}$ peut donner de bons résultats. On présente d'autres cas dans les exercices.

EXEMPLE 9 Calculons $\displaystyle\int \frac{\sqrt{x+4}}{x}\,dx$.

SOLUTION On pose $u = \sqrt{x+4}$, alors $u^2 = x + 4$, de sorte que $x = u^2 - 4$ et $dx = 2u\,du$. Donc,

$$\begin{aligned}\int \frac{\sqrt{x+4}}{x}\,dx &= \int \frac{u}{u^2-4}2u\,du = 2\int \frac{u^2}{u^2-4}\,du \\ &= 2\int \left(1 + \frac{4}{u^2-4}\right) du.\end{aligned}$$

On évalue la dernière intégrale soit en factorisant $u^2 - 4$, ce qui donne $(u - 2)(u + 2)$, puis soit en utilisant des fractions partielles, soit en appliquant la formule **6** avec $a = 2$:

$$\begin{aligned}\int \frac{\sqrt{x+4}}{x}\,dx &= 2\int du + 8\int \frac{du}{u^2-4} = 2u + 8 \cdot \frac{1}{2 \cdot 2}\ln\left|\frac{u-2}{u+2}\right| + C \\ &= 2\sqrt{x+4} + 2\ln\left|\frac{\sqrt{x+4}-2}{\sqrt{x+4}+2}\right| + C.\end{aligned}$$

Exercices 3.4

1-6 Déterminez la forme de la décomposition en fractions partielles de la fraction donnée (comme dans l'exemple 7), sans calculer les valeurs numériques des coefficients.

1. a) $\dfrac{1+6x}{(4x-3)(2x+5)}$ b) $\dfrac{10}{5x^2-2x^3}$

2. a) $\dfrac{x}{x^2+x-2}$ b) $\dfrac{x^2}{x^2+x+2}$

3. a) $\dfrac{x^4+1}{x^5+4x^3}$ b) $\dfrac{1}{(x^2-9)^2}$

4. a) $\dfrac{x^4-2x^3+x^2+2x-1}{x^2-2x+1}$ b) $\dfrac{x^2-1}{x^3+x^2+x}$

5. a) $\dfrac{x^6}{x^2-4}$ b) $\dfrac{x^4}{(x^2-x+1)(x^2+2)^2}$

6. a) $\dfrac{t^6+1}{t^6+t^3}$ b) $\dfrac{x^5+1}{(x^2-x)(x^4+2x^2+1)}$

7-38 Évaluez l'intégrale donnée.

7. $\int \dfrac{x^4}{x-1}\,dx$

8. $\int \dfrac{3t-2}{t+1}\,dt$

9. $\int \dfrac{5x+1}{(2x+1)(x-1)}\,dx$

10. $\int \dfrac{y}{(y+4)(2y-1)}\,dy$

11. $\int_0^1 \dfrac{2}{2x^2+3x+1}\,dx$

12. $\int_0^1 \dfrac{x-4}{x^2-5x+6}\,dx$

13. $\int \dfrac{ax}{x^2-bx}\,dx$

14. $\int \dfrac{1}{(x+a)(x+b)}\,dx$

15. $\int_3^4 \dfrac{x^3-2x^2-4}{x^3-2x^2}\,dx$

16. $\int_0^1 \dfrac{x^3-4x-10}{x^2-x-6}\,dx$

17. $\int_1^2 \dfrac{4y^2-7y-12}{y(y+2)(y-3)}\,dy$

18. $\int \dfrac{x^2+2x-1}{x^3-x}\,dx$

19. $\int \dfrac{x^2+1}{(x-3)(x-2)^2}\,dx$

20. $\int \dfrac{x^2-5x+16}{(2x+1)(x-2)^2}\,dx$

21. $\int \dfrac{x^3+4}{x^2+4}\,dx$

22. $\int \dfrac{ds}{s^2(s-1)^2}$

23. $\int \dfrac{10}{(x-1)(x^2+9)}\,dx$

24. $\int \dfrac{x^2-x+6}{x^3+3x}\,dx$

25. $\int \dfrac{4x}{x^3+x^2+x+1}\,dx$

26. $\int \dfrac{x^2+x+1}{(x^2+1)^2}\,dx$

27. $\int \dfrac{x^3+x^2+2x+1}{(x^2+1)(x^2+2)}\,dx$

28. $\int \dfrac{x^2-2x-1}{(x-1)^2(x^2+1)}\,dx$

29. $\int \dfrac{x+4}{x^2+2x+5}\,dx$

30. $\int \dfrac{3x^2+x+4}{x^4+3x^2+2}\,dx$

31. $\int \dfrac{1}{x^3-1}\,dx$

32. $\int_0^1 \dfrac{x}{x^2+4x+13}\,dx$

33. $\int_0^1 \dfrac{x^3+2x}{x^4+4x^2+3}\,dx$

34. $\int \dfrac{x^5+x-1}{x^3+1}\,dx$

35. $\int \dfrac{dx}{x(x^2+4)^2}$

36. $\int \dfrac{x^4+3x^2+1}{x^5+5x^3+5x}\,dx$

37. $\int \dfrac{x^2-3x+7}{(x^2-4x+6)^2}\,dx$

38. $\int \dfrac{x^3+2x^2+3x-2}{(x^2+2x+2)^2}\,dx$

39-52 Effectuez un changement de variable de manière à exprimer l'intégrande sous la forme d'une fonction rationnelle, puis évaluez l'intégrale.

39. $\int \dfrac{\sqrt{x+1}}{x}\,dx$

40. $\int \dfrac{dx}{2\sqrt{x+3}+x}$

41. $\int \dfrac{dx}{x^2+x\sqrt{x}}$

42. $\int_0^1 \dfrac{1}{1+\sqrt[3]{x}}\,dx$

43. $\int \dfrac{x^3}{\sqrt[3]{x^2+1}}\,dx$

44. $\int_{1/3}^3 \dfrac{\sqrt{x}}{x^2+x}\,dx$

45. $\int \dfrac{1}{\sqrt{x}-\sqrt[3]{x}}\,dx$

(*Indice :* Posez $u=\sqrt[6]{x}$.)

46. $\int \dfrac{\sqrt{1+\sqrt{x}}}{x}\,dx$

47. $\int \dfrac{e^{2x}}{e^{2x}+3e^x+2}\,dx$

48. $\int \dfrac{\sin x}{\cos^2 x-3\cos x}\,dx$

49. $\int \dfrac{\sec^2 t}{\tan^2 t+3\tan t+2}\,dt$

50. $\int \dfrac{e^x}{(e^x-2)(e^{2x}+1)}\,dx$

51. $\int \dfrac{dx}{1+e^x}$

52. $\int \dfrac{\cos t}{\sin^2 t+\sin^4 t}\,dt$

53-54 En appliquant l'intégration par parties et les techniques étudiées dans la présente section, calculez l'intégrale donnée.

53. $\int \ln(x^2-x+2)\,dx$

54. $\int x\arctan x\,dx$

55. Tracez la courbe de $f(x)=1/(x^2-2x-3)$ afin de déterminer si $\int_0^2 f(x)\,dx$ est une valeur positive ou négative. À partir du graphique, estimez l'intégrale. Calculez ensuite la valeur exacte de l'intégrale en vous servant de fractions partielles.

56. Calculez

$$\int \frac{1}{x^2+k}\,dx$$

en étudiant l'effet de différentes valeurs de k.

57-58 Calculez l'intégrale en complétant le carré et en appliquant la formule **6**.

57. $\int \dfrac{dx}{x^2-2x}$

58. $\int \dfrac{2x+1}{4x^2+12x-7}\,dx$

59. Le mathématicien allemand Karl Weierstrass (1815-1897) s'est rendu compte que le changement de variable $t = \tan(x/2)$ permet de transformer n'importe quelle fonction rationnelle où interviennent $\sin x$ et $\cos x$ en une fonction rationnelle ordinaire de t.

a) Soit $t = \tan(x/2)$, où $-\pi < x < \pi$. En traçant un triangle rectangle ou en utilisant des identités trigonométriques, montrez que

$$\cos\left(\frac{x}{2}\right) = \frac{1}{\sqrt{1+t^2}} \quad \text{et} \quad \sin\left(\frac{x}{2}\right) = \frac{t}{\sqrt{1+t^2}}.$$

b) Montrez que

$$\cos x = \frac{1-t^2}{1+t^2} \quad \text{et} \quad \sin x = \frac{2t}{1+t^2}.$$

c) Montrez que

$$dx = \frac{2}{1+t^2}\,dt.$$

60-63 À l'aide du changement de variable de l'exercice 59, transformez l'intégrande en une fonction rationnelle de t, puis évaluez l'intégrale.

60. $\displaystyle\int \frac{dx}{1-\cos x}$

61. $\displaystyle\int \frac{1}{3\sin x - 4\cos x}\,dx$

62. $\displaystyle\int_{\pi/3}^{\pi/2} \frac{1}{1+\sin x - \cos x}\,dx$

63. $\displaystyle\int_0^{\pi/2} \frac{\sin 2x}{2+\cos x}\,dx$

64-65 Évaluez l'aire de la région sous la courbe donnée, entre $x = 1$ et $x = 2$.

64. $y = \dfrac{1}{x^3+x}$

65. $y = \dfrac{x^2+1}{3x-x^2}$

66. Calculez le volume du solide résultant de la rotation de la région sous la courbe $y = 1/(x^2 + 3x + 2)$ entre $x = 0$ et $x = 1$ autour : a) de l'axe des x ; b) de l'axe des y.

67. L'une des méthodes employées pour ralentir la croissance d'une population d'insectes sans faire usage de pesticides consiste à introduire au sein de la population un certain nombre de mâles stériles, qui s'accouplent à des femelles fertiles, mais ne produisent pas de descendants. Si P représente le nombre d'insectes femelles d'une population, S représente le nombre de mâles stériles introduits à chaque génération, et r est le taux de croissance naturelle de la population, alors la relation entre la population de femelles et le temps t est

$$t = \int \frac{P+S}{P[(r-1)P-S]}\,dP.$$

On suppose qu'une population d'insectes comprenant 10 000 femelles croît à un taux $r = 0{,}10$ et qu'on y introduit 900 mâles stériles. Calculez l'intégrale de manière à obtenir une équation liant la population de femelles et le temps. (Il est à noter que l'équation obtenue ne peut être résolue explicitement par rapport à P.)

68. Factorisez $x^4 + 1$ sous la forme d'une différence de carrés en additionnant puis en soustrayant d'abord un même terme. Utilisez cette factorisation pour calculer $\int 1/(x^4+1)\,dx$.

LCS **69.** a) À l'aide d'un logiciel de calcul symbolique, déterminez la décomposition en fractions partielles de la fonction

$$f(x) = \frac{4x^3 - 27x^2 + 5x - 32}{30x^5 - 13x^4 + 50x^3 - 286x^2 - 299x - 70}.$$

b) En utilisant la décomposition effectuée en a), calculez $\int f(x)\,dx$ (à la main) et comparez le résultat à celui que vous obtenez en vous servant du logiciel de calcul symbolique pour intégrer f directement. Expliquez toute différence entre les deux résultats.

LCS **70.** a) Déterminez la décomposition en fractions partielles de la fonction

$$f(x) = \frac{12x^5 - 7x^3 - 13x^2 + 8}{100x^6 - 80x^5 + 116x^4 - 80x^3 + 41x^2 - 20x + 4}.$$

b) Utilisez le résultat obtenu en a) pour calculer $\int f(x)\,dx$, puis tracez les courbes respectives de f et de son intégrale indéfinie dans un même graphique.

c) À l'aide de la courbe de f, énumérez les principales caractéristiques de la courbe de $\int f(x)\,dx$.

71. Soit F, G et Q, trois polynômes tels que

$$\frac{F(x)}{Q(x)} = \frac{G(x)}{Q(x)}$$

pour tout x sauf dans le cas où $Q(x) = 0$. Montrez que $F(x) = G(x)$ pour tout x. (*Indice :* Servez-vous de la continuité.)

72. Soit f, une fonction quadratique telle que $f(0) = 1$ et

$$\int \frac{f(x)}{x^2(x+1)^3}\,dx$$

est une fonction rationnelle. Calculez la valeur de $f'(0)$.

73. Soit $a \neq 0$ et n, un entier positif. Déterminez la décomposition en fractions partielles de

$$f(x) = \frac{1}{x^n(x-a)}.$$

Indice : Déduisez d'abord le coefficient de $1/(x-a)$, puis soustrayez le terme résultant et simplifiez le reste.

3.5 UNE STRATÉGIE POUR L'ÉVALUATION D'UNE INTÉGRALE

On a déjà établi que l'intégration présente plus de difficultés que la dérivation. Quand on veut calculer la dérivée d'une fonction, la formule qu'il faut appliquer pour ce faire ne pose aucun doute. En revanche, il n'est pas toujours évident de déterminer la technique qu'il faut utiliser pour intégrer une fonction donnée.

Chacune des sections précédentes est consacrée à une technique particulière : par exemple, il faut généralement utiliser le changement de variable dans les exercices 1.7, l'intégration par parties dans les exercices 3.1 et la méthode des fractions partielles dans les exercices 3.4. Par contre, dans la présente section, on propose diverses intégrales de façon non ordonnée, de sorte que la principale difficulté consiste à reconnaître la technique ou la formule à appliquer. Il n'existe pas de règle stricte permettant de déterminer la méthode à employer dans un cas donné, mais on va voir des éléments de stratégie qui s'avèrent utiles pour y arriver.

Pour être en mesure d'appliquer une stratégie quelconque, il est indispensable de connaître les formules d'intégration de base. La table suivante contient les intégrales de la liste déjà établie et plusieurs autres formules étudiées dans le présent chapitre. Il est important de mémoriser la plupart d'entre elles. Il est utile de les connaître toutes, mais il n'est pas nécessaire de mémoriser celles qui sont marquées d'un astérisque puisqu'elles sont faciles à déduire. On peut éviter d'avoir recours à la formule 17 en se servant des fractions partielles et il est possible d'employer la substitution trigonométrique au lieu de la formule 18.

TABLE D'INTÉGRALES (ON A OMIS LES CONSTANTES D'INTÉGRATION.)

1. $\int x^n\,dx = \dfrac{x^{n+1}}{n+1} \quad (n \neq -1)$	**10.** $\int \csc x \cot x\,dx = -\csc x$
2. $\int \dfrac{1}{x}\,dx = \ln\lvert x\rvert$	**11.** $\int \sec x\,dx = \ln\lvert \sec x + \tan x\rvert$
3. $\int e^x\,dx = e^x$	**12.** $\int \csc x\,dx = \ln\lvert \csc x - \cot x\rvert$
4. $\int a^x\,dx = \dfrac{a^x}{\ln a}$	**13.** $\int \tan x\,dx = \ln\lvert \sec x\rvert$
5. $\int \sin x\,dx = -\cos x$	**14.** $\int \cot x\,dx = \ln\lvert \sin x\rvert$
6. $\int \cos x\,dx = \sin x$	**15.** $\int \dfrac{dx}{x^2+a^2} = \dfrac{1}{a}\arctan\left(\dfrac{x}{a}\right)$
7. $\int \sec^2 x\,dx = \tan x$	**16.** $\int \dfrac{dx}{\sqrt{a^2-x^2}} = \arcsin\left(\dfrac{x}{a}\right),\ a > 0$
8. $\int \csc^2 x\,dx = -\cot x$	**17.** * $\int \dfrac{dx}{x^2-a^2} = \dfrac{1}{2a}\ln\left\lvert\dfrac{x-a}{x+a}\right\rvert$
9. $\int \sec x \tan x\,dx = \sec x$	**18.** * $\int \dfrac{dx}{\sqrt{x^2 \pm a^2}} = \ln\left\lvert x + \sqrt{x^2 \pm a^2}\right\rvert$

Si, après s'être familiarisé avec ces formules d'intégration de base, on ne voit pas immédiatement comment aborder une intégrale donnée, on peut essayer d'appliquer la stratégie en quatre étapes suivante.

1. **Simplifier l'intégrande autant que possible** Il est parfois possible de simplifier l'intégrande grâce à des manipulations algébriques ou à l'application d'identités trigonométriques, ce qui permet de voir clairement la méthode d'intégration qu'il faut employer. Voici quelques exemples :

$$\int \sqrt{x}(1+\sqrt{x})\,dx = \int (\sqrt{x}+x)\,dx$$

$$\int \frac{\tan\theta}{\sec^2\theta}\,d\theta = \int \frac{\sin\theta}{\cos\theta}\cos^2\theta\,d\theta$$
$$= \int \sin\theta\cos\theta\,d\theta = \tfrac{1}{2}\int \sin 2\theta\,d\theta$$

$$\int (\sin x+\cos x)^2\,dx = \int (\sin^2 x + 2\sin x\cos x + \cos^2 x)\,dx$$
$$= \int (1+2\sin x\cos x)\,dx$$

2. **Vérifier si un changement de variable s'impose** Il s'agit de chercher dans l'intégrande une fonction quelconque $u = g(x)$ dont la différentielle $du = g'(x)\,dx$ fait aussi partie de l'intégrande, à un facteur constant près. Par exemple, dans l'intégrale

$$\int \frac{x}{x^2-1}\,dx,$$

on constate que, si on pose $u = x^2 - 1$, alors $du = 2x\,dx$. Il est donc plus approprié d'effectuer le changement de variable $u = x^2 - 1$ que d'appliquer la méthode des fractions partielles.

3. **Classer l'intégrande selon sa forme** Si les étapes 1 et 2 n'ont pas donné de résultat, il faut examiner la forme de l'intégrande $f(x)$.

   a) *Fonction trigonométrique.* Si $f(x)$ est le produit de puissances de $\sin x$ et de $\cos x$, de $\tan x$ et de $\sec x$, ou de $\cot x$ et de $\csc x$, alors on effectue l'une des substitutions suggérées dans la section 3.2.

   b) *Fonction rationnelle.* Si f est une fonction rationnelle, on applique le procédé décrit dans la section 3.4, où interviennent des fractions partielles.

   c) *Intégration par parties.* Si $f(x)$ est le produit d'une puissance de x (ou d'un polynôme) et d'une fonction transcendante (par exemple une fonction trigonométrique, exponentielle ou logarithmique), alors on tente d'appliquer l'intégration par parties en choisissant u et dv selon la recommandation énoncée dans la section 3.1. En examinant les fonctions des exercices 3.1, on constate que la plupart sont de ce type.

   d) *Fonction contenant un radical.* Il est approprié d'effectuer certains changements de variables lorsque l'intégrande contient un type particulier de radical.

      i) Si l'intégrande contient $\sqrt{\pm x^2 \pm a^2}$, on applique la substitution trigonométrique en utilisant le tableau 3.1 à la section 3.3.

      ii) Si l'intégrande contient $\sqrt[n]{ax+b}$, on applique le changement de variable $u = \sqrt[n]{ax+b}$ qui vise à rationaliser l'intégrande. De façon plus générale, ce procédé est aussi parfois utile pour $\sqrt[n]{g(x)}$.

4. **Repartir à zéro** Si les trois étapes précédentes n'ont pas donné le résultat escompté, il faut se rappeler qu'il n'existe essentiellement que deux méthodes d'intégration : le changement de variable et l'intégration par parties.

   a) *Essayer d'effectuer un changement de variable.* Même si aucun changement de variable approprié n'est évident (étape 2), l'intuition (ou même le découragement) peut en inspirer un.

b) *Essayer d'appliquer l'intégration par parties.* Bien que, la plupart du temps, on emploie l'intégration par parties dans le cas de produits de la forme décrite à l'étape 3 c), elle peut donner des résultats quand l'intégrande comprend un seul facteur. Dans la section 3.1, on l'a utilisée avec succès dans le cas de arctan x, arcsin x et ln x, qui sont toutes des fonctions réciproques.

c) *Effectuer des manipulations sur l'intégrande.* Des manipulations algébriques (comme la rationalisation du dénominateur ou l'application d'identités trigonométriques) s'avèrent parfois utiles pour récrire l'intégrale recherchée sous une forme plus propice à l'intégration. De telles manipulations peuvent être plus importantes que celles qui sont décrites à l'étape 1 et exiger une certaine astuce. Voici un exemple :

$$\begin{aligned}\int \frac{dx}{1-\cos x} &= \int \frac{1}{1-\cos x} \cdot \frac{1+\cos x}{1+\cos x}\, dx = \int \frac{1+\cos x}{1-\cos^2 x}\, dx \\ &= \int \frac{1+\cos x}{\sin^2 x}\, dx = \int \left(\csc^2 x + \frac{\cos x}{\sin^2 x} \right) dx.\end{aligned}$$

d) *Établir des liens avec des problèmes déjà résolus.* Après avoir acquis une certaine expérience dans le domaine de l'intégration, on arrive à appliquer à une intégrale donnée une démarche similaire à une démarche déjà utilisée avec une autre intégrale. Ou encore, on peut exprimer une intégrale donnée sous la forme d'une intégrale déjà résolue. Par exemple, $\int \tan^2 x \sec x\, dx$ semble difficile à évaluer, mais si, en se servant de l'identité $\tan^2 x = \sec^2 x - 1$, on peut écrire

$$\int \tan^2 x \sec x\, dx = \int \sec^3 x\, dx - \int \sec x\, dx$$

et si on a déjà calculé $\int \sec^3 x\, dx$ (voir l'exemple 8 de la section 3.2), on peut se servir du résultat pour déterminer l'intégrale recherchée.

e) *Appliquer plus d'une méthode.* Il est parfois nécessaire d'utiliser deux ou trois méthodes pour évaluer une intégrale. Ainsi, il arrive qu'on doive effectuer plusieurs changements de variable successifs, de différents types, ou encore qu'il faille combiner l'intégration par parties et un ou plusieurs changements de variable.

Dans les exemples suivants, on indique une méthode pour amorcer le calcul de l'intégrale donnée, mais on ne mène pas le calcul jusqu'à la fin.

EXEMPLE 1 $\displaystyle\int \frac{\tan^3 x}{\cos^3 x}\, dx$

L'étape 1 consiste à récrire l'intégrale sous la forme

$$\int \frac{\tan^3 x}{\cos^3 x}\, dx = \int \tan^3 x \sec^3 x\, dx.$$

On obtient ainsi une intégrale de la forme $\int \tan^m x \sec^n x\, dx$, où m est impair, et on peut appliquer la suggestion donnée dans la section 3.2.

Par ailleurs, si, à l'étape 1, on écrit

$$\int \frac{\tan^3 x}{\cos^3 x}\, dx = \int \frac{\sin^3 x}{\cos^3 x} \frac{1}{\cos^3 x}\, dx = \int \frac{\sin^3 x}{\cos^6 x}\, dx,$$

on peut ensuite effectuer le changement de variable $u = \cos x$, ce qui donne

$$\begin{aligned}\int \frac{\sin^3 x}{\cos^6 x}\,dx &= \int \frac{1-\cos^2 x}{\cos^6 x}\sin x\,dx = \int \frac{1-u^2}{u^6}(-du)\\ &= \int \frac{u^2-1}{u^6}\,du = \int (u^{-4}-u^{-6})\,du.\end{aligned}$$

EXEMPLE 2 $\int e^{\sqrt{x}}\,dx$

Selon le point ii) de l'étape 3 d), on effectue le changement de variable $u = \sqrt{x}$. On a alors $x = u^2$, de sorte que $dx = 2u\,du$ et

$$\int e^{\sqrt{x}}\,dx = 2\int ue^u\,du.$$

Le dernier intégrande est le produit de u et de la fonction transcendante e^u ; on peut donc appliquer l'intégration par parties.

EXEMPLE 3 $\displaystyle\int \frac{x^5+1}{x^3-3x^2-10x}\,dx$

Aucune simplification algébrique ni aucun changement de variable ne s'imposent d'emblée. On ne peut donc pas appliquer les étapes 1 et 2 dans ce cas. Comme l'intégrande est une fonction rationnelle, on utilise le procédé décrit dans la section 3.4, en se rappelant que la première étape est une division euclidienne.

EXEMPLE 4 $\displaystyle\int \frac{dx}{x\sqrt{\ln x}}$

Dans ce cas, il suffit d'effectuer l'étape 2 : on effectue le changement de variable $u = \ln x$ parce que la différentielle $du = dx/x$ fait aussi partie de l'intégrande.

EXEMPLE 5 $\displaystyle\int \sqrt{\frac{1-x}{1+x}}\,dx$

Bien que le changement de variable, visant à la rationalisation,

$$u = \sqrt{\frac{1-x}{1+x}}$$

mène à une solution (point ii) de l'étape 3 d), il donne une fonction rationnelle très complexe. Il est donc plus facile d'effectuer une manipulation algébrique (comme dans l'étape 1 ou dans l'étape 4 c). En effet, si on multiplie le numérateur et le dénominateur de l'intégrande par $\sqrt{1-x}$, on obtient

$$\begin{aligned}\int \sqrt{\frac{1-x}{1+x}}\,dx &= \int \frac{1-x}{\sqrt{1-x^2}}\,dx\\ &= \int \frac{1}{\sqrt{1-x^2}}\,dx - \int \frac{x}{\sqrt{1-x^2}}\,dx\\ &= \arcsin x + \sqrt{1-x^2} + C.\end{aligned}$$

EST-IL POSSIBLE D'INTÉGRER N'IMPORTE QUELLE FONCTION CONTINUE ?

On peut se poser la question à savoir si la stratégie d'intégration décrite permet d'évaluer l'intégrale de n'importe quelle fonction continue. Par exemple, permet-elle de calculer $\int e^{x^2}\,dx$? La réponse est non, du moins pas en ce qui concerne les fonctions familières.

Les fonctions étudiées dans le présent ouvrage sont appelées **fonctions élémentaires**. Ce sont les fonctions polynomiales, les fonctions rationnelles, les fonctions puissances (x^a), les fonctions exponentielles (a^x), logarithmiques, trigonométriques ou trigonométriques inverses, et toutes les fonctions qu'on obtient en appliquant à ces dernières une ou plusieurs des cinq opérations que sont l'addition, la soustraction, la multiplication, la division et la composition de fonctions. Par exemple, la fonction

$$f(x)=\sqrt{\frac{x^2-1}{x^3+2x-1}}+\ln(\cos x)-xe^{\sin 2x}$$

est une fonction élémentaire.

Si f est une fonction élémentaire, alors f' est aussi une fonction élémentaire, mais $\int f(x)\,dx$ n'en est pas nécessairement une. Soit $f(x)=e^{x^2}$. Comme f est une fonction continue, son intégrale existe et, si on définit la fonction F par

$$F(x)=\int_0^x e^{t^2}\,dt,$$

alors, selon la partie 1 du théorème fondamental du calcul différentiel et intégral,

$$F'(x)=e^{x^2}.$$

Donc, $f(x)=e^{x^2}$ a une primitive, à savoir F, mais il a été démontré que F n'est pas une fonction élémentaire. Cela signifie que, peu importe les efforts qu'on déploie, on n'arrivera jamais à exprimer $\int e^{x^2}\,dx$ sous la forme de fonctions connues. (On montre cependant, dans le chapitre 6, comment exprimer $\int e^{x^2}\,dx$ sous la forme d'une série infinie.) Les mêmes remarques valent pour les intégrales suivantes.

$$\int\frac{e^x}{x}\,dx \qquad \int\sin(x^2)\,dx \qquad \int\cos(e^x)\,dx$$

$$\int\sqrt{x^3+1}\,dx \qquad \int\frac{1}{\ln x}\,dx \qquad \int\frac{\sin x}{x}\,dx$$

En fait, la majorité des fonctions élémentaires n'ont pas de primitive qui soit aussi une fonction élémentaire. Toutefois, toutes les intégrales des exercices qui suivent sont des fonctions élémentaires.

Exercices 3.5

1-82 Évaluez l'intégrale.

1. $\int\cos x(1+\sin^2 x)\,dx$

2. $\int_0^1(3x+1)^{\sqrt{2}}\,dx$

3. $\int\frac{\sin x+\sec x}{\tan x}\,dx$

4. $\int\frac{\sin^3 x}{\cos x}\,dx$

5. $\int\frac{t}{t^4+2}\,dt$

6. $\int_0^1\frac{x}{(2x+1)^3}\,dx$

7. $\int_{-1}^1\frac{e^{\arctan y}}{1+y^2}\,dy$

8. $\int t\sin t\cos t\,dt$

9. $\int_1^3 r^4\ln r\,dr$

10. $\int_0^4\frac{x-1}{x^2-4x-5}\,dx$

11. $\int\frac{x-1}{x^2-4x+5}\,dx$

12. $\int\frac{x}{x^4+x^2+1}\,dx$

13. $\int\sin^5 t\cos^4 t\,dt$

14. $\int\frac{x^3}{\sqrt{1+x^2}}\,dx$

15. $\int \frac{dx}{(1-x^2)^{3/2}}$

16. $\int_0^{\sqrt{2}/2} \frac{x^2}{\sqrt{1-x^2}}\, dx$

17. $\int_0^{\pi} t \cos^2 t\, dt$

18. $\int_1^4 \frac{e^{\sqrt{t}}}{\sqrt{t}}\, dt$

19. $\int e^{x+e^x}\, dx$

20. $\int e^2\, dx$

21. $\int \arctan\sqrt{x}\, dx$

22. $\int \frac{\ln x}{x\sqrt{1+(\ln x)^2}}\, dx$

23. $\int_0^1 (1+\sqrt{x})^8\, dx$

24. $\int_0^4 \frac{6z+5}{2z+1}\, dz$

25. $\int \frac{3x^2-2}{x^2-2x-8}\, dx$

26. $\int \frac{3x^2-2}{x^3-2x-8}\, dx$

27. $\int \frac{dx}{1+e^x}$

28. $\int \sin\sqrt{at}\, dt$

29. $\int \ln(x+\sqrt{x^2-1})\, dx$

30. $\int_{-1}^{2} |e^x-1|\, dx$

31. $\int \sqrt{\frac{1+x}{1-x}}\, dx$

32. $\int \frac{\sqrt{2x-1}}{2x+3}\, dx$

33. $\int \sqrt{3-2x-x^2}\, dx$

34. $\int_{\pi/4}^{\pi/2} \frac{1+4\cot x}{4-\cot x}\, dx$

35. $\int \cos 2x \cos 6x\, dx$

36. $\int_{-\pi/4}^{\pi/4} \frac{x^2 \tan x}{1+\cos^4 x}\, dx$

37. $\int_0^{\pi/4} \tan^3\theta \sec^2\theta\, d\theta$

38. $\int_{\pi/6}^{\pi/3} \frac{\sin\theta \cot\theta}{\sec\theta}\, d\theta$

39. $\int \frac{\sec\theta \tan\theta}{\sec^2\theta - \sec\theta}\, d\theta$

40. $\int \frac{1}{\sqrt{4y^2-4y-3}}\, dy$

41. $\int \theta \tan^2\theta\, d\theta$

42. $\int \frac{\arctan x}{x^2}\, dx$

43. $\int \frac{\sqrt{x}}{1+x^3}\, dx$

44. $\int \sqrt{1+e^x}\, dx$

45. $\int x^5 e^{-x^3}\, dx$

46. $\int \frac{(x-1)e^x}{x^2}\, dx$

47. $\int x^3 (x-1)^{-4}\, dx$

48. $\int_0^1 x\sqrt{2-\sqrt{1-x^2}}\, dx$

49. $\int \frac{1}{x\sqrt{4x+1}}\, dx$

50. $\int \frac{1}{x^2\sqrt{4x+1}}\, dx$

51. $\int \frac{1}{x\sqrt{4x^2+1}}\, dx$

52. $\int \frac{dx}{x(x^4+1)}$

53. $\int x^2 \sin mx\, dx$

54. $\int (x+\sin x)^2\, dx$

55. $\int \frac{dx}{x+x\sqrt{x}}$

56. $\int \frac{dx}{\sqrt{x}+x\sqrt{x}}$

57. $\int x\sqrt[3]{x+c}\, dx$

58. $\int \frac{x \ln x}{\sqrt{x^2-1}}\, dx$

59. $\int \cos x \cos^3(\sin x)\, dx$

60. $\int \frac{dx}{x^2\sqrt{4x^2-1}}$

61. $\int \frac{d\theta}{1+\cos\theta}$

62. $\int \frac{d\theta}{1+\cos^2\theta}$

63. $\int \sqrt{x}e^{\sqrt{x}}\, dx$

64. $\int \frac{1}{\sqrt{\sqrt{x}+1}}\, dx$

65. $\int \frac{\sin 2x}{1+\cos^4 x}\, dx$

66. $\int_{\pi/4}^{\pi/3} \frac{\ln(\tan x)}{\sin x \cos x}\, dx$

67. $\int \frac{1}{\sqrt{x+1}+\sqrt{x}}\, dx$

68. $\int \frac{x^2}{x^6+3x^3+2}\, dx$

69. $\int_1^{\sqrt{3}} \frac{\sqrt{1+x^2}}{x^2}\, dx$

70. $\int \frac{1}{1+2e^x-e^{-x}}\, dx$

71. $\int \frac{e^{2x}}{1+e^x}\, dx$

72. $\int \frac{\ln(x+1)}{x^2}\, dx$

73. $\int \frac{x+\arcsin x}{\sqrt{1-x^2}}\, dx$

74. $\int \frac{4^x+10^x}{2^x}\, dx$

75. $\int \frac{1}{(x-2)(x^2+4)}\, dx$

76. $\int \frac{dx}{\sqrt{x}(2+\sqrt{x})^4}$

77. $\int \frac{xe^x}{\sqrt{1+e^x}}\, dx$

78. $\int \frac{1+\sin x}{1-\sin x}\, dx$

79. $\int x \sin^2 x \cos x\, dx$

80. $\int \frac{\sec x \cos 2x}{\sin x + \sec x}\, dx$

81. $\int \sqrt{1-\sin x}\, dx$

82. $\int \frac{\sin x \cos x}{\sin^4 x + \cos^4 x}\, dx$

83. Sachant que les fonctions $y = e^{x^2}$ et $y = x^2 e^{x^2}$ n'ont pas de primitive élémentaire, mais que $y = (2x^2+1)e^{x^2}$ en a une, calculez $\int (2x^2+1)e^{x^2}\, dx$.

84. On sait que $F(x) = \int_0^x e^{e^t}\, dt$ est une fonction continue (en vertu de la partie 1 du théorème fondamental du calcul différentiel et intégral) même si ce n'est pas une fonction élémentaire. Les fonctions

$$\int \frac{e^x}{x}\, dx \quad \text{et} \quad \int \frac{1}{\ln x}\, dx$$

ne sont pas non plus des fonctions élémentaires, mais on peut les exprimer en fonction de F. Évaluez les intégrales suivantes en fonction de F.

a) $\int_1^2 \frac{e^x}{x}\, dx$ b) $\int_2^3 \frac{1}{\ln x}\, dx$

3.6 LA VALEUR APPROCHÉE D'UNE INTÉGRALE

Il existe deux cas où il est impossible de déterminer la valeur exacte d'une intégrale définie.

Dans le premier cas, la difficulté vient du fait que, pour évaluer $\int_a^b f(x)\,dx$ en appliquant le théorème fondamental du calcul différentiel et intégral, il faut trouver une primitive de *f*. Mais il est parfois difficile, ou même impossible, de déterminer une telle primitive (voir la section 3.5). Ainsi, il est impossible d'évaluer exactement les intégrales suivantes :

$$\int_0^1 e^{x^2}\,dx \qquad \int_{-1}^1 \sqrt{1+x^3}\,dx.$$

Le second cas est celui de fonctions déterminées expérimentalement, à l'aide de mesures d'instruments ou de données empiriques. Il n'existe pas nécessairement de formule décrivant de telles fonctions (voir l'exemple 5).

Dans les deux cas, il faut calculer une valeur approchée de l'intégrale définie. On connaît déjà une méthode d'approximation. Sachant que l'intégrale définie est, par définition, une limite d'une somme de Riemann, on peut employer une somme de ce type comme approximation de n'importe quelle intégrale : En divisant $[a, b]$ en n sous-intervalles de même longueur $\Delta x = (b - a)/n$, on a

$$\int_a^b f(x)\,dx \approx \sum_{i=1}^{n} f(x_i^*)\,\Delta x$$

où x_i^* est un point quelconque du i-ième sous-intervalle $[x_{i-1}, x_i]$. Si on choisit pour x_i^* l'extrémité gauche du sous-intervalle, alors $x_i^* = x_{i-1}$ et

1 $$\int_a^b f(x)\,dx \approx G_n = \sum_{i=1}^{n} f(x_{i-1})\,\Delta x.$$

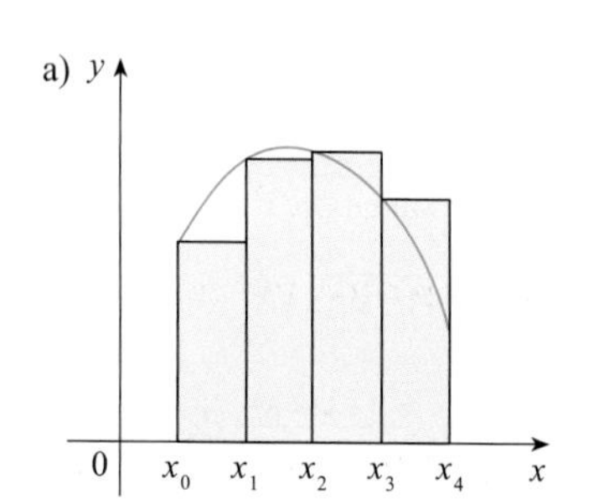

Méthode des rectangles à gauche.

Lorsque $f(x) \geq 0$, l'intégrale représente une aire et la formule **1** donne une approximation de cette aire au moyen de rectangles, comme l'illustre la figure 1 a). Si on choisit pour x_i^* l'extrémité droite du sous-intervalle, alors $x_i^* = x_i$ et

2 $$\int_a^b f(x)\,dx \approx D_n = \sum_{i=1}^{n} f(x_i)\,\Delta x$$

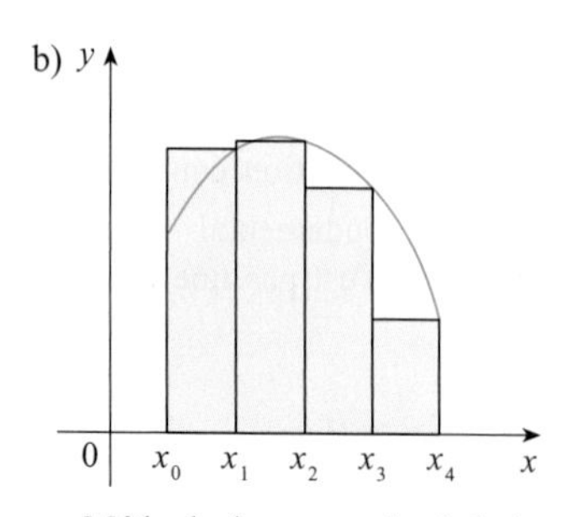

Méthode des rectangles à droite.

(voir la figure 1 b). Les approximations G_n et D_n, définies respectivement par les égalités **1** et **2**, sont appelées **approximation avec des rectangles à gauche** et **approximation avec des rectangles à droite**.

Dans la section 1.4, on étudie aussi le cas où on choisit comme x_i^* le milieu $\bar{x}_i$ du sous intervalle $[x_{i-1}, x_i]$. La figure 1 c) illustre l'approximation au milieu M_n, qui semble plus satisfaisante que G_n et D_n.

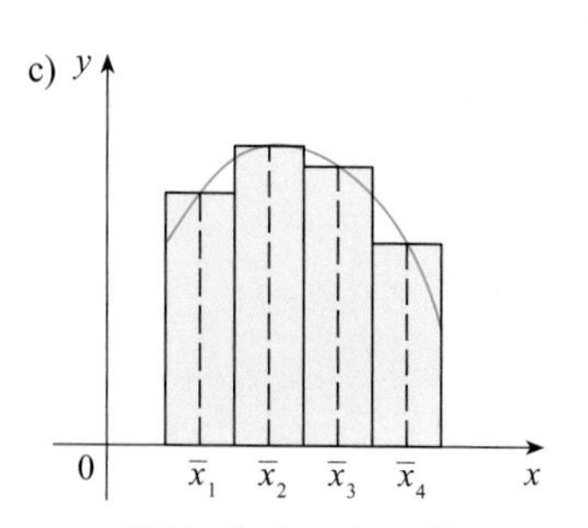

Méthode du point milieu.

FIGURE 1

LA MÉTHODE DU POINT MILIEU

$$\int_a^b f(x)\,dx \approx M_n = \Delta x[f(\bar{x}_1) + f(\bar{x}_2) + \cdots + f(\bar{x}_n)]$$

où

$$\Delta x = \frac{b-a}{n}$$

et

$$\bar{x}_i = \tfrac{1}{2}(x_{i-1} + x_i) = \text{milieu de } [x_{i-1}, x_i].$$

Une autre méthode, appelée méthode des trapèzes, consiste à prendre la moyenne arithmétique des approximations données par les égalités **1** et **2** :

$$\int_a^b f(x)\,dx \approx \frac{1}{2}\left[\sum_{i=1}^{n} f(x_{i-1})\Delta x + \sum_{i=1}^{n} f(x_i)\Delta x\right] = \frac{\Delta x}{2}\left[\sum_{i=1}^{n}\big(f(x_{i-1}) + f(x_i)\big)\right]$$

$$= \frac{\Delta x}{2}\left[\big(f(x_0) + f(x_1)\big) + \big(f(x_1) + f(x_2)\big) + \cdots + \big(f(x_{n-1}) + f(x_n)\big)\right]$$

$$= \frac{\Delta x}{2}[f(x_0) + 2f(x_1) + 2f(x_2) + \cdots + 2f(x_{n-1}) + f(x_n)]$$

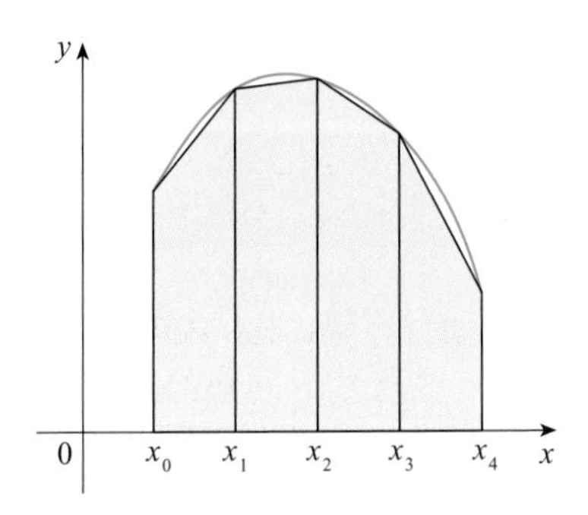

FIGURE 2
Méthode des trapèzes.

LA MÉTHODE DES TRAPÈZES

$$\int_a^b f(x)\,dx \approx T_n = \frac{\Delta x}{2}[f(x_0) + 2f(x_1) + 2f(x_2) + \cdots + 2f(x_{n-1}) + f(x_n)]$$

où $\Delta x = (b - a)/n$ et $x_i = a + i\,\Delta x$.

La figure 2 montre clairement l'origine de l'appellation de cette méthode et elle illustre celle-ci dans le cas où $f(x) \geq 0$ et $n = 4$. L'aire du trapèze dont la base coïncide avec le i-ième sous-intervalle est

$$\Delta x\left(\frac{f(x_{i-1}) + f(x_i)}{2}\right) = \frac{\Delta x}{2}[f(x_{i-1}) + f(x_i)]$$

et, si on additionne les aires respectives de tous les trapèzes, on obtient le membre de droite de la formule de la méthode des trapèzes.

EXEMPLE 1 Calculons une valeur approchée de l'intégrale $\int_1^2 (1/x)\,dx$ en utilisant : a) la méthode des trapèzes, b) la méthode du point milieu avec $n = 5$.

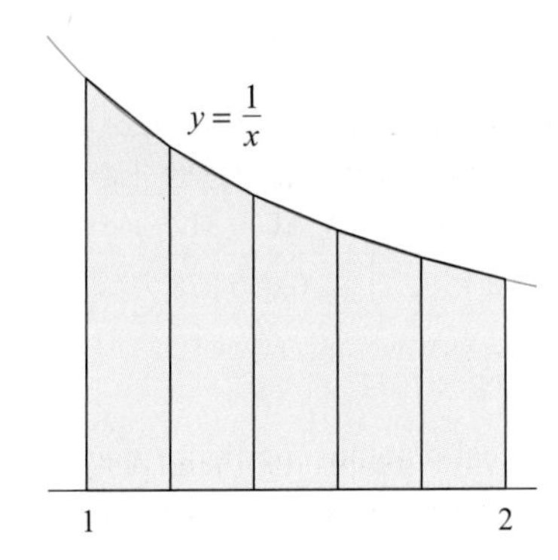

FIGURE 3

SOLUTION

a) Si on pose $n = 5$, $a = 1$ et $b = 2$, alors $\Delta x = (2 - 1)/5 = 0{,}2$ et la méthode des trapèzes donne

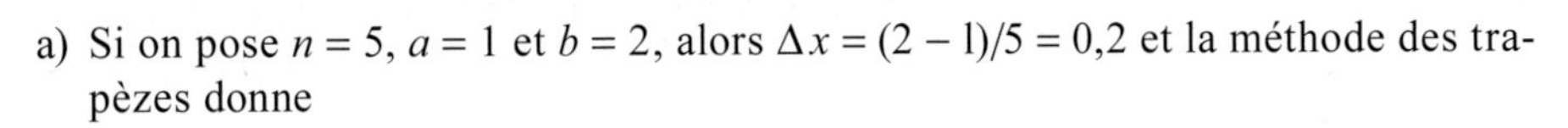

$$\int_1^2 \frac{1}{x}\,dx \approx T_5 = \frac{0{,}2}{2}[f(1) + 2f(1{,}2) + 2f(1{,}4) + 2f(1{,}6) + 2f(1{,}8) + f(2)]$$

$$= 0{,}1\left(\frac{1}{1} + \frac{2}{1{,}2} + \frac{2}{1{,}4} + \frac{2}{1{,}6} + \frac{2}{1{,}8} + \frac{1}{2}\right)$$

$$\approx 0{,}695\,635.$$

Cette approximation est représentée dans la figure 3.

b) Les milieux des cinq sous-intervalles sont respectivement 1,1 ; 1,3 ; 1,5 ; 1,7 et 1,9 ; donc, la méthode du point milieu donne

$$\int_1^2 \frac{1}{x}\,dx \approx \Delta x[f(1{,}1) + f(1{,}3) + f(1{,}5) + f(1{,}7) + f(1{,}9)]$$

$$= \frac{1}{5}\left(\frac{1}{1{,}1} + \frac{1}{1{,}3} + \frac{1}{1{,}5} + \frac{1}{1{,}7} + \frac{1}{1{,}9}\right)$$

$$\approx 0{,}691\,908.$$

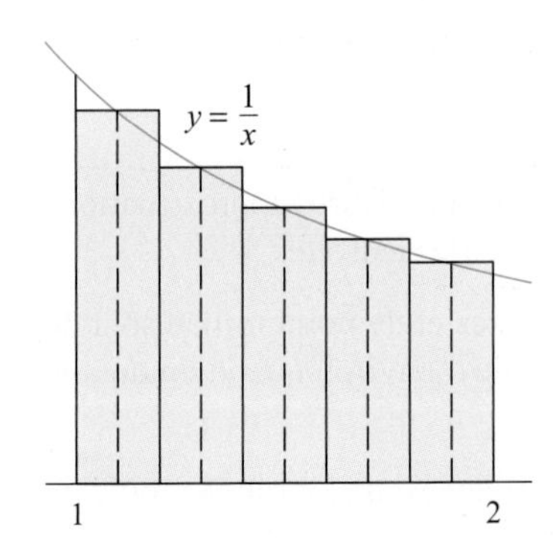

FIGURE 4

Cette approximation est représentée dans la figure 4.

Pour l'exemple 1, on a choisi délibérément une intégrale dont on peut calculer explicitement la valeur de manière à montrer le degré de précision des méthodes des trapèzes et du point milieu. Selon le théorème fondamental du calcul différentiel et intégral,

$$\int_1^2 \frac{1}{x}\,dx = \ln x\Big]_1^2 = \ln 2 = 0{,}693\,147$$

$\int_a^b f(x)\,dx = \text{approximation} + \text{erreur}$

L'**erreur** associée à une approximation est, par définition, la quantité qu'il faut ajouter à la valeur approchée pour égaler la valeur exacte. Dans l'exemple 1, les erreurs respectives associées aux approximations par la méthode des trapèzes et la méthode du point milieu, dans le cas où $n = 5$, sont

$$E_T \approx -0{,}002\,488 \quad \text{et} \quad E_M \approx 0{,}001\,239.$$

En général,

$$E_T = \int_a^b f(x)\,dx - T_n \quad \text{et} \quad E_M = \int_a^b f(x)\,dx - M_n.$$

Les tableaux suivants contiennent les résultats de calculs similaires à ceux de l'exemple 1 dans le cas où $n = 5$, 10 et 20, pour les méthodes des rectangles à gauche et des rectangles à droite, de même que pour la méthode des trapèzes et la méthode du point milieu.

Valeurs approchées de $\int_1^2 \frac{1}{x}\,dx$

n	G_n	D_n	T_n	M_n
5	0,745 635	0,645 635	0,695 635	0,691 908
10	0,718 771	0,668 771	0,693 771	0,692 835
20	0,705 803	0,680 803	0,693 303	0,693 069

Erreurs sur les approximations

n	E_G	E_D	E_T	E_M
5	−0,052 488	0,047 512	−0,002 488	0,001 239
10	−0,025 624	0,024 376	−0,000 624	0,000 312
20	−0,012 656	0,012 344	−0,000 156	0,000 078

À la lecture des tableaux, on observe les faits suivants.

Les observations décrites sont valides dans la majorité des cas.

1. Quelle que soit la méthode utilisée, l'approximation est d'autant meilleure que la valeur de n est grande. (Mais si on choisit une valeur de n très grande, le nombre d'opérations mathématiques à effectuer est tellement élevé qu'il faut se soucier de l'accumulation des erreurs liées aux arrondissements.)
2. Les erreurs respectives sur les approximations par la méthode des rectangles à gauche et la méthode des rectangles à droite sont de signes opposés et semblent diminuer par un facteur de 2 environ quand on double la valeur de n.
3. Les méthodes des trapèzes et du point milieu donnent de meilleures approximations que les méthodes des rectangles à gauche et des rectangles à droite.
4. Les erreurs respectives liées aux méthodes des trapèzes et du point milieu sont de signes opposés et semblent diminuer par un facteur de 4 environ quand on double la valeur de n.
5. La grandeur de l'erreur liée à la méthode du point milieu est d'environ la moitié de celle de l'erreur liée à la méthode des trapèzes.

La figure 5 indique pourquoi il y a lieu de s'attendre à ce que la méthode du point milieu soit généralement plus précise que celle des trapèzes. Dans le premier cas, l'aire d'un rectangle type est égale à celle du trapèze $ABCD$ dont le côté supérieur est tangent à la courbe au point P. L'aire de ce trapèze est plus proche de l'aire sous la courbe que l'aire du trapèze $AQRD$ servant d'approximation dans la méthode des trapèzes. (L'erreur liée à la méthode du point milieu (la région ombrée en rouge) est plus petite que celle qui est liée à la méthode des trapèzes (la région ombrée en bleu).)

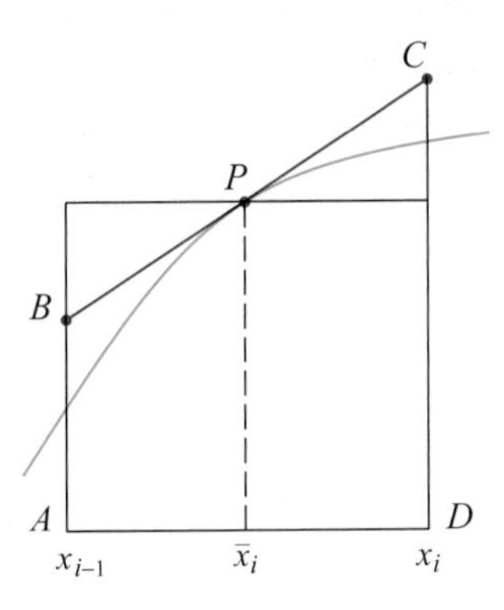

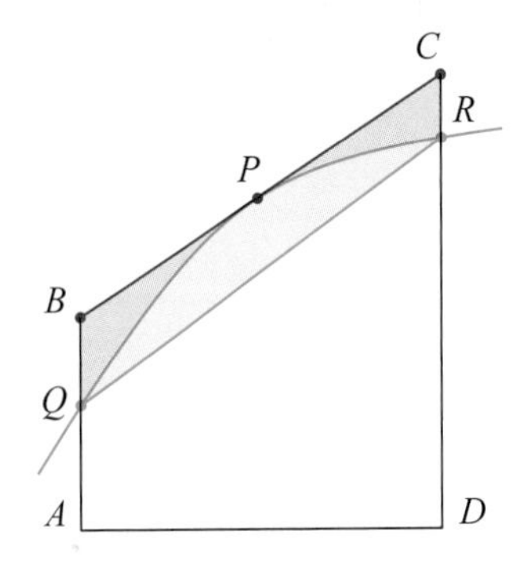

FIGURE 5

Les formules d'estimation des erreurs données dans ce qui suit, dont on trouve la preuve dans des ouvrages d'analyse numérique, confirment les observations précédentes. Il est à noter que l'observation 4 correspond au facteur n^2 présent dans chaque dénominateur puisque $(2n)^2 = 4n^2$. Le fait que les évaluations dépendent de la grandeur de la dérivée seconde ne surprend pas si on examine la figure 5, car $f''(x)$ est une mesure de la courbure de la courbe de f. (En effet, on sait que $f''(x)$ est une mesure de la vitesse à laquelle la pente de $y = f(x)$ varie.)

3 **LES BORNES D'ERREUR SUR UNE APPROXIMATION**

On suppose que $|f''(x)| \leq K$ pour tout $a \leq x \leq b$. Si E_T et E_M désignent respectivement les erreurs liées aux méthodes des trapèzes et du point milieu, alors

$$|E_T| \leq \frac{K(b-a)^3}{12n^2} \quad \text{et} \quad |E_M| \leq \frac{K(b-a)^3}{24n^2}.$$

On peut appliquer cette formule pour estimer l'erreur commise sur la valeur approchée obtenue par la méthode des trapèzes dans l'exemple 1. Si $f(x) = 1/x$, alors $f'(x) = -1/x^2$ et $f''(x) = 2/x^3$. Puisque $1 \leq x \leq 2$, on a $1/x \leq 1$; donc,

$$|f''(x)| = \left|\frac{2}{x^3}\right| \leq \frac{2}{1^3} = 2.$$

Ainsi, en posant $K = 2$, $a = 1$, $b = 2$ et $n = 5$ dans la formule **3**, on obtient

K peut être n'importe quel nombre plus grand que toutes les valeurs de $|f''(x)|$, mais la borne de l'erreur est d'autant plus faible que la valeur de K est petite.

$$|E_T| \leq \frac{2(2-1)^3}{12(5)^2} = \frac{1}{150} \approx 0{,}006\,667.$$

Si on compare cette erreur estimée de 0,006 667 avec l'erreur réellement commise, qui est d'environ 0,002 488, on constate qu'il arrive parfois que l'erreur réellement commise soit bien inférieure à la borne supérieure calculée à l'aide de la formule **3**.

EXEMPLE 2 Quelle est la plus petite valeur de n qui garantit que les approximations de $\int_1^2 (1/x)\, dx$ obtenues par les méthodes des trapèzes et du point milieu seront précises à moins de 0,0001 ?

SOLUTION Les calculs effectués précédemment montrent que $|f''(x)| \leq 2$ si $1 \leq x \leq 2$, de sorte qu'on pose par exemple $K = 2$, $a = 1$ et $b = 2$ dans la formule **3**. Une précision à 0,0001 près signifie que l'erreur doit être inférieure à 0,0001. On choisit donc une valeur de n telle que

$$\frac{2(1)^3}{12n^2} < 0{,}0001.$$

En résolvant l'inéquation par rapport à n, on obtient

$$n^2 > \frac{2}{12(0{,}0001)}$$

ou encore

$$n > \frac{1}{\sqrt{0{,}0006}} \approx 40{,}8.$$

Il est bien possible qu'une valeur de n plus petite fasse l'affaire, mais 41 est la plus petite valeur pour laquelle la formule de l'incertitude garantit une précision à 0,0001 près.

Donc, le choix de $n = 41$ assure d'avoir au moins la précision recherchée.

On obtient la même précision avec la méthode du point milieu en choisissant n tel que

$$\frac{2(1)^3}{24n^2} < 0{,}0001 \text{ et, par conséquent, } n > \frac{1}{\sqrt{0{,}0012}} \approx 29.$$

EXEMPLE 3

a) Déterminons une valeur approchée de $\int_0^1 e^{x^2}\, dx$ à l'aide de la méthode du point milieu en prenant $n = 10$.

b) Déterminons une borne supérieure de l'erreur sur l'approximation obtenue en a).

SOLUTION

a) Puisque $a = 0$, $b = 1$ et $n = 10$, la méthode du point milieu donne

$$\begin{aligned}\int_0^1 e^{x^2}\, dx &\approx \Delta x[f(0{,}05) + f(0{,}15) + \cdots + f(0{,}85) + f(0{,}95)]\\ &= 0{,}1[e^{0{,}0025} + e^{0{,}0225} + e^{0{,}0625} + e^{0{,}1225} + e^{0{,}2025} + e^{0{,}3025}\\ &\quad + e^{0{,}4225} + e^{0{,}5625} + e^{0{,}7225} + e^{0{,}9025}]\\ &\approx 1{,}460\,393\end{aligned}$$

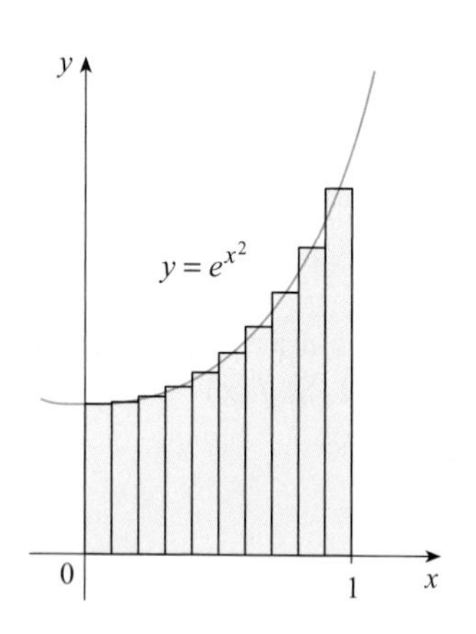

FIGURE 6

La figure 6 illustre l'approximation de l'exemple 3.

b) Comme $f(x) = e^{x^2}$, alors $f'(x) = 2xe^{x^2}$ et $f''(x) = (2 + 4x^2)e^{x^2}$. Donc, puisque $0 \leq x \leq 1$, on a $x^2 \leq 1$ et, par conséquent,

$$0 \leq f''(x) = (2 + 4x^2)e^{x^2} \leq 6e.$$

Le calcul de l'erreur donne une borne supérieure pour l'erreur commise. Cette valeur, qui est théorique, s'applique dans le pire des cas. L'erreur réelle dans l'exemple 3 est en fait d'environ 0,0023.

Si on pose $K = 6e$, $a = 0$, $b = 1$ et $n = 10$ dans la formule de l'erreur **3**, on obtient comme borne supérieure de l'erreur (erreur maximale commise)

$$\frac{6e(1)^3}{24(10)^2} = \frac{e}{400} \approx 0{,}007.$$

LA MÉTHODE DE SIMPSON

Une autre méthode de calcul de la valeur approchée d'une intégrale consiste à utiliser des arcs de parabole au lieu de segments de droite comme approximations d'une courbe. Dans ce cas également, on subdivise $[a, b]$ en n sous-intervalles d'une même longueur $h = \Delta x = (b - a)/n$, mais cette fois on suppose que n est un nombre pair. Sur chaque paire de sous-intervalles consécutifs, on prend ensuite un arc de parabole comme approximation de la courbe d'équation $y = f(x) \geq 0$, comme l'illustre la figure 7. Si $y_i = f(x_i)$, alors $P_i(x_i, y_i)$ est le point de la courbe de f situé directement au-dessus de x_i. Une parabole type passe par trois points consécutifs : P_i, P_{i+1} et P_{i+2}.

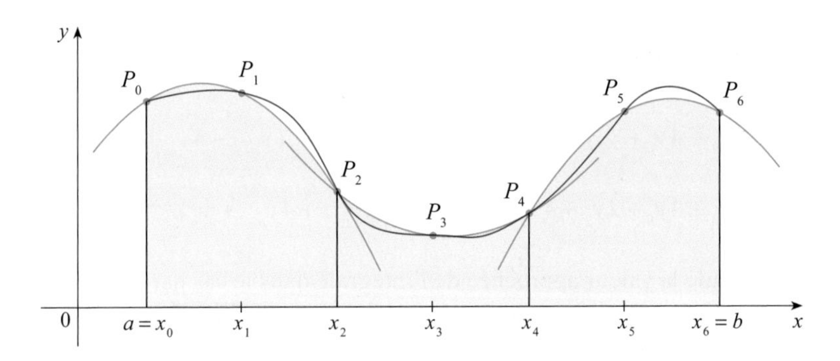

FIGURE 7

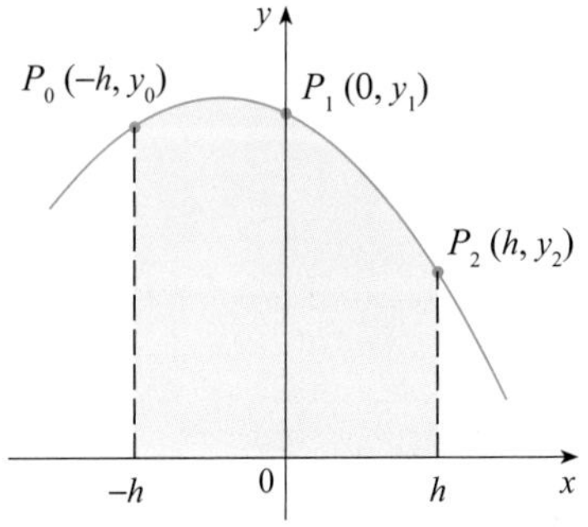

FIGURE 8

Afin de simplifier les calculs, on examine d'abord le cas où $x_0 = -h$, $x_1 = 0$ et $x_2 = h$ (voir la figure 8). On sait que l'équation de la parabole passant par les points P_0, P_1 et P_2 est de la forme $y = Ax^2 + Bx + C$ et que, par conséquent, l'aire de la région sous cette parabole, entre $x = -h$ et $x = h$, est égale à

Dans ce cas, on applique le théorème **7** de la section 1.7.

Il est à noter que $Ax^2 + C$ est pair et que Bx est impair.

$$\begin{aligned}\int_{-h}^{h} (Ax^2 + Bx + C)\, dx &= 2\int_0^h (Ax^2 + C)\, dx \\ &= 2\left[A\frac{x^3}{3} + Cx\right]_0^h \\ &= 2\left(A\frac{h^3}{3} + Ch\right) = \frac{h}{3}(2Ah^2 + 6C).\end{aligned}$$

Cependant, puisque la parabole passe par les points $P_0(-h, y_0)$, $P_1(0, y_1)$ et $P_2(h, y_2)$, alors

$$\begin{aligned}y_0 &= A(-h)^2 + B(-h) + C = Ah^2 - Bh + C \\ y_1 &= C \\ y_2 &= Ah^2 + Bh + C\end{aligned}$$

et, par conséquent,

$$y_0 + 4y_1 + y_2 = 2Ah^2 + 6C.$$

On peut donc exprimer l'aire de la région sous la parabole par

$$\frac{h}{3}(y_0 + 4y_1 + y_2).$$

Si on effectue une translation horizontale de la parabole, on ne modifie pas l'aire de la région sous cette courbe; autrement dit, l'aire sous la parabole passant par les points P_0, P_1 et P_2, entre $x = x_0$ et $x = x_2$ (voir la figure 7), est toujours égale à

$$\frac{h}{3}(y_0 + 4y_1 + y_2).$$

De même, l'aire sous la parabole passant par les points P_2, P_3 et P_4, entre $x = x_2$ et $x = x_4$, est égale à

$$\frac{h}{3}(y_2 + 4y_3 + y_4).$$

Si on calcule de façon analogue l'aire sous chacune des paraboles et qu'on additionne ensuite les résultats, on obtient

$$\begin{aligned}\int_a^b f(x)\,dx &\approx \frac{h}{3}(y_0 + 4y_1 + y_2) + \frac{h}{3}(y_2 + 4y_3 + y_4) + \cdots + \frac{h}{3}(y_{n-2} + 4y_{n-1} + y_n)\\ &= \frac{h}{3}(y_0 + 4y_1 + 2y_2 + 4y_3 + 2y_4 + \cdots + 2y_{n-2} + 4y_{n-1} + y_n).\end{aligned}$$

Même si on a calculé la valeur approchée de l'intégrale dans le cas particulier où $f(x) \geq 0$, l'approximation est satisfaisante pour toute fonction continue f. La méthode appliquée, dite méthode de Simpson, doit son nom au mathématicien anglais Thomas Simpson (1710-1761). Il est intéressant de noter que les coefficients suivent le modèle: 1, 4, 2, 4, 2, 4, 2, ..., 4, 2, 4, 1.

Simpson

Thomas Simpson, qui était tisserand, apprit les mathématiques par lui-même et devint l'un des meilleurs mathématiciens du XVIIIe siècle. Ce qu'on appelle la méthode de Simpson était en fait déjà utilisé par Cavalieri et Gregory au XVIIe siècle, mais c'est Simpson qui l'a fait connaître dans son célèbre ouvrage de calcul différentiel et intégral, intitulé *A New Treatise of Fluxions*.

LA MÉTHODE DE SIMPSON

$$\begin{aligned}\int_a^b f(x)\,dx \approx S_n = \frac{\Delta x}{3}[&f(x_0) + 4f(x_1) + 2f(x_2)\\ &+ 4f(x_3) + \cdots + 2f(x_{n-2}) + 4f(x_{n-1}) + f(x_n)]\end{aligned}$$

où n est un nombre pair et $\Delta x = (b - a)/n$.

EXEMPLE 4 Approximons $\int_1^2 (1/x)\,dx$ en appliquant la méthode de Simpson avec $n = 10$.

SOLUTION Si on pose $f(x) = 1/x$, $n = 10$ et $\Delta x = 0{,}1$, la méthode de Simpson donne

$$\begin{aligned}\int_1^2 \frac{1}{x}\,dx &\approx S_{10}\\ &= \frac{\Delta x}{3}[f(1) + 4f(1{,}1) + 2f(1{,}2) + 4f(1{,}3) + \cdots + 2f(1{,}8) + 4f(1{,}9) + f(2)]\\ &= \frac{0{,}1}{3}\left(\frac{1}{1} + \frac{4}{1{,}1} + \frac{2}{1{,}2} + \frac{4}{1{,}3} + \frac{2}{1{,}4} + \frac{4}{1{,}5} + \frac{2}{1{,}6} + \frac{4}{1{,}7} + \frac{2}{1{,}8} + \frac{4}{1{,}9} + \frac{1}{2}\right)\\ &\approx 0{,}693\,150.\end{aligned}$$

Il est à noter que, dans l'exemple 4, la méthode de Simpson donne une approximation (soit $S_{10} \approx 0{,}693\ 150$) beaucoup plus proche de la valeur exacte de l'intégrale (soit $\ln 2 \approx 0{,}693\ 147\ldots$) que ne le font la méthode des trapèzes ($T_{10} \approx 0{,}693\ 771$) et celle du point milieu ($M_{10} \approx 0{,}692\ 835$). En fait (voir l'exercice 50), les approximations obtenues avec la méthode de Simpson sont des moyennes pondérées des approximations obtenues avec les deux autres méthodes:

$$S_{2n} = \tfrac{1}{3}T_n + \tfrac{2}{3}M_n.$$

(On sait que E_T et E_M sont généralement de signes opposés et que $|E_M|$ est égale à environ la moitié de $|E_T|$.)

Dans de nombreuses applications du calcul différentiel et intégral, on a besoin d'évaluer une intégrale même si on ne connaît aucune équation exprimant explicitement y en fonction de x. On dispose parfois d'une représentation graphique de la fonction ou d'une table de valeurs formée de données empiriques. Si tout porte à croire que les valeurs ne changent pas rapidement, alors il est possible d'approximer $\int_a^b y\,dx$, c'est-à-dire l'intégrale de y par rapport à x, à l'aide de la méthode des trapèzes ou de la méthode de Simpson.

EXEMPLE 5 La figure 9 représente des données sur l'utilisation du lien entre les États-Unis et SWITCH, un fournisseur de services Internet pour les universités et les centres de recherche suisses, le 10 février 1998. On désigne par $D(t)$ la quantité de données, exprimée en mégabits par seconde (Mb/s). Évaluons, à l'aide de la méthode de Simpson, la quantité totale de données transmise par ce lien entre minuit et midi ce 10 février.

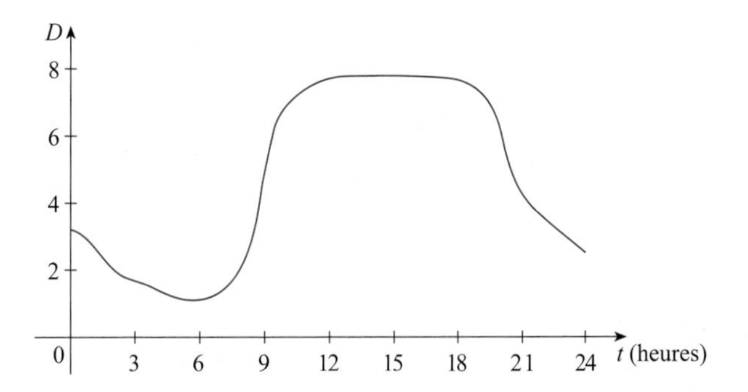

FIGURE 9

SOLUTION Afin que les unités soient compatibles, étant donné que $D(t)$ est exprimée en mégabits par seconde, on convertit les unités de t, mesuré en heures, en secondes. Si on désigne par $A(t)$ la quantité de données (en mégabits) transmise au temps t, exprimé en secondes, alors $A'(t) = D(t)$. Ainsi, selon le théorème de la variation nette (voir la section 1.6), la quantité totale de données transmise à midi (c'est-à-dire quand $t = 12 \times 60^2 = 43\,200$ s) est

$$A(43\,200) = \int_0^{43\,200} D(t)\,dt.$$

On évalue la valeur de $D(t)$ à des intervalles d'une heure à l'aide du graphique et on rassemble les données sous forme de tableau.

t (heures)	t (seconde)	$D(t)$	t (heures)	t (seconde)	$D(t)$
0	0	3,2	7	25 200	1,3
1	3 600	2,7	8	28 800	2,8
2	7 200	1,9	9	32 400	5,7
3	10 800	1,7	10	36 000	7,1
4	14 400	1,3	11	39 600	7,7
5	18 000	1,0	12	43 200	7,9
6	21 600	1,1			

On calcule ensuite une approximation de l'intégrale à l'aide de la méthode de Simpson, en prenant $n = 12$ et $\Delta t = 3\ 600$:

$$\int_0^{43\,200} A(t)\,dt \approx \frac{\Delta t}{3}[D(0) + 4D(3600) + 2D(7200) + \cdots + 4D(39\,600) + D(43\,200)]$$

$$\approx \frac{3600}{3}[3{,}2 + 4(2{,}7) + 2(1{,}9) + 4(1{,}7) + 2(1{,}3) + 4(1{,}0) + 2(1{,}1)$$

$$+ 4(1{,}3) + 2(2{,}8) + 4(5{,}7) + 2(7{,}1) + 4(7{,}7) + 7{,}9]$$

$$= 143\,880.$$

La quantité totale de données transmise entre minuit et midi est donc d'environ 144 000 mégabits ou 144 gigabits.

n	M_n	S_n
4	0,691 219 89	0,693 154 53
8	0,692 660 55	0,693 147 65
16	0,693 025 21	0,693 147 21

n	E_M	E_S
4	0,001 927 29	−0,000 007 35
8	0,000 486 63	−0,000 000 47
16	0,000 121 97	−0,000 000 03

La lecture du premier tableau dans la marge permet de comparer les résultats du calcul par approximation, à l'aide des méthodes de Simpson et du point milieu, de l'intégrale $\int_1^2 (1/x)\,dx$, dont la valeur est d'environ 0,693 147 18. Le second tableau montre que, dans le cas de la méthode de Simpson, la borne d'erreur E_S diminue par un facteur de 16 lorsqu'on double n. (Dans les exercices 27 et 28, on demande de vérifier cette affirmation pour deux autres intégrales.) Cette constatation est cohérente avec la présence de n^4 dans le dénominateur de la formule du calcul de la borne d'erreur commise sur une approximation par la méthode de Simpson. Elle est similaire à l'expression donnée par la formule **3**, sur une approximation par la méthode des trapèzes ou la méthode du point milieu, mais elle fait intervenir la dérivée quatrième de f.

4 LES BORNES D'ERREUR POUR LA MÉTHODE DE SIMPSON

On suppose que $|f^{(4)}(x)| \leq K$ pour tout $a \leq x \leq b$. Si E_S désigne l'erreur sur une approximation obtenue à l'aide de la méthode de Simpson, alors

$$|E_S| \leq \frac{K(b-a)^5}{180n^4}.$$

EXEMPLE 6 Quelle est la plus petite valeur de n qui garantit que la valeur approchée de $\int_1^2 (1/x)\,dx$, par la méthode de Simpson, est précise à 0,0001 près ?

SOLUTION Si $f(x) = 1/x$, alors $f^{(4)}(x) = 24/x^5$. Puisque $x \geq 1$, on a $1/x \leq 1$ et, par conséquent,

$$|f^{(4)}(x)| = \left|\frac{24}{x^5}\right| \leq 24.$$

On pose donc $K = 24$ dans 4. Ainsi, si on veut que l'erreur soit inférieure à 0,0001, il faut prendre un nombre n tel que

$$\frac{24(1)^5}{180n^4} < 0{,}0001$$

c'est-à-dire tel que

$$n^4 > \frac{24}{180(0{,}0001)}$$

ou encore

$$n > \frac{1}{\sqrt[4]{0{,}000\,75}} \approx 6{,}04.$$

Plusieurs calculatrices et logiciels de calcul symbolique sont dotés d'un algorithme qui calcule une valeur approchée d'une intégrale définie. Certains de ces algorithmes sont fondés sur la méthode de Simpson, tandis que d'autres font appel à des techniques plus élaborées, telle l'intégration numérique **adaptative**. Dans ce dernier cas, si une fonction fluctue beaucoup plus sur une partie d'un intervalle qu'elle ne le fait ailleurs, cette partie est subdivisée en un plus grand nombre de sous-intervalles. Ce procédé réduit la quantité de calculs à effectuer pour obtenir le degré de précision recherché.

Par conséquent, $n = 8$ (puisque n doit être pair) donne la précision recherchée. (On peut comparer ce résultat avec celui de l'exemple 2, où on a obtenu $n = 41$ pour la méthode des trapèzes et $n = 29$ pour celle du point milieu.)

EXEMPLE 7

a) Calculons une valeur approchée de l'intégrale $\int_0^1 e^{x^2}\,dx$ à l'aide de la méthode de Simpson en prenant $n = 10$.

b) Estimons ensuite l'erreur maximale commise à l'aide de la méthode de Simpson.

SOLUTION

a) Si $n = 10$, alors $\Delta x = 0{,}1$ et la méthode de Simpson donne

$$\begin{aligned}\int_0^1 e^{x^2}\,dx &\approx \frac{\Delta x}{3}[f(0)+4f(0{,}1)+2f(0{,}2)+\cdots+2f(0{,}8)+4f(0{,}9)+f(1)]\\ &= \frac{0{,}1}{3}[e^0+4e^{0{,}01}+2e^{0{,}04}+4e^{0{,}09}+2e^{0{,}16}+4e^{0{,}25}+2e^{0{,}36}+4e^{0{,}49}+2e^{0{,}64}+4e^{0{,}81}+e^1]\\ &\approx 1{,}462\,681.\end{aligned}$$

La figure 10 illustre le calcul de l'exemple 7. On observe que les arcs paraboliques sont tellement proches de la courbe d'équation $y = e^{x^2}$ qu'il est pratiquement impossible de les distinguer de celle-ci.

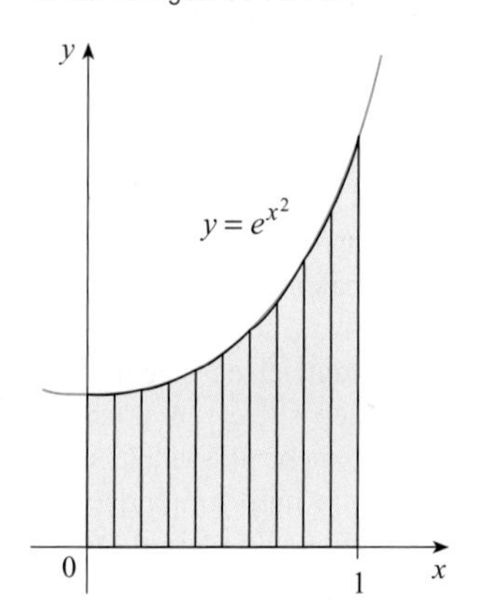

FIGURE 10

b) La dérivée quatrième de $f(x) = e^{x^2}$ est

$$f^{(4)}(x) = (12 + 48x^2 + 16x^4)e^{x^2}$$

et, puisque $0 \le x \le 1$, alors

$$0 \le f^{(4)}(x) \le (12 + 48 + 16)e^1 = 76e.$$

Ainsi, si on pose $K = 76e$, $a = 0$, $b = 1$ et $n = 10$ dans **4**, on obtient que l'erreur commise pour cette valeur approchée est au plus égale à

$$\frac{76e(1)^5}{1800(10)^4} \approx 0{,}000\,115.$$

(On peut comparer ce résultat avec celui de l'exemple 3.) Donc, avec une précision de trois décimales, on a

$$\int_0^1 e^{x^2}\,dx \approx 1{,}463.$$

Exercices 3.6

1. Soit $I = \int_0^4 f(x)\,dx$, où f est la fonction représentée dans le graphique suivant.

a) À l'aide du graphique, déterminez G_2, D_2 et M_2.

b) Les valeurs calculées en a) sont-elles des estimations par défaut ou par excès de I?

c) À l'aide du graphique, déterminez T_2, puis comparez la valeur obtenue avec celle de I.

d) Pour une valeur quelconque de n, écrivez les nombres G_n, D_n, M_n, T_n et I en ordre croissant.

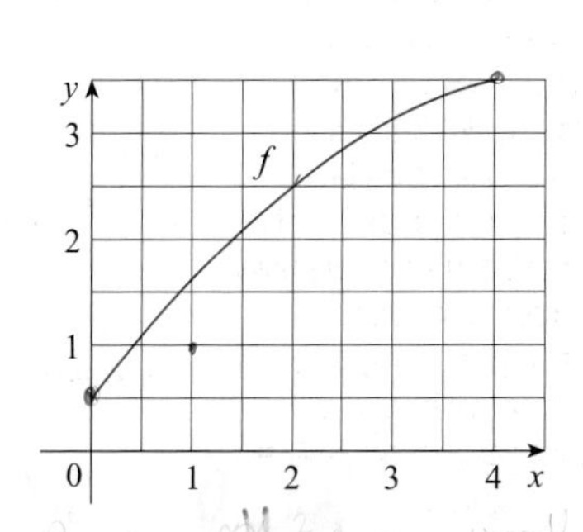

2. On a calculé une valeur approchée de $\int_0^2 f(x)\,dx$, où f est la fonction représentée dans le graphique suivant, en utilisant la méthode des rectangles à gauche, la méthode des rectangles à droite, la méthode des trapèzes et la méthode du point milieu, et en prenant dans chaque cas le même nombre de sous-intervalles. On a obtenu comme valeurs approchées 0,7811 ; 0,8675 ; 0,8632 et 0,9540 respectivement.
a) Quelle méthode a fourni chacune des valeurs approchées ?
b) Entre quelles valeurs approchées la valeur exacte de $\int_0^2 f(x)\,dx$ se situe-t-elle ?

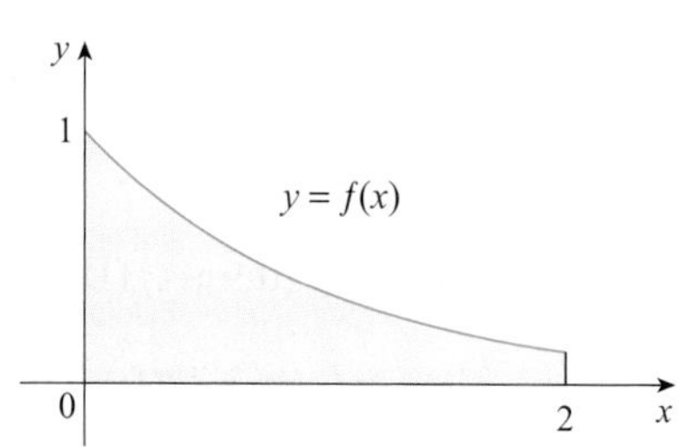

3. Calculez une valeur approchée de $\int_0^1 \cos(x^2)\,dx$ à l'aide : a) de la méthode des trapèzes, b) de la méthode du point milieu ; dans chaque cas, prenez $n = 4$. En utilisant une courbe de l'intégrande, décidez ensuite si vos résultats sont des estimations par défaut ou par excès. Que pouvez-vous conclure au sujet de la valeur exacte de l'intégrale ?

4. Tracez la courbe d'équation $f(x) = \sin(\frac{1}{2}x^2)$ dans la fenêtre [0, 1] sur [0 ; 0,5] et posez $I = \int_0^1 f(x)\,dx$.
a) À l'aide du graphique, décidez si G_2, D_2, M_2 et T_2 sont des estimations par défaut ou par excès de I.
b) Pour une valeur quelconque de n, écrivez les nombres G_n, D_n, M_n, T_n et I en ordre croissant.
c) Calculez G_5, D_5, M_5 et T_5. Selon le graphique, laquelle de ces valeurs est la meilleure approximation de I?

5-6 Estimez l'intégrale donnée, en prenant la valeur indiquée de n : a) à l'aide de la méthode du point milieu, b) à l'aide de la méthode de Simpson. (Arrondissez les résultats à six décimales.) Comparez ensuite les valeurs obtenues avec la valeur exacte de manière à déterminer l'écart réel.

5. $\int_0^2 \frac{x}{1+x^2}\,dx$, $n = 10$

6. $\int_0^\pi x\cos x\,dx$, $n = 4$

7-18 Calculez une valeur approchée de l'intégrale donnée en prenant la valeur indiquée de n : a) à l'aide de la méthode des trapèzes, b) à l'aide de la méthode du point milieu, c) à l'aide de la méthode de Simpson. (Arrondissez le résultat à six décimales.)

7. $\int_1^2 \sqrt{x^3-1}\,dx$, $n = 10$

8. $\int_0^2 \frac{1}{1+x^6}\,dx$, $n = 8$

9. $\int_0^2 \frac{e^x}{1+x^2}\,dx$, $n = 10$

10. $\int_0^{\pi/2} \sqrt[3]{1+\cos x}$, $n = 4$

11. $\int_1^4 \sqrt{\ln x}\,dx$, $n = 6$

12. $\int_0^1 \sin(x^3)\,dx$, $n = 10$

13. $\int_0^4 e^{\sqrt{t}}\sin t\,dt$, $n = 8$

14. $\int_0^1 \sqrt{z}\,e^{-z}\,dz$, $n = 10$

15. $\int_1^5 \frac{\cos x}{x}\,dx$, $n = 8$

16. $\int_4^6 \ln(x^3+2)\,dx$, $n = 10$

17. $\int_{-1}^1 e^{e^x}\,dx$, $n = 10$

18. $\int_0^4 \cos\sqrt{x}\,dx$, $n = 10$

19. a) Calculez les valeurs approchées T_8 et M_8 de l'intégrale $\int_0^1 \cos(x^2)\,dx$.
b) Estimez l'erreur sur les approximations calculées en a).
c) Quelle valeur de n faut-il choisir pour que les approximations T_n et M_n de l'intégrale donnée en a) soient précises à 0,0001 près ?

20. a) Calculez les valeurs approchées T_{10} et M_{10} de $\int_1^2 e^{1/x}\,dx$.
b) Estimez l'erreur sur les approximations calculées en a).
c) Quelle valeur de n faut-il choisir pour que les approximations T_n et M_n de l'intégrale donnée en a) soient précises à 0,0001 près ?

21. a) Calculez les valeurs approchées T_{10}, M_{10} et S_{10} de $\int_0^\pi \sin x\,dx$ et les écarts réels E_T, E_M et E_S sur ces approximations.
b) Comparez les écarts réels calculés en a) et les estimations d'erreurs données par les formules **3** et **4**.
c) Quelle est la plus petite valeur de n qu'il faut choisir pour que les approximations T_n, M_n et S_n de l'intégrale donnée en a) soient précises à 0,000 01 près ?

22. Quelle est la plus petite valeur de n qui garantit que l'estimation de $\int_0^1 e^{x^2}\,dx$ à l'aide de la méthode de Simpson est précise à 0,000 01 près ?

LCS **23.** Il est souvent difficile de déterminer l'erreur commise sur une approximation parce qu'il faut calculer quatre dérivées et une borne supérieure K de $|f^{(4)}(x)|$ qui soit appropriée, et tout cela manuellement. Mais un logiciel de calcul symbolique peut sans difficulté calculer $f^{(4)}$ et en tracer la courbe, de sorte qu'on obtient facilement une valeur de K à l'aide d'une courbe produite par un outil graphique. Le présent exercice porte sur l'estimation de l'intégrale

$$I = \int_0^{2\pi} f(x)\,dx, \text{ où } f(x) = e^{\cos x}.$$

a) À l'aide d'un graphique, déterminez une borne supérieure appropriée de $|f''(x)|$.
b) Calculez une valeur approchée de I en utilisant M_{10}.
c) En vous servant du résultat obtenu en a), estimez l'erreur commise sur l'approximation calculée en b).
d) En utilisant la fonction d'intégration numérique d'un logiciel de calcul symbolique, calculez une valeur approchée de I.
e) Comparez l'écart réel et l'estimation d'erreur calculée en c).
f) À l'aide d'un graphique, déterminez une borne supérieure appropriée de $|f^{(4)}(x)|$.
g) Calculez une valeur approchée de I en utilisant S_{10}.
h) En vous servant du résultat obtenu en f), estimez l'erreur commise sur l'approximation calculée en g).
i) Comparez l'écart réel et l'estimation d'erreur calculée en h).
j) Quelle est la plus petite valeur de n qui garantit que l'incertitude sur l'approximation à l'aide de S_n est inférieure à 0,0001 ?

LCS **24.** Refaites l'exercice 23 en prenant cette fois comme intégrale $\int_{-1}^{1} \sqrt{4-x^3}\, dx$.

25-26 Calculez les valeurs approchées G_n, D_n, T_n et M_n en prenant $n = 5$, 10 et 20. Calculez ensuite les erreurs exactes E_G, E_D, E_T et E_M sur ces approximations. (Arrondissez les résultats à la sixième décimale.) Quelles observations faites-vous ? En particulier, que devient l'erreur sur les approximations quand on double n ?

25. $\int_0^1 xe^x\, dx$ **26.** $\int_1^2 \frac{1}{x^2}\, dx$

27-28 Calculez les valeurs approchées T_n, M_n et S_n en prenant $n = 6$ et 12. Calculez ensuite les incertitudes E_T, E_M et E_S sur ces approximations. (Arrondissez les résultats à la sixième décimale.) Quelles observations faites-vous ? En particulier, que devient l'erreur sur les approximations quand on double n ?

27. $\int_0^2 x^4\, dx$ **28.** $\int_1^4 \frac{1}{\sqrt{x}}\, dx$

29. Estimez l'aire de la région sous la courbe de la figure suivante à l'aide de : a) la méthode des trapèzes, b) la méthode du point milieu, c) la méthode de Simpson. Dans chaque cas, prenez $n = 6$.

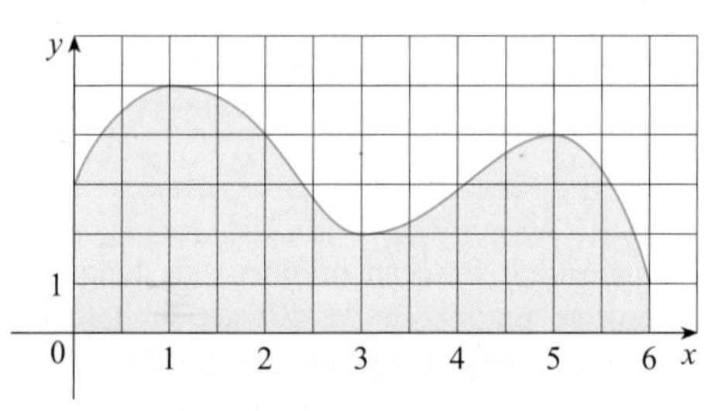

30. On a mesuré la largeur (en mètres) d'une piscine en forme de haricot tous les deux mètres. Les résultats sont donnés dans la figure suivante. À l'aide de la méthode de Simpson, estimez l'aire de la piscine.

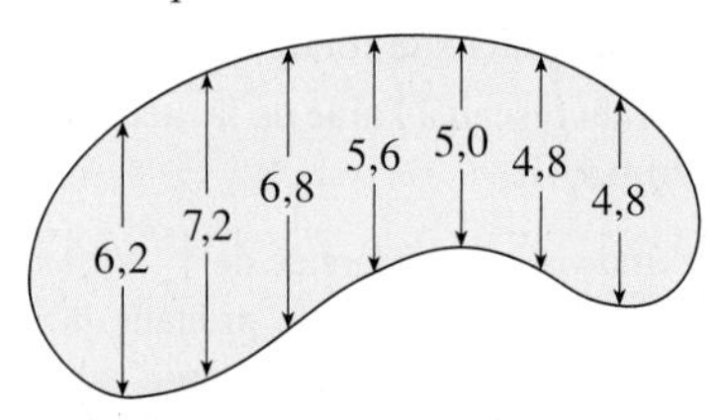

31. a) Calculez une valeur approchée de $\int_1^5 f(x)\, dx$ à l'aide de la méthode du point milieu et des données du tableau suivant.

x	$f(x)$	x	$f(x)$
1,0	2,4	3,5	4,0
1,5	2,9	4,0	4,1
2,0	3,3	4,5	3,9
2,5	3,6	5,0	3,5
3,0	3,8		

b) Sachant que $-2 \leq f''(x) \leq 3$ pour tout x, estimez l'erreur sur l'approximation calculée en a).

32. a) Le tableau suivant donne des valeurs d'une certaine fonction g. Calculez une valeur approchée de $\int_0^{1,6} g(x)\, dx$ à l'aide de la méthode de Simpson.

x	$g(x)$	x	$g(x)$
0,0	12,1	1,0	12,2
0,2	11,6	1,2	12,6
0,4	11,3	1,4	13,0
0,6	11,1	1,6	13,2
0,8	11,7		

b) Sachant que $-5 \leq g^{(4)}(x) \leq 2$ pour tout $0 \leq x \leq 1,6$, estimez l'erreur sur l'approximation calculée en a).

33. Le graphique suivant donne la température dans la ville de New York le 19 septembre 2009. Estimez la température moyenne au cours de cette journée à l'aide de la méthode de Simpson en prenant $n = 12$.

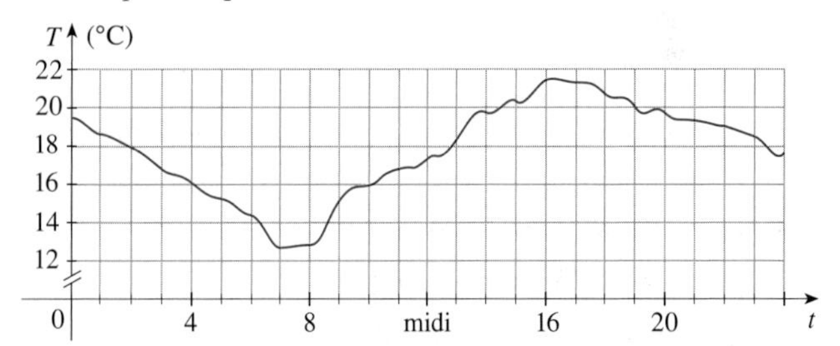

34. On a enregistré au moyen d'un pistolet radar la vitesse d'un coureur durant les cinq premières secondes d'une compétition (voir le tableau suivant). Estimez la distance parcourue par le coureur au cours de ces cinq secondes à l'aide de la méthode de Simpson.

t(s)	v(m/s)	t(s)	v(m/s)
0	0	3,0	10,51
0,5	4,67	3,5	10,67
1,0	7,34	4,0	10,76
1,5	8,86	4,5	10,81
2,0	9,73	5,0	10,81
2,5	10,22		

35. Le graphique suivant donne l'accélération $a(t)$ d'une automobile en mètres par seconde carrée (m/s²). Estimez l'augmentation de la vitesse de l'automobile durant les six premières secondes à l'aide de la méthode de Simpson.

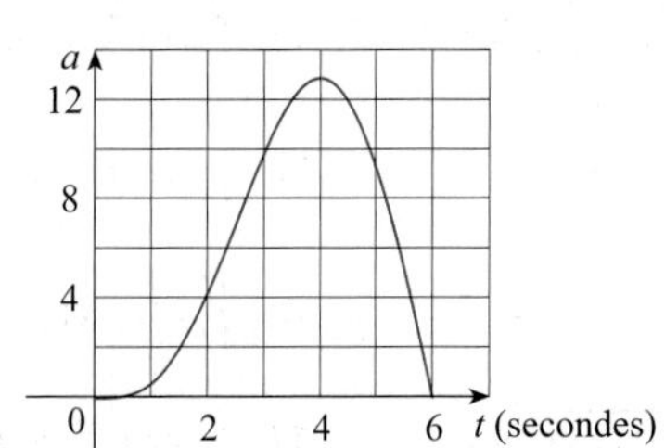

36. De l'eau s'échappe d'un réservoir à un taux de $r(t)$ litres par heure. La courbe de la fonction r est représentée dans la figure suivante. Estimez la quantité totale d'eau qui s'écoule du réservoir durant les six premières heures à l'aide de la méthode de Simpson.

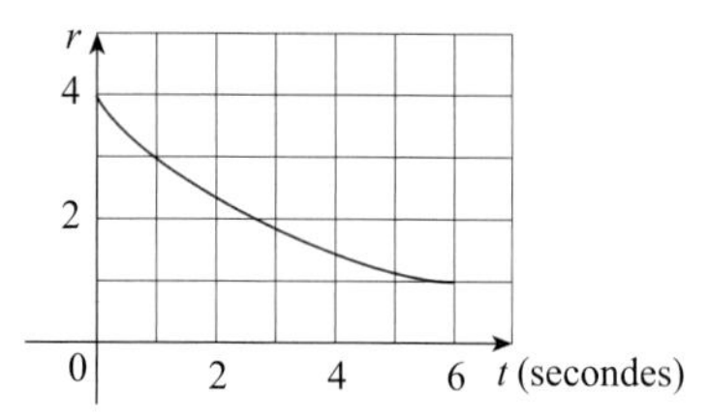

37. Le tableau suivant (fourni par San Diego Gas and Electric) donne la consommation de la puissance P en mégawatts dans le comté de San Diego entre minuit et 6 h un jour de décembre. Estimez la quantité totale d'énergie consommée durant cette période à l'aide de la méthode de Simpson. (Servez-vous du fait que la puissance est la dérivée de l'énergie.)

t	P	t	P
0 h 00	1814	3 h 30	1611
0 h 30	1735	4 h 00	1621
1 h 00	1686	4 h 30	1666
1 h 30	1646	5 h 00	1745
2 h 00	1637	5 h 30	1886
2 h 30	1609	6 h 00	2052
3 h 00	1604		

38. La figure suivante représente la courbe de l'intensité du trafic sur une ligne T1 d'un fournisseur de services Internet entre minuit et 8 h. On désigne par D le débit de données exprimé en mégabits par seconde. Estimez la quantité totale de données transmise durant cette période à l'aide de la méthode de Simpson.

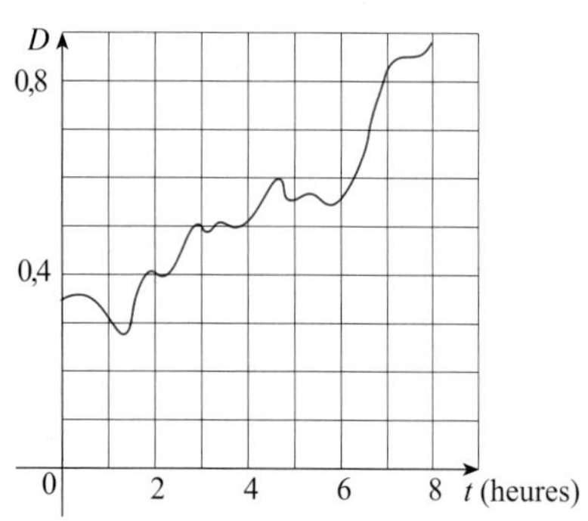

39. Estimez, à l'aide de la méthode de Simpson et en prenant $n = 8$, le volume du solide résultant de la rotation de la région représentée dans la figure suivante autour de : a) l'axe des x, b) l'axe des y.

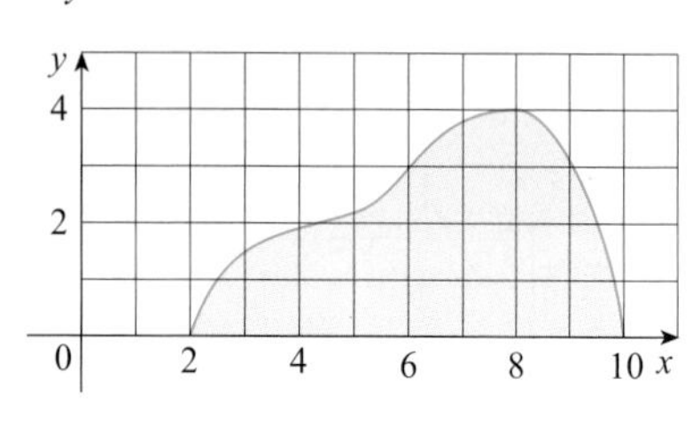

40. Le tableau suivant présente les valeurs d'une fonction force $f(x)$ où x est exprimé en mètres et $f(x)$, en newtons. À l'aide de la méthode de Simpson, estimez le travail effectué par la force lorsqu'elle déplace un objet sur une distance de 18 m.

x	0	3	6	9	12	15	18
$f(x)$	9,8	9,1	8,5	8,0	7,7	7,5	7,4

41. À l'aide de la méthode de Simpson et en prenant $n = 8$, estimez le volume du solide résultant de la rotation autour de l'axe des x de la région délimitée par les courbes d'équations $y = e^{-1/x}$, $y = 0$, $x = 1$ et $x = 5$.

LCS **42.** La figure suivante représente un pendule de longueur L qui détermine avec la verticale un angle maximal θ_0. En appliquant la seconde loi de Newton, on peut montrer que la période T (le temps que met le pendule à effectuer une oscillation complète) est donnée par

$$T = 4\sqrt{\frac{L}{g}} \int_0^{\pi/2} \frac{dx}{\sqrt{1 - k^2 \sin^2 x}}$$

où $k = \sin(\frac{1}{2}\theta_0)$ et g est l'accélération gravitationnelle. Dans le cas où $L = 1$ m et $\theta_0 = 42°$, estimez la période du pendule à l'aide de la méthode de Simpson en prenant $n = 10$.

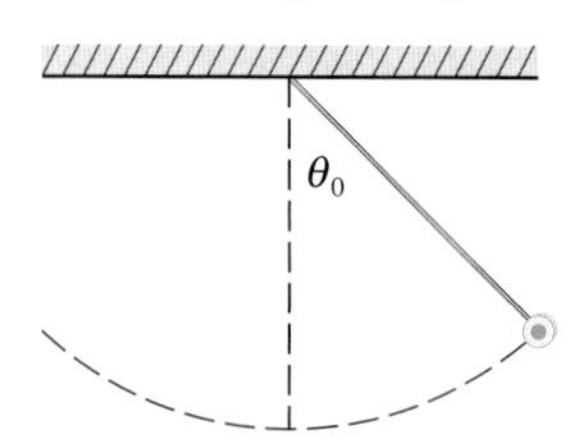

43. L'intensité d'un faisceau lumineux de longueur d'onde λ qui traverse un réseau de diffraction doté de N fentes suivant un angle θ est donnée par $I(\theta) = N^2 \sin^2 k/k^2$, où $k = (\pi N d \sin \theta)/\lambda$ et d est la distance entre deux fentes consécutives. Un laser à hélium-néon, dont la longueur d'onde est $\lambda = 632{,}8 \times 10^{-9}$ m, émet un étroit faisceau de lumière, donné par $-10^{-6} < \theta < 10^{-6}$, à travers un réseau formé de 10 000 fentes espacées de 10^{-4} m. Calculez une valeur approchée de l'intensité totale $\int_{-10^{-6}}^{10^{-6}} I(\theta)\, d\theta$ de la lumière qui émerge du réseau à l'aide de la méthode du point milieu, en prenant $n = 10$.

44. Calculez une valeur approchée de $\int_0^{20} \cos(\pi x)\, dx$ à l'aide de la méthode des trapèzes, en prenant $n = 10$. Comparez ensuite votre estimation et la valeur exacte de l'intégrale. Pouvez-vous expliquer l'écart entre les deux valeurs ?

45. Tracez la courbe d'une fonction continue sur [0, 2] pour laquelle la méthode des trapèzes, avec $n = 2$, donne un meilleur résultat que la méthode du point milieu.

46. Tracez la courbe d'une fonction continue sur [0, 2] pour laquelle la méthode des rectangles à droite, avec $n = 2$, donne un meilleur résultat que la méthode de Simpson.

47. Sachant que f est une fonction positive et que $f''(x) < 0$ pour tout $a \le x \le b$, montrez que

$$T_n < \int_a^b f(x)\, dx < M_n.$$

48. Montrez que, dans le cas où f est une fonction polynomiale dont le degré est égal ou inférieur à 3, la méthode de Simpson donne la valeur exacte $\int_a^b f(x)\,dx$.

49. Montrez que $\frac{1}{2}(T_n + M_n) = T_{2n}$.

50. Montrez que $\frac{1}{3}T_n + \frac{2}{3}M_n = S_{2n}$.

3.7 LES FORMES INDÉTERMINÉES ET LA RÈGLE DE L'HOSPITAL

On veut analyser, par exemple, le comportement de la fonction

$$F(x) = \frac{\ln x}{x-1}.$$

On sait que la fonction F n'est pas définie en $x = 1$, mais on a besoin de savoir comment elle se comporte au voisinage de 1. On aimerait connaître en particulier la valeur de la limite

1 $$\lim_{x\to 1} \frac{\ln x}{x-1}.$$

On ne peut pas la calculer en appliquant la règle de la limite d'un quotient (la limite d'un quotient est égale au quotient des limites) puisque la limite du dénominateur est 0. En fait, bien que cette limite existe, sa valeur n'est pas évidente puisque le numérateur et le dénominateur tendent tous deux vers 0 et que $\frac{0}{0}$ est une forme indéterminée.

En général, si une limite est de la forme

$$\lim_{x\to a} \frac{f(x)}{g(x)}$$

où $f(x) \to 0$ et $g(x) \to 0$ lorsque $x \to a$, alors la limite peut exister ou non et elle porte le nom de **forme indéterminée du type $\frac{0}{0}$**. On étudie des limites de ce genre en calcul différentiel. Dans le cas d'une fonction rationnelle, on peut annuler les facteurs communs:

$$\lim_{x\to 1} \frac{x^2 - x}{x^2 - 1} = \lim_{x\to 1} \frac{x(x-1)}{(x+1)(x-1)} = \lim_{x\to 1} \frac{x}{x+1} = \frac{1}{2}.$$

En utilisant un argument géométrique, on peut montrer que

$$\lim_{x\to 0} \frac{\sin x}{x} = 1.$$

Mais de tels développements ne sont d'aucune utilité pour calculer des limites comme celle qu'on veut évaluer. C'est pourquoi, dans la présente section, on décrit une technique d'évaluation des formes indéterminées appelée **règle de L'Hospital**.

La limite

2 $$\lim_{x\to\infty} \frac{\ln x}{x-1}$$

représente une autre limite difficile à évaluer.

La difficulté réside cette fois dans le fait que le numérateur et le dénominateur prennent tous deux de très grandes valeurs lorsque $x \to \infty$. Le numérateur et le dénominateur se font la lutte : si le numérateur gagne, la limite est ∞ ; si c'est le dénominateur qui gagne, la limite est 0. Ils arrivent parfois à un compromis et la limite est alors un nombre positif fini quelconque.

En général, si une limite est de la forme

$$\lim_{x \to a} \frac{f(x)}{g(x)}$$

où $f(x) \to \infty$ (ou $-\infty$) et $g(x) \to \infty$ (ou $-\infty$), cette limite peut exister ou non et porte le nom de **forme indéterminée du type ∞/∞**. En calcul différentiel, il est possible d'évaluer des limites de ce type dans le cas de certaines fonctions, dont des fonctions rationnelles, en faisant une mise en évidence de la plus grande puissance de x au numérateur et au dénominateur et en simplifiant par la suite. Par exemple,

$$\lim_{x \to \infty} \frac{x^2 - 1}{2x^2 + 1} = \lim_{x \to \infty} \frac{x^2\left(1 - \dfrac{1}{x^2}\right)}{x^2\left(2 + \dfrac{1}{x^2}\right)} = \lim_{x \to \infty} \frac{1 - \dfrac{1}{x^2}}{2 + \dfrac{1}{x^2}} = \frac{1-0}{2+0} = \frac{1}{2}.$$

Une telle transformation n'est pas applicable aux limites telle la limite **2**, mais on peut utiliser la règle de L'Hospital également pour calculer la limite de forme indéterminée du deuxième type.

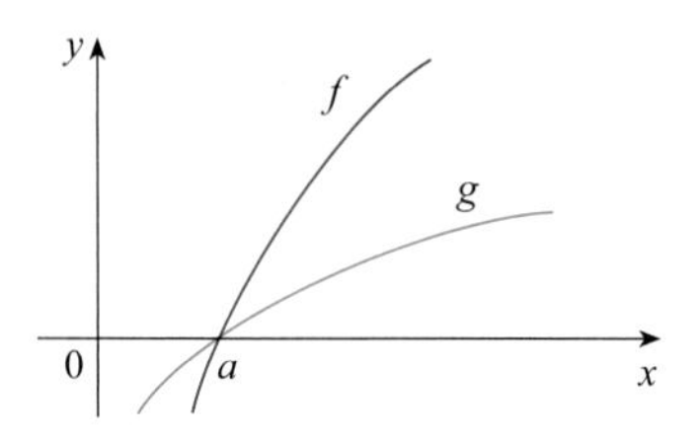

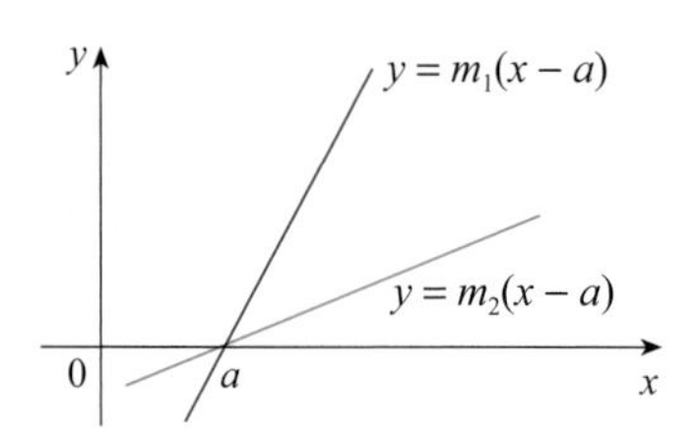

FIGURE 1

La figure 1 indique pourquoi, d'un point de vue géométrique, la règle de L'Hospital semble vraisemblable. Le premier graphique représente deux fonctions dérivables f et g, qui tendent toutes deux vers 0 lorsque $x \to a$. Si on fait un zoom avant sur le point $(a, 0)$, les courbes semblent presque linéaires. Mais si les deux fonctions étaient réellement linéaires, comme dans le second graphique, leur rapport serait

$$\frac{m_1(x-a)}{m_2(x-a)} = \frac{m_1}{m_2}$$

et ce rapport est en fait celui de leurs dérivées respectives. Ce fait suggère que

$$\lim_{x \to a} \frac{f(x)}{g(x)} = \lim_{x \to a} \frac{f'(x)}{g'(x)}.$$

L'Hospital

La règle de L'Hospital doit son nom à un noble français, le marquis de L'Hospital (1661-1704), mais c'est le mathématicien suisse Jean Bernoulli (1667-1748) qui en est l'auteur. On emploie actuellement aussi la graphie « L'Hôpital », mais il écrivait son nom sous la forme « L'Hospital », qui était courante au XVIIe siècle. Dans l'exercice 74, on donne l'exemple employé par le marquis pour illustrer sa règle.

LA RÈGLE DE L'HOSPITAL

Soit f et g, deux fonctions dérivables et $g'(x) \neq 0$ dans un intervalle ouvert I contenant a (sauf peut-être en a). Si

$$\lim_{x \to a} f(x) = 0 \quad \text{et} \quad \lim_{x \to a} g(x) = 0$$

ou

$$\lim_{x \to a} f(x) = \pm\infty \quad \text{et} \quad \lim_{x \to a} g(x) = \pm\infty$$

(autrement dit, s'il s'agit d'une forme indéterminée du type $\frac{0}{0}$ ou ∞/∞), alors

$$\lim_{x \to a} \frac{f(x)}{g(x)} = \lim_{x \to a} \frac{f'(x)}{g'(x)}$$

si la limite du membre de droite existe (ou si elle est ∞ ou $-\infty$).

NOTE 1 La règle de L'Hospital affirme que la limite du quotient de deux fonctions est égale à la limite du quotient de leurs dérivées respectives pourvu que certaines conditions soient satisfaites. Il est extrêmement important de vérifier que les conditions imposées aux limites de f et de g sont satisfaites avant d'appliquer la règle de L'Hospital.

NOTE 2 La règle de L'Hospital s'applique aussi aux limites unilatérales de même qu'aux limites à l'infini (positif ou négatif) ; autrement dit, on peut remplacer « $x \to a$ » par l'un ou l'autre des symboles $x \to a^+$, $x \to a^-$, $x \to \infty$ et $x \to -\infty$.

NOTE 3 Dans le cas particulier où $f(a) = g(a) = 0$, où les fonctions f' et g' sont continues et où $g'(a) \neq 0$, on voit immédiatement pourquoi la règle de L'Hospital est vraie. En fait, si on emploie l'autre forme de la définition de la dérivée, on a

$$\lim_{x\to a}\frac{f'(x)}{g'(x)} = \frac{f'(a)}{g'(a)} = \frac{\lim\limits_{x\to a}\dfrac{f(x)-f(a)}{x-a}}{\lim\limits_{x\to a}\dfrac{g(x)-g(a)}{x-a}} = \lim_{x\to a}\frac{\dfrac{f(x)-f(a)}{x-a}}{\dfrac{g(x)-g(a)}{x-a}}$$

$$= \lim_{x\to a}\frac{f(x)-f(a)}{g(x)-g(a)} = \lim_{x\to a}\frac{f(x)}{g(x)}.$$

Il est cependant plus difficile de démontrer la version généralisée de la règle de L'Hospital (voir l'annexe B).

EXEMPLE 1 Évaluons $\lim\limits_{x\to 1}\dfrac{\ln x}{x-1}$.

SOLUTION Étant donné que

$$\lim_{x\to 1}\ln x = \ln 1 = 0 \quad \text{et} \quad \lim_{x\to 1}(x-1) = 0,$$

on peut appliquer la règle de L'Hospital :

Il est à noter que, lors de l'application de la règle de L'Hospital, on dérive séparément le numérateur et le dénominateur : on n'utilise pas la règle de la limite d'un quotient.

$$\lim_{x\to 1}\frac{\ln x}{x-1} = \lim_{x\to 1}\frac{\dfrac{d}{dx}(\ln x)}{\dfrac{d}{dx}(x-1)} = \lim_{x\to 1}\frac{1/x}{1}$$

$$= \lim_{x\to 1}\frac{1}{x} = 1.$$

La courbe de la fonction de l'exemple 2 est représentée dans la figure 2. On sait qu'une fonction exponentielle croît beaucoup plus rapidement qu'une fonction puissance ; le résultat de l'exemple 2 n'a donc rien d'étonnant (voir aussi l'exercice 70).

EXEMPLE 2 Calculons $\lim\limits_{x\to\infty}\dfrac{e^x}{x^2}$.

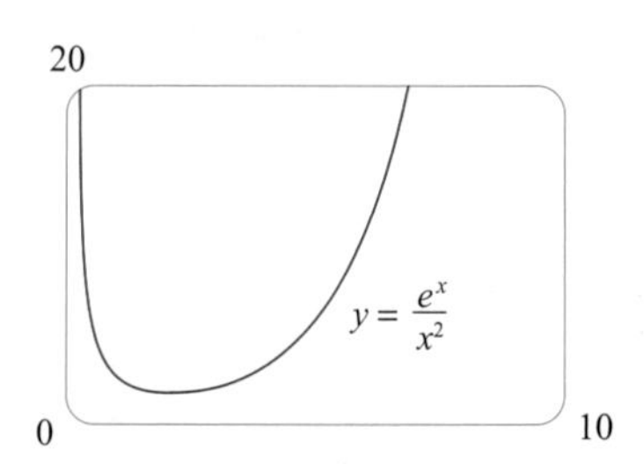

FIGURE 2

SOLUTION On sait que $\lim\limits_{x\to\infty} e^x = \infty$ et que $\lim\limits_{x\to\infty} x^2 = \infty$. Donc, en appliquant la règle de L'Hospital, on obtient

$$\lim_{x\to\infty}\frac{e^x}{x^2} = \lim_{x\to\infty}\frac{\dfrac{d}{dx}(e^x)}{\dfrac{d}{dx}(x^2)} = \lim_{x\to\infty}\frac{e^x}{2x}.$$

Puisque $e^x \to \infty$ et que $2x \to \infty$ lorsque $x \to \infty$, la limite du dernier membre est également indéterminée, mais une seconde application de la règle de L'Hospital donne

On indique l'utilisation de la règle de L'Hospital en inscrivant un H au-dessus de l'égalité, pour expliquer la démarche.

$$\lim_{x\to\infty}\frac{e^x}{x^2} \overset{\text{H}}{=} \lim_{x\to\infty}\frac{e^x}{2x} \overset{\text{H}}{=} \lim_{x\to\infty}\frac{e^x}{2} = \infty.$$

La courbe de la fonction de l'exemple 3 est représentée dans la figure 3. On sait que les fonctions logarithmiques croissent lentement; il n'est donc pas étonnant que le rapport tende vers 0 lorsque $x \to \infty$ (voir aussi l'exercice 71).

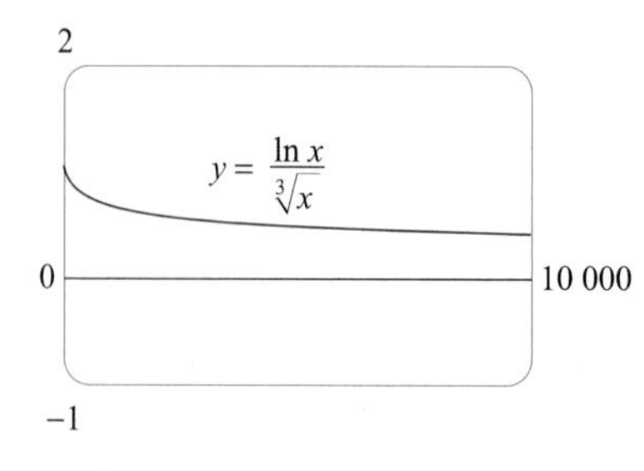

FIGURE 3

EXEMPLE 3 Calculons $\lim\limits_{x\to\infty} \dfrac{\ln x}{\sqrt[3]{x}}$.

SOLUTION Étant donné que $\ln x \to \infty$ et que $\sqrt[3]{x} \to \infty$ lorsque $x \to \infty$, on applique la règle de L'Hospital:

$$\lim_{x\to\infty} \frac{\ln x}{\sqrt[3]{x}} \overset{\text{H}}{=} \lim_{x\to\infty} \frac{1/x}{\frac{1}{3}x^{-2/3}}.$$

On constate que la limite du membre de droite est une forme indéterminée du type $\frac{0}{0}$. Toutefois, au lieu d'appliquer une seconde fois la règle de L'Hospital, comme dans l'exemple 2, on simplifie l'expression, ce qui permet de se rendre compte que cette opération n'est pas nécessaire:

$$\lim_{x\to\infty} \frac{\ln x}{\sqrt[3]{x}} \overset{\text{H}}{=} \lim_{x\to\infty} \frac{1/x}{\frac{1}{3}x^{-2/3}} = \lim_{x\to\infty} \frac{3}{\sqrt[3]{x}} = 0.$$

EXEMPLE 4 Calculons $\lim\limits_{x\to 0} \dfrac{\tan x - x}{x^3}$.

SOLUTION On constate que $(\tan x - x) \to 0$ et $x^3 \to 0$ lorsque $x \to 0$; on applique donc la règle de L'Hospital:

$$\lim_{x\to 0} \frac{\tan x - x}{x^3} \overset{\text{H}}{=} \lim_{x\to 0} \frac{\sec^2 x - 1}{3x^2}.$$

Comme la limite du membre de droite est elle aussi une forme indéterminée du type $\frac{0}{0}$, on applique de nouveau la règle de L'Hospital:

$$\lim_{x\to 0} \frac{\sec^2 x - 1}{3x^2} \overset{\text{H}}{=} \lim_{x\to 0} \frac{2\sec^2 x \tan x}{6x}.$$

Le graphique de la figure 4 confirme, d'un point de vue géométrique, le résultat de l'exemple 4. Cependant, si on tente de faire un zoom avant plus rapproché, on obtient une courbe inexacte, car tan x est proche de x lorsque la variable prend des valeurs très petites.

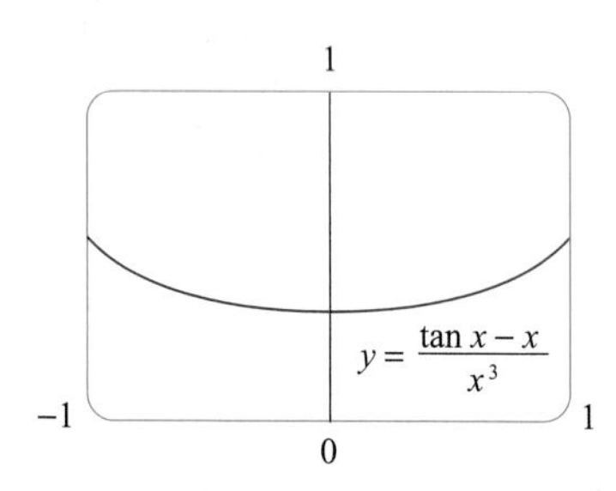

FIGURE 4

Étant donné que $\lim\limits_{x\to 0} \sec^2 x = 1$, on simplifie les calculs en écrivant

$$\lim_{x\to 0} \frac{2\sec^2 x \tan x}{6x} = \frac{1}{3}\lim_{x\to 0} \sec^2 x \cdot \lim_{x\to 0} \frac{\tan x}{x} = \frac{1}{3}\lim_{x\to 0} \frac{\tan x}{x}.$$

On peut évaluer la dernière limite soit en appliquant une troisième fois la règle de L'Hospital, soit en écrivant tan x sous la forme (sin x)/(cos x) et en utilisant les techniques de calcul des limites de fonctions trigonométriques. Les différentes étapes se résument comme suit:

$$\lim_{x\to 0} \frac{\tan x - x}{x^3} \overset{\text{H}}{=} \lim_{x\to 0} \frac{\sec^2 x - 1}{3x^2} \overset{\text{H}}{=} \lim_{x\to 0} \frac{2\sec^2 x \tan x}{6x}$$
$$= \frac{1}{3}\lim_{x\to 0} \frac{\tan x}{x} \overset{\text{H}}{=} \frac{1}{3}\lim_{x\to 0} \frac{\sec^2 x}{1} = \frac{1}{3}.$$

EXEMPLE 5 Calculons $\lim\limits_{x\to\pi^-} \dfrac{\sin x}{1 - \cos x}$.

SOLUTION Si on applique la règle de L'Hospital sans vérifier les conditions d'applicabilité, on obtient

$$\lim_{x\to\pi^-} \frac{\sin x}{1 - \cos x} \overset{\text{H}}{=} \lim_{x\to\pi^-} \frac{\cos x}{\sin x} = -\infty.$$

Cette égalité est fausse ! Même si, au numérateur, $\sin x \to 0$ lorsque $x \to \pi^-$, il est important de noter que le dénominateur $(1 - \cos x)$ ne tend pas vers 0 ; la règle de L'Hospital n'est donc pas applicable dans ce cas.

En fait, la limite recherchée est facile à calculer puisqu'il s'agit d'une fonction continue en π et que le dénominateur est non nul en ce point :

$$\lim_{x \to \pi^-} \frac{\sin x}{1 - \cos x} = \frac{\sin \pi}{1 - \cos \pi} = \frac{0}{1-(-1)} = 0.$$

L'exemple 5 montre le genre d'erreur qu'on peut faire si on applique la règle de L'Hospital sans réfléchir. Il existe aussi des limites qu'on peut calculer à l'aide de cette règle, mais qu'il est plus facile d'évaluer en utilisant une autre méthode (voir l'introduction de la présente section). Donc, quand on a à évaluer une limite, il faut s'assurer qu'aucune autre méthode n'est applicable avant d'utiliser la règle de L'Hospital.

LES PRODUITS INDÉTERMINÉS

Si $\lim_{x \to a} f(x) = 0$ et $\lim_{x \to a} g(x) = \infty$ (ou $-\infty$), la valeur de $\lim_{x \to a} f(x)g(x)$ n'est pas évidente, si cette limite existe. Les fonctions f et g se font la lutte. Si f l'emporte, la valeur de la limite est 0 ; si c'est g qui gagne, le résultat est ∞ (ou $-\infty$). Un compromis est également possible ; dans ce cas, la valeur de la limite est un nombre fini non nul. Une limite de ce genre est appelée **forme indéterminée du type $0 \cdot \infty$**. Pour l'évaluer, on écrit le produit fg sous la forme d'un quotient :

$$fg = \frac{f}{1/g} \quad \text{ou} \quad fg = \frac{g}{1/f}.$$

On transforme ainsi la limite donnée en une forme indéterminée du type $\frac{0}{0}$ ou ∞/∞, ce qui permet d'appliquer la règle de L'Hospital.

La figure 5 représente la courbe de la fonction de l'exemple 6. On constate que celle-ci n'est pas définie en $x = 0$; la courbe s'approche de l'origine mais ne l'atteint jamais tout à fait.

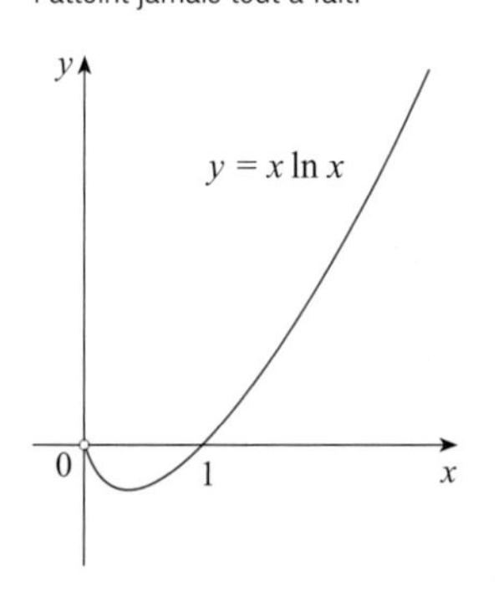

FIGURE 5

EXEMPLE 6 Évaluons $\lim_{x \to 0^+} x \ln x$.

SOLUTION La limite recherchée est indéterminée puisque, lorsque $x \to 0^+$, le premier facteur (x) tend vers 0, tandis que le second facteur $(\ln x)$ tend vers $-\infty$. Si on écrit $x = 1/(1/x)$, on a $1/x \to \infty$ lorsque $x \to 0^+$ et, en appliquant la règle de L'Hospital, on obtient

$$\lim_{x \to 0^+} x \ln x = \lim_{x \to 0^+} \frac{\ln x}{1/x} \overset{\text{H}}{=} \lim_{x \to 0^+} \frac{1/x}{-1/x^2} = \lim_{x \to 0^+} (-x) = 0.$$

NOTE Une autre façon de lever l'indétermination de l'exemple 6 consiste à écrire

$$\lim_{x \to 0^+} x \ln x = \lim_{x \to 0^+} \frac{x}{1/\ln x}.$$

On obtient ainsi une forme indéterminée du type $\frac{0}{0}$ mais, si on applique la règle de L'Hospital, il en résulte une expression plus complexe que l'expression initiale. En général, quand on écrit un produit indéterminé sous une forme différente, on tente d'obtenir une limite aussi simple que possible.

LES DIFFÉRENCES INDÉTERMINÉES

Si $\lim_{x \to a} f(x) = \infty$ et $\lim_{x \to a} g(x) = \infty$, alors la limite

$$\lim_{x \to a}[f(x) - g(x)]$$

est appelée **forme indéterminée du type ∞ – ∞**. Dans ce cas également, les fonctions f et g se font la lutte. La limite est-elle ∞ (quand f l'emporte) ou $-\infty$ (quand g l'emporte), ou est-ce qu'un compromis donne un nombre fini ? Afin de connaître le résultat, on tente de transformer la différence de fonctions en un quotient (par exemple en utilisant un dénominateur commun ou en effectuant une rationalisation ou la mise en évidence d'un facteur commun) de manière à obtenir une forme indéterminée du type $\frac{0}{0}$ ou ∞/∞.

EXEMPLE 7 Calculons $\lim_{x \to (\pi/2)^-} (\sec x - \tan x)$.

SOLUTION On constate d'abord que $\sec x \to \infty$ et $\tan x \to \infty$ lorsque $x \to (\pi/2)^-$, de sorte que la limite est indéterminée. Si on utilise un dénominateur commun, on obtient

$$\begin{aligned}\lim_{x \to (\pi/2)^-} (\sec x - \tan x) &= \lim_{x \to (\pi/2)^-} \left(\frac{1}{\cos x} - \frac{\sin x}{\cos x} \right) \\ &= \lim_{x \to (\pi/2)^-} \frac{1 - \sin x}{\cos x} \overset{\text{H}}{=} \lim_{x \to (\pi/2)^-} \frac{-\cos x}{-\sin x} = 0.\end{aligned}$$

Il est à noter que la règle de L'Hospital est applicable puisque $1 - \sin x \to 0$ et $\cos x \to 0$ lorsque $x \to (\pi/2)^-$.

LES PUISSANCES INDÉTERMINÉES

Plusieurs formes indéterminées sont associées à la limite

$$\lim_{x \to a}[f(x)]^{g(x)}.$$

Bien que les formes du type 0^0, ∞^0 et 1^∞ soient indéterminées, la forme 0^∞ ne l'est pas (voir l'exercice 76).

1. $\lim_{x \to a} f(x) = 0$ et $\lim_{x \to a} g(x) = 0$ type 0^0
2. $\lim_{x \to a} f(x) = \infty$ et $\lim_{x \to a} g(x) = 0$ type ∞^0
3. $\lim_{x \to a} f(x) = 1$ et $\lim_{x \to a} g(x) = \pm\infty$ type 1^∞

Dans chacun de ces trois cas, on peut soit prendre le logarithme naturel de la puissance :

$$\text{si on pose} \quad y = [f(x)]^{g(x)}, \quad \text{alors} \quad \ln y = g(x) \ln f(x) ;$$

soit écrire la puissance sous une forme exponentielle :

$$[f(x)]^{g(x)} = e^{g(x) \ln f(x)}.$$

L'une et l'autre méthode donnent le produit indéterminé $g(x) \ln f(x)$, qui est du type $0 \cdot \infty$.

EXEMPLE 8 Calculons $\lim_{x \to 0^+} (1 + \sin 4x)^{\cot x}$.

SOLUTION On constate d'abord que, lorsque $x \to 0^+$, alors $(1 + \sin 4x) \to 1$ et $\cot x \to \infty$, de sorte que la limite recherchée est indéterminée. Si on pose

$$y = (1 + \sin 4x)^{\cot x},$$

on a

$$\ln y = \ln[(1 + \sin 4x)^{\cot x}] = \cot x \ln(1 + \sin 4x)$$

et, en appliquant la règle de L'Hospital, on obtient

$$\lim_{x \to 0^+} \ln y = \lim_{x \to 0^+} \frac{\ln(1 + \sin 4x)}{\tan x} \overset{\text{H}}{=} \lim_{x \to 0^+} \frac{\dfrac{4 \cos 4x}{1 + \sin 4x}}{\sec^2 x} = 4.$$

On a ainsi calculé la limite de $\ln y$ mais, en réalité, on cherche la limite de y. Pour évaluer celle-ci, on se sert du fait que $y = e^{\ln y}$:

$$\lim_{x \to 0^+} (1 + \sin 4x)^{\cot x} = \lim_{x \to 0^+} y = \lim_{x \to 0^+} e^{\ln y} = e^4.$$

La courbe de la fonction $y = x^x$, où $x > 0$, est représentée dans la figure 6. Il est à noter que, même si 0^0 n'est pas défini, les valeurs de la fonction tendent vers 1 lorsque $x \to 0^+$, ce qui confirme le résultat de l'exemple 9.

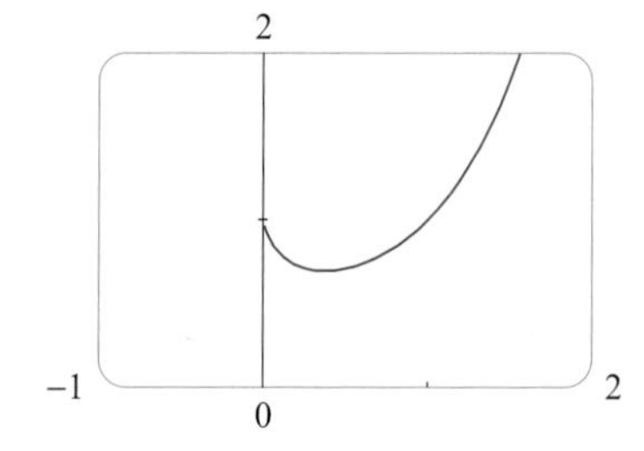

FIGURE 6

EXEMPLE 9 Calculons $\lim_{x \to 0^+} x^x$.

SOLUTION On constate que la limite recherchée est indéterminée puisque $0^x = 0$ pour tout $x > 0$, tandis que $x^0 = 1$ pour tout $x \neq 0$. On peut appliquer le même procédé que dans l'exemple 8 ou encore écrire la fonction sous une forme exponentielle:

$$x^x = (e^{\ln x})^x = e^{x \ln x}.$$

Dans l'exemple 6, à l'aide de la règle de L'Hospital, on a montré que

$$\lim_{x \to 0^+} x \ln x = 0.$$

Donc,

$$\lim_{x \to 0^+} x^x = \lim_{x \to 0^+} e^{x \ln x} = e^0 = 1.$$

Exercices 3.7

1-4 Soit

$$\lim_{x \to a} f(x) = 0 \qquad \lim_{x \to a} g(x) = 0 \qquad \lim_{x \to a} h(x) = 1$$

$$\lim_{x \to a} p(x) = \infty \qquad \lim_{x \to a} q(x) = \infty.$$

Lesquelles des limites données sont des formes indéterminées? Dans le cas où la limite donnée n'est pas une forme indéterminée, évaluez-la, si c'est possible.

1. a) $\lim_{x \to a} \dfrac{f(x)}{g(x)}$
b) $\lim_{x \to a} \dfrac{f(x)}{p(x)}$
c) $\lim_{x \to a} \dfrac{h(x)}{p(x)}$
d) $\lim_{x \to a} \dfrac{p(x)}{f(x)}$
e) $\lim_{x \to a} \dfrac{p(x)}{q(x)}$

2. a) $\lim_{x \to a} [f(x)p(x)]$
b) $\lim_{x \to a} [h(x)p(x)]$
c) $\lim_{x \to a} [p(x)q(x)]$

3. a) $\lim_{x\to a}[f(x)-p(x)]$ c) $\lim_{x\to a}[p(x)+q(x)]$

b) $\lim_{x\to a}[p(x)-q(x)]$

4. a) $\lim_{x\to a}[f(x)]^{g(x)}$ d) $\lim_{x\to a}[p(x)]^{f(x)}$

b) $\lim_{x\to a}[f(x)]^{p(x)}$ e) $\lim_{x\to a}[p(x)]^{q(x)}$

c) $\lim_{x\to a}[h(x)]^{p(x)}$ f) $\lim_{x\to a}\sqrt[q(x)]{p(x)}$

5-6 En vous servant des courbes respectives des fonctions f et g et de leurs tangentes au point (2, 0), calculez $\lim_{x\to 2}\dfrac{f(x)}{g(x)}$.

5.

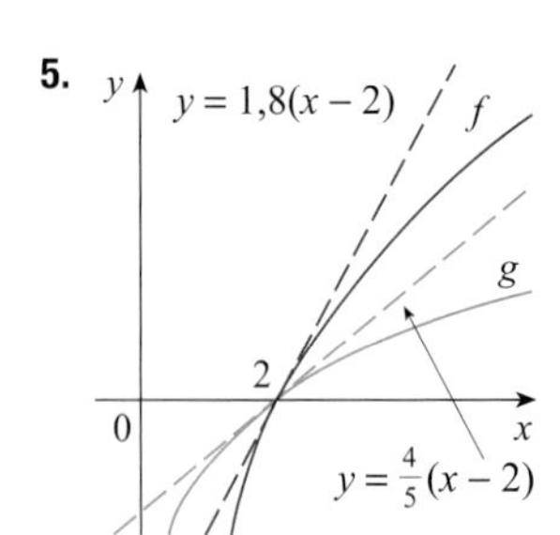

6.

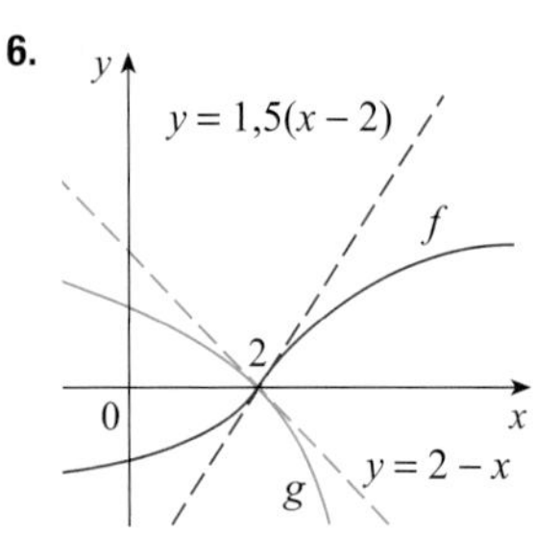

7-65 Calculez la limite donnée. Appliquez la règle de L'Hospital lorsque cette règle est pertinente, mais envisagez d'utiliser une méthode plus simple s'il en existe une. Si la règle de L'Hospital n'est pas applicable, expliquez pourquoi.

7. $\lim_{x\to 1}\dfrac{x^2-1}{x^2-x}$

8. $\lim_{x\to 2}\dfrac{x^2+x-6}{x-2}$

9. $\lim_{x\to 1}\dfrac{x^3-2x^2+1}{x^3-1}$

10. $\lim_{x\to 1/2}\dfrac{6x^2+5x-4}{4x^2+16x-9}$

11. $\lim_{x\to(\pi/2)^+}\dfrac{\cos x}{1-\sin x}$

12. $\lim_{x\to 0}\dfrac{\sin 4x}{\tan 5x}$

13. $\lim_{t\to 0}\dfrac{e^{2t}-1}{\sin t}$

14. $\lim_{x\to 0}\dfrac{x^2}{1-\cos x}$

15. $\lim_{\theta\to\pi/2}\dfrac{1-\sin\theta}{1+\cos 2\theta}$

16. $\lim_{\theta\to\pi/2}\dfrac{1-\sin\theta}{\csc\theta}$

17. $\lim_{x\to\infty}\dfrac{\ln x}{\sqrt{x}}$

18. $\lim_{x\to\infty}\dfrac{x+x^2}{1-2x^2}$

19. $\lim_{x\to 0^+}\dfrac{\ln x}{x}$

20. $\lim_{x\to\infty}\dfrac{\ln\sqrt{x}}{x^2}$

21. $\lim_{t\to 1}\dfrac{t^8-1}{t^5-1}$

22. $\lim_{t\to 0}\dfrac{8^t-5^t}{t}$

23. $\lim_{x\to 0}\dfrac{\sqrt{1+2x}-\sqrt{1-4x}}{x}$

24. $\lim_{u\to\infty}\dfrac{e^{u/10}}{u^3}$

25. $\lim_{x\to 0}\dfrac{e^x-1-x}{x^2}$

26. $\lim_{x\to 0}\dfrac{\sin x-x}{x^3}$

27. $\lim_{x\to 0}\dfrac{x-\sin x}{x-\tan x}$

28. $\lim_{x\to 0}\dfrac{\arcsin x}{x}$

29. $\lim_{x\to\infty}\dfrac{(\ln x)^2}{x}$

30. $\lim_{x\to 0}\dfrac{x3^x}{3^x-1}$

31. $\lim_{x\to 0}\dfrac{\cos mx-\cos nx}{x^2}$

32. $\lim_{x\to 0}\dfrac{x+\sin x}{x+\cos x}$

33. $\lim_{x\to 0}\dfrac{x}{\arctan(4x)}$

34. $\lim_{x\to 1}\dfrac{1-x+\ln x}{1+\cos\pi x}$

35. $\lim_{x\to 0^+}\dfrac{x^x-1}{\ln x+x-1}$

36. $\lim_{x\to 1}\dfrac{x^a-ax+a-1}{(x-1)^2}$

37. $\lim_{x\to 0}\dfrac{e^x-e^{-x}-2x}{x-\sin x}$

38. $\lim_{x\to 0}\dfrac{\cos x-1+\frac{1}{2}x^2}{x^4}$

39. $\lim_{x\to a^+}\dfrac{\cos x\ln(x-a)}{\ln(e^x-e^a)}$

40. $\lim_{x\to\infty}x\sin(\pi/x)$

41. $\lim_{x\to\infty}\sqrt{x}e^{-x/2}$

42. $\lim_{x\to 0}\cot 2x\sin 6x$

43. $\lim_{x\to 0^+}\sin x\ln x$

44. $\lim_{x\to\infty}x^3e^{-x^2}$

45. $\lim_{x\to\infty}x\tan(1/x)$

46. $\lim_{x\to 1^+}\ln x\tan(\pi x/2)$

47. $\lim_{x\to(\pi/2)^-}\cos x\sec 5x$

48. $\lim_{x\to 1}\left(\dfrac{x}{x-1}-\dfrac{1}{\ln x}\right)$

49. $\lim_{x\to 0}(\csc x-\cot x)$

50. $\lim_{x\to 0^+}\left(\dfrac{1}{x}-\dfrac{1}{e^x-1}\right)$

51. $\lim_{x\to 0}\left(\cot x-\dfrac{1}{x}\right)$

52. $\lim_{x\to\infty}(x-\ln x)$

53. $\lim_{x\to 1^+}[\ln(x^7-1)-\ln(x^5-1)]$

54. $\lim_{x\to 0^+}x^{\sqrt{x}}$

55. $\lim_{x\to 0^+}(\tan 2x)^x$

56. $\lim_{x\to 0}(1-2x)^{1/x}$

57. $\lim_{x\to\infty}\left(1+\dfrac{a}{x}\right)^{bx}$

58. $\lim_{x\to 1^+}x^{1/(1-x)}$

59. $\lim_{x\to\infty}x^{(\ln 2)/(1+\ln x)}$

60. $\lim_{x\to\infty}x^{1/x}$

61. $\lim_{x\to\infty}(e^x+x)^{1/x}$

62. $\lim_{x\to 0^+}(4x+1)^{\cot x}$

63. $\lim_{x\to 1}(2-x)^{\tan(\pi x/2)}$

64. $\lim_{x\to 0^+}(\cos x)^{1/x^2}$

65. $\lim_{x\to\infty}\left(\dfrac{2x-3}{2x+5}\right)^{2x+1}$

66-67 Estimez la limite à l'aide d'un graphique, puis calculez sa valeur exacte à l'aide de la règle de L'Hospital.

66. $\lim_{x\to\infty}\left(1+\dfrac{2}{x}\right)^x$

67. $\lim_{x\to 0}\dfrac{5^x-4^x}{3^x-2^x}$

68-69 Illustrez la règle de L'Hospital en traçant les courbes respectives de $f(x)/g(x)$ et de $f'(x)/g'(x)$ au voisinage de $x=0$ de manière à montrer que ces deux rapports ont la même limite lorsque $x\to 0$. Calculez ensuite la valeur exacte de la limite.

68. $f(x)=e^x-1$ et $g(x)=x^3+4x$

69. $f(x) = 2x \sin x$ et $g(x) = \sec x - 1$

70. Montrez que

$$\lim_{x\to\infty} \frac{e^x}{x^n} = \infty$$

pour tout entier positif n. Cela signifie que la fonction exponentielle tend vers l'infini plus rapidement que n'importe quelle puissance de x.

71. Montrez que

$$\lim_{x\to\infty} \frac{\ln x}{x^p} = 0$$

pour tout nombre $p > 0$. Cela signifie que la fonction logarithmique tend vers l'infini plus lentement que n'importe quelle puissance de x.

72-73 Que se passe-t-il si vous essayez de calculer la limite donnée à l'aide de la règle de L'Hospital ? Évaluez la limite en appliquant une autre méthode.

72. $\lim_{x\to\infty} \frac{x}{\sqrt{x^2+1}}$

73. $\lim_{x\to(\pi/2)^-} \frac{\sec x}{\tan x}$

74. La règle de L'Hospital fut publiée pour la première fois en 1696 dans l'ouvrage du marquis de L'Hospital intitulé *Analyse des infiniment petits, pour l'intelligence des lignes courbes*. Il s'agit du tout premier manuel de calcul différentiel et intégral, et l'exemple que choisit L'Hospital, dans cet ouvrage, pour illustrer sa règle est le calcul de la limite de la fonction

$$y = \frac{\sqrt{2a^3x - x^4} - a\sqrt[3]{aax}}{a - \sqrt[4]{ax^3}}$$

lorsque x tend vers a, où $a > 0$. (À l'époque, on écrivait couramment aa au lieu de a^2.) Résolvez ce problème.

75. Évaluez $\lim_{x\to\infty} \left[x - x^2 \ln\left(\frac{1+x}{x}\right) \right]$.

76. Soit f, une fonction positive. Étant donné que $\lim_{x\to a} f(x) = 0$ et que $\lim_{x\to a} g(x) = \infty$, montrez que

$$\lim_{x\to a} [f(x)]^{g(x)} = 0.$$

Cela signifie que 0^∞ n'est pas une forme indéterminée.

77. Soit f', une fonction continue telle que $f(2) = 0$ et $f'(2) = 7$. Évaluez

$$\lim_{x\to 0} \frac{f(2+3x) + f(2+5x)}{x}.$$

78. Pour quelles valeurs de a et de b l'égalité suivante est-elle vérifiée ?

$$\lim_{x\to 0} \left(\frac{\sin 2x}{x^3} + a + \frac{b}{x^2} \right) = 0$$

3.8 L'INTÉGRALE IMPROPRE

Dans la définition de l'intégrale définie $\int_a^b f(x)\,dx$, on suppose que la fonction f est définie sur un intervalle fini $[a, b]$ et qu'elle ne présente pas de discontinuité à l'infini (voir la section 1.4). Dans la présente section, on va généraliser le concept d'intégrale définie aux cas où l'intervalle est infini et où la fonction f présente une discontinuité à l'infini dans $[a, b]$. Dans ces deux cas, l'intégrale est dite **impropre**. L'une des applications les plus importantes de ce type d'intégrales est la distribution de probabilités, étudiée dans la section 4.5.

TYPE 1 : L'INTÉGRALE SUR UN INTERVALLE INFINI

Soit la région infinie S située sous la courbe d'équation $y = 1/x^2$, au-dessus de l'axe des x et à droite de la droite d'équation $x = 1$. On est porté à penser que, comme l'étendue de S est infinie, alors son aire est nécessairement infinie, mais il faut examiner la question plus attentivement. L'aire de la partie de S située à gauche de la droite d'équation $x = t$ (représentée par la région ombrée de la figure 1) est

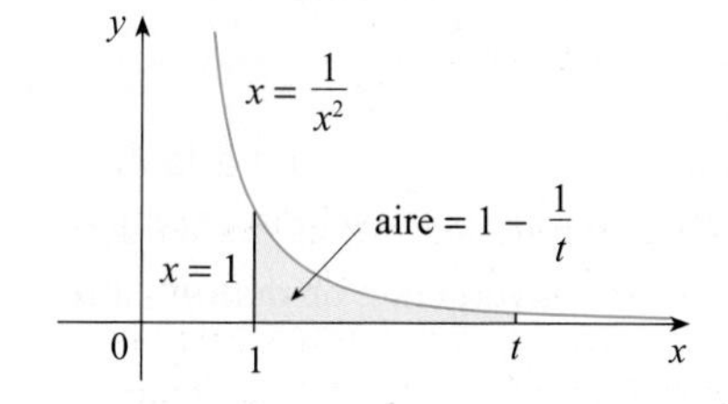

FIGURE 1

$$A(t) = \int_1^t \frac{1}{x^2}\,dx = -\frac{1}{x}\Big]_1^t = 1 - \frac{1}{t}.$$

Il est à noter que $A(t) < 1$ même si on choisit une valeur de t très grande.

De plus,

$$\lim_{t\to\infty} A(t) = \lim_{t\to\infty}\left(1 - \frac{1}{t}\right) = 1.$$

Donc, l'aire de la région ombrée tend vers 1 lorsque $t \to \infty$ (voir la figure 2) ; ainsi, on dit que l'aire de la région infinie S est égale à 1 et on écrit

$$\int_1^\infty \frac{1}{x^2}\,dx = \lim_{t\to\infty}\int_1^t \frac{1}{x^2}\,dx = 1.$$

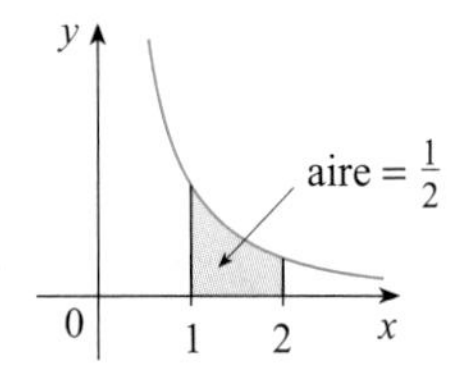

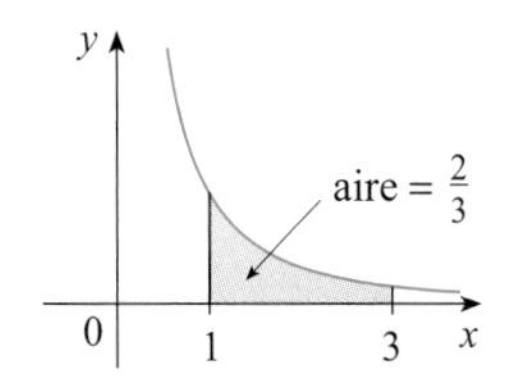

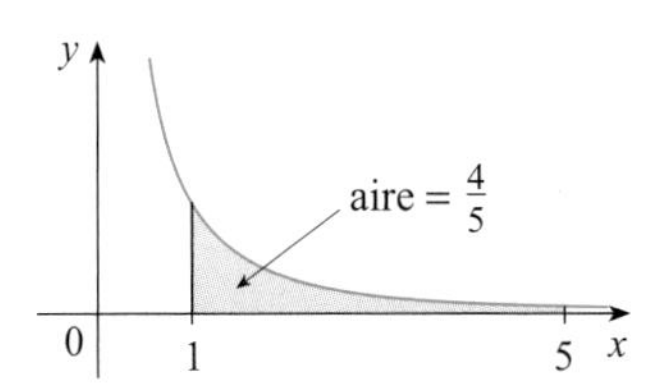

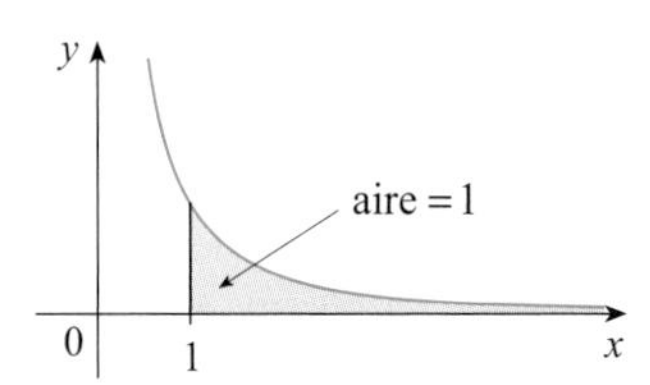

FIGURE 2

En s'inspirant de cet exemple, on définit l'intégrale d'une fonction f (qui n'est pas nécessairement positive) sur un intervalle infini comme la limite d'intégrales sur des intervalles finis.

1 **DÉFINITION D'UNE INTÉGRALE IMPROPRE DE TYPE 1**

a) Si $\int_a^t f(x)\,dx$ existe pour tout nombre $t \geq a$, alors

$$\int_a^\infty f(x)\,dx = \lim_{t\to\infty}\int_a^t f(x)\,dx$$

à la condition que cette limite existe (c'est-à-dire qu'elle soit égale à un nombre réel).

b) Si $\int_t^b f(x)\,dx$ existe pour tout nombre $t \leq b$, alors

$$\int_{-\infty}^b f(x)\,dx = \lim_{t\to-\infty}\int_t^b f(x)\,dx$$

à la condition que cette limite existe (c'est-à-dire qu'elle soit égale à un nombre réel).

Les intégrales impropres $\int_a^\infty f(x)\,dx$ et $\int_{-\infty}^b f(x)\,dx$ sont dites **convergentes** si les limites correspondantes existent et **divergentes** si ces limites n'existent pas.

c) Si $\int_a^\infty f(x)\,dx$ et $\int_{-\infty}^a f(x)\,dx$ sont toutes deux convergentes, alors, par définition,

$$\int_{-\infty}^\infty f(x)\,dx = \int_{-\infty}^a f(x)\,dx + \int_a^\infty f(x)\,dx.$$

En c), on peut employer n'importe quel nombre réel a (voir l'exercice 74).

On peut interpréter n'importe quelle intégrale impropre correspondant à la définition **1** comme une aire à la condition que f soit une fonction positive. Par exemple, dans le cas a), si $f(x) \geq 0$ et que l'intégrale $\int_a^\infty f(x)\,dx$ est convergente, on définit l'aire de la région $S = \{(x, y) \mid x \geq a \text{ et } 0 \leq y \leq f(x)\}$ de la figure 3 par

$$A(S) = \int_a^\infty f(x)\,dx.$$

Cette définition est appropriée puisque $\int_a^\infty f(x)\,dx$ est la limite, lorsque $t \to \infty$, de l'aire de la région sous la courbe de f, entre a et t.

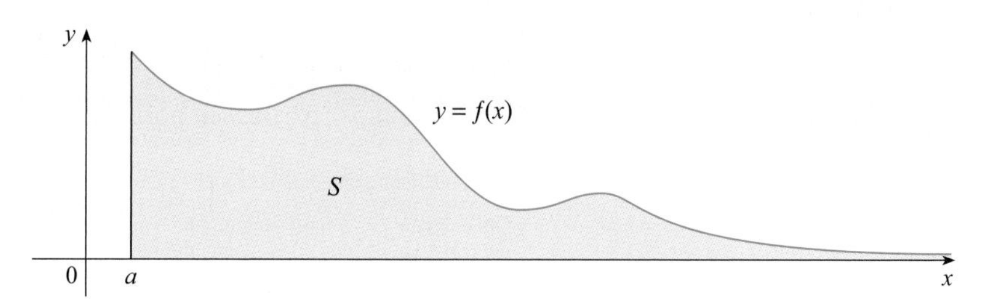

FIGURE 3

EXEMPLE 1 Déterminons si l'intégrale $\int_1^\infty (1/x)\,dx$ est convergente ou divergente.

SOLUTION Selon la définition **1** a),

$$\int_1^\infty \frac{1}{x}\,dx = \lim_{t\to\infty} \int_1^t \frac{1}{x}\,dx = \lim_{t\to\infty} \ln|x|\Big]_1^t$$
$$= \lim_{t\to\infty} (\ln t - \ln 1) = \lim_{t\to\infty} \ln t = \infty.$$

Cette limite n'existe pas au sens où elle n'est pas égale à un nombre réel, de sorte que l'intégrale impropre $\int_1^\infty (1/x)\,dx$ est divergente.

Si on compare l'intégrale de l'exemple 1 avec celle qu'on a donnée en exemple au début de la présente section, on constate que

$$\int_1^\infty \frac{1}{x^2}\,dx \text{ converge} \quad \text{et que} \quad \int_1^\infty \frac{1}{x}\,dx \text{ diverge.}$$

D'un point de vue géométrique, cela signifie que, même si les courbes d'équations respectives $y = 1/x^2$ et $y = 1/x$ sont très semblables pour $x > 0$, la région sous la courbe $y = 1/x^2$ et à droite de la droite $x = 1$ (représentée par la région ombrée de la figure 4) a une aire finie, tandis que la région correspondante sous la courbe $y = 1/x$ (représentée dans la figure 5) a une aire infinie. Il est à noter que $1/x^2$ et $1/x$ tendent tous deux vers 0 lorsque $x \to \infty$, mais que $1/x^2$ se rapproche de 0 plus rapidement que $1/x$. Les valeurs de $1/x$ ne décroissent pas assez rapidement pour que l'intégrale ait une valeur finie.

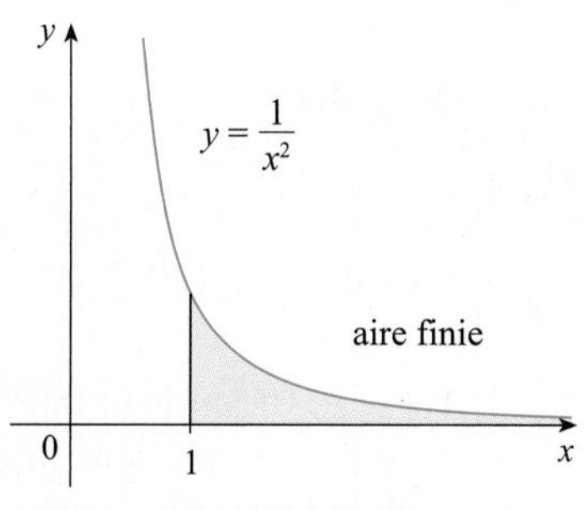

FIGURE 4 $\int_1^\infty (1/x^2)\,dx$ converge.

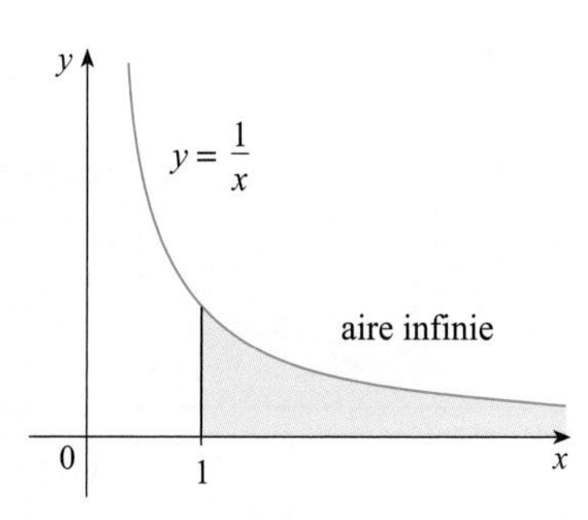

FIGURE 5 $\int_1^\infty (1/x)\,dx$ diverge.

EXEMPLE 2 Évaluons $\int_{-\infty}^{0} xe^x\,dx$.

SOLUTION En appliquant la définition **1** b), on obtient

$$\int_{-\infty}^{0} xe^x\,dx = \lim_{t\to-\infty}\int_{t}^{0} xe^x\,dx.$$

L'intégration par parties, en posant $u = x$ et $dv = e^x dx$, donne $du = dx$, $v = e^x$ et

$$\begin{aligned}\int_{t}^{0} xe^x\,dx &= xe^x\Big]_t^0 - \int_t^0 e^x\,dx\\ &= -te^t - 1 + e^t.\end{aligned}$$

On sait que $e^t \to 0$ lorsque $t \to -\infty$ et, selon la règle de l'Hospital,

$$\begin{aligned}\lim_{t\to-\infty} te^t &= \lim_{t\to-\infty}\frac{t}{e^{-t}} \overset{\text{H}}{=} \lim_{t\to-\infty}\frac{1}{-e^{-t}}\\ &= \lim_{t\to-\infty}(-e^t) = 0.\end{aligned}$$

Donc,

$$\begin{aligned}\int_{-\infty}^{0} xe^x\,dx &= \lim_{t\to-\infty}(-te^t - 1 + e^t)\\ &= -0 - 1 + 0 = -1.\end{aligned}$$

EXEMPLE 3 Évaluons $\int_{-\infty}^{\infty}\frac{1}{1+x^2}\,dx$.

SOLUTION Il est approprié de poser $a = 0$ dans la définition **1** c), ce qui donne

$$\int_{-\infty}^{\infty}\frac{1}{1+x^2}\,dx = \int_{-\infty}^{0}\frac{1}{1+x^2}\,dx + \int_{0}^{\infty}\frac{1}{1+x^2}\,dx.$$

Il faut ensuite évaluer séparément les intégrales du membre de droite :

$$\begin{aligned}\int_{0}^{\infty}\frac{1}{1+x^2}\,dx &= \lim_{t\to\infty}\int_0^t\frac{dx}{1+x^2} = \lim_{t\to\infty}\arctan x\Big]_0^t\\ &= \lim_{t\to\infty}(\arctan t - \arctan 0) = \lim_{t\to\infty}\arctan t = \frac{\pi}{2}\end{aligned}$$

$$\begin{aligned}\int_{-\infty}^{0}\frac{1}{1+x^2}\,dx &= \lim_{t\to-\infty}\int_t^0\frac{dx}{1+x^2} = \lim_{t\to-\infty}\arctan x\Big]_t^0\\ &= \lim_{t\to-\infty}(\arctan 0 - \arctan t)\\ &= 0 - \left(-\frac{\pi}{2}\right) = \frac{\pi}{2}.\end{aligned}$$

Comme les deux intégrales sont convergentes, l'intégrale donnée est aussi convergente et

$$\int_{-\infty}^{\infty}\frac{1}{1+x^2}\,dx = \frac{\pi}{2} + \frac{\pi}{2} = \pi.$$

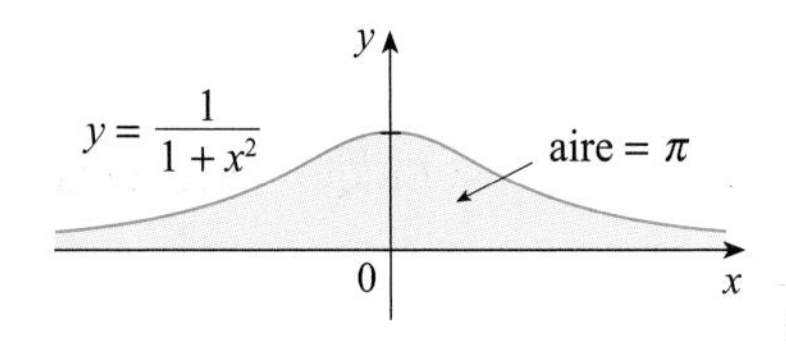

FIGURE 6

Étant donné que $1/(1 + x^2) > 0$, on peut interpréter l'intégrale impropre donnée comme l'aire de la région infinie située sous la courbe d'équation $y = 1/(1 + x^2)$ et au-dessus de l'axe des x (voir la figure 6).

EXEMPLE 4 Déterminons les valeurs de p telles que l'intégrale

$$\int_1^\infty \frac{1}{x^p}\,dx$$

est convergente.

SOLUTION Dans l'exemple 1, on a montré que, si $p = 1$, l'intégrale donnée est divergente. On suppose donc que $p \neq 1$. On a

$$\begin{aligned}\int_1^\infty \frac{1}{x^p}\,dx &= \lim_{t\to\infty}\int_1^t x^{-p}\,dx\\ &= \lim_{t\to\infty}\left.\frac{x^{-p+1}}{-p+1}\right]_{x=1}^{x=t}\\ &= \lim_{t\to\infty}\frac{1}{1-p}\left[\frac{1}{t^{p-1}}-1\right].\end{aligned}$$

Si $p > 1$, alors $p - 1 > 0$; ainsi, lorsque $t \to \infty$, on a $t^{p-1} \to \infty$ et $1/t^{p-1} \to 0$. Donc,

$$\int_1^\infty \frac{1}{x^p}\,dx = \frac{1}{p-1} \quad \text{si } p > 1$$

et, par conséquent, l'intégrale converge. Par contre, si $p < 1$, alors $p - 1 < 0$, de sorte que

$$\frac{1}{t^{p-1}} = t^{1-p} \to \infty \quad \text{lorsque } t \to \infty$$

et, par conséquent, l'intégrale diverge.

2

$$\int_1^\infty \frac{1}{x^p}\,dx \text{ est convergente si } p > 1 \text{ et elle est divergente si } p \leq 1.$$

TYPE 2 : L'INTÉGRANDE DISCONTINU SUR LE DOMAINE D'INTÉGRATION

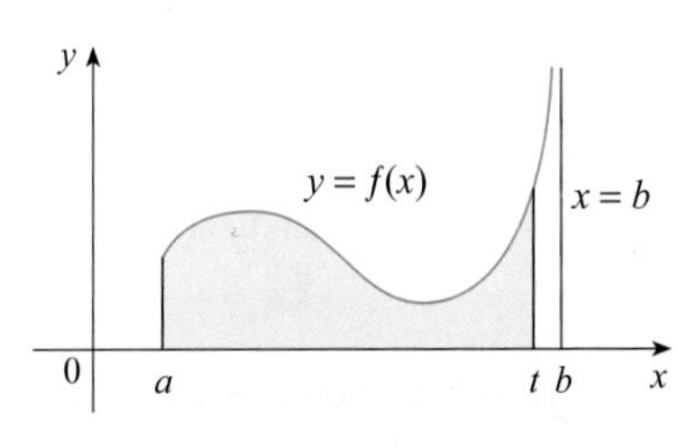

FIGURE 7

Soit f, une fonction positive continue, définie dans un intervalle fini $[a, b[$ et présentant une asymptote verticale en b. On désigne par S la région, non fermée, située sous la courbe de f, au-dessus de l'axe des x et entre les droites $x = a$ et $x = b$. (Dans le cas des intégrales de type 1, la région représentée s'étend indéfiniment dans la direction horizontale. Dans le cas présent, la région s'étend indéfiniment dans la direction verticale.) L'aire de la partie de S située entre les droites $x = a$ et $x = t$ (représentée par la région ombrée de la figure 7) est

$$A(t) = \int_a^t f(x)\,dx.$$

Si $A(t)$ tend vers un nombre donné A lorsque $t \to b^-$, alors on dit que l'aire de la région S est égale à A et on écrit

$$\int_a^b f(x)\,dx = \lim_{t\to b^-}\int_a^t f(x)\,dx.$$

Les figures 8 et 9 illustrent respectivement les parties b) et c) de la définition **3** dans le cas où $f(x) \geq 0$ et où f présente des asymptotes verticales en a et en c.

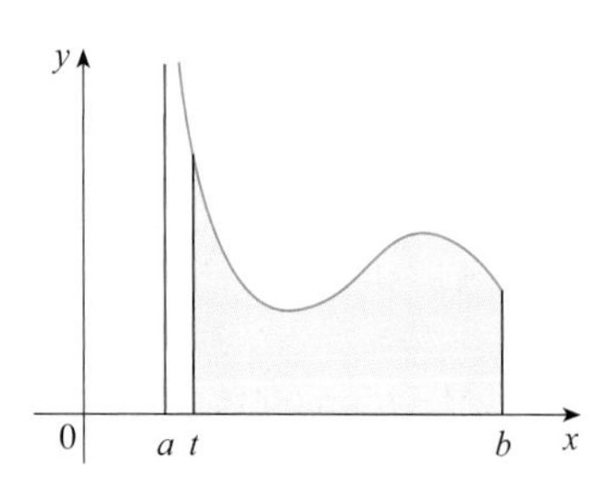

FIGURE 8

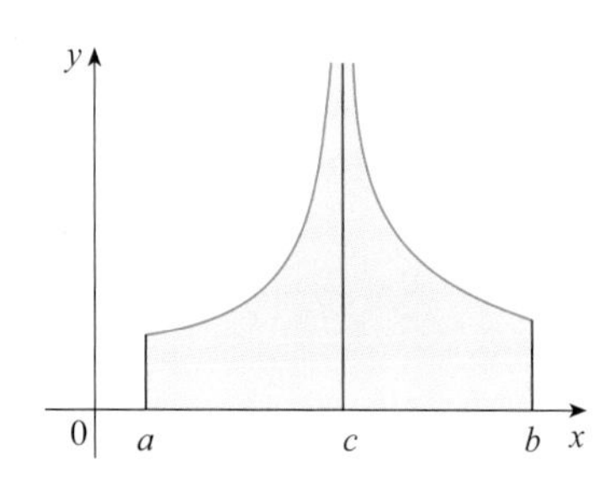

FIGURE 9

Cette égalité sert à définir une intégrale impropre de type 2 même lorsque la fonction f n'est pas positive, et quel que soit le type de discontinuité qu'elle présente en b.

3 **DÉFINITION D'UNE INTÉGRALE IMPROPRE DE TYPE 2**

a) Si f est une fonction continue sur $[a, b[$ et discontinue en b, alors

$$\int_a^b f(x)\,dx = \lim_{t\to b^-} \int_a^t f(x)\,dx$$

si cette limite existe (au sens où elle est égale à un nombre réel).

b) Si f est une fonction continue sur $]a, b]$ et discontinue en a, alors

$$\int_a^b f(x)\,dx = \lim_{t\to a^+} \int_t^b f(x)\,dx$$

si cette limite existe (au sens où elle est égale à un nombre réel).

L'intégrale impropre $\int_a^b f(x)\,dx$ est dite **convergente** si la limite correspondante existe et **divergente** si cette limite n'existe pas.

c) Si f est discontinue en c, où $a < c < b$, et que les intégrales $\int_a^c f(x)\,dx$ et $\int_c^b f(x)\,dx$ sont toutes deux convergentes, par définition,

$$\int_a^b f(x)\,dx = \int_a^c f(x)\,dx + \int_c^b f(x)\,dx.$$

EXEMPLE 5 Déterminons $\displaystyle\int_2^5 \frac{1}{\sqrt{x-2}}\,dx$.

SOLUTION On constate au premier coup d'œil qu'il s'agit d'une intégrale impropre, puisque $f(x) = 1/\sqrt{x-2}$ présente une asymptote verticale en $x = 2$. Comme la discontinuité infinie se situe à l'extrémité gauche de $[2, 5]$, on applique la définition **3** b) :

$$\begin{aligned}\int_2^5 \frac{dx}{\sqrt{x-2}} &= \lim_{t\to 2^+} \int_t^5 \frac{dx}{\sqrt{x-2}} \\ &= \lim_{t\to 2^+} 2\sqrt{x-2}\,\Big]_t^5 \\ &= \lim_{t\to 2^+} 2(\sqrt{3} + \sqrt{t-2}) \\ &= 2\sqrt{3}.\end{aligned}$$

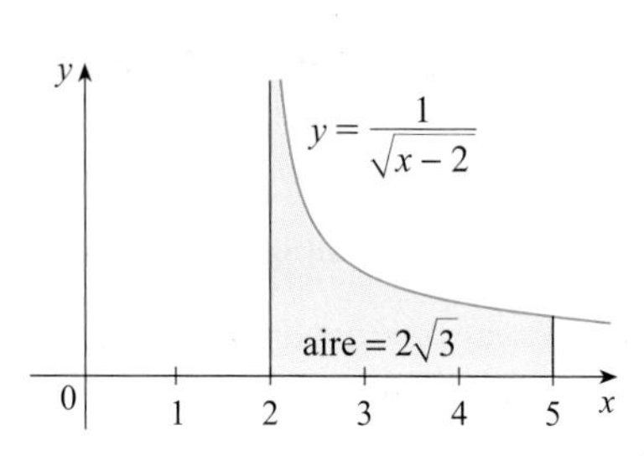

FIGURE 10

Donc, l'intégrale impropre recherchée est convergente et, comme l'intégrande est positif, on peut interpréter la valeur de l'intégrale comme l'aire de la région ombrée de la figure 10.

EXEMPLE 6 Déterminons si $\int_0^{\pi/2} \sec x \, dx$ converge ou diverge.

SOLUTION On constate que l'intégrale donnée est impropre puisque $\lim_{x \to (\pi/2)^-} \sec x = \infty$. En appliquant la définition **3** a) et la formule 14 de la table d'intégrales (voir la page de référence 6), on obtient

$$\int_0^{\pi/2} \sec x \, dx = \lim_{t \to (\pi/2)^-} \int_0^t \sec x \, dx = \lim_{t \to (\pi/2)^-} \ln|\sec x + \tan x|\Big]_0^t$$
$$= \lim_{t \to (\pi/2)^-} \left[\ln(\sec t + \tan t) - \ln 1\right] = \infty$$

puisque $\sec t \to \infty$ et $\tan t \to \infty$ lorsque $t \to (\pi/2)^-$. L'intégrale impropre donnée est donc divergente.

EXEMPLE 7 Évaluons, si possible, $\int_0^3 \frac{dx}{x-1}$.

SOLUTION On constate que la droite d'équation $x = 1$ est une asymptote verticale de l'intégrande. Comme l'asymptote se situe à l'intérieur de l'intervalle $[0, 3]$, il faut appliquer la définition **3** c) en prenant $c = 1$:

$$\int_0^3 \frac{dx}{x-1} = \int_0^1 \frac{dx}{x-1} + \int_1^3 \frac{dx}{x-1}.$$

Alors,

$$\int_0^1 \frac{dx}{x-1} = \lim_{t \to 1^-} \int_0^t \frac{dx}{x-1} = \lim_{t \to 1^-} \ln|x-1|\Big]_0^t$$
$$= \lim_{t \to 1^-} (\ln|t-1| - \ln|-1|)$$
$$= \lim_{t \to 1^-} \ln(1-t) = -\infty$$

puisque $1 - t \to 0^+$ lorsque $t \to 1^-$. Donc, $\int_0^1 dx/(x-1)$ est divergente, ce qui implique que $\int_0^3 dx/(x-1)$ est aussi divergente. (Il n'est donc pas nécessaire d'évaluer $\int_1^3 dx/(x-1)$ pour conclure.)

ATTENTION Dans l'exemple 7, si on ne se rend pas compte qu'il existe une asymptote en $x = 1$ et que, de ce fait, on ne traite pas l'intégrale donnée comme une intégrale impropre, on peut faire le calcul erroné suivant :

$$\int_0^3 \frac{dx}{x-1} = \ln|x-1|\Big]_0^3 = \ln 2 - \ln 1 = \ln 2,$$

ce qui est faux puisque, comme il s'agit d'une intégrale impropre, il faut la calculer à l'aide de limites.

Dorénavant, à chaque occurrence de l'expression $\int_a^b f(x)\, dx$, il faudra décider, d'après le comportement de la fonction f sur $[a, b]$, si l'intégrale représentée est définie ou impropre.

EXEMPLE 8 Évaluons $\int_0^1 \ln x \, dx$.

SOLUTION On sait que la fonction définie par $f(x) = \ln x$ présente une asymptote verticale en $x = 0$ puisque $\lim_{x \to 0^+} \ln x = -\infty$. Ainsi, l'intégrale donnée est impropre et

$$\int_0^1 \ln x \, dx = \lim_{t \to 0^+} \int_t^1 \ln x \, dx.$$

Il faut intégrer la dernière intégrale par parties en posant $u = \ln x$ et $dv = dx$, ce qui donne $du = dx/x$ et $v = x$, de sorte que

$$\begin{aligned}\int_t^1 \ln x\, dx &= x \ln x\Big]_t^1 - \int_t^1 dx \\ &= 1 \ln 1 - t \ln t - (1 - t) \\ &= -t \ln t - 1 + t.\end{aligned}$$

On calcule la limite du premier terme à l'aide de la règle de l'Hospital :

$$\lim_{t\to 0^+} t \ln t = \lim_{t\to 0^+} \frac{\ln t}{1/t} \overset{\text{H}}{=} \lim_{t\to 0^+} \frac{1/t}{-1/t^2} = \lim_{t\to 0^+} (-t) = 0.$$

Donc,

$$\int_0^1 \ln x\, dx = \lim_{t\to 0^+} (-t \ln t - 1 + t) = -0 - 1 + 0 = -1.$$

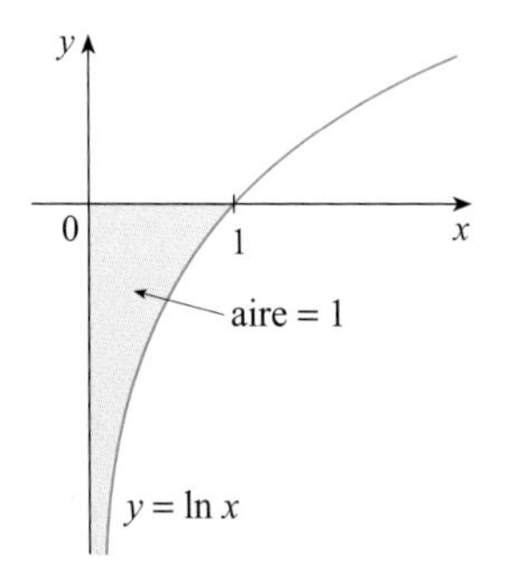

FIGURE 11

La figure 11 donne une interprétation géométrique du résultat. L'aire de la région ombrée, située au-dessus de la courbe d'équation $y = \ln x$ et sous l'axe des x, est égale à 1.

LE TEST DE COMPARAISON POUR LES INTÉGRALES IMPROPRES

Il est parfois impossible de calculer la valeur exacte d'une intégrale impropre, mais il est tout de même important dans un tel cas de déterminer s'il s'agit d'une intégrale convergente ou divergente. Le théorème suivant s'avère alors utile. Bien qu'il soit énoncé pour les intégrales de type 1, il en existe aussi une version pour les intégrales de type 2.

LE THÉORÈME DE COMPARAISON

Soit f et g, deux fonctions continues telles que $f(x) \geq g(x) \geq 0$ pour tout $x \geq a$.

a) Si $\int_a^\infty f(x)\, dx$ est convergente, alors $\int_a^\infty g(x)\, dx$ est aussi convergente.

b) Si $\int_a^\infty g(x)\, dx$ est divergente, alors $\int_a^\infty f(x)\, dx$ est aussi divergente.

FIGURE 12

On ne démontre pas le théorème de comparaison ici, mais la figure 12 indique qu'il est plausible. En effet, si l'aire de la région sous la courbe du haut, d'équation $y = f(x)$, est finie, alors il en est de même de l'aire de la région sous la courbe du bas, d'équation $y = g(x)$. Et si l'aire de la région sous la courbe $y = g(x)$ est infinie, alors il en est de même de l'aire de la région sous la courbe $y = f(x)$. (Il est à noter que la réciproque n'est pas nécessairement vraie : si $\int_a^\infty g(x)\, dx$ est convergente, $\int_a^\infty f(x)\, dx$ peut être convergente ou non et, si $\int_a^\infty f(x)\, dx$ est divergente, $\int_a^\infty g(x)\, dx$ peut être divergente ou non.)

EXEMPLE 9 Montrons que $\int_0^\infty e^{-x^2}\, dx$ est convergente.

SOLUTION Il est impossible d'évaluer l'intégrale directement parce que la primitive de e^{-x^2} n'est pas une fonction élémentaire (voir l'explication à la section 3.5). En écrivant

$$\int_0^\infty e^{-x^2}\, dx = \int_0^1 e^{-x^2}\, dx + \int_1^\infty e^{-x^2}\, dx,$$

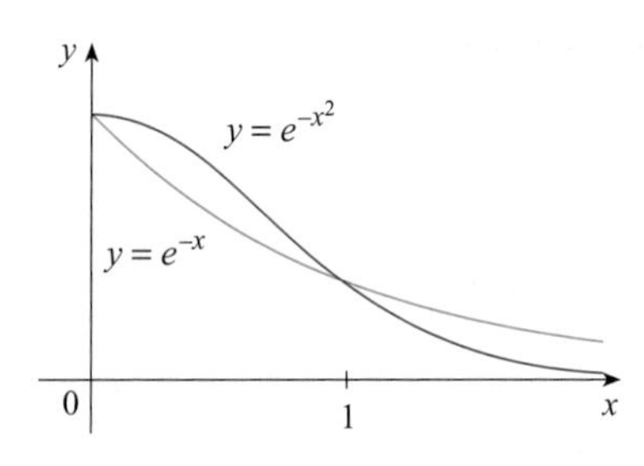

FIGURE 13

on constate que la première intégrale du membre de droite est une intégrale définie propre. Quant à la seconde intégrale, on tire parti du fait que, pour tout $x \geq 1$, on a $x^2 \geq x$, ce qui implique que $-x^2 \leq -x$ et que, par conséquent, $e^{-x^2} \leq e^{-x}$ (voir la figure 13). L'intégrale de e^{-x} est facile à évaluer :

$$\int_1^\infty e^{-x}\,dx = \lim_{t\to\infty}\int_1^t e^{-x}\,dx = \lim_{t\to\infty}(e^{-1} - e^{-t}) = e^{-1}.$$

Donc, en posant $f(x) = e^{-x}$ et $g(x) = e^{-x^2}$ dans le théorème de comparaison, on constate que $\int_1^\infty e^{-x^2}\,dx$ est convergente. Il s'ensuit que $\int_0^\infty e^{-x^2}\,dx$ est aussi convergente.

TABLEAU 3.2

t	$\int_0^t e^{-x^2}\,dx$
1	0,746 824 132 8
2	0,882 081 390 8
3	0,886 207 348 3
4	0,886 226 911 8
5	0,886 226 925 5
6	0,886 226 925 5

Dans l'exemple 9, on a prouvé que $\int_0^\infty e^{-x^2}\,dx$ est convergente sans en calculer la valeur. Dans l'exercice 70, on indique comment montrer que la valeur de cette intégrale est environ 0,8862. En théorie des probabilités, il est important de connaître la valeur exacte de cette intégrale impropre, comme le stipule la section 4.5 ; à l'aide de méthodes de l'analyse des fonctions de plusieurs variables, on peut montrer que cette valeur est $\sqrt{\pi}/2$. Le tableau 3.2 illustre la définition d'une intégrale impropre en montrant comment les valeurs de $\int_0^t e^{-x^2}\,dx$ (calculées à l'aide d'un ordinateur) tendent vers $\sqrt{\pi}/2$ lorsque t prend des valeurs de plus en plus grandes. En fait, les valeurs du tableau convergent très rapidement vers $\sqrt{\pi}/2$ puisque $e^{-x^2} \to 0$ très rapidement lorsque $x \to \infty$.

TABLEAU 3.3

t	$\int_1^t [(1+e^{-x})/x]\,dx$
2	0,863 630 604 2
5	1,827 673 551 2
10	2,521 964 870 4
100	4,824 554 120 4
1000	7,127 139 213 4
10 000	9,429 724 306 4

EXEMPLE 10 L'intégrale $\int_1^\infty \frac{1+e^{-x}}{x}\,dx$ est divergente, selon le théorème de comparaison, car :

$$\frac{1+e^{-x}}{x} > \frac{1}{x}$$

et $\int_1^\infty (1/x)\,dx$ est divergente, comme il a été démontré dans l'exemple 1 (ou selon **2** en prenant $p = 1$).

Le tableau 3.3 illustre la divergence de l'intégrale de l'exemple 10. On constate que ses valeurs ne tendent vers aucun nombre particulier.

Exercices 3.8

1. Expliquez pourquoi l'intégrale donnée est impropre.

a) $\int_1^2 \frac{x}{x-1}\,dx$

b) $\int_0^\infty \frac{1}{1+x^3}\,dx$

c) $\int_{-\infty}^\infty x^2 e^{-x^2}\,dx$

d) $\int_0^{\pi/4} \cot x\,dx$

2. Lesquelles des intégrales suivantes sont impropres ? Pourquoi ?

a) $\int_0^{\pi/4} \tan x\,dx$

b) $\int_0^{\pi} \tan x\,dx$

c) $\int_{-1}^1 \frac{dx}{x^2-x-2}$

d) $\int_0^\infty e^{-x^3}\,dx$

3. Déterminez l'aire de la région sous la courbe d'équation $y = 1/x^3$ entre $x = 1$ et $x = t$, puis évaluez l'aire pour $t = 10$, 100 et 1000. Enfin, déterminez l'aire totale de la région sous la courbe pour $x \geq 1$.

4. a) Tracez les courbes respectives des fonctions $f(x) = 1/x^{1,1}$ et $g(x) = 1/x^{0,9}$ dans les fenêtres [0, 10] sur [0, 1] et [0, 100] sur [0, 1].

b) Déterminez l'aire des régions sous les courbes respectives de f et de g entre $x = 1$ et $x = t$, puis évaluez l'aire pour $t = 10$, 100, 10^4, 10^6, 10^{10} et 10^{20}.

c) Déterminez l'aire totale de la région sous chaque courbe pour $x \geq 1$, si elle est définie.

5-40 Déterminez si l'intégrale donnée est convergente ou divergente, puis évaluez l'intégrale si elle est convergente.

5. $\int_3^{\infty} \frac{1}{(x-2)^{3/2}}\, dx$

6. $\int_0^{\infty} \frac{1}{\sqrt[4]{1+x}}\, dx$

7. $\int_{-\infty}^{0} \frac{1}{3-4x}\, dx$

8. $\int_1^{\infty} \frac{1}{(2x+1)^3}\, dx$

9. $\int_2^{\infty} e^{-5p}\, dp$

10. $\int_{-\infty}^{0} 2^r\, dr$

11. $\int_0^{\infty} \frac{x^2}{\sqrt{1+x^3}}\, dx$

12. $\int_{-\infty}^{\infty} (y^3 - 3y^2)\, dy$

13. $\int_{-\infty}^{\infty} xe^{-x^2}\, dx$

14. $\int_1^{\infty} \frac{e^{-\sqrt{x}}}{\sqrt{x}}\, dx$

15. $\int_0^{\infty} \sin^2\alpha\, d\alpha$

16. $\int_{-\infty}^{\infty} \cos \pi t\, dt$

17. $\int_1^{\infty} \frac{1}{x^2+x}\, dx$

18. $\int_2^{\infty} \frac{dv}{v^2+2v-3}$

19. $\int_{-\infty}^{0} ze^{2z}\, dz$

20. $\int_2^{\infty} ye^{-3y}\, dy$

21. $\int_1^{\infty} \frac{\ln x}{x}\, dx$

22. $\int_{-\infty}^{\infty} x^3 e^{-x^4}\, dx$

23. $\int_{-\infty}^{\infty} \frac{x^2}{9+x^6}\, dx$

24. $\int_0^{\infty} \frac{e^x}{e^{2x}+3}\, dx$

25. $\int_e^{\infty} \frac{1}{x(\ln x)^3}\, dx$

26. $\int_0^{\infty} \frac{x \arctan x}{(1+x^2)^2}\, dx$

27. $\int_0^{1} \frac{3}{x^5}\, dx$

28. $\int_2^{3} \frac{1}{\sqrt{3-x}}\, dx$

29. $\int_{-2}^{14} \frac{dx}{\sqrt[4]{x+2}}$

30. $\int_6^{8} \frac{4}{(x-6)^3}\, dx$

31. $\int_{-2}^{3} \frac{1}{x^4}\, dx$

32. $\int_0^{1} \frac{dx}{\sqrt{1-x^2}}$

33. $\int_0^{9} \frac{1}{\sqrt[3]{x-1}}\, dx$

34. $\int_0^{5} \frac{w}{w-2}\, dw$

35. $\int_0^{3} \frac{dx}{x^2-6x+5}$

36. $\int_{\pi/2}^{\pi} \csc x\, dx$

37. $\int_{-1}^{0} \frac{e^{1/x}}{x^3}\, dx$

38. $\int_0^{1} \frac{e^{1/x}}{x^3}\, dx$

39. $\int_0^{2} z^2 \ln z\, dz$

40. $\int_0^{1} \frac{\ln x}{\sqrt{x}}\, dx$

41-46 Dessinez la région S et déterminez-en l'aire (si celle-ci est finie).

41. $S = \{(x, y) \mid x \geq 1 \text{ et } 0 \leq y \leq e^{-x}\}$

42. $S = \{(x, y) \mid x \leq 0 \text{ et } 0 \leq y \leq e^{x}\}$

43. $S = \{(x, y) \mid x \geq 1 \text{ et } 0 \leq y \leq 1/(x^3 + x)\}$

44. $S = \{(x, y) \mid x \geq 0 \text{ et } 0 \leq y \leq xe^{-x}\}$

45. $S = \{(x, y) \mid 0 \leq x < \pi/2 \text{ et } 0 \leq y \leq \sec^2 x\}$

46. $S = \{(x, y) \mid -2 < x \leq 0 \text{ et } 0 \leq y \leq 1/\sqrt{x+2}\}$

47. a) Soit $g(x) = (\sin^2 x)/x^2$. À l'aide d'une calculatrice ou d'un ordinateur, dressez un tableau des valeurs approchées de $\int_1^t g(x)\, dx$ pour t = 2, 5, 10, 100, 1000 et 10 000. Le tableau suggère-t-il que $\int_1^{\infty} g(x)\, dx$ est convergente ?

b) En appliquant le théorème de comparaison pour $f(x) = 1/x^2$, montrez que $\int_1^{\infty} g(x)\, dx$ est convergente.

c) Illustrez l'exercice b) en traçant les courbes respectives de f et de g dans un même graphique pour $1 \leq x \leq 10$. À l'aide du graphique, expliquez de façon intuitive pourquoi $\int_1^{\infty} g(x)\, dx$ est convergente.

48. a) Soit $g(x) = 1/(\sqrt{x} - 1)$. À l'aide d'une calculatrice ou d'un ordinateur, dressez un tableau des valeurs approchées de $\int_2^t g(x)\, dx$ pour t = 5, 10, 100, 1000 et 10 000. Le tableau suggère-t-il que $\int_2^{\infty} g(x)\, dx$ est convergente ou divergente ?

b) En appliquant le théorème de comparaison pour $f(x) = 1/\sqrt{x}$, montrez que $\int_2^{\infty} g(x)\, dx$ est divergente.

c) Illustrez l'exercice b) en traçant les courbes respectives de f et de g dans un même graphique pour $2 \leq x \leq 20$. À l'aide du graphique, expliquez de façon intuitive pourquoi $\int_2^{\infty} g(x)\, dx$ est divergente.

49-54 En appliquant le théorème de comparaison, déterminez si l'intégrale donnée est convergente ou divergente.

49. $\int_0^{\infty} \frac{x}{x^3+1}\, dx$

50. $\int_1^{\infty} \frac{2+e^{-x}}{x}\, dx$

51. $\int_1^{\infty} \frac{x+1}{\sqrt{x^4-x}}\, dx$

52. $\int_0^{\infty} \frac{\arctan x}{2+e^x}\, dx$

53. $\int_0^{1} \frac{\sec^2 x}{x\sqrt{x}}\, dx$

54. $\int_0^{\pi} \frac{\sin^2 x}{\sqrt{x}}\, dx$

55. L'intégrale

$$\int_0^{\infty} \frac{1}{\sqrt{x}(1+x)}\, dx$$

est impropre pour deux raisons : l'intervalle $[0, \infty[$ est infini et l'intégrande présente une discontinuité à l'infini en $x = 0$. Évaluez cette intégrale en l'exprimant sous la forme d'une somme d'intégrales de type 2 et de type 1, comme suit :

$$\int_0^{\infty} \frac{1}{\sqrt{x}(1+x)}\, dx = \int_0^{1} \frac{1}{\sqrt{x}(1+x)}\, dx + \int_1^{\infty} \frac{1}{\sqrt{x}(1+x)}\, dx.$$

56. Évaluez

$$\int_2^{\infty} \frac{1}{x\sqrt{x^2-4}}\, dx$$

en appliquant la méthode décrite dans l'exercice 55.

57-59 Déterminez les valeurs de p telles que l'intégrale donnée converge, puis évaluez l'intégrale pour ces valeurs de p.

57. $\int_0^{1} \frac{1}{x^p}\, dx$

58. $\int_e^{\infty} \frac{1}{x(\ln x)^p}\, dx$

59. $\int_0^{1} x^p \ln x\, dx$

60. a) Évaluez l'intégrale $\int_0^\infty x^n e^{-x}\,dx$ pour $n = 0, 1, 2$ et 3.
b) Énoncez une hypothèse (une formule) quant à la valeur de $\int_0^\infty x^n e^{-x}\,dx$ lorsque n est un entier positif quelconque.
c) Prouvez votre hypothèse à l'aide d'un raisonnement par induction.

61. a) Montrez que $\int_{-\infty}^{\infty} x\,dx$ est divergente.
b) Montrez que

$$\lim_{t\to\infty}\int_{-t}^{t} x\,dx = 0,$$

ce qui implique qu'il n'est pas acceptable de définir

$$\int_{-\infty}^{\infty} f(x)\,dx = \lim_{t\to\infty}\int_{-t}^{t} f(x)\,dx.$$

62. La **vitesse moyenne** de molécules d'un gaz parfait est

$$\bar{v} = \frac{4}{\sqrt{\pi}}\left(\frac{M}{2RT}\right)^{3/2}\int_0^\infty v^3 e^{-Mv^2/(2RT)}\,dv$$

où M est la masse moléculaire du gaz, R est la constante des gaz parfaits, T est la température du gaz et v est la vitesse moléculaire. Montrez que

$$\bar{v} = \sqrt{\frac{8RT}{\pi M}}.$$

63. Il a été démontré dans l'exemple 1 que l'aire de la région $\mathcal{R} = \{(x,y) \mid x \geq 1,\ 0 \leq y \leq 1/x\}$ est infinie. Montrez que le volume du solide résultant de la rotation autour de l'axe des x de la région $\mathcal{R}$ a un volume fini.

64. À l'aide des informations et des données contenues dans l'exercice 29 de la section 2.4, déterminez le travail requis pour propulser un véhicule spatial de 1000 kg au-delà du champ gravitationnel terrestre.

65. Déterminez la **vitesse de libération** v_0 requise pour propulser une fusée de masse m au-delà du champ gravitationnel d'une planète de masse M et de rayon R. Servez-vous de la loi d'attraction universelle de Newton (voir l'exercice 29 de la section 2.4) et du fait que l'énergie cinétique initiale de la fusée, $\frac{1}{2}mv_0^2$, fournit le travail requis.

66. Les astronomes emploient une technique appelée **stéréographie stellaire** pour déterminer la densité stellaire d'un amas d'étoiles à l'aide de la densité (bidimensionnelle) fournie par l'analyse de photographies. On suppose que, dans un amas sphérique de rayon R, la densité stellaire dépend uniquement de la distance r au centre de l'amas. Si on désigne la densité stellaire observée par $y(s)$, où s est la distance planaire observée au centre de l'amas, et la densité réelle par $x(r)$, on peut montrer que

$$y(s) = \int_s^R \frac{2r}{\sqrt{r^2 - s^2}}\,x(r)\,dr$$

Dans le cas où la densité stellaire réelle d'un amas est $x(r) = \frac{1}{2}(R - r)^2$, déterminez la densité observée $y(s)$.

67. Un fabricant d'ampoules veut que la durée de vie de ses ampoules soit d'environ 700 heures, mais certaines ampoules brûlent évidemment plus rapidement que d'autres. On désigne par $F(t)$ la fraction des ampoules produites par l'entreprise dont la durée de vie est de moins de t heures ; la valeur de $F(t)$ se situe donc nécessairement entre 0 et 1.
a) Tracez rapidement une courbe qui, selon vous, représente grossièrement la fonction F.
b) Que représente la fonction $r(t) = F'(t)$?
c) Quelle est la valeur de $\int_0^\infty r(t)\,dt$? Pourquoi ?

68. Une substance radioactive se désintègre de façon exponentielle : sa masse au temps t est $m(t) = m(0)e^{kt}$, où $m(0)$ est sa masse initiale et k est une constante négative. La **durée de vie moyenne** M d'un atome d'une substance radioactive est donnée par

$$M = -k\int_0^\infty te^{kt}\,dt.$$

Dans le cas de l'isotope radioactif de carbone 14, ^{14}C, qu'on emploie pour la datation par le radiocarbone, la valeur de k est $-0{,}000\ 121$. Déterminez la durée de vie moyenne d'un atome de ^{14}C.

69. Déterminez la plus petite valeur de a telle que

$$\int_a^\infty \frac{1}{x^2+1}\,dx < 0{,}001.$$

70. Déterminez la valeur numérique de $\int_0^\infty e^{-x^2}\,dx$ en exprimant cette intégrale sous la forme d'une somme de $\int_0^4 e^{-x^2}\,dx$ et de $\int_4^\infty e^{-x^2}\,dx$. Calculez par approximation la première intégrale au moyen de la méthode de Simpson en prenant $n = 8$ et montrez que la seconde intégrale est plus petite que $\int_4^\infty e^{-4x}\,dx$, dont la valeur est inférieure à 0,000 000 1.

71. Dans le cas où la fonction $f(t)$ est continue pour tout $t \geq 0$, la **transformée de Laplace** de f est la fonction F définie par

$$F(s) = \int_0^\infty f(t)e^{-st}\,dt$$

dont le domaine est l'ensemble formé de tous les nombres s pour lesquels l'intégrale converge. Déterminez la transformée de Laplace de chacune des fonctions suivantes :
a) $f(t) = 1$, b) $f(t) = e^t$, c) $f(t) = t$.

72. Montrez que, si $0 \leq f(t) \leq Me^{at}$ pour $t \geq 0$, où M et a sont des constantes, alors la transformée de Laplace $F(s)$ existe pour tout $s > a$.

73. Soit $0 \leq f(t) \leq Me^{at}$ et $0 \leq f'(t) \leq Ke^{at}$ pour tout $t \geq 0$, où f' est une fonction continue. Si on désigne la transformée de Laplace de $f(t)$ par $F(s)$ et la transformée de Laplace de $f'(t)$ par $G(s)$, montrez que

$$G(s) = sF(s) - f(0) \quad s > a.$$

74. Étant donné que $\int_{-\infty}^{\infty} f(x)\,dx$ est convergente et que a et b sont des nombres réels, montrez que

$$\int_{-\infty}^{a} f(x)\,dx + \int_a^\infty f(x)\,dx = \int_{-\infty}^{b} f(x)\,dx + \int_b^\infty f(x)\,dx.$$

75. Montrez que $\int_0^\infty x^2 e^{-x^2}\,dx = \frac{1}{2}\int_0^\infty e^{-x^2}\,dx$.

76. Montrez que $\int_0^\infty e^{-x^2}\,dx = \int_0^1 \sqrt{-\ln y}\,dy$ en interprétant les intégrales comme des aires.

77. Déterminez la valeur de la constante C pour laquelle l'intégrale

$$\int_0^\infty \left(\frac{1}{\sqrt{x^2+4}} - \frac{C}{x+2} \right) dx$$

converge, puis évaluez l'intégrale pour cette valeur de C.

78. Déterminez la valeur de la constante C pour laquelle l'intégrale

$$\int_0^\infty \left(\frac{x}{x^2+1} - \frac{C}{3x+1} \right) dx$$

converge, puis évaluez l'intégrale pour cette valeur de C.

79. Soit une fonction f continue dans $[0, \infty[$ et $\lim_{x\to\infty} f(x) = 1$. Est-il possible que $\int_0^\infty f(x)\, dx$ soit convergente ?

80. Montrez que, si $a > -1$ et $b > a + 1$, alors l'intégrale suivante est convergente :

$$\int_0^\infty \frac{x^a}{1+x^b}\, dx.$$

Révision

Compréhension des concepts

1. Énoncez la formule de l'intégration par parties. En pratique, comment l'applique-t-on ?

2. Comment calcule-t-on $\sin^m x \cos^n x\, dx$ si m est un entier impair ? si n est un entier impair ? si m et n sont deux entiers pairs ?

3. Quel changement de variable peut-on poser pour calculer une intégrale si l'intégrande contient l'expression $\sqrt{a^2 - x^2}$? l'expression $\sqrt{a^2 + x^2}$? l'expression $\sqrt{x^2 - a^2}$?

4. De quelle forme est la décomposition en fractions partielles d'une fraction rationnelle $P(x)/Q(x)$ si le degré de P est inférieur au degré de Q et si $Q(x)$ contient seulement des facteurs linéaires distincts ? un facteur linéaire qui se répète ? un facteur quadratique irréductible qui ne se répète pas ? un facteur quadratique irréductible qui se répète ?

5. Énoncez la formule de calcul d'une valeur approchée de l'intégrale définie $\int_a^b f(x)\, dx$ par la méthode du point milieu, par la méthode des trapèzes et par la méthode de Simpson. Selon vous, quelle méthode donne la meilleure valeur approchée ? Comment estime-t-on l'erreur commise sur chaque approximation ?

6. Définissez les intégrales impropres suivantes.

a) $\int_a^\infty f(x)\, dx$ b) $\int_{-\infty}^b f(x)\, dx$ c) $\int_{-\infty}^\infty f(x)\, dx$

7. Définissez l'intégrale impropre $\int_a^b f(x)\, dx$ dans chacun des cas suivants :

a) la fonction f présente une discontinuité infinie en a ;
b) la fonction f présente une discontinuité infinie en b ;
c) la fonction f présente une discontinuité infinie en un point c tel que $a < c < b$.

8. Énoncez le théorème de comparaison dans le cas des intégrales impropres.

Vrai ou faux

Déterminez si chaque proposition est vraie ou fausse. Si elle est vraie, expliquez pourquoi. Si elle est fausse, expliquez pourquoi ou réfutez-la au moyen d'un contre-exemple.

1. $\dfrac{x(x^2+4)}{x^2-4}$ s'écrit sous la forme $\dfrac{A}{x+2} + \dfrac{B}{x-2}$.

2. $\dfrac{x^2+4}{x(x^2-4)}$ s'écrit sous la forme $\dfrac{A}{x} + \dfrac{B}{x+2} + \dfrac{C}{x-2}$.

3. $\dfrac{x^2+4}{x^2(x-4)}$ s'écrit sous la forme $\dfrac{A}{x^2} + \dfrac{B}{x-4}$.

4. $\dfrac{x^2-4}{x(x^2+4)}$ s'écrit sous la forme $\dfrac{A}{x} + \dfrac{B}{x^2+4}$.

5. $\int_0^4 \dfrac{x}{x^2-1}\, dx = \dfrac{1}{2} \ln 15$

6. $\int_1^\infty \dfrac{1}{x^{\sqrt{2}}}\, dx$ est convergente.

7. Si f est une fonction continue, alors

$$\int_{-\infty}^\infty f(x)\, dx = \lim_{t\to\infty} \int_{-t}^t f(x)\, dx.$$

8. La méthode du point milieu est toujours meilleure que celle des trapèzes.

9. a) Toute fonction élémentaire possède une dérivée qui est aussi une fonction élémentaire.
b) Toute fonction élémentaire possède une primitive qui est aussi une fonction élémentaire.

10. Si f est une fonction continue dans $[0, \infty[$ et que $\int_1^\infty f(x)\, dx$ est convergente, alors $\int_0^\infty f(x)\, dx$ est aussi convergente.

11. Si f est une fonction continue décroissante dans $[1, \infty[$ et que $\lim_{x\to\infty} f(x) = 0$ alors $\int_1^\infty f(x)\, dx$ est convergente.

12. Si $\int_a^\infty f(x)\, dx$ et $\int_a^\infty g(x)\, dx$ sont toutes deux convergentes, alors $\int_a^\infty [f(x) + g(x)]\, dx$ est aussi convergente.

13. Si $\int_a^\infty f(x)\,dx$ et $\int_a^\infty g(x)\,dx$ sont toutes deux divergentes, alors $\int_a^\infty [f(x)+g(x)]\,dx$ est aussi divergente.

14. Si $f(x) \le g(x)$ et que $\int_a^\infty g(x)\,dx$ diverge, alors $\int_0^\infty f(x)\,dx$ diverge aussi.

Exercices récapitulatifs

Note : Les exercices 3.5 vous fournissent également l'occasion de vous exercer à appliquer les techniques d'intégration.

1-40 Évaluez l'intégrale donnée.

1. $\int_1^2 \frac{(x+1)^2}{x}\,dx$

2. $\int_1^2 \frac{x}{(x+1)^2}\,dx$

3. $\int_0^{\pi/2} \sin\theta\, e^{\cos\theta}\,d\theta$

4. $\int_0^{\pi/6} t \sin 2t\,dt$

5. $\int \frac{dt}{2t^2+3t+1}$

6. $\int_1^2 x^5 \ln x\,dx$

7. $\int_0^{\pi/2} \sin^3\theta \cos^2\theta\,d\theta$

8. $\int \frac{dx}{\sqrt{e^x-1}}$

9. $\int \frac{\sin(\ln t)}{t}\,dt$

10. $\int_0^1 \frac{\sqrt{\arctan x}}{1+x^2}\,dx$

11. $\int_1^2 \frac{\sqrt{x^2-1}}{x}\,dx$

12. $\int \frac{e^{2x}}{1+e^{4x}}\,dx$

13. $\int e^{\sqrt[3]{x}}\,dx$

14. $\int \frac{x^2+2}{x+2}\,dx$

15. $\int \frac{x-1}{x^2+2x}\,dx$

16. $\int \frac{\sec^6\theta}{\tan^2\theta}\,d\theta$

17. $\int x \sec x \tan x\,dx$

18. $\int \frac{x^2+8x-3}{x^3+3x^2}\,dx$

19. $\int \frac{x+1}{9x^2+6x+5}\,dx$

20. $\int \tan^5\theta \sec^3\theta\,d\theta$

21. $\int \frac{dx}{\sqrt{x^2-4x}}$

22. $\int t e^{\sqrt{t}}\,dt$

23. $\int \frac{dx}{x\sqrt{x^2+1}}$

24. $\int e^x \cos x\,dx$

25. $\int \frac{3x^3-x^2+6x-4}{(x^2+1)(x^2+2)}\,dx$

26. $\int x \sin x \cos x\,dx$

27. $\int_0^{\pi/2} \cos^3 x \sin 2x\,dx$

28. $\int \frac{\sqrt[3]{x}+1}{\sqrt[3]{x}-1}\,dx$

29. $\int_{-3}^3 \frac{x}{1+|x|}\,dx$

30. $\int \frac{dx}{e^x\sqrt{1-e^{-2x}}}$

31. $\int_0^{\ln 10} \frac{e^x\sqrt{e^x-1}}{e^x+8}\,dx$

32. $\int_0^{\pi/4} \frac{x \sin x}{\cos^3 x}\,dx$

33. $\int \frac{x^2}{(4-x^2)^{3/2}}\,dx$

34. $\int (\arcsin x)^2\,dx$

35. $\int \frac{1}{\sqrt{x+x^{3/2}}}\,dx$

36. $\int \frac{1-\tan\theta}{1+\tan\theta}\,d\theta$

37. $\int (\cos x+\sin x)^2 \cos 2x\,dx$

38. $\int \frac{2^{\sqrt{x}}}{\sqrt{x}}\,dx$

39. $\int_0^{1/2} \frac{xe^{2x}}{(1+2x)^2}\,dx$

40. $\int_{\pi/4}^{\pi/3} \frac{\sqrt{\tan\theta}}{\sin 2\theta}\,d\theta$

41-50 Évaluez l'intégrale donnée ou montrez qu'elle est divergente.

41. $\int_1^\infty \frac{1}{(2x+1)^3}\,dx$

42. $\int_1^\infty \frac{\ln x}{x^4}\,dx$

43. $\int_2^\infty \frac{dx}{x \ln x}$

44. $\int_2^6 \frac{y}{\sqrt{y-2}}\,dy$

45. $\int_0^4 \frac{\ln x}{\sqrt{x}}\,dx$

46. $\int_0^1 \frac{1}{2-3x}\,dx$

47. $\int_0^1 \frac{x-1}{\sqrt{x}}\,dx$

48. $\int_{-1}^1 \frac{dx}{x^2-2x}$

49. $\int_{-\infty}^\infty \frac{dx}{4x^2+4x+5}$

50. $\int_1^\infty \frac{\arctan x}{x^2}\,dx$

51-52 Calculez l'intégrale indéfinie donnée, puis illustrez et vérifiez que le résultat est vraisemblable en traçant les courbes respectives de la fonction et de sa primitive (en prenant $C = 0$).

51. $\int \ln(x^2+2x+2)\,dx$

52. $\int \frac{x^3}{\sqrt{x^2+1}}\,dx$

53. Tracez la courbe de la fonction $f(x) = \cos^2 x \sin^3 x$ et servez-vous du graphique pour émettre une hypothèse quant à la valeur de l'intégrale $\int_0^{2\pi} f(x)\,dx$. Évaluez ensuite l'intégrale pour confirmer votre hypothèse.

LCS **54.** a) Comment calculeriez-vous manuellement $\int x^5 e^{-2x}\,dx$? (N'effectuez pas l'intégration.)

b) Comment calculeriez-vous $\int x^5 e^{-2x}\,dx$ à l'aide d'une table d'intégrales ? (N'effectuez pas l'intégration.)

c) À l'aide d'un logiciel de calcul symbolique, calculez $\int x^5 e^{-2x}\,dx$.

d) Tracez les courbes respectives de l'intégrande et de l'intégrale indéfinie dans un même graphique.

55-58 À l'aide de la table d'intégrales (voir les pages de référence 6 à 10), calculez l'intégrale donnée.

55. $\int \sqrt{4x^2-4x-3}\,dx$

56. $\int \csc^5 t\,dt$

57. $\int \cos x\sqrt{4+\sin^2 x}\,dx$

58. $\int \frac{\cot x}{\sqrt{1+2\sin x}}\,dx$

59. Vérifiez la formule 33 de la table d'intégrales (voir la page de référence 7) : a) en dérivant la primitive ; b) à l'aide de la substitution trigonométrique.

60. Vérifiez la formule 62 de la table d'intégrales (voir la page de référence 8).

61. Existe-t-il un nombre n tel que $\int_0^\infty x^n\,dx$ soit convergente ?

62. Pour quelles valeurs de a l'intégrale $\int_0^\infty e^{ax} \cos x\,dx$ est-elle convergente ? Évaluez l'intégrale pour ces valeurs de a.

63-64 Calculez une valeur approchée de l'intégrale donnée par la méthode : a) des trapèzes, b) du point milieu, c) de Simpson, en prenant $n = 10$. Arrondissez le résultat à six décimales.

63. $\int_2^4 \frac{1}{\ln x}\,dx$ **64.** $\int_1^4 \sqrt{x}\cos x\,dx$

65. Estimez l'erreur commise sur les approximations obtenues en a) et en b) dans l'exercice 63. Dans chaque cas, quelle est la plus petite valeur de n qui garantit que l'erreur est inférieure à 0,000 01 ?

66. À l'aide de la méthode de Simpson, en prenant $n = 6$, estimez l'aire de la région sous la courbe d'équation $y = e^x/x$, entre $x = 1$ et $x = 4$.

67. On a effectué le relevé de l'odomètre (v) d'une automobile à des intervalles d'une minute et on a noté les résultats dans le tableau suivant. À l'aide de la méthode de Simpson, estimez la distance parcourue par l'automobile.

t(min)	v(km/h)	t(min)	v(km/h)
0	64	6	90
1	68	7	92
2	72	8	92
3	79	9	88
4	84	10	90
5	87		

68. Le taux de croissance d'une population d'abeilles domestiques est de $r(t)$ abeilles par semaine, la courbe de r étant représentée dans la figure suivante. À l'aide de la méthode de Simpson, en prenant six sous-intervalles, estimez l'augmentation de la population d'abeilles au cours des 24 premières semaines.

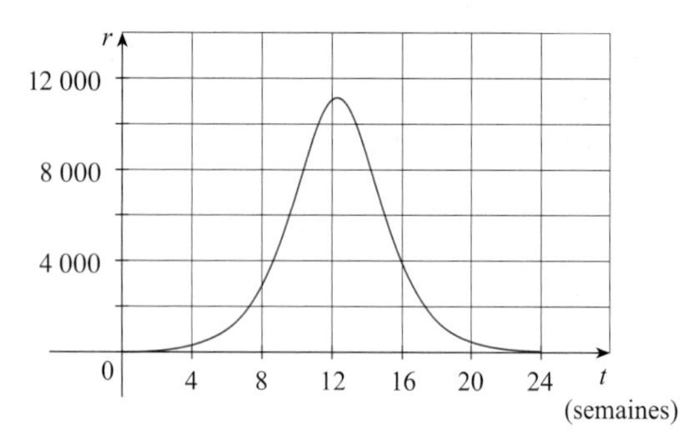

LCS **69.** a) Soit $f(x) = \sin(\sin x)$. À l'aide d'un graphique, déterminez une borne supérieure de $|f^{(4)}(x)|$.

b) Calculez une valeur approchée de $\int_0^\pi f(x)\,dx$ par la méthode de Simpson, en prenant $n = 10$, puis, à l'aide du résultat obtenu en a), calculez l'erreur commise sur l'approximation.

c) Quelle est la plus petite valeur de n qui garantit que l'erreur commise sur l'approximation obtenue en se servant de S_n est inférieure à 0,000 01 ?

70. On vous demande d'évaluer le volume d'un ballon de football. Vous mesurez sa longueur, qui est de 28 cm, et, à l'aide d'une ficelle, vous en mesurez la circonférence dans la partie la plus large, ce qui vous donne 53 cm. Vous savez que la circonférence à 7 cm de l'une ou l'autre extrémité est de 45 cm. Utilisez la méthode de Simpson pour estimer le volume du ballon.

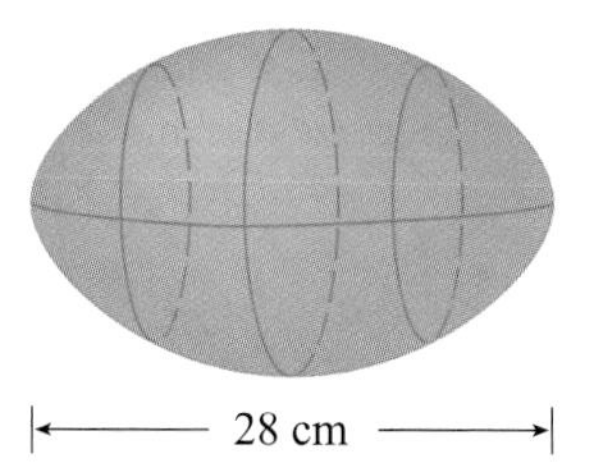

71. À l'aide du théorème de comparaison, déterminez si l'intégrale donnée est convergente ou divergente.

a) $\int_1^\infty \frac{2+\sin x}{\sqrt{x}}\,dx$ b) $\int_1^\infty \frac{1}{\sqrt{1+x^4}}\,dx$

72. Évaluez l'aire de la région délimitée par l'hyperbole d'équation $y^2 - x^2 = 1$ et la droite $y = 3$.

73. Évaluez l'aire de la région délimitée par les courbes d'équations respectives $y = \cos x$ et $y = \cos^2 x$ et les droites $x = 0$ et $x = \pi$.

74. Évaluez l'aire de la région délimitée par les courbes d'équations respectives $y = 1/(2+\sqrt{x})$, $y = 1/(2-\sqrt{x})$ et $x = 1$.

75. Évaluez le volume du solide résultant de la rotation autour de l'axe des x de la région sous la courbe $y = \cos^2 x$, où $0 \le x \le \pi/2$.

76. Évaluez le volume du solide résultant de la rotation autour de l'axe des y de la région décrite dans l'exercice 75.

77. Étant donné que f' est une fonction continue dans $[0, \infty[$ et que $\lim_{x\to\infty} f(x) = 0$, montrez que

$$\int_0^\infty f'(x)\,dx = -f(0).$$

78. On peut généraliser la définition de la valeur moyenne d'une fonction continue de manière à inclure le cas d'un intervalle infini en définissant la valeur moyenne d'une fonction f dans l'intervalle $[a, \infty[$ comme

$$\lim_{t\to\infty} \frac{1}{t-a}\int_a^t f(x)\,dx.$$

a) Déterminez la valeur moyenne de $y = \arctan x$ dans l'intervalle $[0, \infty[$.

b) Étant donné que $f(x) \ge 0$ et que $\int_a^\infty f(x)\,dx$ est divergente, montrez que la valeur moyenne de $f(x)$ dans l'intervalle $[a, \infty[$ est égale à $\lim_{x\to\infty} f(x)$, si cette limite existe.

c) Si $\int_a^\infty f(x)\,dx$ est convergente, quelle est la valeur moyenne de $f(x)$ dans l'intervalle $[a, \infty[$?

d) Déterminez la valeur moyenne de $y = \sin x$ dans l'intervalle $[0, \infty[$.

79. En effectuant le changement de variable $u = 1/x$, montrez que

$$\int_0^\infty \frac{\ln x}{1+x^2}\,dx = 0.$$

80. La grandeur de la force de répulsion entre deux charges ponctuelles de même signe, la valeur de l'une étant 1 et la valeur de l'autre, q, est

$$F = \frac{q}{4\pi\varepsilon_0 r^2}$$

où r est la distance entre les deux charges et ε_0 est une constante. Le **potentiel** V au point P associé à la charge q est défini comme le travail fourni pour déplacer une unité de charge de l'infini à P suivant la droite qui relie q et P. Écrivez une formule de V.

Problèmes supplémentaires

Cachez la solution de chaque exemple et essayez d'abord de résoudre le problème par vous-même.

EXEMPLE 1

a) Montrez que, si f est une fonction continue, alors

$$\int_0^a f(x)\,dx = \int_0^a f(a-x)\,dx.$$

b) À l'aide de l'égalité prouvée en a), montrez que

$$\int_0^{\pi/2} \frac{\sin^n x}{\sin^n x + \cos^n x}\,dx = \frac{\pi}{4}$$

pour tout nombre positif n.

SOLUTION

a) À première vue, l'égalité semble plus ou moins impossible à prouver. Quel lien peut-on établir entre les membres de gauche et de droite ? Il est souvent possible d'établir une telle relation en appliquant l'un des principes de la résolution de problèmes, à savoir l'introduction d'un élément nouveau. Dans le cas présent, il s'agit d'une nouvelle variable. On pense souvent à employer une nouvelle variable quand on intègre une fonction donnée au moyen d'un changement de variable, mais cette technique est aussi utile lorsque, comme dans le cas présent, il est question d'une fonction f quelconque.

Les courbes de la figure 1, réalisées à l'aide d'un ordinateur, semblent montrer que toutes les intégrales intervenant dans l'exemple 1 ont la même valeur. La courbe de chaque intégrande est identifiée par la valeur correspondante de n.

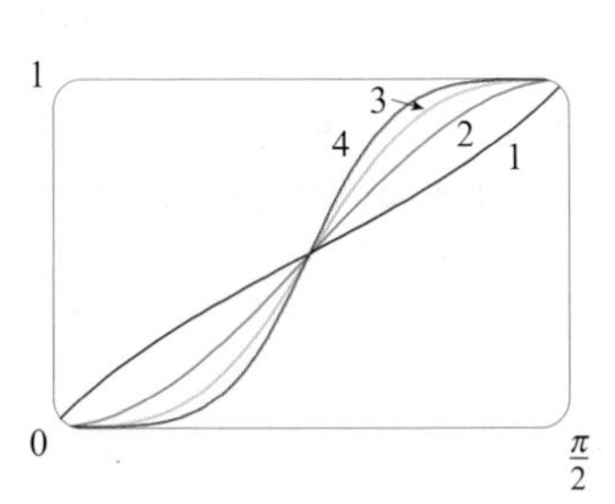

FIGURE 1

Quand on tente d'effectuer un changement de variable, la forme du membre de droite suggère de poser $u = a - x$, ce qui donne $du = -dx$. Si $x = 0$, alors $u = a$ et, si $x = a$, alors $u = 0$. Ainsi,

$$\int_0^a f(a-x)\,dx = -\int_a^0 f(u)\,du = \int_0^a f(u)\,du.$$

Mais l'intégrale du membre de droite est simplement une autre façon d'écrire $\int_0^a f(x)\,dx$. Donc, l'égalité initiale est démontrée.

b) Si on désigne l'intégrale donnée par I et qu'on applique l'égalité prouvée en a) en posant $a = \pi/2$, on obtient

$$I = \int_0^{\pi/2} \frac{\sin^n x}{\sin^n x + \cos^n x}\,dx = \int_0^{\pi/2} \frac{\sin^n(\pi/2 - x)}{\sin^n(\pi/2 - x) + \cos^n(\pi/2 - x)}\,dx.$$

Selon des identités trigonométriques bien connues, $\sin(\pi/2 - x) = \cos x$ et $\cos(\pi/2 - x) = \sin x$; ainsi,

$$I = \int_0^{\pi/2} \frac{\cos^n x}{\cos^n x + \sin^n x}\,dx.$$

On constate que les deux expressions de I sont très semblables. En fait, les dénominateurs des deux intégrandes sont identiques, ce qui suggère d'additionner les deux expressions :

$$2I = \int_0^{\pi/2} \frac{\sin^n x + \cos^n x}{\sin^n x + \cos^n x}\,dx = \int_0^{\pi/2} 1\,dx = \frac{\pi}{2}.$$

Donc, $I = \pi/4$.

Problèmes

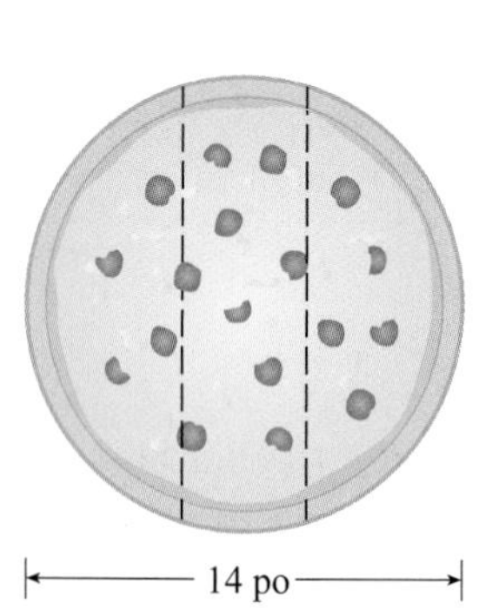

1. Trois étudiants en mathématiques ont commandé une pizza de 14 pouces de diamètre. Au lieu de la découper comme on le fait habituellement, ils décident de faire des coupes parallèles, comme l'indique la figure. Étant des étudiants en mathématiques, ils sont capables de déterminer comment découper la pizza de manière à ce que chacun reçoive la même quantité. Où effectuent-ils les coupes parallèles ?

2. Calculez

$$\int \frac{1}{x^7 - x}\,dx.$$

L'approche directe consiste à effectuer d'abord une décomposition en fractions partielles, mais ce n'est pas très subtil. Essayez plutôt de faire un changement de variable.

3. Évaluez $\int_0^1 (\sqrt[3]{1-x^7} - \sqrt[7]{1-x^3})\,dx$.

4. Les centres respectifs de deux disques de rayon 1 sont espacés d'une unité. Évaluez l'aire de l'union des deux disques.

5. On découpe une ellipse dans un disque de rayon a. Son grand axe coïncide avec un diamètre du disque et la longueur de son petit axe est $2b$. Montrez que l'aire de la partie restante du disque est égale à l'aire d'une ellipse dont les demi-axes sont respectivement a et $a - b$.

6. Un homme qui se tient debout au point O se met à marcher le long d'un quai en tirant une barque au moyen d'un câble de longueur L. Il maintient le câble droit et bien tendu. La barque décrit une courbe appelée **tractrice**, qui a comme propriété que le câble est constamment tangent à la courbe (voir la figure).

a) Montrez que, si la barque décrit une courbe d'équation $y = f(x)$, alors

$$f'(x) = \frac{dy}{dx} = \frac{-\sqrt{L^2 - x^2}}{x}.$$

b) Déterminez la fonction $y = f(x)$.

7. Une fonction f est définie par

$$f(x) = \int_0^{\pi} \cos t \cos(x - t)\,dt \qquad 0 \le x \le 2\pi.$$

Calculez la valeur minimale de $f(x)$.

8. Dans le cas où n est un entier positif, montrez que

$$\int_0^1 (\ln x)^n\,dx = (-1)^n n!$$

9. Montrez que

$$\int_0^1 (1-x^2)^n \, dx = \frac{2^{2n}(n!)^2}{(2n+1)!}$$

Indice : Prouvez d'abord que, si on désigne l'intégrale par I_n, alors

$$I_{k+1} = \frac{2k+2}{2k+3} I_k.$$

10. Soit f, une fonction positive telle que f' est une fonction continue.

a) Quelle relation existe-t-il entre la courbe de $y = f(x) \sin nx$ et celle de $y = f(x)$? Qu'en est-il si $n \to \infty$?

b) Émettez une hypothèse quant à la valeur de la limite

$$\lim_{n\to\infty} \int_0^1 f(x) \sin nx \, dx$$

en vous servant des courbes de l'intégrande.

c) À l'aide de l'intégration par parties, confirmez l'hypothèse émise en b). (Utilisez le fait que, comme f' est une fonction continue, il existe une constante M telle que $|f'(x)| \leq M$ pour tout $0 \leq x \leq 1$.)

11. Dans le cas où $0 < a < b$, évaluez $\lim_{t\to 0} \left\{ \int_0^1 [bx + a(1-x)]^t \, dx \right\}^{1/t}$.

12. Tracez la courbe de $f(x) = \sin(e^x)$ et servez-vous-en pour obtenir approximativement la valeur de t pour laquelle $\int_t^{t+1} f(x) \, dx$ atteint sa valeur maximale. Déterminez ensuite la valeur exacte de t pour laquelle la valeur de l'intégrale est maximale.

13. Calculez $\int_{-1}^{\infty} \left(\frac{x^4}{1+x^6} \right)^2 dx$.

14. Évaluez $\int \sqrt{\tan x} \, dx$.

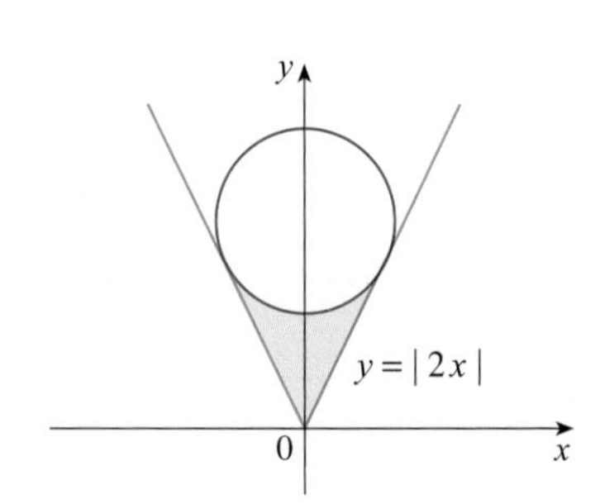

15. Le cercle de rayon 1 représenté dans la figure a deux points de tangence avec la courbe d'équation $y = |2x|$. Déterminez l'aire de la région située entre les deux courbes.

16. On lance directement à la verticale une fusée qui consomme du carburant à un taux constant de b kilogrammes par seconde. On désigne par $v = v(t)$ la vitesse de la fusée au temps t et on suppose que la vitesse u des gaz d'échappement est constante. On désigne par $M = M(t)$ la masse de la fusée au temps t; il est à noter que M diminue au fur et à mesure que la fusée consomme du carburant. Si on considère que la résistance de l'air est négligeable, selon la deuxième loi de Newton,

$$F = M\frac{dv}{dt} - ub$$

où la force $F = -Mg$. Ainsi,

1 $$M\frac{dv}{dt} - ub = -Mg.$$

Si M_1 désigne la masse de la fusée avant qu'on y verse du carburant et M_2, la masse initiale du carburant, et si $M_0 = M_1 + M_2$, alors, jusqu'à ce que le carburant soit épuisé, au temps $t = M_2/b$, la masse de la fusée est $M = M_0 - bt$.

a) Posez $M = M_0 - bt$ dans l'équation **1** et résolvez l'équation obtenue par rapport à v. En vous servant de la condition initiale $v(0) = 0$, évaluez la constante.

b) Déterminez la vitesse de la fusée au temps $t = M_2/b$. On appelle celle-ci **vitesse de fin de combustion**.

c) Déterminez l'altitude $y = y(t)$ de la fusée au point de fin de combustion.

d) Calculez l'altitude de la fusée à un instant quelconque t.

CHAPITRE

4

D'AUTRES APPLICATIONS DE L'INTÉGRATION

Le barrage Hoover enjambe le fleuve Colorado à la frontière entre le Nevada et l'Arizona. Construit de 1931 à 1936, il a une hauteur de 221 m et sert à irriguer les terres, à contrôler les inondations et à produire de l'énergie hydroélectrique. Dans la section 4.3, on verra comment poser et évaluer une intégrale qui donne la force qu'exerce la pression de l'eau sur un barrage.

Il est question dans le chapitre 2 d'applications de l'intégrale : calcul d'aires, de volumes, du travail et de valeurs moyennes. Dans le présent chapitre, on examine quelques-unes des nombreuses autres applications géométriques de l'intégration – calcul de la longueur d'une courbe et aire d'une surface de révolution – de même que son utilité pour le calcul de quantités auxquelles s'intéressent la physique, le génie, la biologie, l'économie et la statistique. On y étudie notamment le centre de gravité d'une plaque, la force qu'exerce la pression de l'eau sur un barrage, la circulation du sang à la sortie du cœur humain et le temps d'attente moyen lors d'un appel à un service de soutien à la clientèle.

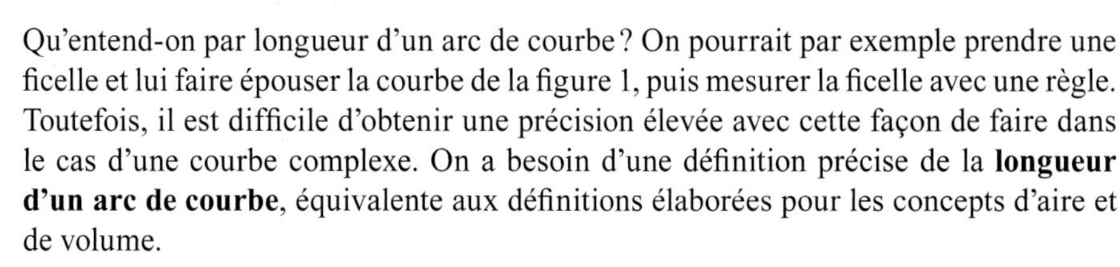

4.1 LA LONGUEUR D'UN ARC DE COURBE

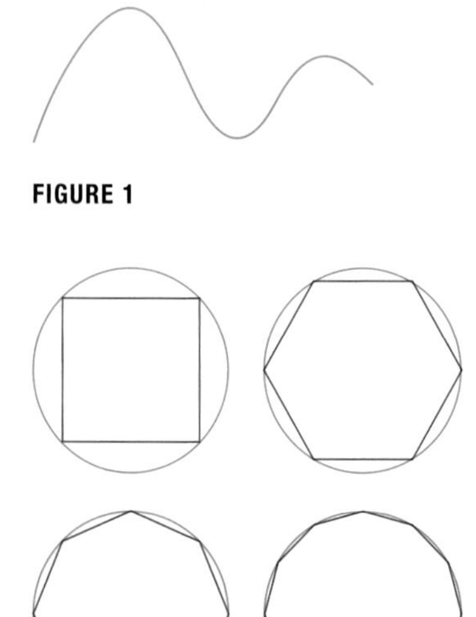

FIGURE 1

FIGURE 2

Qu'entend-on par longueur d'un arc de courbe ? On pourrait par exemple prendre une ficelle et lui faire épouser la courbe de la figure 1, puis mesurer la ficelle avec une règle. Toutefois, il est difficile d'obtenir une précision élevée avec cette façon de faire dans le cas d'une courbe complexe. On a besoin d'une définition précise de la **longueur d'un arc de courbe**, équivalente aux définitions élaborées pour les concepts d'aire et de volume.

Si la courbe est un polygone, il est facile de calculer sa longueur : il suffit d'additionner les longueurs respectives des segments de droite qui forment le polygone. (La formule de la distance peut servir à calculer la distance entre les extrémités de chaque segment.) On va définir la longueur d'une courbe quelconque en prenant d'abord un polygone comme approximation de celle-ci, puis en évaluant une limite lorsque le nombre de segments du polygone augmente. Ce procédé est bien connu dans le cas d'un cercle dont la circonférence est égale à la limite des longueurs respectives de polygones inscrits dans le cercle (voir la figure 2).

Soit une courbe C définie par $y = f(x)$, où f est une fonction continue et $a \leq x \leq b$. On obtient une approximation polygonale de C en divisant l'intervalle $[a, b]$ en n sous-intervalles d'extrémités respectives $x_0, x_1, \ldots, x_n$ et d'une même longueur Δx. Si $y_i = f(x_i)$, alors le point $P_i(x_i, y_i)$ appartient à C et la ligne polygonale ayant comme sommets $P_0, P_1, \ldots, P_n$, représentée dans la figure 3, est une approximation de C.

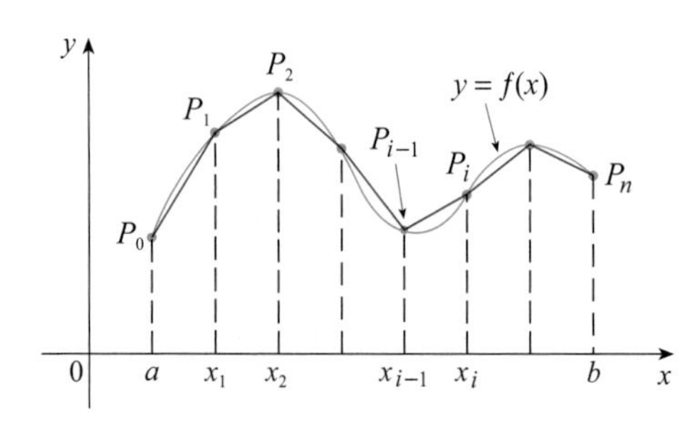

FIGURE 3

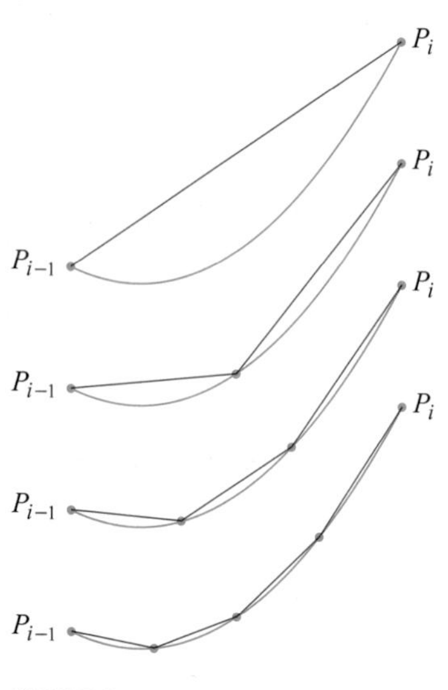

FIGURE 4

La longueur L de C est approximativement égale à la longueur de la ligne polygonale et cette approximation est d'autant meilleure que n est grand, où max $\Delta x_i \to 0$ (voir la figure 4 qui représente un agrandissement de l'arc de la courbe allant de P_{i-1} à P_i, de même que des approximations où la valeur de Δx est de plus en plus petite). On définit donc la **longueur L de la courbe** C définie par $y = f(x)$, où $a \leq x \leq b$, comme la limite de la somme des longueurs respectives des segments de droite inscrits (si cette limite existe) :

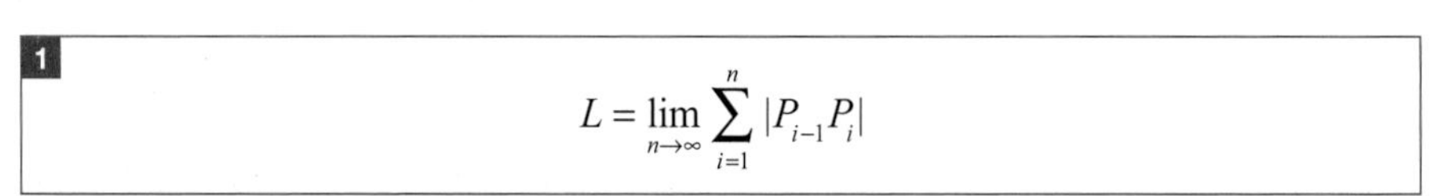

1

$$L = \lim_{n\to\infty} \sum_{i=1}^{n} |P_{i-1}P_i|$$

Il est à noter que le procédé utilisé pour définir la longueur d'un arc de courbe est très semblable à celui qui a servi à définir l'aire et le volume. On divise la courbe en un grand nombre de petites parties, puis on détermine les longueurs approximatives de ces dernières et on les additionne. Finalement, on prend la limite de cette somme lorsque $n \to \infty$.

La définition de la longueur d'un arc de courbe énoncée dans l'égalité **1** n'est pas très pratique si on veut effectuer des calculs, mais il est possible d'en déduire une formule de L où intervient une intégrale dans le cas où f a une dérivée continue. (Une fonction f de ce type est dite **lisse** parce qu'une petite variation de x entraîne une petite variation de $f'(x)$.)

Si on pose $\Delta y_i = y_i - y_{i-1}$, alors

$$|P_{i-1}P_i| = \sqrt{(x_i - x_{i-1})^2 + (y_i - y_{i-1})^2} = \sqrt{(\Delta x)^2 + (\Delta y_i)^2}.$$

Selon le théorème des accroissements finis (voir l'annexe A), appliqué à f sur l'intervalle $[x_{i-1}, x_i]$, il existe un nombre x_i^* compris strictement entre x_{i-1} et x_i tel que

$$f(x_i) - f(x_{i-1}) = f'(x_i^*)(x_i - x_{i-1}),$$

c'est-à-dire tel que

$$\Delta y_i = f'(x_i^*)\Delta x.$$

Ainsi,

$$\begin{aligned} |P_{i-1}P_i| &= \sqrt{(\Delta x)^2 + (\Delta y_i)^2} = \sqrt{(\Delta x)^2 + [f'(x_i^*)\,\Delta x]^2} \\ &= \sqrt{1 + [f'(x_i^*)]^2}\sqrt{(\Delta x)^2} = \sqrt{1 + [f'(x_i^*)]^2}\,\Delta x \quad \text{(car } \Delta x > 0\text{).} \end{aligned}$$

Il s'ensuit que, d'après la définition **1**,

$$L = \lim_{n\to\infty} \sum_{i=1}^{n} |P_{i-1}P_i| = \lim_{n\to\infty} \sum_{i=1}^{n} \sqrt{1 + [f'(x_i^*)]^2}\,\Delta x.$$

Selon la définition de l'intégrale définie, la dernière expression est égale à

$$\int_a^b \sqrt{1 + [f'(x)]^2}\,dx.$$

Cette intégrale existe puisque la fonction $g(x) = \sqrt{1 + [f'(x)]^2}$ est continue. Ainsi, on obtient le théorème suivant.

2 **LA FORMULE DE LA LONGUEUR D'UN ARC DE COURBE**

Si f' est une fonction continue sur $[a, b]$, alors la longueur de la courbe $y = f(x)$, où $a \le x \le b$, est

$$L = \int_a^b \sqrt{1 + [f'(x)]^2}\,dx.$$

Si on utilise la notation de Leibniz, la formule de la longueur d'un arc de courbe s'écrit comme suit.

3

$$L = \int_a^b \sqrt{1 + \left(\frac{dy}{dx}\right)^2}\,dx$$

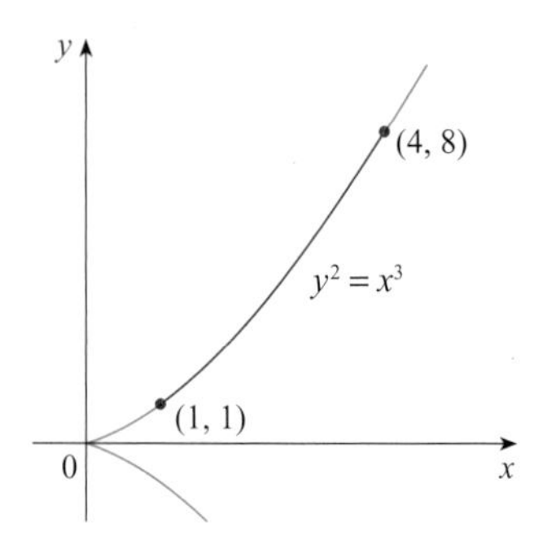

FIGURE 5

Afin de vérifier le résultat de l'exemple 1, on note que, dans la figure 5, la longueur d'arc recherchée est nécessairement un peu plus grande que la distance entre (1, 1) et (4, 8), qui est égale à

$$\sqrt{58} \approx 7{,}615\,773.$$

Selon les calculs de l'exemple 1,

$$L = \tfrac{1}{27}(80\sqrt{10} - 13\sqrt{13}) \approx 7{,}633\,705.$$

Cette valeur est bien légèrement supérieure à la longueur du segment de droite.

EXEMPLE 1 Déterminons la longueur de l'arc de la parabole semi-cubique $y^2 = x^3$ allant du point (1, 1) au point (4, 8) (voir la figure 5).

SOLUTION Pour la moitié supérieure de la courbe, on a

$$y = x^{3/2} \qquad \frac{dy}{dx} = \frac{3}{2}x^{1/2}$$

de sorte que la formule de la longueur d'un arc de courbe donne

$$L = \int_1^4 \sqrt{1 + \left(\frac{dy}{dx}\right)^2}\, dx = \int_1^4 \sqrt{1 + \frac{9}{4}x}\, dx.$$

Si on effectue le changement de variable $u = 1 + \frac{9}{4}x$, alors $du = \frac{9}{4}\,dx$. Lorsque $x = 1$, $u = \frac{13}{4}$ et pour $x = 4$, $u = 10$.

Donc,

$$\begin{aligned} L &= \tfrac{4}{9}\int_{13/4}^{10} \sqrt{u}\, du = \tfrac{4}{9} \cdot \tfrac{2}{3} u^{3/2}\Big]_{13/4}^{10} \\ &= \tfrac{8}{27}\left[10^{3/2} - \left(\tfrac{13}{4}\right)^{3/2}\right] = \tfrac{1}{27}(80\sqrt{10} - 13\sqrt{13}). \end{aligned}$$

Soit une courbe $x = g(y)$, où $c \le y \le d$, telle que la dérivée $g'(y)$ est continue. En intervertissant x et y dans la formule **2** ou l'égalité **3**, on obtient la formule suivante de la longueur d'un arc.

4

$$L = \int_c^d \sqrt{1 + [g'(y)]^2}\, dy = \int_c^d \sqrt{1 + \left(\frac{dx}{dy}\right)^2}\, dy$$

EXEMPLE 2 Déterminons la longueur de l'arc de la parabole $y^2 = x$ allant de (0, 0) à (1, 1).

SOLUTION Puisque $x = y^2$, alors $dx/dy = 2y$ et, selon la formule **4**,

$$L = \int_0^1 \sqrt{1 + \left(\frac{dx}{dy}\right)^2}\, dy = \int_0^1 \sqrt{1 + 4y^2}\, dy.$$

La substitution trigonométrique $y = \frac{1}{2}\tan\theta$, $\theta \in \left]-\frac{\pi}{2}, \frac{\pi}{2}\right[$, donne $dy = \frac{1}{2}\sec^2\theta\, d\theta$ et $\sqrt{1 + 4y^2} = \sqrt{1 + \tan^2\theta} = |\sec\theta| = \sec\theta$. Si $y = 0$, alors $\tan\theta = 0$, de sorte que $\theta = 0$; si $y = 1$, alors $\tan\theta = 2$, de sorte que $\theta = \arctan 2 = \alpha$, par exemple. Donc,

$$\begin{aligned} L &= \int_0^\alpha \sec\theta \cdot \tfrac{1}{2}\sec^2\theta\, d\theta = \tfrac{1}{2}\int_0^\alpha \sec^3\theta\, d\theta \\ &= \tfrac{1}{2} \cdot \tfrac{1}{2}\left[\sec\theta\tan\theta + \ln|\sec\theta + \tan\theta|\right]_0^\alpha \qquad \text{(voir l'exemple 8 de la section 3.2)} \\ &= \tfrac{1}{4}(\sec\alpha\tan\alpha + \ln|\sec\alpha + \tan\alpha|). \end{aligned}$$

(On pourrait aussi utiliser la formule 21 de la table des intégrales, à la page de référence 6.) Puisque $\tan\alpha = 2$, alors $\sec^2\alpha = 1 + \tan^2\alpha = 5$, de sorte que $|\sec\alpha| = \sqrt{5}$. Puisque $\alpha = \arctan 2$ et $\alpha \in \left]-\frac{\pi}{2}, \frac{\pi}{2}\right[$, $\sec\alpha = \sqrt{5}$. Ainsi,

$$L = \frac{\sqrt{5}}{2} + \frac{\ln(\sqrt{5} + 2)}{4}.$$

La figure 6 représente l'arc de la parabole dont on calcule la longueur dans l'exemple 2, de même que les approximations par les lignes polygonales à $n = 1$ et $n = 2$ segments de droite, respectivement. Si $n = 1$, l'approximation de L est $L_1 = \sqrt{2}$, l'approximation étant la diagonale d'un carré. Le tableau donne les approximations L_n obtenues en divisant [0, 1] en n sous-intervalles égaux. On note que, chaque fois qu'on double le nombre de segments rectilignes de la ligne polygonale, l'approximation est plus proche de la longueur exacte, qui est

$$L = \frac{\sqrt{5}}{2} + \frac{\ln(\sqrt{5}+2)}{4} \approx 1{,}478\,943.$$

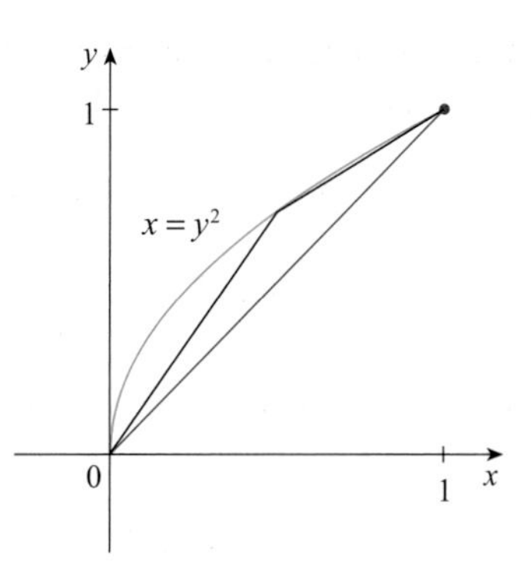

FIGURE 6

n	L_n
1	1,414
2	1,445
4	1,464
8	1,472
16	1,476
32	1,478
64	1,479

Étant donné la présence de la racine carrée dans les formules **2** et **4**, le calcul de la longueur d'un arc de courbe mène souvent à une intégrale très difficile, sinon impossible, à évaluer explicitement. On doit donc fréquemment se contenter d'estimer la longueur de l'arc, comme dans l'exemple suivant.

EXEMPLE 3

a) Posons une intégrale donnant la longueur de l'arc de l'hyperbole $xy = 1$ allant du point (1, 1) au point $(2, \frac{1}{2})$.

b) Estimons la longueur de l'arc en utilisant la règle de Simpson avec $n = 10$.

SOLUTION

a) On a

$$y = \frac{1}{x}, \quad \frac{dy}{dx} = -\frac{1}{x^2}.$$

Donc, la longueur de l'arc est

$$L = \int_1^2 \sqrt{1 + \left(\frac{dy}{dx}\right)^2}\, dx = \int_1^2 \sqrt{1 + \frac{1}{x^4}}\, dx = \int_1^2 \frac{\sqrt{x^4+1}}{x^2}\, dx.$$

b) L'application de la règle de Simpson (voir la section 3.6) avec $a = 1$, $b = 2$, $n = 10$, $\Delta x = 0{,}1$ et $f(x) = \sqrt{1 + 1/x^4}$ donne

Si on compare la valeur de l'intégrale définie avec une valeur approchée fournie par un logiciel de calcul symbolique, on constate que l'estimation donnée par la règle de Simpson est juste à quatre décimales près.

$$\begin{aligned} L &= \int_1^2 \sqrt{1 + \frac{1}{x^4}}\, dx \\ &\approx \frac{\Delta x}{3}[f(1) + 4f(1{,}1) + 2f(1{,}2) + 4f(1{,}3) + \cdots + 2f(1{,}8) + 4f(1{,}9) + f(2)] \\ &\approx 1{,}1321. \end{aligned}$$

LA FONCTION LONGUEUR D'ARC

Il est utile d'avoir une fonction qui mesure la longueur d'un arc de courbe allant d'un point initial donné à un point quelconque de la courbe. Soit une courbe lisse C d'équation $y = f(x)$, où $a \le x \le b$; on désigne par $s(x)$ la distance, le long de C, entre le point initial $P_0(a, f(a))$ et le point $Q(x, f(x))$. Alors, s est une fonction, appelée **fonction longueur d'arc**, et, selon la formule **2**,

5 $$s(x) = \int_a^x \sqrt{1 + [f'(t)]^2}\, dt.$$

(On remplace la variable d'intégration par t pour éviter que x ait deux significations distinctes.) En appliquant la partie 1 du théorème fondamental du calcul différentiel et intégral, on peut dériver chaque membre de l'égalité **5** (puisque l'intégrande est continu) :

6 $$\frac{ds}{dx} = \sqrt{1 + [f'(x)]^2} = \sqrt{1 + \left(\frac{dy}{dx}\right)^2}.$$

L'égalité **6** montre que le taux de variation de s par rapport à x n'est jamais inférieur à 1 et qu'il est égal à 1 lorsque la pente $f'(x)$ à la courbe est nulle. La différentielle de la longueur d'arc est

7 $$ds = \sqrt{1 + \left(\frac{dy}{dx}\right)^2}\, dx$$

et on écrit parfois cette égalité sous la forme symétrique

8 $$(ds)^2 = (dx)^2 + (dy)^2.$$

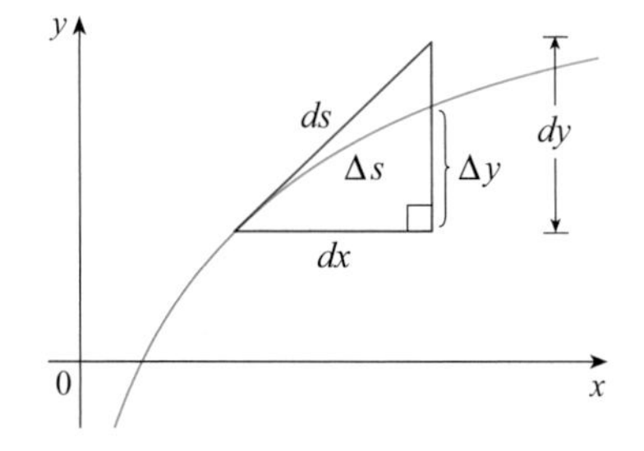

FIGURE 7

La figure 7 donne une interprétation géométrique de l'égalité **8**. Cette égalité peut servir de moyen mnémotechnique pour retenir les formules **3** et **4**. Si on pose $L = \int ds$, alors, de l'égalité **8**, on peut déduire l'égalité **7**, ce qui correspond à l'égalité **3**, ou on peut obtenir

$$ds = \sqrt{1 + \left(\frac{dx}{dy}\right)^2}\, dy,$$

qui est l'égalité **4**.

EXEMPLE 4 Déterminons la fonction longueur d'arc pour la courbe d'équation $y = x^2 - \frac{1}{8}\ln x$ dans le cas où $P_0(1, 1)$ est le point initial.

SOLUTION Si $f(x) = x^2 - \frac{1}{8}\ln x$, alors

$$f'(x) = 2x - \frac{1}{8x}$$

$$1 + [f'(x)]^2 = 1 + \left(2x - \frac{1}{8x}\right)^2 = 1 + 4x^2 - \frac{1}{2} + \frac{1}{64x^2}$$

$$= 4x^2 + \frac{1}{2} + \frac{1}{64x^2} = \left(2x + \frac{1}{8x}\right)^2$$

$$\sqrt{1 + [f'(x)]^2} = 2x + \frac{1}{8x}.$$

Donc, la fonction longueur d'arc est

$$s(x) = \int_1^x \sqrt{1 + [f'(t)]^2}\, dt$$

$$= \int_1^x \left(2t + \frac{1}{8t}\right) dt = t^2 + \frac{1}{8}\ln t \Big]_1^x$$

$$= x^2 + \frac{1}{8}\ln x - 1.$$

La figure 8 présente une interprétation de la fonction longueur d'arc de l'exemple 4. La figure 9 est le graphique de cette fonction longueur d'arc. Pourquoi la valeur de $s(x)$ est-elle négative lorsque la valeur de x est inférieure à 1 ?

Par exemple, la longueur de l'arc de la courbe allant de (1, 1) à $(3, f(3))$ est

$$s(3) = 3^2 + \frac{1}{8}\ln 3 - 1 = 8 + \frac{\ln 3}{8} \approx 8{,}1373.$$

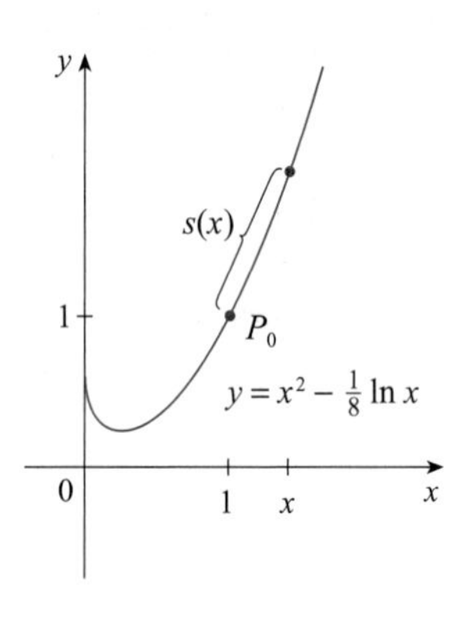

FIGURE 8

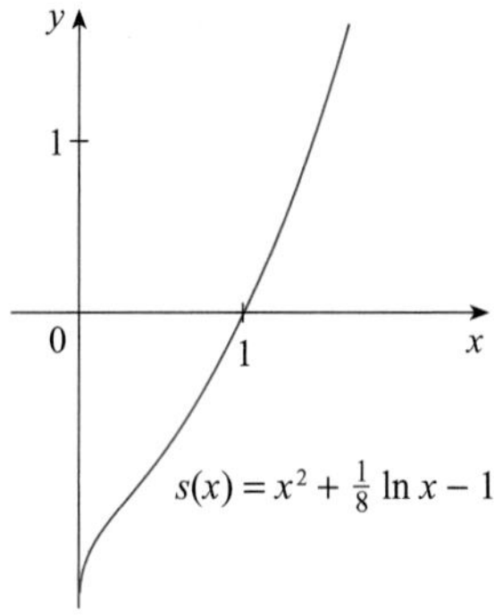

$s(x) = x^2 + \frac{1}{8}\ln x - 1$

FIGURE 9

Exercices 4.1

1. À l'aide de la formule **3** de la longueur d'une courbe, évaluez la longueur de la courbe d'équation $y = 2x - 5$, où $-1 \leq x \leq 3$. Étant donné que la courbe est un segment de droite, vérifiez le résultat en calculant sa longueur à l'aide de la formule de la distance.

2. À l'aide de la formule de la longueur d'une courbe, évaluez la longueur de la courbe d'équation $y = \sqrt{2 - x^2}$, où $0 \leq x \leq 1$. Utilisez le fait que la courbe est une portion de cercle pour vérifier le résultat.

3-6 Posez une intégrale qui représente la longueur de la courbe donnée puis, à l'aide d'une calculatrice, évaluez cette longueur à quatre décimales près.

3. $y = \sin x$, où $0 \leq x \leq \pi$

4. $y = xe^{-x}$, où $0 \leq x \leq 2$

5. $x = \sqrt{y} - y$, où $1 \leq y \leq 4$

6. $x = y^2 - 2y$, où $0 \leq y \leq 2$

7-18 Évaluez la longueur exacte de la courbe donnée.

7. $y = 1 + 6x^{3/2}$, où $0 \leq x \leq 1$

8. $y^2 = 4(x + 4)^3$, où $0 \leq x \leq 2$ et $y > 0$

9. $y = \dfrac{x^3}{3} + \dfrac{1}{4x}$, où $1 \leq x \leq 2$

10. $x = \dfrac{y^4}{8} + \dfrac{1}{4y^2}$, où $1 \leq y \leq 2$

11. $x = \frac{1}{3}\sqrt{y}(y - 3)$, où $1 \leq y \leq 9$

12. $y = \ln(\cos x)$, où $0 \leq x \leq \pi/3$

13. $y = \ln(\sec x)$, où $0 \leq x \leq \pi/4$

14. $y = \dfrac{e^x + e^{-x}}{2}$, où $0 \leq x \leq 1$

15. $y = \frac{1}{4}x^2 - \frac{1}{2}\ln x$, où $1 \leq x \leq 2$

16. $y = \sqrt{x - x^2} + \arcsin(\sqrt{x})$

17. $y = \ln(1 - x^2)$, où $0 \leq x \leq \frac{1}{2}$

18. $y = 1 - e^{-x}$, où $0 \leq x \leq 2$

19-20 Évaluez la longueur de l'arc de la courbe donnée allant du point P au point Q.

19. $y = \frac{1}{2}x^2$, $P(-1, \frac{1}{2})$ et $Q(1, \frac{1}{2})$

20. $x^2 = (y - 4)^3$, $P(1, 5)$ et $Q(8, 8)$

21-22 Tracez l'arc de courbe donné et estimez sa longueur à l'aide du graphique ; puis, à l'aide d'une calculatrice, évaluez la longueur de l'arc à quatre décimales près.

21. $y = x^2 + x^3$, où $1 \leq x \leq 2$

22. $y = x + \cos x$, où $0 \leq x \leq \pi/2$

23-26 En utilisant la règle de Simpson avec $n = 10$, estimez la longueur de l'arc de courbe donné. Comparez ensuite le résultat avec la valeur de l'intégrale obtenue avec une calculatrice.

23. $y = x \sin x$, où $0 \leq x \leq 2\pi$

24. $y = \sqrt[3]{x}$, où $1 \leq x \leq 6$

25. $y = \ln(1 + x^3)$, où $0 \leq x \leq 5$

26. $y = e^{-x^2}$, où $0 \leq x \leq 2$

27. a) Tracez la courbe d'équation $y = x\sqrt[3]{4 - x}$, où $0 \leq x \leq 4$.
b) Évaluez les longueurs respectives des lignes polygonales inscrites ayant $n = 1$, 2 et 4 segments rectilignes. (Divisez l'intervalle en sous-intervalles égaux.) Illustrez le problème en dessinant les lignes polygonales (comme dans la figure 6).

c) Posez une intégrale qui permet d'évaluer la longueur de la courbe.

d) À l'aide d'une calculatrice, évaluez la longueur de la courbe à quatre décimales près. Comparez le résultat avec les approximations obtenues en b).

28. Refaites l'exercice 27 pour la courbe

$$y = x + \sin x \quad 0 \leq x \leq 2\pi.$$

LCS **29.** À l'aide d'un logiciel de calcul symbolique ou d'une table d'intégrales, évaluez la longueur exacte de l'arc de la courbe $y = \ln x$ allant du point (1, 0) au point (2, ln 2).

LCS **30.** À l'aide d'un logiciel de calcul symbolique ou d'une table d'intégrales, calculez la longueur exacte de l'arc de la courbe $y = x^{4/3}$ allant du point (0, 0) au point (1, 1). Si vous avez de la difficulté à évaluer l'intégrale, effectuez un changement de variable qui donne une intégrale que vous pouvez calculer avec votre logiciel.

31. Tracez la courbe d'équation $x^{2/3} + y^{2/3} = 1$ et utilisez sa symétrie pour en évaluer la longueur.

32. a) Tracez la courbe d'équation $y^3 = x^2$.

b) À l'aide des formules **3** et **4**, posez deux intégrales dont la valeur est la longueur de l'arc allant de (0, 0) à (1, 1). Vous constaterez que l'une d'elles est une intégrale impropre ; évaluez les deux intégrales.

c) Évaluez la longueur de l'arc de la courbe allant de (−1, 1) à (8, 4).

33. Déterminez la fonction longueur d'arc pour la courbe $y = 2x^{3/2}$ ayant comme point initial $P_0(1, 2)$.

34. a) Déterminez la fonction longueur d'arc pour la courbe $y = \ln(\sin x)$, où $0 < x < \pi$, et ayant comme point initial $(\pi/2, 0)$.

b) Représentez graphiquement à la fois la courbe donnée et sa fonction longueur d'arc dans un même graphique.

35. Déterminez la fonction longueur d'arc pour la courbe $y = \arcsin x + \sqrt{1 - x^2}$ ayant le point initial (0, 1).

36. Un vent soutenu pousse un cerf-volant plein ouest. L'altitude de ce dernier, de la position horizontale $x = 0$ à $x = 25$ m, est $y = 50 - \frac{1}{10}(x - 15)^2$. Évaluez la distance parcourue par le cerf-volant.

37. Un aigle volant à 15 m/s à une altitude de 180 m échappe accidentellement sa proie. La trajectoire parabolique de la proie est décrite par

$$y = 180 - \frac{x^2}{45}$$

jusqu'à ce qu'elle touche le sol, y représentant la hauteur de la proie par rapport au sol et x, la distance horizontale parcourue, en mètres. Évaluez la distance parcourue par la proie depuis l'instant où l'aigle l'échappe jusqu'à ce qu'elle touche le sol. Exprimez le résultat au dixième de mètre près.

38. La Gateway Arch (ou Porte de l'Ouest) de St. Louis a été construite avec, pour la courbe centrale de l'arche, l'équation

$$y = 211{,}49 - 20{,}96 \cosh(0{,}032\,917\,65x)$$

où x et y sont exprimés en mètres et $|x| \leq 91{,}20$. Sachant que $(\cosh x)' = \sinh x$, écrivez une intégrale représentant la longueur de l'arche et évaluez cette longueur, à l'aide d'une calculatrice, au mètre près.

39. Un fabricant de couvertures en tôles ondulées métalliques veut produire des panneaux de 28 cm de largeur et de 2 cm d'épaisseur en modifiant des feuilles de métal planes, comme dans la figure. Le profil des tôles a la forme d'une onde sinusoïdale. Vérifiez que l'équation de la courbe sinusoïdale est $y = \sin(\pi x/7)$ et déterminez la largeur l de la feuille de métal plane requise pour fabriquer un panneau de 28 cm de largeur. (À l'aide d'une calculatrice, évaluez l'intégrale à quatre chiffres significatifs près.)

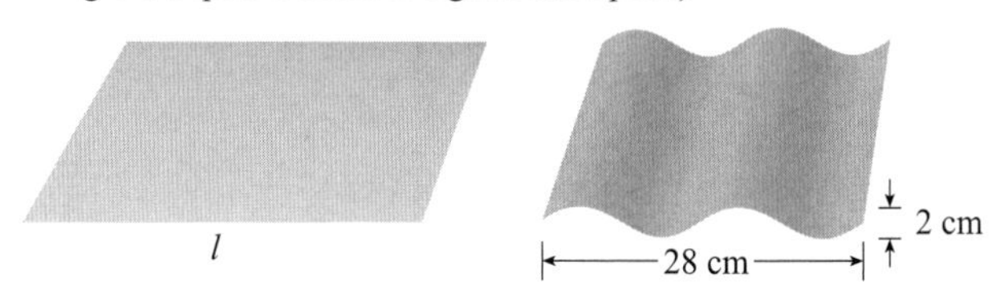

40. a) La figure ci-dessous représente un fil téléphonique suspendu entre deux poteaux situés en $x = -b$ et $x = b$. Le fil forme une ligne caténaire d'équation $y = c + a \cosh(x/a)$. Sachant que les dérivées des fonctions cosh x et sinh x sont respectivement sinh x et cosh x et à l'aide de l'identité $1 + \sinh^2 x = \cosh^2 x$, calculez la longueur du fil.

b) Deux poteaux téléphoniques sont espacés de 16 m et la longueur du fil qui y est suspendu est de 17 m. Si le point le plus bas du fil doit se trouver à 6 m au-dessus du sol, à quelle hauteur le fil doit-il être fixé à chaque poteau ?

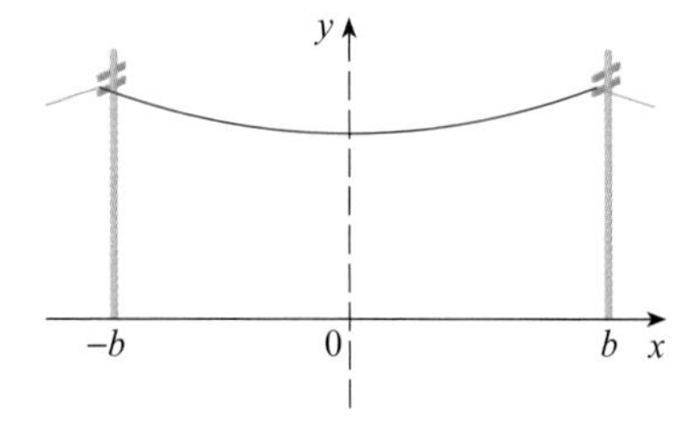

41. Évaluez la longueur de la courbe d'équation

$$y = \int_1^x \sqrt{t^3 - 1}\, dt \qquad 1 \leq x \leq 4.$$

42. Les courbes respectives $x^n + y^n = 1$, où $n = 4, 6, 8, \ldots$, sont de la famille des courbes de Lamé et représentent des cercles « enflés ». Tracez les courbes avec $n = 2, 4, 6, 8$ et 10 pour connaître la raison de cette appellation. Posez une intégrale représentant la longueur L_{2k} du cercle « enflé » correspondant à $n = 2k$. Sans essayer d'évaluer cette intégrale, donnez la valeur de $\lim_{k \to \infty} L_{2k}$.

SUJET À EXPLORER

UNE COMPÉTITION ENTRE LONGUEURS D'ARC

Les graphiques représentés ci-dessous sont des exemples de courbes de fonctions continues f ayant les propriétés suivantes :

1. $f(0) = 0$ et $f(1) = 0$.

2. $f(x) \geq 0$ si $0 \leq x \leq 1$.

3. L'aire de la région sous la courbe de f, entre 0 et 1, est égale à 1.

Les longueurs respectives L de ces courbes sont cependant différentes.

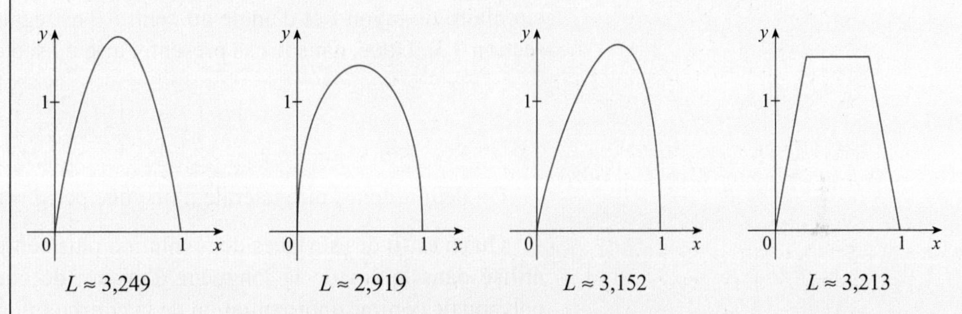

Essayez de poser les équations respectives de deux fonctions possédant les propriétés 1, 2 et 3 décrites ci-dessus. (Les courbes que vous tracerez seront peut-être semblables à celles de la figure, mais elles peuvent aussi avoir une tout autre allure.) Évaluez ensuite la longueur de chaque courbe. La fonction primée est celle dont la courbe a la plus petite longueur.

4.2 L'AIRE D'UNE SURFACE DE RÉVOLUTION

Une surface de révolution est engendrée par la rotation d'une courbe autour d'une droite. Une surface de ce type est la frontière latérale d'un solide de révolution, comme ceux dont il est question dans les sections 2.2 et 2.3.

On veut définir l'aire d'une surface de révolution d'une façon qui corresponde à l'idée intuitive qu'on en a. Si l'aire de la surface est A, il est raisonnable de penser qu'on aurait besoin de la même quantité de peinture pour la couvrir que si on désirait peindre une région plane d'aire A.

coupe h r h $2\pi r$

FIGURE 1

On examine d'abord des surfaces simples. On sait que la surface latérale d'un cylindre droit à base circulaire de rayon r et de hauteur h est $A = 2\pi rh$ parce qu'il est facile d'imaginer qu'en coupant le cylindre et en le déroulant (comme dans la figure 1), on obtient un rectangle de dimensions $2\pi r$ et h.

De même, si on coupe un cône à base circulaire de rayon r et d'apothème l suivant le pointillé de la figure 2 et qu'on le déroule, on obtient un secteur circulaire de rayon l et d'angle au centre $\theta = 2\pi r/l$. On sait que, en général, l'aire d'un secteur

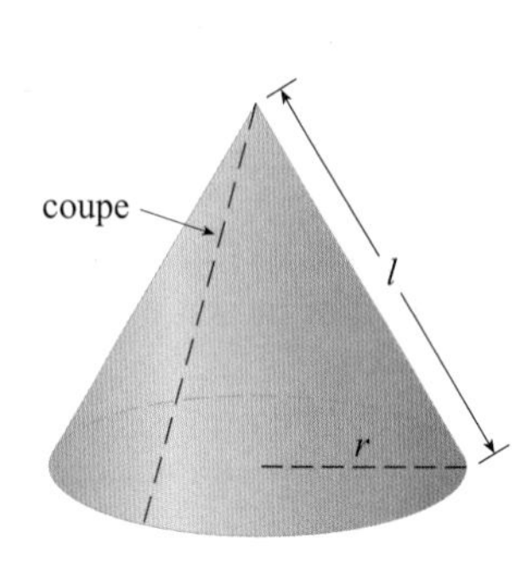

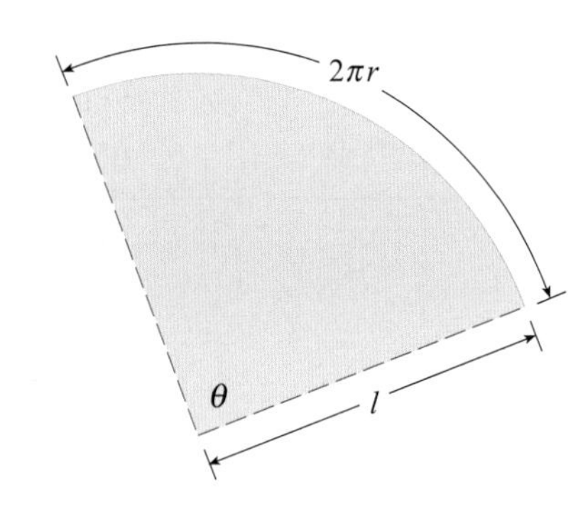

FIGURE 2

circulaire de rayon l et d'angle au centre θ est égale à $\frac{1}{2}l^2\theta$ (voir l'exercice 35 de la section 3.3). Donc, dans le cas présent, l'aire du secteur est

$$A = \frac{1}{2}l^2\theta = \frac{1}{2}l^2\left(\frac{2\pi r}{l}\right) = \pi rl.$$

On définit donc l'aire latérale d'un cône par $A = \pi rl$.

Qu'en est-il des surfaces de révolution plus complexes ? Si on applique le procédé utilisé dans le cas de la longueur d'un arc de courbe, on peut prendre une ligne polygonale comme approximation de la courbe initiale. Si on fait tourner ce polygone autour d'un axe, il engendre une surface plus simple dont l'aire latérale est approximativement égale à l'aire latérale réelle. En prenant une limite, on peut déterminer l'aire latérale exacte.

La surface servant d'approximation consiste alors en un certain nombre de bandes, résultant chacune de la rotation d'un segment de droite autour d'un axe. Pour déterminer l'aire latérale, on peut considérer chacune de ces bandes comme une portion d'un cône tronqué à base circulaire, comme l'illustre la figure 3. On obtient l'aire latérale de la bande (ou du tronc de cône) d'apothème l dont les bases supérieure et inférieure sont respectivement de rayon r_1 et r_2 en soustrayant l'aire latérale d'un cône de celle d'un autre cône :

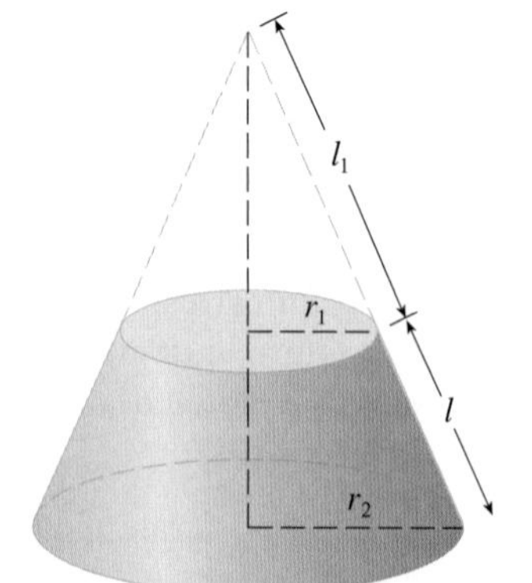

FIGURE 3

1 $$A = \pi r_2(l_1 + l) - \pi r_1 l_1 = \pi[(r_2 - r_1)l_1 + r_2 l].$$

Les rapports de triangles semblables donnent

$$\frac{l_1}{r_1} = \frac{l_1 + l}{r_2},$$

c'est-à-dire

$$r_2 l_1 = r_1 l_1 + r_1 l \text{ ou } (r_2 - r_1)l_1 = r_1 l.$$

Par substitution dans l'égalité **1**, on obtient

$$A = \pi(r_1 l + r_2 l)$$

ou encore

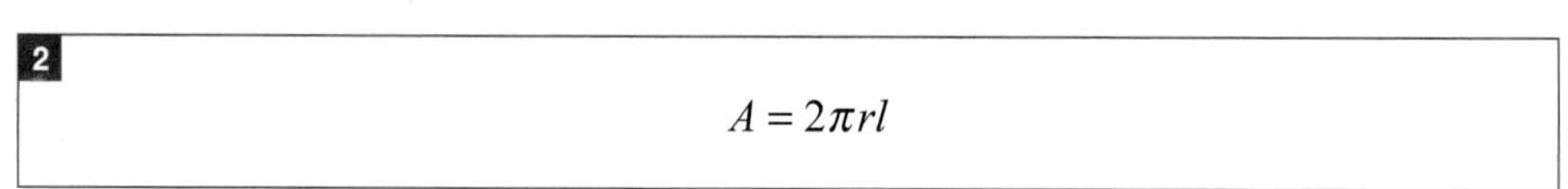

2 $$A = 2\pi rl$$

où $r = \frac{1}{2}(r_1 + r_2)$ est le rayon moyen de la bande.

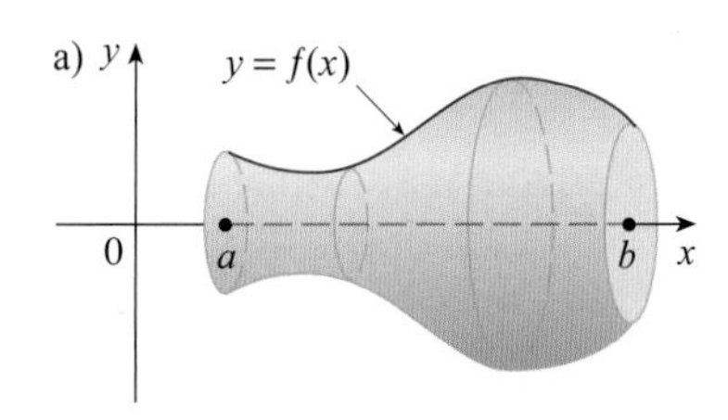

Surface de révolution.

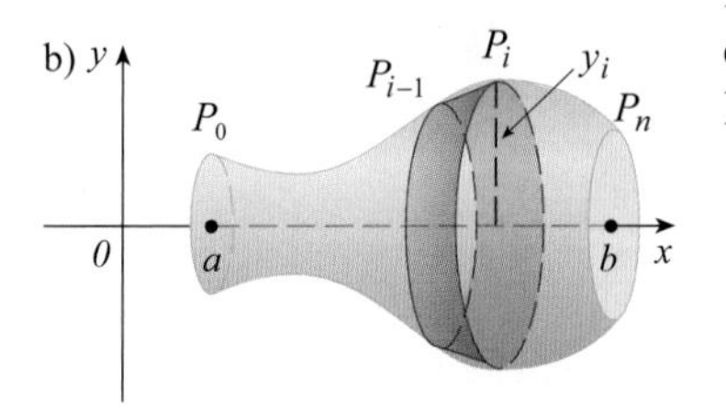

Bande servant d'approximation.

FIGURE 4

On applique maintenant le même procédé que pour la longueur d'un arc de courbe en utilisant cette formule. La surface représentée dans la figure 4 résulte de la rotation de la courbe d'équation $y = f(x)$, où $a \leq x \leq b$, autour de l'axe des x, la fonction f étant positive et ayant une dérivée continue. Afin de définir l'aire latérale de cette surface, on divise l'intervalle $[a, b]$ en n sous-intervalles qui ont comme extrémités respectives $x_0, x_1, \ldots, x_n$ et qui ont tous une même longueur Δx, comme dans le cas de la longueur d'un arc de courbe. Si $y_i = f(x_i)$, alors le point $P_i(x_i, y_i)$ appartient à la courbe. On obtient une approximation de la portion de la surface comprise entre x_{i-1} et x_i en faisant tourner le segment de droite $P_{i-1}P_i$ autour de l'axe des x. Il en résulte une bande dont l'apothème est $l = |P_{i-1}P_i|$, et le rayon moyen, $r = \frac{1}{2}(y_{i-1} + y_i)$; donc, selon la formule **2**, l'aire latérale de cette bande est

$$2\pi \frac{y_{i-1} + y_i}{2} |P_{i-1}P_i|.$$

Comme dans la preuve du théorème **2** de la section 4.1,

$$|P_{i-1}P_i| = \sqrt{1 + [f'(x_i^*)]^2}\, \Delta x$$

où x_i^* est un nombre quelconque appartenant à $[x_{i-1}, x_i]$. Si Δx est petit, $y_i = f(x_i) \approx f(x_i^*)$ et, par conséquent, $y_{i-1} = f(x_{i-1}) \approx f(x_i^*)$ puisque la fonction f est continue. Ainsi,

$$2\pi \frac{y_{i-1} + y_i}{2} |P_{i-1}P_i| \approx 2\pi f(x_i^*) \sqrt{1 + [f'(x_i^*)]^2}\, \Delta x$$

et on a comme approximation de ce qu'on considère comme l'aire latérale totale de la surface de révolution

3
$$\sum_{i=1}^{n} 2\pi f(x_i^*) \sqrt{1 + [f'(x_i^*)]^2}\, \Delta x.$$

Cette approximation semble d'autant meilleure que $n \to \infty$ et, étant donné que **3** est une somme de Riemann de la fonction $g(x) = 2\pi f(x)\sqrt{1 + [f'(x)]^2}$,

$$\lim_{n\to\infty} \sum_{i=1}^{n} 2\pi f(x_i^*) \sqrt{1 + [f'(x_i^*)]^2}\, \Delta x = \int_a^b 2\pi f(x) \sqrt{1 + [f'(x)]^2}\, dx.$$

Donc, dans le cas d'une fonction f positive et ayant une dérivée continue, on définit l'**aire latérale** de la surface résultant de la rotation autour de l'axe des x de la courbe $y = f(x)$, où $a \leq x \leq b$, par

4
$$S = \int_a^b 2\pi f(x) \sqrt{1 + [f'(x)]^2}\, dx.$$

Si on emploie la notation de Leibniz, cette formule s'écrit

5
$$S = \int_a^b 2\pi y \sqrt{1 + \left(\frac{dy}{dx}\right)^2}\, dx.$$

Si on décrit la courbe par $x = g(y)$, où $c \leq y \leq d$, alors la formule de l'aire latérale devient

6

$$S = \int_c^d 2\pi y \sqrt{1 + \left(\frac{dx}{dy}\right)^2}\, dy$$

et, en utilisant la notation pour la longueur d'un arc de courbe donnée dans la section 4.1, on peut résumer symboliquement les formules **5** et **6** par

7

$$S = \int 2\pi y\, ds.$$

Si la rotation a lieu autour de l'axe des y, la formule de l'aire latérale est

8

$$S = \int 2\pi x\, ds$$

où, comme précédemment, on peut utiliser

$$ds = \sqrt{1 + \left(\frac{dy}{dx}\right)^2}\, dx \quad \text{ou} \quad ds = \sqrt{1 + \left(\frac{dx}{dy}\right)^2}\, dy.$$

Pour mémoriser ces formules, on peut se représenter $2\pi y$ ou $2\pi x$ comme la circonférence d'un cercle tracé par le point (x, y) de la courbe lorsqu'on fait tourner cette dernière autour de l'axe des x ou de l'axe des y, respectivement (voir la figure 5).

a)

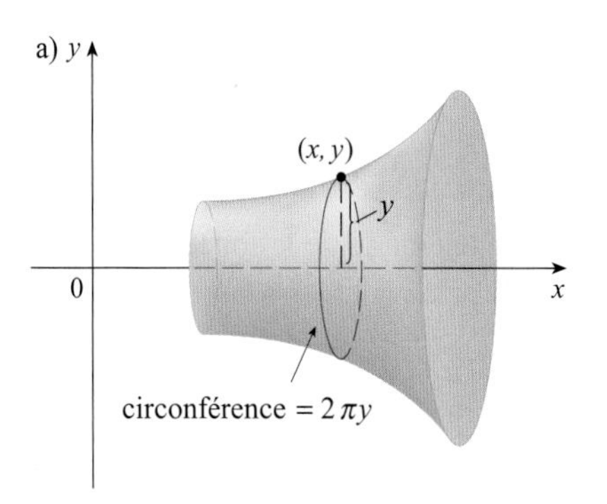

Rotation autour de l'axe des x :
$S = \int 2\pi y\, ds$

b)

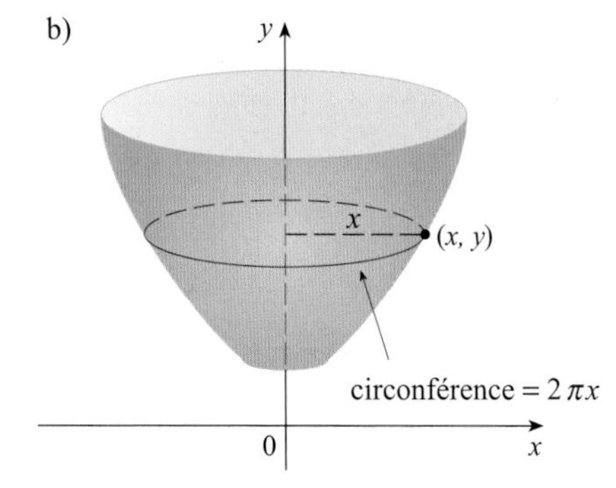

Rotation autour de l'axe des y :
$S = \int 2\pi x\, ds$

FIGURE 5

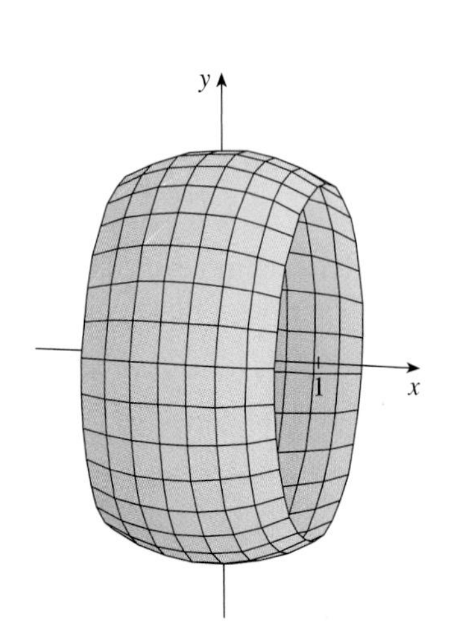

FIGURE 6

La figure 6 représente la portion de la sphère dont l'aire latérale est calculée dans l'exemple 1.

EXEMPLE 1 La courbe $y = \sqrt{4 - x^2}$, où $-1 \leq x \leq 1$, est un arc du cercle d'équation $x^2 + y^2 = 4$. Déterminons l'aire latérale de la surface résultant de la rotation de cet arc autour de l'axe des x. (La surface est une portion d'une sphère de rayon 2, comme l'illustre la figure 6.)

SOLUTION On a

$$\frac{dy}{dx} = \frac{1}{2}(4 - x^2)^{-1/2}(-2x) = \frac{-x}{\sqrt{4 - x^2}}$$

et, selon la formule **5**, l'aire latérale est

$$\begin{aligned} S &= \int_{-1}^{1} 2\pi y \sqrt{1+\left(\frac{dy}{dx}\right)^2}\,dx \\ &= 2\pi \int_{-1}^{1} \sqrt{4-x^2}\sqrt{1+\frac{x^2}{4-x^2}}\,dx \\ &= 2\pi \int_{-1}^{1} \sqrt{4-x^2}\,\frac{2}{\sqrt{4-x^2}}\,dx \\ &= 4\pi \int_{-1}^{1} 1\,dx = 4\pi(2) = 8\pi. \end{aligned}$$

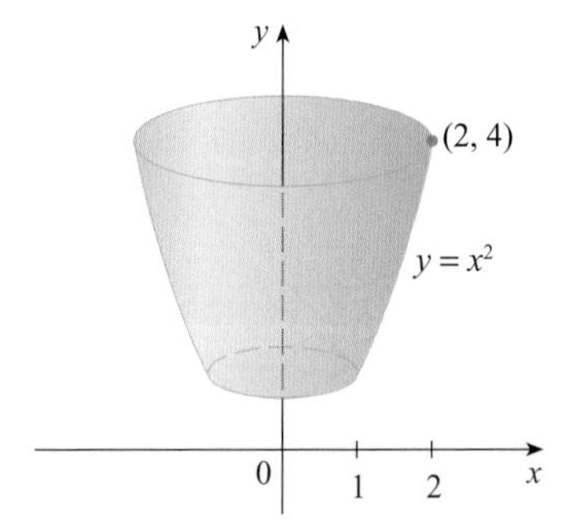

FIGURE 7

La figure 7 représente la surface de révolution dont l'aire latérale est calculée dans l'exemple 2.

EXEMPLE 2 Déterminons l'aire latérale de la surface résultant de la rotation autour de l'axe des y de l'arc de la parabole $y = x^2$ allant de (1, 1) à (2, 4).

SOLUTION 1 Si on utilise

$$y = x^2 \quad \text{et} \quad \frac{dy}{dx} = 2x,$$

selon la formule **8**,

$$\begin{aligned} S &= \int 2\pi x\,ds \\ &= \int_{1}^{2} 2\pi r \sqrt{1+\left(\frac{dy}{dx}\right)^2}\,dx \\ &= 2\pi \int_{1}^{2} x\sqrt{1+4x^2}\,dx. \end{aligned}$$

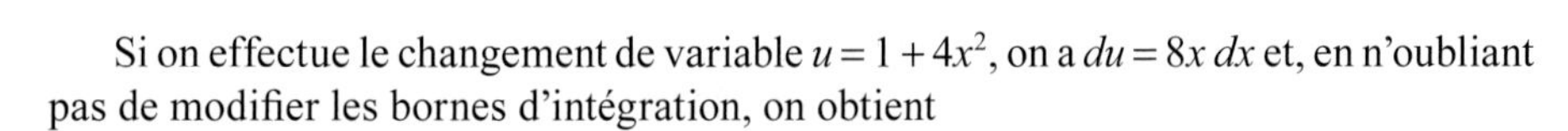

Si on effectue le changement de variable $u = 1 + 4x^2$, on a $du = 8x\,dx$ et, en n'oubliant pas de modifier les bornes d'intégration, on obtient

$$\begin{aligned} S &= \frac{\pi}{4}\int_{5}^{17} \sqrt{u}\,du = \frac{\pi}{4}\left[\frac{2}{3}u^{3/2}\right]_{5}^{17} \\ &= \frac{\pi}{6}(17\sqrt{17} - 5\sqrt{5}). \end{aligned}$$

Afin de vérifier le résultat de l'exemple 2, on note que la figure 7 montre que l'aire latérale devrait être proche de celle d'un cylindre droit à base circulaire ayant la même hauteur que la surface et dont le rayon est la moyenne des rayons respectifs des bases supérieure et inférieure de la surface : $2\pi(1{,}5)(3) \approx 28{,}27$. On a obtenu comme valeur de l'aire latérale de la surface

$$\frac{\pi}{6}(17\sqrt{17} - 5\sqrt{5}) \approx 30{,}85,$$

ce qui semble plausible. Par ailleurs, l'aire latérale devrait être légèrement supérieure à celle d'un cône tronqué ayant les mêmes bases supérieure et inférieure et, selon l'égalité **2**, cette dernière est égale à $2\pi(1{,}5)(\sqrt{10}) \approx 29{,}80$.

SOLUTION 2 Si on utilise

$$x = \sqrt{y} \quad \text{et} \quad \frac{dx}{dy} = \frac{1}{2\sqrt{y}},$$

alors

$$\begin{aligned} S &= \int 2\pi x\,ds = \int_{1}^{4} 2\pi x \sqrt{1+\left(\frac{dx}{dy}\right)^2}\,dy \\ &= 2\pi \int_{1}^{4} \sqrt{y}\sqrt{1+\frac{1}{4y}}\,dy = \pi \int_{1}^{4} \sqrt{4y+1}\,dy \\ &= \frac{\pi}{4}\int_{5}^{17} \sqrt{u}\,du \quad (\text{où } u = 1+4y) \\ &= \frac{\pi}{6}(17\sqrt{17} - 5\sqrt{5}) \quad (\text{comme dans la solution 1}). \end{aligned}$$

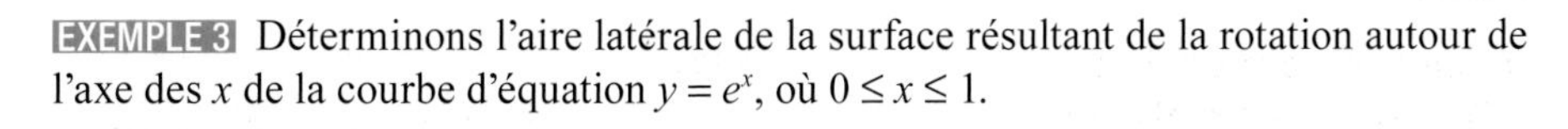

EXEMPLE 3 Déterminons l'aire latérale de la surface résultant de la rotation autour de l'axe des x de la courbe d'équation $y = e^x$, où $0 \leq x \leq 1$.

Autre méthode : On utilise la formule 6 avec $x = \ln y$.

SOLUTION En appliquant la formule 5 à

$$y = e^x \quad \text{et} \quad \frac{dy}{dx} = e^x$$

on obtient

$$S = \int_0^1 2\pi y\sqrt{1+\left(\frac{dy}{dx}\right)^2}\,dx = 2\pi\int_0^1 e^x\sqrt{1+e^{2x}}\,dx$$

$$= 2\pi\int_1^e \sqrt{1+u^2}\,du \quad (\text{où } u = e^x)$$

$$= 2\pi\int_{\pi/4}^{\alpha} \sec^3\theta\,d\theta \quad (\text{où } u = \tan\theta \text{ et } \alpha = \arctan e)$$

$$= 2\pi \cdot \tfrac{1}{2}\left[\sec\theta\tan\theta + \ln|\sec\theta+\tan\theta|\right]_{\pi/4}^{\alpha} \quad (\text{par l'exemple 8 de la section 3.2})$$

$$= \pi[\sec\alpha\tan\alpha + \ln(\sec\alpha+\tan\alpha) - \sqrt{2} - \ln(\sqrt{2}+1)].$$

On peut aussi utiliser la formule 21 de la table d'intégrales (page de référence 6).

Puisque $\tan\alpha = e$, alors $\sec^2\alpha = 1 + \tan^2\alpha = 1 + e^2$ et

$$S = \pi\left[e\sqrt{1+e^2} + \ln(e+\sqrt{1+e^2}) - \sqrt{2} - \ln(\sqrt{2}+1)\right].$$

Exercices 4.2

1-4

a) Posez une intégrale permettant d'évaluer l'aire latérale de la surface résultant de la rotation de la courbe donnée autour de : i) l'axe des x, ii) l'axe des y.

b) À l'aide de la fonction d'intégration numérique d'une calculatrice, évaluez l'aire latérale à quatre décimales près.

1. $y = \tan x$, où $0 \le x \le \pi/3$

2. $y = x^{-2}$, où $1 \le x \le 2$

3. $y = e^{-x^2}$, où $-1 \le x \le 1$

4. $x = \ln(2y+1)$, où $0 \le y \le 1$

5-12 Évaluez exactement l'aire latérale de la surface résultant de la rotation autour de l'axe des x de la courbe donnée.

5. $y = x^3$, où $0 \le x \le 2$

6. $9x = y^2 + 18$, où $2 \le x \le 6$

7. $y = \sqrt{1+4x}$, où $1 \le x \le 5$

8. $y = \sqrt{1+e^x}$, où $0 \le x \le 1$

9. $y = \sin \pi x$, où $0 \le x \le 1$

10. $y = \dfrac{x^3}{6} + \dfrac{1}{2x}$, où $\dfrac{1}{2} \le x \le 1$

11. $x = \frac{1}{3}(y^2+2)^{3/2}$, où $1 \le y \le 2$

12. $x = 1 + 2y^2$, où $1 \le y \le 2$

13-16 On fait tourner la courbe donnée autour de l'axe des y. Évaluez l'aire latérale de la surface résultante.

13. $y = \sqrt[3]{x}$, où $1 \le y \le 2$

14. $y = 1 - x^2$, où $0 \le x \le 1$

15. $x = \sqrt{a^2 - y^2}$, où $0 \le y \le a/2$

16. $y = \frac{1}{4}x^2 - \frac{1}{2}\ln x$, où $1 \le x \le 2$

17-20 En appliquant la règle de Simpson avec $n = 10$, obtenez une valeur approchée de l'aire latérale de la surface résultant de la rotation de la courbe donnée autour de l'axe des x. Comparez le résultat avec la valeur de l'intégrale obtenue avec une calculatrice.

17. $y = \frac{1}{5}x^5$, où $0 \le x \le 5$

18. $y = x + x^2$, où $0 \le x \le 1$

19. $y = xe^x$, où $0 \le x \le 1$

20. $y = x \ln x$, où $1 \le x \le 2$

LCS **21-22** À l'aide d'un logiciel de calcul symbolique ou d'une table d'intégrales, évaluez exactement l'aire latérale de la surface résultant de la rotation de la courbe donnée autour de l'axe des x.

21. $y = 1/x$, où $1 \le x \le 2$

22. $y = \sqrt{x^2+1}$, où $0 \le x \le 3$

LCS **23-24** À l'aide d'un logiciel de calcul symbolique, évaluez exactement l'aire latérale de la surface résultant de la rotation de la courbe donnée autour de l'axe des y. Si vous avez de la difficulté à obtenir l'intégrale avec votre logiciel, exprimez l'aire latérale sous la forme d'une intégrale d'une fonction de l'autre variable.

23. $y = x^3$, où $0 \leq y \leq 1$

24. $y = \ln(x + 1)$, où $0 \leq x \leq 1$

25. Si on fait tourner la région $\mathcal{R} = \{(x, y) | x \geq 1, 0 \leq y \leq 1/x\}$ autour de l'axe des x, le solide résultant a un volume fini (voir l'exercice 63 de la section 3.8). Montrez que l'aire latérale de ce solide est infinie. (La surface, représentée dans la figure suivante, est appelée **trompette de Gabriel.**)

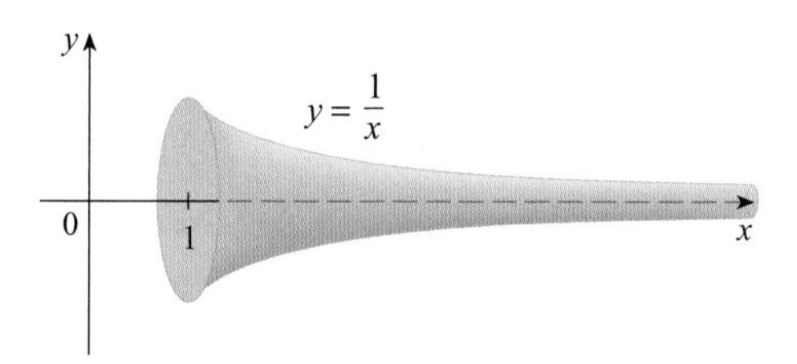

26. On fait tourner la courbe infinie $y = e^{-x}$, où $x \geq 0$, autour de l'axe des x. Calculez l'aire latérale de la surface résultante.

27. a) Évaluez l'aire latérale de la surface résultant de la rotation autour de l'axe des x de la boucle de la courbe $3ay^2 = x(a - x)^2$, où $a > 0$.

b) Évaluez l'aire latérale dans le cas où on fait tourner la boucle autour de l'axe des y.

28. Un groupe d'ingénieurs construit une antenne parabolique orientable dont la forme résulte de la rotation autour de l'axe des y de la courbe d'équation $y = ax^2$. Sachant que la soucoupe doit avoir un diamètre de 10 m et une profondeur maximale de 2 m, déterminez la valeur de a et l'aire latérale de la soucoupe.

29. a) On fait tourner l'ellipse d'équation

$$\frac{x^2}{a^2} + \frac{y^2}{b^2} = 1 \quad a > b$$

autour de l'axe des x afin d'obtenir une surface appelée **ellipsoïde allongé**. Évaluez l'aire latérale de cet ellipsoïde.

b) Si on fait tourner l'ellipse décrit en a) autour de son petit axe (ou de l'axe des y), on obtient un ellipsoïde appelé **ellipsoïde aplati**. Évaluez l'aire latérale de cet ellipsoïde.

30. Évaluez l'aire latérale du tore de l'exercice 61 de la section 2.2.

31. On fait tourner la courbe $y = f(x)$, où $a \leq x \leq b$, autour de la droite horizontale $y = c$, où $f(x) \leq c$. Trouvez une formule donnant l'aire latérale de la surface résultante.

LCS **32.** En vous servant du résultat de l'exercice 31, posez une intégrale représentant l'aire latérale de la surface résultant de la rotation autour de la droite $y = 4$ de la courbe $y = \sqrt{x}$, où $0 \leq x \leq 4$. Évaluez ensuite l'intégrale à l'aide d'un logiciel de calcul symbolique.

33. Évaluez l'aire latérale de la surface résultant de la rotation du cercle d'équation $x^2 + y^2 = r^2$ autour de la droite $y = r$.

34. a) Montrez que l'aire latérale d'une portion d'une sphère comprise entre deux plans parallèles est $S = 2\pi Rh$, où R est le rayon de la sphère et h, la distance entre les deux plans. (Il est à noter que S dépend uniquement de la distance entre les plans, et non de leur position, à la condition que chacun des plans coupe la sphère.)

b) Montrez que l'aire latérale d'une portion d'un cylindre de rayon R et de hauteur h est identique à l'aire latérale de la portion de sphère décrite en a).

35. La formule **4** est valable seulement si $f(x) \geq 0$. Montrez que, dans le cas où la valeur de $f(x)$ n'est pas nécessairement positive, la formule de l'aire latérale est alors

$$S = \int_a^b 2\pi |f(x)| \sqrt{1 + [f'(x)]^2}\, dx.$$

36. Soit f, une fonction positive dont la dérivée est continue, et la courbe $y = f(x)$ où $a \leq x \leq b$. On désigne par L la longueur de cette courbe et par S_f l'aire latérale de la surface de rotation engendrée par cette courbe autour de l'axe des x. Une fonction g est définie par $g(x) = f(x) + c$, où c est une constante positive. On désigne finalement par S_g l'aire latérale de la surface de rotation engendrée par $y = g(x)$ où $a \leq x \leq b$. Exprimez S_g en termes de S_f et de L.

SUJET À EXPLORER

ROTATION AUTOUR D'UN AXE OBLIQUE

On sait comment calculer le volume d'un solide de révolution résultant de la rotation d'une région autour d'une droite horizontale ou verticale (voir la section 2.2). On sait aussi comment calculer l'aire latérale d'une surface de révolution résultant de la rotation d'une courbe autour d'une droite horizontale ou verticale (voir la section 4.2). Mais qu'arrive-t-il si on effectue une rotation autour d'une droite oblique, c'est-à-dire une droite qui n'est pas horizontale ni verticale ? Dans ce qui suit, on vous demande de découvrir des formules du volume d'un solide de révolution et de l'aire latérale d'une surface de révolution dans le cas où l'axe de rotation est une droite oblique.

On désigne par C l'arc de la courbe $y = f(x)$ allant du point $P(p, f(p))$ au point $Q(q, f(q))$ et par $\mathcal{R}$ la région délimitée par C, la droite $y = mx + b$ (qui se trouve entièrement sous C) et les perpendiculaires à la droite passant par P et Q.

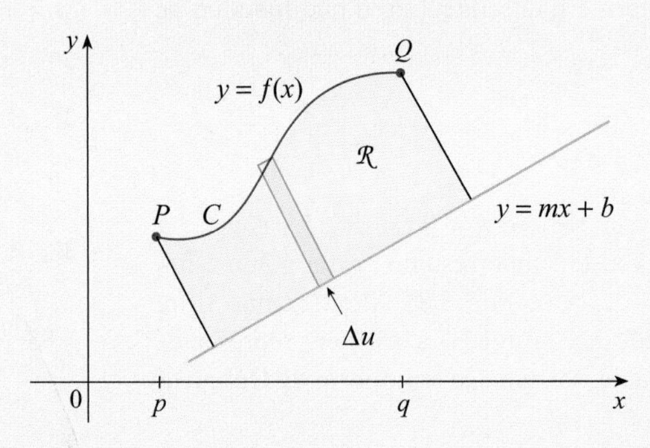

FIGURE 1

1. Montrez que l'aire de R est égale à

$$\frac{1}{1+m^2}\int_p^q [f(x) - mx - b][1 + mf'(x)]\,dx.$$

(*Indice :* On peut vérifier cette formule en effectuant une soustraction d'aires mais, pour la totalité du présent projet, il est utile de la démontrer en évaluant d'abord l'aire approximativement à l'aide de rectangles perpendiculaires à la droite, comme l'illustre la figure suivante. Servez-vous de la figure pour exprimer Δu par rapport à Δx.)

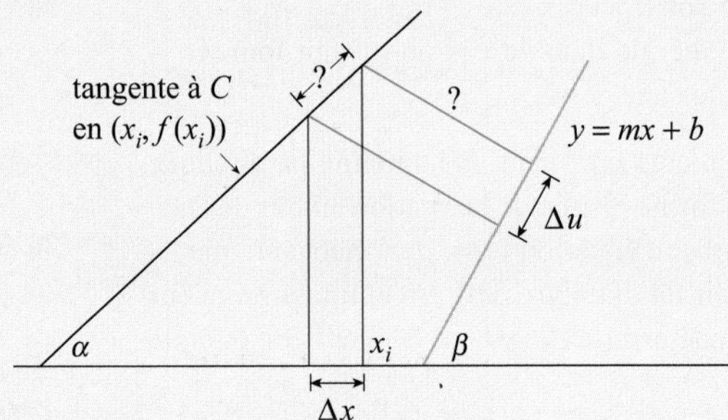

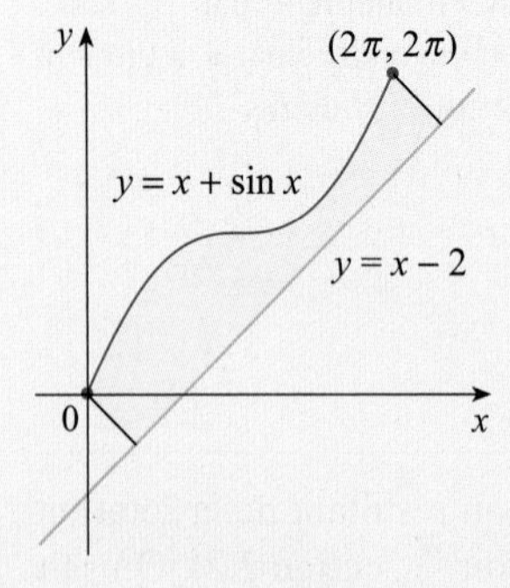

2. Évaluez l'aire de la région représentée ci-contre.

3. Trouvez une formule (semblable à celle du problème 1) donnant le volume du solide résultant de la rotation de $\mathcal{R}$ autour de la droite $y = mx + b$.

4. Évaluez le volume du solide résultant de la rotation de la région du problème 2 autour de la droite $y = x - 2$.

5. Trouvez une formule donnant l'aire latérale de la surface résultant de la rotation de C autour de la droite $y = mx + b$.

LCS **6.** À l'aide d'un logiciel de calcul symbolique, évaluez exactement l'aire latérale de la surface résultant de la rotation de la courbe $y = \sqrt{x}$, où $0 \le x \le 4$, autour de la droite $y = \frac{1}{2}x$. Arrondissez ensuite le résultat à trois décimales près.

4.3 LES APPLICATIONS AUX DOMAINES DE LA PHYSIQUE ET DU GÉNIE

Des nombreuses applications du calcul intégral à la physique et au génie, on en retient deux ici : la force exercée par la pression de l'eau et le centre de masse. Comme dans le cas des applications à la géométrie (aires, volumes et longueurs) et au travail, on utilise le procédé consistant à diviser une grandeur physique en un grand nombre de petites parties, à calculer une valeur approchée de chaque petite partie, puis à additionner les résultats, à prendre la limite de la somme et, enfin, à évaluer l'intégrale obtenue.

LA PRESSION HYDROSTATIQUE ET LA FORCE

Les plongeurs sous-marins se rendent compte que la pression de l'eau augmente avec la profondeur. Cela est dû au fait que le poids de la masse d'eau au-dessus d'eux augmente.

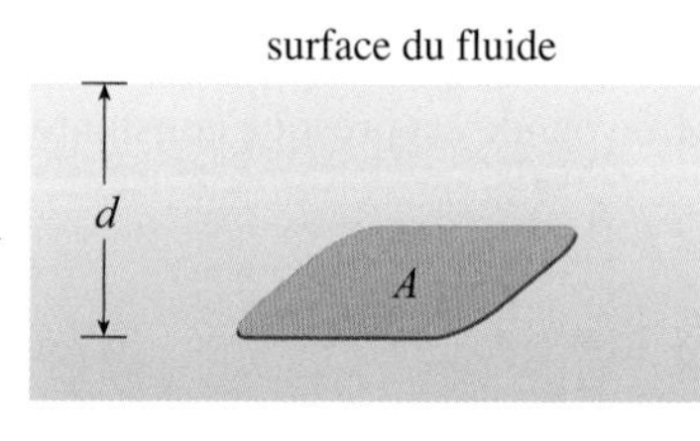

FIGURE 1

En général, soit une mince plaque horizontale, d'une aire de A mètres carrés, immergée dans un fluide ayant une masse volumique de ρ kilogrammes par mètre cube, à une profondeur de d mètres sous la surface du fluide, comme dans la figure 1. Le volume du fluide situé directement au-dessus de la plaque est $V = Ad$, de sorte que sa masse est $m = \rho V = \rho Ad$. Ainsi, la force que le fluide exerce sur la plaque est

$$F = mg = \rho g A d$$

où g est l'accélération gravitationnelle. La **pression** P sur la plaque est définie comme la force par unité d'aire :

$$P = \frac{F}{A} = \rho g d.$$

L'unité de pression du système international d'unités (SI) est le newton par mètre carré, ou le pascal ($1\ \mathrm{N/m^2} = 1\ \mathrm{Pa}$). Étant donné que cette unité est petite, on emploie fréquemment le kilopascal (kPa). Par exemple, comme la masse volumique de l'eau est $\rho = 1000\ \mathrm{kg/m^3}$, la pression au fond d'une piscine de 2 m de profondeur est

$$\begin{aligned} P = \rho g d &\approx 1000\ \mathrm{kg/m^3} \times 9{,}8\ \mathrm{m/s^2} \times 2\ \mathrm{m} \\ &= 19\,600\ \mathrm{Pa} = 19{,}6\ \mathrm{kPa}. \end{aligned}$$

Un important principe relatif à la pression hydrostatique est le fait empirique suivant : en tout point d'un liquide, la pression est la même dans toutes les directions. (Un plongeur sent la même pression sur son nez et chacune de ses oreilles.) Ainsi, la pression, dans n'importe quelle direction, à une profondeur d dans un fluide de masse volumique ρ, est

1 $$P = \rho g d.$$

Cette formule est utile pour déterminer la force hydrostatique qui s'exerce sur une plaque verticale, un mur ou un barrage immergés. Il ne s'agit pas d'un problème simple parce que la pression n'est pas constante, puisqu'elle augmente avec la profondeur.

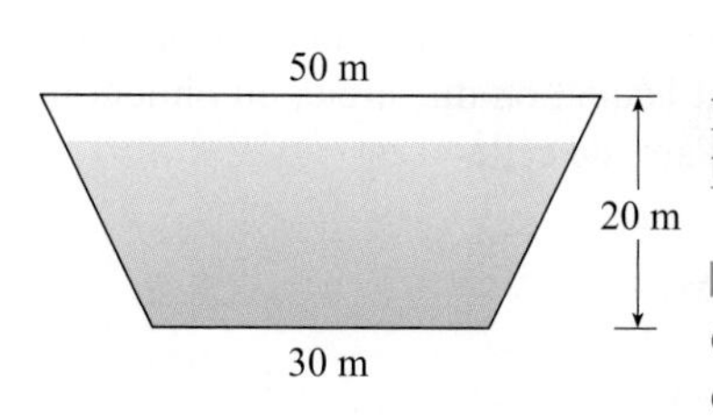

FIGURE 2

EXEMPLE 1 Un barrage a la forme du trapézoïde représenté dans la figure 2. Sa hauteur est de 20 m et sa largeur est de 50 m au sommet et de 30 m au fond. Calculons la force exercée sur le barrage par la pression hydrostatique dans le cas où le niveau d'eau se situe à 4 m du sommet du barrage.

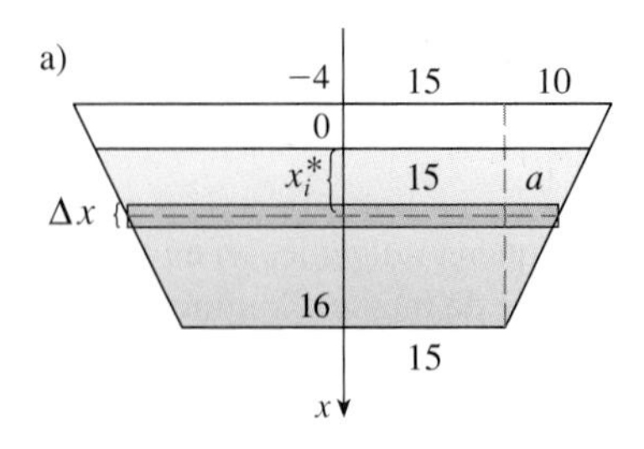

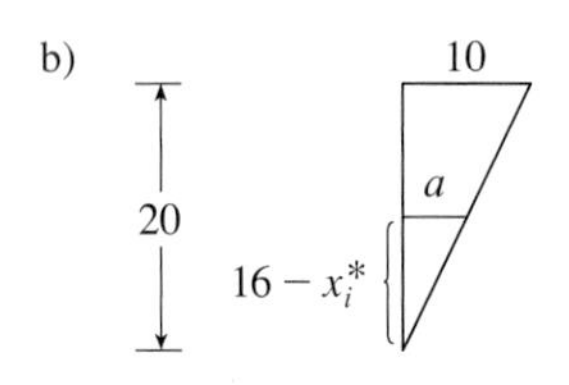

FIGURE 3

SOLUTION On choisit un axe des x vertical dont l'origine est à la surface de l'eau et dont le sens positif est vers le bas, comme le montre la figure 3 a). La profondeur de l'eau étant de 16 m, on divise l'intervalle [0, 16] en sous-intervalles de même longueur ayant comme extrémités x_i, et on choisit un nombre $x_i^* \in [x_{i-1}, x_i]$. On prend comme approximation de la i-ième bande horizontale du barrage un rectangle de hauteur Δx et de largeur l_i où, selon les rapports des triangles semblables de la figure 3 b),

$$\frac{a}{16 - x_i^*} = \frac{10}{20} \quad \text{ou encore} \quad a = \frac{16 - x_i^*}{2} = 8 - \frac{x_i^*}{2}$$

et, par conséquent,

$$l_i = 2(15 + a) = 2(15 + 8 - \tfrac{1}{2}x_i^*) = 46 - x_i^*.$$

Si A_i désigne l'aire de la i-ième bande, alors

$$A_i \approx l_i \Delta x = (46 - x_i^*)\Delta x.$$

Quand Δx est petit, la pression P_i exercée par la i-ième bande est presque constante et, selon l'égalité **1**,

$$P_i \approx 1000 g x_i^*.$$

La force hydrostatique F_i qui s'exerce alors sur la i-ième bande du barrage est égale au produit de la pression et de l'aire de cette bande :

$$F_i = P_i A_i \approx 1000 g x_i^* (46 - x_i^*)\Delta x.$$

En additionnant ces forces et en prenant la limite de la somme lorsque $n \to \infty$, on obtient la force hydrostatique totale sur le barrage :

$$\begin{aligned} F &= \lim_{n\to\infty} \sum_{i=1}^{n} 1000 g x_i^* (46 - x_i^*)\Delta x = \int_0^{16} 1000 g x (46 - x)\, dx \\ &\approx 1000(9{,}8) \int_0^{16} (46x - x^2)\, dx \approx 9800 \left[23x^2 - \frac{x^3}{3} \right]_0^{16} \\ &\approx 4{,}43 \times 10^7 \text{ N}. \end{aligned}$$

EXEMPLE 2 Déterminons la force hydrostatique qui s'exerce sur l'une des extrémités d'un baril cylindrique dont le rayon est de 1 m lorsque ce baril est immergé dans l'eau, à une profondeur de 3 m.

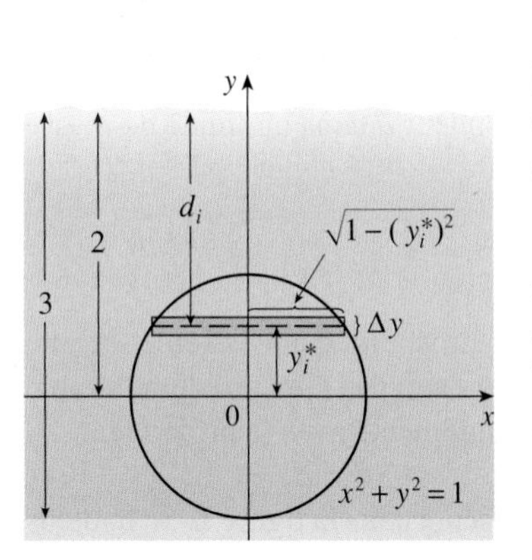

FIGURE 4

SOLUTION Dans le cas présent, il est pratique de choisir les axes comme le montre la figure 4, de manière que l'origine coïncide avec le centre du baril. L'équation du cercle est alors simple : $x^2 + y^2 = 1$. Comme dans l'exemple 1, on divise la région circulaire en bandes horizontales de même largeur. En utilisant l'équation du cercle, on obtient la longueur de la i-ième bande, soit $2\sqrt{1 - (y_i^*)^2}$, et l'aire de celle-ci est

$$A_i = 2\sqrt{1 - (y_i^*)^2}\,\Delta y.$$

La pression hydrostatique qui s'exerce sur cette bande est approximativement égale à

$$\rho g d_i = 1000 g (2 - y_i^*)$$

de sorte que la force sur la bande est approximativement égale à

$$\rho g d_i A_i = 1000g(2 - y_i^*)2\sqrt{1-(y_i^*)^2}\,\Delta y.$$

On obtient la force totale en additionnant les forces respectives sur toutes les bandes et en prenant la limite de la somme :

$$\begin{aligned} F &= \lim_{n\to\infty} \sum_{i=1}^{n} 1000g(2 - y_i^*)2\sqrt{1-(y_i^*)^2}\,\Delta y \\ &= 2000(9{,}8) \int_{-3}^{3} (2-y)\sqrt{1-y^2}\,dy \\ &= 19\,600 \cdot 2 \int_{-3}^{3} \sqrt{1-y^2}\,dy - 19\,600 \int_{-3}^{3} y\sqrt{1-y^2}\,dy. \end{aligned}$$

La dernière intégrale est nulle parce que l'intégrande est une fonction impaire (voir le théorème **7** de la section 1.7). On peut évaluer la première intégrale en effectuant la substitution trigonométrique $y = \sin\theta$, mais il suffit de remarquer qu'elle représente l'aire d'un demi-disque de rayon 1. Donc,

$$\begin{aligned} F &= 39\,200 \int_{-1}^{1} \sqrt{1-y^2}\,dy = 39\,200 \cdot \tfrac{1}{2}\pi(1)^2 \\ &= 19\,600\pi \approx 61\,575 \text{ N.} \end{aligned}$$

LE MOMENT ET LE CENTRE DE MASSE

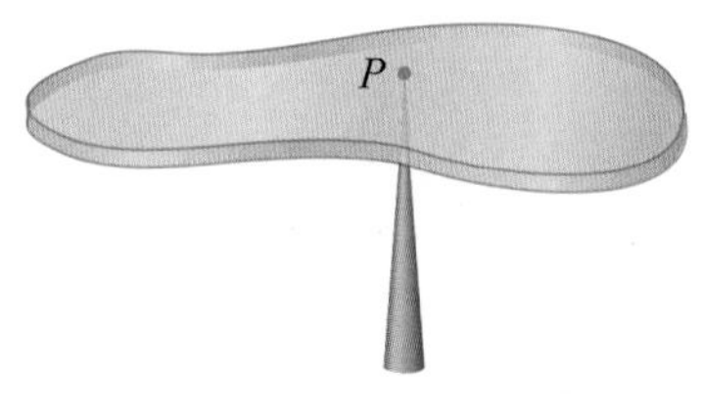

FIGURE 5

Dans ce qui suit, l'objectif principal est de déterminer le point P sur lequel on doit poser une plaque mince de forme quelconque pour qu'elle soit en équilibre horizontalement, comme le montre la figure 5. On appelle ce point le **centre de masse** (ou de gravité) de la plaque.

Le cas le plus simple est représenté dans la figure 6 : deux masses m_1 et m_2 sont fixées à une tige, de masse négligeable, de part et d'autre d'un pivot, à des distances respectives d_1 et d_2 de ce dernier. La tige est en équilibre si

2 $$m_1 d_1 = m_2 d_2.$$

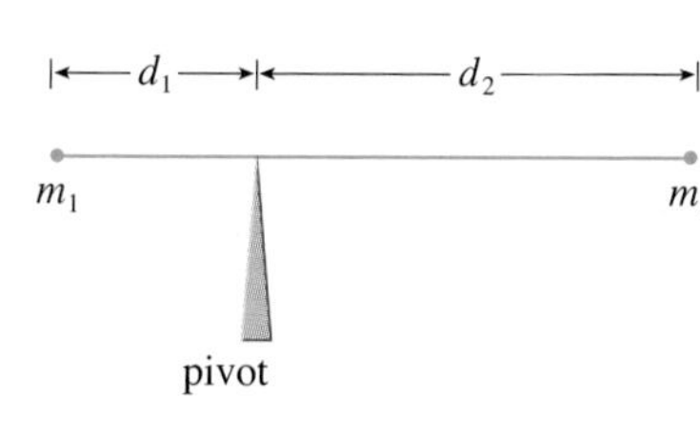

FIGURE 6

Il s'agit là d'un fait empirique découvert par Archimède et appelé « principe du levier ». (Imaginez une personne sur une balançoire à bascule qui équilibre la masse d'une autre personne plus lourde en s'asseyant plus loin qu'elle du centre.)

On suppose que la tige est posée sur l'axe des x, que m_1 est en x_1 et m_2 en x_2, et que le centre de masse est en $\bar{x}$. En comparant les figures 6 et 7, on constate que $d_1 = \bar{x} - x_1$ et que $d_2 = x_2 - \bar{x}$, de sorte que, selon l'égalité **2**,

3 $$\begin{aligned} m_1(\bar{x} - x_1) &= m_2(x_2 - \bar{x}) \\ m_1\bar{x} + m_2\bar{x} &= m_1x_1 + m_2x_2 \\ \bar{x} &= \frac{m_1x_1 + m_2x_2}{m_1 + m_2}. \end{aligned}$$

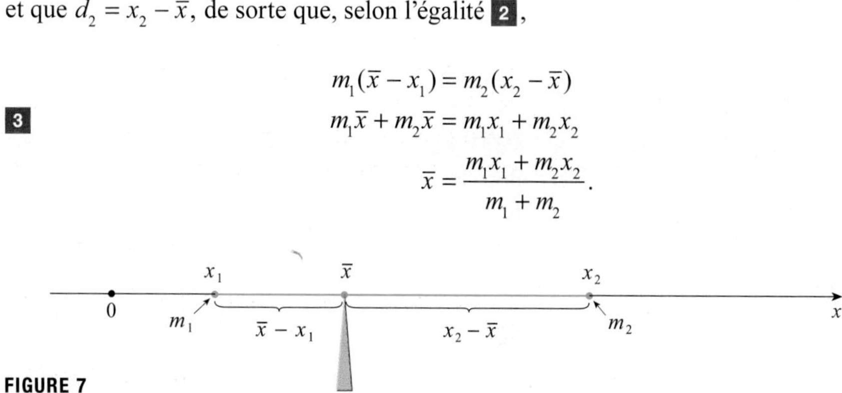

FIGURE 7

Les produits m_1x_1 et m_2x_2 sont appelés **moments** des masses m_1 et m_2 respectivement (par rapport à l'origine), et l'égalité **3** établit que le centre de masse $\bar{x}$ s'obtient par l'addition des moments respectifs des masses et par la division de la somme par la masse totale $m = m_1 + m_2$.

En général, dans le cas d'un système de n particules de masses respectives m_1, m_2, …, m_n situées aux points x_1, x_2, …, x_n de l'axe des x, on peut montrer de façon analogue que le centre de masse du système se trouve en

4 $$\bar{x} = \frac{\sum_{i=1}^{n} m_i x_i}{\sum_{i=1}^{n} m_i} = \frac{\sum_{i=1}^{n} m_i x_i}{m}$$

où $m = \sum m_i$ est la masse totale du système et où la somme des moments individuels

$$M = \sum_{i=1}^{n} m_i x_i$$

est appelée **moment du système par rapport à l'origine**. On peut donc récrire l'égalité **4** sous la forme $m\bar{x} = M$, qui signifie que, si la masse totale était concentrée au centre de masse $\bar{x}$, son moment serait identique au moment du système.

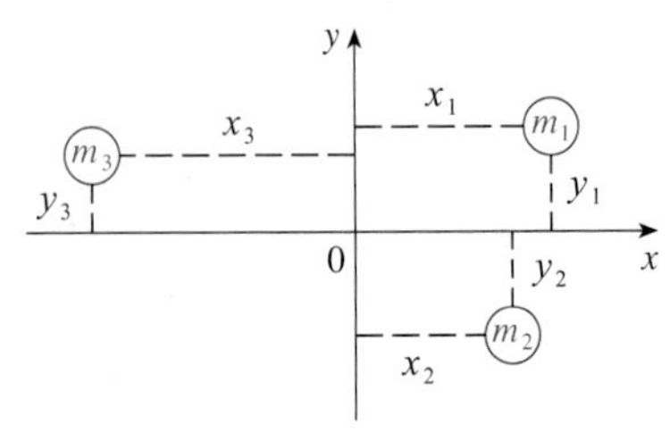

FIGURE 8

La figure 8 représente un système de n particules de masses respectives m_1, m_2, …, m_n situées aux points (x_1, y_1), (x_2, y_2), …, (x_n, y_n) du plan xy. Par analogie avec le cas unidimensionnel, on définit le **moment du système par rapport à l'axe des y** par

5 $$M_y = \sum_{i=1}^{n} m_i x_i$$

et le **moment du système par rapport à l'axe des x** par

6 $$M_x = \sum_{i=1}^{n} m_i y_i.$$

Ainsi, M_y est une mesure de la tendance du système à tourner autour de l'axe des y et M_x est une mesure de la tendance du système à tourner autour de l'axe des x.

Comme dans le cas unidimensionnel, les coordonnées du centre de masse $(\bar{x}, \bar{y})$ en termes des moments sont données par les formules

7 $$\bar{x} = \frac{M_y}{m} \qquad \bar{y} = \frac{M_x}{m}$$

où $m = \sum m_i$ est la masse totale. Étant donné que $m\bar{x} = M_y$ et que $m\bar{y} = M_x$, le centre de masse $(\bar{x}, \bar{y})$ est le point où une unique particule de masse m aurait les mêmes moments que le système.

EXEMPLE 3 Déterminons les moments et le centre de masse du système formé d'objets dont les masses sont 3, 4 et 8 et qui sont situés aux points (−1, 1), (2, −1) et (3, 2) respectivement.

SOLUTION On calcule les moments à l'aide des égalités **5** et **6** :

$$M_y = 3(-1) + 4(2) + 8(3) = 29$$
$$M_x = 3(1) + 4(-1) + 8(2) = 15.$$

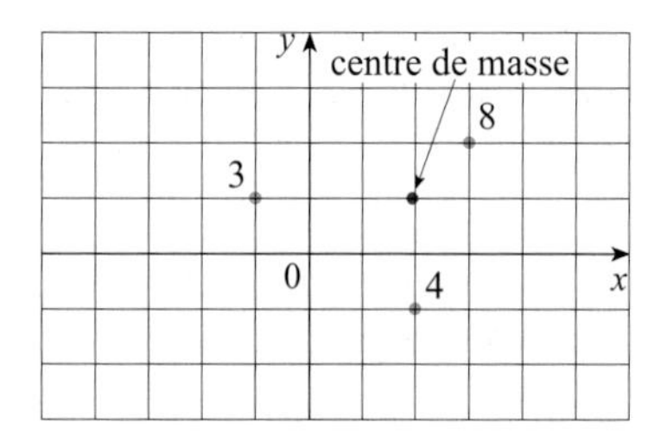

FIGURE 9

Étant donné que $m = 3 + 4 + 8 = 15$, selon les égalités **7**,

$$\bar{x} = \frac{M_y}{m} = \frac{29}{15} \qquad \bar{y} = \frac{M_x}{m} = \frac{15}{15} = 1.$$

Le centre de masse est donc $(1\frac{14}{15}, 1)$ (voir la figure 9).

Soit maintenant une plaque plane (appelée « lamelle ») de masse volumique uniforme ρ occupant une région $\mathcal{R}$ du plan. On veut déterminer le centre de masse de la plaque, appelé **centre de gravité** de $\mathcal{R}$. Pour ce faire, on applique les principes physiques suivants. Le **principe de symétrie** affirme que, si la région $\mathcal{R}$ est symétrique par rapport à une droite l, le centre de gravité de $\mathcal{R}$ est un point de l. (Si on effectue une réflexion de $\mathcal{R}$ par rapport à l, alors la région $\mathcal{R}$ est inchangée, de sorte que son centre de gravité est fixe. Toutefois, seuls les points fixes appartiennent à l.) Ainsi, le centre de masse d'un rectangle coïncide avec son centre géométrique. On doit définir les moments de manière que, si la masse totale d'une région est concentrée en son centre de masse, les moments restent inchangés. De plus, le moment de l'union de deux régions qui ne se chevauchent pas devrait être égal à la somme des moments respectifs des régions.

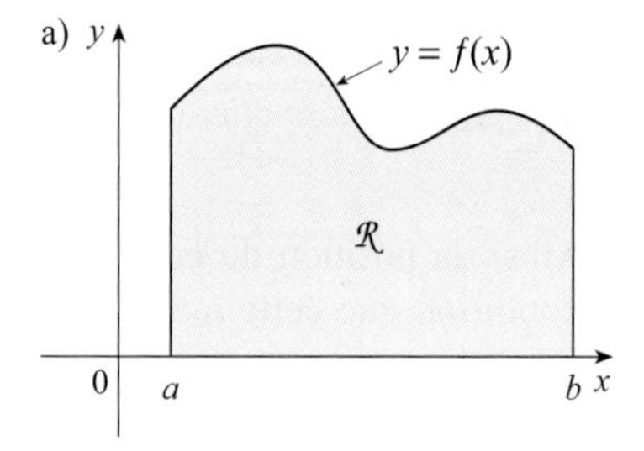

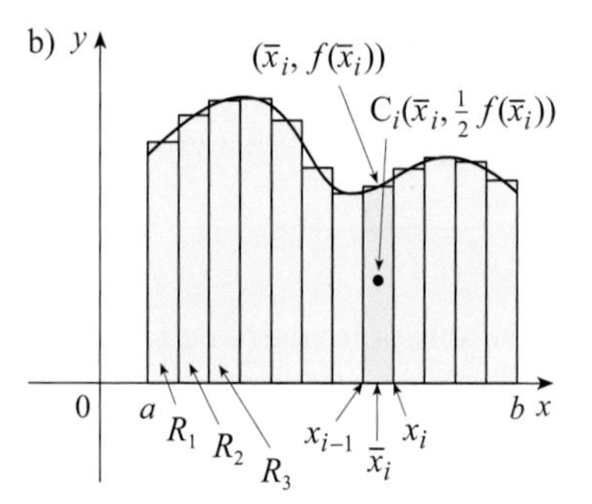

FIGURE 10

Soit une région $\mathcal{R}$ du même type que celle qui est représentée dans la figure 10 a), c'est-à-dire que $\mathcal{R}$ est comprise entre deux droites $x = a$ et $x = b$, et qu'elle se trouve au-dessus de l'axe des x et sous la courbe d'une fonction f continue. On divise l'intervalle $[a, b]$ en n sous-intervalles qui ont comme extrémités respectives $x_0, x_1, \ldots, x_n$ et ayant une même largeur Δx. On choisit comme point échantillon x_i^* le milieu $\bar{x}_i$ du i-ième sous-intervalle : $\bar{x}_i = (x_{i-1} + x_i)/2$. On détermine ainsi l'approximation polygonale de $\mathcal{R}$ représentée dans la figure 10 b). Le centre de masse du i-ième rectangle servant d'approximation R_i est le centre $C_i\left(\bar{x}_i, \frac{1}{2}f(\bar{x}_i)\right)$. L'aire de ce rectangle est $f(\bar{x}_i)\Delta x$, de sorte que sa masse est égale à

$$\rho f(\bar{x}_i)\Delta x.$$

Le moment de R_i par rapport à l'axe des y est égal au produit de sa masse et de la distance entre C_i et l'axe des y, qui est $\bar{x}_i$. Donc,

$$M_y(R_i) = [\rho f(\bar{x}_i)\Delta x]\,\bar{x}_i = \rho \bar{x}_i f(\bar{x}_i)\Delta x.$$

En additionnant tous les moments, on obtient le moment de l'approximation polygonale de $\mathcal{R}$ et, en prenant la limite de ce dernier lorsque $n \to \infty$, on obtient le moment de la région $\mathcal{R}$ elle-même par rapport à l'axe des y :

$$M_y = \lim_{n\to\infty} \sum_{i=1}^{n} \rho \bar{x}_i f(\bar{x}_i)\Delta x = \rho \int_a^b x f(x)\,dx.$$

De façon analogue, le moment de R_i par rapport à l'axe des x est le produit de sa masse et de la distance entre C_i et l'axe des x :

$$M_x(R_i) = [\rho f(\bar{x}_i)\Delta x]\tfrac{1}{2} f(\bar{x}_i) = \rho \cdot \tfrac{1}{2}[f(\bar{x}_i)]^2 \Delta x.$$

Comme précédemment, on additionne ces moments, puis on prend la limite de la somme afin d'obtenir le moment de $\mathcal{R}$ par rapport à l'axe des x :

$$M_x = \lim_{n\to\infty} \sum_{i=1}^{n} \rho \cdot \tfrac{1}{2}[f(\bar{x}_i)]^2 \Delta x = \rho \int_a^b \tfrac{1}{2}[f(x)]^2\,dx.$$

Exactement comme dans le cas d'un système de particules, le centre de masse de la plaque est défini de manière que $m\bar{x} = M_y$ et $m\bar{y} = M_x$. Mais la masse de la plaque est égale au produit de sa masse volumique et de son aire :

$$m = \rho A = \rho \int_a^b f(x)\,dx$$

de sorte que

$$\bar{x} = \frac{M_y}{m} = \frac{\rho \int_a^b xf(x)\,dx}{\rho \int_a^b f(x)\,dx} = \frac{\int_a^b xf(x)\,dx}{\int_a^b f(x)\,dx}$$

$$\bar{y} = \frac{M_x}{m} = \frac{\rho \int_a^b \frac{1}{2}[f(x)]^2\,dx}{\rho \int_a^b f(x)\,dx} = \frac{\int_a^b \frac{1}{2}[f(x)]^2\,dx}{\int_a^b f(x)\,dx}.$$

On note que, dans ces égalités, les ρ s'annulent. Ainsi, la position du centre de masse est indépendante de la masse volumique (à la condition que cette masse soit uniforme).

En résumé, le centre de masse de la plaque (ou le centre de gravité de $\mathcal{R}$) se trouve au point $(\bar{x}, \bar{y})$ où

8

$$\bar{x} = \frac{1}{A}\int_a^b xf(x)\,dx \qquad \bar{y} = \frac{1}{A}\int_a^b \frac{1}{2}[f(x)]^2\,dx.$$

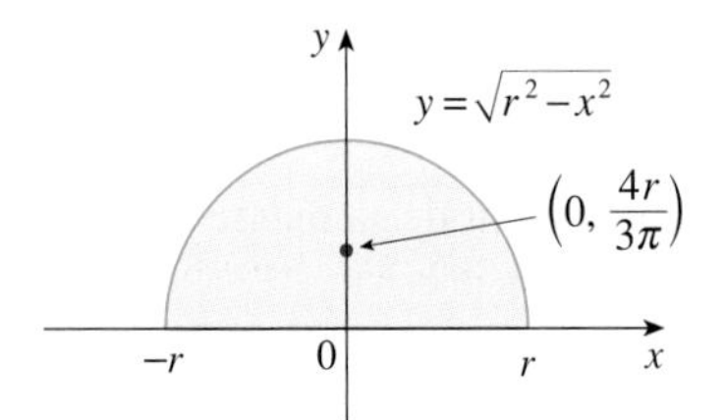

FIGURE 11

EXEMPLE 4 Déterminons le centre de masse d'une plaque semi-circulaire de rayon r.

SOLUTION Afin d'être en mesure d'utiliser les égalités **8**, on place le demi-disque de manière que $f(x) = \sqrt{r^2 - x^2}$, $a = -r$ et $b = r$, comme dans la figure 11. Dans ce cas, il est inutile d'appliquer la formule pour calculer x puisque, selon le principe de symétrie, le centre de masse doit se trouver sur l'axe des y, de sorte que $\bar{x} = 0$. L'aire du demi-disque est $A = \frac{1}{2}\pi r^2$; ainsi,

$$\begin{aligned}
\bar{y} &= \frac{1}{A}\int_{-r}^{r} \frac{1}{2}[f(x)]^2\,dx \\
&= \frac{1}{\frac{1}{2}\pi r^2} \cdot \frac{1}{2}\int_{-r}^{r} (\sqrt{r^2 - x^2})^2\,dx \\
&= \frac{2}{\pi r^2}\int_0^r (r^2 - x^2)\,dx = \frac{2}{\pi r^2}\left[r^2 x - \frac{x^3}{3}\right]_0^r \\
&= \frac{2}{\pi r^2}\frac{2r^3}{3} = \frac{4r}{3\pi}.
\end{aligned}$$

Le centre de masse se trouve au point $(0, 4r/(3\pi))$.

EXEMPLE 5 Trouvons le centre de gravité de la région délimitée par les courbes d'équations respectives $y = \cos x$, $y = 0$, $x = 0$ et $x = \pi/2$.

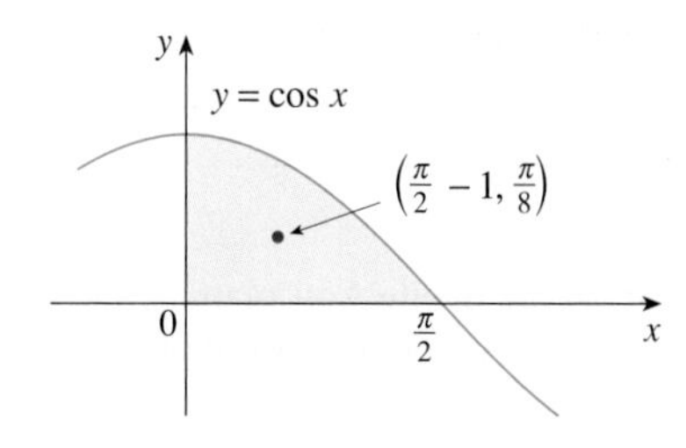

FIGURE 12

SOLUTION L'aire de la région est

$$A = \int_0^{\pi/2} \cos x \, dx = \sin x \Big]_0^{\pi/2} = 1.$$

Donc, selon les formules **8**,

$$\overline{x} = \frac{1}{A}\int_0^{\pi/2} xf(x)\,dx = \int_0^{\pi/2} x\cos x \, dx = x\sin x\Big]_0^{\pi/2} - \int_0^{\pi/2} \sin x \, dx \quad \text{(intégration par parties)}$$

$$= \frac{\pi}{2} - 1$$

$$\overline{y} = \frac{1}{A}\int_0^{\pi/2} \frac{1}{2}[f(x)]^2\,dx = \frac{1}{2}\int_0^{\pi/2} \cos^2 x \, dx = \frac{1}{4}\int_0^{\pi/2} (1+\cos 2x)\,dx = \frac{1}{4}\Big[x + \tfrac{1}{2}\sin 2x\Big]_0^{\pi/2}$$

$$= \frac{\pi}{8}.$$

Le centre de gravité est $\left(\frac{\pi}{2} - 1, \frac{\pi}{8}\right)$, comme le montre la figure 12.

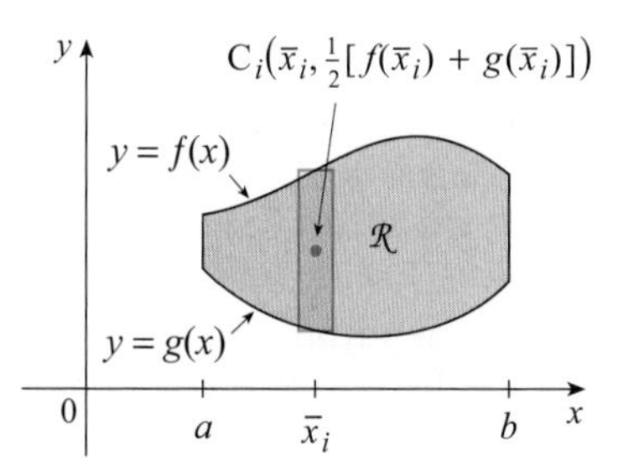

FIGURE 13

Si la région $\mathcal{R}$ est comprise entre deux courbes d'équations respectives $y = f(x)$ et $y = g(x)$, où $f(x) \geq g(x)$, comme le montre la figure 13, on peut utiliser le même type de raisonnement qui a donné les formules **8** pour montrer que le centre de gravité de $\mathcal{R}$ est $(\overline{x}, \overline{y})$ où

9

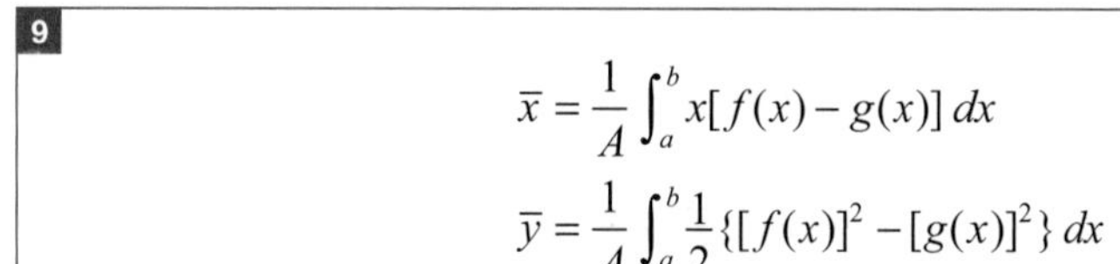

$$\overline{x} = \frac{1}{A}\int_a^b x[f(x) - g(x)]\,dx$$

$$\overline{y} = \frac{1}{A}\int_a^b \frac{1}{2}\{[f(x)]^2 - [g(x)]^2\}\,dx$$

(voir l'exercice 47).

EXEMPLE 6 Déterminons le centre de gravité de la région délimitée par la droite $y = x$ et la parabole $y = x^2$.

SOLUTION La région est représentée dans la figure 14. On pose $f(x) = x$, $g(x) = x^2$, $a = 0$ et $b = 1$ dans les formules **9**. On constate d'abord que l'aire de la région est

$$A = \int_0^1 (x - x^2)\,dx = \frac{x^2}{2} - \frac{x^3}{3}\Big]_0^1 = \frac{1}{6}.$$

FIGURE 14

Donc,

$$\overline{x} = \frac{1}{A}\int_0^1 x[f(x) - g(x)]\,dx = \frac{1}{\frac{1}{6}}\int_0^1 x(x - x^2)\,dx$$

$$= 6\int_0^1 (x^2 - x^3)\,dx = 6\left[\frac{x^3}{3} - \frac{x^4}{4}\right]_0^1 = \frac{1}{2}$$

$$\overline{y} = \frac{1}{A}\int_0^1 \frac{1}{2}\{[f(x)]^2 - [g(x)]^2\}\,dx = \frac{1}{\frac{1}{6}}\int_0^1 \frac{1}{2}(x^2 - x^4)\,dx$$

$$= 3\left[\frac{x^3}{3} - \frac{x^5}{5}\right]_0^1 = \frac{2}{5}.$$

Le centre de gravité est $\left(\frac{1}{2}, \frac{2}{5}\right)$.

Pour terminer la présente section, on va établir un lien étonnant entre les notions de centre de gravité et de volume de révolution.

Le théorème de Pappus doit son nom au mathématicien grec Pappus d'Alexandrie, qui vécut au IVe siècle après Jésus-Christ.

THÉORÈME DE PAPPUS

Soit une région plane $\mathcal{R}$ située entièrement d'un côté d'une droite l du plan. Si on fait tourner $\mathcal{R}$ autour de l, le volume du solide résultant est égal au produit de l'aire A de $\mathcal{R}$ et de la distance d parcourue par le centre de gravité de $\mathcal{R}$.

DÉMONSTRATION On va prouver le théorème dans le cas particulier où la région est comprise entre $y = f(x)$ et $y = g(x)$, comme l'illustre la figure 13, et où la droite l est l'axe des y. En appliquant la méthode des coquilles cylindriques (voir la section 2.3), on obtient

$$\begin{aligned} V &= \int_a^b 2\pi x[f(x) - g(x)]\,dx \\ &= 2\pi \int_a^b x[f(x) - g(x)]\,dx \\ &= 2\pi(\bar{x}A) \quad \text{(selon les formules 9)} \\ &= (2\pi\bar{x})A = Ad \end{aligned}$$

où $d = 2\pi\bar{x}$ est la distance parcourue par le centre de gravité lors de la rotation autour de l'axe des y.

EXEMPLE 7 Soit un tore résultant de la rotation d'un cercle de rayon r autour d'une droite appartenant au même plan que le cercle et située à une distance R ($> r$) du centre du cercle. Déterminons le volume du tore.

SOLUTION L'aire du cercle est $A = \pi r^2$. Selon le principe de symétrie, son centre de masse coïncide avec son centre géométrique et, par conséquent, la distance parcourue par son centre de masse lors d'une rotation est $d = 2\pi R$. Donc, selon le théorème de Pappus, le volume du tore est

$$V = Ad = (2\pi R)(\pi r^2) = 2\pi^2 r^2 R.$$

Il est intéressant de comparer la méthode utilisée dans l'exemple 7 et celle qui est employée dans l'exercice 61 de la section 2.2.

Exercices 4.3

1. Un aquarium dont la longueur est de 1,5 m, la largeur, de 0,5 m et la profondeur, de 1 m est rempli d'eau. Calculez: a) la pression hydrostatique qui s'exerce sur le fond de l'aquarium; b) la force hydrostatique sur le fond de l'aquarium; c) la force hydrostatique sur l'une des faces latérales de l'aquarium.

2. Un réservoir de 8 m de longueur, de 4 m de largeur et de 2 m de hauteur est rempli de kérosène, dont la masse volumique est de 820 kg/m^3, jusqu'à une hauteur de 1,5 m. Calculez: a) la pression hydrostatique qui s'exerce sur le fond du réservoir; b) la force hydrostatique sur le fond du réservoir; c) la force hydrostatique sur l'une des faces latérales du réservoir.

3-11 On immerge (complètement ou partiellement) la plaque verticale dont la forme est illustrée dans de l'eau. Expliquez comment évaluer approximativement, à l'aide d'une somme de Riemann, la force hydrostatique qui s'exerce sur un côté de la plaque, puis exprimez cette force sous la forme d'une intégrale et évaluez cette dernière.

3.

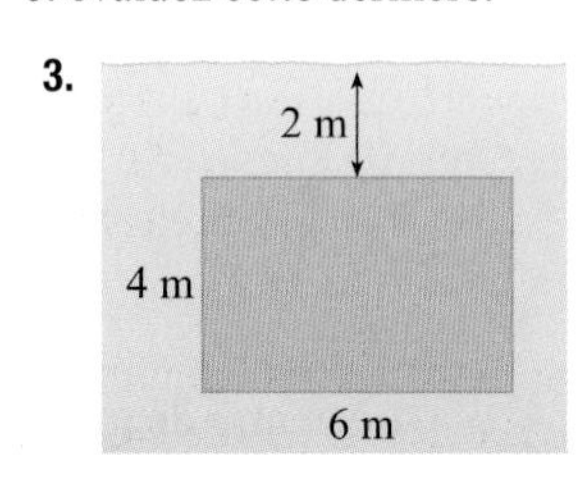

4.

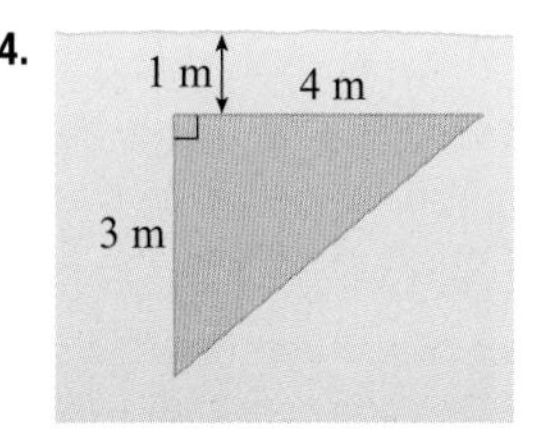

5. 6 m, 1 m

6.

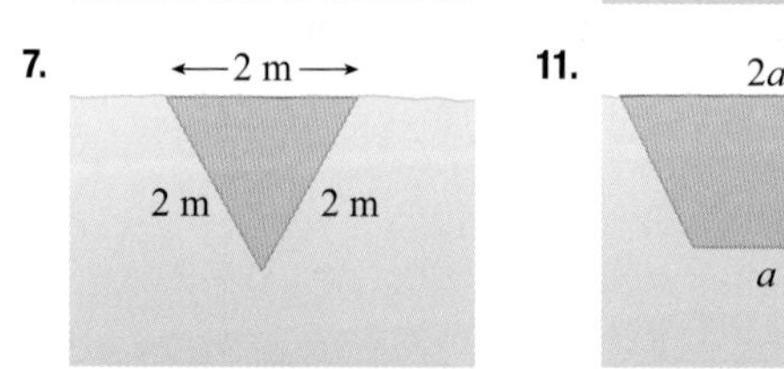

7.

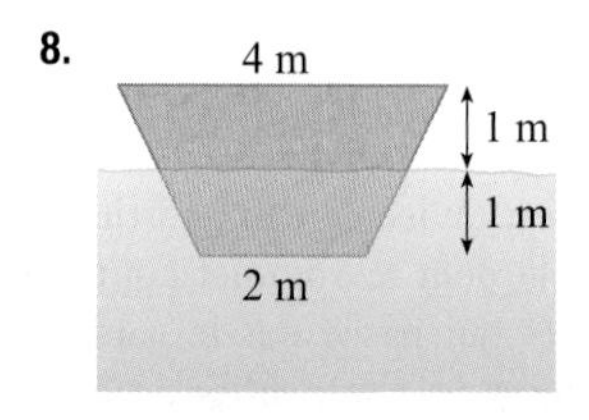

8. 4 m, 1 m, 1 m, 2 m

9. 2 m, 10 m

10.

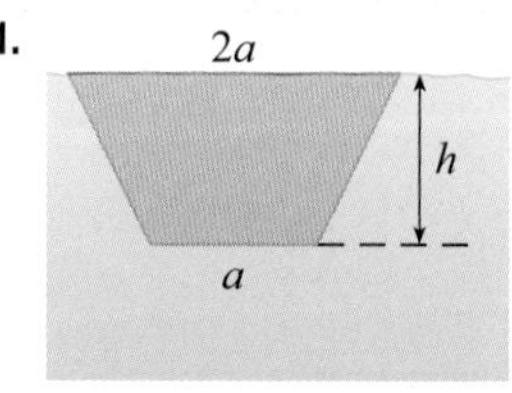

11. $2a$, h, a

12. Un camion-citerne à lait transporte du lait, dont la masse volumique est de 1035 kg/m^3, dans un réservoir cylindrique horizontal dont le diamètre est de 2 m. Calculez la force qu'exerce le lait sur l'une des extrémités du réservoir lorsque:
a) le réservoir est plein;
b) le réservoir est à moitié plein.

13. Un bassin est rempli d'un liquide dont la masse volumique est de 840 kg/m^3. Les extrémités du bassin ont la forme de triangles équilatéraux dont chaque côté mesure 8 m, un sommet se trouvant au bas du réservoir. Calculez la force hydrostatique qui s'exerce sur l'une des extrémités du bassin.

14. Un barrage vertical est muni d'une vanne semi-circulaire, comme l'illustre la figure suivante. Évaluez la force hydrostatique qui s'exerce sur la vanne.

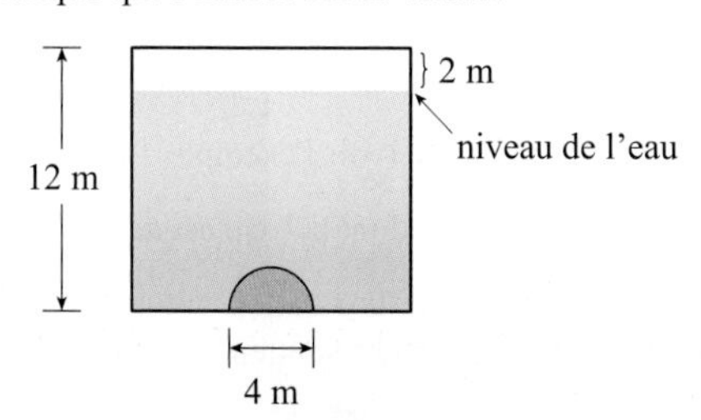

15. Un cube, dont chaque arête mesure 20 cm, est posé sur le fond d'un aquarium où l'eau a une profondeur de 1 m. Évaluez la force hydrostatique: a) sur la face supérieure du cube; b) sur une des faces latérales du cube.

16. Un barrage, dont l'inclinaison par rapport à la verticale est de 30°, a la forme d'un trapèze isocèle dont la grande base, au sommet, mesure 100 m, la petite base, 50 m et chaque côté oblique, 70 m. Calculez la force hydrostatique s'exerçant sur le barrage lorsque le niveau de l'eau est maximal.

17. Une piscine a une largeur de 6 m et une longueur de 12 m, et le fond est un plan incliné, la profondeur étant de 1 m à une extrémité et de 3 m à l'autre extrémité. En supposant que la piscine est remplie d'eau, évaluez la force hydrostatique: a) sur la paroi à l'extrémité la moins profonde; b) sur la paroi à l'extrémité la plus profonde; c) sur l'une des parois latérales; d) sur le fond de la piscine.

18. On immerge verticalement dans un liquide de masse volumique ρ une plaque dont la largeur est $l(x)$ à une profondeur de x mètres sous la surface. Sachant que le haut de la plaque se trouve à une profondeur a et le bas, à une profondeur b, montrez que la force hydrostatique sur l'un des côtés de la plaque est

$$F = \int_a^b \rho g x l(x)\, dx.$$

19. On a découvert une plaque métallique immergée à la verticale dans de l'eau de mer, dont la masse volumique est de 1025 kg/m^3. Les mesures de la largeur de la plaque à différentes profondeurs sont données dans le tableau suivant. À l'aide de la règle de Simpson, estimez la force hydrostatique qui s'exerce sur la plaque.

Profondeur (m)	7,0	7,4	7,8	8,2	8,6	9,0	9,4
Largeur de la plaque (m)	1,2	1,8	2,9	3,8	3,6	4,2	4,4

20. a) À l'aide de la formule prouvée dans l'exercice 18, montrez que

$$F = (\rho g \overline{x})A$$

où $\overline{x}$ est l'abscisse du centre de masse de la plaque et A, l'aire de celle-ci. L'égalité à prouver énonce que la force hydrostatique sur une région plane verticale est égale à la force qui s'exercerait sur la région si elle se trouvait à l'horizontale, à la même profondeur que son centre de masse.

b) En utilisant l'égalité prouvée en a), donnez une autre solution pour l'exercice 10.

21-22 Des masses ponctuelles m_i sont situées sur l'axe des x comme le montre la figure. Calculez le moment M par rapport à l'origine du système formé de ces masses, de même que le centre de masse $\overline{x}$ du système.

21. $m_1 = 6$ (en 10), $m_2 = 9$ (en 30)

22. $m_1 = 12$ (en -3), $m_2 = 15$ (en 2), $m_3 = 20$ (en 8)

23-24 Chaque masse m_i est située au point P_i. Déterminez les moments M_x et M_y, de même que le centre de masse du système.

23. $m_1 = 4$, $m_2 = 2$, $m_3 = 4$; $P_1(2, -3)$, $P_2(-3, 1)$, $P_3(3, 5)$

24. $m_1 = 5$, $m_2 = 4$, $m_3 = 3$, $m_4 = 6$; $P_1(-4, 2)$, $P_2(0, 5)$, $P_3(3, 2)$, $P_4(1, -2)$

25-28 Dessinez la région délimitée par les courbes données, puis estimez la position du centre de masse à l'aide du graphique. Trouvez ensuite les coordonnées exactes du centre de masse.

25. $y = 2x$, $y = 0$ et $x = 1$

26. $y = \sqrt{x}$, $y = 0$ et $x = 4$

27. $y = e^x$, $y = 0$, $x = 0$ et $x = 1$

28. $y = \sin x$ et $y = 0$, où $0 \le x \le \pi$

29-33 Trouvez le centre de masse de la région délimitée par les courbes données.

29. $y = x^2$ et $x = y^2$

30. $y = 2 - x^2$ et $y = x$

31. $y = \sin x$, $y = \cos x$, $x = 0$ et $x = \pi/4$

32. $y = x^3$, $x + y = 2$ et $y = 0$

33. $x + y = 2$ et $x = y^2$

34-35 Déterminez les moments M_x et M_y, de même que le centre de masse, d'une lamelle ayant la masse volumique donnée et la forme représentée dans la figure.

34. $\rho = 3$

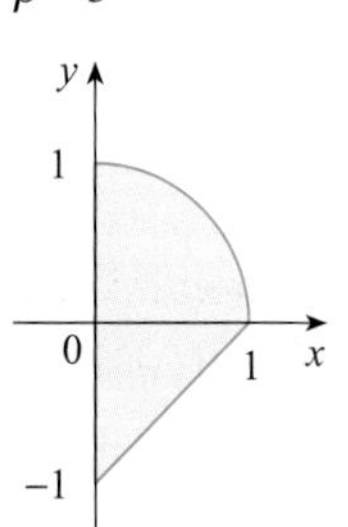

35. $\rho = 10$

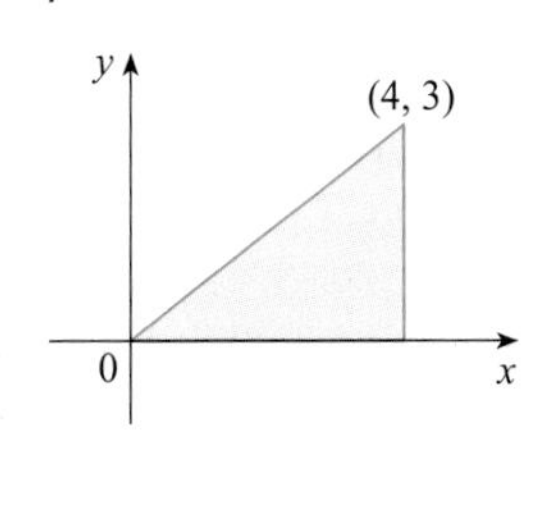

36. À l'aide de la règle de Simpson, estimez la position du centre de masse de la région représentée dans la figure suivante.

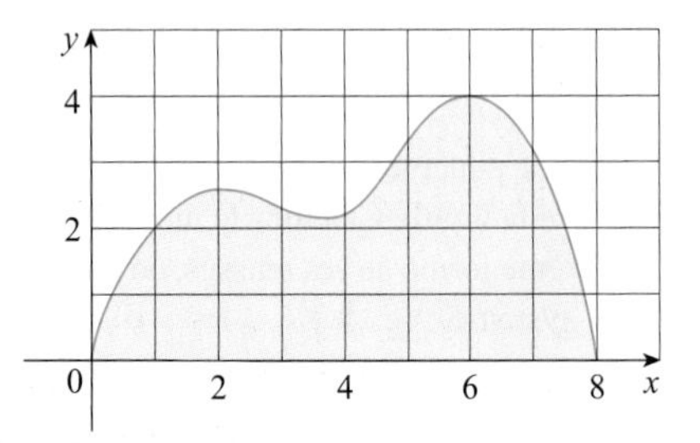

37. Trouvez le centre de masse de la région bornée par les courbes d'équations respectives $y = x^3 - x$ et $y = x^2 - 1$. Dessinez la région et représentez le centre de masse afin de vérifier si le résultat est plausible.

38. À l'aide d'un graphique, estimez les abscisses des points d'intersection des courbes d'équations respectives $y = e^x$ et $y = 2 - x^2$. Déterminez ensuite (approximativement) le centre de masse de la région délimitée par ces courbes.

39. Montrez que le centre de masse d'un triangle quelconque coïncide avec le point d'intersection de ses médianes. (*Indices :* Choisissez les axes de manière que les sommets du triangle soient en $(a, 0)$, $(0, b)$ et $(c, 0)$. Rappelez-vous qu'une médiane est un segment de droite reliant un sommet au milieu du côté opposé, et que les médianes d'un triangle se coupent en un point situé aux deux tiers de la distance entre chaque sommet et le côté opposé (donc sur la médiane).)

40-41 Trouvez le centre de masse de la région représentée dans la figure, pas en évaluant une intégrale, mais en localisant les centres de masse respectifs des rectangles et des triangles (voir l'exercice 39) et en utilisant l'additivité des moments.

40.

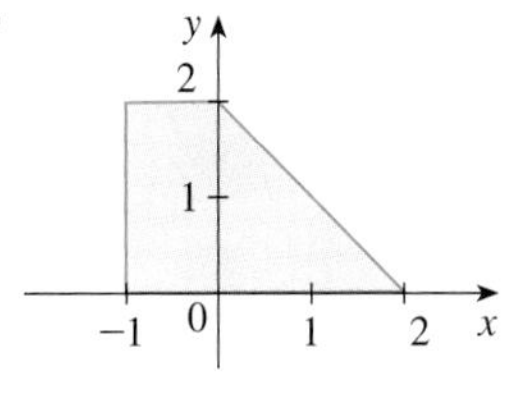

41.

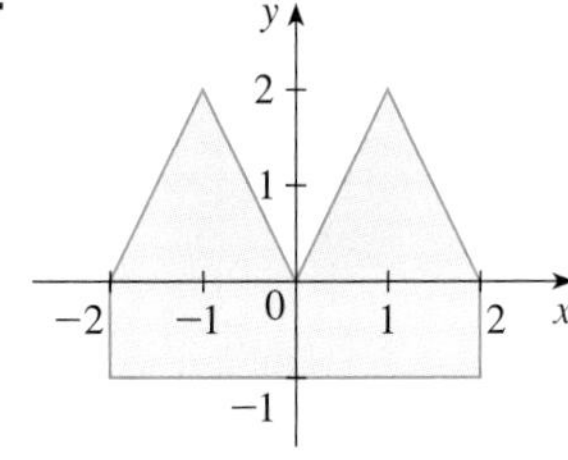

42. Un rectangle R de côtés a et b est divisé en deux parties R_1 et R_2 par un arc d'une parabole dont le sommet coïncide avec l'un des sommets de R et qui passe par le sommet opposé. Trouvez les centres de masse respectifs de R_1 et de R_2.

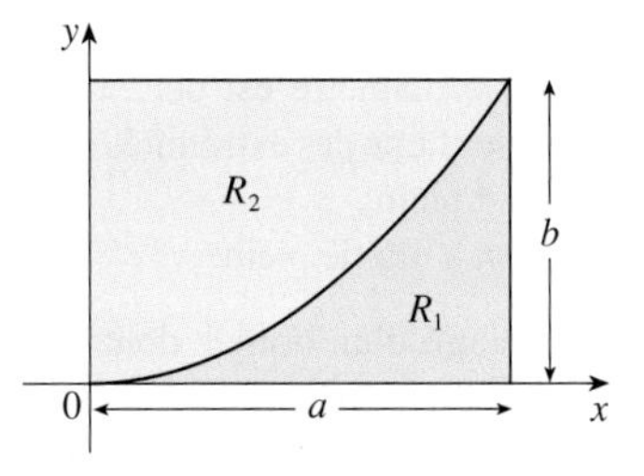

43. On désigne par $\bar{x}$ l'abscisse du centre de masse de la région sous la courbe d'une fonction continue f. Étant donné $a \le x \le b$, montrez que

$$\int_a^b (cx + d) f(x)\, dx = (c\bar{x} + d) \int_a^b f(x)\, dx.$$

44-46 À l'aide du théorème de Pappus, évaluez le volume du solide donné.

44. Une sphère de rayon r (voir l'exemple 4).

45. Un cône de hauteur h dont la base est de rayon r.

46. Le solide résultant de la rotation autour de l'axe des x du triangle dont les sommets sont en $(2, 3)$, $(2, 5)$ et $(5, 4)$.

47. Démontrez les formules **9**.

48. Soit $\mathcal{R}$, la région comprise entre les courbes d'équations respectives $y = x^m$ et $y = x^n$, où $0 \le x \le 1$ et m et n sont des entiers tels que $0 \le n < m$.

a) Représentez graphiquement la région $\mathcal{R}$.
b) Calculez les coordonnées du centre de masse de $\mathcal{R}$.
c) Essayez de trouver des valeurs de m et de n telles que le centre de masse de $\mathcal{R}$ se trouve à l'extérieur de la région.

SUJET À EXPLORER

DES TASSES À CAFÉ COMPLÉMENTAIRES

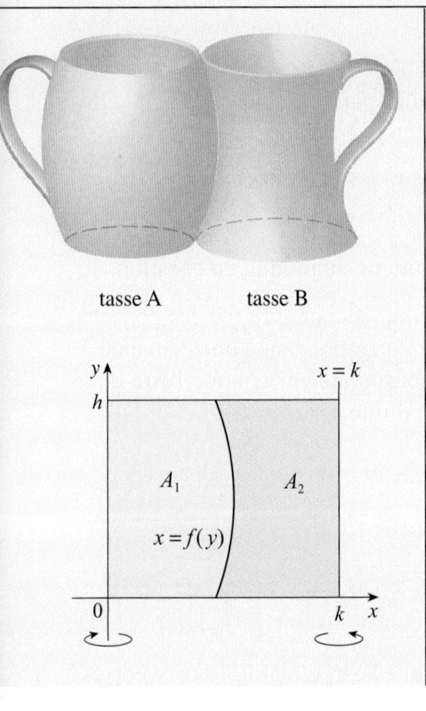

Vous avez le choix entre deux tasses à café dont la forme est illustrée ci-contre : le bord de l'une est incurvé vers l'extérieur et celui de l'autre, vers l'intérieur. Notez que les deux tasses ont la même hauteur et que leurs formes s'emboîtent l'une dans l'autre. Vous vous demandez laquelle contient le plus de café. Vous pourriez évidemment remplir l'une des tasses d'eau, puis verser le contenu dans l'autre tasse mais, puisque vous étudiez le calcul intégral, vous choisissez plutôt une approche mathématique. En ne tenant pas compte des anses, vous constatez que chaque tasse est une surface de révolution, et vous considérez le contenu comme un volume de révolution.

1. Soit le cas où la hauteur de chaque tasse est h, où la surface de la tasse A résulte de la rotation de la courbe $x = f(y)$ autour de l'axe des y et où celle de la tasse B résulte de la rotation de la même courbe autour de la droite $x = k$. Calculez la valeur de k pour laquelle les deux tasses contiennent la même quantité de café.
2. Selon le résultat du problème 1, que pouvez-vous dire au sujet des aires A_1 et A_2 représentées dans la figure ci-contre ?
3. À l'aide du théorème de Pappus, expliquez le résultat des problèmes 1 et 2.
4. En vous appuyant sur vos propres mesures et observations, proposez une valeur de h et une équation de la courbe $x = f(y)$, puis calculez la capacité de chaque tasse.

4.4 LES APPLICATIONS AUX DOMAINES DE L'ÉCONOMIE ET DE LA BIOLOGIE

Dans ce qui suit, on va examiner quelques applications de l'intégration aux domaines de l'économie (surplus du consommateur) et de la biologie (circulation sanguine, débit cardiaque). D'autres sujets sont abordés dans les exercices.

LE SURPLUS DU CONSOMMATEUR

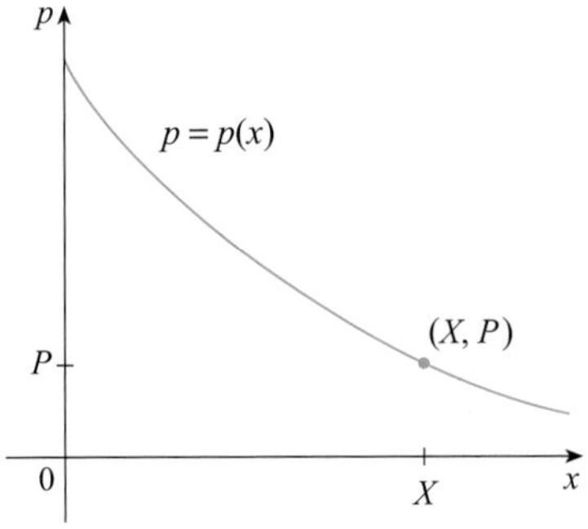

FIGURE 1
Une courbe de demande typique.

La fonction de demande $p(x)$ est le prix qu'une entreprise doit demander si elle veut vendre x unités d'un produit. Habituellement, la vente d'une plus grande quantité exige qu'on abaisse le prix, de sorte que la fonction de demande est décroissante. La courbe d'une fonction de demande typique, appelée **courbe de demande**, est représentée dans la figure 1. Si X est la quantité disponible d'un produit donné, alors $P = p(X)$ est le prix de vente actuel.

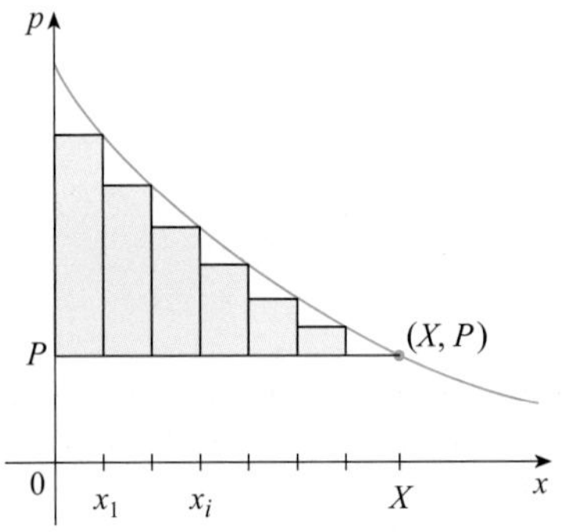

FIGURE 2

On divise l'intervalle $[0, X]$ en n sous-intervalles d'une même longueur $\Delta x = X/n$ et on désigne par $x_i^* = x_i$ l'extrémité droite du i-ième sous-intervalle, comme le montre la figure 2. Si, après avoir vendu les x_{i-1} premières unités, seulement x_i unités sont disponibles, et qu'on fixe alors le prix à $p(x_i)$ dollars, il est possible de vendre encore Δx unités (mais pas davantage). Le consommateur qui aurait payé $p(x_i)$ dollars attribuait une grande valeur au produit ; il aurait payé ce que ce dernier valait à ses yeux. Donc, en déboursant seulement P dollars, il a économisé une somme égale à

$$(\text{économie par unité})(\text{nombre d'unités}) = [p(x_i) - P]\,\Delta x.$$

Si on considère des groupes semblables de consommateurs désirant le produit pour chacun des sous-intervalles et qu'on additionne les économies, on obtient l'économie totale

$$\sum_{i=1}^{n} [p(x_i) - P]\,\Delta x.$$

(Cette somme correspond à l'aire de la région délimitée par l'ensemble des rectangles de la figure 2.) Si $n \to \infty$, cette somme de Riemann tend vers l'intégrale

1 $$\int_0^X [p(x) - P]\,dx$$

que les économistes appellent **surplus du consommateur** du produit en question.

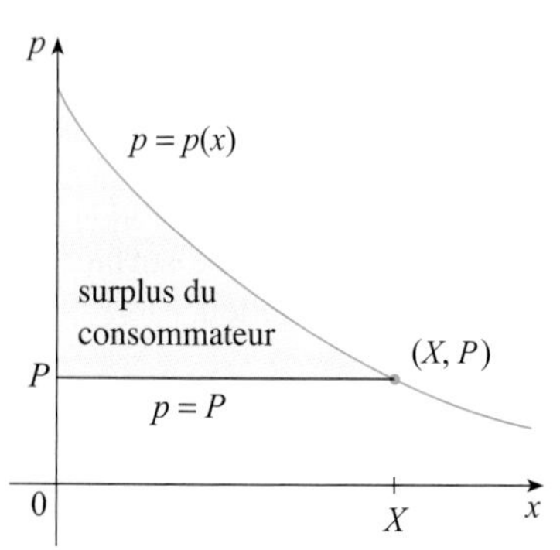

FIGURE 3

Le surplus du consommateur représente la somme économisée par les consommateurs qui achètent le produit au prix P, ce dernier correspondant à une demande X. La figure 3 illustre l'interprétation du surplus du consommateur comme l'aire de la région sous la courbe de demande et au-dessus de la droite $p = P$.

EXEMPLE 1 La demande pour un produit est, en dollars,

$$p = 1200 - 0{,}2x - 0{,}0001x^2.$$

Déterminons le surplus du consommateur dans le cas où le niveau de vente est de 500.

SOLUTION Étant donné que le nombre d'unités vendues est $X = 500$, le prix correspondant est

$$P = 1200 - (0{,}2)(500) - (0{,}0001)(500)^2 = 1075.$$

Donc, selon la définition **1**, le surplus du consommateur est

$$\begin{aligned}\int_0^{500} [p(x) - P]\,dx &= \int_0^{500} (1200 - 0{,}2x - 0{,}0001x^2 - 1075)\,dx \\ &= \int_0^{500} (125 - 0{,}2x - 0{,}0001x^2)\,dx \\ &= 125x - 0{,}1x^2 - (0{,}0001)\left(\frac{x^3}{3}\right)\Bigg]_0^{500} \\ &= (125)(500) - (0{,}1)(500)^2 - \frac{(0{,}0001)(500)^3}{3} \\ &= 33\,333{,}33\,\$.\end{aligned}$$

LA CIRCULATION SANGUINE

La loi de l'écoulement laminaire

$$v(r) = \frac{P}{4\eta l}(R^2 - r^2)$$

donne la vitesse v du sang qui circule dans un vaisseau sanguin de rayon R et de longueur l, à une distance r de l'axe central du vaisseau, P étant la différence de pression entre les extrémités de ce dernier et η, la viscosité du sang. Si on veut calculer le débit, ou le **flux** (volume par unité de temps) sanguin, on prend des valeurs plus petites du rayon, également espacées, r_1, r_2, … L'aire approximative de l'anneau (ou rondelle) de rayon interne r_{i-1} et de rayon externe r_i est égale à

$$2\pi r_i \Delta r \quad \text{où} \quad \Delta r = r_i - r_{i-1}$$

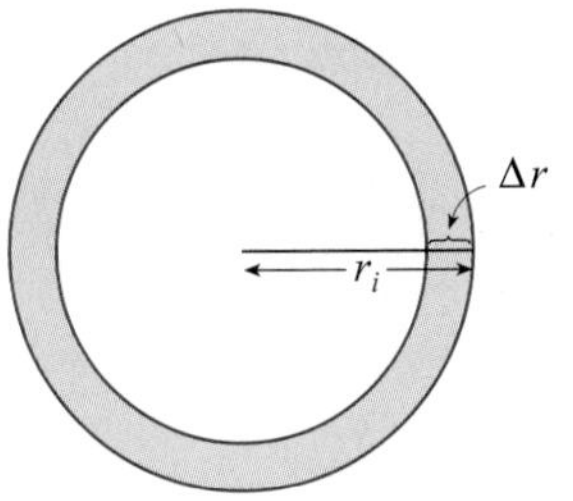

FIGURE 4

(voir la figure 4). Si Δr est petit, la vitesse est presque constante dans tout l'anneau et on peut prendre comme approximation $v(r_i)$. Ainsi, le volume de sang qui circule dans l'anneau, par unité de temps, est environ égal à

$$(2\pi r_i \Delta r)v(r_i) = 2\pi r_i v(r_i)\,\Delta r$$

et le volume de sang qui circule à travers une section transversale, par unité de temps, est approximativement égal à

$$\sum_{i=1}^{n} 2\pi r_i v(r_i)\,\Delta r.$$

Cette approximation est illustrée dans la figure 5. On note que la vitesse (et, par conséquent, le volume par unité de temps) augmente quand on approche du centre du vaisseau sanguin, et l'approximation est d'autant meilleure que n est grand. Si on prend la limite de la somme, on obtient la valeur exacte du flux (ou du **débit**), qui est le volume de sang passant à travers une section transversale par unité de temps :

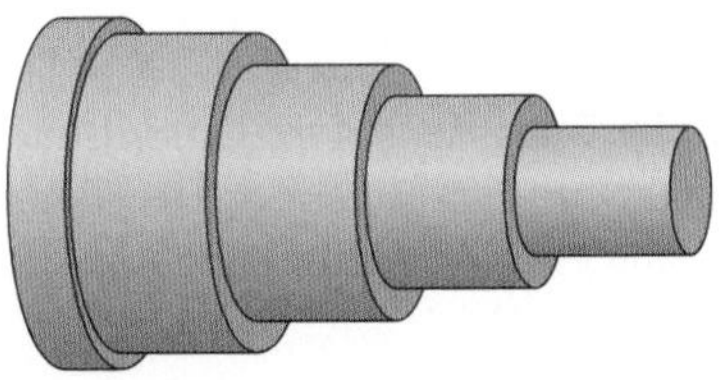

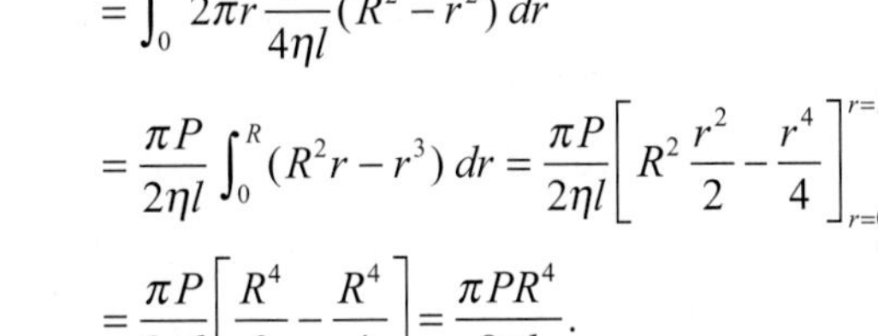

FIGURE 5

$$\begin{aligned} F &= \lim_{n\to\infty} \sum_{i=1}^{n} 2\pi r_i v(r_i)\,\Delta r = \int_0^R 2\pi r v(r)\,dr \\ &= \int_0^R 2\pi r \frac{P}{4\eta l}(R^2 - r^2)\,dr \\ &= \frac{\pi P}{2\eta l}\int_0^R (R^2 r - r^3)\,dr = \frac{\pi P}{2\eta l}\left[R^2\frac{r^2}{2} - \frac{r^4}{4}\right]_{r=0}^{r=R} \\ &= \frac{\pi P}{2\eta l}\left[\frac{R^4}{2} - \frac{R^4}{4}\right] = \frac{\pi P R^4}{8\eta l}. \end{aligned}$$

L'équation

2 $$F = \frac{\pi P R^4}{8\eta l}$$

est appelée **loi de Poiseuille** ; elle énonce que le débit est proportionnel au rayon à la puissance 4 du vaisseau sanguin.

LE DÉBIT CARDIAQUE

La figure 6 représente l'appareil cardiovasculaire humain. Le sang passe dans les veines pour retourner au cœur : il entre dans l'oreillette droite et est pompé vers les poumons, en empruntant les artères pulmonaires, pour y être oxygéné. Il retourne ensuite dans l'oreillette gauche, par les veines pulmonaires, puis se rend dans le reste de l'organisme par l'aorte. On appelle **débit cardiaque** le volume de sang que le cœur pompe par unité de temps, c'est-à-dire la vitesse du flux sanguin dans l'aorte.

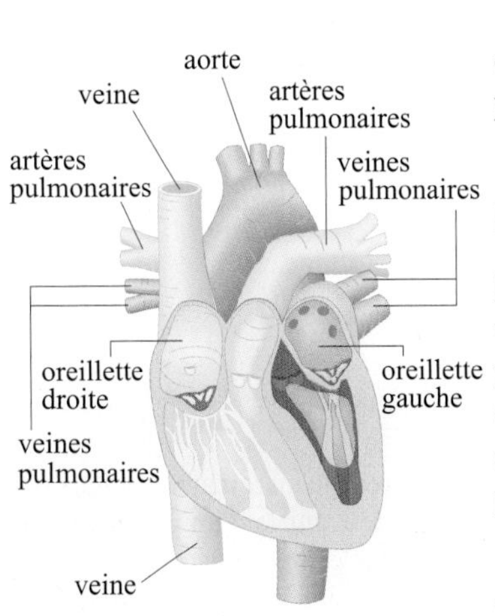

FIGURE 6

La **méthode de dilution d'un colorant** sert à mesurer le débit cardiaque. On injecte dans l'oreillette droite un colorant qui se rend dans l'aorte en passant par le cœur. Une sonde, insérée dans l'aorte, mesure la concentration du colorant qui sort du cœur à des moments également espacés d'un intervalle de temps $[0, T]$, jusqu'à ce que le colorant ait été éliminé. Soit $c(t)$, la concentration de colorant au temps t. Si on divise $[0, T]$ en sous-intervalles d'une même longueur Δt, la quantité de colorant qui s'écoule au point de mesure durant le sous-intervalle allant de $t = t_{i-1}$ à $t = t_i$ est approximativement égale à

$$(\text{concentration})(\text{volume}) = c(t_i)(F\,\Delta t)$$

où F est le débit à déterminer. Ainsi, la quantité totale de colorant est environ égale à

$$\sum_{i=1}^{n} c(t_i)F\Delta t = F\sum_{i=1}^{n} c(t_i)\Delta t$$

et, si on pose $n \to \infty$, on obtient la quantité de colorant

$$A = F\int_0^T c(t)\,dt.$$

Donc, le débit cardiaque est

3 $$F = \frac{A}{\int_0^T c(t)\,dt}$$

où la quantité de colorant A est connue, et on peut calculer une valeur approchée de l'intégrale à l'aide des mesures de la concentration.

t	$c(t)$
0	0
1	0,4
2	2,8
3	6,5
4	9,8
5	8,9
6	6,1
7	4,0
8	2,3
9	1,1
10	0

EXEMPLE 2 Après avoir injecté un bolus de colorant de 5 mg dans l'oreillette droite d'un individu, on mesure la concentration de colorant (en milligrammes par litre) dans l'aorte toutes les secondes. À l'aide des données présentées dans le tableau, estimons le débit cardiaque de l'individu.

SOLUTION Dans le cas présent, $A = 5$, $\Delta t = 1$ et $T = 10$. À l'aide de la règle de Simpson, on calcule une valeur approchée de l'intégrale de la concentration :

$$\begin{aligned}\int_0^{10} c(t)\,dt &\approx \tfrac{1}{3}[0 + 4(0{,}4) + 2(2{,}8) + 4(6{,}5) + 2(9{,}8) + 4(8{,}9) \\ &\quad + 2(6{,}1) + 4(4{,}0) + 2(2{,}3) + 4(1{,}1) + 0] \\ &\approx 41{,}87.\end{aligned}$$

Selon la formule **3**, le débit cardiaque est

$$F = \frac{A}{\int_0^{10} c(t)\,dt} \approx \frac{5}{41{,}87} \approx 0{,}12 \text{ L/s} = 7{,}2 \text{ L/min}.$$

Exercices 4.4

1. La fonction de coût marginal $C'(x)$ est définie comme la dérivée de la fonction de coût. Le coût marginal de production de x litres de jus d'orange est

$$C'(x) = 0{,}82 - 0{,}000\,03x + 0{,}000\,000\,003x^2$$

(en dollars par litre). Les frais fixes initiaux sont $C(0) = 18\,000$ \$. À l'aide du théorème de la variation nette, calculez le coût de production des 4000 premiers litres de jus.

2. Une entreprise estime que le revenu marginal (en dollars par unité) que rapporte la vente de x unités d'un produit est de $48 - 0{,}0012x$. En supposant que cette évaluation est exacte, calculez l'augmentation du revenu qu'entraîne une augmentation des ventes de 5000 unités à 10 000 unités.

3. Une compagnie minière estime que le coût marginal de l'extraction de x tonnes de minerai de cuivre est de $0{,}6 + 0{,}008x$ milliers de dollars par tonne. Si les frais initiaux sont de 100 000 $, combien coûte l'extraction des 50 premières tonnes de cuivre? des 50 tonnes suivantes?

4. La fonction de demande d'un bien est $p = 20 - 0{,}05x$. Calculez le surplus du consommateur dans le cas où le niveau de vente est 300. Illustrez le problème en traçant la courbe de demande et en représentant le surplus du consommateur par une aire.

5. L'équation d'une courbe de demande est $p = 450/(x + 8)$. Calculez le surplus du consommateur dans le cas où le prix de vente est de 10 $.

6. La **fonction de l'offre** $o_s(x)$ d'un bien exprime la relation entre le prix de vente de ce bien et le nombre d'unités que les fabricants acceptent de produire à ce niveau de prix. Si le prix augmente, les fabricants vont produire plus d'unités, de sorte que o_s est une fonction croissante de x. Soit X, la quantité du bien produite actuellement et $P = o_s(X)$, le prix actuel. Certains fabricants accepteraient de produire ce bien et de le vendre à un prix inférieur, de sorte qu'ils recevraient plus que leur prix minimal. Ce montant additionnel est appelé **surplus du producteur**. En appliquant un raisonnement analogue à celui qui a été utilisé dans le cas du surplus du consommateur, on peut montrer que le surplus du producteur est donné par

$$\int_0^X [P - o_s(x)]\,dx.$$

Calculez le surplus du producteur dans le cas où la fonction de l'offre est $o_s(x) = 3 + 0{,}01x^2$ lorsque le niveau de vente est $X = 10$. Illustrez le problème en traçant la courbe de l'offre et en représentant le surplus du producteur par une aire.

7. Étant donné que l'équation d'une courbe de l'offre est $o = 200 + 0{,}2x^{3/2}$, calculez le surplus du producteur dans le cas où le prix de vente est de 400 $.

8. Pour un bien donné, dans un contexte de libre concurrence, le nombre d'unités produites et le prix à l'unité sont respectivement les coordonnées du point d'intersection des courbes de l'offre et de la demande. Sachant que l'équation de la courbe de demande est $p = 50 - \frac{1}{20}x$ et que celle de la courbe de l'offre est $o = 20 + \frac{1}{10}x$, déterminez le surplus du consommateur et le surplus du producteur. Illustrez le problème en traçant les courbes respectives de l'offre et de la demande, et représentez les surplus par des aires.

9. Une entreprise utilise l'équation suivante comme modèle de la courbe de demande de son produit (l'unité étant le dollar):

$$p = \frac{800\,000e^{-x/5000}}{x + 20\,000}.$$

À l'aide d'un graphique, estimez le niveau de vente dans le cas où le prix de vente est de 16 $. Estimez ensuite le surplus du consommateur à ce niveau de vente.

10. Un cinéma qui demande 10,00 $ par personne vend habituellement environ 500 billets un soir de semaine. Après avoir effectué un sondage auprès des clients, le gérant du cinéma estime que, pour chaque diminution de 50 cents du prix du billet, le nombre de spectateurs augmenterait de 50 par soirée. Déterminez la fonction de demande, puis calculez le surplus du consommateur dans le cas où le prix d'un billet est de 8,00 $.

11. Si le capital que possède une entreprise au temps t est $f(t)$, la dérivée $f'(t)$ est appelée **mouvement net des investissements**. Dans le cas où le mouvement net des investissements est de $\sqrt{t}$ millions de dollars par année (où t est exprimé en années), calculez l'augmentation du capital (la **formation de capital**) de la quatrième à la huitième année.

12. Le revenu d'une entreprise croît à un taux

$$f(t) = 9000\sqrt{1 + 2t},$$

où t est exprimé en années et $f(t)$, en dollars par année. Évaluez le revenu total de l'entreprise pour les quatre premières années.

13. Selon la **loi de Pareto** appliquée au revenu, le nombre de personnes dont le revenu se situe entre $x = a$ et $x = b$ est $N = \int_a^b Ax^{-k}\,dx$, où A et k sont des constantes telles que $A > 0$ et $k > 1$, leur revenu moyen étant

$$\overline{x} = \frac{1}{N}\int_a^b Ax^{1-k}\,dx.$$

Calculez $\overline{x}$.

14. Lors d'un été chaud et humide, la population de maringouins d'un lieu de villégiature bordant un lac connaît une explosion démographique. Le nombre de maringouins augmente à un rythme estimé à $2200 + 10e^{0{,}8t}$ maringouins par semaine (où t est exprimé en semaines). Quelle est l'augmentation de la population de maringouins entre la cinquième et la neuvième semaine de l'été?

15. À l'aide de la loi de Poiseuille, évaluez le débit sanguin dans une petite artère de l'organisme humain en supposant que $\eta = 0{,}027$, $R = 0{,}008$ cm, $l = 2$ cm et $P = 4000$ dyn/cm^2.

16. L'hypertension est due à la constriction des artères. Pour maintenir un débit sanguin (flux) normal, le cœur doit pomper davantage, d'où l'augmentation de la pression artérielle. En utilisant la loi de Poiseuille, montrez que, si R_0 et P_0 sont respectivement les valeurs normales du rayon d'une artère et de la pression dans cette artère, tandis que les valeurs quand il y a constriction sont R et P, alors, pour que le débit sanguin reste constant, P et R doivent vérifier la relation

$$\frac{P}{P_0} = \left(\frac{R_0}{R}\right)^4.$$

Déduisez de cette égalité que, si le rayon d'une artère est réduit aux trois quarts de sa valeur initiale, alors la pression est égale à plus du triple de sa valeur initiale.

17. On mesure le débit cardiaque à l'aide de la méthode de dilution en utilisant 6 mg de colorant. On prend comme modèle de la concentration de colorant, en milligrammes par litre, la fonction $c(t) = 20te^{-0{,}6t}$, où $0 \leq t \leq 10$ et t est mesuré en secondes. Calculez le débit cardiaque.

18. Après avoir injecté 5,5 mg de colorant à un individu, on mesure la concentration de colorant, en milligrammes par litre, toutes les deux secondes, ce qui fournit les données présentées dans le tableau suivant. À l'aide de la règle de Simpson, estimez le débit cardiaque.

t	$c(t)$
0	0,0
2	4,1
4	8,9
6	8,5
8	6,7
10	4,3
12	2,5
14	1,2
16	0,2

19. On injecte 7 mg de colorant dans le cœur d'un individu. Le graphique suivant montre la courbe de la fonction concentration $c(t)$ résultant des mesures effectuées. À l'aide de la règle de Simpson, estimez le débit cardiaque.

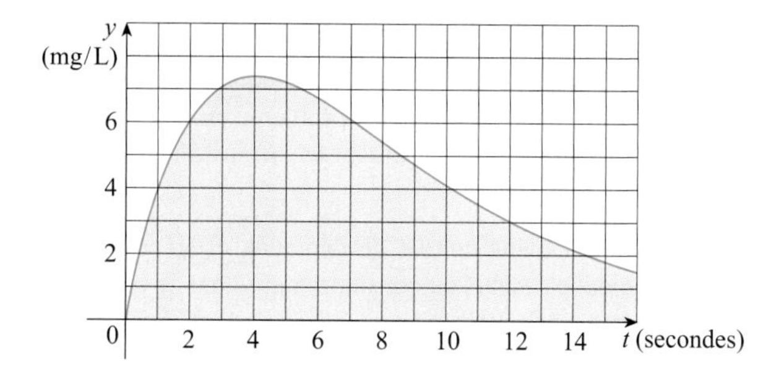

4.5 LES PROBABILITÉS

Le calcul différentiel et intégral joue un rôle dans l'analyse du comportement aléatoire. Par exemple, le taux de cholestérol d'une personne choisie au hasard dans un groupe d'âge donné, la taille d'une femme adulte choisie au hasard et la durée de vie d'une pile d'un type donné choisie au hasard sont des grandeurs appelées **variables aléatoires continues** parce que leur valeur varie à l'intérieur d'un intervalle de nombres réels, bien qu'on puisse les mesurer ou les enregistrer seulement à l'entier le plus proche. Il arrive qu'on désire connaître la probabilité que le taux de cholestérol sanguin soit supérieur à 6,5 mmol/L ou que la taille d'une femme adulte se situe entre 150 et 180 cm, ou encore que la pile qu'on veut acheter ait une durée de vie comprise entre 100 et 200 heures. Si X représente la durée de vie d'une pile de ce type, cette dernière probabilité s'écrit symboliquement

$$P(100 \leq X \leq 200).$$

Si on se reporte au concept de fréquence lié aux probabilités, ce nombre est la proportion de toutes les piles du même type dont la durée de vie est comprise entre 100 et 200 heures. Étant donné qu'elle représente une proportion, la probabilité se situe nécessairement entre 0 et 1.

À chaque variable aléatoire continue X est associée une **fonction de densité de probabilité** f. Cela signifie qu'on obtient la probabilité que la valeur de X soit comprise entre a et b en intégrant f de a à b :

1 $$P(a \leq X \leq b) = \int_a^b f(x)\,dx.$$

Par exemple, la figure 1 représente la courbe d'un modèle de la fonction de densité de probabilité f d'une variable aléatoire X définie comme la taille en centimètres d'une femme adulte américaine (selon les données du National Health Survey). La probabilité que la taille d'une femme choisie au hasard dans la population étudiée se situe entre 150 et 180 cm est égale à l'aire de la région sous la courbe de f, entre 150 et 180.

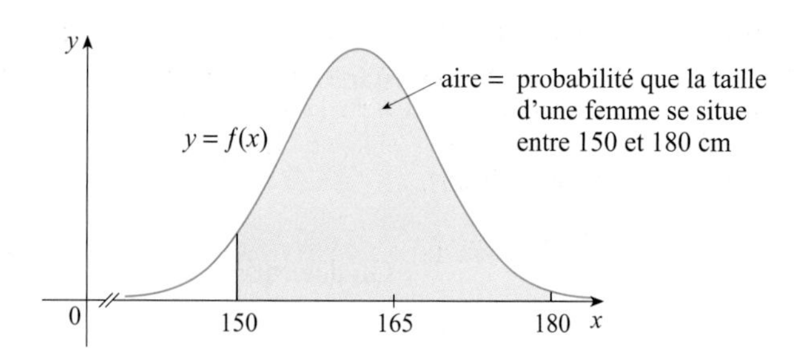

FIGURE 1
La fonction de densité de probabilité de la taille d'une femme adulte.

En général, la fonction de densité de probabilité f d'une variable aléatoire X satisfait à la condition $f(x) \geq 0$ pour tout x. Étant donné que les probabilités sont mesurées sur une échelle allant de 0 à 1,

2
$$\int_{-\infty}^{\infty} f(x)\,dx = 1.$$

EXEMPLE 1 Soit $f(x) = 0{,}006x(10 - x)$ pour tout $0 \leq x \leq 10$ et $f(x) = 0$ pour toute autre valeur de x.

Vérifions que f est une fonction de densité de probabilité, puis calculons $P(4 \leq X \leq 8)$.

SOLUTION Si $0 \leq x \leq 10$, alors $0{,}006x(10 - x) \geq 0$, de sorte que $f(x) \geq 0$ pour tout x. Il faut de plus vérifier que l'égalité **2** est satisfaite :

$$\int_{-\infty}^{\infty} f(x)\,dx = \int_0^{10} 0{,}006x(10-x)\,dx = 0{,}006\int_0^{10}(10x - x^2)\,dx$$
$$= 0{,}006\left[5x^2 - \tfrac{1}{3}x^3\right]_0^{10} = 0{,}006(500 - \tfrac{1000}{3}) = 1.$$

Donc, f est une fonction de densité de probabilité.

La probabilité que X se situe entre 4 et 8 est

$$P(4 \leq X \leq 8) = \int_4^8 f(x)\,dx = 0{,}006\int_4^8 (10x - x^2)\,dx$$
$$= 0{,}006\left[5x^2 - \tfrac{1}{3}x^3\right]_4^8 = 0{,}544.$$

EXEMPLE 2 On prend fréquemment comme modèle de phénomènes, tels le temps d'attente et le moment de défaillance d'équipement, une fonction de densité de probabilité décroissant exponentiellement. Cherchons la forme exacte d'une telle fonction.

SOLUTION On prend comme variable aléatoire le temps d'attente lors d'un appel à une entreprise. Au lieu de désigner cette variable par x, on utilise plutôt t, qui représente le temps, en minutes. Si f est la fonction de densité de probabilité et qu'on téléphone au temps $t = 0$, alors, selon la définition **1**, $\int_0^2 f(t)\,dt$ représente la probabilité qu'un agent réponde au cours des deux premières minutes et $\int_4^5 f(t)\,dt$ représente la probabilité que quelqu'un réponde au cours de la cinquième minute.

Il est évident que $f(t) = 0$ pour tout $t < 0$ (l'agent ne peut pas répondre avant qu'on téléphone). Si $t > 0$, selon le modèle, on doit utiliser une fonction décroissant de façon exponentielle, c'est-à-dire une fonction de la forme $f(t) = Ae^{-ct}$, où A et c sont des constantes positives :

$$f(t) = \begin{cases} 0 & \text{si } t < 0 \\ Ae^{-ct} & \text{si } t \geq 0. \end{cases}$$

On détermine la valeur de A à l'aide de l'égalité **2** :

$$\begin{aligned} 1 &= \int_{-\infty}^{\infty} f(t)\,dt = \int_{-\infty}^{0} f(t)\,dt + \int_{0}^{\infty} f(t)\,dt \\ &= \int_{0}^{\infty} Ae^{-ct}\,dt = \lim_{x\to\infty} \int_{0}^{x} Ae^{-ct}\,dt \\ &= \lim_{x\to\infty} \left[-\frac{A}{c} e^{-ct} \right]_{0}^{x} = \lim_{x\to\infty} \frac{A}{c}(1 - e^{-cx}) \\ &= \frac{A}{c}. \end{aligned}$$

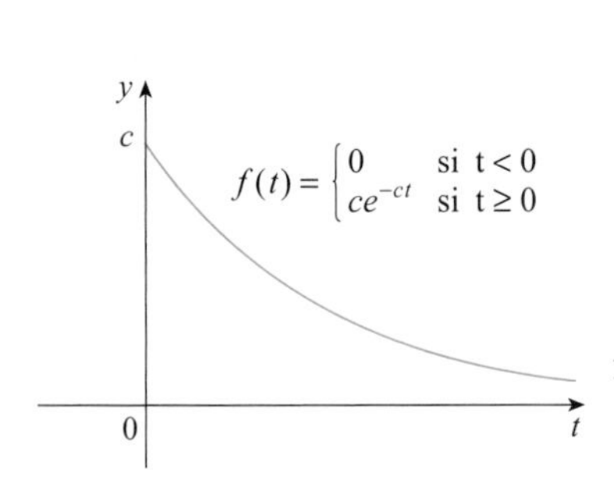

FIGURE 2
Une fonction de densité exponentielle.

Puisque $A/c = 1$, alors $A = c$. Donc, toute fonction de densité exponentielle est de la forme

$$f(t) = \begin{cases} 0 & \text{si } t < 0 \\ ce^{-ct} & \text{si } t \geq 0. \end{cases}$$

La figure 2 représente une courbe typique.

LA VALEUR MOYENNE

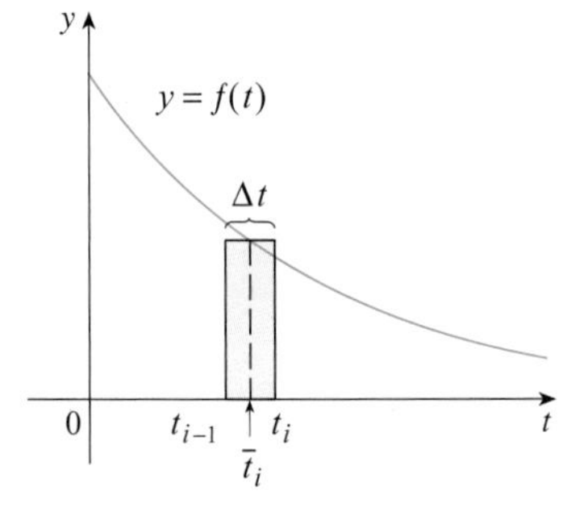

FIGURE 3

Lors d'un appel à une entreprise, on se demande quel est, en moyenne, le temps d'attente. Soit $f(t)$, la fonction de densité dans ce cas, où t s'exprime en minutes, et soit un échantillon de N personnes ayant téléphoné à cette entreprise. Il est fort probable qu'aucune d'entre elles n'ait attendu plus d'une heure ; on restreint donc le domaine de t à l'intervalle $0 \leq t \leq 60$. On subdivise celui-ci en n intervalles de longueur Δt dont les extrémités sont $0, t_1, t_2, \ldots, t_{60}$. (On peut se représenter Δt comme une durée d'une minute, d'une demi-minute, de 10 secondes ou même d'une seconde.) La probabilité qu'on réponde à un appel au cours de la période allant de t_{i-1} à t_i est égale à l'aire de la région sous la courbe $y = f(t)$, entre t_{i-1} et t_i, cette aire étant elle-même approximativement égale à $f(\bar{t}_i)\,\Delta t$. (Il s'agit de l'aire du rectangle de la figure 3, servant d'approximation, où $\bar{t}_i$ est le milieu de l'intervalle.)

Étant donné qu'à long terme la proportion d'appels auxquels on répond au cours de la période allant de t_{i-1} à t_i est $f(\bar{t}_i)\,\Delta t$, on s'attend à ce que le nombre d'appels provenant des N personnes de l'échantillon auxquels on répond au cours de cette période soit approximativement égal à $Nf(\bar{t}_i)\,\Delta t$ et que le temps d'attente pour chacun soit d'environ $\bar{t}_i$. Ainsi, le temps d'attente total pour les N personnes est égal au produit de ces nombres, soit environ $\bar{t}_i[Nf(\bar{t}_i)\,\Delta t]$. En additionnant les résultats pour les n sous-intervalles, on obtient une valeur approchée du temps d'attente total des N personnes :

$$\sum_{i=1}^{n} N\bar{t}_i f(\bar{t}_i)\,\Delta t.$$

Si on divise cette somme par le nombre de personnes de l'échantillon, soit N, on obtient le temps d'attente moyen approximatif :

$$\sum_{i=1}^{n} \bar{t}_i f(\bar{t}_i)\,\Delta t.$$

Il s'agit là d'une somme de Riemann de la fonction $t f(t)$. Si l'intervalle de temps diminue, c'est-à-dire si $\Delta t \to 0$ et $n \to \infty$, la somme de Riemann tend vers

$$\int_0^{60} t f(t)\, dt.$$

On appelle cette intégrale le « temps d'attente moyen ».

En général, la moyenne de toute fonction de densité de probabilité est définie par

On représente habituellement la moyenne d'une population par la lettre grecque μ (qui se lit « mu »).

$$\mu = \int_{-\infty}^{\infty} x f(x)\, dx.$$

On peut interpréter la moyenne comme la valeur moyenne, sur une longue période, de la variable aléatoire X ou encore comme une mesure de la tendance centrale de la fonction de densité de probabilité.

L'expression de la moyenne ressemble à une intégrale connue. Si $\mathcal{R}$ est la région sous la courbe d'une fonction f, selon la formule **8** de la section 4.3, l'abscisse x du centre de masse de $\mathcal{R}$ est

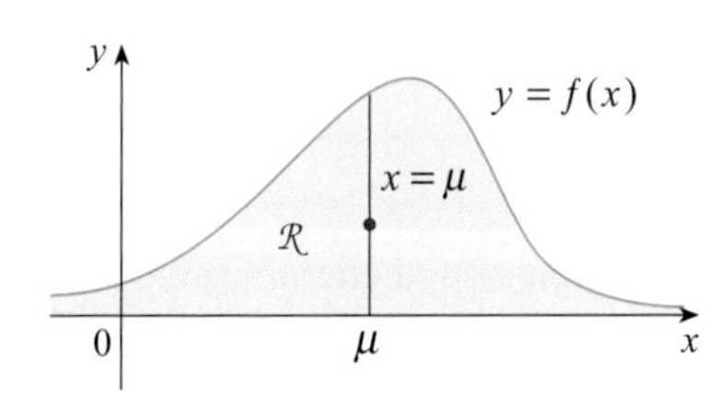

FIGURE 4
La région $\mathcal{R}$ est en équilibre en un point de la droite $x = \mu$.

$$\bar{x} = \frac{\int_{-\infty}^{\infty} x f(x)\, dx}{\int_{-\infty}^{\infty} f(x)\, dx} = \int_{-\infty}^{\infty} x f(x)\, dx = \mu$$

en raison de l'égalité **2**. Donc, une plaque mince ayant la même forme que $\mathcal{R}$ est en équilibre en un point de la droite verticale $x = \mu$ (voir la figure 4).

EXEMPLE 3 Déterminons la moyenne de la distribution exponentielle de l'exemple 2,

$$f(t) = \begin{cases} 0 & \text{si } t < 0 \\ ce^{-ct} & \text{si } t \geq 0. \end{cases}$$

SOLUTION Selon la définition de la moyenne,

$$\mu = \int_{-\infty}^{\infty} t f(t)\, dt = \int_0^{\infty} tce^{-ct}\, dt.$$

Pour évaluer la dernière intégrale, on applique la technique d'intégration par parties en posant $u = t$ et $dv = ce^{-ct}\, dt$:

$$\int_0^{\infty} tce^{-ct}\, dt = \lim_{x\to\infty} \int_0^{x} tce^{-ct}\, dt = \lim_{x\to\infty} \left(-te^{-ct} \Big]_0^x + \int_0^x e^{-ct}\, dt \right)$$

$$= \lim_{x\to\infty} \left(-xe^{-cx} + \frac{1}{c} - \frac{e^{-cx}}{c} \right) = \frac{1}{c}.$$

La limite du premier terme est 0 d'après la règle de L'Hospital.

La moyenne recherchée étant $\mu = 1/c$, on peut écrire la fonction de densité de probabilité sous la forme

$$f(t) = \begin{cases} 0 & \text{si } t < 0 \\ \mu^{-1} e^{-t/\mu} & \text{si } t \geq 0. \end{cases}$$

EXEMPLE 4 Le temps d'attente moyen lorsqu'un client appelle une entreprise donnée est de cinq minutes.

a) Déterminons la probabilité qu'un représentant réponde à l'appel au cours de la première minute.

b) Déterminons la probabilité qu'un client attende plus de cinq minutes avant qu'on réponde à son appel.

SOLUTION

a) La moyenne de la distribution exponentielle est $\mu = 5$ minutes, de sorte que, selon le résultat de l'exemple 3, la fonction de densité de probabilité est

$$f(t) = \begin{cases} 0 & \text{si } t < 0 \\ 0{,}2e^{-t/5} & \text{si } t \geq 0. \end{cases}$$

Ainsi, la probabilité qu'un représentant réponde à l'appel au cours de la première minute d'attente est

$$\begin{aligned} P(0 \leq T \leq 1) &= \int_0^1 f(t)\, dt \\ &= \int_0^1 0{,}2e^{-t/5}\, dt = 0{,}2(-5)e^{-t/5}\Big]_0^1 \\ &= 1 - e^{-1/5} \approx 0{,}1813. \end{aligned}$$

Donc, un représentant répond à environ 18 % des appels de la clientèle au cours de la première minute d'attente.

b) La probabilité qu'un client attende plus de cinq minutes avant qu'on lui réponde est

$$\begin{aligned} P(T > 5) &= \int_5^\infty f(t)\, dt = \int_5^\infty 0{,}2e^{-t/5}\, dt \\ &= \lim_{x \to \infty} \int_5^x 0{,}2e^{-t/5}\, dt = \lim_{x \to \infty} (e^{-1} - e^{-x/5}) \\ &= \frac{1}{e} \approx 0{,}368. \end{aligned}$$

Donc, environ 37 % des clients attendent plus de cinq minutes avant qu'on réponde à leur appel.

Il est à noter que, dans l'exemple 4 b), même si le temps d'attente moyen est de cinq minutes, seulement 37 % des clients attendent plus de cinq minutes. Cela s'explique du fait que certains clients doivent attendre beaucoup plus longtemps (10 ou 15 minutes peut-être), ce qui fait monter la moyenne.

La **médiane** est une autre mesure de la tendance centrale d'une fonction de densité de probabilité. C'est un nombre m tel que le temps d'attente pour la moitié des appels est inférieur à m et il est supérieur à m pour le reste des appels. En général, la médiane d'une fonction de densité de probabilité est un nombre m tel que

$$\int_m^\infty f(x)\, dx = \tfrac{1}{2}.$$

Cela signifie que la moitié de l'aire de la région sous la courbe de f correspond à la région à droite de m. Dans l'exercice 9, on demande de montrer que le temps d'attente médian pour l'entreprise décrite dans l'exemple 4 est d'environ 3,5 minutes.

LA DISTRIBUTION NORMALE

La **distribution normale** modélise plusieurs phénomènes aléatoires importants, dont le résultat à un test d'aptitudes, la taille et le poids d'un individu choisi au hasard dans une population homogène, la quantité annuelle de précipitations en un lieu donné.

Cela signifie que la fonction de densité de probabilité de la variable aléatoire X est un membre de la famille de fonctions

3
$$f(x) = \frac{1}{\sigma\sqrt{2\pi}} e^{-(x-\mu)^2/(2\sigma^2)}.$$

On note l'écart type d'une population par la lettre grecque minuscule σ (qui se lit « sigma »).

On peut vérifier que la moyenne de cette fonction est μ. La constante positive σ est appelée **écart type**; c'est une mesure de la dispersion des valeurs de X. En examinant les courbes en forme de cloche des membres de la famille représentés dans la figure 5, on constate que plus la valeur de σ est petite, plus les valeurs de X sont groupées autour de la moyenne, tandis que plus la valeur de σ est grande, plus les valeurs de X sont dispersées. Les statisticiens disposent de méthodes pour évaluer μ et σ à l'aide d'un ensemble de données.

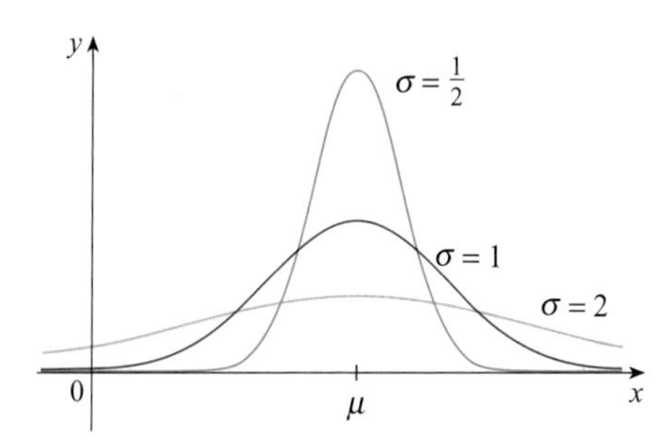

FIGURE 5
Des distributions normales.

On a besoin du facteur $1/(\sigma\sqrt{2\pi})$ pour faire de f une fonction de densité de probabilité. En fait, on peut vérifier, en appliquant les méthodes du calcul différentiel et intégral des fonctions à plusieurs variables, que

$$\int_{-\infty}^{\infty} \frac{1}{\sigma\sqrt{2\pi}} e^{-(x-\mu)^2/(2\sigma^2)}\, dx = 1.$$

EXEMPLE 5 Les notes obtenues lors d'un test mesurant le quotient intellectuel (QI) sont distribuées normalement, la moyenne étant de 100 et l'écart type, de 15. (La figure 6 représente la fonction de densité de probabilité correspondante.)

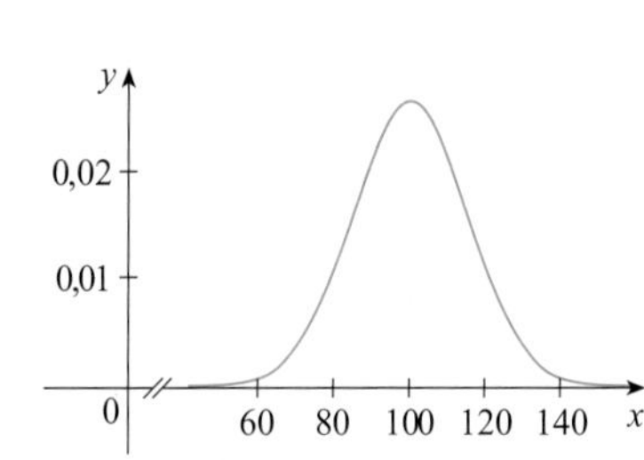

FIGURE 6
La distribution des résultats à un test mesurant le QI.

a) Quel pourcentage de la population a un QI compris entre 85 et 115 ?

b) Quel pourcentage de la population a un QI supérieur à 140 ?

SOLUTION

a) Étant donné que le QI a une distribution normale, on utilise la fonction de densité de probabilité donnée par l'égalité **3** en posant $\mu = 100$ et $\sigma = 15$:

$$P(85 \leq X \leq 115) = \int_{85}^{115} \frac{1}{15\sqrt{2\pi}} e^{-(x-100)^2/(2\cdot15^2)}\, dx.$$

On a vu dans la section 3.5 que la fonction $y = e^{-x^2}$ n'a pas de primitive formulée en termes de fonctions élémentaires, de sorte qu'il est impossible d'évaluer exactement l'intégrale. On peut cependant l'évaluer approximativement à l'aide de la fonction d'intégration numérique d'une calculatrice ou d'un logiciel (ou en appliquant la règle de Simpson, en prenant les milieux des intervalles). On obtient ainsi

$$P(85 \leq X \leq 115) \approx 0{,}68.$$

Donc, environ 68 % de la population a un QI compris entre 85 et 115, c'est-à-dire à l'intérieur d'un écart type de la moyenne.

b) La probabilité que le QI d'une personne choisie au hasard soit supérieur à 140 est

$$P(X > 140) = \int_{140}^{\infty} \frac{1}{15\sqrt{2\pi}} e^{-(x-100)^2/450}\, dx.$$

Afin d'éliminer l'intégrale impropre, on peut prendre comme valeur approchée l'intégrale de 140 à 200. (Il est à peu près certain que les personnes ayant un QI de plus de 200 sont extrêmement rares.) Ainsi,

$$P(X > 140) \approx \int_{140}^{200} \frac{1}{15\sqrt{2\pi}} e^{-(x-100)^2/450}\, dx \approx 0{,}0038.$$

Donc, environ 0,4 % de la population a un QI supérieur à 140.

Exercices 4.5

1. Soit $f(x)$, la formule d'une fonction de densité de probabilité de la durée de vie des pneus de la qualité la plus élevée d'un fabricant donné, x étant exprimé en kilomètres. Quelle est la signification des intégrales suivantes ?

a) $\int_{30000}^{40000} f(x)\, dx$ b) $\int_{25000}^{\infty} f(x)\, dx$

2. Soit $f(t)$, la formule d'une fonction de densité de probabilité de la durée du trajet entre le domicile et l'école le matin, t étant exprimé en minutes. Exprimez sous la forme d'une intégrale :

a) la probabilité que le trajet dure moins de 15 minutes ;
b) la probabilité que le trajet dure plus d'une demi-heure.

3. Soit $f(x) = 30x^2(1 - x)^2$ si $0 \le x \le 1$ et $f(x) = 0$ pour toute autre valeur de x.

a) Vérifiez que f est une fonction de densité de probabilité.
b) Calculez $P(X \le \frac{1}{3})$.

4. Soit $f(x) = xe^{-x}$ si $x \ge 0$ et $f(x) = 0$ si $x < 0$.

a) Vérifiez que f est une fonction de densité de probabilité.
b) Calculez $P(1 \le X \le 2)$.

5. Soit $f(x) = c/(1 + x^2)$.

a) Quelle est la valeur de c pour laquelle f est une fonction de densité de probabilité ?
b) Pour la valeur de c déterminée en a), calculez $P(-1 < X < 1)$.

6. Soit $f(x) = k(3x - x^2)$ si $0 \le x \le 3$ et $f(x) = 0$ si $x < 0$ ou $x > 3$.

a) Quelle est la valeur de k pour laquelle f est une fonction de densité de probabilité ?
b) Pour la valeur de k déterminée en a), calculez $P(X > 1)$.
c) Calculez la moyenne.

7. L'aiguille d'un tableau de jeu indique au hasard un nombre réel compris entre 0 et 10. L'aiguille est équilibrée en ce sens que la probabilité qu'elle indique un nombre d'un intervalle donné est la même que la probabilité qu'elle indique un nombre de n'importe quel autre intervalle ayant la même longueur.

a) Expliquez pourquoi

$$f(x) = \begin{cases} 0{,}1 & \text{si } 0 \le x \le 10 \\ 0 & \text{si } x < 0 \text{ ou } x > 10 \end{cases}$$

définit une fonction de probabilité de densité des valeurs indiquées par l'aiguille.

b) Intuitivement, indiquez quelle est, selon vous, la valeur de la moyenne. Vérifiez votre hypothèse en évaluant une intégrale.

8. a) Expliquez pourquoi la fonction dont la courbe est représentée ci-dessous est une fonction de densité de probabilité.

b) À l'aide du graphique, calculez les probabilités suivantes :
i) $P(X < 3)$,
ii) $P(3 \le X \le 8)$.

c) Calculez la moyenne.

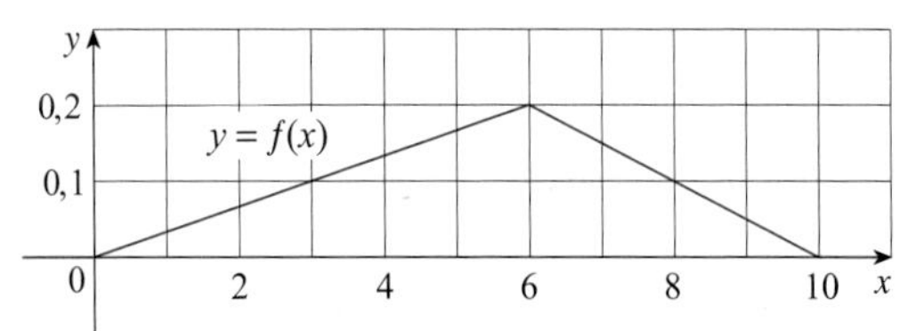

9. Montrez que le temps d'attente médian lors d'un appel à l'entreprise décrite dans l'exemple 4 est d'environ 3,5 minutes.

10. a) Il est inscrit sur un emballage d'ampoules d'un type donné que leur durée de vie moyenne est de 1000 heures. Une fonction de densité exponentielle, avec $\mu = 1000$, est un modèle plausible de la probabilité qu'une de ces ampoules ait une durée de vie inférieure à la valeur donnée. À l'aide de ce modèle, calculez la probabilité qu'une ampoule :

i) ait une durée de vie d'au plus 200 heures;
ii) ait une durée de vie de plus de 800 heures.

b) Quelle est la durée de vie médiane des ampoules de ce type?

11. La gérante d'un établissement de restauration rapide détermine que le temps d'attente moyen avant qu'un client soit servi est de 2,5 minutes.

a) Calculez la probabilité qu'un client attende plus de quatre minutes.

b) Calculez la probabilité qu'un client n'attende pas plus de deux minutes.

c) La gérante veut utiliser comme publicité le fait que, si un client n'est pas servi en dedans d'un nombre donné de minutes, il recevra un hamburger gratuit, mais elle ne veut pas être obligée de donner un hamburger à plus de 2% de sa clientèle. Quel temps d'attente maximal devrait-elle fixer?

12. La taille des Québécois âgés de 20 ans et plus, en 2005, suit une distribution normale, dont la moyenne est de 175,4 cm et l'écart type, de 7,6 cm.

a) Quelle est la probabilité qu'un homme choisi au hasard dans la population québécoise mesure entre 170 cm et 185 cm?

b) Quel pourcentage de la population des hommes adultes mesure plus de 183 cm?

13. Dans un rapport du «Garbage Project» de l'Université d'Arizona, on affirme que la quantité de papier jetée par ménage par semaine suit une distribution normale, la moyenne étant 4,3 kg et l'écart type, 1,9 kg. Quel pourcentage des ménages jette au moins 4,5 kg de papier par semaine?

14. Il est inscrit sur une boîte de céréales que celle-ci contient 500 g de céréales. La masse de produit qu'une machine dépose dans les boîtes suit une distribution normale, l'écart type étant de 12 g.

a) Si la masse ciblée est de 500 g, quelle est la probabilité que la machine mette moins de 480 g de céréales dans une boîte?

b) Si une loi prescrit qu'au plus 5 % des boîtes de céréales sortant d'une usine peut contenir moins que la masse indiquée de 500 g, à quelle masse cible le gérant de l'usine doit-il régler la machine?

15. La vitesse des véhicules circulant sur une autoroute où la vitesse limite est de 100 km/h suit une distribution normale, la moyenne étant de 112 km/h et l'écart type, de 8 km/h.

a) Quelle est la probabilité qu'un véhicule choisi au hasard roule à une vitesse permise?

b) Si les policiers ont comme instruction de donner une contravention aux conducteurs qui roulent à 125 km/h ou plus, quel pourcentage des conducteurs est ciblé?

16. Montrez que la fonction de densité de probabilité d'une variable aléatoire soumise à une distribution normale a des points d'inflexion en $x = \mu \pm \sigma$.

17. Soit une distribution normale quelconque. Calculez la probabilité que la variable aléatoire se situe en deçà de deux écarts types de la moyenne.

18. Soit f, la fonction de densité de probabilité d'une variable aléatoire de moyenne μ, l'écart type étant défini par

$$\sigma = \left[\int_{-\infty}^{\infty} (x-\mu)^2 f(x)\, dx\right]^{1/2}.$$

Calculez l'écart type dans le cas d'une fonction de densité exponentielle dont la moyenne est μ.

19. L'atome d'hydrogène se compose d'un proton, dans son noyau, et d'un électron qui se déplace autour de celui-ci. La théorie quantique de la structure atomique affirme que l'électron ne se déplace pas suivant une orbite bien définie, mais qu'il se trouve plutôt dans un état appelé «orbitale», qu'on peut se représenter comme un «nuage» de charges négatives entourant le noyau. À l'état d'énergie le plus bas, l'état fondamental ou l'orbitale 1s, on suppose que la forme du nuage est une sphère dont le centre coïncide avec celui du noyau. On décrit cette sphère au moyen de la fonction de densité de probabilité

$$p(r) = \frac{4}{a_0^3} r^2 e^{-2r/a_0} \qquad r \geq 0$$

où a_0 est le **rayon de Bohr** ($a_0 \approx 5{,}59 \times 10^{-11}$ m). L'intégrale

$$P(r) = \int_0^r \frac{4}{a_0^3} s^2 e^{-2s/a_0}\, ds$$

est la probabilité que l'électron se trouve à l'intérieur de la sphère, dont le centre coïncide avec celui du noyau et le rayon est de r mètres.

a) Vérifiez que $p(r)$ est une fonction de densité de probabilité.

b) Calculez $\lim_{r\to\infty} p(r)$. Pour quelle valeur de r la valeur de $p(r)$ est-elle maximale?

c) Tracez la courbe de la fonction de densité.

d) Calculez la probabilité que l'électron se trouve à l'intérieur de la sphère de rayon $4a_0$ dont le centre coïncide avec celui du noyau.

e) Calculez la distance moyenne qui sépare l'électron du noyau à l'état fondamental de l'atome d'hydrogène.

Révision

Compréhension des concepts

1. a) Comment définit-on la longueur d'une courbe?
b) Écrivez une expression de la longueur d'une courbe lisse d'équation $y = f(x)$, où $a \leq x \leq b$.
c) Qu'en est-il de l'équation si x est une fonction de y?

2. a) Écrivez une expression de l'aire latérale de la surface résultant de la rotation autour de l'axe des x de la courbe $y = f(x)$, où $a \leq x \leq b$.
b) Que devient l'expression si x est une fonction de y?
c) Que devient l'expression si on fait tourner la courbe autour de l'axe des y?

3. Décrivez comment on calcule la force hydrostatique s'exerçant sur une paroi verticale immergée dans un fluide.

4. a) Quelle est la signification physique du centre de masse d'une plaque mince?
b) Dans le cas où une telle plaque se trouve entre les courbes $y = f(x)$ et $y = 0$, où $a \leq x \leq b$, écrivez des expressions des coordonnées du centre de masse.

5. Qu'est-ce que le théorème de Pappus affirme?

6. Étant donné une fonction de demande $p(x)$, expliquez ce qu'on entend par « surplus du consommateur » dans le cas où la quantité disponible d'un produit est X et le prix de vente, P. Illustrez votre explication au moyen d'un graphique.

7. a) Qu'est-ce que le débit cardiaque?
b) Expliquez comment on mesure le débit cardiaque à l'aide de la méthode de dilution d'un colorant.

8. Qu'est-ce qu'une fonction de densité de probabilité? Quelles propriétés possède une fonction de ce type?

9. Soit la fonction de densité de probabilité de la masse d'une élève au collégial, la variable x étant exprimée en kilogrammes.
a) Quelle est la signification de l'intégrale $\int_0^{60} f(x)\,dx$?
b) Donnez une expression de la moyenne de la fonction de densité f.
c) Comment calcule-t-on la médiane de la fonction de densité f?

10. Qu'est-ce qu'une distribution normale? Que signifie l'écart type?

Exercices récapitulatifs

1-2 Calculez la longueur de la courbe dont l'équation est donnée.

1. $y = \frac{1}{6}(x^2 + 4)^{3/2}$, où $0 \leq x \leq 3$

2. $y = 2\ln(\sin\frac{1}{2}x)$, où $\pi/3 \leq x \leq \pi$

3. a) Calculez la longueur de la courbe d'équation

$$y = \frac{x^4}{16} + \frac{1}{2x^2} \qquad 1 \leq x \leq 2.$$

b) Calculez l'aire latérale de la surface résultant de la rotation autour de l'axe des y de la courbe donnée en a).

4. a) Si on fait tourner la courbe $y = x^2$, où $0 \leq x \leq 1$, autour de l'axe des y, quelle est l'aire latérale de la surface résultante?
b) Évaluez l'aire latérale de la surface résultant de la rotation autour de l'axe des x de la courbe donnée en a).

5. En utilisant la règle de Simpson avec $n = 10$, estimez la longueur de la courbe sinusoïdale $y = \sin x$, où $0 \leq x \leq \pi$.

6. En utilisant la règle de Simpson avec $n = 10$, estimez l'aire latérale de la surface résultant de la rotation autour de l'axe des x de la courbe sinusoïdale de l'exercice 5.

7. Évaluez la longueur de la courbe d'équation

$$y = \int_1^x \sqrt{\sqrt{t} - 1}\,dt \qquad 1 \leq x \leq 16.$$

8. Évaluez l'aire latérale de la surface résultant de la rotation autour de l'axe des y de la courbe de l'exercice 7.

9. On construit, dans un canal d'irrigation, une vanne trapézoïdale dont la petite base, au fond, mesure 1 m, la grande base, au sommet, mesure 1,5 m et la hauteur mesure 0,6 m. On installe la vanne à la verticale dans le canal de manière que l'eau la recouvre tout juste. Évaluez la force hydrostatique s'exerçant sur l'une des faces latérales de la vanne.

10. Les extrémités verticales d'un bassin rempli d'eau ont la forme de la région parabolique représentée dans la figure suivante. Évaluez la force hydrostatique s'exerçant sur l'une des extrémités du bassin.

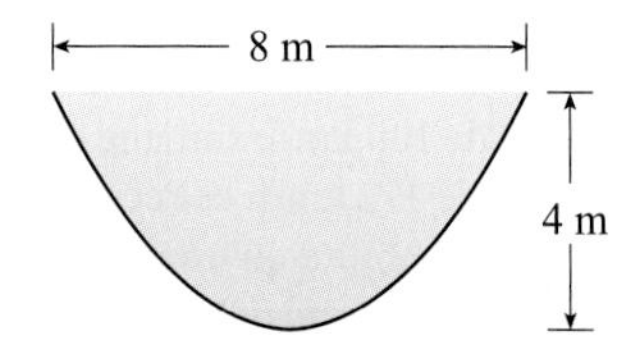

11-12 Déterminez le centre de masse de la région délimitée par les courbes données.

11. $y = \frac{1}{2}x$ et $y = \sqrt{x}$

12. $y = \sin x$, $y = 0$, $x = \pi/4$ et $x = 3\pi/4$

13-14 Déterminez le centre de masse de la région représentée dans la figure.

13.

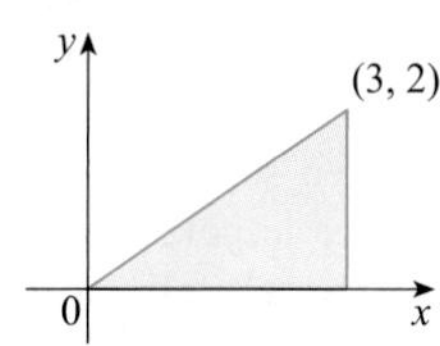

14.

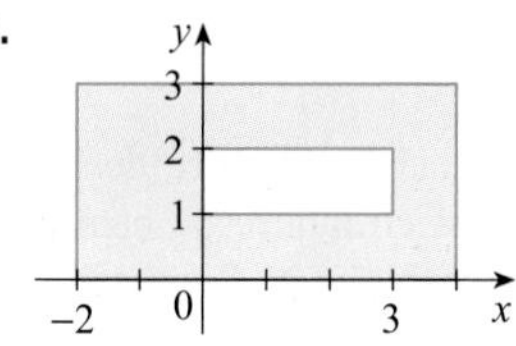

15. Évaluez le volume du solide résultant de la rotation autour de l'axe des y du cercle de rayon 1 dont le centre est (1, 0).

16. En utilisant le théorème de Pappus et le fait que le volume d'une sphère de rayon r est égal à $\frac{4}{3}\pi r^3$, déterminez le centre de masse du demi-disque délimité par la courbe d'équation $y = \sqrt{r^2 - x^2}$ et l'axe des x.

17. La fonction de demande d'un produit est donnée par

$$p(x) = 2000 - 0{,}1x - 0{,}01x^2.$$

Déterminez le surplus du consommateur dans le cas où le niveau des ventes est de 100.

18. On a rassemblé dans le tableau suivant les mesures de la concentration de colorant prises toutes les deux secondes après qu'on a injecté 6 mg de colorant dans le cœur d'un patient. À l'aide de la règle de Simpson, estimez le débit cardiaque du patient.

t	$c(t)$	t	$c(t)$
0	0	14	4,7
2	1,9	16	3,3
4	3,3	18	2,1
6	5,1	20	1,1
8	7,6	22	0,5
10	7,1	24	0
12	5,8		

19. a) Montrez que la fonction

$$f(x) = \begin{cases} \dfrac{\pi}{20}\sin\left(\dfrac{\pi x}{10}\right) & \text{si } 0 \leq x \leq 10 \\ 0 & \text{si } x < 0 \text{ ou } x > 10 \end{cases}$$

est une fonction de densité de probabilité.

b) Calculez $P(X < 4)$.

c) Calculez la moyenne. Est-ce la valeur que vous vous attendiez à obtenir ?

20. La durée de la grossesse chez la femme suit une distribution normale dont la moyenne est de 268 jours et l'écart type, de 15 jours. Quel pourcentage des grossesses durent entre 250 et 280 jours ?

21. Le modèle du temps d'attente lors d'un appel à une banque donnée est une fonction de densité exponentielle, la moyenne étant de huit minutes.

a) Quelle est la probabilité qu'on réponde à un client en dedans de trois minutes ?

b) Quelle est la probabilité qu'un client attende plus de dix minutes ?

c) Quelle est la médiane du temps d'attente ?

Problèmes supplémentaires

1. Évaluez l'aire de la région $S = \{(x, y) \mid x \geq 0, y \leq 1 \text{ et } x^2 + y^2 \leq 4y\}$.

2. Déterminez le centre de masse de la région délimitée par la boucle de la courbe d'équation $y^2 = x^3 - x^4$.

3. a) Montrez que l'aire de la partie d'une sphère de rayon r que peut voir un observateur à une hauteur H au-dessus du pôle Nord de la sphère est égale à

$$\frac{2\pi r^2 H}{r + H}.$$

b) On place deux sphères de rayons respectifs r et R de manière que la distance centre à centre est d, où $d > r + R$. Où doit-on placer une source de lumière, sur la droite passant par les centres respectifs des sphères, si on veut que l'aire de la surface éclairée soit maximale ?

4. Si un plan situé à une distance d du centre d'une boule de rayon r coupe cette dernière, la boule est divisée en deux parties appelées « segments sphériques de même base ». Les parties correspondantes de la sphère sont appelées « calottes sphériques de même base ».

a) Déterminez l'aire de chacune des calottes sphériques représentées dans la figure de gauche.

b) Déterminez une valeur approchée de l'aire de l'océan Arctique en supposant que sa forme est approximativement circulaire, le centre coïncidant avec le pôle Nord et la « circonférence » avec la latitude 75° N. Prenez $r = 6373$ km comme valeur du rayon de la Terre.

c) Une sphère de rayon r est inscrite dans un cylindre droit à base circulaire de rayon r. Deux plans perpendiculaires à l'axe central du cylindre et séparés par une distance h déterminent une zone sphérique. Montrez que l'aire latérale de la zone sphérique est égale à l'aire latérale de la bande que déterminent les deux plans qui coupent le cylindre.

d) On appelle « zone intertropicale » la partie de la surface terrestre comprise entre le tropique du Cancer (23,45° de latitude nord) et le tropique du Capricorne (23,45° de latitude sud). Quelle est l'aire de la zone intertropicale ?

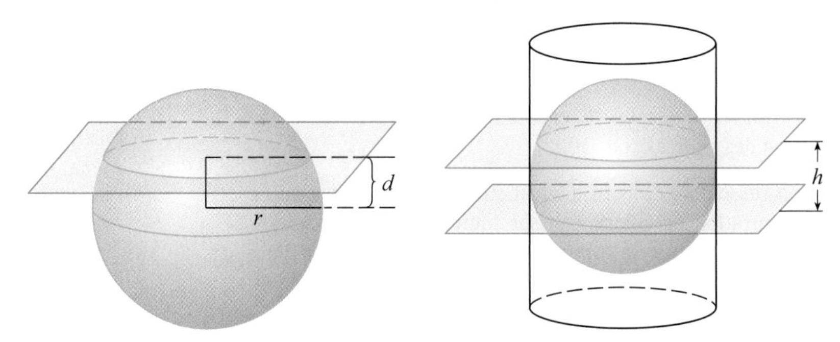

5. On suppose que la masse volumique de l'eau de mer, $\rho = \rho(z)$, varie avec la profondeur z sous la surface.

a) Montrez que la pression hydrostatique répond à l'équation différentielle

$$\frac{dP}{dz} = \rho(z)g$$

où g est l'accélération gravitationnelle. On désigne respectivement par P_0 et ρ_0 la pression et la masse volumique en $z = 0$. Exprimez la pression à la profondeur z sous la forme d'une intégrale.

b) On suppose que la masse volumique de l'eau de mer à la profondeur z est $\rho = \rho_0 e^{z/H}$, où H est une constante positive. Exprimez sous la forme d'une intégrale la force totale qui s'exerce sur un hublot vertical circulaire de rayon r dont le centre se trouve à une distance $L > r$ sous la surface.

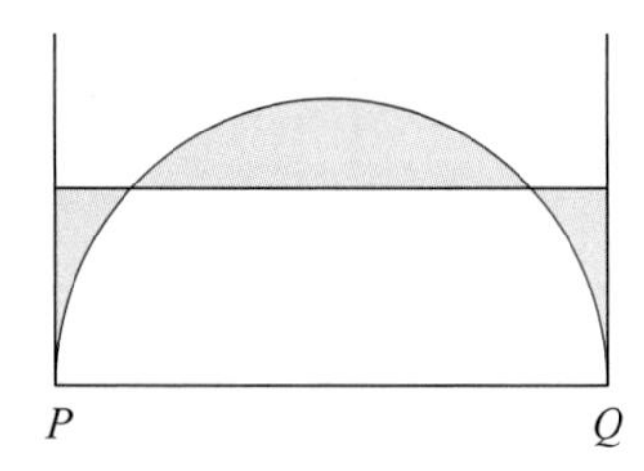

6. La figure ci-contre représente un demi-cercle de rayon 1, son diamètre horizontal PQ et les tangentes au cercle en P et en Q. À quelle hauteur au-dessus du diamètre doit-on tracer une droite horizontale si on veut que l'aire ombrée soit minimale ?

7. Soit une pyramide P dont la base est un carré de côté $2b$ et une boule S dont le centre appartient à la base de P et telle que S est tangente à chacune des huit arêtes de P. Déterminez d'abord la hauteur de P, puis le volume de l'intersection de S et de P.

8. On place une plaque métallique plane sous l'eau, à la verticale, de manière que le sommet de la plaque se trouve à 2 m sous la surface. Déterminez la forme que doit avoir la plaque si on veut que, lorsqu'on la divise en un nombre quelconque de bandes horizontales de même hauteur, la force hydrostatique soit la même sur chaque bande.

9. On trace une droite coupant un disque uniforme dont le rayon est de 1 m de manière que le centre de masse de la plus petite portion du disque se trouve au milieu d'un rayon. À quelle distance du centre du disque doit-on tracer la droite ? (Exprimez le résultat à deux décimales près.)

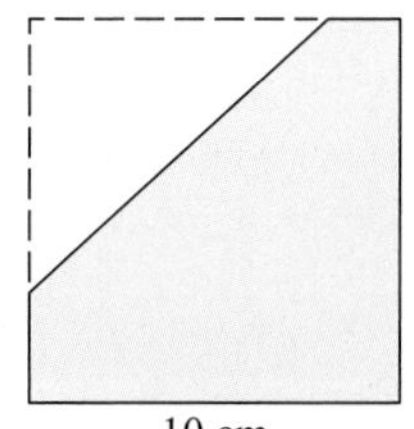

10. On forme un triangle ayant une aire de 30 cm^2 en coupant un coin d'un carré de 10 cm de côté, comme le montre la figure ci-contre. Si le centre de masse du reste du carré est à 4 cm de son côté droit, à quelle distance se trouve-t-il du côté inférieur ?

11. Un problème célèbre du XVIIIᵉ siècle, appelé « problème de l'aiguille de Buffon », s'énonce comme suit : Si on laisse tomber une aiguille de longueur h sur une surface plane (une table par exemple) sur laquelle on a tracé des droites parallèles séparées par une distance L, où $L \geq h$, quelle est la probabilité que, dans sa position finale, l'aiguille coupe l'une des droites ? On suppose que les lignes sont tracées d'est en ouest, parallèlement à l'axe des x d'un système de coordonnées rectangulaires (comme dans la figure ci-dessous). On désigne par y la distance entre l'extrémité « sud » de l'aiguille et la droite la plus proche au nord. (Si l'extrémité « sud » de l'aiguille se trouve sur une droite, on pose $y = 0$. Si l'aiguille suit la direction est-ouest, on prend comme extrémité « sud » l'extrémité « ouest ».) Si on désigne par θ l'angle que détermine l'aiguille avec une demi-droite partant de l'extrémité « sud » et allant vers l'est, alors $0 \leq y \leq L$ et $0 \leq \theta \leq \pi$. Il est à noter que l'aiguille coupe l'une des droites seulement si $y < h \sin \theta$. L'ensemble de toutes les positions possibles de l'aiguille est représenté par la région rectangulaire décrite par $0 \leq y \leq L$ et $0 \leq \theta \leq \pi$, et la proportion des cas où l'aiguille coupe une droite est le rapport

$$\frac{\text{aire sous } y = h \sin \theta}{\text{aire du rectangle}}.$$

Ce rapport est la probabilité que l'aiguille coupe une droite. Calculez la probabilité que l'aiguille coupe une droite : a) si $h = L$; b) si $h = \frac{1}{2}L$.

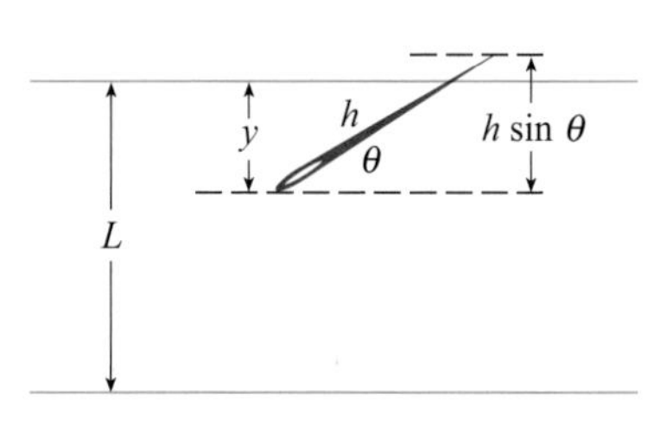

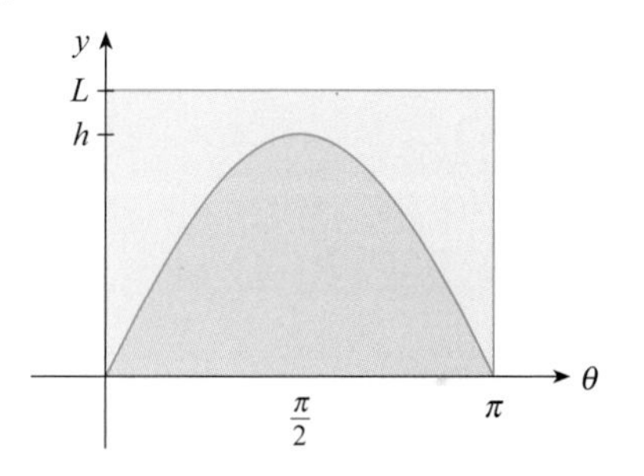

12. Si l'aiguille du problème de Buffon (voir le problème 11) avait une longueur $h > L$, elle pourrait couper plus d'une droite.

a) Dans le cas où $L = 4$, calculez la probabilité qu'une aiguille de longueur 7 coupe au moins une droite. (*Indice :* Appliquez le même raisonnement que dans le problème 11. Définissez y de la même façon ; l'ensemble de toutes les positions possibles de l'aiguille est alors représenté par la même région rectangulaire, définie par $0 \leq y \leq L$ et $0 \leq \theta \leq \pi$. Quelle portion du rectangle correspond aux cas où l'aiguille coupe une droite ?)

b) Dans le cas où $L = 4$, calculez la possibilité qu'une aiguille de longueur 7 coupe deux droites.

c) Dans le cas où $2L < h \leq 3L$, écrivez une formule générale qui donne la probabilité que l'aiguille coupe trois droites.

13. Déterminez le centre de masse de la région délimitée par l'ellipse d'équation

$$x^2 + (x + y + 1)^2 = 1.$$

CHAPITRE 5 | LES ÉQUATIONS DIFFÉRENTIELLES

De toutes les applications du calcul différentiel et intégral, la plus importante est peut-être les équations différentielles. La plupart du temps, les physiciens et les sociologues se servent du calcul différentiel et intégral pour analyser une équation différentielle qu'ils ont obtenue lors de la modélisation d'un phénomène qu'ils étudient. Bien qu'il soit souvent impossible d'écrire une formule explicite de la solution d'une équation différentielle, nous allons voir que des approches graphiques et numériques fournissent l'information requise.

5.1 LA MODÉLISATION AVEC DES ÉQUATIONS DIFFÉRENTIELLES

Lorsqu'on décrit un processus de modélisation, on évoque la formulation d'un modèle mathématique d'un problème de la vie réelle par l'application soit d'un raisonnement intuitif sur le phénomène étudié, soit d'une loi physique fondée sur des faits expérimentaux. Le modèle mathématique a souvent la forme d'une **équation différentielle**, c'est-à-dire une équation comportant une fonction inconnue et certaines de ses dérivées. Il n'y a là rien d'étonnant puisque, lors de l'étude d'un problème de la vie réelle, on remarque souvent qu'il se produit des changements et on veut alors prédire le comportement futur de ce problème en s'appuyant sur la variation des valeurs présentes. Nous allons d'abord voir plusieurs exemples de la façon dont on trouve une équation différentielle lors de la modélisation d'un phénomène physique.

UN MODÈLE DE LA CROISSANCE D'UNE POPULATION

Il existe un modèle de la croissance d'une population fondé sur l'hypothèse qu'une population croît à un taux proportionnel à sa taille. Cette hypothèse est plausible pour une population de bactéries ou d'animaux dans des conditions idéales (habitat illimité, alimentation adéquate, absence de prédateurs, immunité contre les maladies). Voici les variables qui interviennent dans ce modèle :

t = le temps (la variable indépendante),

P = l'effectif de la population (la variable dépendante).

Le taux de croissance de la population est la dérivée dP/dt. L'hypothèse que le taux de croissance de la population est proportionnel à sa taille s'énonce sous forme d'équation par

$$\frac{dP}{dt} = kP \qquad \text{(1)}$$

où k est la constante de proportionnalité. L'équation (1) est un premier modèle de croissance d'une population ; il s'agit d'une équation différentielle puisqu'elle comporte une fonction inconnue, P, et sa dérivée, dP/dt.

Après avoir formulé ce modèle, on doit en examiner les implications. Si on exclut le cas d'une population nulle, on a $P(t) > 0$ pour tout t. Donc, si $k > 0$, alors l'équation (1) indique que $P'(t) > 0$ pour tout t. Cela signifie que la population augmente sans cesse. En fait, l'équation (1) indique que plus $P(t)$ est grande, plus dP/dt est grand. Autrement dit, le taux de croissance augmente lorsque la population augmente.

Essayons de voir à quoi ressemble une solution de l'équation (1). Il faut trouver une fonction dont la dérivée est le produit d'une constante par elle-même. Les fonctions exponentielles possèdent bien cette caractéristique. En fait, si on pose $P(t) = Ce^{kt}$, alors

$$P'(t) = C(ke^{kt}) = k(Ce^{kt}) = kP(t).$$

Donc, n'importe quelle fonction exponentielle de la forme $P(t) = Ce^{kt}$ est une solution de l'équation (1). Dans la section 5.4, on va montrer qu'il n'existe pas d'autre solution.

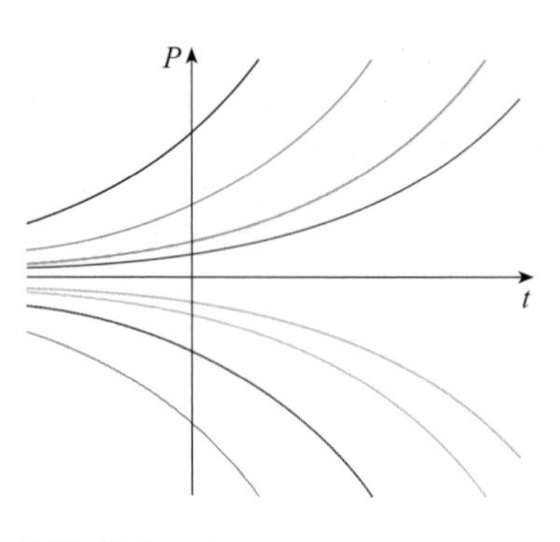

FIGURE 1
La famille de solutions de $dP/dt = kP$.

En faisant prendre à C toutes les valeurs réelles, on obtient la **famille** de solutions $P(t) = Ce^{kt}$, dont les graphiques sont donnés dans la figure 1. Mais l'effectif d'une

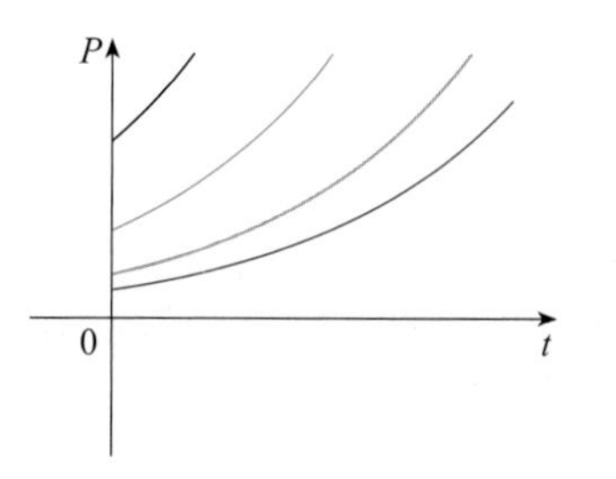

FIGURE 2
La famille de solutions $P(t) = Ce^{kt}$, où $C > 0$ et $t \geq 0$.

population ne peut avoir que des valeurs positives, de sorte qu'on ne retient que les solutions où $C > 0$. De plus, probablement que seules les valeurs de t supérieures à $t = 0$ sont intéressantes. La figure 2 montre les solutions ayant un sens du point de vue de la croissance d'une population. Si on pose $t = 0$, on obtient $P(0) = Ce^{k(0)} = C$; donc, la constante C est en fait la population initiale, $P(0)$.

L'équation **1** est un modèle valable de la croissance d'une population dans des conditions idéales, mais il faut admettre qu'un modèle plus réaliste doit refléter le fait qu'un milieu donné possède des ressources limitées. Plusieurs populations augmentent d'abord de façon exponentielle, mais se stabilisent à l'approche de leur **capacité de charge** M (ou bien elles diminuent en tendant vers M si elles ont déjà dépassé cette valeur). Si on veut qu'un modèle tienne compte de ces deux tendances, il faut supposer deux choses : si $k > 0$,

- $\dfrac{dP}{dt} \approx kP$ si P est petit (initialement, le taux de croissance est proportionnel à P) ;
- $\dfrac{dP}{dt} < 0$ si $P > M$ (P décroît s'il devient supérieur à M).

L'équation suivante représente une combinaison des deux hypothèses :

2
$$\frac{dP}{dt} = kP\left(1 - \frac{P}{M}\right).$$

Il est à noter que, si P est petit comparativement à M, alors P/M avoisine 0 et, par conséquent, $dP/dt \approx kP$. Si $P > M$, alors $1 - P/M$ est négatif et, par conséquent, $dP/dt < 0$.

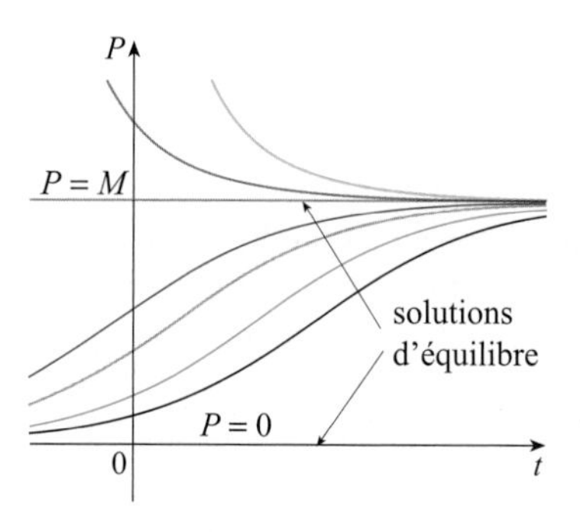

FIGURE 3
Solutions de l'équation logistique.

L'équation **2**, appelée **équation différentielle logistique**, a été proposée par le mathématicien et biologiste néerlandais Pierre-François Verhulst, au cours des années 1840, comme modèle de croissance de la population mondiale. On va élaborer, dans la section 5.4, des techniques permettant de déterminer des solutions explicites de l'équation logistique, mais on peut dès maintenant déduire directement de l'équation **2** des caractéristiques qualitatives de telles solutions. On constate d'abord que les fonctions constantes $P(t) = 0$ et $P(t) = M$ sont des solutions puisque, dans les deux cas, l'un des facteurs du membre de droite de l'équation **2** est nul (ce qui a certainement du sens du point de vue concret : s'il arrive que l'effectif d'une population soit 0 ou qu'il atteigne la capacité de charge, il reste à ce niveau). Ces deux solutions constantes sont appelées **solutions stationnaires** ou **solutions d'équilibre**.

Si la population initiale $P(0)$ se situe entre 0 et M, alors le membre de droite de l'équation **2** est positif, de sorte que $dP/dt > 0$ et la population augmente. Mais si la population dépasse la capacité de charge ($P > M$), alors $1 - P/M$ est négatif, de sorte que $dP/dt < 0$ et la population diminue. Il est à noter que, dans les deux cas, si la taille de la population avoisine la capacité de charge ($P \to M$), alors $dP/dt \to 0$, ce qui signifie que la population se stabilise. On s'attend donc à ce que les courbes respectives des solutions de l'équation différentielle logistique ressemblent plus ou moins à celles de la figure 3. On remarque que ces courbes s'écartent de la solution d'équilibre $P = 0$ et s'approchent de la solution d'équilibre $P = M$.

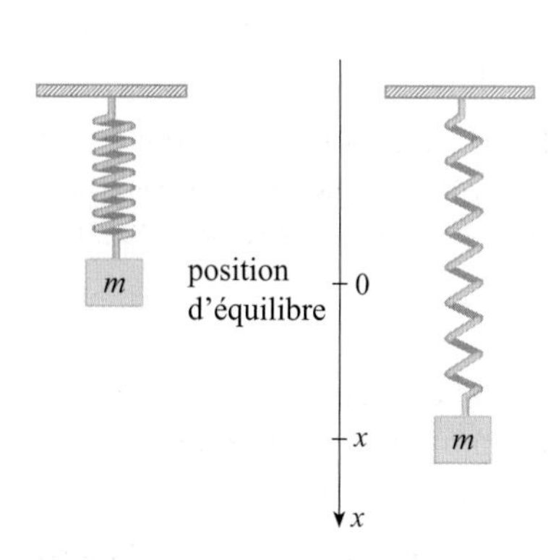

FIGURE 4

UN MODÈLE DU MOUVEMENT D'UN RESSORT

On peut examiner un modèle tiré de la physique, soit le mouvement d'un objet de masse m suspendu à l'extrémité d'un ressort vertical (comme dans la figure 4). Dans la section 2.4, il est question de la loi de Hooke, selon laquelle, si on étire (ou comprime) un ressort de x unités à partir de sa longueur à vide, il exerce alors une force proportionnelle à x :

$$\text{force de rappel} = -kx$$

où k est une constante positive (appelée **constante de rappel**). Si on considère comme négligeable toute force de résistance externe (due à la résistance de l'air ou à la friction), alors, en vertu de la deuxième loi de Newton (la force est égale à la masse multipliée par l'accélération),

3
$$m\frac{d^2x}{dt^2} = -kx.$$

Voilà un exemple de ce qu'on appelle une **équation différentielle du second ordre** puisque le membre de gauche contient des dérivées secondes. Voyons ce qu'il est possible de deviner à propos de la forme de la solution en survolant simplement l'équation. Il est possible de récrire l'équation **3** sous la forme

$$\frac{d^2x}{dt^2} = -\frac{k}{m}x$$

qui indique que la dérivée seconde de x est proportionnelle à x mais de signe opposé. On connaît deux fonctions qui possèdent cette caractéristique, à savoir les fonctions sinus et cosinus. En fait, il est possible d'écrire toutes les solutions de l'équation **3** comme des combinaisons de diverses fonctions sinus et cosinus (voir l'exercice 4). Il n'y a là rien d'étonnant : on s'attend à ce que le ressort oscille autour de sa position d'équilibre ; il est donc naturel de penser que des fonctions trigonométriques entrent en jeu.

LES ÉQUATIONS DIFFÉRENTIELLES GÉNÉRALES

En général, une **équation différentielle** est une équation qui comporte une fonction inconnue et une ou plusieurs de ses dérivées. L'**ordre** d'une équation différentielle est celui de la dérivée de plus grand ordre présente dans l'équation. Donc, les équations **1** et **2** sont des équations du premier ordre, tandis que l'équation **3** est une équation du second ordre. Dans les trois cas, la variable indépendante, représentée par t, est le temps ; en général toutefois, il n'est pas requis que la variable indépendante soit le temps. Par exemple, dans l'équation différentielle

4
$$y' = xy,$$

il est implicite que y est une fonction inconnue de x.

Une fonction f est appelée **solution** d'une équation différentielle si cette dernière est vérifiée lorsque $y = f(x)$ et qu'on remplace les dérivées de y par leurs expressions respectives dans l'équation. Donc, f est une solution de l'équation **4** si

$$f'(x) = xf(x)$$

pour toute valeur de x dans un intervalle donné.

Quand on demande de résoudre une équation différentielle, cela signifie qu'on doit trouver toutes les solutions possibles de l'équation. On a déjà résolu des équations différentielles particulièrement simples, soit des équations de la forme

$$y' = f(x).$$

On sait par exemple que la solution générale de l'équation différentielle

$$y' = x^3$$

est

$$y = \frac{x^4}{4} + C$$

où C est une constante arbitraire.

Mais, en général, la résolution d'une équation différentielle n'est pas aussi facile. Il n'existe pas de technique qui permette de résoudre n'importe quelle équation différentielle. On indique toutefois dans la section 5.2 comment tracer rapidement les courbes approximatives de solutions, même en l'absence de formule explicite de la solution. On y voit aussi comment déterminer des approximations numériques de solutions.

EXEMPLE 1 Montrons que chaque membre de la famille de fonctions

$$y = \frac{1 + ce^t}{1 - ce^t}$$

est une solution de l'équation différentielle $y' = \frac{1}{2}(y^2 - 1)$.

Les courbes respectives de sept membres de la famille de solutions de l'exemple 1 sont tracées dans la figure 5. L'équation différentielle indique que, si $y \approx \pm 1$, alors $y' \approx 0$, ce que reflète l'aplanissement des courbes solutions au voisinage de $y = 1$ et de $y = -1$.

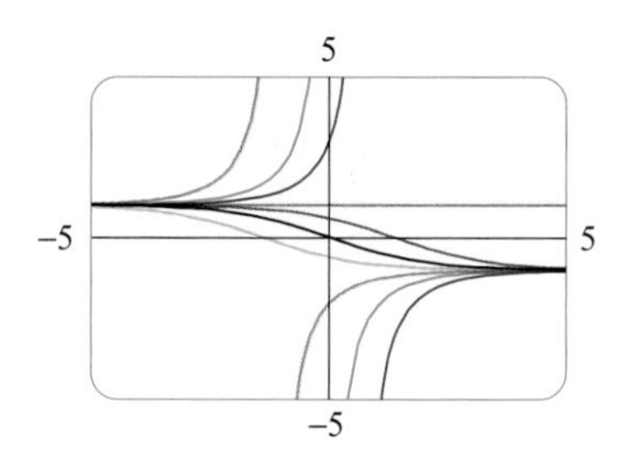

FIGURE 5

SOLUTION On dérive l'expression de y à l'aide de la loi du quotient :

$$\begin{aligned} y' &= \frac{(ce^t)(1 - ce^t) - (1 + ce^t)(-ce^t)}{(1 - ce^t)^2} \\ &= \frac{ce^t - c^2e^{2t} + ce^t + c^2e^{2t}}{(1 - ce^t)^2} = \frac{2ce^t}{(1 - ce^t)^2}. \end{aligned}$$

Le membre de droite de l'équation différentielle s'écrit

$$\begin{aligned} \frac{1}{2}(y^2 - 1) &= \frac{1}{2}\left[\left(\frac{1 + ce^t}{1 - ce^t}\right)^2 - 1\right] \\ &= \frac{1}{2}\left[\frac{(1 + ce^t)^2 - (1 - ce^t)^2}{(1 - ce^t)^2}\right] \\ &= \frac{1}{2}\frac{4ce^t}{(1 - ce^t)^2} = \frac{2ce^t}{(1 - ce^t)^2}. \end{aligned}$$

Donc, quelle que soit la valeur de c, la fonction donnée est une solution de l'équation différentielle. ▬

Quand on pose une équation différentielle, on cherche en général moins à déterminer une famille de solutions (la **solution générale**) qu'à trouver une solution qui satisfasse à des conditions données. Dans de nombreux problèmes de physique, il faut déterminer la solution particulière qui satisfait à une condition de la forme $y(t_0) = y_0$. C'est ce qu'on appelle une **condition initiale**, et le problème consistant à calculer une solution particulière d'une équation différentielle qui satisfait à une condition initiale est appelé **problème de Cauchy** (**problème de valeur initiale**).

D'un point de vue géométrique, quand on fixe une condition initiale, on examine la famille de courbes solutions, aussi appelées « courbes intégrales », et on choisit celle qui passe par le point (t_0, y_0). Cela correspond concrètement à mesurer l'état d'un système au temps t_0 et à utiliser la solution du problème de Cauchy pour prédire le comportement futur du système.

EXEMPLE 2 Déterminons une solution de l'équation différentielle $y' = \frac{1}{2}(y^2 - 1)$ qui satisfait à la condition initiale $y(0) = 2$.

SOLUTION On remplace t et y par les valeurs données, soit $t = 0$ et $y = 2$, dans la formule

$$y = \frac{1 + ce^t}{1 - ce^t}$$

tirée de l'exemple 1, ce qui donne

$$2 = \frac{1 + ce^0}{1 - ce^0} = \frac{1 + c}{1 - c}.$$

En résolvant cette équation par rapport à c, on obtient $2 - 2c = 1 + c$ ou encore $c = \frac{1}{3}$. La solution du problème de Cauchy est donc

$$y = \frac{1 + \frac{1}{3}e^t}{1 - \frac{1}{3}e^t} = \frac{3 + e^t}{3 - e^t}.$$

Exercices 5.1

1. Montrez que $y = \frac{2}{3}e^x + e^{-2x}$ est une solution de l'équation différentielle $y' + 2y = 2e^x$.

2. Vérifiez que $y = -t \cos t - t$ est une solution du problème de Cauchy suivant :

$$t\frac{dy}{dt} = y + t^2 \sin t \qquad y(\pi) = 0.$$

3. a) Pour quelles valeurs de r la fonction $y = e^{rx}$ vérifie-t-elle l'équation différentielle $2y'' + y' - y = 0$?

b) Soit r_1 et r_2, les valeurs de r déterminées en a). Montrez que chaque membre de la famille de fonctions $y = ae^{r_1x} + be^{r_2x}$ est une solution.

4. a) Pour quelles valeurs de k la fonction $y = \cos kt$ vérifie-t-elle l'équation différentielle $4y'' = -25y$?

b) Pour les valeurs de k déterminées en a), vérifiez que chaque membre de la famille de fonctions

$$y = A \sin kt + B \cos kt$$

est aussi une solution.

5. Parmi les fonctions suivantes, lesquelles sont des solutions de l'équation différentielle $y'' + y = \sin x$?

a) $y = \sin x$

b) $y = \cos x$

c) $y = \frac{1}{2}x \sin x$

d) $y = -\frac{1}{2}x \cos x$

6. a) Montrez que chaque membre de la famille de fonctions $y = (\ln x + C)/x$ est une solution de l'équation différentielle $x^2y' + xy = 1$.

b) Illustrez la partie a) en traçant dans un même graphique les courbes respectives de plusieurs membres de la famille de solutions.

c) Déterminez la solution particulière de l'équation différentielle qui satisfait à la condition initiale $y(1) = 2$.

d) Déterminez la solution particulière de l'équation différentielle qui satisfait à la condition initiale $y(2) = 1$.

7. a) Que pouvez-vous dire d'une solution de l'équation $y' = -y^2$ simplement en survolant cette dernière ?

b) Vérifiez que chaque membre de la famille $y = 1/(x + C)$ est une solution de l'équation donnée en a).

c) Pouvez-vous trouver une solution de l'équation différentielle $y' = -y^2$ qui ne soit pas un membre de la famille décrite en b) ?

d) Déterminez la solution particulière du problème de Cauchy

$$y' = -y^2 \qquad y(0) = 0{,}5.$$

8. a) Que pouvez-vous dire de la courbe d'une solution de l'équation $y' = xy^3$ dans le cas où x est voisin de 0 ? Que pouvez-vous en dire si x prend de grandes valeurs ?

b) Vérifiez que chaque membre de la famille $y = (c - x^2)^{-1/2}$ est une solution de l'équation différentielle $y' = xy^3$.

c) Tracez dans un même graphique les courbes respectives de plusieurs membres de la famille de solutions. Le graphique confirme-t-il ce que vous avez prédit en a) ?

d) Déterminez la solution particulière du problème de Cauchy

$$y' = xy^3 \qquad y(0) = 2.$$

9. L'évolution d'une population a comme modèle l'équation différentielle

$$\frac{dP}{dt} = 1{,}2P\left(1 - \frac{P}{4200}\right).$$

a) Pour quelles valeurs de P la population est-elle croissante ?

b) Pour quelles valeurs de P la population est-elle décroissante ?

c) Quelles sont les solutions d'équilibre ?

10. Une fonction $y(t)$ vérifie l'équation différentielle

$$\frac{dy}{dt} = y^4 - 6y^3 + 5y^2.$$

a) Quelles sont les solutions constantes de cette équation ?

b) Pour quelles valeurs de y la fonction y est-elle croissante ?

c) Pour quelles valeurs de y la fonction y est-elle décroissante ?

11. Expliquez pourquoi les fonctions représentées dans les graphiques suivants ne peuvent pas être des solutions de l'équation différentielle

$$\frac{dy}{dt} = e^t(y-1)^2.$$

a) 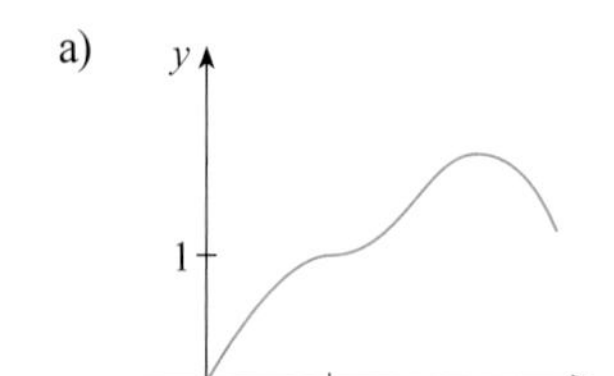

b) 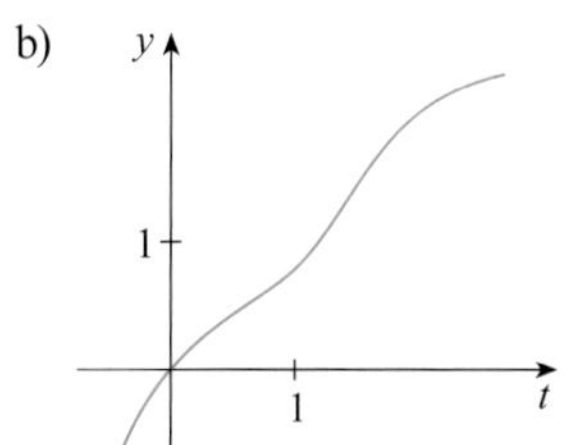

12. La fonction représentée ci-dessous est une solution de l'une des équations différentielles suivantes. Dites laquelle et justifiez clairement votre choix.

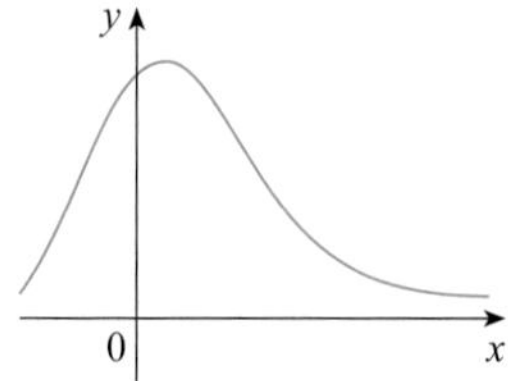

A. $y' = 1 + xy$ **B.** $y' = -2xy$ **C.** $y' = 1 - 2xy$

13. Associez l'équation différentielle donnée à l'une des courbes intégrales étiquetées I à IV. Expliquez ce qui a motivé votre choix.

a) $y' = 1 + x^2 + y^2$

b) $y' = xe^{-x^2-y^2}$

c) $y' = \dfrac{1}{1+e^{x^2+y^2}}$

d) $y' = \sin(xy)\cos(xy)$

I 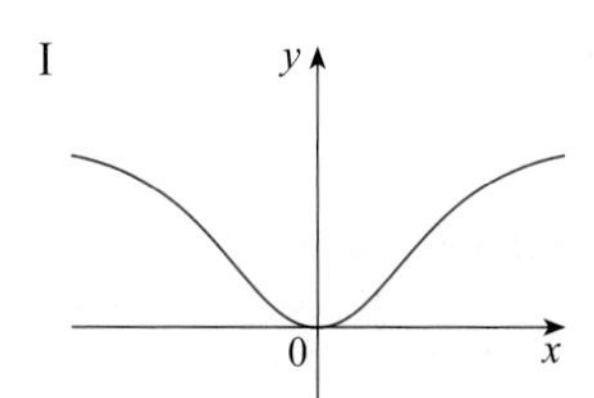

II 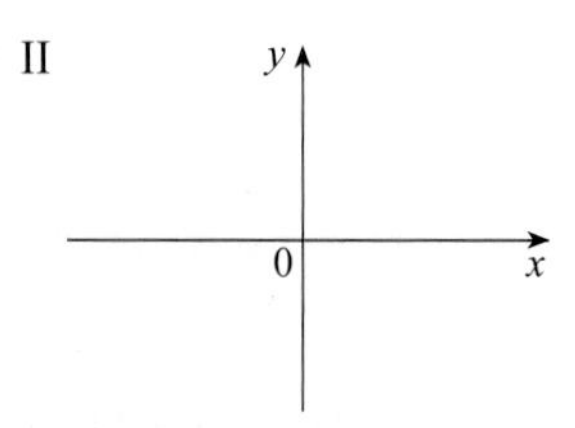

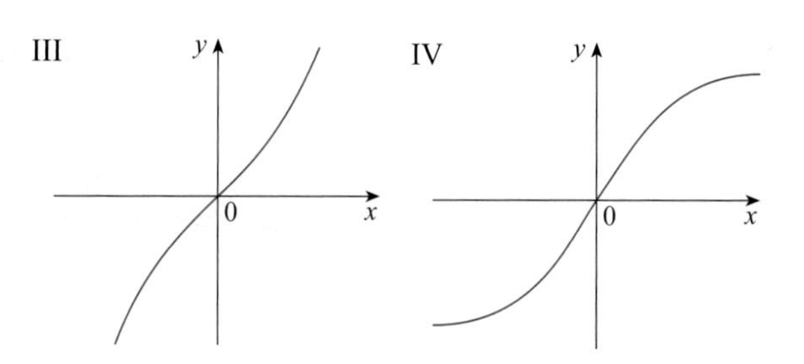

14. Supposez que vous venez de vous verser une tasse de café dont la température est de 95 °C lorsque la température ambiante est de 20 °C.

a) Selon vous, quand le café refroidit-il le plus rapidement ? Qu'arrive-t-il au taux de refroidissement avec le temps ? Expliquez votre réponse.

b) Selon la loi de refroidissement de Newton, le taux de refroidissement d'un objet est proportionnel à la différence entre les températures respectives de l'objet et celle du milieu ambiant, à la condition que cette différence ne soit pas trop grande. Posez une équation différentielle qui exprime la loi de refroidissement de Newton dans la situation décrite précédemment. Quelle est la condition initiale ? Compte tenu de votre réponse à la partie a), croyez-vous que cette équation différentielle est un modèle approprié du refroidissement ?

c) Tracez une esquisse de la courbe de la solution du problème de Cauchy de la partie b).

15. Les psychologues qui s'intéressent à la théorie de l'apprentissage étudient des **courbes d'apprentissage**. Une telle courbe est le graphique d'une fonction $P(t)$, à savoir la performance d'un individu en train d'acquérir une habileté en fonction du temps t consacré à l'apprentissage de cette habileté. La dérivée dP/dt est le taux auquel la performance s'améliore.

a) Selon vous, quand P augmente-t-elle le plus rapidement ? Qu'arrive-t-il à dP/dt lorsque t augmente ? Expliquez votre réponse.

b) Soit M, le niveau maximal de performance que l'apprenant peut atteindre. Expliquez pourquoi l'équation différentielle

$$\frac{dP}{dt} = k(M-P) \qquad \text{où } k \text{ est une constante positive}$$

est un modèle plausible de l'apprentissage.

c) Tracez une esquisse de la courbe d'une solution possible de cette équation différentielle.

5.2 LE CHAMP DE DIRECTIONS ET LA MÉTHODE D'EULER

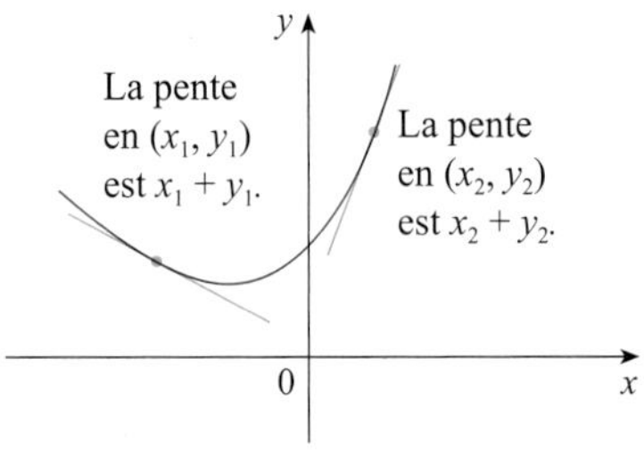

y
La pente en (x_1, y_1) est $x_1 + y_1$.
La pente en (x_2, y_2) est $x_2 + y_2$.
0
x

FIGURE 1
Une solution de $y' = x + y$.

Il est malheureusement impossible de résoudre de manière analytique la plupart des équations différentielles, en ce sens qu'on est incapable de trouver une formule explicite de la solution. Dans la présente section, on verra que, même en l'absence d'une solution explicite, il est possible d'apprendre beaucoup de choses au sujet de la solution en adoptant une approche graphique (le champ de directions) ou une approche numérique (la méthode d'Euler).

LE CHAMP DE DIRECTIONS

On demande de tracer la courbe de la solution du problème de Cauchy

$$y' = x + y \qquad y(0) = 1.$$

Étant donné qu'on ne connaît pas de formule de la solution, comment peut-on en tracer la courbe? Il est alors utile de réfléchir à ce que l'équation différentielle signifie. L'équation $y' = x + y$ indique que, en n'importe quel point (x, y), la pente de la courbe, appelée **courbe intégrale**, est égale à la somme de l'abscisse et de l'ordonnée du point (voir la figure 1). En particulier, puisque la courbe passe par le point (0, 1), sa pente en ce point est nécessairement égale à $0 + 1 = 1$. Ainsi, une petite portion de la courbe intégrale au voisinage du point (0, 1) ressemble à un court segment de droite passant par (0, 1) et de pente 1 (voir la figure 2).

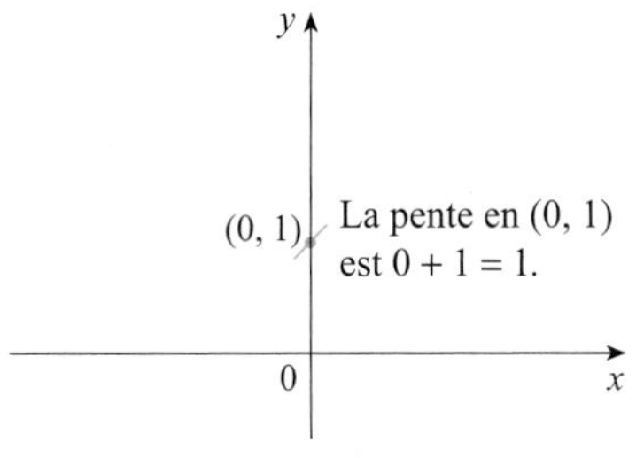

FIGURE 2
Le début de la courbe intégrale passant par (0, 1).

Pour faciliter le tracé du reste de la courbe, on dessine de courts segments de droite de pente $x + y$ en un certain nombre de points (x, y). Le résultat, appelé « champ de directions », est représenté dans la figure 3. Par exemple, la pente du segment de droite passant par le point (1, 2) est égale à $1 + 2 = 3$. Le champ de directions permet d'entrevoir la forme générale des courbes intégrales en indiquant la direction vers laquelle ces courbes se déploient en chaque point.

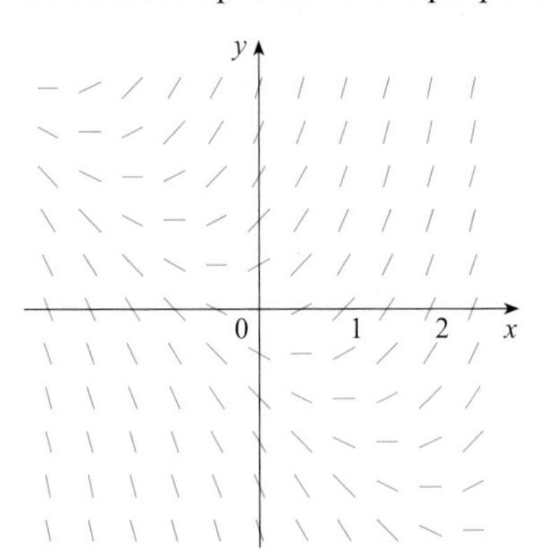

FIGURE 3
Champ de directions associé à $y' = x + y$.

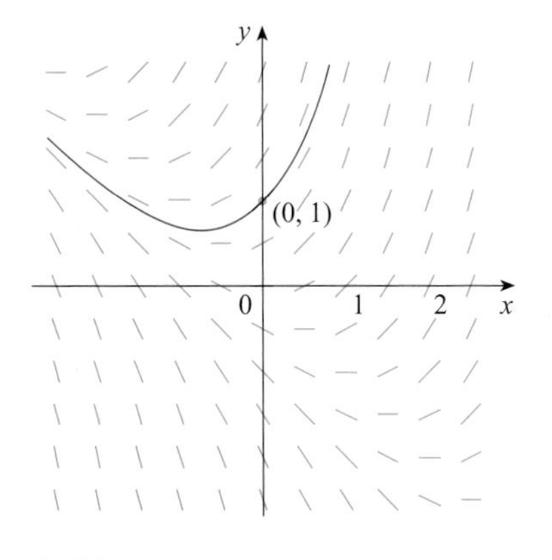

FIGURE 4
La courbe intégrale passant par (0, 1).

Il est maintenant possible de tracer la courbe intégrale passant par le point (0, 1) en suivant le champ de directions, comme l'indique la figure 4. Il est à noter qu'on dessine la courbe de manière qu'elle soit parallèle aux segments de droite voisins.

En général, soit une équation différentielle du premier ordre de la forme

$$y' = F(x, y)$$

où $F(x, y)$ est une expression quelconque en x et y. L'équation différentielle indique que la pente d'une courbe intégrale en un de ses points (x, y) est $F(x, y)$. Si on trace de courts segments de droite de pente $F(x, y)$ en divers points (x, y), on obtient ce qu'on appelle un **champ de directions** (ou **champ de pentes**). De tels segments de droite indiquent la direction vers laquelle une courbe intégrale se déploie ; ainsi, le champ de directions aide à entrevoir l'allure générale des courbes intégrales.

EXEMPLE 1

a) Dessinons le champ de directions associé à l'équation différentielle $y' = x^2 + y^2 - 1$.

b) À l'aide du graphique réalisé en a), traçons la courbe intégrale qui passe par l'origine.

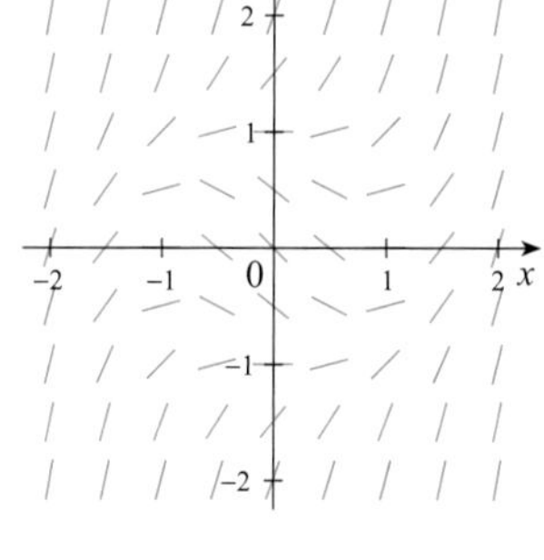

FIGURE 5

SOLUTION

a) On calcule d'abord la pente de la courbe en plusieurs points et on dresse un tableau des résultats.

x	−2	−1	0	1	2	−2	−1	0	1	2	...
y	0	0	0	0	0	1	1	1	1	1	...
$y' = x^2 + y^2 - 1$	3	0	−1	0	3	4	1	0	1	4	...

Pour chacun des points du tableau, on trace un court segment de droite passant par le point choisi et ayant la même pente que la courbe en ce point. On obtient ainsi le champ de directions représenté dans la figure 5.

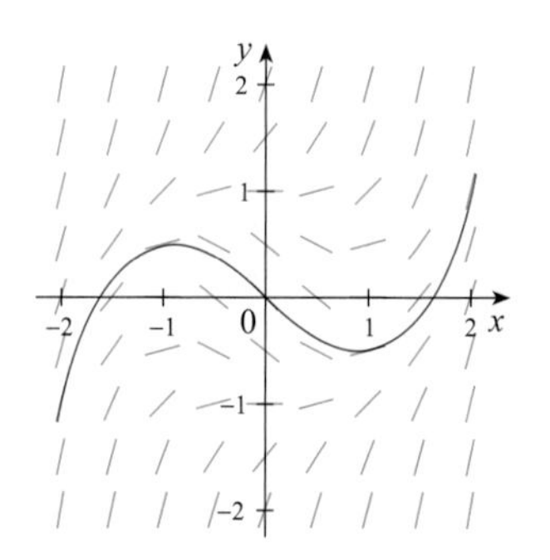

FIGURE 6

b) En partant de l'origine, on se déplace vers la droite le long du segment de droite (dont la pente est −1). On continue ensuite à tracer la courbe intégrale de manière qu'elle soit parallèle aux segments de droite voisins. La courbe obtenue est représentée dans la figure 6. On retourne ensuite à l'origine et on trace la portion gauche de la courbe intégrale de façon analogue.

Plus on trace de segments de droite d'un champ de directions, meilleure est l'idée qu'on a de l'allure de la courbe intégrale. Il est évidemment fastidieux de calculer les valeurs de la pente et de dessiner à la main des segments de droite pour un grand nombre de points, mais ce travail s'effectue très bien à l'ordinateur. Un champ de directions associé à l'équation différentielle de l'exemple 1, plus détaillé et réalisé à l'ordinateur, est représenté dans la figure 7. À l'aide de ce champ, on peut tracer, avec une précision raisonnable, les courbes intégrales représentées dans la figure 8, qui coupent l'axe des y en −2, −1, 0, 1 et 2.

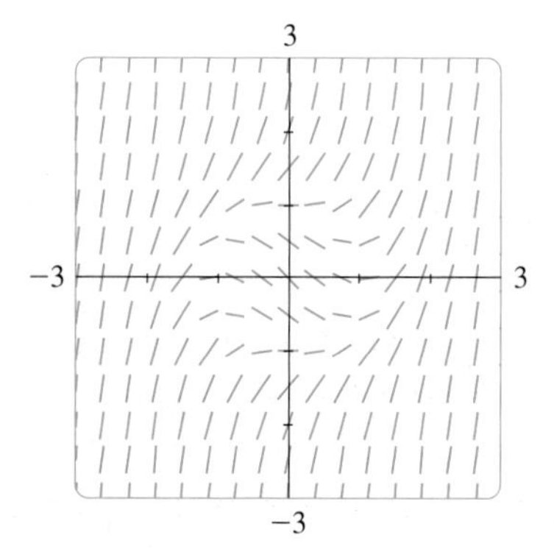

FIGURE 7

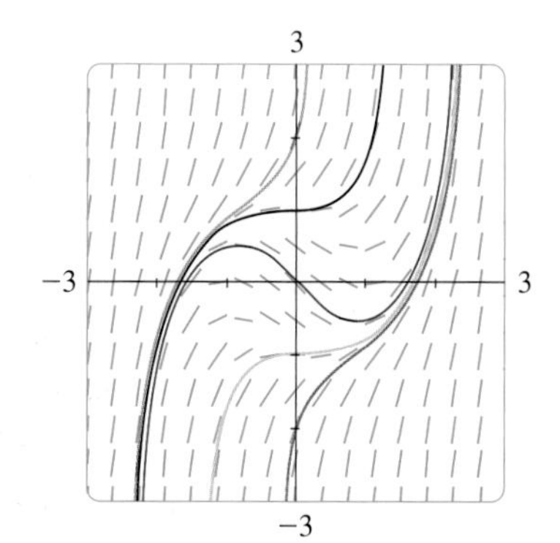

FIGURE 8

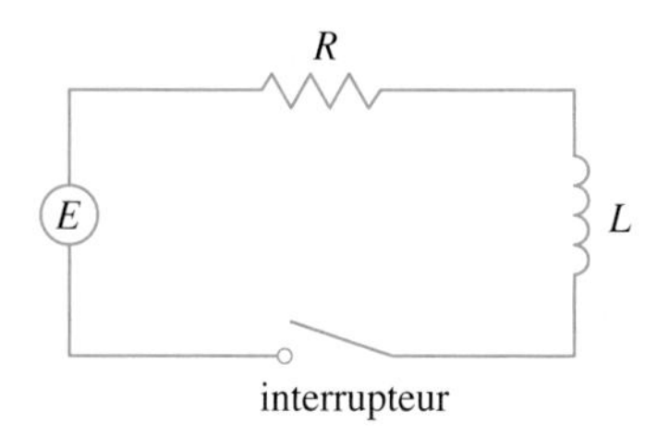

FIGURE 9

Voyons maintenant quelles informations un champ de directions fournit au sujet d'un phénomène physique. Le circuit électrique simple illustré dans la figure 9 comprend une force électromotrice (habituellement une batterie ou une génératrice) qui produit une tension de $E(t)$ volts (V) et un courant de $I(t)$ ampères (A) au temps t. Le circuit renferme aussi une résistance de R ohms (Ω) et une bobine d'induction dont l'inductance est de L henrys (H).

Selon la loi d'Ohm, la chute de tension due à la résistance est égale à RI et la chute due à la bobine d'induction est égale à $L(dI/dt)$. L'une des lois de Kirchhoff affirme que la somme des chutes de tension est égale à la valeur de la source de tension $E(t)$. Donc,

1
$$L\frac{dI}{dt} + RI = E(t)$$

et cette équation différentielle du premier ordre est un modèle du courant I au temps t.

EXEMPLE 2 Supposons que, dans le circuit simple de la figure 9, la résistance est de 12 Ω, l'inductance, de 4 H et qu'une batterie fournit une tension constante de 60 V.

a) Dessinons un champ de directions associé à l'équation **1** en utilisant les valeurs données.

b) Que pouvons-nous dire au sujet de la valeur limite du courant?

c) Déterminons toutes les solutions d'équilibre.

d) Sachant que l'interrupteur est fermé à $t = 0$, de sorte que le courant initial est $I(0) = 0$, traçons la courbe intégrale à l'aide du champ de directions.

SOLUTION

a) En effectuant les substitutions $L = 4$, $R = 12$ et $E(t) = 60$ dans l'équation **1**, on obtient

$$4\frac{dI}{dt} + 12I = 60 \quad \text{ou encore} \quad \frac{dI}{dt} = 15 - 3I.$$

Le champ de directions associé à cette équation différentielle est représenté dans la figure 10.

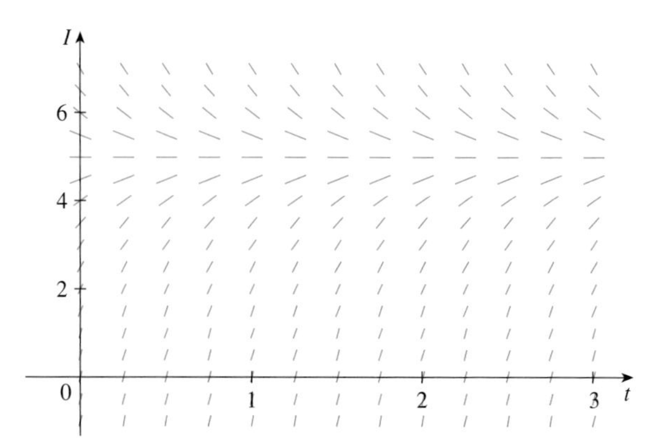

FIGURE 10

b) Le champ de directions semble indiquer que toutes les solutions tendent vers la valeur 5 A, c'est-à-dire que

$$\lim_{t\to\infty} I(t) = 5.$$

c) Il semble que la fonction constante $I(t) = 5$ soit une solution d'équilibre, ce qu'on peut en fait vérifier directement avec l'équation différentielle $dI/dt = 15 - 3I$. Si $I(t) = 5$, alors l'équation devient $dI/dt = 0$, car le membre de droite est alors $15 - 3(5) = 0$.

d) À l'aide du champ de directions, on trace la courbe intégrale passant par (0, 0), qui est représentée en rouge dans la figure 11.

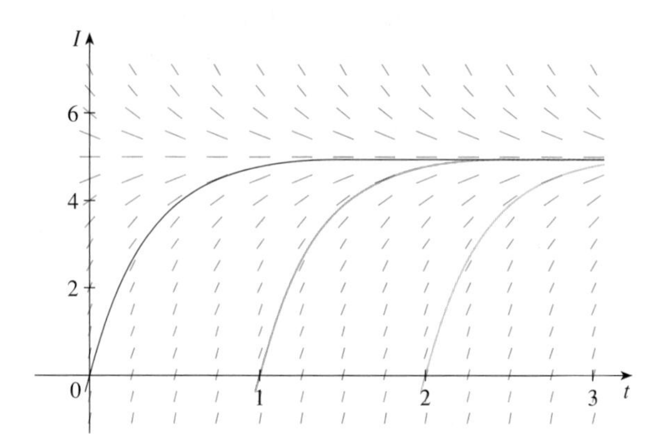

FIGURE 11

Il est à noter que, dans la figure 10, les segments de droite situés sur une même droite horizontale sont parallèles. Cela s'explique du fait que la variable indépendante t n'est pas présente dans le membre de droite de l'équation $I' = 15 - 3I$. En général, une équation différentielle de la forme

$$y' = f(y)$$

où la variable indépendante est absente du membre de droite est dite **autonome**. Les pentes respectives de la courbe d'une telle équation en deux points distincts ayant la même ordonnée sont nécessairement égales. Cela signifie que, si on connaît une solution d'une équation différentielle autonome, on peut alors en obtenir une infinité d'autres simplement en déplaçant la courbe de la solution connue vers la droite ou vers la gauche. La figure 11 montre les solutions résultant de la translation de la courbe intégrale de l'exemple 2 d'une unité et de deux unités de temps (à savoir des secondes) vers la droite. Elles correspondent respectivement à la fermeture de l'interrupteur en $t = 1$ et en $t = 2$.

LA MÉTHODE D'EULER

On peut utiliser le concept sous-jacent au champ de directions pour calculer des approximations numériques de solutions d'une équation différentielle. La méthode est illustrée ci-dessous à l'aide du problème de Cauchy utilisé pour aborder la notion de champ de directions :

$$y' = x + y \qquad y(0) = 1.$$

L'équation différentielle indique que $y'(0) = 0 + 1 = 1$, de sorte que la pente de la courbe intégrale au point (0, 1) est égale à 1. On peut employer comme première approximation de la solution l'approximation linéaire $L(x) = x + 1$. Autrement dit, la tangente en (0, 1) peut servir d'approximation grossière de la courbe intégrale (voir la figure 12).

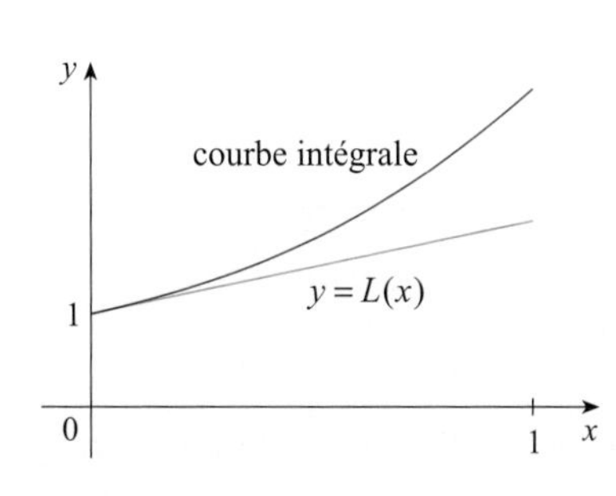

FIGURE 12
Première approximation d'Euler.

Euler

Leonhard Euler (1707-1783) fut le mathématicien le plus éminent du milieu du XVIIIe siècle et le plus prolifique de tous les temps. Il naquit en Suisse, mais sa carrière se déroula en grande partie dans les académies de sciences de Saint-Pétersbourg, soutenues par Catherine la Grande, et de Berlin, sous la protection de Frédéric le Grand. Les œuvres complètes d'Euler se composent d'environ 100 gros volumes. Comme le dit le physicien français Arago, « Euler effectuait des calculs apparemment sans effort, comme un homme respire ou comme un aigle plane dans les airs ». Le fait d'avoir élevé 13 enfants et d'avoir été aveugle durant les 17 dernières années de sa vie n'entrava pas le travail d'Euler et ne le ralentit pas dans ses écrits. Devenu aveugle, sa mémoire prodigieuse et son imagination fertile lui permirent de dicter ses découvertes à ses assistants. Ses traités sur le calcul différentiel et intégral et la majorité des autres branches des mathématiques devinrent des classiques dans l'enseignement et l'égalité $e^{i\pi} + 1 = 0$, qui est l'une de ses découvertes, réunit les cinq nombres les plus remarquables de toutes les mathématiques.

Afin d'améliorer cette approximation, Euler a eu l'idée d'effectuer un court déplacement le long de la tangente, puis de faire une correction à mi-parcours en changeant de direction pour tenir compte du champ de directions. La figure 13 montre ce qui se produit quand on se déplace d'abord le long de la tangente et qu'on s'arrête à $x = 0{,}5$. (La distance horizontale parcourue est appelée **pas**.) Puisque $L(0{,}5) = 1{,}5$, alors $y(0{,}5) \approx 1{,}5$ et on prend $(0{,}5\,;\ 1{,}5)$ comme point de départ sur un autre segment de droite. L'équation différentielle indique que $y'(0{,}5) = 0{,}5 + 1{,}5 = 2$, de sorte qu'on utilise la fonction linéaire

$$y = 1{,}5 + 2(x - 0{,}5) = 2x + 0{,}5$$

comme approximation de la solution dans le cas où $x > 0{,}5$ (qui correspond au segment vert dans la figure 13). Si on réduit le pas de 0,5 à 0,25, on obtient alors une meilleure approximation d'Euler, représentée dans la figure 14.

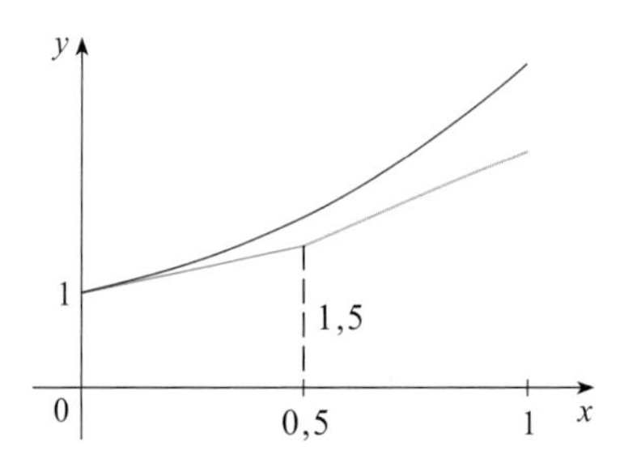

FIGURE 13
Approximation d'Euler avec un pas de 0,5.

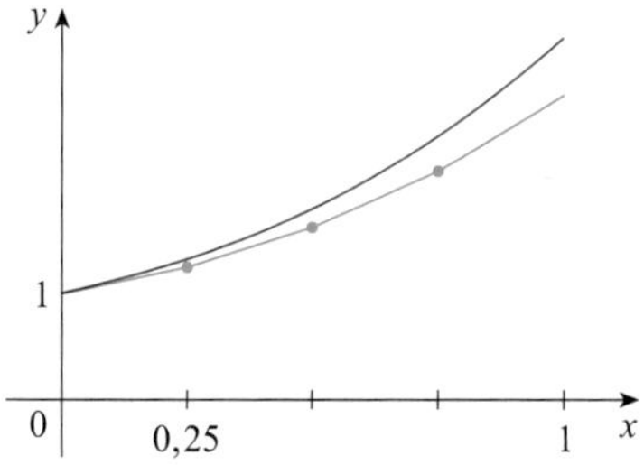

FIGURE 14
Approximation d'Euler avec un pas de 0,25.

En général, la méthode d'Euler consiste à prendre comme point de départ le point correspondant à la condition initiale et à se déplacer selon la direction indiquée par le champ de directions, à s'arrêter après un court déplacement, à examiner la pente à cette position et à suivre cette nouvelle direction. On effectue ainsi des arrêts et des changements de direction successifs en suivant le champ de directions. La méthode d'Euler ne fournit pas la solution exacte d'un problème de Cauchy mais en donne des approximations. Toutefois, si on réduit le pas (et qu'on augmente ainsi le nombre de corrections à mi-parcours), on obtient successivement des approximations toujours meilleures de la solution exacte. (Comparez les figures 12, 13 et 14.)

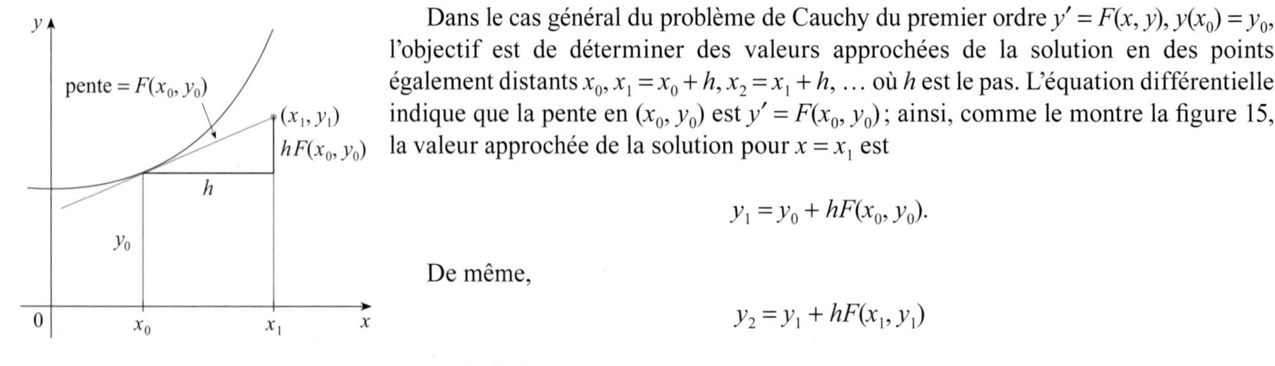

FIGURE 15

Dans le cas général du problème de Cauchy du premier ordre $y' = F(x, y)$, $y(x_0) = y_0$, l'objectif est de déterminer des valeurs approchées de la solution en des points également distants $x_0, x_1 = x_0 + h, x_2 = x_1 + h, \ldots$ où h est le pas. L'équation différentielle indique que la pente en (x_0, y_0) est $y' = F(x_0, y_0)$; ainsi, comme le montre la figure 15, la valeur approchée de la solution pour $x = x_1$ est

$$y_1 = y_0 + hF(x_0, y_0).$$

De même,

$$y_2 = y_1 + hF(x_1, y_1)$$

et, en général,

$$y_n = y_{n-1} + hF(x_{n-1}, y_{n-1}).$$

LA MÉTHODE D'EULER

Soit le problème de Cauchy $y' = F(x, y)$, $y(x_0) = y_0$ avec un pas h. Les valeurs approchées de la solution en $x_n = x_{n-1} + h$ sont

$$y_n = y_{n-1} + hF(x_{n-1}, y_{n-1}) \qquad n = 1, 2, 3, \ldots$$

EXEMPLE 3 À l'aide de la méthode d'Euler, construisons, en prenant 0,1 comme pas, un tableau de valeurs approchées de la solution du problème de Cauchy

$$y' = x + y \qquad y(0) = 1.$$

SOLUTION On a $h = 0{,}1$; $x_0 = 0$; $y_0 = 1$; $F(x, y) = x + y$. Donc,

$$y_1 = y_0 + hF(x_0, y_0) = 1 + 0{,}1(0 + 1) = 1{,}1$$
$$y_2 = y_1 + hF(x_1, y_1) = 1{,}1 + 0{,}1(0{,}1 + 1{,}1) = 1{,}22$$
$$y_3 = y_2 + hF(x_2, y_2) = 1{,}22 + 0{,}1(0{,}2 + 1{,}22) = 1{,}362.$$

Cela signifie que, si $y(x)$ est la solution exacte, alors $y(0{,}3) \approx 1{,}362$.

En effectuant d'autres calculs semblables, on obtient les valeurs présentées dans le tableau suivant.

n	x_n	y_n	n	x_n	y_n
1	0,1	1,100 000	6	0,6	1,943 122
2	0,2	1,220 000	7	0,7	2,197 434
3	0,3	1,362 000	8	0,8	2,487 178
4	0,4	1,528 200	9	0,9	2,815 895
5	0,5	1,721 020	10	1,0	3,187 485

Les logiciels qui calculent des approximations numériques de solutions d'équations différentielles font appel à des méthodes qui sont des raffinements de la méthode d'Euler. Bien que cette dernière soit simple et donne des résultats plus ou moins approximatifs, elle recèle l'idée fondamentale à la base des méthodes plus précises.

Dans l'exemple 3, on aurait obtenu un tableau de valeurs plus précises si on avait réduit le pas. Mais un grand nombre de petits pas exige une quantité considérable de calculs, de sorte qu'il faut programmer une calculatrice ou un ordinateur pour les effectuer. Les résultats de l'application de la méthode d'Euler, avec des pas de plus en plus petits, au problème de Cauchy de l'exemple 3 sont présentés dans le tableau suivant.

Pas	Approximation d'Euler de $y(0{,}5)$	Approximation d'Euler de $y(1)$
0,500	1,500 000	2,500 000
0,250	1,625 000	2,882 813
0,100	1,721 020	3,187 485
0,050	1,757 789	3,306 595
0,020	1,781 212	3,383 176
0,010	1,789 264	3,409 628
0,005	1,793 337	3,423 034
0,001	1,796 619	3,433 848

On note que les approximations d'Euler du tableau précédent semblent tendre vers des limites, à savoir les valeurs exactes de $y(0{,}5)$ et de $y(1)$. La figure 16 montre les courbes des approximations pour des pas de 0,5 ; de 0,25 ; de 0,1 ; de 0,05 ; de 0,02 ; de 0,01 ; de 0,005. Ces courbes s'approchent de la courbe intégrale quand le pas h tend vers 0.

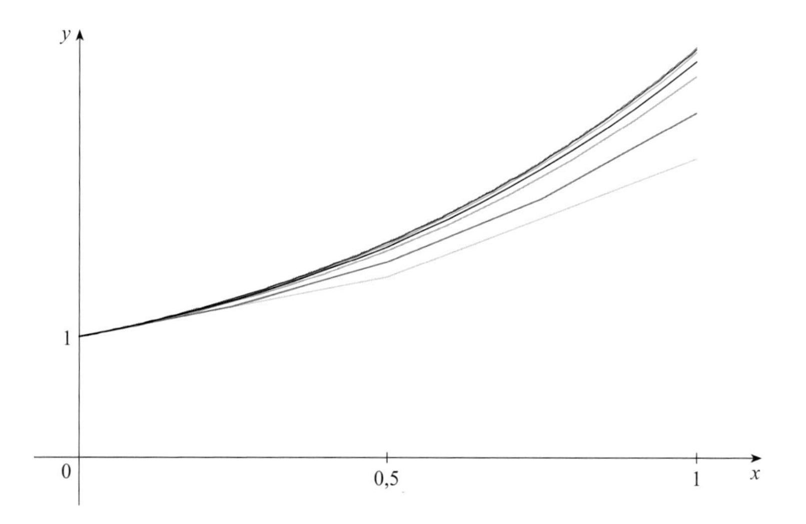

FIGURE 16

Approximations d'Euler qui s'approchent de la solution exacte.

EXEMPLE 4 Dans l'exemple 2, il est question d'un circuit électrique simple comportant une résistance de 12 Ω, une bobine d'induction dont l'inductance est de 4 H et une batterie de 60 V. Si on ferme ce circuit au temps $t = 0$, le courant I au temps t a comme modèle le problème de Cauchy

$$\frac{dI}{dt} = 15 - 3I \qquad I(0) = 0.$$

Évaluons approximativement le courant dans le circuit une demi-seconde après la fermeture.

SOLUTION En appliquant la méthode d'Euler avec $F(t, I) = 15 - 3I$, $t_0 = 0$, $I_0 = 0$ et le pas $h = 0{,}1$ s, on obtient

$$\begin{aligned}
I_1 &= 0 + 0{,}1(15 - 3 \cdot 0) = 1{,}5 \\
I_2 &= 1{,}5 + 0{,}1(15 - 3 \cdot 1{,}5) = 2{,}55 \\
I_3 &= 2{,}55 + 0{,}1(15 - 3 \cdot 2{,}55) = 3{,}285 \\
I_4 &= 3{,}285 + 0{,}1(15 - 3 \cdot 3{,}285) = 3{,}7995 \\
I_5 &= 3{,}7995 + 0{,}1(15 - 3 \cdot 3{,}7995) = 4{,}159\,65.
\end{aligned}$$

Ainsi, après 0,5 s, le courant est

$$I(0{,}5) \approx 4{,}16 \text{ A.}$$

Exercices 5.2

1. Un champ de directions associé à l'équation différentielle $y' = x \cos \pi y$ est représenté ci-dessous.

a) Tracez la courbe intégrale qui répond à la condition initiale donnée.

i) $y(0) = 0$ iii) $y(0) = 1$

ii) $y(0) = 0{,}5$ iv) $y(0) = 1{,}6$

b) Déterminez toutes les solutions d'équilibre.

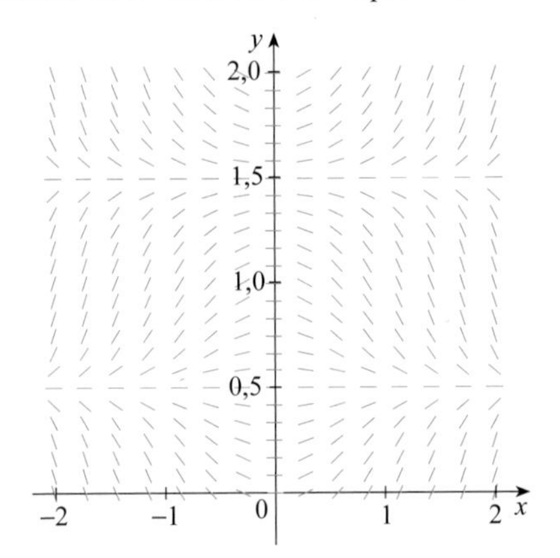

2. Un champ de directions associé à l'équation différentielle $y' = \tan(\frac{1}{2}\pi y)$ est représenté ci-dessous.

a) Tracez la courbe intégrale qui répond à la condition initiale donnée.

i) $y(0) = 1$ iii) $y(0) = 2$

ii) $y(0) = 0{,}2$ iv) $y(1) = 3$

b) Déterminez toutes les solutions d'équilibre.

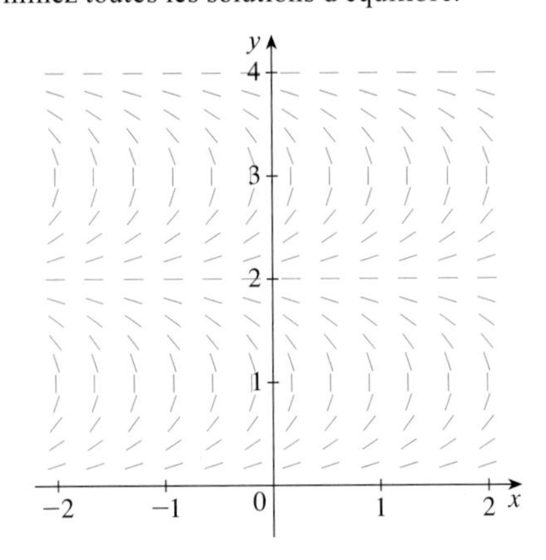

3-6 Associez l'équation différentielle donnée au champ de directions approprié parmi les champs étiquetés de I à IV. Justifiez votre choix.

3. $y' = 2 - y$ **5.** $y' = x + y - 1$

4. $y' = x(2 - y)$ **6.** $y' = \sin x \sin y$

I

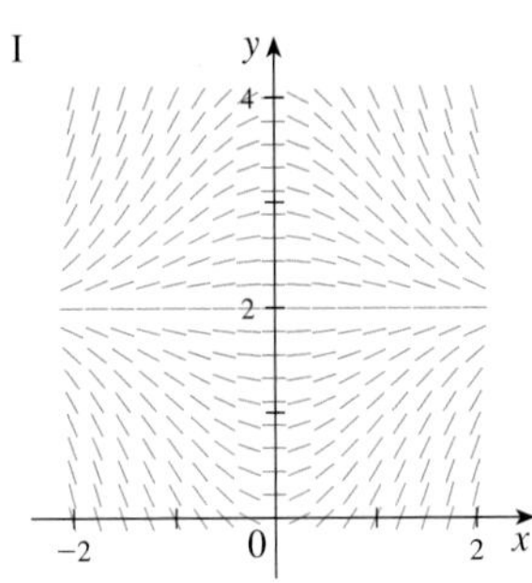

III

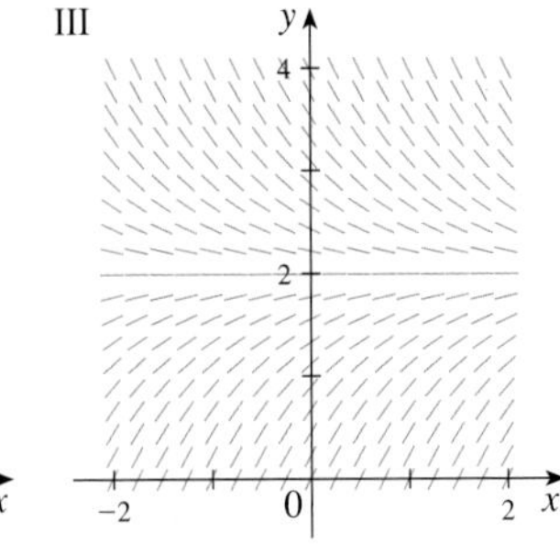

II

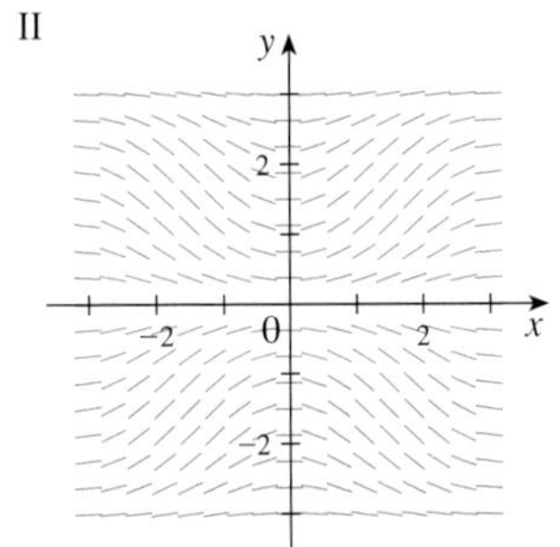

IV

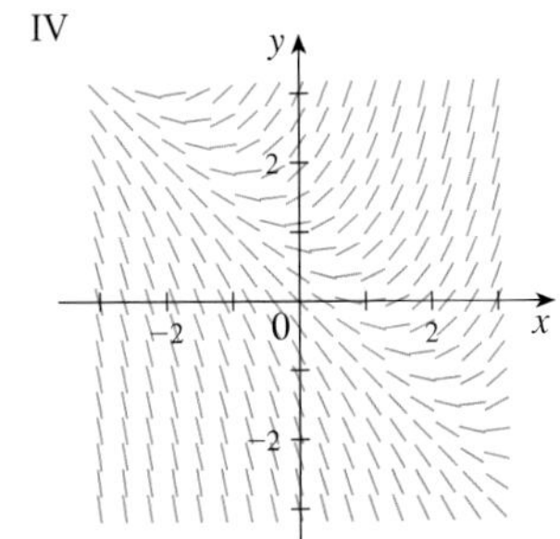

7. Utilisez le champ de directions II (représenté ci-dessus) pour tracer la courbe intégrale qui répond à la condition initiale donnée.

a) $y(0) = 1$ b) $y(0) = 2$ c) $y(0) = -1$

8. Utilisez le champ de directions IV (représenté ci-dessus) pour tracer la courbe intégrale qui répond à la condition initiale donnée.

a) $y(0) = -1$ b) $y(0) = 0$ c) $y(0) = 1$

9-10 Dessinez un champ de directions associé à l'équation différentielle donnée puis, à l'aide de ce champ, tracez trois courbes intégrales.

9. $y' = \frac{1}{2}y$ **10.** $y' = x - y + 1$

11-14 Dessinez le champ de directions associé à l'équation différentielle donnée puis, à l'aide de ce champ, tracez une courbe intégrale qui passe par le point donné.

11. $y' = y - 2x$, $(1, 0)$ **13.** $y' = y + xy$, $(0, 1)$

12. $y' = xy - x^2$, $(0, 1)$ **14.** $y' = x + y^2$, $(0, 0)$

LCS **15-16** À l'aide d'un logiciel de calcul symbolique, dessinez un champ de directions associé à l'équation différentielle donnée. Imprimez votre travail et tracez sur cette feuille la courbe intégrale qui passe par $(0, 1)$. Servez-vous ensuite de nouveau du logiciel pour dessiner la courbe intégrale, puis comparez le résultat avec la courbe que vous avez tracée à la main.

15. $y' = x^2 \sin y$ **16.** $y' = x(y^2 - 4)$

LCS **17.** Utilisez un logiciel de calcul symbolique pour dessiner un champ de directions associé à l'équation différentielle $y' = y^3 - 4y$. Imprimez votre travail et tracez sur cette feuille des courbes intégrales qui répondent à la condition initiale $y(0) = c$ pour diverses valeurs de c. Quelles sont les valeurs de c pour lesquelles $\lim_{t\to\infty} y(t)$ existe ? Quelles valeurs cette limite peut-elle prendre ?

18. Esquissez rapidement un champ de directions associé à l'équation différentielle autonome $y' = f(y)$, où f est la fonction représentée dans le graphique suivant. En quoi le comportement limite des solutions dépend-il de la valeur de $y(0)$?

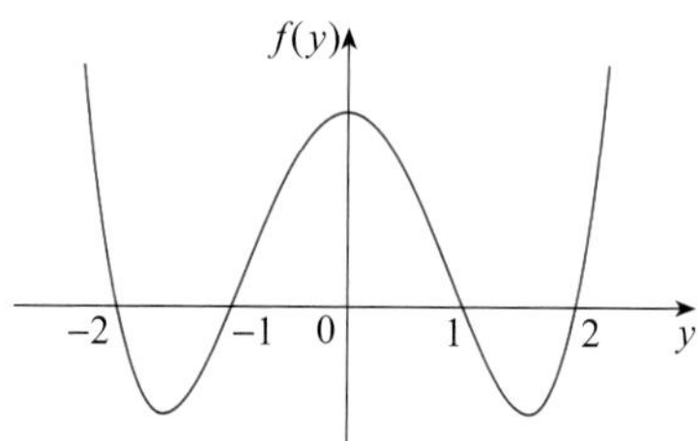

19. a) À l'aide de la méthode d'Euler, évaluez, en prenant le pas donné, la valeur de $y(0,4)$, où y est la solution du problème de Cauchy $y' = y$, $y(0) = 1$.
i) $h = 0,4$ ii) $h = 0,2$ iii) $h = 0,1$

b) On sait que la solution exacte du problème de Cauchy décrit en a) est $y = e^x$. Dessinez aussi précisément que possible la courbe de $y = e^x$, où $0 \le x \le 0,4$, de même que les approximations d'Euler en prenant comme pas les valeurs données en a). (Vos graphiques devraient ressembler respectivement aux figures 12, 13 et 14.) À l'aide des graphiques que vous avez réalisés, déterminez si les valeurs approchées que vous avez calculées en a) sont des approximations par défaut ou par excès.

c) L'erreur associée à la méthode d'Euler est égale à la différence entre la valeur exacte et la valeur approchée d'une solution. Déterminez l'erreur que comporte l'application de la méthode d'Euler, en a), pour estimer la valeur exacte de $y(0,4)$, à savoir $e^{0,4}$. Qu'advient-il de l'erreur chaque fois qu'on réduit le pas de moitié ?

20. La figure suivante représente un champ de directions associé à une équation différentielle. Dessinez, à l'aide d'une règle, les courbes des approximations d'Euler de la courbe intégrale qui passe par l'origine en prenant comme pas $h = 1$ et $h = 0,5$. Les valeurs approchées calculées avec la méthode d'Euler sont-elles des approximations par défaut ou par excès ? Pourquoi ?

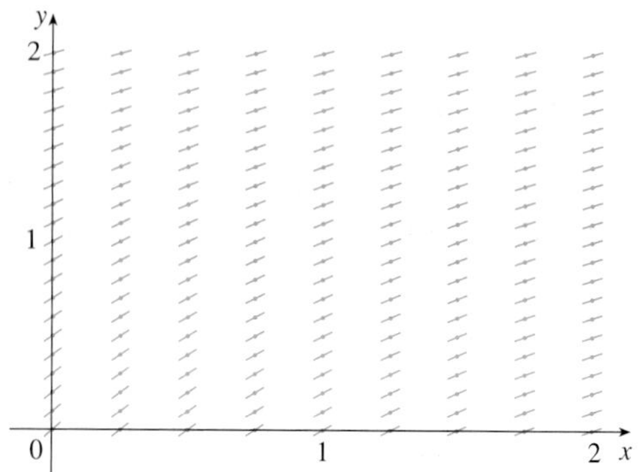

21. À l'aide de la méthode d'Euler, calculez, en prenant comme pas 0,5, les valeurs approchées des ordonnées y_1, y_2, y_3 et y_4 de la solution du problème de Cauchy $y' = y - 2x$, $y(1) = 0$.

22. À l'aide de la méthode d'Euler, calculez, en prenant comme pas 0,2, la valeur approchée de $y(1)$ dans le cas où $y(x)$ est la solution du problème de Cauchy $y' = xy - x^2$, $y(0) = 1$.

23. À l'aide de la méthode d'Euler, calculez, en prenant comme pas 0,1, la valeur approchée de $y(0,5)$ dans le cas où $y(x)$ est la solution du problème de Cauchy $y' = y + xy$, $y(0) = 1$.

24. a) À l'aide de la méthode d'Euler, calculez, en prenant comme pas 0,2, la valeur approchée $y(0,4)$ dans le cas où $y(x)$ est la solution du problème de Cauchy $y' = x + y^2$, $y(0) = 0$.

b) Refaites l'exercice a) en prenant 0,1 comme pas.

25. a) Programmez une calculatrice ou un ordinateur de manière à pouvoir calculer, à l'aide de la méthode d'Euler, $y(1)$ dans le cas où $y(x)$ est la solution du problème de Cauchy

$$\frac{dy}{dx} + 3x^2 y = 6x^2 \qquad y(0) = 3.$$

i) $h = 1$ iii) $h = 0,01$
ii) $h = 0,1$ iv) $h = 0,001$

b) Vérifiez que $y = 2 + e^{-x^3}$ est la solution exacte de l'équation différentielle.

c) Déterminez l'erreur associée à l'application de la méthode d'Euler afin de calculer $y(1)$ pour chaque pas donné en a). Qu'advient-il de l'erreur lorsque le pas est réduit par un facteur de 10 ?

LCS **26.** a) Programmez un logiciel de calcul symbolique de manière à pouvoir calculer, à l'aide de la méthode d'Euler avec 0,01 comme pas, $y(2)$ dans le cas où y est la solution du problème de Cauchy

$$y' = x^3 - y^3 \qquad y(0) = 1.$$

b) Vérifiez le résultat obtenu en a) en traçant la courbe intégrale à l'aide du logiciel.

27. Le circuit représenté ci-après comprend une force électromotrice, un condensateur d'une capacité de C farads (F) et une résistance de R ohms (Ω). La chute de potentiel aux bornes du condensateur est égale à Q/C, où Q est la charge en coulombs (C), de sorte que, selon la loi de Kirchhoff,

$$RI + \frac{Q}{C} = E(t).$$

Comme $I = dQ/dt$, on a

$$R\frac{dQ}{dt} + \frac{1}{C}Q = E(t).$$

On suppose que la résistance est de 5 Ω, la capacité, de 0,05 F et qu'une batterie fournit une tension constante de 60 V.

a) Dessinez un champ de directions associé à l'équation différentielle donnée.

b) Quelle est la valeur limite de la charge ?

c) Existe-t-il une solution d'équilibre ?

d) Sachant que la charge initiale est $Q(0) = 0$ C, utilisez le champ de directions pour tracer la courbe intégrale.

e) Sachant que la charge initiale est $Q(0) = 0$ C, utilisez la méthode d'Euler, en prenant 0,1 comme pas, pour évaluer la charge après une demi-seconde.

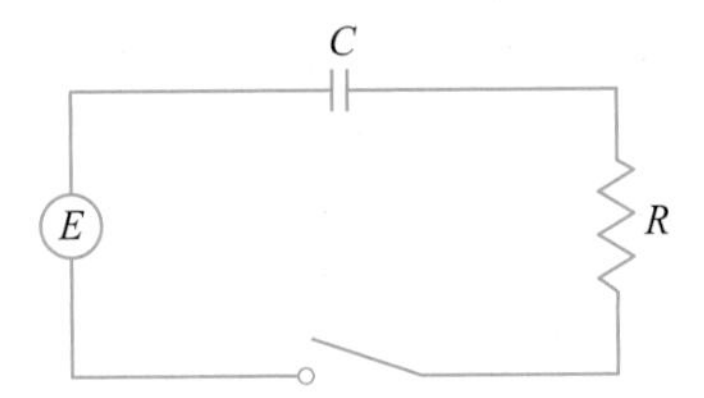

28. Dans l'exercice 14 de la section 5.1, on a examiné le cas d'une personne qui remplit une tasse avec du café à 95 °C alors que la température ambiante est de 20 °C. Supposez que le taux de perte de chaleur du café est de 1 °C par minute quand sa température est de 70 °C.

a) Que devient l'équation différentielle dans ce cas?

b) Dessinez un champ de directions associé à l'équation différentielle obtenue en a) et utilisez-le pour tracer la courbe intégrale du problème de Cauchy. Quelle est la valeur limite de la température?

c) À l'aide de la méthode d'Euler, en prenant $h = 2$ min comme pas, estimez la température du café après 10 minutes.

5.3 LES ÉQUATIONS DIFFÉRENTIELLES À VARIABLES SÉPARABLES

La section 5.2 décrit les équations différentielles du premier ordre d'un point de vue géométrique (le champ de directions) et d'un point de vue numérique (la méthode d'Euler). Qu'en est-il du point de vue analytique? Il est souvent souhaitable d'avoir une formule explicite d'une solution d'une équation différentielle. Malheureusement, on ne peut pas toujours en obtenir une. Néanmoins, dans la présente section, on va examiner un type donné d'équations différentielles qu'il est possible de résoudre analytiquement.

Une **équation différentielle à variables séparables** est une équation différentielle du premier ordre dans laquelle l'expression de dy/dx s'écrit sous la forme de deux facteurs, à savoir une fonction de x et une fonction de y:

$$\frac{dy}{dx} = g(x)f(y).$$

Les variables sont dites séparables parce qu'il est possible de «séparer» le membre de gauche de l'équation en un produit de fonctions de x et de y. Si $f(y) \neq 0$, on peut écrire de façon équivalente

1
$$\frac{dy}{dx} = \frac{g(x)}{h(y)}$$

où $h(y) = 1/f(y)$. Afin de résoudre cette dernière équation, on la récrit sous la forme d'une égalité de deux différentielles

$$h(y)\,dy = g(x)\,dx$$

de manière que tous les éléments en y soient dans un même membre de l'équation et tous les éléments en x, dans l'autre. On intègre ensuite les deux membres de l'équation:

2
$$\int h(y)\,dy = \int g(x)\,dx.$$

L'égalité **2** définit y implicitement comme une fonction de x. Dans certains cas, il est possible d'exprimer explicitement y en fonction de x.

Les premiers à employer la technique de résolution d'une équation différentielle à variables séparables furent Jacques Bernoulli (en 1690), dans le cadre de la résolution d'un problème de pendule, et Leibniz (en 1691), dans une lettre à Huygens. Jean Bernoulli expliqua la méthode générale dans un texte publié en 1694.

La règle de dérivation en chaîne sert à justifier le processus employé : si h et g vérifient l'égalité **2**, alors

$$\frac{d}{dx}\left(\int h(y)\,dy\right) = \frac{d}{dx}\left(\int g(x)\,dx\right).$$

Ainsi,

$$\frac{d}{dy}\left(\int h(y)\,dy\right)\frac{dy}{dx} = g(x)$$

et

$$h(y)\frac{dy}{dx} = g(x).$$

Donc, l'égalité **1** est vérifiée.

EXEMPLE 1

a) Résolvons l'équation différentielle $\dfrac{dy}{dx} = \dfrac{x^2}{y^2}$.

b) Déterminons la solution de l'équation donnée en a) qui satisfait la condition initiale $y(0) = 2$.

Les courbes respectives de plusieurs membres de la famille de solutions de l'équation différentielle de l'exemple 1 sont représentées dans la figure 1. La courbe intégrale associée au problème de Cauchy énoncé en b) est tracée en rouge.

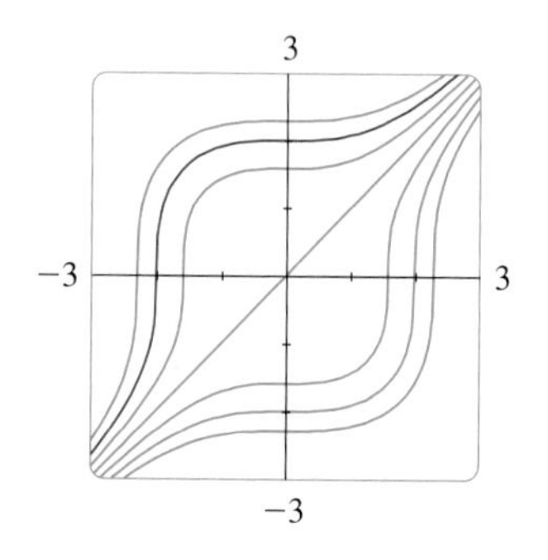

FIGURE 1

SOLUTION

a) On écrit l'équation sous forme de différentielles, puis on intègre chaque membre :

$$y^2\,dy = x^2\,dx$$

$$\int y^2\,dy = \int x^2\,dx$$

$$\tfrac{1}{3}y^3 = \tfrac{1}{3}x^3 + C$$

où C est une constante arbitraire. (On aurait pu employer une constante C_1 dans le membre de gauche et une constante différente C_2 dans le membre de droite, mais on aurait alors pu combiner les deux constantes en posant $C = C_2 - C_1$.)

En isolant y, on obtient

$$y = \sqrt[3]{x^3 + 3C}.$$

On peut laisser la solution telle quelle ou la récrire sous la forme

$$y = \sqrt[3]{x^3 + K}$$

où $K = 3C$. (Comme C est une constante arbitraire, il en est de même pour K.)

b) Si on remplace x par 0 dans la solution générale obtenue en a), on a $y(0) = \sqrt[3]{K}$. Pour que la condition initiale $y(0) = 2$ soit satisfaite, il faut que $\sqrt[3]{K} = 2$, c'est-à-dire que $K = 8$. Donc, la solution du problème de Cauchy est

$$y = \sqrt[3]{x^3 + 8}.$$

Il est possible de tracer des courbes définies par des équations implicites avec certains logiciels de calcul symbolique. Les courbes respectives de plusieurs membres de la famille des solutions de l'équation différentielle de l'exemple 2 sont représentées dans la figure 2. Les constantes C associées à ces courbes sont respectivement, de gauche à droite, 3, 2, 1, 0, −1, −2 et −3.

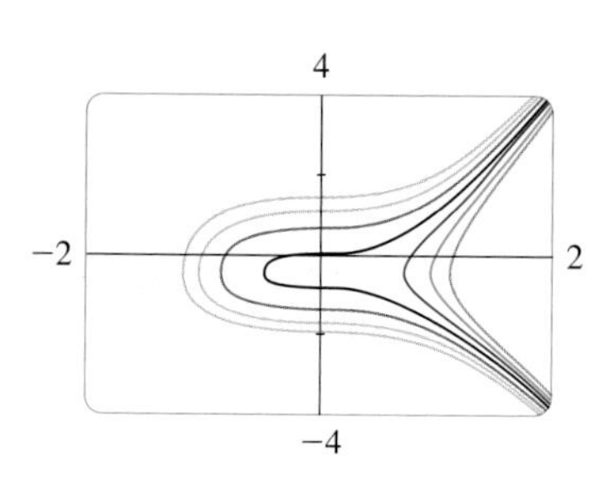

FIGURE 2

EXEMPLE 2 Résolvons l'équation différentielle $\dfrac{dy}{dx} = \dfrac{6x^2}{2y + \cos y}$.

SOLUTION En écrivant l'équation sous forme d'égalité de deux différentielles, puis en intégrant chaque membre, on obtient

$$(2y + \cos y)dy = 6x^2 dx$$

$$\int (2y + \cos y)dy = \int 6x^2\,dx$$

3 $$y^2 + \sin y = 2x^3 + C$$

où C est une constante. L'égalité **3** donne la solution générale sous forme implicite. Il est impossible d'isoler y de manière à exprimer explicitement y seulement en fonction de x.

EXEMPLE 3 Résolvons l'équation $y' = x^2y$.

SOLUTION On récrit d'abord l'équation en employant la notation de Leibniz :

$$\frac{dy}{dx} = x^2 y.$$

Si $y \neq 0$, il est possible de récrire cette équation en utilisant la notation différentielle, puis de l'intégrer :

Si une solution y est une fonction qui vérifie $y(x) \neq 0$ pour une valeur quelconque de x, alors, en vertu d'un théorème d'unicité des solutions d'une équation différentielle, $y(x) \neq 0$ pour tout x.

$$\frac{dy}{y} = x^2\,dx \qquad y \neq 0$$

$$\int \frac{dy}{y} = \int x^2\,dx$$

$$\ln|y| = \frac{x^3}{3} + C.$$

Cette dernière équation définit implicitement y en fonction de x. Dans le cas présent, il est possible d'isoler y :

$$|y| = e^{\ln|y|} = e^{(x^3/3)+C} = e^C e^{x^3/3}.$$

Ainsi,

$$y = \pm e^C e^{x^3/3}.$$

Il est facile de vérifier que la fonction $y = 0$ est elle aussi une solution de l'équation différentielle donnée. On peut donc écrire la solution générale sous la forme

$$y = Ae^{x^3/3}$$

où A est une constante arbitraire ($A = e^C$ ou $A = -e^C$ ou $A = 0$).

Un champ de directions associé à l'équation différentielle de l'exemple 3 est représenté dans la figure 3. On peut le comparer avec celui de la figure 4, où on a utilisé l'égalité $y = Ae^{x^3/3}$ afin de tracer les courbes intégrales pour plusieurs valeurs de A. Si on se sert du champ de directions pour tracer les courbes intégrales qui coupent l'axe des y en 5, 2, 1, −1 et −2, celles-ci ressembleront à celles de la figure 4.

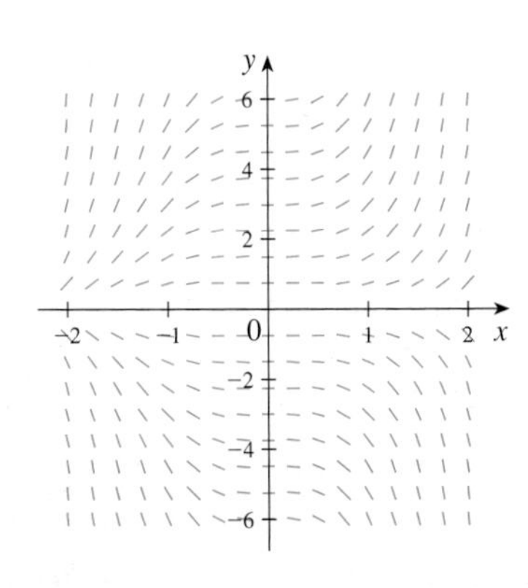

FIGURE 3

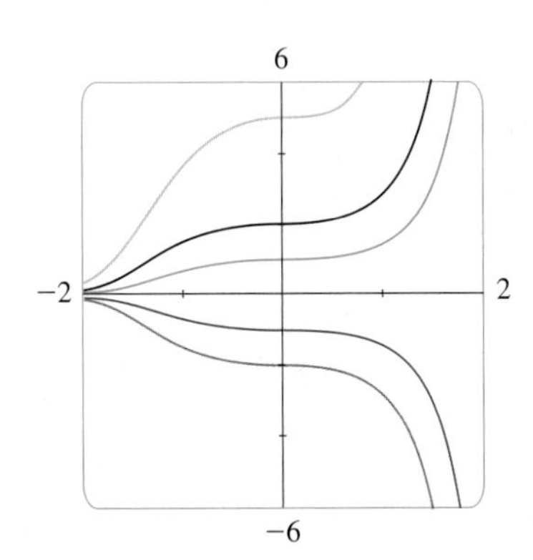

FIGURE 4

EXEMPLE 4 Dans la section 5.2, on obtient, comme modèle du courant $I(t)$ dans le circuit électrique illustré dans la figure 5 (à la page 260), l'équation différentielle

$$L\frac{dI}{dt} + RI = E(t).$$

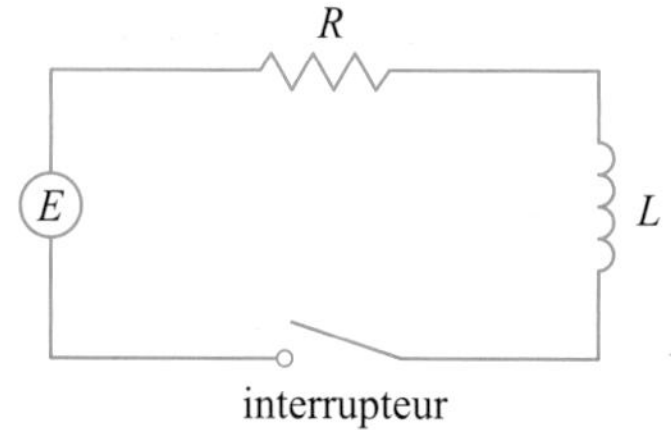

FIGURE 5

Cherchons maintenant une expression du courant dans un circuit où la résistance est de 12 Ω et l'inductance, de 4 H, et où une batterie fournit une tension constante de 60 V, dans le cas où on ferme l'interrupteur au temps $t = 0$. Déterminons ensuite la valeur limite du courant.

SOLUTION Dans le cas où $L = 4$, $R = 12$ et $E(t) = 60$, l'équation devient

$$4\frac{dI}{dt} + 12I = 60 \quad \text{ou encore} \quad \frac{dI}{dt} = 15 - 3I$$

et le problème de Cauchy est

$$\frac{dI}{dt} = 15 - 3I \qquad I(0) = 0.$$

On note qu'il s'agit d'une équation à variables séparables, qui se résout comme suit :

$$\int \frac{dI}{15 - 3I} = \int dt \quad (15 - 3I \neq 0)$$

$$-\tfrac{1}{3}\ln|15 - 3I| = t + C$$

$$|15 - 3I| = e^{-3(t+C)}$$

$$15 - 3I = \pm e^{-3C}e^{-3t} = Ae^{-3t}$$

$$I = 5 - \tfrac{1}{3}Ae^{-3t}.$$

La figure 6 montre que la solution de l'exemple 4 (le courant) tend vers sa valeur limite. En comparant cette figure avec la figure 11 de la section 5.2, on se rend compte qu'il est possible de tracer une courbe intégrale relativement précise à l'aide du champ de directions.

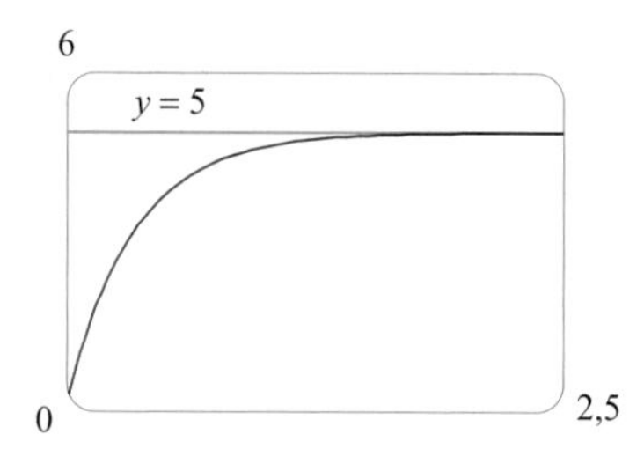

FIGURE 6

Puisque $I(0) = 0$, alors $5 - \tfrac{1}{3}A = 0$; ainsi, $A = 15$ et la solution est

$$I(t) = 5 - 5e^{-3t}.$$

Le courant limite, en ampères, est égal à

$$\lim_{t\to\infty} I(t) = \lim_{t\to\infty}(5 - 5e^{-3t}) = 5 - 5\lim_{t\to\infty} e^{-3t} = 5 - 0 = 5.$$

LES TRAJECTOIRES ORTHOGONALES

Une **trajectoire orthogonale** d'une famille de courbes est une courbe qui coupe orthogonalement, c'est-à-dire à angle droit, chaque courbe de la famille (voir la figure 7). Par exemple, chaque membre de la famille de droites $y = mx$ passant par l'origine est une trajectoire orthogonale de la famille $x^2 + y^2 = r^2$ de cercles concentriques ayant comme centre l'origine (voir la figure 8). Dans ce cas, on dit que les deux familles sont des trajectoires orthogonales l'une de l'autre.

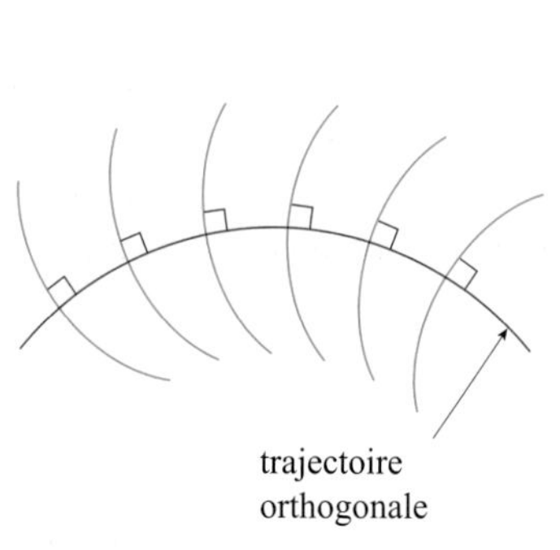

FIGURE 7

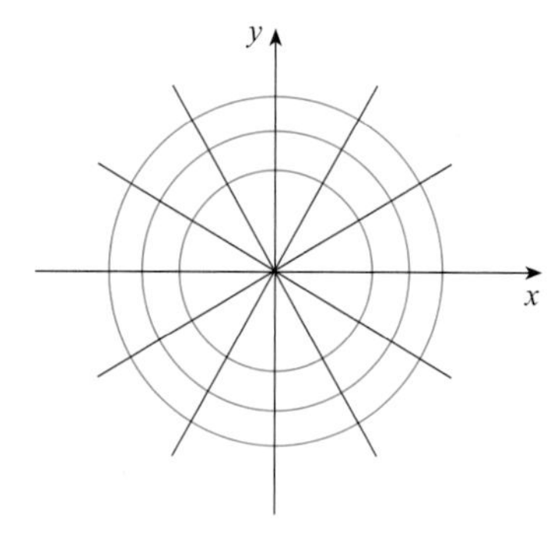

FIGURE 8

EXEMPLE 5 Déterminons les trajectoires orthogonales de la famille de courbes $x = ky^2$, où k est une constante arbitraire.

SOLUTION Les courbes $x = ky^2$ représentent une famille de paraboles dont l'axe de symétrie est l'axe des x. La première étape consiste à chercher une unique équation différentielle qui est vérifiée par tous les membres de la famille. Si on dérive implicitement $x = ky^2$, on obtient

$$1 = 2ky\frac{dy}{dx} \quad \text{ou encore} \quad \frac{dy}{dx} = \frac{1}{2ky}.$$

Cette équation différentielle dépend de k, et on a besoin d'une équation qui soit valide simultanément pour toutes les valeurs de k. Pour éliminer k, on tire de l'équation de la famille de paraboles $x = ky^2$ l'équation $k = x/y^2$, ce qui permet d'écrire l'équation différentielle sous la forme

$$\frac{dy}{dx} = \frac{1}{2ky} = \frac{1}{2\frac{x}{y^2}y}$$

ou encore

$$\frac{dy}{dx} = \frac{y}{2x}.$$

La dernière équation signifie que la pente de la tangente en n'importe quel point (x, y) de l'une des paraboles est $y' = y/(2x)$. La pente de la tangente à une trajectoire orthogonale est nécessairement l'opposé de l'inverse multiplicatif de cette pente. Les trajectoires orthogonales doivent donc vérifier l'équation différentielle

$$\frac{dy}{dx} = -\frac{2x}{y}.$$

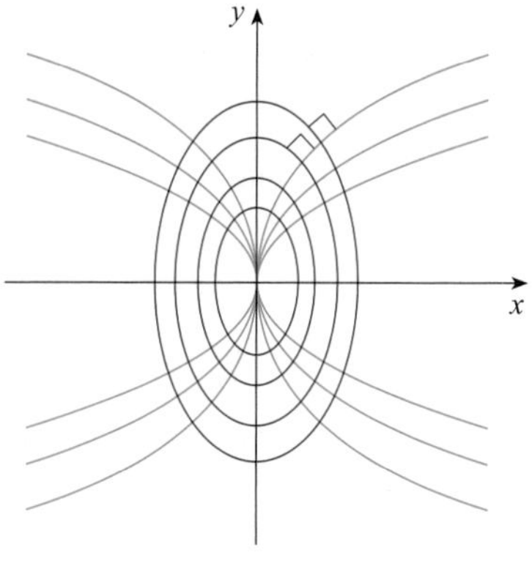

Il s'agit d'une équation différentielle à variables séparables, qu'on peut résoudre comme suit :

$$\int y\,dy = -\int 2x\,dx$$

$$\frac{y^2}{2} = -x^2 + C$$

4 $$x^2 + \frac{y^2}{2} = C$$

où C est une constante arbitraire positive. Les trajectoires orthogonales sont donc la famille d'ellipses définies par l'équation **4**, qui sont représentées dans la figure 9.

y
x

FIGURE 9

On fait appel aux trajectoires orthogonales dans plusieurs branches de la physique. Par exemple, les lignes de champ électrostatique sont perpendiculaires aux lignes équipotentielles et, en aérodynamique, les lignes de courant sont des trajectoires orthogonales des courbes équipotentielles du champ de vitesses.

LES PROBLÈMES DE MÉLANGES

Un problème typique de mélange fait intervenir un réservoir, d'une capacité donnée, rempli d'une solution parfaitement homogène d'une substance quelconque, par exemple un sel. Une solution d'une concentration donnée entre dans le réservoir à un taux fixe et le mélange, maintenu parfaitement homogène, sort du réservoir également à un taux fixe, qui n'est pas nécessairement le même que le débit à l'entrée. Si on désigne par $y(t)$ la quantité de substance dans le réservoir au temps t, alors $y'(t)$ est le taux auquel on ajoute la solution moins le taux auquel le mélange sort du réservoir. La description mathématique de ce phénomène fait souvent appel à une équation différentielle du premier degré à variables séparables. On emploie le même type de raisonnement pour créer des modèles de divers phénomènes : des réactions chimiques, le déversement de polluants dans un lac, l'injection d'un médicament dans la circulation sanguine, etc.

EXEMPLE 6 Un réservoir contient 20 kg de sel dissous dans 5000 L d'eau. De la saumure composée de 0,03 kg de sel par litre d'eau entre dans le réservoir à un taux de 25 L/min. La solution, maintenue parfaitement homogène, sort du réservoir à un taux égal au débit à l'entrée. Quelle quantité de sel reste-t-il dans le réservoir après une demi-heure ?

SOLUTION Soit $y(t)$, la quantité de sel (en kilogrammes) après t minutes. On sait que $y(0) = 20$ et on cherche à déterminer $y(30)$. Pour ce faire, on essaie d'écrire une équation différentielle que vérifie $y(t)$. Il est à noter que dy/dt est le taux de variation de la quantité de sel ; ainsi,

5 $$\frac{dy}{dt} = (\text{débit de sel à l'entrée}) - (\text{débit de sel à la sortie})$$

où (débit de sel à l'entrée) est le taux auquel le sel entre dans le réservoir et (débit de sel à la sortie) est le taux auquel le sel sort du réservoir. On a

$$\text{débit de sel à l'entrée} = \left(0{,}03\,\frac{\text{kg}}{\text{L}}\right)\left(25\,\frac{\text{L}}{\text{min}}\right) = 0{,}75\,\frac{\text{kg}}{\text{min}}.$$

Le réservoir contient toujours 5000 L de liquide, de sorte que la concentration au temps t est $y(t)/5000$ (en kilogrammes par litre). Puisque la saumure sort du réservoir à un taux de 25 L/min, alors

$$\text{débit de sel à la sortie} = \left(\frac{y(t)}{5000}\,\frac{\text{kg}}{\text{L}}\right)\left(25\,\frac{\text{L}}{\text{min}}\right) = \frac{y(t)}{200}\,\frac{\text{kg}}{\text{min}}.$$

De l'équation **5**, on tire

$$\frac{dy}{dt} = 0{,}75 - \frac{y(t)}{200} = \frac{150 - y(t)}{200}.$$

En résolvant cette équation différentielle à variables séparables, on obtient

$$\int \frac{dy}{150 - y} = \int \frac{dt}{200}$$

$$-\ln|150 - y| = \frac{t}{200} + C.$$

Comme $y(0) = 20$, alors $-\ln 130 = C$, de sorte que

$$-\ln|150 - y| = \frac{t}{200} - \ln 130.$$

Donc,

$$|150 - y| = 130e^{-t/200}.$$

Étant donné que $y(t)$ est une fonction continue, que $y(0) = 20$ et que le membre de droite de la dernière équation n'est jamais nul, on peut dire que $150 - y(t)$ est toujours positif. Il s'ensuit que $|150 - y| = 150 - y$ et, par conséquent,

$$y(t) = 150 - 130e^{-t/200}.$$

La quantité de sel dissous après 30 minutes est

$$y(30) = 150 - 130e^{-30/200} \approx 38{,}1 \text{ kg}.$$

La courbe de la fonction $y(t)$ de l'exemple 6 est représentée dans la figure 10. On note que, avec le temps, la quantité de sel dissous tend vers 150 kg.

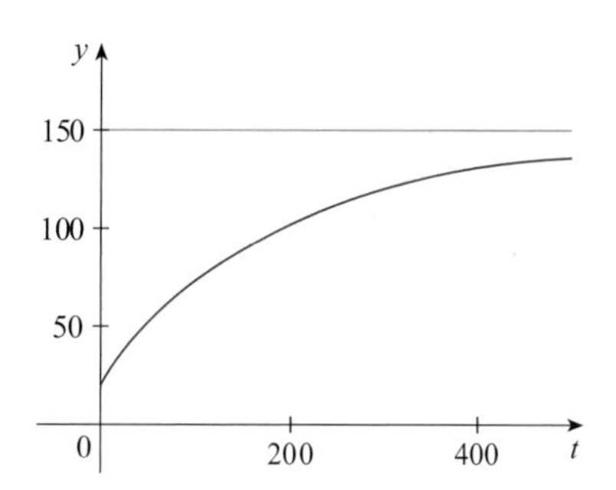

FIGURE 10

Exercices 5.3

1-10 Résolvez l'équation différentielle donnée.

1. $\dfrac{dy}{dx} = xy^2$

2. $\dfrac{dy}{dx} = xe^{-y}$

3. $xy^2y' = x + 1$

4. $(y^2 + xy^2)y' = 1$

5. $(y + \sin y)y' = x + x^3$

6. $\dfrac{dv}{ds} = \dfrac{s+1}{sv+s}$

7. $\dfrac{dy}{dt} = \dfrac{t}{ye^{y+t^2}}$

8. $\dfrac{dy}{d\theta} = \dfrac{e^y \sin^2\theta}{y \sec \theta}$

9. $\dfrac{dp}{dt} = t^2p - p + t^2 - 1$

10. $\dfrac{dz}{dt} + e^{t+z} = 0$

11-18 Résolvez l'équation différentielle qui satisfait à la condition initiale donnée.

11. $\dfrac{dy}{dx} = \dfrac{x}{y}$, $y(0) = -3$

12. $\dfrac{dy}{dx} = \dfrac{\ln x}{xy}$, $y(1) = 2$

13. $\dfrac{du}{dt} = \dfrac{2t + \sec^2 t}{2u}$, $u(0) = -5$

14. $y' = \dfrac{xy \sin x}{y+1}$, $y(0) = 1$

15. $x \ln x = y(1 + \sqrt{3 + y^2})y'$, $y(1) = 1$

16. $\dfrac{dP}{dt} = \sqrt{Pt}$, $P(1) = 2$

17. $y' \tan x = a + y$, $y(\pi/3) = a$, où $0 < x < \pi/2$

18. $\dfrac{dL}{dt} = kL^2 \ln t$, $L(1) = -1$

19. Trouvez une équation de la courbe qui passe par le point $(0, 1)$ et dont la pente en (x, y) est xy.

20. Trouvez une fonction f telle que $f'(x) = f(x)(1 - f(x))$ et où $f(0) = \frac{1}{2}$.

21. Résolvez l'équation différentielle $y' = x + y$ en effectuant le changement de variable $u = x + y$.

22. Résolvez l'équation différentielle $xy' = y + xe^{y/x}$ en effectuant le changement de variable $v = y/x$.

23. a) Résolvez l'équation différentielle $y' = 2x\sqrt{1 - y^2}$.
    b) Résolvez le problème de Cauchy $y' = 2x\sqrt{1 - y^2}$, $y(0) = 0$, et tracez la courbe intégrale.
    c) Le problème de Cauchy $y' = 2x\sqrt{1 - y^2}$, $y(0) = 2$, a-t-il une solution ? Pourquoi ?

24. Résolvez l'équation $e^{-y}y' + \cos x = 0$ et tracez la courbe de plusieurs membres de la famille de solutions. Décrivez la façon dont la courbe intégrale change lorsque la constante C varie.

LCS 25. Résolvez le problème de Cauchy $y' = (\sin x)/\sin y$, $y(0) = \pi/2$, et tracez la courbe intégrale (si votre logiciel de calcul symbolique trace le graphique de fonctions implicites).

LCS **26.** Résolvez l'équation $y' = x\sqrt{x^2+1}/(ye^y)$ et tracez la courbe de plusieurs membres de la famille de solutions (si votre logiciel de calcul symbolique trace le graphique de fonctions implicites). Décrivez la façon dont la courbe intégrale change lorsque la constante C varie.

LCS **27-28**

a) À l'aide d'un logiciel de calcul symbolique, dessinez un champ de directions associé à l'équation différentielle donnée. Imprimez votre graphique et servez-vous-en pour tracer quelques courbes intégrales, sans résoudre l'équation différentielle.

b) Résolvez l'équation différentielle.

c) À l'aide du logiciel de calcul symbolique, tracez dans un même graphique la courbe de plusieurs membres de la famille de solutions obtenue en b). Comparez le résultat avec les courbes dessinées en a).

27. $y' = y^2$ **28.** $y' = xy$

29-32 Déterminez les trajectoires orthogonales de la famille de courbes donnée. À l'aide d'un outil graphique, tracez dans un même graphique la courbe de plusieurs membres de cette famille.

29. $x^2 + 2y^2 = k^2$ **31.** $y = \dfrac{k}{x}$

30. $y^2 = kx^3$ **32.** $y = \dfrac{x}{1+kx}$

33-35 Une **équation intégrale** est une équation qui renferme une fonction inconnue $y(x)$ et une intégrale où intervient $y(x)$. Résolvez l'équation intégrale donnée. (*Indice :* Utilisez une condition initiale tirée judicieusement de l'équation intégrale.)

33. $y(x) = 2 + \int_2^x [t - ty(t)]\, dt$

34. $y(x) = 2 + \int_1^x \dfrac{dt}{ty(t)},\ x > 0$

35. $y(x) = 4 + \int_0^x 2t\sqrt{y(t)}\, dt$

36. Trouvez une fonction f telle que $f(3) = 2$ et

$$(t^2+1)f'(t) + [f(t)]^2 + 1 = 0 \qquad t \neq 1$$

(*Indice :* Utilisez la formule de la tangente d'une somme, avec $\tan(x + y)$, donnée à la page de référence 2.)

37. Résolvez le problème de Cauchy de l'exercice 27 de la section 5.2 de manière à obtenir une expression de la charge au temps t. Déterminez ensuite la valeur limite de la charge.

38. Dans l'exercice 28 de la section 5.2, il est question d'une équation différentielle qui constitue un modèle de la température d'une tasse de café, initialement à 95 °C, dans le cas où la température ambiante est de 20 °C. Résolvez l'équation différentielle de manière à obtenir une expression de la température du café au temps t.

39. Dans l'exercice 15 de la section 5.1, il est question d'un modèle de l'apprentissage donné par l'équation différentielle

$$\frac{dP}{dt} = k(M - P)$$

où $P(t)$ est une mesure de la performance d'un individu en train d'acquérir une habileté après un temps d'apprentissage t, et où M est le niveau maximal de performance et k, une constante positive. Résolvez l'équation différentielle de manière à obtenir une expression de $P(t)$. Quelle est la limite de cette expression ?

40. Lors d'une réaction chimique élémentaire, une unique molécule d'un réactif A et une molécule d'un réactif B forment une molécule du produit C : A + B → C. Selon le principe d'action de masse, la vitesse de réaction est proportionnelle au produit des concentrations respectives de A et de B :

$$\frac{d[C]}{dt} = k[A][B].$$

Ainsi, si les concentrations initiales sont $[A] = a$ mol/L et $[B] = b$ mol/L et qu'on pose $x = [C]$, alors

$$\frac{dx}{dt} = k(a-x)(b-x).$$

a) En supposant que $a \neq b$, exprimez x comme une fonction de t. Utilisez le fait que la concentration initiale de C est nulle.

b) Déterminez $x(t)$ dans le cas où $a = b$. De quelle façon cette expression de $x(t)$ se simplifie-t-elle dans le cas où $[C] = \frac{1}{2}a$ après 20 secondes ?

41. Contrairement à la description donnée dans l'exercice 40, des expériences ont montré que la réaction $H_2 + Br_2 \rightarrow 2HBr$ vérifie la loi de vitesse

$$\frac{d[HBr]}{dt} = k[H_2][Br_2]^{1/2}$$

de sorte que, pour cette réaction, l'équation différentielle devient

$$\frac{dx}{dt} = k(a-x)(b-x)^{1/2}$$

où $x = [HBr]$, et a et b sont respectivement les concentrations initiales d'hydrogène et de brome.

a) Exprimez x sous la forme d'une fonction de t dans le cas où $a = b$. Utilisez le fait que $x(0) = 0$.

b) Dans le cas où $a > b$, exprimez t sous la forme d'une fonction de x. (*Indice :* Pour effectuer l'intégration, posez $u = \sqrt{b-x}$.)

42. La température d'une sphère ayant un rayon de 1 m est de 15 °C. Cette sphère se trouve à l'intérieur d'une autre sphère, ayant un rayon de 2 m, dont la température est de 25 °C. La température $T(r)$ à une distance r du centre commun des deux sphères vérifie l'équation différentielle

$$\frac{d^2T}{dr^2} + \frac{2}{r}\frac{dT}{dr} = 0.$$

Si on pose $S = dT/dr$, alors S vérifie une équation différentielle du premier ordre. Résolvez celle-ci de manière à obtenir une expression de la température $T(r)$ entre les deux sphères.

43. On administre une solution de glucose par voie intraveineuse à un taux constant r. Au fur et à mesure que le glucose entre dans la circulation sanguine, il est converti en d'autres substances, puis retiré de la circulation sanguine à un taux proportionnel à sa concentration à cet instant. La concentration $C = C(t)$ de la solution de glucose dans le sang a donc comme modèle

$$\frac{dC}{dt} = r - kC$$

où k est une constante positive.

a) En supposant que la concentration au temps $t = 0$ est C_0, déterminez la concentration au temps t en résolvant l'équation différentielle.

b) En supposant que $C_0 < r/k$, déterminez $\lim_{t\to\infty} C(t)$, puis interprétez le résultat.

44. Un petit pays a une masse monétaire de 10 milliards de dollars en circulation et 50 millions de dollars entrent chaque jour dans les banques de cet État. Le gouvernement décide de mettre une nouvelle devise en circulation en demandant aux banques de remplacer tous les anciens billets qui entrent dans leur établissement par les nouveaux. Soit $x = x(t)$, la valeur totale des nouveaux billets en circulation au temps t, et $x(0) = 0$.

a) Créez un modèle mathématique, sous la forme d'un problème de Cauchy, qui représente le « flux » de la nouvelle devise en circulation.

b) Résolvez le problème de Cauchy formulé en a).

c) Combien de temps faut-il pour que les nouveaux billets constituent 90 % de la masse monétaire en circulation ?

45. Un réservoir contient 1000 L de saumure renfermant 15 kg de sel dissous. De l'eau pure entre dans le réservoir à un taux de 10 L/min. La solution, maintenue parfaitement uniforme, sort du réservoir à un taux égal au débit à l'entrée. Quelle quantité de sel y a-t-il dans le réservoir : a) après t minutes ? b) après 20 minutes ?

46. L'air d'une pièce ayant un volume de 180 m^3 renferme initialement 0,15 % de dioxyde de carbone. De l'air frais, contenant seulement 0,05 % de dioxyde de carbone, pénètre dans la pièce à un taux de 2 m^3/min et le nouveau mélange d'air sort de la pièce au même taux que l'air frais y entre. Exprimez le pourcentage de dioxyde de carbone dans la pièce en fonction du temps. Que se passe-t-il à long terme ?

47. Une cuve renfermant 2000 L de bière contient 4 % d'alcool (en volume). On pompe de la bière à 6 % d'alcool dans la cuve à un taux de 5 L/min et le mélange sort de la cuve au même taux. Quel est le pourcentage d'alcool dans le mélange après une heure ?

48. Un réservoir contient 1000 L d'eau pure. De la saumure composée de 0,05 kg de sel par litre d'eau entre dans le réservoir à un taux de 5 L/min et de la saumure composée de 0,04 kg de sel par litre d'eau entre dans le réservoir à un taux de 10 L/min. La solution, maintenue parfaitement uniforme, sort du réservoir à un taux de 15 L/min. Quelle quantité de sel y a-t-il dans le réservoir : a) après t minutes ? b) après une heure ?

49. Quand une goutte de pluie tombe, sa taille augmente, de sorte que sa masse au temps t est une fonction de t, à savoir $m(t)$. Le taux de croissance de la masse est $km(t)$, où k est une constante positive quelconque. Selon la deuxième loi de Newton, $(mv)' = gm$, où v est la vitesse de la goutte de pluie (vers le bas) et g est l'accélération gravitationnelle. La **vitesse terminale** de la goutte d'eau est égale à $\lim_{t\to\infty} v(t)$. Exprimez cette vitesse en fonction de g et de k.

50. Un objet de masse m se déplace horizontalement dans un médium opposant au mouvement une résistance qui est fonction de la vitesse :

$$m\frac{d^2s}{dt^2} = m\frac{dv}{dt} = f(v)$$

où $v = v(t)$ et $s = s(t)$ représentent respectivement la vitesse et la position de l'objet au temps t. C'est le cas par exemple d'un bateau qui se déplace sur l'eau.

a) On suppose que la force de résistance est proportionnelle à la vitesse : $f(v) = -kv$, où k est une constante positive. (Ce modèle est approprié lorsque v prend seulement de petites valeurs.) Soit $v(0) = v_0$ et $s(0) = s_0$, les valeurs initiales de v et de s respectivement. Déterminez v et s au temps t. Quelle distance totale l'objet parcourt-il à compter de l'instant $t = 0$?

b) Si v prend des valeurs plus grandes, on obtient un meilleur modèle en supposant que la force de résistance est proportionnelle au carré de la vitesse : $f(v) = -kv^2$, où $k > 0$. (Newton a été le premier à proposer ce modèle.) Soit v_0 et s_0, les valeurs initiales de v et de s respectivement. Déterminez v et s à un instant t quelconque. Quelle distance totale l'objet parcourt-il dans ce cas ?

51. En biologie, l'expression « croissance allométrique » désigne la relation entre les dimensions de diverses parties d'un organisme (longueur du squelette et longueur du corps, par exemple). Si $L_1(t)$ et $L_2(t)$ sont respectivement les dimensions de deux parties d'un organisme dont l'âge est t, alors L_1 et L_2 vérifient une loi allométrique si leurs taux de croissance respectifs sont proportionnels :

$$\frac{1}{L_1}\frac{dL_1}{dt} = k\frac{1}{L_2}\frac{dL_2}{dt}$$

où k est une constante.

a) À l'aide de la loi allométrique, posez une équation différentielle qui met en relation L_1 et L_2, puis résolvez-la de manière à exprimer L_1 sous la forme d'une fonction de L_2.

b) Lors d'une étude de plusieurs espèces d'algues unicellulaires, on a découvert que la constante de proportionnalité de la loi allométrique établissant une relation entre B (la biomasse cellulaire) et V (le volume cellulaire) est $k = 0{,}0794$. Exprimez B sous la forme d'une fonction de V.

52. Le terme « homéostasie » désigne un état dans lequel la teneur en éléments nutritifs d'un consommateur est indépendante de la teneur en éléments nutritifs des aliments qu'il absorbe. Sterner et Elser ont proposé comme modèle, en l'absence d'homéostasie,

$$\frac{dy}{dx} = \frac{1}{\theta}\frac{y}{x}$$

où x et y représentent respectivement la teneur en éléments nutritifs des aliments et du consommateur et θ est une constante vérifiant $\theta \geq 1$.

a) Résolvez l'équation différentielle.

b) Que se passe-t-il lorsque $\theta = 1$? Que se passe-t-il lorsque $\theta \to \infty$?

53. Soit $A(t)$, l'aire d'une culture de tissu au temps t et M, l'aire finale du tissu lorsqu'il a complété sa croissance. La division cellulaire se produit majoritairement à la périphérie du tissu et le nombre de cellules à la périphérie est proportionnel à $\sqrt{A(t)}$. On obtient donc un modèle probant de la croissance d'un tissu en supposant que le taux de croissance de l'aire est proportionnel à la fois à $\sqrt{A(t)}$ et à $M - A(t)$.

a) Posez une équation différentielle, puis utilisez-la pour montrer que la vitesse de croissance du tissu est maximale lorsque $A(t) = \frac{1}{3}M$.

LCS b) Résolvez l'équation différentielle de manière à obtenir une expression de $A(t)$. À l'aide d'un logiciel de calcul symbolique, effectuez l'intégration.

54. Selon la loi de la gravitation universelle de Newton, la force gravitationnelle qui s'exerce sur un objet de masse m lancé verticalement vers le haut depuis la surface de la Terre est

$$F = \frac{mgR^2}{(x+R)^2}$$

où $x = x(t)$ est la hauteur à laquelle se trouve l'objet au temps t, et où R est le rayon de la Terre et g, l'accélération gravitationnelle. De plus, en vertu de la deuxième loi de Newton, $F = ma = m(dv/dt)$ et, par conséquent,

$$m\frac{dv}{dt} = -\frac{mgR^2}{(x+R)^2}.$$

a) On lance verticalement vers le haut une fusée dont la vitesse initiale est v_0. Montrez que, si h est la hauteur maximale que la fusée atteint, alors

$$v_0 = \sqrt{\frac{2gRh}{R+h}}.$$

(*Indice :* En appliquant la dérivation en chaîne, on obtient $m(dv/dt) = mv(dv/dx)$.)

b) Calculez $v_l = \lim_{h\to\infty} v_0$. On appelle cette limite « vitesse de libération » depuis la Terre.

c) En posant $R = 6373$ km et $g = 9{,}8$ m/s^2, calculez v_l en mètres par seconde et en kilomètres par seconde.

APPLICATION

COMBIEN DE TEMPS UN RÉSERVOIR MET-IL À SE VIDER ?

Si de l'eau (ou un autre liquide) s'échappe d'un réservoir, on s'attend à ce que le débit soit maximal au début (c'est-à-dire au moment où le niveau d'eau est le plus élevé) et qu'il diminue graduellement à mesure que le niveau baisse. On a toutefois besoin d'une description mathématique plus précise de la diminution du débit si on veut répondre à des questions comme celles que se pose un ingénieur : Combien de temps un réservoir met-il à se vider complètement ? Quelle quantité d'eau un réservoir doit-il contenir si on veut être certain que la pression de l'eau soit suffisante pour assurer le bon fonctionnement d'un système de gicleurs ?

Soit $h(t)$ et $V(t)$, respectivement le niveau et le volume de l'eau contenue dans un réservoir au temps t. Si l'eau s'écoule par un trou situé au fond et ayant une aire a, alors, selon la formule de Torricelli,

$$\frac{dV}{dt} = -a\sqrt{2gh} \qquad \mathbf{1}$$

où g est l'accélération gravitationnelle. Le taux auquel l'eau s'écoule du réservoir est donc proportionnel à la racine carrée du niveau de l'eau.

1. a) Soit un réservoir cylindrique dont la hauteur est de 1,8 m et le rayon, de 0,6 m, au fond duquel il y a un trou circulaire de 2,5 cm de rayon. En prenant comme valeur de l'accélération gravitationnelle $g = 9{,}8$ m/s^2, montrez que h vérifie l'équation différentielle

$$\frac{dh}{dt} = -\frac{5000}{9}\sqrt{3h}.$$

b) Résolvez l'équation différentielle afin de déterminer le niveau de l'eau au temps t, en supposant que le réservoir est plein à $t = 0$.

c) Combien de temps faut-il pour que toute l'eau contenue dans le réservoir s'en échappe ?

2. En raison de la rotation et de la viscosité du liquide, le modèle théorique que constitue l'équation **1** n'est pas très précis. On emploie donc souvent plutôt le modèle

2 $$\frac{dh}{dt} = k\sqrt{h}$$

et on détermine la constante k (qui dépend des propriétés physiques du liquide) à l'aide de données sur le temps de drainage du réservoir.

a) Soit le cas où on perce un trou dans la face latérale d'une bouteille cylindrique et où le niveau h de l'eau (plus haut que le trou) diminue de 10 cm à 3 cm en 68 s. À l'aide de l'équation **2**, trouvez une expression de $h(t)$. Évaluez ensuite $h(t)$ à $t = 10$, 20, 30, 40, 50, 60.

b) Percez un trou de 4 mm de diamètre, près du fond, dans la partie cylindrique d'une bouteille de soda de deux litres en plastique. Graduez une bande de ruban-cache en centimètres, de 0 à 10, et fixez la bande sur la bouteille de manière que le 0 corresponde au sommet du trou. En plaçant un doigt sur le trou, remplissez la bouteille d'eau jusqu'à la graduation de 10 cm, puis retirez le doigt et notez la valeur de $h(t)$ à $t = 10$, 20, 30, 40, 50, 60 s. (Vous constaterez probablement que le niveau d'eau prend 68 s pour diminuer à $h = 3$ cm.) Comparez vos données avec les valeurs de $h(t)$ calculées en a). Dans quelle mesure le modèle prédit-il les valeurs expérimentales ?

Il est préférable de faire le problème 2 b) sous la forme d'une démonstration en classe ou comme projet à réaliser par des équipes de trois élèves : un chronométreur qui lit les secondes, un responsable de la bouteille qui évalue le niveau de l'eau toutes les 10 secondes et un marqueur qui note les valeurs annoncées.

3. Dans plusieurs parties du monde, l'eau utilisée pour les systèmes de gicleurs des grands hôtels et des hôpitaux est contenue dans des réservoirs cylindriques situés sur le toit des bâtiments ou à proximité, et elle s'écoule de ces réservoirs sous l'effet de la gravité. Prenons le cas d'un réservoir ayant un rayon de 3 m et dont l'orifice de drainage a un diamètre de 6 cm. Un ingénieur doit s'assurer que la pression de l'eau peut rester à au moins 103 kPa durant 10 minutes. (S'il se produit un incendie, il est possible que le système électrique ne fonctionne pas, et cela peut prendre jusqu'à 10 minutes pour que la génératrice d'appoint et la motopompe soient activées.) Quelle doit être la recommandation de l'ingénieur quant à la hauteur du réservoir s'il veut être certain que cette exigence soit satisfaite ? (Utilisez le fait que la pression de l'eau à une profondeur de d mètres est $P = 9800d$ (voir la section 4.3).

4. Tous les réservoirs d'eau ne sont pas de forme cylindrique. Si l'aire de la section transversale d'un réservoir est $A(h)$ à une hauteur h, alors le volume d'eau qu'il contient s'il est rempli jusqu'à la hauteur h est $V = \int_0^h A(u)\,du$ et, en vertu du théorème fondamental du calcul différentiel et intégral, $dV/dh = A(h)$. Il s'ensuit que

$$\frac{dV}{dt} = \frac{dV}{dh}\frac{dh}{dt} = A(h)\frac{dh}{dt}$$

et la formule de Torricelli s'écrit donc

$$A(h)\frac{dh}{dt} = -a\sqrt{2gh}.$$

a) Un réservoir ayant la forme d'une sphère d'un rayon de 2 m est initialement à moitié plein. En supposant que le rayon du trou circulaire est de 1 cm et en prenant comme valeur de l'accélération gravitationnelle $g = 10$ m/s^2, montrez que h vérifie l'équation différentielle

$$(4h - h^2)\frac{dh}{dt} = -0{,}0001\sqrt{20h}.$$

b) Combien de temps faut-il pour que toute l'eau s'écoule du réservoir?

APPLICATION

QU'EST-CE QUI PREND LE MOINS DE TEMPS : LA MONTÉE OU LA DESCENTE ?

Lors de la création de modèles de la force due à la résistance de l'air, on a employé diverses fonctions afin de tenir compte des caractéristiques physiques et de la vitesse de la balle. On a retenu un modèle linéaire, soit $-pv$, mais un modèle quadratique ($-pv^2$ pour la montée et pv^2 pour la descente) convient aussi pour des valeurs plus grandes de la vitesse (voir l'exercice 50 de la section 5.3). Dans le cas d'une balle de golf, des expériences ont montré que $-pv^{1,3}$ et $p|v|^{1,3}$ sont de bons modèles de la montée et de la descente, respectivement. Mais, quelle que soit la fonction force $-f(v)$ (où $f(v) > 0$ pour tout $v > 0$ et $f(v) < 0$ pour tout $v < 0$) qu'on utilise, la réponse à la question demeure la même. Voir F. Brauer, « What Goes Up Must Come Down, Eventually », *American Mathematical Monthly*, mai 2001, vol. 108, n° 5, p. 437-440.

Supposez que vous lancez une balle dans les airs. Pensez-vous qu'elle mettra plus de temps à atteindre sa hauteur maximale ou à redescendre à terre? Le présent projet permet de résoudre ce problème, mais, avant de commencer, réfléchissez à la situation et tentez de répondre à la question en vous appuyant sur votre intuition.

1. On lance verticalement vers le haut, depuis la surface de la Terre, une balle de masse m dont la vitesse initiale a une valeur positive v_0. On suppose que les forces agissant sur la balle sont la force gravitationnelle et la force de résistance de l'air; cette dernière, qui a un effet retardateur, est de sens opposé au sens du mouvement et sa grandeur est $p|v(t)|$, où p est une constante positive et $v(t)$ est la vitesse de la balle au temps t. Autant durant la montée que durant la descente, la force totale agissant sur la balle est égale à $-pv - mg$. (Durant la montée, la vitesse $v(t)$ est positive et la force de résistance agit vers le bas; durant la descente, $v(t)$ est négative et la force de résistance agit vers le haut.) Ainsi, selon la deuxième loi de Newton, l'équation du mouvement est

$$mv' = -pv - mg.$$

En résolvant cette équation différentielle, montrez que la vitesse de la balle est

$$v(t) = \left(v_0 + \frac{mg}{p}\right)e^{-pt/m} - \frac{mg}{p}.$$

2. Montrez que la hauteur de la balle, jusqu'à ce qu'elle touche le sol, est

$$y(t) = \left(v_0 + \frac{mg}{p}\right)\frac{m}{p}(1 - e^{-pt/m}) - \frac{mgt}{p}.$$

3. Soit t_1, le temps que met la balle à atteindre sa hauteur maximale. Montrez que

$$t_1 = \frac{m}{p}\ln\left(\frac{mg + pv_0}{mg}\right).$$

Déterminez ce temps t_1 pour une balle dont la masse est de 1 kg et la vitesse initiale, de 20 m/s. Supposez que la résistance de l'air est égale à $\frac{1}{10}$ de la vitesse.

4. Soit t_2, l'instant où la balle touche le sol. Dans le cas de la balle décrite dans le problème 3, évaluez t_2 à l'aide d'un graphique de la fonction hauteur $y(t)$. Qu'est-ce qui prend le plus de temps : la montée ou la descente?

5. En général, il n'est pas facile d'évaluer t_2 parce qu'on ne peut pas résoudre explicitement l'équation $y(t) = 0$. Il existe toutefois une méthode indirecte pour décider si c'est la montée ou la descente qui est la plus rapide : on détermine si $y(2t_1)$ est positif ou négatif. Montrez d'abord que

$$y(2t_1) = \frac{m^2 g}{p^2}\left(x - \frac{1}{x} - 2 \ln x\right)$$

où $x = e^{pt_1/m}$, et ensuite que $x > 1$ et que la fonction

$$f(x) = x - \frac{1}{x} - 2 \ln x$$

est croissante pour tout $x > 1$. Utilisez ensuite cette équation pour déterminer si $y(2t_1)$ est positif ou négatif. Que pouvez-vous en conclure ? Est-ce la montée ou la descente qui est la plus rapide ?

5.4 LES MODÈLES DE LA CROISSANCE D'UNE POPULATION

Dans la présente section, on va étudier des équations différentielles qui modélisent la croissance d'une population : la loi de croissance naturelle, l'équation logistique et plusieurs autres.

LA LOI DE CROISSANCE NATURELLE

L'un des modèles de la croissance d'une population examinés dans la section 5.1 repose sur l'hypothèse que la population croît à un taux proportionnel à sa taille :

$$\frac{dP}{dt} = kP.$$

Mais cette hypothèse est-elle plausible ? Soit une population (de bactéries, par exemple) dont la taille $P = 1000$ croît, à un moment donné, à un taux $P' = 300$ bactéries à l'heure. Soit une autre population de 1000 bactéries du même type, qu'on place en présence de la première population. Chaque moitié de la population totale croissait, avant le regroupement, à un taux de 300 bactéries à l'heure. On s'attend à ce que la population composée de 2000 individus croisse initialement à un taux de 600 bactéries à l'heure (à la condition bien sûr qu'il y ait suffisamment d'espace et de nutriments). Autrement dit, si on double la taille d'une population, on double son taux de croissance. Il semble plausible que celui-ci soit proportionnel à la taille de la population.

En général, si $P(t)$ est la valeur d'une grandeur y à un instant t et si le taux de variation de P en fonction de t est proportionnel en tout temps à sa taille $P(t)$, alors

1

$$\frac{dP}{dt} = kP$$

où k est une constante. L'équation **1** est parfois appelée **loi de croissance naturelle**. Si la constante k est positive, alors la population augmente; si k est négative, la population diminue.

Étant donné que l'équation **1** est une équation différentielle à variables séparables, on peut la résoudre en appliquant les méthodes décrites dans la section 5.3 :

$$\int \frac{dP}{P} = \int k\,dt$$

$$\ln|P| = kt + C$$

$$|P| = e^{kt+C} = e^C e^{kt}$$

$$P = Ae^{kt}$$

où A ($= \pm e^C$ ou encore 0) est une constante arbitraire. On comprend le sens de la constante A si on note que

$$P(0) = Ae^{k \cdot 0} = A.$$

Ainsi, A est la population initiale.

> **2** La solution du problème de Cauchy
>
> $$\frac{dP}{dt} = kP \qquad P(0) = P_0$$
>
> est
>
> $$P(t) = P_0 e^{kt}.$$

On peut également récrire l'équation **1** sous la forme

$$\frac{1}{P}\frac{dP}{dt} = k$$

selon laquelle le **taux de croissance relatif** (c'est-à-dire le taux de croissance d'une population divisé par sa taille) est constant. Ainsi, **2** affirme qu'une population dont le taux de croissance relatif est constant augmente nécessairement de façon exponentielle.

On peut décrire l'émigration (ou le « prélèvement ») au sein d'une population en modifiant l'équation **1** : si le taux d'émigration est égal à une constante m, alors le taux de variation de la population a comme modèle l'équation différentielle

3 $$\frac{dP}{dt} = kP - m$$

(voir la solution et les implications de l'équation **3** dans l'exercice 15).

LE MODÈLE LOGISTIQUE

Il est noté dans la section 5.1 qu'une population augmente souvent d'abord de façon exponentielle, puis qu'elle finit par se stabiliser et tend vers la capacité de charge en raison de la quantité limitée de ressources. Si $P(t)$ est la taille d'une population au temps t, on suppose que

$$\frac{dP}{dt} \approx kP \quad \text{si } P \text{ est petite,}$$

c'est-à-dire que le taux de croissance d'une population est initialement presque proportionnel à sa taille. En d'autres mots, le taux de croissance relatif est presque constant dans le cas d'une petite population. Mais on veut un modèle qui reflète aussi le fait que le taux de croissance relatif diminue lorsque la population P augmente et qu'il devient négatif s'il arrive que P dépasse la **capacité de charge** M, c'est-à-dire la population maximale que le milieu est capable de soutenir à long terme. L'expression la plus simple du taux de croissance relatif qui intègre ces hypothèses est

$$\frac{1}{P}\frac{dP}{dt} = k\left(1 - \frac{P}{M}\right) \qquad (k > 0).$$

En multipliant par P chaque membre de cette dernière équation, on obtient le modèle de la croissance d'une population appelé **équation différentielle logistique** :

4

$$\frac{dP}{dt} = kP\left(1 - \frac{P}{M}\right).$$

Il est à noter que, dans l'équation **4**, si P est petit par rapport à M, alors P/M est voisin de 0 et, par conséquent, $dP/dt \approx kP$. Cependant, si $P \to M$ (c'est-à-dire si la population tend vers la capacité de charge), alors $P/M \to 1$, de sorte que $dP/dt \to 0$. On peut tirer directement de l'équation **4** des informations sur le fait que les fonctions solutions croissent ou décroissent. Si la population P se situe entre 0 et M, alors le membre de droite de l'équation est positif, de sorte que $dP/dt > 0$ et la population augmente. Par contre, si la population dépasse la capacité de charge ($P > M$), alors $1 - P/M$ est négatif, de sorte que $dP/dt < 0$ et la population diminue.

Dans le premier exemple, on fait une analyse plus détaillée de l'équation différentielle logistique par l'examen d'un champ de directions.

EXEMPLE 1 Esquissons un champ de directions associé à l'équation logistique où $k = 0{,}08$ et la capacité de charge est $M = 1000$. Quelles informations au sujet des solutions pouvons-nous tirer de l'équation ?

SOLUTION Dans le cas présent, l'équation différentielle logistique est

$$\frac{dP}{dt} = 0{,}08P\left(1 - \frac{P}{1000}\right).$$

Un champ de directions associé à cette équation est représenté dans la figure 1, qui montre seulement le premier quadrant parce que des effectifs négatifs n'ont pas de sens et qu'on s'intéresse seulement à ce qui se produit après l'instant $t = 0$.

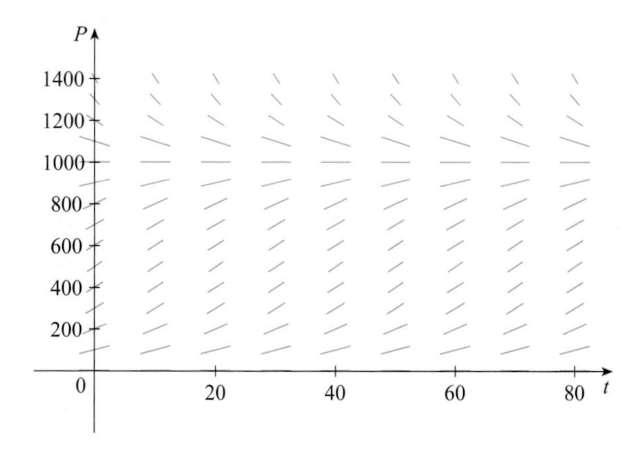

FIGURE 1
Champ de directions associé à l'équation logistique de l'exemple 1.

L'équation logistique est autonome (dP/dt dépend seulement de P, pas de t), de sorte que les pentes sont toutes identiques le long de n'importe quelle droite horizontale. Comme on s'y attendait, les pentes sont positives pour tout $0 < P < 1000$, et négatives pour tout $P > 1000$.

Les pentes sont petites lorsque P est voisin de 0 ou de 1000 (la capacité de charge). Il est à noter que les solutions s'écartent de la solution d'équilibre $P = 0$ et s'approchent de la solution d'équilibre $P = 1000$.

La figure 2 montre les courbes intégrales, tracées à l'aide du champ de directions, pour des populations initiales $P(0) = 100$, $P(0) = 400$ et $P(0) = 1300$. On constate que les courbes intégrales dont l'origine est située sous $P = 1000$ sont croissantes, tandis que celles dont l'origine est située au-dessus de $P = 1000$ sont décroissantes. Les pentes sont maximales lorsque $P \approx 500$ et, par conséquent, les courbes intégrales dont l'origine se situe sous $P = 1000$ ont des points d'inflexion à $P \approx 500$. En fait, on peut montrer que toutes les courbes intégrales dont l'origine est sous $P = 500$ ont un point d'inflexion quand P est exactement égal à 500 (voir l'exercice 11).

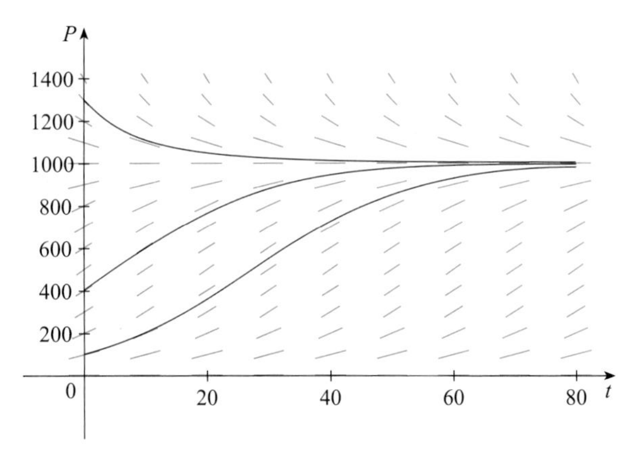

FIGURE 2
Courbes intégrales associées à l'équation logistique de l'exemple 1.

L'équation logistique **4** est une équation à variables séparables ; on peut donc la résoudre explicitement à l'aide de la méthode décrite dans la section 5.3. Puisque

$$\frac{dP}{dt} = kP\left(1 - \frac{P}{M}\right),$$

alors

5
$$\int \frac{dP}{P(1 - P/M)} = \int k\, dt.$$

Afin d'évaluer l'intégrale du membre de gauche, on écrit

$$\frac{1}{P(1 - P/M)} = \frac{M}{P(M - P)}.$$

En appliquant la technique des fractions partielles (voir la section 3.4), on obtient

$$\frac{M}{P(M - P)} = \frac{1}{P} + \frac{1}{M - P},$$

ce qui permet de récrire l'équation **5** sous la forme

$$\int\left(\frac{1}{P}+\frac{1}{M-P}\right)dP=\int k\,dt$$

$$\ln|P|-\ln|M-P|=kt+C$$

$$\ln|M-P|-\ln|P|=-kt-C$$

$$\ln\frac{|M-P|}{|P|}=-kt-C$$

$$\ln\left|\frac{M-P}{P}\right|=-kt-C$$

$$\left|\frac{M-P}{P}\right|=e^{-kt-C}=e^{-C}e^{-kt}$$

6
$$\frac{M-P}{P}=Ae^{-kt}$$

où $A=\pm e^{-C}$. La résolution de l'équation **6** par rapport à P donne

$$\frac{M}{P}-1=Ae^{-kt}\quad\Rightarrow\quad\frac{P}{M}=\frac{1}{1+Ae^{-kt}}.$$

Ainsi,

$$P=\frac{M}{1+Ae^{-kt}}.$$

On calcule la valeur de A en remplaçant t par 0 dans l'équation **6**. Si $t=0$, alors $P=P_0$ (la population initiale), de sorte que

$$\frac{M-P_0}{P_0}=Ae^0=A.$$

La solution de l'équation logistique est donc

7
$$P(t)=\frac{M}{1+Ae^{-kt}},\text{ où }A=\frac{M-P_0}{P_0}.$$

En utilisant l'expression de $P(t)$ donnée dans l'équation **7**, on obtient

$$\lim_{t\to\infty}P(t)=M$$

comme on s'y attendait.

EXEMPLE 2 Déterminons la solution du problème de Cauchy

$$\frac{dP}{dt}=0{,}08P\left(1-\frac{P}{1000}\right)\qquad P(0)=100$$

et utilisons le résultat pour évaluer les effectifs $P(40)$ et $P(80)$. À quel moment la population est-elle de 900 individus ?

SOLUTION L'équation différentielle est une équation logistique où $k = 0{,}08$, la capacité de charge est $M = 1000$ et la population initiale est $P_0 = 100$. L'équation **7** donne la population au temps t :

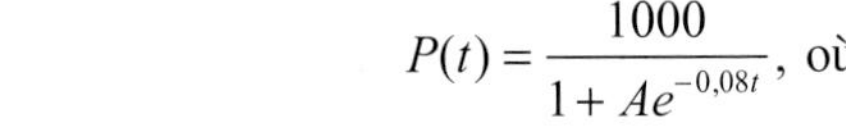

$$P(t) = \frac{1000}{1 + Ae^{-0{,}08t}}, \text{ où } A = \frac{1000 - 100}{100} = 9.$$

Ainsi,

$$P(t) = \frac{1000}{1 + 9e^{-0{,}08t}}.$$

Les effectifs à $t = 40$ et $t = 80$ sont donc respectivement

$$P(40) = \frac{1000}{1 + 9e^{-3{,}2}} \approx 731{,}6 \quad \text{et} \quad P(80) = \frac{1000}{1 + 9e^{-6{,}4}} \approx 985{,}3.$$

Comparez la courbe intégrale de la figure 3 avec la courbe intégrale la plus basse de la figure 2, tracée à l'aide du champ de directions.

La population est de 900 individus lorsque

$$\frac{1000}{1 + 9e^{-0{,}08t}} = 900.$$

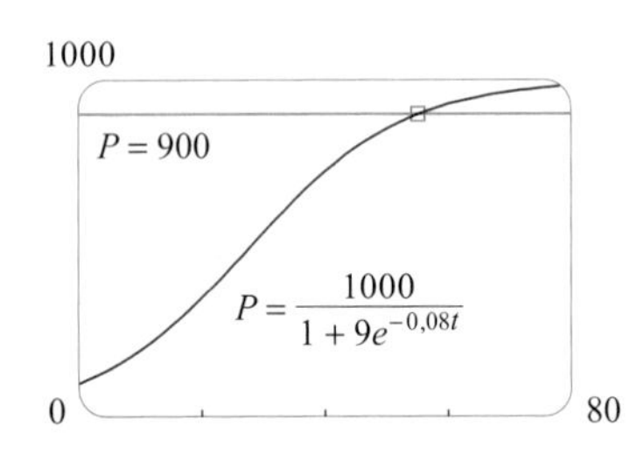

FIGURE 3

En résolvant l'équation par rapport à t, on obtient

$$1 + 9e^{-0{,}08t} = \tfrac{10}{9}$$

$$e^{-0{,}08t} = \tfrac{1}{81}$$

$$-0{,}08t = \ln\tfrac{1}{81} = -\ln 81$$

$$t = \frac{\ln 81}{0{,}08} \approx 54{,}9.$$

Ainsi, la population est de 900 individus lorsque t est environ égal à 55. On peut vérifier les calculs précédents en traçant la courbe de la population (voir la figure 3) et en notant en quel point elle coupe la droite $P = 900$. Le curseur indique que c'est en $t \approx 55$.

LA COMPARAISON DU MODÈLE DE CROISSANCE NATURELLE ET DU MODÈLE LOGISTIQUE

Dans les années 1930, le biologiste G. F. Gause a réalisé une expérience avec le protozoaire *Paramecium* et il a utilisé une équation logistique comme modèle des données obtenues. Le tableau suivant donne le compte quotidien de la population de paramécies qu'il a effectué. Gause a estimé le taux de croissance relatif initial à 0,7944 et la capacité de charge à 64.

t (jours)	0	1	2	3	4	5	6	7	8	9	10	11	12	13	14	15	16
P (observée)	2	3	22	16	39	52	54	47	50	76	69	51	57	70	53	59	57

EXEMPLE 3 Déterminons les modèles exponentiel et logistique des données de Gause, comparons les valeurs prédites et les valeurs observées puis analysons leur ajustement.

SOLUTION Étant donné que le taux de croissance relatif est $k = 0{,}7944$ et que la population initiale est $P_0 = 2$, le modèle exponentiel est

$$P(t) = P_0 e^{kt} = 2e^{0{,}7944t}.$$

Gause a utilisé la même valeur de k pour son modèle logistique. (Ce choix est sensé puisque $P_0 = 2$ est petit en comparaison de la capacité de charge ($M = 64$). L'égalité

$$\frac{1}{P_0}\frac{dP}{dt}\bigg|_{t=0} = k\left(1 - \frac{2}{64}\right) \approx k$$

indique que la valeur de k dans le modèle logistique est très proche de sa valeur dans le modèle exponentiel.)

Ainsi, la solution de l'équation logistique donnée par l'égalité **7** s'écrit

$$P(t) = \frac{M}{1 + Ae^{-kt}} = \frac{64}{1 + Ae^{-0,7944t}}$$

où

$$A = \frac{M - P_0}{P_0} = \frac{64 - 2}{2} = 31.$$

Donc,

$$P(t) = \frac{64}{1 + 31e^{-0,7944t}}.$$

On utilise ces égalités pour calculer les valeurs prédites (arrondies à l'entier le plus proche), que le tableau suivant permet de comparer aux valeurs observées.

***t*(jours)**	0	1	2	3	4	5	6	7	8	9	10	11	12	13	14	15	16
***P*(observée)**	2	3	22	16	39	52	54	47	50	76	69	51	57	70	53	59	57
***P*(modèle logistique)**	2	4	9	17	28	40	51	57	61	62	63	64	64	64	64	64	64
***P*(modèle exponentiel)**	2	4	10	22	48	106	…										

En examinant le tableau et le graphique de la figure 4, on note que, les trois ou quatre premiers jours, le modèle exponentiel donne des résultats comparables à ceux du modèle logistique, plus raffiné. Cependant, pour $t \geq 5$, le modèle exponentiel est à rejeter, tandis que le modèle logistique s'ajuste assez bien aux valeurs observées avec une précision acceptable.

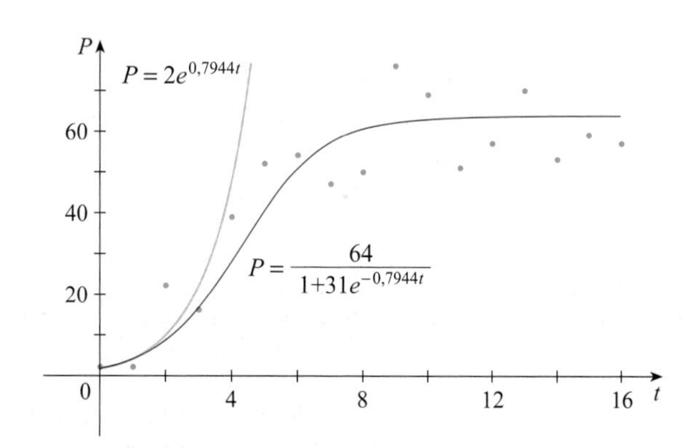

FIGURE 4

Les modèles exponentiel et logistique des données sur les paramécies.

Dans plusieurs pays ayant déjà connu une croissance démographique exponentielle, le taux de croissance de la population est actuellement en déclin et, dans ce cas, le modèle logistique est plus approprié.

t	$B(t)$	t	$B(t)$
1980	9 847	1992	10 036
1982	9 856	1994	10 109
1984	9 855	1996	10 152
1986	9 862	1998	10 175
1988	9 884	2000	10 186
1990	9 962		

Le tableau dans la marge donne les valeurs de $B(t)$, la population de la Belgique en milieu d'année, en milliers d'habitants, au temps t, de 1980 à 2000. La figure 5 représente ces données ponctuelles de même que la courbe d'une fonction logistique de jumelage réalisée à l'aide d'une calculatrice capable de faire correspondre une fonction logistique aux données ponctuelles par régression. On constate que le modèle logistique reflète très bien les données.

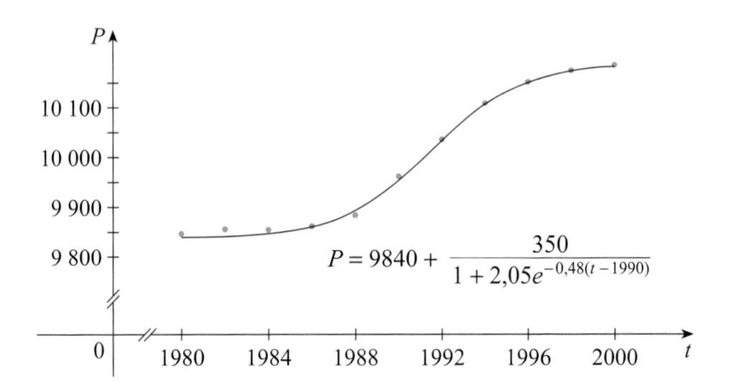

FIGURE 5
Modèle logistique de la population belge.

D'AUTRES MODÈLES DE LA CROISSANCE D'UNE POPULATION

La loi de croissance naturelle et l'équation différentielle logistique ne sont pas les seules équations ayant été proposées comme modèles de la croissance d'une population. Dans l'exercice 20, on examine la fonction de croissance de Gompertz et, dans les exercices 21 et 22, on étudie des modèles de croissance saisonnière.

Deux modèles résultent en fait de modifications du modèle logistique. L'équation différentielle

$$\frac{dP}{dt} = kP\left(1 - \frac{P}{M}\right) - c$$

a servi de modèle de populations sujettes à des prélèvements d'un type quelconque. (C'est le cas d'une population de poissons pêchés à un taux constant.) On examine cette équation dans les exercices 17 et 18.

Pour certaines espèces, il existe un effectif minimal m de la population sous lequel l'espèce est en voie de disparition. (Les adultes risquent de ne pas pouvoir trouver un partenaire approprié.) On utilise comme modèle de telles populations l'équation différentielle

$$\frac{dP}{dt} = kP\left(1 - \frac{P}{M}\right)\left(1 - \frac{m}{P}\right)$$

où le facteur additionnel $1 - m/P$ prend en compte les effets du faible effectif d'une population (voir l'exercice 19).

Exercices 5.4

1. On suppose que la croissance d'une population répond à l'équation logistique

$$\frac{dP}{dt} = 0{,}05P - 0{,}0005P^2$$

où t est exprimé en semaines.

a) Quelle est la capacité de charge? Quelle est la valeur de k?

b) Un champ de directions associé à l'équation logistique est représenté ci-dessous. Quelle est la valeur des pentes au voisinage de 0? Où la pente est-elle maximale? Quelles solutions sont croissantes? Quelles solutions sont décroissantes?

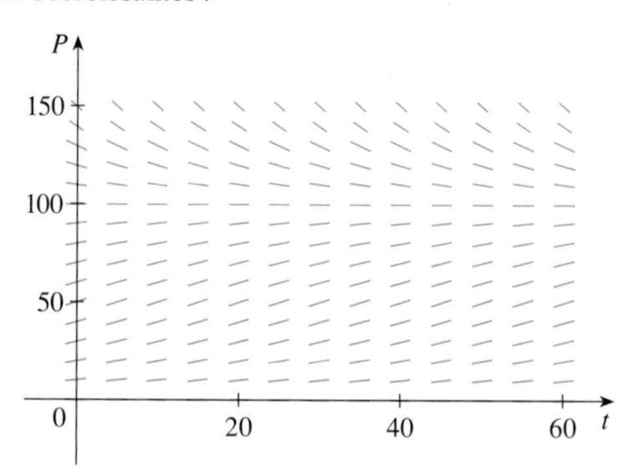

c) À l'aide du champ de directions, tracez les courbes intégrales dans le cas d'une population initiale de 20, 40, 60, 80, 120 et 140. Qu'est-ce que ces courbes ont en commun? Qu'est-ce qui les distingue les unes des autres? Quelles courbes ont des points d'inflexion? En quelles valeurs de l'effectif ces points sont-ils situés?

d) Quelles sont les solutions d'équilibre? Quelle relation existe-t-il entre ces dernières et les autres solutions?

2. On suppose qu'une population croît selon un modèle logistique où la capacité de charge est 6000 et $k = 0{,}0015$ par année.

a) Écrivez l'équation logistique correspondant à ces données.

b) Dessinez un champ de directions (à la main ou à l'aide d'un logiciel de calcul symbolique). Que suggère le champ au sujet des courbes intégrales?

c) À l'aide du champ de directions, tracez les courbes intégrales dans le cas où la population initiale est de 1000, 2000, 4000 et 8000. Que pouvez-vous dire au sujet de la concavité de ces courbes? Quelle est la signification des points d'inflexion?

d) Programmez une calculatrice ou un ordinateur de manière à pouvoir utiliser la méthode d'Euler, avec un pas $h = 1$, pour estimer la population après 50 ans dans le cas où la population initiale est de 1000 individus.

e) Dans le cas où la population initiale est de 1000 individus, posez une formule de la population après t années. Utilisez cette formule pour déterminer la population après 50 ans, puis comparez le résultat avec la valeur estimée en d).

f) Tracez la courbe de la solution obtenue en e), puis comparez-la avec la courbe intégrale dessinée en c).

3. On a choisi comme modèle de la pêche du flétan du Pacifique l'équation différentielle

$$\frac{dy}{dt} = ky\left(1 - \frac{y}{M}\right)$$

où $y(t)$ est la biomasse (c'est-à-dire la masse totale des membres de la population) en kilogrammes au temps t (mesuré en années), où la capacité de charge est estimée à $M = 8 \times 10^7$ kg et où $k = 0{,}71$ par année.

a) Si $y(0) = 2 \times 10^7$ kg, quelle est la biomasse une année plus tard?

b) Combien de temps faudra-t-il pour que la biomasse atteigne 4×10^7 kg?

4. On suppose qu'une population $P(t)$ vérifie

$$\frac{dP}{dt} = 0{,}4P - 0{,}001P^2 \qquad P(0) = 50$$

où t est exprimé en années.

a) Quelle est la capacité de charge?

b) Quelle est la valeur de $P'(0)$?

c) À quel moment la population atteint-elle 50% de la capacité de charge?

5. On suppose qu'une population croît selon un modèle logistique où la population initiale est de 1000 individus et dont la capacité de charge est de 10 000. Si la population atteint un effectif de 2500 individus après un an, quelle sera sa valeur après trois autres années?

6. Le tableau suivant donne le nombre de cellules de levure d'une nouvelle culture.

Temps (heures)	Nombre de cellules	Temps (heures)	Nombre de cellules
0	18	10	509
2	39	12	597
4	80	14	640
6	171	16	664
8	336	18	672

a) Portez les données dans un plan cartésien et utilisez le graphique afin d'estimer la capacité de charge pour la population de cellules de levure.

b) Utilisez les données pour estimer le taux de croissance relatif initial.

c) Déterminez un modèle exponentiel et un modèle logistique des données.

d) Comparez les valeurs prédites et les valeurs observées, en dressant un tableau et en dessinant des graphiques. Décrivez dans quelle mesure vos modèles correspondent aux données.

e) À l'aide de votre modèle logistique, estimez le nombre de cellules de levure après sept heures.

7. La population mondiale était d'environ 5,3 milliards d'habitants en 1990. Durant les années 1990, le taux de natalité se situait entre 35 et 40 millions de naissances par année et le taux de mortalité, entre 15 et 20 millions de décès par année. On suppose que la capacité de charge de la Terre est de 100 milliards d'habitants.

a) Posez une équation différentielle logistique correspondant à ces données. (Étant donné que la population initiale est petite en comparaison de la capacité de charge, vous pouvez prendre k comme valeur estimée du taux de croissance relatif initial.)

b) À l'aide du modèle logistique, estimez la population mondiale en l'an 2000 et comparez cette valeur avec l'effectif réel, à savoir 6,1 milliards d'habitants.

c) Utilisez le modèle logistique pour prédire la population mondiale en 2100 et en 2500.

d) Quelles sont les valeurs prédites dans le cas où la capacité de charge est de 50 milliards d'habitants?

8. a) Formulez une hypothèse quant à la capacité de charge dans le cas de la population des États-Unis. Utilisez la valeur prédite et le fait que la population américaine comptait 250 millions d'habitants en 1990 pour énoncer un modèle logistique de cette population.

b) Déterminez la valeur de k dans votre modèle en vous appuyant sur le fait que la population américaine était de 275 millions d'habitants en 2000.

c) Utilisez votre modèle pour prédire la population des États-Unis en 2100 et en 2200.

d) À l'aide de votre modèle, prédisez en quelle année la population américaine excédera 350 millions d'habitants.

9. Un modèle de la vitesse de propagation d'une rumeur repose sur le fait que ce taux est proportionnel au produit de la fraction y de la population qui est au courant de la rumeur et de la fraction qui ne la connaît pas encore.

a) Posez une équation différentielle que y vérifie.

b) Résolvez l'équation différentielle.

c) Une petite ville compte 1000 habitants. À 8 h, 80 personnes ont entendu une rumeur. À midi, la moitié de la ville est au courant. À quelle heure est-ce que 90% de la population aura entendu la rumeur?

10. Des biologistes ont ensemencé, avec 400 poissons, un lac dont ils évaluent la capacité de charge (c'est-à-dire la population maximale de poissons de cette espèce que le lac peut soutenir) à 10 000 poissons. Le nombre de poissons a triplé au cours de la première année.

a) En supposant que l'effectif de la population de poissons vérifie l'équation logistique, donnez une expression de cet effectif après t années.

b) Combien de temps faut-il pour que la population compte 5000 poissons?

11. a) Montrez que, si P vérifie l'équation logistique **4**, alors

$$\frac{d^2P}{dt^2} = k^2P\left(1-\frac{P}{M}\right)\left(1-\frac{2P}{M}\right).$$

b) Déduisez de a) qu'une population atteint son taux de croissance maximal lorsque son effectif est égal à la moitié de la capacité de charge.

12. Pour une valeur donnée de M (par exemple $M = 10$), la famille de fonctions logistiques décrite par l'équation **7** dépend de la valeur initiale P_0 et de la constante de proportionnalité k. Tracez la courbe de plusieurs membres de cette famille. De quelle façon le graphique change-t-il lorsque P_0 varie? De quelle façon change-t-il lorsque k varie?

13. Le tableau suivant donne la population en milieu d'année du Japon, en milliers d'habitants, de 1960 à 2005.

Année	Population	Année	Population
1960	94 092	1985	120 754
1965	98 883	1990	123 537
1970	104 345	1995	125 341
1975	111 573	2000	126 700
1980	116 807	2005	127 417

À l'aide d'une calculatrice à affichage graphique, déterminez une fonction exponentielle et une fonction logistique qui correspondent aux données du tableau. Portez les données ponctuelles dans un plan cartésien et tracez la courbe de chaque fonction, puis décrivez la précision de chaque modèle. (*Indice:* Soustrayez 94 000 de chaque valeur de la population puis, après avoir défini un modèle à l'aide de la calculatrice, additionnez 94 000 pour obtenir le modèle final. Il peut s'avérer utile de faire correspondre $t = 0$ à 1960 ou à 1980.)

14. Le tableau suivant donne la population en milieu d'année de l'Espagne, en milliers d'habitants, de 1955 à 2000.

Année	Population	Année	Population
1955	29 319	1980	37 488
1960	30 641	1985	38 535
1965	32 085	1990	39 351
1970	33 876	1995	39 750
1975	35 564	2000	40 016

À l'aide d'une calculatrice à affichage graphique, déterminez une fonction exponentielle et une fonction logistique qui correspondent aux données du tableau. Portez les données ponctuelles dans un plan cartésien et tracez la courbe de chaque fonction, puis décrivez la précision de chaque modèle. (*Indice:* Soustrayez 29 000 de chaque valeur de la population puis, après avoir défini un modèle à l'aide de la calculatrice, additionnez 29 000 pour obtenir le modèle final. Il peut s'avérer utile de faire correspondre $t = 0$ à 1955 ou à 1975.)

15. Soit une population $P = P(t)$ dont les taux de natalité et de mortalité relatifs sont constants et respectivement égaux à α et à β, et un taux d'émigration constant m, où α, β et m sont des constantes positives. On suppose que $\alpha > \beta$. Le taux de variation de la population au temps t a comme modèle l'équation différentielle

$$\frac{dP}{dt} = kP - m, \text{ où } k = \alpha - \beta.$$

a) Déterminez la solution de cette équation qui vérifie la condition initiale $P(0) = P_0$.
b) Quelle contrainte doit-on imposer à m pour que la population ait une croissance exponentielle ?
c) Quelle contrainte doit-on imposer à m pour que la population reste constante ? pour qu'elle diminue ?
d) En 1847, la population de l'Irlande était d'environ 8 millions d'habitants et la différence entre les taux relatifs de natalité et de mortalité était de 1,6 % de la population. À cause de la Grande Famine, qui sévit durant les années 1840 et 1850, environ 210 000 habitants émigrèrent chaque année. La population était-elle en croissance ou en décroissance durant cette période ?

16. Soit c, un nombre positif. Une équation différentielle de la forme

$$\frac{dy}{dt} = ky^{1+c}$$

où k est une constante positive est appelée « équation de la fin du monde » parce que l'exposant de l'expression ky^{1+c} est supérieur à l'exposant 1 de l'équation de croissance naturelle.
a) Déterminez la solution qui satisfait à la condition initiale $y(0) = y_0$.
b) Montrez qu'il existe un temps fini $t = T$ (la fin du monde) tel que $\lim_{t \to T^-} y(t) = \infty$.
c) Dans le cas d'une espèce de lapins particulièrement prolifiques, le terme de croissance est $My^{1,01}$. Si 2 lapins de cette espèce s'accouplent initialement et que le terrier abrite 16 lapins après 3 mois, quand la fin du monde aura-t-elle lieu ?

17. On modifie l'équation différentielle logistique de l'exemple 1 comme suit :

$$\frac{dP}{dt} = 0{,}08P\left(1 - \frac{P}{1000}\right) - 15.$$

a) On suppose que $P(t)$ représente une population de poissons au temps t, mesuré en semaines. Expliquez la signification du dernier terme de l'équation, à savoir -15.
b) Dessinez un champ de directions associé à cette équation différentielle.
c) Quelles sont les solutions stationnaires ?
d) À l'aide du champ de directions, tracez plusieurs courbes intégrales. Décrivez l'évolution de la population de poissons pour diverses valeurs de la population initiale.
LCS e) Résolvez explicitement cette équation différentielle en utilisant soit la technique des fractions partielles, soit un logiciel de calcul symbolique, en prenant comme valeurs de la population initiale 200 et 300.
f) Tracez les courbes intégrales et comparez-les à celles que vous avez dessinées en d).

LCS **18.** On prend comme modèle d'une population de poissons l'équation différentielle

$$\frac{dP}{dt} = 0{,}08P\left(1 - \frac{P}{1000}\right) - c$$

où t est exprimé en semaines et c est une constante.
a) Utilisez un logiciel de calcul symbolique pour dessiner un champ de directions pour diverses valeurs de c.
b) À l'aide des champs de directions dessinés en a), déterminez les valeurs de c pour lesquelles il existe au moins une solution stationnaire. Pour quelles valeurs de c la population de poissons est-elle vouée à l'extinction ?
c) Servez-vous de cette équation différentielle pour démontrer ce que vous avez découvert graphiquement en b).
d) Quelle limite recommanderiez-vous d'imposer à la capture hebdomadaire de poissons de la population étudiée ?

19. Une quantité considérable de données étayent la théorie selon laquelle, pour certaines espèces, il existe un effectif minimal m tel que l'espèce s'éteindra si l'effectif de la population chute sous cette valeur. On intègre cette condition à l'équation logistique en y introduisant le facteur $(1 - m/P)$. Le modèle logistique modifié est alors l'équation différentielle

$$\frac{dP}{dt} = kP\left(1 - \frac{P}{M}\right)\left(1 - \frac{m}{P}\right).$$

a) À l'aide de cette équation différentielle, montrez que toutes les solutions sont croissantes si $m < P < M$ et décroissantes si $0 < P < m$.
b) Dans le cas où $k = 0{,}08$, $M = 1000$ et $m = 200$, dessinez un champ de directions et utilisez-le pour tracer plusieurs courbes intégrales. Décrivez l'évolution de la population pour diverses valeurs de la population initiale. Quelles sont les solutions d'équilibre ?
c) Résolvez explicitement cette équation différentielle soit avec la technique des fractions partielles, soit à l'aide d'un logiciel de calcul symbolique, en prenant P_0 comme valeur de la population initiale.
d) Servez-vous de la solution déterminée en c) pour montrer que, si $P_0 < m$, alors l'espèce s'éteindra. (*Indice :* Montrez que le numérateur de l'expression de $P(t)$ est égal à 0 pour une valeur particulière de t.)

20. Il existe un autre modèle de la croissance d'une population limitée, à savoir la **fonction de Gompertz**, qui est une solution de l'équation différentielle

$$\frac{dP}{dt} = c \ln\left(\frac{M}{P}\right)P$$

où c est une constante et M est la capacité de charge.
a) Résolvez cette équation différentielle.
b) Calculez $\lim_{t \to \infty} P(t)$.
c) Tracez la courbe de la fonction de Gompertz dans le cas où $M = 1000$, $P_0 = 100$ et $c = 0{,}05$, puis comparez cette courbe avec celle de la fonction logistique de l'exemple 2. Quelles similarités observez-vous ? Quelles différences y a-t-il entre les deux courbes ?

d) Il ressort de l'exercice 11 que la croissance de la fonction logistique est maximale lorsque $P = M/2$. Utilisez l'équation différentielle de Gompertz pour montrer que la croissance de la fonction de Gompertz est maximale lorsque $P = M/e$.

21. On introduit dans un **modèle de croissance saisonnière** une fonction périodique du temps afin de tenir compte des variations saisonnières du taux de croissance. De telles variations sont dues, par exemple, à des changements saisonniers de la quantité de nourriture disponible.

a) Déterminez la solution du modèle de croissance saisonnière

$$\frac{dP}{dt} = kP\cos(rt - \phi) \qquad P(0) = P_0$$

où k, r et ϕ sont des constantes positives.

b) Expliquez comment les valeurs de k, de r et de ϕ influent sur la solution en traçant les courbes intégrales pour plusieurs valeurs des trois constantes. Que pouvez-vous dire au sujet de $\lim_{t\to\infty} P(t)$?

22. On modifie l'équation différentielle de l'exercice 21 comme suit :

$$\frac{dP}{dt} = kP\cos^2(rt - \phi) \quad P(0) = P_0.$$

a) Résolvez cette équation différentielle en vous servant d'une table d'intégrales ou d'un logiciel de calcul symbolique.

b) Tracez les courbes intégrales pour plusieurs valeurs de k, de r et de ϕ. Comment les valeurs de k, de r et de ϕ influent-elles sur la solution ? Que pouvez-vous dire au sujet de $\lim_{t\to\infty} P(t)$ dans le cas présent ?

Révision

Compréhension des concepts

1. a) Qu'est-ce qu'une équation différentielle ?
b) Qu'est-ce que l'ordre d'une équation différentielle ?
c) Qu'est-ce qu'une condition initiale ?

2. Que pouvez-vous dire des solutions de l'équation différentielle $y' = x^2 + y^2$ simplement en survolant cette équation ?

3. Qu'est-ce qu'un champ de directions associé à l'équation différentielle $y' = F(x, y)$?

4. Expliquez en quoi consiste la méthode d'Euler.

5. Qu'est-ce qu'une équation différentielle à variables séparables ? Comment résout-on une équation de ce type ?

6. a) Posez une équation différentielle qui exprime la loi de croissance naturelle. Que dit cette équation au sujet du taux de croissance relatif ?
b) Dans quelles conditions l'équation formulée en a) constitue-t-elle un modèle approprié de la croissance d'une population ?
c) Quelles sont les solutions de l'équation formulée en a) ?

7. a) Posez l'équation logistique.
b) Dans quelles conditions l'équation formulée en a) constitue-t-elle un modèle approprié de la croissance d'une population ?

Vrai ou faux

Déterminez si chaque proposition est vraie ou fausse. Si elle est vraie, expliquez pourquoi. Si elle est fausse, expliquez pourquoi ou réfutez-la au moyen d'un contre-exemple.

1. Toutes les solutions de l'équation différentielle $y' = -1 - y^4$ sont des fonctions décroissantes.

2. La fonction $f(x) = (\ln x)/x$ est une solution de l'équation différentielle $x^2y' + xy = 1$.

3. L'équation $y' = x + y$ est une équation à variables séparables.

4. L'équation $y' = 3y - 2x + 6xy - 1$ est une équation à variables séparables.

5. Si y est la solution du problème de Cauchy

$$\frac{dy}{dt} = 2y\left(1 - \frac{y}{5}\right) \qquad y(0) = 1$$

alors $\lim_{t\to\infty} y = 5$.

Exercices récapitulatifs

1. a) Un champ de directions associé à l'équation différentielle $y' = y(y-2)(y-4)$ est représenté ci-dessous. Tracez les courbes des solutions qui satisfont à la condition initiale donnée.

i) $y(0) = -0{,}3$ iii) $y(0) = 3$

ii) $y(0) = 1$ iv) $y(0) = 4{,}3$

b) Si la condition initiale est $y(0) = c$, quelles sont les valeurs de c pour lesquelles $\lim_{t\to\infty} y(t)$ est finie? Quelles sont les solutions d'équilibre?

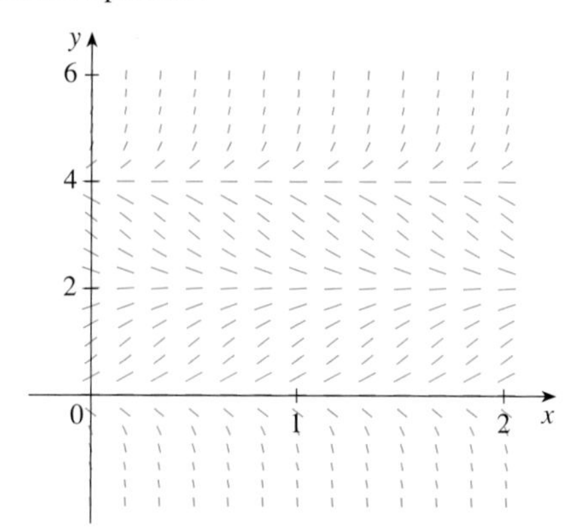

2. a) Dessinez un champ de directions associé à l'équation différentielle $y' = x/y$, puis servez-vous-en pour tracer les courbes des quatre solutions qui satisfont respectivement aux conditions initiales $y(0) = 1$, $y(0) = -1$, $y(2) = 1$ et $y(-2) = 1$.

b) Vérifiez le travail effectué en a) en résolvant explicitement l'équation différentielle. De quel type est chaque courbe intégrale?

3. a) Un champ de directions associé à l'équation différentielle $y' = x^2 - y^2$ est représenté ci-dessous. Tracez les courbes intégrales du problème de Cauchy

$$y' = x^2 - y^2 \qquad y(0) = 1$$

À l'aide de votre graphique, estimez la valeur de $y(0{,}3)$.

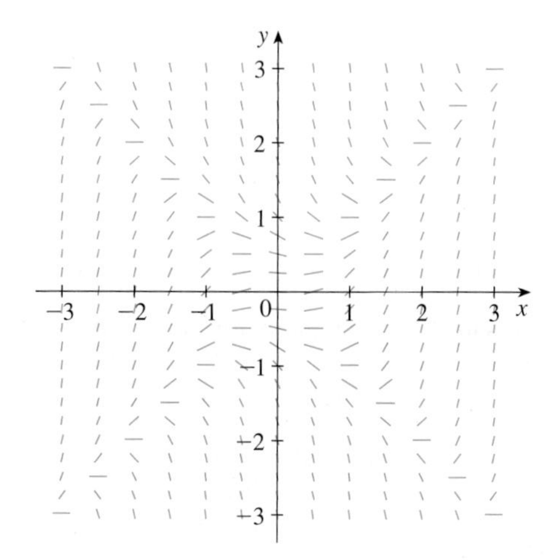

b) Appliquez la méthode d'Euler en prenant comme pas 0,1 pour évaluer $y(0{,}3)$, où $y(x)$ est la solution du problème de Cauchy énoncé en a). Comparez ensuite le résultat avec l'estimation obtenue en a).

c) Sur quelles droites se trouvent les milieux des segments horizontaux du champ de directions représenté en a)? Que se passe-t-il lorsqu'une courbe intégrale coupe ces droites?

4. a) Appliquez la méthode d'Euler en prenant 0,2 comme pas pour évaluer $y(0{,}4)$, où $y(x)$ est la solution du problème de Cauchy

$$y' = 2xy^2 \qquad y(0) = 1.$$

b) Refaites l'exercice a) en prenant cette fois 0,1 comme pas.

c) Déterminez la solution exacte de l'équation différentielle, puis comparez la valeur en 0,4 avec les approximations obtenues en a) et en b).

5-6 Résolvez l'équation différentielle donnée.

5. $\dfrac{dx}{dt} = 1 - t + x - tx$

6. $2ye^{y^2}y' = 2x + 3\sqrt{x}$

7-8 Résolvez le problème de Cauchy donné.

7. $\dfrac{dr}{dt} + 2tr = r$, $r(0) = 5$

8. $(1 + \cos x)y' = (1 + e^{-y})\sin x$, $y(0) = 0$

9. Résolvez le problème de Cauchy $y' = 3x^2e^y$, $y(0) = 1$, puis tracez la courbe intégrale.

10-11 Trouvez les trajectoires orthogonales de la famille de courbes donnée.

10. $y = ke^x$

11. $y = e^{kx}$

12. a) Écrivez la solution du problème de Cauchy

$$\frac{dP}{dt} = 0{,}1P\left(1 - \frac{P}{2000}\right) \qquad P(0) = 100$$

puis servez-vous-en pour déterminer la population à $t = 20$.

b) Quand la population atteint-elle 1200 individus?

13. a) La population mondiale était de 5,28 milliards d'habitants en 1990 et de 6,07 milliards en 2000. Trouvez un modèle exponentiel qui reflète ces données, puis utilisez-le pour prédire la population mondiale en l'an 2020.

b) Selon le modèle formulé en a), quand la population mondiale dépassera-t-elle 10 milliards d'habitants?

c) Utilisez les informations données en a) pour énoncer un modèle logistique de la population mondiale. En supposant que la capacité de charge est de 100 milliards d'habitants, prédisez à l'aide du modèle logistique la population en 2020, puis comparez cette valeur et la prédiction réalisée avec le modèle exponentiel.

d) Selon le modèle logistique, quand la population mondiale dépassera-t-elle 10 milliards d'habitants? Comparez cette valeur avec la prédiction réalisée en b).

14. On emploie le modèle d'ajustement de croissance de von Bertalanffy pour prédire la longueur $L(t)$ d'un poisson durant un certain intervalle de temps. Si L_∞ désigne la longueur maximale pour une espèce donnée, alors on pose comme hypothèse que le taux de croissance en longueur est proportionnel à $L_\infty - L$, soit la différence entre la longueur maximale et la longueur actuelle.

a) Posez une équation différentielle, puis résolvez-la de manière à obtenir une expression de $L(t)$.

b) Dans le cas de l'aiglefin de la mer du Nord, on a déterminé que $L_\infty = 53$ cm, $L(0) = 10$ cm et que la constante de proportionnalité est 0,2. Que devient l'expression de $L(t)$ compte tenu de ces données?

15. Un réservoir contient 100 L d'eau pure. De la saumure renfermant 0,1 kg de sel par litre entre dans le réservoir à un taux de 10 L/min. La solution, maintenue constamment uniforme, sort du réservoir à un taux égal au débit à l'entrée. Quelle quantité de sel y a-t-il dans le réservoir après six minutes?

16. Selon un modèle de la propagation d'une épidémie, le taux de propagation est proportionnel à la fois au nombre de personnes infectées et au nombre de celles qui ne le sont pas. Dans une ville isolée de 5000 habitants, 160 personnes avaient contracté une maladie au début de la semaine et 1200 personnes étaient atteintes à la fin de la semaine. Combien de temps faut-il pour que 80% de la population soit infectée?

17. En psychologie, on se sert de la loi de Brentano-Stevens comme modèle de la réaction d'un sujet à un stimulus. Selon cette loi, si R représente la réaction à un stimulus d'intensité S, alors les taux relatifs de croissance des deux variables sont proportionnels:

$$\frac{1}{R}\frac{dR}{dt} = \frac{k}{S}\frac{dS}{dt}$$

où k est une constante positive. Exprimez R sous la forme d'une fonction de S.

18. En physiologie pulmonaire, on utilise comme modèle du transport d'une substance à travers la paroi d'un capillaire l'équation différentielle

$$\frac{dh}{dt} = -\frac{T}{V}\left(\frac{h}{k+h}\right)$$

où h est la concentration d'hormone dans le sang, t est le temps, T est la vitesse maximale de transport, V est le volume du capillaire et k est une constante positive et une mesure de l'affinité entre les hormones et les enzymes qui activent le processus. Résolvez l'équation différentielle de manière à déterminer la relation qui existe entre h et t.

19. Barbara pèse 60 kg et elle suit une diète qui lui fournit 1600 calories par jour, dont 850 servent automatiquement à assurer le métabolisme de base. Elle dépense environ 15 cal/kg/jour fois son poids en faisant de l'exercice. Si 1 kg de gras fournit 10 000 calories, en supposant que l'efficacité du stockage de calories sous la forme de gras est de 100%, posez une équation différentielle, puis résolvez-la de manière à exprimer le poids de Barbara sous la forme d'une fonction du temps. Le poids de Barbara tend-il finalement vers un point d'équilibre?

20. Si on suspend un câble flexible de densité uniforme entre deux points donnés et qu'il pend sous l'effet de sa propre masse, alors la courbe $y = f(x)$ du câble (représentée dans la figure suivante) doit vérifier une équation différentielle de la forme

$$\frac{d^2y}{dx^2} = k\sqrt{1+\left(\frac{dy}{dx}\right)^2}$$

où k est une constante positive.

a) Substituez $z = dy/dx$ dans l'équation différentielle. Résolvez l'équation différentielle (en z) du premier ordre obtenue, puis déterminez y en effectuant une intégration.

b) Déterminez la longueur du câble.

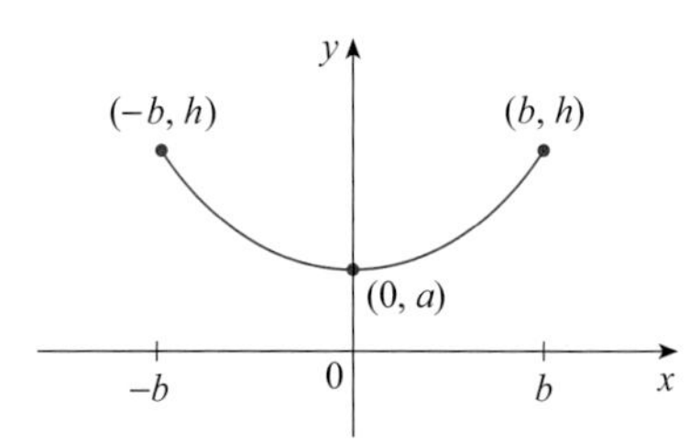

Problèmes supplémentaires

1. Trouvez toutes les fonctions f telles que f' est continue et que

$$[f(x)^2] = 100 + \int_0^x \{[f(t)]^2 + [f'(t)]^2\}\, dt \qquad \text{pour tout réel } x.$$

2. Un étudiant a oublié la règle du produit pour le calcul d'une dérivée et il a écrit par erreur $(fg)' = f'g'$. Il a néanmoins eu la chance d'obtenir la bonne réponse. La fonction f qu'il a utilisée est $f(x) = e^{x^2}$ et, dans son problème, le domaine était l'intervalle $]\frac{1}{2}, \infty[$. Quelle était la fonction g?

3. Soit f, une fonction telle que $f(0) = 1$, $f'(0) = 1$ et $f(a + b) = f(a)f(b)$ pour n'importe quels nombres réels a et b. Montrez que $f'(x) = f(x)$ pour tout x, et que cela implique que $f(x) = e^x$.

4. Trouvez toutes les fonctions f qui vérifient l'équation

$$\left(\int f(x)\,dx\right)\left(\int \frac{1}{f(x)}\,dx\right) = -1.$$

5. Déterminez la courbe $y = f(x)$ telle que $f(x) \geq 0$, $f(0) = 0$, $f(1) = 1$ et dont l'aire sous la courbe de f entre 0 et x est proportionnelle à la $(n + 1)^e$ puissance de $f(x)$.

6. On appelle **sous-tangente** la portion de l'axe des x qui coïncide avec la projection d'un segment d'une tangente allant du point de tangence au point d'intersection avec l'axe des x. Déterminez les courbes qui passent par le point $(c, 1)$ et dont les sous-tangentes sont de longueur c.

7. On sort une tarte aux pêches du four à 17 h. Sa température, alors brûlante, est de 100 °C. À 17 h 10, la température de la tarte est descendue à 80 °C et à 17 h 20, elle n'est plus que de 65 °C. Quelle est la température ambiante ?

8. Il a commencé à neiger le 2 février au matin et la neige n'a pas cessé de tomber jusqu'en après-midi. À midi, un chasse-neige a commencé à déblayer une route à un taux constant. Il a parcouru 6 km entre midi et 13 h et seulement 3 km entre 13 h et 14 h. Quand a-t-il commencé à neiger ? (*Indices :* Représentez d'abord le temps, mesuré en heures depuis midi, par t et la distance parcourue par le chasse-neige au temps t par $x(t)$; la vitesse du chasse-neige est alors égale à dx/dt. Représentez par b le nombre d'heures avant midi durant lesquelles il a neigé. Écrivez une expression de la hauteur de la neige accumulée au temps t, puis servez-vous du fait que le taux de déblaiement de la neige R (m^3/h) est constant.)

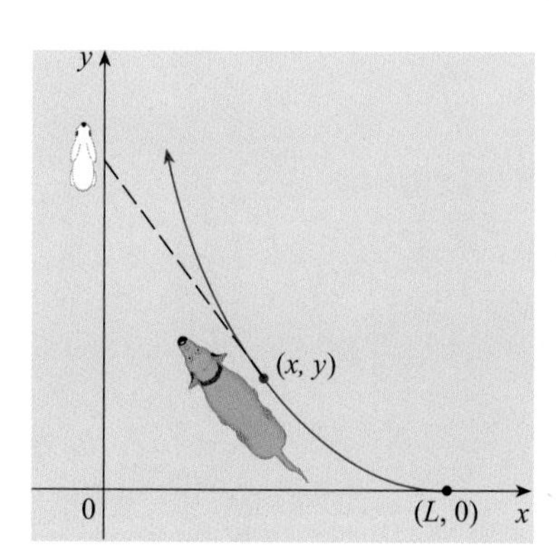

9. Un chien voit un lièvre en train de traverser un champ en ligne droite, à toute vitesse, et il le prend en chasse. Soit le système de coordonnées rectangulaires représenté ci-contre. On suppose que :

i) Le lièvre se trouve à l'origine et le chien au point $(L, 0)$ à l'instant où ce dernier aperçoit le lièvre.
ii) Le lièvre se déplace le long de l'axe des y, alors que le chien se dirige toujours tout droit vers le lièvre.
iii) Le chien court à la même vitesse que le lièvre.

a) Montrez que la trajectoire du chien est identique à la courbe de la fonction $y = f(x)$, où y vérifie l'équation différentielle

$$x\frac{d^2y}{dx^2} = \sqrt{1 + \left(\frac{dy}{dx}\right)^2}.$$

b) Déterminez la solution de l'équation donnée en a) qui satisfait à la condition initiale $y = y' = 0$ lorsque $x = L$. (*Indice :* Effectuez la substitution $z = dy/dx$ dans l'équation différentielle, puis résolvez l'équation du premier ordre résultante de manière à déterminer z ; intégrez ensuite z pour déterminer y.)

c) Le chien finit-il par attraper le lièvre ?

10. a) En supposant que le chien du problème 9 court deux fois plus vite que le lièvre, écrivez une équation différentielle décrivant la trajectoire du chien, puis résolvez cette équation de manière à déterminer le point où le chien attrape le lièvre.

b) Si le chien court deux fois moins vite que le lièvre, à quelle distance du lièvre réussit-il à s'approcher ? Quelle est la position des deux animaux lorsque cette distance est minimale ?

11. Un ingénieur de planification d'une nouvelle usine d'alun doit présenter à son employeur une estimation de la capacité d'un silo destiné à l'entreposage de minerai de bauxite jusqu'à ce que celui-ci soit transformé en alun. Le minerai a l'aspect de talc rose et un convoyeur le transporte jusqu'au sommet du silo. Ce dernier a la forme d'un cylindre haut de 30 m ayant un rayon de 60 m. Le convoyeur amène le minerai à un rythme de 1800π m^3/h et le tas de minerai dans le silo conserve la forme d'un cône dont le rayon est égal à 1,5 fois la hauteur.

a) Si, à un instant donné t, le tas de minerai a une hauteur de 20 m, combien de temps faut-il pour que le sommet du tas atteigne le sommet du silo ?

b) La direction de l'usine veut savoir quelle portion du plancher du silo est encore libre lorsque la hauteur du tas est de 20 m. À quelle vitesse l'aire de la base du tas croît-elle lorsqu'il atteint cette hauteur ?

c) Un chargeur commence à retirer le minerai à un taux de 600π m^3/h lorsque la hauteur du tas atteint 25 m et on suppose que le tas conserve toujours sa forme conique. Combien de temps faut-il, dans ce cas, pour que le sommet du tas atteigne le sommet du silo ?

12. Déterminez l'équation de la courbe qui passe par le point (3, 2) et dont la tangente en un point P quelconque est telle que la partie de la tangente qui se trouve dans le premier quadrant a son milieu en P.

13. Rappelons que la normale à une courbe en un point P de la courbe est la droite qui passe par P et est perpendiculaire à la tangente en P. Déterminez la courbe qui passe par le point (3, 2) et qui a comme propriété que toute normale à cette courbe coupe l'axe des y au point (0, 6).

14. Déterminez toutes les courbes telles que la normale en n'importe quel point P de la courbe a comme propriété que son segment compris entre P et l'axe des x a pour milieu le point d'intersection avec l'axe des y.

15. Déterminez toutes les courbes telles que, si on trace un segment de droite de l'origine à un point (x, y) quelconque de la courbe, puis une tangente à la courbe en (x, y) et qu'on prolonge la tangente jusqu'à l'axe des x, on obtient un triangle isocèle dont les côtés égaux se rencontrent en (x, y).

CHAPITRE 6 | LES SUITES ET LES SÉRIES

© Epic Stock / Shutterstock

L'importance des suites et des séries dans le calcul intégral découle de l'idée de Newton de les utiliser pour représenter des fonctions. Pour calculer des aires, par exemple, il intégrait souvent une fonction en l'exprimant d'abord sous la forme d'une série puis en intégrant chaque terme de celle-ci. On adopte son idée dans la section 6.9 pour intégrer des fonctions telles que e^{-x^2}. (Il est à noter qu'on était incapable de faire cela auparavant.) De nombreuses fonctions mathématiques de la physique (les fonctions de Bessel, par exemple) et de la chimie étant définies par des sommes de séries, il importe de se familiariser avec les concepts fondamentaux de la convergence des suites et des séries infinies.

Comme on le verra à la section 6.10, les physiciens utilisent aussi les séries autrement. Dans l'étude de branches aussi diverses que l'optique, la relativité restreinte et l'électromagnétisme, ils analysent des phénomènes en remplaçant une fonction par quelques premiers termes de la série qui la représente.

6.1 LES SUITES

Au ve siècle avant notre ère, le philosophe grec Zénon d'Élée posa quatre problèmes, connus sous l'appellation **paradoxes de Zénon**, dans le but de remettre en question des idées au sujet de l'espace et du temps largement acceptées à son époque. Le second paradoxe de Zénon est celui de la course entre le héros grec Achille et une tortue, qu'il avait laissée partir avant lui. Voici le raisonnement que tient Zénon : Achille ne pourra jamais dépasser la tortue. En effet, s'il part de la position a_1 et la tortue, de la position t_1 (voir la figure 1), quand Achille atteint la position $a_2 = t_1$, la tortue est à une position plus avancée t_2 ; quand Achille arrive en $a_3 = t_2$, la tortue est déjà en t_3. Ce processus se poursuit indéfiniment, de sorte qu'il semble bien que la tortue soit toujours devant Achille ! Pourtant, cela n'a aucun sens.

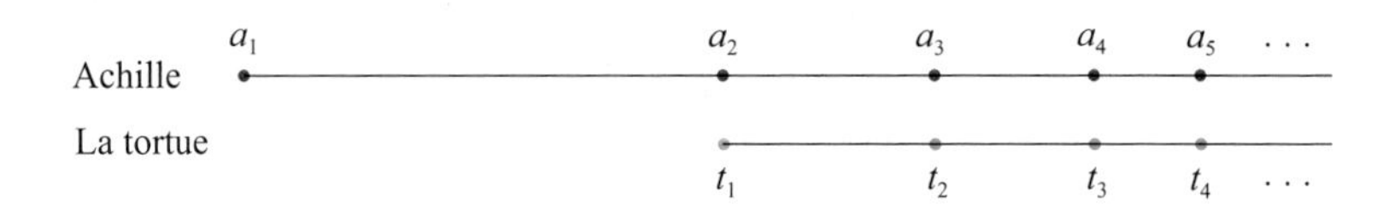

FIGURE 1

On peut expliquer le paradoxe d'Achille et de la tortue à l'aide de la notion de suite. Les positions successives d'Achille (soit $a_1, a_2, a_3, \ldots$) ou les positions successives de la tortue (soit $t_1, t_2, t_3, \ldots$) forment ce qu'on appelle une « suite ».

En général, une suite $\{a_n\}$ est un ensemble de nombres écrits selon un ordre donné. Par exemple, on peut décrire la suite

$$\left\{1, \tfrac{1}{2}, \tfrac{1}{3}, \tfrac{1}{4}, \tfrac{1}{5}, \ldots\right\},$$

à l'aide de la formule suivante, qui donne le n-ième terme :

$$a_n = \frac{1}{n}.$$

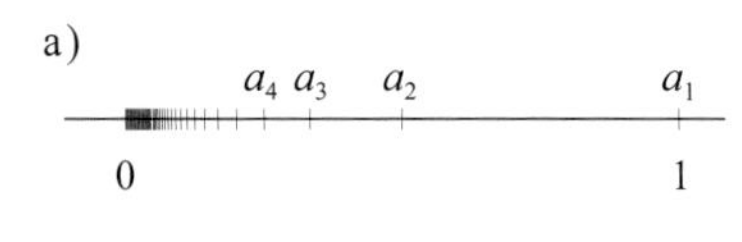

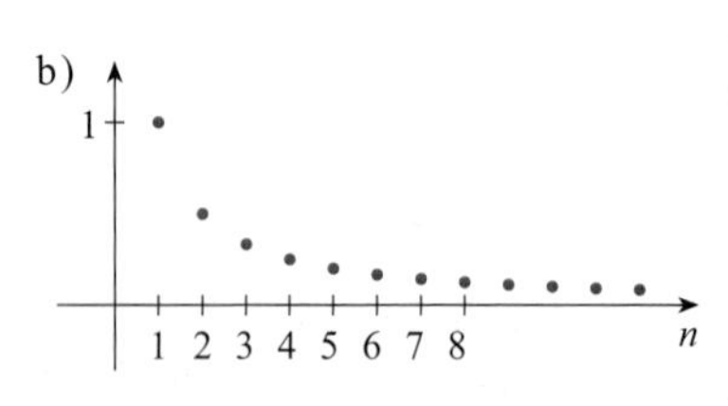

FIGURE 2

On peut aussi représenter graphiquement la suite en portant chacun de ses termes sur une droite graduée, comme dans la figure 2 a), ou dans un système d'axes, comme dans la figure 2 b). On constate que dans les deux cas les termes de la suite $a_n = 1/n$ sont de plus en plus proches de 0 au fur et à mesure que n augmente. En fait, on peut obtenir un terme aussi petit qu'on le veut en prenant une valeur suffisamment grande de n. C'est pourquoi on dit que la limite de la suite est 0, ce qui s'écrit

$$\lim_{n\to\infty} \frac{1}{n} = 0.$$

Pour en revenir au paradoxe de Zénon, les positions successives d'Achille et de la tortue forment respectivement les suites $\{a_n\}$ et $\{t_n\}$, où $a_n < t_n$ pour tout n. On peut montrer que les deux suites ont la même limite :

$$\lim_{n\to\infty} a_n = p = \lim_{n\to\infty} t_n$$

et c'est précisément en ce point p qu'Achille dépasse la tortue.

Une **suite** est une énumération finie ou infinie de nombres écrits dans un ordre défini :

$$a_1, a_2, a_3, a_4, \ldots, a_n, \ldots$$

Le nombre a_1 est appelé **premier terme**, a_2 est le **deuxième terme**, et a_n, habituellement le n-ième terme de la suite, est appelé le **terme général**. Comme on verra uniquement les suites infinies, chaque terme a_n aura un successeur, a_{n+1}.

Puisqu'à chaque entier positif n correspond un terme a_n, on peut définir une suite comme étant une fonction ayant pour domaine l'ensemble des entiers positifs. Cependant, on représentera habituellement la valeur de la fonction au nombre n par a_n et non par la notation fonctionnelle $f(n)$.

NOTATION La suite $\{a_1, a_2, a_3, \ldots\}$ se note aussi

$$\{a_n\} \qquad \text{ou} \qquad \{a_n\}_{n=1}^{\infty}.$$

EXEMPLE 1 On peut définir certaines suites par la formule du terme général. Dans les exemples suivants, on donne trois descriptions de la suite : une en utilisant la notation précédente, une autre en utilisant la formule qui la définit et une troisième en écrivant les termes de la suite. On peut noter que n ne commence pas obligatoirement à 1.

a) $\left\{\dfrac{n}{n+1}\right\}_{n=1}^{\infty}$ $\qquad a_n = \dfrac{n}{n+1}$ $\qquad \left\{\dfrac{1}{2}, \dfrac{2}{3}, \dfrac{3}{4}, \dfrac{4}{5}, \ldots, \dfrac{n}{n+1}, \ldots\right\}$

b) $\left\{\dfrac{(-1)^n(n+1)}{3^n}\right\}$ $\qquad a_n = \dfrac{(-1)^n(n+1)}{3^n}$ $\qquad \left\{-\dfrac{2}{3}, \dfrac{3}{9}, -\dfrac{4}{27}, \dfrac{5}{81}, \ldots, \dfrac{(-1)^n(n+1)}{3^n}, \ldots\right\}$

c) $\{\sqrt{n-3}\}_{n=3}^{\infty}$ $\qquad a_n = \sqrt{n-3}, n \geq 3$ $\qquad \{0, 1, \sqrt{2}, \sqrt{3}, \ldots, \sqrt{n-3}, \ldots\}$

d) $\left\{\cos \dfrac{n\pi}{6}\right\}_{n=0}^{\infty}$ $\qquad a_n = \cos \dfrac{n\pi}{6}, n \geq 0$ $\qquad \left\{1, \dfrac{\sqrt{3}}{2}, \dfrac{1}{2}, 0, \ldots, \cos \dfrac{n\pi}{6}, \ldots\right\}$

EXEMPLE 2 Trouvons la formule du terme général a_n de la suite

$$\left\{\frac{3}{5}, -\frac{4}{25}, \frac{5}{125}, -\frac{6}{625}, \frac{7}{3125}, \ldots\right\}$$

en supposant que le mode de construction des premiers termes continue.

SOLUTION On a

$$a_1 = \frac{3}{5} \quad a_2 = -\frac{4}{25} \quad a_3 = \frac{5}{125} \quad a_4 = -\frac{6}{625} \quad a_5 = \frac{7}{3125}.$$

On remarque que le numérateur de la première fraction est 3 et que le numérateur des fractions augmente de 1 d'un terme au terme suivant. Le numérateur du deuxième terme est 4, celui du troisième terme est 5 et, en général, celui du n-ième terme sera $n + 2$. Les dénominateurs sont les puissances de 5, donc le dénominateur de a est 5^n. Le signe des termes est successivement positif puis négatif, ainsi on doit multiplier par une puissance de -1. Dans l'exemple 1 b), le facteur $(-1)^n$ signifie qu'on a commencé avec un terme négatif. Ici, on veut commencer avec un terme positif et on utilise $(-1)^{n-1}$ ou $(-1)^{n+1}$. Donc,

$$a_n = (-1)^{n-1}\frac{n+2}{5^n}.$$

EXEMPLE 3 Les suites ci-dessous ne possèdent pas de définition sous la forme d'une formule simple.

a) La suite $\{p_n\}$, dans laquelle p_n est la population mondiale le 1er janvier de l'an n.

b) Si on appelle a_n le chiffre du n-ième rang décimal du nombre e, alors $\{a_n\}$ est une suite bien définie ayant pour premiers termes

$$\{7, 1, 8, 2, 8, 1, 8, 2, 8, 4, 5, \ldots\}.$$

c) La **suite de Fibonacci** $\{f_n\}$ est définie par récurrence par les conditions

$$f_1 = 1 \qquad f_2 = 1 \qquad f_n = f_{n-1} + f_{n-2} \qquad n \geq 3.$$

À partir du troisième terme, chaque terme est la somme des deux termes précédents. Les premiers termes sont

$$\{1, 1, 2, 3, 5, 8, 13, 21, \ldots\}.$$

Cette suite est apparue lorsqu'un mathématicien italien du XIIIe siècle, appelé Fibonacci, a résolu un problème de reproduction de lapins (voir l'exercice 83).

On représente graphiquement une suite telle que celle de l'exemple 1 a), $a_n = n/(n+1)$, en portant ses termes sur une droite numérique (voir la figure 3) ou dans un plan cartésien (voir la figure 4). Une suite étant une fonction ayant pour domaine l'ensemble des entiers positifs, on remarque que son graphique consiste en des points isolés de coordonnées

$$(1, a_1) \quad (2, a_2) \quad (3, a_3) \quad \ldots \quad (n, a_n) \quad \ldots$$

Les figures 3 et 4 montrent que les termes de la suite $a_n = n/(n+1)$ tendent vers 1 lorsque n devient grand. On peut rendre la différence

$$1 - \frac{n}{n+1} = \frac{1}{n+1}$$

aussi petite que l'on veut en prenant n suffisamment grand, ce qui s'écrit

$$\lim_{n \to \infty} \frac{n}{n+1} = 1.$$

En général, la notation

$$\lim_{n \to \infty} a_n = L$$

signifie que les termes de la suite $\{a_n\}$ tendent vers L lorsque n devient grand. On remarque que la définition suivante de la limite à l'infini d'une suite ressemble fortement à la définition d'une limite à l'infini d'une fonction.

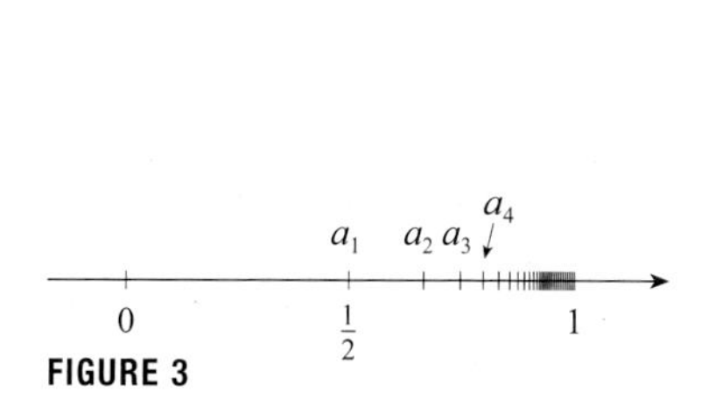

FIGURE 3

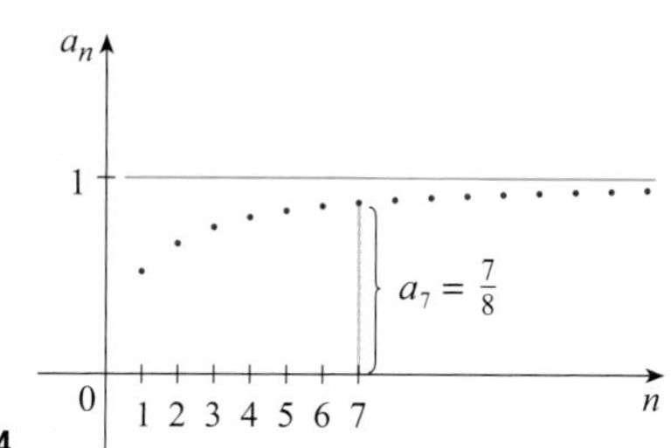

FIGURE 4

1 DÉFINITION

Une suite $\{a_n\}$ a pour **limite** L et l'on écrit

$$\lim_{n\to\infty} a_n = L \qquad \text{ou} \qquad a_n \to L \text{ lorsque } n \to \infty$$

si on peut rendre les termes a_n aussi proches de L qu'on le veut en prenant toute valeur n suffisamment grande. Si $\lim_{n\to\infty} a_n$ existe, on dit que la suite **converge** (ou qu'elle est **convergente**). Sinon, on dit que la suite **diverge** (ou qu'elle est **divergente**).

La figure 5 illustre la définition **1** en représentant les graphiques de deux suites de limite L.

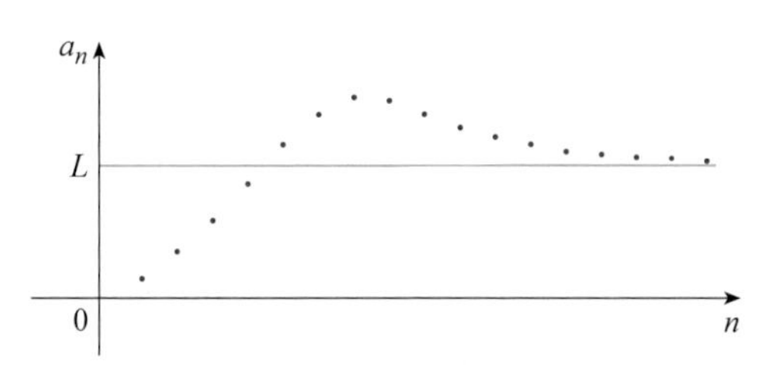

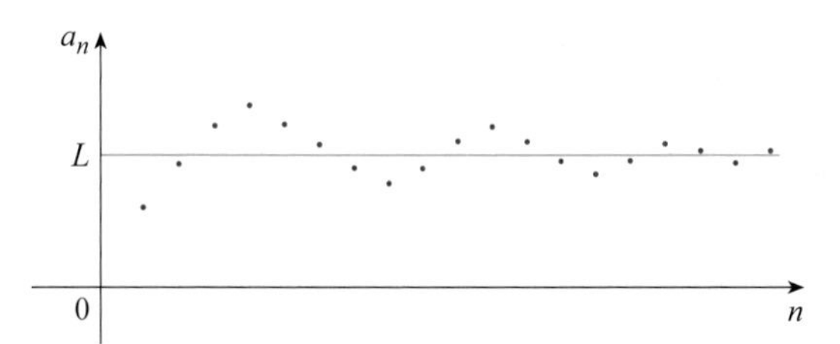

FIGURE 5
Graphiques de deux suites ayant une même limite L.

Voici une définition plus rigoureuse de la limite d'une suite.

2 DÉFINITION

Une suite $\{a_n\}$ a pour **limite** L et l'on écrit

$$\lim_{n\to\infty} a_n = L \qquad \text{ou} \qquad a_n \to L \text{ lorsque } n \to \infty$$

si, pour tout $\varepsilon > 0$, il existe un entier positif correspondant N tel que

$$\text{si } n > N, \text{ alors } |a_n - L| < \varepsilon.$$

Sur la figure 6 qui illustre la définition **2**, les termes $a_1, a_2, a_3, \ldots$ sont représentés sur une droite numérique. Si petit que soit l'intervalle $]L - \varepsilon, L + \varepsilon[$ choisi, il existe un N tel que tous les termes de la suite au-delà de a_{N+1} doivent appartenir à cet intervalle.

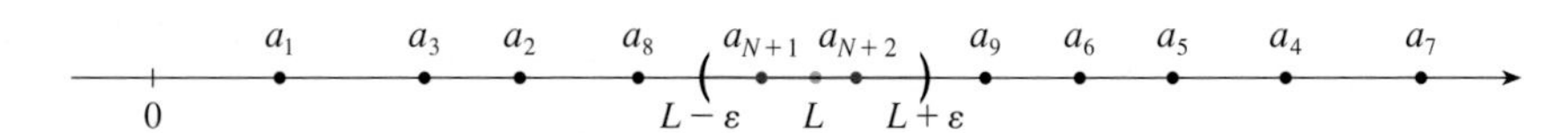

FIGURE 6

La figure 7 (voir la page suivante) illustre aussi la définition **2**. Tous les points du graphique de $\{a_n\}$ doivent être entre les droites horizontales $y = L + \varepsilon$ et $y = L - \varepsilon$ lorsque $n > N$. Cette représentation doit être valide aussi petit que soit le ε choisi, mais habituellement un ε plus petit exige un plus grand N.

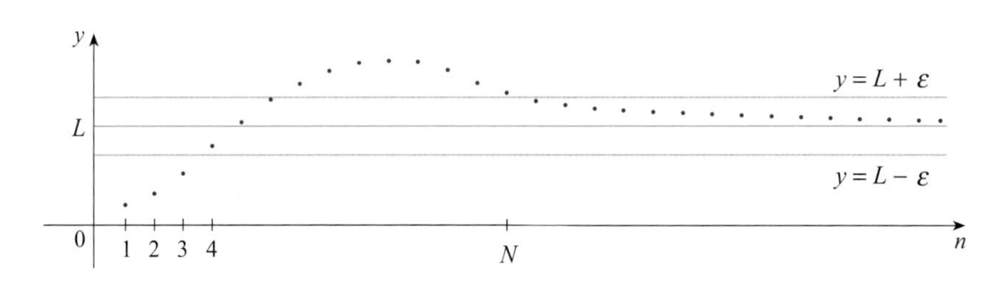

FIGURE 7

La comparaison de la définition **2** à la définition d'une limite à l'infini d'une fonction montre que la seule différence entre $\lim_{n\to\infty} a_n = L$ et $\lim_{x\to\infty} f(x) = L$ est que n doit être un entier, d'où le théorème suivant, illustré à la figure 8.

3 THÉORÈME

Si $\lim_{x\to\infty} f(x) = L$ et $f(n) = a_n$ lorsque n est un entier, alors $\lim_{n\to\infty} a_n = L$.

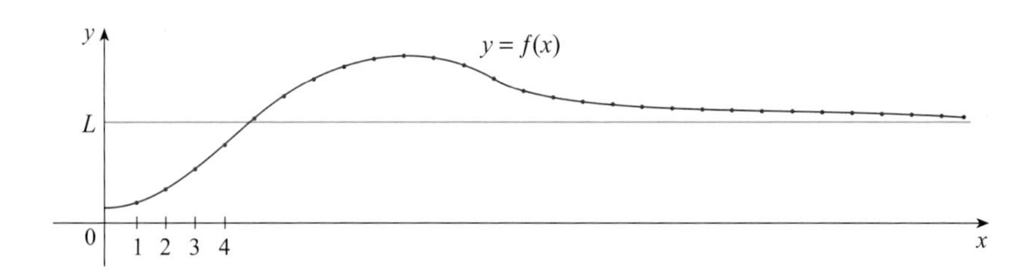

FIGURE 8

En particulier, sachant que $\lim_{x\to\infty} (1/x^r) = 0$ lorsque $r > 0$, on a

4
$$\lim_{n\to\infty} \frac{1}{n^r} = 0 \text{ si } r > 0.$$

Si a_n devient grand lorsque n devient grand, on utilise la notation $\lim_{n\to\infty} a_n = \infty$. La définition rigoureuse est la suivante.

5 DÉFINITION

$\lim_{n\to\infty} a_n = \infty$ signifie que pour tout nombre positif M il existe un entier N tel que

$$\text{si} \quad n > N, \quad \text{alors} \quad a_n > M.$$

Si $\lim_{n\to\infty} a_n = \infty$, alors la suite $\{a_n\}$ diverge, mais d'une façon particulière. On dit que $\{a_n\}$ diverge vers ∞.

Les lois des limites sont aussi valides pour les limites des suites et leurs démonstrations sont similaires.

LES LOIS DES LIMITES POUR LES SUITES

Si $\{a_n\}$ et $\{b_n\}$ sont deux suites convergentes et si c est une constante, alors

$$\lim_{n\to\infty}(a_n + b_n) = \lim_{n\to\infty} a_n + \lim_{n\to\infty} b_n$$

$$\lim_{n\to\infty}(a_n - b_n) = \lim_{n\to\infty} a_n - \lim_{n\to\infty} b_n$$

$$\lim_{n\to\infty} ca_n = c \lim_{n\to\infty} a_n \qquad\qquad \lim_{n\to\infty} c = c$$

$$\lim_{n\to\infty}(a_n b_n) = \lim_{n\to\infty} a_n \cdot \lim_{n\to\infty} b_n$$

$$\lim_{n\to\infty} \frac{a_n}{b_n} = \frac{\lim_{n\to\infty} a_n}{\lim_{n\to\infty} b_n} \quad \text{si} \quad \lim_{n\to\infty} b_n \neq 0$$

$$\lim_{n\to\infty} a_n^p = \left[\lim_{n\to\infty} a_n\right]^p \quad \text{si} \quad p > 0 \text{ et } a_n > 0$$

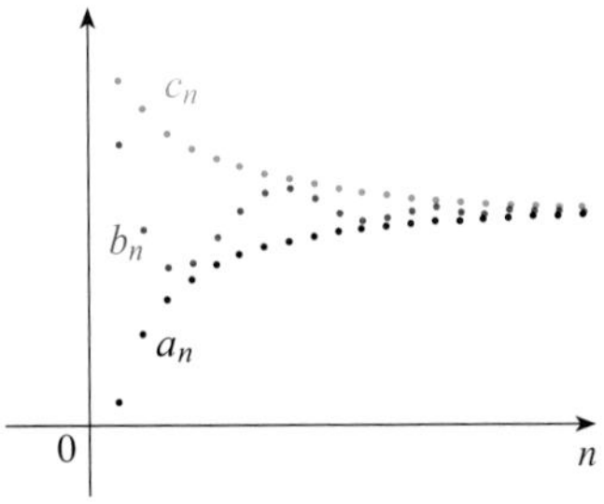

Le théorème du sandwich peut aussi être adapté aux suites comme suit (voir la figure 9).

FIGURE 9
La suite $\{b_n\}$ est prise en sandwich entre les suites $\{a_n\}$ et $\{c_n\}$.

LE THÉORÈME DU SANDWICH POUR LES SUITES

Si $a_n \leq b_n \leq c_n$ pour $n \geq n_0$ et $\lim_{n\to\infty} a_n = \lim_{n\to\infty} c_n = L$, alors $\lim_{n\to\infty} b_n = L$.

Le théorème suivant donne un autre résultat utile pour les limites de suites. Sa démonstration est demandée à l'exercice 87.

6 THÉORÈME

Si $\lim_{n\to\infty} |a_n| = 0$, alors $\lim_{n\to\infty} a_n = 0$.

EXEMPLE 4 Calculons $\lim_{n\to\infty} \dfrac{n}{n+1}$.

SOLUTION On divise le numérateur et le dénominateur par la puissance la plus élevée de n, puis on utilise les lois des limites :

Cela montre que la conjecture faite à partir des figures 3 et 4 était bonne.

$$\lim_{n\to\infty} \frac{n}{n+1} = \lim_{n\to\infty} \frac{1}{1+\dfrac{1}{n}} = \frac{\lim_{n\to\infty} 1}{\lim_{n\to\infty} 1 + \lim_{n\to\infty} \dfrac{1}{n}}$$

$$= \frac{1}{1+0} = 1.$$

On a utilisé l'égalité **4** avec $r = 1$.

EXEMPLE 5 Étudions la convergence de la suite $a_n = \dfrac{n}{\sqrt{10+n}}$.

SOLUTION Comme dans l'exemple 4, on divise le numérateur et le dénominateur par n :

$$\lim_{n\to\infty} \frac{n}{\sqrt{10+n}} = \lim_{n\to\infty} \frac{1}{\sqrt{\dfrac{10}{n^2}+\dfrac{1}{n}}} = \infty$$

car le numérateur est constant et le dénominateur tend vers 0. Donc $\{a_n\}$ est divergente.

EXEMPLE 6 Calculons $\lim\limits_{n\to\infty} \dfrac{\ln n}{n}$.

SOLUTION On remarque que le numérateur et le dénominateur tendent vers l'infini lorsque $n \to \infty$. On ne peut pas appliquer directement la règle de l'Hospital puisqu'elle ne s'applique pas aux suites, mais aux fonctions dérivables à une variable réelle. On peut toutefois l'appliquer à la fonction associée $f(x) = (\ln x)/x$.

On obtient

$$\lim_{x\to\infty} \frac{\ln x}{x} = \lim_{x\to\infty} \frac{1/x}{1} = 0.$$

Par conséquent, en raison du théorème **3**,

$$\lim_{n\to\infty} \frac{\ln n}{n} = 0.$$

EXEMPLE 7 Déterminons si la suite $a_n = (-1)^n$ converge ou diverge.

SOLUTION On écrit quelques termes de la suite :

$$\{-1, 1, -1, 1, -1, 1, -1, \ldots\}.$$

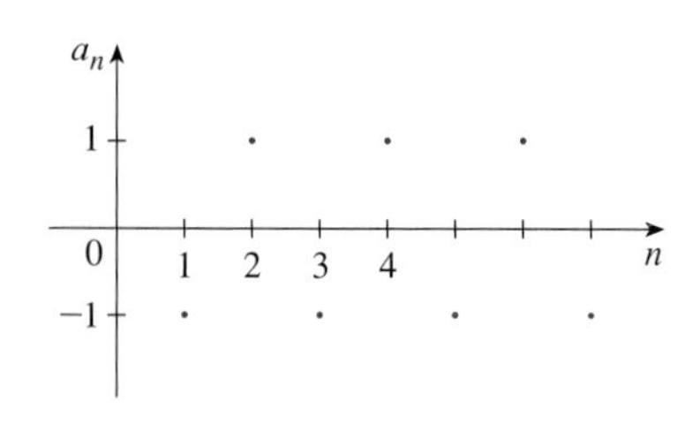

FIGURE 10

La figure 10 montre un graphique de cette suite.

Si la limite à l'infini de cette suite existe, elle doit être unique. Or, d'une part

$$\lim_{n\to\infty} (-1)^n = \lim_{n\to\infty} 1 = 1 \quad \text{si } n \text{ est pair.}$$

D'autre part,

$$\lim_{n\to\infty} (-1)^n = \lim_{n\to\infty} -1 = -1 \quad \text{si } n \text{ est impair.}$$

Cela montre que $\lim\limits_{n\to\infty} (-1)^n$ n'existe pas. Donc la suite $\{(-1)^n\}$ diverge.

EXEMPLE 8 Évaluons $\lim\limits_{n\to\infty} \dfrac{(-1)^n}{n}$ si elle existe.

SOLUTION On calcule d'abord la limite de la valeur absolue du terme général :

$$\lim_{n\to\infty} \left|\frac{(-1)^n}{n}\right| = \lim_{n\to\infty} \frac{1}{n} = 0.$$

Le graphique de la suite de l'exemple 8 est représenté à la figure 11. Ce graphique corrobore la réponse.

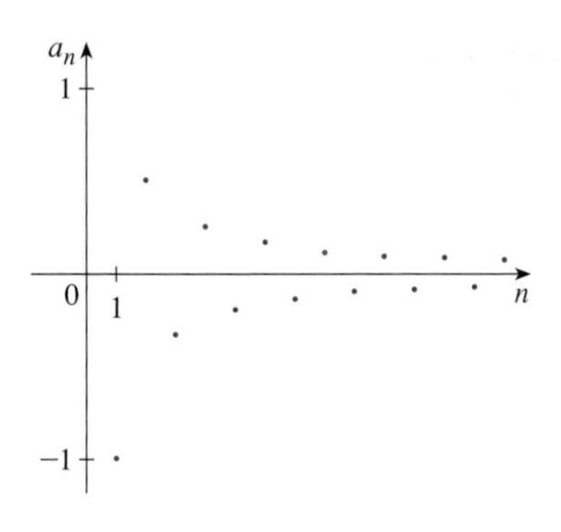

FIGURE 11

Donc, par le théorème **6**,

$$\lim_{n\to\infty} \frac{(-1)^n}{n} = 0.$$

Selon le théorème suivant, le résultat de l'application d'une fonction continue aux termes d'une suite convergente converge lui aussi. La démonstration est demandée à l'exercice 88.

> **7** **THÉORÈME**
>
> Si $\lim\limits_{n\to\infty} a_n = L$ et si la fonction f est continue en L, alors
>
> $$\lim_{n\to\infty} f(a_n) = f(L).$$

EXEMPLE 9 Calculons $\lim\limits_{n\to\infty} \sin(\pi/n)$.

SOLUTION La fonction sinus étant continue en 0, le théorème **7** donne

$$\lim_{n\to\infty} \sin(\pi/n) = \sin\left(\lim_{n\to\infty} (\pi/n)\right) = \sin 0 = 0.$$

EXEMPLE 10 Discutons la convergence de la suite $a_n = n!/n^n$, dans laquelle $n! = 1 \bullet 2 \bullet 3 \bullet \ldots \bullet n$.

SOLUTION Le numérateur et le dénominateur tendent vers l'infini lorsque $n \to \infty$, mais ici on n'a pas de fonction associée dérivable qui permettrait d'utiliser la règle de l'Hospital ($x!$, la factorielle de x, n'est pas définie lorsque x n'est pas un entier). On écrit quelques termes pour conjecturer ce que devient a_n lorsque n devient grand :

$$a_1 = 1 \qquad a_2 = \frac{1 \cdot 2}{2 \cdot 2} \qquad a_3 = \frac{1 \cdot 2 \cdot 3}{3 \cdot 3 \cdot 3}$$

$$a_n = \frac{1 \cdot 2 \cdot 3 \cdot \ldots \cdot n}{n \cdot n \cdot n \cdot \ldots \cdot n} \tag{8}$$

La création des graphiques de suites

Certains logiciels de calcul symbolique ont des commandes spéciales qui permettent de créer des suites et de représenter directement leurs graphiques. Toutefois, la plupart des calculatrices à affichage graphique représentent des graphiques de suites à l'aide d'équations paramétriques. Ainsi, on peut représenter la suite de l'exemple 10 en entrant les équations paramétriques

$$x = t \qquad y = t!/t^t$$

en partant avec $t = 1$ et en réglant le pas t à 1. La figure 12 montre le résultat.

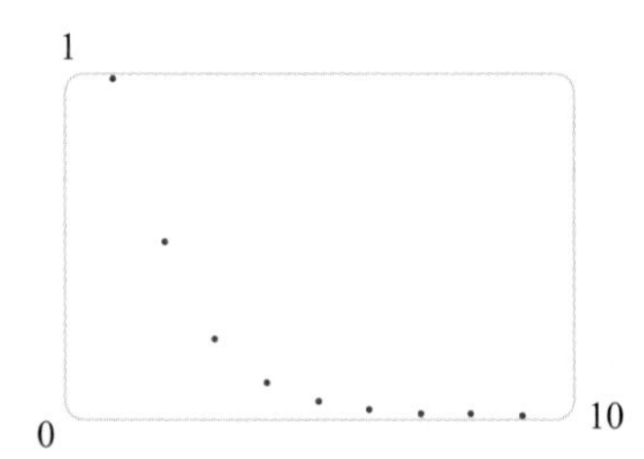

FIGURE 12

Selon ces expressions et le graphique de la figure 12, les termes décroissent et tendent peut-être vers 0. Pour montrer cela, on récrit l'égalité **8** :

$$a_n = \frac{1}{n}\left(\frac{2 \cdot 3 \cdot \ldots \cdot n}{n \cdot n \cdot \ldots \cdot n}\right).$$

On remarque que l'expression entre parenthèses est au plus égale à 1 puisque le numérateur est inférieur (ou égal) au dénominateur. Donc,

$$0 < a_n \leq \frac{1}{n}.$$

On sait que $1/n \to 0$ lorsque $n \to \infty$. Donc, selon le théorème du sandwich, $a_n \to 0$ lorsque $n \to \infty$.

EXEMPLE 11 Pour quelles valeurs de r la suite $\{r^n\}$ converge-t-elle ?

SOLUTION Selon les propriétés des fonctions exponentielles, $\lim_{x\to\infty} a^x = \infty$ pour $a > 1$ et $\lim_{x\to\infty} a^x = 0$ pour $0 < a < 1$.

On pose $a = r$ et on considère le théorème **3**. On obtient

$$\lim_{n\to\infty} r^n = \begin{cases} \infty & \text{si } r > 1 \\ 0 & \text{si } 0 < r < 1. \end{cases}$$

De toute évidence,

$$\lim_{n\to\infty} 1^n = 1 \quad \text{et} \quad \lim_{n\to\infty} 0^n = 0.$$

Si $-1 < r \leq 0$, alors $0 < |r| < 1$, de sorte que

$$\lim_{n\to\infty} |r^n| = \lim_{n\to\infty} |r|^n = 0$$

et donc $\lim_{n\to\infty} r^n = 0$ en vertu du théorème **6**. Si $r \leq -1$, alors $\{r^n\}$ diverge, comme à l'exemple 7. La figure 13 montre les graphiques pour diverses valeurs de r. (La figure 10 montre le cas $r = -1$.)

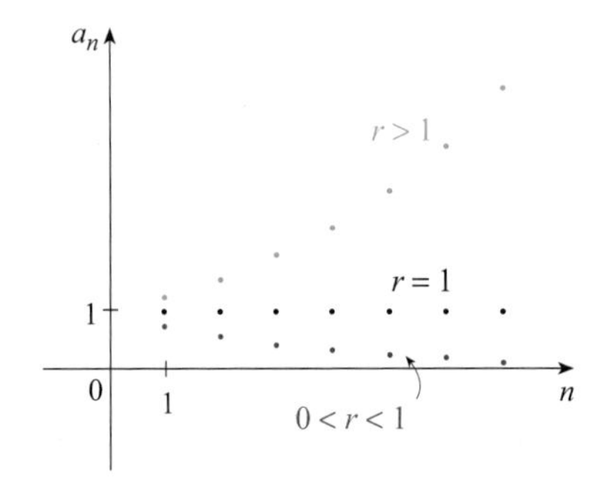

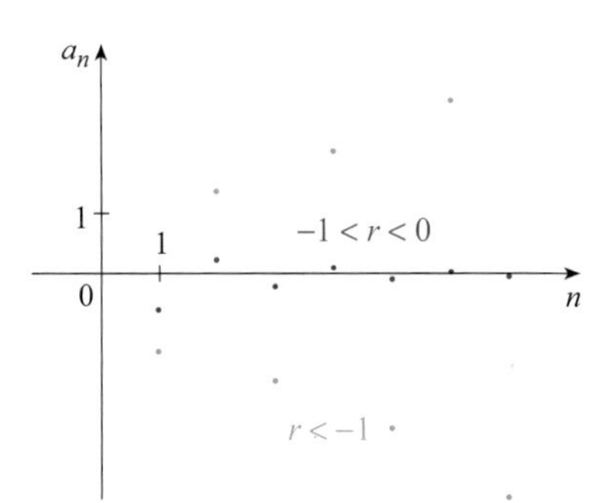

FIGURE 13
La suite $a_n = r^n$.

Les résultats de l'exemple 11 sont résumés comme suit pour usage futur.

9 La suite $\{r^n\}$ converge si $-1 < r \leq 1$ et diverge pour toutes les autres valeurs de r :

$$\lim_{n\to\infty} r^n = \begin{cases} 0 & \text{si } -1 < r < 1 \\ 1 & \text{si } r = 1. \end{cases}$$

10 **DÉFINITION**

Une suite $\{a^n\}$ est dite **croissante** si $a_n \leq a_{n+1}$ pour tout $n \geq 1$, autrement dit si $a_1 \leq a_2 \leq a_3 \leq \ldots$ Elle est dite **décroissante** si $a_n \geq a_{n+1}$ pour tout $n \geq 1$. Elle est dite **monotone** si elle est croissante ou décroissante.

EXEMPLE 12 La suite $\left\{\dfrac{3}{n+5}\right\}$ est décroissante parce que

Le membre de droite est plus petit parce que son dénominateur est plus grand.

$$\frac{3}{n+5} \geq \frac{3}{(n+1)+5} = \frac{3}{n+6}$$

et donc $a_n \geq a_{n+1}$ pour tout $n \geq 1$.

EXEMPLE 13 Montrons que la suite $a_n = \dfrac{n}{n^2+1}$ est décroissante.

SOLUTION 1 On doit montrer que $a_{n+1} \leq a_n$, autrement dit que

$$\frac{n+1}{(n+1)^2+1} \leq \frac{n}{n^2+1}.$$

Cette inégalité équivaut à celle qu'on obtient par le produit croisé :

$$\begin{aligned}\frac{n+1}{(n+1)^2+1} \leq \frac{n}{n^2+1} \quad &\Leftrightarrow \quad (n+1)(n^2+1) \leq n[(n+1)^2+1] \\ &\Leftrightarrow \quad n^3+n^2+n+1 \leq n^3+2n^2+2n \\ &\Leftrightarrow \quad 1 \leq n^2+n.\end{aligned}$$

Or, $n \geq 1$, donc l'inégalité $n^2 + n \geq 1$ est vérifiée. D'où $a_{n+1} \leq a_n$ et, par conséquent, $\{a_n\}$ est décroissante.

SOLUTION 2 On considère la fonction $f(x) = \dfrac{x}{x^2+1}$:

$$f'(x) = \frac{x^2+1-2x^2}{(x^2+1)^2} = \frac{1-x^2}{(x^2+1)^2} \leq 0 \qquad \text{lorsque } x^2 \geq 1.$$

Donc, f est décroissante sur $[1, \infty[$ et $f(n) \geq f(n+1)$. Par conséquent, $\{a_n\}$ est décroissante.

11 **DÉFINITION**

Une suite $\{a_n\}$ est **bornée supérieurement** s'il existe un nombre M tel que

$$a_n \leq M \qquad \text{pour tout } n \geq 1.$$

Elle est **bornée inférieurement** s'il existe un nombre m tel que

$$m \leq a_n \qquad \text{pour tout } n \geq 1.$$

Si elle est bornée supérieurement et inférieurement, alors $\{a_n\}$ est une suite **bornée**.

Par exemple, la suite $a_n = n$ est bornée inférieurement ($a_n > 0$), mais non supérieurement. La suite $a_n = n/(n+1)$ est bornée parce que $0 < a_n < 1$ pour tout n.

On sait qu'une suite peut être bornée sans être convergente (par exemple, la suite $a_n = (-1)^n$ satisfait à $-1 \leq a_n \leq 1$, mais est divergente, selon l'exemple 7) et qu'une suite peut être monotone sans être convergente ($a_n = n \to \infty$). Mais toute suite bornée et monotone est convergente. Le théorème **12** démontre ce fait, mais en observant la figure 14, on peut comprendre intuitivement pourquoi cette affirmation est vraie. Si $\{a_n\}$ croît et si $a_n \leq M$ pour tout n, alors les termes sont forcés de se rapprocher indéfiniment vers un certain nombre L.

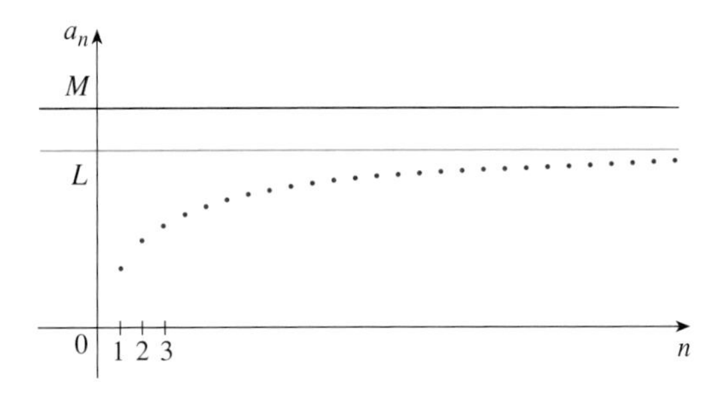

FIGURE 14

La démonstration du théorème **12** repose sur l'**axiome de complétude** pour l'ensemble $\mathbb{R}$ des nombres réels. Selon cet axiome, si S est un ensemble non vide de nombres réels qui possède une borne supérieure M ($x \leq M$ pour tout x dans S), alors S a une **plus petite borne supérieure *b***. (Cela signifie que b est une borne supérieure pour S, mais si M est n'importe quelle autre borne supérieure, alors $b \leq M$.) L'axiome de complétude exprime le fait que la droite numérique réelle n'a ni ouverture ni trou.

12 **LE THÉORÈME DES SUITES MONOTONES**

Toute suite monotone bornée est convergente.

DÉMONSTRATION Soit $\{a_n\}$, une suite croissante. Comme $\{a_n\}$ est bornée, l'ensemble $S = \{a_n \mid n \geq 1\}$ a une borne supérieure. Selon l'axiome de complétude, cet ensemble a une plus petite borne supérieure L. Étant donné $\varepsilon > 0$, $L - \varepsilon$ n'est pas une borne supérieure pour S (puisque L est la plus petite borne supérieure). Par conséquent,

$$a_n > L - \varepsilon \text{ pour un certain entier } N.$$

Mais comme la suite est croissante, $a_n \geq a_N$ pour tout $n > N$. Donc, si $n > N$, on a

$$a_n > L - \varepsilon$$

de sorte que
$$0 \leq L - a_n < \varepsilon$$

puisque $a_n \leq L$. Donc,

$$|L - a_n| < \varepsilon \qquad \text{lorsque } n > N.$$

D'où $\lim_{n\to\infty} a_n = L$.

Il existe une démonstration semblable (utilisant la plus grande borne inférieure) pour $\{a_n\}$ décroissante. ■

Le théorème **12** prouve qu'une suite croissante et bornée supérieurement converge. (De même, une suite décroissante et bornée inférieurement converge.) On utilise couramment ce fait dans l'étude des séries.

EXEMPLE 14 Étudions la suite $\{a_n\}$ définie par la relation de récurrence

$$a_1 = 2,\ a_{n+1} = \tfrac{1}{2}(a_n + 6) \qquad \text{pour } n = 1, 2, 3, \ldots$$

SOLUTION On commence par calculer les premiers termes :

$$a_1 = 2 \qquad a_2 = \tfrac{1}{2}(2+6) = 4 \qquad a_3 = \tfrac{1}{2}(4+6) = 5$$

$$a_4 = \tfrac{1}{2}(5+6) = 5{,}5 \qquad a_5 = 5{,}75 \qquad a_6 = 5{,}875$$

$$a_7 = 5{,}9375 \qquad a_8 = 5{,}968\ 75 \qquad a_9 = 5{,}984\ 375$$

On utilise souvent l'induction mathématique, aussi appelée « raisonnement par récurrence » ou simplement « récurrence », lorsqu'on étudie les suites définies par récurrence (voir l'annexe D, p. 408).

Ces premiers termes laissent penser que la suite est croissante et que les termes tendent vers 6. Pour confirmer que la suite est croissante, on montre par induction que $a_{n+1} \geq a_n$ pour tout $n \geq 1$. C'est vrai pour $n = 1$ parce que $a_2 = 4 \geq a_1$. On suppose que c'est vrai aussi pour $n = k$, alors on sait que

$$a_{k+1} \geq a_k$$

d'où

$$a_{k+1} + 6 \geq a_k + 6$$

et

$$\tfrac{1}{2}(a_{k+1} + 6) \geq \tfrac{1}{2}(a_k + 6).$$

Donc,

$$a_{k+2} \geq a_{k+1}.$$

On a déduit que $a_{n+1} \geq a_n$ est vrai pour $n = k + 1$. L'inégalité est donc vraie pour tout n par l'axiome d'induction.

On vérifie ensuite que $\{a_n\}$ est bornée en montrant que $a_n \leq 6$ pour tout n. (La suite étant croissante, on sait déjà qu'elle a une borne inférieure : $a_n \geq a_1 = 2$ pour tout n.) On sait que $a_1 \leq 6$, donc l'affirmation est vraie pour $n = 1$. On suppose qu'elle est vraie pour $n = k$. Alors

$$a_k \leq 6$$

d'où

$$a_k + 6 \leq 12$$

et

$$\tfrac{1}{2}(a_k + 6) \leq \tfrac{1}{2}(12) = 6.$$

Donc,

$$a_{k+1} \leq 6.$$

Cela prouve par induction que $a_n < 6$ pour tout n.

La suite $\{a_n\}$ étant croissante et bornée, le théorème **12** stipule qu'elle possède une limite, mais il ne précise pas sa valeur. Sachant que $L = \lim_{n\to\infty} a_n$ existe, la relation de récurrence permet d'écrire

$$\lim_{n\to\infty} a_{n+1} = \lim_{n\to\infty} \tfrac{1}{2}(a_n + 6) = \tfrac{1}{2}\left(\lim_{n\to\infty} a_n + 6\right) = \tfrac{1}{2}(L + 6).$$

Une démonstration de ce résultat est demandée à l'exercice 70.

Or, $a_n \to L$, donc $a_{n+1} \to L$ aussi (lorsque $n \to \infty$, $n + 1 \to \infty$ aussi). Donc,

$$L = \tfrac{1}{2}(L + 6).$$

La résolution de cette équation en L donne $L = 6$, comme on l'avait pressenti.

Exercices 6.1

1. a) Qu'est-ce qu'une suite?

b) Que signifie l'expression $\lim_{n\to\infty} a_n = 8$?

c) Que signifie l'expression $\lim_{n\to\infty} a_n = \infty$?

2. a) Qu'est-ce qu'une suite convergente? Donnez deux exemples.

b) Qu'est-ce qu'une suite divergente? Donnez deux exemples.

3-12 Donnez les cinq premiers termes de la suite dont le terme général est a_n.

3. $a_n = \dfrac{2n}{n^2+1}$

4. $a_n = \dfrac{3^n}{1+2^n}$

5. $a_n = \dfrac{(-1)^{n-1}}{5^n}$

6. $a_n = \cos\dfrac{n\pi}{2}$

7. $a_n = \dfrac{1}{(n+1)!}$

8. $a_n = \dfrac{(-1)^n n}{n!+1}$

9. $a_1 = 1,\ a_{n+1} = 5a_n - 3$

10. $a_1 = 6,\ a_{n+1} = \dfrac{a_n}{n}$ pour $n \geq 1$

11. $a_1 = 2,\ a_{n+1} = \dfrac{a_n}{1+a_n}$ pour $n \geq 1$

12. $a_1 = 2,\ a_2 = 1,\ a_{n+1} = a_n - a_{n-1}$ pour $n \geq 2$

13-18 Trouvez la formule du terme général a_n de la suite, en supposant que le mode de construction des premiers termes continue.

13. $\{1, \frac{1}{3}, \frac{1}{5}, \frac{1}{7}, \frac{1}{9}, \ldots\}$

14. $\{1, -\frac{1}{3}, \frac{1}{9}, -\frac{1}{27}, \frac{1}{81}, \ldots\}$

15. $\{-3, 2, -\frac{4}{3}, \frac{8}{9}, -\frac{16}{27}, \ldots\}$

16. $\{5, 8, 11, 14, 17, \ldots\}$

17. $\{\frac{1}{2}, -\frac{4}{3}, \frac{9}{4}, -\frac{16}{5}, \frac{25}{6}, \ldots\}$

18. $\{1, 0, -1, 0, 1, 0, -1, 0, \ldots\}$

19-22 Calculez, à quatre décimales près, les dix premiers termes de la suite et représentez-les dans le plan cartésien. La suite semble-t-elle avoir une limite? Si c'est le cas, calculez sa valeur; sinon, expliquez pourquoi.

19. $a_n = \dfrac{3n}{1+6n}$

20. $a_n = 2 + \dfrac{(-1)^n}{n}$

21. $a_n = 1 + (-\frac{1}{2})^n$

22. $a_n = 1 + \dfrac{10^n}{9^n}$

23-56 Déterminez si la suite converge ou diverge. Si elle converge, trouvez sa limite.

23. $a_n = 1 - (0{,}2)^n$

24. $a_n = \dfrac{n^3}{n^3+1}$

25. $a_n = \dfrac{3+5n^2}{n+n^2}$

26. $a_n = \dfrac{n^3}{n+1}$

27. $a_n = e^{1/n}$

28. $a_n = \dfrac{3^{n+2}}{5^n}$

29. $a_n = \tan\left(\dfrac{2n\pi}{1+8n}\right)$

30. $a_n = \sqrt{\dfrac{n+1}{9n+1}}$

31. $a_n = \dfrac{n^2}{\sqrt{n^3+4n}}$

32. $a_n = e^{2n/(n+2)}$

33. $a_n = \dfrac{(-1)^n}{2\sqrt{n}}$

34. $a_n = \dfrac{(-1)^{n+1} n}{n+\sqrt{n}}$

35. $a_n = \cos(n/2)$

36. $a_n = \cos(2/n)$

37. $\left\{\dfrac{(2n-1)!}{(2n+1)!}\right\}$

38. $\left\{\dfrac{\ln n}{\ln 2n}\right\}$

39. $\left\{\dfrac{e^n + e^{-n}}{e^{2n}-1}\right\}$

40. $a_n = \dfrac{\arctan n}{n}$

41. $\{n^2 e^{-n}\}$

42. $a_n = \ln(n+1) - \ln n$

43. $a_n = \dfrac{\cos^2 n}{2^n}$

44. $a_n = \sqrt[n]{2^{1+3n}}$

45. $a_n = n\sin(1/n)$

46. $a_n = 2^{-n}\cos n\pi$

47. $a_n = \left(1+\dfrac{2}{n}\right)^n$

48. $a_n = \dfrac{\sin 2n}{1+\sqrt{n}}$

49. $a_n = \ln(2n^2+1) - \ln(n^2+1)$

50. $a_n = \dfrac{(\ln n)^2}{n}$

51. $a_n = \arctan(\ln n)$

52. $a_n = n - \sqrt{n+1}\sqrt{n+3}$

53. $\{0, 1, 0, 0, 1, 0, 0, 0, 1, \ldots\}$

54. $\{\frac{1}{1}, \frac{1}{3}, \frac{1}{2}, \frac{1}{4}, \frac{1}{3}, \frac{1}{5}, \frac{1}{4}, \frac{1}{6}, \ldots\}$

55. $a_n = \dfrac{n!}{2^n}$

56. $a_n = \dfrac{(-3)^n}{n!}$

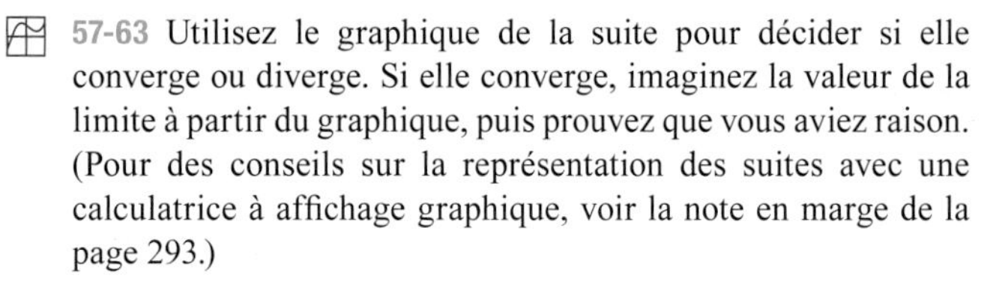

57-63 Utilisez le graphique de la suite pour décider si elle converge ou diverge. Si elle converge, imaginez la valeur de la limite à partir du graphique, puis prouvez que vous aviez raison. (Pour des conseils sur la représentation des suites avec une calculatrice à affichage graphique, voir la note en marge de la page 293.)

57. $a_n = 1 + (-2/e)^n$

58. $a_n = \sqrt{n}\sin(\pi/\sqrt{n})$

59. $a_n = \sqrt{\dfrac{3+2n^2}{8n^2+n}}$

60. $a_n = \sqrt[n]{3^n + 5^n}$

61. $a_n = \dfrac{n^2 \cos n}{1+n^2}$

62. $a_n = \dfrac{1 \cdot 3 \cdot 5 \cdot \ldots \cdot (2n-1)}{n!}$

63. $a_n = \dfrac{1 \cdot 3 \cdot 5 \cdot \ldots \cdot (2n-1)}{(2n)^n}$

64. a) Déterminez si la suite définie comme suit est convergente ou divergente :

$$a_1 = 1 \quad a_{n+1} = 4 - a_n \quad \text{pour } n \geq 1.$$

b) Qu'en est-il si le premier terme est $a_1 = 2$?

65. Un capital de 1000 $ placé au taux d'intérêt de 6 %, composé annuellement, vaut $a_n = 1000(1{,}06)^n$ dollars au bout de n années.
a) Trouvez les cinq premiers termes de la suite $\{a_n\}$.
b) Est-ce que cette suite converge ou diverge ? Expliquez votre réponse.

66. Si vous déposez 100 $ à la fin de chaque mois dans un compte rapportant 3 % d'intérêt par année composé mensuellement, le montant d'intérêt accumulé après n mois est donné par la suite

$$I_n = 100\left(\frac{1{,}0025^n - 1}{0{,}0025} - n\right).$$

a) Trouvez les six premiers termes de cette suite.
b) Quel est le montant d'intérêt accumulé après deux ans ?

67. Un pisciculteur a 5000 poissons dans son bassin. Le nombre de poissons-chats augmente de 8 % par mois et le pisciculteur récolte 300 poissons-chats par mois.
a) Montrez que la population de poissons-chats P_n après n mois est donnée récursivement par

$$P_n = 1{,}08P_{n-1} - 300 \qquad P_0 = 5000.$$

b) Combien de poissons-chats y a-t-il dans le bassin après six mois ?

68. Trouvez les 40 premiers termes de la suite définie par

$$a_{n+1} = \begin{cases} \frac{1}{2}a_n & \text{si } a_n \text{ est un nombre pair} \\ 3a_n + 1 & \text{si } a_n \text{ est un nombre impair} \end{cases}$$

et $a_1 = 11$. Refaites cet exercice avec $a_1 = 25$. Quelle hypothèse peut-on formuler à propos d'une telle suite ?

69. Pour quelles valeurs de r la suite $\{nr^n\}$ est-elle convergente ?

70. a) Si $\{a_n\}$ converge, montrez que

$$\lim_{n\to\infty} a_{n+1} = \lim_{n\to\infty} a_n.$$

b) Une suite $\{a_n\}$ est définie par $a_1 = 1$ et $a_{n+1} = 1/(1 + a_n)$ pour $n \geq 1$. Supposez que $\{a_n\}$ converge et trouvez sa limite.

71. Supposez que $\{a_n\}$ est une suite décroissante et que tous ses termes sont compris entre les nombres 5 et 8. Expliquez pourquoi cette suite a une limite. Que pouvez-vous dire à propos de la valeur de cette limite ?

72-78 Déterminez si la suite est croissante, décroissante ou non monotone. Est-elle bornée ?

72. $a_n = (-2)^{n+1}$

73. $a_n = \dfrac{1}{2n+3}$

74. $a_n = \dfrac{2n-3}{3n+4}$

75. $a_n = n(-1)^n$

76. $a_n = ne^{-n}$

77. $a_n = \dfrac{n}{n^2+1}$

78. $a_n = n + \dfrac{1}{n}$

79. Trouvez la limite de la suite

$$\left\{\sqrt{2}, \sqrt{2\sqrt{2}}, \sqrt{2\sqrt{2\sqrt{2}}}, \ldots\right\}.$$

80. Une suite $\{a_n\}$ est donnée par $a_1 = \sqrt{2}$, $a_{n+1} = \sqrt{2 + a_n}$.
a) Par induction ou autrement, montrez que $\{a_n\}$ est croissante et bornée supérieurement par 3. Appliquez le théorème des suites monotones pour montrer que $\lim_{n\to\infty} a_n$ existe.
b) Trouvez $\lim_{n\to\infty} a_n$.

81. Montrez que la suite définie par

$$a_1 = 1, \quad a_{n+1} = 3 - \frac{1}{a_n}$$

croît et que $a_n < 3$ pour tout n. Déduisez que $\{a_n\}$ converge et trouvez sa limite.

82. Montrez que la suite définie par

$$a_1 = 2, \quad a_{n+1} = \frac{1}{3 - a_n}$$

satisfait à $0 < a_n \leq 2$ et qu'elle décroît. Déduisez que cette suite converge et trouvez sa limite.

83. a) Fibonacci a énoncé le problème suivant : On suppose que les lapins sont immortels et que, chaque mois, chaque paire produit une paire de nouveau-nés qui commenceront à se reproduire à l'âge de deux mois. On considère une paire de nouveau-nés. Combien de paires de lapins y aura-t-il au n-ième mois ? Montrez que la réponse est f_n, où $\{f_n\}$ est la suite de Fibonacci définie à l'exemple 3 c).
b) Posez $a_n = f_{n+1}/f_n$ et montrez que $a_{n-1} = 1 + 1/a_{n-2}$. Supposez que $\{a_n\}$ converge et trouvez sa limite.

84. a) Soit $a_1 = a$, $a_2 = f(a)$, $a_3 = f(a_2) = f(f(a))$, …, $a_{n+1} = f(a_n)$, où f est une fonction continue. Si $\lim_{n\to\infty} a_n = L$, montrez que $f(L) = L$.
b) En prenant $f(x) = \cos x$ et $a = 1$, estimez à l'aide d'une calculatrice la valeur de L avec cinq décimales.

85. a) Utilisez un graphique pour conjecturer la valeur de

$$\lim_{n\to\infty} \frac{n^5}{n!}.$$

b) Utilisez un graphique de la suite de la partie a) pour trouver les plus petites valeurs de N qui correspondent à $\varepsilon = 0{,}1$ et $\varepsilon = 0{,}001$ dans la définition **2**.

86. Utilisez directement la définition **2** pour prouver que $\lim\limits_{n\to\infty} r^n = 0$ lorsque $|r| < 1$.

87. Démontrez le théorème **6**.

(*Suggestion*: Utilisez la définition **2** ou le théorème du sandwich.)

88. Démontrez le théorème **7**.

89. Prouvez que si $\lim\limits_{n\to\infty} a_n = 0$ et que si $\{b_n\}$ est bornée, alors $\lim\limits_{n\to\infty}(a_n b_n) = 0$.

90. Soit $a_n = \left(1 + \dfrac{1}{n}\right)^n$.

a) Montrez que si $0 \le a < b$, alors

$$\frac{b^{n+1} - a^{n+1}}{b - a} < (n+1)b^n.$$

b) Déduisez que $b^n[(n+1)a - nb] < a^{n+1}$.

c) Utilisez $a = 1 + 1/(n+1)$ et $b = 1 + 1/n$ de la partie b) pour montrer que $\{a_n\}$ est croissante.

d) Utilisez $a = 1$ et $b = 1 + 1/(2n)$ de la partie b) pour montrer que $a_{2n} < 4$.

e) Utilisez les parties c) et d) pour montrer que $a_n < 4$ pour tout n.

f) Utilisez le théorème **12** pour conclure que $\lim\limits_{n\to\infty}(1 + 1/n)^n$ existe. (La limite est e.)

91. Soit a et b, deux nombres positifs tels que $a > b$. Soit a_1, leur moyenne arithmétique, et b_1, leur moyenne géométrique:

$$a_1 = \frac{a+b}{2}, \quad b_1 = \sqrt{ab}.$$

Répétez ce processus de sorte que, en général,

$$a_{n+1} = \frac{a_n + b_n}{2}, \quad b_{n+1} = \sqrt{a_n b_n}.$$

a) Montrez par induction que

$$a_n > a_{n+1} > b_{n+1} > b_n.$$

b) Déduisez que $\{a_n\}$ et $\{b_n\}$ convergent.

c) Montrez que $\lim\limits_{n\to\infty} a_n = \lim\limits_{n\to\infty} b_n$. Gauss a appelé la valeur commune de ces limites la **moyenne arithmético-géométrique** des nombres a et b.

92. a) Montrez que si $\lim\limits_{n\to\infty} a_{2n} = L$ et que $\lim\limits_{n\to\infty} a_{2n+1} = L$, alors $\{a_n\}$ converge et $\lim\limits_{n\to\infty} a_n = L$.

b) Si $a_1 = 1$ et si

$$a_{n+1} = 1 + \frac{1}{1 + a_n},$$

trouvez les huit premiers termes de la suite $\{a_n\}$, puis utilisez la partie a) pour montrer que $\lim\limits_{n\to\infty} a_n = \sqrt{2}$. Cela donne le **développement en fractions continues**:

$$\sqrt{2} = 1 + \cfrac{1}{2 + \cfrac{1}{2 + \dots}}.$$

93. La taille d'une population de poissons isolée a été modélisée par la formule

$$p_{n+1} = \frac{bp_n}{a + p_n}$$

où p_n est la population de poissons après n années, et a et b sont des constantes positives qui dépendent de l'espèce et de l'environnement. Supposez que la population à l'année 0 est $p_0 > 0$.

a) Montrez que si $\{p_n\}$ converge, alors les seules valeurs possibles pour sa limite sont 0 et $b - a$.

b) Montrez que $p_{n+1} < (b/a)p_n$.

c) Utilisez la partie b) pour montrer que si $a > b$, alors $\lim\limits_{n\to\infty} p_n = 0$; autrement dit, la population s'éteint.

d) Supposez maintenant que $a < b$. Montrez que si $p_0 < b - a$, alors $\{p_n\}$ est croissante et $0 < p_n < b - a$. Montrez aussi que si $p_0 > b - a$, alors $\{p_n\}$ est décroissante et $p_n > b - a$. Déduisez que si $a < b$, alors $\lim\limits_{n\to\infty} p_n = b - a$.

PROJET DE LABORATOIRE LCS — LES SUITES LOGISTIQUES

En écologie, une suite servant de modèle de croissance d'une population est définie par l'**équation de différence logistique**

$$p_{n+1} = kp_n(1 - p_n)$$

où p_n représente la taille de la population de la n-ième génération d'une espèce. Pour avoir des nombres plus faciles à manipuler, p_n est une fraction de la taille maximale de la population, telle que $0 \leq p_n \leq 1$. Remarquez que la forme de cette équation ressemble à celle de l'équation différentielle logistique de la section 4.4. Le modèle discret – avec des suites au lieu de fonctions continues – est préférable pour modéliser des populations d'insectes, dans lesquelles l'accouplement et la mort surviennent de façon périodique.

Un écologiste intéressé par la prédiction de la taille de la population dans le temps pose les questions suivantes : La taille se stabilisera-t-elle à une valeur limite ? Variera-t-elle de façon cyclique ? Se comportera-t-elle de façon aléatoire ?

Écrivez un programme pour calculer les n premiers termes de cette suite en commençant avec une population initiale p_0, où $0 < p_0 < 1$. Utilisez ce programme pour effectuer les exercices suivants.

1. Calculez 20 ou 30 termes de la suite avec $p_0 = \frac{1}{2}$ et pour deux valeurs de k telles que $1 < k < 3$. Représentez les suites graphiquement. Semblent-elles converger ? Refaites cela pour une autre valeur de p_0 comprise entre 0 et 1. La limite dépend-elle du choix de p_0 ? Dépend-elle du choix de k ?
2. Calculez les termes de la suite pour une valeur de k comprise entre 3 et 3,4 et représentez-les graphiquement. Que remarquez-vous à propos du comportement des termes ?
3. Expérimentez d'autres valeurs de k comprises entre 3,4 et 3,5. Qu'arrive-t-il aux termes ?
4. Donnez à k des valeurs comprises entre 3,6 et 4, calculez et représentez graphiquement au moins 100 termes, et commentez le comportement de la suite. Que se passe-t-il si vous donnez à p_0 la valeur 0,001 ? Ce type de comportement est dit **chaotique** et décrit des populations d'insectes dans certaines conditions.

6.2 LES SÉRIES

Que veut-on dire lorsqu'on exprime un nombre avec une infinité de décimales ? Par exemple, qu'est-ce que cela signifie d'écrire

Le record actuel pour exprimer π est de 10 000 000 000 050 (plus de 10 billions) décimales données par les Japonais S. Kondo et A. J. Yee.

$$\pi = 3{,}141\,592\,653\,589\,793\,238\,462\,643\,383\,279\,502\,88\ldots ?$$

La convention derrière cette notation en décimales est que tout nombre peut être exprimé comme une somme infinie. Dans ce cas, cela signifie que

$$\pi = 3 + \frac{1}{10} + \frac{4}{10^2} + \frac{1}{10^3} + \frac{5}{10^4} + \frac{9}{10^5} + \frac{2}{10^6} + \frac{6}{10^7} + \frac{5}{10^8} + \ldots$$

où les trois points (…) indiquent que l'addition continue indéfiniment, et que plus on ajoute de termes, plus près on s'approche de la valeur exacte de π.

L'addition des termes d'une suite infinie $\{a_n\}_{n=1}^{\infty}$ donne une expression de la forme

$$a_1 + a_2 + a_3 + \ldots + a_n + \ldots \qquad \textbf{1}$$

Cette expression est appelée **série** et est représentée par la notation

$$\sum_{n=1}^{\infty} a_n \text{ ou par } \sum a_n.$$

Mais est-il sensé de parler de l'addition d'un nombre infini de termes ?

Il est impossible de trouver une somme finie pour la série

$$1 + 2 + 3 + 4 + 5 + \ldots + n + \ldots$$

car si on commence à additionner les termes, on obtient les sommes successives 1, 3, 6, 10, 15, 21, ... et, après le n-ième terme, on obtient $n(n + 1)/2$, qui devient très grand lorsque n augmente.

Cependant, on peut trouver un autre exemple de somme de termes qui n'augmente pas sans fin. Aristote a transmis un autre paradoxe de Zénon, qui s'énonce comme suit (voir aussi la figure 1) : « Un homme qui se tient debout au milieu d'une pièce est incapable de s'approcher d'un mur. Pour ce faire, il devrait d'abord parcourir la moitié de la distance qui le sépare du mur, puis la moitié de la distance restante, et ainsi de suite, ce processus se poursuivant indéfiniment. »

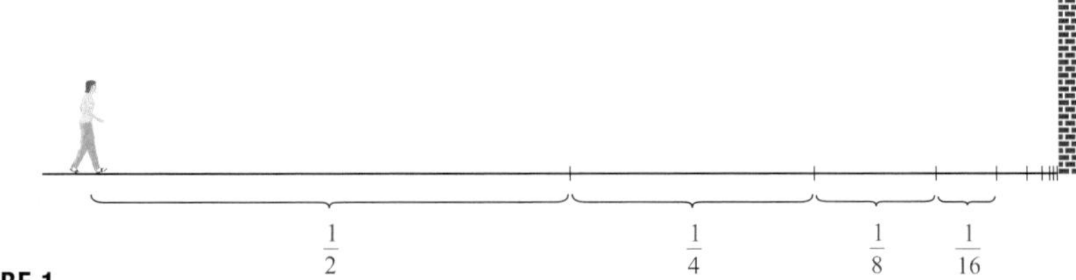

FIGURE 1

On sait, bien sûr, que l'homme est en fait capable d'atteindre le mur. Cela suggère de tenter d'exprimer la distance totale sous la forme d'une somme d'un nombre infini de petites distances :

2 $$1 = \frac{1}{2} + \frac{1}{4} + \frac{1}{8} + \frac{1}{16} + \ldots + \frac{1}{2^n} + \ldots = \sum_{n=1}^{\infty} \frac{1}{2^n}.$$

Selon Zénon, cela n'a pas de sens d'additionner une quantité infinie de nombres. Il existe pourtant d'autres cas où on utilise implicitement des sommes infinies. Par exemple, en notation décimale, l'égalité $0,\overline{3} = 0,3333\ldots$ signifie

$$\frac{3}{10} + \frac{3}{100} + \frac{3}{1000} + \frac{3}{10000} + \ldots ;$$

il est donc vrai, dans un certain sens, que

$$\frac{3}{10} + \frac{3}{100} + \frac{3}{1000} + \frac{3}{10000} + \ldots = \frac{1}{3}.$$

De façon plus générale, si d_n désigne le n-ième chiffre de la représentation décimale d'un nombre, alors

$$0,d_1d_2d_3d_4\ldots = \frac{d_1}{10} + \frac{d_2}{10^2} + \frac{d_3}{10^3} + \ldots + \frac{d_n}{10^n} + \ldots$$

Il existe donc des sommes composées d'un nombre infini de termes, qu'on appelle plutôt « séries », qui ont un sens. Mais il faut définir avec soin ce qu'est la somme d'une série.

Dans l'égalité **2**, si on désigne par s_n la somme des n premiers termes de la série, alors

$$
\begin{aligned}
s_1 &= \tfrac{1}{2} = 0{,}5 \\
s_2 &= \tfrac{1}{2} + \tfrac{1}{4} = \tfrac{3}{4} = 0{,}75 \\
s_3 &= \tfrac{1}{2} + \tfrac{1}{4} + \tfrac{1}{8} = \tfrac{7}{8} = 0{,}875 \\
s_4 &= \tfrac{1}{2} + \tfrac{1}{4} + \tfrac{1}{8} + \tfrac{1}{16} = \tfrac{15}{16} = 0{,}937\,5 \\
s_5 &= \tfrac{1}{2} + \tfrac{1}{4} + \tfrac{1}{8} + \tfrac{1}{16} + \tfrac{1}{32} = \tfrac{31}{32} = 0{,}968\,75 \\
s_6 &= \tfrac{1}{2} + \tfrac{1}{4} + \tfrac{1}{8} + \tfrac{1}{16} + \tfrac{1}{32} + \tfrac{1}{64} = \tfrac{63}{64} = 0{,}984\,375 \\
s_7 &= \tfrac{1}{2} + \tfrac{1}{4} + \tfrac{1}{8} + \tfrac{1}{16} + \tfrac{1}{32} + \tfrac{1}{64} + \tfrac{1}{128} = \tfrac{127}{128} = 0{,}992\,187\,5 \\
&\vdots \\
s_{10} &= \tfrac{1}{2} + \tfrac{1}{4} + \ldots + \tfrac{1}{1024} = \tfrac{1023}{1024} \approx 0{,}999\,023\,44 \\
&\vdots \\
s_{16} &= \frac{1}{2} + \frac{1}{4} + \ldots + \frac{1}{2^{16}} = \frac{2^{16} - 1}{2^{16}} \approx 0{,}999\,984\,74
\end{aligned}
$$

On constate que, lorsqu'on ajoute de plus en plus de termes, les sommes partielles s'approchent de plus en plus de 1. On peut en fait montrer que, si on choisit un nombre n suffisamment grand (c'est-à-dire si on ajoute suffisamment de termes à la série), la somme partielle s_n est aussi proche qu'on le veut du nombre 1. Il semble donc plausible d'affirmer que la somme de la série infinie est 1, ce qui s'écrit

$$\sum_{n=1}^{\infty} \frac{1}{2^n} = \frac{1}{2} + \frac{1}{4} + \frac{1}{8} + \ldots + \frac{1}{2^n} + \ldots = 1.$$

Autrement dit, la somme de la série est égale à 1 parce que

$$\lim_{n \to \infty} s_n = 1.$$

On utilise un raisonnement semblable pour déterminer si une série générale **1** a une somme finie ou non. On considère les **sommes partielles**

$$
\begin{aligned}
s_1 &= a_1 \\
s_2 &= a_1 + a_2 \\
s_3 &= a_1 + a_2 + a_3 \\
s_4 &= a_1 + a_2 + a_3 + a_4
\end{aligned}
$$

et, en général,

$$s_n = a_1 + a_2 + a_3 + \ldots + a_n = \sum_{i=1}^{n} a_i.$$

Ces sommes partielles forment une nouvelle suite $\{s_n\}$, qui converge ou non. Si $\lim_{n \to \infty} s_n = s$ existe (c'est-à-dire si cette limite est un nombre fini), alors, comme dans le cas précédent, on appelle cette limite la « somme de la série » et on la note $\sum a_n$.

3 DÉFINITION

Soit la série $\sum_{n=1}^{\infty} a_n = a_1 + a_2 + a_3 + \ldots$, et soit s_n, sa n-ième somme partielle :

$$s_n = \sum_{i=1}^{n} a_i = a_1 + a_2 + \ldots + a_n.$$

Si la suite $\{s_n\}$ converge et si $\lim_{n\to\infty} s_n = s$ existe sous la forme d'un nombre réel, alors la série $\sum a_n$ est dite **convergente** et on écrit

$$a_1 + a_2 + \ldots + a_n + \ldots = s \quad \text{ou} \quad \sum_{n=1}^{\infty} a_n = s.$$

Le nombre s est appelé **somme** de la série. S'il n'existe pas une telle somme, la série est dite **divergente**.

La somme d'une série est donc la limite de la suite de sommes partielles. L'écriture $\sum_{n=1}^{\infty} a_n = s$ signifie que l'addition d'un nombre suffisant de termes de la série permet d'approcher le nombre s d'aussi près qu'on le désire. Il est à noter que

$$\sum_{n=1}^{\infty} a_n = \lim_{n\to\infty} \sum_{i=1}^{n} a_i.$$

Il existe une analogie avec l'intégrale impropre

$$\int_1^{\infty} f(x)\,dx = \lim_{t\to\infty} \int_1^{t} f(x)\,dx.$$

Pour trouver cette intégrale, on intègre de 1 à t puis on fait tendre t vers l'infini ($t \to \infty$). Pour une série, on somme de 1 à n puis on fait tendre n vers l'infini ($n \to \infty$).

EXEMPLE 1 Si l'on sait que la somme partielle des n premiers termes de la série $\sum_{n=1}^{\infty} a_n$ donne

$$s_n = a_1 + a_2 + \ldots + a_n = \frac{2n}{3n+5},$$

alors la somme de cette série est la limite de la suite des sommes partielles $\{s_n\}$:

$$\sum_{n=1}^{\infty} a_n = \lim_{n\to\infty} s_n = \lim_{n\to\infty} \frac{2n}{3n+5} = \lim_{n\to\infty} \frac{2}{3+\frac{5}{n}} = \frac{2}{3}.$$

Dans l'exemple 1, on a donné une forme générale pour exprimer la somme partielle des n premiers termes, mais ce n'est habituellement pas facile de trouver une telle expression. Dans l'exemple 2, on étudie une série connue pour laquelle on peut trouver une expression qui représente la somme partielle s_n.

EXEMPLE 2 La **série géométrique** est un exemple important de série :

$$a + ar + ar^2 + ar^3 + \ldots + ar^{n-1} + \ldots = \sum_{n=1}^{\infty} ar^{n-1} \qquad a \neq 0.$$

Dans la série géométrique, on obtient chaque terme en multipliant son prédécesseur par la raison r. (On a déjà traité le cas particulier dans lequel $a = \frac{1}{2}$ et $r = \frac{1}{2}$ à la page 303.)

Si $r = 1$, alors $s_n = a + a \ldots + a = na \to \pm\infty$. Puisque $\lim_{n\to\infty} s_n$ n'existe pas, la série géométrique diverge dans ce cas.

La figure 2 montre une illustration géométrique du résultat de l'exemple 2. Si les triangles sont construits selon cette figure et si s est la somme de la série, alors, par les triangles semblables,

$$\frac{s}{a} = \frac{a}{a - ar} \quad \text{d'où} \quad s = \frac{a}{1-r}.$$

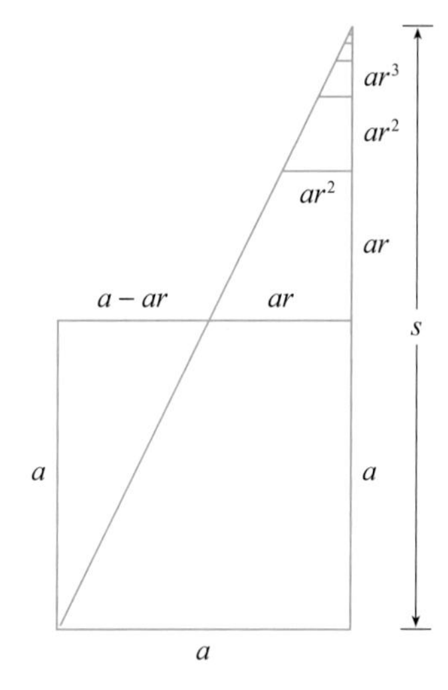

FIGURE 2

En mots : La somme d'une série géométrique convergente est

$$\frac{\text{premier terme}}{1 - \text{raison}}.$$

Si $r \neq 1$, on a

$$s_n = a + ar + ar^2 + \ldots + ar^{n-1}$$

et

$$rs_n = ar + ar^2 + \ldots + ar^{n-1} + ar^n.$$

La soustraction de ces égalités donne

$$s_n - rs_n = a - ar^n$$

4
$$s_n = \frac{a(1 - r^n)}{1 - r}.$$

Si $-1 < r < 1$, alors, selon le résultat **9** de la section 6.1, $r^n \to 0$ lorsque $n \to \infty$, d'où

$$\lim_{n\to\infty} s_n = \lim_{n\to\infty} \frac{a(1-r^n)}{1-r} = \frac{a}{1-r} - \frac{a}{1-r}\lim_{n\to\infty} r^n = \frac{a}{1-r}.$$

Donc, lorsque $|r| < 1$, la série géométrique converge et sa somme est $a/(1 - r)$.

Si $r \leq -1$ ou $r > 1$, la suite $\{r^n\}$ diverge (voir le résultat **9** de la section 6.1) et donc, selon l'égalité **4**, $\lim_{n\to\infty} s_n$ n'existe pas. Par conséquent, la série géométrique diverge dans ces cas. ■

Voici un résumé des résultats de l'exemple 2.

5 La série géométrique

$$\sum_{n=1}^{\infty} ar^{n-1} = a + ar + ar^2 + \ldots$$

converge si $|r| < 1$ et sa somme est

$$\sum_{n=1}^{\infty} ar^{n-1} = \frac{a}{1-r} \qquad |r| < 1.$$

Si $|r| \geq 1$, la série géométrique diverge.

EXEMPLE 3 Trouvons la somme, si elle existe, de la série géométrique

$$5 - \tfrac{10}{3} + \tfrac{20}{9} - \tfrac{40}{27} + \ldots$$

SOLUTION Le premier terme est $a = 5$ et la raison est $r = -\frac{2}{3}$. Comme $|r| = \frac{2}{3} < 1$, la série converge, selon le résultat **5**, et sa somme est

$$5 - \frac{10}{3} + \frac{20}{9} - \frac{40}{27} + \ldots = \frac{5}{1 - \left(-\frac{2}{3}\right)} = \frac{5}{\frac{5}{3}} = 3.$$ ■

Que signifie en réalité l'affirmation que la somme de la série de l'exemple 3 est 3 ? On ne peut évidemment pas additionner un nombre infini de termes un par un. Mais, selon la définition **3**, la somme totale est la limite de la suite de sommes partielles. Donc, la somme d'un nombre suffisant de termes permet de s'approcher aussi près que l'on veut du nombre 3. Le tableau présente les dix premières sommes partielles s_n et la représentation graphique de la figure 3 montre comment la suite des sommes partielles tend vers 3.

n	s_n
1	5,000 000
2	1,666 667
3	3,888 889
4	2,407 407
5	3,395 062
6	2,736 626
7	3,175 583
8	2,882 945
9	3,078 037
10	2,947 975

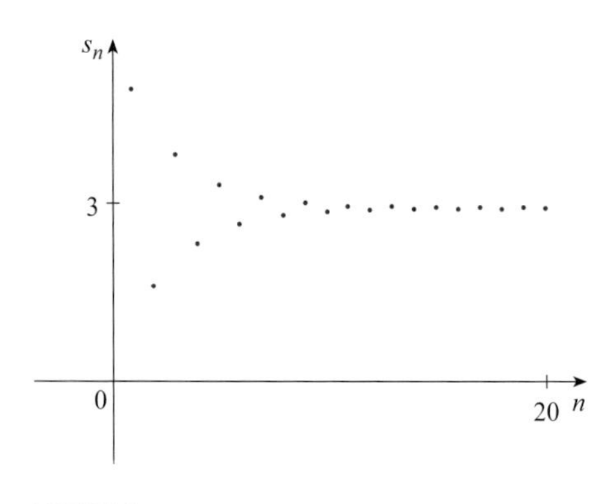

FIGURE 3

EXEMPLE 4 Est-ce que la série $\sum_{n=1}^{\infty} 2^{2n}3^{1-n}$ converge ou diverge ?

SOLUTION On récrit le n-ième terme de la série sous la forme ar^{n-1} :

$$\sum_{n=1}^{\infty} 2^{2n}\,3^{1-n} = \sum_{n=1}^{\infty} (2^2)^n 3^{-(n-1)} = \sum_{n=1}^{\infty} \frac{4^n}{3^{n-1}} = \sum_{n=1}^{\infty} 4\left(\frac{4}{3}\right)^{n-1}.$$

Une autre façon de déterminer a et r consiste à écrire les premiers termes de la série :

$$4+\tfrac{16}{3}+\tfrac{64}{9}+\ldots$$

Cette série est donc géométrique, $a = 4$ et $r = \frac{4}{3}$. Puisque $r > 1$, la série diverge, selon l'égalité **4**.

EXEMPLE 5 Écrivons le nombre périodique $2,3\overline{17} = 2,317\,171\,7\ldots$ sous la forme d'un quotient de nombres entiers.

SOLUTION De la même façon qu'on a développé $0,\overline{3}$ précédemment, on a

$$2,317\,171\,7\ldots = 2,3+\frac{17}{10^3}+\frac{17}{10^5}+\frac{17}{10^7}+\ldots$$

Après le premier terme, on a une série géométrique où $a = 17/10^3$ et $r = 1/10^2$. Donc,

$$2,3\overline{17} = 2,3+\frac{\dfrac{17}{10^3}}{1-\dfrac{1}{10^2}} = 2,3+\frac{\dfrac{17}{1000}}{\dfrac{99}{100}}$$
$$= \frac{23}{10}+\frac{17}{990} = \frac{1147}{495}.$$

EXEMPLE 6 Trouvons la somme de la série $\sum_{n=0}^{\infty} x^n$ dans laquelle $|x| < 1$.

SOLUTION On remarque que cette série débute avec $n = 0$ et donc que le premier terme est $x^0 = 1$.

(Dans l'étude des séries, on convient que $x^0 = 1$ même lorsque $x = 0$.) Donc,

$$\sum_{n=0}^{\infty} x^n = 1+x+x^2+x^3+x^4+\ldots$$

et il s'agit d'une série géométrique, où $a = 1$ et $r = x$. Comme $|r| = |x| < 1$, la série converge et, par le résultat **5**,

6 $$\sum_{n=0}^{\infty} x^n = \frac{1}{1-x}, \text{ si } |x| < 1.$$

EXEMPLE 7 Montrons que la série $\sum_{n=1}^{\infty} \frac{1}{n(n+1)}$ converge et trouvons sa somme.

SOLUTION Cette série n'est pas géométrique. On revient donc à la définition de la convergence d'une série et on calcule les sommes partielles :

$$s_n = \sum_{i=1}^{n} \frac{1}{i(i+1)} = \frac{1}{1 \bullet 2} + \frac{1}{2 \bullet 3} + \frac{1}{3 \bullet 4} + \ldots + \frac{1}{n(n+1)}.$$

On simplifie cette expression en la décomposant en fractions partielles :

$$\frac{1}{i(i+1)} = \frac{1}{i} - \frac{1}{i+1}$$

(voir la section 3.4). Ainsi,

On remarque que les termes s'annulent par paires. C'est un exemple d'une **somme télescopique** : les annulations réduisent la somme à seulement deux termes.

$$\begin{aligned} s_n &= \sum_{i=1}^{n} \frac{1}{i(i+1)} = \sum_{i=1}^{n} \left(\frac{1}{i} - \frac{1}{i+1} \right) \\ &= \left(1 - \frac{1}{2}\right) + \left(\frac{1}{2} - \frac{1}{3}\right) + \left(\frac{1}{3} - \frac{1}{4}\right) + \ldots + \left(\frac{1}{n} - \frac{1}{n+1}\right) \\ &= 1 - \frac{1}{n+1} \end{aligned}$$

d'où $$\lim_{n\to\infty} s_n = \lim_{n\to\infty} \left(1 - \frac{1}{n+1}\right) = 1 - 0 = 1.$$

Par conséquent, la série donnée converge et

$$\sum_{n=1}^{\infty} \frac{1}{n(n+1)} = 1.$$

La figure 4 illustre l'exemple 7 en montrant les graphiques de la suite de termes $a_n = 1/[n(n+1)]$ et de la suite $\{s_n\}$ des sommes partielles. On remarque que $a_n \to 0$ et que $s_n \to 1$. Pour les deux interprétations géométriques de l'exemple 7, voir les exercices 76 et 77.

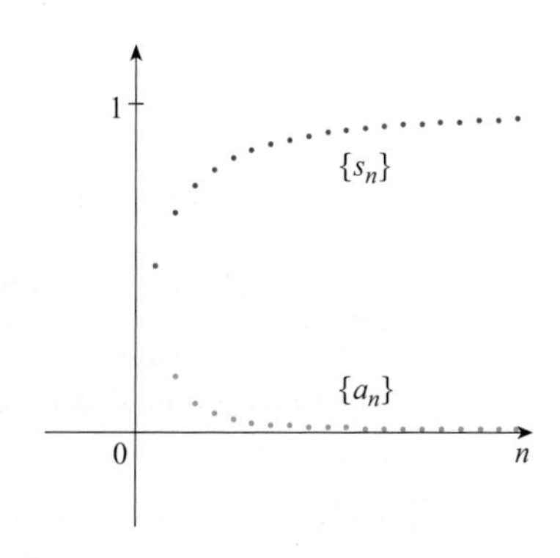

FIGURE 4

EXEMPLE 8 Montrons que la **série harmonique**

$$\sum_{n=1}^{\infty} \frac{1}{n} = 1 + \frac{1}{2} + \frac{1}{3} + \frac{1}{4} + \ldots$$

diverge.

SOLUTION Pour cette série particulière, il est commode de considérer les sommes partielles successives s_2, s_4, s_8, s_{16}, s_{32}, … et de montrer qu'elles deviennent aussi grandes que l'on veut.

$$\begin{aligned}
s_2 &= 1 + \tfrac{1}{2} \\
s_4 &= 1 + \tfrac{1}{2} + \left(\tfrac{1}{3} + \tfrac{1}{4}\right) > 1 + \tfrac{1}{2} + \left(\tfrac{1}{4} + \tfrac{1}{4}\right) = 1 + \tfrac{2}{2} \\
s_8 &= 1 + \tfrac{1}{2} + \left(\tfrac{1}{3} + \tfrac{1}{4}\right) + \left(\tfrac{1}{5} + \tfrac{1}{6} + \tfrac{1}{7} + \tfrac{1}{8}\right) \\
&> 1 + \tfrac{1}{2} + \left(\tfrac{1}{4} + \tfrac{1}{4}\right) + \left(\tfrac{1}{8} + \tfrac{1}{8} + \tfrac{1}{8} + \tfrac{1}{8}\right) \\
&= 1 + \tfrac{1}{2} + \tfrac{1}{2} + \tfrac{1}{2} = 1 + \tfrac{3}{2} \\
s_{16} &= 1 + \tfrac{1}{2} + \left(\tfrac{1}{3} + \tfrac{1}{4}\right) + \left(\tfrac{1}{5} + \ldots + \tfrac{1}{8}\right) + \left(\tfrac{1}{9} + \ldots + \tfrac{1}{16}\right) \\
&> 1 + \tfrac{1}{2} + \left(\tfrac{1}{4} + \tfrac{1}{4}\right) + \left(\tfrac{1}{8} + \ldots + \tfrac{1}{8}\right) + \left(\tfrac{1}{16} + \ldots + \tfrac{1}{16}\right) \\
&= 1 + \tfrac{1}{2} + \tfrac{1}{2} + \tfrac{1}{2} + \tfrac{1}{2} = 1 + \tfrac{4}{2}.
\end{aligned}$$

De même, $s_{32} > 1 + \frac{5}{2}$, $s_{64} > 1 + \frac{6}{2}$ et en général

$$s_{2^n} > 1 + \frac{n}{2}.$$

On doit la démarche utilisée à l'exemple 8 pour montrer que la série harmonique diverge au savant français Nicole Oresme (1323-1382).

Cela montre que $s_{2^n} \to \infty$ lorsque $n \to \infty$ et donc que $\{s_n\}$ diverge. Par conséquent, la série harmonique diverge.

7 THÉORÈME

Si la série $\sum_{n=1}^{\infty} a_n$ converge, alors $\lim_{n\to\infty} a_n = 0$.

DÉMONSTRATION Soit $s_n = a_1 + a_2 + \ldots + a_n$. Alors $a_n = s_n - s_{n-1}$. Comme $\sum a_n$ converge, la suite $\{s_n\}$ converge. Soit $\lim_{n\to\infty} s_n = s$. Puisque $(n - 1) \to \infty$ lorsque $n \to \infty$, on a aussi $\lim_{n\to\infty} s_{n-1} = s$. Donc,

$$\begin{aligned}
\lim_{n\to\infty} a_n &= \lim_{n\to\infty} (s_n - s_{n-1}) = \lim_{n\to\infty} s_n - \lim_{n\to\infty} s_{n-1} \\
&= s - s = 0.
\end{aligned}$$

NOTE 1 À toute série $\sum a_n$ on associe deux suites : la suite $\{s_n\}$ de ses sommes partielles et la suite $\{a_n\}$ de ses termes. Si $\sum a_n$ converge, alors la limite de la suite $\{s_n\}$ est s (la somme de la série) et, comme l'affirme le théorème 7, la limite de la suite $\{a_n\}$ est 0.

NOTE 2 En général, la réciproque du théorème 7 n'est pas vraie. Si $\lim_{n\to\infty} a_n = 0$, on ne peut pas conclure que $\sum a_n$ converge. On remarque que pour la série harmonique

$\sum 1/n$, on a $a_n = 1/n \to 0$ lorsque $n \to \infty$, mais on a montré à l'exemple 8 que $\sum 1/n$ diverge.

8 LE CRITÈRE DU TERME GÉNÉRAL (CRITÈRE DE DIVERGENCE)

Si $\lim_{n\to\infty} a_n$ n'existe pas ou si $\lim_{n\to\infty} a_n \neq 0$, alors la série $\sum_{n=1}^{\infty} a_n$ diverge.

Le critère du terme général découle du théorème **7** puisque, si la série ne diverge pas, alors elle converge, et donc $\lim_{n\to\infty} a_n = 0$.

EXEMPLE 9 Montrons que la série $\sum_{n=1}^{\infty} \frac{n^2}{5n^2+4}$ diverge.

SOLUTION

$$\lim_{n\to\infty} a_n = \lim_{n\to\infty} \frac{n^2}{5n^2+4} = \lim_{n\to\infty} \frac{1}{5+4/n^2} = \frac{1}{5} \neq 0$$

Donc, selon le critère du terme général, la série diverge.

NOTE 3 Si on trouve que $\lim_{n\to\infty} a_n \neq 0$, on sait que $\sum a_n$ diverge. Si on trouve que $\lim_{n\to\infty} a_n = 0$, on ne sait pas si $\sum a_n$ converge ou diverge. On se souvient de l'avertissement dans la note 2 : Si $\lim_{n\to\infty} a_n = 0$, la série $\sum a_n$ peut converger ou diverger. Bref, il est nécessaire que $\lim_{n\to\infty} a_n = 0$ pour que la série puisse converger, mais cela n'est pas suffisant.

9 THÉORÈME

Si les séries $\sum a_n$ et $\sum b_n$ convergent, alors les séries $\sum ca_n$ (où c est une constante), $\sum (a_n + b_n)$, $\sum (a_n - b_n)$ convergent aussi et

i) $\sum_{n=1}^{\infty} ca_n = c\sum_{n=1}^{\infty} a_n$;

ii) $\sum_{n=1}^{\infty} (a_n + b_n) = \sum_{n=1}^{\infty} a_n + \sum_{n=1}^{\infty} b_n$;

iii) $\sum_{n=1}^{\infty} (a_n - b_n) = \sum_{n=1}^{\infty} a_n - \sum_{n=1}^{\infty} b_n$.

Ces propriétés des séries convergentes découlent des lois des limites des suites correspondantes de la section 6.1. À titre d'exemple, voici la démonstration de la partie ii) du théorème **9** :

Soit

$$s_n = \sum_{i=1}^{n} a_i \qquad s = \sum_{n=1}^{\infty} a_n \qquad t_n = \sum_{i=1}^{n} b_i \qquad t = \sum_{n=1}^{\infty} b_n$$

La n-ième somme partielle de la série $\sum (a_n + b_n)$ est

$$u_n = \sum_{i=1}^{n} (a_i + b_i).$$

Selon l'égalité **10** de la section 1.4,

$$\lim_{n\to\infty} u_n = \lim_{n\to\infty} \sum_{i=1}^{n}(a_i + b_i) = \lim_{n\to\infty}\left(\sum_{i=1}^{n} a_i + \sum_{i=1}^{n} b_i\right)$$

$$= \lim_{n\to\infty} \sum_{i=1}^{n} a_i + \lim_{n\to\infty} \sum_{i=1}^{n} b_i = \lim_{n\to\infty} s_n + \lim_{n\to\infty} t_n = s + t.$$

Donc, $\sum (a_n + b_n)$ converge et sa somme est

$$\sum_{n=1}^{\infty}(a_n + b_n) = s + t = \sum_{n=1}^{\infty} a_n + \sum_{n=1}^{\infty} b_n.$$

EXEMPLE 10 Trouvons la somme de la série $\displaystyle\sum_{n=1}^{\infty}\left(\frac{3}{n(n+1)} + \frac{1}{2^n}\right)$.

SOLUTION La série $\sum 1/2^n$ est une série géométrique avec $a = \frac{1}{2}$ et $r = \frac{1}{2}$. Donc,

$$\sum_{n=1}^{\infty} \frac{1}{2^n} = \frac{\frac{1}{2}}{1 - \frac{1}{2}} = 1.$$

Selon l'exemple 7,

$$\sum_{n=1}^{\infty} \frac{1}{n(n+1)} = 1.$$

Par conséquent, selon le théorème **9**, la série donnée converge et

$$\sum_{n=1}^{\infty}\left(\frac{3}{n(n+1)} + \frac{1}{2^n}\right) = 3\sum_{n=1}^{\infty} \frac{1}{n(n+1)} + \sum_{n=1}^{\infty} \frac{1}{2^n} = 3 \cdot 1 + 1 = 4.$$

NOTE 4 Un nombre fini de termes n'influe pas sur la convergence ou la divergence d'une série. Si on peut montrer que la série

$$\sum_{n=4}^{\infty} \frac{n}{n^3 + 1}$$

converge, alors de

$$\sum_{n=1}^{\infty} \frac{n}{n^3 + 1} = \frac{1}{2} + \frac{2}{9} + \frac{3}{28} + \sum_{n=4}^{\infty} \frac{n}{n^3 + 1}$$

il découle que la série $\displaystyle\sum_{n=1}^{\infty} n/(n^3 + 1)$ converge également. De même, si on sait que la série $\displaystyle\sum_{n=N+1}^{\infty} a_n$ converge, alors la série

$$\sum_{n=1}^{\infty} a_n = \sum_{n=1}^{N} a_n + \sum_{n=N+1}^{\infty} a_n$$

converge elle aussi.

Exercices 6.2

1. a) Quelle est la différence entre une suite et une série?
b) Qu'est-ce qu'une série convergente? Qu'est-ce qu'une série divergente?

2. Expliquez ce que signifie $\sum_{n=1}^{\infty} a_n = 5$.

3-4 Calculez la somme de chacune des séries $\sum_{n=1}^{\infty} a_n$ dont la somme partielle est donnée.

3. $s_n = 2 - 3(0,8)^n$

4. $s_n = \dfrac{n^2 - 1}{4n^2 + 1}$

5-8 Calculez les huit premiers termes de la suite des sommes partielles, à quatre décimales près. La série semble-t-elle converger ou diverger?

5. $\sum_{n=1}^{\infty} \dfrac{1}{n^3}$

6. $\sum_{n=1}^{\infty} \dfrac{1}{\ln(n+1)}$

7. $\sum_{n=1}^{\infty} \dfrac{n}{1+\sqrt{n}}$

8. $\sum_{n=1}^{\infty} \dfrac{(-1)^{n-1}}{n!}$

9-14 Trouvez au moins 10 sommes partielles de la série. Représentez graphiquement la suite de termes et la suite des sommes partielles dans un même graphique. La série semble-t-elle converger ou diverger? Si elle converge, trouvez sa somme. Si elle diverge, expliquez pourquoi.

9. $\sum_{n=1}^{\infty} \dfrac{12}{(-5)^n}$

10. $\sum_{n=1}^{\infty} \cos n$

11. $\sum_{n=1}^{\infty} \dfrac{n}{\sqrt{n^2+4}}$

12. $\sum_{n=1}^{\infty} \dfrac{7^{n+1}}{10^n}$

13. $\sum_{n=1}^{\infty} \left(\dfrac{1}{\sqrt{n}} - \dfrac{1}{\sqrt{n+1}}\right)$

14. $\sum_{n=1}^{\infty} \dfrac{1}{n(n+2)}$

15. Soit $a_n = \dfrac{2n}{3n+1}$.
a) Déterminez si $\{a_n\}$ converge.
b) Déterminez si $\sum_{n=1}^{\infty} a_n$ converge.

16. a) Expliquez la différence entre

$$\sum_{i=1}^{n} a_i \quad \text{et} \quad \sum_{j=1}^{n} a_j.$$

b) Expliquez la différence entre

$$\sum_{i=1}^{n} a_i \quad \text{et} \quad \sum_{i=1}^{n} a_j.$$

17-26 Déterminez si la série géométrique converge ou diverge. Si elle converge, trouvez sa somme.

17. $3 - 4 + \frac{16}{3} - \frac{64}{9} + \ldots$

18. $4 + 3 + \frac{9}{4} + \frac{27}{16} + \ldots$

19. $10 - 2 + 0,4 - 0,08 + \ldots$

20. $2 + 0,5 + 0,125 + 0,031\,25 + \ldots$

21. $\sum_{n=1}^{\infty} 6(0,9)^{n-1}$

22. $\sum_{n=1}^{\infty} \dfrac{10^n}{(-9)^{n-1}}$

23. $\sum_{n=1}^{\infty} \dfrac{(-3)^{n-1}}{4^n}$

24. $\sum_{n=0}^{\infty} \dfrac{1}{(\sqrt{2})^n}$

25. $\sum_{n=0}^{\infty} \dfrac{\pi^n}{3^{n+1}}$

26. $\sum_{n=1}^{\infty} \dfrac{e^n}{3^{n-1}}$

27-42 Déterminez si la série converge ou diverge. Si elle converge, trouvez sa somme.

27. $\dfrac{1}{3} + \dfrac{1}{6} + \dfrac{1}{9} + \dfrac{1}{12} + \dfrac{1}{15} + \ldots$

28. $\dfrac{1}{3} + \dfrac{2}{9} + \dfrac{1}{27} + \dfrac{2}{81} + \dfrac{1}{243} + \dfrac{2}{729} + \ldots$

29. $\sum_{n=1}^{\infty} \dfrac{n-1}{3n-1}$

30. $\sum_{k=1}^{\infty} \dfrac{k(k+2)}{(k+3)^2}$

31. $\sum_{n=1}^{\infty} \dfrac{1+2^n}{3^n}$

32. $\sum_{n=1}^{\infty} \dfrac{1+3^n}{2^n}$

33. $\sum_{n=1}^{\infty} \sqrt[n]{2}$

34. $\sum_{n=1}^{\infty} [(0,8)^{n-1} - (0,3)^n]$

35. $\sum_{n=1}^{\infty} \ln\left(\dfrac{n^2+1}{2n^2+1}\right)$

36. $\sum_{n=1}^{\infty} \dfrac{1}{1+(\frac{2}{3})^n}$

37. $\sum_{k=0}^{\infty} \left(\dfrac{\pi}{3}\right)^k$

38. $\sum_{k=1}^{\infty} (\cos 1)^k$

39. $\sum_{n=1}^{\infty} \arctan n$

40. $\sum_{n=1}^{\infty} \left(\dfrac{3}{5^n} + \dfrac{2}{n}\right)$

41. $\sum_{n=1}^{\infty} \left(\dfrac{1}{e^n} + \dfrac{1}{n(n+1)}\right)$

42. $\sum_{n=1}^{\infty} \dfrac{e^n}{n^2}$

43-48 Déterminez si la série converge ou diverge en exprimant s_n sous la forme d'une somme télescopique (comme à l'exemple 7). Si elle converge, trouvez sa somme.

43. $\sum_{n=2}^{\infty} \dfrac{2}{n^2-1}$

44. $\sum_{n=1}^{\infty} \ln \dfrac{n}{n+1}$

45. $\sum_{n=1}^{\infty} \dfrac{3}{n(n+3)}$

46. $\sum_{n=1}^{\infty} \left(\cos\dfrac{1}{n^2} - \cos\dfrac{1}{(n+1)^2}\right)$

47. $\sum_{n=1}^{\infty} (e^{1/n} - e^{1/(n+1)})$

48. $\sum_{n=2}^{\infty} \dfrac{1}{n^3 - n}$

49. Soit $x = 0,999\,99\ldots$
a) D'après vous, $x < 1$ ou $x = 1$?
b) Faites la somme d'une série géométrique pour trouver la valeur de x.
c) Combien de représentations décimales possède le nombre 1?
d) Quels nombres ont plus d'une représentation décimale?

50. Une suite de termes est définie par

$$a_1 = 1, \qquad a_n = (5-n)a_{n-1}.$$

Évaluez $\sum_{n=1}^{\infty} a_n$.

51-56 Exprimez le nombre donné sous la forme d'un quotient de nombres entiers.

51. $0,\overline{8} = 0,8888\ldots$

52. $0,\overline{46} = 0,464\,646\,46\ldots$

53. $2,\overline{516} = 2,516\,516\,516\ldots$

54. $10,1\overline{35} = 10,135\,353\,5\ldots$

55. $1,53\overline{42}$

56. $7,\overline{12345}$

57-63 Pour quelles valeurs de x la série converge-t-elle? Trouvez la somme de la série pour ces valeurs de x.

57. $\sum_{n=1}^{\infty} (-5)^n x^n$

58. $\sum_{n=1}^{\infty} (x+2)^n$

59. $\sum_{n=0}^{\infty} \frac{(x-2)^n}{3^n}$

60. $\sum_{n=0}^{\infty} (-4)^n (x-5)^n$

61. $\sum_{n=0}^{\infty} \frac{2^n}{x^n}$

62. $\sum_{n=0}^{\infty} \frac{\sin^n x}{3^n}$

63. $\sum_{n=0}^{\infty} e^{nx}$

64. On a vu que la série harmonique est une série divergente bien que ses termes tendent vers 0. Montrez que

$$\sum_{n=1}^{\infty} \ln\left(1+\frac{1}{n}\right)$$

est une autre série ayant cette propriété.

LCS **65-66** Utilisez la commande `fractions partielles` de votre logiciel de calcul symbolique afin d'obtenir une expression plus appropriée pour trouver une formule de la somme partielle, puis servez-vous de cette expression pour trouver la somme de la série. Vérifiez votre réponse à l'aide de votre logiciel pour obtenir directement la valeur de la série.

65. $\sum_{n=1}^{\infty} \frac{3n^2+3n+1}{(n^2+n)^3}$

66. $\sum_{n=3}^{\infty} \frac{1}{n^5-5n^3+4n}$

67. Si la n-ième somme partielle d'une série $\sum_{n=1}^{\infty} a_n$ est $s_n = \frac{n-1}{n+1}$, trouvez a_n et $\sum_{n=1}^{\infty} a_n$.

68. Si la n-ième somme partielle d'une série $\sum_{n=1}^{\infty} a_n$ est $s_n = 3 - n2^{-n}$, trouvez a_n et $\sum_{n=1}^{\infty} a_n$.

69. Un patient prend 150 mg d'un médicament tous les jours à la même heure. Juste avant qu'il prenne chaque comprimé, il reste encore 5 % du médicament dans son corps.

a) Quelle quantité du médicament reste-t-il dans son corps immédiatement après le troisième comprimé? Immédiatement après le n-ième comprimé?

b) Quelle quantité du médicament reste-t-il dans son corps à long terme?

70. Après l'injection d'une dose D d'insuline, la concentration d'insuline dans l'organisme d'un patient décroît exponentiellement et on peut l'exprimer par De^{-at}, où t représente le temps en heures et a est une constante positive.

a) Si une dose D est injectée toutes les T heures, donnez une expression pour représenter la somme des concentrations résiduelles juste avant la $(n+1)^e$ injection.

b) Déterminez la concentration limite précédant une injection.

c) Si la concentration d'insuline doit toujours demeurer supérieure ou égale à la valeur critique C, déterminez la dose minimale D en fonction de C, de a et de T.

71. Les personnes qui reçoivent un montant d'argent en échange de biens ou de services en dépensent une certaine partie à leur tour. Les personnes qui reçoivent une partie du montant d'argent dépensé une deuxième fois en dépenseront une certaine partie, etc. Les économistes appellent cette réaction en chaîne l'**effet multiplicateur**. Le gouvernement d'une communauté isolée hypothétique lance le processus en dépensant D dollars. Supposez que chaque récepteur du montant d'argent dépensé dépense $100c$ % et économise $100e$ % du montant reçu. Les valeurs c et e sont appelées respectivement **propension à consommer** et **propension à économiser**. Bien sûr, $c + e = 1$.

a) Soit S_n, la dépense totale générée après n transactions. Trouvez l'équation de S_n.

b) Montrez que $\lim_{n\to\infty} S_n = kD$, où $k = 1/e$. Le nombre k est appelé **multiplicateur**. Trouvez le multiplicateur pour une propension à consommer de 80 %.

Note: Le gouvernement fédéral américain utilise ce principe pour justifier le déficit budgétaire. Les banques l'utilisent pour justifier le prêt d'un grand pourcentage des montants d'argent qu'elles reçoivent en dépôts.

72. Une balle lâchée d'une hauteur h sur une surface plane dure rebondit jusqu'à une hauteur rh, telle que $0 < r < 1$. Supposez que la balle est lâchée d'une hauteur initiale de H mètres.

a) Supposez que la balle continue à rebondir indéfiniment et calculez la distance totale qu'elle parcourt.

b) Calculez le temps total de déplacement de la balle. (Utilisez le fait que la balle tombe de $\frac{1}{2}gt^2$ mètres en t secondes.)

c) Chaque fois qu'elle heurte la surface à la vitesse v, la balle rebondit à la vitesse $-kv$, telle que $0 < k < 1$. À quel instant t la balle s'immobilisera-t-elle?

73. Trouvez la valeur de c si

$$\sum_{n=2}^{\infty} (1+c)^{-n} = 2.$$

74. Trouvez la valeur de c telle que

$$\sum_{n=0}^{\infty} e^{nc} = 10.$$

75. À l'exemple 8, il est montré que la série harmonique diverge. On obtient le même résultat en utilisant l'inégalité $e^x > 1 + x$ pour tout $x > 0$.

Si s_n est la n-ième somme partielle de la série harmonique, montrez que $e^{s_n} > n+1$. Pourquoi cela entraîne-t-il que la série harmonique diverge?

76. Tracez les courbes $y = x^n$, $0 \le x \le 1$, pour $n = 0, 1, 2, 3, 4, \ldots$ sur un même graphique. En trouvant les aires entre les courbes successives, démontrez géométriquement l'égalité

$$\sum_{n=1}^{\infty} \frac{1}{n(n+1)} = 1$$

montrée à l'exemple 7.

77. La figure montre deux cercles C et D de rayon 1 se touchant au point P. T est une droite tangente commune; le cercle C_1 touche C, D et T; le cercle C_2 touche C, D et C_1; le cercle C_3 touche C, D et C_2. La poursuite indéfinie de ce processus donnerait une suite infinie de cercles $\{C_n\}$. Trouvez l'expression du diamètre de C_n et donnez une autre démonstration géométrique de l'exemple 7.

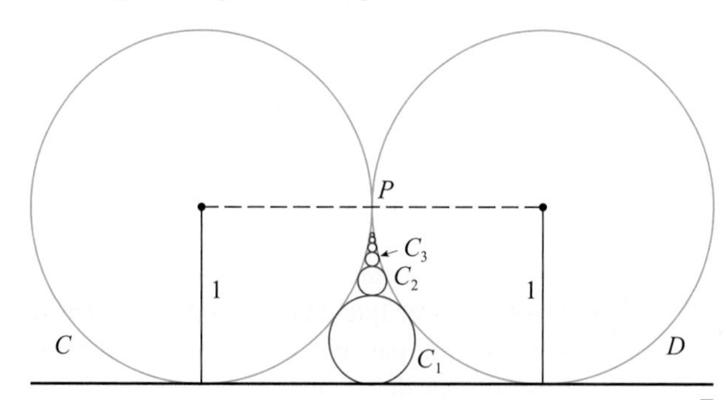

78. Soit le triangle rectangle ABC donné tel que $\angle A = \theta$ et $|AC| = b$. CD est perpendiculaire à AB, DE est perpendiculaire à BC, $EF \perp AB$ et ainsi de suite. Ce processus se poursuit indéfiniment, comme le montre la figure. Trouvez la longueur totale

$$|CD| + |DE| + |EF| + |FG| + \ldots$$

de toutes les perpendiculaires en fonction de b et de θ.

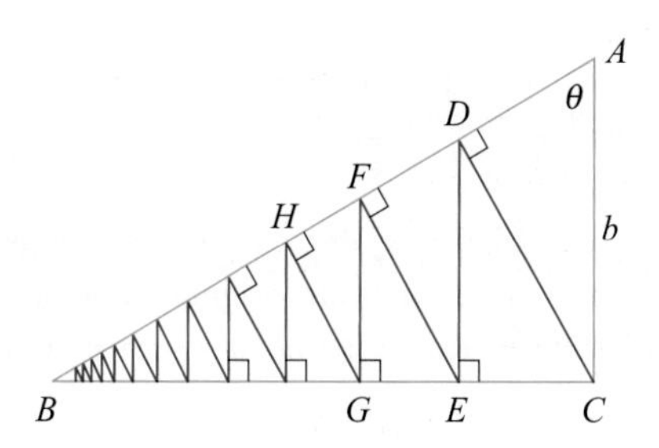

79. Qu'y a-t-il de faux dans le calcul suivant?

$$\begin{aligned} 0 &= 0 + 0 + 0 + \ldots \\ &= (1-1) + (1-1) + (1-1) + \ldots \\ &= 1 - 1 + 1 - 1 + 1 - 1 + \ldots \\ &= 1 + (-1+1) + (-1+1) + (-1+1) + \ldots \\ &= 1 + 0 + 0 + 0 + \ldots = 1. \end{aligned}$$

(Guidobaldo del Monte pensait que ce calcul prouvait l'existence de Dieu parce que «quelque chose a été créé de rien».)

80. Supposez que $\sum_{n=1}^{\infty} a_n$ $(a_n \ne 0)$ est une série convergente.

Prouvez que $\sum_{n=1}^{\infty} (1/a_n)$ est une série divergente.

81. Prouvez la partie i) du théorème **9**.

82. Si $\sum a_n$ diverge et si $c \ne 0$, prouvez que $\sum ca_n$ diverge.

83. Si $\sum a_n$ converge et si $\sum b_n$ diverge, montrez que la série $\sum (a_n + b_n)$ diverge. (*Suggestion:* Faites une preuve par contradiction.)

84. Si $\sum a_n$ et $\sum b_n$ divergent, est-ce que $\sum (a_n + b_n)$ diverge obligatoirement?

85. Supposez que les termes d'une série $\sum a_n$ sont positifs et que ses sommes partielles s_n satisfont à l'inégalité $s_n \le 1000$ pour tout n. Expliquez pourquoi $\sum a_n$ doit converger.

86. À la section 6.1, on a défini la suite de Fibonacci par les égalités

$$f_1 = 1, \quad f_2 = 1, \quad f_n = f_{n-1} + f_{n-2} \quad n \ge 3.$$

Montrez que chaque proposition suivante est vraie.

a) $\dfrac{1}{f_{n-1} f_{n+1}} = \dfrac{1}{f_{n-1} f_n} - \dfrac{1}{f_n f_{n+1}}$

b) $\displaystyle\sum_{n=2}^{\infty} \frac{1}{f_{n-1} f_{n+1}} = 1$

c) $\displaystyle\sum_{n=2}^{\infty} \frac{f_n}{f_{n-1} f_{n+1}} = 2$

87. On construit l'**ensemble de Cantor**, nommé d'après le mathématicien allemand Georg Cantor (1845-1918), comme suit. On part de l'intervalle fermé $[0, 1]$ et on enlève l'intervalle ouvert $]\frac{1}{3}, \frac{2}{3}[$. Il reste les deux intervalles $[0, \frac{1}{3}]$ et $[\frac{2}{3}, 1]$, et on enlève l'intervalle tiers ouvert au milieu de chacun. Il reste quatre intervalles dont on enlève l'intervalle tiers ouvert au milieu de chacun. On continue ce processus indéfiniment, en enlevant à chaque étape l'intervalle tiers ouvert au milieu de chaque intervalle qui reste de l'étape précédente. L'ensemble de Cantor comprend les nombres qui restent dans $[0, 1]$ une fois tous ces intervalles enlevés.

a) Montrez que la longueur totale de tous les intervalles enlevés est 1. Malgré cela, l'ensemble de Cantor contient un nombre infini de nombres. Donnez quelques nombres appartenant à l'ensemble de Cantor.

b) Le **tamis de Sierpinski** est le pendant à deux dimensions de l'ensemble de Cantor. On le construit en enlevant au centre d'un carré de côté 1 un carré d'un neuvième du carré initial, puis en enlevant les centres des huit petits carrés restants, etc. (La figure montre les trois premières étapes de la construction.) Montrez que la somme des aires des carrés enlevés est 1. Cela entraîne que l'aire du tamis de Sierpinski est nulle.

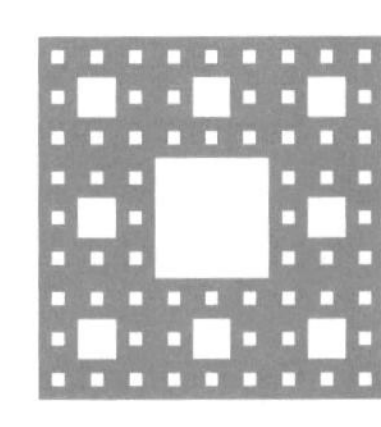

88. a) On définit une suite $\{a_n\}$ par récurrence par $a_n = \frac{1}{2}(a_{n-1} + a_{n-2})$ pour $n \geq 3$, où a_1 et a_2 sont des nombres réels quelconques. Développez quelques suites avec diverses valeurs de a_1 et a_2 et utilisez votre calculatrice pour conjecturer la limite de chacune de vos suites.

b) Trouvez $\lim\limits_{n\to\infty} a_n$ en fonction de a_1 et a_2 en exprimant $a_{n+1} - a_n$ en fonction de $a_2 - a_1$ et en sommant la série.

89. Soit la série $\sum\limits_{n=1}^{\infty} n/(n+1)!$.

a) Trouvez les sommes partielles s_1, s_2, s_3 et s_4. Reconnaissez-vous les dénominateurs? Observez la valeur de chaque terme s_k pour déduire une formule pour s_n.

b) Prouvez votre formule avec un raisonnement par induction.

c) Montrez que la série donnée converge et trouvez sa somme.

90. Dans la figure donnée, un nombre infini de cercles se rapprochent indéfiniment des sommets d'un triangle équilatéral, chaque cercle touchant d'autres cercles et les côtés du triangle. Si les côtés du triangle sont de longueur 1, trouvez l'aire totale des cercles.

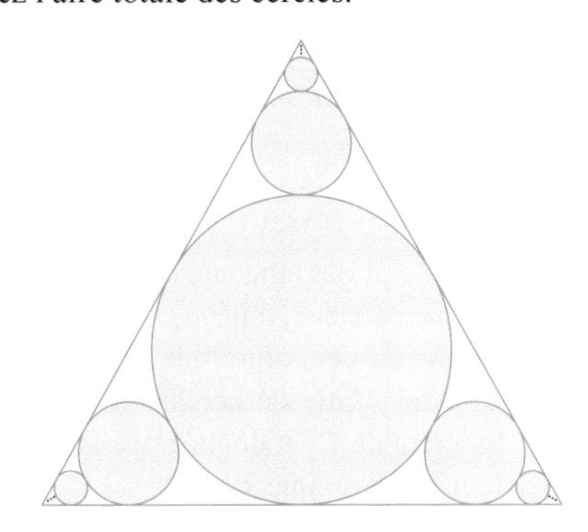

6.3 LES SÉRIES À TERMES POSITIFS

En général, il est difficile de trouver la somme d'une série. On peut le faire pour la série géométrique et pour la série $\sum 1/[n(n+1)]$ parce que dans chacun de ces cas on peut trouver une formule simple pour la n-ième somme partielle s_n. Mais habituellement, il n'est pas facile de calculer $\lim\limits_{n\to\infty} s_n$. Les critères développés dans les prochaines sections permettent de déterminer si une série converge ou diverge sans trouver explicitement sa somme. (Dans certains cas, toutefois, ces méthodes permettent d'obtenir de bonnes estimations de la série.) On considère d'abord le critère de l'intégrale.

LE CRITÈRE DE L'INTÉGRALE

On commence par étudier la série dont les termes sont les inverses des carrés des nombres entiers positifs :

$$\sum_{n=1}^{\infty} \frac{1}{n^2} = \frac{1}{1^2} + \frac{1}{2^2} + \frac{1}{3^2} + \frac{1}{4^2} + \frac{1}{5^2} + \dots$$

n	$s_n = \sum\limits_{i=1}^{n} \frac{1}{i^2}$
5	1,4636
10	1,5498
50	1,6251
100	1,6350
500	1,6429
1000	1,6439
5000	1,6447

Il n'existe pas de formule simple pour la somme s_n des n premiers termes, mais le tableau donné dans la marge, généré par un ordinateur, suggère que les sommes partielles tendent vers un nombre proche de 1,64 lorsque $n \to \infty$ et donne donc l'impression que la série converge.

On essaie de confirmer géométriquement cette impression. La figure 1 représente la courbe $y = 1/x^2$ et des rectangles au-dessous de cette courbe (aussi appelés **rectangles inscrits**). La base de chaque rectangle est un intervalle de longueur 1; la hauteur est égale à la valeur de la fonction $y = 1/x^2$ à l'extrémité droite de l'intervalle.

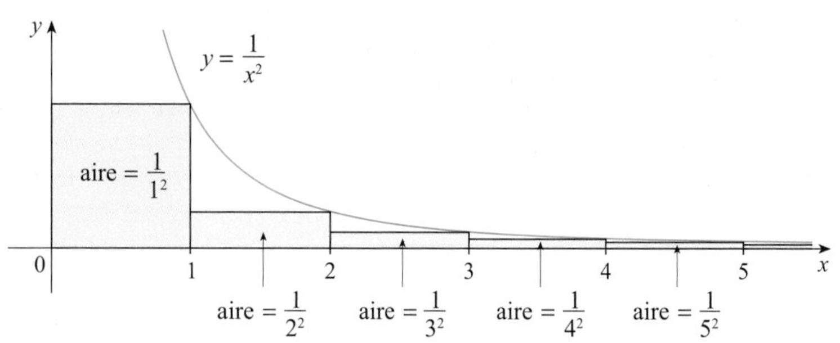

FIGURE 1

Par conséquent, la somme des aires des rectangles est

$$\frac{1}{1^2}+\frac{1}{2^2}+\frac{1}{3^2}+\frac{1}{4^2}+\frac{1}{5^2}+\ldots=\sum_{n=1}^{\infty}\frac{1}{n^2}.$$

Si on exclut le premier rectangle, l'aire totale des rectangles restants est inférieure à l'aire sous la courbe $y = 1/x^2$ pour $x \geq 1$, qui est la valeur de l'intégrale $\int_1^{\infty}(1/x^2)\,dx$. On a découvert à la section 3.8 que cette intégrale impropre converge et que sa valeur est 1. La figure montre donc que toutes les sommes partielles sont inférieures à

$$\frac{1}{1^2}+\int_1^{\infty}\frac{1}{x^2}\,dx=2.$$

Donc, les sommes partielles sont bornées. On sait aussi que les sommes partielles sont croissantes (parce que tous les termes sont positifs). Par conséquent, les sommes partielles convergent (en raison du théorème des suites monotones) et donc la série converge. La somme de la série (la limite des sommes partielles) est aussi inférieure à 2 :

$$\sum_{n=1}^{\infty}\frac{1}{n^2}=\frac{1}{1^2}+\frac{1}{2^2}+\frac{1}{3^2}+\frac{1}{4^2}+\ldots<2.$$

(Le mathématicien suisse Leonhard Euler (1707-1783) a trouvé que la somme de cette série est $\pi^2/6$, mais la démonstration de ce résultat est très difficile à faire.)

On considère maintenant la série

$$\sum_{n=1}^{\infty}\frac{1}{\sqrt{n}}=\frac{1}{\sqrt{1}}+\frac{1}{\sqrt{2}}+\frac{1}{\sqrt{3}}+\frac{1}{\sqrt{4}}+\frac{1}{\sqrt{5}}+\ldots$$

n	$s_n=\sum_{i=1}^{n}\frac{1}{\sqrt{i}}$
5	3,231 7
10	5,021 0
50	12,752 4
100	18,589 6
500	43,283 4
1000	61,801 0
5000	139,968 1

Le tableau de valeurs de s_n suggère que les sommes partielles ne tendent pas vers un nombre fini et donc que la série donnée semble diverger. Pour le confirmer, on recourt encore à une figure. La figure 2 (voir la page suivante) représente la courbe $y = 1/\sqrt{x}$, mais, cette fois-ci, on utilise des rectangles à sommets *au-dessus de* la courbe (aussi appelés **rectangles circonscrits**).

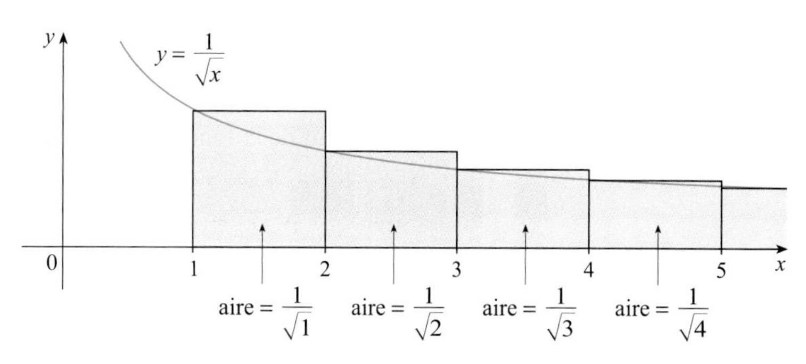

FIGURE 2

La base de chaque rectangle est un intervalle de longueur 1. La hauteur est égale à la valeur de la fonction $y = 1/\sqrt{x}$ à l'extrémité *gauche* de l'intervalle. Par conséquent, la somme des aires de tous les rectangles est

$$\frac{1}{\sqrt{1}} + \frac{1}{\sqrt{2}} + \frac{1}{\sqrt{3}} + \frac{1}{\sqrt{4}} + \frac{1}{\sqrt{5}} + \ldots = \sum_{n=1}^{\infty} \frac{1}{\sqrt{n}}.$$

Cette aire totale est supérieure à l'aire sous la courbe $y = 1/\sqrt{x}$ pour $x > 1$, qui est égale à l'intégrale $\int_1^{\infty} (1/\sqrt{x})\,dx$. Mais selon la section 3.8, cette intégrale impropre diverge. Autrement dit, l'aire sous la courbe est infinie. Donc, la somme de la série doit être infinie et ainsi, la série diverge.

Le genre de raisonnement géométrique utilisé pour les deux séries précédentes permet de prouver le critère suivant.

LE CRITÈRE DE L'INTÉGRALE

Supposons que f soit une fonction continue, positive et décroissante sur $[1, \infty[$ et soit $a_n = f(n)$. Alors la série $\sum_{n=1}^{\infty} a_n$ converge si et seulement si l'intégrale impropre $\int_1^{\infty} f(x)\,dx$ converge. Autrement dit :

i) Si $\int_1^{\infty} f(x)\,dx$ converge, alors $\sum_{n=1}^{\infty} a_n$ converge.

ii) Si $\int_1^{\infty} f(x)\,dx$ diverge, alors $\sum_{n=1}^{\infty} a_n$ diverge.

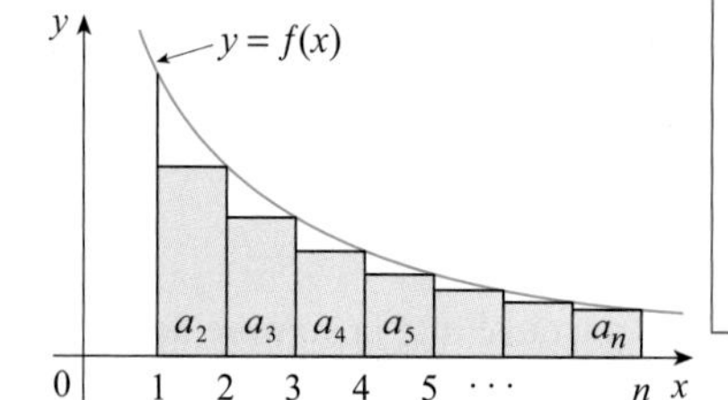

FIGURE 3

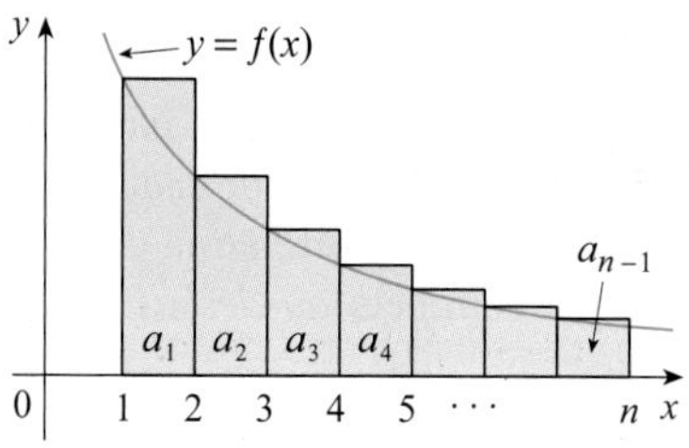

FIGURE 4

DÉMONSTRATION On a déjà remarqué l'idée fondamentale derrière la démonstration du critère de l'intégrale dans les figures 1 et 2 pour les séries $\sum 1/n^2$ et $\sum 1/\sqrt{n}$. Généralement, pour une série $\sum a_n$, on observe les figures 3 et 4. L'aire du premier rectangle inscrit de la figure 3 est la valeur de f au point extrême droit de $[1, 2]$, soit $f(2) = a_2$. Par conséquent, en comparant les aires des rectangles inscrits avec l'aire sous $y = f(x)$ de 1 à n, on voit que

$$a_2 + a_3 + \ldots + a_n \leq \int_1^n f(x)\,dx. \qquad \textbf{1}$$

(On remarque que cette inégalité découle du fait que f est décroissante.) De même, la figure 4 montre que

$$\int_1^n f(x)\,dx \leq a_1 + a_2 + \ldots + a_{n-1}. \qquad \textbf{2}$$

i) Si $\int_1^\infty f(x)\,dx$ converge, alors l'inégalité **1** donne

$$\sum_{i=2}^{n} a_i \leq \int_1^n f(x)\,dx \leq \int_1^\infty f(x)\,dx$$

puisque $f(x) \geq 0$. Donc,

$$s_n = a_1 + \sum_{i=2}^{n} a_i \leq a_1 + \int_1^\infty f(x)\,dx = M.$$

Comme $s_n \leq M$ pour tout n, la suite $\{s_n\}$ est bornée supérieurement. De plus,

$$s_{n+1} = s_n + a_{n+1} \geq s_n$$

puisque $a_{n+1} = f(n+1) \geq 0$. Donc, $\{s_n\}$ est une suite bornée croissante et elle converge, selon le théorème des suites monotones (théorème **12** de la section 6.1). Il s'ensuit que $\sum a_n$ converge.

ii) Si $\int_1^\infty f(x)\,dx$ diverge, alors $\int_1^n f(x)\,dx \to \infty$ lorsque $n \to \infty$ parce que $f(x) \geq 0$. Mais l'inégalité **2** donne

$$\int_1^n f(x)\,dx \leq \sum_{i=1}^{n-1} a_i = s_{n-1}$$

et ainsi, $s_{n-1} \to \infty$. Cela implique que $s_n \to \infty$ et donc que $\sum a_n$ diverge. ■

NOTE L'utilisation du critère de l'intégrale n'impose pas de démarrer la série ou l'intégrale à $n = 1$. Par exemple, pour la série

$$\sum_{n=4}^{\infty} \frac{1}{(n-3)^2}, \text{ on utilise } \int_4^\infty \frac{1}{(x-3)^2}\,dx.$$

De plus, il n'est pas nécessaire que f soit toujours décroissante. Mais il importe que la fonction f soit décroissante ultimement, c'est-à-dire qu'elle soit décroissante pour x supérieur à un certain nombre N. Alors $\sum_{n=N}^{\infty} a_n$ converge et donc $\sum_{n=1}^{\infty} a_n$ converge, selon la note 4 de la section 6.2.

EXEMPLE 1 Testons la série $\sum_{n=1}^{\infty} \frac{1}{n^2+1}$ pour voir si elle converge ou diverge.

SOLUTION Puisque la fonction $f(x) = 1/(x^2+1)$ est continue, positive et décroissante sur $[1, \infty[$, on lui applique le critère de l'intégrale. On obtient

$$\int_1^\infty \frac{1}{x^2+1}\,dx = \lim_{t\to\infty} \int_1^t \frac{1}{x^2+1}\,dx = \lim_{t\to\infty} \arctan x \Big]_1^t$$
$$= \lim_{t\to\infty}\left(\arctan t - \frac{\pi}{4}\right) = \frac{\pi}{2} - \frac{\pi}{4} = \frac{\pi}{4}.$$

Donc, l'intégrale $\int_1^\infty 1/(x^2+1)\,dx$ converge et, selon le critère de l'intégrale, la série $\sum 1/(n^2+1)$ converge. ■

LES SÉRIES DE RIEMANN

EXEMPLE 2 Pour quelles valeurs de p la série $\sum_{n=1}^{\infty} \frac{1}{n^p}$ converge-t-elle ?

SOLUTION Si $p < 0$, alors $\lim_{n\to\infty}(1/n^p) = \infty$. Si $p = 0$, alors $\lim_{n\to\infty}(1/n^p) = 1$. Dans chaque cas, $\lim_{n\to\infty}(1/n^p) \neq 0$, de sorte que la série donnée diverge, selon le critère du terme général présenté à la section 6.2 (**8**).

Pour utiliser le critère de l'intégrale, il faut pouvoir évaluer $\int_1^{\infty} f(x)\,dx$ et donc pouvoir trouver une primitive de f. Puisqu'il est fréquemment difficile ou impossible d'en trouver une, l'utilisation d'autres critères de convergence s'avère nécessaire.

Si $p > 0$, alors visiblement la fonction $f(x) = 1/x^p$ est continue, positive et décroissante sur $[1, \infty[$. On a trouvé au chapitre 3 (voir **2** à la section 3.8) que

$$\int_1^{\infty} \frac{1}{x^p}\,dx \text{ converge si } p > 1 \text{ et diverge si } p \leq 1.$$

Donc, selon le critère de l'intégrale, la série $\sum 1/n^p$ converge si $p > 1$ et diverge si $0 < p \leq 1$. (Pour $p = 1$, cette série est la série harmonique discutée à l'exemple 8 de la section 6.2.)

La série de l'exemple 2 est appelée **série de Riemann** ou **série *p***. Puisqu'elle est importante dans le reste de ce chapitre, on résume les résultats de l'exemple 2 comme suit pour référence future.

3 La **série de Riemann** ou **série *p*** $\sum_{n=1}^{\infty} \frac{1}{n^p}$ converge si $p > 1$ et diverge si $p \leq 1$.

EXEMPLE 3

a) La série

$$\sum_{n=1}^{\infty} \frac{1}{n^3} = \frac{1}{1^3} + \frac{1}{2^3} + \frac{1}{3^3} + \frac{1}{4^3} + \ldots$$

converge parce qu'elle est une série p avec $p = 3 > 1$.

b) La série

$$\sum_{n=1}^{\infty} \frac{1}{n^{1/3}} = \sum_{n=1}^{\infty} \frac{1}{\sqrt[3]{n}} = 1 + \frac{1}{\sqrt[3]{2}} + \frac{1}{\sqrt[3]{3}} + \frac{1}{\sqrt[3]{4}} + \ldots$$

diverge parce qu'elle est une série p avec $p = \frac{1}{3} \leq 1$.

NOTE Ne pas déduire du critère de l'intégrale que la somme de la série est égale à la valeur de l'intégrale. En fait,

$$\sum_{n=1}^{\infty} \frac{1}{n^2} = \frac{\pi^2}{6} \quad \text{tandis que} \quad \int_1^{\infty} \frac{1}{x^2}\,dx = 1.$$

Donc, en général,

$$\sum_{n=1}^{\infty} a_n \neq \int_1^{\infty} f(x)\,dx.$$

EXEMPLE 4 Déterminons si la série $\sum_{n=1}^{\infty} \frac{\ln n}{n}$ converge ou diverge.

SOLUTION La fonction $f(x) = (\ln x)/x$ est positive et continue pour $x \geq 1$ parce que la fonction logarithmique est continue. Pour arriver à dire si f est décroissante ou non, on doit trouver sa dérivée :

$$f'(x) = \frac{(1/x)x - \ln x}{x^2} = \frac{1 - \ln x}{x^2}.$$

Donc, $f'(x) < 0$ lorsque $\ln x > 1$, autrement dit, lorsque $x > e$. Il s'ensuit que f est décroissante lorsque $x > e$ et qu'on peut donc appliquer le critère de l'intégrale :

$$\int_3^\infty \frac{\ln x}{x}\,dx = \lim_{t\to\infty}\int_3^t \frac{\ln x}{x}\,dx = \lim_{t\to\infty}\left.\frac{(\ln x)^2}{2}\right]_3^t = \lim_{t\to\infty}\left[\frac{(\ln t)^2}{2} - \frac{(\ln 3)^2}{2}\right] = \infty.$$

Comme cette intégrale impropre diverge, la série $\sum (\ln n)/n$ diverge aussi, selon le critère de l'intégrale.

L'ESTIMATION DE LA SOMME D'UNE SÉRIE

On suppose qu'on a pu utiliser le critère de l'intégrale pour montrer qu'une série $\sum a_n$ converge et on désire maintenant trouver une approximation de la somme s de la série. Bien sûr, toute somme partielle s_n est une approximation de s parce que $\lim_{n\to\infty} s_n = s$. Mais jusqu'à quel point est-ce une bonne approximation ? Pour le savoir, il faut estimer la valeur du **reste**

$$R_n = s - s_n = a_{n+1} + a_{n+2} + a_{n+3} + \ldots$$

Le reste R_n est l'erreur commise lorsque s_n, la somme des n premiers termes, est utilisée comme approximation de la série.

On utilise la même notation et les mêmes idées que dans le critère de l'intégrale, en supposant que f soit décroissante sur $[n, \infty[$. La comparaison des aires des rectangles avec l'aire sous $y = f(x)$ pour $x \geq n$ à la figure 5 montre que

$$R_n = a_{n+1} + a_{n+2} + \ldots \leq \int_n^\infty f(x)\,dx.$$

De même, selon la figure 6,

$$R_n = a_{n+1} + a_{n+2} + \ldots \geq \int_{n+1}^\infty f(x)\,dx.$$

Cela démontre l'estimation d'erreur suivante.

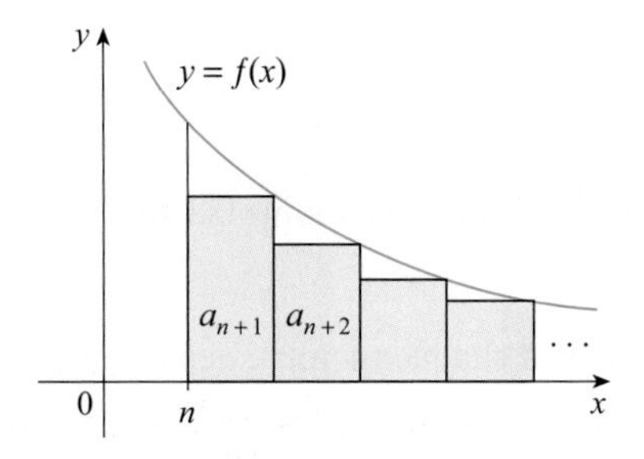

FIGURE 5

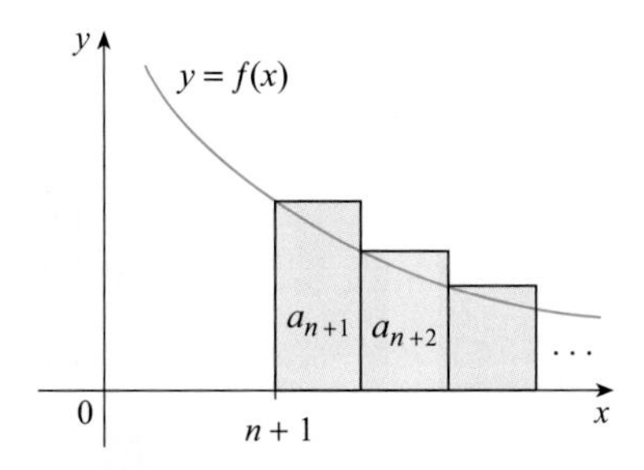

FIGURE 6

4 **L'ESTIMATION DU RESTE POUR LE CRITÈRE DE L'INTÉGRALE**

On suppose que $f(k) = a_k$, où f est une fonction continue, positive et décroissante pour $x \geq n$ et que $\sum a_n$ converge. Si $R_n = s - s_n$, alors

$$\int_{n+1}^{\infty} f(x)\,dx \leq R_n \leq \int_{n}^{\infty} f(x)\,dx.$$

EXEMPLE 5

a) Approximons la somme de la série $\sum 1/n^3$ en utilisant la somme des 10 premiers termes. Estimons l'erreur commise avec cette approximation.

b) Combien de termes faut-il prendre pour s'assurer que la somme soit exacte à moins de 0,0005 près ?

SOLUTION Dans les parties a) et b), on doit connaître $\int_n^{\infty} f(x)\,dx$. La fonction $f(x) = 1/x^3$ satisfait aux conditions du critère de l'intégrale et donne

$$\int_n^{\infty} \frac{1}{x^3}\,dx = \lim_{t\to\infty}\left[-\frac{1}{2x^2}\right]_n^t = \lim_{t\to\infty}\left(-\frac{1}{2t^2} + \frac{1}{2n^2}\right) = \frac{1}{2n^2}.$$

a)

$$\sum_{n=1}^{\infty} \frac{1}{n^3} \approx s_{10} = \frac{1}{1^3} + \frac{1}{2^3} + \frac{1}{3^3} + \ldots + \frac{1}{10^3} \approx 1{,}1975$$

Selon l'estimation du reste dans les inégalités **4**, on a

$$R_{10} \leq \int_{10}^{\infty} \frac{1}{x^3}\,dx = \frac{1}{2(10)^2} = \frac{1}{200}.$$

Par conséquent, l'erreur maximale commise est 0,005.

b) L'exigence d'une exactitude à moins de 0,0005 près signifie qu'on doit trouver une valeur de n telle que $R_n \leq 0{,}0005$. Or,

$$R_n \leq \int_n^{\infty} \frac{1}{x^3}\,dx = \frac{1}{2n^2},$$

donc, il faut que

$$\frac{1}{2n^2} < 0{,}0005.$$

La résolution de cette inégalité donne

$$n^2 > \frac{1}{0{,}001} = 1000 \text{ ou } n > \sqrt{1000} \approx 31{,}6.$$

On doit donc prendre au moins 32 termes pour avoir une précision à moins de 0,0005 près.

L'addition de s_n à chaque membre des inégalités **4** donne

5

$$s_n + \int_{n+1}^{\infty} f(x)\,dx \leq s \leq s_n + \int_n^{\infty} f(x)\,dx$$

car $s_n + R_n = s$. Les inégalités **5** donnent une borne inférieure et une borne supérieure pour s. Elles procurent une approximation plus juste de la série que la somme partielle s_n.

EXEMPLE 6 Utilisons les inégalités **5** avec $n = 10$ pour estimer la somme de la série $\sum_{n=1}^{\infty} \frac{1}{n^3}$.

SOLUTION Les inégalités **5** deviennent

$$s_{10} + \int_{11}^{\infty} \frac{1}{x^3}\,dx \leq s \leq s_{10} + \int_{10}^{\infty} \frac{1}{x^3}\,dx.$$

Selon l'exemple 5,

$$\int_{n}^{\infty} \frac{1}{x^3}\,dx = \frac{1}{2n^2},$$

donc,

$$s_{10} + \frac{1}{2(11)^2} \leq s \leq s_{10} + \frac{1}{2(10)^2}.$$

En prenant $s_{10} \approx 1{,}197\,532$, on obtient

$$1{,}201\,664 \leq s \leq 1{,}202\,532.$$

L'approximation de s par le centre de cet intervalle donne une erreur au plus égale à la moitié de la longueur de l'intervalle. Donc,

$$\sum_{n=1}^{\infty} \frac{1}{n^3} \approx 1{,}2021 \qquad \text{avec une erreur} < 0{,}0005.$$

La comparaison de l'exemple 6 avec l'exemple 5 montre que l'estimation améliorée par les inégalités **5** peut être nettement meilleure que l'estimation $s \approx s_n$. Pour rendre l'erreur inférieure à 0,0005, on a dû prendre au moins 32 termes selon l'exemple 5, mais seulement 10 selon l'exemple 6.

LE CRITÈRE DE COMPARAISON

L'idée du critère de comparaison est de comparer une série donnée à une série que l'on sait convergente ou divergente. Par exemple, la série

6
$$\sum_{n=1}^{\infty} \frac{1}{2^n + 1}$$

rappelle la série $\sum_{n=1}^{\infty} 1/2^n$, une série géométrique avec $a = \frac{1}{2}$ et $r = \frac{1}{2}$ et qui converge donc. La série **6** ressemble tellement à une série convergente qu'on a l'impression qu'elle doit aussi converger. Et de fait, elle converge. L'inégalité

$$\frac{1}{2^n + 1} < \frac{1}{2^n}$$

montre que la série donnée **6** a des termes inférieurs à ceux de la série géométrique et donc que toutes ses sommes partielles sont aussi inférieures à 1 (la somme de la série géométrique). Cela signifie que ses sommes partielles forment une suite croissante bornée convergente. Il s'ensuit aussi que la somme de la série est inférieure à la somme de la série géométrique :

$$\sum_{n=1}^{\infty} \frac{1}{2^n+1} < 1.$$

On peut utiliser un raisonnement semblable pour démontrer le critère suivant, qui s'applique seulement aux séries à termes positifs. La première partie stipule que si on a une série dont les termes sont inférieurs à ceux d'une série convergente connue, alors la série donnée converge aussi. La deuxième partie stipule que si on a une série dont les termes sont supérieurs à ceux d'une série divergente connue, alors la série donnée diverge aussi.

LE CRITÈRE DE COMPARAISON

On suppose que $\sum a_n$ et $\sum b_n$ sont des séries à termes positifs.

i) Si $\sum b_n$ converge et si $a_n \leq b_n$ pour tout n, alors $\sum a_n$ converge aussi.

ii) Si $\sum b_n$ diverge et si $a_n \geq b_n$ pour tout n, alors $\sum a_n$ diverge aussi.

Il importe de bien se souvenir de la différence entre une suite et une série. Une suite est une liste de nombres, tandis qu'une série est une somme. Deux suites sont associées à chaque série $\sum a_n$: la suite $\{a_n\}$ des termes et la suite $\{s_n\}$ des sommes partielles.

DÉMONSTRATION

i) Soit $s_n = \sum_{i=1}^{n} a_i \qquad t_n = \sum_{i=1}^{n} b_i \qquad t = \sum_{n=1}^{\infty} b_n.$

Puisque les deux séries ont des termes positifs, les suites $\{s_n\}$ et $\{t_n\}$ sont croissantes ($s_{n+1} = s_n + a_{n+1} \geq s_n$). De plus, $t_n \to t$ et donc $t_n \leq t$ pour tout n. Or, $a_i \leq b_i$ et on a donc $s_n \leq t_n$. Par conséquent, $s_n \leq t$ pour tout n. Cela signifie que $\{s_n\}$ est croissante et bornée supérieurement et donc qu'elle converge, selon le théorème des suites monotones. Donc, $\sum a_n$ converge.

ii) Si $\sum b_n$ diverge, alors $t_n \to \infty$ (puisque $\{t_n\}$ est croissante). Mais $a_i \geq b_i$, on a donc $s_n \geq t_n$. Par conséquent, $s_n \to \infty$. Donc, $\sum a_n$ diverge. ■

Les séries remarquables à utiliser avec le critère de comparaison

Pour utiliser le critère de comparaison, il faut, bien sûr, connaître quelques séries $\sum b_n$ afin d'effectuer la comparaison. Le plus souvent, on utilise une des séries suivantes :

- Une série p ($\sum 1/n^p$ converge si $p > 1$ et diverge si $p \leq 1$; voir l'inégalité **3**).
- Une série géométrique ($\sum ar^{n-1}$ converge si $|r| < 1$ et diverge si $|r| \geq 1$; voir l'encadré **5** à la section 6.2).

EXEMPLE 7 Déterminons si la série $\sum_{n=1}^{\infty} \frac{5}{2n^2+4n+3}$ converge ou diverge.

SOLUTION Puisque pour n grand, le terme dominant du dénominateur est $2n^2$, on compare la série donnée avec la série $\sum 5/(2n^2)$. On remarque que

$$\frac{5}{2n^2+4n+3} < \frac{5}{2n^2}$$

parce que le dénominateur du premier membre est plus grand. On sait que la série

$$\sum_{n=1}^{\infty} \frac{5}{2n^2} = \frac{5}{2} \sum_{n=1}^{\infty} \frac{1}{n^2}$$

converge parce que c'est une série p multipliée par une constante avec $p = 2 > 1$. Donc, la série

$$\sum_{n=1}^{\infty} \frac{5}{2n^2 + 4n + 3}$$

converge, selon la partie i) du critère de comparaison.

NOTE 1 Bien que la condition $a_n \leq b_n$ ou $a_n \geq b_n$ du critère de comparaison soit donnée pour tout n, on doit seulement vérifier qu'elle demeure vraie pour $n \geq N$, où N est un nombre entier fixé, parce que la convergence ou la divergence d'une série n'est pas influencée par un nombre fini de termes. L'exemple suivant illustre ce fait.

EXEMPLE 8 Déterminons si la série $\sum_{n=1}^{\infty} \frac{\ln n}{n}$ converge ou diverge.

SOLUTION Cette série a été étudiée (à l'aide du critère de l'intégrale) à l'exemple 4, mais on peut aussi l'étudier en la comparant à la série harmonique. On remarque que $\ln n > 1$ lorsque $n \geq 3$. Donc,

$$\frac{\ln n}{n} > \frac{1}{n} \qquad \text{lorsque } n \geq 3.$$

On sait que $\sum_{n=1}^{\infty} \frac{1}{n}$ diverge (série p avec $p = 1$). Alors, la série $\sum_{n=3}^{\infty} \frac{1}{n}$ diverge également. Par comparaison, la série donnée de laquelle on a soustrait les deux premiers termes diverge, donc la série donnée elle-même diverge.

NOTE 2 Les termes de la série donnée doivent être inférieurs à ceux d'une série convergente ou supérieurs à ceux d'une série divergente. Si les termes sont supérieurs à ceux d'une série convergente ou inférieurs à ceux d'une série divergente, alors le critère de comparaison ne s'applique pas. On considère, par exemple, la série

$$\sum_{n=1}^{\infty} \frac{1}{2^n - 1}.$$

L'inégalité

$$\frac{1}{2^n - 1} > \frac{1}{2^n}$$

est inutile pour le critère de comparaison parce que $\sum b_n = \sum \left(\frac{1}{2}\right)^n$ converge et que $a_n > b_n$.

Le critère de comparaison par une limite

Dans l'exemple de la note précédente, on pressent que la série $\sum 1/(2^n - 1)$ devrait converger, car elle ressemble fortement à la série géométrique convergente $\sum \left(\frac{1}{2}\right)^n$. Dans de tels cas, on peut utiliser le critère suivant.

Les exercices 97 et 98 traitent les cas $c = 0$ et $c = \infty$.

LE CRITÈRE DE COMPARAISON PAR UNE LIMITE

On suppose que $\sum a_n$ et $\sum b_n$ sont des séries à termes positifs. Si

$$\lim_{n\to\infty} \frac{a_n}{b_n} = c$$

où $c > 0$ est un nombre réel, alors les deux séries convergent ou divergent.

DÉMONSTRATION Soit m et M, des nombres positifs tels que $m < c < M$. Puisque a_n/b_n est proche de c pour n grand, il existe un nombre entier N tel que

$$m < \frac{a_n}{b_n} < M \qquad \text{lorsque } n > N$$

et donc

$$mb_n < a_n < Mb_n \qquad \text{lorsque } n > N$$

Si $\sum b_n$ converge, alors $\sum Mb_n$ converge. Donc, $\sum a_n$ converge, selon la partie i) du critère de comparaison. Si $\sum b_n$ diverge, alors $\sum mb_n$ diverge, et la partie ii) du critère de comparaison montre que $\sum a_n$ diverge. ■

EXEMPLE 9 Déterminons si la série $\displaystyle\sum_{n=1}^{\infty} \frac{1}{2^n - 1}$ converge ou diverge.

SOLUTION On utilise le critère de comparaison par une limite avec

$$a_n = \frac{1}{2^n - 1} \qquad \text{et} \qquad b_n = \frac{1}{2^n}.$$

On obtient

$$\lim_{n\to\infty} \frac{a_n}{b_n} = \lim_{n\to\infty} \frac{1/(2^n - 1)}{1/2^n} = \lim_{n\to\infty} \frac{2^n}{2^n - 1} = \lim_{n\to\infty} \frac{1}{1 - 1/2^n} = 1 > 0.$$

Puisque la limite existe et que $\sum 1/2^n$ est une série géométrique convergente, la série donnée converge, selon le critère de comparaison par une limite. ■

EXEMPLE 10 Déterminons si la série $\displaystyle\sum_{n=1}^{\infty} \frac{2n^2 + 3n}{\sqrt{5 + n^5}}$ converge ou diverge.

SOLUTION Le terme dominant du numérateur est $2n^2$ et celui du dénominateur est $\sqrt{n^5} = n^{5/2}$. D'où la suggestion de prendre

$$a_n = \frac{2n^2 + 3n}{\sqrt{5 + n^5}} \qquad \text{et} \qquad b_n = \frac{2n^2}{n^{5/2}} = \frac{2}{n^{1/2}}.$$

On obtient

$$\lim_{n\to\infty} \frac{a_n}{b_n} = \lim_{n\to\infty} \frac{2n^2 + 3n}{\sqrt{5 + n^5}} \cdot \frac{n^{1/2}}{2} = \lim_{n\to\infty} \frac{2n^{5/2} + 3n^{3/2}}{2\sqrt{5 + n^5}}$$

$$= \lim_{n\to\infty} \frac{2 + \dfrac{3}{n}}{2\sqrt{\dfrac{5}{n^5} + 1}} = \frac{2 + 0}{2\sqrt{0 + 1}} = 1.$$

Puisque $\sum b_n = 2\sum 1/n^{1/2}$ diverge (série p avec $p = \frac{1}{2} < 1$), la série donnée diverge en raison du critère de comparaison par une limite.

On remarque que dans un grand nombre de séries, on trouve une série de comparaison $\sum b_n$ convenable en ne prenant que les puissances les plus élevées du numérateur et du dénominateur.

L'estimation de sommes

Si on a utilisé le critère de comparaison pour montrer qu'une série $\sum a_n$ converge par comparaison avec une série $\sum b_n$, alors on peut estimer la somme $\sum a_n$ en comparant les restes. Comme au début de la section, on considère le reste

$$R_n = s - s_n = a_{n+1} + a_{n+2} + \ldots$$

Pour la série de comparaison $\sum b_n$, on considère le reste correspondant

$$T_n = t - t_n = b_{n+1} + b_{n+2} + \ldots$$

Puisque $a_n \leq b_n$ pour tout n, on a $R_n \leq T_n$. Si $\sum b_n$ est une série p, on peut estimer son reste T_n comme précédemment. Si $\sum b_n$ est une série géométrique, alors T_n est la somme d'une série géométrique et on peut la sommer exactement (voir les exercices 78 et 79). Dans chaque cas, on sait que R_n est inférieur à T_n.

EXEMPLE 11 Utilisons la somme des 100 premiers termes pour approximer la somme de la série $\sum 1/(n^3 + 1)$. Estimons l'erreur de cette approximation.

SOLUTION Puisque

$$\frac{1}{n^3+1} < \frac{1}{n^3},$$

la série donnée converge, selon le critère de comparaison. Le reste T_n pour la série de comparaison $\sum 1/n^3$ a été estimé à l'exemple 5 par l'estimation du reste du critère de l'intégrale. On a trouvé

$$T_n \leq \int_n^\infty \frac{1}{x^3}\,dx = \frac{1}{2n^2}.$$

Par conséquent, le reste R_n de la série donnée satisfait à

$$R_n \leq T_n \leq \frac{1}{2n^2}.$$

Avec $n = 100$, on a

$$R_{100} \leq \frac{1}{2(100)^2} = 0{,}000\,05.$$

En utilisant une calculatrice programmable ou un ordinateur, on estime que

$$\sum_{n=1}^{\infty} \frac{1}{n^3+1} \approx \sum_{n=1}^{100} \frac{1}{n^3+1} \approx 0{,}686\,453\,8$$

avec une erreur inférieure à 0,000 05.

LE CRITÈRE DES POLYNÔMES

Les exemples 3, 7 et 11 ainsi que le critère de convergence de la série de Riemann suggèrent intuitivement le résultat qui suit.

> **LE CRITÈRE DES POLYNÔMES**
>
> Soit la série à termes positifs $\sum a_n$, où a_n est la fraction rationnelle $P(n)/Q(n)$, $P(n)$ et $Q(n)$ étant des polynômes en n. Si le degré de $Q(n)$ excède celui de $P(n)$ par plus de 1, alors la série $\sum a_n$ converge, sinon, elle diverge.

DÉMONSTRATION On utilise le critère de comparaison par une limite. Soit la série à termes positifs $\sum a_n$ ayant pour terme général $a_n = \dfrac{c_l n^l + c_{l-1}n^{l-1} + \ldots + c_1 n + c_0}{d_m n^m + d_{m-1}n^{m-1} + \ldots + d_1 n + d_0}$, dont le numérateur est un polynôme de degré $l(c_l \neq 0)$ et le dénominateur, un polynôme de degré $m(d_m \neq 0)$. On la compare à une série de Riemann convergente $(p > 1)$:

$$\begin{aligned}
\lim_{n\to\infty} \frac{a_n}{1/n^p} &= \lim_{n\to\infty} \frac{c_l n^l + c_{l-1}n^{l-1} + \ldots + c_1 n + c_0}{d_m n^m + d_{m-1}n^{m-1} + \cdots + d_1 n + d_0} \cdot \frac{n^p}{1} \\
&= \lim_{n\to\infty} \frac{n^l(c_l + c_{l-1}/n + \ldots + c_1/n^{l-1} + c_0/n^l)}{n^m(d_m + d_{m-1}/n + \ldots + d_1/n^{m-1} + d_0/n^m)} \cdot \frac{n^p}{1} \\
&= \lim_{n\to\infty} \frac{(c_l + c_{l-1}/n + \ldots + c_1/n^{l-1} + c_0/n^l)}{(d_m + d_{m-1}/n + \ldots + d_1/n^{m-1} + d_0/n^m)} \cdot \lim_{n\to\infty} \frac{n^l n^p}{n^m} \\
&= \frac{c_l}{d_m} \cdot \lim_{n\to\infty} n^{p+l-m}.
\end{aligned}$$

Le membre de droite est un nombre réel non nul seulement si $p + l - m = 0$ ou $m - l = p$. Dans ce cas,

$$\lim_{n\to\infty} \frac{a_n}{1/n^p} = \frac{c_l}{d_m} \cdot \lim_{n\to\infty} n^{p+l-m} = \frac{c_l}{d_m} \cdot \lim_{n\to\infty} n^0 = \frac{c_l}{d_m} \cdot \lim_{n\to\infty} 1 = \frac{c_l}{d_m}$$

est un nombre réel positif et les deux séries sont simultanément convergentes ou divergentes par le critère de comparaison par une limite. Or, la série de Riemann converge lorsque $p > 1$. Par conséquent, la série $\sum a_n$ converge lorsque $m - l = p > 1$ ou encore lorsque $m > l + 1$. Autrement dit, la série converge lorsque le degré du dénominateur m excède par plus de 1 le degré du numérateur l. ■

EXEMPLE 12 Déterminons si la série $\displaystyle\sum_{n=1}^{\infty} \frac{n^3 + 3n^2 + 1}{2n^5 + 4n^3 + 6}$ est convergente.

SOLUTION On a

$$\deg(2n^5 + 4n^3 + 6) - \deg(n^3 + 3n^2 + 1) = 5 - 2 = 3 > 1.$$

Donc, la série donnée converge par le critère des polynômes. ■

EXEMPLE 13 Déterminons si la série $\displaystyle\sum_{n=1}^{\infty} \frac{7n^2 - 5}{n^3 + 4n}$ est convergente.

SOLUTION On a

$$\deg(n^3 + 4n) - \deg(7n^2 - 5) = 3 - 2 = 1 \leq 1.$$

Donc, la série donnée diverge par le critère des polynômes. ■

Le critère de d'Alembert

Le critère de d'Alembert fournit une méthode simple pour comparer une série quelconque à une série géométrique sans appliquer directement le critère de comparaison.

LE CRITÈRE DE D'ALEMBERT

i) Si $\lim_{n\to\infty} \frac{a_{n+1}}{a_n} = L < 1$, alors la série $\sum_{n=1}^{\infty} a_n$ converge.

ii) Si $\lim_{n\to\infty} \frac{a_{n+1}}{a_n} = L > 1$, ou $\lim_{n\to\infty} \frac{a_{n+1}}{a_n} = \infty$, alors la série $\sum_{n=1}^{\infty} a_n$ diverge.

iii) Si $\lim_{n\to\infty} \frac{a_{n+1}}{a_n} = 1$, le critère de d'Alembert n'est pas concluant ; autrement dit, on ne peut pas conclure que $\sum a_n$ converge ou diverge.

La démonstration de la forme généralisée de ce critère se retrouve dans la section 6.5.

EXEMPLE 14 Déterminons si la série $\sum_{n=1}^{\infty} \frac{4^{n+1}}{2^n 5^n}$ converge.

SOLUTION On utilise le critère de d'Alembert avec $a_n = 4^{n+1}/(2^n 5^n)$. Puisque

$$\lim_{n\to\infty} \frac{a_{n+1}}{a_n} = \lim_{n\to\infty} \frac{\dfrac{4^{n+2}}{2^{n+1}5^{n+1}}}{\dfrac{4^{n+1}}{2^n 5^n}} = \lim_{n\to\infty} \frac{4^{n+2}}{2^{n+1}5^{n+1}} \cdot \frac{2^n 5^n}{4^{n+1}} = \lim_{n\to\infty} \frac{4}{2 \cdot 5} = \frac{2}{5} < 1,$$

la série donnée converge d'après le critère de d'Alembert.

EXEMPLE 15 Déterminons si la série

$$\frac{2}{2!} + \frac{2 \cdot 4}{3!} + \frac{2 \cdot 4 \cdot 6}{4!} + \cdots + \frac{2 \cdot 4 \cdot 6 \cdot \ldots \cdot (2n-2)}{n!} + \ldots \text{ converge.}$$

SOLUTION On utilise le critère de d'Alembert avec $a_n = \frac{2 \cdot 4 \cdot 6 \cdot \ldots \cdot (2n-2)}{n!}$. On a

$$\lim_{n\to\infty} \frac{a_{n+1}}{a_n} = \lim_{n\to\infty} \frac{2 \cdot 4 \cdot 6 \cdot \ldots \cdot 2n}{(n+1)!} \cdot \frac{n!}{2 \cdot 4 \cdot 6 \cdot \ldots \cdot (2n-2)}$$
$$= \lim_{n\to\infty} \frac{2n}{n+1} = 2.$$

Puisque $2 > 1$, la série donnée diverge d'après le critère de d'Alembert.

Le critère de Cauchy

Le critère de Cauchy est une autre manière de comparer une série à une série géométrique. Il est particulièrement utile lorsque tous les facteurs du terme général sont élevés à la même puissance.

LE CRITÈRE DE CAUCHY

i) Si $\lim_{n\to\infty} \sqrt[n]{a_n} = L < 1$, alors la série $\sum_{n=1}^{\infty} a_n$ converge.

ii) Si $\lim_{n\to\infty} \sqrt[n]{a_n} = L > 1$ ou $\lim_{n\to\infty} \sqrt[n]{a_n} = \infty$, alors la série $\sum_{n=1}^{\infty} a_n$ diverge.

iii) Si $\lim_{n\to\infty} \sqrt[n]{a_n} = 1$, le critère de Cauchy n'est pas concluant.

La démonstration de la forme généralisée de ce critère se retrouve à l'exercice 23 de la section 6.5.

EXEMPLE 16 Déterminons si la série $\sum_{n=1}^{\infty} \left(\dfrac{n}{3n-1}\right)^{2n-1}$ converge.

SOLUTION On utilise le critère de Cauchy avec $a_n = \left(\dfrac{n}{3n-1}\right)^{2n-1}$. On a

$$\begin{aligned}\lim_{n\to\infty} \sqrt[n]{a_n} &= \lim_{n\to\infty} \sqrt[n]{\left(\frac{n}{3n-1}\right)^{2n-1}} = \lim_{n\to\infty} \left(\frac{n}{3n-1}\right)^{\frac{2n-1}{n}} \\ &= \lim_{n\to\infty} \left(\frac{n}{n(3-1/n)}\right)^{2-1/n} = \lim_{n\to\infty} \left(\frac{1}{3-1/n}\right)^{2-1/n} \\ &= \left(\frac{1}{3}\right)^2 = \frac{1}{9} < 1.\end{aligned}$$

Donc, la série donnée converge d'après le critère de Cauchy.

EXEMPLE 17 Déterminons si la série $\sum_{n=3}^{\infty} \dfrac{n^n}{(\ln n)^n}$ converge.

SOLUTION En utilisant le critère de Cauchy avec $a_n = \dfrac{n^n}{(\ln n)^n}$, on obtient

$$\lim_{n\to\infty} \sqrt[n]{a_n} = \lim_{n\to\infty} \sqrt[n]{\frac{n^n}{(\ln n)^n}} = \lim_{n\to\infty} \frac{n}{(\ln n)}.$$

On remarque la forme indéterminée ∞/∞ de la dernière limite. On peut lever cette indétermination à l'aide de la fonction associée $f(x) = x/\ln x$ en lui appliquant la règle de l'Hospital. Ainsi,

$$\lim_{x\to\infty} \frac{x}{(\ln x)} \overset{H}{=} \lim_{x\to\infty} \frac{1}{1/x} = \lim_{x\to\infty} x = \infty.$$

En conséquence, la suite diverge en raison du théorème **3** de la section 6.1. Donc, la série diverge d'après le critère de Cauchy.

Exercices 6.3

1. Tracez un graphique pour montrer que

$$\sum_{n=2}^{\infty} \frac{1}{n^{1,3}} < \int_1^{\infty} \frac{1}{x^{1,3}}\, dx.$$

Que pouvez-vous en conclure pour la série ?

2. Supposez que f soit une fonction continue, positive et décroissante pour $x \geq 1$ et $a_n = f(n)$. À l'aide d'un graphique, ordonnez les trois valeurs suivantes en ordre croissant :

$$\int_1^6 f(x)\, dx \qquad \sum_{i=1}^{5} a_i \qquad \sum_{i=2}^{6} a_i.$$

3-8 Utilisez le critère de l'intégrale pour déterminer si la série converge ou diverge.

3. $\displaystyle\sum_{n=1}^{\infty} \frac{1}{\sqrt[5]{n}}$

4. $\displaystyle\sum_{n=1}^{\infty} \frac{1}{n^5}$

5. $\displaystyle\sum_{n=1}^{\infty} \frac{1}{(2n+1)^3}$

6. $\displaystyle\sum_{n=1}^{\infty} \frac{1}{\sqrt{n+4}}$

7. $\displaystyle\sum_{n=1}^{\infty} \frac{n}{n^2+1}$

8. $\displaystyle\sum_{n=1}^{\infty} n^2 e^{-n^3}$

9-26 Déterminez si la série converge ou diverge.

9. $\displaystyle\sum_{n=1}^{\infty} \frac{1}{n^{\sqrt{2}}}$

10. $\displaystyle\sum_{n=3}^{\infty} n^{-0,9999}$

11. $1 + \frac{1}{8} + \frac{1}{27} + \frac{1}{64} + \frac{1}{125} + \ldots$

12. $1 + \frac{1}{2\sqrt{2}} + \frac{1}{3\sqrt{3}} + \frac{1}{4\sqrt{4}} + \frac{1}{5\sqrt{5}} + \ldots$

13. $1 + \frac{1}{3} + \frac{1}{5} + \frac{1}{7} + \frac{1}{9} + \ldots$

14. $\frac{1}{5} + \frac{1}{8} + \frac{1}{11} + \frac{1}{14} + \frac{1}{17} + \ldots$

15. $\displaystyle\sum_{n=1}^{\infty} \frac{\sqrt{n}+4}{n^2}$

16. $\displaystyle\sum_{n=1}^{\infty} \frac{n^2}{n^3+1}$

17. $\displaystyle\sum_{n=1}^{\infty} \frac{1}{n^2+4}$

18. $\displaystyle\sum_{n=3}^{\infty} \frac{3n-4}{n^2-2n}$

19. $\displaystyle\sum_{n=1}^{\infty} \frac{\ln n}{n^3}$

20. $\displaystyle\sum_{n=1}^{\infty} \frac{1}{n^2+6n+13}$

21. $\displaystyle\sum_{n=2}^{\infty} \frac{1}{n \ln n}$

22. $\displaystyle\sum_{n=2}^{\infty} \frac{1}{n(\ln n)^2}$

23. $\displaystyle\sum_{n=1}^{\infty} \frac{e^{1/n}}{n^2}$

24. $\displaystyle\sum_{n=3}^{\infty} \frac{n^2}{e^n}$

25. $\displaystyle\sum_{n=1}^{\infty} \frac{1}{n^2+n^3}$

26. $\displaystyle\sum_{n=1}^{\infty} \frac{n}{n^4+1}$

27-28 Expliquez pourquoi on ne peut pas utiliser le critère de l'intégrale pour déterminer si les séries suivantes sont convergentes.

27. $\displaystyle\sum_{n=1}^{\infty} \frac{\cos \pi n}{\sqrt{n}}$

28. $\displaystyle\sum_{n=1}^{\infty} \frac{\cos^2 n}{1+n^2}$

29-32 Trouvez les valeurs de p pour lesquelles la série converge.

29. $\displaystyle\sum_{n=2}^{\infty} \frac{1}{n(\ln n)^p}$

30. $\displaystyle\sum_{n=3}^{\infty} \frac{1}{n \ln n[\ln(\ln n)]^p}$

31. $\displaystyle\sum_{n=1}^{\infty} n(1+n^2)^p$

32. $\displaystyle\sum_{n=1}^{\infty} \frac{\ln n}{n^p}$

33. La fonction ζ (zêta) de Riemann est définie par

$$\zeta(x) = \sum_{n=1}^{\infty} \frac{1}{n^x}$$

et est utilisée dans la théorie des nombres pour étudier la distribution des nombres premiers. Quel est le domaine de ζ?

34. Leonhard Euler a réussi à calculer la valeur exacte de la somme de la série p avec $p = 2$:

$$\zeta(2) = \sum_{n=1}^{\infty} \frac{1}{n^2} = \frac{\pi^2}{6}.$$

Utilisez ce résultat pour trouver la somme de chaque série.

a) $\displaystyle\sum_{n=2}^{\infty} \frac{1}{n^2}$ b) $\displaystyle\sum_{n=3}^{\infty} \frac{1}{(n+1)^2}$ c) $\displaystyle\sum_{n=1}^{\infty} \frac{1}{(2n)^2}$

35. Euler a aussi trouvé la somme d'une série p avec $p = 4$:

$$\zeta(4) = \sum_{n=1}^{\infty} \frac{1}{n^4} = \frac{\pi^4}{90}.$$

Utilisez le résultat d'Euler pour évaluer la somme de chaque série.

a) $\displaystyle\sum_{n=1}^{\infty} \left(\frac{3}{n}\right)^4$ b) $\displaystyle\sum_{k=5}^{\infty} \frac{1}{(k-2)^4}$

36. a) Trouvez la somme partielle s_{10} de la série $\sum_{n=1}^{\infty} 1/n^4$. Estimez l'erreur commise en utilisant s_{10} comme approximation de la somme de la série.

b) Utilisez les inégalités **5** avec $n = 10$ pour améliorer l'estimation de la somme.

c) Comparez votre estimation en b) avec la valeur exacte donnée à l'exercice 35.

d) Trouvez une valeur de n pour que s_n soit à moins de 0,000 01 de la somme.

37. a) Utilisez la somme des 10 premiers termes pour estimer la somme de la série $\sum_{n=1}^{\infty} 1/n^2$. Est-ce une bonne estimation ?

b) Améliorez cette estimation en utilisant les inégalités **5** avec $n = 10$.

c) Comparez votre estimation en b) avec la valeur exacte donnée à l'exercice 34.

d) Trouvez la plus petite valeur de n qui garantisse que l'erreur d'estimation de $s \approx s_n$ soit moins de 0,001.

38. Trouvez la somme de la série $\sum_{n=1}^{\infty} 1/n^5$ avec trois décimales exactes.

39. Trouvez la somme de la série $\sum_{n=1}^{\infty} (2n+1)^{-6}$ avec cinq décimales exactes.

40. Combien de termes de la série $\sum_{n=2}^{\infty} 1/[n(\ln n)^2]$ vous faudrait-il additionner pour trouver sa somme à moins de 0,01 près?

41. Montrez que si on veut approcher la somme de la série $\sum_{n=1}^{\infty} n^{-1,001}$ de manière que l'erreur soit inférieure à 5 à la neuvième décimale, alors il faut additionner plus de $10^{11\,301}$ termes!

LCS **42.** a) Montrez que la série $\sum_{n=1}^{\infty} (\ln n)^2/n^2$ converge.

b) Trouvez une borne supérieure pour l'erreur de l'approximation $s \approx s_n$.

c) Quelle est la plus petite valeur de n telle que cette borne supérieure soit inférieure à 0,05?

d) Calculez s_n pour cette valeur de n.

43. a) Utilisez l'inégalité **1** pour montrer que si s_n est la n-ième somme partielle de la série harmonique, alors

$$s_n \leq 1 + \ln n.$$

b) La série harmonique diverge, mais très lentement. Utilisez la partie a) pour montrer que la somme du premier million de termes est inférieure à 15 et que la somme du premier milliard de termes est inférieure à 22.

44. Utilisez les étapes suivantes pour montrer que la suite

$$t_n = 1 + \frac{1}{2} + \frac{1}{3} + \ldots + \frac{1}{n} - \ln n$$

a une limite. (La valeur de la limite est notée γ et est appelée «constante d'Euler».)

a) Tracez un graphique semblable à celui de la figure 4 avec $f(x) = 1/x$ et interprétez t_n comme une aire (ou utilisez l'inégalité **2**) pour montrer que $t_n > 0$ pour tout n.

b) Interprétez

$$t_n - t_{n+1} = [\ln(n+1) - \ln n] - \frac{1}{n+1}$$

comme une différence d'aires pour montrer que $t_n - t_{n+1} > 0$. Par conséquent, $\{t_n\}$ est une suite décroissante.

c) Utilisez le théorème des suites monotones pour montrer que $\{t_n\}$ converge.

45. Trouvez toutes les valeurs positives de b pour lesquelles la série $\sum_{n=1}^{\infty} b^{\ln n}$ converge.

46. Trouvez toutes les valeurs de c pour lesquelles la série suivante converge.

$$\sum_{n=1}^{\infty} \left(\frac{c}{n} - \frac{1}{n+1} \right)$$

47. Supposez que $\sum a_n$ et $\sum b_n$ sont des séries à termes positifs et que vous savez que $\sum b_n$ converge.

a) Si $a_n > b_n$ pour tout n, que pouvez-vous dire à propos de $\sum a_n$? Pourquoi?

b) Si $a_n < b_n$ pour tout n, que pouvez-vous dire à propos de $\sum a_n$? Pourquoi?

48. Supposez que $\sum a_n$ et $\sum b_n$ sont des séries à termes positifs et que vous savez que $\sum b_n$ diverge.

a) Si $a_n > b_n$ pour tout n, que pouvez-vous dire à propos de $\sum a_n$? Pourquoi?

b) Si $a_n < b_n$ pour tout n, que pouvez-vous dire à propos de $\sum a_n$? Pourquoi?

49-75 Déterminez si la série converge ou diverge en utilisant le critère de comparaison ou le critère de comparaison par une limite.

49. $\sum_{n=1}^{\infty} \frac{n}{2n^3+1}$

50. $\sum_{n=2}^{\infty} \frac{n^3}{n^4-1}$

51. $\sum_{n=1}^{\infty} \frac{n+1}{n\sqrt{n}}$

52. $\sum_{n=1}^{\infty} \frac{n-1}{n^2\sqrt{n}}$

53. $\sum_{n=1}^{\infty} \frac{9^n}{3+10^n}$

54. $\sum_{n=1}^{\infty} \frac{6^n}{5^n-1}$

55. $\sum_{k=1}^{\infty} \frac{\ln k}{k}$

56. $\sum_{k=1}^{\infty} \frac{k \sin^2 k}{1+k^3}$

57. $\sum_{k=1}^{\infty} \frac{\sqrt[3]{k}}{\sqrt{k^3+4k+3}}$

58. $\sum_{k=1}^{\infty} \frac{(2k-1)(k^2-1)}{(k+1)(k^2+4)^2}$

59. $\sum_{n=1}^{\infty} \frac{\arctan n}{n^{1,2}}$

60. $\sum_{n=2}^{\infty} \frac{\sqrt{n}}{n-1}$

61. $\sum_{n=1}^{\infty} \frac{4^{n+1}}{3^n-2}$

62. $\sum_{n=1}^{\infty} \frac{1}{\sqrt[3]{3n^4+1}}$

63. $\sum_{n=1}^{\infty} \frac{1}{\sqrt{n^2+1}}$

64. $\sum_{n=1}^{\infty} \frac{1}{2n+3}$

65. $\sum_{n=1}^{\infty} \frac{1+4^n}{1+3^n}$

66. $\sum_{n=1}^{\infty} \frac{n+4^n}{n+6^n}$

67. $\sum_{n=1}^{\infty} \frac{\sqrt{n+2}}{2n^2+n+1}$

68. $\sum_{n=1}^{\infty} \frac{\sqrt{n^4+1}}{n^3+n^2}$

69. $\sum_{n=2}^{\infty} \frac{1}{n\sqrt{n^2-1}}$

70. $\sum_{n=1}^{\infty} \left(1+\frac{1}{n}\right)^2 e^{-n}$

71. $\sum_{n=1}^{\infty} \frac{e^{1/n}}{n}$

72. $\sum_{n=1}^{\infty} \frac{1}{n!}$

73. $\sum_{n=1}^{\infty} \frac{n!}{n^n}$

74. $\sum_{n=1}^{\infty} \sin\left(\frac{1}{n}\right)$

75. $\sum_{n=1}^{\infty} \frac{1}{n^{1+1/n}}$

76-79 Sommez les 10 premiers termes pour approcher la somme de la série. Estimez l'erreur.

76. $\sum_{n=1}^{\infty} \frac{1}{\sqrt{n^4+1}}$

77. $\sum_{n=1}^{\infty} \frac{\sin^2 n}{n^3}$

78. $\sum_{n=1}^{\infty} 5^{-n} \cos^2 n$

79. $\sum_{n=1}^{\infty} \frac{1}{3^n + 4^n}$

80-93 Déterminez si la série converge ou diverge.

80. $\sum_{n=3}^{\infty} \frac{n+2}{(n+1)^3}$

81. $\sum_{n=1}^{\infty} \frac{5+2n}{(1+n^2)^2}$

82. $\sum_{n=1}^{\infty} \frac{n^2-5n}{n^3+n+1}$

83. $\sum_{n=1}^{\infty} \frac{n}{5^n}$

84. $\sum_{k=1}^{\infty} k(\frac{2}{3})^k$

85. $\sum_{n=1}^{\infty} \frac{n!}{100^n}$

86. $\sum_{n=1}^{\infty} \frac{10^n}{(n+1)4^{2n+1}}$

87. $\sum_{n=1}^{\infty} \left(\frac{n^2+1}{2n^2+1}\right)^n$

88. $\sum_{n=1}^{\infty} \left(1+\frac{1}{n}\right)^{n^2}$

89. $\sum_{n=1}^{\infty} \frac{(2n)!}{(n!)^2}$

90. $\sum_{n=1}^{\infty} \frac{n^{100}100^n}{n!}$

91. $\sum_{n=1}^{\infty} \frac{2^{n^2}}{n!}$

92. $\frac{2}{5} + \frac{2 \cdot 6}{5 \cdot 8} + \frac{2 \cdot 6 \cdot 10}{5 \cdot 8 \cdot 11} + \frac{2 \cdot 6 \cdot 10 \cdot 14}{5 \cdot 8 \cdot 11 \cdot 14} + \ldots$

93. $\sum_{n=1}^{\infty} \frac{2 \cdot 4 \cdot 6 \cdot \ldots \cdot (2n)}{n!}$

94. Par définition de la représentation décimale d'un nombre $0, d_1 d_2 d_3 \ldots$ (le chiffre d_i est un des chiffres 0, 1, 2, …, 9), on a

$$0,d_1 d_2 d_3 d_4 \ldots = \frac{d_1}{10} + \frac{d_2}{10^2} + \frac{d_3}{10^3} + \frac{d_4}{10^4} + \ldots$$

Montrez que cette série converge toujours.

95. Pour quelles valeurs de p la série $\sum_{n=2}^{\infty} 1/(n^p \ln n)$ converge-t-elle ?

96. Démontrez que si $a_n \geq 0$ et que si $\sum a_n$ converge, alors $\sum a_n^2$ converge aussi.

97. a) Supposez que $\sum a_n$ et $\sum b_n$ sont des séries à termes positifs et que $\sum b_n$ converge. Démontrez que si

$$\lim_{n\to\infty} \frac{a_n}{b_n} = 0,$$

alors $\sum a_n$ converge aussi.

b) Utilisez la partie a) pour montrer que la série converge.

i) $\sum_{n=1}^{\infty} \frac{\ln n}{n^3}$ ii) $\sum_{n=1}^{\infty} \frac{\ln n}{\sqrt{n}e^n}$

98. a) Supposez que $\sum a_n$ et $\sum b_n$ sont des séries à termes positifs et que $\sum b_n$ diverge. Démontrez que si

$$\lim_{n\to\infty} \frac{a_n}{b_n} = \infty,$$

alors $\sum a_n$ diverge aussi.

b) Utilisez la partie a) pour montrer que la série diverge.

i) $\sum_{n=2}^{\infty} \frac{1}{\ln n}$ ii) $\sum_{n=1}^{\infty} \frac{\ln n}{n}$

99. Donnez un exemple de deux séries $\sum a_n$ et $\sum b_n$ à termes positifs telles que $\lim_{n\to\infty}(a_n/b_n) = 0$ et $\sum b_n$ diverge, mais $\sum a_n$ converge. (Comparez avec l'exercice 97.)

100. Montrez que si $a_n > 0$ et $\lim_{n\to\infty} na_n \neq 0$, alors $\sum a_n$ diverge.

101. Montrez que si $a_n > 0$ et $\sum a_n$ converge, alors $\sum \ln(1 + a_n)$ converge.

102. Si $\sum a_n$ est une série convergente à termes positifs, est-ce que $\sum \sin(a_n)$ converge aussi ?

103. Si $\sum a_n$ et $\sum b_n$ sont deux séries convergentes à termes positifs, est-ce que $\sum a_n b_n$ converge aussi ?

104. On définit les termes d'une série par les équations de récurrence

$$a_1 = 2 \qquad a_{n+1} = \frac{5n+1}{4n+3} a_n.$$

Déterminez si $\sum a_n$ converge ou diverge.

105. Pour quelle(s) série(s) ci-dessous le critère de d'Alembert n'est-il pas concluant ?

a) $\sum_{n=1}^{\infty} \frac{1}{n^3}$ b) $\sum_{n=1}^{\infty} \frac{n}{2^n}$ c) $\sum_{n=1}^{\infty} \frac{\sqrt{n}}{1+n^2}$

106. Pour quels entiers positifs k la série suivante converge-t-elle ?

$$\sum_{n=1}^{\infty} \frac{(n!)^2}{(kn)!}$$

107. a) Montrez que $\sum_{n=0}^{\infty} x^n/n!$ converge pour tout x.

b) Déduisez que $\lim_{n\to\infty} x^n/n! = 0$ pour tout x.

108. Soit $\sum a_n$, une série à termes positifs et $r_n = a_{n+1}/a_n$. Supposez que $\lim_{n\to\infty} r_n = L < 1$, donc que $\sum a_n$ converge d'après le critère de d'Alembert. Comme d'habitude, soit R_n le reste après n termes, c'est-à-dire que

$$R_n = a_{n+1} + a_{n+2} + a_{n+3} + \ldots$$

a) Si $\{r_n\}$ est une suite décroissante et si $r_{n+1} < 1$, montrez, en sommant une série géométrique, que

$$R_n \leq \frac{a_{n+1}}{1 - r_{n+1}}.$$

b) Si $\{r_n\}$ est une suite croissante, montrez que

$$R_n \leq \frac{a_{n+1}}{1 - L}.$$

109. a) Trouvez la somme partielle s_5 de la série $\sum_{n=1}^{\infty} 1/(n2^n)$. À l'aide de l'exercice 108, estimez l'erreur en utilisant s_5 comme une approximation de la somme de la série.

b) Trouvez une valeur de n telle que s_n soit à moins de 0,000 05 près de la somme. Utilisez cette valeur de n pour approcher la somme de la série.

110. Utilisez la somme des 10 premiers termes pour approcher la somme de la série

$$\sum_{n=1}^{\infty} \frac{n}{2^n}.$$

Utilisez l'exercice 108 pour estimer l'erreur.

6.4 LES SÉRIES ALTERNÉES

Les critères de convergence vus jusqu'à présent ne s'appliquent qu'aux séries à termes positifs. Dans cette section et la suivante, on apprendra comment traiter les séries à termes non obligatoirement positifs. Les séries alternées, c'est-à-dire dont le signe des termes alterne, sont particulièrement importantes.

Une **série alternée** est une série à termes alternativement positifs et négatifs. En voici deux exemples :

$$1-\frac{1}{2}+\frac{1}{3}-\frac{1}{4}+\frac{1}{5}-\frac{1}{6}+\ldots=\sum_{n=1}^{\infty}(-1)^{n-1}\frac{1}{n}$$

$$-\frac{1}{2}+\frac{2}{3}-\frac{3}{4}+\frac{4}{5}-\frac{5}{6}+\frac{6}{7}-\ldots=\sum_{n=1}^{\infty}(-1)^{n}\frac{n}{n+1}.$$

Ces exemples montrent que le n-ième terme d'une série est de la forme

$$a_n = (-1)^{n-1}b_n \text{ ou } a_n = (-1)^n b_n$$

où b_n est un nombre positif.

Selon le critère suivant, si les termes d'une série alternée décroissent vers 0 en valeur absolue, alors cette série converge.

LE CRITÈRE DES SÉRIES ALTERNÉES (CRITÈRE DE LEIBNIZ)

Si la série alternée

$$\sum_{n=1}^{\infty}(-1)^{n-1}b_n = b_1 - b_2 + b_3 - b_4 + b_5 - b_6 + \ldots \qquad \text{où } b_n > 0$$

satisfait aux conditions

i) $b_{n+1} \leq b_n$ pour tout n

ii) $\lim_{n\to\infty} b_n = 0$

alors elle converge.

Avant de démontrer ce critère, on observe la représentation graphique (voir la figure 1) de l'idée sous-jacente à la démonstration. On porte d'abord $s_1 = b_1$ sur une droite numérique. Pour trouver s_2, on soustrait b_2. Donc s_2 est à gauche de s_1. Puis, pour trouver s_3, on additionne b_3. Donc s_3 est à droite de s_2. Mais, puisque $b_3 < b_2$, s_3 est à gauche de s_1. En continuant de cette façon, on voit que les sommes partielles oscillent.

Puisque $b_n \to 0$, les étapes successives deviennent de plus en plus petites. Les sommes partielles paires $s_2, s_4, s_6, \ldots$ sont croissantes et les sommes impaires $s_1, s_3, s_5, \ldots$ sont décroissantes. Il semble donc plausible que les deux convergent vers un nombre s, la somme de la série. Par conséquent, on considère séparément les sommes partielles paires et impaires dans la démonstration suivante.

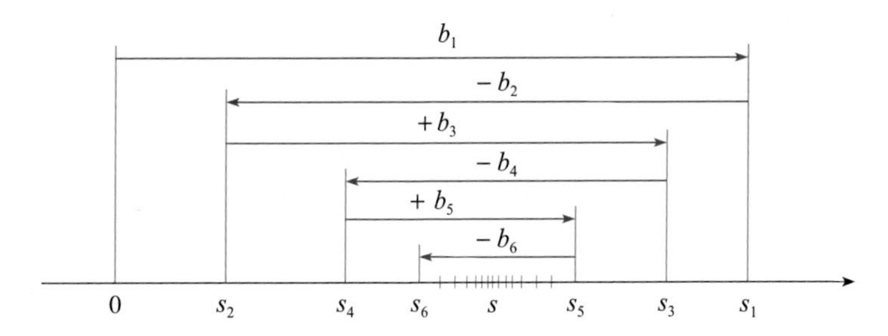

FIGURE 1

DÉMONSTRATION DU CRITÈRE DES SÉRIES ALTERNÉES On considère d'abord les sommes partielles paires :

$$s_2 = b_1 - b_2 \geq 0 \qquad \text{puisque } b_2 \leq b_1\,;$$

$$s_4 = s_2 + (b_3 - b_4) \geq s_2 \qquad \text{puisque } b_4 \leq b_3.$$

En général, $$s_{2n} = s_{2n-2} + (b_{2n-1} - b_{2n}) \geq s_{2n-2} \qquad \text{puisque } b_{2n} \leq b_{2n-1}.$$

Donc, $$0 \leq s_2 \leq s_4 \leq s_6 \leq \ldots \leq s_{2n} \leq \ldots$$

Mais on peut aussi écrire

$$s_{2n} = b_1 - (b_2 - b_3) - (b_4 - b_5) - \ldots - (b_{2n-2} - b_{2n-1}) - b_{2n}.$$

Chaque terme entre parenthèses est positif. Donc, $s_{2n} \leq b_1$ pour tout n. Ainsi, la suite $\{s_{2n}\}$ des sommes partielles paires est croissante et bornée supérieurement. Par conséquent, cette suite converge, selon le théorème des suites monotones. Si on pose s comme sa limite, on obtient donc

$$\lim_{n\to\infty} s_{2n} = s.$$

On calcule maintenant la limite des sommes partielles impaires. On obtient successivement :

$$\begin{aligned}
\lim_{n\to\infty} s_{2n+1} &= \lim_{n\to\infty}(s_{2n} + b_{2n+1}) \\
&= \lim_{n\to\infty} s_{2n} + \lim_{n\to\infty} b_{2n+1} \\
&= s + 0 \qquad \text{[selon la condition ii)]} \\
&= s.
\end{aligned}$$

Comme les sommes partielles paires et impaires convergent vers s, alors $\lim_{n\to\infty} s_n = s$ [voir l'exercice 92 a) de la section 6.1] et donc la série converge. ■

EXEMPLE 1 La **série harmonique alternée**

$$1 - \frac{1}{2} + \frac{1}{3} - \frac{1}{4} + \ldots = \sum_{n=1}^{\infty} \frac{(-1)^{n-1}}{n}$$

La figure 2 illustre l'exemple 1 en montrant les graphiques des termes $a_n = (-1)^{n-1}/n$ et des sommes partielles s_n. On remarque comment les valeurs de s_n zigzaguent à travers la valeur limite qui semble être environ 0,7. En fait, on peut prouver que la somme de la série est $\ln 2 \approx 0{,}693$ (voir l'exercice 36).

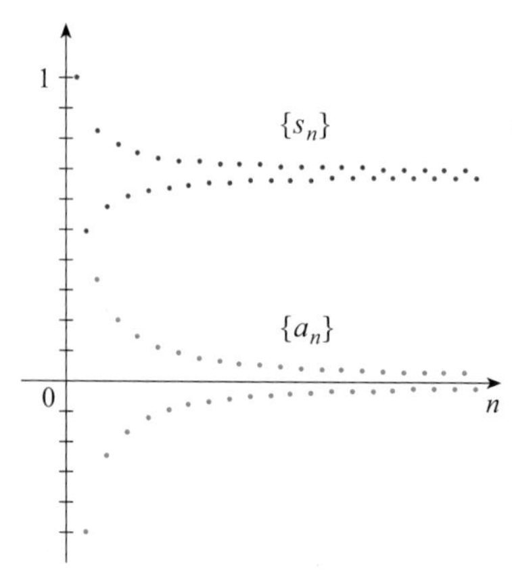

FIGURE 2

satisfait aux conditions

i) $b_{n+1} < b_n$ puisque $\dfrac{1}{n+1} < \dfrac{1}{n}$

ii) $\lim\limits_{n\to\infty} b_n = \lim\limits_{n\to\infty} \dfrac{1}{n} = 0$

de sorte que la série converge en raison du critère des séries alternées.

EXEMPLE 2 La série $\sum\limits_{n=1}^{\infty} \dfrac{(-1)^n 3n}{4n-1}$ est alternée, mais puisque

$$\lim_{n\to\infty} b_n = \lim_{n\to\infty} \frac{3n}{4n-1} = \lim_{n\to\infty} \frac{3}{4-\dfrac{1}{n}} = \frac{3}{4}$$

la condition ii) n'est pas remplie. Considérons plutôt la limite du n-ième terme de la série :

$$\lim_{n\to\infty} a_n = \lim_{n\to\infty} \frac{(-1)^n 3n}{4n-1}.$$

Comme cette limite n'existe pas, la série diverge, selon le critère du terme général.

EXEMPLE 3 Déterminons si la série $\sum\limits_{n=1}^{\infty} (-1)^{n+1} \dfrac{n^2}{n^3+1}$ converge ou diverge.

SOLUTION Comme cette série est alternée, on essaie de vérifier les conditions i) et ii) du critère des séries alternées.

Contrairement à l'exemple 1, il n'est pas évident que la suite donnée par $b_n = n^2/(n^3+1)$ décroît. Cependant, la fonction liée $f(x) = x^2/(x^3+1)$ donne

$$f'(x) = \frac{x(2-x^3)}{(x^3+1)^2}.$$

Au lieu de vérifier la condition i) du critère des séries alternées en calculant une dérivée, on peut vérifier directement que $b_{n+1} < b_n$ par la méthode de résolution de l'exemple 13 de la section 6.1.

Comme on ne considère que les x positifs, $f'(x) < 0$ si $2 - x^3 < 0$, c'est-à-dire que $x > \sqrt[3]{2}$. Donc, f décroît dans l'intervalle $]\sqrt[3]{2}, \infty[$. Par conséquent, $f(n+1) < f(n)$ et donc $b_{n+1} < b_n$ lorsque $n \geq 2$. (On peut vérifier directement l'inégalité $b_2 < b_1$, mais l'important est que la suite $\{b_n\}$ soit décroissante à partir d'un certain rang.)

La condition ii) se vérifie facilement :

$$\lim_{n\to\infty} b_n = \lim_{n\to\infty} \frac{n^2}{n^3+1} = \lim_{n\to\infty} \frac{\dfrac{1}{n}}{1+\dfrac{1}{n^3}} = 0.$$

Donc, selon le critère des séries alternées, la série donnée converge.

L'ESTIMATION DE SOMMES

On peut utiliser une somme partielle s_n de n'importe quelle série convergente comme approximation de la somme s, mais c'est peu utile sauf si l'on peut estimer l'exactitude de l'approximation. L'erreur commise en prenant $s \approx s_n$ est le reste $R_n = s - s_n$.

Le théorème suivant établit que pour les séries qui satisfont aux conditions du critère des séries alternées, l'erreur est inférieure à b_{n+1}, la valeur absolue du premier terme négligé.

On peut voir géométriquement pourquoi le théorème d'estimation des séries alternées est vrai en observant la figure 1 (page 333). On remarque que $s - s_4 < b_5$, $|s - s_5| < b_6$, etc. On remarque aussi que s est compris entre deux sommes partielles consécutives quelconques.

THÉORÈME D'ESTIMATION DES SÉRIES ALTERNÉES

Si $s = \sum(-1)^{n-1}$ est la somme d'une série alternée qui satisfait à

$$\text{i) } b_{n+1} \leq b_n \qquad \text{et} \qquad \text{ii) } \lim_{n\to\infty} b_n = 0$$

alors $$|R_n| = |s - s_n| \leq b_{n+1}.$$

DÉMONSTRATION On sait de la démonstration du critère des séries alternées que s est compris entre deux sommes partielles consécutives quelconques s_n et s_{n+1}. D'où

$$|s - s_n| \leq |s_{n+1} - s_n| = b_{n+1}.$$

EXEMPLE 4 Trouvons une valeur approchée de la série $\sum_{n=0}^{\infty} \frac{(-1)^n}{n!}$ exacte jusqu'à la troisième décimale. (Par définition, $0! = 1$.)

SOLUTION On remarque d'abord que la série converge en raison du critère des séries alternées puisque

i) $$\frac{1}{(n+1)!} = \frac{1}{n!(n+1)} < \frac{1}{n!}$$

ii) $$0 < \frac{1}{n!} < \frac{1}{n} \to 0 \text{ d'où } \frac{1}{n!} \to 0 \text{ lorsque } n \to \infty.$$

Pour avoir une idée du nombre de termes qu'on doit prendre dans l'approximation, on écrit les premiers termes de la série :

$$\begin{aligned} s &= \frac{1}{0!} - \frac{1}{1!} + \frac{1}{2!} - \frac{1}{3!} + \frac{1}{4!} - \frac{1}{5!} + \frac{1}{6!} - \frac{1}{7!} + \dots \\ &= 1 - 1 + \frac{1}{2} - \frac{1}{6} + \frac{1}{24} - \frac{1}{120} + \frac{1}{720} - \frac{1}{5040} + \dots \end{aligned}$$

On remarque que $$b_7 = \tfrac{1}{5040} < \tfrac{1}{5000} = 0{,}0002$$

et que $$s_6 = 1 - 1 + \tfrac{1}{2} - \tfrac{1}{6} + \tfrac{1}{24} - \tfrac{1}{120} + \tfrac{1}{720} \approx 0{,}368\,056.$$

Selon le théorème d'estimation des séries alternées, on sait que

$$|s - s_6| \leq b_7 < 0{,}0002\,.$$

À la section 6.8, on prouvera que $e^x = \sum_{n=0}^{\infty} x^n/n!$ pout tout x. Donc, à l'exemple 4, on a obtenu une valeur approchée du nombre e^{-1}.

Cette erreur inférieure à 0,0002 n'influe pas sur la troisième décimale. Donc, $s \approx 0{,}368$ est exact jusqu'à la troisième décimale.

NOTE La règle selon laquelle l'erreur (en utilisant s_n pour approcher s) est inférieure au premier terme négligé n'est, en général, valide que pour les séries alternées qui satisfont aux conditions du théorème d'estimation des séries alternées. Cette règle ne s'applique pas aux autres types de séries.

Exercices 6.4

1. a) Qu'est-ce qu'une série alternée?
b) À quelles conditions une série alternée converge-t-elle?
c) Si ces conditions sont remplies, que pouvez-vous dire à propos du reste après n termes?

2-20 Déterminez si la série converge ou diverge.

2. $\frac{2}{3} - \frac{2}{5} + \frac{2}{7} - \frac{2}{9} + \frac{2}{11} - \ldots$

3. $-\frac{2}{5} + \frac{4}{6} - \frac{6}{7} + \frac{8}{8} - \frac{10}{9} + \ldots$

4. $\frac{1}{\sqrt{2}} - \frac{1}{\sqrt{3}} + \frac{1}{\sqrt{4}} - \frac{1}{\sqrt{5}} + \frac{1}{\sqrt{6}} - \ldots$

5. $\sum_{n=1}^{\infty} \frac{(-1)^{n-1}}{2n+1}$

6. $\sum_{n=1}^{\infty} \frac{(-1)^{n-1}}{\ln(n+4)}$

7. $\sum_{n=1}^{\infty} (-1)^n \frac{3n-1}{2n+1}$

8. $\sum_{n=1}^{\infty} (-1)^n \frac{n}{\sqrt{n^3+2}}$

9. $\sum_{n=1}^{\infty} (-1)^n e^{-n}$

10. $\sum_{n=1}^{\infty} (-1)^n \frac{\sqrt{n}}{2n+3}$

11. $\sum_{n=1}^{\infty} (-1)^{n+1} \frac{n^2}{n^3+4}$

12. $\sum_{n=1}^{\infty} (-1)^{n+1} ne^{-n}$

13. $\sum_{n=1}^{\infty} (-1)^{n-1} e^{2/n}$

14. $\sum_{n=1}^{\infty} (-1)^{n-1} \arctan n$

15. $\sum_{n=0}^{\infty} \frac{\sin(n+\frac{1}{2})\pi}{1+\sqrt{n}}$

16. $\sum_{n=1}^{\infty} \frac{n\cos n\pi}{2^n}$

17. $\sum_{n=1}^{\infty} (-1)^n \sin\left(\frac{\pi}{n}\right)$

18. $\sum_{n=1}^{\infty} (-1)^n \cos\left(\frac{\pi}{n}\right)$

19. $\sum_{n=1}^{\infty} (-1)^n \frac{n^n}{n!}$

20. $\sum_{n=1}^{\infty} (-1)^n (\sqrt{n+1} - \sqrt{n})$

21-22 Représentez graphiquement la suite des termes et la suite des sommes partielles sur le même système d'axes. Utilisez le graphique pour estimer la somme de la série. Ensuite, calculez approximativement la série avec quatre décimales exactes en utilisant le théorème d'estimation des séries alternées.

21. $\sum_{n=1}^{\infty} \frac{(-0{,}8)^n}{n!}$

22. $\sum_{n=1}^{\infty} (-1)^{n-1} \frac{n}{8^n}$

23-26 Montrez que la série converge. Combien de termes de la série faut-il additionner pour trouver la somme correspondant à l'exactitude indiquée?

23. $\sum_{n=1}^{\infty} \frac{(-1)^{n+1}}{n^6}$ $\quad(|\text{erreur}| < 0{,}000\,05)$

24. $\sum_{n=1}^{\infty} \frac{(-1)^n}{n5^n}$ $\quad(|\text{erreur}| < 0{,}0001)$

25. $\sum_{n=0}^{\infty} \frac{(-1)^n}{10^n n!}$ $\quad(|\text{erreur}| < 0{,}000\,005)$

26. $\sum_{n=1}^{\infty} (-1)^{n-1} ne^{-n}$ $\quad(|\text{erreur}| < 0{,}01)$

27-30 Approchez la somme de la série avec quatre décimales exactes.

27. $\sum_{n=1}^{\infty} \frac{(-1)^n}{(2n)!}$

28. $\sum_{n=1}^{\infty} \frac{(-1)^{n+1}}{n^6}$

29. $\sum_{n=1}^{\infty} \frac{(-1)^{n-1} n^2}{10^n}$

30. $\sum_{n=1}^{\infty} \frac{(-1)^n}{3^n n!}$

31. Est-ce que la 50e somme partielle s_{50} de la série alternée $\sum_{n=1}^{\infty} (-1)^{n-1}/n$ est une surestimation ou une sous-estimation de la somme de la série? Expliquez votre réponse.

32-34 Pour quelles valeurs de p chacune de ces séries converge-t-elle?

32. $\sum_{n=1}^{\infty} \frac{(-1)^{n-1}}{n^p}$

33. $\sum_{n=1}^{\infty} \frac{(-1)^n}{n+p}$

34. $\sum_{n=2}^{\infty} (-1)^{n-1} \frac{(\ln n)^p}{n}$

35. Montrez que la série $\sum (-1)^{n-1} b_n$, où $b_n = 1/n$ si n est impair et $b_n = 1/n^2$ si n est pair, diverge. Pourquoi le critère des séries alternées ne s'applique-t-il pas?

36. Utilisez les étapes suivantes pour montrer que

$$\sum_{n=1}^{\infty} \frac{(-1)^{n-1}}{n} = \ln 2.$$

Soit h_n et s_n, les sommes partielles des séries harmonique et alternée.

a) Montrez que $s_{2n} = h_{2n} - h_n$.

b) Selon l'exercice 44 de la section 6.3,

$$h_n - \ln n \to \gamma \text{ lorsque } n \to \infty$$

et, par conséquent,

$$h_{2n} - \ln(2n) \to \gamma \text{ lorsque } n \to \infty.$$

Utilisez ces résultats dans la partie a) pour montrer que $s_{2n} \to \ln 2$ lorsque $n \to \infty$.

6.5 LA CONVERGENCE ABSOLUE ET CONDITIONNELLE

À toute série $\sum a_n$ correspond la série

$$\sum_{n=1}^{\infty} |a_n| = |a_1| + |a_2| + |a_3| + \ldots$$

dont les termes sont les valeurs absolues des termes de la série originale.

Il existe des critères de convergence pour les séries à termes positifs et pour les séries alternées. Mais que faire si le signe des termes alterne irrégulièrement? L'exemple 3 montre que l'idée de la convergence absolue est parfois utile dans un tel cas.

1 DÉFINITION

Une série $\sum a_n$ est dite **absolument convergente** si la série des valeurs absolues $\sum |a_n|$ converge.

On remarque que si $\sum a_n$ est une série à termes positifs, alors $|a_n| = a_n$ et la convergence absolue est identique à la convergence.

EXEMPLE 1 La série

$$\sum_{n=1}^{\infty} \frac{(-1)^{n-1}}{n^2} = 1 - \frac{1}{2^2} + \frac{1}{3^2} - \frac{1}{4^2} + \ldots$$

converge absolument parce que

$$\sum_{n=1}^{\infty} \left| \frac{(-1)^{n-1}}{n^2} \right| = \sum_{n=1}^{\infty} \frac{1}{n^2} = 1 + \frac{1}{2^2} + \frac{1}{3^2} + \frac{1}{4^2} + ..$$

est une série p convergente ($p = 2 > 1$).

EXEMPLE 2 Selon l'exemple 1 de la section 6.4, la série harmonique alternée

$$\sum_{n=1}^{\infty} \frac{(-1)^{n-1}}{n} = 1 - \frac{1}{2} + \frac{1}{3} - \frac{1}{4} + \ldots$$

converge, mais elle ne converge pas absolument parce que la série correspondante de valeurs absolues est

$$\sum_{n=1}^{\infty} \left| \frac{(-1)^{n-1}}{n} \right| = \sum_{n=1}^{\infty} \frac{1}{n} = 1 + \frac{1}{2} + \frac{1}{3} + \frac{1}{4} + \ldots$$

qui est la série harmonique (série p avec $p = 1$) et qui donc diverge.

2 DÉFINITION

Une série $\sum a_n$ est dite **conditionnellement convergente** si elle est convergente, mais non absolument convergente.

L'exemple 2 montre que la série harmonique alternée est conditionnellement convergente. Donc, une série peut être convergente sans être absolument convergente. Le théorème suivant montre toutefois que la convergence absolue entraîne la convergence.

3 THÉORÈME

Si une série $\sum a_n$ converge absolument, alors elle converge.

DÉMONSTRATION On remarque que l'inégalité

$$0 \leq a_n + |a_n| \leq 2|a_n|$$

est vraie, car $|a_n|$ est soit a_n, soit $-a_n$. Si $\sum a_n$ converge absolument, alors $\sum |a_n|$ converge et donc $\sum 2|a_n|$ converge. Par conséquent, d'après le critère de comparaison, $\sum (a_n + |a_n|)$ converge. Alors,

$$\sum a_n = \sum (a_n + |a_n|) - \sum |a_n|$$

est la différence de deux séries convergentes et est donc convergente.

La figure 1 montre les graphiques des termes a_n et des sommes partielles s_n de la série de l'exemple 3. On remarque que la série n'est pas alternée, mais qu'elle a des termes positifs et des termes négatifs.

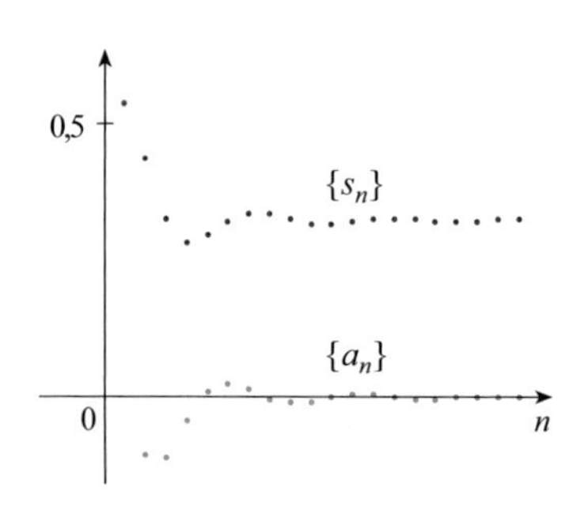

FIGURE 1

EXEMPLE 3 Déterminons si la série

$$\sum_{n=1}^{\infty} \frac{\cos n}{n^2} = \frac{\cos 1}{1^2} + \frac{\cos 2}{2^2} + \frac{\cos 3}{3^2} + \ldots$$

converge ou diverge.

SOLUTION Cette série a des termes positifs et des termes négatifs, mais elle n'est pas alternée. (Le premier terme est positif, les trois prochains sont négatifs, et les trois suivants sont positifs : le signe change irrégulièrement.) On applique le critère de comparaison à la série des valeurs absolues

$$\sum_{n=1}^{\infty} \left| \frac{\cos n}{n^2} \right| = \sum_{n=1}^{\infty} \frac{|\cos n|}{n^2}.$$

Puisque $|\cos n| \leq 1$ pour tout n, on a

$$\frac{|\cos n|}{n^2} \leq \frac{1}{n^2}.$$

On sait que $\sum 1/n^2$ converge (série p avec $p = 2$). Donc, selon le critère de comparaison, $\sum |\cos n|/n^2$ converge. Par conséquent, la série donnée $\sum (\cos n)/n^2$ converge absolument et est donc convergente, selon le théorème **3**.

Le critère suivant est très utile pour déterminer si une série donnée converge absolument.

LE CRITÈRE GÉNÉRALISÉ DE D'ALEMBERT

i) Si $\lim_{n\to\infty} \left| \frac{a_{n+1}}{a_n} \right| = L < 1$, alors la série $\sum_{n=1}^{\infty} a_n$ converge absolument (et donc converge).

ii) Si $\lim_{n\to\infty} \left| \frac{a_{n+1}}{a_n} \right| = L > 1$, ou $\lim_{n\to\infty} \left| \frac{a_{n+1}}{a_n} \right| = \infty$, alors la série $\sum_{n=1}^{\infty} a_n$ diverge.

iii) Si $\lim_{n\to\infty} \left| \frac{a_{n+1}}{a_n} \right| = 1$, le critère de d'Alembert n'est pas concluant.

DÉMONSTRATION

i) L'idée est de comparer la série donnée à une série géométrique convergente. Comme $L < 1$, on peut choisir un nombre r tel que $L < r < 1$. Puisque

$$\lim_{n\to\infty} \left| \frac{a_{n+1}}{a_n} \right| = L \text{ et } L < r,$$

le rapport $|a_{n+1}/a_n|$ sera finalement inférieur à r; autrement dit, il existe un nombre entier N tel que

$$\left|\frac{a_{n+1}}{a_n}\right| < r \qquad \text{lorsque } n \geq N$$

ou, de façon équivalente,

4 $$|a_{n+1}| < |a_n|\, r \qquad \text{lorsque } n \geq N$$

En prenant n successivement égal à N, $N+1$, $N+2$, ... dans l'inégalité **4**, on obtient

$$|a_{N+1}| < |a_N|\, r$$
$$|a_{N+2}| < |a_{N+1}|\, r < |a_N|\, r^2$$
$$|a_{N+3}| < |a_{N+2}|\, r < |a_N|\, r^3$$

et, en général,

5 $$|a_{N+k}| < |a_N|\, r^k \qquad \text{pour tout } k \geq 1.$$

Maintenant, la série

$$\sum_{k=1}^{\infty} |a_N|\, r^k = |a_N|\, r + |a_N|\, r^2 + |a_N|\, r^3 + \ldots$$

converge puisqu'elle est géométrique avec $0 < r < 1$. Donc, ensemble, l'inégalité **5** et le critère de comparaison montrent que la série

$$\sum_{n=N+1}^{\infty} |a_n| = \sum_{k=1}^{\infty} |a_{N+k}| = |a_{N+1}| + |a_{N+2}| + |a_{N+3}| + \ldots$$

converge aussi. Ainsi, la série $\sum_{n=1}^{\infty} |a_n|$ converge. (On se souvient qu'un nombre fini de termes n'influe pas sur la convergence.) Par conséquent, $\sum a_n$ converge absolument.

ii) Si $|a_{n+1}/a_n| \to L > 1$ ou $|a_{n+1}/a_n| \to \infty$, alors le rapport $|a_{n+1}/a_n|$ sera finalement supérieur à 1 ; autrement dit, il existe un nombre entier N tel que

$$\frac{a_{n+1}}{a_n} > 1 \qquad \text{lorsque } n \geq \text{N}.$$

Cela signifie que $|a_{n+1}| > |a_n|$ lorsque $n \geq N$ et donc que

$$\lim_{n\to\infty} a_n \neq 0.$$

Par conséquent, $\sum a_n$ diverge d'après le critère du terme général. ▬

NOTE Selon la partie iii) du critère généralisé de d'Alembert, si $\lim_{n\to\infty} |a_{n+1}/a_n| = 1$, le critère ne donne aucune indication. Par exemple, pour la série convergente $\sum 1/n^2$, on a

$$\left|\frac{a_{n+1}}{a_n}\right| = \frac{\dfrac{1}{(n+1)^2}}{\dfrac{1}{n^2}} = \frac{n^2}{(n+1)^2} = \frac{1}{\left(1+\dfrac{1}{n}\right)^2} \to 1 \qquad \text{lorsque } n \to \infty$$

tandis que pour la série divergente $\sum 1/n$, on a

$$\left|\frac{a_{n+1}}{a_n}\right| = \frac{\frac{1}{n+1}}{\frac{1}{n}} = \frac{n}{n+1} = \frac{1}{1+\frac{1}{n}} \to 1 \qquad \text{lorsque } n \to \infty.$$

Donc, si $\lim\limits_{n\to\infty} |a_{n+1}/a_n| = 1$, la série $\sum a_n$ pourrait soit converger, soit diverger. Dans ce cas, le critère généralisé de d'Alembert n'est pas concluant et il faut alors utiliser un autre critère de convergence.

L'estimation des sommes

Dans les deux dernières sections, on a utilisé diverses méthodes pour approcher la somme d'une série – la méthode dépendait du critère utilisé pour démontrer la convergence. Et les séries pour lesquelles le critère de d'Alembert fonctionne ? Il y a deux possibilités. Si la série est alternée, comme à l'exemple 4, alors il vaut mieux utiliser les méthodes de la section 6.4. Si tous les termes sont positifs, il faut utiliser les méthodes spéciales expliquées à l'exercice 108 de la section 6.3.

EXEMPLE 4 Déterminons si la série $\sum\limits_{n=1}^{\infty} (-1)^n \frac{n^3}{3^n}$ converge absolument.

SOLUTION On utilise le critère généralisé de d'Alembert avec $a_n = (-1)^n n^3/3^n$:

$$\left|\frac{a_{n+1}}{a_n}\right| = \left|\frac{\frac{(-1)^{n+1}(n+1)^3}{3^{n+1}}}{\frac{(-1)^n n^3}{3^n}}\right| = \frac{(n+1)^3}{3^{n+1}} \cdot \frac{3^n}{n^3}$$

$$= \frac{1}{3}\left(\frac{n+1}{n}\right)^3 = \frac{1}{3}\left(1+\frac{1}{n}\right)^3 \to \frac{1}{3} < 1 \qquad \text{lorsque } n \to \infty.$$

Donc, selon le critère généralisé de d'Alembert, la série donnée converge absolument et, par conséquent, elle converge.

EXEMPLE 5 Déterminons si la série $\sum\limits_{n=1}^{\infty} \frac{(-n)^n}{n!}$ converge.

SOLUTION On utilise le critère généralisé de d'Alembert avec $a_n = (-n)^n/n!$:

$$\left|\frac{a_{n+1}}{a_n}\right| = \left|\frac{(-(n+1))^{n+1}}{(n+1)!} \cdot \frac{n!}{(-n)^n}\right| = \frac{(n+1)(n+1)^n}{(n+1)n!} \cdot \frac{n!}{n^n}$$

$$= \left(\frac{n+1}{n}\right)^n = \left(1+\frac{1}{n}\right)^n \to e \qquad \text{lorsque } n \to \infty.$$

Puisque $e > 1$, la série donnée diverge d'après le critère généralisé de d'Alembert.

NOTE Bien que le critère généralisé de d'Alembert soit concluant à l'exemple 5, il est plus facile d'utiliser le critère du terme général. Puisque

$$|a_n| = \frac{n^n}{n!} = \frac{n \cdot n \cdot n \cdot \ldots \cdot n}{1 \cdot 2 \cdot 3 \cdot \ldots \cdot n} \geq n,$$

a_n ne tend pas vers 0 lorsque $n \to \infty$. Donc la série donnée diverge d'après le critère du terme général.

Le critère suivant est très utile dans le cas de puissances n-ièmes. Sa démonstration est semblable à celle du critère généralisé de d'Alembert et fait l'objet de l'exercice 23.

LE CRITÈRE GÉNÉRALISÉ DE CAUCHY

i) Si $\lim_{n\to\infty} \sqrt[n]{|a_n|} = L < 1$, alors la série $\sum_{n=1}^{\infty} a_n$ converge absolument (et donc converge).

ii) Si $\lim_{n\to\infty} \sqrt[n]{|a_n|} = L > 1$ ou $\lim_{n\to\infty} \sqrt[n]{|a_n|} = \infty$, alors la série $\sum_{n=1}^{\infty} a_n$ diverge.

iii) Si $\lim_{n\to\infty} \sqrt[n]{|a_n|} = 1$, le critère généralisé de Cauchy n'est pas concluant.

Si $\lim_{n\to\infty} \sqrt[n]{|a_n|} = 1$, la partie iii) du critère généralisé de Cauchy ne donne aucune indication. La série $\sum a_n$ pourrait soit converger ou soit diverger. (Si $L = 1$ dans le critère généralisé de d'Alembert, on ne doit pas essayer d'appliquer le critère généralisé de Cauchy, car L sera de nouveau égal à 1. De même, si $L = 1$ dans le critère de Cauchy, inutile d'appliquer le critère de d'Alembert parce que celui-ci ne sera pas davantage concluant.)

EXEMPLE 6 Déterminons si la série $\sum_{n=1}^{\infty} \left(\frac{-2n-3}{3n+2}\right)^n$ converge.

SOLUTION

$$a_n = \left(\frac{-2n-3}{3n+2}\right)^n = (-1)^n \left(\frac{2n+3}{3n+2}\right)^n$$

$$\sqrt[n]{|a_n|} = \frac{2n+3}{3n+2} = \frac{2+\frac{3}{n}}{3+\frac{2}{n}} \to \frac{2}{3} < 1 \quad \text{lorsque } n \to \infty.$$

Donc, la série donnée converge d'après le critère généralisé de Cauchy.

LES RÉARRANGEMENTS

La capacité à déterminer si une série convergente donnée est absolument convergente ou conditionnellement convergente repose sur la question à savoir si les règles d'addition d'un nombre fini de termes restent les mêmes lorsqu'il y en a un nombre infini à additionner.

Évidemment, le réarrangement de l'ordre des termes d'une somme finie ne change pas la valeur de cette somme. Cela n'est pas toujours vrai pour une série. Par **réarrangement** des termes d'une série $\sum a_n$, on entend la série obtenue par un simple changement de l'ordre de ses termes. Par exemple, un réarrangement de $\sum a_n$ pourrait commencer comme ceci :

$$a_1 + a_2 + a_5 + a_3 + a_4 + a_{15} + a_6 + a_7 + a_{20} + \ldots$$

Ainsi,

si $\sum a_n$ est une série absolument convergente dont la somme est s,

alors tout réarrangement de $\sum a_n$ a la même somme s.

Toutefois, on peut réarranger n'importe quelle série conditionnellement convergente pour obtenir une somme différente. Pour illustrer cela, on considère la série harmonique alternée

6 $$1-\tfrac{1}{2}+\tfrac{1}{3}-\tfrac{1}{4}+\tfrac{1}{5}-\tfrac{1}{6}+\tfrac{1}{7}-\tfrac{1}{8}+\ldots=\ln 2$$

(voir l'exercice 36 de la section 6.4). La multiplication de cette série par $\frac{1}{2}$ donne

$$\tfrac{1}{2}-\tfrac{1}{4}+\tfrac{1}{6}-\tfrac{1}{8}+\ldots=\tfrac{1}{2}\ln 2.$$

L'insertion de zéros entre les termes de cette série donne

L'addition de ces zéros n'influe pas sur la somme de la série ; chaque terme de la suite des sommes partielles est répété, mais la limite reste la même.

7 $$0+\tfrac{1}{2}+0-\tfrac{1}{4}+0+\tfrac{1}{6}+0-\tfrac{1}{8}+\ldots=\tfrac{1}{2}\ln 2.$$

L'addition des séries des égalités **6** et **7** donne, selon le théorème **9** de la section 6.2 :

8 $$1+\tfrac{1}{3}-\tfrac{1}{2}+\tfrac{1}{5}+\tfrac{1}{7}-\tfrac{1}{4}+\ldots=\tfrac{3}{2}\ln 2.$$

On remarque que la série de l'expression **8** contient les mêmes termes que la série de l'expression **6**, mais qu'on a réarrangés de manière qu'il y ait un terme négatif après chaque paire de termes positifs. Cependant, les sommes de ces séries diffèrent. De fait, Riemann a démontré que

si $\sum a_n$ est une série conditionnellement convergente
et si r est n'importe quel nombre réel,
alors il existe un réarrangement de $\sum a_n$ dont la somme est égale à r.

On demande une démonstration de ce résultat à l'exercice 26.

Exercices 6.5

1. Que pouvez-vous dire à propos de la série $\sum a_n$ dans chacun des cas suivants ?

a) $\lim_{n\to\infty}\left|\dfrac{a_{n+1}}{a_n}\right|=8$

b) $\lim_{n\to\infty}\left|\dfrac{a_{n+1}}{a_n}\right|=0{,}8$

c) $\lim_{n\to\infty}\left|\dfrac{a_{n+1}}{a_n}\right|=1$

2-18 Déterminez si la série est absolument convergente, conditionnellement convergente ou divergente.

2. $\displaystyle\sum_{n=1}^{\infty}\frac{(-2)^n}{n^2}$

3. $\displaystyle\sum_{n=1}^{\infty}(-1)^{n-1}\frac{n}{n^2+4}$

4. $\displaystyle\sum_{n=0}^{\infty}\frac{(-1)^n}{5n+1}$

5. $\displaystyle\sum_{n=0}^{\infty}\frac{(-3)^n}{(2n+1)!}$

6. $\displaystyle\sum_{n=1}^{\infty}(-1)^n\frac{(1{,}1)^n}{n^4}$

7. $\displaystyle\sum_{n=1}^{\infty}(-1)^n\frac{n}{\sqrt{n^3+2}}$

8. $\displaystyle\sum_{n=1}^{\infty}\frac{(-1)^n e^{1/n}}{n^3}$

9. $\displaystyle\sum_{n=1}^{\infty}\frac{\sin 4n}{4^n}$

10. $\displaystyle\sum_{n=1}^{\infty}\frac{n^{10}}{(-10)^{n+1}}$

11. $\displaystyle\sum_{n=1}^{\infty}\frac{(-1)^n\arctan n}{n^2}$

12. $\displaystyle\sum_{n=1}^{\infty}\frac{3-\cos n}{n^{2/3}-2}$

13. $\displaystyle\sum_{n=2}^{\infty}\frac{(-1)^n}{\ln n}$

14. $\displaystyle\sum_{n=1}^{\infty}\frac{\cos(n\pi/3)}{n!}$

15. $\displaystyle\sum_{n=1}^{\infty}\frac{(-2)^n}{n^n}$

16. $\displaystyle\sum_{n=2}^{\infty}\left(\frac{-2n}{n+1}\right)^{5n}$

17. $\displaystyle 1-\frac{1\cdot 3}{3!}+\frac{1\cdot 3\cdot 5}{5!}-\frac{1\cdot 3\cdot 5\cdot 7}{7!}+\ldots+(-1)^{n-1}\frac{1\cdot 3\cdot 5\cdot\ldots\cdot(2n-1)}{(2n-1)!}+\ldots$

18. $\displaystyle\sum_{n=1}^{\infty}(-1)^n\frac{2^n n!}{5\cdot 8\cdot 11\cdot\ldots\cdot(3n+2)}$

19. On définit une série $\sum a_n$ par les égalités

$$a_1=1,\quad a_{n+1}=\frac{2+\cos n}{\sqrt{n}}a_n.$$

Déterminez si $\sum a_n$ converge ou diverge.

20-21 Soit $\{b_n\}$, une suite de nombres positifs qui converge vers $\frac{1}{2}$. Déterminez si la série donnée converge absolument.

20. $\displaystyle\sum_{n=1}^{\infty} \frac{b_n^n \cos n\pi}{n}$ **21.** $\displaystyle\sum_{n=1}^{\infty} \frac{(-1)^n n!}{n^n b_1 b_2 b_3 \dots b_n}$

22. Pour quelle(s) série(s) ci-dessous le critère généralisé de d'Alembert ne permet-il pas de conclure (c'est-à-dire qu'il ne donne aucune réponse quant à la convergence de la série)?

a) $\displaystyle\sum_{n=1}^{\infty} \frac{(-2)^n}{n^3+1}$ c) $\displaystyle\sum_{n=1}^{\infty} \frac{(-3)^{n-1}}{\sqrt{n}}$

b) $\displaystyle\sum_{n=1}^{\infty} \frac{n}{2^n(-3)^n}$ d) $\displaystyle\sum_{n=1}^{\infty} \frac{\sin\left((2n+1)\frac{\pi}{2}\right)\sqrt{n}}{1+n^2}$

23. Démontrez le critère généralisé de Cauchy. (*Suggestion pour la partie i) :* Prenez n'importe quel nombre r tel que $L < r < 1$ et utilisez le fait qu'il existe un nombre entier N tel que $\sqrt[n]{|a_n|} < r$ lorsque $n \geq N$.)

24. Vers 1910, le mathématicien indien Srinivasa Ramanujan a découvert la formule

$$\frac{1}{\pi} = \frac{2\sqrt{2}}{9801} \sum_{n=0}^{\infty} \frac{(4n)!(1103 + 26\,390n)}{(n!)^4 396^{4n}}.$$

William Gosper a utilisé cette série en 1985 pour obtenir les 17 premiers millions de chiffres de π.

a) Vérifiez que cette série converge.

b) Combien de décimales exactes de π obtenez-vous en utilisant seulement le premier terme de la série? Et si vous utilisez deux termes?

25. Pour toute série $\sum a_n$, on définit une série $\sum a_n^+$ dont les termes sont tous les termes positifs de $\sum a_n$ et une série $\sum a_n^-$ dont les termes sont tous les termes négatifs de $\sum a_n$. Spécifiquement, soit

$$a_n^+ = \frac{a_n + |a_n|}{2} \qquad a_n^- = \frac{a_n - |a_n|}{2}.$$

Remarquez que si $a_n > 0$, alors $a_n^+ = a_n$ et $a_n^- = 0$, tandis que si $a_n < 0$, alors $a_n^- = a_n$ et $a_n^+ = 0$.

a) Si $\sum a_n$ est absolument convergente, montrez que les deux séries $\sum a_n^+$ et $\sum a_n^-$ convergent.

b) Si $\sum a_n$ est simplement convergente, montrez que les deux séries $\sum a_n^+$ et $\sum a_n^-$ divergent.

26. Prouvez que si $\sum a_n$ est une série conditionnellement convergente, et que r est un nombre réel quelconque, alors il existe un réarrangement de $\sum a_n$ dont la somme est r. (*Suggestions :* Utilisez la notation de l'exercice 25. Prenez juste assez de termes positifs a_n^+ pour que leur somme soit supérieure à r. Puis, additionnez juste assez de termes négatifs a_n^- pour que leur somme cumulée soit inférieure à r. Continuez de cette façon et utilisez le théorème **7** de la section 6.2.)

27. Supposez que la série $\sum a_n$ soit conditionnellement convergente.

a) Démontrez que la série $\sum n^2 a_n$ est divergente.

b) La convergence conditionnelle de $\sum a_n$ n'est pas suffisante pour démontrer que $\sum na_n$ est convergente. Trouvez un exemple d'une série qui est conditionnellement convergente pour laquelle $\sum na_n$ converge ainsi qu'un exemple d'une série conditionnellement convergente pour laquelle $\sum na_n$ diverge.

6.6 UNE STRATÉGIE POUR DÉTERMINER LA CONVERGENCE OU LA DIVERGENCE D'UNE SÉRIE

On a vu plusieurs façons de déterminer la convergence ou la divergence d'une série; le problème est de décider du critère à appliquer à une série donnée. À cet égard, ce problème est semblable à celui de la détermination de la façon d'intégrer une fonction. Il n'existe pas de lois rigides et rapides à appliquer à une série donnée. Voici toutefois quelques conseils utiles.

Il ne serait pas raisonnable d'appliquer une liste de critères dans un ordre spécifique jusqu'au moment où l'un d'eux convient. Ce serait une perte de temps et d'effort. Comme dans l'intégration, la stratégie consiste à classer les séries selon leurs formes.

1. Une série de la forme d'une série de Riemann converge si $p > 1$ et diverge si $p \leq 1$.
2. Une série de la forme $\sum ar^{n-1}$ ou $\sum ar^n$ est une série géométrique; elle converge si $|r| < 1$ et diverge si $|r| \geq 1$. Il faudra peut-être récrire le terme général de la série pour l'amener à cette forme.
3. La série harmonique diverge, tandis que la série harmonique alternée converge.

4. Avec une série pour laquelle a_n est une fonction rationnelle, le critère des polynômes est concluant.

5. Une série d'une forme semblable à une série de Riemann, à une série harmonique ou à une série géométrique suggère de considérer un des critères de comparaison. En particulier, si a_n est une fonction algébrique de n (comportant des racines de polynômes), alors la série devrait être comparée à une série de Riemann. Les critères de comparaison ne s'appliquent qu'aux séries à termes positifs. On peut toutefois appliquer le critère de comparaison à une série possédant quelques termes négatifs et voir si elle converge absolument.

6. S'il est clairement visible que $\lim_{n\to\infty} a_n \neq 0$, on devrait utiliser le critère du terme général.

7. Une série de la forme $\sum(-1)^{n-1}b_n$ ou $\sum(-1)^n b_n$ se traiterait évidemment par le critère des séries alternées.

8. Une série contenant des factorielles ou d'autres produits (y compris une constante élevée à la n-ième puissance) se traite souvent convenablement par le critère de d'Alembert. Il faut garder à l'esprit que $|a_{n+1}/a_n| \to 1$ lorsque $n \to \infty$ pour toute série de Riemann et aussi pour toute fonction rationnelle ou algébrique de n. Donc, on ne devrait pas traiter de telles séries avec le critère de d'Alembert.

9. Si a_n est de la forme $(b_n)^n$, alors le critère de Cauchy peut être utile.

10. Si $a_n = f(n)$, où $\int_1^\infty f(x)\,dx$ s'évalue facilement, le critère de l'intégrale est efficace (en supposant que les hypothèses de ce critère sont satisfaites).

Voici un tableau résumant les différents critères étudiés.

Série de Riemann (ou série p) $\sum_{n=1}^{\infty} \frac{1}{n^p}$	Converge si $p > 1$ et diverge si $p \leq 1$ (voir la page 318).
Série géométrique $\sum_{n=1}^{\infty} ar^{n-1} = a + ar + ar^2 + \ldots$	Converge si $\lvert r\rvert < 1$, et sa somme est $\sum_{n=1}^{\infty} ar^{n-1} = \frac{a}{1-r} \qquad \lvert r\rvert < 1.$ Si $\lvert r\rvert \geq 1$, la série géométrique diverge (voir la page 305).
Série harmonique $\sum_{n=1}^{\infty} \frac{1}{n} = 1 + \frac{1}{2} + \frac{1}{3} + \frac{1}{4} + \ldots$ **Série harmonique alternée** $\sum_{n=1}^{\infty} \frac{(-1)^{n-1}}{n} = 1 - \frac{1}{2} + \frac{1}{3} - \frac{1}{4} + \ldots$	La série harmonique diverge (voir la page 308). La série harmonique alternée converge (voir les pages 333 et 334).
Critère du terme général (critère de divergence)	Si $\lim_{n\to\infty} a_n$ n'existe pas ou si $\lim_{n\to\infty} a_n \neq 0$, alors la série $\sum_{n=1}^{\infty} a_n$ diverge (voir la page 309).
Critère des polynômes	Soit la série à termes positifs $\sum a_n$ où a_n est la fraction rationnelle $P(n)/Q(n)$, $P(n)$ et $Q(n)$ étant des polynômes en n. Si le degré de $Q(n)$ excède celui de $P(n)$ par plus de 1, alors la série $\sum a_n$ converge, sinon, elle diverge (voir la page 326).

Critère de comparaison	On suppose que $\sum a_n$ et $\sum b_n$ sont des séries à termes positifs. Si $\sum b_n$ converge et si $a_n \leq b_n$ pour tout n, alors $\sum a_n$ converge aussi. Si $\sum b_n$ diverge et si $a_n \geq b_n$ pour tout n, alors $\sum a_n$ diverge aussi (voir la page 322).
Critère de comparaison par une limite	On suppose que $\sum a_n$ et $\sum b_n$ sont des séries à termes positifs. Si $\lim\limits_{n\to\infty} \frac{a_n}{b_n} = c$, où c est un nombre fini et $c > 0$ est un nombre réel, alors les deux séries convergent ou divergent (voir la page 324).
Critère de d'Alembert (critère du rapport)	Si $\lim\limits_{n\to\infty} \frac{a_{n+1}}{a_n} = L < 1$, alors la série $\sum\limits_{n=1}^{\infty} a_n$ converge. Si $\lim\limits_{n\to\infty} \frac{a_{n+1}}{a_n} = L > 1$ ou $\lim\limits_{n\to\infty} \frac{a_{n+1}}{a_n} = \infty$, alors la série $\sum\limits_{n=1}^{\infty} a_n$ diverge. Si $\lim\limits_{n\to\infty} \frac{a_{n+1}}{a_n} = 1$, le critère de d'Alembert ne permet pas de conclure (voir la page 327).
Critère de Cauchy (critère de la racine)	Si $\lim\limits_{n\to\infty} \sqrt[n]{a_n} = L < 1$, alors la série $\sum\limits_{n=1}^{\infty} a_n$ converge. Si $\lim\limits_{n\to\infty} \sqrt[n]{a_n} = L > 1$ ou $\lim\limits_{n\to\infty} \sqrt[n]{a_n} = \infty$, alors la série $\sum\limits_{n=1}^{\infty} a_n$ diverge. Si $\lim\limits_{n\to\infty} \sqrt[n]{a_n} = 1$, le critère de Cauchy n'est pas concluant (voir la page 328).
Critère de l'intégrale	Supposons que f est une fonction continue, positive et décroissante sur $[1, \infty[$ et soit $a_n = f(n)$. Alors la série $\sum\limits_{n=1}^{\infty} a_n$ converge si et seulement si l'intégrale impropre $\int_1^{\infty} f(x)\,dx$ converge. Autrement dit: Si $\int_1^{\infty} f(x)\,dx$ converge, alors $\sum\limits_{n=1}^{\infty} a_n$ converge. Si $\int_1^{\infty} f(x)\,dx$ diverge, alors $\sum\limits_{n=1}^{\infty} a_n$ diverge (voir la page 316).
Critère des séries alternées (critère de Leibniz)	Si la série alternée $\sum\limits_{n=1}^{\infty} (-1)^{n-1} b_n = b_1 - b_2 + b_3 - b_4 + b_5 - b_6 + \ldots$ où $b_n > 0$ satisfait aux conditions i) $b_{n+1} \leq b_n$ pour tout n ii) $\lim\limits_{n\to\infty} b_n = 0$ alors elle converge (voir la page 332).

Dans les exemples suivants, on n'écrit pas tous les détails; on se contente d'indiquer les critères qu'il convient d'utiliser.

EXEMPLE 1 $\sum\limits_{n=1}^{\infty} \frac{n-1}{2n+1}$

Puisque $a_n \to \frac{1}{2} \neq 0$ lorsque $n \to \infty$, on devrait utiliser le critère du terme général. Le critère des polynômes convient aussi.

EXEMPLE 2 $\displaystyle\sum_{n=1}^{\infty} \frac{\sqrt{n^3+1}}{3n^3+4n^2+2}$

Puisque a_n est une fonction algébrique de n, on compare la série donnée à une série de Riemann. La série à utiliser pour le critère de comparaison par une limite est $\sum b_n$, où

$$b_n = \frac{\sqrt{n^3}}{3n^3} = \frac{n^{3/2}}{3n^3} = \frac{1}{3n^{3/2}}.$$

EXEMPLE 3 $\displaystyle\sum_{n=1}^{\infty} ne^{-n^2}$

Puisque l'intégrale $\int_1^{\infty} xe^{-x^2}\,dx$ s'évalue facilement, on utilise le critère de l'intégrale. Le critère de d'Alembert convient aussi.

EXEMPLE 4 $\displaystyle\sum_{n=1}^{\infty} (-1)^n \frac{n^3}{n^4+1}$

Cette série étant alternée, on utilise le critère des séries alternées.

EXEMPLE 5 $\displaystyle\sum_{k=1}^{\infty} \frac{2^k}{k!}$

Puisque la série contient $k!$, on utilise le critère de d'Alembert.

EXEMPLE 6 $\displaystyle\sum_{n=1}^{\infty} \frac{1}{2+3^n}$

Puisque la série est très proche de la série géométrique $\sum 1/3^n$, on utilise le critère de comparaison.

Exercices 6.6

1-38 Déterminez si la série converge ou diverge.

1. $\displaystyle\sum_{n=1}^{\infty} \frac{1}{n+3^n}$
2. $\displaystyle\sum_{n=1}^{\infty} \frac{(2n+1)^n}{n^{2n}}$
3. $\displaystyle\sum_{n=1}^{\infty} (-1)^n \frac{n}{n+2}$
4. $\displaystyle\sum_{n=1}^{\infty} (-1)^n \frac{n}{n^2+2}$
5. $\displaystyle\sum_{n=1}^{\infty} \frac{n^2 2^{n-1}}{(-5)^n}$
6. $\displaystyle\sum_{n=1}^{\infty} \frac{1}{2n+1}$
7. $\displaystyle\sum_{n=2}^{\infty} \frac{1}{n\sqrt{\ln n}}$
8. $\displaystyle\sum_{k=1}^{\infty} \frac{2^k k!}{(k+2)!}$
9. $\displaystyle\sum_{k=1}^{\infty} k^2 e^{-k}$
10. $\displaystyle\sum_{n=1}^{\infty} n^2 e^{-n^3}$
11. $\displaystyle\sum_{n=1}^{\infty} \left(\frac{1}{n^3}+\frac{1}{3^n}\right)$
12. $\displaystyle\sum_{k=1}^{\infty} \frac{1}{k\sqrt{k^2+1}}$
13. $\displaystyle\sum_{n=1}^{\infty} \frac{3^n n^2}{n!}$
14. $\displaystyle\sum_{n=1}^{\infty} \frac{\sin 2n}{1+2^n}$
15. $\displaystyle\sum_{k=1}^{\infty} \frac{2^{k-1}3^{k+1}}{k^k}$
16. $\displaystyle\sum_{n=1}^{\infty} \frac{n^2+1}{n^3+1}$
17. $\displaystyle\sum_{n=1}^{\infty} \frac{1\cdot 3\cdot 5\cdot \ldots \cdot (2n-1)}{2\cdot 5\cdot 8\cdot \ldots \cdot (3n-1)}$
18. $\displaystyle\sum_{n=2}^{\infty} \frac{(-1)^{n-1}}{\sqrt{n}-1}$
19. $\displaystyle\sum_{n=1}^{\infty} (-1)^n \frac{\ln n}{\sqrt{n}}$
20. $\displaystyle\sum_{k=1}^{\infty} \frac{\sqrt[3]{k}-1}{k(\sqrt{k}+1)}$
21. $\displaystyle\sum_{n=1}^{\infty} (-1)^n \cos(1/n^2)$
22. $\displaystyle\sum_{k=1}^{\infty} \frac{1}{2+\sin k}$
23. $\displaystyle\sum_{n=1}^{\infty} \tan(1/n)$
24. $\displaystyle\sum_{n=1}^{\infty} n\sin(1/n)$
25. $\displaystyle\sum_{n=1}^{\infty} \frac{n!}{e^{n^2}}$
26. $\displaystyle\sum_{n=1}^{\infty} \frac{n^2+1}{5^n}$

27. $\sum_{k=1}^{\infty} \frac{k \ln k}{(k+1)^3}$

28. $\sum_{n=1}^{\infty} \frac{e^{1/n}}{n^2}$

29. $\sum_{n=1}^{\infty} \frac{(-1)^n}{e^n + e^{-n}}$

30. $\sum_{j=1}^{\infty} (-1)^j \frac{\sqrt{j}}{j+5}$

31. $\sum_{k=1}^{\infty} \frac{5^k}{3^k + 4^k}$

32. $\sum_{n=1}^{\infty} \frac{(n!)^n}{n^{4n}}$

33. $\sum_{n=1}^{\infty} \left(\frac{n}{n+1}\right)^{n^2}$

34. $\sum_{n=1}^{\infty} \frac{1}{n + n\cos^2 n}$

35. $\sum_{n=1}^{\infty} \frac{1}{n^{1+1/n}}$

36. $\sum_{n=2}^{\infty} \frac{1}{(\ln n)^{\ln n}}$

37. $\sum_{n=1}^{\infty} (\sqrt[n]{2} - 1)^n$

38. $\sum_{n=1}^{\infty} (\sqrt[n]{2} - 1)$

6.7 LES SÉRIES DE PUISSANCES

Une **série de puissances en x**, ou **série entière**, est une série de la forme

1 $$\sum_{n=0}^{\infty} c_n x^n = c_0 + c_1 x + c_2 x^2 + c_3 x^3 + \ldots$$

où x est une variable et les c_n sont des constantes appelées **coefficients** de la série. Pour chaque x fixe, la série **1** est une série numérique dont on peut déterminer la convergence ou la divergence. Une série de puissances peut converger pour certaines valeurs de x et diverger pour d'autres. La somme de la série est une fonction

$$f(x) = c_0 + c_1 x + c_2 x^2 + \ldots + c_n x^n + \ldots$$

dont le domaine est l'ensemble de tous les x pour lesquels la série converge. On remarque que f ressemble à une fonction polynomiale. La seule différence est que f a un nombre infini de termes.

Par exemple, si on prend $c_n = 1$ pour tout n, la série de puissances devient la série géométrique

$$\sum_{n=0}^{\infty} x^n = 1 + x + x^2 + \ldots + x^n + \ldots$$

qui converge lorsque $-1 < x < 1$ et diverge lorsque $|x| \geq 1$ (voir l'égalité **5** dans la section 6.2).

Plus généralement, une série de la forme

2 $$\sum_{n=0}^{\infty} c_n (x-a)^n = c_0 + c_1(x-a) + c_2(x-a)^2 + \ldots$$

est appelée **série de puissances en $(x - a)$** ou **série de puissances centrées en a** ou **série de puissances autour de a**. On remarque que, dans l'écriture du terme correspondant à $n = 0$ dans les égalités **1** et **2**, on a adopté la convention suivant laquelle $(x - a)^0 = 1$ même lorsque $x = a$. On remarque aussi que lorsque $x = a$, tous les termes sont nuls pour $n \geq 1$ et donc que la série de puissances **2** converge toujours lorsque $x = a$.

EXEMPLE 1 Pour quelles valeurs de x la série $\sum_{n=0}^{\infty} n!x^n$ converge-t-elle?

SOLUTION On utilise le critère généralisé de d'Alembert. Si, comme d'habitude, on note a_n le terme de rang n, alors $a_n = n!x^n$. Si $x \neq 0$, on a

Il est à noter que

$$(n+1)! = (n+1)n(n-1) \cdot \ldots \cdot 3 \cdot 2 \cdot 1 = (n+1)n!$$

$$\lim_{n\to\infty} \left|\frac{a_{n+1}}{a_n}\right| = \lim_{n\to\infty} \left|\frac{(n+1)!x^{n+1}}{n!x^n}\right| = \lim_{n\to\infty} (n+1)|x| = \infty.$$

Selon le critère généralisé de d'Alembert, la série diverge lorsque $x \neq 0$. Donc, la série donnée converge seulement lorsque $x = 0$.

EXEMPLE 2 Pour quelles valeurs de x la série $\sum_{n=1}^{\infty} \frac{(x-3)^n}{n}$ converge-t-elle?

SOLUTION On pose $a_n = (x-3)^n/n$. Alors

$$\left|\frac{a_{n+1}}{a_n}\right| = \left|\frac{(x-3)^{n+1}}{n+1} \cdot \frac{n}{(x-3)^n}\right|$$

$$= \frac{1}{1+\frac{1}{n}}|x-3| \to |x-3| \qquad \text{lorsque } n \to \infty.$$

Selon le critère généralisé de d'Alembert, la série donnée est absolument convergente, et donc convergente, lorsque $|x-3| < 1$ et divergente lorsque $|x-3| > 1$. Donc,

$$|x-3| < 1 \quad \Leftrightarrow \quad -1 < x-3 < 1 \quad \Leftrightarrow \quad 2 < x < 4$$

d'où on tire que la série converge lorsque $2 < x < 4$ et diverge lorsque $x < 2$ ou $x > 4$.

Comme le critère généralisé de d'Alembert n'est pas concluant lorsque $|x-3| = 1$, on considère $x = 2$ et $x = 4$ séparément. Avec $x = 4$, la série donnée devient $\sum 1/n$, soit la série harmonique, qui diverge. Avec $x = 2$, la série donnée devient $\sum (-1)^n/n$, soit la série harmonique alternée, qui converge d'après le critère des séries alternées. Alors, la série de puissances donnée converge pour $2 \le x < 4$.

On verra que le principal usage d'une série de puissances est de servir de moyen de représentation de certaines fonctions importantes des mathématiques, de la physique et de la chimie. En particulier, la somme de séries de puissances du prochain exemple, appelée **fonction de Bessel**, d'après l'astronome allemand Friedrich Bessel (1784-1846), ainsi que la fonction donnée à l'exercice 35 sont des séries importantes en physique. En fait, ces fonctions sont apparues lorsque Bessel a résolu l'équation de Kepler pour décrire le mouvement planétaire. Depuis lors, ces fonctions ont été appliquées à de nombreuses situations physiques différentes, dont la distribution de la température dans une assiette circulaire et la forme d'une peau de tambour vibrante.

Office national du film du Canada

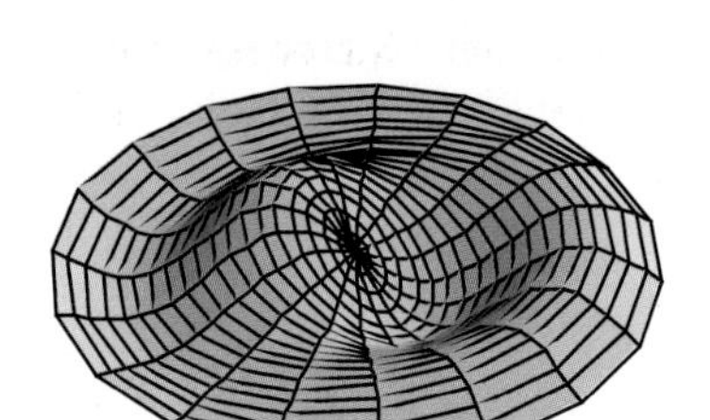

On remarque la qualité du rapprochement du modèle généré par ordinateur (qui implique des fonctions de Bessel et des fonctions cosinus) avec la photographie d'une membrane de caoutchouc vibrante.

EXEMPLE 3 Trouvons le domaine de la fonction de Bessel d'ordre 0 définie par

$$J_0(x) = \sum_{n=0}^{\infty} \frac{(-1)^n x^{2n}}{2^{2n}(n!)^2}.$$

SOLUTION On pose $a_n = (-1)^n x^{2n}/[2^{2n}(n!)^2]$. Alors,

$$\left|\frac{a_{n+1}}{a_n}\right| = \left|\frac{(-1)^{n+1} x^{2(n+1)}}{2^{2(n+1)}[(n+1)!]^2} \cdot \frac{2^{2n}(n!)^2}{(-1)^n x^{2n}}\right|$$

$$= \frac{x^{2n+2}}{2^{2n+2}(n+1)^2(n!)^2} \cdot \frac{2^{2n}(n!)^2}{x^{2n}}$$

$$= \frac{x^2}{4(n+1)^2} \to 0 < 1 \quad \text{pour tout } x.$$

Donc, selon le critère généralisé de d'Alembert, la série donnée converge pour tout x. Ainsi, le domaine de la fonction de Bessel J_0 est $]-\infty, \infty[= \mathbb{R}$.

On se souvient que la somme d'une série est égale à la limite de la suite de sommes partielles. Donc, lorsqu'on définit la fonction de Bessel de l'exemple 3 comme la somme d'une série, on veut dire que, pour tout nombre réel x,

$$J_0(x) = \lim_{n\to\infty} s_n(x) \qquad \text{où} \qquad s_n(x) = \sum_{i=0}^{n} \frac{(-1)^i x^{2i}}{2^{2i}(i!)^2}.$$

Les premières sommes partielles sont

$$s_0(x) = 1 \qquad s_3(x) = 1 - \frac{x^2}{4} + \frac{x^4}{64} - \frac{x^6}{2304}$$

$$s_1(x) = 1 - \frac{x^2}{4} \qquad s_4(x) = 1 - \frac{x^2}{4} + \frac{x^4}{64} - \frac{x^6}{2304} + \frac{x^8}{147\,456}$$

$$s_2(x) = 1 - \frac{x^2}{4} + \frac{x^4}{64}$$

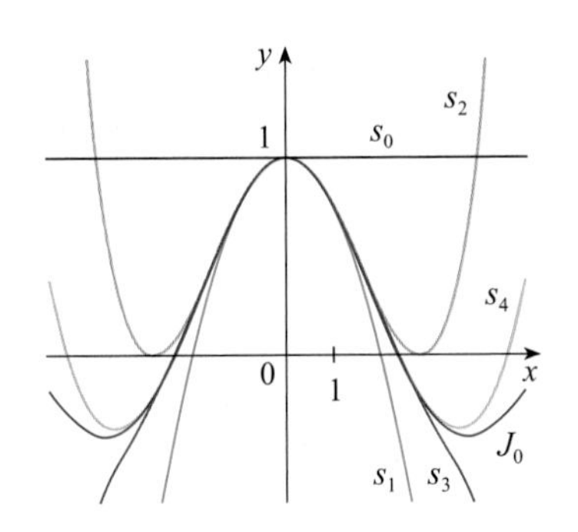

FIGURE 1
Somme partielle de la fonction de Bessel J_0.

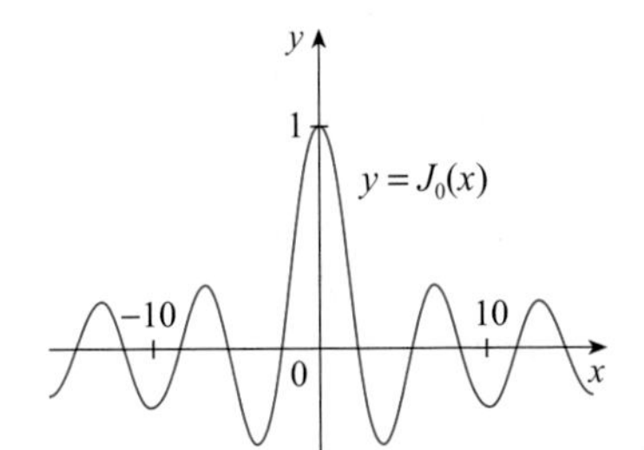

FIGURE 2

La figure 1 montre les graphiques de ces sommes partielles, des polynômes. Tous ces polynômes approchent la fonction J_0 et on remarque que ces approximations s'améliorent lorsque le nombre de termes augmente. La figure 2 montre un graphique plus complet de la fonction de Bessel.

Pour les séries de puissances vues jusqu'à présent, l'ensemble des valeurs de x pour lesquelles la série converge a toujours été finalement un intervalle (un intervalle borné pour les séries géométriques et les séries de l'exemple 2, l'intervalle non borné $]-\infty, \infty[$ dans l'exemple 3, et l'intervalle $[0, 0] = \{0\}$ à l'exemple 1). Le théorème suivant, démontré à l'annexe B, établit que cela est vrai en général.

3 THÉORÈME

Pour toute série de puissances $\sum_{n=0}^{\infty} c_n(x-a)^n$ donnée, il n'y a que les trois possibilités suivantes :

i) Elle converge seulement lorsque $x = a$.

ii) Elle converge pour tout x.

iii) Il existe un nombre positif R tel qu'elle converge si au moins $|x - a| < R$ et diverge si $|x - a| > R$.

Le nombre R du cas iii) est appelé **rayon de convergence** de la série de puissances. Par convention, le rayon de convergence est $R = 0$ dans le cas i) et $R = \infty$ dans le cas ii). L'**intervalle de convergence** d'une série de puissances est l'intervalle constitué de toutes les valeurs de x pour lesquelles la série converge. Dans le cas i), l'intervalle est seulement constitué du nombre a. Dans le cas ii), l'intervalle est $]-\infty, \infty[$. Dans le cas iii), on remarque qu'on peut récrire l'inégalité $|x - a| < R$ sous la forme $a - R < x < a + R$. Lorsque x est une extrémité de l'intervalle, c'est-à-dire lorsque $x = a \pm R$, tout peut arriver. La série pourrait converger à une extrémité ou aux deux extrémités, ou elle pourrait diverger aux deux extrémités. Donc, le cas iii) présente quatre intervalles de convergence possibles :

$$]a-R, a+R[\quad]a-R, a+R] \quad [a-R, a+R[\quad [a-R, a+R].$$

La figure 3 illustre cette situation.

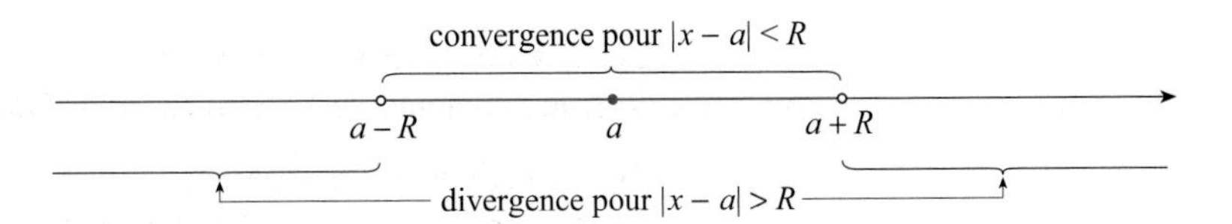

FIGURE 3

Voici le résumé du rayon de convergence et de l'intervalle de convergence de chaque exemple déjà considéré dans cette section.

	Série	Rayon de convergence	Intervalle de convergence
Série géométrique	$\sum_{n=0}^{\infty} x^n$	$R = 1$	$]-1, 1[$
Exemple 1	$\sum_{n=0}^{\infty} n!\,x^n$	$R = 0$	$\{0\}$
Exemple 2	$\sum_{n=1}^{\infty} \frac{(x-3)^n}{n}$	$R = 1$	$[2, 4[$
Exemple 3	$\sum_{n=0}^{\infty} \frac{(-1)^n x^{2n}}{2^{2n}(n!)^2}$	$R = \infty$	$]-\infty, \infty[$

En général, on devrait utiliser le critère généralisé de d'Alembert (ou parfois le critère généralisé de Cauchy) pour déterminer le rayon de convergence R. Les critères généralisés de d'Alembert et de Cauchy sont toujours inutiles lorsque x est une extrémité d'un intervalle, d'où la nécessité de tester les extrémités à l'aide d'un autre critère de convergence.

EXEMPLE 4 Trouvons le rayon de convergence et l'intervalle de convergence de la série

$$\sum_{n=0}^{\infty} \frac{(-3)^n x^n}{\sqrt{n+1}}.$$

SOLUTION Soit $a_n = (-3)^n x^n / \sqrt{n+1}$. Alors,

$$\left|\frac{a_{n+1}}{a_n}\right| = \left|\frac{(-3)^{n+1} x^{n+1}}{\sqrt{n+2}} \bullet \frac{\sqrt{n+1}}{(-3)^n x^n}\right| = \left|-3x\sqrt{\frac{n+1}{n+2}}\right|$$

$$= 3\sqrt{\frac{1+(1/n)}{1+(2/n)}}\,|x| \rightarrow 3|x| \quad \text{lorsque } n \rightarrow \infty.$$

D'après le critère généralisé de d'Alembert, la série donnée converge si $3|x| < 1$ et diverge si $3|x| > 1$.

Donc, elle converge si $|x| < \frac{1}{3}$ et diverge si $|x| > \frac{1}{3}$. Par conséquent, le rayon de convergence est $R = \frac{1}{3}$.

On sait que la série converge dans l'intervalle $]-\frac{1}{3}, \frac{1}{3}[$, mais on doit vérifier la convergence aux extrémités de cet intervalle. Si $x = -\frac{1}{3}$, la série étudiée est la série numérique

$$\sum_{n=0}^{\infty} \frac{(-3)^n(-\frac{1}{3})^n}{\sqrt{n+1}} = \sum_{n=0}^{\infty} \frac{1}{\sqrt{n+1}} = \frac{1}{\sqrt{1}} + \frac{1}{\sqrt{2}} + \frac{1}{\sqrt{3}} + \frac{1}{\sqrt{4}} + \ldots$$

qui diverge (puisque c'est une série de Riemann avec $p = \frac{1}{2} < 1$). Si $x = \frac{1}{3}$, la série étudiée est la série numérique

$$\sum_{n=0}^{\infty} \frac{(-3)^n(\frac{1}{3})^n}{\sqrt{n+1}} = \sum_{n=0}^{\infty} \frac{(-1)^n}{\sqrt{n+1}}$$

qui converge, selon le critère des séries alternées. Donc, la série de puissances donnée converge lorsque $-\frac{1}{3} < x \le \frac{1}{3}$, et alors l'intervalle de convergence est $]-\frac{1}{3}, \frac{1}{3}]$.

EXEMPLE 5 Trouvons le rayon de convergence et l'intervalle de convergence de la série

$$\sum_{n=5}^{\infty} \frac{(x-1)^{2n}}{4^n}.$$

SOLUTION Puisque $a_n = (x-1)^{2n}/4^n$, on utilise le critère généralisé de Cauchy :

$$\sqrt[n]{|a_n|} = \sqrt[n]{\left|\frac{(x-1)^{2n}}{4^n}\right|} = \frac{(x-1)^2}{4}, \text{ qui ne dépend pas de } n.$$

Ainsi, selon le critère généralisé de Cauchy, la série converge si $(x-1)^2/4 < 1$ et diverge si $(x-1)^2/4 > 1$. Donc, elle converge si $|x-1| < 2$ et diverge si $|x-1| > 2$. Par conséquent, le rayon de convergence est $R = 2$.

Comme l'inégalité $|x-1| < 2$ s'écrit aussi sous la forme $-1 < x < 3$, on traite la série aux extrémités -1 et 3. Lorsque $x = -1$, la série étudiée est la série numérique

$$\sum_{n=5}^{\infty} \frac{(-2)^{2n}}{4^n} = \sum_{n=5}^{\infty} (-1)^{2n} = 1+1+1+\ldots$$

qui diverge, selon le critère du terme général [$(-1)^{2n}$ ne converge pas vers 0]. Lorsque $x = 3$, la série étudiée est la série numérique

$$\sum_{n=5}^{\infty} \frac{(2)^{2n}}{4^n} = \sum_{n=5}^{\infty} 1^{2n} = 1+1+1+\ldots$$

qui diverge aussi, selon le critère du terme général. Ainsi, la série converge seulement lorsque $-1 < x < 3$ et donc l'intervalle de convergence est $]-1, 3[$.

Exercices 6.7

1. Qu'est-ce qu'une série de puissances ?

2. a) Qu'est-ce que le rayon de convergence d'une série de puissances ? Comment le trouve-t-on ?
b) Qu'est-ce que l'intervalle de convergence d'une série de puissances ? Comment le trouve-t-on ?

3-28 Trouvez le rayon de convergence et l'intervalle de convergence pour chacune des séries.

3. $\sum_{n=1}^{\infty} (-1)^n n x^n$

4. $\sum_{n=1}^{\infty} \frac{(-1)^n x^n}{\sqrt[3]{n}}$

5. $\sum_{n=1}^{\infty} \frac{x^n}{2n-1}$

6. $\sum_{n=1}^{\infty} \frac{(-1)^n x^n}{n^2}$

7. $\sum_{n=0}^{\infty} \frac{x^n}{n!}$

8. $\sum_{n=1}^{\infty} n^n x^n$

9. $\sum_{n=1}^{\infty} (-1)^n \frac{n^2 x^n}{2^n}$

10. $\sum_{n=1}^{\infty} \frac{10^n x^n}{n^3}$

11. $\sum_{n=1}^{\infty} \frac{(-3)^n}{n\sqrt{n}} x^n$

12. $\sum_{n=1}^{\infty} \frac{x^n}{n 3^n}$

13. $\sum_{n=2}^{\infty} (-1)^n \frac{x^n}{4^n \ln n}$

14. $\sum_{n=0}^{\infty} (-1)^n \frac{x^{2n+1}}{(2n+1)!}$

15. $\sum_{n=0}^{\infty} \frac{(x-2)^n}{n^2+1}$

16. $\sum_{n=0}^{\infty} (-1)^n \frac{(x-3)^n}{2n+1}$

17. $\sum_{n=1}^{\infty} \frac{3^n (x+4)^n}{\sqrt{n}}$

18. $\sum_{n=1}^{\infty} \frac{n}{4^n} (x+1)^n$

19. $\sum_{n=1}^{\infty} \frac{(x-2)^n}{n^n}$

20. $\sum_{n=1}^{\infty} \frac{(2x-1)^n}{5^n \sqrt{n}}$

21. $\sum_{n=1}^{\infty} \frac{n}{b^n} (x-a)^n, \quad b > 0$

22. $\sum_{n=2}^{\infty} \frac{b^n}{\ln n} (x-a)^n, \quad b > 0$

23. $\sum_{n=1}^{\infty} n!(2x-1)^n$

24. $\sum_{n=1}^{\infty} \frac{n^2 x^n}{2 \cdot 4 \cdot 6 \cdot \ldots \cdot (2n)}$

25. $\sum_{n=1}^{\infty} \frac{(5x-4)^n}{n^3}$

26. $\sum_{n=2}^{\infty} \frac{x^{2n}}{n(\ln n)^2}$

27. $\displaystyle\sum_{n=1}^{\infty} \frac{x^n}{1 \cdot 3 \cdot 5 \cdot \ldots \cdot (2n-1)}$ **28.** $\displaystyle\sum_{n=1}^{\infty} \frac{n!x^n}{1 \cdot 3 \cdot 5 \cdot \ldots \cdot (2n-1)}$

29. Si $\displaystyle\sum_{n=0}^{\infty} c_n 4^n$ converge, s'ensuit-il que les séries suivantes convergent?

a) $\displaystyle\sum_{n=0}^{\infty} c_n(-2)^n$ b) $\displaystyle\sum_{n=0}^{\infty} c_n(-4)^n$

30. Supposez que $\displaystyle\sum_{n=0}^{\infty} c_n x^n$ converge lorsque $x = -4$ et diverge lorsque $x = 6$. Est-ce que les séries suivantes convergent ou divergent?

a) $\displaystyle\sum_{n=0}^{\infty} c_n$ c) $\displaystyle\sum_{n=0}^{\infty} c_n(-3)^n$

b) $\displaystyle\sum_{n=0}^{\infty} c_n 8^n$ d) $\displaystyle\sum_{n=0}^{\infty} (-1)^n c_n 9^n$

31. Soit k, un entier positif. Trouvez le rayon de convergence de la série

$$\sum_{n=0}^{\infty} \frac{(n!)^k}{(kn)!} x^n.$$

32. Soit p et q, deux nombres réels tels que $p < q$. Trouvez une série de puissances dont l'intervalle de convergence est

a) $]p, q[$ b) $]p, q]$ c) $[p, q[$ d) $[p, q]$

33. Est-il possible de trouver une série de puissances dont l'intervalle de convergence est $[0, \infty[$? Expliquez votre réponse.

34. Représentez dans un même graphique les premières sommes partielles $s_n(x)$ de la série $\displaystyle\sum_{n=0}^{\infty} x^n$ ainsi que la fonction somme $f(x) = 1/(1-x)$. Sur quel intervalle ces sommes partielles semblent-elles converger vers $f(x)$?

35. La fonction J_1 définie par

$$J_1(x) = \sum_{n=0}^{\infty} \frac{(-1)^n x^{2n+1}}{n!(n+1)!2^{2n+1}}$$

est appelée **fonction de Bessel d'ordre 1**.

a) Trouvez son domaine.

b) Représentez dans un même graphique les premières sommes partielles.

LCS c) Si votre logiciel de calcul symbolique a les fonctions de Bessel, représentez dans un même graphique J_1 ainsi que les sommes partielles de la partie b) et observez comment les sommes partielles approximent J_1.

36. La fonction A définie par

$$A(x) = 1 + \frac{x^3}{2 \cdot 3} + \frac{x^6}{2 \cdot 3 \cdot 5 \cdot 6} + \frac{x^9}{2 \cdot 3 \cdot 5 \cdot 6 \cdot 8 \cdot 9} + \ldots$$

est appelée **fonction d'Airy** d'après le mathématicien et astronome anglais Sir George Airy (1801-1892).

a) Trouvez le domaine de la fonction d'Airy.

b) Représentez dans un même graphique les premières sommes partielles.

LCS c) Si votre logiciel de calcul symbolique a les fonctions d'Airy, représentez dans un même graphique A ainsi que les sommes partielles de la partie b) et observez comment les sommes partielles approximent A.

37. Une fonction f est définie par

$$f(x) = 1 + 2x + x^2 + 2x^3 + x^4 + \ldots$$

Ainsi, ses coefficients sont $c_{2n} = 1$ et $c_{2n+1} = 2$ pour tout $n \geq 0$. Trouvez l'intervalle de convergence de la série et une formule explicite pour $f(x)$.

38. Soit $f(x) = \displaystyle\sum_{n=0}^{\infty} c_n x^n$, où $c_{n+4} = c_n$ pour tout $n \geq 0$. Trouvez l'intervalle de convergence de la série et une formule pour $f(x)$.

39. Montrez que si $\displaystyle\lim_{n\to\infty} \sqrt[n]{|c_n|} = c$, où $c \neq 0$, alors le rayon de convergence de la série de puissances $\sum c_n x^n$ est $R = 1/c$.

40. Supposez que la série de puissances $\sum c_n(x-a)^n$ satisfait à $c_n \neq 0$ pour tout n. Montrez que si $\displaystyle\lim_{n\to\infty} |c_n/c_{n+1}|$ existe, alors elle est égale au rayon de convergence de la série de puissances.

41. Supposez que la série $\sum c_n x^n$ a un rayon de convergence égal à 2 et que la série $\sum d_n x^n$ a un rayon de convergence égal à 3. Quel est le rayon de convergence de la série $\sum (c_n + d_n)x^n$?

42. Supposez que le rayon de convergence de la série de puissances $\sum c_n x^n$ est R. Quel est alors le rayon de convergence de la série de puissances $\sum c_n x^{2n}$?

6.8 LES REPRÉSENTATIONS DE FONCTIONS SOUS LA FORME DE SÉRIES DE PUISSANCES

Dans cette section, on apprendra à représenter certains types de fonctions sous la forme de séries de puissances en manipulant des séries géométriques ou en différenciant ou intégrant de telles séries. On peut se demander pourquoi on voudrait exprimer une fonction connue sous la forme d'une somme d'un nombre infini de termes. On verra que cette stratégie est utile pour intégrer des fonctions qui n'ont pas de primitives élémentaires, pour résoudre des équations différentielles et pour approcher des fonctions avec des polynômes. (Les scientifiques le font pour simplifier les expressions qu'ils traitent et les informaticiens, pour représenter des fonctions sur des calculatrices et des ordinateurs.)

On commence avec une égalité vue auparavant:

1

$$\frac{1}{1-x} = 1 + x + x^2 + x^3 + \ldots = \sum_{n=0}^{\infty} x^n \qquad |x| < 1.$$

On a rencontré cette égalité à l'exemple 6 de la section 6.2 où, en l'observant, on a constaté que c'est une série géométrique avec $a = 1$ et $r = x$. Mais le point de vue est différent ici. On considère maintenant que l'égalité **1** est l'expression de la fonction $f(x) = 1/(1 - x)$ sous la forme de la somme d'une série de puissances.

La figure 1 représente géométriquement l'égalité **1**. Puisque la somme d'une série est la limite de la suite de sommes partielles, on a

$$\frac{1}{1-x} = \lim_{n\to\infty} s_n(x)$$

où

$$s_n(x) = 1 + x + x^2 + \cdots + x^n$$

est la n-ième somme partielle. On remarque que lorsque n croît, $s_n(x)$ devient une meilleure approximation de $f(x)$ pour $-1 < x < 1$.

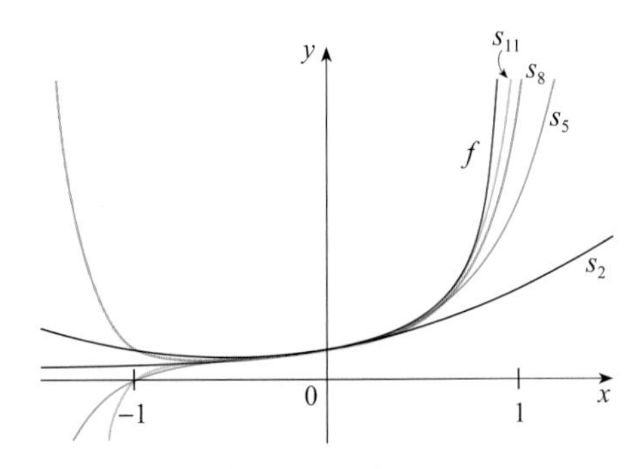

FIGURE 1 $f(x) = \dfrac{1}{1-x}$ et quelques sommes partielles.

EXEMPLE 1 Exprimons $1/(1 + x^2)$ sous la forme d'une série de puissances et trouvons l'intervalle de convergence.

SOLUTION En remplaçant x par $-x^2$ dans l'égalité **1**, on a

$$\frac{1}{1+x^2} = \frac{1}{1-(-x^2)} = \sum_{n=0}^{\infty} (-x^2)^n$$

$$= \sum_{n=0}^{\infty} (-1)^n x^{2n} = 1 - x^2 + x^4 - x^6 + x^8 - \ldots$$

Cette série est une série géométrique. Donc, elle converge lorsque $|-x^2| < 1$, c'est-à-dire lorsque $x^2 < 1$, soit $|x| < 1$. Par conséquent, l'intervalle de convergence est $]-1, 1[$. (On aurait bien sûr pu déterminer le rayon de convergence en appliquant le critère généralisé de d'Alembert, mais tout ce travail n'est pas nécessaire ici.)

EXEMPLE 2 Trouvons une série de puissances représentant $1/(x + 2)$.

SOLUTION Pour écrire cette fonction sous la forme du membre de gauche de l'égalité **1**, on met d'abord 2 en évidence au dénominateur:

$$\frac{1}{2+x} = \frac{1}{2\left(1+\dfrac{x}{2}\right)} = \frac{1}{2\left[1-\left(-\dfrac{x}{2}\right)\right]}$$

$$= \frac{1}{2}\sum_{n=0}^{\infty}\left(-\frac{x}{2}\right)^n = \sum_{n=0}^{\infty}\frac{(-1)^n}{2^{n+1}}x^n.$$

Cette série converge lorsque $|-x/2| < 1$, autrement dit lorsque $|x| < 2$. Donc, l'intervalle de convergence est $]-2, 2[$.

EXEMPLE 3 Trouvons une série de puissances représentant $x^3/(x + 2)$.

SOLUTION Comme cette fonction est x^3 fois la fonction de l'exemple 2, il suffit de multiplier celle-ci par x^3 :

On peut déplacer x^3 hors de la portée du symbole de sommation (sigma) puisqu'il ne dépend pas de n. [Utiliser le théorème **8** i) de la section 6.2 avec $c = x^3$.]

$$\frac{x^3}{x+2} = x^3 \cdot \frac{1}{x+2} = x^3 \sum_{n=0}^{\infty} \frac{(-1)^n}{2^{n+1}} x^n = \sum_{n=0}^{\infty} \frac{(-1)^n}{2^{n+1}} x^{n+3}$$
$$= \tfrac{1}{2}x^3 - \tfrac{1}{4}x^4 + \tfrac{1}{8}x^5 - \tfrac{1}{16}x^6 + \ldots$$

Voici une autre façon d'écrire cette série :

$$\frac{x^3}{x+2} = \sum_{n=3}^{\infty} \frac{(-1)^{n-1}}{2^{n-2}} x^n.$$

Comme dans l'exemple 2, l'intervalle de convergence est $]-2, 2[$.

LA DÉRIVATION ET L'INTÉGRATION DES SÉRIES DE PUISSANCES

La somme d'une série de puissances est une fonction $f(x) = \sum_{n=0}^{\infty} c_n(x-a)^n$ dont le domaine est l'intervalle de convergence de la série. On aimerait pouvoir dériver et intégrer de telles fonctions. Le théorème suivant (qu'on ne démontrera pas) énonce qu'on peut le faire en dérivant ou en intégrant chaque terme de la série, comme on le ferait pour une fonction polynomiale. C'est ce qu'on appelle la **dérivation** et l'**intégration terme à terme**.

2 THÉORÈME

Si la série de puissances $\sum c_n(x-a)^n$ a un rayon de convergence $R > 0$, alors la fonction f définie par

$$f(x) = c_0 + c_1(x-a) + c_2(x-a)^2 + \ldots = \sum_{n=0}^{\infty} c_n(x-a)^n$$

est dérivable (et donc continue) sur l'intervalle $]a - R, a + R[$ et

i) $f'(x) = c_1 + 2c_2(x-a) + 3c_3(x-a)^2 + \ldots = \sum_{n=1}^{\infty} nc_n(x-a)^{n-1}$;

ii) $\int f(x)\,dx = C + c_0(x-a) + c_1\frac{(x-a)^2}{2} + c_2\frac{(x-a)^3}{3} + \ldots$
$$= C + \sum_{n=0}^{\infty} c_n \frac{(x-a)^{n+1}}{n+1}.$$

Dans la partie ii), $\int c_0\,dx = c_0x + C_1$ est écrit sous la forme $c_0(x-a) + C$, où $C = C_1 + ac_0$, de sorte que tous les termes de la série ont la même forme.

Les rayons de convergence des séries de puissances des égalités i) et ii) sont tous les deux R.

NOTE 1 On peut récrire les égalités i) et ii) du théorème **2** sous les formes

iii) $$\frac{d}{dx}\left[\sum_{n=0}^{\infty} c_n(x-a)^n\right] = \sum_{n=0}^{\infty} \frac{d}{dx}\left[c_n(x-a)^n\right];$$

iv) $$\int \left[\sum_{n=0}^{\infty} c_n(x-a)^n\right] dx = \sum_{n=0}^{\infty} \int c_n(x-a)^n\, dx.$$

On sait que, pour les sommes d'un nombre fini de termes, la dérivée d'une somme est la somme des dérivées et que l'intégrale d'une somme est la somme des intégrales. Les égalités iii) et iv) affirment que c'est aussi vrai pour les sommes d'un nombre infini de termes, pourvu que ce soient des **séries de puissances**. (Pour les autres types de séries de fonctions, la situation n'est pas aussi simple ; voir l'exercice 38.)

NOTE 2 Bien que le théorème **2** énonce que le rayon de convergence reste le même lorsqu'on dérive ou intègre une série de puissances, cela ne signifie pas que l'intervalle de convergence reste le même. Il peut arriver que la série originale converge à une extrémité et que la série différentiée y diverge (voir l'exercice 39).

EXEMPLE 4 À l'exemple 3 de la section 6.7, on a vu que la fonction de Bessel

$$J_0(x) = \sum_{n=0}^{\infty} \frac{(-1)^n x^{2n}}{2^{2n}(n!)^2}$$

est définie pour tout x. Donc, selon le théorème **2**, J_0 est dérivable pour tout x et on trouve sa dérivée par la dérivation terme à terme, comme ceci :

$$J_0'(x) = \sum_{n=0}^{\infty} \frac{d}{dx} \frac{(-1)^n x^{2n}}{2^{2n}(n!)^2} = \sum_{n=1}^{\infty} \frac{(-1)^n 2n x^{2n-1}}{2^{2n}(n!)^2}.$$

EXEMPLE 5 Exprimons $1/(1-x)^2$ sous la forme d'une série de puissances en dérivant l'égalité **1**. Quel est le rayon de convergence ?

SOLUTION La dérivation de chaque membre de l'égalité

$$\frac{1}{1-x} = 1 + x + x^2 + x^3 + \ldots = \sum_{n=0}^{\infty} x^n$$

donne

$$\frac{1}{(1-x)^2} = 1 + 2x + 3x^2 + \ldots = \sum_{n=1}^{\infty} nx^{n-1}.$$

Si on le désire, on peut remplacer n par $n+1$ (réindexation de la série) et écrire la réponse sous la forme

$$\frac{1}{(1-x)^2} = \sum_{n=0}^{\infty} (n+1)x^n.$$

Selon le théorème **2**, le rayon de convergence de la série dérivée est le même que le rayon de convergence de la série originale, soit $R = 1$.

EXEMPLE 6 Trouvons une représentation en série de puissances de $\ln(1+x)$ et son rayon de convergence.

SOLUTION On remarque que la dérivée de cette fonction est $1/(1+x)$. Par l'égalité **1**, on a

$$\frac{1}{1+x} = \frac{1}{1-(-x)} = 1 - x + x^2 - x^3 + \ldots \qquad |x| < 1.$$

En intégrant les deux membres de cette égalité, on obtient

$$\begin{aligned}\ln(1+x) &= \int \frac{1}{1+x}\,dx = \int (1 - x + x^2 - x^3 + \cdots)\,dx \\ &= x - \frac{x^2}{2} + \frac{x^3}{3} - \frac{x^4}{4} + \ldots + C \\ &= \sum_{n=1}^{\infty} (-1)^{n-1} \frac{x^n}{n} + C \qquad |x| < 1.\end{aligned}$$

Pour déterminer la valeur de C, on pose $x = 0$ dans cette égalité. On obtient $\ln(1 + 0) = C$. Donc, $C = 0$ et

$$\ln(1+x) = x - \frac{x^2}{2} + \frac{x^3}{3} - \frac{x^4}{4} + \ldots = \sum_{n=1}^{\infty} (-1)^{n-1} \frac{x^n}{n} \qquad |x| < 1.$$

Le rayon de convergence est le même que celui de la série originale, soit $R = 1$.

EXEMPLE 7 Trouvons une représentation en série de puissances de $f(x) = \arctan x$.

SOLUTION On remarque que $f'(x) = 1/(1 + x^2)$ et on trouve la série demandée en intégrant les deux membres de la série de puissances de $1/(1 + x^2)$ trouvée à l'exemple 1.

$$\begin{aligned}\arctan x &= \int \frac{1}{1+x^2}\,dx = \int (1 - x^2 + x^4 - x^6 + \ldots)\,dx \\ &= C + x - \frac{x^3}{3} + \frac{x^5}{5} - \frac{x^7}{7} + \ldots\end{aligned}$$

Pour trouver C, on pose $x = 0$. On obtient $C = \arctan 0 = 0$. Donc,

$$\arctan x = x - \frac{x^3}{3} + \frac{x^5}{5} - \frac{x^7}{7} + \ldots = \sum_{n=0}^{\infty} (-1)^n \frac{x^{2n+1}}{2n+1}.$$

Comme le rayon de convergence de la série de $1/(1 + x^2)$ est 1, le rayon de convergence de la série de $\arctan x$ est aussi 1.

La série de puissances de $\arctan x$ obtenue à l'exemple 7 est appelée « série de Gregory », d'après le mathématicien écossais James Gregory (1638-1675), qui a prédit quelques découvertes de Newton. On a montré que la série de Gregory est valide lorsque $-1 < x < 1$, mais il s'avère (bien que ce ne soit pas facile à démontrer) qu'elle est aussi valide lorsque $x = \pm 1$. On remarque que lorsque $x = 1$, la série devient

$$\frac{\pi}{4} = 1 - \frac{1}{3} + \frac{1}{5} - \frac{1}{7} + \ldots$$

Ce résultat remarquable est appelé « formule de π de Gregory-Leibniz ».

EXEMPLE 8

a) Évaluons $\int [1/(1+x^7)]\,dx$ sous la forme d'une série de puissances.

b) Utilisons la partie a) pour approximer $\int_0^{0,5} [1/(1+x^7)]\,dx$ à 10^{-7} près.

SOLUTION

a) La première étape consiste à exprimer l'intégrande, $1/(1 + x^7)$, sous la forme d'une série de puissances. Comme à l'exemple 1, on commence avec l'égalité **1** et on remplace x par $-x^7$:

$$\begin{aligned}\frac{1}{1+x^7} &= \frac{1}{1-(-x^7)} = \sum_{n=0}^{\infty} (-x^7)^n \\ &= \sum_{n=0}^{\infty} (-1)^n x^{7n} = 1 - x^7 + x^{14} - \ldots\end{aligned}$$

Cet exemple montre une utilité de la représentation en série de puissances. L'intégration manuelle de $1/(1+x^7)$ est incroyablement difficile. Différents logiciels de calcul symbolique donnent différentes formes de réponse, toutes extrêmement compliquées. (Si vous avez un tel logiciel, essayez-le.) La série obtenue à l'exemple 8 a) est plus facile à traiter que la réponse fournie par ce type de logiciel.

On intègre terme à terme :

$$\int \frac{1}{1+x^7}\,dx = \int \sum_{n=0}^{\infty}(-1)^n x^{7n}\,dx = C + \sum_{n=0}^{\infty}(-1)^n \frac{x^{7n+1}}{7n+1}$$
$$= C + x - \frac{x^8}{8} + \frac{x^{15}}{15} - \frac{x^{22}}{22} + \ldots$$

Cette série converge pour $|-x^7| < 1$, c'est-à-dire pour $|x| < 1$.

b) Comme le théorème fondamental du calcul différentiel et intégral est vrai quelle que soit la primitive utilisée, on prend la primitive obtenue en a), avec $C = 0$:

$$\int_0^{0,5} \frac{1}{1+x^7}\,dx = \left[x - \frac{x^8}{8} + \frac{x^{15}}{15} - \frac{x^{22}}{22} + \ldots\right]_0^{1/2}$$
$$= \frac{1}{2} - \frac{1}{8\cdot 2^8} + \frac{1}{15\cdot 2^{15}} - \frac{1}{22\cdot 2^{22}} + \ldots + \frac{(-1)^n}{(7n+1)2^{7n+1}} + \ldots$$

Cette série est la valeur de l'intégrale définie, mais comme elle est une série alternée, on peut approcher la somme par le théorème d'estimation des séries alternées. Si on arrête l'addition après $n = 3$, l'erreur est plus petite que le premier terme suivant ($n = 4$) :

$$\frac{1}{29\cdot 2^{29}} \approx 6,4\times 10^{-11}.$$

De là, on a

$$\int_0^{0,5} \frac{1}{1+x^7}\,dx \approx \frac{1}{2} - \frac{1}{8\cdot 2^8} + \frac{1}{15\cdot 2^{15}} - \frac{1}{22\cdot 2^{22}} \approx 0,499\,513\,74.$$

Exercices 6.8

1. Si le rayon de convergence de la série de puissances $\sum_{n=0}^{\infty} c_n x^n$ est 10, quel est le rayon de convergence de la série $\sum_{n=1}^{\infty} nc_n x^{n-1}$? Pourquoi ?

2. Supposez que vous savez que la série $\sum_{n=0}^{\infty} b_n x^n$ converge pour $|x| < 2$. Que pouvez-vous dire à propos de la série suivante ? Pourquoi ?

$$\sum_{n=0}^{\infty} \frac{b_n}{n+1} x^{n+1}$$

3-10 Pour chacune des fonctions, trouvez une représentation en série de puissances et déterminez l'intervalle de convergence.

3. $f(x) = \dfrac{1}{1+x}$

4. $f(x) = \dfrac{5}{1-4x^2}$

5. $f(x) = \dfrac{2}{3-x}$

6. $f(x) = \dfrac{1}{x+10}$

7. $f(x) = \dfrac{x}{9+x^2}$

8. $f(x) = \dfrac{x}{2x^2+1}$

9. $f(x) = \dfrac{1+x}{1-x}$

10. $f(x) = \dfrac{x^2}{a^3-x^3}$

11-12 Exprimez la fonction sous la forme d'une série de puissances en utilisant d'abord les fractions partielles. Trouvez l'intervalle de convergence.

11. $f(x) = \dfrac{3}{x^2-x-2}$

12. $f(x) = \dfrac{x+2}{2x^2-x-1}$

13. a) Trouvez par dérivation une représentation en série de puissances de

$$f(x) = \frac{1}{(1+x)^2}.$$

Quel est le rayon de convergence ?

b) Utilisez la partie a) pour trouver une série de puissances pour

$$f(x)=\frac{1}{(1+x)^3}.$$

c) Utilisez la partie b) pour trouver une série de puissances pour

$$f(x)=\frac{x^2}{(1+x)^3}.$$

14. a) Utilisez l'égalité **1** pour trouver une série de puissances afin de représenter la fonction $f(x) = \ln(1 - x)$. Quel est le rayon de convergence ?

b) Utilisez la partie a) pour trouver une série de puissances pour $f(x) = x \ln(1 - x)$.

c) En posant $x = \frac{1}{2}$ dans le résultat obtenu à la partie a), exprimez ln 2 comme la somme d'une série.

15-20 Pour chacune des fonctions, trouvez une représentation en série de puissances et déterminez le rayon de convergence.

15. $f(x) = \ln(5 - x)$

16. $f(x) = x^2 \arctan(x^3)$

17. $f(x)=\dfrac{x}{(1+4x)^2}$

18. $f(x)=\left(\dfrac{x}{2-x}\right)^3$

19. $f(x)=\dfrac{1+x}{(1-x)^2}$

20. $f(x)=\dfrac{x^2+x}{(1-x)^3}$

21-24 Trouvez une représentation en série de puissances de f, et représentez dans un même graphique f et plusieurs sommes partielles $s_n(x)$. Que se passe-t-il lorsque n croît ?

21. $f(x)=\dfrac{x}{x^2+16}$

22. $f(x) = \ln(x^2 + 4)$

23. $f(x)=\ln\left(\dfrac{1+x}{1-x}\right)$

24. $f(x) = \arctan(2x)$

25-28 Évaluez l'intégrale indéfinie sous la forme d'une série de puissances. Quel est le rayon de convergence ?

25. $\displaystyle\int \frac{t}{1-t^8}\,dt$

26. $\displaystyle\int \frac{1}{1+t^3}\,dt$

27. $\displaystyle\int x^2 \ln(1+x)\,dx$

28. $\displaystyle\int \frac{\arctan x}{x}\,dx$

29-32 Utilisez une série de puissances pour approcher l'intégrale définie à six décimales près.

29. $\displaystyle\int_0^{0,2} \frac{1}{1+x^5}\,dx$

30. $\displaystyle\int_0^{0,4} \ln(1+x^4)\,dx$

31. $\displaystyle\int_0^{0,1} x\arctan(3x)\,dx$

32. $\displaystyle\int_0^{0,3} \frac{x^2}{1+x^4}\,dx$

33. Utilisez le résultat de l'exemple 7 pour calculer la valeur de arctan 0,2 à cinq décimales près.

34. Montrez que la fonction

$$f(x)=\sum_{n=0}^{\infty}\frac{(-1)^n x^{2n}}{(2n)!}$$

est une solution de l'équation différentielle

$$f''(x) + f(x) = 0.$$

35. a) Montrez que J_0 (la fonction de Bessel d'ordre 0 donnée à l'exemple 4) vérifie l'équation différentielle

$$x^2J_0''(x)+xJ_0'(x)+x^2J_0(x)=0.$$

b) Évaluez la valeur exacte de $\int_0^1 J_0(x)\,dx$ à trois décimales près.

36. La fonction de Bessel d'ordre 1 est définie par

$$J_1(x)=\sum_{n=0}^{\infty}\frac{(-1)^n x^{2n+1}}{n!(n+1)!2^{2n+1}}.$$

a) Montrez que J_1 vérifie l'équation différentielle

$$x^2J_1''(x)+xJ_1'(x)+(x^2-1)J_1(x)=0.$$

b) Montrez que $J_0'(x)=-J_1(x)$.

37. a) Montrez que la fonction

$$f(x)=\sum_{n=0}^{\infty}\frac{x^n}{n!}$$

est une solution de l'équation différentielle

$$f'(x) = f(x).$$

b) Montrez que $f(x) = e^x$.

38. Soit $f_n(x) = (\sin nx)/n^2$. Montrez que la série $\sum f_n(x)$ converge pour tout x mais que la série dérivée $\sum f_n'(x)$ diverge lorsque $x = 2n\pi$, n étant un entier. Pour quelles valeurs de x la série $\sum f_n''(x)$ converge-t-elle ?

39. Soit

$$f(x)=\sum_{n=1}^{\infty}\frac{x^n}{n^2}.$$

Trouvez les intervalles de convergence de f, de f' et de f''.

40. a) En partant de la série géométrique $\sum_{n=0}^{\infty} x^n$, trouvez la somme de la série

$$\sum_{n=1}^{\infty} nx^{n-1} \qquad |x|<1.$$

b) Trouvez la somme de chacune des séries suivantes.

i) $\displaystyle\sum_{n=1}^{\infty} nx^n,\ |x|<1.$ ii) $\displaystyle\sum_{n=1}^{\infty}\frac{n}{2^n}$

c) Trouvez la somme de chacune des séries suivantes.

i) $\displaystyle\sum_{n=2}^{\infty} n(n-1)x^n \qquad |x|<1$

ii) $\displaystyle\sum_{n=2}^{\infty}\frac{n^2-n}{2^n}$ iii) $\displaystyle\sum_{n=1}^{\infty}\frac{n^2}{2^n}$

41. Utilisez la série de puissances de arctan x pour démontrer l'expression suivante de π sous la forme de la somme d'une série :

$$\pi = 2\sqrt{3} \sum_{n=0}^{\infty} \frac{(-1)^n}{(2n+1)3^n}.$$

42. a) En complétant le carré, montrez que

$$\int_0^{1/2} \frac{dx}{x^2 - x + 1} = \frac{\pi}{3\sqrt{3}}.$$

b) En factorisant $x^3 + 1$ sous la forme d'une somme de cubes, récrivez l'intégrale de la partie a). Ensuite, exprimez $1/(x^3 + 1)$ sous la forme d'une somme d'une série de puissances et utilisez-la pour prouver la formule suivante de π :

$$\pi = \frac{3\sqrt{3}}{4} \sum_{n=0}^{\infty} \frac{(-1)^n}{8^n}\left(\frac{2}{3n+1} + \frac{1}{3n+2}\right).$$

6.9 LES SÉRIES DE TAYLOR ET DE MACLAURIN

Dans la section précédente, on a pu trouver des représentations en séries de puissances d'une certaine classe restreinte de fonctions. Dans cette section, on étudie des problèmes plus généraux : Quelles fonctions possèdent des représentations en séries de puissances ? Comment trouver de telles représentations ?

On suppose d'abord que f est une fonction quelconque qu'on peut représenter par une série de puissances :

1 $$f(x) = c_0 + c_1(x-a) + c_2(x-a)^2 + c_3(x-a)^3 + c_4(x-a)^4 + \ldots \quad \text{où } |x-a| < R.$$

On essaie de déterminer quels doivent être les coefficients c_n en termes de f. On remarque d'abord qu'en posant $x = a$ dans l'égalité **1**, tous les termes au-delà du premier sont nuls et donc que

$$f(a) = c_0.$$

Selon le théorème **2** de la section 6.8, on peut dériver la série de l'égalité **1** terme à terme :

2 $$f'(x) = c_1 + 2c_2(x-a) + 3c_3(x-a)^2 + 4c_4(x-a)^3 + \ldots \quad \text{où } |x-a| < R.$$

La substitution $x = a$ dans l'égalité **2** donne

$$f'(a) = c_1.$$

La dérivation des deux membres de l'égalité **2** donne

3 $$f''(x) = 2c_2 + 2 \cdot 3c_3(x-a) + 3 \cdot 4c_4(x-a)^2 + \ldots \quad \text{où } |x-a| < R.$$

En posant de nouveau $x = a$ dans l'égalité **3**, on obtient

$$f''(a) = 2c_2.$$

On répète ce processus encore une fois. La dérivation de la série de l'égalité **3** donne

4 $$f'''(x) = 2 \cdot 3c_3 + 2 \cdot 3 \cdot 4c_4(x-a) + 3 \cdot 4 \cdot 5c_5(x-a)^2 + \ldots \quad \text{où } |x-a| < R$$

et la substitution $x = a$ dans l'égalité **4** donne

$$f'''(a) = 2 \cdot 3c_3 = 3!c_3.$$

Un schéma clair apparaît. Si on continue à dériver et à remplacer x par a, on obtient

$$f^{(n)}(a) = 2 \cdot 3 \cdot 4 \cdot \ldots \cdot nc_n = n!c_n.$$

En isolant dans cette égalité le n-ième coefficient c_n, on trouve

$$c_n = \frac{f^{(n)}(a)}{n!}.$$

Cette formule reste valide même pour $n = 0$ si on adopte les conventions $0! = 1$ et $f^{(0)} = f$. On a donc démontré le théorème suivant.

5 **THÉORÈME**

Si f possède une représentation (un développement) en série de puissances en a, c'est-à-dire si

$$f(x) = \sum_{n=0}^{\infty} c_n (x-a)^n \qquad \text{où } |x-a| < R$$

alors les coefficients c_n sont donnés par la formule $c_n = \dfrac{f^{(n)}(a)}{n!}$.

Le remplacement de c_n par cette formule dans la série montre que si f a un développement en série de puissances en a, alors il doit être de la forme suivante.

6

$$\begin{aligned} f(x) &= \sum_{n=0}^{\infty} \frac{f^{(n)}(a)}{n!}(x-a)^n \\ &= f(a) + \frac{f'(a)}{1!}(x-a) + \frac{f''(a)}{2!}(x-a)^2 + \frac{f'''(a)}{3!}(x-a)^3 + \ldots \end{aligned}$$

La série **6** est appelée **série de Taylor de la fonction f en a** (ou **autour de a** ou **centrée en a**). Pour le cas particulier $a = 0$, la série de Taylor devient

7

$$f(x) = \sum_{n=0}^{\infty} \frac{f^{(n)}(0)}{n!}x^n = f(0) + \frac{f'(0)}{1!}x + \frac{f''(0)}{2!}x^2 + \ldots$$

Ce cas survient si fréquemment qu'on lui a donné le nom particulier de **série de MacLaurin**.

NOTE On a montré que si f peut être représentée sous la forme d'une série de puissances autour de a, alors f est égale à la somme de sa série de Taylor. Mais il existe des fonctions qui ne sont pas égales à la somme de leur série de Taylor. L'exercice 70 donne un exemple d'une telle fonction.

Taylor et MacLaurin

La série de Taylor est ainsi appelée d'après le mathématicien anglais Brook Taylor (1685-1731) et la série de MacLaurin tire son nom du mathématicien écossais Colin MacLaurin (1698-1746), malgré le fait que la série de MacLaurin soit un cas particulier de la série de Taylor. Mais l'idée de représenter des fonctions particulières sous la forme de sommes de séries de puissances remonte à Newton, et la série de Taylor était connue du mathématicien écossais James Gregory en 1668 et du mathématicien suisse Jean Bernoulli dans les années 1690. Apparemment, Taylor ignorait les travaux de Gregory et de Bernoulli quand il publia ses découvertes sur les séries en 1715 dans son livre *Methodus incrementorum directa et inversa*. On a nommé les séries de MacLaurin d'après Colin MacLaurin parce qu'il les a popularisées dans son traité de calcul différentiel et intégral *Treatise of Fluxions* publié en 1742.

EXEMPLE 1 Trouvons la série de MacLaurin de la fonction $f(x) = e^x$ et son rayon de convergence.

SOLUTION Si $f(x) = e^x$, alors $f^{(n)}(x) = e^x$, de sorte que $f^{(n)}(0) = e^0 = 1$ pour tout n. Par conséquent, la série de Taylor de f en 0 (c'est-à-dire la série de MacLaurin) est

$$\sum_{n=0}^{\infty} \frac{f^{(n)}(0)}{n!} x^n = \sum_{n=0}^{\infty} \frac{x^n}{n!} = 1 + \frac{x}{1!} + \frac{x^2}{2!} + \frac{x^3}{3!} + \ldots$$

Pour trouver le rayon de convergence, on pose $a_n = x^n/n!$. Alors

$$\lim_{n\to\infty} \left| \frac{a_{n+1}}{a_n} \right| = \lim_{n\to\infty} \left| \frac{x^{n+1}}{(n+1)!} \cdot \frac{n!}{x^n} \right| = \lim_{n\to\infty} \frac{|x|}{n+1} \to 0 < 1$$

de sorte que, selon le critère généralisé de d'Alembert, la série converge pour tout x et le rayon de convergence est $R = \infty$.

Du théorème **5** et de l'exemple 1, on conclut que si e^x possède un développement en série de puissances en 0, alors

$$e^x = \sum_{n=0}^{\infty} \frac{x^n}{n!}.$$

Comment déterminer si e^x a une représentation en série de puissances ?

On considère la question plus générale. Dans quelles circonstances une fonction est-elle égale à la somme de sa série de Taylor ? Autrement dit, si f a des dérivées de tous les ordres, quand est-il vrai que

$$f(x) = \sum_{n=0}^{\infty} \frac{f^{(n)}(a)}{n!} (x-a)^n ?$$

Comme pour toute série convergente, cela signifie que $f(x)$ est la limite de la suite de sommes partielles. Dans le cas de la série de Taylor, les sommes partielles sont

$$T_n(x) = \sum_{i=0}^{n} \frac{f^{(i)}(a)}{i!} (x-a)^i$$
$$= f(a) + \frac{f'(a)}{1!}(x-a) + \frac{f''(a)}{2!}(x-a)^2 + \ldots + \frac{f^{(n)}(a)}{n!}(x-a)^n.$$

On remarque que T_n est un polynôme de degré n appelé **polynôme de Taylor d'ordre n de f en a**. Par exemple, pour la fonction exponentielle $f(x) = e^x$, le résultat de l'exemple 1 montre que les polynômes de Taylor en 0 (ou les polynômes de MacLaurin) avec $n = 1$, 2 et 3 sont

$$T_1(x) = 1 + x \qquad T_2(x) = 1 + x + \frac{x^2}{2!} \qquad T_3(x) = 1 + x + \frac{x^2}{2!} + \frac{x^3}{3!}.$$

La figure 1 montre dans un même graphique la fonction exponentielle et ses trois polynômes de Taylor.

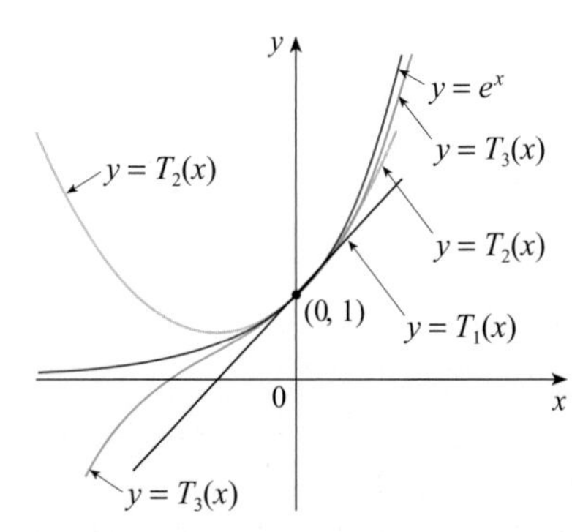

FIGURE 1

Lorsque n croît, $T_n(x)$ semble tendre vers e^x à la figure 1. Cela suggère que e^x est égal à la somme de sa série de Taylor.

En général, $f(x)$ est la somme de sa série de Taylor si

$$f(x) = \lim_{n\to\infty} T_n(x).$$

Si on pose

$$R_n(x) = f(x) - T_n(x) \qquad \text{de sorte que} \qquad f(x) = T_n(x) + R_n(x),$$

alors $R_n(x)$ est appelé le **reste d'ordre *n*** de la série de Taylor. Si on peut montrer d'une manière ou d'une autre que $\lim_{n\to\infty} R_n(x) = 0$, alors il s'ensuit que

$$\lim_{n\to\infty} T_n(x) = \lim_{n\to\infty}[f(x) - R_n(x)] = f(x) - \lim_{n\to\infty} R_n(x) = f(x).$$

On a donc démontré le théorème suivant.

8 THÉORÈME

Si $f(x) = T_n(x) + R_n(x)$, où T_n est le polynôme de Taylor d'ordre n de f en a, et si

$$\lim_{n\to\infty} R_n(x) = 0$$

pour $|x - a| < R$, alors la fonction f est égale à la somme de sa série de Taylor sur l'intervalle $|x - a| < R$.

Pour montrer que $\lim_{n\to\infty} R_n(x) = 0$ pour une fonction particulière f, on utilise habituellement le résultat suivant.

9 INÉGALITÉ DE TAYLOR

Si $|f^{(n+1)}(x)| \leq M$ pour $|x - a| \leq d$, alors le reste $R_n(x)$ de la série de Taylor satisfait à l'inégalité

$$|R_n(x)| \leq \frac{M}{(n+1)!}|x - a|^{n+1} \qquad \text{pour } |x - a| \leq d.$$

Pour voir pourquoi cela est vrai pour $n = 1$, on suppose que $|f''(x)| \leq M$. En particulier, on a $f''(x) \leq M$, de sorte que pour $a \leq x \leq a + d$, on a

$$\int_a^x f''(t)\,dt \leq \int_a^x M\,dt.$$

Les formules suivantes pour le reste sont d'autres formules de l'inégalité de Taylor. Si $f^{(n+1)}$ est continue sur un intervalle I et si $x \in I$, alors

$$R_n(x) = \frac{1}{n!}\int_a^x (x - t)^n f^{(n+1)}(t)\,dt.$$

Cette dernière expression est appelée **forme intégrale du reste**. Une autre formule, appelée **forme de Lagrange du reste**, énonce qu'il existe un nombre z compris entre x et a tel que

$$R_n(x) = \frac{f^{(n+1)}(z)}{(n+1)!}(x - a)^{n+1}.$$

Cette version est un prolongement du théorème de Lagrange (qui est le cas $n = 0$).

Une primitive de f'' est f', donc d'après la partie 2 du théorème fondamental du calcul différentiel et intégral, on a

$$f'(x) - f'(a) \leq M(x - a) \qquad \text{ou encore} \quad f'(x) \leq f'(a) + M(x - a).$$

Donc,

$$\int_a^x f'(t)\,dt \leq \int_a^x \left[f'(a) + M(t - a)\right] dt$$

$$f(x) - f(a) \leq f'(a)(x - a) + M\frac{(x - a)^2}{2}$$

$$f(x) - f(a) - f'(a)(x - a) \leq \frac{M}{2}(x - a)^2.$$

Toutefois, $R_1(x) = f(x) - T_1(x) = f(x) - f(a) - f'(a)(x - a)$, d'où

$$R_1(x) \leq \frac{M}{2}(x - a)^2.$$

Un raisonnement semblable, avec $f''(x) \geq -M$, montre que

$$R_1(x) \geq -\frac{M}{2}(x - a)^2.$$

De là, on tire $$|R_1(x)| \leq \frac{M}{2}|x-a|^2.$$

On a supposé que $x > a$, mais des calculs semblables montrent que cette inégalité est vraie aussi pour $x < a$.

Cela prouve l'inégalité de Taylor pour le cas où $n = 1$. On démontre le résultat pour tout n d'une façon semblable en intégrant $n + 1$ fois (voir l'exercice 69 pour le cas $n = 2$).

NOTE À la section 6.10, on explore l'utilisation de l'inégalité de Taylor pour approximer des fonctions. On peut l'utiliser immédiatement en conjonction avec le théorème **8**.

Dans les applications des théorèmes **8** et **9**, il est souvent utile de connaître la limite suivante :

10

$$\lim_{n\to\infty} \frac{x^n}{n!} = 0 \qquad \text{pour tout nombre réel } x.$$

Cela est vrai parce que, selon l'exemple 1, la série $\sum x^n/n!$ converge pour tout x de sorte que son n-ième terme tend vers 0 (voir le théorème **7** de la section 6.2).

EXEMPLE 2 Démontrons que e^x est égal à la somme de sa série de MacLaurin.

SOLUTION Si $f(x) = e^x$, alors $f^{(n+1)}(x) = e^x$ pour tout n. Si d est n'importe quel nombre réel positif et si $|x| \leq d$, alors $|f^{(n+1)}(x)| = e^x \leq e^d$, car la fonction e^x est croissante. De là, l'inégalité de Taylor avec $a = 0$ et $M = e^d$ devient

$$|R_n(x)| \leq \frac{e^d}{(n+1)!}|x|^{n+1} \qquad \text{pour } |x| \leq d.$$

On remarque que la même constante $M = e^d$ convient pour toute valeur de n. Mais, selon l'égalité **10**,

$$\lim_{n\to\infty} \frac{e^d}{(n+1)!}|x|^{n+1} = e^d \lim_{n\to\infty} \frac{|x|^{n+1}}{(n+1)!} = 0.$$

On en tire que, selon le théorème du sandwich, $\lim_{n\to\infty} |R_n(x)| = 0$ et, par conséquent, $\lim_{n\to\infty} R_n(x) = 0$ pour toutes les valeurs de x. Selon le théorème **8**, e^x est égal à la somme de sa série de MacLaurin ; autrement dit,

11

$$e^x = \sum_{n=0}^{\infty} \frac{x^n}{n!} \qquad \text{pour tout } x.$$

En particulier, si on pose $x = 1$ dans l'égalité **11**, on obtient l'expression suivante du nombre e sous la forme d'une série infinie :

En 1748, Leonhard Euler a utilisé l'égalité **12** pour trouver la valeur de e avec 23 chiffres exacts. En 2007, Shigeru Kondo, en utilisant encore la série de l'égalité **12**, a calculé e jusqu'à plus de 100 milliards de décimales.

12

$$e = \sum_{n=0}^{\infty} \frac{1}{n!} = 1 + \frac{1}{1!} + \frac{1}{2!} + \frac{1}{3!} + \ldots$$

EXEMPLE 3 Trouvons la série de Taylor de $f(x) = e^x$ en $a = 2$.

SOLUTION On a $f^{(n)}(2) = e^2$ et donc, en posant $a = 2$ dans la définition d'une série de Taylor **6**, on obtient

$$\sum_{n=0}^{\infty} \frac{f^{(n)}(2)}{n!}(x-2)^n = \sum_{n=0}^{\infty} \frac{e^2}{n!}(x-2)^n.$$

On peut vérifier de nouveau, comme à l'exemple 1, que le rayon de convergence est $R = \infty$. Comme à l'exemple 2, on peut vérifier que $\lim_{n\to\infty} R_n(x) = 0$, donc que

13 $$e^x = \sum_{n=0}^{\infty} \frac{e^2}{n!}(x-2)^n \qquad \text{pour tout } x.$$

On a deux développements en série de puissances de e^x, la série de MacLaurin de l'égalité **11** et la série de Taylor de l'égalité **13**. La première convient mieux si on s'intéresse aux valeurs de e^x pour des valeurs de x près de 0 et la deuxième convient mieux si x est proche de 2.

EXEMPLE 4 Trouvons la série de MacLaurin de $\sin x$ et démontrons qu'elle représente $\sin x$ pour tout x.

SOLUTION On dispose le calcul en deux colonnes.

$$\begin{aligned}
f(x) &= \sin x & f(0) &= 0\\
f'(x) &= \cos x & f'(0) &= 1\\
f''(x) &= -\sin x & f''(0) &= 0\\
f'''(x) &= -\cos x & f'''(0) &= -1\\
f^{(4)}(x) &= \sin x & f^{(4)}(0) &= 0
\end{aligned}$$

La figure 2 montre le graphique de $\sin x$ et celui de ses polynômes de Taylor (ou de MacLaurin):

$$T_1(x) = T_2(x) = x$$
$$T_3(x) = T_4(x) = x - \frac{x^3}{3!}$$
$$T_5(x) = T_6(x) = x - \frac{x^3}{3!} + \frac{x^5}{5!}.$$

On remarque que, lorsque n croît, $T_n(x)$ se rapproche davantage de $\sin x$.

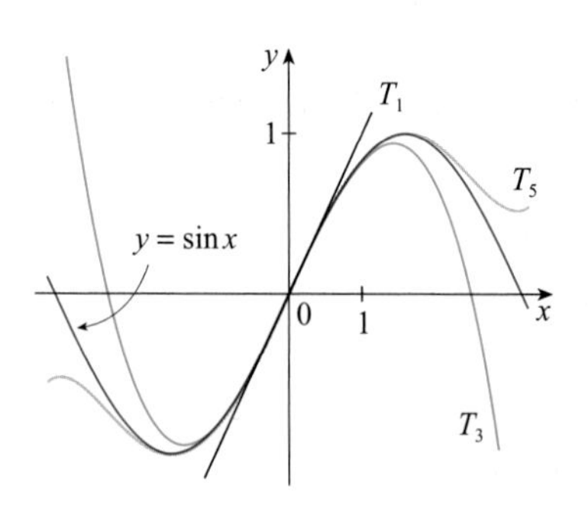

FIGURE 2

Comme les dérivées se répètent en un cycle de quatre, on peut écrire la série de MacLaurin sous la forme suivante:

$$\begin{aligned}
&\cancel{f(0)} + \frac{f'(0)}{1!}x + \cancel{\frac{f''(0)}{2!}x^2} + \frac{f'''(0)}{3!}x^3 + \ldots\\
&= x - \frac{x^3}{3!} + \frac{x^5}{5!} - \frac{x^7}{7!} + \ldots = \sum_{n=0}^{\infty} (-1)^n \frac{x^{2n+1}}{(2n+1)!}.
\end{aligned}$$

Puisque $f^{(n+1)}(x)$ est $\pm \sin x$ ou $\pm \cos x$, on sait que $|f^{(n+1)}(x)| \le 1$ pour tout x. On peut donc prendre $M = 1$ dans l'inégalité de Taylor:

14 $$|R_n(x)| \le \frac{M}{(n+1)!}|x^{n+1}| = \frac{|x|^{n+1}}{(n+1)!}.$$

Selon l'égalité **10**, le deuxième membre de cette inégalité tend vers 0 lorsque $n \to \infty$, de sorte que $|R_n(x)| \to 0$ d'après le théorème du sandwich. Donc, $R_n(x) \to 0$ lorsque $n \to \infty$ et, par conséquent, $\sin x$ est égal à la somme de sa série de MacLaurin en vertu du théorème **8**.

Voici le résultat de l'exemple 4 pour référence ultérieure.

15

$$\sin x = x - \frac{x^3}{3!} + \frac{x^5}{5!} - \frac{x^7}{7!} + \ldots$$
$$= \sum_{n=0}^{\infty} (-1)^n \frac{x^{2n+1}}{(2n+1)!} \qquad \text{pour tout } x.$$

EXEMPLE 5 Trouvons la série de MacLaurin de $\cos x$.

SOLUTION On peut procéder directement comme à l'exemple 4, mais il est plus facile de dériver la série de MacLaurin de $\sin x$ donnée par l'égalité **15** :

$$\cos x = \frac{d}{dx}(\sin x) = \frac{d}{dx}\left(x - \frac{x^3}{3!} + \frac{x^5}{5!} - \frac{x^7}{7!} + \ldots \right)$$
$$= 1 - \frac{3x^2}{3!} + \frac{5x^4}{5!} - \frac{7x^6}{7!} + \ldots = 1 - \frac{x^2}{2!} + \frac{x^4}{4!} - \frac{x^6}{6!} + \ldots$$

Comme la série de MacLaurin de $\sin x$ converge pour tout x, on sait par le théorème **2** de la section 6.8 que la série dérivée de $\cos x$ converge elle aussi pour tout x. Donc,

Newton a découvert par d'autres méthodes les séries de MacLaurin de e^x, de $\sin x$ et de $\cos x$ développées aux exemples 2, 4 et 5. Ces égalités sont remarquables parce qu'elles disent qu'on sait tout sur chacune de ces fonctions si on connaît toutes ses dérivées au seul nombre 0.

16

$$\cos x = 1 - \frac{x^2}{2!} + \frac{x^4}{4!} - \frac{x^6}{6!} + \ldots$$
$$= \sum_{n=0}^{\infty} (-1)^n \frac{x^{2n}}{(2n)!} \qquad \text{pour tout } x.$$

EXEMPLE 6 Trouvons la série de MacLaurin de la fonction $f(x) = x \cos x$.

SOLUTION Au lieu de calculer les dérivées et de les porter dans l'égalité **7**, il est plus facile de multiplier la série de $\cos x$ (voir les égalités **16**) par x :

$$x \cos x = x \sum_{n=0}^{\infty} (-1)^n \frac{x^{2n}}{(2n)!} = \sum_{n=0}^{\infty} (-1)^n \frac{x^{2n+1}}{(2n)!}.$$

EXEMPLE 7 Représentons $f(x) = \sin x$ sous la forme d'une série de Taylor centrée en $\pi/3$.

SOLUTION On dispose le calcul selon les colonnes suivantes.

$$f(x) = \sin x \qquad f\left(\frac{\pi}{3}\right) = \frac{\sqrt{3}}{2}$$

$$f'(x) = \cos x \qquad f'\left(\frac{\pi}{3}\right) = \frac{1}{2}$$

$$f''(x) = -\sin x \qquad f''\left(\frac{\pi}{3}\right) = -\frac{\sqrt{3}}{2}$$

$$f'''(x) = -\cos x \qquad f'''\left(\frac{\pi}{3}\right) = -\frac{1}{2}$$

On a obtenu deux représentations en série différentes de sin x, la série de MacLaurin à l'exemple 4 et la série de Taylor à l'exemple 7. Il vaut mieux utiliser la série de MacLaurin pour des valeurs de x proches de 0 et la série de Taylor pour des valeurs de x proches de $\pi/3$. On remarque que le polynôme d'ordre 3 de Taylor, T_3, de la figure 3 est une bonne approximation de sin x, pour x près de $\pi/3$, mais qu'elle n'est pas aussi bonne pour x près de 0. Le comparer avec le polynôme d'ordre 3 de MacLaurin, T_3, de la figure 2, où l'opposé est vrai.

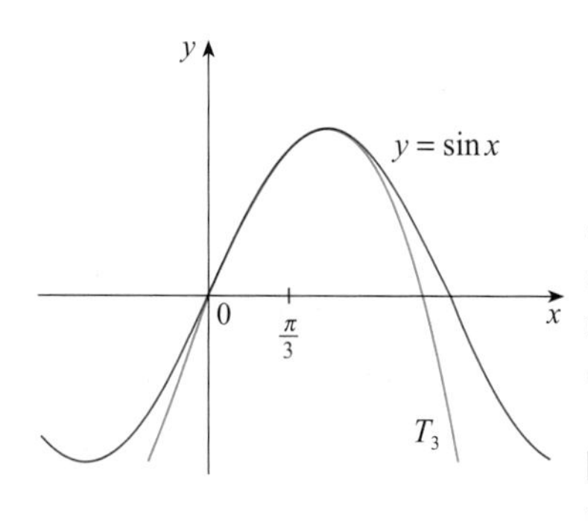

FIGURE 3

Ce schéma se répète indéfiniment. Donc, la série de Taylor en $\pi/3$ est

$$f\left(\frac{\pi}{3}\right)+\frac{f'\left(\frac{\pi}{3}\right)}{1!}\left(x-\frac{\pi}{3}\right)+\frac{f''\left(\frac{\pi}{3}\right)}{2!}\left(x-\frac{\pi}{3}\right)^2+\frac{f'''\left(\frac{\pi}{3}\right)}{3!}\left(x-\frac{\pi}{3}\right)^3+\ldots$$

$$=\frac{\sqrt{3}}{2}+\frac{1}{2\cdot 1!}\left(x-\frac{\pi}{3}\right)-\frac{\sqrt{3}}{2\cdot 2!}\left(x-\frac{\pi}{3}\right)^2-\frac{1}{2\cdot 3!}\left(x-\frac{\pi}{3}\right)^3+\ldots$$

La démonstration que cette série représente sin x pour tout x ressemble fortement à celle de l'exemple 4. (Il suffit de remplacer x par $x - \pi/3$ dans l'égalité **14**.) On peut écrire la série en notation sigma en séparant les termes contenant $\sqrt{3}$:

$$\sin x=\sum_{n=0}^{\infty}\frac{(-1)^n\sqrt{3}}{2(2n)!}\left(x-\frac{\pi}{3}\right)^{2n}+\sum_{n=0}^{\infty}\frac{(-1)^n}{2(2n+1)!}\left(x-\frac{\pi}{3}\right)^{2n+1}.$$

Les séries de puissances obtenues par des méthodes indirectes aux exemples 5 et 6 de la section 6.8 sont en fait les séries de Taylor ou de MacLaurin des fonctions données parce que, selon le théorème **5**, peu importe comment on obtient la représentation en série de puissances $f(x)=\sum c_n(x-a)^n$, il est toujours vrai que $c_n = f^{(n)}(a)/n!$. Autrement dit, les coefficients sont uniques.

EXEMPLE 8 Trouvons la série de MacLaurin de $f(x) = (1 + x)^k$, où k est n'importe quel nombre réel.

SOLUTION On dispose le calcul selon les colonnes suivantes.

$$\begin{aligned}
f(x)&=(1+x)^k & f(0)&=1\\
f'(x)&=k(1+x)^{k-1} & f'(0)&=k\\
f''(x)&=k(k-1)(1+x)^{k-2} & f''(0)&=k(k-1)\\
f'''(x)&=k(k-1)(k-2)(1+x)^{k-3} & f'''(0)&=k(k-1)(k-2)\\
&\vdots & &\vdots\\
f^{(n)}(x)&=k(k-1)\cdots(k-n+1)(1+x)^{k-n} & f^{(n)}(0)&=k(k-1)\cdots(k-n+1)
\end{aligned}$$

De là, on trouve que la série de MacLaurin de $f(x) = (1 + x)^k$ est

$$\sum_{n=0}^{\infty}\frac{f^{(n)}(0)}{n!}x^n=\sum_{n=0}^{\infty}\frac{k(k-1)\cdots(k-n+1)}{n!}x^n.$$

Cette série est appelée **série binomiale**. Si son n-ième terme est a_n, alors

$$\lim_{n\to\infty}\left|\frac{a_{n+1}}{a_n}\right|=\lim_{n\to\infty}\left|\frac{k(k-1)\cdots(k-n+1)(k-n)x^{n+1}}{(n+1)!}\cdot\frac{n!}{k(k-1)\cdots(k-n+1)x^n}\right|$$

$$=\lim_{n\to\infty}\frac{|k-n|}{n+1}|x|=\lim_{n\to\infty}\frac{\left|1-\frac{k}{n}\right|}{1+\frac{1}{n}}|x|\to|x| \qquad \text{lorsque } n\to\infty.$$

Donc, selon le critère généralisé de d'Alembert, la série binomiale converge si $|x| < 1$ et diverge si $|x| > 1$.

La notation habituelle des coefficients de la série binomiale est

$$\binom{k}{n} = \frac{k(k-1)(k-2)\cdots(k-n+1)}{n!}$$

et ces nombres sont appelés **coefficients binomiaux**.

Selon le théorème suivant, $(1+x)^k$ est égal à la somme de sa série de MacLaurin. On peut le prouver en montrant que le reste $R_n(x)$ tend vers 0, mais c'est très difficile. La démonstration exposée à l'exercice 71 est beaucoup plus facile.

17 **SÉRIE BINOMIALE**

Si k est n'importe quel nombre réel et si $|x| < 1$, alors

$$(1+x)^k = \sum_{n=0}^{\infty} \binom{k}{n} x^n = 1 + kx + \frac{k(k-1)}{2!}x^2 + \frac{k(k-1)(k-2)}{3!}x^3 + \ldots$$

Bien que la série binomiale converge toujours lorsque $|x| < 1$, la question de savoir si elle converge ou non aux extrémités ± 1 dépend de la valeur de k. Il s'avère que la série converge à 1 si $-1 < k \leq 0$ et aux deux extrémités si $k \geq 0$. On remarque que si k est un nombre entier positif et si $n > k$, alors l'expression de $\binom{k}{n}$ contient un facteur $(k - k)$, d'où $\binom{k}{n} = 0$ pour $n > k$. Cela signifie que la série se termine et se réduit à la formule du binôme de Newton lorsque k est un entier positif (voir la page de référence 1).

EXEMPLE 9 Trouvons la série de MacLaurin de la fonction $f(x) = \dfrac{1}{\sqrt{4-x}}$ et son rayon de convergence.

SOLUTION On écrit $f(x)$ sous une forme propice à l'utilisation de la série binomiale :

$$\frac{1}{\sqrt{4-x}} = \frac{1}{\sqrt{4\left(1-\frac{x}{4}\right)}} = \frac{1}{2\sqrt{1-\frac{x}{4}}} = \frac{1}{2}\left(1-\frac{x}{4}\right)^{-1/2}.$$

Dans la série binomiale, on pose $k = -\frac{1}{2}$ et on remplace x par $-x/4$. On obtient

$$\begin{aligned}\frac{1}{\sqrt{4-x}} &= \frac{1}{2}\left(1-\frac{x}{4}\right)^{-1/2} = \frac{1}{2}\sum_{n=0}^{\infty}\binom{-\frac{1}{2}}{n}\left(-\frac{x}{4}\right)^n \\ &= \frac{1}{2}\left[1+\left(-\frac{1}{2}\right)\left(-\frac{x}{4}\right)+\frac{\left(-\frac{1}{2}\right)\left(-\frac{3}{2}\right)}{2!}\left(-\frac{x}{4}\right)^2+\frac{\left(-\frac{1}{2}\right)\left(-\frac{3}{2}\right)\left(-\frac{5}{2}\right)}{3!}\left(-\frac{x}{4}\right)^3\right. \\ &\qquad \left. +\ldots+\frac{\left(-\frac{1}{2}\right)\left(-\frac{3}{2}\right)\left(-\frac{5}{2}\right)\cdots\left(-\frac{1}{2}-n+1\right)}{n!}\left(-\frac{x}{4}\right)^n+\ldots\right] \\ &= \frac{1}{2}\left[1+\frac{1}{8}x+\frac{1\cdot 3}{2!8^2}x^2+\frac{1\cdot 3\cdot 5}{3!8^3}x^3+\ldots+\frac{1\cdot 3\cdot 5\cdot\cdots\cdot(2n-1)}{n!8^n}x^n+\ldots\right].\end{aligned}$$

Selon la série **17**, cette série converge lorsque $|-x/4| < 1$, c'est-à-dire lorsque $|x| < 4$, Donc, le rayon de convergence est $R = 4$.

Le tableau ci-dessous, à consulter au besoin, donne quelques séries importantes de MacLaurin abordées dans cette section et la précédente.

TABLEAU 1

Séries importantes de MacLaurin et leurs rayons de convergence

Série	Rayon
$\dfrac{1}{1-x}=\sum_{n=0}^{\infty}x^n=1+x+x^2+x^3+\ldots$	$R=1$
$e^x=\sum_{n=0}^{\infty}\dfrac{x^n}{n!}=1+\dfrac{x}{1!}+\dfrac{x^2}{2!}+\dfrac{x^3}{3!}+\ldots$	$R=\infty$
$\sin x=\sum_{n=0}^{\infty}(-1)^n\dfrac{x^{2n+1}}{(2n+1)!}=x-\dfrac{x^3}{3!}+\dfrac{x^5}{5!}-\dfrac{x^7}{7!}+\ldots$	$R=\infty$
$\cos x=\sum_{n=0}^{\infty}(-1)^n\dfrac{x^{2n}}{(2n)!}=1-\dfrac{x^2}{2!}+\dfrac{x^4}{4!}-\dfrac{x^6}{6!}+\ldots$	$R=\infty$
$\arctan x=\sum_{n=0}^{\infty}(-1)^n\dfrac{x^{2n+1}}{2n+1}=x-\dfrac{x^3}{3}+\dfrac{x^5}{5}-\dfrac{x^7}{7}+\ldots$	$R=1$
$\ln(1+x)=\sum_{n=0}^{\infty}(-1)^{n-1}\dfrac{x^n}{n}=x-\dfrac{x^2}{2}+\dfrac{x^3}{3}-\dfrac{x^4}{4}+\ldots$	$R=1$
$(1+x)^k=\sum_{n=0}^{\infty}\binom{k}{n}x^n=1+kx+\dfrac{k(k-1)}{2!}x^2+\dfrac{k(k-1)(k-2)}{3!}x^3+\ldots$	$R=1$

EXEMPLE 10 Trouvons la somme de la série $\dfrac{1}{1\cdot 2}-\dfrac{1}{2\cdot 2^2}+\dfrac{1}{3\cdot 2^3}-\dfrac{1}{4\cdot 2^4}+\ldots$

SOLUTION On récrit la série avec la notation sigma :

$$\sum_{n=1}^{\infty}(-1)^{n-1}\frac{1}{n\cdot 2^n}=\sum_{n=1}^{\infty}(-1)^{n-1}\frac{\left(\frac{1}{2}\right)^n}{n}.$$

Alors, à partir du tableau 1, on remarque que la série correspond au développement de $\ln(1+x)$ avec $x=\frac{1}{2}$. Ainsi

$$\sum_{n=1}^{\infty}(-1)^{n-1}\frac{1}{n\cdot 2^n}=\ln(1+\tfrac{1}{2})=\ln\tfrac{3}{2}.$$

Une des raisons pour lesquelles les séries de Taylor sont importantes est qu'elles permettent d'intégrer des fonctions qu'on ne pouvait pas intégrer jusqu'à présent. De fait, dans l'introduction de ce chapitre, on mentionne que Newton intégrait souvent des fonctions en les exprimant d'abord sous la forme de séries de puissances puis en intégrant celles-ci terme à terme. On ne peut pas intégrer la fonction $f(x)=e^{-x^2}$ directement en appliquant le théorème fondamental du calcul différentiel et intégral, car sa primitive n'est pas une fonction élémentaire (voir la section 3.5). Dans l'exemple suivant, on utilise l'idée de Newton pour intégrer cette fonction.

EXEMPLE 11

a) Évaluons $\int e^{-x^2}\,dx$ en développant e^{-x^2} sous la forme d'une série infinie.

b) Estimons $\int_0^1 e^{-x^2}\,dx$ avec une erreur inférieure à 0,001.

SOLUTION

a) On trouve d'abord la série de MacLaurin de $f(x) = e^{-x^2}$. Bien qu'on puisse utiliser la méthode directe, on la trouve simplement en remplaçant x par $-x^2$ dans la série de e^x donnée au tableau 1. Donc, pour tout x,

$$e^{-x^2} = \sum_{n=0}^{\infty} \frac{(-x^2)^n}{n!} = \sum_{n=0}^{\infty} (-1)^n \frac{x^{2n}}{n!} = 1 - \frac{x^2}{1!} + \frac{x^4}{2!} - \frac{x^6}{3!} + \ldots$$

On intègre maintenant terme à terme :

$$\int e^{-x^2}\,dx = \int \left(1 - \frac{x^2}{1!} + \frac{x^4}{2!} - \frac{x^6}{3!} + \ldots + (-1)^n \frac{x^{2n}}{n!} + \ldots\right) dx$$

$$= C + x - \frac{x^3}{3 \bullet 1!} + \frac{x^5}{5 \bullet 2!} - \frac{x^7}{7 \bullet 3!} + \ldots + (-1)^n \frac{x^{2n+1}}{(2n+1)n!} + \ldots$$

Cette série converge pour tout x parce que la série originale de e^{-x^2} converge pour tout x.

b) Selon le théorème fondamental du calcul différentiel et intégral appliqué à la série, on a

On peut prendre $C = 0$ dans la primitive de la partie a).

$$\int_0^1 e^{-x^2}\,dx = \left[x - \frac{x^3}{3 \bullet 1!} + \frac{x^5}{5 \bullet 2!} - \frac{x^7}{7 \bullet 3!} + \frac{x^9}{9 \bullet 4!} - \ldots\right]_0^1$$

$$= 1 - \tfrac{1}{3} + \tfrac{1}{10} - \tfrac{1}{42} + \tfrac{1}{216} - \ldots$$

$$\approx 1 - \tfrac{1}{3} + \tfrac{1}{10} - \tfrac{1}{42} + \tfrac{1}{216} \approx 0{,}7475.$$

Le théorème d'estimation des séries alternées montre que l'erreur de cette approximation est inférieure au premier terme de la série qu'on laisse tomber, soit

$$\frac{1}{11 \bullet 5!} = \frac{1}{1320} < 0{,}001.$$

L'exemple suivant illustre une autre utilisation des séries de Taylor. On pourrait trouver la limite avec la règle de l'Hospital, mais on utilise une série.

EXEMPLE 12 Calculons $\lim_{x \to 0} \frac{e^x - 1 - x}{x^2}$.

SOLUTION La série de MacLaurin de e^x donne

Des logiciels de calcul symbolique calculent les limites de cette façon.

$$\lim_{x \to 0} \frac{e^x - 1 - x}{x^2} = \lim_{x \to 0} \frac{\left(1 + \frac{x}{1!} + \frac{x^2}{2!} + \frac{x^3}{3!} + \ldots\right) - 1 - x}{x^2}$$

$$= \lim_{x \to 0} \frac{\frac{x^2}{2!} + \frac{x^3}{3!} + \frac{x^4}{4!} + \ldots}{x^2}$$

$$= \lim_{x \to 0} \left(\frac{1}{2} + \frac{x}{3!} + \frac{x^2}{4!} + \frac{x^3}{5!} + \ldots\right) = \frac{1}{2}$$

parce que les séries de puissances sont des fonctions continues.

LA MULTIPLICATION ET LA DIVISION DE SÉRIES DE PUISSANCES

Les séries de puissances additionnées ou soustraites se comportent comme des polynômes (le théorème **8** de la section 6.2 le montre). En fait, comme l'illustre l'exemple suivant, on peut aussi les multiplier et les diviser comme des polynômes. On trouve seulement les premiers termes, car les calculs pour les termes ultérieurs deviennent fastidieux et les termes initiaux sont les plus importants.

EXEMPLE 13 Trouvons les trois premiers termes non nuls de la série de MacLaurin de a) $e^x \sin x$ et b) $\tan x$.

SOLUTION

a) On utilise les séries de MacLaurin de e^x et de $\sin x$ du tableau 1 :

$$e^x \sin x = \left(1+\frac{x}{1!}+\frac{x^2}{2!}+\frac{x^3}{3!}+\ldots\right)\left(x-\frac{x^3}{3!}+\ldots\right).$$

On multiplie ces expressions et on groupe les termes semblables comme dans le cas de polynômes :

$$\begin{array}{rl} & 1+x+\tfrac{1}{2}x^2+\tfrac{1}{6}x^3+\ldots \\ \times & x \qquad\quad -\tfrac{1}{6}x^3+\ldots \\ \hline & x+\ x^2+\tfrac{1}{2}x^3+\tfrac{1}{6}x^4+\ldots \\ + & \qquad\quad -\tfrac{1}{6}x^3-\tfrac{1}{6}x^4-\ldots \\ \hline & x+\ x^2+\tfrac{1}{3}x^3+\ldots \end{array}$$

Donc, $$e^x \sin x = x + x^2 + \tfrac{1}{3}x^3 + \ldots$$

b) On utilise la série de MacLaurin du tableau 1 :

$$\tan x = \frac{\sin x}{\cos x} = \frac{x-\dfrac{x^3}{3!}+\dfrac{x^5}{5!}-\ldots}{1-\dfrac{x^2}{2!}+\dfrac{x^4}{4!}-\ldots}$$

On utilise la division euclidienne :

$$\begin{array}{rl|l} & x-\tfrac{1}{6}x^3+\tfrac{1}{120}x^5-\ldots & 1-\tfrac{1}{2}x^2+\tfrac{1}{24}x^4-\ldots \\ \cline{3-3} - & x-\tfrac{1}{2}x^3+\tfrac{1}{24}x^5-\ldots & x+\tfrac{1}{3}x^3+\tfrac{2}{15}x^5+\ldots \\ \cline{2-2} & \tfrac{1}{3}x^3-\tfrac{1}{30}x^5+\ldots & \\ - & \tfrac{1}{3}x^3-\tfrac{1}{6}x^5+\ldots & \\ \cline{2-2} & \tfrac{2}{15}x^5+\ldots & \end{array}$$

Donc, $$\tan x = x + \tfrac{1}{3}x^3 + \tfrac{2}{15}x^5 + \ldots$$

Les manipulations formelles utilisées à l'exemple 13 sont valides, bien qu'on ne les ait pas justifiées. Un théorème établit que si $f(x) = \sum c_n x^n$ et $g(x) = \sum b_n x^n$ convergent pour $|x| < R$ et si les séries sont multipliées comme si elles étaient des polynômes, alors la série produit converge pour $|x| < R$ et représente $f(x)g(x)$. Pour la division, il faut que $b_0 \neq 0$; la série quotient converge pour $|x|$ suffisamment petit.

Exercices 6.9

1. Si $f(x)=\sum_{n=0}^{\infty} b^n(x-5)^n$ pour tout x, écrivez la formule de b_8.

2. Soit le graphique de f donné.

a) Expliquez pourquoi la série

$$1{,}6-0{,}8(x-1)+0{,}4(x-1)^2-0{,}1(x-1)^3+\ldots$$

n'est pas la série de Taylor de f centrée en 1.

b) Expliquez pourquoi la série

$$2{,}8+0{,}5(x-2)+1{,}5(x-2)^2-0{,}1(x-2)^3+\ldots$$

n'est pas la série de Taylor de f centrée en 2.

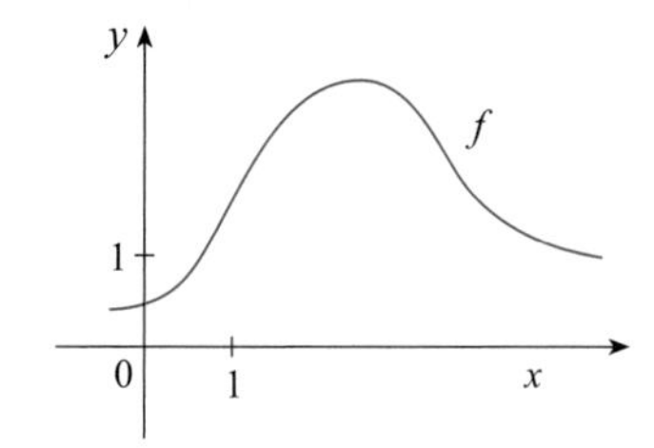

3. Si $f^{(n)}(0)=(n+1)!$ pour $n = 0, 1, 2, \ldots$, trouvez la série de MacLaurin de f et son rayon de convergence.

4. Trouvez la série de Taylor de f centrée en 4 si

$$f^{(n)}(4)=\frac{(-1)^n n!}{3^n(n+1)}.$$

Quel est le rayon de convergence de la série de Taylor ?

5-10 Trouvez la série de MacLaurin de $f(x)$ en utilisant la définition d'une série de MacLaurin. (Supposez que f est développable en série de puissances. Ne montrez pas que $R_n(x) \to 0$.) Trouvez aussi le rayon de convergence.

5. $f(x)=(1-x)^{-2}$

6. $f(x)=\ln(1+x)$

7. $f(x)=\sin \pi x$

8. $f(x)=e^{-2x}$

9. $f(x)=2^x$

10. $f(x)=x\cos x$

11-18 Trouvez la série de Taylor de $f(x)$ centrée en la valeur donnée a. (Supposez que f est développable en série de puissances. Ne montrez pas que $R_n(x) \to 0$.) Trouvez aussi le rayon de convergence.

11. $f(x)=x^4-3x^2+1$, $a=1$

12. $f(x)=x-x^3$, $a=-2$

13. $f(x)=\ln x$, $a=2$

14. $f(x)=1/x$, $a=-3$

15. $f(x)=e^{2x}$, $a=3$

16. $f(x)=\sin x$, $a=\pi/2$

17. $f(x)=\cos x$, $a=\pi$

18. $f(x)=\sqrt{x}$, $a=16$

19. Démontrez que la série obtenue à l'exercice 7 représente $\sin \pi x$ pour tout x.

20. Démontrez que la série obtenue à l'exercice 16 représente $\sin x$ pour tout x.

21-24 Utilisez la série binomiale pour développer la fonction en série de puissances. Trouvez le rayon de convergence.

21. $\sqrt[4]{1-x}$

22. $\sqrt[3]{8+x}$

23. $\dfrac{1}{(2+x)^3}$

24. $(1-x)^{2/3}$

25-34 Utilisez une série de MacLaurin du tableau 1 pour obtenir la série de MacLaurin de la fonction donnée.

25. $f(x)=\sin \pi x$

26. $f(x)=\cos(\pi x/2)$

27. $f(x)=e^x+e^{2x}$

28. $f(x)=e^x+2e^{-x}$

29. $f(x)=x\cos(\frac{1}{2}x^2)$

30. $f(x)=x^2\ln(1+x^3)$

31. $f(x)=\dfrac{x}{\sqrt{4+x^2}}$

32. $f(x)=\dfrac{x^2}{\sqrt{2+x}}$

33. $f(x)=\sin^2 x$ (Utilisez $\sin^2 x=\frac{1}{2}(1-\cos 2x)$.)

34. $f(x)=\begin{cases}\dfrac{x-\sin x}{x^3} & \text{si } x\neq 0\\ \frac{1}{6} & \text{si } x=0\end{cases}$

35-38 Trouvez la série de MacLaurin de f (par n'importe quelle méthode) et son rayon de convergence. Représentez dans le même graphique f et ses premiers polynômes de Taylor. Que remarquez-vous à propos de la relation entre ces polynômes et f ?

35. $f(x)=\cos(x^2)$

36. $f(x)=e^{-x^2}+\cos x$

37. $f(x)=xe^{-x}$

38. $f(x)=\arctan(x^3)$

39. Utilisez la série de MacLaurin de $\cos x$ pour calculer la valeur de $\cos 5°$ exacte jusqu'à la cinquième décimale.

40. Utilisez la série de MacLaurin de e^x pour calculer la valeur exacte de $1/\sqrt[10]{e}$ jusqu'à la cinquième décimale.

41. a) Utilisez la série binomiale pour développer $1/\sqrt{1-x^2}$.

b) Utilisez la partie a) pour trouver la série de MacLaurin de $\arcsin x$.

42. a) Développez $1/\sqrt[4]{1+x}$ en série de puissances.

b) Utilisez la partie a) pour estimer la valeur exacte de $1/\sqrt[4]{1{,}1}$ jusqu'à la troisième décimale.

43-46 Évaluez l'intégrale indéfinie sous la forme d'une série.

43. $\int x\cos(x^3)\,dx$

44. $\int \dfrac{e^x-1}{x}\,dx$

45. $\int \dfrac{\cos x-1}{x}\,dx$

46. $\int \arctan(x^2)\,dx$

47-50 Utilisez une série pour estimer l'intégrale définie selon l'exactitude demandée.

47. $\int_0^{1/2} x^3 \arctan x \, dx$ (quatre décimales)

48. $\int_0^1 \sin(x^4) \, dx$ (quatre décimales)

49. $\int_0^{0,4} \sqrt{1+x^4} \, dx$ ($|\text{erreur}| < 5 \times 10^{-6}$)

50. $\int_0^{0,5} x^2 e^{-x^2} \, dx$ ($|\text{erreur}| < 0,001$)

51-53 Utilisez une série pour calculer la limite.

51. $\lim\limits_{x \to 0} \dfrac{x - \ln(1+x)}{x^2}$

52. $\lim\limits_{x \to 0} \dfrac{1 - \cos x}{1 + x - e^x}$

53. $\lim\limits_{x \to 0} \dfrac{\sin x - x + \frac{1}{6}x^3}{x^5}$

54. Utilisez la série de l'exemple 13 b) pour calculer

$$\lim_{x \to 0} \frac{\tan x - x}{x^3}.$$

On pourrait trouver cette limite en utilisant trois fois la règle de l'Hospital. Quelle méthode préférez-vous ?

55-58 Utilisez la multiplication ou la division de séries de puissances pour trouver les trois premiers termes non nuls de la série de MacLaurin de la fonction.

55. $y = e^{-x^2} \cos x$

56. $y = \sec x$

57. $y = \dfrac{x}{\sin x}$

58. $y = e^x \ln(1+x)$

59-66 Trouvez la somme de la série.

59. $\sum\limits_{n=0}^{\infty} (-1)^n \dfrac{x^{4n}}{n!}$

60. $\sum\limits_{n=0}^{\infty} \dfrac{(-1)^n \pi^{2n}}{6^{2n}(2n)!}$

61. $\sum\limits_{n=1}^{\infty} (-1)^{n-1} \dfrac{3^n}{n5^n}$

62. $\sum\limits_{n=0}^{\infty} \dfrac{3^n}{5^n n!}$

63. $\sum\limits_{n=0}^{\infty} \dfrac{(-1)^n \pi^{2n+1}}{4^{2n+1}(2n+1)!}$

64. $1 - \ln 2 + \dfrac{(\ln 2)^2}{2!} - \dfrac{(\ln 2)^3}{3!} + \ldots$

65. $3 + \dfrac{9}{2!} + \dfrac{27}{3!} + \dfrac{81}{4!} + \ldots$

66. $\dfrac{1}{1 \cdot 2} - \dfrac{1}{3 \cdot 2^3} + \dfrac{1}{5 \cdot 2^5} - \dfrac{1}{7 \cdot 2^7} + \ldots$

67. Montrez que si p est un polynôme de degré n, alors

$$p(x+1) = \sum_{i=0}^{n} \frac{p^{(i)}(x)}{i!}.$$

68. Si $f(x) = (1 + x^3)^{30}$, que vaut $f^{(58)}(0)$?

69. Démontrez l'inégalité de Taylor pour $n = 2$. Autrement dit, démontrez que si $|f'''(x)| \leq M$ lorsque $|x - a| \leq d$, alors

$$|R_2(x)| \leq \frac{M}{6}|x-a|^3 \quad \text{lorsque } |x-a| \leq d.$$

70. a) Montrez que la fonction définie par

$$f(x) = \begin{cases} e^{-1/x^2} & \text{si } x \neq 0 \\ 0 & \text{si } x = 0 \end{cases}$$

n'est pas égale à sa série de MacLaurin.

b) Représentez graphiquement la fonction de la partie a) et commentez son comportement près de l'origine.

71. Utilisez les étapes suivantes pour démontrer la série binomiale **17**.

a) Soit $g(x) = \sum\limits_{n=0}^{\infty} \binom{k}{n} x^n$. Dérivez cette série pour montrer que

$$g'(x) = \frac{kg(x)}{1+x} \quad \text{si } -1 < x < 1.$$

b) Posez $h(x) = (1+x)^{-k} g(x)$ et montrez que $h'(x) = 0$.

c) Déduisez que $g(x) = (1+x)^k$.

72. La longueur de l'ellipse d'équations paramétriques $x = a \sin \theta$, $y = b \cos \theta$, où $a > b > 0$, est

$$L = 4a \int_0^{\pi/2} \sqrt{1 - e^2 \sin^2 \theta} \, d\theta$$

où $e = \sqrt{a^2 - b^2}/a$ est l'excentricité de l'ellipse. Développez l'intégrande en série binomiale et utilisez le résultat de l'exercice 50 de la section 3.1 pour exprimer L sous la forme d'une série de puissances de l'excentricité jusqu'au terme de e^6.

PROJET DE LABORATOIRE — LCS — UNE LIMITE DIFFICILE À ATTEINDRE

Ce projet traite de la fonction

$$f(x) = \frac{\sin(\tan x) - \tan(\sin x)}{\arcsin(\arctan x) - \arctan(\arcsin x)}.$$

1. Utilisez votre logiciel de calcul symbolique pour évaluer $f(x)$ pour $x = 1$; 0,1 ; 0,01 ; 0,001 et 0,0001. Est-ce que f semble avoir une limite lorsque $x \to 0$?

2. Représentez graphiquement f près de $x = 0$ à l'aide du logiciel de calcul symbolique. Est-ce que f semble avoir une limite lorsque $x \to 0$?

3. Essayez d'évaluer $\lim_{x\to 0} f(x)$ avec la règle de l'Hospital en utilisant un logiciel de calcul symbolique pour trouver les dérivées du numérateur et du dénominateur. Que découvrez-vous ? Combien de fois faut-il appliquer la règle de l'Hospital ?

4. Évaluez $\lim_{x\to 0} f(x)$ en utilisant un logiciel de calcul symbolique pour trouver assez de termes des séries de Taylor du numérateur et du dénominateur. (Utilisez la commande `taylor` dans Maple ou `Series` dans Mathematica.)

5. Utilisez la commande `limite` de votre logiciel de calcul symbolique pour obtenir directement $\lim_{x\to 0} f(x)$. (La plupart des logiciels de calcul symbolique utilisent la méthode du problème 4 pour calculer des limites.)

6. Considérez les réponses des problèmes 4 et 5 et expliquez les résultats des problèmes 1 et 2.

6.10 QUELQUES APPLICATIONS DES POLYNÔMES DE TAYLOR

Dans cette section, on explore deux types d'applications des polynômes de Taylor. On observe d'abord leur utilisation pour approximer des fonctions – les informaticiens les aiment parce que les polynômes sont les plus simples des fonctions. Ensuite, on étudie comment les physiciens et les ingénieurs les utilisent dans divers domaines tels que la relativité, l'optique, le rayonnement des corps noirs, les dipôles électriques, la vitesse des ondes d'eau et la construction d'autoroutes dans un désert.

L'APPROXIMATION DE FONCTIONS PAR DES POLYNÔMES

On suppose que la fonction f est égale à la somme de sa série de Taylor en a :

$$f(x) = \sum_{n=0}^{\infty} \frac{f^{(n)}(a)}{n!}(x-a)^n.$$

À la section 6.9, on a introduit la notation $T_n(x)$ pour la n-ième somme partielle de cette série et on l'a appelée le « polynôme de Taylor d'ordre n de f en a ». Donc,

$$\begin{aligned} T_n(x) &= \sum_{i=0}^{n} \frac{f^{(i)}(a)}{i!}(x-a)^i \\ &= f(a) + \frac{f'(a)}{1!}(x-a) + \frac{f''(a)}{2!}(x-a)^2 + \ldots + \frac{f^{(n)}(a)}{n!}(x-a)^n. \end{aligned}$$

Puisque f est la somme de sa série de Taylor, on sait que $T_n(x) \to f(x)$ lorsque $n \to \infty$ et donc qu'on peut utiliser T_n comme approximation de f : $f(x) \approx T_n(x)$.

On remarque que le polynôme de Taylor d'ordre 1

$$T_1(x) = f(a) + f'(a)(x-a)$$

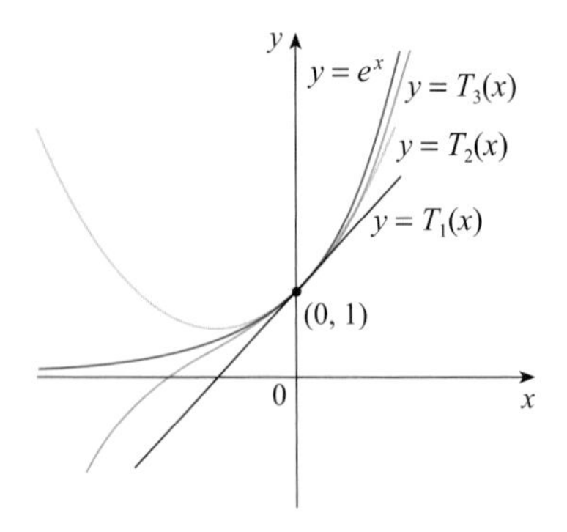

FIGURE 1

	$x = 0{,}2$	$x = 3{,}0$
$T_2(x)$	1,220 000	8,500 000
$T_4(x)$	1,221 400	16,375 000
$T_6(x)$	1,221 403	19,412 500
$T_8(x)$	1,221 403	20,009 152
$T_{10}(x)$	1,221 403	20,079 665
e^x	1,221 403	20,085 537

est le même que la linéarisation de f en a. On remarque aussi que T_1 et sa dérivée ont les mêmes valeurs en a qu'ont f et f'. En général, on peut montrer que les dérivées de T_n en a concordent avec celles de f jusqu'aux dérivées d'ordre n.

Pour illustrer ces idées, on observe de nouveau les graphiques de $y = e^x$ et de ses premiers polynômes de Taylor (voir la figure 1). Le graphique de T_1 est la droite tangente à $y = e^x$ au point (0, 1) ; cette droite tangente est la meilleure approximation linéaire de e^x pour des valeurs de x voisines de 0. Le graphique de T_2 est la parabole $y = 1 + x + x^2/2$ et le graphique de T_3 est la courbe cubique $y = 1 + x + x^2/2 + x^3/6$ qui s'approche mieux de la courbe exponentielle $y = e^x$ que T_2. Le polynôme de Taylor suivant, T_4, serait encore une meilleure approximation, et ainsi de suite.

Les valeurs du tableau soulignent numériquement la convergence des polynômes de Taylor $T_n(x)$ vers la fonction $y = e^x$. Visiblement, la convergence est très rapide lorsque $x = 0{,}2$, elle est un peu plus lente lorsque $x = 3$. En fait, plus x s'éloigne de 0, plus $T_n(x)$ converge lentement vers e^x.

Quand on utilise un polynôme de Taylor T_n pour approcher une fonction f, on doit se poser les questions : Quelle est l'exactitude de cette approximation ? Quel n devrait-on prendre pour obtenir une exactitude désirée ? Pour répondre à ces questions, on doit considérer la valeur absolue du reste :

$$|R_n(x)| = |f(x) - T_n(x)|.$$

Il existe trois méthodes pour estimer la taille de l'erreur :

1. Si on dispose d'une calculatrice à affichage graphique, on peut l'utiliser pour représenter le graphique de $|R_n(x)|$ et estimer graphiquement l'erreur.
2. Si la série est alternée, on peut utiliser le théorème d'estimation des séries alternées.
3. On peut toujours utiliser l'inégalité de Taylor (théorème **9** de la section 6.9) selon laquelle si $|f^{(n+1)}(x)| \leq M$, alors

$$|R_n(x)| \leq \frac{M}{(n+1)!}|x-a|^{n+1}.$$

EXEMPLE 1

a) Approchons la fonction $f(x) = \sqrt[3]{x}$ avec un polynôme de Taylor d'ordre 2 en $a = 8$.

b) Estimons l'erreur de cette approximation lorsque $7 \leq x \leq 9$.

SOLUTION

a)

$$f(x) = \sqrt[3]{x} = x^{1/3} \qquad f(8) = 2$$

$$f'(x) = \tfrac{1}{3}x^{-2/3} \qquad f'(8) = \tfrac{1}{12}$$

$$f''(x) = -\tfrac{2}{9}x^{-5/3} \qquad f''(8) = -\tfrac{1}{144}$$

$$f'''(x) = \tfrac{10}{27}x^{-8/3}$$

Le polynôme de Taylor d'ordre 2 est

$$\begin{aligned} T_2(x) &= f(8) + \frac{f'(8)}{1!}(x-8) + \frac{f''(8)}{2!}(x-8)^2 \\ &= 2 + \tfrac{1}{12}(x-8) - \tfrac{1}{288}(x-8)^2. \end{aligned}$$

L'approximation désirée est

$$\sqrt[3]{x} \approx T_2(x) = 2 + \tfrac{1}{12}(x-8) - \tfrac{1}{288}(x-8)^2.$$

b) Puisque la série de Taylor n'est pas alternée lorsque $x < 8$, on ne peut pas utiliser le théorème d'estimation des séries alternées dans cet exemple. Toutefois, on peut utiliser l'inégalité de Taylor avec $n = 2$ et $a = 8$:

$$|R_2(x)| \leq \frac{M}{3!}|x-8|^3$$

où $|f'''(x)| \leq M$. Comme $x \geq 7$, on a $x^{8/3} \geq 7^{8/3}$ et donc

$$f'''(x) = \frac{10}{27} \cdot \frac{1}{x^{8/3}} \leq \frac{10}{27} \cdot \frac{1}{7^{8/3}} < 0{,}0021.$$

Par conséquent, on peut prendre $M = 0{,}0021$. De plus, $7 \leq x \leq 9$, d'où $-1 \leq x - 8 \leq 1$ et $|x-8| \leq 1$. Alors, l'inégalité de Taylor donne

$$|R_2(x)| \leq \frac{0{,}0021}{3!} \cdot 1^3 = \frac{0{,}0021}{6} < 0{,}0004.$$

Donc, si $7 \leq x \leq 9$, l'erreur de l'approximation dans la partie a) est inférieure à 0,0004.

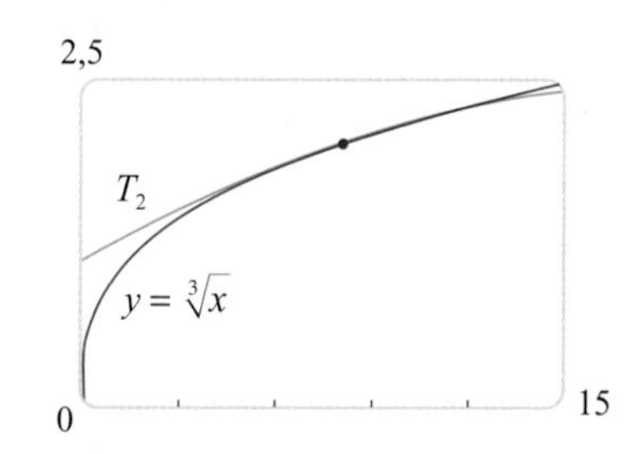

FIGURE 2

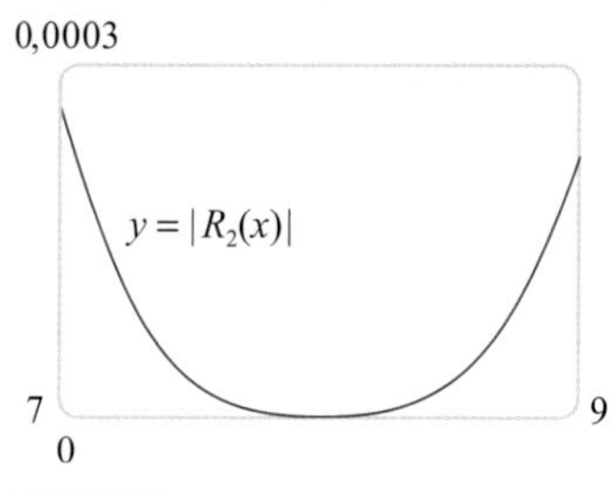

FIGURE 3

On peut utiliser une calculatrice à affichage graphique pour corroborer le calcul de l'exemple 1. Selon la figure 2, les graphiques de $y = \sqrt[3]{x}$ et de $y = T_2(x)$ sont très proches l'un de l'autre lorsque x est près de 8. La figure 3 montre le graphique de $|R_2(x)|$ calculé à partir de l'expression

$$|R_2(x)| = |\sqrt[3]{x} - T_2(x)|.$$

Selon le graphique,

$$|R_2(x)| < 0{,}0003$$

lorsque $7 \leq x \leq 9$. Donc, dans ce cas, l'estimation de l'erreur par une méthode graphique est légèrement meilleure que l'estimation de l'erreur par l'inégalité de Taylor.

EXEMPLE 2

a) Quelle est l'erreur maximale possible si on utilise l'approximation

$$\sin x \approx x - \frac{x^3}{3!} + \frac{x^5}{5!}$$

lorsque $-0{,}3 \leq x \leq 0{,}3$? Utilisons cette approximation pour trouver la valeur de sin 12° avec six décimales exactes.

b) Pour quelles valeurs de x l'erreur de cette approximation est-elle inférieure à 0,000 05 ?

SOLUTION

a) On remarque que la série de MacLaurin

$$\sin x = x - \frac{x^3}{3!} + \frac{x^5}{5!} - \frac{x^7}{7!} + \ldots$$

est alternée pour tous les x non nuls et que la taille des termes successifs décroît parce que $|x| < 1$, de sorte qu'on peut utiliser le théorème d'estimation des séries alternées. L'erreur de l'approximation de sin x par les trois premiers termes de la série de MacLaurin est au plus

$$\left|\frac{x^7}{7!}\right| = \frac{|x|^7}{5040}.$$

Si $-0{,}3 \le x \le 0{,}3$, alors $|x| \le 0{,}3$, de sorte que l'erreur est inférieure à

$$\frac{(0{,}3)^7}{5040} \approx 4{,}3 \times 10^{-8}.$$

Pour trouver sin 12°, on convertit d'abord en radians :

$$\sin 12° = \sin\left(\frac{12\pi}{180}\right) = \sin\left(\frac{\pi}{15}\right)$$

$$\approx \frac{\pi}{15} - \left(\frac{\pi}{15}\right)^3 \frac{1}{3!} + \left(\frac{\pi}{15}\right)^5 \frac{1}{5!} \approx 0{,}207\,911\,69.$$

Donc, pour obtenir six décimales exactes, $\sin 12° \approx 0{,}207\,912$.

b) L'erreur sera inférieure à 0,000 05 si

$$\frac{|x|^7}{5040} < 0{,}000\,05.$$

La résolution de cette inégalité donne

$$|x|^7 < 0{,}252 \qquad \text{ou} \qquad |x| < (0{,}252)^{1/7} \approx 0{,}821.$$

Donc, l'approximation donnée est exacte à moins de 0,000 05 près lorsque $|x| < 0{,}82$.

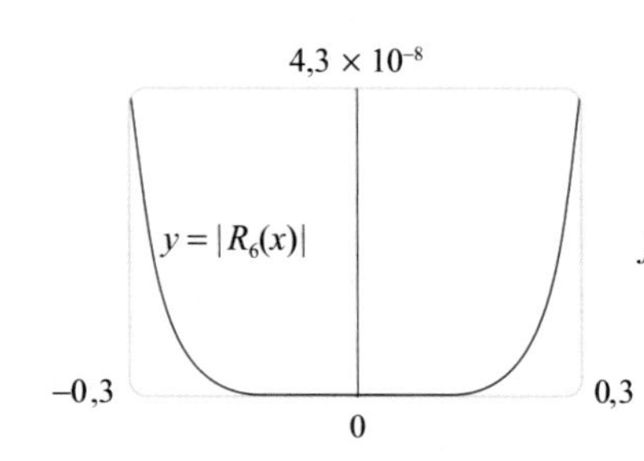

FIGURE 4

Qu'arrive-t-il si on utilise l'inégalité de Taylor pour résoudre l'exemple 2 ? Puisque $f^{(7)}(x) = -\cos x$, on a $|f^{(7)}(x)| \le 1$ et donc,

$$|R_6(x)| \le \frac{1}{7!}|x|^7.$$

On obtient donc les mêmes estimations qu'avec le théorème d'estimation des séries alternées.

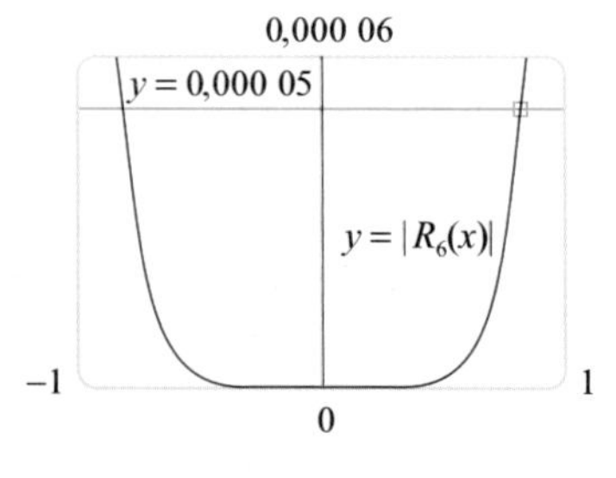

FIGURE 5

Et si on utilise les méthodes graphiques ? La figure 4 montre le graphique de

$$|R_6(x)| = \left|\sin x - (x - \tfrac{1}{6}x^3 + \tfrac{1}{120}x^5)\right|.$$

On y voit que $|R_6(x)| < 4{,}3 \times 10^{-8}$ lorsque $|x| \le 0{,}3$. C'est la même estimation que l'estimation obtenue à l'exemple 2. Pour la partie b), on veut $|R_6(x)| < 0{,}000\,05$ et donc on représente graphiquement $y = |R_6(x)|$ et $y = 0{,}000\,05$ (voir la figure 5). En plaçant le curseur sur le point d'intersection droit, on trouve que l'inégalité est satisfaite lorsque $|x| < 0{,}82$. C'est encore la même estimation que l'estimation obtenue dans la solution de l'exemple 2.

Si, à l'exemple 2, on avait demandé d'approcher sin 72° au lieu de sin 12°, il aurait été judicieux d'utiliser les polynômes de Taylor en $a = \pi/3$ (au lieu de $a = 0$) parce qu'ils sont de meilleures approximations de $\sin x$ pour les valeurs de x proches de $\pi/3$. On remarque que 72° est proche de 60° (ou $\pi/3$ radians) et que les dérivées de $\sin x$ sont faciles à calculer en $\pi/3$.

La figure 6 montre les graphiques des approximations polynomiales de MacLaurin

$$T_1(x) = x \qquad T_5(x) = x - \frac{x^3}{3!} + \frac{x^5}{5!}$$

$$T_3(x) = x - \frac{x^3}{3!} \qquad T_7(x) = x - \frac{x^3}{3!} + \frac{x^5}{5!} - \frac{x^7}{7!}$$

approchant la courbe du sinus. On constate que lorsque n croît, $T_n(x)$ est une bonne approximation de $\sin x$ sur un intervalle de plus en plus grand.

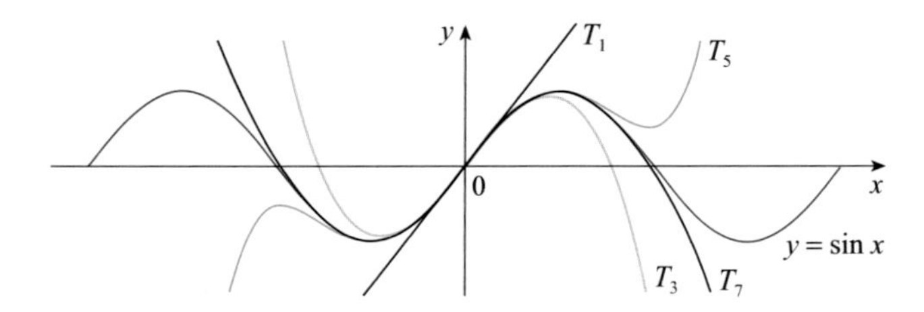

FIGURE 6

Les calculatrices et les ordinateurs effectuent le type de calcul exposé aux exemples 1 et 2. Par exemple, quand on appuie sur la touche sin ou la touche e^x d'une calculatrice, ou quand un programmeur utilise un sous-programme pour une fonction trigonométrique, exponentielle ou de Bessel, de nombreuses machines calculent une approximation polynomiale. Le polynôme utilisé est souvent un polynôme de Taylor qui a été modifié pour étaler l'erreur plus uniformément sur tout l'intervalle.

LES APPLICATIONS À LA PHYSIQUE

Les physiciens utilisent fréquemment les polynômes de Taylor. Pour avoir un aperçu d'une équation, un physicien simplifie souvent une fonction en considérant seulement les deux ou trois premiers termes de sa série de Taylor. Autrement dit, il utilise un polynôme de Taylor comme approximation de la fonction. Il peut aussi utiliser l'inégalité de Taylor pour évaluer l'exactitude de l'approximation. L'exemple suivant montre une utilisation de cette idée en relativité restreinte.

EXEMPLE 3 Dans la théorie d'Einstein de la relativité restreinte, la masse d'un objet en mouvement à la vitesse v est

$$m = \frac{m_0}{\sqrt{1 - v^2/c^2}}$$

où m_0 est la masse de l'objet au repos et c, la vitesse de la lumière. L'énergie cinétique de l'objet est la différence entre son énergie totale et son énergie au repos :

$$K = mc^2 - m_0c^2.$$

a) Montrons que lorsque v est très petit par rapport à c, l'expression de K s'accorde avec la physique newtonienne classique : $K = \frac{1}{2}m_0v^2$.

La courbe supérieure de la figure 7 est le graphique de l'expression de l'énergie cinétique K d'un objet en mouvement dans la relativité restreinte. La courbe inférieure est le graphique de la fonction de K dans la physique newtonienne classique. Quand la vitesse est beaucoup plus petite que la vitesse de la lumière, les courbes sont pratiquement identiques.

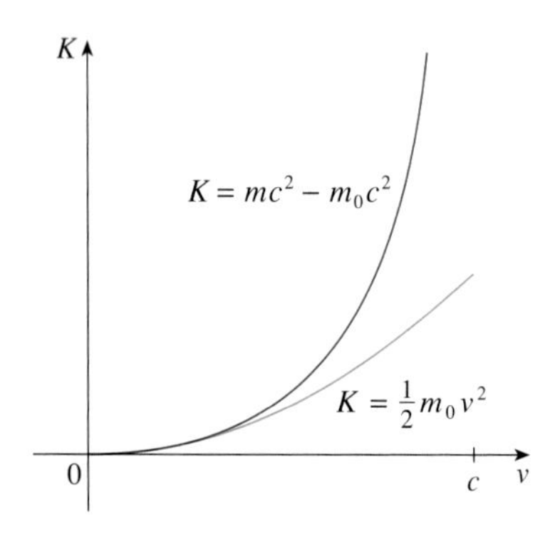

FIGURE 7

b) Utilisons l'inégalité de Taylor pour estimer la différence entre ces expressions de K lorsque $|v| \leq 100$ m/s.

SOLUTION

a) Selon les expressions données de K et de m,

$$K = mc^2 - m_0c^2 = \frac{m_0}{\sqrt{1-v^2/c^2}} - m_0c^2$$
$$= m_0c^2\left[\left(1-\frac{v^2}{c^2}\right)^{-1/2} - 1\right].$$

On pose $x = -v^2/c^2$. La série de MacLaurin de $(1 + x)^{-1/2}$ se développe plus facilement sous la forme de la série binomiale avec $k = -\frac{1}{2}$. (On remarque que $|x| < 1$ parce que $v < c$.) Par conséquent,

$$(1+x)^{-1/2} = 1 - \tfrac{1}{2}x + \frac{\left(-\frac{1}{2}\right)\left(-\frac{3}{2}\right)}{2!}x^2 + \frac{\left(-\frac{1}{2}\right)\left(-\frac{3}{2}\right)\left(-\frac{5}{2}\right)}{3!}x^3 + \ldots$$
$$= 1 - \tfrac{1}{2}x + \tfrac{3}{8}x^2 - \tfrac{5}{16}x^3 + \ldots$$

et

$$K = m_0c^2\left[\left(1 + \frac{1}{2}\frac{v^2}{c^2} + \frac{3}{8}\frac{v^4}{c^4} + \frac{5}{16}\frac{v^6}{c^6} + \ldots\right) - 1\right]$$
$$= m_0c^2\left(\frac{1}{2}\frac{v^2}{c^2} + \frac{3}{8}\frac{v^4}{c^4} + \frac{5}{16}\frac{v^6}{c^6} + \ldots\right).$$

Si v est beaucoup plus petit que c, alors tous les termes au-delà du premier sont très petits comparativement au premier terme. En les omettant, on obtient

$$K \approx m_0c^2\left(\frac{1}{2}\frac{v^2}{c^2}\right) = \tfrac{1}{2}m_0v^2.$$

b) Si $x = -v^2/c^2$, $f(x) = m_0c^2\,[(1 + x)^{-1/2} - 1]$, et si M est un nombre tel que $|f''(x)| \leq M$, alors on peut utiliser l'inégalité de Taylor et écrire

$$|R_1(x)| \leq \frac{M}{2!}x^2.$$

On a $f''(x) = \frac{3}{4}m_0c^2(1+x)^{-5/2}$ et, par hypothèse, $|v| \leq 100$ m/s. Donc,

$$|f''(x)| = \frac{3m_0c^2}{4(1-v^2/c^2)^{5/2}} \leq \frac{3m_0c^2}{4(1-100^2/c^2)^{5/2}} \qquad (= M).$$

Ainsi, pour $c = 3 \times 10^8$ m/s,

$$|R_1(x)| \leq \frac{1}{2} \cdot \frac{3m_0c^2}{4(1-100^2/c^2)^{5/2}} \cdot \frac{100^4}{c^4} < (4{,}17 \times 10^{-10})m_0.$$

Par conséquent, lorsque $|v| \leq 100$ m/s, l'erreur qu'on obtient en utilisant l'expression newtonienne de l'énergie cinétique est au plus $(4{,}2 \times 10^{-10})m_0$.

Une autre application à la physique survient en optique. La figure 8 illustre la rencontre d'une onde, issue d'une source S, avec une surface sphérique de rayon R et de centre C. Le rayon SA est réfracté vers P.

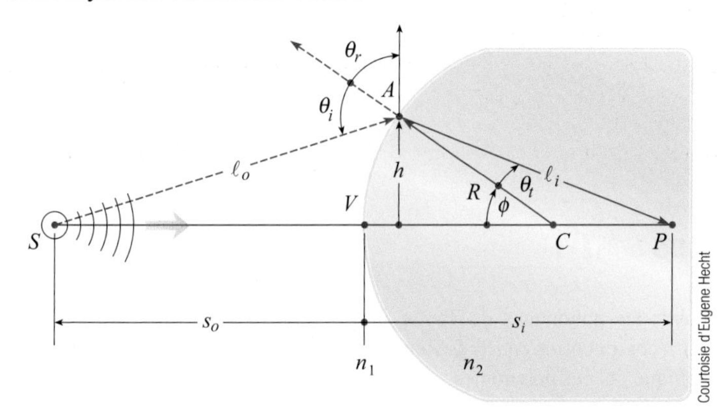

FIGURE 8

Réfraction à l'interface sphérique.

(Adaptation d'une figure de l'ouvrage suivant : HECHT, Eugene. *Optics*, 4e éd., San Francisco, Addison-Wesley, 2002, p. 153.)

Du principe de Fermat, selon lequel la lumière se déplace de manière à minimiser le temps de déplacement, Hecht a déduit l'équation

1 $$\frac{n_1}{\ell_o}+\frac{n_2}{\ell_i}=\frac{1}{R}\left(\frac{n_2 s_i}{\ell_i}-\frac{n_1 s_o}{\ell_o}\right)$$

dans laquelle n_1 et n_2 sont les indices de réfraction et ℓ_o, ℓ_i, s_o et s_i, les distances indiquées à la figure 8. Selon la loi des cosinus appliquée aux triangles ACS et ACP,

On utilise ici l'identité

$\cos(\pi-\phi)=-\cos\phi$.

2 $$\ell_o=\sqrt{R^2+(s_o+R)^2-2R(s_o+R)\cos\phi},$$
$$\ell_i=\sqrt{R^2+(s_i-R)^2+2R(s_i-R)\cos\phi}.$$

L'égalité **1** étant fastidieuse, Gauss la simplifia en 1841 en utilisant l'approximation linéaire $\cos\phi\approx 1$ pour des petites valeurs de ϕ. (Cela revient à utiliser le polynôme de Taylor d'ordre 1.) Alors, l'égalité **1** devient la formule plus simple suivante (sa démonstration est demandée à l'exercice 34 a) :

3 $$\frac{n_1}{s_o}+\frac{n_2}{s_i}=\frac{n_2-n_1}{R}.$$

La théorie optique résultante est appelée **approximation de Gauss** ou **approximation du premier ordre (ou linéaire)** et est devenue l'outil théorique fondamental de la conception des lentilles.

On obtient une théorie de meilleure qualité en approchant $\cos\phi$ par son polynôme de Taylor d'ordre 3 (le même que le polynôme de Taylor d'ordre 2). On tient alors compte des rayons pour lesquels ϕ n'est pas si petit, c'est-à-dire des rayons qui bombardent la surface à de plus grandes distances h au-dessus de l'axe. À l'exercice 34 b), on demande d'utiliser cette approximation pour obtenir une meilleure formule :

4 $$\frac{n_1}{s_o}+\frac{n_2}{s_i}=\frac{n_2-n_1}{R}+h^2\left[\frac{n_1}{2s_o}\left(\frac{1}{s_o}+\frac{1}{R}\right)^2+\frac{n_2}{2s_i}\left(\frac{1}{R}+\frac{1}{s_i}\right)^2\right].$$

La théorie optique résultante est appelée **approximation du troisième ordre**.

D'autres applications des polynômes de Taylor en physique et en ingénierie sont abordées aux exercices 32, 33, 35, 36 et 37 et dans la rubrique Application à la page 382.

Exercices 6.10

1. a) Trouvez les polynômes de Taylor jusqu'à l'ordre 6 de $f(x) = \cos x$ centrés en $a = 0$. Représentez sur un même graphique f et ces polynômes.
b) Évaluez f et ces polynômes en $x = \pi/4$, $\pi/2$ et π.
c) Commentez la façon dont les polynômes de Taylor convergent vers $f(x)$.

2. a) Trouvez les polynômes de Taylor jusqu' à l'ordre 3 de $f(x) = 1/x$ centrés en $a = 1$. Représentez sur un même graphique f et les polynômes trouvés.
b) Évaluez f et ces polynômes en $x = 0{,}9$ et $1{,}3$.
c) Commentez la façon dont les polynômes de Taylor convergent vers $f(x)$.

3-10 Trouvez le polynôme de Taylor $T_3(x)$ de la fonction f centré en a. Représentez f et T_3 sur un même graphique.

3. $f(x) = 1/x$, $a = 2$

4. $f(x) = x + e^{-x}$, $a = 0$

5. $f(x) = \cos x$, $a = \pi/2$

6. $f(x) = e^{-x} \sin x$, $a = 0$

7. $f(x) = \ln x$, $a = 1$

8. $f(x) = x \cos x$, $a = 0$

9. $f(x) = xe^{-2x}$, $a = 0$

10. $f(x) = \arctan x$, $a = 1$

LCS **11-12** Utilisez un logiciel de calcul symbolique pour obtenir directement les polynômes de Taylor T_n centrés en a pour $n = 2, 3, 4, 5$. Ensuite, représentez ces polynômes et f dans un même graphique.

11. $f(x) = \cot x$, $a = \pi/4$

12. $f(x) = \sqrt[3]{1+x^2}$, $a = 0$

13-22

a) Approchez f avec un polynôme de Taylor d'ordre n au nombre a.

b) Utilisez l'inégalité de Taylor pour estimer la qualité de l'approximation $f(x) \approx T_n(x)$ lorsque x appartient à l'intervalle donné.

c) Corroborez votre résultat de la partie b) en représentant graphiquement $|R_n(x)|$.

13. $f(x) = \sqrt{x}$ $a = 4$ $n = 2$ $4 \le x \le 4{,}2$

14. $f(x) = x^{-2}$ $a = 1$ $n = 2$ $0{,}9 \le x \le 1{,}1$

15. $f(x) = x^{2/3}$ $a = 1$ $n = 3$ $0{,}8 \le x \le 1{,}2$

16. $f(x) = \sin x$ $a = \pi/6$ $n = 4$ $0 \le x \le \pi/3$

17. $f(x) = \sec x$ $a = 0$ $n = 2$ $-0{,}2 \le x \le 0{,}2$

18. $f(x) = \ln(1 + 2x)$ $a = 1$ $n = 3$ $0{,}5 \le x \le 1{,}5$

19. $f(x) = e^{x^2}$ $a = 0$ $n = 3$ $0 \le x \le 0{,}1$

20. $f(x) = x \ln x$ $a = 1$ $n = 3$ $0{,}5 \le x \le 1{,}5$

21. $f(x) = x \sin x$ $a = 0$ $n = 4$ $-1 \le x \le 1$

22. $f(x) = \dfrac{e^{2x} - e^{-2x}}{2}$ $a = 0$ $n = 5$ $-1 \le x \le 1$

23. Utilisez le résultat de l'exercice 5 pour calculer approximativement cos 80° avec cinq décimales exactes.

24. Utilisez le résultat de l'exercice 16 pour calculer approximativement sin 38° avec cinq décimales exactes.

25. Utilisez l'inégalité de Taylor pour déterminer le nombre de termes de la série de MacLaurin de e^x qu'il faut pour calculer approximativement $e^{0,1}$ à moins de 0,000 01 près.

26. Combien de termes de la série de MacLaurin $\ln(1+x)$ devez-vous utiliser pour calculer approximativement ln 1,4 à moins de 0,001 près ?

27-29 Utilisez le théorème d'estimation des séries alternées ou l'inégalité de Taylor pour déterminer un intervalle de valeurs de x pour lesquelles l'approximation donne la précision indiquée. Corroborez graphiquement votre réponse.

27. $\sin x \approx x - \dfrac{x^3}{6}$ $(|\text{erreur}| < 0{,}01)$

28. $\cos x \approx 1 - \dfrac{x^2}{2} + \dfrac{x^4}{24}$ $(|\text{erreur}| < 0{,}005)$

29. $\arctan x \approx x - \dfrac{x^3}{3} + \dfrac{x^5}{5}$ $(|\text{erreur}| < 0{,}05)$

30. Sachant que

$$f^{(n)}(4) = \frac{(-1)^n n!}{3^n(n+1)}$$

et que la série de Taylor de f centrée en 4 converge vers $f(x)$ pour tout x dans l'intervalle de convergence, montrez que le polynôme de Taylor d'ordre 5 permet de calculer approximativement $f(5)$ avec une erreur inférieure à 0,0002.

31. Une voiture roule à la vitesse de 20 m/s et, à un instant donné, a une accélération de 2 m/s². À l'aide d'un polynôme de Taylor d'ordre 2, calculez approximativement la distance qu'elle parcourra durant la seconde suivante. Serait-il acceptable d'utiliser ce polynôme pour calculer approximativement la distance parcourue durant la minute suivante?

32. La résistivité ρ d'un fil conducteur est l'inverse de la conductivité et s'exprime en ohm-mètres (Ω-m). La résistivité d'un métal donné dépend de sa température, selon l'égalité

$$\rho(t) = \rho_{20}e^{\alpha(t-20)}$$

dans laquelle t est la température exprimée en degrés Celsius. Des tableaux donnent les valeurs de α (appelé «coefficient de température») et de ρ_{20} (la résistivité à 20 °C) pour différents métaux. Sauf aux très basses températures, la résistivité varie presque linéairement en fonction de la température et, par conséquent, on calcule approximativement $\rho(t)$ par son polynôme de Taylor du premier ou du deuxième ordre en $t = 20$.

a) Trouvez les expressions de ces approximations linéaire et quadratique.

b) Pour le cuivre, les tableaux donnent $\alpha = 0{,}0039$/°C et $\rho_{20} = 1{,}7 \times 10^{-8}$ Ω-m. Représentez graphiquement la résistivité du cuivre et les approximations linéaire et quadratique pour -250 °C $\leq t \leq 1000$ °C.

c) Pour quelles valeurs de t l'approximation linéaire s'accorde-t-elle avec l'expression exponentielle à moins de un pour cent près?

33. Un dipôle électrique consiste en deux charges électriques de même grandeur mais de signes contraires. Si les charges sont q et $-q$ et si elles sont à une distance d l'une de l'autre, alors le champ électrique E au point P de la figure est

$$E = \frac{q}{D^2} - \frac{q}{(D+d)^2}.$$

Développez cette expression de E en une série de puissances de d/D, et montrez que E est approximativement proportionnel à $1/D^3$ lorsque P est loin du dipôle.

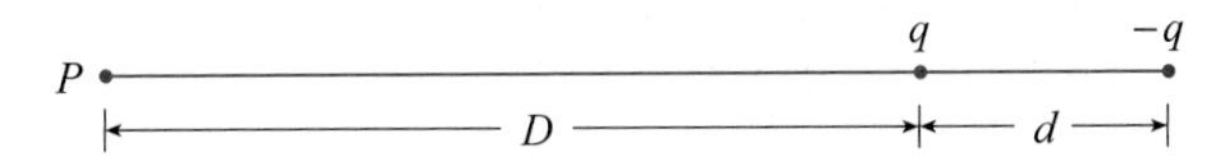

34. a) Déduisez la formule **3** de l'approximation de Gauss de l'égalité **1** en approchant cos ϕ dans l'égalité **2** par son polynôme de Taylor du premier ordre.

b) Montrez que si on remplace cos ϕ par son polynôme de Taylor du troisième ordre dans l'égalité **2**, alors l'égalité **2** devient la formule **4** de l'approximation de troisième ordre. (*Suggestion:* Utilisez les deux premiers termes de la série binomiale de ℓ_o^{-1} et ℓ_i^{-1}. De plus, utilisez $\phi \approx \sin \phi$.)

35. Soit un disque de rayon R dont la densité de charge surfacique σ est homogène. Le potentiel électrique au point P situé à une distance d le long de l'axe central du disque est

$$V = 2\pi k_e\sigma(\sqrt{d^2 + R^2} - d)$$

où k_e est la constante de Coulomb. Montrez que

$$V \approx \frac{\pi k_e R^2 \sigma}{d} \quad \text{pour de grandes valeurs de } d.$$

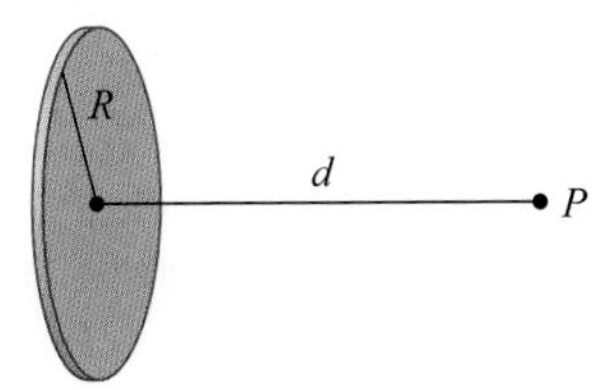

36. Un arpenteur qui mesure les différences d'élévation lorsqu'il trace les plans d'une autoroute dans un désert doit effectuer des corrections en raison de la courbure de la Terre.

a) Si R est le rayon de la Terre et L, la longueur de l'autoroute, montrez que la correction est

$$C = R\sec(L/R) - R$$

b) Utilisez un polynôme de Taylor pour montrer que

$$C \approx \frac{L^2}{2R} + \frac{5L^4}{24R^3}.$$

c) Comparez les corrections données par les formules des parties a) et b) d'une autoroute longue de 100 km. (Prenez le rayon de la Terre égal à 6370 km.)

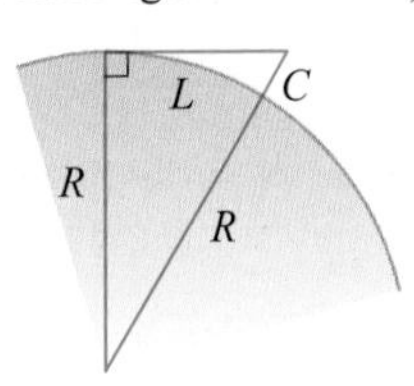

37. La période d'un pendule de longueur L qui fait un angle maximal θ_0 avec une droite verticale est

$$T = 4\sqrt{\frac{L}{g}} \int_0^{\pi/2} \frac{dx}{\sqrt{1 - k^2 \sin^2 x}}$$

où $k = \sin(\frac{1}{2}\theta_0)$ et où g est l'accélération gravitationnelle. (À l'exercice 42 de la section 3.6, on a approché cette intégrale à l'aide de la formule de Simpson.)

a) Développez l'intégrande en série binomiale et utilisez le résultat de l'exercice 50 de la section 3.1 pour montrer que

$$T = 2\pi\sqrt{\frac{L}{g}}\left[1 + \frac{1^2}{2^2}k^2 + \frac{1^2 3^2}{2^2 4^2}k^4 + \frac{1^2 3^2 5^2}{2^2 4^2 6^2}k^6 + \ldots\right].$$

Si θ_0 n'est pas trop grand, on utilise souvent l'approximation $T \approx 2\pi\sqrt{L/g}$ obtenue en ne prenant que le premier terme de la série. On obtient une approximation de meilleure qualité en utilisant les deux premiers termes:

$$T \approx 2\pi\sqrt{\frac{L}{g}}(1 + \tfrac{1}{4}k^2).$$

b) Remarquez que tous les termes de la série après le premier ont des coefficients d'au plus $\frac{1}{4}$. Utilisez ce fait pour comparer cette série avec une série géométrique et montrez que

$$2\pi\sqrt{\frac{L}{g}}(1 + \tfrac{1}{4}k^2) \leq T \leq 2\pi\sqrt{\frac{L}{g}}\,\frac{4 - 3k^2}{4 - 4k^2}.$$

c) Utilisez les inégalités de la partie b) pour calculer approximativement la période d'un pendule de longueur $L = 1$ mètre et de $\theta_0 = 10°$. Comment se compare cette approximation de la période avec la période calculée avec $T \approx 2\pi\sqrt{L/g}$? Qu'en est-il si $\theta_0 = 42°$?

38. Avec la méthode de Newton employée pour calculer approximativement une racine r de l'équation $f(x) = 0$ avec une valeur approchée initiale x_1, on obtient les approximations successives $x_2, x_3, \ldots$ par la formule

$$x_{n+1} = x_n - \frac{f(x_n)}{f'(x_n)}.$$

Utilisez l'inégalité de Taylor avec $n = 1$, $a = x_n$ et $x = r$ pour montrer que si $f''(x)$ existe sur un intervalle I contenant r, x_n et x_{n+1}, et si $|f''(x)| \leq M$, $|f'(x)| \geq K$ pour tout $x \in I$, alors

$$|x_{n+1} - r| \leq \frac{M}{2K}|x_n - r|^2.$$

(Cela signifie que si x_n possède d décimales exactes, alors x_{n+1} en possède environ $2d$. Plus précisément, si l'erreur au stade n est au plus 10^{-m}, alors l'erreur au stade $n + 1$ est au plus $(M/2K)10^{-2m}$.)

APPLICATION

LE RAYONNEMENT STELLAIRE

Tout objet chauffé émet un rayonnement. Un **corps noir** est un système qui absorbe tout le rayonnement qui le bombarde. Par exemple, une surface noire mate ou une grande cavité avec un petit trou dans sa paroi (comme un haut fourneau) est un corps noir et émet un rayonnement noir (ou de corps noir). Même le rayonnement solaire est voisin d'un rayonnement noir.

La loi de Rayleigh-Jeans, proposée à la fin du XIXe siècle, exprime l'énergie volumique du rayonnement de corps noir de longueur d'onde λ, soit

$$f(\lambda) = \frac{8\pi kT}{\lambda^4}$$

où λ est mesuré en mètres, T est la température en kelvins (K), et k est la constante de Boltzmann. La loi de Rayleigh-Jeans concorde avec les mesures expérimentales pour les grandes longueurs d'onde, mais est en profond désaccord pour les petites longueurs d'onde. (La loi prédit que $f(\lambda) \to \infty$ lorsque $\lambda \to 0^+$, mais des expériences ont montré que $f(\lambda) \to 0$.) Ce fait est appelé « catastrophe ultraviolette ».

En 1900, Max Planck a trouvé un meilleur modèle (appelé maintenant « loi de Planck ») pour le rayonnement de corps noir :

$$f(\lambda) = \frac{8\pi hc\lambda^{-5}}{e^{hc/(\lambda kT)} - 1}$$

où λ est mesuré en mètres, T est la température (en kelvins), et

h = constante de Planck = $6{,}6262 \times 10^{-34}$ J • s

c = vitesse de la lumière = $2{,}997\,925 \times 10^8$ m/s

k = constante de Boltzmann = $1{,}3807 \times 10^{-23}$ J/K.

1. Utilisez la règle de l'Hospital pour montrer que

$$\lim_{\lambda \to 0^+} f(\lambda) = 0 \quad \text{et} \quad \lim_{\lambda \to \infty} f(\lambda) = 0$$

pour la loi de Planck. Donc, cette loi modélise mieux le rayonnement de corps noir que la loi de Rayleigh-Jeans pour les petites longueurs d'onde.

2. Utilisez un polynôme de Taylor pour montrer que, pour les grandes longueurs d'onde, la loi de Planck donne approximativement les mêmes valeurs que la loi de Rayleigh-Jeans.

3. Représentez dans un même graphique f des deux lois et commentez leurs ressemblances et leurs différences. Utilisez $T = 5700$ K (la température solaire). (Vous pouvez passer du mètre au micromètre, 1 μm = 10^{-6} m, une unité plus pratique.)

4. Utilisez la représentation graphique du problème 3 pour estimer la valeur de λ pour laquelle $f(\lambda)$ est maximale dans la loi de Planck.

5. Analysez graphiquement la variation de f lorsque T varie. (Utilisez la loi de Planck.) En particulier, représentez graphiquement f pour les étoiles Betelgeuse ($T = 3400$ K), Procyon ($T = 6400$ K) et Sirius ($T = 9200$ K) et pour le Soleil. Comment le rayonnement total émis (l'aire sous la courbe) varie-t-il en fonction de T? Utilisez le graphique afin d'expliquer pourquoi Sirius est connue sous le nom d'étoile bleue et Betelgeuse sous celui d'étoile rouge.

Révision

Compréhension des concepts

1. a) Qu'est-ce qu'une suite convergente ?
b) Qu'est-ce qu'une série convergente ?
c) Que signifie $\lim_{n\to\infty} a_n = 3$?
d) Que signifie $\sum_{n=1}^{\infty} a_n = 3$?

2. a) Qu'est-ce qu'une suite bornée ?
b) Qu'est-ce qu'une suite monotone ?
c) Que pouvez-vous dire à propos d'une suite monotone bornée ?

3. a) Qu'est-ce qu'une série géométrique ? Dans quelles conditions converge-t-elle ? Quelle est alors sa somme ?
b) Qu'est-ce qu'une série p ? Dans quelles conditions converge-t-elle ?

4. Supposez que $\sum a_n = 3$ et que s_n soit la n-ième somme partielle de la série. Que vaut $\lim_{n\to\infty} a_n$? Que vaut $\lim_{n\to\infty} s_n$?

5. Énoncez chaque critère.
a) Le critère du terme général
b) Le critère de l'intégrale
c) Le critère de comparaison
d) Le critère de comparaison par une limite
e) Le critère des séries alternées
f) Le critère généralisé de d'Alembert
g) Le critère généralisé de Cauchy

6. a) Qu'est-ce qu'une série absolument convergente ?
b) Que pouvez-vous dire à propos d'une telle série ?
c) Qu'est-ce qu'une série conditionnellement convergente ?

7. a) Si une série converge d'après le critère de l'intégrale, comment obtenir une approximation de la somme ?
b) Si une série converge selon le critère de comparaison, comment obtenir une approximation de la somme ?
c) Si une série converge d'après le critère des séries alternées, comment obtenir une approximation de la somme ?

8. a) Écrivez la forme générale d'une série de puissances.
b) Qu'est-ce que le rayon de convergence d'une série de puissances ?
c) Qu'est-ce que l'intervalle de convergence d'une série de puissances ?

9. Supposez que $f(x)$ est la somme d'une série de puissances de rayon de convergence R.
a) Comment dérivez-vous f ? Quel est le rayon de convergence de la série de f' ?
b) Comment intégrez-vous f ? Quel est le rayon de convergence de la série de $\int f(x)\,dx$?

10. a) Écrivez une expression du polynôme de Taylor du n-ième ordre de f centré en a.
b) Écrivez une expression de la série de Taylor de f centrée en a.
c) Écrivez une expression de la série de MacLaurin de f.
d) Comment montrez-vous que $f(x)$ est égale à la somme de sa série de Taylor ?
e) Énoncez l'inégalité de Taylor.

11. Développez chaque fonction dont la règle de calcul est donnée en série de MacLaurin et donnez son intervalle de convergence.
a) $1/(1-x)$
b) e^x
c) $\sin x$
d) $\cos x$
e) $\arctan x$
f) $\ln(1+x)$

12. Écrivez le développement en série binomiale de $(1+x)^k$. Quel est le rayon de convergence de cette série ?

Vrai ou faux

Déterminez si chaque proposition est vraie ou fausse. Si elle est vraie, expliquez pourquoi. Si elle est fausse, expliquez pourquoi ou réfutez-la au moyen d'un contre-exemple.

1. Si $\lim_{n\to\infty} a_n = 0$, alors $\sum a_n$ converge.

2. La série $\sum_{n=1}^{\infty} n^{-\sin 1}$ converge.

3. Si $\lim_{n\to\infty} a_n = L$, alors $\lim_{n\to\infty} a_{2n+1} = L$.

4. Si $\sum c_n 6^n$ converge, alors $\sum c_n(-2)^n$ converge.

5. Si $\sum c_n 6^n$ converge, alors $\sum c_n(-6)^n$ converge.

6. Si $\sum c_n x^n$ diverge lorsque $x = 6$, alors la série diverge lorsque $x = 10$.

7. On peut utiliser le critère de d'Alembert pour déterminer si $\sum 1/n^3$ converge.

8. On peut utiliser le critère de d'Alembert pour déterminer si $\sum 1/n!$ converge.

9. Si $0 \le a_n \le b_n$ et si $\sum b_n$ diverge, alors $\sum a_n$ diverge.

10. $\sum_{n=0}^{\infty} \frac{(-1)^n}{n!} = \frac{1}{e}$

11. Si $-1 < \alpha < 1$, alors $\lim_{n\to\infty} \alpha^n = 0$.

12. Si $\sum a_n$ diverge, alors $\sum |a_n|$ diverge.

13. Si $f(x) = 2x - x^2 + \frac{1}{3}x^3 - \ldots$ converge pour tout x, alors $f'''(0) = 2$.

14. Si $\{a_n\}$ et $\{b_n\}$ divergent, alors $\{a_n + b_n\}$ diverge.

15. Si $\{a_n\}$ et $\{b_n\}$ divergent, alors $\{a_n b_n\}$ diverge.

16. Si $\{a_n\}$ est décroissante et si $a_n > 0$ pour tout n, alors $\{a_n\}$ converge.

17. Si $a_n > 0$ et si $\sum a_n$ converge, alors $\sum (-1)^n a_n$ converge.

18. Si $a_n > 0$ et si $\lim_{n\to\infty} (a_{n+1}/a_n) < 1$, alors $\lim_{n\to\infty} a_n = 0$.

19. $0{,}999\,99\ldots = 1$

20. Si $\lim_{n\to\infty} a_n = 2$, alors $\lim_{n\to\infty} (a_{n+3} - a_n) = 0$.

21. Si on ajoute un nombre fini de termes à une série convergente, alors la nouvelle série demeure convergente.

22. Si $\sum_{n=1}^{\infty} a_n = A$ et $\sum_{n=1}^{\infty} b_n = B$, alors $\sum_{n=1}^{\infty} a_n b_n = AB$.

Exercices récapitulatifs

1-8 Déterminez si la suite de terme général a_n converge ou diverge. Si elle converge, trouvez sa limite.

1. $a_n = \dfrac{2+n^3}{1+2n^3}$

2. $a_n = \dfrac{9^{n+1}}{10^n}$

3. $a_n = \dfrac{n^3}{1+n^2}$

4. $a_n = \cos(n\pi/2)$

5. $a_n = \dfrac{n \sin n}{n^2+1}$

6. $a_n = \dfrac{\ln n}{\sqrt{n}}$

7. $\{(1 + 3/n)^{4n}\}$

8. $\{(-10)^n/n!\}$

9. On définit une suite $\{a_n\}$ par le système de récurrence $a_1 = 1$, $a_{n+1} = \frac{1}{3}(a_n + 4)$. Montrez que $\{a_n\}$ est croissante et que $a_n < 2$ pour tout n. Déduisez que $\{a_n\}$ converge et trouvez sa limite.

10. Montrez que $\lim_{n\to\infty} n^4 e^{-n} = 0$ et utilisez un graphique pour trouver la plus petite valeur de N qui correspond à $\varepsilon = 0{,}1$ dans la définition rigoureuse d'une limite.

11-22 Déterminez si la série converge ou diverge.

11. $\displaystyle\sum_{n=1}^{\infty} \frac{n}{n^3+1}$

12. $\displaystyle\sum_{n=1}^{\infty} \frac{n^2+1}{n^3+1}$

13. $\displaystyle\sum_{n=1}^{\infty} \frac{n^3}{5^n}$

14. $\displaystyle\sum_{n=1}^{\infty} \frac{(-1)^n}{\sqrt{n+1}}$

15. $\displaystyle\sum_{n=2}^{\infty} \frac{1}{n\sqrt{\ln n}}$

16. $\displaystyle\sum_{n=1}^{\infty} \ln\left(\frac{n}{3n+1}\right)$

17. $\displaystyle\sum_{n=1}^{\infty} \frac{\cos 3n}{1+(1{,}2)^n}$

18. $\displaystyle\sum_{n=1}^{\infty} \frac{n^{2n}}{(1+2n^2)^n}$

19. $\displaystyle\sum_{n=1}^{\infty} \frac{1\cdot 3\cdot 5\cdot\cdots\cdot(2n-1)}{5^n n!}$

20. $\displaystyle\sum_{n=1}^{\infty} \frac{(-5)^{2n}}{n^2 9^n}$

21. $\displaystyle\sum_{n=1}^{\infty} (-1)^{n-1}\frac{\sqrt{n}}{n+1}$

22. $\displaystyle\sum_{n=1}^{\infty} \frac{\sqrt{n+1}-\sqrt{n-1}}{n}$

23-26 Déterminez si la série est conditionnellement convergente, absolument convergente ou divergente.

23. $\displaystyle\sum_{n=1}^{\infty} (-1)^{n-1} n^{-1/3}$

24. $\displaystyle\sum_{n=1}^{\infty} (-1)^{n-1} n^{-3}$

25. $\displaystyle\sum_{n=1}^{\infty} \frac{(-1)^n (n+1)3^n}{2^{2n+1}}$

26. $\displaystyle\sum_{n=2}^{\infty} \frac{(-1)^n \sqrt{n}}{\ln n}$

27-31 Trouvez la somme de la série.

27. $\displaystyle\sum_{n=1}^{\infty} \frac{(-3)^{n-1}}{2^{3n}}$

28. $\displaystyle\sum_{n=1}^{\infty} \frac{1}{n(n+3)}$

29. $\displaystyle\sum_{n=1}^{\infty} [\arctan(n+1) - \arctan n]$

30. $\displaystyle\sum_{n=0}^{\infty} \frac{(-1)^n \pi^n}{3^{2n}(2n)!}$

31. $1 - e + \dfrac{e^2}{2!} - \dfrac{e^3}{3!} + \dfrac{e^4}{4!} - \ldots$

32. Exprimez le nombre décimal périodique $4{,}173\,263\,263\,26\ldots$ sous la forme d'une fraction.

33. Montrez que $\dfrac{e^x + e^{-x}}{2} \geq 1 + \frac{1}{2}x^2$ pour tout x.

34. Pour quelles valeurs de x la série $\sum_{n=1}^{\infty} (\ln x)^n$ converge-t-elle ?

35. Trouvez la somme de la série $\displaystyle\sum_{n=1}^{\infty} \frac{(-1)^{n+1}}{n^5}$ avec quatre décimales exactes.

36. a) Trouvez la somme partielle s_5 de la série $\sum_{n=1}^{\infty} 1/n^6$ et estimez l'erreur commise en utilisant s_5 comme approximation de la somme de la série.

b) Trouvez une approximation de la somme de cette série avec cinq décimales exactes.

37. Utilisez la somme des huit premiers termes comme approximation de la somme de la série $\sum_{n=1}^{\infty} (2+5^n)^{-1}$. Estimez l'erreur commise avec cette approximation.

38. a) Montrez que la série $\displaystyle\sum_{n=1}^{\infty} \frac{n^n}{(2n)!}$ converge.

b) Déduisez que $\displaystyle\lim_{n\to\infty} \frac{n^n}{(2n)!} = 0$.

39. Montrez que si la série $\sum_{n=1}^{\infty} a_n$ est absolument convergente, alors la série

$$\sum_{n=1}^{\infty} \left(\frac{n+1}{n}\right) a_n$$

l'est aussi.

40-43 Trouvez le rayon de convergence et l'intervalle de convergence de chaque série.

40. $\displaystyle\sum_{n=1}^{\infty} (-1)^n \frac{x^n}{n^2 5^n}$

41. $\displaystyle\sum_{n=1}^{\infty} \frac{(x+2)^n}{n4^n}$

42. $\displaystyle\sum_{n=1}^{\infty} \frac{2^n (x-2)^n}{(n+2)!}$

43. $\displaystyle\sum_{n=0}^{\infty} \frac{2^n (x-3)^n}{\sqrt{n+3}}$

44. Trouvez le rayon de convergence de la série

$$\sum_{n=1}^{\infty} \frac{(2n)!}{(n!)^2} x^n.$$

45. Trouvez la série de Taylor de $f(x) = \sin x$ en $a = \pi/6$.

46. Trouvez la série de Taylor de $f(x) = \cos x$ en $a = \pi/3$.

47-54 Trouvez la série de MacLaurin de f et son rayon de convergence. Utilisez la méthode directe (définition d'une série de MacLaurin) ou une série connue telle qu'une série géométrique, une série binomiale ou la série de MacLaurin de e^x, de $\sin x$ et de $\arctan x$.

47. $f(x) = \dfrac{x^2}{1+x}$

48. $f(x) = \arctan(x^2)$

49. $f(x) = \ln(4-x)$

50. $f(x) = xe^{2x}$

51. $f(x) = \sin(x^4)$

52. $f(x) = 10^x$

53. $f(x) = 1/\sqrt[4]{16-x}$

54. $f(x) = (1-3x)^{-5}$

55. Développez $\displaystyle\int \frac{e^x}{x}\,dx$ sous la forme d'une série infinie.

56. Utilisez une série pour calculer approximativement $\displaystyle\int_0^1 \sqrt{1+x^4}\,dx$ avec deux décimales exactes.

57-58

a) Approchez f par un polynôme de Taylor de degré n au nombre a.

b) Représentez graphiquement f et T_n sur un même graphique.

c) Utilisez l'inégalité de Taylor pour estimer la précision de l'approximation $f(x) \approx T_n(x)$ lorsque x appartient à l'intervalle donné.

d) Corroborez votre résultat de la partie c) en représentant graphiquement $|R_n(x)|$.

57. $f(x) = \sqrt{x}$, $a = 1$, $n = 3$, $0{,}9 \leq x \leq 1{,}1$

58. $f(x) = \sec x$, $a = 0$, $n = 2$, $0 \leq x \leq \pi/6$

59. Utilisez une série pour calculer

$$\lim_{x \to 0} \frac{\sin x - x}{x^3}.$$

60. La force de gravitation appliquée à un corps de masse m situé à une hauteur h au-dessus de la surface de la Terre est

$$F = \frac{mgR^2}{(R+h)^2}$$

où R est le rayon de la Terre et g, l'accélération due à la pesanteur.

a) Exprimez F sous la forme d'une série de puissances de h/R.

b) Remarquez que si on approche F par le premier terme de la série, on obtient l'expression $F \approx mg$ habituellement utilisée lorsque h est beaucoup plus petit que R. Utilisez le théorème d'estimation des séries alternées pour estimer la plage de valeurs de h pour lesquelles l'approximation $F \approx mg$ est exacte à moins de un pour cent près. (Utilisez $R = 6400$ km.)

61. Supposez que $f(x) = \displaystyle\sum_{n=0}^{\infty} c_n x^n$ pour tout x.

a) Si f est une fonction impaire, montrez que

$$c_0 = c_2 = c_4 = \ldots = 0.$$

b) Si f est une fonction paire, montrez que

$$c_1 = c_3 = c_5 = \ldots = 0.$$

62. Si $f(x) = e^{x^2}$, montrez que $f^{(2n)}(0) = \dfrac{(2n)!}{n!}$.

Problèmes supplémentaires

Avant de lire la solution de l'exemple, cachez-en le texte et essayez de résoudre le problème par vous-même.

EXEMPLE Évaluez la série $\displaystyle\sum_{n=0}^{\infty} \frac{(x+2)^n}{(n+3)!}$.

SOLUTION Le principe de résolution de problème pertinent est d'essayer de reconnaître quelque chose de familier. La série ressemble-t-elle à une série que vous connaissez déjà ? On remarque qu'elle est similaire à la série de MacLaurin de la fonction exponentielle :

$$e^x = \sum_{n=0}^{\infty} \frac{x^n}{n!} = 1 + x + \frac{x^2}{2!} + \frac{x^3}{3!} + \ldots$$

On peut améliorer la ressemblance en remplaçant x par $x + 2$:

$$e^{x+2} = \sum_{n=0}^{\infty} \frac{(x+2)^n}{n!} = 1 + (x+2) + \frac{(x+2)^2}{2!} + \frac{(x+2)^3}{3!} + \ldots$$

Toutefois, dans cette dernière série, l'exposant du numérateur est le même nombre que celui duquel on prend la factorielle au dénominateur. Pour obtenir la même relation dans la série donnée, on multiplie et on divise par $(x + 2)^3$:

$$\sum_{n=0}^{\infty} \frac{(x+2)^n}{(n+3)!} = \frac{1}{(x+2)^3} \sum_{n=0}^{\infty} \frac{(x+2)^{n+3}}{(n+3)!}$$
$$= (x+2)^{-3}\left[\frac{(x+2)^3}{3!} + \frac{(x+2)^4}{4!} + \ldots\right].$$

On voit que la série entre crochets est la série de e^{x+2} de laquelle manquent les trois premiers termes. Donc

$$\sum_{n=0}^{\infty} \frac{(x+2)^n}{(n+3)!} = (x+2)^{-3}\left[e^{x+2} - 1 - (x+2) - \frac{(x+2)^2}{2!}\right].$$

Problèmes

1. Si $f(x) = \sin(x^3)$, trouvez $f^{(15)}(0)$.

2. Soit la fonction f définie par

$$f(x) = \lim_{n\to\infty} \frac{x^{2n} - 1}{x^{2n} + 1}.$$

Où la fonction f est-elle continue ?

3. a) Montrez que $\tan \frac{1}{2}x = \cot \frac{1}{2}x - 2 \cot x$.
b) Trouvez la somme de la série

$$\sum_{n=1}^{\infty} \frac{1}{2^n} \tan \frac{x}{2^n}.$$

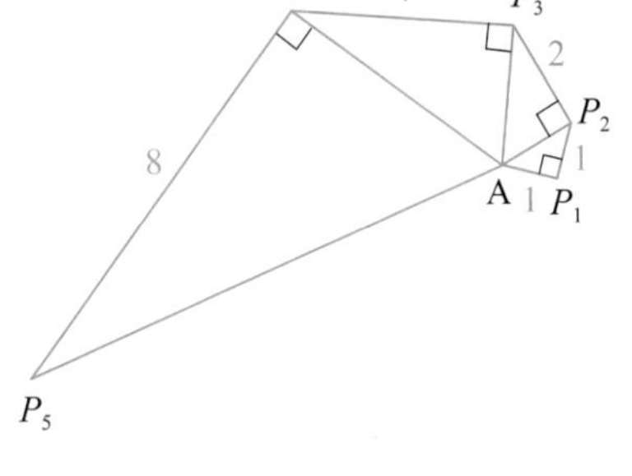

4. Soit $\{P_n\}$, une suite de points déterminés selon la figure. Donc, $|AP_1| = 1$, $|P_nP_{n+1}| = 2^{n-1}$ et l'angle AP_nP_{n+1} est un angle droit. Trouvez $\lim_{n\to\infty} \angle P_nAP_{n+1}$.

5. Pour construire le **flocon de Koch**, on part d'un triangle équilatéral de longueur de côté 1. À l'étape 1 de la construction, on divise chaque côté en trois parties égales, on construit un triangle équilatéral sur la partie du milieu, puis on supprime la partie du milieu (voir la figure ci-dessous). À l'étape 2, on répète l'étape 1 pour chaque côté du polygone résultant. On répète ce processus à chaque étape suivante. La courbe qu'on obtient en répétant indéfiniment ce processus est appelée « courbe en flocon de neige ».
a) Soit s_n, l_n et p_n, le nombre de côtés, la longueur d'un côté et le périmètre de la n-ième courbe d'approximation (la courbe obtenue après l'étape n de la construction). Trouvez les formules de s_n, de l_n et de p_n.
b) Montrez que $p_n \to \infty$ lorsque $n \to \infty$.
c) Avec une série, exprimez l'aire contenue dans la courbe en flocon de neige.

NOTE Les parties b) et c) montrent que la courbe en flocon de neige est infiniment longue, mais qu'elle contient seulement une aire finie.

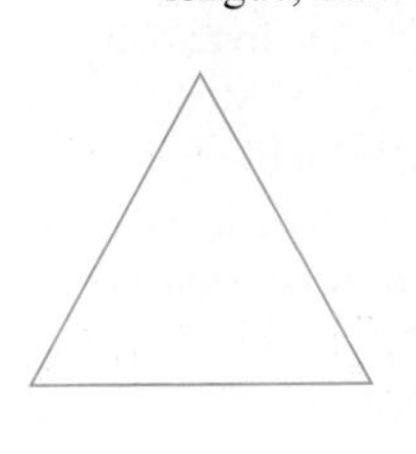

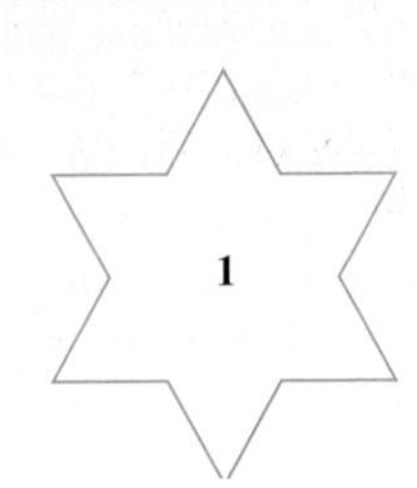

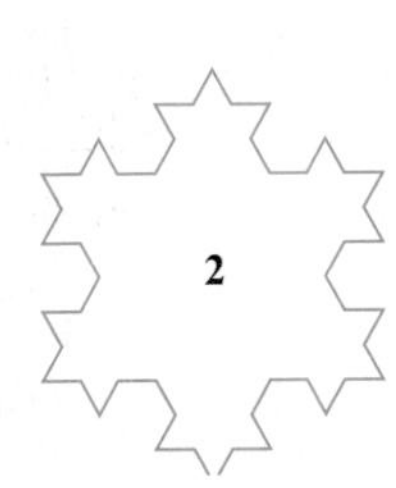

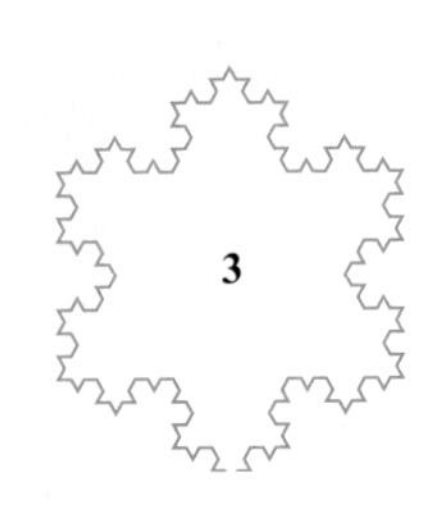

6. Trouvez la somme de la série

$$1+\frac{1}{2}+\frac{1}{3}+\frac{1}{4}+\frac{1}{6}+\frac{1}{8}+\frac{1}{9}+\frac{1}{12}+\ldots$$

où les termes sont les inverses des nombres entiers positifs dont les seuls facteurs premiers sont 2 et 3.

7. a) Montrez que pour $xy \neq -1$,

$$\arctan x - \arctan y = \arctan \frac{x-y}{1+xy}$$

si le deuxième membre est compris entre $-\pi/2$ et $\pi/2$.

b) Montrez que

$$\arctan \tfrac{120}{119} - \arctan \tfrac{1}{239} = \frac{\pi}{4}.$$

c) Déduisez la formule suivante de John Machin (1680-1751) :

$$4 \arctan \tfrac{1}{5} - \arctan \tfrac{1}{239} = \frac{\pi}{4}.$$

d) Utilisez la série de MacLaurin de arctan pour montrer que

$$0{,}197\,395\,560 < \arctan \tfrac{1}{5} < 0{,}197\,395\,562.$$

e) Montrez que

$$0{,}004\,184\,075 < \arctan \tfrac{1}{239} < 0{,}004\,184\,077.$$

f) Déduisez, avec sept décimales exactes, que

$$\pi \approx 3{,}141\,592\,7.$$

Machin utilisa cette méthode en 1706 pour trouver π avec 100 décimales exactes.

8. a) Démontrez une formule semblable à celle du problème 7 a), mais comprenant la fonction arccot au lieu de arctan.

b) Trouvez la somme de la série

$$\sum_{n=0}^{\infty} \operatorname{arccot}(n^2+n+1).$$

9. Trouvez l'intervalle de convergence de $\sum_{n=1}^{\infty} n^3 x^n$ et trouvez sa somme.

10. Si $a_0 + a_1 + a_2 + \ldots a_k = 0$, montrez que

$$\lim_{n\to\infty}(a_0\sqrt{n} + a_1\sqrt{n+1} + a_2\sqrt{n+2} + \ldots + a_k\sqrt{n+k}) = 0.$$

Si vous ne voyez pas comment faire, essayez la stratégie de résolution de problèmes par analogie. Essayez d'abord les cas particuliers $k=1$ et $k=2$. Si vous voyez comment montrer cette égalité dans ces cas, vous verrez probablement comment la montrer en général.

11. Trouvez la somme de la série $\sum_{n=2}^{\infty} \ln\left(1-\frac{1}{n^2}\right)$.

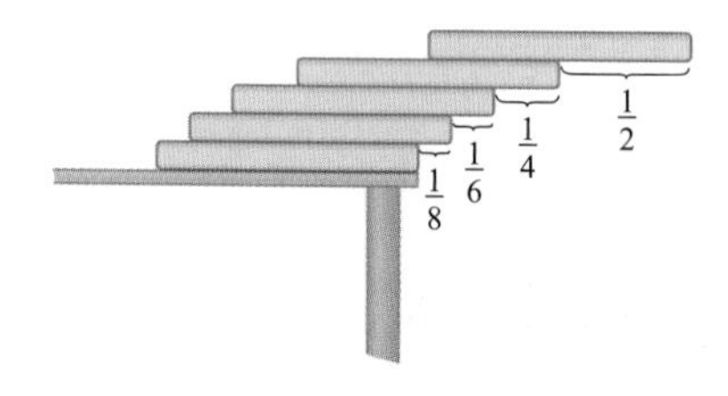

12. Supposez que vous avez un grand nombre de livres, tous de mêmes dimensions, et que vous les empilez au bord d'une table, chaque livre débordant davantage le bord de la table que celui qui se trouve en dessous de lui. Montrez que le livre du dessus peut déborder entièrement la table. En fait, montrez que le livre du dessus peut déborder la table de toute distance si la pile est assez haute. Utilisez la méthode d'empilage suivante : la moitié de la longueur du livre du dessus déborde le deuxième livre, le quart de la longueur du deuxième livre déborde le troisième livre, le sixième de la longueur du troisième livre déborde le quatrième livre, etc. (Essayez cela avec un jeu de cartes.) Considérez les centres de masse.

13. Le solide obtenu quand on fait tourner la courbe $y = e^{-x/10} \sin x$, $x \geq 0$, autour de l'axe des x ressemble à un collier de perles infini décroissant.

a) Trouvez le volume exact de la n-ième perle. (Utilisez une table d'intégrales ou un logiciel de calcul symbolique.)

b) Trouvez le volume total de perles.

14. Si $p > 1$, évaluez l'expression

$$\frac{1+\frac{1}{2^p}+\frac{1}{3^p}+\frac{1}{4^p}+\ldots}{1-\frac{1}{2^p}+\frac{1}{3^p}-\frac{1}{4^p}+\ldots}$$

15. Supposez qu'on entasse des cercles de même diamètre en n rangées dans un triangle équilatéral. (Dans la figure, $n = 4$.) Soit A, l'aire du triangle, et A_n, l'aire totale occupée par les n rangées de cercles. Montrez que

$$\lim_{n\to\infty} \frac{A_n}{A} = \frac{\pi}{2\sqrt{3}}.$$

16. On définit une suite $\{a_n\}$ par le système de récurrence

$$a_0 = a_1 = 1, \quad n(n-1)a_n = (n-1)(n-2)a_{n-1} - (n-3)a_{n-2}.$$

Trouvez la somme de la série $\sum_{n=0}^{\infty} a_n$.

17. En posant que la valeur de x^x en 0 est 1 et en intégrant une série terme à terme, montrez que

$$\int_0^1 x^x\,dx = \sum_{n=1}^{\infty} \frac{(-1)^{n-1}}{n^n}.$$

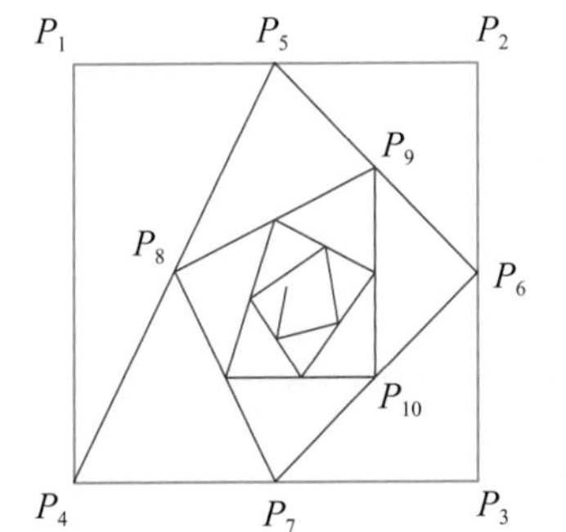

18. À partir des sommets $P_1(0, 1)$, $P_2(1, 1)$, $P_3(1, 0)$, $P_4(0, 0)$ d'un carré, on construit d'autres points selon la figure : P_5 est le centre de P_1P_2, P_6 est le centre de P_2P_3, P_7 est le centre de P_3P_4, etc. La spirale polygonale $P_1P_2P_3P_4P_5P_6P_7\ldots$ tend vers un point P à l'intérieur du carré.

a) Si les coordonnées de P_n sont (x_n, y_n), montrez que $\frac{1}{2}x_n + x_{n+1} + x_{n+2} + x_{n+3} = 2$ et trouvez une formule semblable pour les ordonnées y.

b) Trouvez les coordonnées de P.

19. Évaluez la série $\sum_{n=1}^{\infty} \frac{(-1)^n}{(2n+1)3^n}$.

20. Effectuez chacune des étapes ci-dessous pour démontrer que

$$\frac{1}{1\cdot 2}+\frac{1}{3\cdot 4}+\frac{1}{5\cdot 6}+\frac{1}{7\cdot 8}+\ldots = \ln 2.$$

a) Utilisez la formule de la somme d'une série géométrique (voir la formule **4** de la section 6.2) pour obtenir une expression égale à

$$1 - x + x^2 - x^3 + \ldots + x^{2n-2} - x^{2n-1}.$$

b) Intégrez le résultat en a) de 0 à 1 afin d'obtenir une formule pour

$$1-\frac{1}{2}+\frac{1}{3}-\frac{1}{4}+\ldots+\frac{1}{2n-1}-\frac{1}{2n}$$

sous la forme d'une différence de deux intégrales.

c) Déduire de la partie b) que

$$\left|\frac{1}{1\cdot 2}+\frac{1}{3\cdot 4}+\frac{1}{5\cdot 6}+\ldots+\frac{1}{(2n-1)(2n)} - \int_0^1 \frac{dx}{1+x}\right| < \int_0^1 x^{2n}\,dx.$$

d) Utilisez c) pour montrer que la somme de la série donnée est ln 2.

21. Trouvez toutes les solutions de l'équation

$$1+\frac{x}{2!}+\frac{x^2}{4!}+\frac{x^3}{6!}+\frac{x^4}{8!}+\ldots=0.$$

Suggestion : Considérez les cas $x \geq 0$ et $x < 0$ séparément.

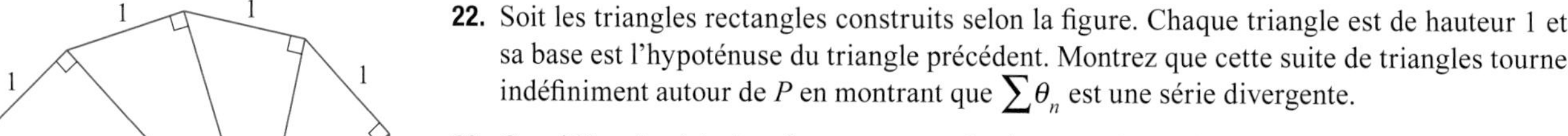

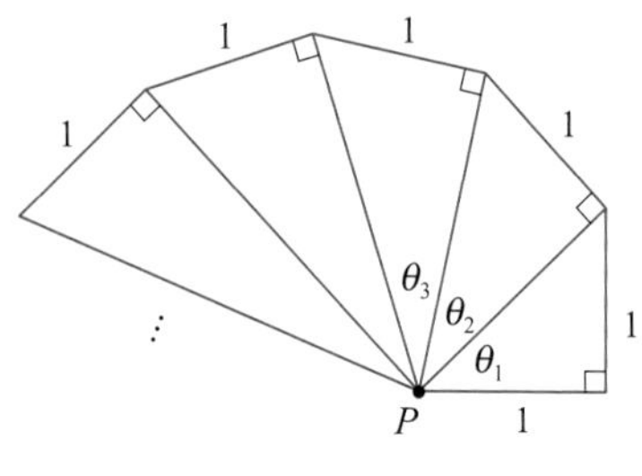

22. Soit les triangles rectangles construits selon la figure. Chaque triangle est de hauteur 1 et sa base est l'hypoténuse du triangle précédent. Montrez que cette suite de triangles tourne indéfiniment autour de P en montrant que $\sum \theta_n$ est une série divergente.

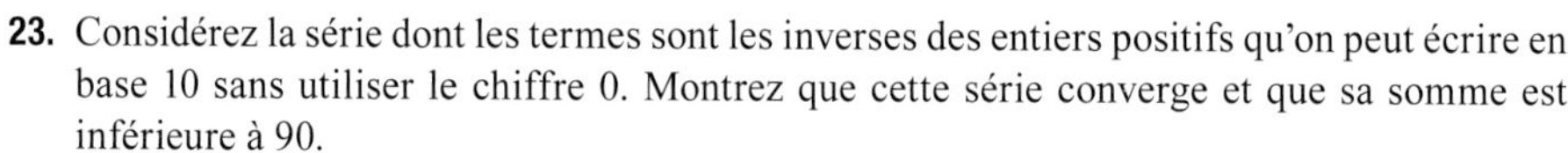

23. Considérez la série dont les termes sont les inverses des entiers positifs qu'on peut écrire en base 10 sans utiliser le chiffre 0. Montrez que cette série converge et que sa somme est inférieure à 90.

24. a) Montrez que la série de MacLaurin de la fonction

$$f(x)=\frac{x}{1-x-x^2} \quad \text{est} \quad \sum_{n=1}^{\infty} f_n x^n$$

où f_n est le n-ième nombre de Fibonacci, autrement dit que $f_1 = 1$, $f_2 = 1$ et $f_n = f_{n-1} + f_{n-2}$ pour $n \geq 3$. (*Suggestion :* Écrivez $x/(1-x-x^2) = c_0 + c_1x + c_2x^2 + \ldots$ et multipliez les deux membres de cette égalité par $1 - x - x^2$.)

b) En écrivant $f(x)$ sous la forme d'une somme de fractions partielles et donc en obtenant la série de MacLaurin d'une autre façon, trouvez une formule explicite du n-ième nombre de Fibonacci.

25. Soit

$$u = 1+\frac{x^3}{3!}+\frac{x^6}{6!}+\frac{x^9}{9!}+\ldots$$

$$v = x+\frac{x^4}{4!}+\frac{x^7}{7!}+\frac{x^{10}}{10!}+\ldots$$

$$w = \frac{x^2}{2!}+\frac{x^5}{5!}+\frac{x^8}{8!}+\ldots$$

Montrez que $u^3 + v^3 + w^3 - 3uvw = 1$.

26. Démontrez que si $n > 1$, la n-ième somme partielle de la série harmonique n'est pas un nombre entier.

Suggestion : Soit 2^k, la plus grande puissance de 2 qui soit inférieure ou égale à n, et soit M, le produit de tous les entiers impairs qui sont inférieurs ou égaux à n. Supposez que $s_n = m$ est un nombre entier. Alors $M2^k s_n = M2^k m$. Le deuxième membre de cette équation est pair. Démontrez que le premier membre est impair en montrant que chacun de ses termes est un entier pair, sauf le dernier.

ANNEXES

A Théorèmes du calcul différentiel

B Les démonstrations

C Le logarithme défini sous forme d'intégrale

D Les principes de la résolution de problèmes

A THÉORÈMES DU CALCUL DIFFÉRENTIEL

Se démontre à l'aide du théorème **2**.

1 **COROLLAIRE**

Si $f'(x) = g'(x)$ pour tout x dans un intervalle $]a, b[$, alors $f - g$ est constante sur $]a, b[$, c'est-à-dire que $f(x) = g(x) + c$ où c est une constante.

Se démontre à l'aide du théorème des accroissements finis.

2 **THÉORÈME**

Si $f'(x) = 0$ pour tout x d'un intervalle $]a, b[$, alors f est constante sur $]a, b[$.

3 **LE THÉORÈME DES ACCROISSEMENTS FINIS**

Soit f, une fonction qui satisfait aux conditions suivantes :

1. f est continue sur l'intervalle fermé $[a, b]$.

2. f est dérivable sur l'intervalle ouvert $]a, b[$.

Alors il existe au moins un nombre c dans $]a, b[$ tel que

4
$$f'(c) = \frac{f(b) - f(a)}{b - a}$$

ou, de façon équivalente,

5
$$f(b) - f(a) = f'(c)(b - a).$$

Avant même de faire la démonstration de ce théorème, interprétons graphiquement sa conclusion. Les figures 1 et 2 montrent les points $A(a, f(a))$ et $B(b, f(b))$ des graphiques de deux fonctions dérivables. La pente de la sécante AB est

6
$$m_{AB} = \frac{f(b) - f(a)}{b - a},$$

ce qui est la même expression que celle du membre de droite de l'égalité **4**. Comme $f'(c)$ est la pente de la tangente au point $(c, f(c))$, le théorème des accroissements finis, dans la forme donnée par l'égalité **4**, affirme qu'en au moins un point $P(c, f(c))$ du graphique, la pente de la tangente est égale à la pente de la sécante AB. Autrement dit, il existe au moins un point P où la tangente est parallèle à la sécante AB. (On imagine une droite parallèle à AB, débutant loin et se déplaçant parallèlement à elle-même jusqu'à ce qu'elle touche le graphique pour la première fois.)

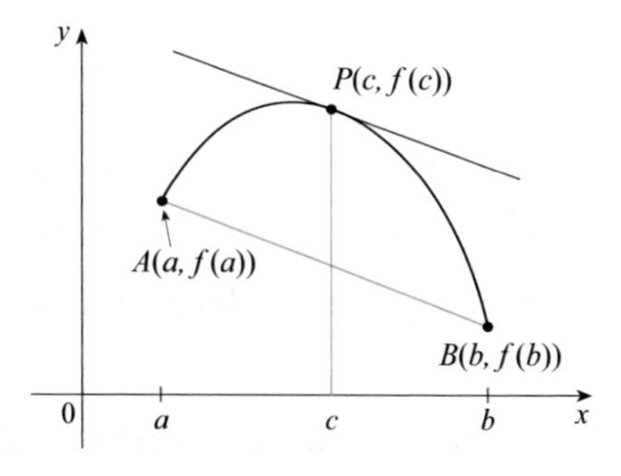

FIGURE 1

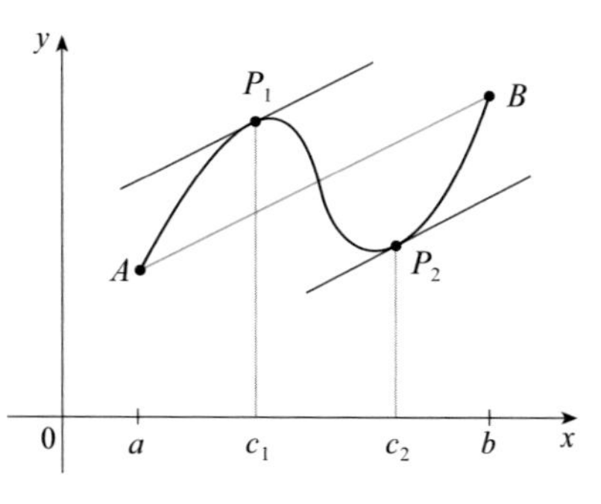

FIGURE 2

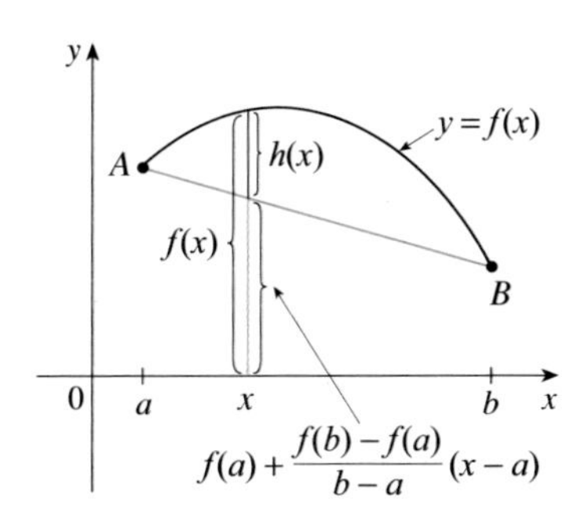

FIGURE 3

DÉMONSTRATION On applique le théorème de Rolle à une nouvelle fonction h définie comme étant la différence entre f et la fonction dont le graphique est la sécante AB. Au moyen de l'égalité **6**, on voit que l'équation de la droite AB peut s'écrire comme suit :

$$y - f(a) = \frac{f(b) - f(a)}{b - a}(x - a)$$

ou comme ceci :

$$y = f(a) + \frac{f(b) - f(a)}{b - a}(x - a).$$

Donc, comme le montre la figure 3,

7
$$h(x) = f(x) - f(a) - \frac{f(b) - f(a)}{b - a}(x - a).$$

On doit d'abord vérifier que h satisfait aux trois conditions du théorème de Rolle.

1. La fonction h est continue sur $[a, b]$ puisqu'elle est la somme de f et d'un polynôme du premier degré, tous deux continus.
2. La fonction h est dérivable sur $]a, b[$, car tant f que le polynôme du premier degré sont dérivables. De fait, on peut calculer h' directement de l'égalité **7** :

$$h'(x) = f'(x) - \frac{f(b) - f(a)}{b - a}$$

(notons que $f(a)$ et $[f(b) - f(a)]/(b - a)$ sont des constantes).

3.
$$h(a) = f(a) - f(a) - \frac{f(b) - f(a)}{b - a}(a - a) = 0$$

$$\begin{aligned} h(b) &= f(b) - f(a) - \frac{f(b) - f(a)}{b - a}(b - a) \\ &= f(b) - f(a) - [f(b) - f(a)] = 0. \end{aligned}$$

Par conséquent, $h(a) = h(b)$.

Puisque h satisfait aux conditions du théorème de Rolle **8**, et que ce théorème affirme qu'il y a au moins un nombre c dans $]a, b[$ tel que $h'(c) = 0$, alors

$$0 = h'(c) = f'(c) - \frac{f(b) - f(a)}{b - a}$$

d'où

$$f'(c) = \frac{f(b) - f(a)}{b - a}.$$

---

8 **LE THÉORÈME DE ROLLE**

Soit f, une fonction satisfaisant aux trois conditions suivantes :

1. f est continue sur l'intervalle fermé $[a, b]$.
2. f est dérivable sur l'intervalle ouvert $]a, b[$.
3. $f(a) = f(b)$.

Alors il existe au moins un nombre c dans $]a, b[$ tel que $f'(c) = 0$.

9 **LE THÉORÈME DES VALEURS EXTRÊMES**

Si f est continue sur un intervalle fermé $[a, b]$, alors f atteint un maximum absolu $f(c)$ et un minimum absolu $f(d)$ en certains nombres c et d de $[a, b]$.

10 **THÉORÈME**

Si f est dérivable en a, alors elle est continue en a.

11 **THÉORÈME DES VALEURS INTERMÉDIAIRES**

Soit f, une fonction continue sur l'intervalle fermé $[a, b]$ et N, un nombre quelconque compris entre $f(a)$ et $f(b)$, pour $f(a) \neq f(b)$. Alors, il existe un nombre c dans $]a, b[$ tel que $f(c) = N$.

B LES DÉMONSTRATIONS

Section 3.7

Avant de donner la démonstration de la règle de l'Hospital dont il a déjà été question, il faut d'abord énoncer une généralisation du théorème des accroissements finis (annexe A). Le théorème suivant doit son nom à un autre mathématicien français, à savoir Augustin-Louis Cauchy (1789-1857).

1 LE THÉORÈME DE LA VALEUR MOYENNE DE CAUCHY

Si f et g sont deux fonctions continues sur $[a, b]$ et dérivables dans $]a, b[$, et que $g'(x) \neq 0$ pour tout x appartenant à $]a, b[$, alors il existe un nombre c appartenant à $]a, b[$ tel que

$$\frac{f'(c)}{g'(c)} = \frac{f(b) - f(a)}{g(b) - g(a)}.$$

Il est à noter que, dans le cas particulier où $g(x) = x$, on a $g'(c) = 1$ et le théorème **1** est identique au simple théorème des accroissements finis. De plus, le théorème **1** se démontre de manière similaire. Il est facile de vérifier qu'il suffit de remplacer la fonction h donnée par l'équation **5** de l'annexe A par la fonction

$$h(x) = f(x) - f(a) - \frac{f(b) - f(a)}{g(b) - g(a)}[g(x) - g(a)]$$

puis d'appliquer le théorème de Rolle (théorème **8** de l'annexe A), comme on l'a fait précédemment.

2 LA RÈGLE DE L'HOSPITAL

Soit f et g, deux fonctions dérivables, et $g'(x) \neq 0$, dans un intervalle ouvert I contenant a (sauf peut-être en a). Si on suppose que

$$\lim_{x \to a} f(x) = 0 \quad \text{et} \quad \lim_{x \to a} g(x) = 0$$

ou que

$$\lim_{x \to a} f(x) = \pm\infty \quad \text{et} \quad \lim_{x \to a} g(x) = \pm\infty$$

(autrement dit qu'on a une forme indéterminée du type $\frac{0}{0}$ ou ∞/∞), alors

$$\lim_{x \to a} \frac{f(x)}{g(x)} = \lim_{x \to a} \frac{f'(x)}{g'(x)}$$

si la limite du membre de droite existe (ou si elle est égale à ∞ ou à $-\infty$).

DÉMONSTRATION DE LA RÈGLE DE L'HOSPITAL On suppose que $\lim_{x \to a} f(x) = 0$ et que $\lim_{x \to a} g(x) = 0$. Soit

$$L = \lim_{x \to a} \frac{f'(x)}{g'(x)}.$$

Il faut montrer que $\lim_{x\to a} f(x)/g(x) = L$. Si on pose

$$F(x) = \begin{cases} f(x) & \text{si } x \neq a \\ 0 & \text{si } x = a \end{cases} \qquad G(x) = \begin{cases} g(x) & \text{si } x \neq a \\ 0 & \text{si } x = a \end{cases}$$

alors F est continue dans I puisque f est continue dans $\{x \in I \mid x \neq a\}$ et

$$\lim_{x\to a} F(x) = \lim_{x\to a} f(x) = 0 = F(a).$$

De même, G est continue dans I. Si $x \in I$ et $x > a$, alors F et G sont continues sur $[a, x]$ et dérivables dans $]a, x[$, et $G' \neq 0$ dans ce dernier intervalle (puisque $F' = f'$ et $G' = g'$). Ainsi, selon le théorème de la valeur moyenne de Cauchy, il existe un nombre y tel que $a < y < x$ et

$$\frac{F'(y)}{G'(y)} = \frac{F(x) - F(a)}{G(x) - G(a)} = \frac{F(x)}{G(x)}.$$

On utilise le fait que, par définition, $F(a) = 0$ et $G(a) = 0$. Dans le cas où $x \to a^+$, on a $y \to a^+$ (puisque $a < y < x$) ; il s'ensuit que

$$\lim_{x\to a^+} \frac{f(x)}{g(x)} = \lim_{x\to a^+} \frac{F(x)}{G(x)} = \lim_{y\to a^+} \frac{F'(y)}{G'(y)} = \lim_{y\to a^+} \frac{f'(y)}{g'(y)} = L.$$

On montre à l'aide d'un raisonnement similaire que la limite à gauche est aussi égale à L. Donc,

$$\lim_{x\to a} \frac{f(x)}{g(x)} = L,$$

ce qui démontre la règle de l'Hospital dans le cas où a est fini.

Si a est infini, on pose $t = 1/x$. On a $t \to 0^+$ lorsque $x \to \infty$, de sorte que

$$\begin{aligned} \lim_{x\to\infty} \frac{f(x)}{g(x)} &= \lim_{t\to 0^+} \frac{f(1/t)}{g(1/t)} \\ &= \lim_{t\to 0^+} \frac{f'(1/t)(-1/t^2)}{g'(1/t)(-1/t^2)} \quad \text{(selon la règle de l'Hospital dans le cas où } a \text{ est fini)} \\ &= \lim_{t\to 0^+} \frac{f'(1/t)}{g'(1/t)} = \lim_{x\to\infty} \frac{f'(x)}{g'(x)}. \end{aligned}$$

■

Section 6.7

Si on veut démontrer le théorème **3** de la section 6.7, il faut d'abord prouver les énoncés suivants.

THÉORÈME

1. Si une série de puissances $\sum c_n x^n$ converge lorsque $x = b$ (où $b \neq 0$), alors elle converge dans tous les cas où $|x| < |b|$.

2. Si une série de puissances $\sum c_n x^n$ diverge lorsque $x = d$ (où $d \neq 0$), alors elle diverge dans tous les cas où $|x| > |d|$.

DÉMONSTRATION DE L'ÉNONCÉ 1 Si $\sum c_n b^n$ converge, alors, selon le théorème **6** de la section 6.2, on a $\lim_{n\to\infty} c_n b^n = 0$. D'après la définition **2** de la section 6.1, avec $\varepsilon = 1$, il existe un entier positif N tel que $|c_n b^n| < 1$ pour tout $n \geq N$. Ainsi, lorsque $n \geq N$,

$$|c_n x^n| = \left|\frac{c_n b^n x^n}{b^n}\right| = |c_n b^n|\left|\frac{x}{b}\right|^n < \left|\frac{x}{b}\right|^n.$$

Si $|x| < |b|$, alors $|x/b| < 1$, de sorte que $\sum |x/b|^n$ est une série géométrique convergente. Il s'ensuit que, d'après le test de comparaison, la série $\sum_{n=N}^{\infty} |c_n x^n|$ est convergente. Donc, la série $\sum c_n x^n$ est absolument convergente et, par conséquent, convergente.

DÉMONSTRATION DE L'ÉNONCÉ 2 On suppose que $\sum c_n d^n$ diverge. Si x est un nombre quelconque tel que $|x| > |d|$, alors $\sum c_n x^n$ ne peut être convergente puisque, d'après l'énoncé 1, la convergence de $\sum c_n x^n$ implique la convergence de $\sum c_n d^n$. Donc, $\sum c_n x^n$ diverge dans tous les cas où $|x| > |d|$.

THÉORÈME

Dans le cas d'une série de puissances $\sum c_n x^n$, il n'existe que trois possibilités :

1. La série converge seulement si $x = 0$.
2. La série converge pour tout x.
3. Il existe un nombre positif R tel que la série converge si $|x| < R$ et diverge si $|x| > R$.

DÉMONSTRATION On suppose que ni le cas 1 ni le cas 2 ne sont vérifiés. Il existe donc des nombres non nuls b et d tels que $\sum c_n x^n$ converge si $x = b$ et diverge si $x = d$. Il s'ensuit que l'ensemble $S = \{x \mid \sum c_n x^n \text{ converge}\}$ n'est pas vide. D'après le dernier théorème, la série diverge si $|x| > |d|$, de sorte que $|x| \leq |d|$ pour tout $x \in S$. Cela signifie que $|d|$ est une borne supérieure de l'ensemble S. Ainsi, en vertu de l'axiome de complétude (voir la section 6.1), l'ensemble S possède une plus petite borne supérieure R. Si $|x| > R$, alors $x \notin S$, de sorte que $\sum c_n x^n$ diverge. Si $|x| < R$, alors $|x|$ n'est pas une borne supérieure de S et, par conséquent, il existe un nombre $b \in S$ tel que $b > |x|$. Puisque $b \in S$, alors $\sum c_n b^n$ converge ; donc, d'après le dernier théorème, $\sum c_n x^n$ converge.

3 **THÉORÈME**

Dans le cas d'une série de puissances $\sum c_n (x-a)^n$, il existe seulement trois possibilités :

1. La série converge seulement si $x = a$.
2. La série converge pour tout x.
3. Il existe un nombre positif R tel que la série converge si $|x - a| < R$ et diverge si $|x - a| > R$.

DÉMONSTRATION Si on effectue le changement de variable $u = x - a$, la série de puissances s'écrit $\sum c_n u^n$ et on peut lui appliquer le dernier théorème. Dans le cas 3, la série converge si $|u| < R$ et elle diverge si $|u| > R$. Donc, elle converge si $|x - a| < R$ et elle diverge si $|x - a| > R$. ▬

C LE LOGARITHME DÉFINI SOUS FORME D'INTÉGRALE

Jusqu'ici, l'étude des fonctions exponentielles et logarithmiques a été de nature intuitive, reposant sur des faits numériques et visuels. Dans ce qui suit, on emploie le théorème fondamental du calcul différentiel et intégral pour examiner ces fonctions d'un point de vue différent, de manière à acquérir une base plus solide.

Au lieu de considérer d'abord a^x et de définir $\log_a x$ comme la fonction réciproque, on définit cette fois $\ln x$ sous la forme d'une intégrale, puis on définit la fonction exponentielle comme la fonction réciproque. Il est important de noter qu'on n'utilise aucune des définitions précédentes ni aucun des énoncés démontrés au sujet des fonctions exponentielles ou logarithmiques.

LE LOGARITHME NATUREL

On définit d'abord $\ln x$ sous la forme d'une intégrale.

1 DÉFINITION

Le **logarithme naturel**, aussi appelé **logarithme népérien**, est la fonction définie par

$$\ln x = \int_1^x \frac{1}{t}\,dt \qquad x > 0.$$

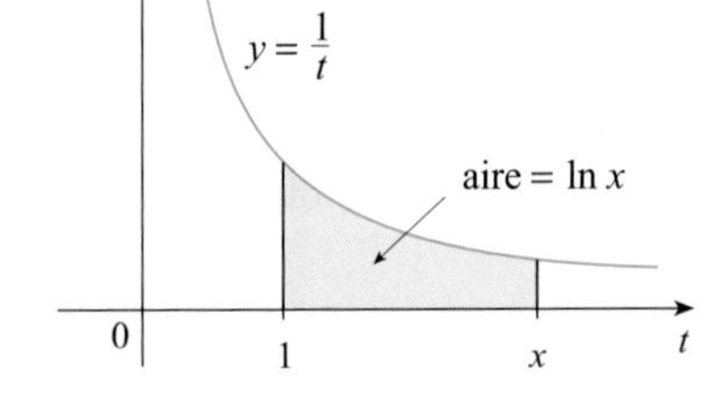

FIGURE 1

L'existence du logarithme naturel dépend du fait que l'intégrale de n'importe quelle fonction continue existe. Si $x > 1$, alors, d'un point de vue géométrique, on peut interpréter $\ln x$ comme l'aire de la région sous l'hyperbole d'équation $y = 1/t$, entre $t = 1$ et $t = x$ (voir la figure 1). Si $x = 1$, alors

$$\ln 1 = \int_1^1 \frac{1}{t}\,dt = 0.$$

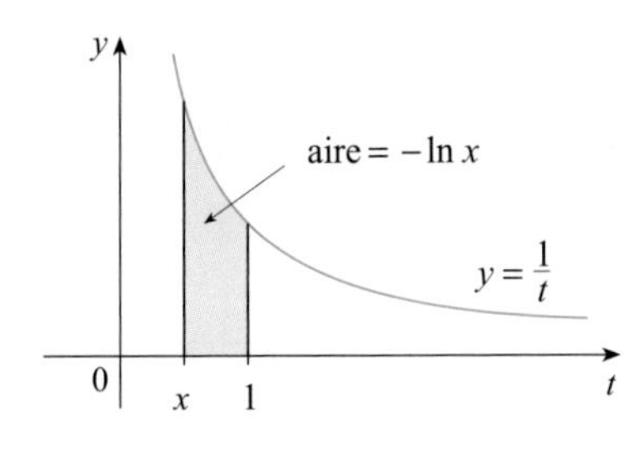

FIGURE 2

Si $0 < x < 1$, alors

$$\ln x = \int_1^x \frac{1}{t}\,dt = -\int_x^1 \frac{1}{t}\,dt < 0.$$

Donc, $\ln x$ est l'opposé de l'aire de la région illustrée dans la figure 2.

EXEMPLE 1

a) En comparant des aires, montrons que $\frac{1}{2} < \ln 2 < \frac{3}{4}$.

b) Estimons la valeur de $\ln 2$ à l'aide de la méthode du point milieu en employant $n = 10$.

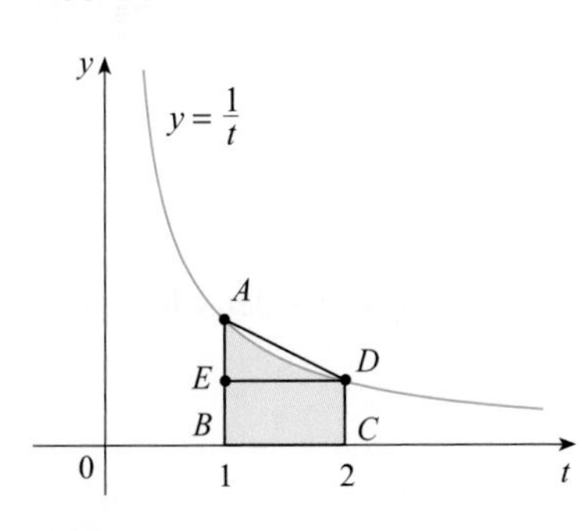

FIGURE 3

SOLUTION

a) On peut interpréter $\ln 2$ comme l'aire de la région sous la courbe d'équation $y = 1/t$, entre 1 et 2. La figure 3 indique que cette aire est plus grande que celle du rectangle *BCDE* et plus petite que celle du trapèze *ABCD*. Donc,

$$\tfrac{1}{2} \cdot 1 < \ln 2 < 1 \cdot \tfrac{1}{2}\left(1 + \tfrac{1}{2}\right)$$
$$\tfrac{1}{2} < \ln 2 < \tfrac{3}{4}.$$

b) En appliquant la méthode du point milieu avec $f(t) = 1/t$, $n = 10$ et $\Delta t = 0{,}1$, on obtient

$$\ln 2 = \int_1^2 \frac{1}{t}\,dt \approx (0{,}1)[f(1{,}05) + f(1{,}15) + \ldots + f(1{,}95)]$$
$$= (0{,}1)\left(\frac{1}{1{,}05} + \frac{1}{1{,}15} + \ldots + \frac{1}{1{,}95}\right) \approx 0{,}693.$$

Il est à noter que l'intégrale servant à définir $\ln x$ est exactement du type de celles dont il est question dans la partie 1 du théorème fondamental du calcul différentiel et intégral (voir la section 1.5). En fait, l'application de ce théorème donne

$$\frac{d}{dx}\int_1^x \frac{1}{t}\,dt = \frac{1}{x}$$

et, par conséquent,

2 **DÉFINITION**

Le logarithme naturel, aussi appelé logarithme népérien, est la fonction définie par

$$\frac{d}{dx}(\ln x) = \frac{1}{x}.$$

Cette règle de dérivation sert à démontrer les propriétés suivantes de la fonction logarithmique.

3 **LOIS DES LOGARITHMES**

Si x et y sont des nombres positifs et que r est un nombre rationnel, alors :

1. $\ln(xy) = \ln x + \ln y$;

2. $\ln\left(\frac{x}{y}\right) = \ln x - \ln y$;

3. $\ln(x^r) = r \ln x$.

DÉMONSTRATION

1. Soit $f(x) = \ln(ax)$, où a est une constante positive. En appliquant l'égalité **2** et la règle de dérivation en chaîne, on obtient

$$f'(x) = \frac{1}{ax}\frac{d}{dx}(ax) = \frac{1}{ax} \cdot a = \frac{1}{x}.$$

Ainsi, $f(x)$ et $\ln x$ ont la même dérivée et, par conséquent, ces deux fonctions diffèrent seulement par une constante :

$$\ln(ax) = \ln x + C.$$

Si on effectue la substitution $x = 1$ dans cette équation, on a

$$\ln a = \ln 1 + C = 0 + C = C. \text{ Donc,}$$

$$\ln(ax) = \ln x + \ln a.$$

En remplaçant a par un nombre y quelconque, on obtient

$$\ln(xy) = \ln x + \ln y.$$

2. Si on pose $x = 1/y$, la loi 1 donne

$$\ln\frac{1}{y} + \ln y = \ln\left(\frac{1}{y} \cdot y\right) = \ln 1 = 0$$

et, par conséquent,

$$\ln\frac{1}{y} = -\ln y.$$

En appliquant une seconde fois la loi 1, on obtient

$$\ln\left(\frac{x}{y}\right) = \ln\left(x \cdot \frac{1}{y}\right) = \ln x + \ln\frac{1}{y} = \ln x - \ln y.$$

Le lecteur pourra démontrer la loi 3 en guise d'exercice.

Afin de tracer la courbe de $y = \ln x$, on détermine d'abord les limites suivantes :

4

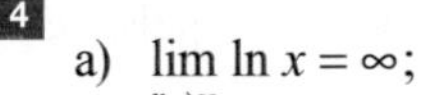

a) $\lim_{x\to\infty} \ln x = \infty$; b) $\lim_{x\to 0^+} \ln x = -\infty$.

DÉMONSTRATION

a) Si on pose $x = 2$ et $r = n$ (où n est un entier positif quelconque), la loi 3 donne $\ln(2^n) = n \ln 2$. Puisque $\ln 2 > 0$, alors $\ln(2^n) \to \infty$ lorsque $n \to \infty$. Mais $\ln x$ est une fonction croissante, car sa dérivée est $1/x > 0$ (puisque $x > 0$). Donc, $\ln x \to \infty$ lorsque $x \to \infty$.

b) Si on pose $t = 1/x$, alors $t \to \infty$ lorsque $x \to 0^+$. Ainsi, d'après a),

$$\lim_{x\to 0^+} \ln x = \lim_{t\to\infty} \ln\left(\frac{1}{t}\right) = \lim_{t\to\infty}(-\ln t) = -\infty.$$

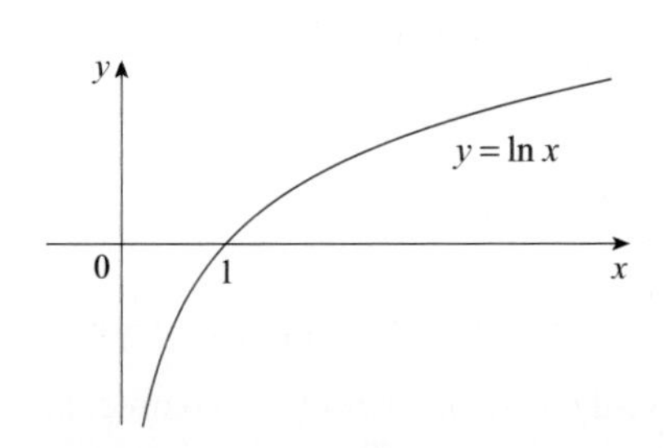

FIGURE 4

Si $y = \ln x$ où $x > 0$, alors

$$\frac{dy}{dx} = \frac{1}{x} > 0 \quad \text{et} \quad \frac{d^2y}{dx^2} = -\frac{1}{x^2} < 0$$

et il s'ensuit que $\ln x$ est une fonction croissante et concave vers le bas dans $]0, \infty[$. À l'aide de cette information et des limites **4**, on est en mesure de tracer la courbe de $y = \ln x$ représentée dans la figure 4.

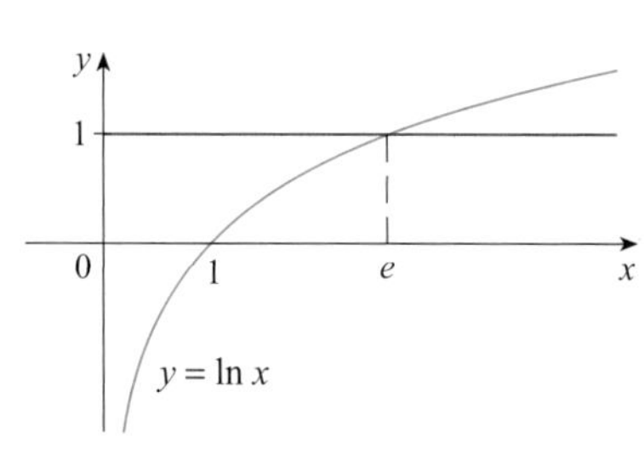

FIGURE 5

Étant donné que $\ln 1 = 0$ et que $\ln x$ est une fonction continue croissante qui prend des valeurs arbitrairement grandes, selon le théorème des valeurs intermédiaires, il existe un nombre pour lequel $\ln x$ prend la valeur 1 (voir la figure 5). On désigne ce nombre important par e.

5 **DÉFINITION**

Le nombre e est le nombre tel que $\ln e = 1$.

On montre dans le théorème **19** que cette définition est compatible avec la définition précédente de e.

LA FONCTION EXPONENTIELLE NATURELLE

Étant donné que la fonction ln est croissante, elle est injective et possède donc une fonction réciproque, qu'on désigne par exp. Selon la définition d'une fonction réciproque,

$f^{-1}(x) = y \quad \Leftrightarrow \quad f(y) = x$

6

$$\exp(x) = y \quad \Leftrightarrow \quad \ln y = x$$

et les équations d'identité sont :

$f^{-1}(f(x)) = x$

$f(f^{-1}(x)) = x$

7

$$\exp(\ln x) = x \quad \text{et} \quad \ln(\exp(x)) = x.$$

En particulier,

$$\exp(0) = 1 \quad \text{puisque} \quad \ln 1 = 0$$
$$\exp(1) = e \quad \text{puisque} \quad \ln e = 1.$$

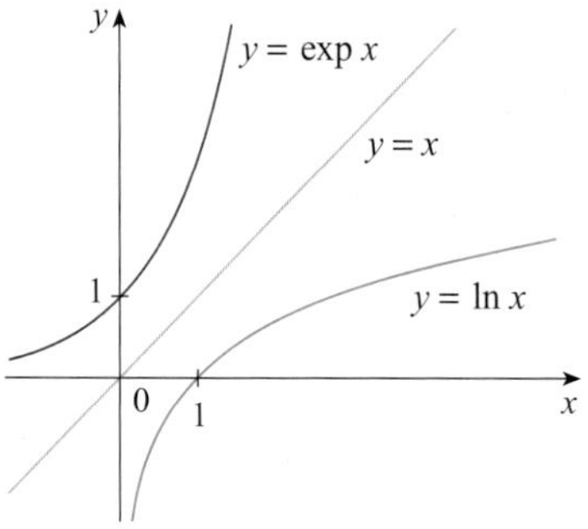

y
y = exp x
y = x
1
y = ln x
0
1
x

FIGURE 6

On obtient la courbe de $y = \exp(x)$ en effectuant une réflexion de la courbe de $y = \ln x$ par rapport à la droite $y = x$ (voir la figure 6). Le domaine de exp est l'image de ln, à savoir $]-\infty, \infty[$, et l'image de exp est le domaine de ln, à savoir $]0, \infty[$.

Si r est un nombre rationnel quelconque, alors, selon la troisième loi des logarithmes,

$$\ln(e^r) = r \ln e = r.$$

Ainsi, d'après l'équivalence **6**,

$$\exp(r) = e^r.$$

Donc, $\exp(x) = e^x$ pour tout nombre rationnel x, ce qui amène à définir e^x, même dans le cas où x prend des valeurs irrationnelles, par l'égalité suivante :

$$e^x = \exp(x).$$

Autrement dit, pour les raisons énoncées ci-dessus, on définit e^x comme la réciproque de la fonction $\ln x$. Avec cette notation, l'équivalence **6** s'écrit

8

$$e^x = y \quad \Leftrightarrow \quad \ln y = x$$

et les égalités d'identité **7** deviennent:

9

$$e^{\ln x} = x, x > 0$$

10

$$\ln(e^x) = x \text{ pour tout } x.$$

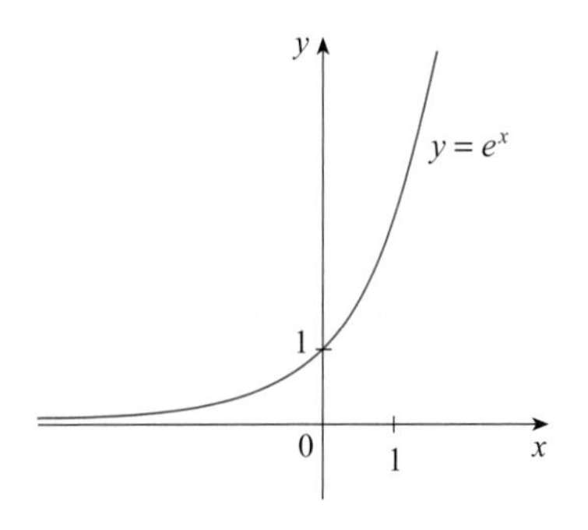

FIGURE 7
La fonction exponentielle naturelle.

La fonction exponentielle naturelle $f(x) = e^x$ est l'une des fonctions les plus fréquemment employées en calcul différentiel et intégral et dans ses applications. Il est donc important de se familiariser avec sa courbe (voir la figure 7) et ses propriétés (qui découlent du fait qu'elle est la fonction réciproque du logarithme naturel).

PROPRIÉTÉS DE LA FONCTION EXPONENTIELLE

La fonction exponentielle $f(x) = e^x$ est continue et croissante; son domaine est $\mathbb{R}$ et son image est $]0, \infty[$. Ainsi, $e^x > 0$ pour tout x. De plus,

$$\lim_{x \to -\infty} e^x = 0 \quad \text{et} \quad \lim_{x \to \infty} e^x = \infty.$$

Donc, l'axe des abscisses est une asymptote horizontale de $f(x) = e^x$.

On peut vérifier que f possède les autres propriétés qu'on s'attend à une fonction exponentielle.

11 **LOIS DES EXPOSANTS**

Si x et y sont des nombres réels et que r est un nombre rationnel, alors:

1. $e^{x+y} = e^x e^y$; **2.** $e^{x-y} = \dfrac{e^x}{e^y}$; **3.** $(e^x)^r = e^{rx}$.

DÉMONSTRATION DE LA LOI 1 Selon la première loi des logarithmes et l'égalité **10**,

$$\ln(e^x e^y) = \ln(e^x) + \ln(e^y) = x + y = \ln(e^{x+y}).$$

Étant donné que ln est une fonction injective, $e^x e^y = e^{x+y}$.

On démontre les lois 2 et 3 de façon similaire. Il est montré plus loin que la loi 3 est également valide lorsque r est un nombre réel quelconque. ▬

On va prouver la formule de dérivation de e^x:

12

$$\frac{d}{dx}(e^x) = e^x.$$

DÉMONSTRATION La fonction $y = e^x$ est dérivable puisqu'elle est la fonction réciproque de $y = \ln x$, dont on sait qu'elle est dérivable et que sa dérivée est non nulle. Afin de déterminer la dérivée de $y = e^x$, on applique la méthode de la fonction réciproque. Si on pose $y = e^x$, alors $\ln y = x$ et, en effectuant une dérivation implicite par rapport à x, on obtient

$$\frac{d}{dx}(\ln y) = \frac{d}{dx}(x)$$
$$\frac{1}{y}\frac{dy}{dx} = 1$$
$$\frac{dy}{dx} = y = e^x.$$

LES FONCTIONS EXPONENTIELLES EN GÉNÉRAL

Soit un nombre $a > 0$ et un nombre rationnel quelconque r. D'après la formule de réciprocité **9** et les lois **11**,

$$a^r = (e^{\ln a})^r = e^{r \ln a}.$$

Ainsi, même dans le cas d'un nombre irrationnel x, on définit

13
$$a^x = e^{x \ln a}.$$

Donc, par exemple,

$$2^{\sqrt{3}} = e^{\sqrt{3}\ln 2} \approx e^{1,20} \approx 3,32.$$

On appelle $f(x) = a^x$ la **fonction exponentielle de base *a***. Il est à noter que a^x est positif pour tout x puisque e^x est positif pour tout x.

La définition **13** permet de généraliser l'une des lois des logarithmes. On sait que $\ln(a^r) = r \ln a$ dans le cas où r est un nombre rationnel. Si r est un nombre réel quelconque, d'après la définition **13**,

$$\ln a^r = \ln(e^{r \ln a}) = r \ln a.$$

Donc,

14 $\ln a^r = r \ln a$ pour tout nombre réel r.

Les lois générales des exposants découlent de la définition **13** et des lois des exposants énoncées pour e^x.

15

LOIS DES EXPOSANTS

Si x et y sont des nombres réels et que a et $b > 0$, alors

1. $a^{x+y} = a^x a^y$.

2. $a^{x-y} = a^x / a^y$.

3. $(a^x)^y = a^{xy}$.

4. $(ab)^x = a^x b^x$.

DÉMONSTRATION

1. D'après la définition **13** et les lois des exposants énoncées pour e^x,

$$\begin{aligned} a^{x+y} &= e^{(x+y)\ln a} = e^{x\ln a + y\ln a} \\ &= e^{x\ln a} e^{y\ln a} = a^x a^y. \end{aligned}$$

3. Il découle de l'égalité **14** que

$$(a^x)^y = e^{y\ln(a^x)} = e^{yx\ln a} = e^{xy\ln a} = a^{xy}.$$

Le lecteur pourra démontrer les autres lois en guise d'exercice. ■

La formule de dérivation d'une fonction exponentielle découle également de la définition **13**:

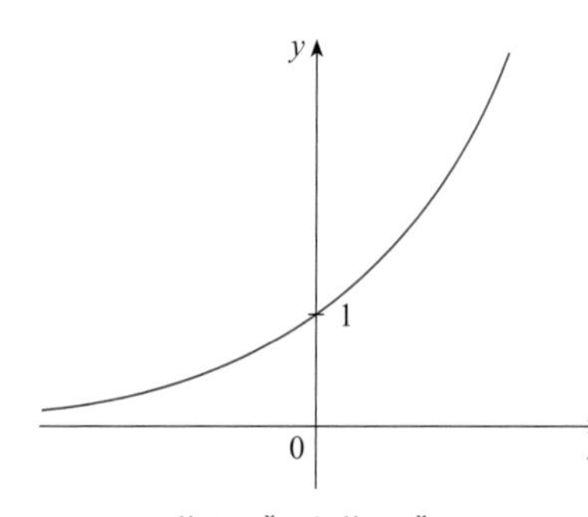

$\lim_{x\to-\infty} a^x = 0$, $\lim_{x\to\infty} a^x = \infty$

FIGURE 8 $y = a^x$, où $a > 1$

16

$$\frac{d}{dx}(a^x) = a^x \ln a$$

DÉMONSTRATION

$$\frac{d}{dx}(a^x) = \frac{d}{dx}(e^{x\ln a}) = e^{x\ln a}\frac{d}{dx}(x\ln a) = a^x \ln a$$ ■

Si $a > 1$, alors $\ln a > 0$, de sorte que $(d/dx)\, a^x = a^x \ln a > 0$, ce qui signifie que $y = a^x$ est une fonction croissante (voir la figure 8). Si $0 < a < 1$, alors $\ln a < 0$, de sorte que $y = a^x$ est une fonction décroissante (voir la figure 9).

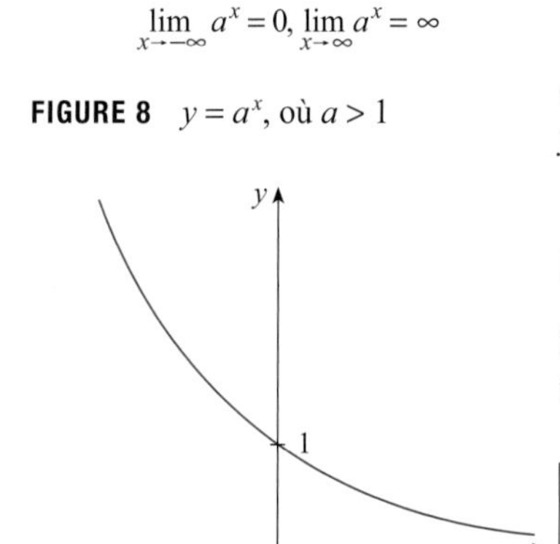

$\lim_{x\to-\infty} a^x = \infty$, $\lim_{x\to\infty} a^x = 0$

FIGURE 9 $y = a^x$, où $0 < a < 1$

LES FONCTIONS LOGARITHMIQUES EN GÉNÉRAL

Si a est un nombre tel que $a > 0$ et $a \neq 1$, alors $f(x) = a^x$ est une fonction injective. Sa fonction réciproque, appelée **fonction logarithmique de base *a***, est notée $\log_a$. Donc,

17

$$\log_a x = y \quad \Leftrightarrow \quad a^y = x.$$

On note que, en particulier,

$$\log_e x = \ln x.$$

Les lois des logarithmes sont similaires aux lois du logarithme naturel et on peut les déduire des lois des exposants.

Afin de dériver $y = \log_a x$, on écrit cette égalité sous la forme $a^y = x$. Il résulte de l'égalité **14** que $y \ln a = \ln x$, de sorte que

$$\log_a x = y = \frac{\ln x}{\ln a}.$$

Puisque $\ln a$ est une constante, en dérivant chaque membre, on obtient:

$$\frac{d}{dx}(\log_a x) = \frac{d}{dx}\frac{\ln x}{\ln a} = \frac{1}{\ln a}\frac{d}{dx}(\ln x) = \frac{1}{x\ln a}.$$

$$\frac{d}{dx}(\log_a x) = \frac{1}{x \ln a}$$

LES NOMBRES EXPRIMÉS SOUS FORME DE LIMITES

Dans la présente section, on définit e comme le nombre tel que $\ln e = 1$. Le prochain théorème énonce que ce nombre peut s'exprimer sous la forme d'une limite.

$$e = \lim_{x \to 0} (1 + x)^{1/x}$$

DÉMONSTRATION Si $f(x) = \ln x$, alors $f'(x) = 1/x$, de sorte que $f'(1) = 1$. Mais, d'après la définition de la dérivée,

$$\begin{aligned} f'(1) &= \lim_{h \to 0} \frac{f(1+h) - f(1)}{h} = \lim_{x \to 0} \frac{f(1+x) - f(1)}{x} \\ &= \lim_{x \to 0} \frac{\ln(1+x) - \ln 1}{x} = \lim_{x \to 0} \frac{1}{x} \ln(1+x) = \lim_{x \to 0} \ln(1+x)^{1/x}. \end{aligned}$$

Étant donné que $f'(1) = 1$,

$$\lim_{x \to 0} \ln(1+x)^{1/x} = 1.$$

Puisque la fonction exponentielle est continue,

$$e = e^1 = e^{\lim_{x \to 0} \ln(1+x)^{1/x}} = \lim_{x \to 0} e^{\ln(1+x)^{1/x}} = \lim_{x \to 0} (1+x)^{1/x}.$$

■

D LES PRINCIPES DE LA RÉSOLUTION DE PROBLÈMES

En résolution de problèmes, il n'existe pas de règles immuables qui garantissent la réussite. On peut néanmoins exposer à grands traits les étapes générales du processus de résolution et poser quelques principes qui s'avéreront utiles pour résoudre certains problèmes. Ces étapes et principes ne traduisent en fait que le bon sens. Ils ont été adaptés du livre *Comment poser et résoudre un problème*, de George Polya.

1 COMPRENDRE LE PROBLÈME

La première étape consiste à lire le problème et à s'assurer de bien le comprendre. Posez-vous les questions suivantes:

Quelle est l'inconnue?

Quelles sont les grandeurs données?

Quelles sont les conditions posées?

Dans bien des cas, il est utile de

dessiner un schéma

et de l'annoter en fonction des données et de l'inconnue.

En général, il faut

introduire une notation adéquate.

On désigne souvent les grandeurs inconnues par les lettres a, b, c, m, n, x et y, mais, dans certains cas, il est préférable d'employer les symboles du SI, qui sont plus suggestifs; par exemple V pour le volume, ou t pour le temps.

2 ÉLABORER UN PLAN

Pour déterminer la valeur de l'inconnue, il faut trouver le lien qui l'unit aux données. On s'aidera en se posant la question: « Comment puis-je relier les données et l'inconnue? » Si le lien n'est pas évident, on s'inspirera des idées suivantes pour élaborer un plan.

Essayer de reconnaître quelque chose de familier

Rapprochez la situation décrite de vos connaissances antérieures. Considérant l'inconnue, tâchez de vous rappeler un problème familier où elle intervient.

Rechercher des régularités

La résolution de certains problèmes passe par la découverte d'une régularité géométrique, numérique ou algébrique. Toute structure répétitive vous aidera à conjecturer, puis à prouver, la règle de la régularité.

Employer une analogie

Pensez à un problème analogue – semblable ou comparable – mais plus facile. Le fait de résoudre le problème plus facile pourrait vous donner les indices nécessaires à la résolution du problème difficile. Par exemple, face à un problème comportant de très grands nombres, commencez par résoudre un problème similaire comportant des nombres plus petits. Ou encore, si vous devez résoudre un problème de géométrie à trois dimensions, cherchez à vous rappeler un problème comparable de géométrie plane. Si le problème à résoudre est général, essayez d'abord un cas particulier du problème.

Introduire quelque chose de plus

Il arrive parfois que, pour établir le lien entre les données et l'inconnue, on doive introduire une aide auxiliaire dans le problème. Par exemple, si la résolution demande un schéma, l'aide auxiliaire peut être une ligne ajoutée au schéma. Dans un problème plus algébrique, l'aide peut être une nouvelle inconnue liée à l'inconnue initiale.

Fragmenter le problème

On doit parfois fragmenter le problème en plusieurs cas et apporter une solution à chacun des cas. Cette stratégie s'emploie souvent lorsqu'on a affaire à des valeurs absolues.

Travailler à rebours

Il peut être utile d'imaginer le problème résolu et de remonter les étapes jusqu'aux données. Alors, en inversant l'ordre des étapes, on peut arriver à échafauder la solution du problème initial. Ce procédé s'emploie couramment pour résoudre des équations. Devant l'équation $3x - 5 = 7$, par exemple, on suppose que x est un nombre qui satisfait à $3x - 5 = 7$ et on procède à l'envers. On additionne 5 à chaque membre de l'équation, puis on divise chaque membre par 3 pour obtenir $x = 4$. Chacune de ces étapes pouvant être inversée, on a résolu le problème.

Se fixer des objectifs

Devant un problème complexe, il est souvent utile de procéder par objectifs (dont chacun ne satisfait la situation qu'en partie). Si l'on réussit à atteindre ces objectifs, on devrait pouvoir prendre appui sur eux afin de résoudre le problème.

Employer le raisonnement par l'absurde

Il convient parfois d'attaquer le problème indirectement. En employant le raisonnement par l'absurde pour prouver que P implique Q, on suppose que P est vraie et que Q est fausse, et on cherche à savoir pourquoi cela est impossible. On doit trouver une façon d'utiliser cette information afin de formuler le contraire de ce que l'on sait être vrai.

Employer le raisonnement par induction mathématique

Pour faire la preuve de propositions comportant un entier positif n, il est souvent utile d'avoir recours à l'axiome d'induction suivant.

L'AXIOME D'INDUCTION

Soit S_n un énoncé portant sur l'entier positif n. Supposons que

1. S_1 est vrai.

2. S_{k+1} est vrai lorsque S_k est vrai.

Alors, S_n est vrai quels que soient les entiers positifs n.

Cela est sensé puisque, S_1 étant vrai, il découle de la condition 2 (où $k = 1$) que S_2 est vrai. Puis, en prenant la condition 2 avec $k = 2$, on voit que S_3 est vrai. Et, en reprenant la condition 2, cette fois avec $k = 3$, on voit que S_4 est vrai. Cette récurrence peut se prolonger indéfiniment.

3 EXÉCUTER LE PLAN

Durant l'exécution du plan élaboré à l'étape 2, on doit vérifier chaque étape et la valider au moyen de notes écrites.

4 PASSER LA SOLUTION EN REVUE

Une fois la solution achevée, on prend soin de la passer en revue, d'abord pour vérifier qu'elle ne contient pas d'erreur, ensuite pour voir si on aurait pu résoudre le problème plus facilement. La revue sert aussi à vous familiariser avec la méthode de résolution, ce qui peut s'avérer utile au moment de résoudre un problème futur. Descartes disait: «Chaque problème que j'ai résolu a donné lieu à une règle qui m'a ensuite servi à résoudre d'autres problèmes.»

Ces principes de résolution de problèmes sont illustrés chaque fois que cela est possible dans les exemples du manuel. Avant de regarder les solutions, essayez de résoudre les problèmes par vous-même, en consultant les principes de résolution au besoin. Cette section vous aidera également à faire les exercices et les problèmes supplémentaires à la fin des chapitres du manuel.

RÉPONSES AUX EXERCICES

CHAPITRE 1

EXERCICES 1.1

1. $F(x)=\frac{1}{2}x^2-3x+C$ **2.** $F(x)=\frac{1}{6}x^3-x^2+6x+C$

3. $F(x)=\frac{1}{2}x+\frac{1}{4}x^3-\frac{1}{5}x^4+C$ **4.** $F(x)=\frac{4}{5}x^{10}-\frac{3}{7}x^7+3x^4+C$

5. $F(x)=\frac{2}{3}x^3+\frac{1}{2}x^2-x+C$ **6.** $F(x)=2x^2-\frac{4}{3}x^3+\frac{1}{4}x^4+C$

7. $F(x)=5x^{7/5}+40x^{1/5}+C$ **8.** $F(x)=\frac{5}{22}x^{4,4}-\sqrt{2}x^{\sqrt{2}}+C$

9. $F(x)=\sqrt{2}x+C$ **10.** $F(x)=e^2x+C$

11. $F(x)=2x^{3/2}-\frac{3}{2}x^{4/3}+C$ **12.** $F(x)=\frac{3}{5}x^{5/3}+\frac{2}{5}x^{5/2}+C$

13. $F(x)=\begin{cases}\frac{1}{5}x-2\ln|x|+C_1 & \text{si } x<0\\ \frac{1}{5}x-2\ln|x|+C_2 & \text{si } x>0\end{cases}$

14. $F(t)=\begin{cases}3t-\ln|t|-\dfrac{6}{t}+C_1 & \text{si } t<0\\ 3t-\ln|t|-\dfrac{6}{t}+C_2 & \text{si } t>0\end{cases}$

15. $G(t)=2t^{1/2}+\frac{2}{3}t^{3/2}+\frac{2}{5}t^{5/2}+C$

16. $R(\theta)=\sec\theta-2e^{\theta}+C_n$ sur l'intervalle $]n\pi-\frac{\pi}{2},n\pi+\frac{\pi}{2}[$, n entier

17. $H(\theta)=-2\cos\theta-\tan\theta+C_n$ sur l'intervalle $]n\pi-\pi/2, n\pi+\pi/2[$, n entier

18. $F(x)=\frac{4}{3}x^{3/2}+6\sin x+C$ **19.** $F(x)=\frac{1}{2}x^2-\ln|x|-1/x^2+C$

20. $F(x)=\arctan x+x+C$ **21.** $F(x)=x^5-\frac{1}{3}x^6+4$

22. $F(x)=4x-3\arctan x+\frac{3\pi}{4}-4$

23. $f(x)=x^5-x^4+x^3+Cx+D$

24. $f(x)=\frac{1}{56}x^8-\frac{2}{15}x^6+\frac{1}{6}x^3+\frac{1}{2}x^2+Cx+D$

25. $f(x)=\frac{3}{20}x^{8/3}+Cx+D$

26. $f(x)=x^3-\sin x+Cx+D$

27. $f(t)=-\sin t+Ct^2+Dt+E$

28. $f(t)=\begin{cases}e^t-\frac{1}{6}t^{-1}+\frac{1}{2}C_1t^2+D_1t+E_1 & \text{si } t<0\\ e^t-\frac{1}{6}t^{-1}+\frac{1}{2}C_2t^2+D_2t+E_2 & \text{si } t>0\end{cases}$

29. $f(x)=x+2x^{3/2}+5$ **30.** $f(x)=x^5-x^3+4x+6$

31. $f(t)=4\arctan t-\pi$ **32.** $f(t)=\dfrac{1}{2}t^2-\dfrac{1}{2t^2}+6$

33. $f(t)=2\sin t+\tan t+4-2\sqrt{3}$

34. $f(x)=\begin{cases}\frac{1}{2}x^2-\ln x & \text{si } x<0\\ \frac{1}{2}x^2-\ln(-x)-\frac{1}{2} & \text{si } x>0\end{cases}$

35. $f(x)=\begin{cases}\frac{3}{2}x^{2/3}-\frac{5}{2} & \text{si } x<0\\ \frac{3}{2}x^{2/3}-\frac{1}{2} & \text{si } x>0\end{cases}$

36. $f(x)=4\arcsin x+1-\frac{2\pi}{3}$

37. $f(x)=-x^2+2x^3-x^4+12x+4$

38. $f(x)=\frac{2}{5}x^5+\frac{5}{2}x^2+x-\frac{39}{10}$

39. $f(\theta)=-\sin\theta-\cos\theta+5\theta+4$

40. $f(t)=4t^{3/2}-5t+8$

41. $f(x)=2x^2+x^3+2x^4+2x+3$

42. $f(x)=x^2-\cos x-\frac{1}{2}\pi x$

43. $f(t)=2e^t-3\sin t+\dfrac{2-2e^{\pi}}{\pi}t-2$

44. $f(x)=-\ln x+(\ln 2)x-\ln 2$

45. $f(x)=-\sin x+\frac{3}{2}x^2+3x+1$

46. $f(2)=10$ **47.** $f(x)=\frac{1}{4}x^4+\frac{3}{4}$

48. b **49.** a

50.

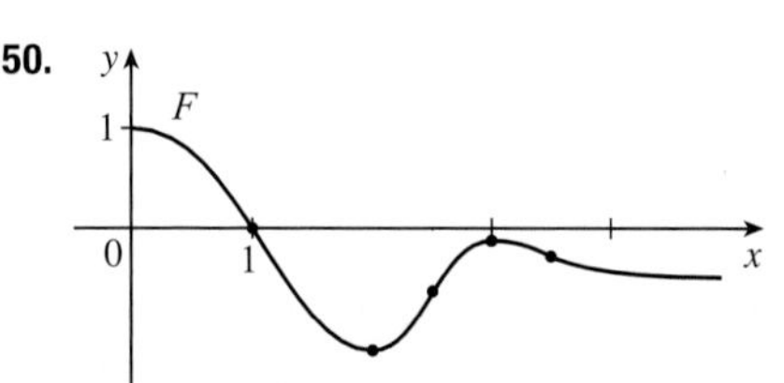

51.

y
$y=s(t)$
0
t

52.

y
2
1
(2, 2)
(1, 1)
(3, 1)
0 1 2 3 x
−1

53. a) 3, −1, 4, −2 b) y, 1, 0, 1, x

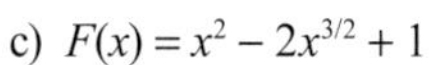

c) $F(x) = x^2 - 2x^{3/2} + 1$

d)

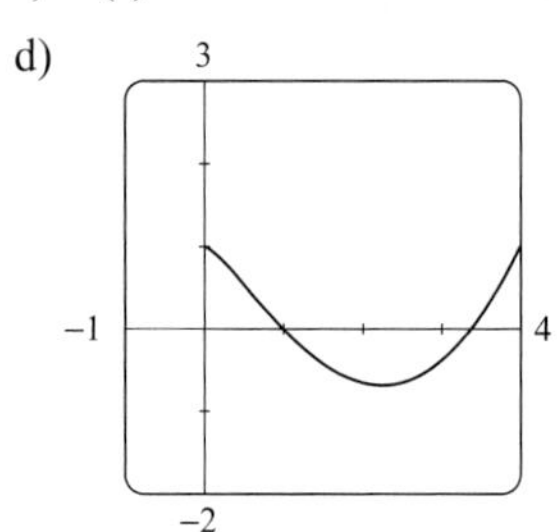

54.

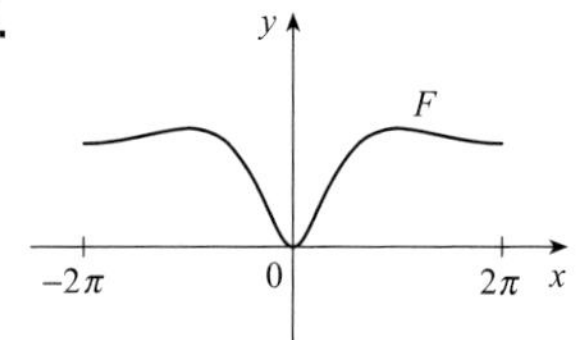

55.

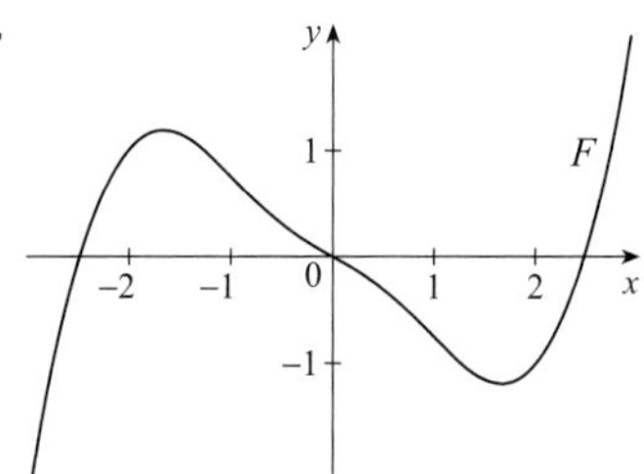

56. $s(t) = 1 - \cos t - \sin t$ **57.** $s(t) = t^{3/2} + 2$

58. $s(t) = \frac{1}{3}t^3 + \frac{1}{2}t^2 - 2t + 3$

59. $s(t) = -3\cos t + 2\sin t + 2t + 3$

60. $s(t) = -10\sin t - 3\cos t + (6/\pi)t + 3$

61. $s(t) = \frac{1}{12}t^4 - \frac{2}{3}t^3 + 3t^2 + \frac{211}{12}t$

62. a) $s(t) = 450 - 4{,}9t^2$ b) $\sqrt{450/4{,}9} \approx 9{,}58$ s

c) $-9{,}8\sqrt{450/4{,}9} \approx -93{,}9$ m/s d) Environ 9,09 s

65. Oui, lorsque $t = 4{,}25$ s.

66. Environ 81,6 m

67. a) $y = \frac{1}{EI}\left[\frac{1}{6}mg(L-x)^3 + \frac{1}{24}\rho g(L-x)^4 + (\frac{1}{2}mgL^2 + \frac{1}{6}\rho gL^3)x - (\frac{1}{6}mgL^3 + \frac{1}{24}\rho gL^4)\right]$

b) $-\frac{gL^3}{EI}\left(\frac{m}{3} + \frac{\rho L}{8}\right)$

68. 742,08 $

69. 20 g

70. $\frac{130}{11} \approx 11{,}8$ s

71. $\frac{20\,000}{567} \approx 35{,}3$m

72. $\frac{5}{3} \approx 1{,}67$ m/s²

73. $4\sqrt{30}$m/s $\approx 21{,}9$m/s

74. 62 500 km/h² ≈ 4,82 m/s²

75. a) $s(t) = \begin{cases} 3t^3 & \text{si } 0 \le x \le 10 \\ -\frac{49}{10}t^2 + 998t - 6490 & \text{si } 10 < x \le 180 \\ \frac{75}{2}t^2 - 14266t + 1367270 & \text{si } 180 < x \le 190 \\ -16t + 13520 & \text{si } x > 190 \end{cases}$

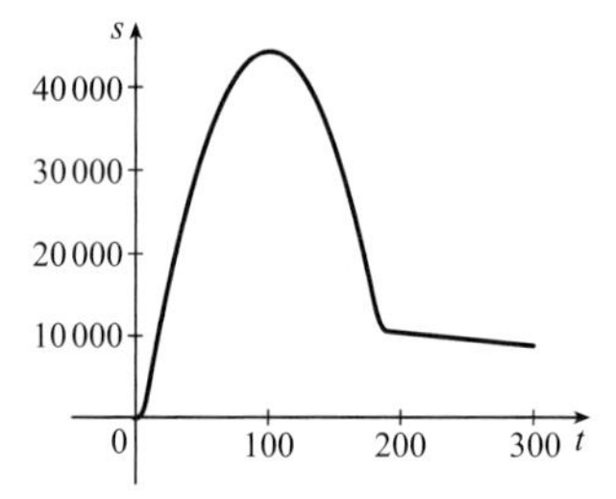

$v(t) = \begin{cases} 9t^2 & \text{si } 0 \le x \le 10 \\ -\frac{49}{5}t + 998 & \text{si } 10 < x \le 180 \\ 75t - 14266 & \text{si } 180 < x \le 190 \\ -16 & \text{si } x > 190 \end{cases}$

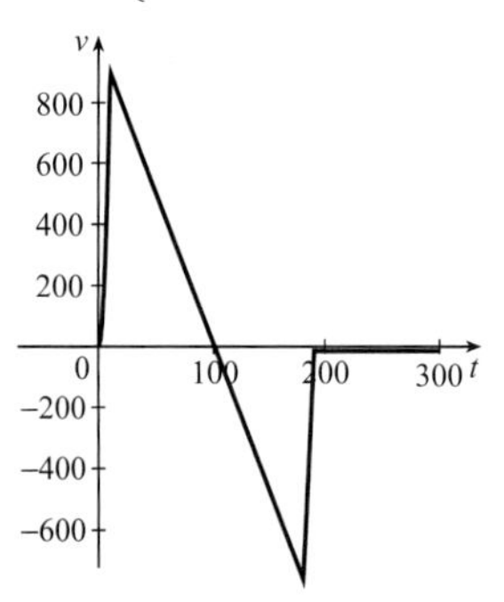

b) 44 326,530 60 m c) 845 s

76. a) 36,5 km b) 35 km c) 31 min 40 s d) 89 km

EXERCICES 1.2

1. $\sqrt{1} + \sqrt{2} + \sqrt{3} + \sqrt{4} + \sqrt{5}$ **2.** $\frac{1}{2} + \frac{1}{3} + \frac{1}{4} + \frac{1}{5} + \frac{1}{6} + \frac{1}{7}$

3. $3^4 + 3^5 + 3^6$ **4.** $4^3 + 5^3 + 6^3$

5. $-1 + \frac{1}{3} + \frac{3}{5} + \frac{5}{7} + \frac{7}{9}$ **6.** $x^5 + x^6 + x^7 + x^8$

7. $1^{10} + 2^{10} + 3^{10} + \ldots + n^{10}$

8. $n^2 + (n+1)^2 + (n+2)^2 + (n+3)^2$

9. $1 - 1 + 1 - 1 + \ldots + (-1)^{n-1}$

10. $f(x_1)\Delta x_1 + f(x_2)\Delta x_2 + f(x_3)\Delta x_3 + \ldots + f(x_n)\Delta x_n$

11. $\sum_{i=1}^{10} i$ **12.** $\sum_{i=3}^{7} \sqrt{i}$ **13.** $\sum_{i=1}^{19} \frac{i}{i+1}$

14. $\sum_{i=3}^{23} \frac{i}{i+4}$ **15.** $\sum_{i=1}^{n} 2i$ **16.** $\sum_{i=1}^{n} (2i-1)$

17. $\sum_{i=0}^{5} 2^i$ **18.** $\sum_{i=1}^{6} \frac{1}{i^2}$ **19.** $\sum_{i=1}^{n} x^i$

20. $\sum_{i=0}^{n} (-1)^i x^i$ **21.** 80 **22.** 122

23. 3276 **24.** 1 **25.** 0

26. 400 **27.** 61 **28.** 63,5

29. $n(n + 1)$ **30.** $-n(5n + 1)/2$

31. $n(n^2 + 6n + 17)/3$ **32.** $\frac{1}{3}n(4n^2 + 24n + 47)$

33. $n(n^2 + 6n + 11)/3$ **34.** $n(n + 1)(n + 2)(n + 3)/4$

35. $n(n^3 + 2n^2 - n - 10)/4$ **36.** $n = 12$

41. a) n^4 b) $5^{100} - 1$ c) $\frac{97}{300}$ d) $a_n - a_0$

43. $\frac{1}{3}$ **44.** $\frac{5}{4}$ **45.** 14 **46.** $\frac{195}{4}$

48. $6\left[1-(\frac{1}{2})^n\right]$ **49.** $2^{n+1} + n^2 + n - 2$ **50.** $nm(m + n + 2)/2$

EXERCICES 1.3

1. a) $G_4 = 33$; $D_4 = 41$

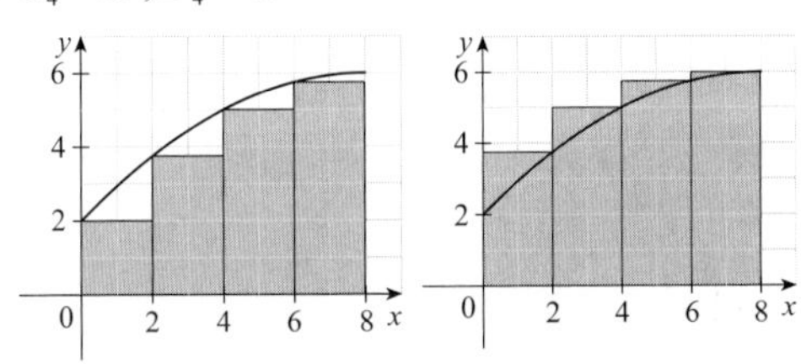

b) $G_8 \approx 35,2$; $D_8 \approx 39,2$

2. a) i) $G_6 \approx 86,6$ ii) $D_6 \approx 70,6$

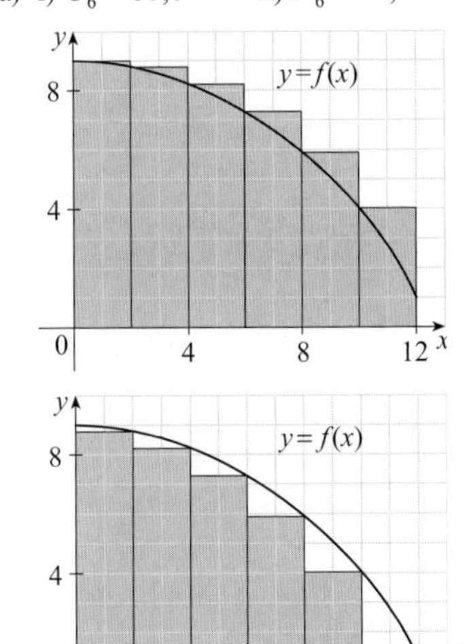

b) Approximation par excès

c) Approximation par défaut

d) M_6

3. a) 0,7908, approximation par défaut

b) 1,1835, approximation par excès

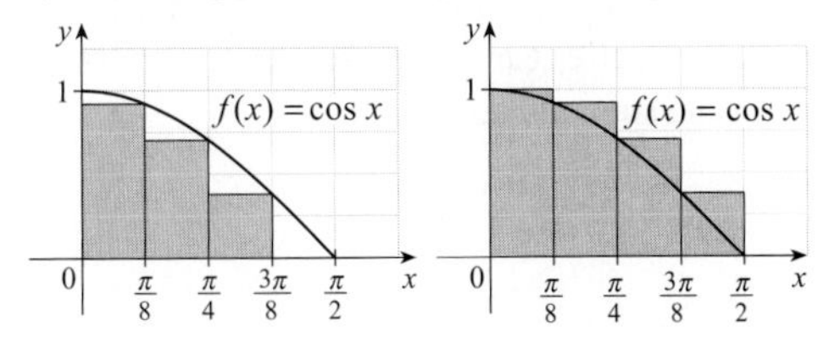

4. a) $D_4 \approx 6,1463$, approximation par excès

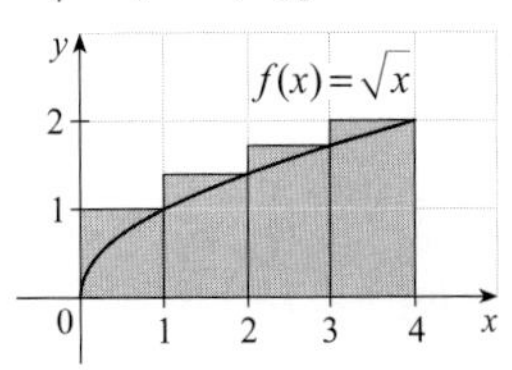

b) $G_4 \approx 4,1463$, approximation par défaut

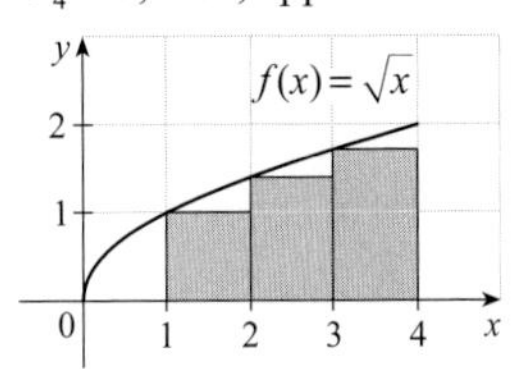

5. a) 8 ; 6,875

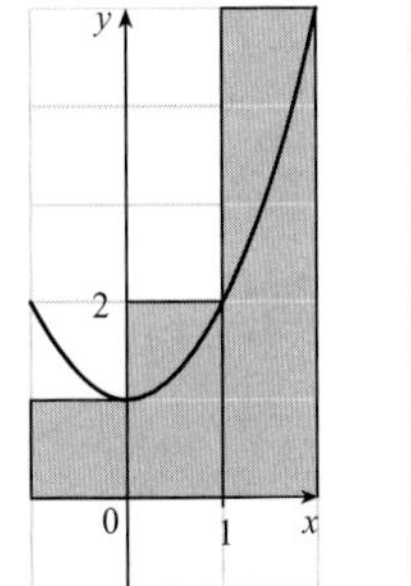

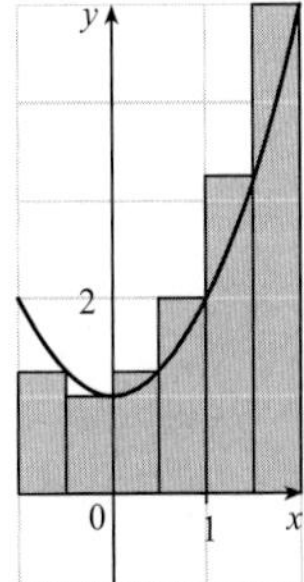

b) 5 ; 5,375

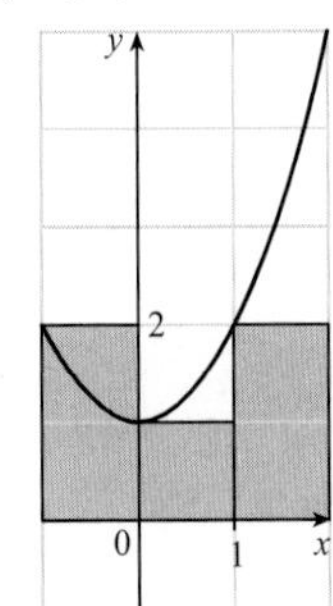

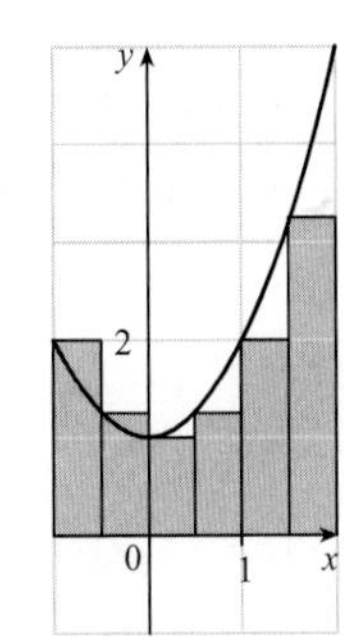

c) 5,75 ; 5,9375

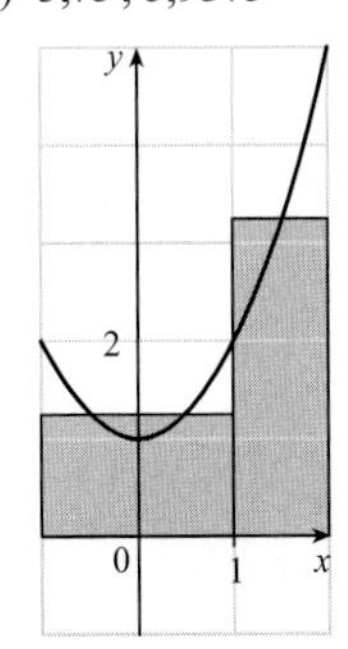

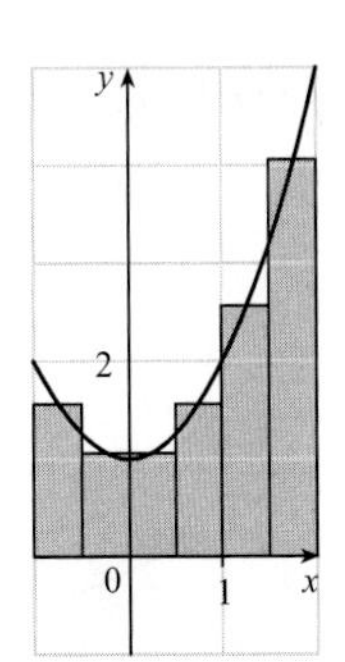

d) M_6

6. a)

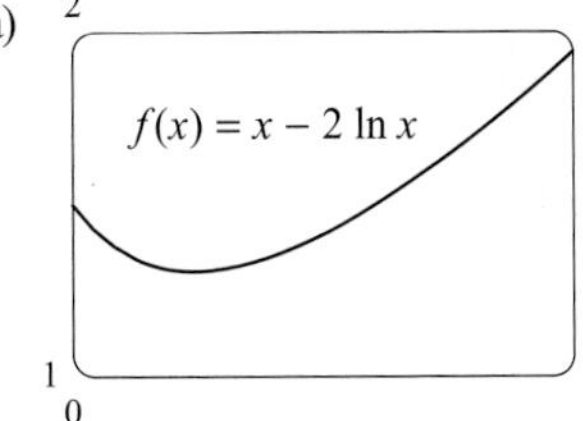

b) i) $D_4 \approx 4{,}425$ ii) $M_4 \approx 3{,}843$

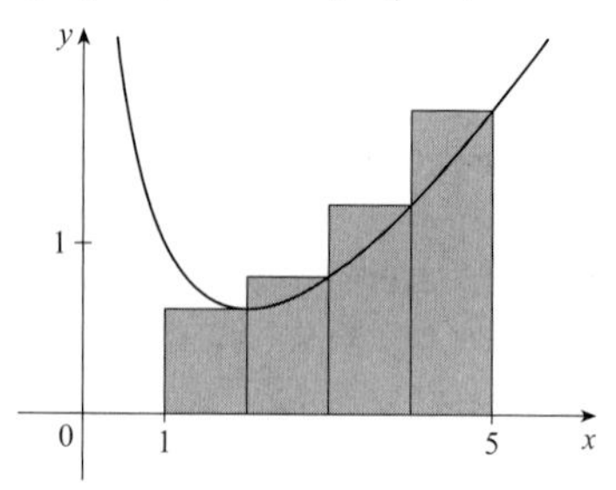

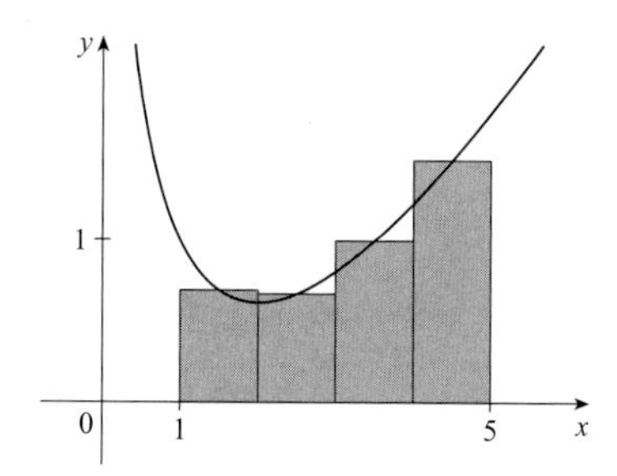

c) i) $D_8 \approx 4{,}134$ ii) $M_8 \approx 3{,}889$

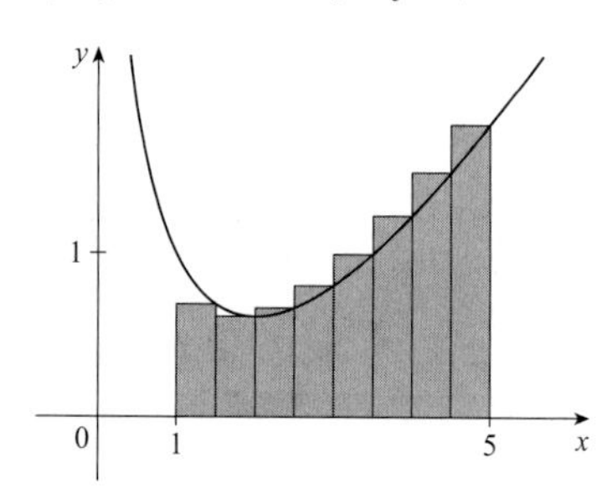

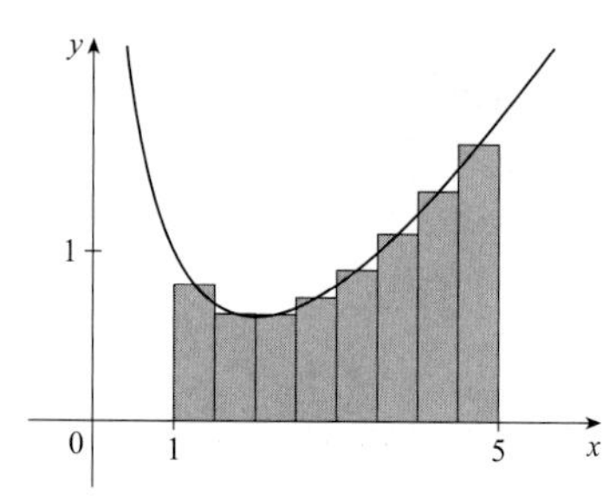

7. $\boldsymbol{n = 2}$: somme supérieure $= 3\pi \approx 9{,}42$; somme inférieure $= 2\pi \approx 6{,}28$

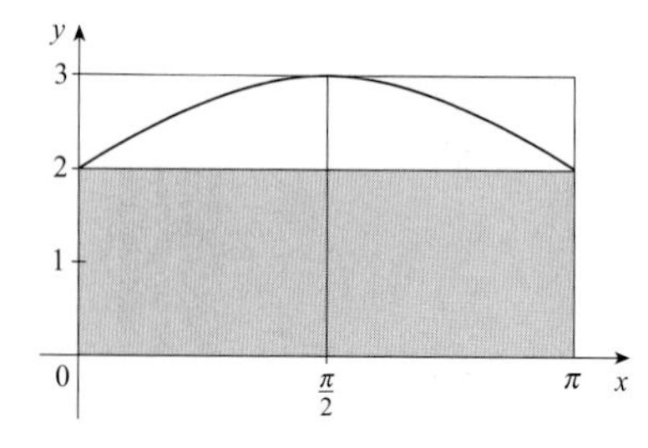

$\boldsymbol{n = 4}$: somme supérieure $= (10 + \sqrt{2})(\pi/4) \approx 8{,}96$; somme inférieure $= (8 + \sqrt{2})(\pi/4) \approx 7{,}39$

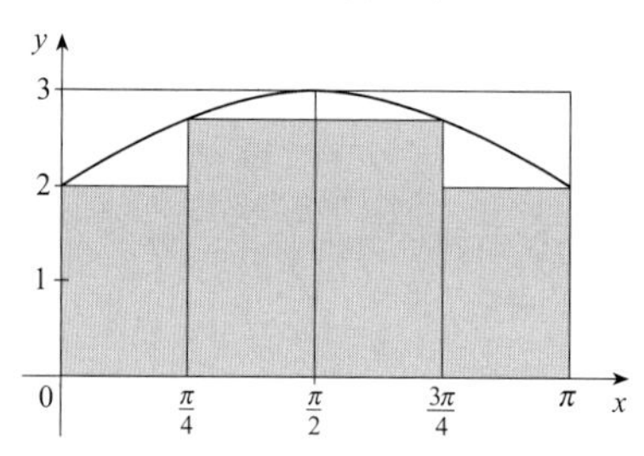

$\boldsymbol{n = 8}$: somme supérieure $= 8{,}65$; somme inférieure $= 7{,}86$

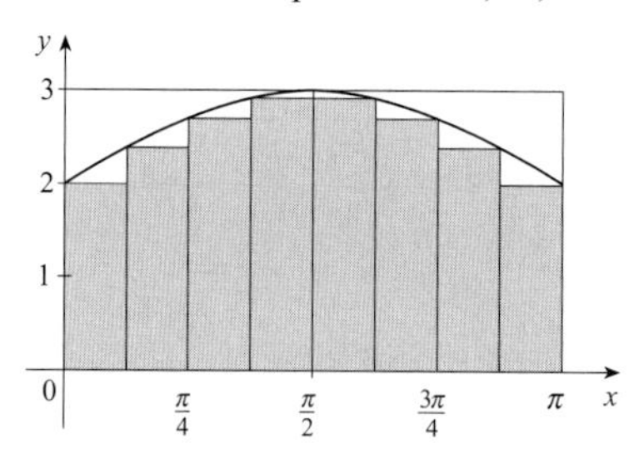

8. $\boldsymbol{n = 3}$: somme supérieure $= \frac{92}{27} \approx 3{,}41$; somme inférieure $= \frac{58}{27} \approx 2{,}15$

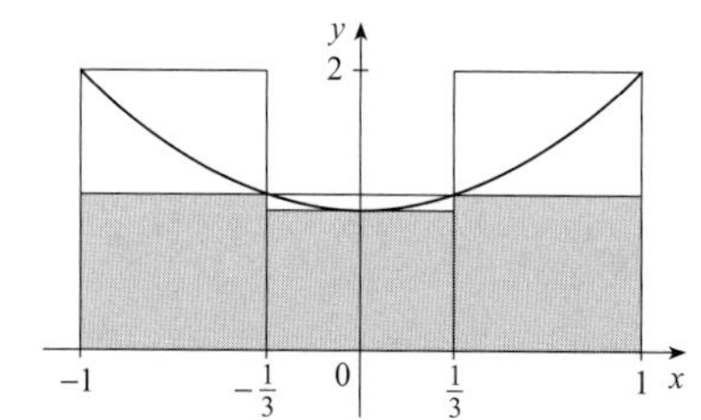

$\boldsymbol{n = 4}$: somme supérieure $= \frac{13}{4} = 3{,}25$; somme inférieure $= \frac{9}{4} = 2{,}25$

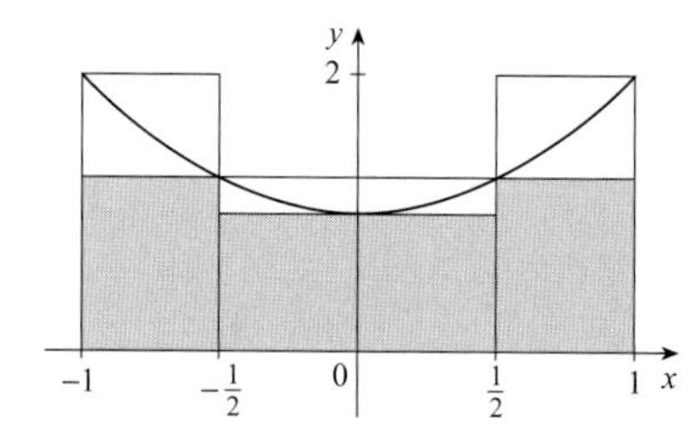

9. 0,2533 ; 0,2170 ; 0,2101 ; 0,2050 ; 0,2

10. 0,9194 ; 0,9736 ; 0,9842 ; 0,9921 ; 1

11. a) Sommes à gauche : 0,8100 ; 0,7937 ; 0,7904 ; à droite : 0,7600 ; 0,7770 ; 0,7804

12. a) Sommes à gauche : 2,3316 ; 2,4752 ; 2,5034 ; à droite : 2,7475 ; 2,6139 ; 2,5865

13. 10,55 m ; 13,65 m

14. a) $d \approx G_5 = 1548$ m b) $d \approx D_5 = 1512$ m

c) Ni l'une ni l'autre, car la vitesse n'est ni croissante ni décroissante sur cet intervalle.

15. 63,2 L ; 70 L

16. 16 665 m

17. 77,5 m

18. 0,725 km

19. $\lim_{n\to\infty} \sum_{i=1}^{n} \frac{2(1+2i/n)}{(1+2i/n)^2+1} \cdot \frac{2}{n}$

20. $\lim_{n\to\infty} \sum_{i=1}^{n} \left[(4+3i/n)^2\sqrt{1+2(4+3i/n)}\right] \cdot \frac{3}{n}$

21. $\lim_{n\to\infty} \sum_{i=1}^{n} \sqrt{\sin(\pi i/n)} \cdot \frac{\pi}{n}$

22. La région sous la courbe d'équation $y = (5 + x)^{10}$, entre 0 et 2

23. La région sous la courbe d'équation $y = \tan x$, entre 0 et $\pi/4$

24. $\lim_{n\to\infty} \sum_{i=1}^{n} \left(\frac{i}{n}\right)^3 \cdot \frac{1}{n}$

25. a) $G_n < A < D_n$

26. $n = 347\ 346$

27. a) $\lim_{n\to\infty} \frac{64}{n^6} \sum_{i=1}^{n} i^5$

b) $\frac{n^2(n+1)^2(2n^2+2n-1)}{12}$

c) $\frac{32}{3}$

28. $\lim_{n\to\infty} \frac{2}{n} \cdot \frac{e^{-2}(e^2-1)}{e^{2/n}-1} \approx 0{,}8647$

29. $\sin b$; 1

EXERCICES 1.4

1. -6

La somme de Riemann représente la somme des aires respectives des deux rectangles situés au-dessus de l'axe des x moins la somme des aires respectives des trois rectangles situés sous l'axe des x ; autrement dit, l'aire nette des rectangles par rapport à l'axe des x.

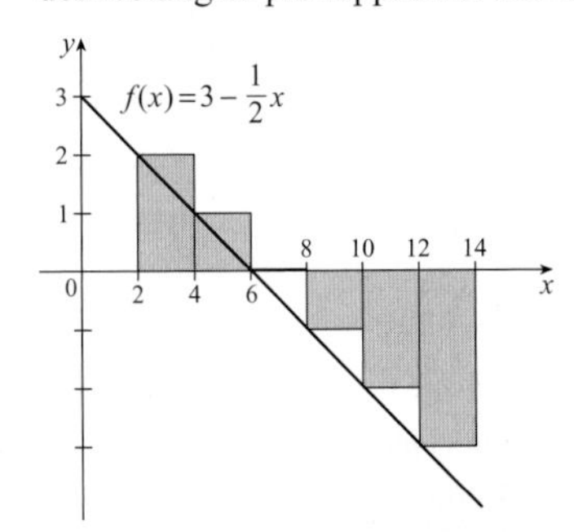

2. $\frac{7}{8}$

La somme de Riemann représente la somme des aires respectives des deux rectangles situés au-dessus de l'axe des x moins la somme des aires respectives des trois rectangles situés sous l'axe des x ; autrement dit, l'aire nette des rectangles par rapport à l'axe des x.

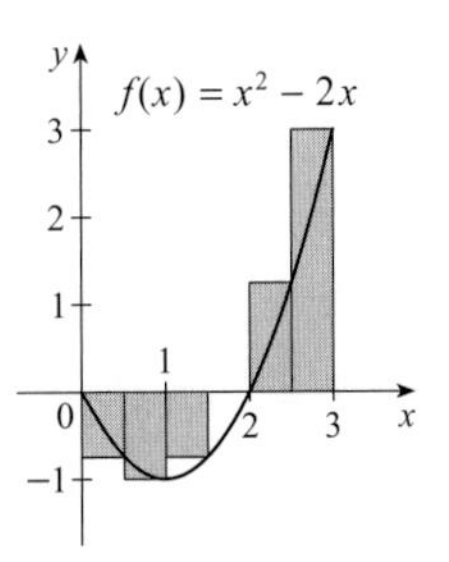

3. 2,322 986

La somme de Riemann représente la somme des aires respectives des trois rectangles situés au-dessus de l'axe des x moins l'aire du rectangle situé sous l'axe des x.

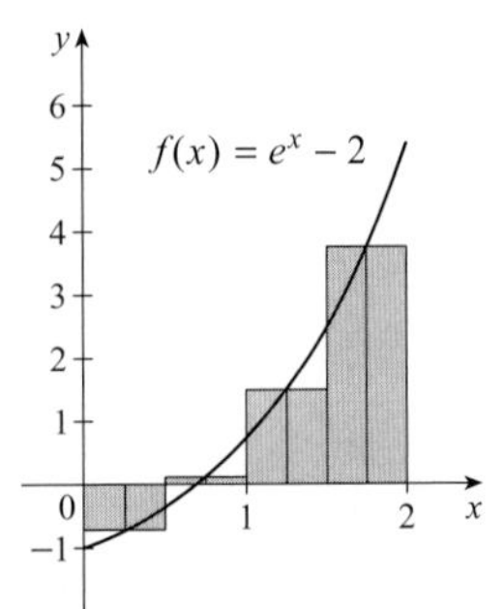

4. a) $\frac{\pi\sqrt{2}}{8} \approx 0{,}555\ 360$. La somme de Riemann représente la somme des aires respectives des trois rectangles situés au-dessus de l'axe des x moins l'aire des deux rectangles situés sous l'axe des x.

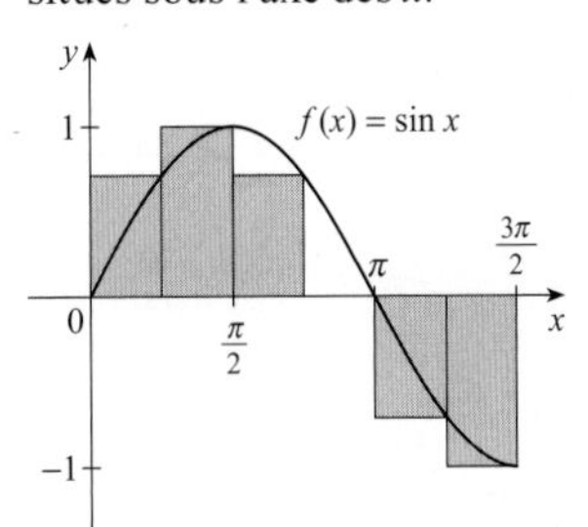

b) $\approx 1{,}026\ 172$. La somme de Riemann représente la somme des aires respectives des quatre rectangles situés au-dessus de l'axe des x moins l'aire des deux rectangles situés sous l'axe des x.

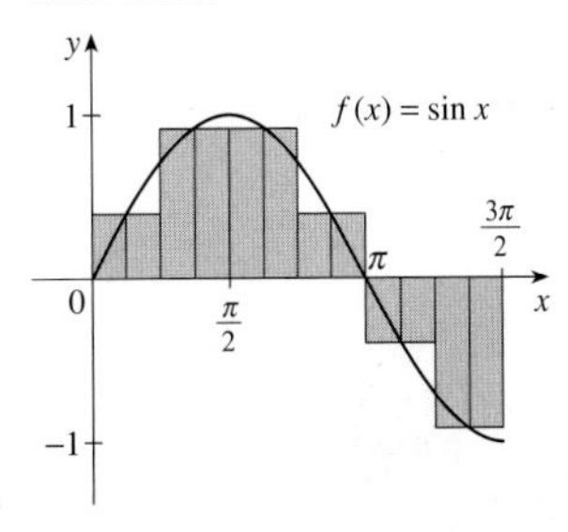

5. a) 6 b) 4 c) 2

6. a) 0 b) $-\frac{1}{2}$ c) $-\frac{1}{2}$

7. Approximation par défaut : $G_5 = -64$; par excès : $D_5 = 16$

8. a) 4,2, supérieure b) −6,2, inférieure
c) −0,8, on ne peut rien dire.

9. 6,1820 **10.** $\frac{\pi}{8}\left(\frac{3}{2}\right) \approx 0{,}5890$

11. $\frac{127}{140} \approx 0{,}9071$ **12.** $\approx 1{,}6099$

13. 0,9071 ; 0,9029 ; 0,9018

14. $G_{100} \approx 0{,}894\,69$ et $D_{100} \approx 0{,}90802$. Puisque f est croissante sur $[0, 2]$, G_{100} est inférieure et D_{100} est supérieure à $\int_0^2 \frac{x}{x+1}\,dx$.

15. Les valeurs de D_n semblent tendre vers 2.

n	D_n
5	1,933 766
10	1,983 524
50	1,999 342
100	1,999 836

16.

n	G_n	D_n
5	1,077 467	0,684 794
10	0,980 007	0,783 670
50	0,901 705	0,862 438
100	0,891 896	0,872 262

a) La valeur de l'intégrale semble être située entre 0,872 et 0,892.
b) Non puisque la monotonie change sur l'intervalle $[-1, 2]$.

17. $\int_2^6 x \ln(1+x^2)\,dx$ **18.** $\int_\pi^{2\pi} \frac{\cos x}{x}\,dx$

19. $\int_2^7 (5x^3 - 4x)\,dx$ **20.** $\int_1^3 \frac{x}{x^2+4}\,dx$

21. −9 **22.** −3 **23.** $\frac{2}{3}$ **24.** 0 **25.** $-\frac{3}{4}$

26. a) −1,5
b)

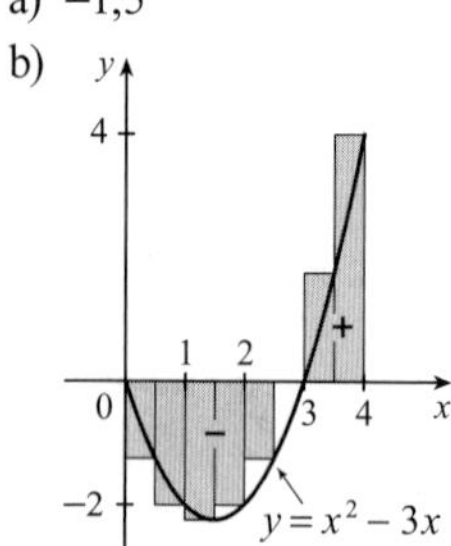

c) $-\frac{8}{3}$

d) $\int_0^4 (x^2 - 3x)\,dx = A_1 - A_2$, où A_1 est la région marquée par un + et A_2 celle marquée d'un −.

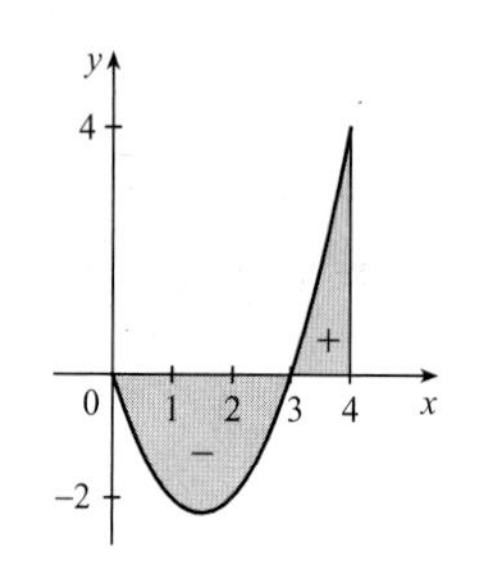

29. $\lim_{n\to\infty} \sum_{i=1}^{n} \frac{2+4i/n}{1+(2+4i/n)^5} \cdot \frac{4}{n}$

30. $\lim_{n\to\infty} \sum_{i=1}^{n} \left[\left(1+\frac{9i}{n}\right) - 4\ln\left(1+\frac{9i}{n}\right)\right] \cdot \frac{9}{n}$

31. $\lim_{n\to\infty} \sum_{i=1}^{n} \left(\sin \frac{5\pi i}{n}\right)\frac{\pi}{n} = \frac{2}{5}$

32. $\lim_{n\to\infty} \sum_{i=1}^{n} \left(2+\frac{8i}{n}\right)^6 \left(\frac{8}{n}\right) \approx 1\,428\,553{,}1$

33. a) 4 b) 10 c) −3 d) 2

34. a) 4 b) -2π c) $4{,}5 - 2\pi$

35. $\frac{3}{2}$ **36.** $-\frac{9}{2}$ **37.** $3 + \frac{9}{4}\pi$

38. $-\frac{25}{2}\pi$ **39.** $\frac{5}{2}$ **40.** 25

41. 0 **42.** $8 - 5\sqrt{5}$ **43.** 3

44. $2e^3 - 2e - 2$ **45.** $e^5 - e^3$ **46.** $2 - \frac{5\pi^2}{8}$

47. $\int_{-1}^{5} f(x)\,dx$ **48.** 8,4 **49.** 122

50. 17 **51.** B < E < A < D < C **52.** C

53. 15

54. Entre $2m$ et $2M$; la propriété 8 de l'intégrale

59. $3 \le \int_1^4 \sqrt{x}\,dx \le 6$

60. $\frac{2}{5} \le \int_0^2 \frac{1}{1+x^2}\,dx \le 2$

61. $\frac{\pi}{12} \le \int_{\pi/4}^{\pi/3} \tan x\,dx \le \frac{\pi}{12}\sqrt{3}$

62. $2 \le \int_0^2 (x^3 - 3x + 3)\,dx \le 10$

63. $0 \le \int_0^2 xe^{-x}\,dx \le 2/e$

64. $\pi^2 \le \int_\pi^{2\pi} (x - 2\sin x)\,dx \le \frac{5}{3}\pi^2 + \sqrt{3}\pi$

71. $\int_0^1 x^4\,dx$ **72.** $\int_0^1 \frac{dx}{1+x^2}$ **73.** $\frac{1}{2}$

EXERCICES 1.5

1. Un processus défait ce que l'autre fait. Voir le théorème fondamental du calcul différentiel et intégral à la page 50.

2. a) 0 ; $\frac{1}{2}$; 0 ; $-\frac{1}{2}$; 0 ; 1,5 ; 4 b) 6,2
c) min à $x = 3$, max à $x = 7$ d)

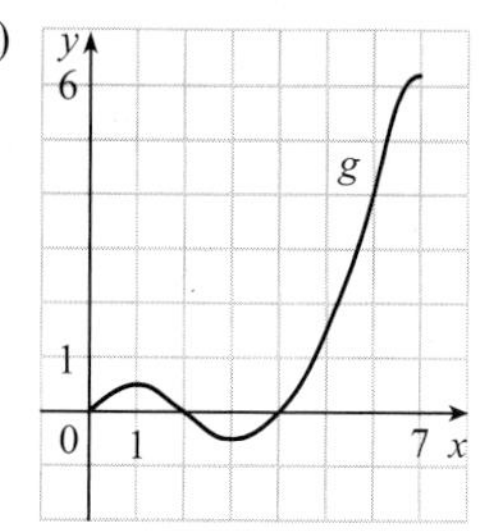

3. a) 0 ; 2 ; 5 ; 7 ; 3
b)]0, 3[
c) (3, 7)
d)

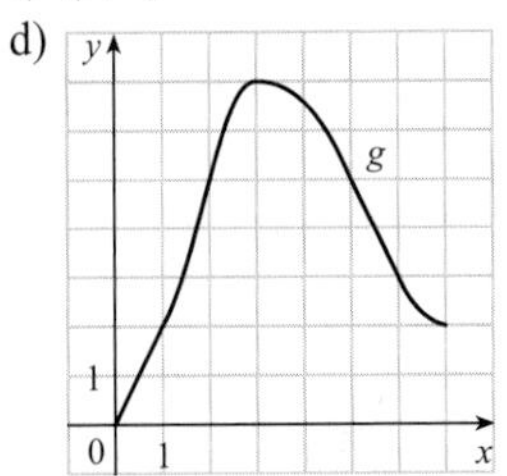

4. a) 0 ; 0
b) 2,8 ; 4,9 ; 5,7 ; 4,9 ; 2,8
c)]0, 3[
d) (3 ; 5,7)
e)

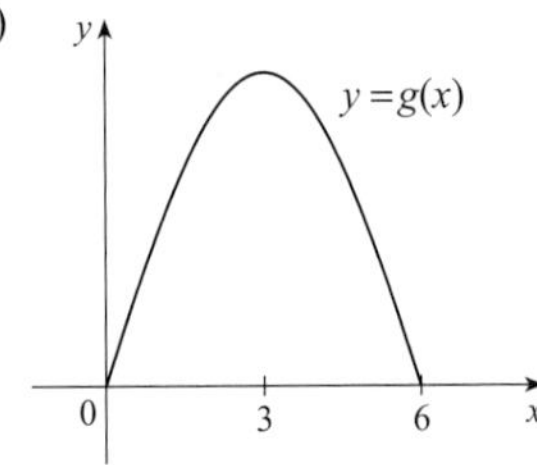

f) On obtient un graphique semblable à celui de f (selon le TFC1).

5. a) x^2 b) x^2

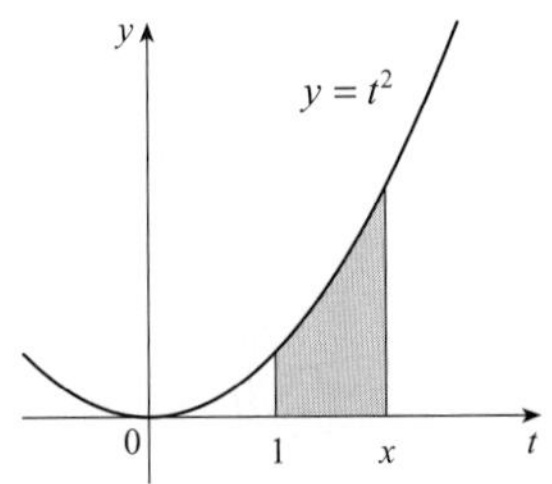

6. a) $2 + \sin x$ b) $2 + \sin x$

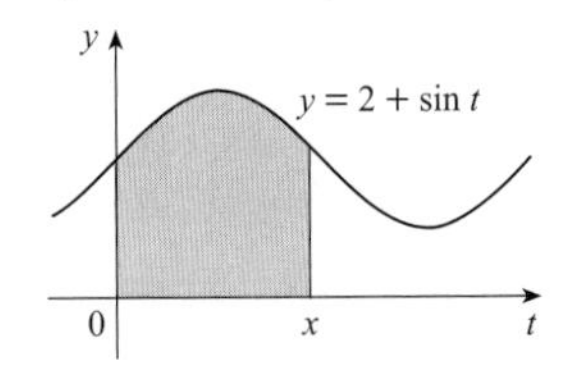

7. $g'(x) = 1/(x^3 + 1)$

8. $g'(x) = e^{x^2 - x}$

9. $g'(s) = (s - s^2)^8$

10. $g'(r) = \sqrt{r^2 + 4}$

11. $F'(x) = -\sqrt{1 + \sec x}$

12. $G'(x) = -\cos\sqrt{x}$

13. $h'(x) = xe^x$

14. $h'(x) = \dfrac{\sqrt{x}}{2(x^2 + 1)}$

15. $y' = \sqrt{\tan x + \sqrt{\tan x}}\,\sec^2 x$

16. $y' = \cos^2(x^4) \cdot 4x^3$

17. $y' = \dfrac{3(1 - 3x)^3}{1 + (1 - 3x)^2}$

18. $y' = -\sqrt{1 + \sin^2 x}\cos x$

19. $\frac{3}{4}$

20. $\frac{2}{101}$

21. 63

22. $\frac{53}{50}$

23. $\frac{52}{3}$

24. 3

25. $1 + \sqrt{3}/2$

26. $10e$

27. $-\frac{37}{6}$

28. $\frac{128}{15}$

29. $\frac{40}{3}$

30. $\frac{4}{3}$

31. 1

32. $\sqrt{2} - 1$

33. $\frac{49}{3}$

34. $3 - 2\cos 3 - e^3$

35. $\ln 2 + 7$

36. $2\sqrt{3}(3\sqrt{2} - 1)$

37. $\dfrac{1}{e + 1} + e - 1$

38. $4\pi/3$

39. $\frac{3}{2} + \ln 2$

40. $e^2 - 1$

41. $\pi/3$

42. 0

43. $\frac{28}{3}$

44. La fonction $f(x) = x^{-4}$ n'étant pas continue sur l'intervalle $[-2, 1]$, on ne peut pas appliquer le TFC2.

45. La fonction $f(x) = 4/x^3$ n'étant pas continue sur l'intervalle $[-1, 2]$, on ne peut pas appliquer le TFC2.

46. La fonction $f(\theta) = \sec\theta\tan\theta$ n'étant pas continue sur l'intervalle $[\pi/3, \pi]$, on ne peut pas appliquer le TFC2.

47. La fonction $f(x) = \sec^2 x$ n'étant pas continue sur l'intervalle $[0, \pi]$, on ne peut pas appliquer le TFC2.

48. $\frac{243}{4}$ **49.** $\frac{215}{648}$ **50.** 2 **51.** $\sqrt{3}$

52. 3,75

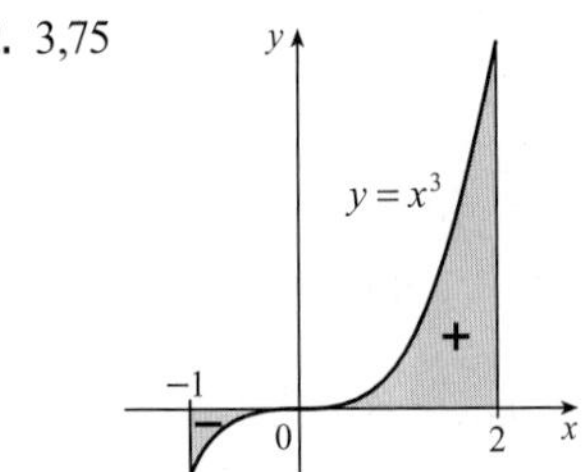

53. $-\frac{1}{2}$

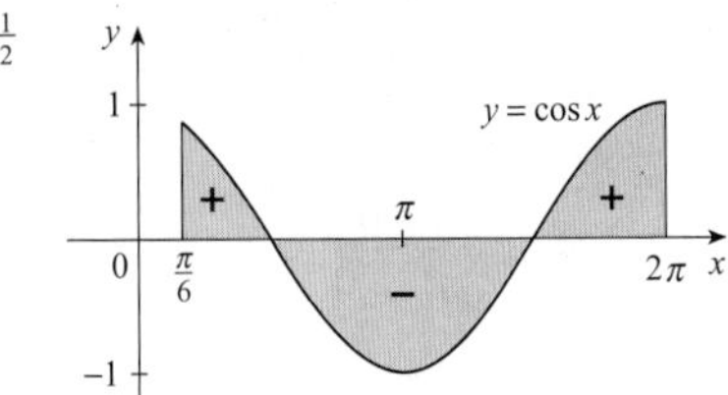

54. $g'(x) = \dfrac{-2(4x^2 - 1)}{4x^2 + 1} + \dfrac{3(9x^2 - 1)}{9x^2 + 1}$

55. $g'(x) = 2(1 - 2x)\sin(1 - 2x) + 2(1 + 2x)\sin(1 + 2x)$

56. $F'(x) = 2xe^{x^4} - e^{x^2}$

57. $F'(x) = -\dfrac{1}{2\sqrt{x}}\arctan\sqrt{x} + 2\arctan 2x$

58. $y' = \sin x\ln(1 + 2\cos x) + \cos x\ln(1 + 2\sin x)$

59. $]-1, 1[$ **60.** $]-4, 0[$ **61.** $\frac{\sqrt{15}}{4}$ **62.** 29

64. a) $-2\sqrt{n}$; $\sqrt{4n - 2}$ où n est un entier > 0.
b) $]0, 1[$, $]-\sqrt{4n - 1}, -\sqrt{4n - 3}[$ et $]\sqrt{4n - 1}, \sqrt{4n + 1}[$ où n est un entier > 0.
c) 0,74

65. a)

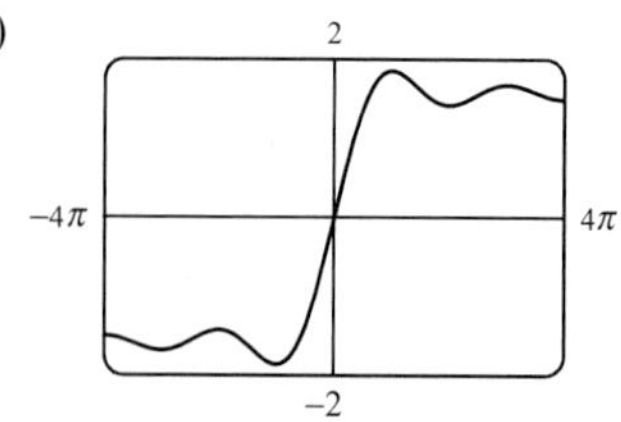

b) $\pi, -2\pi, 3\pi, -4\pi, 5\pi, -6\pi, \ldots$

c) (4,4934 ; 1,6556)

d) Oui, $y = \pm\frac{\pi}{2}$

66. a) Maximums relatifs en 1 et 5 ; minimums relatifs en 3 et 7

b) $x = 9$

c) $]\frac{1}{2}, 2[,]4, 6[,]8, 9[$

d)

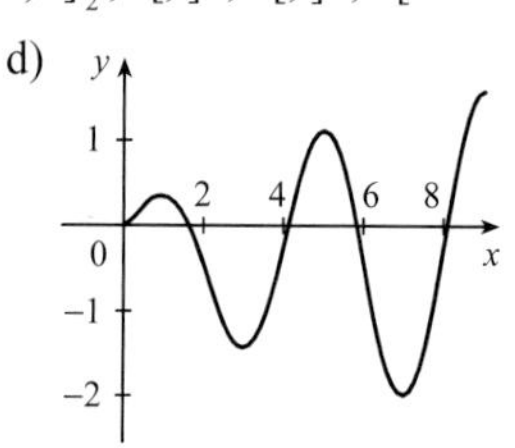

67. a) Maximums relatifs en 2 et 6 ; minimums relatifs en 4 et 8

b) $x = 2$

c) $]1, 3[,]5, 7[,]9, 10[$

d)

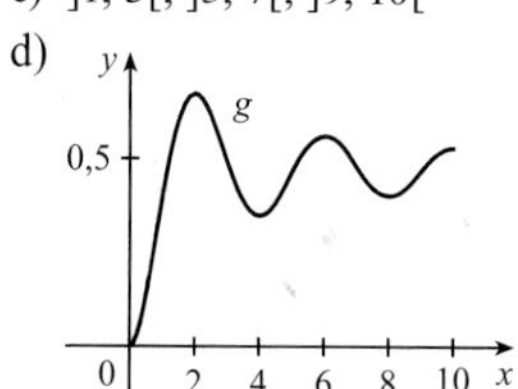

68. $\frac{1}{4}$ **69.** $\frac{2}{3}$

71. $\dfrac{d}{dx}\displaystyle\int_{g(x)}^{h(x)} f(t)\,dt = f\big(h(x)\big)h'(x) - f\big(g(x)\big)g'(x)$

75. a) $g(x) = \begin{cases} 0 & \text{si } x < 0 \\ \frac{1}{2}x^2 & \text{si } 0 \le x \le 1 \\ 2x - \frac{1}{2}x^2 - 1 & \text{si } 1 < x \le 2 \\ 1 & \text{si } x > 2 \end{cases}$

b)

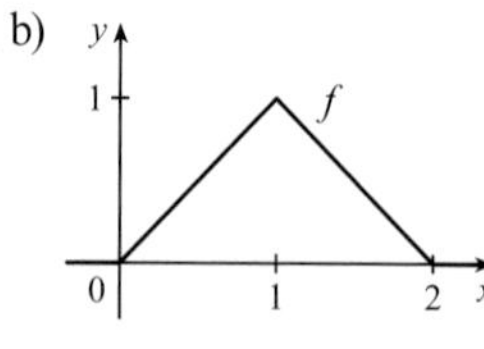

c) f est dérivable sur $]-\infty, 0[,]0, 1[,]1, 2[$ et $]2, \infty[$; g est dérivable sur $]-\infty, \infty[$.

76. $f(x) = x^{3/2}$; $a = 9$ **77.** $b = \ln(3e^a - 2)$

78. b) Le coût moyen des révisions au cours de la période $[0 ; t]$; afin de réduire au maximum le coût moyen des révisions.

79. b) 30 mois

c) $C(21,5) \approx 0,054\ 72\ V$

d)

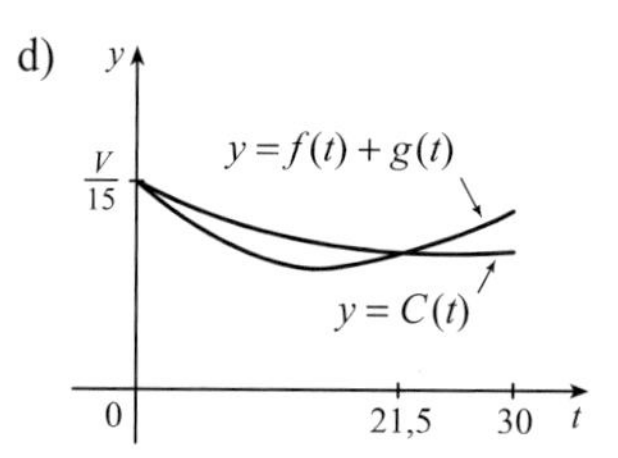

EXERCICES 1.6

5. $\frac{1}{3}x^3 - (1/x) + C$

6. $\frac{2}{5}x^{5/2} + \frac{3}{5}x^{5/3} + C$

7. $\frac{1}{5}x^5 - \frac{1}{8}x^4 + \frac{1}{8}x^2 - 2x + C$

8. $\frac{1}{4}y^4 + 0,6y^3 - 1,2y^2 + C$

9. $\frac{2}{3}u^3 + \frac{9}{2}u^2 + 4u + C$

10. $\frac{1}{6}v^6 + v^4 + 2v^2 + C$

11. $\frac{1}{3}x^3 - 4\sqrt{x} + C$

12. $\dfrac{x^3}{3} + x + \arctan x + C$

13. $-\cos x + \sin x + C$

14. $-\cot t - 2e^t + C$

15. $\frac{1}{2}\theta^2 + \csc\theta + C$

16. $\tan t + \sec t + C$

17. $\tan\alpha + C$

18. $2\sin x + C$

19. $\sin x + \frac{1}{4}x^2 + C$

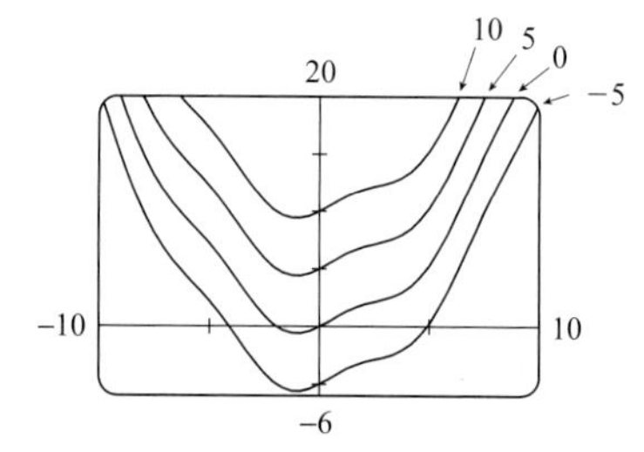

20. $e^x - \frac{2}{3}x^3 + C$

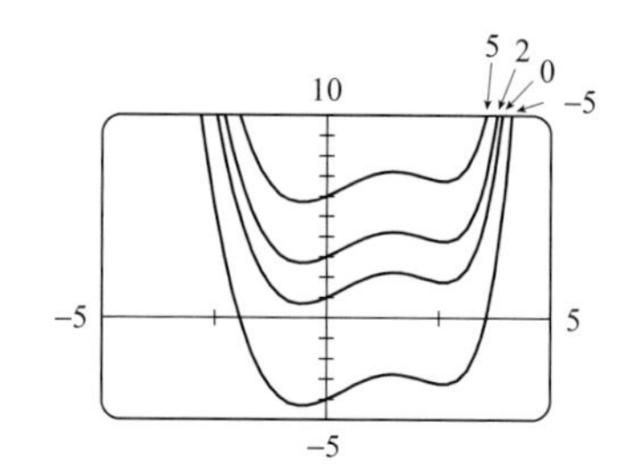

21. $-\frac{10}{3}$ **22.** 11 **23.** $\frac{21}{5}$

24. −429 **25.** −2 **26.** $-\frac{4}{3}$

27. $5e^{\pi} + 1$ **28.** −1 **29.** 36

30. $18 - 2e^4$ **31.** $\frac{55}{63}$ **32.** $1 - \ln 4$

33. $\frac{3}{4} - 2\ln 2$ **34.** $\dfrac{5}{2} - \dfrac{4}{\ln 5}$ **35.** $\dfrac{1}{11} + \dfrac{9}{\ln 10}$

36. $-1/\sqrt{3} + 1$ **37.** $1 + \pi/4$ **38.** $\frac{1}{2}$

39. $\frac{256}{5}$ **40.** 40 **41.** $\pi/3$

42. $3\ln 2 - 2$ **43.** $\pi/6$ **44.** $\frac{5}{2}$

45. −7/2 **46.** 3 **47.** $\approx 1,36$

48. $\approx 1,23$ **49.** $\frac{4}{3}$ **50.** $\frac{1}{5}$

51. L'augmentation de la masse de l'enfant (en kg) entre l'âge de 5 ans et de 10 ans.

52. La variation de la charge Q entre les temps a et b.

53. Le nombre de litres de pétrole qui s'échappent du réservoir au cours des deux premières heures.

54. La population totale des abeilles après 15 semaines.

55. L'augmentation du revenu associée à l'augmentation de la production de 1000 à 5000 unités.

56. La variation de la pente d'un sentier entre une distance de 3 km et de 5 km du départ.

57. Des newton-mètres **58.** (kg/m)/m ; kg

59. a) $-\frac{3}{2}$ m b) $\frac{41}{6}$ m

60. a) $-\frac{10}{3}$ m b) $\frac{98}{3}$ m

61. a) $v(t) = \frac{1}{2}t^2 + 4t + 5$ m/s b) $416\frac{2}{3}$ m

62. a) $v(t) = t^2 + 3t - 4$ m/s b) $\frac{89}{6}$ m

63. $46\frac{2}{3}$ kg **64.** 1800 L **65.** 1,4 km

66. a) 230 tonnes ; 172 tonnes b) 200 tonnes

67. 58 000 $ **68.** 28 320 L

69. 5443 bactéries **70.** Environ 15 912 mégabits

71. Environ $4{,}75 \times 10^5$ mégawattheures

72. a) $v(t) = 0{,}000\,44t^3 - 0{,}034\,93t^2 + 7{,}602\,45t - 6{,}589\,68$
b) 62 685 m

EXERCICES 1.7

1. $-e^{-x} + C$ **2.** $\frac{1}{24}(2 + x^4)^6 + C$

3. $\frac{2}{9}(x^3 + 1)^{3/2} + C$ **4.** $\dfrac{1}{18(1-6t)^3} + C$

5. $-\frac{1}{4}\cos^4\theta + C$ **6.** $-\tan(1/x) + C$

7. $-\frac{1}{2}\cos(x^2) + C$ **8.** $\frac{1}{3}e^{x^3} + C$

9. $-\frac{1}{20}(1 - 2x)^{10} + C$ **10.** $\frac{1}{10{,}2}(3t + 2)^{3{,}4} + C$

11. $\frac{1}{3}(2x + x^2)^{3/2} + C$ **12.** $\frac{1}{2}\tan 2\theta + C$

13. $-\frac{1}{3}\ln|5 - 3x| + C$ **14.** $-\frac{1}{3}(1 - u^2)^{3/2} + C$

15. $-(1/\pi)\cos \pi t + C$ **16.** $\sin(e^x) + C$

17. $\dfrac{1}{1 - e^u} + C$ **18.** $-2\cos\sqrt{x} + C$

19. $\frac{2}{3}\sqrt{3ax + bx^3} + C$ **20.** $\frac{1}{3}\ln|z^3 + 1| + C$

21. $\frac{1}{3}(\ln x)^3 + C$ **22.** $-\frac{1}{5}\cos^5\theta + C$

23. $\frac{1}{4}\tan^4\theta + C$ **24.** $-\frac{2}{3}\cos(1 + x^{3/2}) + C$

25. $\frac{2}{3}(1 + e^x)^{3/2} + C$ **26.** $(1/a)\ln|ax + b| + C$

27. $\frac{1}{15}(x^3 + 3x)^5 + C$ **28.** $-e^{\cos t} + C$

29. $-\dfrac{1}{\ln 5}\cos(5^t) + C$ **30.** $\frac{1}{2}(\arctan x)^2 + C$

31. $e^{\tan x} + C$ **32.** $-\cos(\ln x) + C$

33. $-\dfrac{1}{\sin x} + C$ **34.** $-(1/\pi)\sin(\pi/x) + C$

35. $-\frac{2}{3}(\cot x)^{3/2} + C$ **36.** $\frac{1}{\ln 2}\ln(2^t + 3) + C$

37. $\frac{1}{3}\sin^3 x + C$ **38.** $2\sqrt{1 + \tan t} + C$

39. $-\ln(1 + \cos^2 x) + C$ **40.** $-\arctan(\cos x) + C$

41. $\ln|\sin x| + C$ **42.** $-\tan(\cos t) + C$

43. $\ln|\arcsin x| + C$ **44.** $\frac{1}{2}\arctan(x^2) + C$

45. $\arctan x + \frac{1}{2}\ln(1 + x^2) + C$

46. $\frac{2}{7}(2 + x)^{7/2} - \frac{8}{5}(2 + x)^{5/2} + \frac{8}{3}(2 + x)^{3/2} + C$

47. $\frac{1}{40}(2x + 5)^{10} - \frac{5}{36}(2x + 5)^9 + C$

48. $\frac{1}{15}\sqrt{x^2 + 1}(3x^4 + x^2 - 2) + C$

49. $\frac{1}{8}(x^2 - 1)^4 + C$

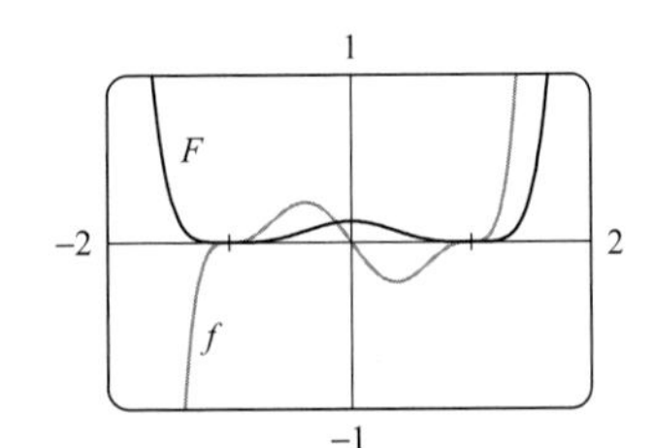

50. $\frac{1}{3}\tan^3\theta + C$

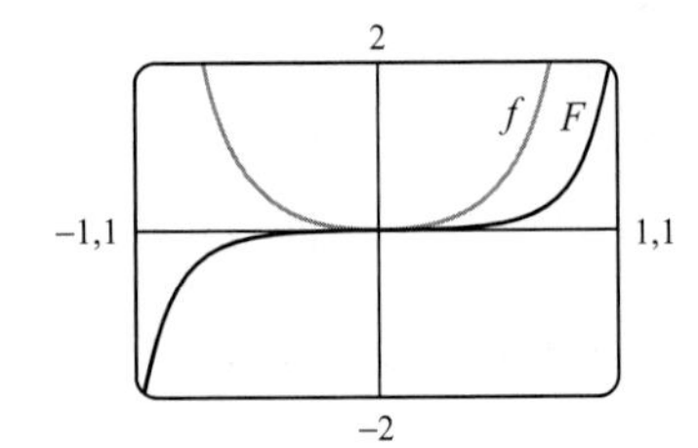

51. $-e^{\cos x} + C$

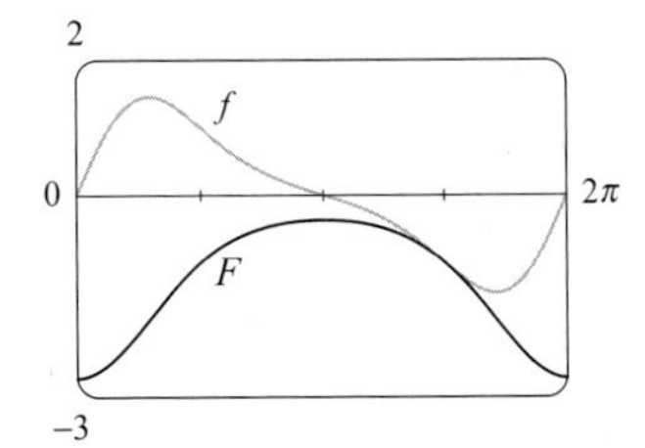

52. $-\frac{1}{5}\cos^5 x + C$

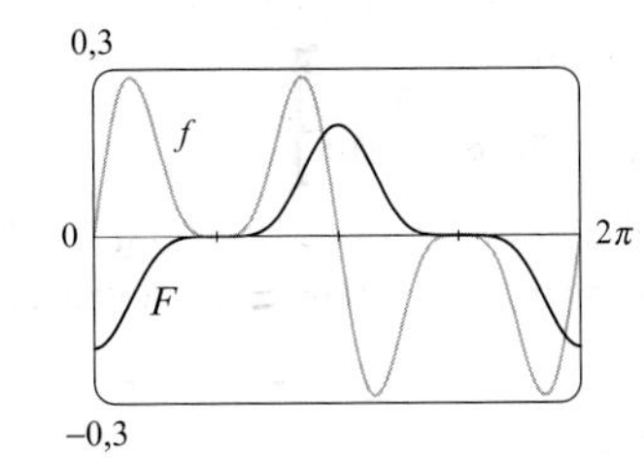

53. $2/\pi$ **54.** $\frac{1}{153}(2^{51} + 1)$ **55.** $\frac{45}{28}$

56. $\frac{1}{5}\ln 16$ **57.** 4 **58.** $1/\pi$

59. $e-\sqrt{e}$ **60.** $\frac{1}{2}(1-1/e)$ **61.** 0

62. $1-\cos 1$ **63.** 3 **64.** $\frac{1}{3}a^3$

65. $\frac{1}{3}(2\sqrt{2}-1)a^3$ **66.** 0 **67.** $\frac{16}{15}$

68. $\frac{10}{3}$ **69.** 2 **70.** $\pi^2/72$

71. $\ln(e+1)$ **72.** $\frac{T}{\pi}\cos\alpha$ **73.** $\frac{1}{6}$

75. $\sqrt{3}-\frac{1}{3}$ **76.** 4 **77.** 6π

78. $\frac{1}{8}\pi$ **79.** Les trois aires sont égales.

80. 2040 kcal **81.** $\approx$ 4512 L

82. $\approx$ 11 713 bactéries **83.** $\dfrac{5}{4\pi}\left(1-\cos\dfrac{2\pi t}{5}\right)$ L

84. 4048 calculatrices **85.** 5

86. 2 **91.** $\pi^2/4$

92. b) $\pi/4$

CHAPITRE 1 - RÉVISION

VRAI OU FAUX

1. Vrai **2.** Faux **3.** Vrai

4. Faux **5.** Faux **6.** Vrai

7. Vrai **8.** Faux **9.** Vrai

10. Vrai **11.** Faux **12.** Vrai

13. Vrai **14.** Faux **15.** Faux

16. Faux **17.** Faux **18.** Faux

EXERCICES RÉCAPITULATIFS

1. a) 8

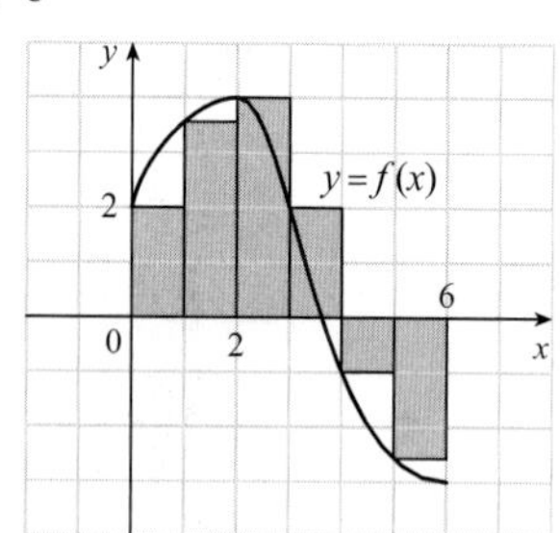

b) 5,7

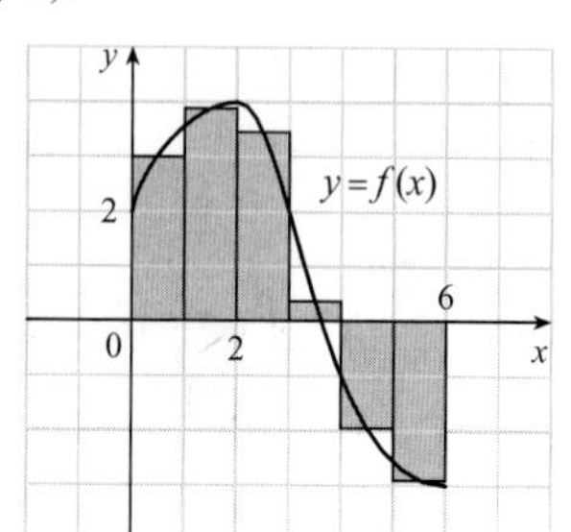

2. a) 1,25 b) $\frac{2}{3}$

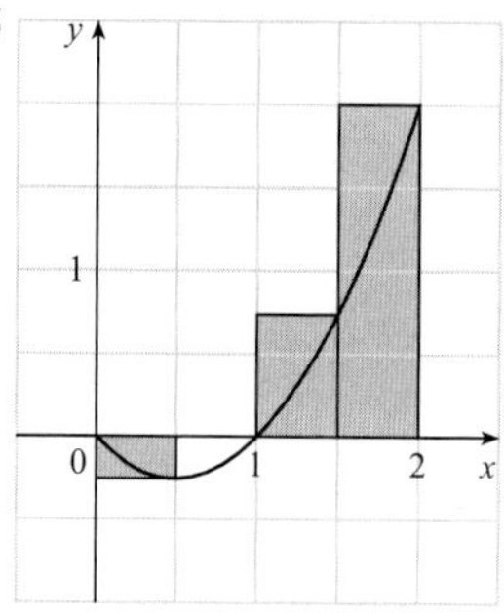

c) $\frac{2}{3}$ d)

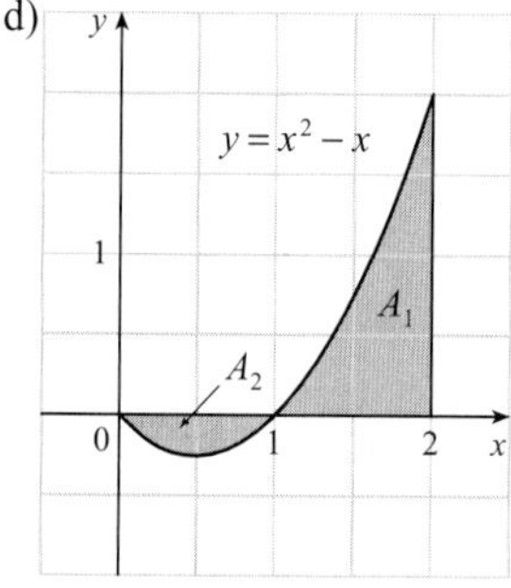

3. $\frac{1}{2}+\pi/4$ **4.** 2 **5.** 3

6. a) 5220 b) 5220

7. La courbe de f est c, celle de f' est b et celle de $\int_0^x f(t)\,dt$ est a.

8. a) $e^{\pi/4}-1$ b) 0 c) $e^{\arctan x}$

9. 37 **10.** $\frac{1}{5}T^5-4T^2+7T$

11. $\frac{9}{10}$ **12.** $\frac{1}{10}$ **13.** -76

14. $\frac{49}{15}$ **15.** $\frac{21}{4}$ **16.** $\frac{52}{9}$

17. On ne peut pas appliquer le TFC2.

18. $\frac{2}{3\pi}$ **19.** $\frac{1}{3}\sin 1$ **20.** 0 **21.** 0

22. $\arctan e-\frac{\pi}{4}$ **23.** $-(1/x)-2\ln|x|+x+C$

24. On ne peut pas appliquer le TFC2.

25. $\sqrt{x^2+4x}+C$ **26.** $-\ln|1+\cot x|+C$

27. $\dfrac{1}{2\pi}\sin^2\pi t+C$ **28.** $-\sin(\cos x)+C$

29. $2e^{\sqrt{x}}+C$ **30.** $\sin(\ln x)+C$

31. $-\frac{1}{2}[\ln(\cos x)]^2+C$ **32.** $\frac{1}{2}\arcsin(x^2)+C$

33. $\frac{1}{4}\ln(1+x^4)+C$ **34.** $-\frac{1}{4}\cos(1+4x)+C$

35. $\ln|1+\sec\theta|+C$

36. $\frac{15}{4}$ **37.** $\frac{23}{3}$ **38.** 2

39. $2\sqrt{1+\sin x}+C$

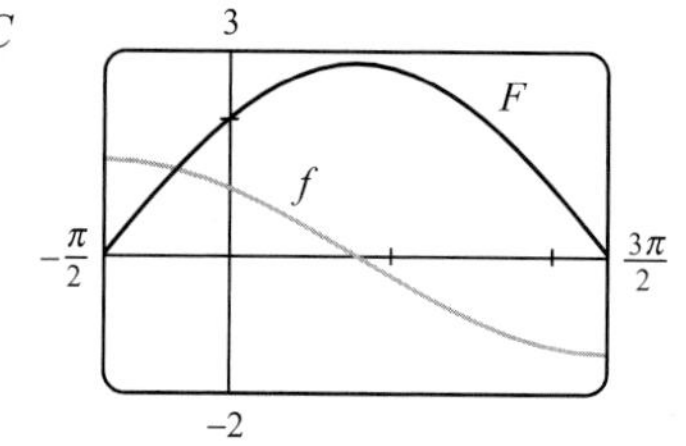

40. $\frac{1}{3}\sqrt{x^2+1}\,(x^2-2)+C$

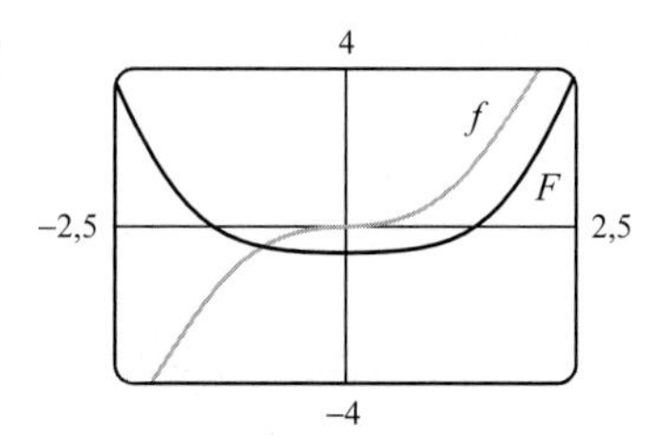

41. $\frac{64}{5}$ **42.** 0

43. $F'(x)=x^2/(1+x^3)$ **44.** $-\sqrt{x+\sin x}$

45. $g'(x)=4x^3\cos(x^8)$ **46.** $\dfrac{\cos^3 x}{1+\sin^4 x}$

47. $y'=(2e^x-e^{\sqrt{x}})/(2x)$ **48.** $3\sin\left[(3x+1)^4\right]-2\sin\left[(2x)^4\right]$

49. $4\le\int_1^3\sqrt{x^2+3}\,dx\le4\sqrt{3}$ **50.** $\dfrac{1}{3}\le\int_3^5\dfrac{1}{x+1}\,dx\le\dfrac{1}{2}$

55. 0,280 981 **56.** a) $\frac{175}{6}$ b) $\frac{177}{6}$ m

57. Le nombre de barils de pétrole consommés du 1er janvier 2000 au 1er janvier 2008

58. 45,23 m **59.** 72 400 **60.** $\frac{1}{4}(6-\pi)$ **61.** 3

62. a) $]-1,1[,\ ]\sqrt{3},\sqrt{5}[,\ ]-\sqrt{5},-\sqrt{3}[,\ ]\sqrt{7},3[,\ ]-3,-\sqrt{7}[,\ \ldots$
b) $]-\sqrt{2},0[,\ ]\sqrt{2},2[,\ ]-\sqrt{6},-2[,\ ]\sqrt{6},2\sqrt{2}[,\ \ldots$

63. $e^{2x}(2x-1)/(1-e^{-x})$

64. 3 **66.** 3 **68.** $\frac{1}{10}$ **69.** $\frac{2}{3}$

PROBLÈMES SUPPLÉMENTAIRES

1. $\pi/2$ **2.** $\frac{15}{8}+2\ln 2$

3. $2k$ **5.** -1

6. $x^2\sin(x^2)+2x\int_0^x\sin(t^2)\,dt$ **7.** e^{-2}

8. $[-1, 2]$ **9.** $\approx\frac{2}{3}(1\,000\,000)$

10. a) $\frac{1}{2}(n-1)n$ b) $\frac{1}{2}[\![b]\!](2b-[\![b]\!]-1)-\frac{1}{2}[\![a]\!](2a-[\![a]\!]-1)$

11. $\sqrt{1+\sin^4 x}\cos x$ **15.** $\frac{4}{3}(4\sqrt{2}-5)$

16. $2(\sqrt{2}-1)$ **17.** $g(2)=\frac{7}{3}$ et $g(-\frac{3}{2})=\frac{1}{12}$

CHAPITRE 2

EXERCICES 2.1

1. $\frac{32}{3}$ **2.** $\frac{16}{3}-\ln 3-\frac{4}{3}\sqrt{2}$ **3.** $e-(1/e)+\frac{10}{3}$

4. 9 **5.** $e-(1/e)+\frac{4}{3}$ **6.** $\dfrac{3\pi^2}{8}-1$

7. $\frac{9}{2}$ **8.** $\frac{125}{6}$ **9.** $\ln 2-\frac{1}{2}$

10. $1-\frac{\pi}{4}$ **11.** $\frac{8}{3}$ **12.** $\frac{64}{3}$

13. 72 **14.** $\frac{8}{3}$ **15.** $e-2$

16. 4π **17.** $\frac{32}{3}$ **18.** $\frac{1}{6}$

19. $\frac{2}{\pi}+\frac{2}{3}$ **20.** $\frac{22}{15}$ **21.** $2-2\ln 2$

22. $\frac{1}{2}$ **23.** $\frac{1}{2}$ **24.** $2\sqrt{3}+\frac{\pi}{3}$

25. $\frac{59}{12}$ **26.** $\frac{20}{3}$ **27.** $\ln 2$

28. $\frac{3}{2}$ **29.** $\frac{5}{2}$ **30.** 2

31. $\frac{3}{2}\sqrt{3}-1$ **32.** $\dfrac{4}{3\ln 3}-\dfrac{1}{2\ln 2}$

33. 0 ; 0,90 ; 0,04 **34.** 0 ; 1,05 ; 0,59

35. −1,11 ; 1,25 ; 2,86 ; 8,38 **36.** 1,32 ; 0,54 ; 1,45

37. 2,801 23 **38.** 3,660 16 **39.** 0,251 42

40. 1,704 13 **41.** $12\sqrt{6}-9$ **42.** $\frac{7}{12}$

43. $35\frac{5}{9}$ m **44.** 91,2 m² **45.** 4232 cm²

46. ≈ 8868 personnes ; l'augmentation de la population sur 10 ans

47. a) L'auto A
b) La distance par laquelle A devance B après une minute
c) L'auto A d) $t\approx 2{,}2$ min

48. L'augmentation du profit lorsque la production passe de 50 à 100 unités ; ≈ 50,5 milliers dollars

49. $\frac{24}{5}\sqrt{3}$ **50.** $\frac{1}{12}$ **51.** $\sqrt[3]{16}$

52. a) 5/8 b) $\frac{1}{8}(11-4\sqrt{6})$

53. ±6 **54.** $\pi/3$

55. $0<m<1$; $m-\ln m-1$

EXERCICES 2.2

1. $19\pi/12$

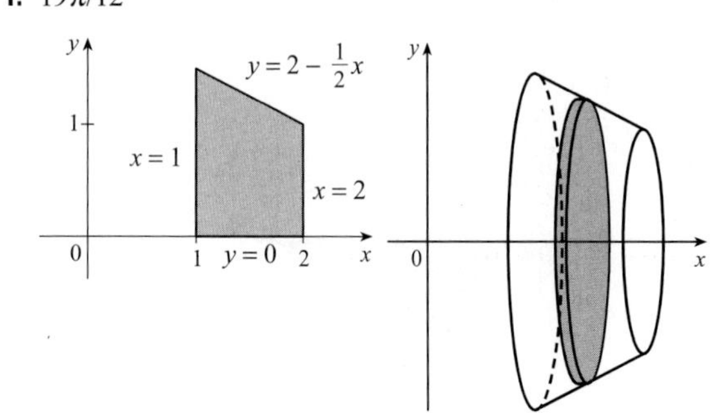

2. $16\pi/15$

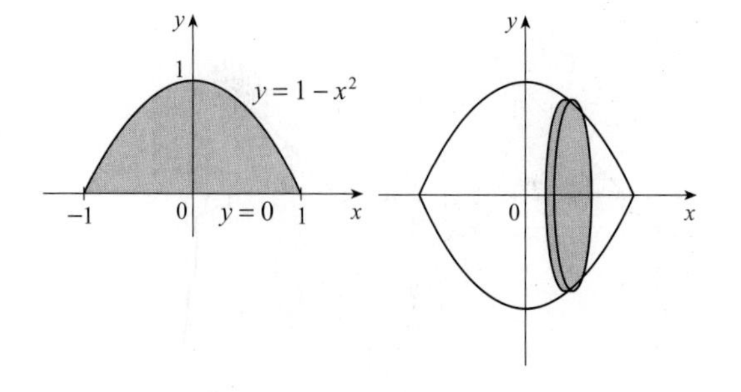

3. 8π

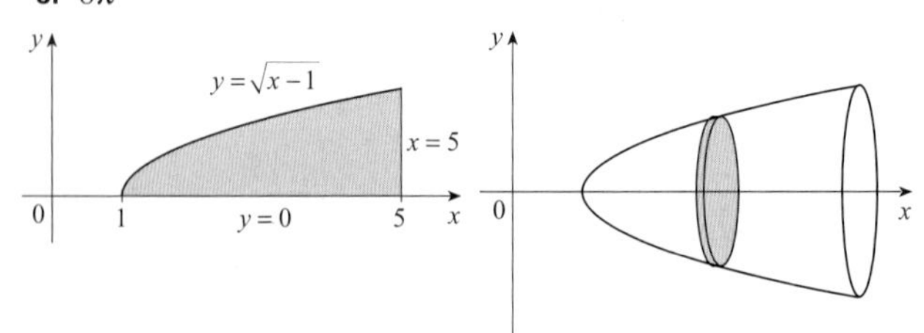

4. $94\pi/3$

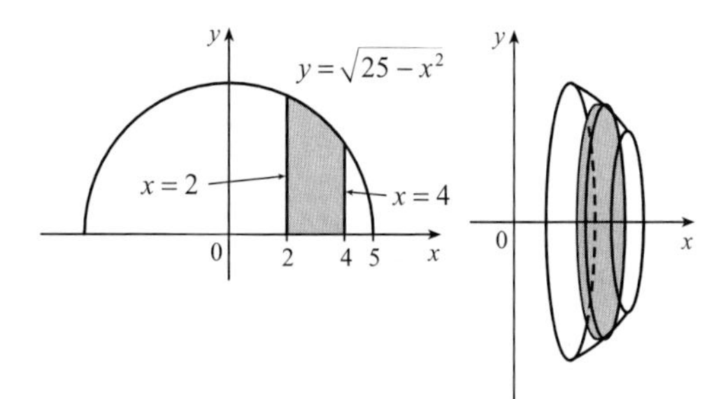

5. 162π

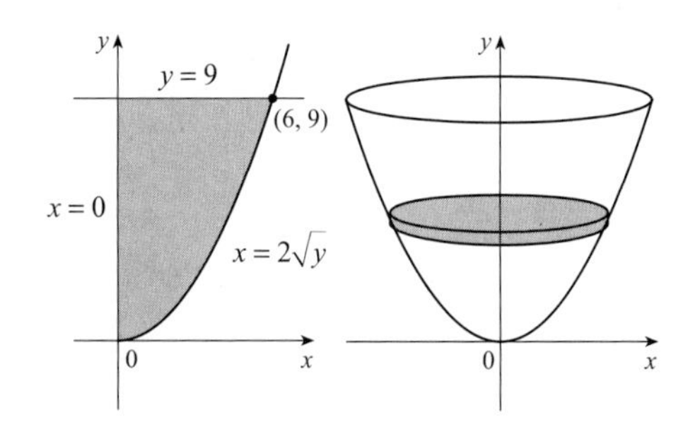

6. $\dfrac{\pi}{2}(e^4 - e^2)$

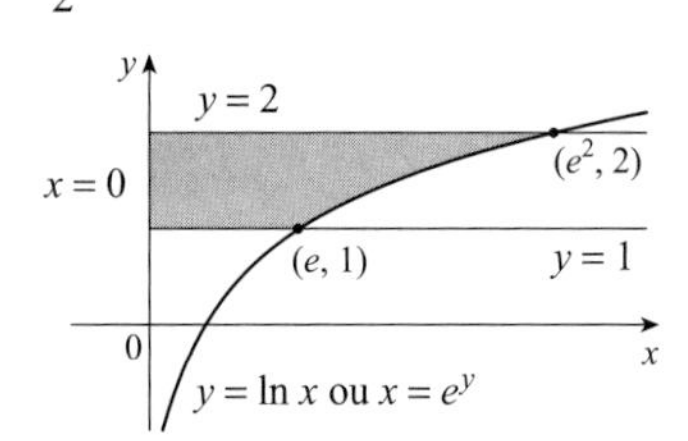

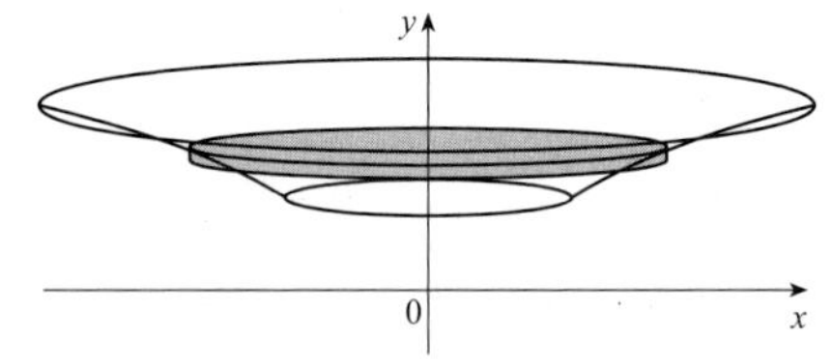

7. $4\pi/21$

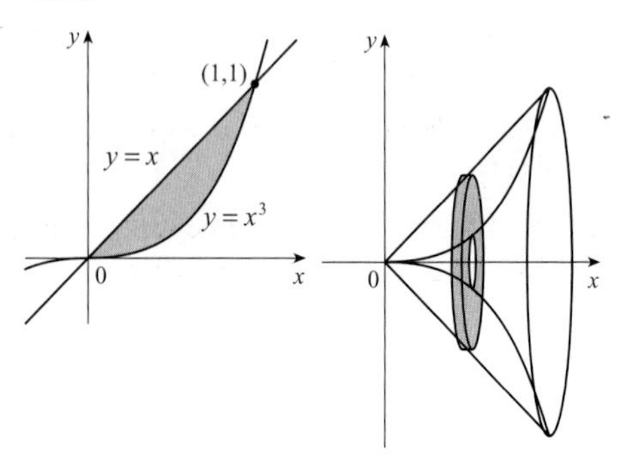

8. $176\pi/3$

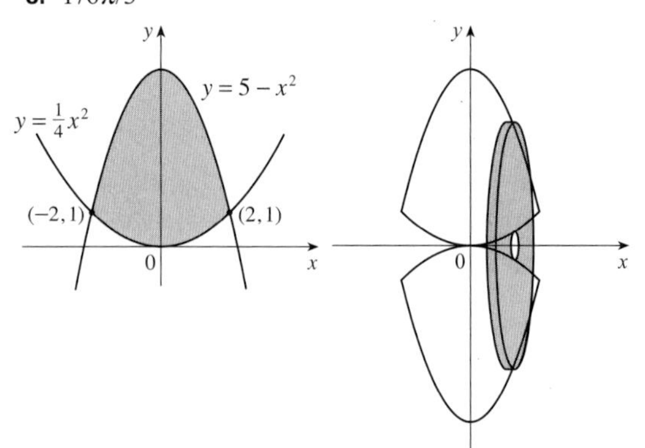

9. $64\pi/15$

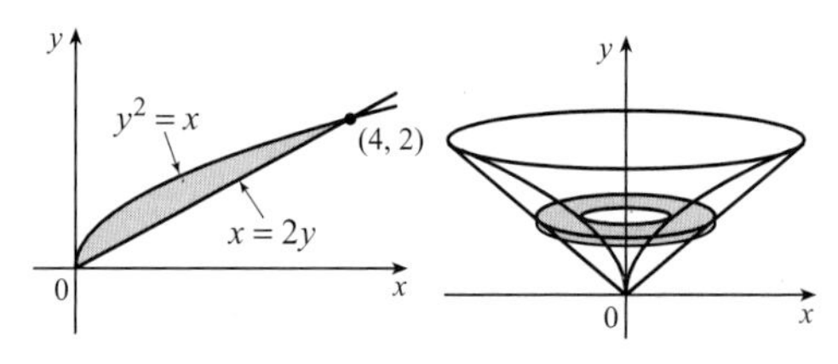

10. 2π

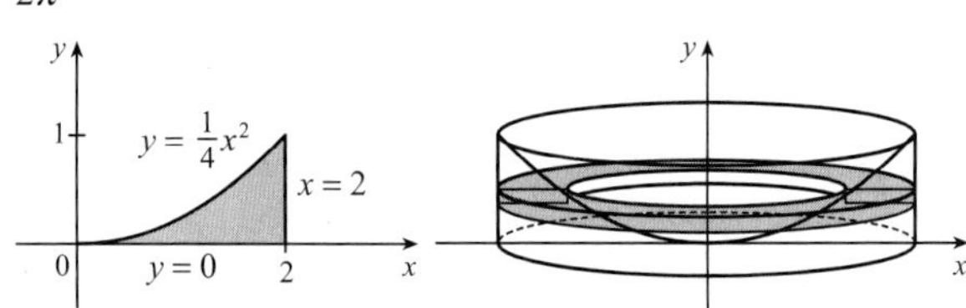

11. $11\pi/30$

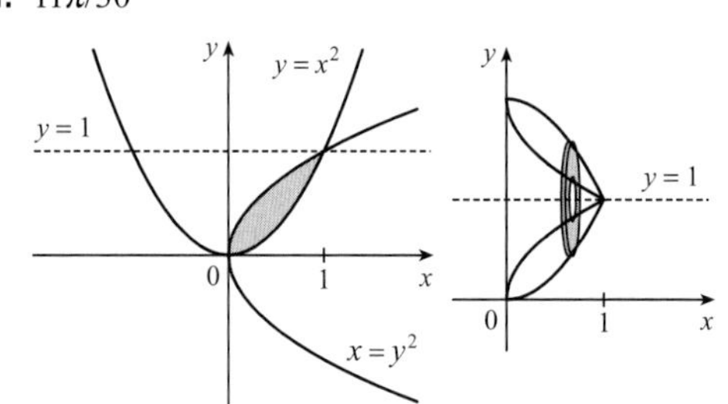

12. $(\frac{5}{2} + 4e^{-2} - \frac{1}{2}e^{-4})\pi$

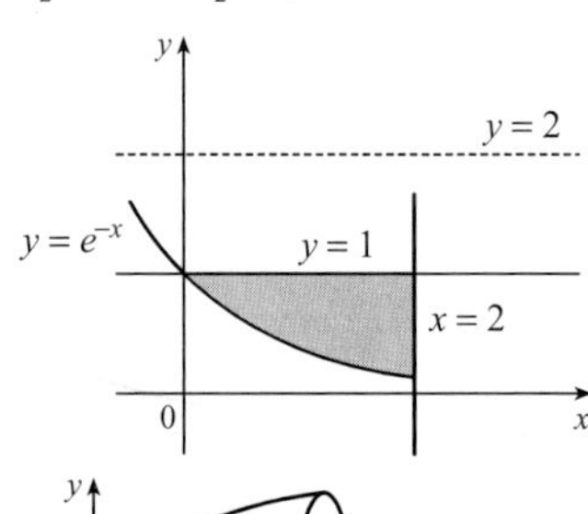

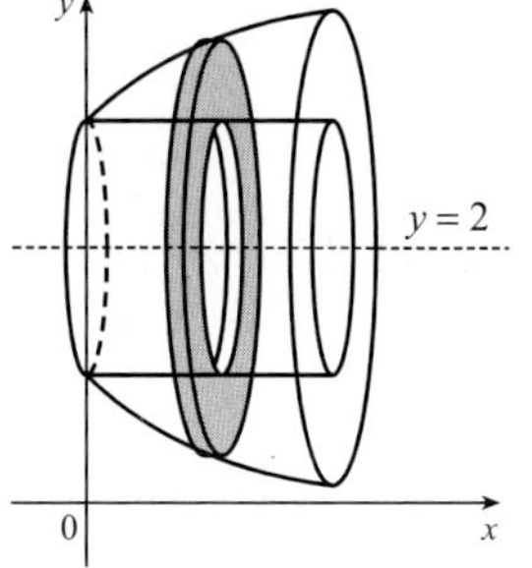

13. $2\pi(\frac{4}{3}\pi - \sqrt{3})$

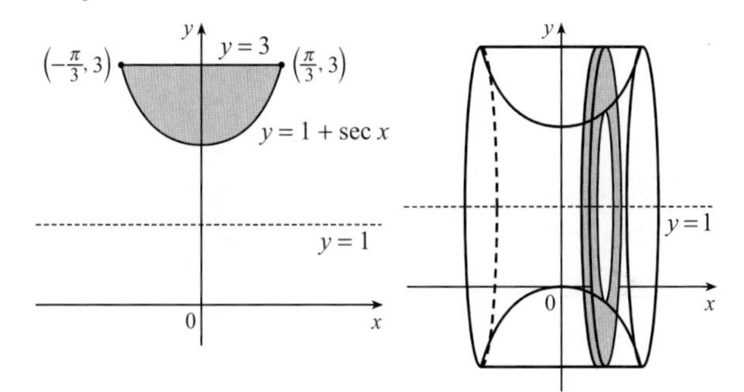

14. $(2\sqrt{2} - \frac{3}{2})\pi$

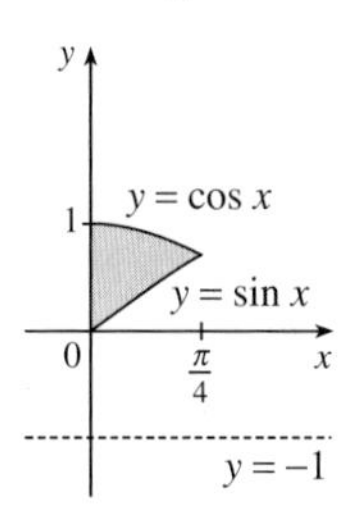

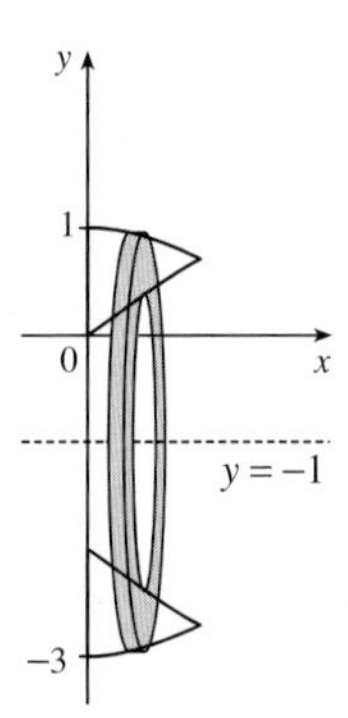

15. $3\pi/5$

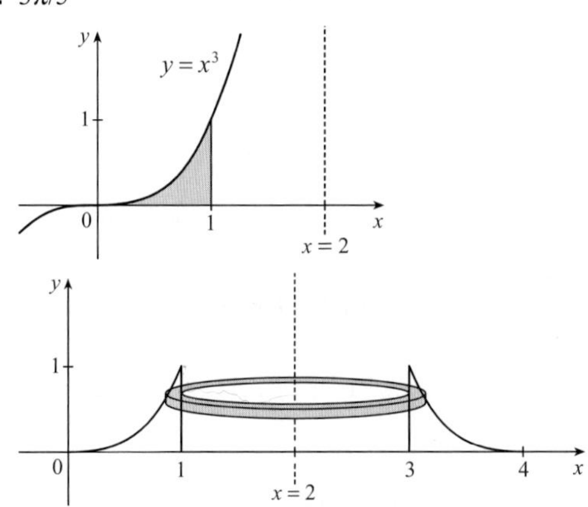

16. $2\pi(1 + \ln 2)$

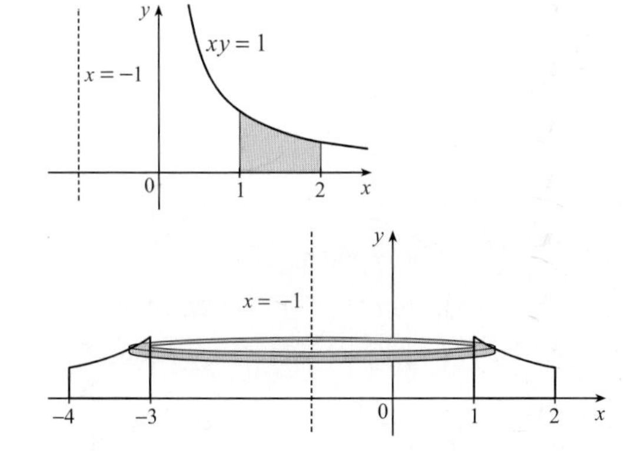

17. $10\sqrt{2}\pi/3$

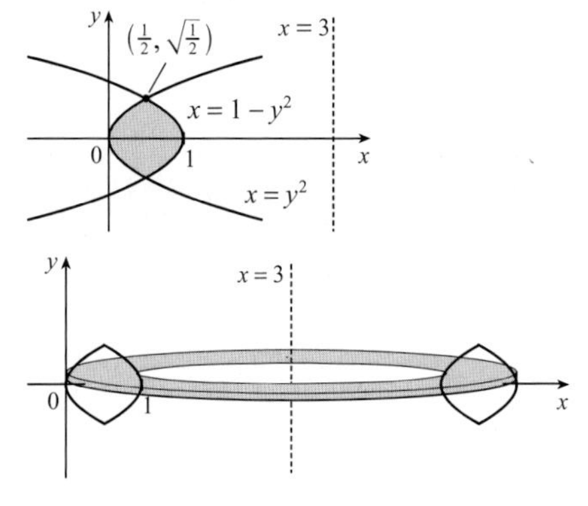

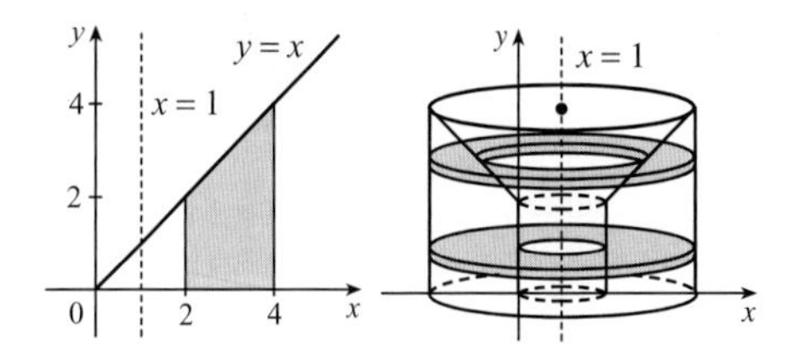

18. $76\pi/3$

19. $\pi/3$	**20.** $2\pi/3$	**21.** $\pi/3$
22. $2\pi/3$	**23.** $\pi/3$	**24.** $\pi/9$
25. $13\pi/45$	**26.** $\pi/15$	**27.** $\pi/3$
28. $2\pi/9$	**29.** $17\pi/45$	**30.** $4\pi/15$

31. a) $2\pi \int_0^1 e^{-2x^2} dx \approx 3{,}758\,25$

b) $2\pi \int_0^1 (e^{-2x^2} + 2e^{-x^2})\, dx \approx 13{,}143\,12$

32. a) $2\pi \int_0^{\pi/2} \cos^4 x\, dx \approx 3{,}701\,10$

b) $2\pi \int_0^{\pi/2} (2\cos^2 x - \cos^4 x)\, dx \approx 6{,}168\,50$

33. a) $2\pi \int_0^2 8\sqrt{1 - x^2/4}\, dx \approx 78{,}956\,84$

b) $2\pi \int_0^1 8\sqrt{4 - 4y^2}\, dy \approx 78{,}956\,84$

34. a) $2\pi \int_0^a (1 - x^2 - x^4)\, dx \approx 3{,}544\,59$

b) $\pi \int_0^{a^2} y\, dy + \pi \int_{a^2}^1 (1 - y^2)\, dy \approx 0{,}999\,98$

35. $-1{,}288\,;\,0{,}884\,;\,23{,}780$ **36.** $0{,}772\,;\,1{,}524\,;\,7{,}519$

37. $\frac{11}{8}\pi^2$ **38.** $\pi(-2e^2 + 24e - \frac{142}{3})$

39. Le solide résultant de la rotation autour de l'axe des x de la région déterminée par $0 \le x \le \pi$ et $0 \le y \le \sqrt{\sin x}$.

40. Le solide résultant de la rotation autour de l'axe des y de la région déterminée par $-1 \le y \le 1$ et $0 \le x \le 1 - y^2$.

41. Le solide résultant de la rotation autour de l'axe des y de la région située au-dessus de l'axe des x et délimitée par les courbes $x = y^2$ et $x = y^4$.

42. Le solide résultant de la rotation autour de l'axe des x de la région déterminée par $0 \le x \le \pi/2$ et $1 \le y \le 1 + \cos x$.

43. 1110 cm^3 **44.** $5{,}80 \text{ m}^3$

45. a) 196 b) 838

46. a) $4\{5a^2 + 18ac + 3[3b^2 + 14bd + 7(c^2 + 5d^2)]\}\pi/315$

b) $3769\pi/9375$

47. $\frac{1}{3}\pi r^2 h$ **48.** $\frac{1}{3}\pi h(R^2 + Rr + r^2)$

49. $\pi h^2(r - \frac{1}{3}h)$ **50.** $\frac{1}{3}(a^2 + ab + b^2)h$

51. $\frac{2}{3}b^2 h$ **52.** $\dfrac{\sqrt{3}}{12}a^2 h$ **53.** 10 cm^3

54. $\frac{16}{3}r^3$ **55.** 24 **56.** $\sqrt{3}/12$

57. $\frac{1}{3}$ **58.** 2 **59.** $\frac{8}{15}$

60. a) $2h\int_0^r \sqrt{r^2 - x^2}\, dx$

b) L'intégrale représente le quart de l'aire d'un cercle de rayon r, donc $V = \frac{1}{2}\pi h r^2$.

61. a) $8\pi R\int_0^r \sqrt{r^2 - y^2}\, dy$ b) $2\pi^2 r^2 R$

62. $128/3\sqrt{3}$ **63.** b) $\pi r^2 h$

64. $\frac{16}{3}r^3$ **65.** $\frac{5}{12}\pi r^3$

66. $10\pi h^2 \text{cm}^3,\ 0 \le h \le 10$;

$\frac{1}{3}\pi(45h^2 - h^3 - 500) \text{ cm}^3,\ 10 < h \le 15$

67. $8\int_0^r \sqrt{R^2 - y^2}\sqrt{r^2 - y^2}\, dy$

68. $\frac{4\pi}{3}(R^2 - r^2)^{3/2}$ **70.** $V_2 = V_1 + 2\pi kA$

EXERCICES 2.3

1. Circonférence $= 2\pi x$; hauteur $= x(x-1)^2$; $\pi/15$

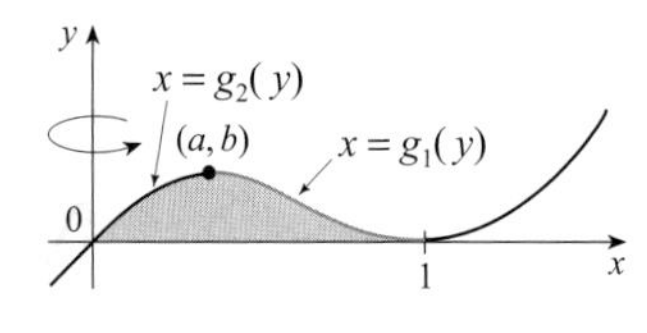

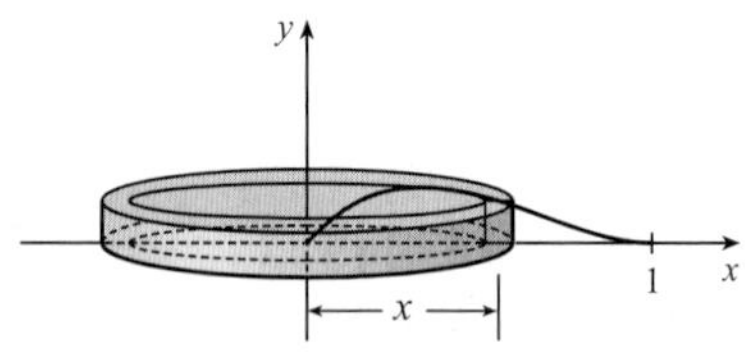

2. Circonférence $= 2\pi x$; hauteur $= \sin(x^2)$; 2π

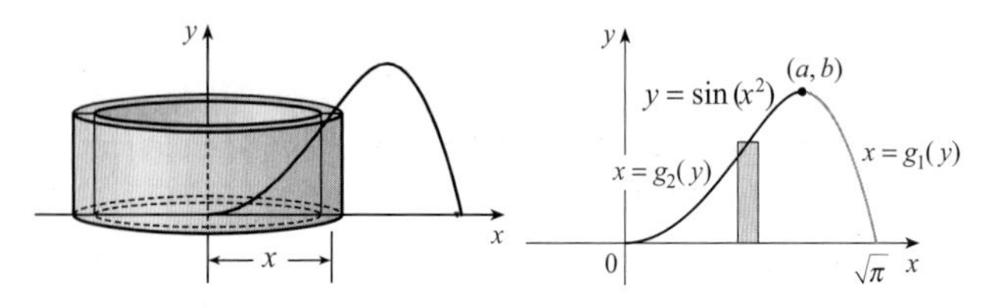

3. $6\pi/7$ **4.** $62\pi/5$ **5.** $\pi(1 - 1/e)$

6. $27\pi/2$ **7.** 8π

8. $3\pi/10$

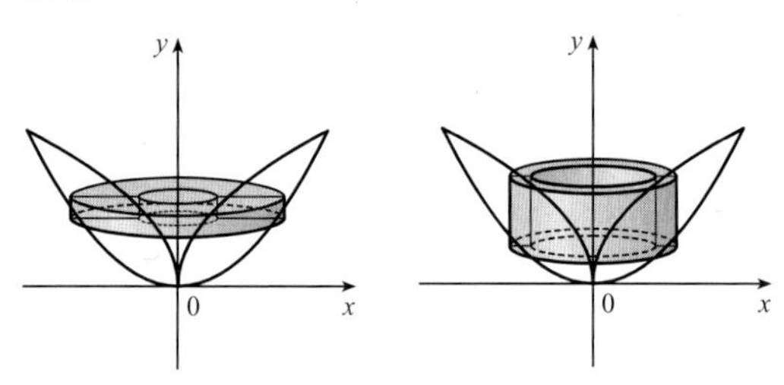

9. 4π **10.** 8π **11.** $768\pi/7$

12. $512\pi/5$ **13.** $16\pi/3$ **14.** $27\pi/2$

15. $7\pi/15$ **16.** $32\pi/15$ **17.** $8\pi/3$

18. $16\pi/3$ **19.** $5\pi/14$ **20.** $16\pi/3$

21. a) $2\pi\int_0^2 x^2 e^{-x}\, dx$ b) 4,063 00

22. a) $2\pi\int_0^{\pi/4} (\frac{\pi}{2} - x)\tan x\, dx$ b) 2,253 23

23. a) $4\pi\int_{-\pi/2}^{\pi/2} (\pi - x)\cos^4 x\, dx$ b) 46,509 42

24. a) $2\pi\int_0^1 (x+1)\left(\dfrac{2x}{1+x^3} - x\right) dx$ b) 2,361 64

25. a) $2\pi\int_0^{\pi} (4 - y)\sqrt{\sin y}\, dy$ b) 36,574 76

26. a) $2\pi\int_{-3}^{3} (5 - y)(4 - \sqrt{y^2 + 7})\, dy$ b) 163,027 12

27. 3,68 **28.** 244π

29. Le solide résultant de la rotation autour de l'axe des y de la région déterminée par $0 \le y \le x^4$ et $0 \le x \le 3$.

30. Le solide résultant de la rotation autour de l'axe des x de la région déterminée par $0 \le x \le 1/(1 + y^2)$ et $0 \le y \le 2$.

31. Le solide résultant de la rotation autour de la droite d'équation $y = 3$ de la région délimitée par :
i) $x = 1 - y^2$, $x = 0$ et $y = 0$
ou
ii) $x = y^2$, $x = 1$ et $y = 0$.

32. Le solide résultant de la rotation autour de la droite d'équation $x = \pi$ de la région délimitée par :
i) $0 \le y \le \cos x - \sin x,\ 0 \le x \le \frac{\pi}{4}$
ou
ii) $\sin x \le y \le \cos x,\ 0 \le x \le \frac{\pi}{4}$.

33. 0,13 **34.** 3,17 **35.** $\frac{1}{32}\pi^3$

36. $2\pi^5 + 2\pi^4 - 24\pi^3 - 12\pi^2 + 96\pi$

37. 8π **38.** $16\pi/15$ **39.** $4\sqrt{3}\,\pi$

40. $4\pi/3$ **41.** $4\pi/3$ **42.** $128\pi/3$

43. $117\pi/5$ **44.** $a = \dfrac{V}{2\pi} + \dfrac{2}{3}$ **45.** $\frac{4}{3}\pi r^3$

46. $2\pi^2 R r^2$ **47.** $\frac{1}{3}\pi r^2 h$ **48.** $\frac{1}{6}\pi h^3$

EXERCICES 2.4

1. a) 9408 J b) 9408 J

2. 5880 J **3.** 4,5 J **4.** 0 J **5.** 180 J

6. 112 J **7.** $\frac{9}{10}$ J **8.** $\frac{5}{16}$ J

9. a) $\frac{25}{24} \approx 1{,}04$ J b) 10,8 cm

10. $\frac{27}{4}$ J **11.** $W_2 = 3W_1$ **12.** 8 cm

13. a) 12 544 J b) 9408 J

14. 1411,2 J **15.** 7 448 000 J

16. 3552,5 J **17.** ≈ 3857 J

18. 73,55 J **19.** 2450 J

20. $129\,654\pi$ J **21.** $\approx 1{,}06 \times 10^6$ J

22. $\approx 4{,}43 \times 10^6$ J **23.** $\approx 2{,}54 \times 10^5$ J

24. 78 400 J **25.** $\approx 2{,}0$ m

26. $\approx 2{,}56 \times 10^6$ J **28.** ≈ 2270 J

29. a) $Gm_1m_2\left(\frac{1}{a} - \frac{1}{b}\right)$ b) $\approx 8{,}50 \times 10^9$ J

30. a) $\approx 2{,}24 \times 10^{12}$ J b) Environ 121 582 ouvriers

EXERCICES 2.5

1. $\frac{8}{3}$ **2.** 0 **3.** $\frac{45}{28}$

4. $\sqrt{3} - 1$ **5.** $(2/\pi)(e - 1)$ **6.** $\frac{4}{\pi}$

7. $2/(5\pi)$ **8.** $\frac{1}{4}\ln 5$

9. a) 1 b) 2 ; 4

c)

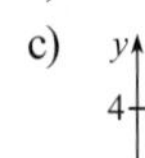

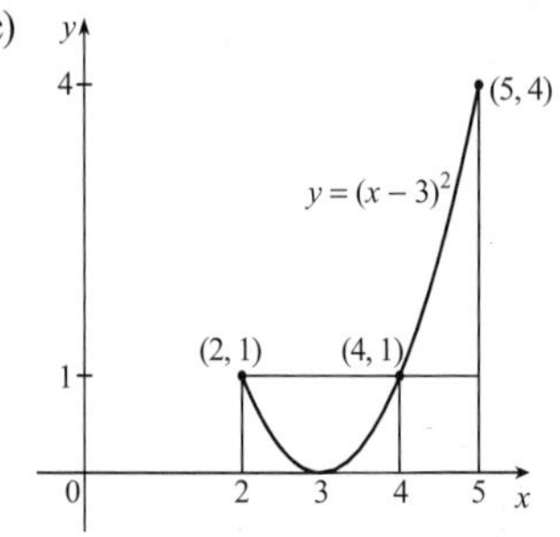

10. a) $\frac{1}{2}\ln 3$ b) $2/\ln 3$

c)

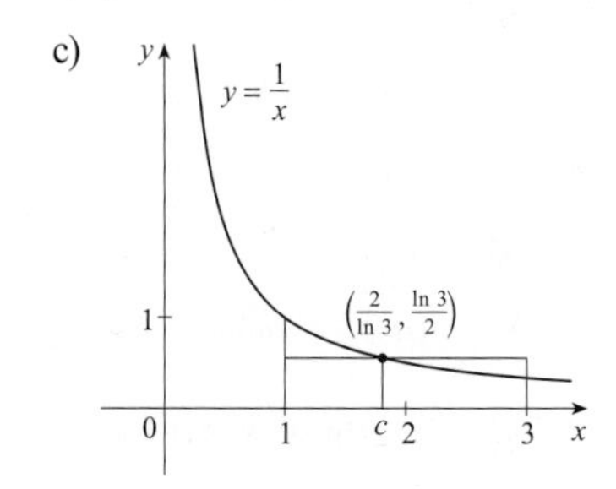

11. a) $4/\pi$ b) $\approx 1{,}238 ; 2{,}808$

c)

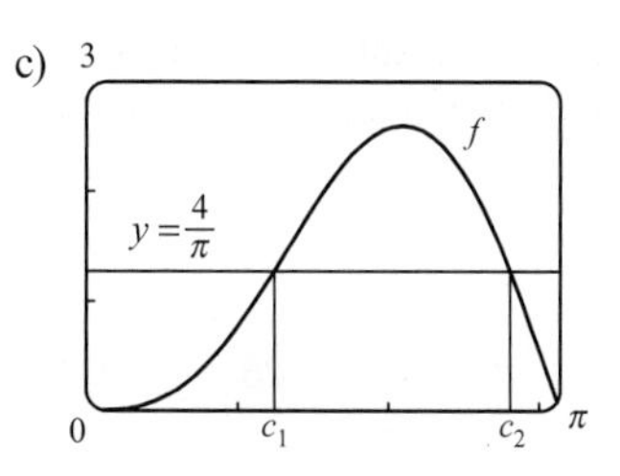

12. a) 2/5 b) $\approx 0{,}220 ; 1{,}207$

c)

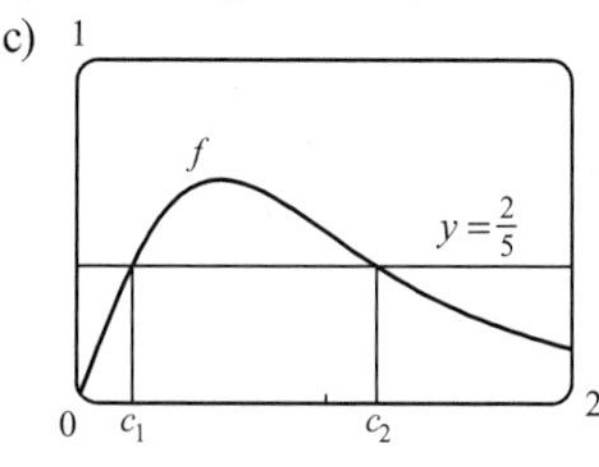

14. $(3 \pm \sqrt{5})/2$ **15.** $\frac{9}{8}$

16. 45,7 km/h ; 5,2 s **17.** $(10 + 16/\pi)$ °C

18. $v_{\text{moy}} = \dfrac{PR^2}{6\eta l}$; $v_{\text{moy}} = \frac{2}{3}v_{\text{max}}$

19. 6 kg/m

20. b) $20 - \dfrac{34}{\ln(41/75)}$ °C

21. Environ 4 056 millions (ou 4 milliards) d'habitants

23. $5/(4\pi) \approx 0{,}4$ L

CHAPITRE 2 - RÉVISION

EXERCICES RÉCAPITULATIFS

1. $\frac{8}{3}$ **2.** $\frac{4}{3}$ **3.** $\frac{7}{12}$ **4.** $\frac{32}{3}$

5. $\frac{4}{3} + 4/\pi$ **6.** $\frac{10}{3} - \frac{4}{3}\sqrt{2}$ **7.** $64\pi/15$

8. $117\pi/5$ **9.** $1656\pi/5$ **10.** 256π

11. $\frac{4}{3}\pi(2ah + h^2)^{3/2}$

12. $\int_0^{\pi/3} 2\pi x(\tan x - x)\, dx$

13. $\int_{-\pi/3}^{\pi/3} 2\pi(\frac{\pi}{2} - x)(\cos^2 x - \frac{1}{4})\, dx$

14. $\int_0^1 \pi\left[(2 - x^2)^2 - (2 - \sqrt{x})^2\right] dx$

15. a) $2\pi/15$ b) $\pi/6$ c) $8\pi/15$

16. a) 5/12 b) $41\pi/105$ c) $13\pi/30$

17. a) 0,38 b) 0,87

18. a) 0 et $a \approx 0{,}75$ b) 0,12
c) 0,54 d) 0,31

19. Le solide résultant de la rotation autour de l'axe des y de la région déterminée par $0 \leq y \leq \cos x$ et $0 \leq x \leq \pi/2$.

20. Le solide résultant de la rotation autour de l'axe des x de la région déterminée par $0 \leq y \leq \sqrt{2}\cos x$ et $0 \leq x \leq \pi/2$.

[illegible] résultant de la rotation autour de l'axe des x de la [illegible] déterminée par $0 \leq x \leq \pi$ et $0 \leq y \leq 2 - \sin x$.

[illegible]lide résultant de la rotation autour de la droite $y = 6$ de [illegible]égion déterminée par $0 \leq x \leq 4y - y^2$ et $0 \leq y \leq 4$.

23. [illegible]6 **24.** $\frac{64}{15}$ **25.** $\frac{125}{3}\sqrt{3}$ m^3

26. a) $\frac{\pi}{3}$ **27.** 3,2 J **28.** 60 760 J

29. a) $784\,000\pi/3 \approx 82\,100$ J b) $\approx 1{,}0$ m

30. 0,007 **31.** $f(x)$

32. a) Aucune solution
b) $\frac{5}{2}$
c) Aucune solution
d) Vrai pour tout b

PROBLÈMES SUPPLÉMENTAIRES

1. a) $f(t) = 3t^2$ b) $f(x) = \sqrt{2x/\pi}$

2. $1 - 1/\sqrt[3]{2}$ **3.** $\frac{32}{27}$

4. a) $\int_{-r}^{r} \sqrt{r^2 - y^2} \cdot \frac{L}{r}(r - y)\, dy$
b) $L\int_{-r}^{r} \sqrt{r^2 - x^2}\, dx$
c) $\frac{1}{2}\pi r^2 L$ d) $\frac{1}{2}\pi r^2 L$ e) $\frac{2}{3}r^2 L$

5. b) 0,2261 c) 0,6736 m
d) i) $1/(105\pi) \approx 0{,}003$ cm/s
ii) $370\pi/3$ s $\approx 6{,}5$ min

6. b) Environ 11 % c) Non
d) $9{,}8\frac{1000}{3}\pi(0{,}1024) \approx 1{,}05 \times 10^3$ J

8. $2\sqrt{5}/5$ **9.** $y = \frac{32}{9}x^2$

10. $\dfrac{h \sin\theta}{\sin\theta + \cos 2\theta}$

11. a) $V = \int_0^h \pi[f(y)]^2\, dy$
c) $f(y) = \sqrt{kA/(\pi C)}\, y^{1/4}$. L'avantage consiste en ce que les graduations sur le réservoir sont également espacées.

12. a) $\dfrac{4gV - \pi\omega^2 r^4}{4\pi g r^2}$
b) $\dfrac{2\sqrt{gV}}{\sqrt{\pi}r^2}$; supérieur à $\dfrac{2\sqrt{g(\pi r^2 L - V)}}{r^2\sqrt{\pi}}$
c) i) 8 rad/s; 16π m^3 ii) 6 m

13. $b = 2a$

14. a) $\int_{-10}^{10} \left[r\sqrt{100 - x^2} - \frac{1}{2}r^2 \sin\left(\frac{2}{r}\sqrt{100 - x^2}\right)\right] dx$
b) $\approx 5{,}7279$

15. $B = 16A$

CHAPITRE 3

EXERCICES 3.1

1. $\frac{1}{3}x^3 \ln x - \frac{1}{9}x^3 + C$

2. $\theta \sin\theta + \cos\theta + C$

3. $\frac{1}{5}x \sin 5x + \frac{1}{25}\cos 5x + C$

4. $5ye^{0,2y} - 25e^{0,2y} + C$

5. $-\frac{1}{3}te^{-3t} - \frac{1}{9}e^{-3t} + C$

6. $-\dfrac{1}{\pi}(x - 1)\cos \pi x + \dfrac{1}{\pi^2}\sin \pi x + C$

7. $(x^2 + 2x)\sin x + (2x + 2)\cos x - 2\sin x + C$

8. $-\dfrac{1}{\beta}t^2 \cos\beta t + \dfrac{2}{\beta^2}t \sin\beta t + \dfrac{2}{\beta^3}\cos\beta t + C$

9. $x \ln\sqrt[3]{x} - \frac{1}{3}x + C$

10. $x \arcsin x + \sqrt{1 - x^2} + C$

11. $t \arctan 4t - \frac{1}{8}\ln(1 + 16t^2) + C$

12. $\frac{1}{6}p^6 \ln p - \frac{1}{36}p^6 + C$

13. $\frac{1}{2}t \tan 2t - \frac{1}{4}\ln|\sec 2t| + C$

14. $\dfrac{2^s}{(\ln 2)^2}(s \ln 2 - 1) + C$

15. $x(\ln x)^2 - 2x \ln x + 2x + C$

16. $-\dfrac{1}{m}t \cos mt + \dfrac{1}{m^2}\sin mt + C \ (m \neq 0)$

17. $\frac{1}{13}e^{2\theta}(2\sin 3\theta - 3\cos 3\theta) + C$

18. $\frac{2}{5}e^{-\theta}\sin 2\theta - \frac{1}{5}e^{-\theta}\cos 2\theta + C$

19. $z^3e^z - 3z^2e^z + 6ze^z - 6e^z + C$

20. $x \tan x - \ln|\sec x| - \frac{1}{2}x^2 + C$

21. $\dfrac{e^{2x}}{4(2x + 1)} + C$

22. $x(\arcsin x)^2 + 2\sqrt{1 - x^2}\arcsin x - 2x + C$

23. $(\sin x(\ln \sin x - A) + C)$

24. $\dfrac{\pi - 2}{2\pi^2}$

25. $-6/e + 3$ **26.** $\sin 1 + \cos 1 - 1$

27. $6 \ln 9 - 4 \ln 4 - 4$ **28.** $\frac{81}{4}\ln 3 - 5$

29. $-2\pi^2$ **30.** $\frac{1}{4} - \frac{3}{4}e^{-2}$

31. $\dfrac{\pi\sqrt{3}}{6} - \dfrac{\pi}{4} + \dfrac{1}{2}\ln 2$ **32.** $\frac{1}{6}(\pi + 6 - 3\sqrt{3})$

33. $-\frac{1}{8}(\ln 2)^2 - \frac{1}{8}\ln 2 + \frac{3}{16}$ **34.** $\sin x(\ln \sin x - 1) + C$

35. $\frac{16}{3} - \frac{7}{3}\sqrt{5}$ **36.** $\frac{32}{5}(\ln 2)^2 - \frac{64}{25}\ln 2 + \frac{62}{125}$

37. $\frac{1}{2}(e^t - \cos t - \sin t)$ **38.** $2\sqrt{x}\sin\sqrt{x} + 2\cos\sqrt{x} + C$

39. $-\frac{1}{2}(1 + t^2)e^{-t^2} + C$ **40.** $-\frac{1}{2} - \frac{\pi}{4}$

41. $4/e$

42. $\frac{1}{2}(x^2-1)\ln(1+x)-\frac{1}{4}x^2+\frac{1}{2}x+\frac{3}{4}+C$

43. $\frac{1}{2}x[\sin(\ln x)-\cos(\ln x)]+C$

44. $-\frac{1}{2}xe^{-2x}-\frac{1}{4}e^{-2x}+C$

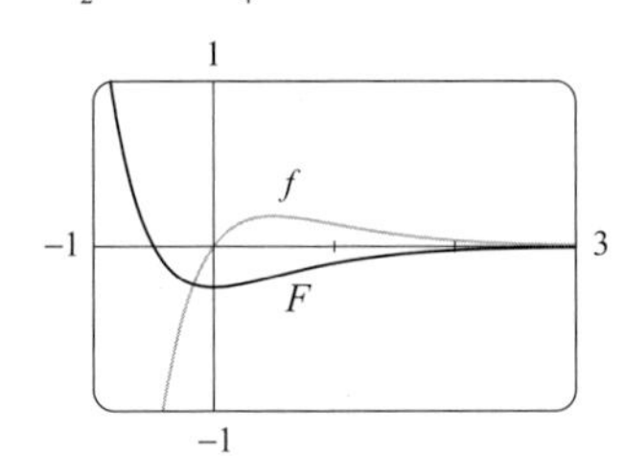

45. $\frac{2}{5}x^{5/2}\ln x-\frac{4}{25}x^{5/2}+C$

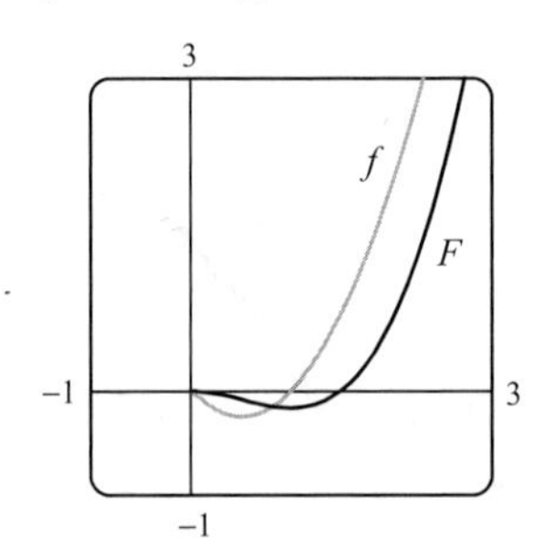

46. $\frac{1}{3}x^2(1+x^2)^{3/2}-\frac{2}{15}(1+x^2)^{5/2}+C$

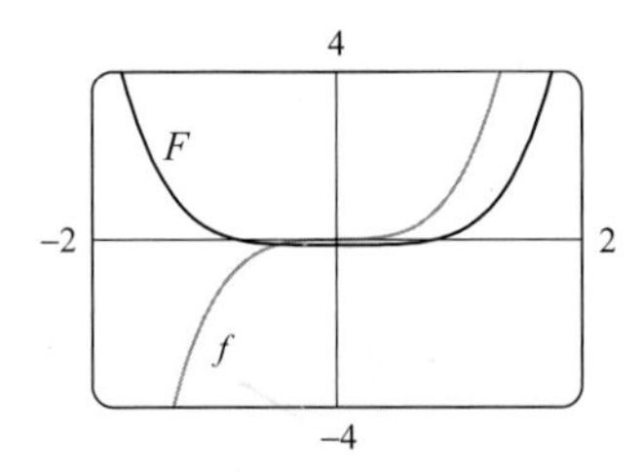

47. $-\frac{1}{2}x^2\cos 2x+\frac{1}{2}x\sin 2x+\frac{1}{4}\cos 2x+C$

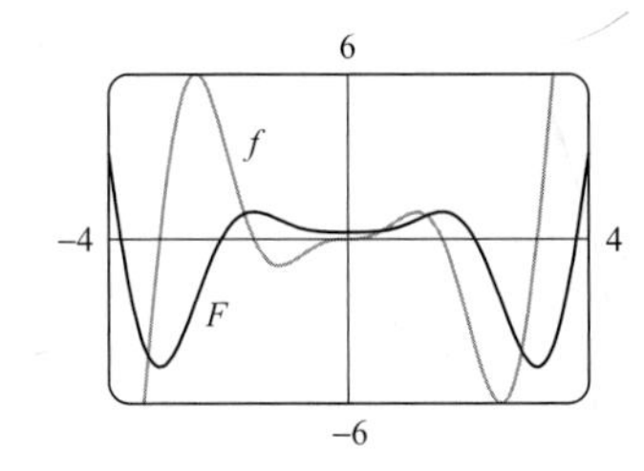

48. b) $-\frac{1}{4}\cos x\sin^3 x+\frac{3}{8}x-\frac{3}{16}\sin 2x+C$

49. b) $\frac{1}{2}x+\frac{1}{4}\sin 2x+C$

c) $\frac{1}{4}\cos^3 x\sin x+\frac{3}{8}x+\frac{3}{16}\sin 2x+C$

50. b) $\frac{2}{3}, \frac{8}{15}$

55. $x[(\ln x)^3-3(\ln x)^2+6\ln x-6]+C$

56. $e^x(x^4-4x^3+12x^2-24x+24)+C$

57. $\frac{16}{3}\ln 2-\frac{29}{9}$ **58.** $3/e-1$

59. −1,751 19 ; 1,172 10 ; 3,999 26

60. 0 ; 1,926 27 ; 1,692 60

61. $4-8/\pi$ **62.** $4\pi/e$ **63.** $2\pi e$

64. a) $2\pi(2\ln 2-\frac{3}{4})$ b) $2\pi[(\ln 2)^2-2\ln 2+1]$

65. $1-(2/\pi)\ln 2$ **66.** 14 844 m

67. $2-e^{-t}(t^2+2t+2)$ m **69.** 2

70. d) 1 **72.** e) $\pi/2$

EXERCICES 3.2

1. $\frac{1}{3}\sin^3 x-\frac{1}{5}\sin^5 x+C$ **2.** $\frac{1}{7}\cos^7\theta-\frac{1}{5}\cos^5\theta+C$

3. $\frac{1}{120}$ **4.** $\frac{8}{15}$

5. $\frac{1}{3\pi}\sin^3(\pi x)-\frac{2}{5\pi}\sin^5(\pi x)+\frac{1}{7\pi}\sin^7(\pi x)+C$

6. $\frac{2}{3}\cos^3(\sqrt{x})-2\cos\sqrt{x}+C$

7. $\pi/4$ **8.** $\pi+\frac{3}{8}\sqrt{3}$ **9.** $3\pi/8$

10. $\frac{\pi}{16}$ **11.** $\pi/16$ **12.** $\frac{9}{4}\pi-4$

13. $\frac{1}{4}t^2-\frac{1}{4}t\sin 2t-\frac{1}{8}\cos 2t+C$

14. $\sin(\sin\theta)-\frac{2}{3}\sin^3(\sin\theta)+\frac{1}{5}\sin^5(\sin\theta)+C$

15. $\frac{2}{45}\sqrt{\sin\alpha}(45-18\sin^2\alpha+5\sin^4\alpha)+C$

16. $\frac{1}{3}x\cos^3 x-x\cos x+\frac{2}{3}\sin x+\frac{1}{9}\sin^3 x+C$

17. $\frac{1}{2}\cos^2 x-\ln|\cos x|+C$ **18.** $\ln|\sin\theta|-\sin^2\theta+\frac{1}{4}\sin^4\theta+C$

19. $\ln|\sin x|+2\sin x+C$ **20.** $-\frac{1}{2}\cos^4 x+C$

21. $\frac{1}{3}\sec^3 x+C$ **22.** $\frac{1}{5}\tan^5\theta+\frac{1}{3}\tan^3\theta+C$

23. $\tan x-x+C$ **24.** $\frac{1}{3}\tan^3 x+C$

25. $\frac{1}{9}\tan^9 x+\frac{2}{7}\tan^7 x+\frac{1}{5}\tan^5 x+C$

26. $\frac{12}{35}$ **27.** $\frac{117}{8}$

28. $\frac{1}{7}\sec^7 x-\frac{2}{5}\sec^5 x+\frac{1}{3}\sec^3 x+C$

29. $\frac{1}{3}\sec^3 x-\sec x+C$ **30.** $\frac{\pi}{4}-\frac{2}{3}$

31. $\frac{1}{4}\sec^4 x-\tan^2 x+\ln|\sec x|+C$

32. $\frac{1}{2}(\sec x\tan x-\ln|\sec x+\tan x|)+C$

33. $x\sec x-\ln|\sec x+\tan x|+C$

34. $\frac{1}{2}\tan^2\phi+C$ **35.** $\sqrt{3}-\frac{1}{3}\pi$

36. $\frac{1}{2}(1-\ln 2)$ **37.** $\frac{22}{105}\sqrt{2}-\frac{8}{105}$

38. $-\frac{1}{9}\cot^9 x-\frac{1}{7}\cot^7 x+C$ **39.** $\ln|\csc x-\cot x|+C$

40. $-\frac{1}{3}+\sqrt{3}+\frac{1}{2}\ln\frac{1}{\sqrt{3}}-\frac{1}{2}\ln(2-\sqrt{3})\approx 1{,}7825$

41. $-\frac{1}{6}\cos 3x-\frac{1}{26}\cos 13x+C$

42. $\frac{1}{6\pi}\sin 3\pi x+\frac{1}{10\pi}\sin 5\pi x+C$

43. $\frac{1}{8}\sin 4\theta - \frac{1}{12}\sin 6\theta + C$

44. $\frac{1}{2}(\ln|\csc x - \cot x| + \ln|\sec x + \tan x|) + C$

45. $\frac{1}{2}\sqrt{2}$ **46.** $\frac{1}{2}\sqrt{2}$ **47.** $\frac{1}{2}\sin 2x + C$

48. $\csc x + \cot x + C$

49. $x\tan x - \ln|\sec x| - \frac{1}{2}x^2 + C$

50. $\dfrac{\sqrt{2}}{8} - \dfrac{7}{8}I$

51. $\frac{1}{4}x^2 - \frac{1}{4}\sin(x^2)\cos(x^2) + C$

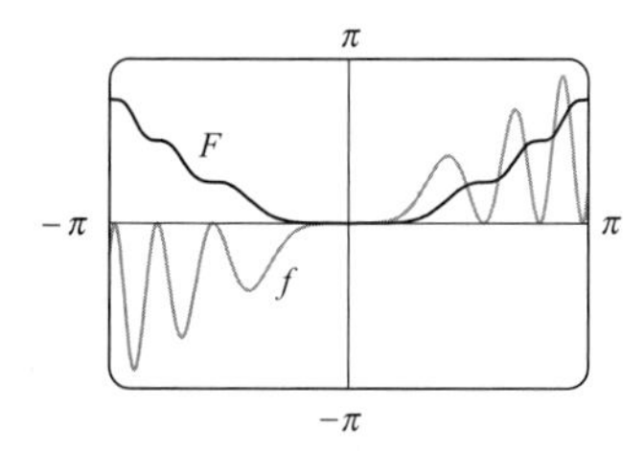

52. $\frac{1}{6}\sin^6 x - \frac{1}{8}\sin^8 x + C$

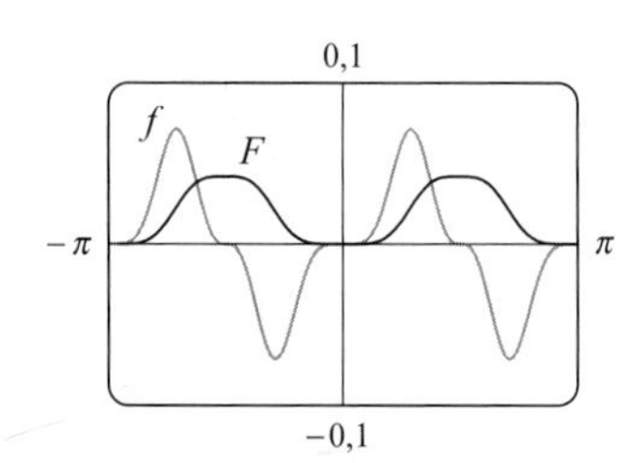

53. $\frac{1}{6}\sin 3x - \frac{1}{18}\sin 9x + C$

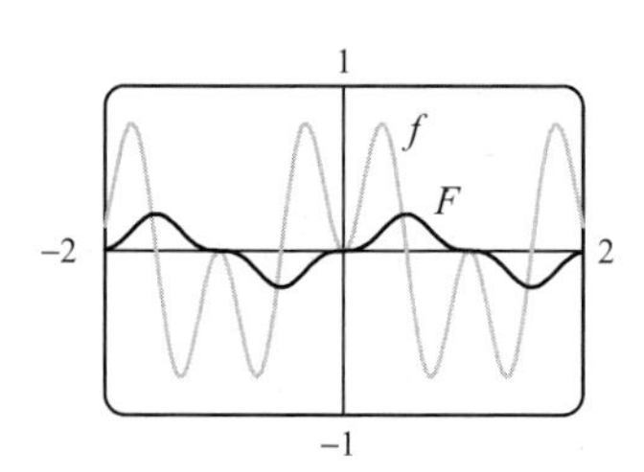

54. $\frac{2}{3}\tan^3\frac{x}{2} + 2\tan\frac{x}{2} + C$

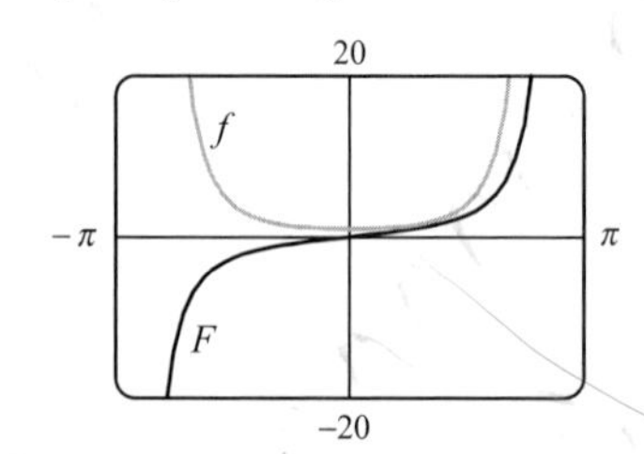

55. 0

56. a) $-\frac{1}{2}\cos^2 x + C_1$ b) $\frac{1}{2}\sin^2 x + C_2$

c) $-\frac{1}{4}\cos 2x + C_3$ d) $\frac{1}{2}\sin^2 x + C_4$

57. 1 **58.** $\frac{5}{3}\sqrt{2}$ **59.** 0

60. 0 **61.** $\pi^2/4$ **62.** $\frac{3}{8}\pi^2$

63. $\pi(2\sqrt{2} - \frac{5}{2})$

64. $2\pi\ln(2+\sqrt{3}) - \frac{1}{6}\pi^2 - \frac{1}{8}\pi\sqrt{3}$

65. $s = (1 - \cos^3\omega t)/(3\omega)$

66. a) $\frac{155}{\sqrt{2}}$ V b) $220\sqrt{2}$ V

EXERCICES 3.3

1. $-\dfrac{\sqrt{4-x^2}}{4x} + C$ **2.** $\frac{1}{3}(x^2-8)\sqrt{(x^2+4)} + C$

3. $\sqrt{x^2-4} - 2\,\mathrm{arcsec}\left(\dfrac{x}{2}\right) + C$ **4.** $\frac{2}{15}$

5. $\dfrac{\pi}{24} + \dfrac{\sqrt{3}}{8} - \dfrac{1}{4}$ **6.** $6 - 3\sqrt{3}$

7. $\dfrac{1}{\sqrt{2}a^2}$ **8.** $\dfrac{\sqrt{t^2-16}}{16t} + C$

9. $\ln(\sqrt{x^2+16} + x) + C$

10. $\frac{1}{15}\sqrt{t^2+2}(3t^4 - 8t^2 + 32) + C$

11. $\frac{1}{4}\arcsin(2x) + \frac{1}{2}x\sqrt{1-4x^2} + C$

12. $\dfrac{1}{\sqrt{5}}\ln\left|\dfrac{\sqrt{5}-\sqrt{5-u^2}}{u}\right| + C$

13. $\frac{1}{6}\,\mathrm{arcsec}(x/3) - \sqrt{x^2-9}\big/(2x^2) + C$

14. $\frac{\pi}{8} + \frac{1}{4}$ **15.** $\frac{1}{16}\pi a^4$ **16.** $\frac{81}{4}(\frac{\pi}{8} + \frac{7}{16}\sqrt{3} - 1)$

17. $\sqrt{x^2-7} + C$ **18.** $-\dfrac{x}{b^2\sqrt{(ax)^2-b^2}} + C$

19. $\ln|(\sqrt{1+x^2} - 1)/x| + \sqrt{1+x^2} + C$

20. $\sqrt{1+x^2} + C$ **21.** $\frac{9}{500}\pi$

22. $\frac{1}{2}\left[\sqrt{2} + \ln(1+\sqrt{2})\right]$

23. $\frac{9}{2}\arcsin\big((x-2)/3\big) + \frac{1}{2}(x-2)\sqrt{5+4x-x^2} + C$

24. $\ln|\sqrt{t^2-6t+13} + t - 3| + C$

25. $\sqrt{x^2+x+1} - \frac{1}{2}\ln(\sqrt{x^2+x+1} + x + \frac{1}{2}) + C$

26. $\dfrac{10x+3}{32\sqrt{3+4x-4x^2}} - \dfrac{1}{8}\arcsin\left(\dfrac{2x-1}{2}\right) + C$

27. $\frac{1}{2}(x+1)\sqrt{x^2+2x} - \frac{1}{2}\ln|x+1+\sqrt{x^2+2x}| + C$

28. $\dfrac{3}{2}\arctan(x-1) + \dfrac{x-3}{2(x^2-2x+2)} + C$

29. $\frac{1}{4}\arcsin(x^2) + \frac{1}{4}x^2\sqrt{1-x^4} + C$

30. $\ln(\sqrt{2}+1)$

32. $\ln(x + \sqrt{x^2+a^2}) - \dfrac{x}{\sqrt{x^2+a^2}} + C$

33. $\frac{1}{6}(\sqrt{48} - \operatorname{arcsec} 7)$

34. $\dfrac{9\sqrt{5}}{2} - 6\ln\left(\dfrac{3+\sqrt{5}}{2}\right)$

36. $\dfrac{1}{4}\left[\dfrac{\sqrt{x^2-2}}{x} - \dfrac{(x-2)^{3/2}}{3x^3}\right] + C$

37. $\frac{3}{8}\pi^2 + \frac{3}{4}\pi$

38. $\frac{2}{3}\pi - \frac{1}{8}\pi^2$

40. $2\pi + \frac{4}{3},\ 6\pi - \frac{4}{3}$

41. $2\pi^2 R r^2$

42. $\dfrac{\lambda}{4\pi\varepsilon_0 b}\left(\dfrac{L-a}{\sqrt{(L-a)^2+b^2}} + \dfrac{a}{\sqrt{a^2+b^2}}\right)$

43. $r\sqrt{R^2-r^2} + \pi r^2/2 - R^2 \arcsin(r/R)$

44. $\approx 74{,}8\ \%$

EXERCICES 3.4

1. a) $\dfrac{A}{4x-3} + \dfrac{B}{2x+5}$ b) $\dfrac{A}{x} + \dfrac{B}{x^2} + \dfrac{C}{5-2x}$

2. a) $\dfrac{A}{x+2} + \dfrac{B}{x-1}$ b) $1 - \dfrac{x+2}{x^2+x+2}$

3. a) $\dfrac{A}{x} + \dfrac{B}{x^2} + \dfrac{C}{x^3} + \dfrac{Dx+E}{x^2+4}$

b) $\dfrac{A}{x+3} + \dfrac{B}{(x+3)^2} + \dfrac{C}{x-3} + \dfrac{D}{(x-3)^2}$

4. a) $x^2 + \dfrac{A}{x-1} + \dfrac{B}{(x-1)^2}$ b) $\dfrac{A}{x} + \dfrac{Bx+C}{x^2+x+1}$

5. a) $x^4 + 4x^2 + 16 + \dfrac{A}{x+2} + \dfrac{B}{x-2}$

b) $\dfrac{Ax+B}{x^2-x+1} + \dfrac{Cx+D}{x^2+2} + \dfrac{Ex+F}{(x^2+2)^2}$

6. a) $1 + \dfrac{A}{t} + \dfrac{B}{t^2} + \dfrac{C}{t^3} + \dfrac{D}{t+1} + \dfrac{Ex+F}{t^2-t+1}$

b) $\dfrac{A}{x} + \dfrac{B}{x-1} + \dfrac{Cx+D}{x^2+1} + \dfrac{Ex+F}{(x^2+1)^2}$

7. $\frac{1}{4}x^4 + \frac{1}{3}x^3 + \frac{1}{2}x^2 + x + \ln|x-1| + C$

8. $3t - 5\ln|t+1| + C$

9. $\frac{1}{2}\ln|2x+1| + 2\ln|x-1| + C$

10. $\frac{4}{9}\ln|y+4| + \frac{1}{18}\ln|2y-1| + C$

11. $2\ln\frac{3}{2}$

12. $\ln\frac{3}{8}$

13. $a\ln|x-b| + C$

14. $\dfrac{1}{b-a}\ln\left|\dfrac{x+a}{x+b}\right| + C$ si $a \neq b$; $-\dfrac{1}{x+a} + C$ si $a = b$

15. $\frac{7}{6} + \ln\frac{2}{3}$

16. $\frac{3}{2} + \ln\frac{3}{2}$

17. $\frac{9}{5}\ln\frac{8}{3}$

18. $\ln\left|\dfrac{x(x-1)}{x+1}\right| + C$

19. $10\ln|x-3| - 9\ln|x-2| + \dfrac{5}{x-2} + C$

20. $\dfrac{3}{2}\ln|2x+1| - \ln|x-2| - \dfrac{2}{x-2} + C$

21. $\frac{1}{2}x^2 - 2\ln(x^2+4) + 2\arctan(x/2) + C$

22. $2\ln|s| - \dfrac{1}{s} - 2\ln|s-1| - \dfrac{1}{s-1} + C$

23. $\ln|x-1| - \frac{1}{2}\ln(x^2+9) - \frac{1}{3}\arctan(x/3) + C$

24. $2\ln|x| - \dfrac{1}{2}\ln(x^2+3) - \dfrac{1}{\sqrt{3}}\arctan\dfrac{x}{\sqrt{3}} + C$

25. $-2\ln|x+1| + \ln(x^2+1) + 2\arctan x + C$

26. $\arctan x - \dfrac{1}{2(x^2+1)} + C$

27. $\frac{1}{2}\ln(x^2+1) + (1/\sqrt{2})\arctan(x/\sqrt{2}) + C$

28. $\ln|x-1| + \dfrac{1}{x-1} - \dfrac{1}{2}\ln(x^2+1) + \arctan x + C$

29. $\dfrac{1}{2}\ln(x^2+2x+5) + \dfrac{3}{2}\arctan\left(\dfrac{x+1}{2}\right) + C$

30. $\frac{1}{2}\ln(x^2+1) - \frac{1}{2}\ln(x^2+2) + \arctan x + \sqrt{2}\arctan(x/\sqrt{2}) + C$

31. $\dfrac{1}{3}\ln|x-1| - \dfrac{1}{6}\ln(x^2+x+1) - \dfrac{1}{\sqrt{3}}\arctan\dfrac{2x+1}{\sqrt{3}} + C$

32. $\frac{1}{2}\ln\frac{18}{13} - \frac{\pi}{6} + \frac{2}{3}\arctan(\frac{2}{3})$

33. $\frac{1}{4}\ln\frac{8}{3}$

34. $\frac{1}{3}x^3 - \ln|x+1| + C$

35. $\dfrac{1}{16}\ln|x| - \dfrac{1}{32}\ln(x^2+4) + \dfrac{1}{8(x^2+4)} + C$

36. $\frac{1}{5}\ln|x^5+5x^3+5x| + C$

37. $\dfrac{7}{8}\sqrt{2}\arctan\left(\dfrac{x-2}{\sqrt{2}}\right) + \dfrac{3x-8}{4(x^2-4x+6)} + C$

38. $\dfrac{1}{2}\ln(x^2+2x+2) - \dfrac{5}{2}\arctan(x+1) - \dfrac{3x+4}{2(x^2+2x+2)} + C$

39. $2\sqrt{x+1} - \ln(\sqrt{x+1}+1) + \ln|\sqrt{x+1}-1| + C$

40. $\frac{3}{2}\ln(\sqrt{x+3}+3) + \frac{1}{2}\ln|\sqrt{x+3}-1| + C$

41. $-2\ln\sqrt{x} - \dfrac{2}{\sqrt{x}} + 2\ln(\sqrt{x}+1) + C$

42. $3(\ln 2 - \frac{1}{2})$

43. $\frac{3}{10}(x^2+1)^{5/3} - \frac{3}{4}(x^2+1)^{2/3} + C$

44. $\pi/3$

45. $2\sqrt{x} + 3\sqrt[3]{x} + 6\sqrt[6]{x} + 6\ln|\sqrt[6]{x} - 1| + C$

46. $4\sqrt{1+\sqrt{x}} - 2\ln(\sqrt{1+\sqrt{x}}+1) + 2\ln(\sqrt{1+\sqrt{x}}-1) + C$

47. $\ln\dfrac{(e^x+2)^2}{e^x+1} + C$

48. $\frac{1}{3}\ln|\cos x| - \frac{1}{3}\ln|\cos x - 3| + C$

49. $\ln|\tan t + 1| - \ln|\tan t + 2| + C$

50. $\frac{1}{5}\ln|e^x-2|-\frac{1}{10}\ln(e^{2x}+1)-\frac{2}{5}\arctan e^x+C$

51. $x-\ln(e^x+1)+C$

52. $-\csc t-\arctan(\sin t)+C$

53. $(x-\frac{1}{2})\ln(x^2-x+2)-2x+\sqrt{7}\arctan\left(\frac{2x-1}{\sqrt{7}}\right)+C$

54. $\frac{1}{2}(x^2\arctan x+\arctan x-x)+C$

55. $-\frac{1}{2}\ln 3\approx -0{,}55$

56. $k=0: -1/x+C$;

$k>0: \frac{1}{\sqrt{k}}\arctan\left(\frac{x}{\sqrt{k}}\right)+C$;

$k<0: \frac{1}{2\sqrt{-k}}\ln\left|\frac{x-\sqrt{-k}}{x+\sqrt{-k}}\right|+C$

57. $\frac{1}{2}\ln\left|\frac{x-2}{x}\right|+C$

58. $\frac{1}{4}\ln|4x^2+12x-7|-\frac{1}{8}\ln|(2x-1)/(2x+7)|+C$

60. $-\cot(x/2)+C$

61. $\frac{1}{5}\ln\left|\frac{2\tan(x/2)-1}{\tan(x/2)+2}\right|+C$

62. $\ln\frac{\sqrt{3}+1}{2}$

63. $4\ln\frac{2}{3}+2$

64. $\frac{1}{2}\ln\frac{8}{5}$

65. $-1+\frac{11}{3}\ln 2$

66. a) $\pi(\frac{2}{3}+\ln\frac{9}{16})$ b) $2\pi\ln\frac{9}{8}$

67. $t=\frac{\ln 10\,000}{P}+\frac{1}{9}\ln\frac{11\,000}{P+1\,000}$

68. $\frac{\sqrt{2}}{8}\ln\left(\frac{x^2+\sqrt{2}x+1}{x^2-\sqrt{2}x+1}\right)+\frac{\sqrt{2}}{4}[\arctan(\sqrt{2}x+1)+\arctan(\sqrt{2}x-1)]+C$

69. a) $\frac{24\,110}{4\,879}\frac{1}{5x+2}-\frac{668}{323}\frac{1}{2x+1}-\frac{9\,438}{80\,155}\frac{1}{3x-7}+\frac{1}{260\,015}\frac{22\,098x+48\,935}{x^2+x+5}$

b) $\frac{4\,822}{4\,879}\ln|5x+2|-\frac{334}{323}\ln|2x+1|-\frac{3146}{80\,155}\ln|3x-7|+\frac{11\,049}{260\,015}\ln(x^2+x+5)+\frac{75\,772}{260\,015\sqrt{19}}\arctan\frac{2x+1}{\sqrt{19}}+C$

Le LCS n'intègre pas les signes de valeur absolue, ni la constante d'intégration.

70. a) $f(x)=\frac{5\,828/1\,815}{(5x-2)^2}-\frac{59\,096/19\,965}{5x-2}+\frac{2(2\,843x+816)/3\,993}{2x^2+1}+\frac{(313x-251)/363}{(2x^2+1)^2}$

b) $-\frac{5\,828}{9\,075(5x-2)}-\frac{59\,096\ln|5x-2|}{99\,825}+\frac{2\,843\ln(2x^2+1)}{7\,986}+\frac{503}{15\,972}\sqrt{2}\arctan(\sqrt{2}x)-\frac{1}{2\,904}\frac{1\,004x+626}{2x^2+1}+C$

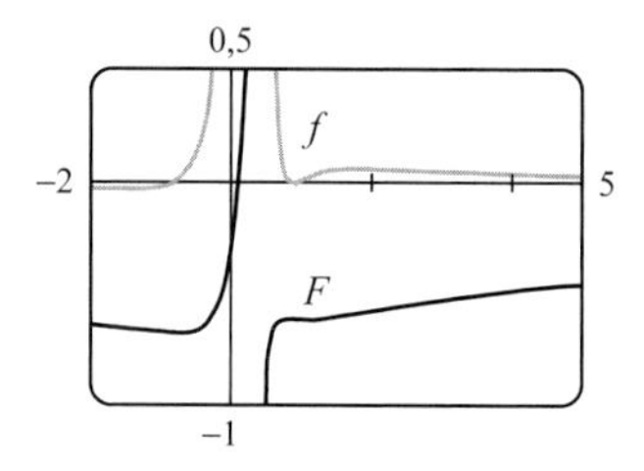

72. 3

73. $\frac{1}{a^n(x-a)}-\frac{1}{a^nx}-\frac{1}{a^{n-1}x^2}-\cdots-\frac{1}{ax^n}$

EXERCICES 3.5

1. $\sin x+\frac{1}{3}\sin^3x+C$

2. $\frac{1}{3(\sqrt{2}+1)}(4^{\sqrt{2}+1}-1)$

3. $\sin x+\ln|\csc x-\cot x|+C$

4. $\frac{1}{2}\cos^2x-\ln|\cos x|+C$

5. $\frac{1}{2\sqrt{2}}\arctan\left(\frac{t^2}{\sqrt{2}}\right)+C$

6. $\frac{1}{18}$

7. $e^{\pi/4}-e^{-\pi/4}$

8. $-\frac{1}{4}t\cos 2t+\frac{1}{8}\sin 2t+C$

9. $\frac{243}{5}\ln 3-\frac{242}{25}$

10. $-\frac{1}{3}\ln 5$

11. $\frac{1}{2}\ln(x^2-4x+5)+\arctan(x-2)+C$

12. $\frac{1}{\sqrt{3}}\arctan\left(\frac{2}{\sqrt{3}}\left(x^2+\frac{1}{2}\right)\right)+C$

13. $-\frac{1}{5}\cos^5t+\frac{2}{7}\cos^7t-\frac{1}{9}\cos^9t+C$

14. $\frac{1}{3}(x^2-2)\sqrt{1+x^2}+C$

15. $x/\sqrt{1-x^2}+C$

16. $\frac{\pi}{8}-\frac{1}{4}$

17. $\frac{1}{4}\pi^2$

18. $2e(e-1)$

19. $e^{e^x}+C$

20. e^2x+C

21. $(x+1)\arctan\sqrt{x}-\sqrt{x}+C$

22. $\sqrt{1+(\ln x)^2}+C$

23. $\frac{4097}{45}$

24. $12+\ln 9$

25. $3x+\frac{23}{3}\ln|x-4|-\frac{5}{3}\ln|x+2|+C$

26. $\ln|x^2-2x-8|+C$

27. $x-\ln(1+e^x)+C$

28. $-2\sqrt{\frac{t}{a}}\cos\sqrt{at}+\frac{2}{a}\sin\sqrt{at}+C$

29. $x\ln(x+\sqrt{x^2-1})-\sqrt{x^2-1}+C$

30. $e^2+e^{-1}-3$

31. $\arcsin x-\sqrt{1-x^2}+C$

32. $\sqrt{2x-1}-2\arctan(\frac{1}{2}\sqrt{2x-1})+C$

33. $2\arcsin\left(\frac{x+1}{2}\right)+\frac{x+1}{2}\sqrt{3-2x-x^2}+C$

34. $\ln(\frac{4}{3}\sqrt{2})$

35. $\frac{1}{8}\sin 4x+\frac{1}{16}\sin 8x+C$

36. 0 **37.** $\frac{1}{4}$ **38.** $\frac{\pi}{12}$

39. $\ln|\sec\theta-1|-\ln|\sec\theta|+C$

40. $\frac{1}{2}\ln|2y-1+\sqrt{4y^2-4y-3}|+C$

41. $\theta\tan\theta-\frac{1}{2}\theta^2-\ln|\sec\theta|+C$

42. $-\frac{\arctan x}{x}+\ln\left|\frac{x}{\sqrt{x^2+1}}\right|+C$

43. $\frac{2}{3}\arctan(x^{3/2})+C$

44. $2\sqrt{1+e^x}+\ln(\sqrt{1+e^x}-1)-\ln(\sqrt{1+e^x}+1)+C$

45. $-\frac{1}{3}(x^3+1)e^{-x^3}+C$ **46.** $\frac{e^x}{x}+C$

47. $\ln|x-1|-3(x-1)^{-1}-\frac{3}{2}(x-1)^{-2}-\frac{1}{3}(x-1)^{-3}+C$

48. $\frac{16}{15}\sqrt{2}-\frac{14}{15}$ **49.** $\ln\left|\frac{\sqrt{4x+1}-1}{\sqrt{4x+1}+1}\right|+C$

50. $2\ln(\sqrt{4x+1}+1)-\frac{2}{\sqrt{4x+1}+1}-2\ln|\sqrt{4x+1}-1|$
$-\frac{2}{\sqrt{4x+1}-1}+C$

51. $-\ln\left|\frac{\sqrt{4x^2+1}+1}{2x}\right|+C$ **52.** $\frac{1}{4}\ln\left(\frac{x^4}{x^4+1}\right)+C$

53. $-\frac{1}{m}x^2\cos(mx)+\frac{2}{m^2}x\sin(mx)+\frac{2}{m^3}\cos(mx)+C$

54. $\frac{1}{3}x^3+\frac{1}{2}x+2\sin x-\frac{1}{2}\sin x\cos x-2x\cos x+C$

55. $2\ln\sqrt{x}-2\ln(1+\sqrt{x})+C$

56. $2\arctan\sqrt{x}+C$

57. $\frac{3}{7}(x+c)^{7/3}-\frac{3}{4}c(x+c)^{4/3}+C$

58. $\sqrt{x^2-1}\ln x-\sqrt{x^2-1}+\arctan\sqrt{x^2-1}+C$

59. $\sin(\sin x)-\frac{1}{3}\sin^3(\sin x)+C$

60. $\frac{\sqrt{4x^2-1}}{x}+C$

61. $\csc\theta-\cot\theta+C$ ou $\tan(\theta/2)+C$

62. $\frac{1}{\sqrt{2}}\arctan\left(\frac{\tan\theta}{\sqrt{2}}\right)+C$

63. $2(x-2\sqrt{x}+2)e^{\sqrt{x}}+C$

64. $\frac{4}{3}(\sqrt{x}+1)^{3/2}-4\sqrt{\sqrt{x}+1}+C$

65. $-\arctan(\cos^2 x)+C$

66. $\frac{1}{8}(\ln 3)^2$

67. $\frac{2}{3}[(x+1)^{3/2}-x^{3/2}]+C$

68. $\frac{1}{3}\ln|x^3+1|-\frac{1}{3}\ln|x^3+2|+C$

69. $\sqrt{2}-2/\sqrt{3}+\ln(2+\sqrt{3})-\ln(1+\sqrt{2})$

70. $\frac{1}{3}\ln|(2e^x-1)/(e^x+1)|+C$

71. $e^x-\ln(1+e^x)+C$

72. $-\left(1+\frac{1}{x}\right)\ln(x+1)+\ln|x|+C$

73. $-\sqrt{1-x^2}+\frac{1}{2}(\arcsin x)^2+C$

74. $\frac{2^x}{\ln 2}+\frac{5^x}{\ln 5}+C$

75. $\frac{1}{8}\ln|x-2|-\frac{1}{16}\ln(x^2+4)-\frac{1}{8}\arctan(x/2)+C$

76. $-\frac{2}{3(2+\sqrt{x})^3}+C$

77. $2(x-2)\sqrt{1+e^x}+2\ln\frac{\sqrt{1+e^x}+1}{\sqrt{1+e^x}-1}+C$

78. $2\tan x+2\sec x-x+C$

79. $\frac{1}{3}x\sin^3 x+\frac{1}{3}\cos x-\frac{1}{9}\cos^3 x+C$

80. $\ln(\sin 2x+2)+C$

81. $2\sqrt{1+\sin x}+C$

82. $\frac{1}{2}\arctan(2\sin^2 x-1)+C$ ou $\frac{1}{2}\arctan(\tan^2 x)+C$

83. $xe^{x^2}+C$

84. a) $F(\ln 2)$ b) $F(\ln\ln 3)-F(\ln\ln 2)$

EXERCICES 3.6

1. a) $G_2=6$; $D_2=12$; $M_2\approx 9{,}6$
b) G_2 est une approximation par défaut, tandis que D_2 et M_2 sont des approximations par excès.
c) $T_2=9<I$
d) $G_n<T_n<I<M_n<D_n$

2. a) D_n, T_n, M_n, G_n b) Entre 0,8632 et 0,8675

3. a) $T_4\approx 0{,}895\,759$ (approximation par défaut)
b) $M_4\approx 0{,}908\,907$ (approximation par excès)
$T_4<I<M_4$

4. a) par défaut, par excès, par défaut, par excès
b) $G_n<M_n<I<T_n<D_n$
c) $G_5\approx 0{,}1187$; $D_5\approx 0{,}2146$; $M_5\approx 0{,}1622$; $T_5\approx 0{,}1666$; point milieu

5. a) $M_{10}\approx 0{,}806\,598$; $E_M\approx -0{,}001\,879$
b) $S_{10}\approx 0{,}804\,779$; $E_s\approx -0{,}000\,060$

6. a) $M_4\approx -1{,}945\,744$; $E_M\approx -0{,}054\,256$
b) $S_4\approx -1{,}985\,611$; $E_s\approx -0{,}014\,389$

7. a) 1,506 361 b) 1,518 362 c) 1,511 519

8. a) 1,040 756 b) 0,041 109 c) 0,042 172

9. a) 2,660 833 b) 2,664 377 c) 2,663 244

10. a) 1,838 967 b) 1,845 390 c) 1,843 245

11. a) 2,591 334 b) 2,681 046 c) 2,631 976

12. a) 0,235 205 b) 0,233 162 c) 0,233 810

13. a) 4,513 618 b) 4,748 256 c) 4,675 111

14. a) 0,372 299 b) 0,380 894 c) 0,376 330

15. a) −0,495 333 b) −0,543 321 c) −0,526 123

16. a) 9,649 753 b) 9,650 912 c) 9,650 526

17. a) 8,363 853 b) 8,163 298 c) 8,235 114

18. a) 0,808 532 b) 0,803 078 c) 0,804 896

19. a) $T_8 \approx 0{,}902\,333$; $M_8 \approx 0{,}905\,620$
b) $|E_T| \leq 1/128$; $|E_M| \leq 1/256$
c) $n = 71$ pour T_n ; $n = 50$ pour M_n

20. a) $T_{10} \approx 2{,}021\,976$; $M_{10} \approx 2{,}019\,102$
b) $|E_T| \leq 0e/400$; $|E_M| \leq e/800$
c) $n = 83$ pour T_n ; $n = 59$ pour M_n

21. a) $T_{10} \approx 1{,}983\,524$ et $E_T \approx 0{,}016\,476$; $M_{10} \approx 2{,}008\,248$ et $E_M \approx -0{,}008\,248$; $S_{10} \approx 2{,}000\,110$ et $E_s \approx -0{,}000\,110$
b) $|E_T| \leq n^3/1200$; $|E_M| \leq n^3/2400$; $|E_s| \leq n^5/1\,400\,000$
c) $n = 509$ pour T_n, $n = 360$ pour M_n et $n = 22$ pour S_n

22. 20

23. a) e ou 2,8
b) 7,954 926 518
c) $\dfrac{e(2\pi)^3}{24 \cdot 10^2}$ ou $\dfrac{2{,}8(2\pi)^3}{24 \cdot 10^2}$
d) 7,954 926 521
e) L'incertitude réelle est beaucoup plus petite.
f) $4e$ ou 10,9
g) 7,954 926 520
h) $\dfrac{4e(2\pi)^5}{180 \cdot 10^4}$ ou $\dfrac{\frac{109}{10}(2\pi)^5}{180 \cdot 10^4} = \dfrac{109}{90\,00\,000}\pi^5$
i) L'incertitude réelle est plus petite.
j) $n \geq 50$

24. a) $\frac{5}{4}\sqrt{3}$ ou 2,2
b) 3,995 804 152
c) $\dfrac{\frac{5}{4}\sqrt{3}(2)^3}{24 \cdot 10^2} = \dfrac{1}{240}\sqrt{3}$ ou $\dfrac{\frac{22}{10}(2)^3}{24 \cdot 10^2} = \dfrac{11}{1500}$
d) 3,995 487 677
e) L'incertitude réelle est beaucoup plus petite.
f) $\frac{167}{16}\sqrt{3}$ ou 18,1
g) 3,995 485 151
h) $\dfrac{\frac{167}{16}\sqrt{3}(2)^5}{180 \cdot 10^4} = \dfrac{167}{90\,000}\sqrt{3}$ ou $\dfrac{\frac{181}{10}(2)^5}{180 \cdot 10^4} = \dfrac{181}{562\,500}$
i) L'incertitude réelle est plus petite.
j) $n \geq 14$

25.

n	G_n	D_n	T_n	M_n
5	0,742 943	1,286 599	1,014 771	0,992 621
10	0,867 782	1,139 610	1,003 696	0,998 152
20	0,932 967	1,068 881	1,000 924	0,999 538

n	E_G	E_D	E_T	E_M
5	0,257 057	−0,286 599	−0,014 771	0,007 379
10	0,132 218	−0,139 610	−0,003 696	0,001 848
20	0,067 033	−0,068 881	−0,000 924	0,000 462

Les observations sont les mêmes que celles qui sont énoncées après l'exemple 1.

26.

n	G_n	D_n	T_n	M_n
5	0,580 783	0,430 783	0,505 783	0,497 127
10	0,538 955	0,463 955	0,501 455	0,499 274
20	0,519 114	0,481 614	0,500 364	0,499 818

n	E_G	E_D	E_T	E_M
5	−0,080 783	0,069 217	−0,005 783	0,002 873
10	−0,038 955	0,036 049	−0,001 455	0,000 726
20	−0,019 114	0,018 386	−0,000 364	0,000 182

27.

n	T_n	M_n	S_n
6	6,695 473	6,252 572	6,403 292
12	6,474 023	6,363 008	6,400 206

n	E_T	E_M	E_S
6	−0,295 473	0,147 428	−0,003 292
12	−0,074 023	0,036 992	−0,000 206

Les observations sont les mêmes que celles qui sont énoncées après l'exemple 11.

28.

n	T_n	M_n	S_n
6	2,008 966	1,995 572	2,000 469
12	2,002 269	1,998 869	2,000 036

n	E_T	E_M	E_S
6	−0,008 966	0,004 428	−0,000 469
12	−0,002 269	0,001 131	−0,000 036

29. a) 19,8 b) 20,6 c) $20{,}5\overline{3}$

30. 84 m^2

31. a) 14,4 b) $\frac{1}{2}$

32. a) $\approx$ 19,2 b) $7{,}\overline{1} \times 10^{-5}$

33. $\approx$ 17,978 °C

34. 44,735 m

35. $37{,}7\overline{3}$ m/s

36. 12,2 litres

37. 10 177 mégawattheures

38. 15 636 mégabits

39. a) 190 b) 828

40. 148 joules **41.** 6,0

42. $\approx 2{,}076\ 65$ **43.** 59,4

44. 20 ; 0

45.

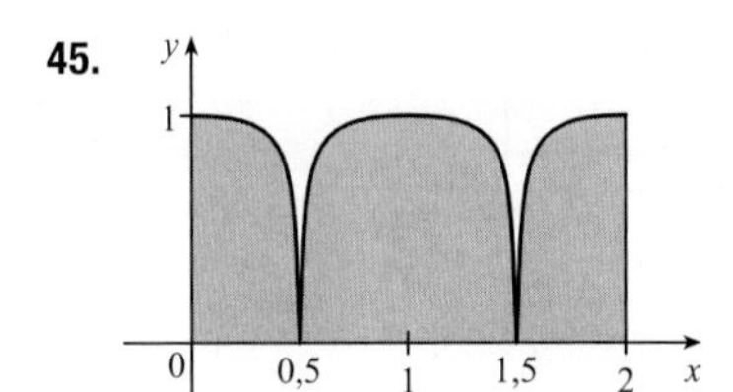

46.

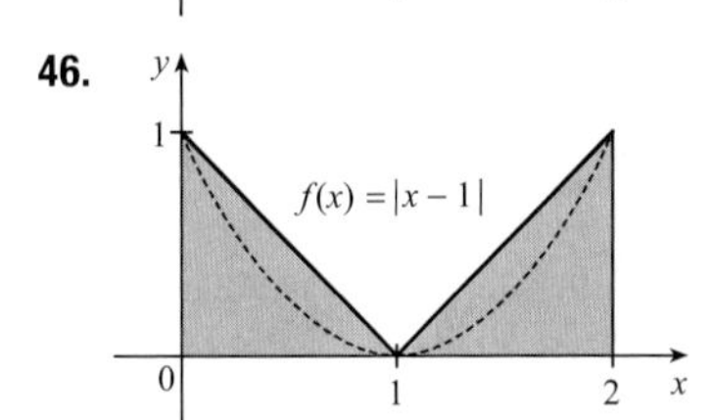

EXERCICES 3.7

1. a) Indétermination de la forme 0/0
b) 0
c) 0
d) ∞, $-\infty$, ou n'existe pas
e) Indétermination de la forme ∞/∞

2. a) Indétermination de la forme $0/\infty$
b) ∞
c) ∞

3. a) $-\infty$
b) Indétermination de la forme ∞/∞
c) ∞

4. a) Indétermination de la forme 0^0
b) 0
c) Indétermination de la forme 1^∞
d) Indétermination de la forme ∞^0
e) ∞

5. $\frac{9}{4}$ **6.** $-\frac{3}{2}$ **7.** 2 **8.** 5
9. $-\frac{1}{3}$ **10.** $\frac{11}{20}$ **11.** $-\infty$ **12.** $\frac{4}{5}$
13. 2 **14.** 2 **15.** $\frac{1}{4}$ **16.** 0
17. 0 **18.** $-\frac{1}{2}$ **19.** $-\infty$ **20.** 0
21. $\frac{8}{5}$ **22.** $\ln\frac{8}{5}$ **23.** 3 **24.** ∞
25. $\frac{1}{2}$ **26.** $-\frac{1}{6}$ **27.** $-\frac{1}{2}$ **28.** 1
29. 0 **30.** $1/\ln 3$ **31.** $\frac{1}{2}(n^2-m^2)$ **32.** 0
33. $\frac{1}{4}$ **34.** $-1/\pi^2$ **35.** 0 **36.** $\frac{1}{2}a(a-1)$
37. 2 **38.** $\frac{1}{24}$ **39.** $\cos a$ **40.** π
41. 0 **42.** 3 **43.** 0 **44.** 0
45. 1 **46.** $-2/\pi$ **47.** $\frac{1}{5}$ **48.** $\frac{1}{2}$
49. 0 **50.** $\frac{1}{2}$ **51.** 0 **52.** ∞
53. $\ln\frac{7}{5}$ **54.** 1 **55.** 1 **56.** e^{-2}
57. e^{ab} **58.** $1/e$ **59.** 2 **60.** 1
61. e **62.** e^4 **63.** $e^{(2/\pi)}$ **64.** $1/\sqrt{e}$
65. e^{-8} **66.** e^2 **67.** $\ln\frac{5}{4}/\ln\frac{3}{2}$ **68.** $\frac{1}{4}$
69. 4 **72.** 1 **73.** 1 **74.** $\frac{16}{9}a$
75. $\frac{1}{2}$ **77.** 56 **78.** $\frac{4}{3}$; -2

EXERCICES 3.8

Abréviations : C : convergente ; D : divergente.

1. a) et d) : discontinuité à l'infini ; b) et c) : intervalle infini

2. b) et c) sont de type 2 ; d) est de type 1

3. $\frac{1}{2}-1/(2t^2)$; 0,495 ; 0,499 95 ; 0,499 999 5 ; 0,5

4. a)

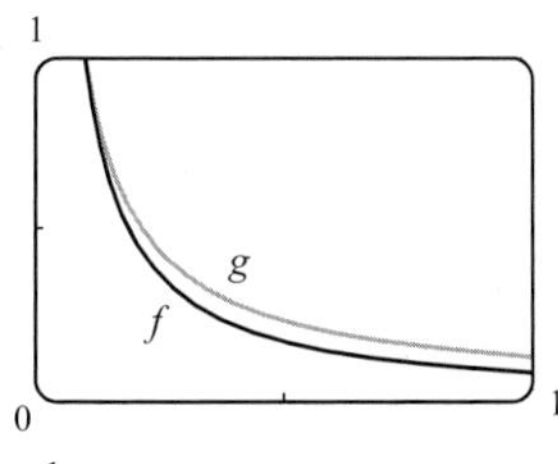

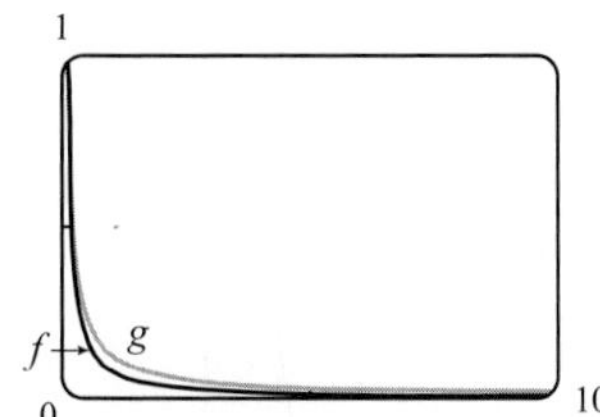

b)

t	$F(t)$	$G(t)$
10	2,06	2,59
100	3,69	5,85
10^4	6,02	15,12
10^6	7,49	29,81
10^{10}	9	90
10^{20}	9,9	990

c) L'aire totale sous f est 10 ; l'aire totale sous g n'existe pas.

5. 2 **6.** D **7.** D **8.** $\frac{1}{36}$
9. $\frac{1}{5}e^{-10}$ **10.** $1/\ln 2$ **11.** D **12.** D
13. 0 **14.** $2e^{-1}$ **15.** D **16.** D
17. $\ln 2$ **18.** $\frac{1}{4}\ln 5$ **19.** $-\frac{1}{4}$ **20.** $\frac{7}{9}e^{-6}$
21. D **22.** 0 **23.** $\pi/9$ **24.** $\pi\sqrt{3}/9$
25. $\frac{1}{2}$ **26.** $\pi/8$ **27.** D **28.** 2
29. $\frac{32}{3}$ **30.** D **31.** D **32.** $\pi/2$
33. $\frac{9}{2}$ **34.** D **35.** D **36.** D

37. $-2/e$ **38.** D **39.** $\frac{8}{3}\ln 2 - \frac{8}{9}$ **40.** 0

41. $1/e$

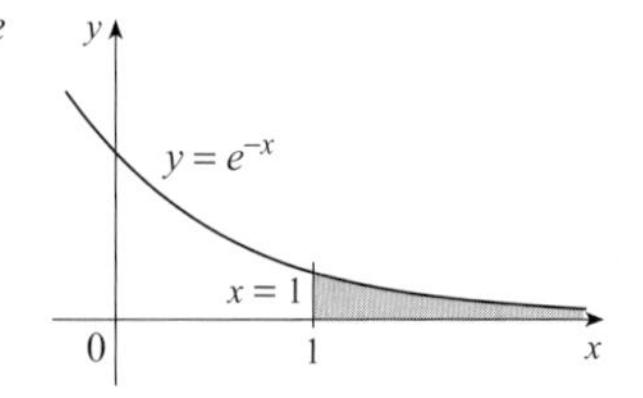

42. 1

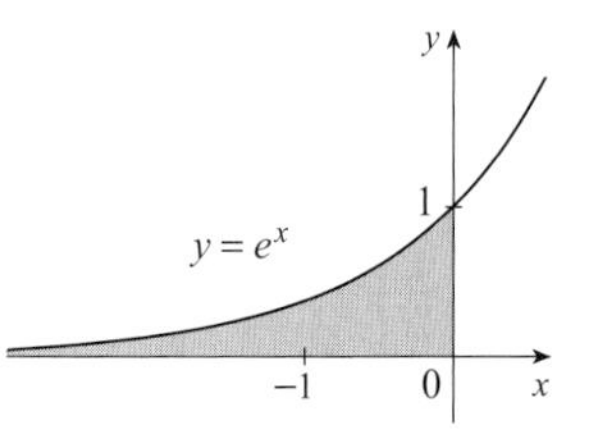

43. $\frac{1}{2}\ln 2$

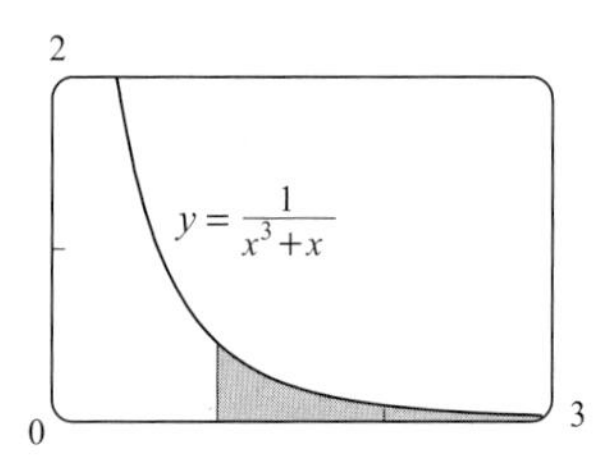

44. 1

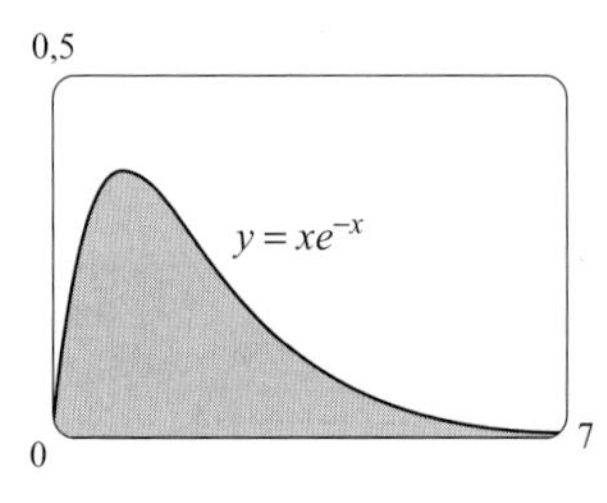

45. Aire infinie

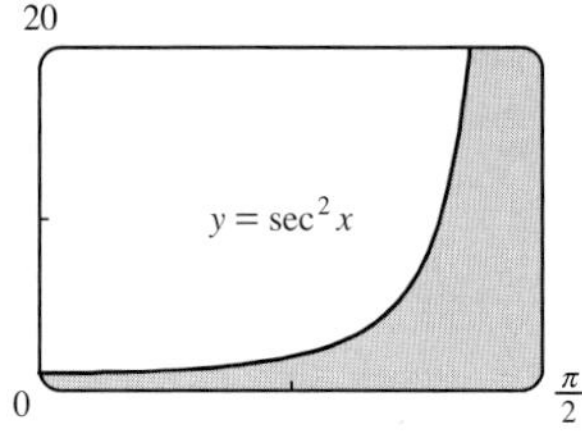

46. $2\sqrt{2}$

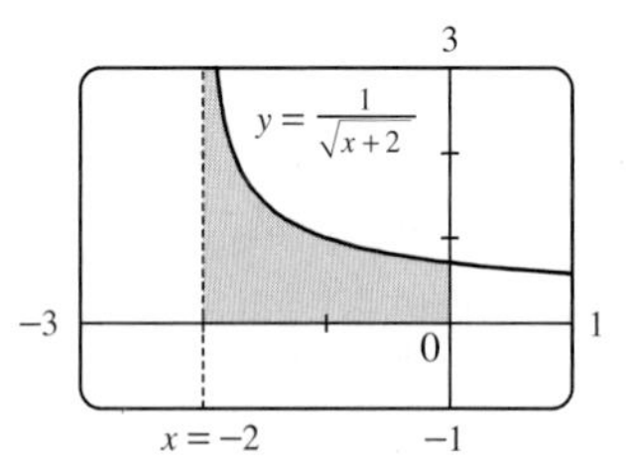

47. a)

t	$\int_1^t [(\sin^2 x)/x^2]\,dx$
2	0,447 453
5	0,577 101
10	0,621 306
100	0,668 479
1 000	0,672 957
10 000	0,673 407

L'intégrale semble convergente.

c)

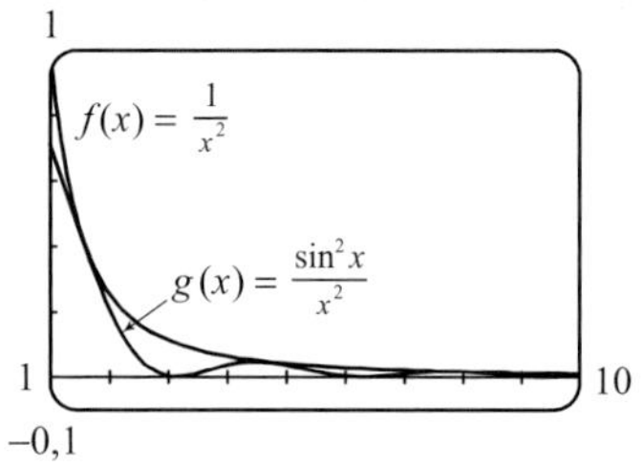

48. a)

t	$\int_2^t g(x)\,dx$
5	3,830 327
10	6,801 200
100	23,328 769
1 000	69,023 361
10 000	208,124 560

L'intégrale semble divergente.

c)

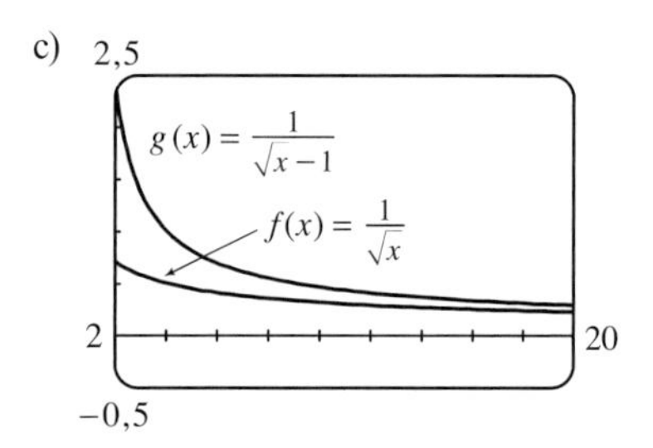

49. C **50.** D **51.** D **52.** C

53. D **54.** C **55.** π **56.** $\pi/4$

57. $p < 1,\ 1/(1-p)$

58. $p > 1,\ 1/(p-1)$

59. $p > -1,\ -1/(p+1)^2$

60. a) 1 ; 1 ; 2 ; 6 b) $n!$

64. $\approx 6{,}26 \times 10^{10}$ J **65.** $\sqrt{2GM/R}$

66. $\frac{1}{3}\sqrt{R^2 - s^2}\,(R^2 + 2s^2) - Rs^2 \ln\left(\frac{R + \sqrt{R^2 - s^2}}{s}\right)$

67. a)

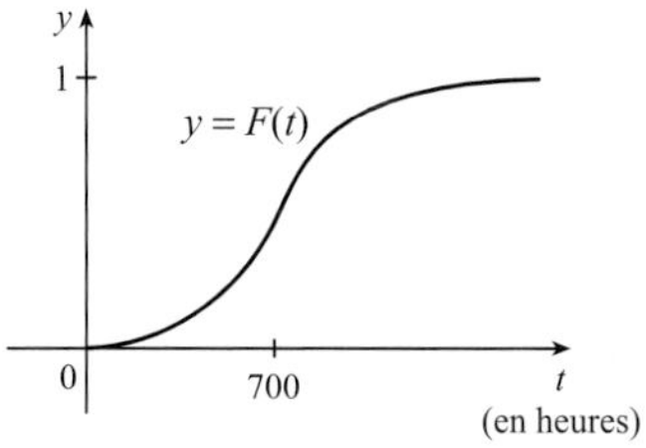

b) Le taux de croissance de la fraction $F(t)$ quand t augmente.

c) 1 ; toutes les ampoules grillent éventuellement.

68. 8264,5 ans **69.** $\tan\left(\frac{\pi}{2} - 0{,}001\right) \approx 1000$

71. a) $F(s) = 1/s$ où $s > 0$

b) $F(s) = 1/(s-1)$ où $s > 1$

c) $F(s) = 1/s^2$ où $s > 0$

77. $C = 1$; $\ln 2$ **78.** $C = 3$; $\ln \frac{1}{3}$ **79.** Non

CHAPITRE 3 - RÉVISION

VRAI OU FAUX

1. Faux **2.** Vrai **3.** Faux

4. Faux **5.** Faux **6.** Vrai

7. Faux **8.** Faux **9.** a) Vrai b) Faux

10. Vrai **11.** Faux **12.** Vrai

13. Faux **14.** Faux

EXERCICES RÉCAPITULATIFS

1. $\frac{7}{2} + \ln 2$ **2.** $\ln \frac{3}{2} - \frac{1}{6}$

3. $e - 1$ **4.** $-\frac{\pi}{24} + \frac{1}{8}\sqrt{3}$

5. $\ln\left|\frac{2t+1}{t+1}\right| + C$ **6.** $\frac{32}{3}\ln 2 - \frac{7}{4}$

7. $\frac{2}{15}$ **8.** $2 \arctan \sqrt{e^x - 1} + C$

9. $-\cos(\ln t) + C$ **10.** $\frac{1}{12}\pi^{3/2}$

11. $\sqrt{3} - \frac{1}{3}\pi$ **12.** $\frac{1}{2}\arctan e^{2x} + C$

13. $3e^{\sqrt[3]{x}}(x^{2/3} - 2x^{1/3} + 2) + C$ **14.** $\frac{1}{2}x^2 - 2x + 6\ln|x+2| + C$

15. $-\frac{1}{2}\ln|x| + \frac{3}{2}\ln|x+2| + C$ **16.** $\frac{1}{3}\tan^3\theta + 2\tan\theta - \cot\theta + C$

17. $x \sec x - \ln|\sec x + \tan x| + C$

18. $3\ln|x| + \frac{1}{x} - 2\ln|x+3| + C$

19. $\frac{1}{18}\ln(9x^2 + 6x + 5) + \frac{1}{9}\arctan[\frac{1}{2}(3x+1)] + C$

20. $\frac{1}{7}\sec^7\theta - \frac{2}{5}\sec^5\theta + \frac{1}{3}\sec^3\theta + C$

21. $\ln|x - 2 + \sqrt{x^2 - 4x}| + C$

22. $2e^{\sqrt{t}}(t\sqrt{t} - 3t + 6\sqrt{t} - 6) + C$

23. $\ln\left|\frac{\sqrt{x^2+1} - 1}{x}\right| + C$

24. $\frac{1}{2}e^x(\cos x + \sin x) + C$

25. $\frac{3}{2}\ln(x^2 + 1) - 3\arctan x + \sqrt{2}\arctan(x/\sqrt{2}) + C$

26. $-\frac{1}{4}x\cos 2x + \frac{1}{8}\sin 2x + C$

27. $\frac{2}{5}$

28. $x + 3x^{2/3} + 6\sqrt[3]{x} + 6\ln|\sqrt[3]{x} - 1| + C$

29. 0 **30.** $-\arcsin(e^{-x}) + C$

31. $6 - \frac{3}{2}\pi$ **32.** $\frac{\pi}{4} - \frac{1}{2}$

33. $\frac{x}{\sqrt{4 - x^2}} - \arcsin\left(\frac{x}{2}\right) + C$

34. $x(\arcsin x)^2 + 2\sqrt{1 - x^2}\arcsin x - 2x + C$

35. $4\sqrt{1 + \sqrt{x}} + C$ **36.** $\ln|\cos\theta + \sin\theta| + C$

37. $\frac{1}{2}\sin 2x - \frac{1}{8}\cos 4x + C$ ou $\frac{1}{4}(\cos x + \sin x)^4 + C$

38. $\frac{2^{\sqrt{x}+1}}{\ln 2} + C$ **39.** $\frac{1}{8}e - \frac{1}{4}$ **40.** $\sqrt[4]{3} - 1$

41. $\frac{1}{36}$ **42.** $\frac{1}{9}$ **43.** D

44. $\frac{40}{3}$ **45.** $4\ln 4 - 8$ **46.** D

47. $-\frac{4}{3}$ **48.** D **49.** $\pi/4$

50. $\frac{\pi}{4} + \frac{1}{2}\ln 2$

51. $(x+1)\ln(x^2 + 2x + 2) + 2\arctan(x+1) - 2x + C$

52. $\frac{1}{3}\sqrt{x^2+1}(x^2 - 2) + C$ **53.** 0

54. c) $-\frac{1}{8}e^{-2x}(4x^5 + 10x^4 + 20x^3 + 30x^2 + 30x + 15) + C$

55. $\frac{1}{4}(2x - 1)\sqrt{4x^2 - 4x - 3} - \ln|2x - 1 + \sqrt{4x^2 - 4x - 3}| + C$

56. $-\frac{1}{4}\cot t\csc^3 t - \frac{3}{8}\csc t\cot t + \frac{3}{8}\ln|\csc t - \cot t| + C$

57. $\frac{1}{2}\sin x\sqrt{4 + \sin^2 x} + 2\ln(\sin x + \sqrt{4 + \sin^2 x}) + C$

58. $\ln\left|\frac{\sqrt{1 + 2\sin x} - 1}{\sqrt{1 + 2\sin x} + 1}\right| + C$

61. Non

62. $a < 0$; $-\frac{a}{a^2 + 1}$

63. a) 1,925 444 b) 1,920 915 c) 1,922 425

64. a) −2,835 151 b) −2,856 809 c) −2,849 590

65. a) 0,013 48 ; $n \geq 368$ b) 0,006 74 ; $n \geq 260$

66. 17,739 438

67. 13,8 km

68. 81 067 abeilles

69. a) 3,8 b) 1,786 7 ; 0,000 646 c) $n \geq 30$

70. 4051 cm^3

71. a) D b) C

72. $6\sqrt{2} - \ln(3 + 2\sqrt{2})$ **73.** 2

74. $4\ln 3 - 4$ **75.** $\frac{3}{16}\pi^2$

76. $\frac{1}{8}(\pi^3 - 4\pi)$ **78.** a) $\frac{\pi}{2}$ c) 0 d) 0

80. $V = -\frac{q}{4\pi\varepsilon_0 d}$

PROBLÈMES SUPPLÉMENTAIRES

1. À environ 1,85 pouces du centre

2. $\frac{1}{6}\ln|1 - x^{-6}| + C$ **3.** 0 **4.** $\frac{4\pi}{3} + \frac{\sqrt{3}}{2}$

6. b) $y=-\sqrt{L^2-x^2}-L\ln\left(\dfrac{L-\sqrt{L^2-x^2}}{x}\right)$

7. $f(\pi)=-\pi/2$

10. a) $-f(x)\le f(x)\sin(nx)\le f(x)$ b) 0

11. $(b^b a^{-a})^{1/(b-a)}e^{-1}$

12. $\ln\big(\pi/(e+1)\big)\approx -0{,}168\,53$

13. $\frac{1}{8}\pi-\frac{1}{12}$

14. $\dfrac{\sqrt{2}}{4}\ln\dfrac{\tan x-\sqrt{2\tan x}+1}{\tan x+\sqrt{2\tan x}+1}+\dfrac{\sqrt{2}}{2}\arctan(\sqrt{2\tan x}-1)+\dfrac{\sqrt{2}}{2}\arctan(\sqrt{2\tan x}+1)+C$

15. $2-\arcsin(2/\sqrt{5})$

16. a) $v(t)=u\ln\dfrac{M_0}{M_0-bt}-gt$

b) $u\ln\dfrac{M_0}{M_1}-g\dfrac{M_2}{b}$

c) $\dfrac{u}{b}M_2+\dfrac{u}{b}M_1\ln\dfrac{M_1}{M_0}-\dfrac{g}{2}\left(\dfrac{M_2}{b}\right)^2$

CHAPITRE 4

EXERCICES 4.1

1. $4\sqrt{5}$ **2.** $\sqrt{2}\pi/4$ **3.** 3,8202

4. 2,1024 **5.** 3,6095 **6.** 2,9579

7. $\frac{2}{243}(82\sqrt{82}-1)$ **8.** $\frac{2}{27}(55\sqrt{55}-37\sqrt{37})$ **9.** $\frac{59}{24}$

10. $\frac{33}{16}$ **11.** $\frac{32}{3}$ **12.** $\ln(2+\sqrt{3})$

13. $\ln(\sqrt{2}+1)$ **14.** $\frac{1}{2}(e-e^{-1})$ **15.** $\frac{3}{4}+\frac{1}{2}\ln 2$

16. 2 **17.** $\ln 3-\frac{1}{2}$

18. $\ln(1+\sqrt{1+e^{-4}})+2-\sqrt{1+e^{-4}}-\ln(1+\sqrt{2})+\sqrt{2}$

19. $\sqrt{2}+\ln(1+\sqrt{2})$ **20.** $\frac{1}{27}(80\sqrt{10}-13\sqrt{13})$

21. 10,0556 **22.** 1,7294 **23.** $\approx$ 15,498 085

24. $\approx$ 5,074 212 **25.** $\approx$ 7,094 570 **26.** $\approx$ 2,280 559

27. a) b)

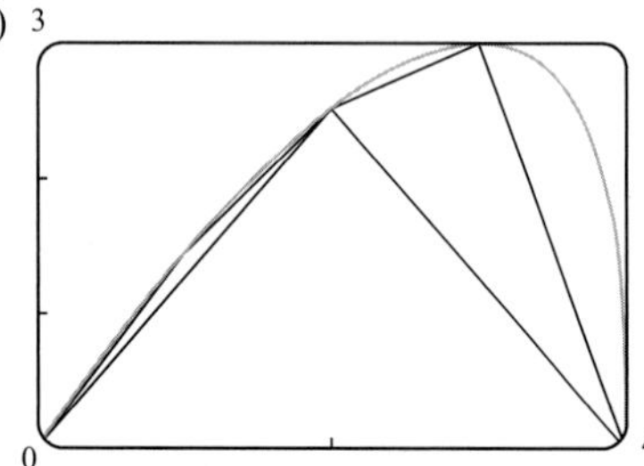

$L_1=4$; $L_2\approx 6{,}43$; $L_4\approx 7{,}50$

c) $\int_0^4\sqrt{1+[4(3-x)/(3(4-x)^{2/3})]^2}\,dx$ d) 7,7988

28. a) b)

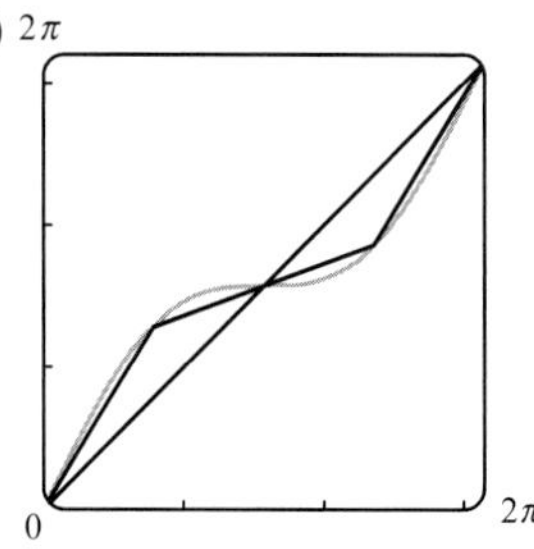

$L_1\approx 8{,}9$; $L_2\approx 8{,}9$; $L_4\approx 9{,}4$

c) $\int_0^{2\pi}\sqrt{1+(1+\cos x)^2}\,dx$ d) 9,5076

29. $\sqrt{5}-\ln\left(\frac{1}{2}(1+\sqrt{5})\right)-\sqrt{2}+\ln(1+\sqrt{2})$

30. $\frac{205}{128}-\frac{81}{512}\ln 3$

31. 6

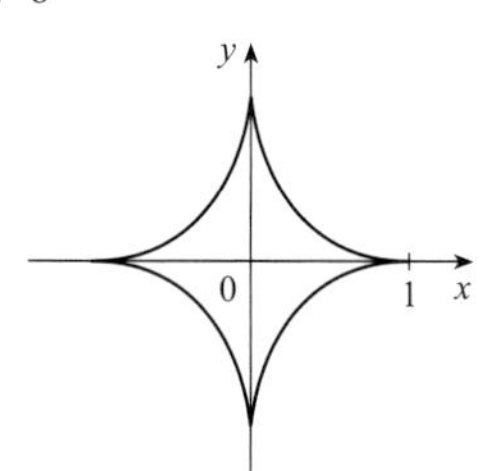

32. a)

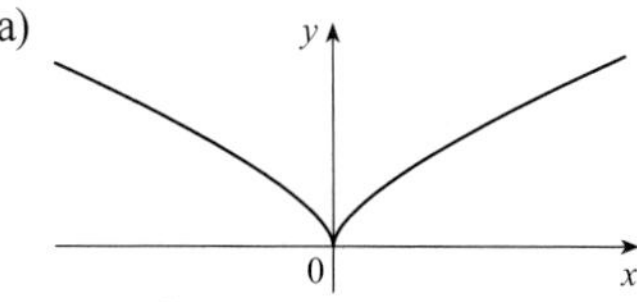

b) $L=\int_0^1\sqrt{1+\frac{4}{9}x^{-2/3}}\,dx$ (impropre); $L=\int_0^1\sqrt{1+\frac{9}{4}y}\,dy$; $(13\sqrt{13}-8)/27$

c) $(13\sqrt{13}+80\sqrt{10}-16)/27$

33. $s(x)=\frac{2}{27}[(1+9x)^{3/2}-10\sqrt{10}]$

34. a) $s(x)=\ln(\csc x-\cot x)$

b)

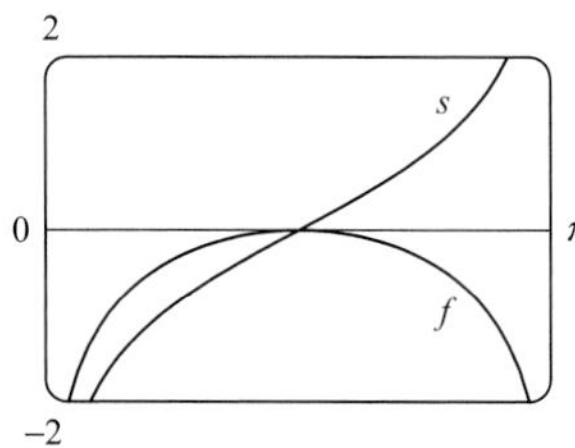

35. $2\sqrt{2}(\sqrt{1+x}-1)$ **36.** 43,1 m **37.** 209,1 m

38. 451 m **39.** 29,36 cm **40.** 8,50 m

41. 12,4 **42.** $4\int_0^1\sqrt{1+x^{2(2k-1)}(1-x^{2k})^{1/k-2}}\,dx$; 8

EXERCICES 4.2

1. a) i) $\int_0^{\pi/3}2\pi\tan x\sqrt{1+\sec^4 x}\,dx$

ii) $\int_0^{\pi/3}2\pi x\sqrt{1+\sec^4 x}\,dx$

b) i) 10,5017 ii) 7,9353

2. a) i) $\int_1^2 2\pi x^{-2}\sqrt{1+4x^{-6}}\,dx$

ii) $\int_1^2 2\pi x\sqrt{1+4x^{-6}}\,dx$

b) i) 4,4566 ii) 11,7299

3. a) i) $\int_{-1}^1 2\pi e^{-x^2}\sqrt{1+4x^2e^{-2x^2}}\,dx$

ii) $\int_0^1 2\pi x\sqrt{1+4x^2e^{-2x^2}}\,dx$

b) i) 11,0753 ii) 3,9603

4. a) i) $\int_0^1 2\pi y\sqrt{1+\dfrac{4}{(2y+1)^2}}\,dy$

ii) $\int_0^1 2\pi\ln(2y+1)\sqrt{1+\dfrac{4}{(2y+1)^2}}\,dy$

b) i) 4,2583 ii) 5,6053

5. $\frac{1}{27}\pi(145\sqrt{145}-1)$

6. 49π **7.** $\frac{98}{3}\pi$ **8.** $\pi(e+1)$

9. $2\sqrt{1+\pi^2}+(2/\pi)\ln(\pi+\sqrt{1+\pi^2})$

10. $\frac{263}{256}\pi$ **11.** $\frac{21}{2}\pi$

12. $\frac{1}{24}\pi(65\sqrt{65}-17\sqrt{17})$ **13.** $\frac{1}{27}\pi(145\sqrt{145}-10\sqrt{10})$

14. $\frac{1}{6}\pi(5\sqrt{5}-1)$ **15.** πa^2

16. $\frac{10}{3}\pi$ **17.** 1 230 507

18. 13,649 368 **19.** 24,145 807

20. 7,248 933

21. $\frac{1}{4}\pi[4\ln(\sqrt{17}+4)-4\ln(\sqrt{2}+1)-\sqrt{17}+4\sqrt{2}]$

22. $3\sqrt{19}\pi+\dfrac{\pi}{\sqrt{2}}\ln(3\sqrt{2}+\sqrt{19})$

23. $\frac{1}{6}\pi[\ln(\sqrt{10}+3)+3\sqrt{10}]$

24. $2\pi\left[\frac{1}{2}\ln(2+\sqrt{5})+\ln\left(\frac{1}{2}(1+\sqrt{5})\right)+\frac{1}{2}\sqrt{2}-\frac{3}{2}\ln(1+\sqrt{2})\right]$

26. $\pi[\sqrt{2}-\ln(\sqrt{2}-1)]$

27. a) $\frac{1}{3}\pi a^2$ b) $\frac{56}{45}\pi\sqrt{3}a^2$

28. 90,01 m²

29. a) $2\pi\left[b^2+\dfrac{a^2b\arcsin(\sqrt{a^2-b^2}/a)}{\sqrt{a^2-b^2}}\right]$

b) $2\pi\left[a^2+\dfrac{ab^2\arcsin(\sqrt{b^2-a^2}/b)}{\sqrt{b^2-a^2}}\right]$

30. $4\pi^2Rr$

31. $\int_a^b 2\pi[c-f(x)]\sqrt{1+[f'(x)]^2}\,dx$

32. $\int_0^4 2\pi(4-\sqrt{x})\sqrt{1+1/(4x)}\,dx$; 80,6095

33. $4\pi^2r^2$ **36.** $S_f+2\pi cL$

EXERCICES 4.3

1. a) 9800 kPa b) 7350 N c) 2450 N

2. a) 12,054 kPa b) $\approx 3{,}86\times10^5$ N c) $\approx 3{,}62\times10^4$ N

3. $\approx 9{,}41\times10^5$ N **4.** $\approx 1{,}18\times10^5$ N

5. $\approx 6{,}7\times10^4$ N **6.** $\approx 3{,}3\times10^5$ N

7. $\approx 9{,}8\times10^3$ N **8.** $\approx 1{,}14\times10^4$ N

9. $\approx 1{,}88\times10^6$ N

10. $\dfrac{\sqrt{2}a^3\rho g}{2}$ **11.** $\frac{2}{3}\rho gah^2$

12. a) $\approx 3{,}19\times10^4$ N b) $\approx 6{,}76\times10^3$ N

13. $\approx 5{,}27\times10^5$ N **14.** $\approx 5{,}63\times10^5$ N

15. a) ≈ 314 N b) ≈ 353 N

16. $\approx 1{,}21\times10^9$ N

17. a) $2{,}94\times10^4$ N b) $\approx 2{,}65\times10^5$ N
c) $\approx 2{,}55\times10^5$ N d) $\approx 1{,}43\times10^6$ N

19. $\approx 6{,}51\times10^5$ N **21.** 330 ; 22

22. 154 ; 154/47 **23.** 10 ; 14 ; (1,4 ; 1)

24. 24 ; –5 ; (–5/18 ; 4/3) **25.** $(\frac{2}{3},\frac{2}{3})$

26. (2,4 ; 0,75) **27.** $\left(\dfrac{1}{e-1},\dfrac{e+1}{4}\right)$

28. $(\frac{\pi}{2},\frac{\pi}{8})$ **29.** $(\frac{9}{20},\frac{9}{20})$

30. $(-\frac{1}{2},\frac{2}{5})$ **31.** $\left(\dfrac{\pi\sqrt{2}-4}{4(\sqrt{2}-1)},\dfrac{1}{4(\sqrt{2}-1)}\right)$

32. $(\frac{52}{45},\frac{20}{63})$ **33.** $(\frac{8}{5},-\frac{1}{2})$

34. $\frac{1}{2};\ \frac{3}{2};\ \left(\dfrac{2}{\pi+2},\dfrac{2}{3(\pi+2)}\right)$ **35.** 60 ; 160 ; $(\frac{8}{3},1)$

36. $\approx$ (4,4 ; 1,5) **37.** $(-\frac{1}{5},-\frac{12}{35})$

38. $\approx$ (–0,37 ; 1,22) **40.** $(\frac{1}{12},\frac{5}{6})$

41. $(0;\frac{1}{12})$ **42.** $(\frac{3}{4}a,\frac{3}{10}b);(\frac{3}{8}a,\frac{3}{5}b)$

44. $\frac{4}{3}\pi r^3$ **45.** $\frac{1}{3}\pi r^2h$ **46.** 24π

48. b) $\left(\dfrac{(n+1)(m+1)}{(n+2)(m+2)},\dfrac{(n+1)(m+1)}{(2n+1)(2m+1)}\right)$ c) $n=3$ et $m=4$

EXERCICES 4.4

1. 21 104 $ **2.** 195 000 $

3. 140 000 $; 60 000 $ **4.** 2250 $

5. 407,25 $ **6.** 6,67 $

7. 12 000 $ **8.** 1000 $; 2000 $

9. 3727 ; 37 753 $ **10.** 2 450 $

11. $\frac{2}{3}(16\sqrt{2}-8)\approx 9{,}75$ millions de dollars

12. 78 000 $ **13.** $\dfrac{(1-k)(b^{2-k}-a^{2-k})}{(2-k)(b^{1-k}-a^{1-k})}$

14. 24 860

15. $1{,}19 \times 10^{-4}$ cm³/s

17. 6,60 L/min

18. 4,55 L/min

19. 5,77 L/min

EXERCICES 4.5

1. a) La probabilité qu'un pneu choisi au hasard ait une durée de vie comprise entre 30 000 et 40 000 km.
b) La probabilité qu'un pneu choisi au hasard ait une durée de vie d'au moins 25 000 km.

2. a) $\int_0^{15} f(t)\,dt$ b) $\int_{30}^{\infty} f(t)\,dt$

3. a) $f(x) \geq 0$ pour tout x et $\int_{-\infty}^{\infty} f(x)\,dx = 1$ b) $\frac{17}{81}$

4. b) $2/e - 3/e^2$

5. a) $1/\pi$ b) $\frac{1}{2}$

6. a) $\frac{2}{9}$ b) $\frac{20}{27}$ c) $\frac{3}{2}$

7. a) $f(x) \geq 0$ pour tout x et $\int_{-\infty}^{\infty} f(x)\,dx = 1$ b) 5

8. a) $f(x) \geq 0$ pour tout x et $\int_{-\infty}^{\infty} f(x)\,dx = 1$
b) i) 0,15 ii) 0,75 c) $\frac{16}{3}$

10. a) i) $-e^{-1/5} + 1 \approx 0{,}18$ ii) $-e^{-4/5} \approx 0{,}45$
b) 693,1 h

11. a) $e^{-4/2,5} \approx 0{,}20$ b) $1 - e^{-2/2,5} \approx 0{,}55$
c) Un client devrait recevoir un hamburger gratuit si on ne le sert pas en moins de 10 minutes.

12. a) 0,658 b) ≈ 15,9 %

13. ≈ 45,8 %

14. a) 0,0478 b) 519,74 g

15. a) 0,0668 b) ≈ 5,21 %

17. ≈ 0,9545

18. $1/c = \mu$

19. b) 0 ; a_0

c)

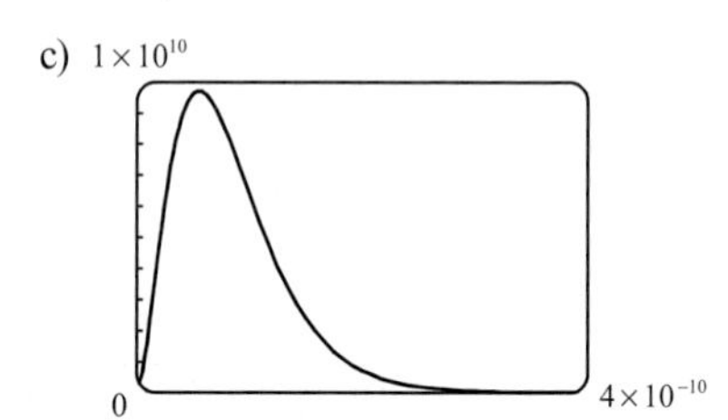

d) $1 - 41e^{-8} \approx 0{,}986$

e) $\frac{3}{2}a_0$

CHAPITRE 4 - RÉVISION

EXERCICES RÉCAPITULATIFS

1. $\frac{15}{2}$

2. $-2\ln(2 - \sqrt{3})$

3. a) $\frac{21}{16}$ b) $\frac{41}{10}\pi$

4. a) $\frac{\pi}{6}(5^{3/2} - 1)$ b) $\frac{\pi}{32}\left(18\sqrt{5} - \ln(2 + \sqrt{5})\right)$

5. ≈ 3,820 2

6. ≈ 14,426 045

7. $\frac{124}{5}$

8. $\frac{4088}{9}\pi$

9. 2058 N

10. $3{,}35 \times 10^5$

11. $(\frac{8}{5}, 1)$

12. $\left(\frac{\pi}{2}, \frac{1}{4\sqrt{2}}(\frac{\pi}{2} + 1)\right)$

13. $(2, \frac{2}{3})$

14. $(\frac{9}{10}, \frac{3}{2})$

15. $2\pi^2$

16. $(0, \frac{4}{3\pi}r)$

17. ≈ 7 166,67 $

18. ≈ 4,225 L/min

19. a) $f(x) \geq 0$ pour tout x et $\int_{-\infty}^{\infty} f(x)\,dx = 1$
b) ≈ 0,345 5
c) 5 ; oui

20. ≈ 67,3 %

21. a) $1 - e^{-3/8} \approx 0{,}3127$ b) $e^{-5/4} \approx 0{,}2865$
c) $8 \ln 2 \approx 5{,}55$ min

PROBLÈMES SUPPLÉMENTAIRES

1. $\frac{2}{3}\pi - \frac{1}{2}\sqrt{3}$

2. $(\frac{5}{8}, 0)$

4. a) $2\pi r(r \pm d)$ b) $\approx 8{,}70 \times 10^6$ km²
d) $\approx 2{,}03 \times 10^8$ km²

5. a) $P(z) = P_0 + g\int_0^z \rho(x)\,dx$
b) $(P_0 - \rho_0 gH)(\pi r^2) + \rho_0 gHe^{L/H}\int_{-r}^{r} e^{x/H} \cdot 2\sqrt{r^2 - x^2}\,dx$

6. $\frac{\sqrt{3}}{2}$

7. Hauteur : $\sqrt{2}b$; volume : $(\frac{28}{27}\sqrt{6} - 2)\pi b^3$

9. 0,14 m

10. $\frac{55}{14}$ cm

11. $2/\pi$; $1/\pi$

12. a) ≈ 0,812 588 b) 0,301 497
c) $\frac{2}{\pi L}\left[-\pi L + \sqrt{h^2 - 4L^2} + 2L \arcsin \frac{2L}{h}\right]$

13. $(0, -1)$

CHAPITRE 5

EXERCICES 5.1

3. a) $\frac{1}{2}$; -1

4. a) $\pm\frac{5}{2}$

5. d)

6. b)

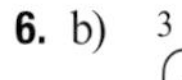

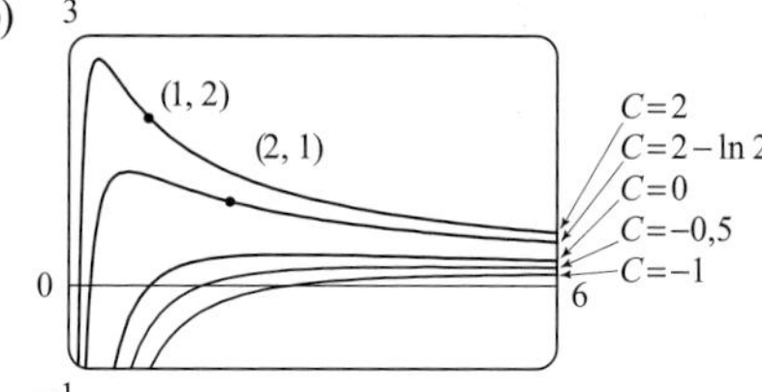

c) $y = (\ln x + 2)/x$ d) $y = (\ln x + 2 - \ln 2)/x$

7. a) Elle doit être nulle ou décroissante.

c) $y = 0$ d) $y = 1/(x + 2)$

8. a) Tangente à la courbe près de l'horizontale; tangente à la courbe près de la verticale

c)

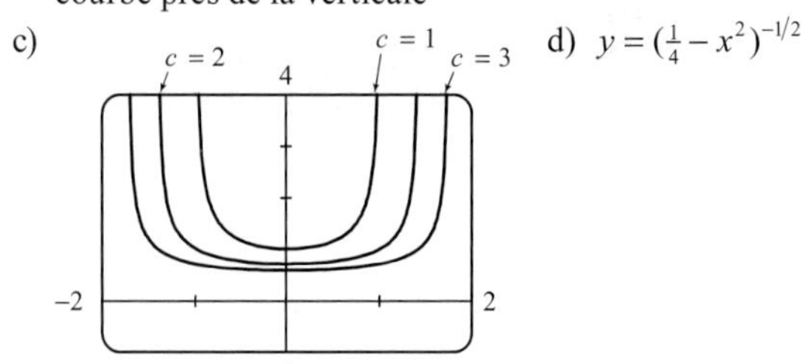

d) $y = (\frac{1}{4} - x^2)^{-1/2}$

9. a) $0 < P < 4200$ b) $P > 4200$

c) $P = 0$; $P = 4200$

10. a) 0, 1 ou 5 b) $y \in]-\infty, 0[\cup]0, 1[\cup]5, \infty[$

c) $y \in]1, 5[$

12. C

13. a) III b) I c) IV d) II

14. a) Dès qu'il est retiré de la source de chaleur. Le taux décroît jusqu'à 0 lorsque la température s'approche de la température ambiante.

b) $dy/dt = k(y - T_a)$, où T_a est la température de la pièce; $y(0) = 95$ °C

c)

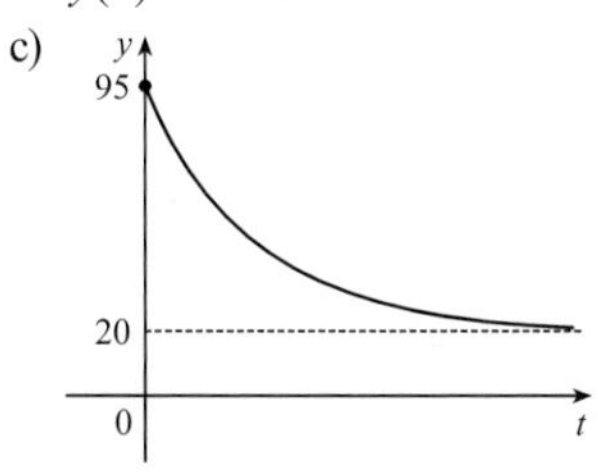

15. a) Au début de l'apprentissage. La dérivée reste positive, mais elle décroît.

c)

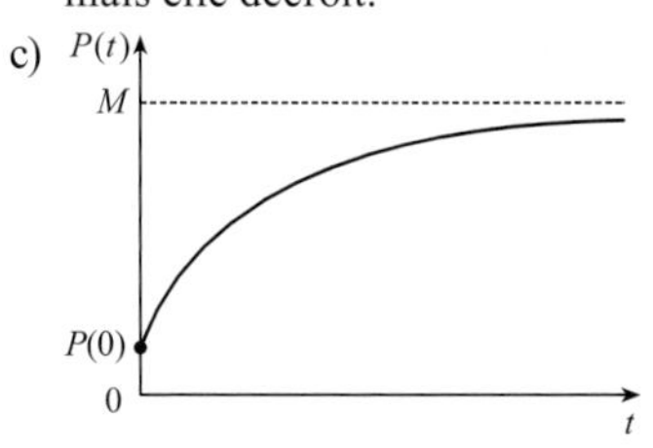

EXERCICES 5.2

1. a)

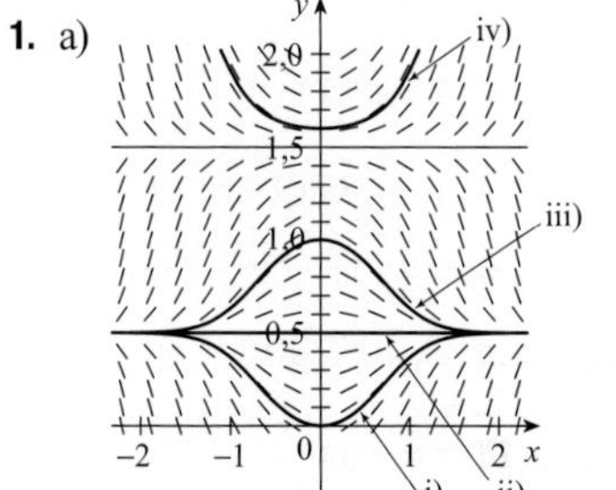

b) $y = 0{,}5$; $y = 1{,}5$

2. a)

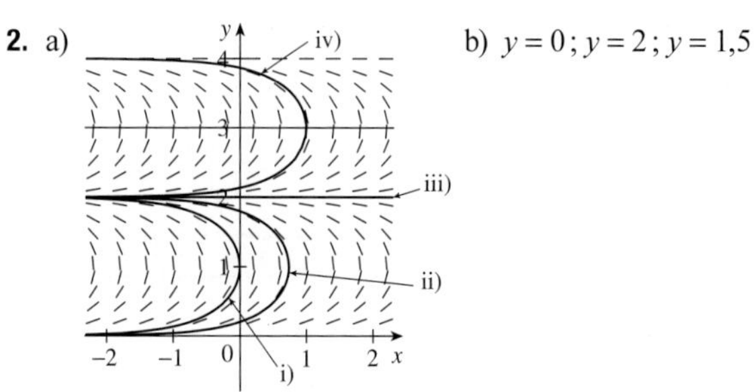

b) $y = 0$; $y = 2$; $y = 1{,}5$

3. III **4.** I **5.** IV **6.** II

7.

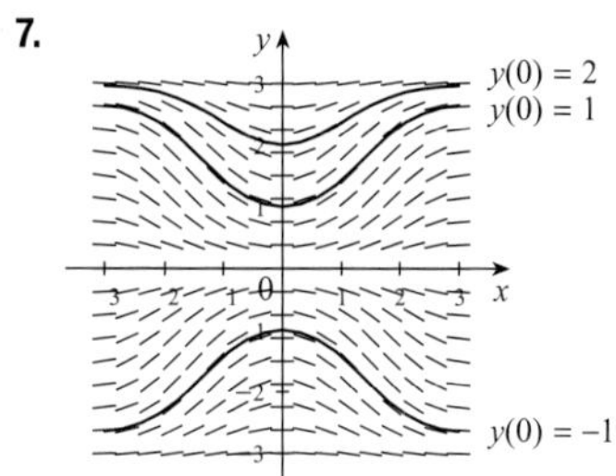

8.

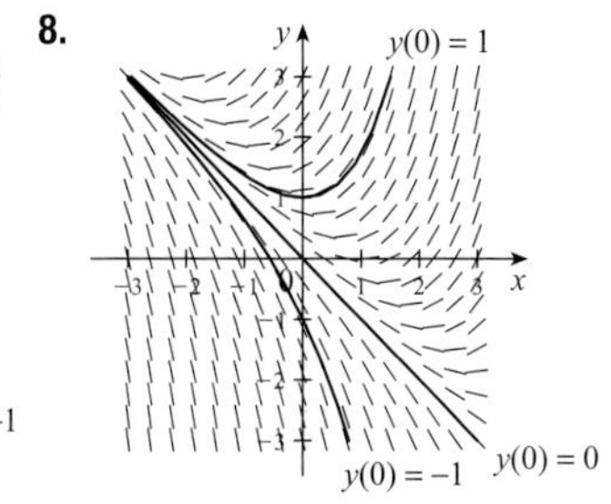

9.

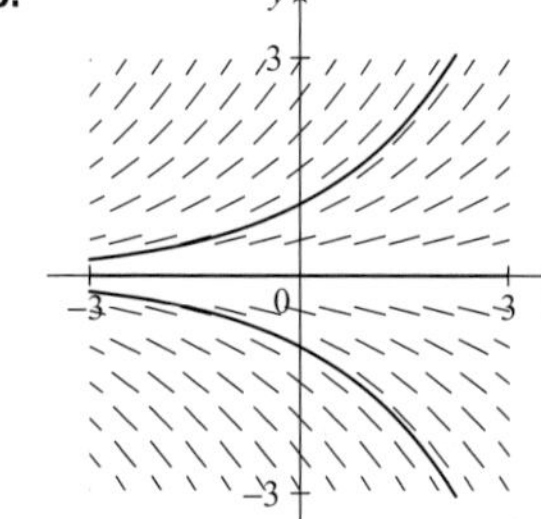

10.

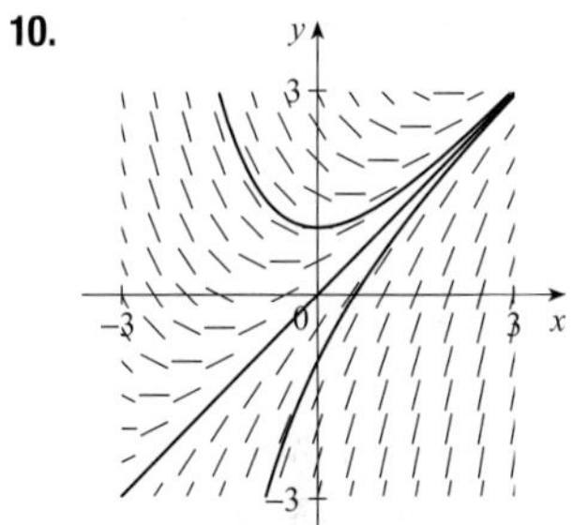

11.

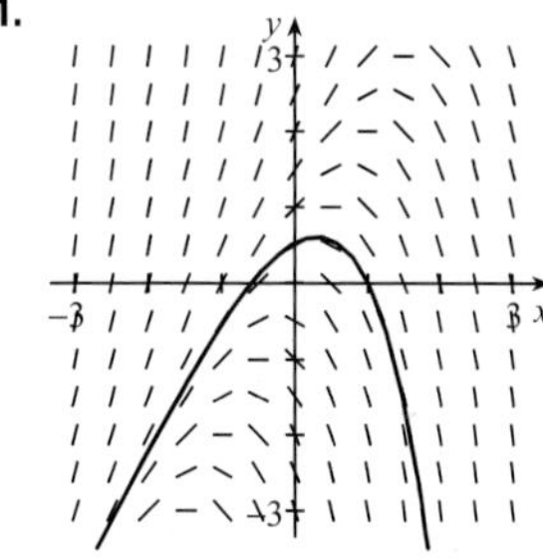

12.

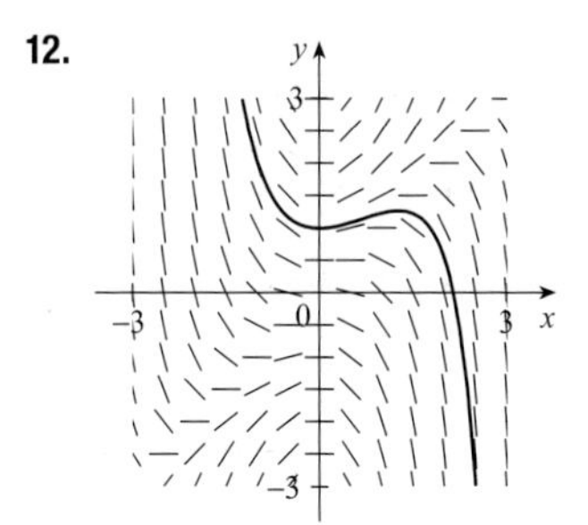

13.

14.

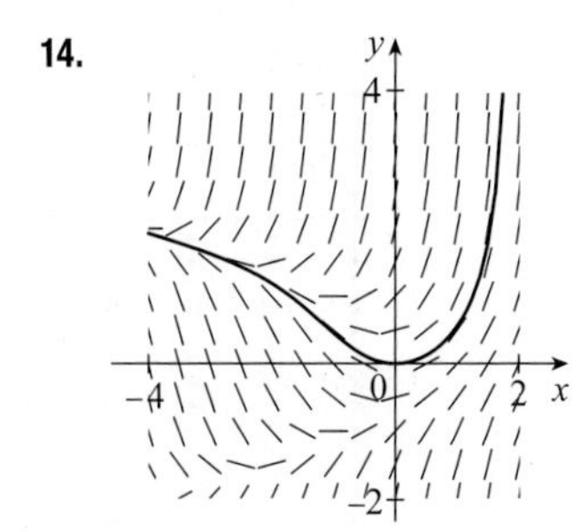

15.

16.

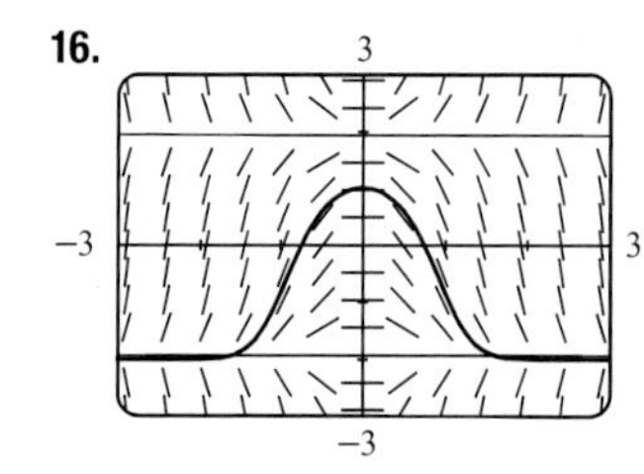

17.

$-2 \le c \le 2$; 0 et ± 2

18.

19. a) i) 1,4 ii) 1,44 iii) 1,4641

b)

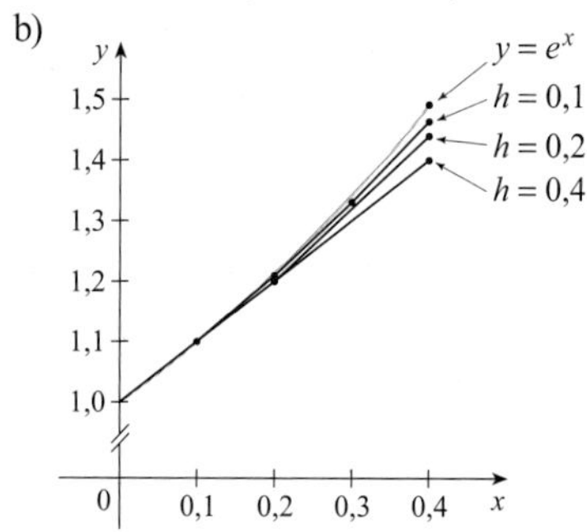

Des approximations par défaut

c) i) 0,0918 ii) 0,0518 iii) 0,0277

Il semble que l'erreur soit aussi (approximativement) réduite de moitié.

20.

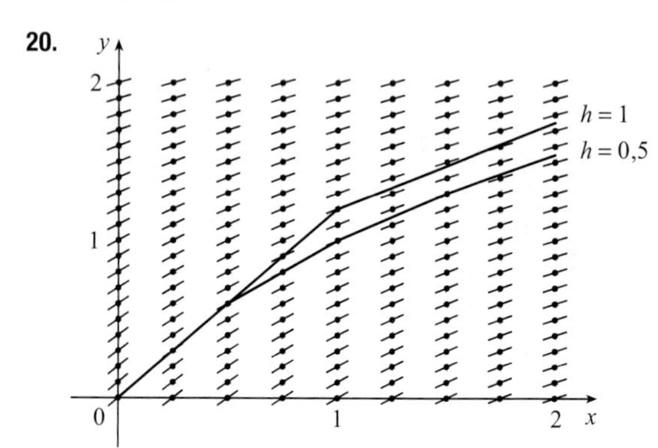

Des approximations par excès

21. −1 ; −3 ; −6,5 ; −12,25

22. 1,1949

23. 1,7616

24. a) 0,04 b) 0,06

25. a) i) 3
ii) 2,3928
iii) 2,3701
iv) 2,3681

c) i) −0,6321
ii) −0,0249
iii) −0,0022
iv) −0,0002

Il semble que l'erreur soit aussi (approximativement) réduite par un facteur de 10.

26. a) 1,9000

27. a)

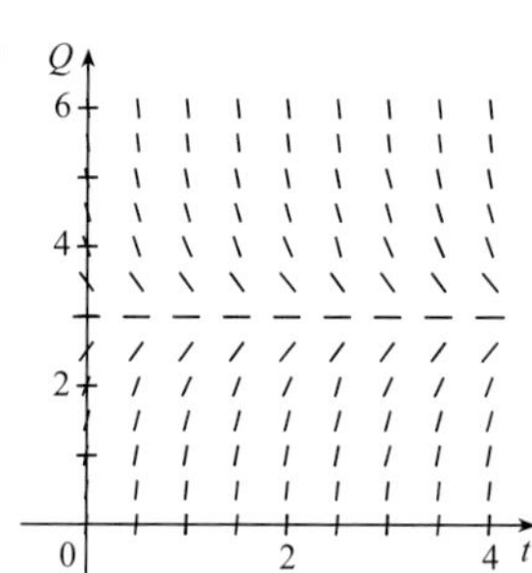

b) 3 c) Oui ; $Q = 3$

d)

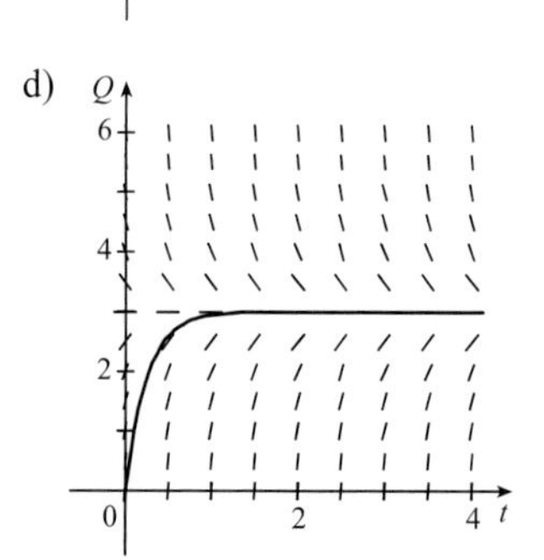

e) 2,77 C

28. a) $dy/dt = -\frac{1}{50}(y - 20)$

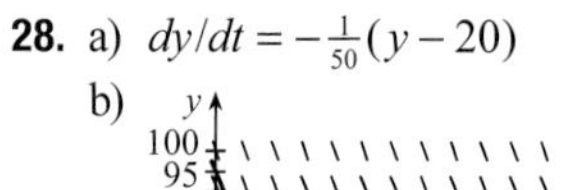

b)

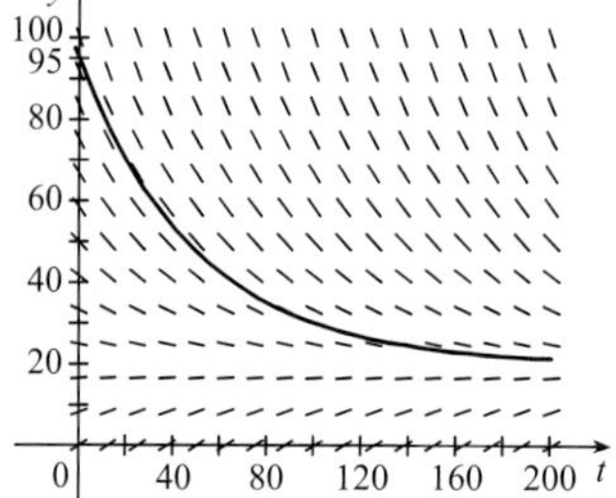

c) 81,15 °C

EXERCICES 5.3

1. $y = \dfrac{2}{C - x^2}$; $y = 0$

2. $y = \ln(\frac{1}{2}x^2 + C)$

3. $y = \sqrt[3]{3x + 3\ln|x| + C}$

4. $y = \sqrt[3]{3\ln|1 + x| + C}$

5. $\frac{1}{2}y^2 - \cos y = \frac{1}{2}x^2 + \frac{1}{4}x^4 + C$

6. $v = -1 \pm \sqrt{2s + 2\ln|s| + C}$

7. $e^y(y - 1) = C - \frac{1}{2}e^{-t^2}$

8. $-ye^{-y} - e^{-y} = \frac{1}{3}\sin^3\theta + C$

9. $p = Ce^{t^3/3 - t} - 1$

10. $z = -\ln(e^t - C)$

11. $y = -\sqrt{x^2 + 9}$ **12.** $y = \sqrt{(\ln x)^2 + 4}$

13. $u = -\sqrt{t^2 + \tan t + 25}$

14. $y + \ln|y| = -x \cos x + \sin x + 1$

15. $\frac{1}{2}y^2 + \frac{1}{3}(3 + y^2)^{3/2} = \frac{1}{2}x^2 \ln x - \frac{1}{4}x^2 + \frac{41}{12}$

16. $P = (\frac{1}{3}t^{3/2} + \sqrt{2} - \frac{1}{3})^2$ **17.** $y = \dfrac{4a}{\sqrt{3}} \sin x - a$

18. $L = \dfrac{1}{kt - kt \ln t - k - 1}$ **19.** $y = e^{x^2/2}$

20. $y = \dfrac{1}{1 + e^{-x}}$ **21.** $y = Ce^x - x - 1$

22. $y = -x \ln(-\ln|x| - C)$

23. a) $\arcsin y = x^2 + C$
b) $y = \sin(x^2)$; $-\sqrt{\pi/2} \le x \le \sqrt{\pi/2}$
c) Non

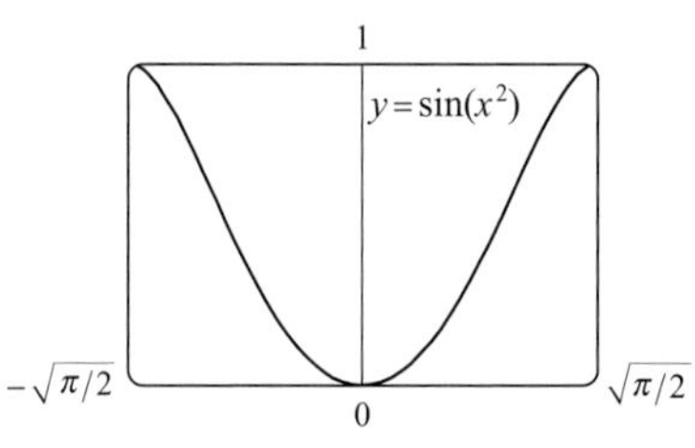

24. $y = -\ln(\sin x + C)$

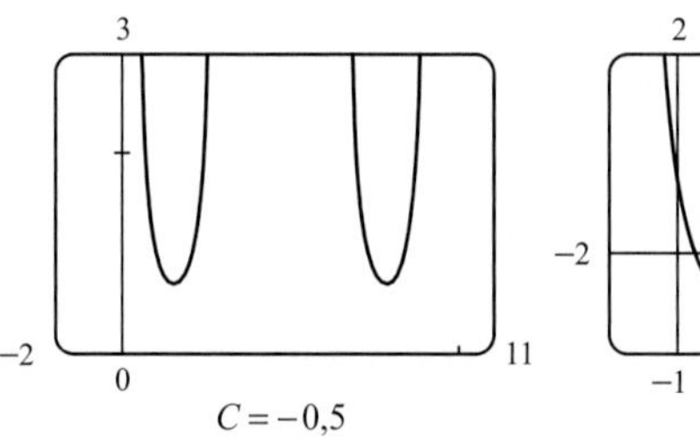

$C = -0,5$

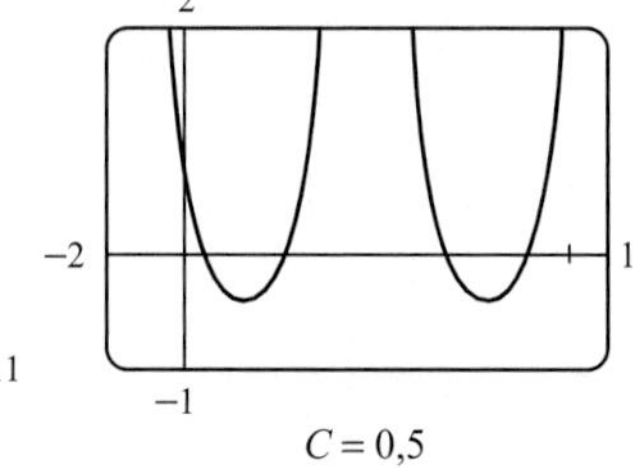

$C = 0,5$

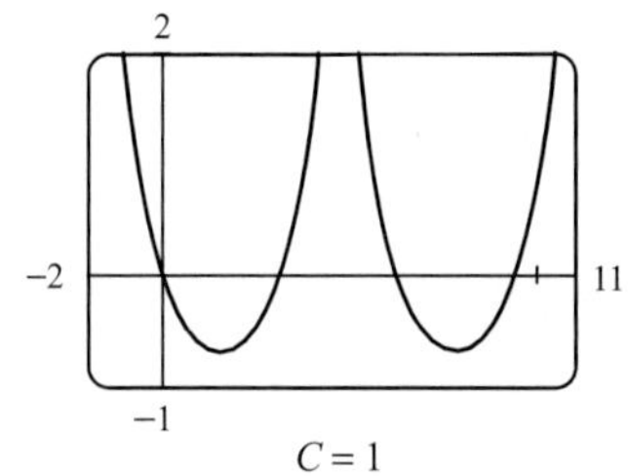

$C = 1$

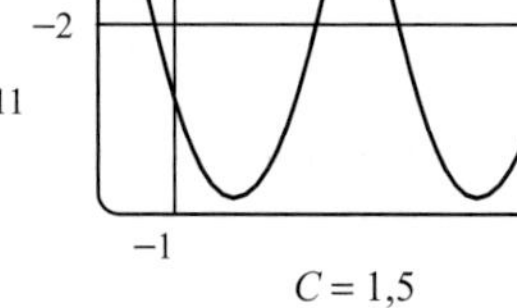

$C = 1,5$

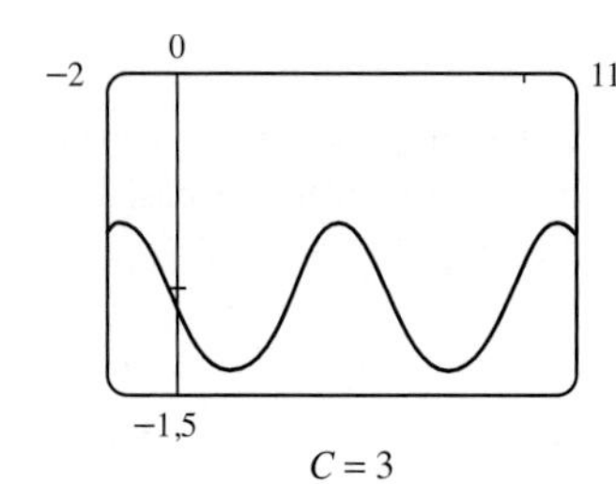

$C = 3$

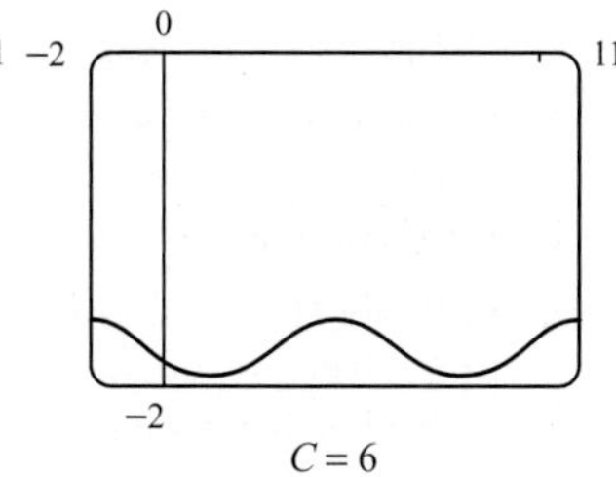

$C = 6$

25. $\cos y = \cos x - 1$

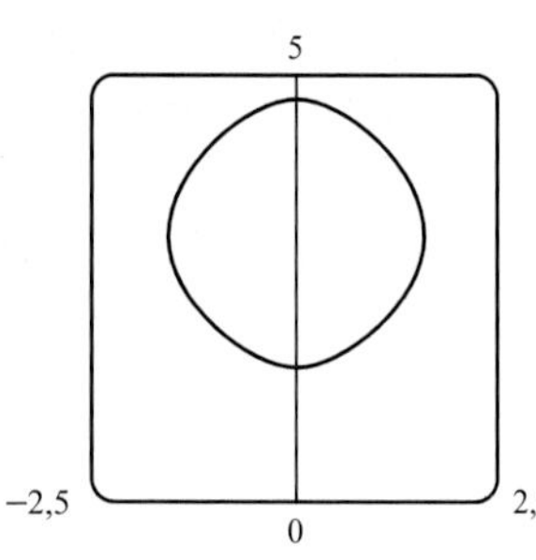

26. $e^y(y - 1) = \frac{1}{3}(x^2 + 1)^{3/2} + C$

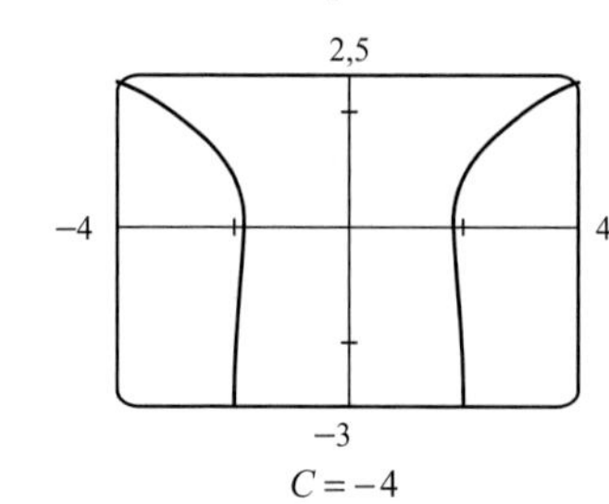

$C = -4$

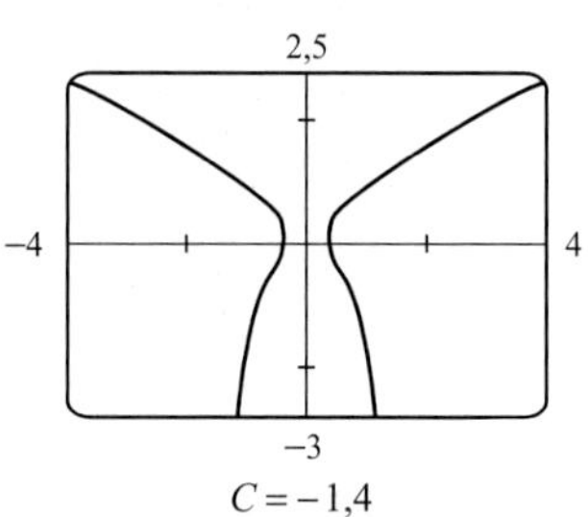

$C = -1,4$

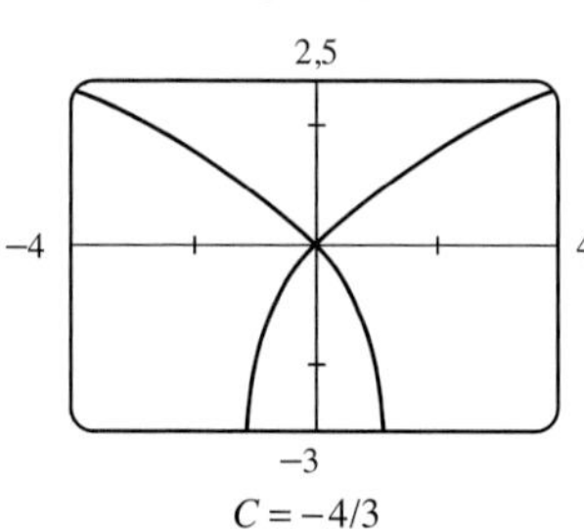

$C = -4/3$

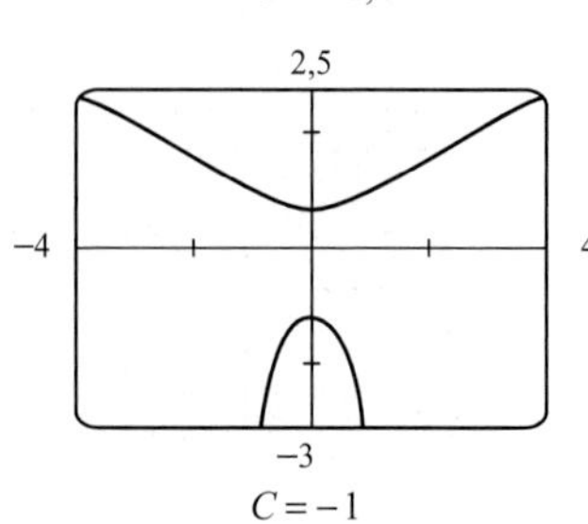

$C = -1$

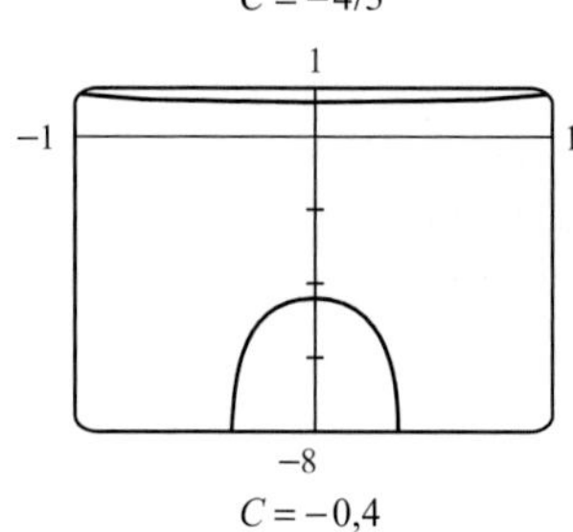

$C = -0,4$

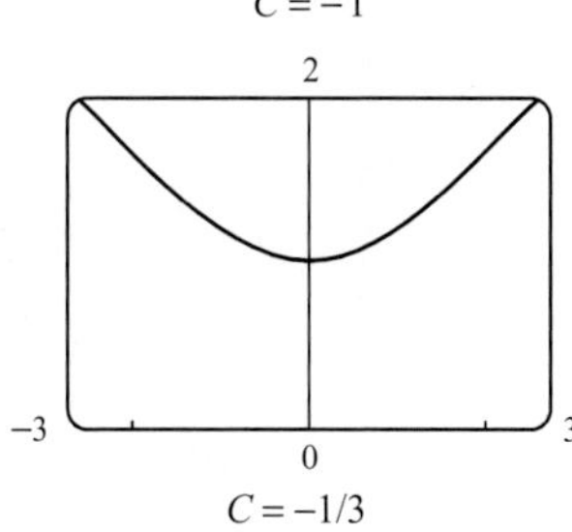

$C = -1/3$

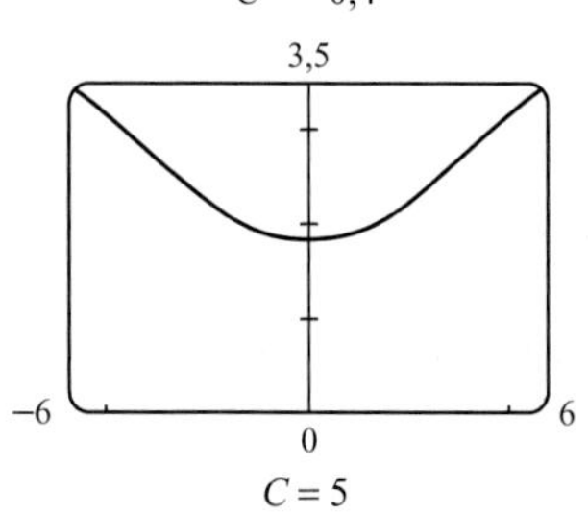

$C = 5$

27. a)

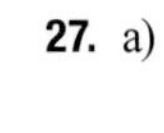

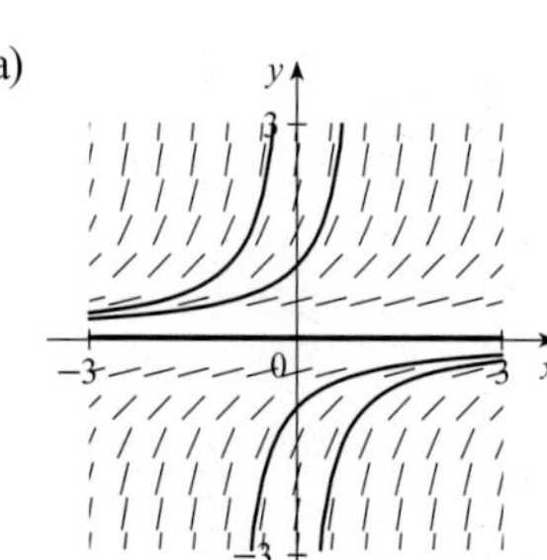

b) $y = \dfrac{1}{C - x}$, $y = 0$

28. a) 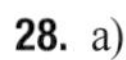

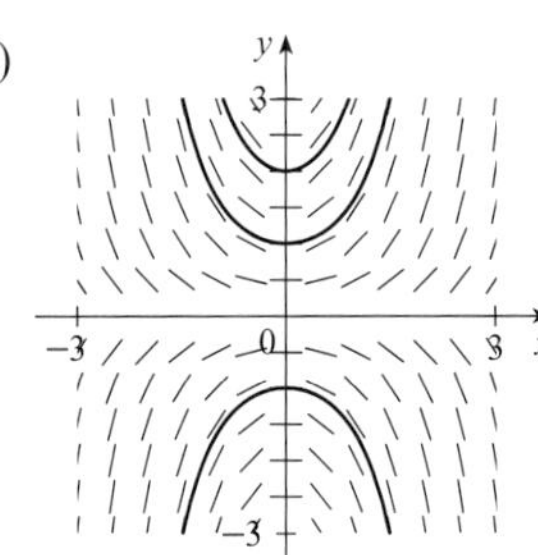

b) $y = Ce^{x^2/2}$

29. $y = Cx^2$

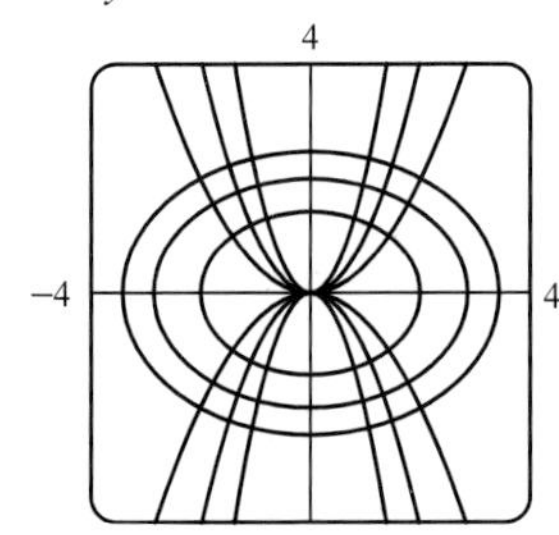

30. $2x^2 + 3y^2 = C$

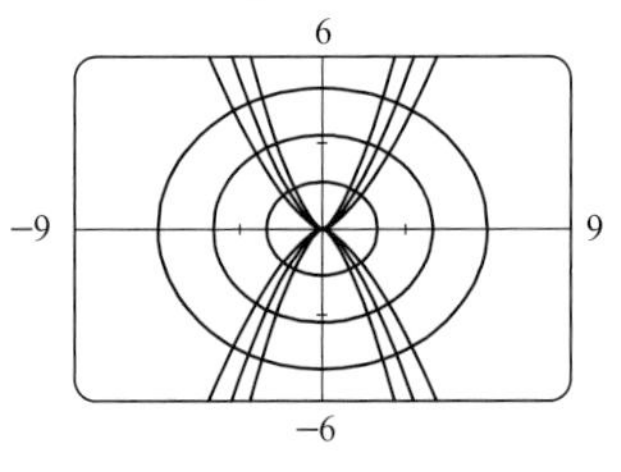

31. $x^2 - y^2 = C$

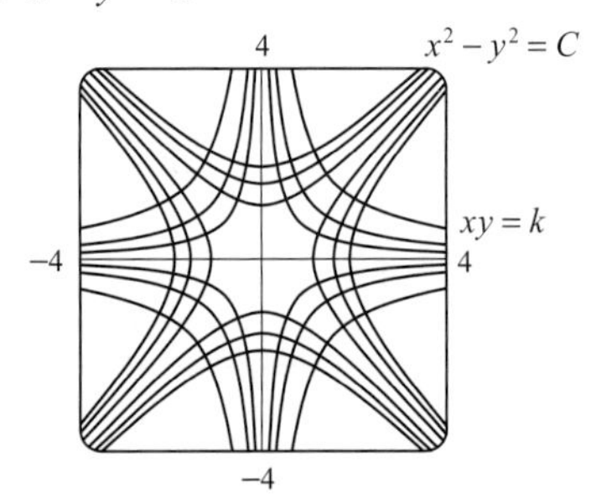

32. $y = \sqrt[3]{C - x^3}$

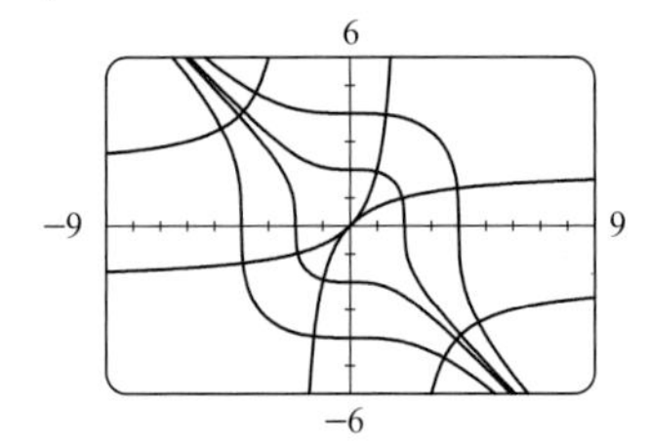

33. $y = 1 + e^{2 - x^2/2}$

34. $y = \sqrt{2 \ln x + 4}$

35. $y = (\frac{1}{2}x^2 + 2)^2$

36. $y = \dfrac{t+1}{t-1}$

37. $Q(t) = 3 - 3e^{-4t}$; 3

38. $y(t) = 75e^{-t/50} + 20$

39. $P(t) = M - Me^{-kt}$; M

40. a) $x(t) = \dfrac{ab[e^{(b-a)kt} - 1]}{be^{(b-a)kt} - a}$ moles/L

b) $x(t) = \dfrac{at}{t + 20}$ moles/L

41. a) $x(t) = a - \dfrac{4}{(kt + 2/\sqrt{a})^2}$

b) $t(x) = \dfrac{2}{k(a-b)}\left(\arctan\sqrt{\dfrac{b}{a-b}} - \arctan\sqrt{\dfrac{b-x}{a-b}}\right)$

42. $T(r) = -20/r + 35$

43. a) $C(t) = (C_0 - r/k)e^{-kt} + r/k$

b) r/k ; la concentration tend vers r/k quelle que soit la valeur de C_0.

44. a) $\dfrac{dx}{dt} = \dfrac{10 - x}{10} \bullet 0{,}05$ b) $x(t) = 10(1 - e^{-0{,}005t})$

c) 200 ln 10 jours

45. a) $15e^{-t/100}$ kg b) $15e^{-0{,}2} \approx 12{,}3$ kg

46. $p(t) = 0{,}05 + 0{,}1e^{-t/90}$; $p(t) \to 0{,}05$

47. Environ 4,3 %

48. a) $y = \frac{130}{3}(1 - e^{-3t/200})$ kg b) $\frac{130}{3}(1 - e^{-0{,}9}) \approx 25{,}7$ kg

49. g/k

50. a) $v(t) = v_0 e^{-kt/m}$, $s(t) = s_0 + \dfrac{mv_0}{k}(1 - e^{-kt/m})$; $\dfrac{mv_0}{k}$

b) $v(t) = \dfrac{v_0}{1 + (kv_0/m)t}$, $s(t) = s_0 + \dfrac{m}{k}\ln\left|1 + \dfrac{kv_0}{m}t\right|$; ∞

51. a) $L_1 = CL_2^k$ b) $B = KV^{0{,}0794}$

52. a) $y = Kx^{1/\theta}$ b) $y = Kx$; $y \to K$

53. a) $dA/dt = k\sqrt{A}(M - A)$

b) $A(t) = M\left(\dfrac{Ce^{\sqrt{M}kt} - 1}{Ce^{\sqrt{M}kt} + 1}\right)^2$ où $C = \dfrac{\sqrt{M} + \sqrt{A_0}}{\sqrt{M} - \sqrt{A_0}}$ et $A_0 = A(0)$

54. b) $v_e = \sqrt{2gR}$ c) $\approx 11{,}2$ km/s

EXERCICES 5.4

1. a) 100 ; 0,05.

b) Lorsque P est proche de 0 ou de 100 ; sur la droite $P = 50$; $0 < P_0 < 100$; $P_0 > 100$.

c)

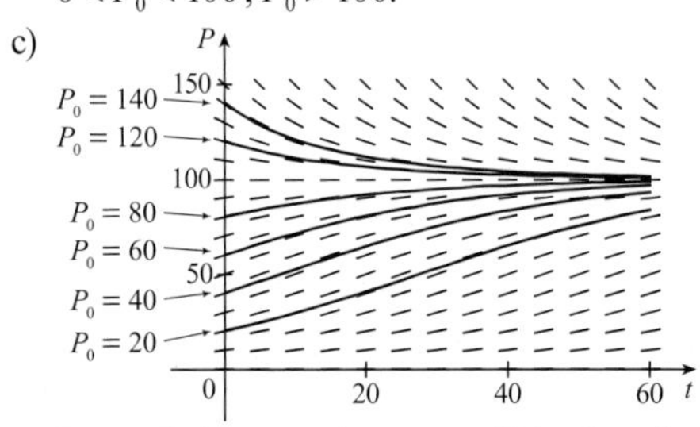

Les solutions tendent vers 100. Certaines sont croissantes et d'autres sont décroissantes ; certaines ont un point d'inflexion, tandis que d'autres n'en ont pas. Les solutions pour lesquelles $P_0 = 20$ ou $P_0 = 40$ ont un point d'inflexion en $P = 50$.

d) $P = 0$ et $P = 100$. Les autres solutions s'éloignent de $P = 0$ et se rapprochent de $P = 100$.

2. a) $dP/dt = 0{,}0015P(1 - P/6000)$

b)

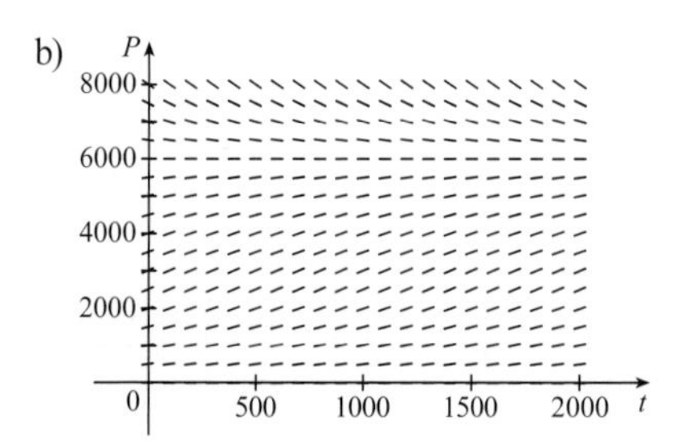

Les solutions tendent vers 6000 lorsque $t \to \infty$.

c)

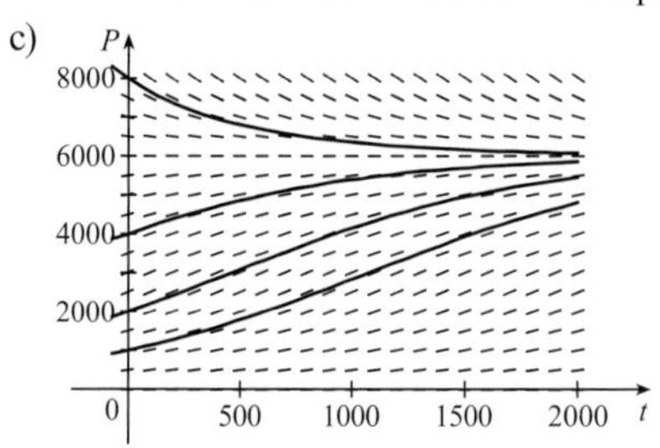

d) ≈ 1064

e) $\approx 1064{,}1$

f)

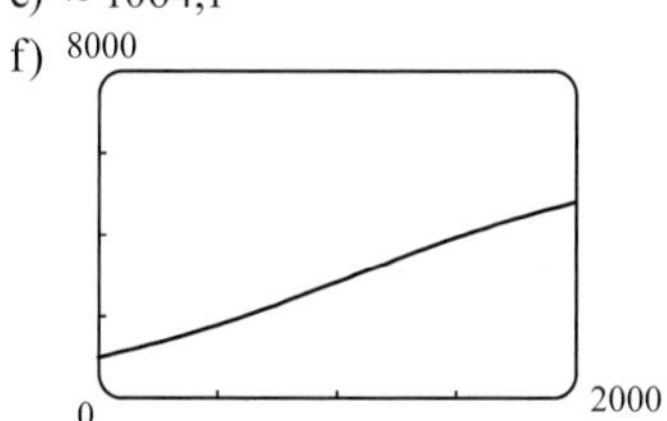

Les courbes sont très semblables.

3. a) $3{,}23 \times 10^7$ kg b) $\approx 1{,}55$ ans

4. a) 400 b) 17,5 c) $\approx 4{,}86$ ans

5. 9000

6. a)

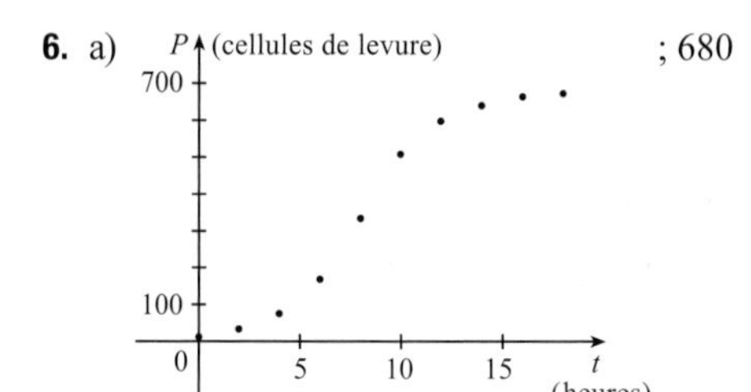

; 680

b) 7/12

c) $P_E(t) = 18e^{7t/12}$; $P_L(t) = \dfrac{680}{1 + Ae^{-7t/12}}$, où $A = \frac{331}{9}$

d)

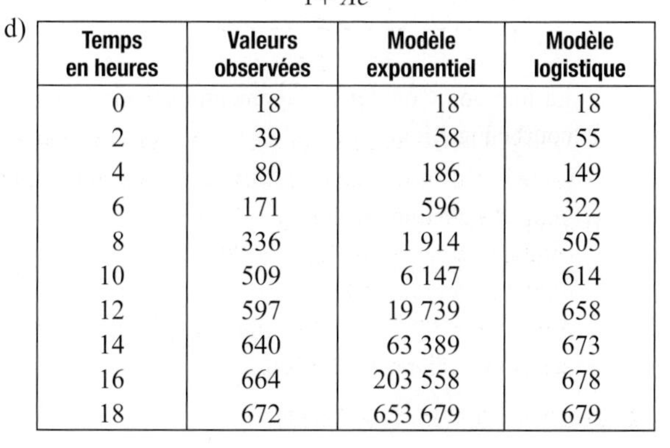

Temps en heures	Valeurs observées	Modèle exponentiel	Modèle logistique
0	18	18	18
2	39	58	55
4	80	186	149
6	171	596	322
8	336	1 914	505
10	509	6 147	614
12	597	19 739	658
14	640	63 389	673
16	664	203 558	678
18	672	653 679	679

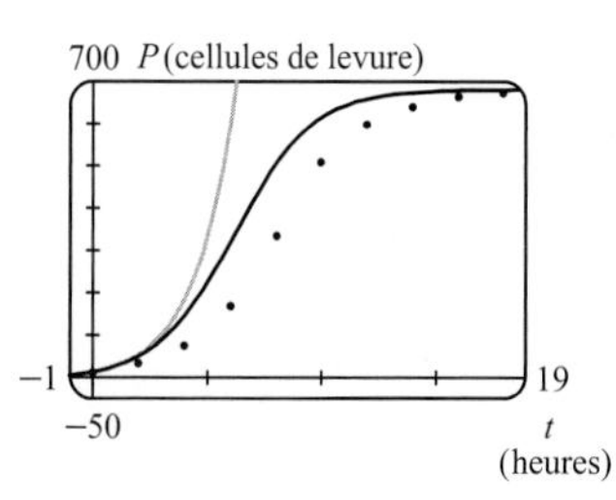

Le modèle exponentiel est pauvre, tandis que le modèle logistique donne une bonne allure générale.

e) ≈ 420 cellules de levure

7. a) $dP/dt = \frac{1}{265}P(1 - P/100)$, P en milliards d'habitants

b) 5,49 milliards d'habitants

c) En milliards d'habitants : 7,81 ; 27,72

d) En milliards d'habitants : 5,48 ; 7,61 ; 22,41

8. a) 4000 millions d'habitants ;

$P(t) = \dfrac{4000}{1 + 15e^{-kt}}$, où $t = 0$ correspond à 1980

b) $k = -\frac{1}{10}\ln\frac{149}{165}$

c) ≈ 680 millions d'habitants ; ≈ 1449 millions d'habitants

d) 2026

9. a) $dy/dt = ky(1 - y)$ b) $y = \dfrac{y_0}{y_0 + (1 - y_0)e^{-kt}}$

c) À 15 h 36

10. a) $P = \dfrac{10\,000}{1 + 24 \cdot (11/36)^t}$ b) $\approx 2{,}68$ ans

12.

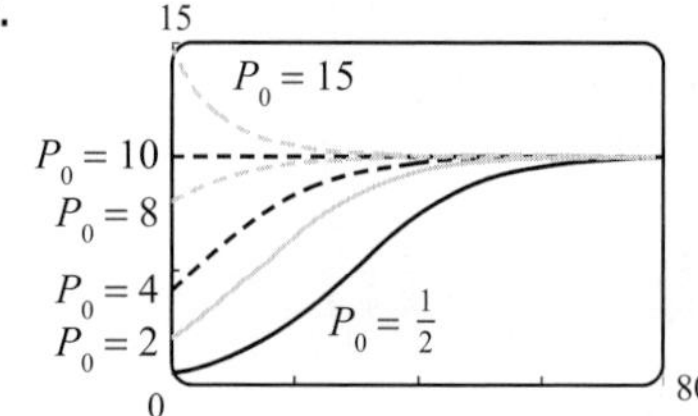

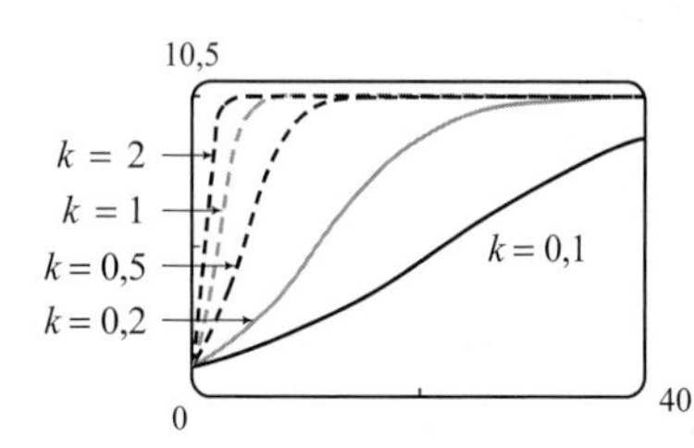

13. $P_E(t) = 1578{,}3(1{,}0933)^t + 94\,000$; $P_L(t) = \dfrac{32\,658{,}5}{1 + 12{,}75e^{-0{,}1706t}} + 94\,000$

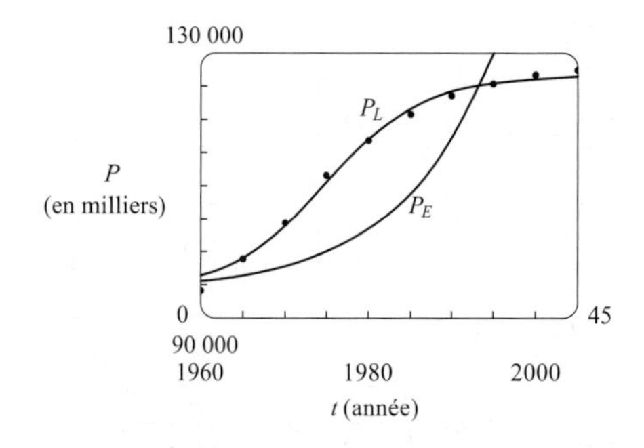

14. $P_E(t) = 1094(1{,}0668)^t + 29000$; $P_L(t) = \dfrac{11\ 103{,}3}{1 + 12{,}34e^{-0{,}1471t}} + 29\ 000$

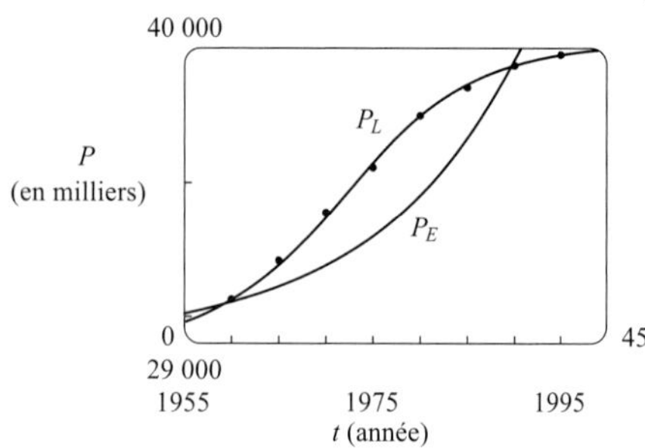

15. a) $P(t) = \dfrac{m}{k} + \left(P_0 - \dfrac{m}{k}\right)e^{kt}$

b) $m < kP_0$

c) $m = kP_0$; $m > kP_0$

d) En décroissance

16. a) $y(t) = \dfrac{y_0}{(1 - cy_0^c kt)^{1/c}}$ c) $\approx 145{,}77$ mois ou 12,15 ans

17. a) Le taux de capture des poissons est de 15 poissons par semaine.

b) Voir d).

c) $P = 250$; $P = 750$

d) $0 < P_0 < 250 : P \to 0$; $P_0 = 250 : P \to 250$; $P_0 > 250 : P \to 750$

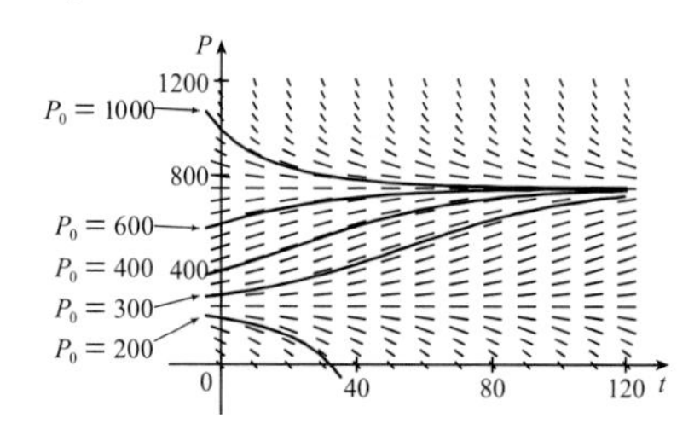

e) $P(t) = \dfrac{250 - 750ke^{t/25}}{1 - ke^{t/25}}$ où $k = \frac{1}{11}; -\frac{1}{9}$

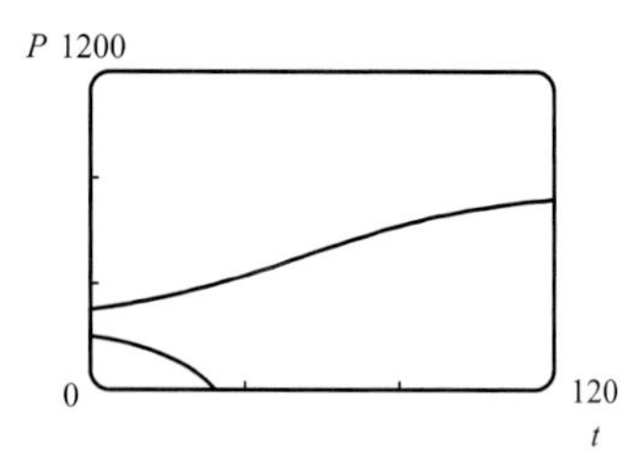

18. a)

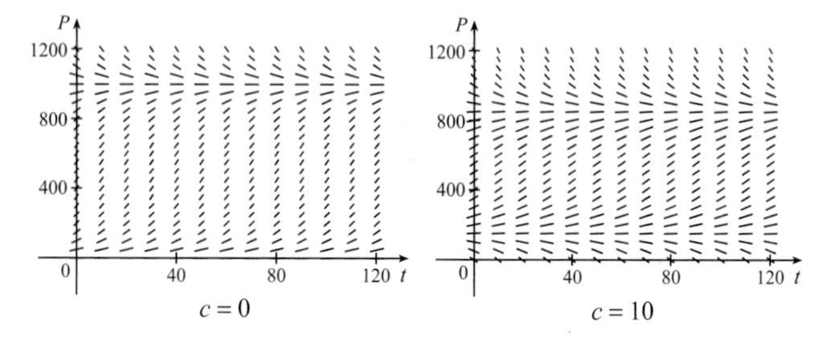

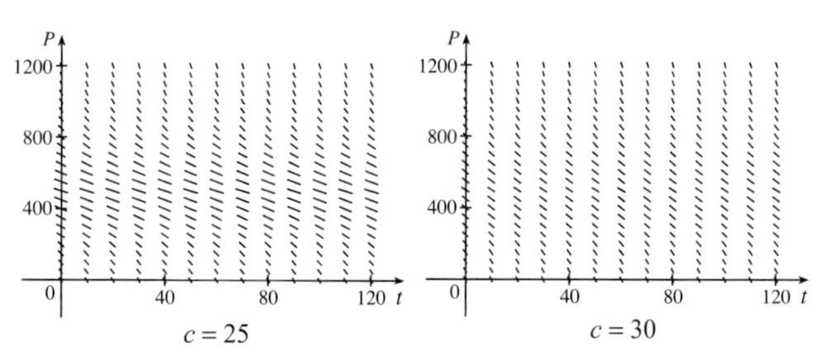

b) Pour $0 \leq c \leq 20$, il y a au moins une solution d'équilibre. Pour $c > 20$, la population meurt toujours.

d) Moins de 20 poissons par semaine

19. b)

$0 < P_0 < 200 : P \to 0$; $P_0 = 200 : P \to 200$; $P_0 > 200 : P \to 1000$

c) $P(t) = \dfrac{m(M - P_0) + M(P_0 - m)e^{(M-m)(k/M)t}}{M - P_0 + (P_0 - m)e^{(M-m)(k/M)t}}$

20. a) $P(t) = Me^{-\ln(M/P_0)e^{-ct}}$, $c \neq 0$ b) M

c)

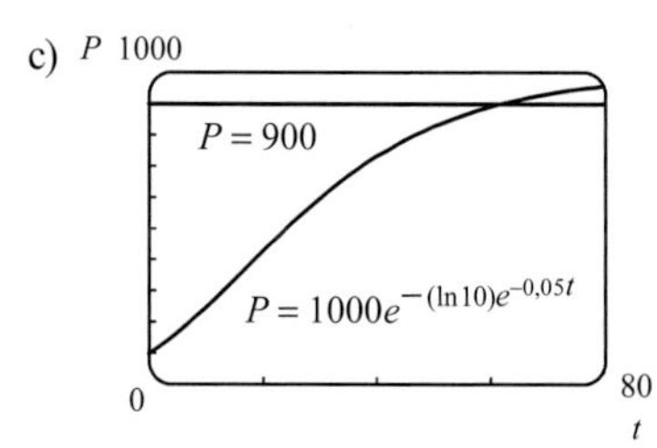

La fonction Gompertz n'augmente pas aussi vite que la courbe logistique.

21. a) $P(t) = P_0 e^{(k/r)[\sin(rt - \phi) + \sin\phi]}$

b)

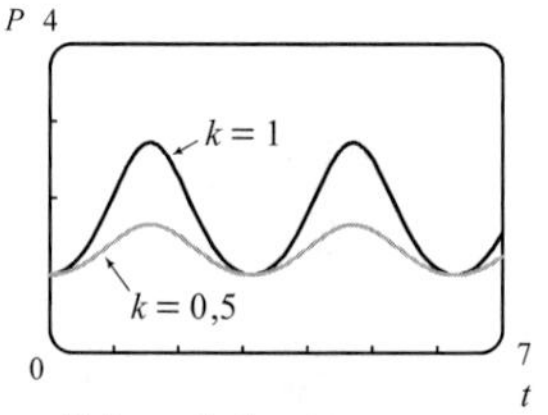

Valeurs de k avec
$P_0 = 1,\ r = 2$ et $\phi = \pi/2$

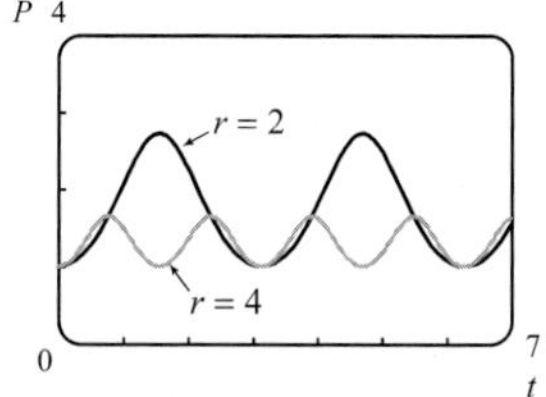

Valeurs de r avec
$P_0 = 1,\ k = 1$ et $\phi = \pi/2$

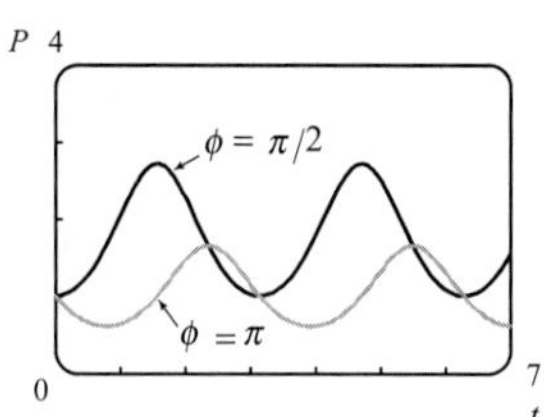

Valeurs de ϕ avec
$P_0 = 1,\ k = 1$ et $r = 2$

Elle n'est pas définie.

22. a) $P(t) = P_0 e^{f(t)}$, où $f(t) = \frac{k}{2}t + \frac{k}{4r}\left[\sin\left(2(rt - \phi)\right) + \sin 2\phi\right]$

b)

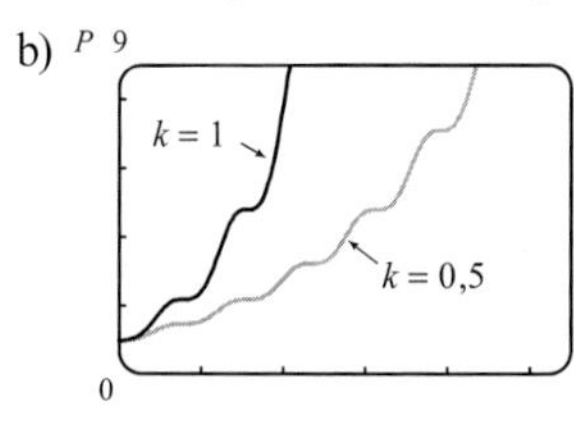

Valeurs de k avec
$P_0 = 1,\ r = 2$ et $\phi = \pi/2$

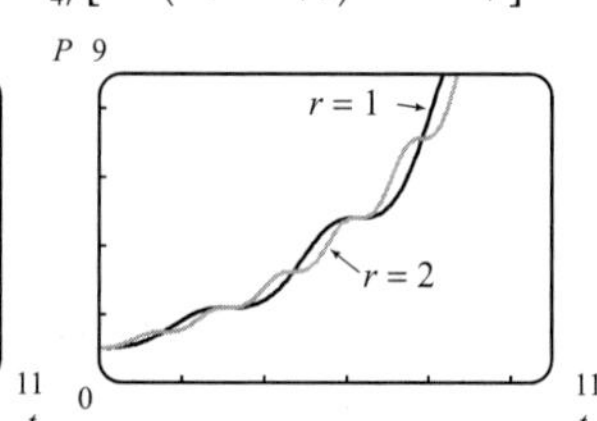

Valeurs de r avec
$P_0 = 1,\ k = 0{,}5$ et $\phi = \pi/2$

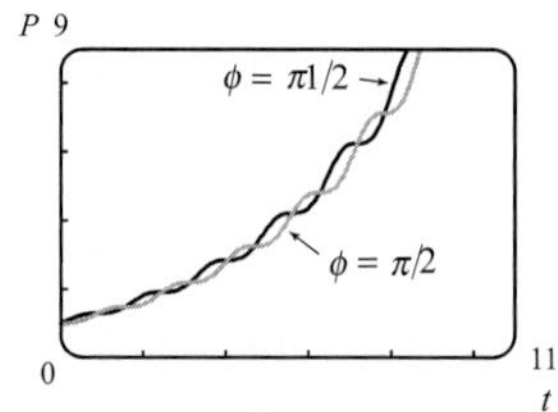

Valeurs de ϕ avec
$P_0 = 1,\ k = 0{,}5$ et $r = 2$

CHAPITRE 5 - RÉVISION

VRAI OU FAUX

1. Vrai **2.** Vrai **3.** Faux

4. Vrai **5.** Vrai

EXERCICES RÉCAPITULATIFS

1. a)

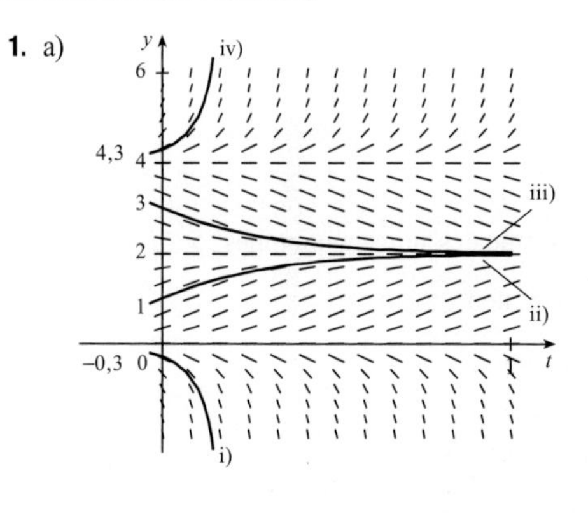

b) $0 \le c \le 4$; $y = 0$; $y = 2$; $y = 4$

2. a)

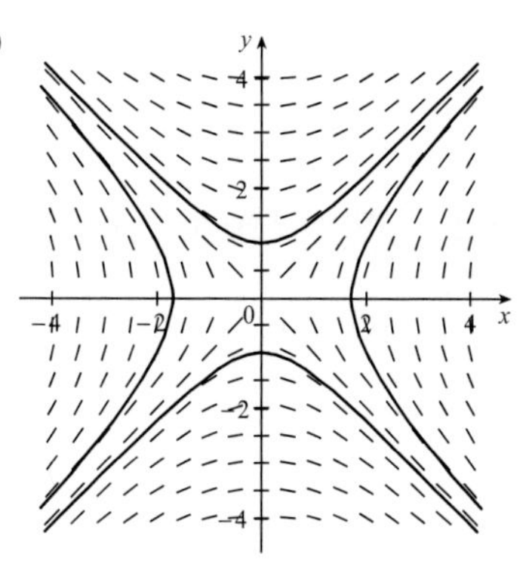

b) $y^2 = x^2 + C$: Lorsque $C = 0$, nous avons deux droites $y = \pm x$. Lorsque $C \neq 0$, c'est l'hyperbole $x^2 - y^2 = -C$.

3. a)

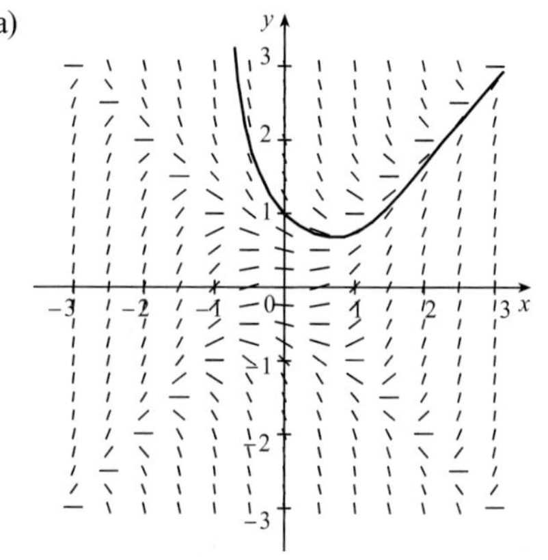

$y(0{,}3) \approx 0{,}8$

b) 0,756 76

c) $y = x$ et $y = -x$; il y a un maximum ou un mimimum local.

4. a) $\approx 1{,}08$ b) $\approx 1{,}1292$ c) $y(x) = \dfrac{1}{1 - x^2}$; $\approx 1{,}1905$

5. $x(t) = -1 + Ce^{t - t^2/2}$

6. $y(x) = \pm\sqrt{\ln(x^2 + 2x^{3/2} + C)}$

7. $r(t) = 5e^{t - t^2}$

8. $y(x) = \ln\left(\dfrac{3 - \cos x}{1 + \cos x}\right)$

9. $y(x) = -\ln(-x^3 + e^{-1})$

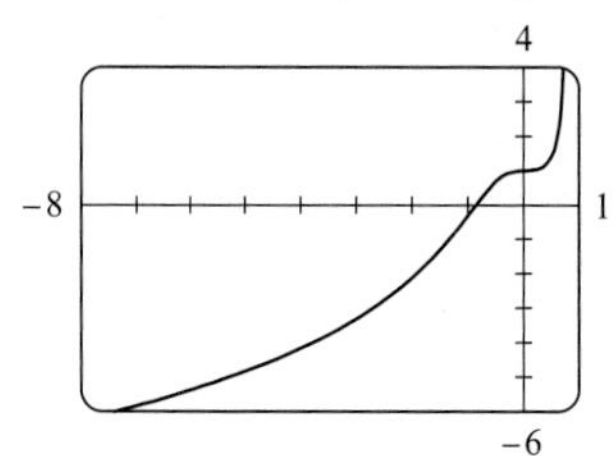

10. $x(y) = C - \frac{1}{2}y^2$

11. $2y^2 \ln y - y^2 = C - 2x^2$

12. a) $P(t) = \dfrac{2000}{1 + 19e^{-0{,}1t}}$; ≈ 560 b) $t = -10 \ln \frac{2}{57} \approx 33{,}5$

13. a) $P(t) \approx 5{,}28e^{0{,}013\,94t}$; $\approx 8{,}02$ milliards d'habitants

b) 2035

c) $P(t) \approx \dfrac{100}{1 + 17{,}94e^{-0{,}013\,94t}}$; $\approx 7{,}81$ milliards d'habitants

d) 2039

14. a) $L(t) = L_\infty - [L_\infty - L(0)]e^{-kt}$

b) $\frac{dL}{dt} = k(L_\infty - L)$, $L(t) = 53 - 43e^{-0,2t}$

15. $10(1 - e^{-6/10})$ kg **16.** $\approx$ 15 jours

17. $R = CS^k$ **18.** $h + k\ln h = -\frac{T}{V}t + C$

19. $\frac{dm}{dt} = \frac{-3(m-50)}{2000}$; $m(t) = 50 + 10e^{-3t/2000}$ kg; 50 kg

20. a) $y = \frac{1}{k}\frac{e^{kx}+e^{-kx}}{2} - \frac{1}{k} + a$ b) $\frac{e^{kb}-e^{-kb}}{k}$

PROBLÈMES SUPPLÉMENTAIRES

1. $f(x) = \pm 10e^x$ **2.** $g(x) = Ae^x\sqrt{2x-1}$

4. $f(x) = Ae^x$ ou $f(x) = Ae^{-x}$ **5.** $y = x^{1/n}$

6. $y = e^{\pm(x/c-1)}$ **7.** 20 °C

8. 11 h 23

9. b) $f(x) = \frac{x^2 - L^2}{4L} - \frac{1}{2}L\ln\left(\frac{x}{L}\right)$ c) Non

10. a) $2x\frac{d^2y}{dx^2} = \sqrt{1+\left(\frac{dy}{dx}\right)^2}$; $y = \frac{x^{3/2}}{3\sqrt{L}} - \sqrt{L}x^{1/2} + \frac{2}{3}L$; $(0, \frac{2}{3}L)$

b) $\frac{2L}{3^{3/4}}$; chien $\left(\frac{L}{\sqrt[4]{3}}, \frac{5\sqrt[4]{3}-6}{9}L\right)$, lapin $\left(0, \frac{8\sqrt[4]{3}-6}{9}L\right)$

11. a) $\approx$ 7,9 h b) 2700π m^2; 180π m^2/h
c) $\approx$ 7,1 h

12. $y = 6/x$ où $x > 0$ **13.** $x^2 + (y-6)^2 = 25$

14. $x^2 + \frac{1}{2}y^2 = C, C > 0$ **15.** $y = K/x$ où $K \neq 0$

CHAPITRE 6

EXERCICES 6.1

Abréviations : C : convergente ; D : divergente

1. a) Une suite est une liste ordonnée de nombres. Elle peut aussi être définie comme une fonction, dont le domaine est l'ensemble des nombres naturels.
b) Le terme a_n se rapproche indéfiniment de 8 lorsque n devient infiniment grand.
c) Le terme a_n devient infiniment grand lorsque n devient infiniment grand.

2. a) Une suite telle que $\lim_{n\to\infty} a_n$ existe ; $\{1/n\}$, $\{1/2^n\}$

b) Une suite telle que $\lim_{n\to\infty} a_n$ n'existe pas ; $\{n\}$, $\{\sin n\}$

3. $1, \frac{4}{5}, \frac{3}{5}, \frac{8}{17}, \frac{5}{13}$ **4.** $1, 1, \frac{9}{5}, 3, \frac{81}{17}, \frac{81}{11}$

5. $\frac{1}{5}, -\frac{1}{25}, \frac{1}{125}, -\frac{1}{625}, \frac{1}{3125}$ **6.** $0, -1, 0, 1, 0$

7. $\frac{1}{2}, \frac{1}{6}, \frac{1}{24}, \frac{1}{120}, \frac{1}{720}$ **8.** $-\frac{1}{2}, \frac{2}{3}, -\frac{3}{7}, \frac{4}{25}, -\frac{5}{121}$

9. 1, 2, 7, 32, 157 **10.** $6, 6, 3, 1, \frac{1}{4}$

11. $2, \frac{2}{3}, \frac{2}{5}, \frac{2}{7}, \frac{2}{9}$ **12.** 2, 1, −1, −2, −1, 1

13. $a_n = 1/(2n-1)$ **14.** $a_n = (-\frac{1}{3})^{n-1}$

15. $a_n = -3(-\frac{2}{3})^{n-1}$ **16.** $a_n = 3n + 2$

17. $a_n = (-1)^{n+1}\frac{n^2}{n+1}$

18. $a_n = \sin\frac{n\pi}{2}$ et $a_n = \cos\frac{(n-1)\pi}{2}$

19. 0,4286 ; 0,4615 ; 0,4737 ; 0,4800 ; 0,4839 ; 0,4865 ; 0,4884 ; 0,4898 ; 0,4909 ; 0,4918 ; oui ; $\frac{1}{2}$

20. 1,0000 ; 2,5000 ; 1,6667 ; 2,2500 ; 1,8000 ; 2,1667 ; 1,8571 ; 2,1250 ; 1,8889 ; 2,1000 ; oui ; 2

21. 0,5000 ; 1,2500 ; 0,8750 ; 1,0625 ; 0,9688 ; 1,0156 ; 0,9922 ; 1,0039 ; 0,9980 ; 1,0010 ; oui ; 1

22. 2,1111 ; 2,2346 ; 2,3717 ; 2,5242 ; 2,6935 ; 2,8817 ; 3,0908 ; 3,3231 ; 3,5812 ; 3,8680 ; non ; $\lim_{n\to\infty}\frac{10^n}{9^n} = \lim_{n\to\infty}\left(\frac{10}{9}\right)^n$ qui diverge par **9** puisque $\frac{10}{9} > 1$

23. 1 **24.** 1 **25.** 5 **26.** D **27.** 1

28. 0 **29.** 1 **30.** $\frac{1}{3}$ **31.** D **32.** e^2

33. 0 **34.** D **35.** D **36.** 1 **37.** 0

38. 1 **39.** 0 **40.** 0 **41.** 0 **42.** 0

43. 0 **44.** 8 **45.** 1 **46.** 0 **47.** e^2

48. 0 **49.** ln 2 **50.** 0 **51.** $\pi/2$ **52.** −2

53. D **54.** 0 **55.** D **56.** 0 **57.** 1

58. π **59.** $\frac{1}{2}$ **60.** 5 **61.** D **62.** D

63. 0 **64.** a) D b) C vers 2

65. a) 1060 ; 1123,60 ; 1191,02 ; 1262,48 ; 1338,23
b) D

66. a) 0 \$, 0,25 \$, 0,75 \$, 1,50 \$, 2,51 \$, 3,76 \$
b) 70,28 \$

67. a) $P_n = 1{,}08P_{n-1} - 300$
b) 5734

68. $a_1 = 11$: 11, 34, 17, 52, 26, 13, 40, 20, 10, 5, 16, 8, 4, 2, 1, 4, 2, 1, 4, 2, 1, 4, 2, 1, 4, 2, 1, 4, 2, 1, 4, 2, 1, 4, 2, 1, 4, 2, 1, 4 ; $a_1 = 25$: 25, 76, 38, 19, 58, 29, 88, 44, 22, 11, 34, 17, 52, 26, 13, 40, 20, 10, 5, 16, 8, 4, 2, 1, 4, 2, 1, 4, 2, 1, 4, 2, 1, 4, 2, 1, 4, 2, 1, 4 ; cette suite atteint toujours 1, peut importe a_1.

69. $-1 < r < 1$

70. b) $(-1+\sqrt{5})/2$

71. C, par le théorème des suites monotones ; $5 \leq L < 8$

72. Non monotone ; non

73. Décroissante ; oui

74. Croissante ; oui

75. Non monotone ; non

76. Décroissante ; oui

77. Décroissante ; oui

78. Croissante ; non

79. 2 **80.** b) 2

81. $\frac{1}{2}(3+\sqrt{5})$ **82.** $\frac{1}{2}(3-\sqrt{5})$

83. b) $\frac{1}{2}(1+\sqrt{5})$ **84.** b) $\approx 0{,}73909$

85. a) 0 b) 9, 11

EXERCICES 6.2

1. a) Une suite est une liste ordonnée de nombres tandis qu'une série est la somme d'une liste de nombres.
b) Une série est convergente si la suite des sommes partielles converge. Une série diverge si elle n'est pas convergente.

2. L'addition d'un nombre suffisant de termes de la série permet d'approcher le nombre 5 d'aussi près qu'on le désire.

3. 2 **4.** $\frac{1}{4}$

5. 1 ; 1,125 ; 1,1620 ; 1,1777 ; 1,1857 ; 1,1903 ; 1,1932 ; 1,1952 ; C

6. 1,4427 ; 2,3529 ; 3,0743 ; 3,6956 ; 4,2537 ; 4,7676 ; 5,2485 ; 5,7036 ; D

7. 0,5 ; 1,3284 ; 2,4265 ; 3,7598 ; 5,3049 ; 7,0443 ; 8,9644 ; 11,0540 ; D

8. 1 ; 0,5 ; 0,6667 ; 0,625 ; 0,6333 ; 0,6319 ; 0,6321 ; 0,6321 ; C

9. −2,400 00 ; −1,920 00 ; −2,016 00 ; −1,996 80 ; −2,000 64 ; −1,999 87 ; −2,0003 ; −1,999 99 ; −2,000 00 ; −2,000 00 ; C, −2

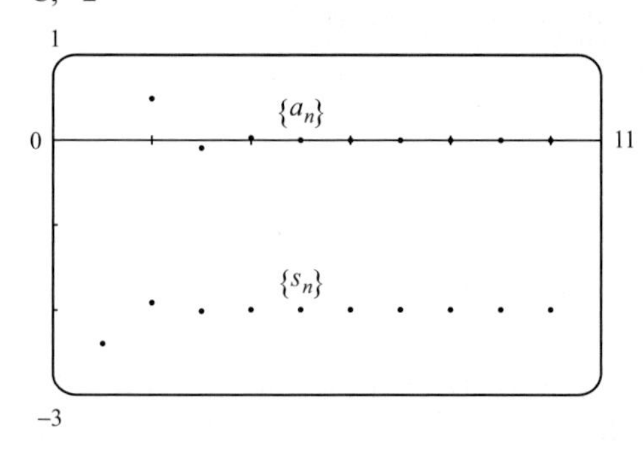

10. 0,540 30 ; 0,124 16 ; −0,865 84 ; −1,519 48 ; −1,235 82 ; −0,275 65 ; 0,478 25 ; 0,332 75 ; −0,578 38 ; −1,417 45 ; D

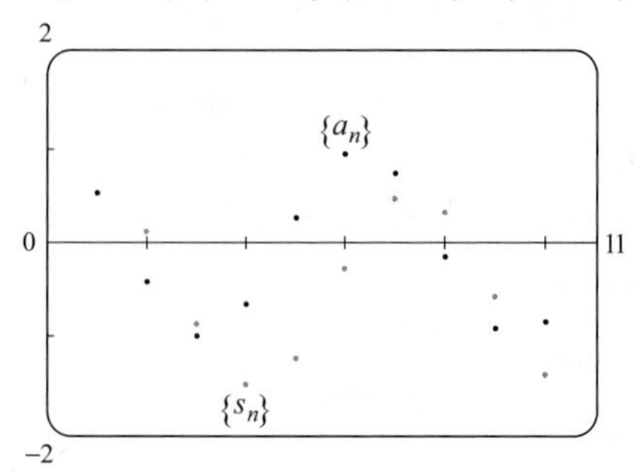

11. 0,447 21 ; 1,154 32 ; 1,986 37 ; 2,880 80 ; 3,809 27 ; 4,757 96 ; 5,719 48 ; 6,689 62 ; 7,665 81 ; 8,646 39 ; D

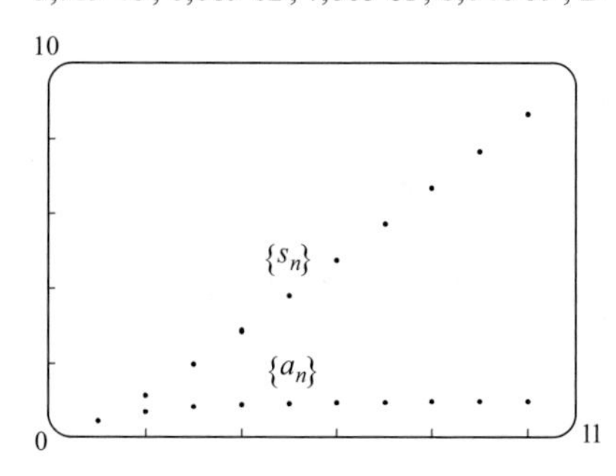

12. 4,900 00 ; 8,330 00 ; 10,731 00 ; 12,411 70 ; 13,588 19 ; 14,411 73 ; 14,988 21 ; 15,391 75 ; 15,674 22 ; 15,871 96 ; C ; $16,\overline{3}$

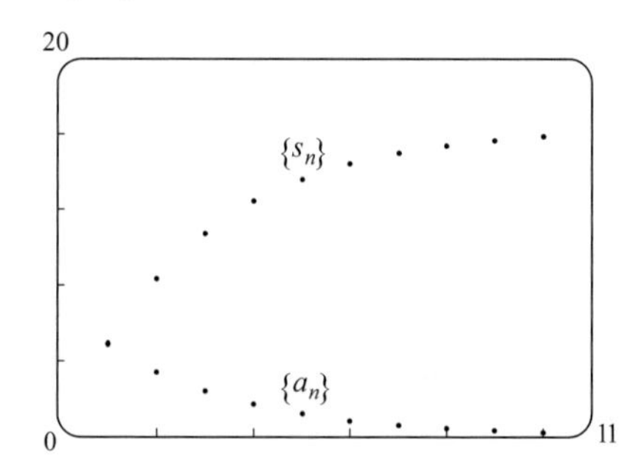

13. 0,292 89 ; 0,422 65 ; 0,500 00 ; 0,552 79 ; 0,591 75 ; 0,622 04 ; 0,646 45 ; 0,666 67 ; 0,683 77 ; 0,698 49 ; C, 1

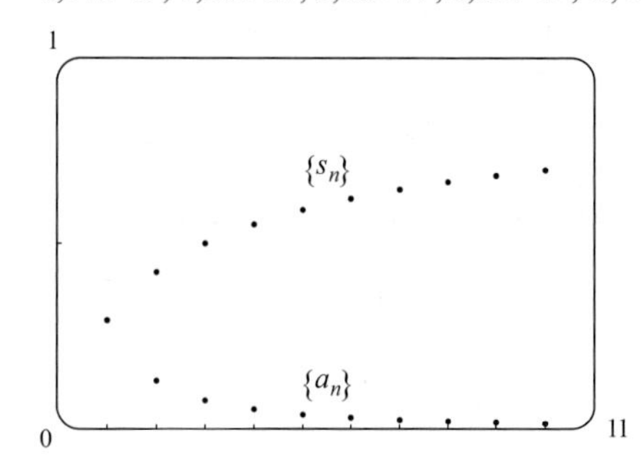

14. 0,125 00 ; 0,191 67 ; 0,233 333 ; 0,261 90 ; 0,282 74 ; 0,298 61 ; 0,311 11 ; 0,321 21 ; 0,329 55 ; 0,336 54 ; C, $\frac{5}{12}$

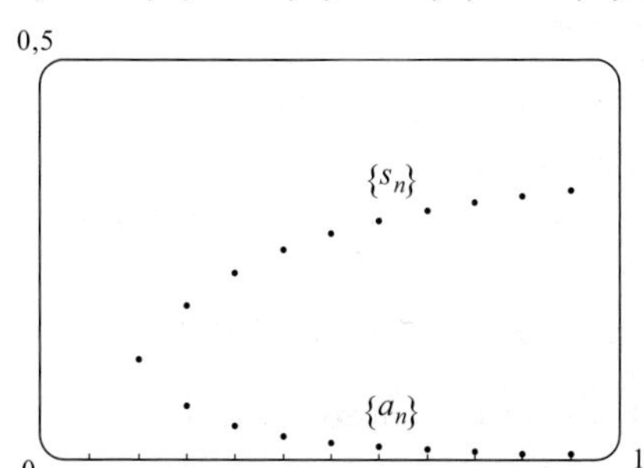

15. a) C b) D

16. a) Aucune

b) $\sum_{i=1}^{n} a_j = na_j$, tandis que $\sum_{i=1}^{n} a_i = a_1 + a_2 + \ldots + a_n$

17. D **18.** 16 **19.** $\frac{25}{3}$

20. $\frac{8}{3}$ **21.** 60 **22.** D

23. $\frac{1}{7}$ **24.** $2+\sqrt{2}$ **25.** D

26. $3e/(3-e)$ **27.** D **28.** $\frac{5}{8}$

29. D **30.** D **31.** $\frac{5}{2}$

32. D **33.** D **34.** $\frac{32}{7}$

35. D **36.** D **37.** D

38. $(\cos 1)/(1-\cos 1)$ **39.** D **40.** D

41. $e/(e-1)$ **42.** D **43.** $\frac{3}{2}$

44. D **45.** $\frac{11}{6}$ **46.** $\cos 1 - 1$

47. $e-1$ **48.** $\frac{1}{4}$

49. b) 1 c) 2
d) Tous les nombres rationnels ayant un développement décimal fini, sauf 0.

50. 16 **51.** $\frac{8}{9}$ **52.** $\frac{46}{99}$ **53.** $\frac{838}{333}$

54. 5017/495 **55.** 5063/3300

56. 237 446/33 333 **57.** $-\dfrac{1}{5}<x<\dfrac{1}{5}$; $\dfrac{-5x}{1+5x}$

58. $-3<x<-1$; $\dfrac{x+2}{-x-1}$ **59.** $-1<x<5$; $\dfrac{3}{5-x}$

60. $\dfrac{19}{4}<x<\frac{21}{4}$; $\dfrac{1}{4x-19}$ **61.** $x>2$ ou $x<-2$; $\dfrac{x}{x-2}$

62. Pour tout x; $\dfrac{3}{3-\sin x}$ **63.** $x<0$; $\dfrac{1}{1-e^x}$

65. 1 **66.** $\frac{1}{96}$

67. $a_1=0,\ a_n=\dfrac{2}{n(n+1)}$ pour $n>1$; 1

68. $a_1=\dfrac{5}{2},\ a_n=\dfrac{n-2}{2^n}$ pour $n>1$; 3

69. a) 157,875 mg; $\frac{3000}{19}(1-0{,}05^n)$ b) 157,895 mg

70. a) $\dfrac{De^{-aT}(1-e^{-anT})}{1-e^{-aT}}$ b) $\dfrac{D}{e^{aT}-1}$ c) $D=C(e^{aT}-1)$

71. a) $S_n=\dfrac{D(1-c^n)}{1-c}$ b) 5

72. a) $H\left(\dfrac{1+r}{1-r}\right)$ mètres b) $\sqrt{\dfrac{2H}{g}}-\sqrt{\dfrac{2H}{g}}\dfrac{1+\sqrt{r}}{1-\sqrt{r}}$ secondes

c) $\sqrt{\dfrac{2H}{g}\dfrac{1+k}{1-k}}$ secondes

73. $\frac{1}{2}(\sqrt{3}-1)$ **74.** $\ln\frac{9}{10}$

77. $\dfrac{1}{n(n+1)}$ **78.** $b\left(\dfrac{\sin\theta}{1-\sin\theta}\right)$

79. La série $1-1+1-1+1-1+\ldots$ est divergente.

84. Non

85. $\{s_n\}$ est bornée et croissante.

87. a) $0, \frac{1}{9}, \frac{2}{9}, \frac{1}{3}, \frac{2}{3}, \frac{7}{9}, \frac{8}{9}, 1$

88. b) $\dfrac{a_1+2a_2}{3}$

89. a) $\dfrac{1}{2}, \dfrac{5}{6}, \dfrac{23}{24}, \dfrac{119}{120}$; $\dfrac{(n+1)!-1}{(n+1)!}$ c) 1

90. $\dfrac{11\pi}{96}$

EXERCICES 6.3

1. C

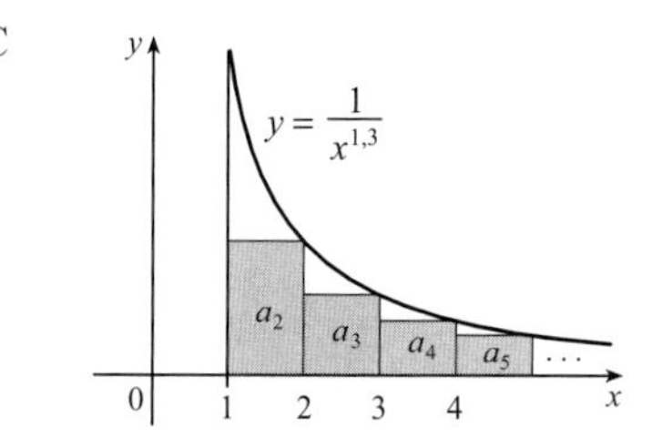

2. $\displaystyle\sum_{i=2}^{6} a_i < \int_1^6 f(x)\,dx < \sum_{i=1}^{5} a_i$

3. D **4.** C **5.** C **6.** D **7.** D

8. C **9.** C **10.** D **11.** C **12.** C

13. D **14.** D **15.** C **16.** D **17.** C

18. D **19.** C **20.** C **21.** D **22.** C

23. C **24.** C **25.** C **26.** C

27. f n'est ni positive ni décroissante.

28. f n'est pas décroissante sur $[1, \infty[$.

29. $p>1$ **30.** $p>1$ **31.** $p<-1$

32. $p>1$ **33.** $]1, \infty[$

34. a) $\frac{1}{6}\pi^2-1$ b) $\frac{1}{6}\pi^2-\frac{49}{36}$ c) $\frac{1}{24}\pi^2$

35. a) $\frac{9}{10}\pi^4$ b) $\frac{1}{90}\pi^4-\frac{17}{16}$

36. a) 1,082 037 ; $0{,}000\overline{3}$ b) 1,082 33 ; 0,000 05
c) 1,082 33 comparé à 1,082 323
d) $n>32$

37. a) 1,549 768 ; 0,1 b) 1,645 22 ; 0,005
c) 1,645 22 comparé à 1,644 93
d) $n>1000$

38. 1,037 **39.** 0,001 45 **40.** e^{100}

42. b) $\dfrac{(\ln n)^2+2\ln n+2}{n}$ c) 1373 d) 1,94

45. $b<1/e$

47. a) Rien b) C

48. a) D b) Rien

49. C **50.** D **51.** D **52.** C **53.** C

54. D **55.** D **56.** C **57.** C **58.** C

59. C **60.** D **61.** D **62.** C **63.** D

64. D **65.** D **66.** C **67.** C **68.** D

69. C **70.** C **71.** D **72.** C **73.** C

74. D **75.** D

76. 1,248 56 ; 0,1 **77.** 0,832 53 ; 0,005

78. 0,073 93 ; $6{,}4 \times 10^{-8}$ **79.** 0,197 88 ; $7{,}7 \times 10^{-6}$

80. C **81.** C **82.** D **83.** C **84.** C

85. D **86.** C **87.** C **88.** D **89.** D

90. C **91.** D **92.** D **93.** D **95.** $p > 1$

99. $a_n = \dfrac{1}{n^2}$ et $b_n = \dfrac{1}{n}$

102. Oui **103.** Oui **104.** D **105.** a et c **106.** $k \geq 2$

109. a) $\frac{661}{960} \approx 0{,}688\,54$; 0,005 21 b) $n \geq 11$; 0,693 109

110. 1,988 ; 0,0118

EXERCICES 6.4

1. a) Une série dont les termes sont alternativement positifs et négatifs.

b) $0 < b_{n+1} \leq b_n$ et $\lim\limits_{n\to\infty} b_n = 0$, où $b_n = |a_n|$

c) $|R_n| \leq b_{n+1}$

2. C **3.** D **4.** C **5.** C **6.** C

7. D **8.** C **9.** C **10.** C **11.** C

12. C **13.** D **14.** D **15.** C **16.** C

17. C **18.** D **19.** D **20.** C

21. −0,5507 **22.** 0,0988

23. 5 **24.** 4 **25.** 4 **26.** 6

27. −0,4597 **28.** 0,9856

29. 0,0676 **30.** −0,2835

31. Une sous-estimation

32. $p > 0$

33. p n'est pas un entier négatif.

34. Pour tout p

35. $\{b_n\}$ n'est pas décroissante.

EXERCICES 6.5

Abréviations : AC : absolument convergente ;
CC : conditionnellement convergente

1. a) D b) C c) Peut converger ou diverger

2. D **3.** CC **4.** CC **5.** AC **6.** D

7. CC **8.** AC **9.** AC **10.** AC **11.** AC

12. D **13.** CC **14.** AC **15.** AC **16.** D

17. AC **18.** AC **19.** AC **20.** AC **21.** AC

22. d)

24. b) 6 ; 15

27. b) $\sum\limits_{n=2}^{\infty} \dfrac{(-1)^n}{n \ln n}$; $\sum\limits_{n=1}^{\infty} \dfrac{(-1)^{n-1}}{n}$ ou $\sum\limits_{n=1}^{\infty} \dfrac{(-1)^{n-1}}{\sqrt{n}}$

EXERCICES 6.6

1. C **2.** C **3.** D **4.** C **5.** C

6. D **7.** D **8.** D **9.** C **10.** C

11. C **12.** C **13.** C **14.** C **15.** C

16. D **17.** C **18.** C **19.** C **20.** C

21. D **22.** D **23.** D **24.** D **25.** C

26. C **27.** C **28.** C **29.** C **30.** C

31. D **32.** D **33.** C **34.** D **35.** D

36. C **37.** C **38.** D

EXERCICES 6.7

1. Une série de la forme $\sum\limits_{n=0}^{\infty} c_n(x-a)^n$, où x est une variable et a ainsi que les c_n sont des constantes.

3. 1,]−1, 1[**4.** 1,] −1, 1] **5.** 1, [−1, 1[

6. 1, [−1, 1] **7.** ∞,]$-\infty$, ∞[**8.** 0, {0}

9. 2,]−2, 2[**10.** $\frac{1}{10}$, $[-\frac{1}{10}, \frac{1}{10}]$ **11.** $\frac{1}{3}$, $[-\frac{1}{3}, \frac{1}{3}]$

12. 3, [−3, 3[**13.** 4,]−4, 4] **14.** ∞,]$-\infty$, ∞[

15. 1, [1, 3] **16.** 1,]2, 4] **17.** $\frac{1}{3}$, $[-\frac{13}{3}, -\frac{11}{3}[$

18. 4,]−5, 3[**19.** ∞,]$-\infty$, ∞[**20.** $\frac{5}{2}$, [−2, 3[

21. b, $]a-b, a+b[$ **22.** $\frac{1}{b}$, $[a-\frac{1}{b}, a+\frac{1}{b}[$ **23.** 0, $\{\frac{1}{2}\}$

24. ∞,]$-\infty$, ∞[**25.** $\frac{1}{5}$, $[\frac{3}{5}, 1]$ **26.** 1, [−1, 1]

27. ∞,]$-\infty$, ∞[**28.** 2,]−2, 2[

29. a) Oui b) Non

30. a) C b) D c) C d) D

31. k^k

32. Soit $m = \frac{1}{2}(p+q)$ et $r = \frac{1}{2}(q-p)$

a) $\sum\limits_{n=0}^{\infty} \left(\dfrac{x-m}{r}\right)^n$ b) $\sum\limits_{n=1}^{\infty} (-1)^n \dfrac{1}{n}\left(\dfrac{x-m}{r}\right)^n$

c) $\sum\limits_{n=1}^{\infty} \dfrac{1}{n}\left(\dfrac{x-m}{r}\right)^n$ d) $\sum\limits_{n=1}^{\infty} \dfrac{1}{n^2}\left(\dfrac{x-m}{r}\right)^n$

33. Non

34.

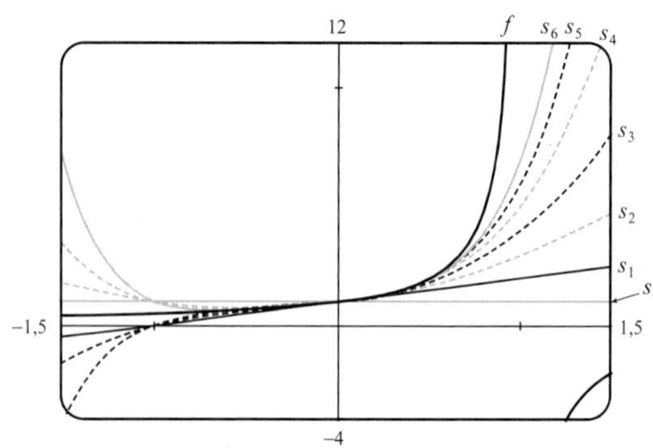

]−1, 1[

35. a)]−∞, ∞[

b), c)

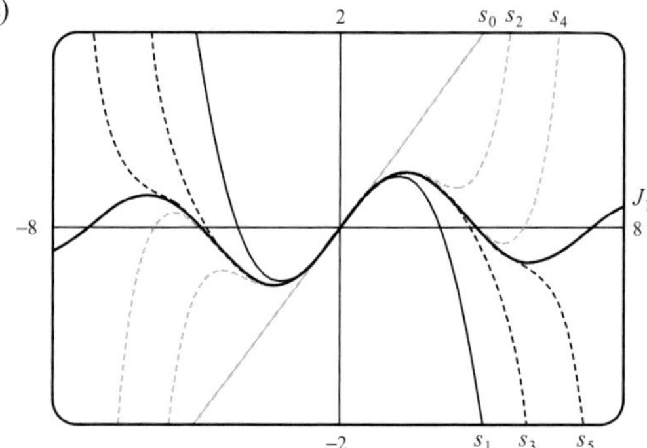

36. a) $\mathbb{R}$

b), c)

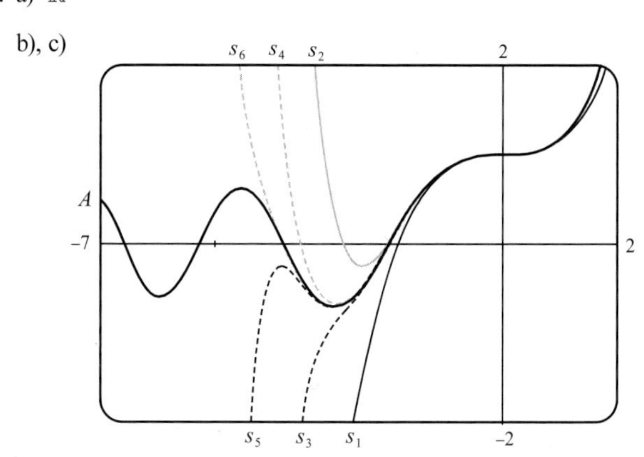

37.]−1, 1[, $f(x) = (1 + 2x)/(1 - x^2)$

38.]−1, 1[, $f(x) = (c_0 + c_1x + c_2x^2 + c_3x^3)/(1 - x^4)$

41. 2

42. $\sqrt{R}$

EXERCICES 6.8

1. 10

2. A le même rayon de convergence, mais pas le même intervalle de convergence.

3. $\sum_{n=0}^{\infty}(-1)^n x^n$,]−1, 1[

4. $5\sum_{n=0}^{\infty}4^n x^{2n}$, $]-\frac{1}{2}, \frac{1}{2}[$

5. $2\sum_{n=0}^{\infty}\frac{1}{3^{n+1}}x^n$,]−3, 3[

6. $\sum_{n=0}^{\infty}(-1)^n\frac{1}{10^{n+1}}x^n$,]−10, 10[

7. $\sum_{n=0}^{\infty}(-1)^n\frac{1}{9^{n+1}}x^{2n+1}$,]−3, 3[

8. $\sum_{n=0}^{\infty}(-1)^n 2^n x^{2n+1}$, $]-\frac{1}{\sqrt{2}}, \frac{1}{\sqrt{2}}[$

9. $1 + 2\sum_{n=1}^{\infty}x^n$,]−1, 1[

10. $\sum_{n=0}^{\infty}\frac{x^{3n+2}}{a^{3n+3}}$,]−|a|, |a|[

11. $\sum_{n=0}^{\infty}\left[(-1)^{n+1} - \frac{1}{2^{n+1}}\right]x^n$,]−1, 1[

12. $-\sum_{n=0}^{\infty}[(-2)^n + 1]x^n$, $]-\frac{1}{2}, \frac{1}{2}[$

13. a) $\sum_{n=0}^{\infty}(-1)^n(n+1)x^n$, $R = 1$

b) $\frac{1}{2}\sum_{n=0}^{\infty}(-1)^n(n+2)(n+1)x^n$, $R = 1$

c) $\frac{1}{2}\sum_{n=2}^{\infty}(-1)^n n(n-1)x^n$, $R = 1$

14. a) $-\sum_{n=1}^{\infty}\frac{x^n}{n}$, $R = 1$ b) $-\sum_{n=1}^{\infty}\frac{x^{n+1}}{n}$ c) $\sum_{n=1}^{\infty}\frac{1}{n2^n}$

15. $\ln 5 - \sum_{n=1}^{\infty}\frac{x^n}{n5^n}$, $R = 5$

16. $\sum_{n=0}^{\infty}(-1)^n\frac{x^{6n+5}}{2n+1}$, $R = 1$

17. $\sum_{n=0}^{\infty}(-1)^n 4^n(n+1)x^{n+1}$, $R = \frac{1}{4}$

18. $\sum_{n=0}^{\infty}\frac{(n+2)(n+1)}{2^{n+4}}x^{n+3}$, $R = 2$

19. $\sum_{n=0}^{\infty}(2n+1)x^n$, $R = 1$

20. $\sum_{n=1}^{\infty}n^2x^n$, $R = 1$

21. $\sum_{n=0}^{\infty}(-1)^n\frac{1}{16^{n+1}}x^{2n+1}$, $R = 4$

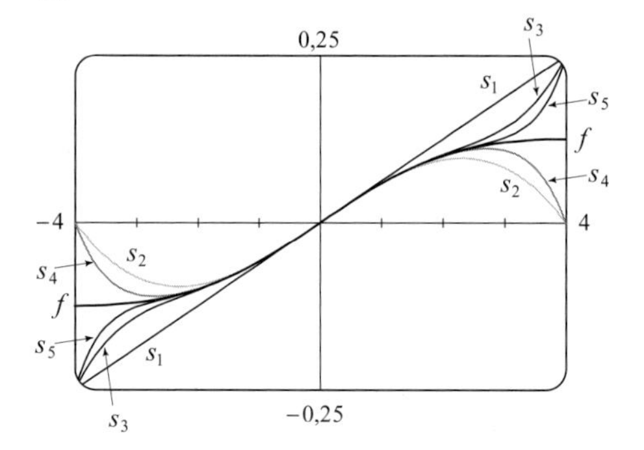

22. $\ln 4 + \sum_{n=0}^{\infty}(-1)^n\frac{x^{2n+2}}{(n+1)2^{2n+2}}$, $R = 2$

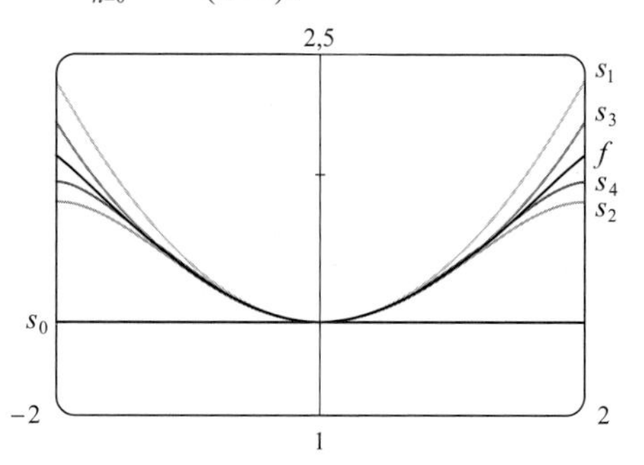

23. $\sum_{n=0}^{\infty} \frac{2x^{2n+1}}{2n+1}, R = 1$

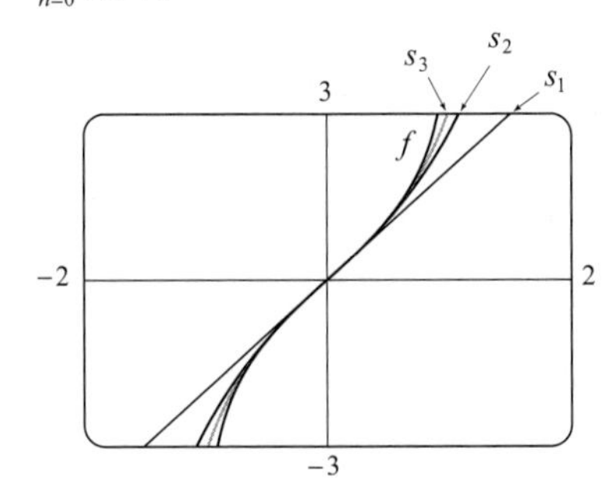

24. $\sum_{n=0}^{\infty} \frac{(-1)^n 2^{2n+1} x^{2n+1}}{2n+1}, R = \frac{1}{2}$

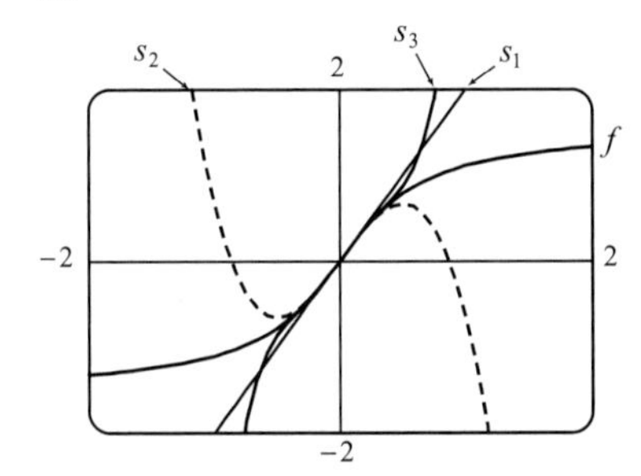

25. $C + \sum_{n=0}^{\infty} \frac{t^{8n+2}}{8n+2}, R = 1$ **26.** $C + \sum_{n=0}^{\infty} (-1)^n \frac{t^{3n+2}}{3n+2}, R = 1$

27. $C + \sum_{n=1}^{\infty} (-1)^n \frac{x^{n+3}}{n(n+3)}, R = 1$ **28.** $C + \sum_{n=0}^{\infty} (-1)^n \frac{x^{2n+1}}{(2n+1)^2}, R = 1$

29. 0,199 989 **30.** 0,002 034 **31.** 0,000 983

32. 0,008 969 **33.** 0,197 40 **35.** b) 0,920

38. $k\pi$, où k est entier

39. [−1, 1] ; [−1, 1[;]−1, 1[

40. a) $\frac{1}{(1-x)^2}$ b) $\frac{x}{(1-x)^2}$; 2 c) $\frac{2x^2}{(1-x)^3}$; 4, 6

EXERCICES 6.9

1. $b_8 = f^{(8)}(5)/8!$

2. a) On devrait avoir $f'(1) = -0{,}8$, mais d'après le graphique, $f'(1)$ est positif.
b) On devrait avoir $f''(2) = 3$, mais f est concave vers le bas près de $x = 2$, d'où $f''(2)$ est négatif.

3. $\sum_{n=0}^{\infty} (n+1)x^n, R = 1$

4. $\sum_{n=0}^{\infty} \frac{(-1)^n}{3^n(n+1)}(x-4)^n, R = 3$

5. $\sum_{n=0}^{\infty} (n+1)x^n, R = 1$ **6.** $\sum_{n=1}^{\infty} \frac{(-1)^{n-1}}{n} x^n, R = 1$

7. $\sum_{n=0}^{\infty} (-1)^n \frac{\pi^{2n+1}}{(2n+1)!} x^{2n+1}, R = \infty$

8. $\sum_{n=0}^{\infty} \frac{(-2)^n}{n!} x^n, R = \infty$ **9.** $\sum_{n=0}^{\infty} \frac{(\ln 2)^n}{n!} x^n, R = \infty$

10. $\sum_{n=0}^{\infty} (-1)^n \frac{1}{(2n)!} x^{2n+1}, R = \infty$

11. $-1 - 2(x-1) + 3(x-1)^2 + 4(x-1)^3 + (x-1)^4, R = \infty$

12. $6 - 11(x+2) + 6(x+2)^2 - (x+2)^3, R = \infty$

13. $\ln 2 + \sum_{n=1}^{\infty} (-1)^{n+1} \frac{1}{n2^n}(x-2)^n, R = 2$

14. $\sum_{n=0}^{\infty} \frac{(x+3)^n}{3^{n+1}}, R = 3$

15. $\sum_{n=0}^{\infty} \frac{2^n e^6}{n!}(x-3)^n, R = \infty$

16. $\sum_{n=0}^{\infty} (-1)^n \frac{(x-\pi/2)^{2n}}{(2n)!}, R = \infty$

17. $\sum_{n=0}^{\infty} (-1)^{n+1} \frac{1}{(2n)!}(x-\pi)^{2n}, R = \infty$

18. $4 + \frac{1}{8}(x-16) + \sum_{n=2}^{\infty} (-1)^{n-1} \frac{1 \cdot 3 \cdot 5 \cdot \ldots \cdot (2n-3)}{2^{5n-2} n!}(x-16)^n, R = 16$

21. $1 - \frac{1}{4}x - \sum_{n=2}^{\infty} \frac{3 \cdot 7 \cdot \ldots \cdot (4n-5)}{4^n \cdot n!} x^n, R = 1$

22. $2 + \frac{1}{12}x + 2\sum_{n=2}^{\infty} \frac{(-1)^{n-1} 2 \cdot 5 \cdot \ldots \cdot (3n-4)}{24^n \cdot n!} x^n, R = 8$

23. $\sum_{n=0}^{\infty} (-1)^n \frac{(n+1)(n+2)}{2^{n+4}} x^n, R = 2$

24. $1 - \frac{2}{3}x - 2\sum_{n=2}^{\infty} \frac{1 \cdot 4 \cdot 7 \cdot \ldots \cdot (3n-5)}{3^n \cdot n!} x^n, R = 1$

25. $\sum_{n=0}^{\infty} (-1)^n \frac{\pi^{2n+1}}{(2n+1)!} x^{2n+1}, R = \infty$

26. $\sum_{n=0}^{\infty} (-1)^n \frac{\pi^{2n}}{2^{2n}(2n)!} x^{2n}, R = \infty$

27. $\sum_{n=0}^{\infty} \frac{2^n + 1}{n!} x^n, R = \infty$

28. $\sum_{n=0}^{\infty} \frac{[1 + 2(-1)^n]}{n!} x^n, R = \infty$

29. $\sum_{n=0}^{\infty} (-1)^n \frac{1}{2^{2n}(2n)!} x^{4n+1}, R = \infty$

30. $\sum_{n=1}^{\infty} (-1)^{n-1} \frac{x^{3n+2}}{n}, R = 1$

31. $\frac{1}{2}x + \sum_{n=1}^{\infty} (-1)^n \frac{1 \cdot 3 \cdot 5 \cdot \ldots \cdot (2n-1)}{n! 2^{3n+1}} x^{2n+1}, R = 2$

32. $\frac{x^2}{\sqrt{2}} + \sum_{n=1}^{\infty} (-1)^n \frac{1 \cdot 3 \cdot 5 \cdot \ldots \cdot (2n-1)}{n! 2^{2n+1/2}} x^{n+2}, R = 2$

33. $\sum_{n=1}^{\infty} (-1)^{n+1} \frac{2^{2n-1}}{(2n)!} x^{2n}, R = \infty$

34. $\sum_{n=0}^{\infty} \frac{(-1)^n x^{2n}}{(2n+3)!}$, $R=\infty$

35. $\sum_{n=0}^{\infty}(-1)^n \frac{1}{(2n)!}x^{4n}$, $R=\infty$

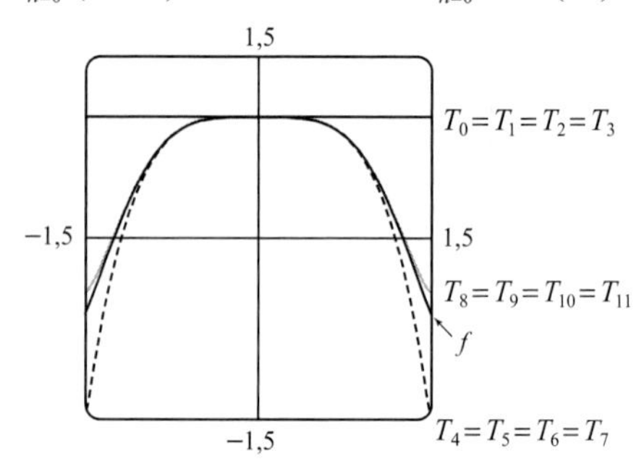

36. $\sum_{n=0}^{\infty}(-1)^n\left(\frac{1}{n!}+\frac{1}{(2n)!}\right)x^{2n}$, $R=\infty$

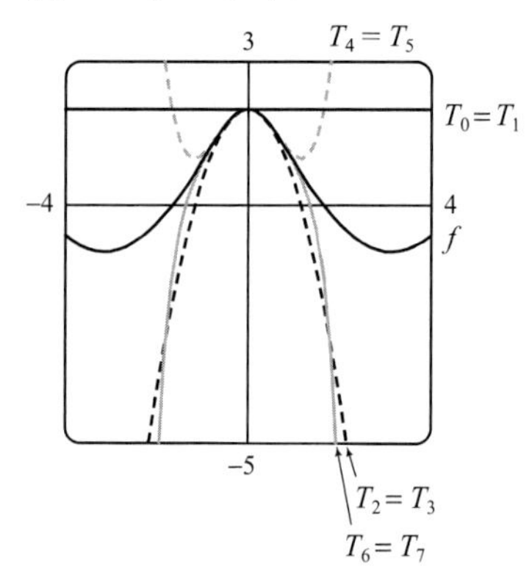

37. $\sum_{n=1}^{\infty} \frac{(-1)^{n-1}}{(n-1)!}x^n$, $R=\infty$

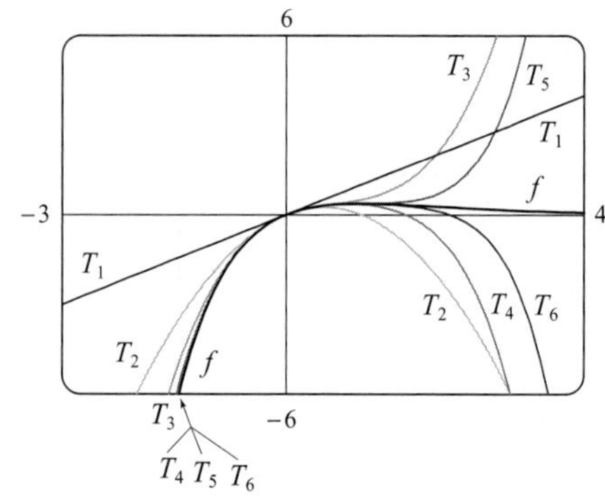

38. $\sum_{n=0}^{\infty}(-1)^n \frac{x^{6n+3}}{2n+1}$, $R=1$

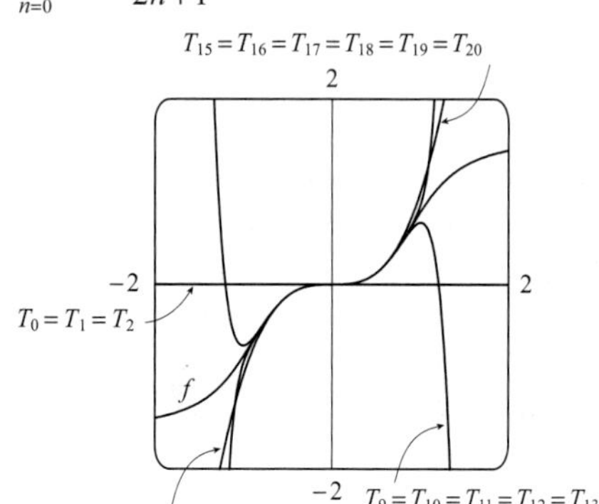

39. 0,996 19

40. 0,904 84

41. a) $1+\sum_{n=1}^{\infty}\frac{1\cdot 3\cdot 5\cdot\ldots\cdot(2n-1)}{2^n n!}x^{2n}$

b) $x+\sum_{n=1}^{\infty}\frac{1\cdot 3\cdot 5\cdot\ldots\cdot(2n-1)}{(2n+1)2^n n!}x^{2n+1}$

42. a) $1-\frac{1}{4}x+\sum_{n=2}^{\infty}(-1)^n\frac{1\cdot 5\cdot 9\cdot\ldots\cdot(4n-3)}{4^n n!}x^n$

b) 0,976

43. $C+\sum_{n=0}^{\infty}(-1)^n\frac{x^{6n+2}}{(6n+2)(2n)!}$, $R=\infty$

44. $C+\sum_{n=1}^{\infty}\frac{x^n}{n\cdot n!}$, $R=\infty$

45. $C+\sum_{n=1}^{\infty}(-1)^n\frac{1}{2n(2n)!}x^{2n}$, $R=\infty$

46. $C+\sum_{n=0}^{\infty}(-1)^n\frac{x^{4n+3}}{(2n+1)(4n+3)}$, $R=1$

47. 0,0059

48. 0,1876

49. 0,401 02

50. 0,0354

51. $\frac{1}{2}$

52. -1

53. $\frac{1}{120}$

54. $\frac{1}{3}$

55. $1-\frac{3}{2}x^2+\frac{25}{24}x^4+\ldots$

56. $1+\frac{1}{2}x^2+\frac{5}{24}x^4+\ldots$

57. $1+\frac{1}{6}x^2+\frac{7}{360}x^4+\ldots$

58. $x+\frac{1}{2}x^2+\frac{1}{3}x^3+\ldots$

59. e^{-x^4}

60. $\frac{\sqrt{3}}{2}$

61. $\ln\frac{8}{5}$

62. $e^{3/5}$

63. $1/\sqrt{2}$

64. $\frac{1}{2}$

65. e^3-1

66. $\arctan(\frac{1}{2})$

68. 0

70. b)

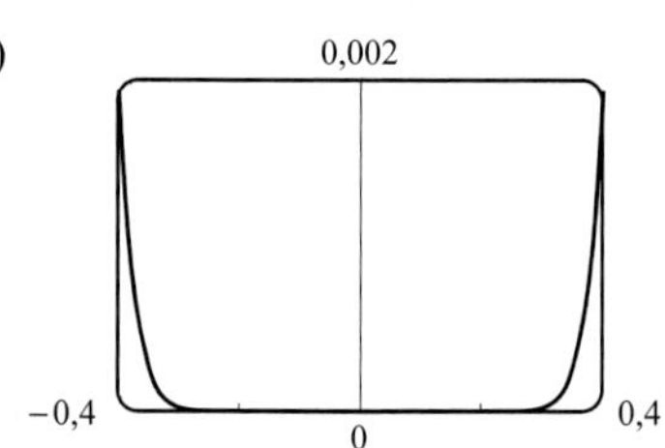

72. $\frac{\pi a}{128}(256-64e^2-12e^4-5e^6-\ldots)$

EXERCICES 6.10

1. a) $T_0(x)=1=T_1(x)$, $T_2(x)=1-\frac{1}{2}x^2=T_3(x)$,

$T_4(x)=1-\frac{1}{2}x^2+\frac{1}{24}x^4=T_5(x)$, $T_6(x)=1-\frac{1}{2}x^2+\frac{1}{24}x^4-\frac{1}{720}x^6$

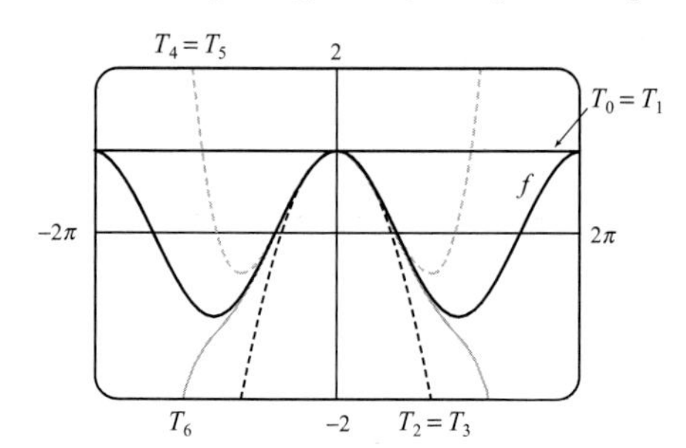

b)

x	f	$T_0 = T_1$	$T_2 = T_3$	$T_4 = T_5$	T_6
$\frac{\pi}{4}$	0,7071	1	0,6916	0,7074	0,7071
$\frac{\pi}{2}$	0	1	−0,2337	0,0200	−0,0009
π	−1	1	−3,9348	0,1239	−1,2114

c) Lorsque n augmente, $T_n(x)$ est une bonne approximation de $f(x)$ sur un intervalle de plus en plus grand.

2. a) $T_0(x) = 1$, $T_1(x) = 2 - x$, $T_2(x) = x^2 - 3x + 3$, $T_3(x) = -x^3 + 4x^2 - 6x + 4$

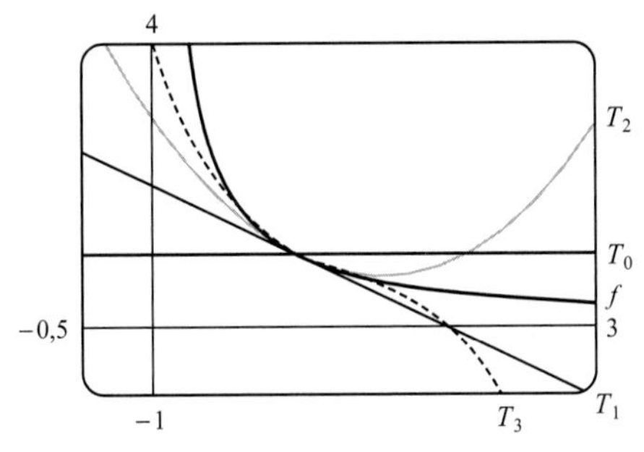

b)

x	f	T_0	T_1	T_2	T_3
0,9	$1,\overline{1}$	1	1,1	1,11	1,111
1,3	0,7692	1	0,7	0,79	0,763

c) Lorsque n augmente, $T_n(x)$ est une bonne approximation de $f(x)$ sur un intervalle de plus en plus grand.

3. $\frac{1}{2} - \frac{1}{4}(x-2) + \frac{1}{8}(x-2)^2 - \frac{1}{16}(x-2)^3$

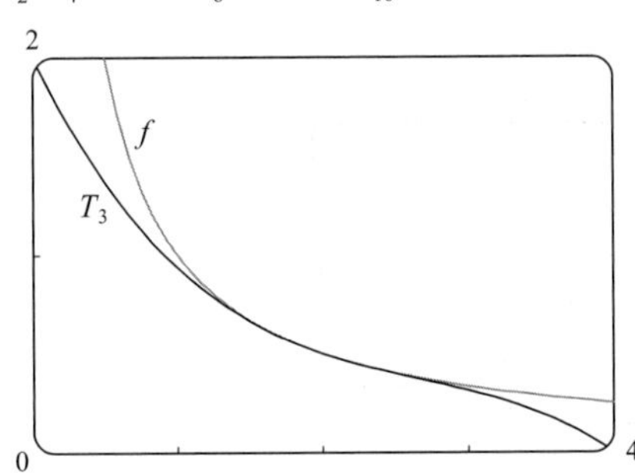

4. $1 + \frac{1}{2}x^2 - \frac{1}{6}x^3$

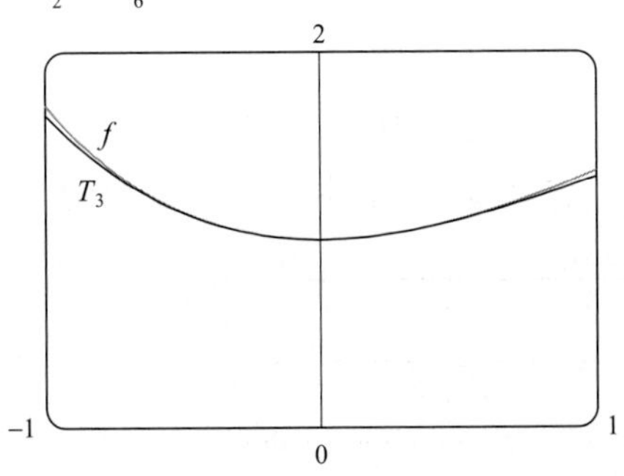

5. $-\left(x - \frac{\pi}{2}\right) + \frac{1}{6}\left(x - \frac{\pi}{2}\right)^3$

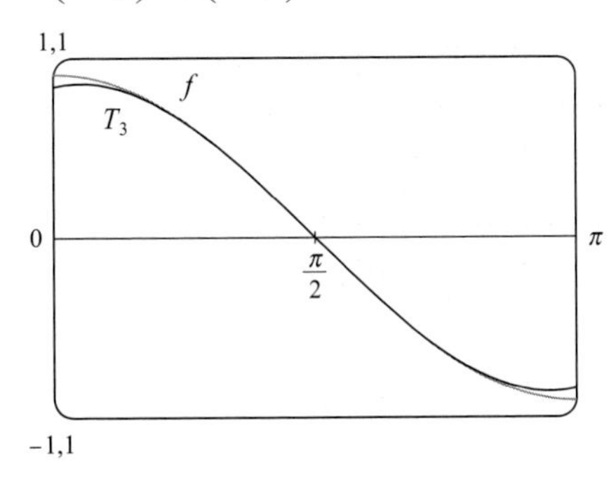

6. $x - x^2 + \frac{1}{3}x^3$

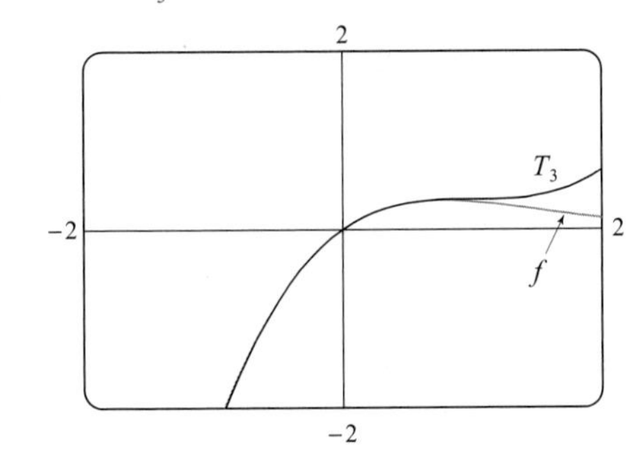

7. $(x-1) - \frac{1}{2}(x-1)^2 + \frac{1}{3}(x-1)^3$

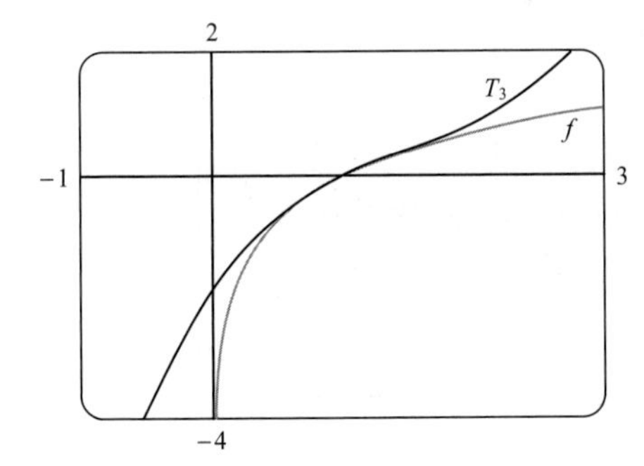

8. $x - \frac{1}{2}x^3$

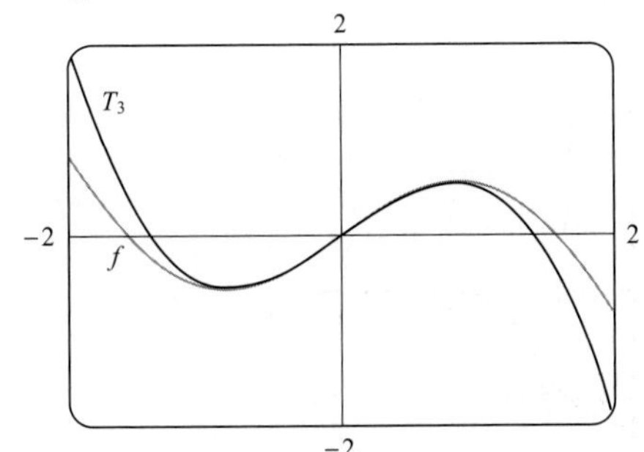

9. $x - 2x^2 + 2x^3$

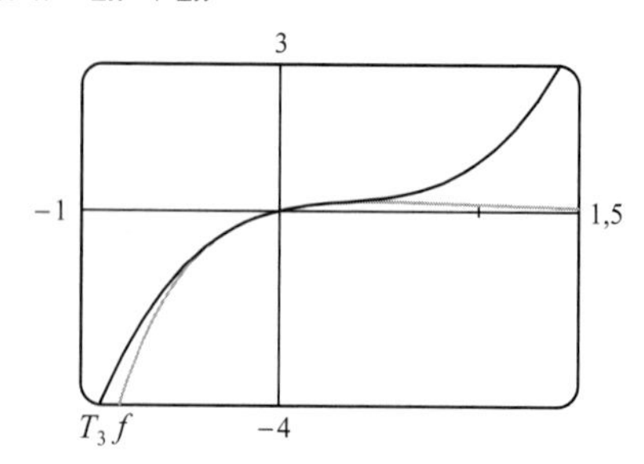

10. $\frac{\pi}{4}+\frac{1}{2}(x-1)-\frac{1}{4}(x-1)^2+\frac{1}{12}(x-1)^3$

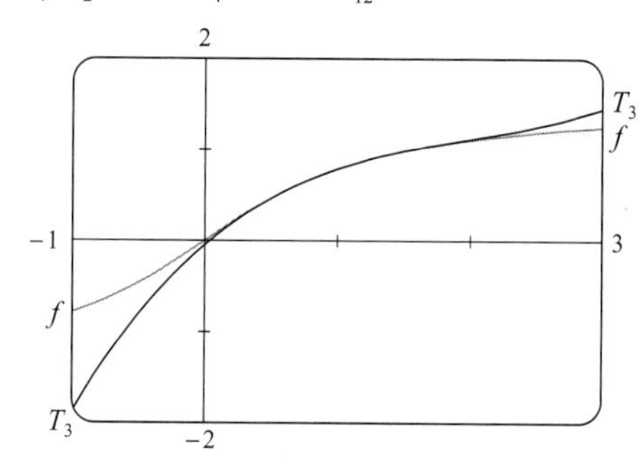

11. $T_5(x)=1-2\left(x-\frac{\pi}{4}\right)+2\left(x-\frac{\pi}{4}\right)^2-\frac{8}{3}\left(x-\frac{\pi}{4}\right)^3$
$+\frac{10}{3}\left(x-\frac{\pi}{4}\right)^4-\frac{64}{15}\left(x-\frac{\pi}{4}\right)^5$

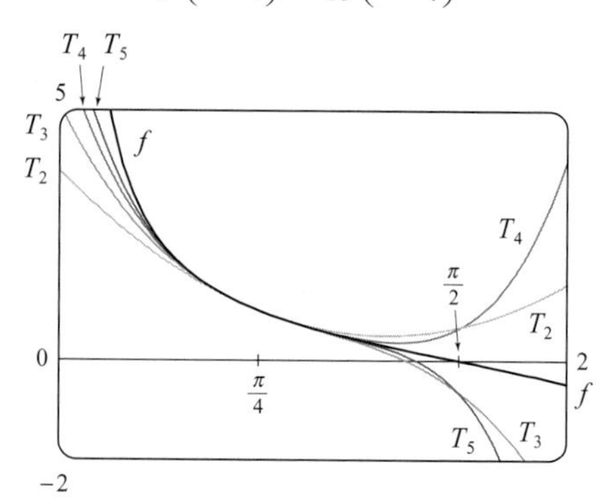

12. $T_5(x)=1+\frac{1}{3}x^2-\frac{1}{9}x^4$

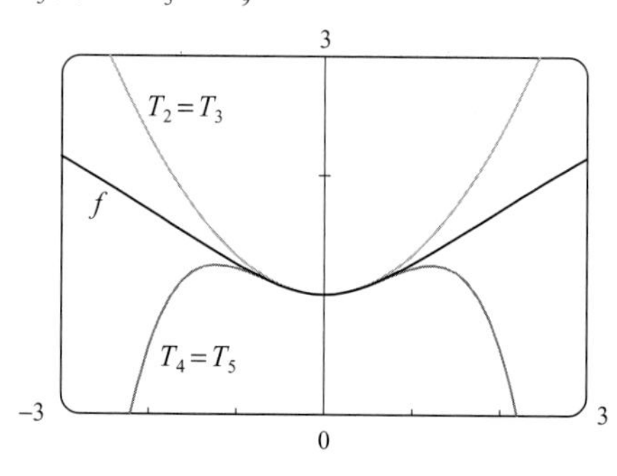

13. a) $2+\frac{1}{4}(x-4)-\frac{1}{64}(x-4)^2$ b) $1,5625\times10^{-5}$

14. a) $1-2(x-1)+3(x-1)^2$ b) $6,774\,04\times10^{-3}$

15. a) $1+\frac{2}{3}(x-1)-\frac{1}{9}(x-1)^2+\frac{4}{81}(x-1)^3$ b) $9,697\times10^{-5}$

16. a) $\frac{1}{2}+\frac{\sqrt{3}}{2}(x-\frac{\pi}{6})-\frac{1}{4}(x-\frac{\pi}{6})^2-\frac{\sqrt{3}}{12}(x-\frac{\pi}{6})^3+\frac{1}{48}(x-\frac{\pi}{6})^4$
b) $\frac{1}{5!}(\frac{\pi}{6})^5$

17. a) $1+\frac{1}{2}x^2$ b) 0,001 447

18. a) $\ln 3+\frac{2}{3}(x-1)-\frac{4/9}{2!}(x-1)^2+\frac{16/27}{3!}(x-1)^3$ b) $\frac{1}{64}$

19. a) $1+x^2$ b) 0,000 06

20. a) $(x-1)+\frac{1}{2}(x-1)^2-\frac{1}{6}(x-1)^3$ b) $\frac{1}{24}$

21. a) $x^2-\frac{1}{6}x^4$ b) $\frac{1}{24}$

22. a) $2x+\frac{4}{3}x^3+\frac{4}{15}x^5$ b) 0,3224

23. 0,173 65 **24.** 0,615 66 **25.** Quatre

26. Cinq premiers termes non nuls

27. $-1,037<x<1,037$ **28.** $-1,238<x<1,238$

29. $-0,86<x<0,86$ **31.** 21 m, non

32. a) $\rho_{20}[1+\alpha(t-20)]$; $\rho_{20}[1+\alpha(t-20)+\frac{1}{2}\alpha^2(t-20)^2]$
b)

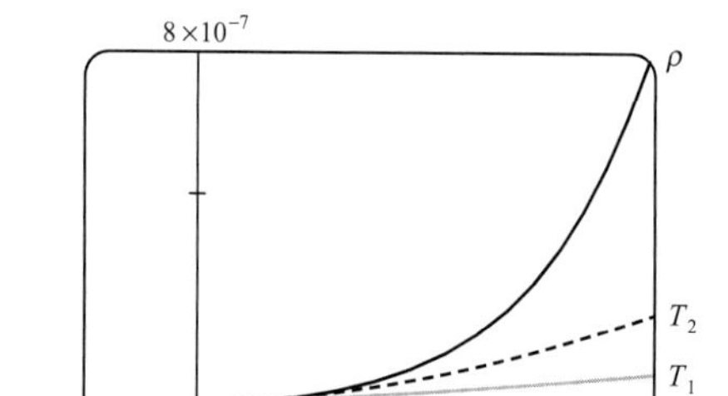

c) $-14\ °C \le t \le 58\ °C$

36. c) Elles diffèrent d'environ 8×10^{-9} km.

37. c) 2,0763

CHAPITRE 6 - RÉVISION

VRAI OU FAUX

1. Faux	**2.** Faux	**3.** Vrai	**4.** Vrai	**5.** Faux
6. Vrai	**7.** Faux	**8.** Vrai	**9.** Faux	**10.** Vrai
11. Vrai	**12.** Vrai	**13.** Vrai	**14.** Faux	**15.** Faux
16. Vrai	**17.** Vrai	**18.** Vrai	**19.** Vrai	**20.** Vrai
21. Vrai	**22.** Faux			

EXERCICES RÉCAPITULATIFS

1. $\frac{1}{2}$	**2.** 0	**3.** D	**4.** D	**5.** 0
6. 0	**7.** e^{12}	**8.** 0	**9.** 2	**11.** C
12. D	**13.** C	**14.** C	**15.** D	**16.** D
17. C	**18.** C	**19.** C	**20.** D	**21.** C

22. C **23.** CC **24.** AC **25.** AC **26.** D

27. $\frac{1}{11}$ **28.** $\frac{11}{18}$ **29.** $\pi/4$

30. $\cos(\sqrt{\pi}/3)$ **31.** e^{-e}

32. 416 909/99 900 **34.** $e^{-1} < x < e$

35. 0,9721

36. a) 1,017 305 ; $6{,}4 \times 10^{-5}$ b) 1,017 34

37. 0,189 762 24 ; $6{,}4 \times 10^{-7}$

40. 5, [−5, 5] **41.** 4, [−6, 2[**42.** ∞,]−∞, ∞[

43. $\frac{1}{2}$; $[\frac{5}{2}, \frac{7}{2}[$ **44.** $\frac{1}{4}$

45. $\displaystyle \frac{1}{2}\sum_{n=0}^{\infty}(-1)^n\left[\frac{1}{(2n)!}\left(x-\frac{\pi}{6}\right)^{2n}+\frac{\sqrt{3}}{(2n+1)!}\left(x-\frac{\pi}{6}\right)^{2n+1}\right]$

46. $\displaystyle \frac{1}{2}\sum_{n=0}^{\infty}(-1)^n\frac{1}{(2n)!}\left(x-\frac{\pi}{3}\right)^{2n}+\frac{\sqrt{3}}{2}\sum_{n=0}^{\infty}(-1)^{n+1}\frac{1}{(2n+1)!}\left(x-\frac{\pi}{3}\right)^{2n+1}$

47. $\displaystyle \sum_{n=0}^{\infty}(-1)^n x^{n+2}$, $R = 1$ **48.** $\displaystyle \sum_{n=0}^{\infty}(-1)^n\frac{x^{4n+2}}{2n+1}$, $R = 1$

49. $\displaystyle \ln 4-\sum_{n=1}^{\infty}\frac{x^n}{n4^n}$, $R = 4$ **50.** $\displaystyle \sum_{n=0}^{\infty}\frac{2^n x^{n+1}}{n!}$, $R = \infty$

51. $\displaystyle \sum_{n=0}^{\infty}(-1)^n\frac{x^{8n+4}}{(2n+1)!}$, $R = \infty$ **52.** $\displaystyle \sum_{n=0}^{\infty}\frac{(\ln 10)^n x^n}{n!}$, $R = \infty$

53. $\displaystyle \frac{1}{2}+\sum_{n=1}^{\infty}\frac{1\cdot 5\cdot 9\cdot\ldots\cdot(4n-3)}{n!2^{6n+1}}x^n$, $R = 16$

54. $\displaystyle 1+\sum_{n=1}^{\infty}\frac{5\cdot 6\cdot 7\cdot\ldots\cdot(n+4)\cdot 3^n x^n}{n!}$, $R = \frac{1}{3}$

55. $\displaystyle C+\ln|x|+\sum_{n=1}^{\infty}\frac{x^n}{n\cdot n!}$

56. 1,09

57. a) $1+\frac{1}{2}(x-1)-\frac{1}{8}(x-1)^2+\frac{1}{16}(x-1)^3$

b)

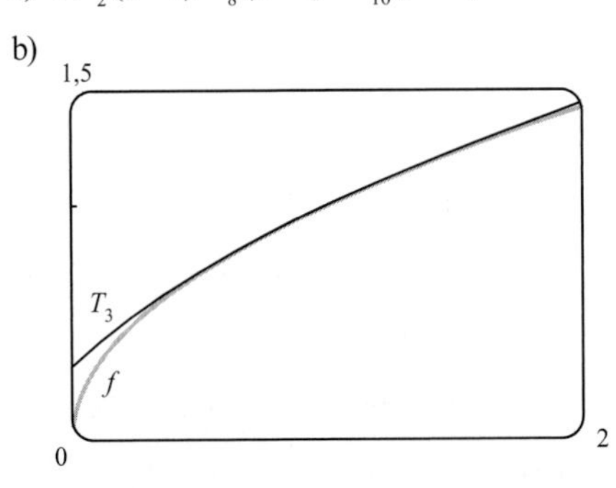

c) 0,000 006

58. a) $1+\frac{1}{2}x^2$

b)

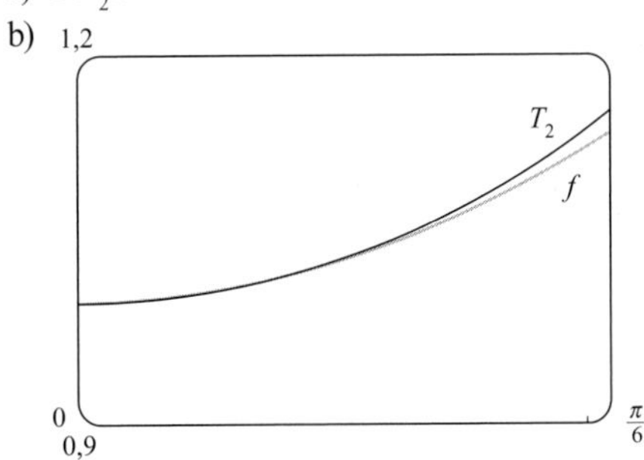

c) 0,111 648

59. $-\frac{1}{6}$

60. a) $\displaystyle F = mg\sum_{n=0}^{\infty}\binom{-2}{n}\left(\frac{h}{R}\right)^n$ b) $h < 31$ km

PROBLÈMES SUPPLÉMENTAIRES

1. $15!/5! = 10\,897\,286\,400$

2. Pour tout $x \neq \pm 1$

3. b) 0 si $x = 0$, $(1/x) - \cot x$ si $x \neq k\pi$, k un entier

4. $\pi/3$

5. a) $s_n = 3 \cdot 4^n$, $l_n = 1/3^n$, $p_n = 4^n/3^{n-1}$ c) $\frac{2}{5}\sqrt{3}$

6. 3

8. b) $\pi/2$

9.]−1, 1[, $\dfrac{x^3+4x^2+x}{(1-x)^4}$

11. $\ln \frac{1}{2}$

13. a) $\frac{250}{101}\pi(e^{-(n-1)\pi/5}-e^{-n\pi/5})$ b) $\frac{250}{101}\pi$

16. e

18. a) $\frac{1}{2}y_n + y_{n+1} + y_{n+2} + y_{n+3} = \frac{3}{2}$ b) $(\frac{4}{7}, \frac{3}{7})$

19. $\dfrac{\pi}{2\sqrt{3}} - 1$

21. $-\left(\dfrac{\pi}{2} - \pi k\right)^2$ où k est un entier positif

24. b) $\dfrac{(1+\sqrt{5})^n-(1-\sqrt{5})^n}{2^n\sqrt{5}}$

INDEX

V

W

Z

ALGÈBRE

OPÉRATIONS ÉLÉMENTAIRES

$$a(b+c)=ab+ac \qquad \frac{a}{b}+\frac{c}{d}=\frac{ad+bc}{bd}$$

$$\frac{a+c}{b}=\frac{a}{b}+\frac{c}{b} \qquad \frac{\frac{a}{b}}{\frac{c}{d}}=\frac{a}{b}\times\frac{d}{c}=\frac{ad}{bc}$$

EXPOSANTS ET RADICAUX

$$x^m x^n = x^{m+n} \qquad \frac{x^m}{x^n}=x^{m-n}$$

$$(x^m)^n = x^{mn} \qquad x^{-n}=\frac{1}{x^n}$$

$$(xy)^n = x^n y^n \qquad \left(\frac{x}{y}\right)^n=\frac{x^n}{y^n}$$

$$x^{1/n}=\sqrt[n]{x} \qquad x^{m/n}=\sqrt[n]{x^m}=\left(\sqrt[n]{x}\right)^m$$

$$\sqrt[n]{xy}=\sqrt[n]{x}\sqrt[n]{y} \qquad \sqrt[n]{\frac{x}{y}}=\frac{\sqrt[n]{x}}{\sqrt[n]{y}}$$

FORMULES DE FACTORISATION

$$x^2-y^2=(x+y)(x-y)$$

$$x^3+y^3=(x+y)(x^2-xy+y^2)$$

$$x^3-y^3=(x-y)(x^2+xy+y^2)$$

FORMULES BINOMIALES

$$(x+y)^2=x^2+2xy+y^2 \qquad (x-y)^2=x^2-2xy+y^2$$

$$(x+y)^3=x^3+3x^2y+3xy^2+y^3$$

$$(x-y)^3=x^3-3x^2y+3xy^2-y^3$$

$$(x+y)^n=x^n+nx^{n-1}y+\frac{n(n-1)}{2}x^{n-2}y^2+\cdots+\binom{n}{k}x^{n-k}y^k+\cdots+nxy^{n-1}+y^n$$

où $\binom{n}{k}=\dfrac{n(n-1)\cdots(n-k+1)}{1\times2\times3\times\cdots\times k}$

RACINES DU TRINÔME DU SECOND DEGRÉ

Si $ax^2+bx+c=0$, alors $x=\dfrac{-b\pm\sqrt{b^2-4ac}}{2a}$.

INÉGALITÉS ET VALEUR ABSOLUE

Si $a<b$ et $b<c$, alors $a<c$.

Si $a<b$, alors $a+c<b+c$.

Si $a<b$ et $c>0$, alors $ca<cb$.

Si $a<b$ et $c<0$, alors $ca>cb$.

Si $a>0$, alors

$|x|=a$ signifie $x=a$ ou $x=-a$

$|x|<a$ signifie $-a<x<a$

$|x|>a$ signifie $x>a$ ou $x<-a$

GÉOMÉTRIE

FORMULES DE GÉOMÉTRIE

Aire A, circonférence C, et volume V:

Triangle
$A=\frac{1}{2}bh$
$=\frac{1}{2}ab\sin\theta$

Cercle
$A=\pi r^2$
$C=2\pi r$

Secteur circulaire
$A=\frac{1}{2}r^2\theta$
$s=r\theta$ (θ en radians)

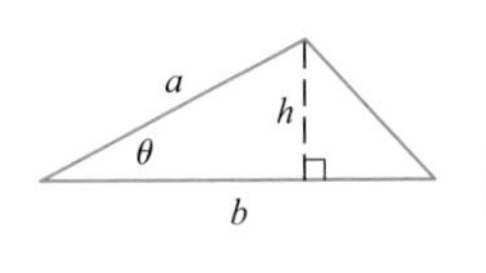

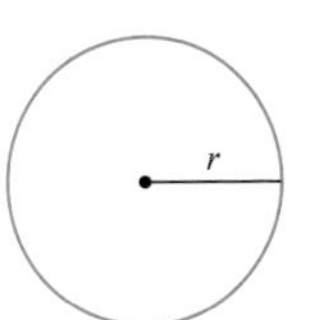

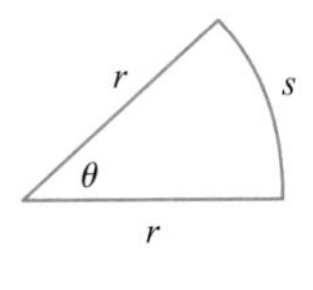

Sphère
$V=\frac{4}{3}\pi r^3$
$A=4\pi r^2$

Cylindre
$V=\pi r^2 h$

Cône
$V=\frac{1}{3}\pi r^2 h$
$A=\pi r\sqrt{r^2+h^2}$

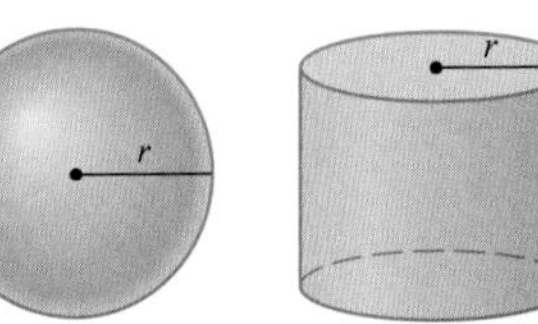

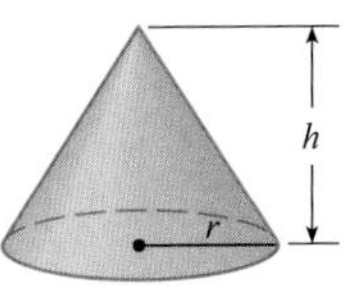

DISTANCE ET POINT MILIEU

Distance entre $P_1(x_1, y_1)$ et $P_2(x_2, y_2)$:

$$d=\sqrt{(x_2-x_1)^2+(y_2-y_1)^2}$$

Point milieu de $\overline{P_1P_2}$: $\left(\dfrac{x_1+x_2}{2}, \dfrac{y_1+y_2}{2}\right)$

DROITES

Pente qui passe par $P_1(x_1, y_1)$ et $P_2(x_2, y_2)$:

$$m=\frac{y_2-y_1}{x_2-x_1}$$

Équation d'une droite qui passe par $P_1(x_1, y_1)$ de pente m:

$$y-y_1=m(x-x_1)$$

Équation d'une droite de pente m et d'ordonnée à l'origine b:

$$y=mx+b$$

CERCLES

Équation du cercle de rayon r centré en (h, k):

$$(x-h)^2+(y-k)^2=r^2$$

TRIGONOMÉTRIE

MESURE D'UN ANGLE

π radians = 180°

$1° = \dfrac{\pi}{180}$ rad $\qquad$ 1 rad $= \dfrac{180°}{\pi}$

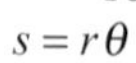

$s = r\theta$

(θ en radians)

TRIGONOMÉTRIE DU TRIANGLE RECTANGLE

$\sin\theta = \dfrac{\text{opp}}{\text{hyp}}$ $\qquad$ $\csc\theta = \dfrac{\text{hyp}}{\text{opp}}$

$\cos\theta = \dfrac{\text{adj}}{\text{hyp}}$ $\qquad$ $\sec\theta = \dfrac{\text{hyp}}{\text{adj}}$

$\tan\theta = \dfrac{\text{opp}}{\text{adj}}$ $\qquad$ $\cot\theta = \dfrac{\text{adj}}{\text{opp}}$

FONCTIONS TRIGONOMÉTRIQUES

$\sin\theta = \dfrac{y}{r}$ $\qquad$ $\csc\theta = \dfrac{r}{y}$

$\cos\theta = \dfrac{x}{r}$ $\qquad$ $\sec\theta = \dfrac{r}{x}$

$\tan\theta = \dfrac{y}{x}$ $\qquad$ $\cot\theta = \dfrac{x}{y}$

GRAPHIQUES DES FONCTIONS TRIGONOMÉTRIQUES

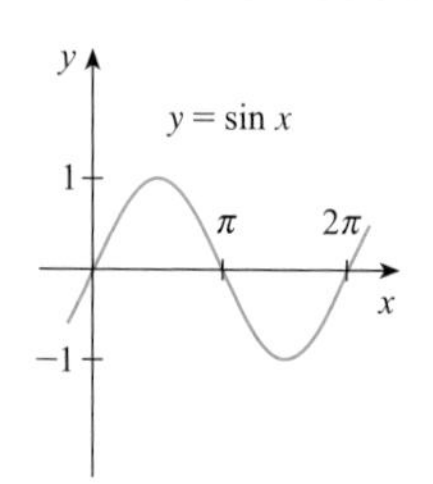

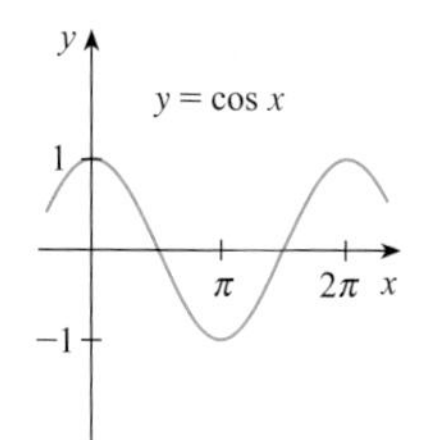

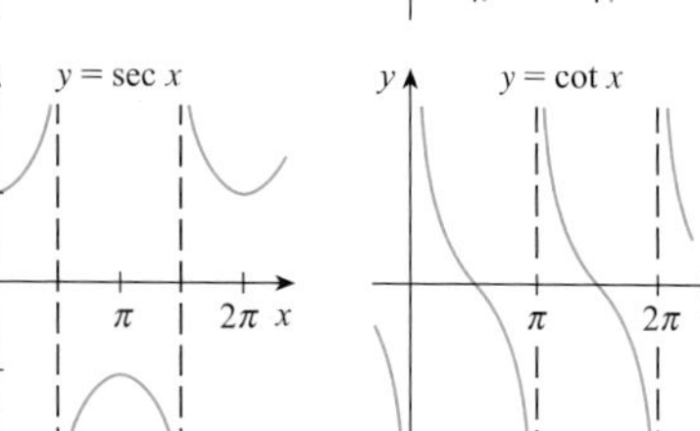

VALEURS REMARQUABLES DES FONCTIONS TRIGONOMÉTRIQUES

θ	radians	$\sin\theta$	$\cos\theta$	$\tan\theta$
0°	0	0	1	0
30°	$\pi/6$	1/2	$\sqrt{3}/2$	$\sqrt{3}/3$
45°	$\pi/4$	$\sqrt{2}/2$	$\sqrt{2}/2$	1
60°	$\pi/3$	$\sqrt{3}/2$	1/2	$\sqrt{3}$
90°	$\pi/2$	1	0	–

IDENTITÉS TRIGONOMÉTRIQUES

$\csc\theta = \dfrac{1}{\sin\theta}$ $\qquad$ $\sec\theta = \dfrac{1}{\cos\theta}$

$\tan\theta = \dfrac{\sin\theta}{\cos\theta}$ $\qquad$ $\cot\theta = \dfrac{\cos\theta}{\sin\theta}$

$\cot\theta = \dfrac{1}{\tan\theta}$ $\qquad$ $\sin^2\theta + \cos^2\theta = 1$

$1 + \tan^2\theta = \sec^2\theta$ $\qquad$ $1 + \cot^2\theta = \csc^2\theta$

$\sin(-\theta) = -\sin\theta$ $\qquad$ $\cos(-\theta) = \cos\theta$

$\tan(-\theta) = -\tan\theta$ $\qquad$ $\sin\left(\dfrac{\pi}{2} - \theta\right) = \cos\theta$

$\cos\left(\dfrac{\pi}{2} - \theta\right) = \sin\theta$ $\qquad$ $\tan\left(\dfrac{\pi}{2} - \theta\right) = \cot\theta$

LOIS DES SINUS

$$\frac{\sin A}{a} = \frac{\sin B}{b} = \frac{\sin C}{c}$$

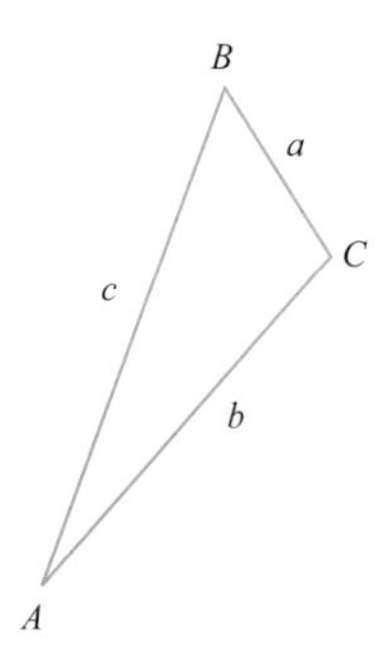

LOIS DES COSINUS

$a^2 = b^2 + c^2 - 2bc\cos A$

$b^2 = a^2 + c^2 - 2ac\cos B$

$c^2 = a^2 + b^2 - 2ab\cos C$

FORMULES D'ADDITION ET DE SOUSTRACTION

$\sin(x + y) = \sin x\cos y + \cos x\sin y$

$\sin(x - y) = \sin x\cos y - \cos x\sin y$

$\cos(x + y) = \cos x\cos y - \sin x\sin y$

$\cos(x - y) = \cos x\cos y + \sin x\sin y$

$\tan(x + y) = \dfrac{\tan x + \tan y}{1 - \tan x\tan y}$

$\tan(x - y) = \dfrac{\tan x - \tan y}{1 + \tan x\tan y}$

FORMULES DE DUPLICATION

$\sin 2x = 2\sin x\cos x$

$\cos 2x = \cos^2 x - \sin^2 x = 2\cos^2 x - 1 = 1 - 2\sin^2 x$

$\tan 2x = \dfrac{2\tan x}{1 - \tan^2 x}$

FORMULES DE BISSECTION

$\sin^2 x = \dfrac{1 - \cos 2x}{2}$ $\qquad$ $\cos^2 x = \dfrac{1 + \cos 2x}{2}$

FONCTIONS DE BASE

FONCTIONS DE PUISSANCE $f(x) = x^a$

i) $f(x) = x^n$, n entier positif

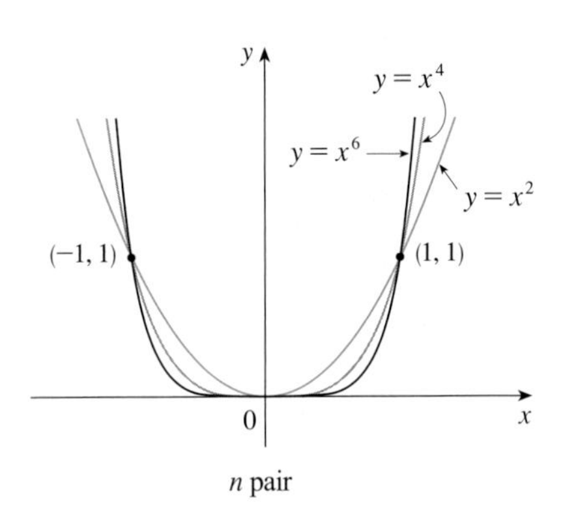

n pair

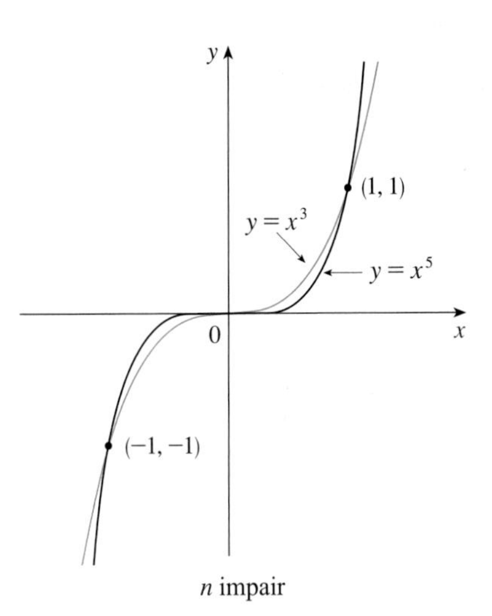

n impair

ii) $f(x) = x^{1/n} = \sqrt[n]{x}$, n entier positif

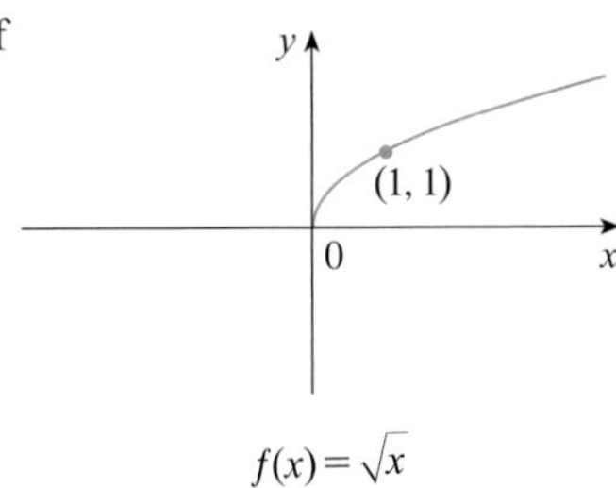

$f(x) = \sqrt{x}$

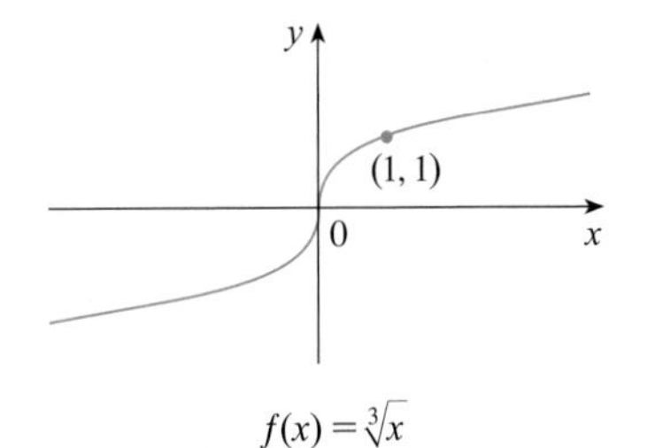

$f(x) = \sqrt[3]{x}$

iii) $f(x) = x^{-1} = \dfrac{1}{x}$

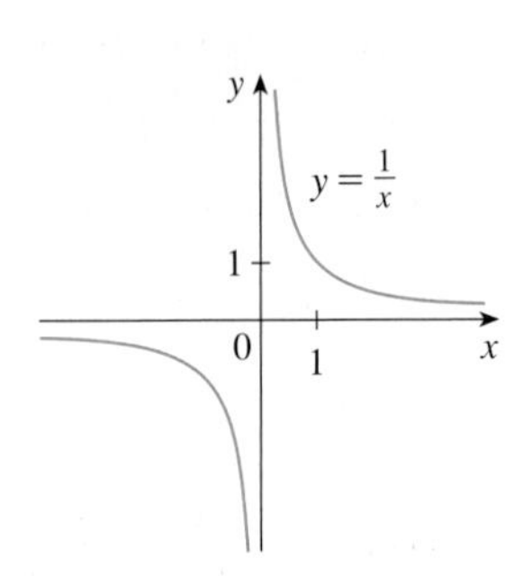

FONCTIONS TRIGONOMÉTRIQUES INVERSES

$\arcsin x = y \quad \Leftrightarrow \quad \sin y = x \quad \text{et} \quad -\dfrac{\pi}{2} \leq y \leq \dfrac{\pi}{2}$

$\arccos x = y \quad \Leftrightarrow \quad \cos y = x \quad \text{et} \quad 0 \leq y \leq \pi$

$\arctan x = y \quad \Leftrightarrow \quad \tan y = x \quad \text{et} \quad -\dfrac{\pi}{2} < y < \dfrac{\pi}{2}$

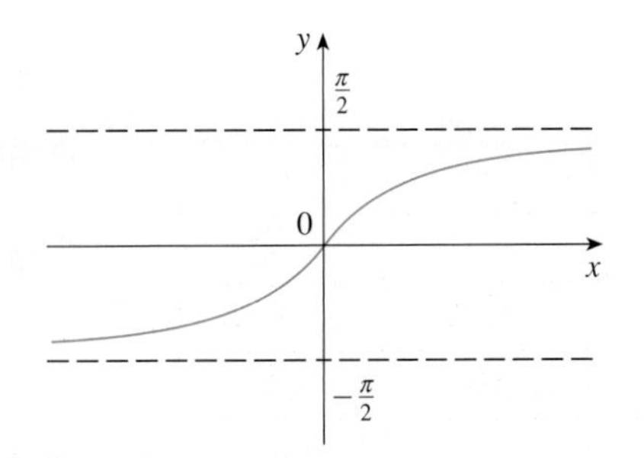

$y = \arctan x$

$\lim_{x \to -\infty} \arctan x = -\dfrac{\pi}{2}$

$\lim_{x \to \infty} \arctan x = \dfrac{\pi}{2}$

FONCTIONS DE BASE

FONCTIONS EXPONENTIELLES ET LOGARITHMIQUES

$\log_a x = y \iff a^y = x$

$\ln x = \log_e x,$ où $\ln e = 1$

$\ln x = y \iff e^y = x$

Équations d'annulation

$\log_a(a^x) = x \qquad a^{\log_a x} = x$

$\ln(e^x) = x \qquad e^{\ln x} = x$

Lois des logarithmes

1. $\log_a(xy) = \log_a x + \log_a y$

2. $\log_a\left(\dfrac{x}{y}\right) = \log_a x - \log_a y$

3. $\log_a(x^r) = r \log_a x$

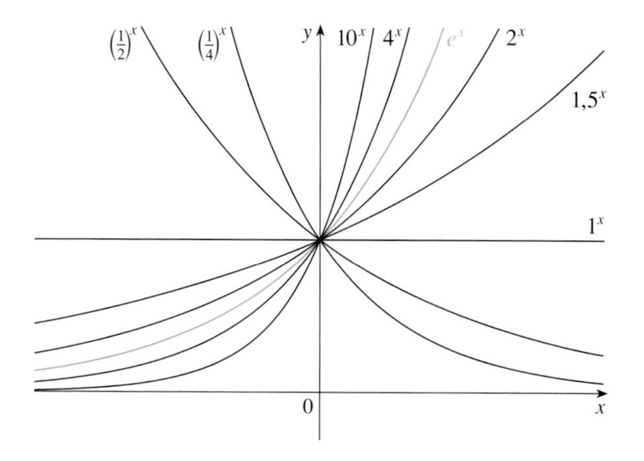

Fonctions exponentielles

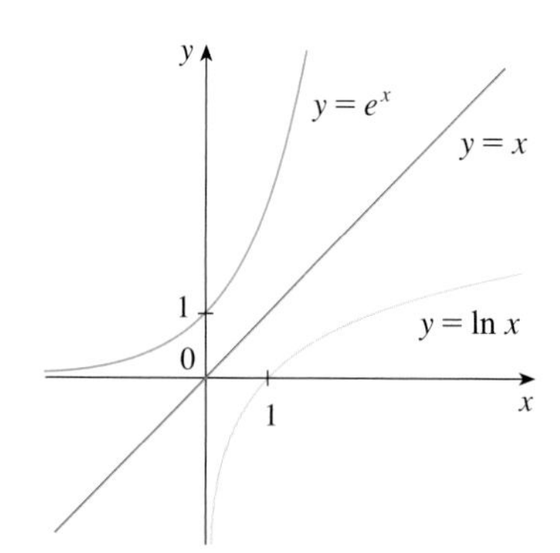

$\lim_{x\to-\infty} e^x = 0 \qquad \lim_{x\to\infty} e^x = \infty$

$\lim_{x\to 0^+} \ln x = -\infty \qquad \lim_{x\to\infty} \ln x = \infty$

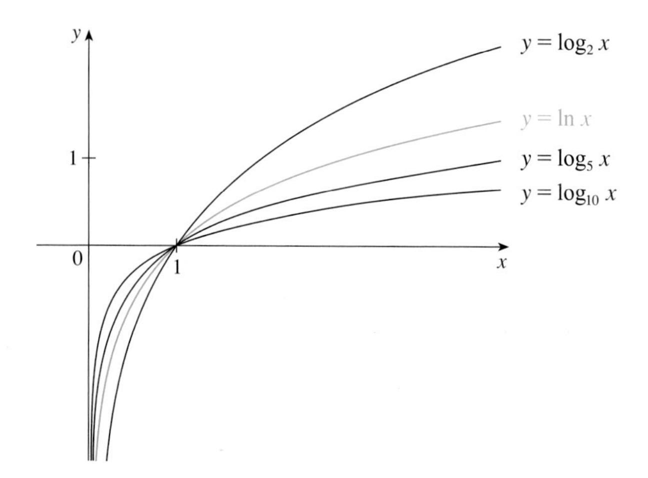

Fonctions logarithmiques

RÈGLES DE DÉRIVATION

FORMULES GÉNÉRALES

1. $\frac{d}{dx}(c)=0$

2. $\frac{d}{dx}[cf(x)]=cf'(x)$

3. $\frac{d}{dx}[f(x)+g(x)]=f'(x)+g'(x)$

4. $\frac{d}{dx}[f(x)-g(x)]=f'(x)-g'(x)$

5. $\frac{d}{dx}[f(x)g(x)]=f'(x)g(x)+f(x)g'(x)$
(Règle du produit)

6. $\frac{d}{dx}\left[\frac{f(x)}{g(x)}\right]=\frac{f'(x)g(x)-f(x)g'(x)}{[g(x)]^2}$
(Règle du quotient)

7. $\frac{d}{dx}f\big(g(x)\big)=f'\big(g(x)\big)g'(x)$
(Règle de dérivation en chaîne)

8. $\frac{d}{dx}(x^n)=nx^{n-1}$
(Règle de dérivation d'une puissance)

FONCTIONS EXPONENTIELLES ET LOGARITHMIQUES (VOIR PAGE 4)

9. $\frac{d}{dx}(e^x)=e^x$

10. $\frac{d}{dx}(a^x)=a^x\ln a$

11. $\frac{d}{dx}\ln|x|=\frac{1}{x}$

12. $\frac{d}{dx}(\log_a x)=\frac{1}{x\ln a}$

FONCTIONS TRIGONOMÉTRIQUES

13. $\frac{d}{dx}(\sin x)=\cos x$

14. $\frac{d}{dx}(\cos x)=-\sin x$

15. $\frac{d}{dx}(\tan x)=\sec^2 x$

16. $\frac{d}{dx}(\csc x)=-\csc x\cot x$

17. $\frac{d}{dx}(\sec x)=\sec x\tan x$

18. $\frac{d}{dx}(\cot x)=-\csc^2 x$

FONCTIONS TRIGONOMÉTRIQUES INVERSES

19. $\frac{d}{dx}(\arcsin x)=\frac{1}{\sqrt{1-x^2}}$

20. $\frac{d}{dx}(\arccos x)=-\frac{1}{\sqrt{1-x^2}}$

21. $\frac{d}{dx}(\arctan x)=\frac{1}{1+x^2}$

22. $\frac{d}{dx}(\mathrm{arccsc}\, x)=-\frac{1}{x\sqrt{x^2-1}}$

23. $\frac{d}{dx}(\mathrm{arcsec}\, x)=\frac{1}{x\sqrt{x^2-1}}$

24. $\frac{d}{dx}(\mathrm{arccot}\, x)=-\frac{1}{1+x^2}$

TABLE D'INTÉGRALES

FONCTIONS USUELLES

1. $\int u\,dv = uv - \int v\,du$

2. $\int u^n\,du = \frac{u^{n+1}}{n+1} + C,\ n \neq -1$

3. $\int \frac{du}{u} = \ln|u| + C$

4. $\int e^u du = e^u + C$

5. $\int a^u\,du = \frac{a^u}{\ln a} + C$

6. $\int \sin u\,du = -\cos u + C$

7. $\int \cos u\,du = \sin u + C$

8. $\int \sec^2 u\,du = \tan u + C$

9. $\int \csc^2 u\,du = -\cot u + C$

10. $\int \sec u \tan u\,du = \sec u + C$

11. $\int \csc u \cot u\,du = -\csc u + C$

12. $\int \tan u\,du = \ln|\sec u| + C$

13. $\int \cot u\,du = \ln|\sin u| + C$

14. $\int \sec u\,du = \ln|\sec u + \tan u| + C$

15. $\int \csc u\,du = \ln|\csc u - \cot u| + C$

16. $\int \frac{du}{\sqrt{a^2 - u^2}} = \arcsin\frac{u}{a} + C$

17. $\int \frac{du}{a^2 + u^2} = \frac{1}{a}\arctan\frac{u}{a} + C$

18. $\int \frac{du}{u\sqrt{u^2 - a^2}} = \frac{1}{a}\text{arcsec}\frac{u}{a} + C$

19. $\int \frac{du}{a^2 - u^2} = \frac{1}{2a}\ln\left|\frac{u+a}{u-a}\right| + C$

20. $\int \frac{du}{u^2 - a^2} = \frac{1}{2a}\ln\left|\frac{u-a}{u+a}\right| + C$

FONCTIONS CONTENANT $\sqrt{a^2 + u^2}$, $a > 0$

21. $\int \sqrt{a^2 + u^2}\,du = \frac{u}{2}\sqrt{a^2 + u^2} + \frac{a^2}{2}\ln(u + \sqrt{a^2 + u^2}) + C$

22. $\int u^2\sqrt{a^2 + u^2}\,du = \frac{u}{8}(a^2 + 2u^2)\sqrt{a^2 + u^2} - \frac{a^4}{8}\ln(u + \sqrt{a^2 + u^2}) + C$

23. $\int \frac{\sqrt{a^2 + u^2}}{u}\,du = \sqrt{a^2 + u^2} - a\ln\left|\frac{a + \sqrt{a^2 + u^2}}{u}\right| + C$

24. $\int \frac{\sqrt{a^2 + u^2}}{u^2}\,du = -\frac{\sqrt{a^2 + u^2}}{u} + \ln(u + \sqrt{a^2 + u^2}) + C$

25. $\int \frac{du}{\sqrt{a^2 + u^2}} = \ln(u + \sqrt{a^2 + u^2}) + C$

26. $\int \frac{u^2\,du}{\sqrt{a^2 + u^2}} = \frac{u}{2}\sqrt{a^2 + u^2} - \frac{a^2}{2}\ln(u + \sqrt{a^2 + u^2}) + C$

27. $\int \frac{du}{u\sqrt{a^2 + u^2}} = -\frac{1}{a}\ln\left|\frac{\sqrt{a^2 + u^2} + a}{u}\right| + C$

28. $\int \frac{du}{u^2\sqrt{a^2 + u^2}} = -\frac{\sqrt{a^2 + u^2}}{a^2 u} + C$

29. $\int \frac{du}{(a^2 + u^2)^{3/2}} = \frac{u}{a^2\sqrt{a^2 + u^2}} + C$

TABLE D'INTÉGRALES

FONCTIONS CONTENANT $\sqrt{a^2 - u^2}$, $a > 0$

30. $\int \sqrt{a^2-u^2}\,du = \frac{u}{2}\sqrt{a^2-u^2} + \frac{a^2}{2}\arcsin\frac{u}{a} + C$

31. $\int u^2\sqrt{a^2-u^2}\,du = \frac{u}{8}(2u^2-a^2)\sqrt{a^2-u^2} + \frac{a^4}{8}\arcsin\frac{u}{a} + C$

32. $\int \frac{\sqrt{a^2-u^2}}{u}\,du = \sqrt{a^2-u^2} - a\ln\left|\frac{a+\sqrt{a^2-u^2}}{u}\right| + C$

33. $\int \frac{\sqrt{a^2-u^2}}{u^2}\,du = -\frac{1}{u}\sqrt{a^2-u^2} - \arcsin\frac{u}{a} + C$

34. $\int \frac{u^2\,du}{\sqrt{a^2-u^2}} = -\frac{u}{2}\sqrt{a^2-u^2} + \frac{a^2}{2}\arcsin\frac{u}{a} + C$

35. $\int \frac{du}{u\sqrt{a^2-u^2}} = -\frac{1}{a}\ln\left|\frac{a+\sqrt{a^2-u^2}}{u}\right| + C$

36. $\int \frac{du}{u^2\sqrt{a^2-u^2}} = -\frac{1}{a^2u}\sqrt{a^2-u^2} + C$

37. $\int (a^2-u^2)^{3/2}\,du = -\frac{u}{8}(2u^2-5a^2)\sqrt{a^2-u^2} + \frac{3a^4}{8}\arcsin\frac{u}{a} + C$

38. $\int \frac{du}{(a^2-u^2)^{3/2}} = \frac{u}{a^2\sqrt{a^2-u^2}} + C$

FONCTIONS CONTENANT $\sqrt{u^2 - a^2}$, $a > 0$

39. $\int \sqrt{u^2-a^2}\,du = \frac{u}{2}\sqrt{u^2-a^2} - \frac{a^2}{2}\ln\left|u+\sqrt{u^2-a^2}\right| + C$

40. $\int u^2\sqrt{u^2-a^2}\,du = \frac{u}{8}(2u^2-a^2)\sqrt{u^2-a^2} - \frac{a^4}{8}\ln\left|u+\sqrt{u^2-a^2}\right| + C$

41. $\int \frac{\sqrt{u^2-a^2}}{u}\,du = \sqrt{u^2-a^2} - a\arccos\frac{a}{|u|} + C$

42. $\int \frac{\sqrt{u^2-a^2}}{u^2}\,du = -\frac{\sqrt{u^2-a^2}}{u} + \ln\left|u+\sqrt{u^2-a^2}\right| + C$

43. $\int \frac{du}{\sqrt{u^2-a^2}} = \ln\left|u+\sqrt{u^2-a^2}\right| + C$

44. $\int \frac{u^2\,du}{\sqrt{u^2-a^2}} = \frac{u}{2}\sqrt{u^2-a^2} + \frac{a^2}{2}\ln\left|u+\sqrt{u^2-a^2}\right| + C$

45. $\int \frac{du}{u^2\sqrt{u^2-a^2}} = \frac{\sqrt{u^2-a^2}}{a^2u} + C$

46. $\int \frac{du}{(u^2-a^2)^{3/2}} = -\frac{u}{a^2\sqrt{u^2-a^2}} + C$

TABLE D'INTÉGRALES

FONCTIONS CONTENANT $a + bu$

47. $$\int \frac{u\,du}{a+bu} = \frac{1}{b^2}(a+bu-a\ln|a+bu|)+C$$

48. $$\int \frac{u^2du}{a+bu} = \frac{1}{2b^3}[(a+bu)^2-4a(a+bu)+2a^2\ln|a+bu|]+C$$

49. $$\int \frac{du}{u(a+bu)} = \frac{1}{a}\ln\left|\frac{u}{a+bu}\right|+C$$

50. $$\int \frac{du}{u^2(a+bu)} = -\frac{1}{au}+\frac{b}{a^2}\ln\left|\frac{a+bu}{u}\right|+C$$

51. $$\int \frac{u\,du}{(a+bu)^2} = \frac{a}{b^2(a+bu)}+\frac{1}{b^2}\ln|a+bu|+C$$

52. $$\int \frac{du}{u(a+bu)^2} = \frac{1}{a(a+bu)}-\frac{1}{a^2}\ln\left|\frac{a+bu}{u}\right|+C$$

53. $$\int \frac{u^2du}{(a+bu)^2} = \frac{1}{b^3}\left(a+bu-\frac{a^2}{a+bu}-2a\ln|a+bu|\right)+C$$

54. $$\int u\sqrt{a+bu}\;du = \frac{2}{15b^2}(3bu-2a)(a+bu)^{3/2}+C$$

55. $$\int \frac{u\,du}{\sqrt{a+bu}} = \frac{2}{3b^2}(bu-2a)\sqrt{a+bu}+C$$

56. $$\int \frac{u^2du}{\sqrt{a+bu}} = \frac{2}{15b^3}(8a^2+3b^2u^2-4abu)\sqrt{a+bu}+C$$

57. $$\int \frac{du}{u\sqrt{a+bu}} = \frac{1}{\sqrt{a}}\ln\left|\frac{\sqrt{a+bu}-\sqrt{a}}{\sqrt{a+bu}+\sqrt{a}}\right|+C,\ \text{si } a>0$$
$$= \frac{2}{\sqrt{-a}}\arctan\sqrt{\frac{a+bu}{-a}}+C,\ \text{si } a<0$$

58. $$\int \frac{\sqrt{a+bu}}{u}\,du = 2\sqrt{a+bu}+a\int\frac{du}{u\sqrt{a+bu}}$$

59. $$\int \frac{\sqrt{a+bu}}{u^2}\,du = -\frac{\sqrt{a+bu}}{u}+\frac{b}{2}\int\frac{du}{u\sqrt{a+bu}}$$

60. $$\int u^n\sqrt{a+bu}\;du = \frac{2}{b(2n+3)}\left[u^n(a+bu)^{3/2}-na\int u^{n-1}\sqrt{a+bu}\;du\right]$$

61. $$\int \frac{u^ndu}{\sqrt{a+bu}} = \frac{2u^n\sqrt{a+bu}}{b(2n+1)}-\frac{2na}{b(2n+1)}\int\frac{u^{n-1}du}{\sqrt{a+bu}}$$

62. $$\int \frac{du}{u^n\sqrt{a+bu}} = -\frac{\sqrt{a+bu}}{a(n-1)u^{n-1}}-\frac{b(2n-3)}{2a(n-1)}\int\frac{du}{u^{n-1}\sqrt{a+bu}}$$

TABLE D'INTÉGRALES

FONCTIONS TRIGONOMÉTRIQUES

63. $\int \sin^2 u \; du = \frac{1}{2}u - \frac{1}{4}\sin 2u + C$

64. $\int \cos^2 u \; du = \frac{1}{2}u + \frac{1}{4}\sin 2u + C$

65. $\int \tan^2 u \; du = \tan u - u + C$

66. $\int \cot^2 u \; du = -\cot u - u + C$

67. $\int \sin^3 u \; du = -\frac{1}{3}(2 + \sin^2 u)\cos u + C$

68. $\int \cos^3 u \; du = \frac{1}{3}(2 + \cos^2 u)\sin u + C$

69. $\int \tan^3 u \; du = \frac{1}{2}\tan^2 u + \ln|\cos u| + C$

70. $\int \cot^3 u \; du = -\frac{1}{2}\cot^2 u - \ln|\sin u| + C$

71. $\int \sec^3 u \; du = \frac{1}{2}\sec u \tan u + \frac{1}{2}\ln|\sec u + \tan u| + C$

72. $\int \csc^3 u \; du = -\frac{1}{2}\csc u \cot u + \frac{1}{2}\ln|\csc u - \cot u| + C$

73. $\int \sin^n u \; du = -\frac{1}{n}\sin^{n-1} u \cos u + \frac{n-1}{n}\int \sin^{n-2} u \; du$

74. $\int \cos^n u \; du = \frac{1}{n}\cos^{n-1} u \sin u + \frac{n-1}{n}\int \cos^{n-2} u \; du$

75. $\int \tan^n u \; du = \frac{1}{n-1}\tan^{n-1} u - \int \tan^{n-2} u \; du$

76. $\int \cot^n u \; du = \frac{-1}{n-1}\cot^{n-1} u - \int \cot^{n-2} u \; du$

77. $\int \sec^n u \; du = \frac{1}{n-1}\tan u \sec^{n-2} u + \frac{n-2}{n-1}\int \sec^{n-2} u \; du$

78. $\int \csc^n u \; du = \frac{-1}{n-1}\cot u \csc^{n-2} u + \frac{n-2}{n-1}\int \csc^{n-2} u \; du$

79. $\int \sin au \sin bu \; du = \frac{\sin(a-b)u}{2(a-b)} - \frac{\sin(a+b)u}{2(a+b)} + C$

80. $\int \cos au \cos bu \; du = \frac{\sin(a-b)u}{2(a-b)} + \frac{\sin(a+b)u}{2(a+b)} + C$

81. $\int \sin au \cos bu \; du = -\frac{\cos(a-b)u}{2(a-b)} - \frac{\cos(a+b)u}{2(a+b)} + C$

82. $\int u \sin u \; du = \sin u - u\cos u + C$

83. $\int u \cos u \; du = \cos u + u \sin u + C$

84. $\int u^n \sin u \; du = -u^n \cos u + n\int u^{n-1} \cos u \; du$

85. $\int u^n \cos u \; du = u^n \sin u - n\int u^{n-1} \sin u \; du$

86. $\int \sin^n u \cos^m u \; du = -\frac{\sin^{n-1} u \cos^{m+1} u}{n+m} + \frac{n-1}{n+m}\int \sin^{n-2} u \cos^m u \; du$

$= \frac{\sin^{n+1} u \cos^{m-1} u}{n+m} + \frac{m-1}{n+m}\int \sin^n u \cos^{m-2} u \; du$

FONCTIONS TRIGONOMÉTRIQUES INVERSES

87. $\int \arcsin u \; du = u \arcsin u + \sqrt{1-u^2} + C$

88. $\int \arccos u \; du = u \arccos u - \sqrt{1-u^2} + C$

89. $\int \arctan u \; du = u \arctan u - \frac{1}{2}\ln(1+u^2) + C$

90. $\int u \arcsin u \; du = \frac{2u^2-1}{4}\arcsin u + \frac{u\sqrt{1-u^2}}{4} + C$

91. $\int u \arccos u \; du = \frac{2u^2-1}{4}\arccos u - \frac{u\sqrt{1-u^2}}{4} + C$

92. $\int u \arctan u \; du = \frac{u^2+1}{2}\arctan u - \frac{u}{2} + C$

93. $\int u^n \arcsin u \; du = \frac{1}{n+1}\left[u^{n+1}\arcsin u - \int \frac{u^{n+1}du}{\sqrt{1-u^2}}\right], \quad n \neq -1$

94. $\int u^n \arccos u \; du = \frac{1}{n+1}\left[u^{n+1}\arccos u + \int \frac{u^{n+1}du}{\sqrt{1-u^2}}\right], \quad n \neq -1$

95. $\int u^n \arctan u \; du = \frac{1}{n+1}\left[u^{n+1}\arctan u - \int \frac{u^{n+1}du}{1+u^2}\right], \quad n \neq -1$

TABLE D'INTÉGRALES

FONCTIONS EXPONENTIELLES ET LOGARITHMIQUES

96. $\int ue^{au}du = \frac{1}{a^2}(au-1)e^{au} + C$

97. $\int u^n e^{au}\,du = \frac{1}{a}u^n e^{au} - \frac{n}{a}\int u^{n-1}e^{au}\,du$

98. $\int e^{au}\sin bu\;du = \frac{e^{au}}{a^2+b^2}(a\sin bu - b\cos bu) + C$

99. $\int e^{au}\cos bu\;du = \frac{e^{au}}{a^2+b^2}(a\cos bu + b\sin bu) + C$

100. $\int \ln u\;du = u\ln u - u + C$

101. $\int u^n \ln u\;du = \frac{u^{n+1}}{(n+1)^2}[(n+1)\ln u - 1] + C$

102. $\int \frac{1}{u\ln u}du = \ln|\ln u| + C$

FONCTIONS CONTENANT $\sqrt{2au-u^2}$, $a > 0$

103. $\int \sqrt{2au-u^2}\,du = \frac{u-a}{2}\sqrt{2au-u^2} + \frac{a^2}{2}\arccos\left(\frac{a-u}{a}\right) + C$

104. $\int u\sqrt{2au-u^2}\,du = \frac{2u^2-au-3a^2}{6}\sqrt{2au-u^2} + \frac{a^3}{2}\arccos\left(\frac{a-u}{a}\right) + C$

105. $\int \frac{\sqrt{2au-u^2}}{u}\,du = \sqrt{2au-u^2} + a\arccos\left(\frac{a-u}{a}\right) + C$

106. $\int \frac{\sqrt{2au-u^2}}{u^2}\,du = -\frac{2\sqrt{2au-u^2}}{u} - \arccos\left(\frac{a-u}{a}\right) + C$

107. $\int \frac{du}{\sqrt{2au-u^2}} = \arccos\left(\frac{a-u}{a}\right) + C$

108. $\int \frac{u\,du}{\sqrt{2au-u^2}} = -\sqrt{2au-u^2} + a\arccos\left(\frac{a-u}{a}\right) + C$

109. $\int \frac{u^2du}{\sqrt{2au-u^2}} = -\frac{(u+3a)}{2}\sqrt{2au-u^2} + \frac{3a^2}{2}\arccos\left(\frac{a-u}{a}\right) + C$

110. $\int \frac{du}{u\sqrt{2au-u^2}} = -\frac{\sqrt{2au-u^2}}{au} + C$